環境法大系

新美育文
松村弓彦　編
大塚　直

商事法務

序　文

　1970年11月に開催された第64回国会（いわゆる公害国会）において、公害対策基本法の改正をはじめに、14本の公害関係法令が新規立法ないし改正されて以来、約40年の歳月が過ぎた。これら公害関係法令は、産業活動による環境破壊に伴って生じる直接的な人的・物的被害を予防・回復することを主眼とするものであった。他方、この間、産業活動に限らず、人の活動それ自体による環境破壊が深刻なものとして認識されるようになってきた。また、人の活動が地球規模になるにつれて、環境破壊それ自体も地球規模のものとなっていることが自覚されるようになっている。さらには、環境破壊による次世代への悪影響も懸念ないし指摘されている。

　こうした人の活動による環境問題が空間的にも時間的にも広がりと深まりを示すにともなって、法も様々な展開を示してきた。国際的な環境保全への取組の高まりを背景に、1993年に公布された環境基本法のもとに、整備された環境関連法令はそうした対応を如実に示すものである。それらは、被害予防・回復もさることながら、人間活動と環境保全との調和を図り、環境破壊を予防し、持続可能な社会を構築することを主眼としている。そして、こうした法の傾向は、二酸化炭素を代表とする温室効果ガス（GHG）による気候変動という地球規模の、今世紀最大ともいうべき環境問題に直面することによって、ますます強まっている。

　以上のような背景の下に、環境法令の整備は、急速に進められてきており、それぞれの法令も徐々にではあるが着実に成果を挙げつつある。しかしながら、空間的、時間的な広がりをますます強める環境問題に対処するためではあるが、環境法もその外延をますます拡大するのみならず、その内容も多様化・深化してきている。こうした環境法領域の拡大とその内容の多様化・深化は大いに歓迎すべきことではある。しかし、他方では、外延が希薄あるいは曖昧になったり、その内容がパッチ・ワーク的なものになってしまうのではないかとの懸念も払拭できない。人の活動の環境への負荷が複雑に絡まって環境問題が生じていることを直視し、その人の活動を対象に環境問

題への対処の一つとして法があるものと捉え、環境法領域の拡大・多様化が環境法の空洞化・モザイク化とならないようにすることが求められよう。そのためには、環境法の基本的な理念・原則を確認して、環境法令の体系化を図り、総合的かつ効率的な環境保全に資することが目指されるべきである。そして、現在、そうした作業を行うべき時期がきていると思われる。たとえば、これまでの環境法政策の指導理念とされてきた、「持続可能な発展（開発）」、「汚染者（原因者）負担の原則」あるいは「予防原則」といった概念についてみるとき、それらは、それぞれ個別の環境法領域毎に微妙に異なって捉えられており、また、環境法政策研究の場においても、研究者ごとに異なった意味で用いられているように見受けられる。こうした状況は、環境法政策の検討にとってけっして好ましいものではない。環境法政策の原点に戻って、それら指導理念がどのようなものであるか、再検討されるべきであろう。

　われわれは、環境法の体系化に資することを願って本書を上梓する。本書出版にあたっては株式会社商事法務の方々にご支援を戴いた。厚くお礼申し上げる。

　本書を、2011年に喜寿を迎えられた、環境法研究の先駆者であり、現在も中核的な研究者として活躍される森嶌昭夫先生に捧げたい。

　　2011年12月

編者一同

目　次

第1編　総　論

第1章　序　論

1. 公害法・環境法の歴史と展望 ………………… 浅野　直人　3
2. 環境の定義と価値基準 ……………………………… 畠山　武道　27
3. 環境権と環境配慮義務 ……………………………… 礒野　弥生　59

第2章　環境法におけるリスク管理

4. 環境リスク・損害と法的責任 ………………… 新美　育文　85
5. 環境リスクとその管理──ナノ物質のリスク？ ……………………………………………… 山田　洋　109
6. 我が国の環境行政におけるリスクマネジメントおよびリスクコミュニケーションの取り組み ……………………………… 織　朱實　127

第3章　環境法の基本理念と原則

7. 「持続可能な発展」概念の法的意義
　　──国際河川における衡平利用規則との関係の検討を手掛かりに …………………… 堀口　健夫　155
8. 予防原則 ……………………………………………… 松村　弓彦　183
9. 環境法における費用負担──原因者負担原則を中心に ……………………………… 大塚　直　207

第4章　手法論

- ⑩　規制的手法とその限界 …………………… 桑原　勇進　237
- ⑪　環境法執行の実態とその課題——フロン回収破壊法に見る回収破壊の実効性の確保 ………… 笠井　俊彦　257
- ⑫　経済的手法とその限界 ……………………… 片山　直子　285
- ⑬　合意形成手法とその限界 …………………… 島村　健　307
- ⑭　環境刑法の役割とその限界 ………………… 佐久間　修　333
- ⑮　責任担保制度とその限界——環境責任の履行を確保するための保険化の課題：EU環境責任指令を中心として ……………… 村上　友理　351

第5章　地方分権と環境法

- ⑯　地方分権推進と環境法 ……………………… 北村　喜宣　377

第2編　各　論

第6章　基本法・横断法

- ⑰　環境基本法の意義と課題 ………… 西尾　哲茂・石野　耕也　395
- ⑱　環境影響評価法の課題と展望 ……………… 柳　憲一郎　441

第7章　気候変動、汚染の危険・リスク管理関連法

- ⑲　気候変動防止関連法の課題と展望 ………… 下村　英嗣　471
- ⑳　化学物質管理関連法の課題と展望 ………… 大坂　恵里　501
- ㉑　大気汚染防止法・水質汚濁防止法の課題と展望 ……………………………………… 淡路　剛久　525
- ㉒　自動車排出ガスによる環境リスク管理の課題と展望 ………………… 石野　耕也・西尾　哲茂　537

第8章　物質循環関連法
- 23　循環型社会形成推進基本法の理念とその具体化——〈施策の優先順位〉をめぐる課題 ……赤渕　芳宏　569

第9章　被害救済法
- 24　被害救済法 ……………………………………渡邉　知行　607

第10章　原子力・エネルギー関連法
- 25　原子力利用と環境リスク ……………………高橋　　滋　635
- 26　エネルギーの使用の合理化に関する法律（省エネ法）…………………………………松下　和夫　659

第11章　自然保護・自然資源・都市環境
- 27　生物多様性管理関連法の課題と展望 ………交告　尚史　671
- 28　自然環境保全関連法の課題と展望 …………加藤　峰夫　697
- 29　海浜・河川・湿地保全法制度と課題 ………荏原　明則　723
- 30　森林保全関連法の課題と展望 ………………小林　紀之　751
- 31　都市環境関連法の課題と展望——計画法論の視点から ………………………………亘理　　格　783

第3編　国際環境法・条約

第12章　国際環境法・条約
- 32　国際環境法の遵守手続とその課題——ロンドン海洋投棄議定書の遵守手続を手がかりに ……………………………………………一之瀬高博　807
- 33　地球温暖化問題の国際条約の展開 …………高村ゆかり　833

34 化学物質管理に係る国際条約等の展開
　　と国内法 ……………………………………… 増沢　陽子　857
35 近年におけるロンドン条約の進化と変容 …… 加藤　久和　881
36 バーゼル条約とバーゼル法 …………………… 鶴田　　順　909
37 生物多様性に関する国際条約の展開
　　――必要とされる措置の体系化 …………… 磯崎　博司　933
38 海洋環境に関する国際条約の展開 …………… 井上　秀典　953
39 「貿易と環境」問題の課題と展望 …………… 高島　忠義　981
40 海外立地と環境リスク管理――アジアへ
　　の海外投資を中心に ………………………… 作本　直行　1005

第4編　外国環境法

第13章　外国環境法

41 アメリカ環境法の動向――1990年代後半
　　から2000年代を中心に ……………………… 及川　敬貴　1039
42 EU 環境法の動向 ……………………………… 奥　　真美　1063
43 中国の環境汚染侵害責任法制に関する
　　一考察 ………………………………………… 奥田　進一　1089
44 モンゴルの環境法の動向 ……………………… 蓑輪　靖博　1105

事項索引 ……………………………………………………………1129
執筆者紹介 …………………………………………………………1143

第1編 総　　論

　第1章　序　　論
　第2章　環境法におけるリスク管理
　第3章　環境法の基本理念と原則
　第4章　手 法 論
　第5章　地方分権と環境法

第1章 序論

1 公害法・環境法の歴史と展望

浅野直人

I 公害法の生成と展開

1 公害問題の発生

　日本での事業活動に伴う環境の汚染・改変による、人の健康や財産に被害問題は、古く、足尾銅山の操業に伴う広汎な農地の重金属類による汚染事件などに遡る。その後石炭の採掘のための土地の掘削による農地や宅地への地盤沈下等による被害が生じたため、1939年には鉱業法が改正され、我が国で初めて「鉱害」について無過失損害賠償責任制度が導入された[1]。

　ところで、事業活動に伴う広範囲の大気の汚染や水質の汚濁などの環境汚染による被害が広く「公害」として関心を集めることとなったのは、1960年代以降のことである。

　しかし、すでに1949年には東京都で工場公害防止条例が制定されており、さらに1954年に大阪府事業場公害防止条例（1931年に制定された同名の条例の全面改正）、1955年に福岡県公害防止条例が制定されて条約による公害規制が始まっている。もっともこの時期は、他方で工場誘致条例が制定され、あるいは石油コンビナートの建設が始まり、首都圏整備法が制定されて開発

---

[1] 鉱害問題は、太平洋戦争後の経済復興のための石炭の増産の動きの中で、その後も永く大きな問題として続いたが、被害の生じる地域が限られていたために、全国的な政策課題として取りあげられることはなかった。そして、その後のエネルギー転換に伴う1950年代後半以降の国内での炭鉱の合理化、さらには重なる閉山を経てさらに時間が経過し、人々からは忘れられる存在となっていった。しかし、この領域についての徳本鎭『農地の鉱害賠償』（日本評論新社、1956）をはじめとする研究は、後の公害法研究の先がけというべき意義がある。

が促進されるといった時期でもあった。1950年代後半には、洞海湾が死の海として問題化、1958年には排水被害を怒った浦安漁民が本州製紙工場に乱入した浦安事件が起こるなど、公害問題が次第に全国に広がりを示し始めてきた。なお、熊本水俣病患者の公式発見は1953年、四日市で呼吸器疾患患者の多発（いわゆる四日市ぜん息事件）が社会問題となったのは1959年であった。

2 公害規制の法律と公害法研究のはじまり

公害に対する国の法律による規制は、1956年の「工業用水法」による地下水採取規制（地盤沈下防止）に始まるが、しかし、同法は、工業用水の合理的な供給確保による特定地域の工業の健全な発達を図ることを主目的としていた。その意味では、1958年の「公共用水域の水質の保全に関する法律」及び「工場排水等の規制に関する法律」（いわゆる水質二法）が最初の本格的な公害規制法ということになる。もっともこの二法は地域を定めて水質基準を設定しこれに基づいて工場などの排水規制が行なわれる仕組みをとっており、たとえば同法によって水俣湾に水質基準が設定されなかったことは、のちに水俣病発生・拡大についての国の責任につながるものとされた（最判平成16・10・15民集58巻7号1802頁参照）。

1960年代に入り、1964年には、阿賀野川流域での有機水銀中毒患者が発生し（新潟水俣病事件）、スモッグのために羽田空港の視界が規定以下となって定期便の着陸に支障を生じる事態も発生、1965年には静岡県田子の浦港の工場排水沈殿物による港湾機能の阻害が問題となるなど、公害被害が拡大した。これに伴い、各地で公害反対運動も活発となった。1961年、大阪府に公害課が設置され、また、1962年には、「ばい煙の排出の規制等に関する法律」（ばい煙規制法）が制定されて、1964年に四日市市、千葉県五井町、名古屋市、大牟田市が同法による規制地域に指定された。また同年には、厚生省に公害課が設置された。このほかにも、地方公共団体での公害防止条例制定の動きは、1960年代に入り一層進展した。他方、1962年には、「新産業都市建設促進法」が制定されて、これをうけての全国総合開発計画が決定され、公害がさらに全国に拡散する一因になっている。

ところで1964年春、故加藤一郎博士を中心として、民法、行政法、公衆衛生の研究者による「公害研究会」が全国的組織として発足し、森嶌昭夫先生はその中心メンバーとして活躍された。研究会の活動は、1966年度まで続いたが、ヒアリングや現地調査を含めた本格的な公害法の共同研究としての先駆的取り組みとして記憶される必要がある。この研究会は、その後1973年には、「人間環境問題研究会」へと発展している[2]。

3 公害対策基本法の制定と公害国会、環境庁発足へ

1967年、「公害対策基本法」が制定され国としての公害対策への取り組みの方向が明らかにされた。同法は、法律上の公害の定義を定め、大気汚染、水質汚濁、騒音、振動、地盤の沈下（ただし「鉱害」に該当するものは除かれる）を公害と定めた。また、公害の防止対策のための事業者や国、地方公共団体の責務を定め、さらに国と地方公共団体の取り組むべき施策の大綱を明らかにした。なお、同法は、国と地方公共団体が一体となって地域の公害防止に取り組むため、内閣総理大臣の指示によって知事が「公害防止計画」を策定してこれを実施するとともに、国は当該地域に財政上の支援などを行なうものとする制度や、大気汚染・水質汚濁・騒音に関する規制基準の拠り所とするための環境基準制度を新たに設けた。また、国の中央公害対策審議会などの組織を整備することや、政府が公害対策のために講じた施策等について毎年国会に報告しこれを公表すべきことも定めた。これをうけて、1968年には、ばい煙防止法が改正されて「大気汚染防止法」となり、大気汚染の規制が全国一律に行なわれることとされ、また「騒音規制法」が制定された。さらに公害対策基本法に、紛争処理制度や被害者救済制度の整備が盛り込まれたことをうけて、1969年には、訴訟によらず行政組織による紛争の処理を図るための制度を定めた「公害紛争処理法」や、特定の地域の大気汚染による健康被害者への医療費自己負担分の給付を内容とする被害者救済制

---

[2] その成果の一端は、加藤一郎編『公害法の生成と展開』（岩波書店、1969）、同『外国の公害法（上・下）』（岩波書店、1972）を通じてみることができる。この研究会は、その後、1973年からの人間環境問題研究会の活動に引継がれ、さらに同研究会は、現在の環境法政策学会の源流の一つということもできる。

度を定めた「公害に係る健康被害の救済に関する特別措置法」が制定された。なお、SOxの環境基準は、1969年に、また最初の公害防止計画は、1970年に四日市地域と倉敷・水島地域について策定され、さらに最初の「公害白書」が、1969年に公表されている[3]。

1970年に開かれた第64国会は、のちに公害国会と呼ばれることになるが、この国会で、1967年の公害対策基本法が改正されるとともに、その他13の法律が制定ないし改正されて、公害規制等に関する法律の体系が大きく整備されることとなった[4]。

この公害対策基本法改正では、かねてから批判が多かった、生活環境の保全の施策につき、「経済の健全な発展との調和が図られるようにするものとする」(1条2項)とされていた、いわゆる「調和条項」が削除されたほか、

---

3) 当時は環境庁がなかったので、総理府総務長官と厚生大臣の名前で公表され、通商産業省・建設省・経済企画庁など12の府省庁が執筆していた。1972年からは、環境庁が取りまとめることとなり、公刊に際する題名が「環境白書」に変更されている。環境白書は、その後、循環型社会形成推進基本法(2000年)あるいは、生物多様性基本法(2008年)の制定による新たな白書と合冊されることとなり、2007年から「環境・循環型社会白書」に、さらに2009年からは「環境・循環型社会・生物多様性白書」になって現在に至っている。

4) 「公害防止事業費事業者負担法」「海洋汚染防止法」「人の健康に係る公害犯罪の処罰に関する法律」(公害罪法)「農用地の土壌の汚染防止等に関する法律」(農用地土壌汚染防止法)「水質汚濁防止法」「廃棄物の処理及び清掃に関する法律」(廃掃法)が制定され、また「道路交通法」「騒音規制法」「下水道法」「農薬取締法」「大気汚染防止法」「毒物及び劇物取締法」が改正され、さらに「自然公園法」が改正された。

公害罪法は、刑法の業務上過失致死傷罪の特別法として、工場・事業場での事業活動によって有害物質を排出して人の生命・身体に危険を生じさせる行為を処罰することを定めており、過失犯も処罰され、有害物質で人を死傷させた場合は処罰が加重されるほか、因果関係の推定規定が置かれている。農用地土壌汚染防止法は、イタイイタイ病事件を契機に問題となったカドミウムなどの重金属類による農用地の汚染によって農作物を介して人の健康に被害が生じることを防ぐため、汚染された農用地での作付けを規制できることとしたほか、必要な場合は農用地の汚染の除去を公共事業として行なうことができることを定めている。なお、この費用は公害防止事業費事業者負担法によって、原因者に負担させることとされる。水質汚濁防止法は、前述の水質二法に代わるもので、これによって排水基準が全国一律に適用されることになった。また、廃掃法は、1954年に制定された旧清掃法に代わるもので、それまでの公衆衛生の観点からのごみ処理政策を改め、ごみの処理に伴う公害防止にも留意しさらに汚染者負担原則を取り入れるため、廃棄物を一般廃棄物と産業廃棄物に区分して処理義務の主体と責任を明確にした。

悪臭と土壌汚染が公害に追加されこれによって、典型公害が七類型とされた。またこの改正によって、土壌汚染に関しても環境基準を定めることとされた。

その後1971年に、悪臭防止法が制定され、さらに1984年には振動防止法が制定されて、典型7公害の規制に関して、地盤地下を除いて、基本となる法律が整えられた[5]。

1970年には、国の公害対策を一元化するために政府に公害対策本部が置かれたが、さらに1971年7月に、環境庁設置法が施行されて、厚生省の国立公園局と公害部、経済企画庁の水質基準担当部局などを母体とする、総理府の外局としての、環境庁が設置され、国務大臣がその長にあてられた。これによって公害防止行政と自然保護行政を共に扱う環境行政組織がつくられ、国の公害行政を担う組織が整えられた。なお、このように国の公害規制法体系が整備されたことに伴って、それまでの地方公共団体の創意にあふれた公害防止条例が次々に改正され、地方公共団体は、国の機関委任事務としての公害行政事務とそれを補完する事務を行なう役割を果たすものとされていった。

4　四大公害訴訟の行方

ところで、1971年6月には、1968年に提訴されていた富山イタイイタイ病訴訟の第一審判決（富山地裁昭和46・6・30判時635号17頁）が出された。判決では争いのあった因果関係について被告の主張が退けられ、無過失責任を定めた鉱業法109条にもとづいて、原因企業の損害賠償責任が認められた。この事件は、控訴審も一審判決を支持し（名古屋高裁金沢支部昭和47・8・9判時674号25頁）被告の責任が確定した。また、新潟水俣病訴訟判決

---

5) ただし土壌汚染の原因は大気汚染及び地下水汚染を含む水質汚濁であり、土壌汚染の対策は汚染後の処理を中心としたものである。当時は農用地の土壌汚染対策についてのみ法律が作られたが、のち2002年に、後述の市街地土壌の汚染による地下水汚染や汚染土壌の直接摂取による健康被害防止のための汚染地対策を定めた「土壌汚染対策法」が制定されている。地盤沈下については、工場用、ビル用の地下水採取規制による市街地の地盤沈下防止に関する法律があるが、農業用の地下水採取規制については現在に至るまで法律が制定されないままになっている。

（新潟地裁昭和46・9・29判時642号96頁）も同年に出され、水俣病の原因がメチル水銀の摂取にある点は争われなかったが、患者の摂取したメチル水銀が被告工場排水によるものであるかどうかについての争点について、裁判所によっていわゆる蓋然性説が採用されて、被告の責任が認められた。1972年には、四日市ぜんそく訴訟事件判決（津地裁四日市支判昭和47・7・24判時672号32頁）が出され，裁判所は、大気汚染と疾病の関連について疫学的手法での証明があれば事実上の推定が及ぶとし、また共同不法行為に関しても学説の考えかたを受け入れて、原因企業の賠償責任を肯定した。翌1973年には、第一次熊本水俣病訴訟事件の判決（熊本地裁昭和48・3・20判時695号15頁）が出され、裁判所は被告企業には結果発生の予見可能性が具体的にあったとして過失を肯定、原告への賠償を認めている。これで、いわゆる四大公害訴訟判決がそろったことになるが、これらの判決をめぐって多くの論文が発表され、1970年代の前半は、このような公害被害者救済に関しての公害法研究について大きな進展をみた時期でもあった。なおその後、公害被害の救済については、損害賠償訴訟から差止め訴訟に関心が移り、東海道新幹線訴訟、大阪国際空港訴訟などを通じて、民事差止め請求の法律構成や限界が論じられ、さらにその後には、行政訴訟の形での環境改変や被害の未然防止にも多くの関心が集められるようになった。

　なお、1972年には、ストックホルムで国連人間環境会議が開かれ、地球環境の有限性が説かれ、「宇宙船地球号」というキーワードのもとで、国内の環境汚染問題を超えた環境問題への取り組みの必要性が認識されることとなった。前述の1973年の人間環境問題研究会の発足は、この会議に触発されたものでもあった。しかし、この熱気は一般には長続きすることがなく、次の盛り上がりは1992年にリオデジャネイロで開かれた環境と開発に関する国連会議（UNCED）まで待たれなくてはならないこととなった[6]。

---

6)　わずかに、1988年に、オゾン層破壊の原因になるとして条約によって使用制限が決められたクロロフィルオロカーボン（フロンガス）の国内での使用規制のために「特定物質の規制等によるオゾン層の保護に関する法律」が制定されたが、これは地球環境保全を意識した取り組みといえる。しかし、同法制定に際しては、条約上の責務の履行という点が強調され、それ以上の地球環境保全に関する国内法のあり方に関する深い論議が展開されたわけではない。

5 その後の公害法の動向と公害法研究の進展

1972年には、水質汚濁防止法の特別法である「瀬戸内海環境保全臨時措置法」が水質汚濁防止法の特別法として瀬戸内海の環境保全のための上乗せ規制等を定めた（同法は、1978年に恒久法である「瀬戸内海環境保全特別措置法」となった）。また、1973年には、四日市判決をうける形で、旧健康被害救済法に代えて「公害健康被害補償法」（公健法）が制定され、大気汚染による健康被害をうけた者への医療の給付や減収分の補償などが手厚く行なわれることとされ、同時にそのために費用を硫黄酸化物の排出量に応じて負担させる汚染負荷量賦課金制度が導入された（なお、同法は、その後の大気汚染の改善に伴って大幅な見直しが必要となり、1988年に「公害健康被害の補償等に関する法律」と改称されて、新規の患者の認定が打ち切られることとなった）。また、同年には、カネミ油症事件を契機に、PCBなどの有害な化学物質の規制を図るための「化学物質の審査及び製造等の規制に関する法律」（化審法）も制定されている。

公害対策に関しては、1970年台の半ば頃までに法体系が整えられ、工場等の固定発生源に起因する環境汚染は、次第に改善していった。しかし、一方で自動車などの不特定多数の移動発生源や、群小の汚染源による都市の環境汚染あるいは湖沼などの閉鎖性水域の環境汚染の解決はその後もなかなか進まなかった。

そこで、1978年には「特定空港周辺航空機騒音対策特別措置法」、1980年には、「幹線道路の沿道の整備に関する法律」、1984年には、「湖沼水質保全特別措置法」、1990年には「スパイクタイヤ粉じんの発生の防止に関する法律」、さらに、1992年には「自動車から排出される窒素酸化物の特定地域における総量の削減等に関する特別措置法」（NOx法）が制定され、空港騒音や沿道騒音、湖沼の水質汚濁、あるいは沿道の大気汚染に関して、騒音規制法、水質汚濁防止法、大気汚染防止法だけでは対策の実効性があがらなかった課題への取り組みが強化された[7]。

前述の公害研究会に代表される、法学の立場からの公害研究は、1960年代の半ばから始まったが、1967年の公害対策基本法制定を契機として、一段と活発になった。法令集、公害法全般の解説書や関係論文を取りまとめた

書籍も盛んに刊行されるようになり、さらに四大公害訴訟を中心に、被害者救済のための因果関係や共同不法行為あるいは差止め請求の法律構成などに関する法理論の検討や、紛争処理手続き、あるいは公害行政をめぐる検討が行なわれるようになった[8]。

II 公害法から環境法へ

1 日本の自然環境保全法の沿革

日本の自然環境保全の法制度は、1874年の鳥獣猟規則に始まる。同規則は1896年には狩猟法（1918年に改正されている）になり、同年森林法も制定された。さらに1901年には漁業法が制定され、1919年には史跡名勝天然記念物保存法が制定されている。しかし、本格的な自然環境保全の法律制度は、アメリカの制度にならって1931年に制定された国立公園法に始まると

---

[7] 公害関係規制法は、その後の環境基本法制定以降にも、1994年には「特定水道利水障害の防止のための水源水域の水質の保全に関する特別措置法」（水道水源法）が、また、1999年には「ダイオキシン類対策特別措置法」、2005年には、「特定特殊自動車排出ガスの規制等に関する法律」が制定され、また大気汚染防止法（1996、2004、2006、2010年）、水質汚濁防止法（1996、2010、2011年）、悪臭防止法（1995年）、などの主要な公害規制法の改正が行なわれている。なお、NOx法は2001年に改正されて「自動車から排出される窒素酸化物及び粒子状物質の特定地域における総量の削減等に関する特別措置法」となって粒子状物質が規制対象に加わり、その後2007年にその運用強化のための改正が行なわれている。

[8] 佐藤竺＝西原道雄編『公害対策 I・II』（有斐閣、1969）、戒能通孝編『公害法の研究』（日本評論社、1969）、沢井裕『公害の私法的研究』（一粒社、1969）、加藤一郎編『公害法のしくみ』（有斐閣、1971）、野村好弘＝淡路剛久『公害判例の研究』（都市開発研究会、1971）、東孝行『公害訴訟の理論と実務』（有信堂、1971）、金沢良雄監修『註釈公害法体系（全4巻）』（日本評論社、1973）、淡路剛久『公害賠償の理論』（有斐閣、1975）などはこの時期の代表的な研究書である。また、木宮高彦『公害概論』（有斐閣、1974）は、当時の活発な公害法研究の状況を今に伝える資料として貴重である。このほか、狭義には公害には該当しないが、日照阻害や近隣騒音などの生活妨害についての損害賠償や差止め請求に関する研究も1970年代にはいって活発になり、たとえば、沢井裕『公害差止めの法理』（日本評論社、1976）などが当時の状況を示している。また、新受忍限度論など、過失理論に強い影響を与えた法理論は、この領域の研究から生み出されたものであった。たとえば、野村＝淡路・前掲書や、野村好弘『公害の判例』（有斐閣、1971）、野村好弘＝加藤了＝高崎尚志編『環境公害判例体系』（学陽書房、1974）などはその成果を示している。

いえる。同法は、自然が豊かで景観のすぐれた地域を公園地域として指定して土地利用を規制し、これによって自然保護を図るものであり、これが永く、日本の自然保護の基本的な法的枠組みとなった。このように太平洋戦争前から自然環境保全の法制度はある程度整備されていたが、戦争の激化によって、制度が崩壊してしまった。しかし1946年いち早く国立公園事務が復活し、さらに1948年には温泉法が、1950年には文化財保護法が制定された。文化財保護法は、1929年に古社寺保存法に代わって制定された国宝保存法と史跡名勝天然記念物保存法等を統合したものであり、個体としての野生生物や貴重な地形・地層などや景観を保全する役割を果たすことから、自然環境保全関連法としても位置づけることができる。ところで、国立公園法は、1956年の都市公園法制定を契機に、1957年に「自然公園法」に改められ、あらたに国定公園制度や都道府県立自然公園制度が設けられた（同法は、前述のように1970年の公害国会で改正されている）。1962年には、「都市の美観風致を維持するための樹木の保存に関する法律」が制定され、1963年には、狩猟法が「鳥獣保護及狩猟ニ関スル法律」と題名変更された。

　1960年代後半になると、公害問題と共に、急激な都市開発による歴史的景観や緑地の喪失が問題化したことをうけて、1966年には「古都における歴史的風土の保存に関する特別措置法」と「首都圏近郊緑地保全法」（このほか、1980年には「明日香村における歴史的風土の保存及び生活環境の整備等に関する特別措置法」）が制定された。

2　自然環境保全の基本法

　前述のとおり、1971年に環境庁が設置され、自然公園行政を初めとする自然保護行政が環境庁の所管となった。これを契機に、自然環境保全の基本法が必要と考えられ、1972年に、「自然環境保全法」が制定された。同法は、自然環境保全の理念や政策方針を定めるとともに、利用目的をも含んでいる公園地域としてではなく、自然保全のみを目的として地域を指定し土地利用を制限する自然環境保全地域制度を導入した。なお、同年、渡り鳥保護の二国間条約の国内担保のために「特殊鳥類の譲渡の規制に関する法律」も制定された[9]。また、都市緑地保全を首都圏以外にも拡大するため「都市緑

地保全法」が制定された（さらに、1974年には「生産緑地法」が制定され、都市周辺農地保全も図られることとなった）。このほか同年には「動物の保護及び管理に関する法律」も制定された。また、前述の1978年の「瀬戸内海環境保全特別措置法」は、瀬戸内海の水質保全だけでなく、景観や自然の保全をも視野にいれた法律である。ただし、自然環境保全の法領域については、この時期まで、法律学の分野で公害法ほどに関心を集め研究が進められていたとは言いがたい[10]。

3　環境政策と環境行政の一元化と環境基本法の制定

ところで、環境庁設置によって、公害防止行政と自然保護行政が一つの行政組織で取り扱われることとはなったが、その後も1967年制定（1970年改正）の公害対策基本法と1972年制定の自然環境保全法という二つの基本法による法体系のもとで環境行政が進められ、たとえば政策を審議する審議会も、中央公害対策審議会と自然環境保全審議会にわかれていた。

しかし、1992年に開かれた前述の環境と開発に関する国連会議（UNCED）に備えて、日本の新たな環境政策を法制化しようという動きがあらわれた。もっともこの動きはその後の政局の変化のために会議開催までには成果につながらなかったが、1992年秋から、中央公害対策審議会と自然環境保全審議会の合同会議で新たな環境政策法の検討が始まった。その答申を得て、1993年には、法案が国会に提出され、一度は国会解散のために廃案となったものの、同年秋の国会で可決されて、新たな「環境基本法」が、11月19日に公布されるとともに即日施行となった。同法は、UNCEDの成果をも踏まえて、日本の環境政策の基本的理念を定め、環境の恵沢を将来世代に継承するとともに、持続可能な社会を形成することこそが日本の環境政策の目標であることを明らかにしている。さらに国、地方公共団体、事業

---

9)　同法は、1987年にワシントン条約に対応するために「絶滅のおそれのある野生動植物の譲渡の規制に関する法律」に改められ、さらに1992年、日本での同条約締約国会議開催を機会に、国内の絶滅危惧種の保護をも含めた「絶滅のおそれのある野生動植物の種の保存に関する法律」となった。

10)　山村恒年『自然保護の法と戦略』（有斐閣）は先駆的な法学者の業績であるが、その初版は1989年に刊行されている。

者、国民の責務を定め、環境施策策定実施の指針を掲げて、国や地方公共団体が行うべき環境保全のための施策の骨格を定めるほか、閣議決定による国の環境基本計画策定、中央環境審議会等の組織の設置等を定めている。施策の中では、当然ながら地球温暖化を初めとする地球環境問題への取り組みが大きく位置づけられている。環境基本法と公害対策基本法との大きな違いは、規制的手法だけでなく、自主的取組への誘導の方策が重視され強調されている点である。また、「公害」と「自然破壊・改変」の上位概念として「環境への負荷」の概念を用いることとし、「公害」は「環境への負荷のうち、事業活動その他人の活動による」大気汚染等をいうものとされた。同法の制定によって、公害対策基本法は廃止され、他方自然環境保全法は政策法的部分が環境基本法に移され、自然環境保全地域制度等の実体的制度を定める法律に変更された。なお、公害対策基本法の中の実体的制度であった公害防止計画制度と環境基準制度は、そのまま、環境基本法に移された[11]。これによって、環境行政は環境庁設置以来、22年を経て、ようやく、一元的な法体系のもとで行なわれるものとなり、環境法という法領域展開の確かな手がかりができたということができる[12]・[13]。

III　環境法・政策の展開と制定法

1　環境基本計画の変遷

あらたに発足した中央環境審議会の最初の仕事は、環境基本計画の策定であり、1994年にほぼ1年近くを費やして、計画の検討・策定が進められた。第一次の計画は、公害防止と自然保護とを環境政策として統合し、施策の体系化を図ることに力が入れられた。そして、長期的目標を、「循環」「共生」「参加」「国際的取組み」の4つのキーワードで表現される文言目標とし、同時に「循環」を環境汚染の政策・施策、「共生」を自然保全の政策・施策、

11）　このうち公害防止計画制度は、国が都道府県に計画の策定を命令する仕組みが地方分権の精神に反するとされ、また公害の大幅な改善もあり、2011年に大きく改定されることとされている。また、環境基準制度も、国民に分かりやすい指標に改める必要が指摘されるなど、再度その仕組みの見直しが必要になっている。

「参加」を共通的・基盤的な政策・施策の体系化のためのキーワードとして用いることにもした。さらに、毎年、各府省から計画の実施状況の報告をうけて、審議会で点検をした上で、閣議に報告すること、また、5年を目途に計画の見直しをすべきことを定めた。この二つは、計画の実効性を高めると

---

12) 環境法という呼称は、すでに1970年代から用いられてきたが、1980年代に入ると多く見られるようになっている。たとえば、柳田幸男『環境法入門』(サイマル出版会、1972)。ただし環境権を中心とするもので体系書ではない。また、人間環境問題研究会の機関誌は1974年の第1号から「環境法研究」という書名で刊行されてきた。原田尚彦『環境法』(弘文堂)は、『公害と行政法』(1972)の改訂版として1981年に刊行されている。このほか浅野直人＝斉藤照夫ほか『環境・防災法(現代行政法全集19巻)』(ぎょうせい、1986)なども比較的早い時期に刊行された体系書である、1990年代に入ってからは、自然環境保全にまで視野を広げた体系的ですぐれた環境法のテキストが次々に刊行されるようになった。阿部泰隆＝淡路剛久編『環境法』(有斐閣)の初版は1995年(現在は第4版)、吉村良一＝水野武夫編『環境法入門』(法律文化社)の初版は1999年に刊行されている(現在は『新環境法入門〔第2版〕』)。2002年には、南博方＝大久保規子『要説環境法』(有斐閣)(現在は第4版)、大塚直『環境法』(有斐閣)の初版(現在は第3版)が刊行されており、『公害・環境判例百選』(1994年)は2004年に『環境法判例百選』に書名が変更されている。なお、前掲注(2)の環境法政策学会は森嶌先生を会長として1997年に設立され、環境法政策学会誌第1号(商事法務研究会)は1998年に刊行されている。その後の環境法の体系書としては、松村弓彦＝柳憲一郎＝石野耕也ほか『ロースクール環境法』(成文堂、2006)(現在第2版)、富井利安編『レクチャー環境法』(法律文化社、2010)、北村喜宣『環境法』(弘文堂、2011)などが代表的なものである。

13) 環境基本法の制定に際しては、関係府省との調整が難航する局面も少なくなかった。たとえば、環境の定義を法律の中に定めるべきとの意見が、他の府省からは強く出された。しかし、環境を適切に定義することは困難である上、定義によって、環境政策・行政の範囲が必要以上に限定されることが恐れられた。このため、環境の定義を条文には置かないこととしたが、これが認められたことは、その後に環境政策が、社会状況の変化に解釈によって柔軟に対応できるようにできる途を拓いたと言える。後述の環境基本計画は、現在、第4次計画の策定準備が進められているが、第3次計画では、「物質面だけでなく、精神的な面からも、安心、豊かさ、健やかで快適な暮らし、歴史と誇りある文化、結びつきの強い地域コミュニティといったもの」を将来世代に約束できる社会こそ、持続可能な社会であると宣言しており、このような要素までも環境政策の視野に取り入れるべきとする考え方が閣議で異論なく認められるに至っている。また、環境基本計画を法定計画とすることについても、国土計画や都市計画、農用地計画などとの抵触を恐れてか、他省の反対が強かったが、最終的には、閣議決定(つまり全府省の同意)によって策定、ということに落ち着いた。

なお、自然環境保全審議会は、環境基本法施行後も存続したが、環境政策の基本的事項は、中央環境審議会で扱われることとされた。その後2001年の環境省設置に伴う行政改革の際に、中央環境審議会に統合された。

共に、状況の変化に対応させて環境政策・施策を発展させていくことを可能にした[14]。この第一次計画にもとづいて環境政策・施策が実施されていったことによって、環境基本法の考え方にそった一元的な環境政策の進展という点では徐々に成果があがっていったといえよう。たとえば、1994年には環境庁に「水環境ビジョン懇談会」がおかれ、1995年8月に報告書「失われた『人と水の関係』の回復と新たな展開を目指して——今後の水環境行政のあり方」を公表した。報告書は、水質保全だけでなく水量確保、水生生物の保全、流域の歴史・文化・生活環境の保全・創造の施策が統合された「水環境」行政への転換を提言したが、これはその後の1997年の河川法改正と河川行政の大幅な転換をもたらしたといえる。さらに、報告書が強調した「地下水」を含めた健全な水循環の確保の必要性については、1998年に関係省庁連絡会議が設置され、また1999年4月の中央環境審議会の意見具申を経て、その後の環境基本計画では後述の戦略的プログラムにも取り入れられた。このほか従来の騒音規制行政から音環境行政への脱皮をはかるべく1996年に「残したい日本の音風景百選」が選定されたこともその例ということができる。ただし、第一次計画の進捗状況点検の結果、計画が余りに網羅的であり、施策にメリハリがない、その実現のためのストーリー性にも欠けるとの批判が出された。そこで、2000年12月に策定された第二次環境基本計画は、持続可能な社会形成が環境政策の目標であることを鮮明に示すとともに、戦略的プログラムとして、分野別に6項目、分野横断的に5項目を掲げて、5年間で重点的に取組むべき課題を明らかにするとともに、個々の課題への具体的取組みのあり方を示すこととした。そして、2001年1月からは、国の行政改革によって、省に昇格した環境省の設置[15]と同時に、

---

14) 環境白書は、1996年版からは、環境計画の構成に添った章立てに改められている。また、後述の循環型社会形成推進基本法は、同法による循環型社会形成推進基本計画の取扱いについて、環境基本法の点検及び見直しのシステムを法定手続きとして規定している。
15) この環境省の発足に伴って、廃棄物行政が従来の厚生省から環境省へ移管されて廃棄物リサイクル部が大臣官房におかれ、また、大気保全局、水質保全局が環境管理局に統合されて新たに地球環境局が設置された。その後、2005年には、地方環境事務所制度を発足させるため、環境管理局の中の水環境部が廃止されて水・大気環境局となっている。

第二次環境基本計画にそった環境政策・施策が実施されることとなった。

　第二次計画は、2005年度に見直しの作業が行なわれ、2006年4月に第三次環境基本計画が決定された。第三次環境基本計画は、第二次計画が掲げた「持続可能な社会」の意義をさらに明確にするとともに、第一次計画以来踏襲されてきた長期的目標に筆を加え、また「時間を超え場所を超えて人と人とが共生する」ことが環境政策の最終的な目標であることを再確認し、このために"環境・経済・社会の統合"の視点が重要であることを明らかにした。また、超長期の視点が必要であることを強調し、はじめて数値の指標による計画の進行管理の考え方を導入した。このほか、第二次環境基本計画から取り入れられた戦略的プログラムを、重点分野政策プログラムと改称し、10項目に整理のうえ、考え方を存続させることとした。なお、2007年には翌年の洞爺湖サミットを控えて、「21世紀環境立国戦略」が閣議決定されたが、この戦略では第三次計画の考え方をさらに明確に整理し、持続可能な社会の形成のためには、「低炭素社会」「循環型社会」「生物共生社会」を同時に実現すべきこと等を打ち出し、その後の国や地域の環境政策に大きな影響を与えた。ところで第三次計画は、2010年で5年目を迎えたので、2011年度に三度目の見直し作業が行なわれており、2012年3月には第4次環境基本計画が決定される予定であるが、急激に変化する内外の状況と、2011年3月11日の東日本大震災による国民の意識の大幅な変化をふまえながら、今後の環境政策の方向をどのように示しうるかが課題である。

2　環境管理の法制度

　大規模な工場・事業場の環境汚染が改善されることによって公害防止のための規制の役割が少なくなっていく反面、地球温暖化の原因となる温室効果ガスの排出や資源の浪費を防いで低炭素社会、循環型社会を形成していくために、規制ではない手法によって、事業者や国民の行動を環境に配慮したものに誘導していく手法の必要性が増えた。注15に紹介した環境省の機構の面からもこのことは理解できる。また、前述のように環境基本法は、すでにこの点を意識した施策を挙げているが、同法制定以降、この面での法制度についても、気候変動対策を除けば、かなりの進展と変化が見られる。

(1) 土地の形状変更・工作物の新設にともなう環境負荷の低減

開発に先立って環境影響評価（アセスメント）の手続きを行なうべきことは、自然保護や公害防止のためにも不可欠、との考え方にもとづいて、環境庁設置直後から環境影響評価法制定の努力が払われた。しかし、1983年法案が廃案とされ、1984年からは閣議決定により環境影響評価が実施されてきた。環境基本法制定後、その20条をうけて、1997年にようやく「環境影響評価法」が制定された。同法は、閣議アセス以来の伝統を受け継いで、環境影響評価の手続きの結果を主務大臣の許認可に反映させる仕組みをとっており、個別法の許認可要件にさらに環境配慮の有無を加えるものとするという「横断条項」が置かれている。しかし、同法は、実質的には、事業者による自主的な環境配慮を促すために手続きを義務付けるもので、禁止を解除する要件を定めるといった厳しい規制法ではない。同法は、その後、2011年に改正され、立地・規模を決める早期段階での環境配慮と、事後調査の段階での結果公表の手続きを追加し、開発事業の計画策定段階でのより自主的な環境配慮を促すものに改められた。

(2) 循環型社会形成の推進

前述のように1970年の公害国会で、清掃法が改正され、「廃棄物処理及び清掃に関する法律」（廃掃法）となったが、旧法のもっていた公衆衛生の観点からの警察取締法規としての性格は今に至るまで残っている。しかし、1990年代に入り、ごみ減量のため、リサイクルの必要性が認識されるようになり、1991年には通商産業省所管の「再生資源の利用の促進に関する法律」が制定されて、製造事業者への義務付けが強化された。同年には1979年に続いて、廃掃法が改正され、同法にもリサイクルの視点を加えることとされた。その後、1995年、容器包装ごみ減量のため「容器包装に係る分別収集及び再資源化の促進に関する法律」が制定され、事業者に再資源化費用を一部負担させる考え方を取り入れた制度が始まった（同法は、2006年に改正され、事業者の義務が強化された）。さらに1998年には、「特定家庭用機器再商品化法」により、家電製品についても製造事業者の引取り義務を負わせる制度が拡大された（なお、EPR拡大生産者責任の考え方は、日本ではすでに1993年に環境基本法8条2項で取り入れられていることに留意する必要がある）。

2000年には、環境基本法のもとにおかれる「循環型社会形成推進基本法」（循環基本法）が制定され、3R（リデユース・リユース・リサイクル）を進め、資源浪費のない循環型社会をめざすことが定められた。同法は、環境基本計画に基づいて、循環型社会形成推進基本計画を閣議決定すべきこととしており、2003年に第一次計画、2008年に第二次計画が決定された。この計画は最初から数値目標を掲げており、いずれの目標も順調に達成されてきている。この2000年には、再生資源の利用の促進に関する法律が改正されて、「資源の有効な利用の促進に関する法律」となった。同法は製造事業者に3Rを徹底させるため、自主的取組を誘導しつつ、ルール不遵守の場合には命令等によって強制することをも含んだ政策実現手法を採用している。同年にはこのほか「建設工事に係る資材の再資源化等に関する法律」（建設リサイクル法）、「食品循環資源の再生利用等の促進に関する法律」（食品リサイクル法）（2007年に改正され、環境省が共同で所管することとされた）、「国による環境物品等の調達の推進等に関する法律」（グリーン購入法）が制定され、また2002年には「使用済自動車の再資源化等に関する法律」（自動車リサイクル法）が制定されて、循環型社会形成のための個別法が整えられた。このうち自動車リサイクル法は、ユーザーに費用を前払いさせる方式を採用している。他方、廃掃法は、2000、2003、2004、2005、2006、2010年に改正され、規制を強化するとともに、循環型社会形成に資するための規制緩和も次第に進んでいる。このほか、1993年には「特定有害廃棄物等の輸出入等の規制に関する法律」、2001年には、「ポリ塩化ビフェニル廃棄物の適正な処理の推進に関する特別措置法」（PCB特措法）、「特定製品に係るフロン類の回収及び破壊の実施の確保等に関する法律」（フロン法）（なお2006年に改正排出者の義務が強化された）、2003年には「特定産業廃棄物に起因する支障の除去等に関する特別措置法」（産廃特措法）が制定され、廃掃法の特別法も整備されている。循環基本法は制定後10年を経過したが、同法にもとづいた循環型社会づくりの法体系が整合性あるものとされるためには、引き続いて努力が必要である。

(3) 化学物質による環境リスクの管理

化学物質規制は、前述の1973年の化審法を中心に進められ、そのほか、

「農薬取締法」(1948年)、「毒物及び劇物取締法」(1950年)などの古くからの法律がある。しかしこれらは、化学物質の物質としての危険性のみに着目した規制を中心とする制度を定めており、曝露量との関係をも考慮した環境リスク管理の発想に欠けるものであった。1996年のOECD理事会勧告をうけて、化学物質の排出・移動量を事業者が自ら把握して、これを報告・登録・公表するという汚染物質放出移動登録（PRTR）制度を日本で実施するため、1997年にはパイロット事業が実施され、その経験を踏まえて、1999年に「特定化学物質の環境への排出量の把握及び管理の改善の促進に関する法律」（化管法）が制定された。同法も、排出規制でなく報告を義務付ける手続き的手法によって排出削減を促す仕組みを取り入れている点が新しい。その後、2002年には、化学物質による土壌汚染について、健康リスク管理に必要な限度で汚染地の管理・浄化を汚染地の所有者に義務付ける「土壌汚染対策法」が制定され、環境リスク管理の観点からの法制度が加わった（同法は、2009年に改正され、リスク管理の観点が一層強調されることとなった）。

また、2003年には化審法が改正され、曝露をも勘案した新たな規制制度へと大きく変化し、その後の2009年の再改正で、その色彩が一層濃いものとされた。このほか2002年には農薬取締法が改正され、違法使用者への罰則がはじめて取り入れられた。

(4) 生物多様性の保全

1993年のUNCEDで採択された生物多様性条約にもとづく日本政府の「生物多様性国家戦略」が、1995年に決定された。この戦略は、関係府省の協力で作成され、自然保全のみならず利用の管理をも視野にいれた新たな自然保護行政が始まった。2002年には「新・生物多様性国家戦略」が策定され、2007年には第3次戦略に改定された。2008年議員立法により「生物多様性基本法」が制定されて、国家戦略が法定計画とされたことをうけ、さらに日本で生物多様性条約締約国会議が行なわれることをふまえて、2010年には「生物多様性国家戦略2010」が策定された。この分野での環境基本法制定後の立法の動きは活発である。1997年の「南極地域の環境の保護に関する法律」、1999年の鳥獣保護法改正（特定鳥獣保護管理計画制度導入）、動物の愛護及び管理に関する法律改正（罰則強化・業届出制度導入）、2002年の

自然公園法改正及び「鳥獣の保護及び狩猟の適正化に関する法律」制定（鳥獣保護及狩猟ニ関スル法律の改正による題名変更）、2003年の「遺伝子組換え生物等の使用等の規制による生物の多様性の確保に関する法律」制定、2003年の絶滅のおそれのある野生動植物の種の保存に関する法律改正、2004年の「特定外来生物による生態系等に係る被害の防止に関する法律」制定、2006年の鳥獣の保護及び狩猟の適正化に関する法律改正、2007年の温泉法改正及び「エコツーリズム推進法」（議員立法）制定、2008年の温泉法改正、2009年の自然公園法及び自然環境保全法改正、2010年の「地域における多様な主体の連携による生物の多様性の保全のための活動の促進に関する法律」制定など多彩である。さらに自然保全にも関連するものとして、2003年の「環境の保全のための意欲の推進及び環境教育の推進に関する法律」（議員立法）制定（2011年に改正され題名が「環境教育等による環境保全の取組の促進に関する法律」に変わった）、2008年の「鳥獣による農林水産業等に係る被害の防止のための特別措置に関する法律」「愛がん動物用飼料の安全性の確保に関する法律」及び「森林の間伐等の実施の促進に関する特別措置法」、2009年の「美しく豊かな自然を保護するための海岸における良好な景観及び環境の保全に係る海岸漂着物等の処理等の推進に関する法律」（議員立法）の制定などがあり、さらに循環型社会形成や地球温暖化対策とも関わりがあるものとして、2008年の「農林漁業有機物資源のバイオ燃料の原材料としての利用の促進に関する法律」2009年の「バイオマス活用推進基本法」（議員立法）制定などがある。この分野の最近の制定法の特色としては、議員立法が多いことをあげることができ、伝統的な立法の感覚になじみ難い内容の制定法が増えていることを示している。

(5) 気候変動の緩和と適用

1992年のUNCEDでは、気候変動に関する国連枠組条約が締結され、さらに1997年の京都会議では先進国が数値目標を定めて温室効果ガスの排出削減の法的義務を負うものとする京都議定書が締結された。日本は2002年に議定書を国会で承認してこれに加入、2005年に議定書が発効した。気候変動の緩和（温暖化防止）については、政府によって1990年に、「地球温暖化防止行動計画」、1998年には「地球温暖化対策推進大綱」（2002年に改定さ

れ、のち 2005 年からは後述の温対法 2002 年改正に基づいて法定計画としての「京都議定書目標達成計画」となっている）が策定されてきた。これを担保するものとして、同じ 1998 年に事業者への規制法的色彩の強い「エネルギー使用の合理化に関する法律」（省エネ法）（1979 年）が改正されるとともに、温暖化対策は省エネルギー政策で足りるという反対を押し切って環境庁所管の「地球温暖化対策の推進に関する法律」（温対法）が制定された。なお、新エネルギー導入の促進を図るために、1997 年には「新エネルギー利用等の促進に関する特別措置法」が制定され、2002 年には「エネルギー政策基本法」が制定された。また「電気事業者による新エネルギー等の利用に関する特別措置法」（RPS 法）が制定されて、電力販売事業者に自己の負担で調達した一定量の新エネルギーを利用した電力の販売を義務付けた。さらに 2009 年には「エネルギー供給事業者による非化石エネルギー源の利用及び化石エネルギー原料の有効な利用の促進に関する法律」が制定されている。省エネ法は、2002 年、2008 年に改正されて規制が強化され、他方、温対法も、2002 年、2005 年、2006 年、2008 年に改正されている。このうち 2005 年改正では、PRTR システムにならった事業者による温室効果ガス排出量の報告・公表制度が取り入れられた。また 2008 年改正では、京都議定書にもとづく国際的な排出量取引に対応するための制度が整備されている。このほか、2005 年「流通業務の総合化及び効率化の促進に関する法律」、2007 年「地域公共交通の活性化及び再生に関する法律」は規制と異なる手法によって間接的に京都議定書目標達成計画を支援するものであり、また、前述のバイオマス関係の諸法令、環境教育活動を支援する法令や、2004 年の環境報告書の作成・公表に関する「環境情報の提供の促進等による特定事業者等の環境に配慮した事業活動の促進に関する法律」、2007 年の「国等における温室効果ガスの削減に配慮した契約の推進に関する法律」なども、同様に、この領域や循環型社会形成推進を間接的に支援する機能を果たしている。

　気候変動の緩和のためには温室効果ガスの削減が必要であり、地球温暖化対策は環境政策の最重要課題として、第一次環境基本計画以来重視されてきており、前述の 2007 年の「21 世紀環境立国戦略」を経て、2008 年の洞爺湖サミットでは、先進国の首脳の間で、2050 年までに地球上の温室効果ガス

を半減させ、平均気温の上昇を2度以内に抑えることで合意をみるなど、日本の取組みが積極的なものとなってきていた。しかし、エネルギー使用との直接のつながりが強い温室効果ガス排出削減の政策は、従来の環境汚染物質に比べて、その削減が経済活動に大きな影響を及ぼし、さらに国のエネルギー政策とのつながりが強いことから、総論での合意はできても各論となると各国の合意が得られにくい。さらに、国内各主体間での合意の形成すら容易ではない。2009年の政権交代後、新政権からは温室効果ガス排出削減についての中長期目標についても積極的方向が示されたものの、これを推進するために政府が国会に提出した「地球温暖化対策基本法案」には、その後、与党の内部からまでも同法案のうちの国内排出枠取引制度導入条項等に対する異論がだされ、行方が不透明となってしまった。再生可能エネルギー導入促進のために固定価格買取制度を導入する「電気事業者による再生可能エネルギー電気の調達に関する特別措置法」はようやく成立したが、環境税導入の動きはなお不透明である。2011年3月11日に起こった東日本大震災による原子力発電所事故の結果、原子力発電への疑問の声が急速に増し、その反面、温室効果ガス削減の施策の緊急性が忘れられる傾向すら生じてしまっている。また、現在考えられている温暖化対策が実施できたとしても、近い将来確実に、地球の平均気温が2度以上上昇することは否定できず、これによる気候変動の影響への適応の方策にも大きな関心が払われる必要がある。しかし、現在は、日本では、気候変動の緩和・適応の政策・施策を、中長期見通しの中で、計画的・体系的に進めるには至っておらず、今後の動向が懸念される。加えて、東アジア地域では、気候変動問題のみならず、越境汚染問題が顕在化しつつあり、共同でのモニタリング・研究という体制の構築だけでなく、さらに対策についての国際協力が必要な段階となってきているが、外交交渉の中でこのような課題を論議する環境が整っているとは言いがたい状況にある。

3　被害者救済・紛争処理の課題

　古くからの公害被害のうち、水俣病をめぐっては、とくに熊本水俣病については、初期の対応の不十分さがあって、被害が広く拡大し、第二次・第三

次水俣病訴訟や各地での訴訟が多発し、また認定をめぐる数多くの訴訟が起こるなど深刻な社会問題となり、1995年の政治的解決、裁判上の和解にもかかわらず、その後に紛争が再燃した。そして、最近時の議員立法(「水俣病被害者の救済及び水俣病問題の解決に関する特別措置法」(2009年))による対応などの努力が払われているにも関わらず、今もなお、完全解決には至っていない。また、沿道地域の自動車排出ガスによる健康被害の訴えも、未だに完全に消えたわけではない。さらに、アスベスト粉じん曝露による健康被害の救済は、曝露から発症まで30～40年の時間がかかるということもあり、2006年に「石綿による健康被害の救済に関する法律」が制定されて救済がはじまっているものの、なお、解決の見通しが立っていない。アスベストの製造・販売・使用は禁止されており、また、アスベストが使用されている建築物の解体等についての規制が定められてはいるが、過去に使用されたアスベストの回収が十分に徹底しているとは言い難いことからすると、さらに新たな曝露の防止のための努力が必要である。このほか、化学物質への曝露による健康リスクさらには、放射性物質への曝露にともなう長年月経過後の健康被害のおそれなど、汚染曝露から時間を経過してのちに生じる被害の救済が今後顕在化する可能性が十分にある。環境政策の展開によって、新たな環境負荷が大幅に減少し、被害者救済や紛争処理といった、いわば、後ろ向き・後始末的課題が、過去のものとなることが期待されているものの、そうとばかりは言えない現実がある。早い段階での汚染曝露量の確認、新規汚染曝露の防止、長時間経過後の被害発生を想定した救済システムの整備などがあらためて検討される必要がある。このほか環境をめぐる紛争については、低周波騒音のような科学的知見の乏しい領域や、さらに景観のような評価の難しい環境要素をめぐって発生するようになっていることへの対応が新たな課題となってきていることにも注目される必要がある。

Ⅵ 環境法・環境法学の展望——中長期的政策課題とのかかわりの中で

公害防止や自然保護の課題を解決することを目指した公害法や初期の環境法の時代を経て、今日の環境法・環境法学は、持続可能な社会づくりのため

に、低炭素社会・循環型社会・生物多様性を意識した生物との共生社会を同時に実現し、さらに環境リスクから人の生命・健康・財産を守ることをも図って、安心・安全な社会を将来の世代のために築き残していく役割を果たしていく使命をも担うものとなってきた。

前述のように、2011年3月11日の東日本大震災の災害と、これにつづく原子力発電所事故によって引き起こされた電力不足は、人間が築いてきた技術を過信して、浪費を続けることの危険を十分に認識させることとなった。またこの事故を通じて、これまで、環境法政策の中で強調されてきたにもかかわらず、実感を伴って理解されてこなかった事柄が非意図的に実証されたともいえる。「安心・安全」が世代を超えて保障されることは、持続可能な社会づくりの基本であるが、これは気候変動に対する適応などを含め、環境政策と災害対策政策との関わりを意識しながら論じられる必要がある。また、今では災害の陰に隠れてしまいつつあるが、日本でも進行しつつある、格差社会・貧困の解決も、あるべき地域づくりのありかたの模索とともに、今日忘れられてはならない大きな社会的課題である。この課題を「環境・経済・社会の統合的向上」という持続可能な社会づくりでの目標の中に組み込んで考えることもこれまでは不十分であった。このように今日の環境法・環境法学の対象とすべき「環境」の概念・外延は、関連する他の領域と接続しており、公害防止・自然保護などを論じていれば足りた時期のように自らの領域を限定して論じることが可能な状況にはない。同様に、環境政策は、領域間連携と同時に、単に規制のみならず経済的手法その他の様々な政策実現手法の適切な組み合わせ、また行政・事業者・市民・NPO等の関係主体間の連携のもとに展開することも不可欠である。これまでにも環境法学、環境経済学、環境社会学の連携が模索されてきているが、環境法・環境法学には、今後、このような「連携」への認識がこれまで以上に強く求められるものといえる。

大災害・事故は科学技術への信頼を大きく揺らがせてしまった。しかし、環境法・環境法学の研究・実践に際しては、自然科学や技術科学の知見を冷静・公平に理解し、これを活かすことが一層必要である。2011年3月からの日本の動きは、一時的な感情に左右されがちな短期的な社会の価値観に追

随するかのような政策決定の危険性をも十分に国民が学習する機会にもなった。不確実な事実を確認しつつ、その下での政策決定をすべき場合が少なくない環境領域での政策決定のあり方については、なお、未解決の課題が多く残されている。化学物質による環境リスク管理を論じる場合に限らず、広く環境リスクと呼ばれる事象の類型ごとの特色を明らかにして広義の環境リスク管理概念を構築しつつ、このような課題にも取り組む必要がある。そしてまた、このような場面での決定に際しては、偏りのない、より多くの情報を収集する仕組みづくりとそれらの情報の理解・解析・受容が不可欠であり、そのためのシステムが整えられる必要がある。その意味においても環境法・環境法学の役割はますます重要になってきている。

〔付記〕
　2012年3月にも決定される第4次環境基本計画は、2011年3月11日に東日本大震災と福島第一原発事故を契機とする大きな社会の変化を意識しつつ、今後の環境政策の展開の方向として、次の4点を強調するものとされる。①政策領域の統合による持続可能な社会の構築、②国際情勢に的確に対応した戦略をもった取組の強化、③持続可能な社会の基盤となる国土・自然の維持・形成、④地域をはじめ様々な場における多様な主体による行動と協働の推進。これをうけて、計画の重点分野の取組事項として、まず分野横断的課題として「経済・社会のグリーン化とイノベーションの推進」「国際情勢に的確に対応した戦略的取組」「持続可能な社会を実現するための地域づくり・人づくり、基盤整備の推進」を掲げ、これに続いて、第3次計画と同様に、「温暖化対策」「循環型社会」「大気環境」「水環境」「化学物質」「生物多様性」の6つの事項を分野別取組事項として取り上げる。なお、この分野別取組についても、これまで以上にそれぞれの相互の関連を重視することとされる。第4次計画では、これらに加えて、東日本大震災の復興に際しての環境配慮、放射性物質による環境汚染対策のあり方についても、別枠として取り上げることが検討されている。ただしこれらは、環境基本計画の立場での記述であることから、環境政策の立場からの記述が行なわれることになる。

ところで、福島第一原発事故を契機に、原子力行政の在り方にも多くの批判が集まり、その推進と規制を分離すべき、との永年の指摘が具体化することとなった。2012年春には、環境省の外局として原子力安全庁（仮称）が設置されることが決まり、現在、その準備が進んでいる。これまで、環境基本法及び循環型社会形成推進基本法は、公害対策基本法以来の条項である、「放射性物質による大気の汚染、水質の汚濁及び土壌の汚染の防止のための措置については、原子力基本法（昭和三十年法律第百八十六号）その他の関係法律で定めるところによる」という条文のもとで、放射性物質に関する問題は環境行政の対象外と理解されがちであった。しかし、実際には、原子力基本法には、原子力施設からの放射性物質の外部への漏洩による環境汚染を想定した規定は置かれておらず、法制度としても、現実に巨大事故が発生してしまうとほとんど無力であったことが明らかな「原子力損害の賠償に関する法律」「原子力損害賠償補償契約に関する法律」とが制定されていただけであった。つまり、原子力事故は起こらないものとの想定のもとで、生じてしまった汚染による第2次、第3次の被害の防止や生じた被害の対策については、法の欠缺状態にあったことが明らかになった。そこで、「平成二十三年三月十一日に発生した東北地方太平洋沖地震に伴う原子力発電所の事故により放出された放射性物質による環境の汚染への対処に関する特別措置法」が急いで制定され、2012年1月1日から施行されるが、将来に備えた制度の整備はなお、今後の大きな課題であり、環境法・政策に関するこれまでの知見と成果のうえに新たな取組みを開始することが求められている。

(2011年12月10日)

第1章 序論

② 環境の定義と価値基準

畠山武道

I　はじめに——価値とは何か

　環境法（学）は、環境の悪化を防止し、良好な環境を保護し、回復することを目的とする法律（学）の一分野である[1]。しかし、ことはそう単純ではない。というのは、環境問題は、さまざまの利害がからまった非常に複雑な応用問題であって、すべての人が納得できるような、唯一のまたは誰が見ても正しい解決策などは、めったに見つからないからである。

　たとえばウラン火力発電（原子力発電）にかわる有力な代替案とされている風力発電を例にとってみよう。風力発電については、それを持続可能な代替エネルギーとして高く評価する意見がある一方で、環境保護者の中にも、それを非効率で、金食い虫で、役に立たない代物であるとする批判がある。風力発電は、騒音、景観破壊、森林破壊、鳥類に対する悪影響などがあるので反対であるという人もいれば、風力発電の弊害はウラン火力発電や石炭火力発電に比べるとまだまだ少なく、多少の影響は我慢すべきであるという人もいる[2]。また、風力発電を景観破壊と見るのか、新しい景観の創造とみるのかも、意見の分かれるところであろう。このように、同じ対象、同じ出来事を議論しても、評価は、人によってまったく異なりうるのである。

　では、こうした評価を定める基準はなんであろうか。風力発電の場合、ひ

---

1) 淡路剛久＝阿部泰隆編『環境法（第3版補訂版）』（有斐閣、2006）30頁〔淡路剛久〕。
2) 鬼頭秀一＝福永真弓編『環境倫理学』第11章（東京大学出版会、2009）〔丸山康司〕参照。環境保護の立場から現在の風力発電政策を批判するものとして、たとえば、武田恵世『風力発電の不都合な真実』（アットワークス、2011）がある。

とつの基準は、政策や技術に対する評価であるが、もうひとつが、人々が環境に関して広く共有する価値である。英国の環境汚染に関する王立委員会 (Royal Commission on Environmental Pollution (1998)) は、価値を「なにが人生 (life) にとって重要であり、したがって、なにが公共政策を運営し形成するための目的または目標なのかに関する個人的・社会的な信念」[3]と定義している。そこで、これを環境法・環境政策にスライドさせると、人々が環境に対してもつ価値 (以下「環境 (的) 価値」とよぶことがある。) とは、「人々が環境に関して重要であると信じ、したがって、環境政策および最終的には環境法における優先事項とされるべき〔もの〕」[4]ということになる。人は、それぞれが環境価値ないし価値基準に基づき、ある対象や出来事について一定の評価や選択をしているのである。

では、環境価値はどのようにして形成されるのか、価値は、当初は個人的なまたは一部の集団の主張や信念にすぎなかったものが、次第に多数の人の賛同を得て一般化され、最終的には環境法や環境政策の目的・目標とされるに至ったものである。したがって、環境価値の形成も、人や社会が、ある出来事を契機に環境の中の一定の対象や事象に価値を認め、その保護や回復を望むことから始まる。言いかえると、環境価値の形成過程とは、環境問題の発生と解決の歴史そのものであったということができる。

II 「環境」概念の展開

1 認識の対象としての「環境」

ところで、これまで「環境」という言葉をとくに注意することもなく用いてきたが、「環境」という言葉は、きわめてあいまいで多義的である。たとえば、環境とは「生物が生活するすべての範囲の物理的および生物的な外部条件。環境は、一般に理解されている土壌、気候および食物供給のような特徴だけではなく、社会的、文化的、および (人間にとっては) 経済的・政治

---

[3] Setting Environmental Standards, Command Paper 4053 (1996).
[4] Stuart Bell and Donald McGillivray, Environmental Law 42 (7th ed., Oxford University Press, 2008).

的な要件が含まれる」[5]、あるいは「大気、水、土地、自然資源、植物、動物、人及びそれらの相互関係を含む、組織の活動をとりまくもの。とりまくものとは、組織の内部から地球規模のシステムにまで及ぶ」(ISO14001) などと定義され、ときには「環境とは私以外のすべてである」とまで定義される[6]。しかし、これらの定義も、環境の一面を語っているにすぎない。というのは、上記のような物理的環境（大気、水、地形、地質、気候など）や生物的環境（動植物層）は古今東西のすべての社会に存在したものであるが、それらが常に「環境」として認識され、議論され、問題の解決が求められてきたのではないからである。

　人々や社会は、物理的・生物的環境が外部条件として存在するだけでは、それに対して特別の関心をもたず、話題にしようともしない。環境がなんらかの状態に達したときに、人々や社会はそれを問題として感知し、議論し、評価し、対応を考えるのである。環境法や環境政策における「環境」の内容は、それぞれの時代の社会が、このような問題の発見・評価・対応の繰り返しによって内容を定めたものである。

　ところで、ある物理的・生物的な外部条件が「環境」として認識されるには、とりあえず2つの条件が必要である。第1は、環境の変化を人や社会が察知することである。良好な環境に恵まれた社会では、人々が環境を認識することはなく、それを議論する必要もない。環境の変化が人や社会に目に見える影響を与え始めたとき（あるいは他との比較で自己の環境が劣悪であることを知ったとき）、人や社会は問題を認識し、対応を考える。このとき環境は目に見えるものとなるのである。第2は、環境に対する人や社会の価値観が変化することである。人や社会は、同じ対象、同じ事象を肯定的にも否定的

---

5) Michael Allaby, Oxford Dictionary of Ecology 143 (2d ed., Oxford University Press, 1998).
6) 河村武＝岩城英夫編集『環境科学Ⅰ自然環境系』（朝倉書店、1998）2頁〔河村武〕。アインシュタインも同様の発言をしたとされるが、真偽不明である。その他、「環境」は、社会学では「人間を取り囲み、人間の生存と生活を支え可能にするとともに、様々な文化的な意味を帯びた自然及び物的条件の総体であり、原生的な自然環境、人為的な介入によって加工・変形された自然環境、人為的に作られた建築物・施設などの物的環境のすべて」と定義されている。飯島伸子ほか編『講座環境社会学（第1巻）』（有斐閣、2001）30頁。

にも評価することができる。たとえば、中世ヨーロッパの森は、オオカミ、盗賊、魔術師が跋扈する闇の空間であり、アルプスなどの山岳も醜悪な山塊に過ぎなかった。しかし18世紀になると、近代科学の発達、ロマン主義絵画や小説の興隆、アルピニズムの普及などによって、森や田園は理想郷となり、山岳は創造主の英知に遭遇する場となった。人は（その大部分は都会人であるが）、ここに初めて豊かな自然を「発見」したのである[7]。また、ごく最近になって、昔からほぼ変わらぬ形で存在した日本の里地里山が、原生自然におとらず重要な価値を有する自然であることが「発見」されたのも、その一例であろう[8]。

しかし、第1にあげた環境の変化も、一部の自然現象を除くと、人の活動が直接・間接に環境に与えた影響や結果であり、それに対する反作用である。そうすると、「環境」とは、ある時代のある地域の人や社会が周辺の物理的・生物的環境とのあいだに取り交わした関係（関係性）に対する認識の総体であり、その社会が固有の言葉でそれを表現したものである[9]。

では、ここで環境の定義と環境価値との関係を考えてみよう。環境の定義は、環境と社会の関係を表現したものであり、環境価値は、政策や法律の制定・適用・解釈を方向付ける基準として、社会が選択したものである。しかし、環境の定義が必然的に価値判断を内包することを考えると、両者は一致するのが原則である。そこで環境の定義は、それ自身が価値の基準を示しているといえるのである。

---

[7] J・ヘルマント編著（山縣光晶訳）『森なしには生きられない―ヨーロッパ・自然美とエコロジーの文化史』（築地書館、1999）第2章、第3章、アルブレヒト・レーマン（識名章喜＝大淵知直訳）『森のフォークロア―ドイツ人の自然観と森林文化』（法政大学出版会、2005）第6章などを参照。

[8] 西欧文学・絵画の影響を強くうけた徳冨蘆花（『自然と人生』）や国木田独歩（『武蔵野』）が、日本に昔ながらにある雑木林に美を「発見」したのも、同じコンテキストである。金子武蔵編『自然――倫理学的考察』（以文社、1979）175-202頁〔竹内整一〕、内田芳明『風景の発見』（朝日新聞社、2001）68-77頁。

[9] この部分は、オギュスタン・ベルク（篠田勝英訳）『風土の日本』（筑摩書房、1992）192-193頁にヒントを得たものである。その他、本稿の執筆にあたり、オギュスタン・ベルク（篠田勝英訳）『日本の風景・西欧の景観―そして造景の時代』（講談社、1990）からも、多くのヒントを得た。もし類似の表現があるとすれば、それらは、上記の二書に負うものである。なお、前者をベルク(1)、後者をベルク(2)として引用する。

ここでは、以上の観点から、いささか迂遠ではあるが、「環境」という社会の言葉の意味の変遷を、まずヨーロッパに探ることにしたい。なぜ日本ではなくヨーロッパなのか、その意味は後に明らかになるだろう。

2 ヨーロッパ諸国における「環境」認識の進展
(1) ヨーロッパにおける「自然」の発見

ヨーロッパ諸国における環境の認識は、18世紀における「自然」の発見にはじまる[10]。それには、先に述べた2つの原因があった。第1は、人口増加、野放図な農地の開墾、森林伐採などによる自然資源の枯渇や農村の衰退である。17世紀後半になると、ヨーロッパでは森林資源が枯渇し、国王や領主達は、自らの経済的権益を守るために、森林法や大勅令などを発し、森林保護にのりださざるをえなくなった。さらに18世紀を経て19世紀後半になると、ヨーロッパ諸国は、本格的な産業化、工業化の時代を迎え、各地で、煤煙や排水のたれ流し、森林の乱伐、湿地の埋立、鉄道の敷設、運河の開削、鉱山採掘、都市部の野放図な拡大（スプロール）などに起因する大気汚染、水質汚濁、騒音、田園景観の破壊、動植物の消滅などが深刻な社会問題となった。今日に通じる環境問題の発生である。

第2に、人や社会の環境に対する意識（価値観）にも、大きな変化が生じた。すなわち、ルネッサンス期に始まる近代の主体の出現は、自己とそれを取り巻く環境とを区別し、自然を客体視（あるいは相対化、抽象化）し、それを客観的に分析する近代科学の発達を促した。この主体と客体（人間と自然）の二元論的思考は、ベーコンやデカルトに承継され、自然は人間が自身の利益のために支配し、操作する無機的で機械的な存在とみなされる。こうした二元論的思考が科学と技術による自然の制御を可能にし、人間による自然の支配を正当化し、大規模環境問題の発生を準備することになる[11]。

しかし、以上は物語の半分である。自然から切り離された主体（人）は、

---

10) 以下の記述は、畠山武道＝土屋俊幸＝八巻一成編著『イギリス国立公園の現状と未来』（北海道大学出版会、2011）第5章〔畠山執筆〕を要約したものである。より詳しくは、同書を参照されたい。その他、ロベール・ドロール＝フランソワ・ワルテール（桃木暁子＝門脇仁訳）『環境の歴史─ヨーロッパ、原初から現代まで』（みすず書房、2007）序、第2章〜第3章を参照。

自然を客観化し、抽象化し、自然の中に法則を探り、自然の制御に手を染めただけではなく、さらにそこに新たな関係を探り、新たな価値を見いだすことに成功したからである。こうして、博物学、植物学、生物学、農学、林学、園芸学、土木工学などの近代科学、文学、芸術が発達し、それとともに、自然には、「田園」「風景」「田園生活」「郷土」「原始の森」などの理想のプリズムを通して新しい価値が付与されたのである[12]。

18世紀に入ると、人々は、海、山、森などに対する恐怖から解放され、「自然」や「野生」を楽しむことに至高の喜びを見いだすようになる。アルプスは、ヨーロッパで最も人気のある観光スポットとなり[13]、イギリスでは、田園で生活し逍遥することが上流階級の間でブームとなった。ロマン主義の開花である[14]。また、ドイツでは、(実際はとうに消滅していたが) 原始の森がゲルマン精神の淵源として崇められると、各地に森林官を養成するために林学校や林学部が設置され、植林・育林技術が格段に発達した[15]。

11) ヨーロッパの近代科学思想とその自然観については、R・G・コリングウッド (平林康之ほか訳)『自然の観念』(みすず書房、1974)、坂本賢三『科学思想史』(岩波書店、1984) などがある。ここでは、小坂国継『環境倫理学ノート——比較思想的考察』(ミネルヴァ書房、2003) 183-187頁の簡潔な説明を参照。

12) I.G.Simmons, An Environmental History of Great Britain: From 10,000 Years Ago to the Present 182-189 (Edinburgh University Press, 2001) は、19世紀後半の科学・技術の発達や、芸術、文学が人々の「環境」に対する感覚や態度に与えた影響を明確に指摘する。また、David Evans, A History of Nature Conservation in Britain 33-40, 50-53 (2d ed., Routledge, 1997) も参照。

13) ここでは、とくにヘルマント・前掲注 (7) 第2章~第6章を参照のこと。

14) キース・トーマス (山内昶監訳)『人間と自然界——近代イギリスにおける自然観の変遷』(法政大学出版会、1989)、ディビィット・E・アレン (阿部治訳)『ナチュラリストの誕生——イギリス博物学の社会史』(平凡社、1990)、ジョナサン・ベイト (小田友弥=石幡直樹訳)『ロマン派のエコロジー——ワーズワスと環境保護の伝統』(松柏社、2000) など参照。なお、イギリス人の田園好きを記す文献は枚挙にいとまがないが、ここでは、川崎寿彦『森のイングランド』(平凡社、1987)、デイヴィッド・スーデン (山森芳郎=山森喜久子訳)『図説 ヴィクトリア時代イギリスの田園生活誌』(東洋書林、1997)、小林章夫『イギリス人——神が創りし天地で』(日本放送出版協会、1997)、小林章夫『イギリス田園生活——穏やかな村の時間を手にする愉しみ』(ベネッセコーポレーション、1998) をあげておく。

15) Thomas Lekan and Thomas Zeller eds., Germany's Nature: Cultural Landscapes and Environmental History 61-75 (Rutgers University Press, 2005); Michael Williams, Deforesting the Earth: From Prehistory to Global Crisis 273-275 (University of Chicago Press, 2003).

イギリス、スイス、フランス、イタリア、ドイツなどでは、植物保護、動物虐待防止、野鳥保護、動植物種の研究、森林景観の保護、郷土景観や素朴な生活スタイルの保護、自然保護区や国立公園設置などを求め、山岳会、自然愛好会、自然保護団体、学術団体、レクリエーション団体などの結成・設立があいついだ。こうして1910年頃のヨーロッパ諸国では、自然保護運動がピークに達したのである。また、富裕上流層のたしなみはアフリカ植民地における大型獣の狩猟（スポーツハンティング）であったが、アフリカ諸国では長年の乱獲によって大型獣が激減した。そこで、イギリス、スイスなどが中心となって、野生動物保護や自然保護区の設置を議論する国際会議が、この頃、ロンドンやジュネーヴで開催されている[16]。

その後、2つの大戦に災いされヨーロッパ諸国の環境対策は大きく後退するが、その間に飛躍的に発達した化学工業によって、あらたに、石灰、亜硫酸、フッ素、水銀などによる大規模な大気汚染、土壌汚染、水質汚濁が各地で発生する。ヨーロッパ諸国がこれらの環境問題（公害問題）に本格的に取り組むのは、1960年代後半以降である。

(2) アメリカ合衆国における環境問題の始まり

アメリカ合衆国については、簡単に記すほかはない[17]。アメリカ合衆国では、ヨーロッパ人の入植以来、史上まれに見る森林の破壊、鉱山採掘、河床の破壊、漁業資源の乱獲、野生動物の虐殺が繰り返され、19世紀末には、それが森林資源の減少、水源の汚染や枯渇、野生生物の絶滅など、人々の生活に直接の悪影響をもたらすことになった。それに対抗して19世紀末から20世紀初頭にかけて広範な資源保全運動がわき起こり、国立公園や野生動物保護区の設置、国有林の創設、狩猟規制法の制定など、現在の自然保護制

---

16) ジョン・マコーミック（石弘之＝山口裕司訳）『地球環境運動全史』（岩波書店、1998）24-25頁、William Beinart and Peter Coates, Environment and History：The Taming of Nature in the USA and South Africa 27-39（Routledge, 1995）．

17) アメリカ合衆国の環境史については、あまりに文献が多い。ここでは、特色のある著書としてRoderick Frazier Nash, Wilderness and the American Mind（4th ed., Yale University Press, 2001）；Robert Gottlieb, Forcing the Spring：The Transformation of the American Environmental Movement（Revised ed., Island Press, 2005）のみを掲げ、邦語文献として、フイリップ・シャベコフ（さいとう・けいじ＝しみず・めぐみ）『環境主義—未来の暮らしのプログラム』）（どうぶつ社、1998）を掲げる。

度の骨格が築かれている。アメリカ合衆国は、すでに20世紀初頭に、世界に先駆けて優れた自然保護制度を整備していたのである。

　また1930年代には、ニューディール政策のもとで大規模な河川改修、ダム建設、乾燥地の耕地化などが進む一方で、自然資源管理のために莫大な国家予算が投下された。公共投資による国土改造は第二次大戦後も進むが、豊かな生活を求める人々の目は、次第に「原生自然」へと向かい、とくに国有林の乱伐や大規模ダム建設に対する批判が急速に高まる。しかし、その間も石油、石炭、化学工業は拡大し続け、河川、湖沼、大気、動植物、それに人の生命・健康を蝕み続けた。この事実にいち早く気づき、警鐘をならしたのが、『沈黙の春』（1962年）であった。こうした中で、「環境」に対する人や社会の関心は、自然保護・原生自然保護から、大気汚染、河川や海洋の汚染、化学物質汚染、野生生物の減少などに拡大し、「環境の時代」といわれる1970年代の到来を迎えるのである。

　以上は、環境問題の発生を時系列的に列挙したものであるが、その反面で、これらの自然保護運動が、エマーソン、ソロー、ミューア、マーシャル、レオポルドなどによる優れた自然保護思想に支えられ、オーデュボン協会、シエラクラブなどの著名な環境保護団体や無数の草の根団体によって推進されてきたことを忘れるべきではない。そこには一部の愛好家や運動家の独善的な価値観ではなく、自然や環境に関する確固とした認識と価値観が共有され、根付いていることを見るのである。

　以上の経緯を図式的に整理すると、つぎのようになる。すなわち、ヨーロッパ諸国やアメリカ合衆国においては、人間と自然を対峙させ、人間による自然の支配を正当化する近代科学思想や科学技術が、著しい自然破壊や環境破壊をもたらした。しかし、それは、人間と自然を区別しつつも、両者の結びつきを斥けるものではなく、むしろ自然の中に、田園、風景、田園生活、郷土、原始の森、原生自然、野生動物などの理想を見いだす新たな価値観と、それを保護する強固な運動を生み出す契機ともなったのである。

　なぜ、自然を支配する科学技術を生み出した西欧諸国が、日本に比較してはるかに早く自然保護制度を発達させたのか[18]。気候が湿潤な日本では環境破壊があまり進まなかったのに対し、西欧諸国では産業革命の進行によって

著しい自然破壊・環境破壊がもたらされたので、自ずと対策をとらざるを得なかったのであるという説明[19]は、正確ではない。なぜなら、第1に、この説明は19世紀から20世紀にかけてヨーロッパ諸国やアメリカ合衆国で生じた自然に対する価値観の深層部分の変化を過小評価しており、第2に、大規模な自然破壊を経験した日本が、未だに自然（または環境）に関する明確な価値観を持ち得ていないという理由を説明できないからである。そこで、次に話を日本にもどそう。

3 日本における「環境」の変遷
(1) 「環境」の語源

日本における環境問題の始まりは、諸説があるが、環境問題を自由市場経済のもとで近代産業が引き起こす人間の生命・健康、生活環境、自然環境に対する侵害と解するなら、その始まりを明治時代に求めるのが適当であろう。というよりは、「環境」という言葉自体が、明治時代に日本に定着したものだからである。

ところで、今日、「環境」と訳される environment は、もともと古フランス語に起源を有するが、それが中世英語にとりいれられ、19世紀初頭にイギリスで学術用語として確立してのち、1970年頃フランスに逆輸入されたといわれる[20]。

他方、漢字で記される「環境」は、14世紀、明の時代に編纂された元史余闕傳に「環境ニ堡砦ヲ築キ」という用語例が見られるが、その意味は、めぐり囲まれた区域、四周の境域というものであった[21]。環境の言葉が、いつごろ日本に伝わったのかは定かではなく、その後、明治期に至まで環境の用語例は見当たらないようである。

では、environment に「環境」という訳語がいつ頃当てられたのか。これ

---

18) これは、なぜ自然美を謳い、微妙な自然の変化にも敏感なはずの日本人が、かくも無惨な自然破壊をやすやすと許したのか（ベルク(1)・前掲注(9) 262頁、加藤尚武編『環境と倫理―自然との共生を求めて』（有斐閣、1998) 191-192頁〔間瀬啓允〕）という問題提起の反面である。
19) 飯島宗一＝鯖田豊之ほか『日本人とは何か』（日本経済新聞社、1973) 37-54頁〔鯖田豊之〕。

については、いくつかの研究があるが、日本の英和辞典や著作に environment が登場するのは1872年以降であり、environment は、当初、「囲ム、包ム、取巻ク、囲ム事、取巻ク事」、さらに「外界、境遇、取巻事、周囲世界」などと訳された[22]。そして人間社会を取り巻き、人間に文化的、自然科学的な相互作用をもたらす重要な用語を表現する言葉として environment に「環境」という言葉を当てたのは、市川源三『パーカー氏統合教授の原理』(1900年) であり[23]、それ以後、公衆衛生、児童教育、婦女教育の分野で、environment の訳語として「環境」という言葉が広がっていったとされている。

　日本において、environment は、当初、漠然と外界や周囲世界を意味するものと受け止められたが、ヨーロッパの学問を取り入れる中で、environment には地理や主体から区別され客体化された事象、事象の関連性、主体と客体との相互作用などが含意されることが認識され、それを表現するために、従来日本ではほとんど用いられなかった「環境」という言葉が environment の訳語として選択されたのである[24]。「環境」という言葉は、まずは学

20) environment の語源については諸説があるが、まず中世に巡回 (circuit) を意味する古フランス語 viron に en が付いて、取り巻く、囲む、包囲するを意味する environ、environner となり、それが14世紀初頭に中世英語に取り入れられて environ、envirounen などとなり、さらに17世紀初頭に ment が付いた形が登場して名詞となり、囲まれた場所などを意味するようになったとされる。さらにこの古いフランス語に新しい意味づけ (定義) を与えたのが、19世紀のイギリスのカーライルやスペンサーなどで、彼らは生物学の発達を下敷きに、主体としての人間とそれに影響を与える周囲の客体を分離し、その相互関係を科学的に解明するための学術的な用語として、environment を用いたとされる。ドロール＝ワルテール・前掲注 (10) 100頁。たとえば、The Oxford English Dictionary V-315 (2d ed., Clarendon Press, 1989) は、1830年および1831年のカーライルの用語例を引用する。フランスでは、意味合いのことなる言葉として muilieu が用いられて来たが、1970年頃に environment の語がイギリスから逆輸入されたとされる。ベルク(1)・前掲注 (9) 4頁。この点については、早田宰「日本における用語「環境」の導入過程」早稲田社会科学総合研究 3 巻 3 号 (2003) 65-69頁、植田栄二ほか編『環境学総論』(同文館、2002) 114頁〔吉山青翔〕も参照。

21) 諸橋轍次著『大漢和辞典』第 7 巻 (大修館書店、1985) 974頁、『日本国語大辞典 (第 2 版)』第 3 巻 (小学館、2001) 1246頁。なお、環境については、中国北宋の歴史家の欧用脩が1060年に完成した『新唐書』の記載が最初であるともされる。早田・前掲注 (20) 65頁。

22) 早田・前掲注 (20) 67-68頁。

23) 前掲注 (21)『日本国語大辞典』第 3 巻 1246頁、早田・前掲注 (20) 69-70頁。

術用語であり、environment と同様に、主体とそれを取り巻く周囲の事物や事象を分離し、事物・事象を客観的に分析し、政策的、技術的対応を考えるという視点が備わっていたことを確認する必要があるだろう。

(2) 煙害・鉱害から「公害」へ

さて、「環境」という言葉は、明治の後半より公衆衛生学や教育学で使用され始めたのであるが、しばらくの間は、それ以上ではなく、今日の環境問題にいう環境を意味するものではなかった。しかし、その頃、足尾鉱毒事件、別子銅山煙害事件、日立鉱山煙害事件など、環境問題がなかったわけではない。そこで、当初、これを示す言葉として使用されたのが、鉱害、鉱毒、煙害などの、具体的な環境汚染を示す言葉である。炭田、銅山、銀山などから生じる鉱毒、鉱害、煙害は、すでに江戸時代初期より各地で農民の抗議を招いており、明治期に入ると、1874年に、半田銀山（福島県）で鉱山洗鉱水による稲苗被害が発生し一時休業という記録がみられる[25]。渡良瀬川で、魚類数万尾が原因不明で浮上したのは、1879年である[26]。

こうした中、法令で用いられ始めた言葉が「公害」である。公害の用語を法令上初めて使用したのは、大阪堺市街商工業取締法（1881年大阪府達甲第

---

24) 早田・前掲注（20）69頁・71頁。
25) 飯島伸子『新版公害・労災・職業病年表』（すいれん舎、2007）3頁。
26) 飯島・前掲注（25）14頁。なお、「鉱害」という言葉が、実際に法律用語として、損害賠償協定などで使用されたかどうかは定かではない。「鉱害」を明確な法概念として用いたのが、平田慶吉『鉱害賠償責任論』（1932年）で、同書は「従来の通説はこの種の損害を以て無過失行為上又は適法行為上の損害と解し、加害者の賠償義務を認めていない。……加害者には果して法律上何等の賠償義務も発生しないだろうか」と述べ（はしがき）、「鉱害とは工業上の作業の為め他人の被った損害をいう」「鉱害とは工業によって生ずるかかる不利益をいう」（1頁）と定義している。

鉱害については、1939年の鉱業法改正によって賠償に関する規定が設けられたが、改正鉱業法109条は、①鉱物の掘採のための土地の掘さく、②坑水若しくは廃水の放流、③捨石若しくは鉱さいのたい積、④鉱煙の排出の4つについて無過失賠償責任を認めている。石村善助『鉱業権の研究』（勁草書房、1960）526頁以下、吉村良一『公害・環境私法の展開と今日的課題』（法律文化社、2002）125-127頁などに詳しい。ここには、無過失賠償責任の責任範囲が鉱業特有の原因に限定されているが、今日環境基本法によって「公害」と定義される多くのものが含まれる。なお、今日、鉱山災害については鉱山保安法による規制がされるために、大気汚染防止法等は適用除外とされる。山田幸男＝成田頼明編『公害行政法講座2』（ぎょうせい、1977）182-195頁。大防法2条の定義、水防法23条の適用除外、騒音規制法2条の定義を参照。

222号）であるとされるが、良く知られるのが、大阪府製造場取締規則（1896年大阪府令21号）である。同法3条には「製造場ハ其建造物ヨリ周囲他人ノ住家等ニ対シ相応ノ距離ヲ有シ公害ナシト認ルモノニアラサレハ許可セサルヘシ。但規模狭小若ハ構造完全ニシテ公害ナシト認ルモノハ其距離ヲ有セサルモ特ニ許可スルコトアルヘシ」と定められている。ここでは、今日にいう近隣公害、近隣迷惑行為が公害として捉えられている[27]。

　法律・条例で最初に「公害」の名称を用いたのは「工場公害及災害取締規則」（1943年警視庁令14号）である。この規則は「工場ノ災害ヲ予防シ作業ノ安全ヲ確保シ保安、衛生上ノ公害ヲ防止スルヲ以テ其ノ目的」とするとしている[28]。同規則は、工場取締規則（1946年東京都令13号）を経て、東京都工場公害防止条例（1949年条例72号）となるが、同条例は「公害」を「工場の設備または作業によって発生する騒音、振動、爆発、粉塵、有臭有毒なガス、蒸気、廃液または煤煙等により工場上の人又は物に与える障害をいう」（2条2項）と定義している[29]。その後、神奈川県事業場公害防止条例（1951年）、大阪府事業場公害防止条例（1954年）、福岡県公害防止条例（1955年）などが相次いで制定されている。これらの公害防止条例が、京浜、阪神、北九州地域で制定されたのは、これらの地域における公害被害が格段に大きかったからである。

　さて、ここで本題である「環境の定義」に戻ろう。公害は「環境」の一部

---

27) なお、同年の旧河川法（1896年法律71号）には、「此ノ法律ニ於イテ河川ト称スルハ主務大臣ニ於イテ公共ノ利害ニ重大ノ関係アリト認定シタル河川ヲ謂ウ」（1条）、「堤防、護岸、水制、河津、曳船道其ノ他流水ニ因リテ生スル公利ヲ増進シ又ハ公害ヲ除却若ハ軽減スル為ニ設ケタルモノニシテ地方行政庁ニ於テ河川ノ附属物ト認定シタルモノハ命令ヲ以テ特別ノ規程ヲ設ケタル場合ヲ除クノ外総テ河川ニ関スル規程ニ従フ」（4条2項）と規定されており、公害という言葉が見られる。この規定は、今日の河川法3条2項の「この法律において河川管理施設とは、……その他河川の流水によって生ずる公利を増進し、又は公害を除却し、若しくは軽減する公用を有する施設をいう」という規定に受け継がれている。「流水ニ因リテ生スル公害」とは、洪水による被害、流水の汚染による害、塩害等をいう。河川法研究会『逐条解説河川法（改訂版）』（大成出版社、2006）29頁。

28) 後藤彌彦「戦前東京における公害規制と工場公害及災害取締規則」自治研究80巻12号（2004）131頁。

29) 後藤彌彦「大阪府煤煙防止規則に関する考察」自治研究75巻3号（1999）47頁。

ではなく、環境価値を表現する言葉でもない。あえて言うなら、公害によって侵害された住民、労働者、農民などの生命・健康、財産権、保安、その他公共の利害などが、公害に対抗して保護されるべき価値であり、「公害のない環境」が環境価値であったといえる。日本においては、環境の認識主体である人の生命・健康、財産権、保安などの保護がいきなり争点となったために、主体・客体の二元論において把握されるはずの「環境」は認識される機会がなく、その結果、環境の中に対抗軸となるべき価値を見いだし、それを表現（命名）する機会もなかったのである。

(3) 公衆衛生から「生活環境」へ

1950年頃より、「公害」「公衆衛生」とならんで「生活環境」という言葉が広く使われるようになる。たとえば、清掃法（昭和29年法律第72号）は、「この法律は、汚物を衛生的に処理し、生活環境を清潔にすることにより、公衆衛生の向上を図ることを目的とする」（1条）と定めている[30]。廃棄物処理法以外の公害・環境法で、最初に生活環境という言葉を用いたのは、おそらく1955年に厚生省が作成公表した「生活環境汚染防止基準法案」であろう。同法案は産業団体や関係省庁の反対が強く、結局国会提出は見送られたが、そこで「生活環境」という言葉が使われていることが注目される。しかし、1958年に制定された公共用水域の水質の保全に関する法律1条では、再び公衆衛生という言葉が用いられており[31]、この時期は、公衆衛生と生活環境とが、ほぼ同義に使用されていることがうかがえる。

1963年の四日市視察を契機として、ようやく公害対策基本法の制定が日

---

30) この趣旨は、1970年12月のいわゆる「公害国会」で制定された「廃棄物の処理及び清掃に関する法律」に引き継がれており、同法は、「この法律は、廃棄物を適正に処理し、及び生活環境を清潔にすることにより、生活環境の保全及び公衆衛生の向上を図ることを目的とする」（1条）と定めている。廃棄物処理法が、衛生処理という観点に加えて「生活環境の保全」という考え方を打ち出したのは、公害対策基本法その他の公害法規との共通の理念を取り入れ、廃棄物の処理をより広い視点からとらえようとしたからであるとされる。厚生省環境衛生局水道環境部計画課編著『逐条解説廃棄物処理法』（ぎょうせい、1982）30頁。
31) 同法1条は、「この法律は、公共用水域の水質の保全を図り、あわせて水質の汚濁に関する紛争の解決に資するため、これに必要な基本的事項を定め、もって産業の相互協和と公衆衛生の向上に寄与することを目的とする」と定めている。なお、後藤彌彦「目的規定からみた公害環境法の発展」環境研究108号（1998）130-135頁。

程に上ることになり、1966年8月4日には公害審議会中間報告「公害に関する基本的施策について」が公表された。答申では、「環境」を定義することは断念されたが、冒頭で「公害の概念について」と称して、公害の概念を定義する意義、公害の最大公約数的な内容が検討されている[32]。また、同報告は、公害対策の基礎となるべきものとして環境基準の設定を提案し、大気環境基準によって排除すべき影響として、人体の健康に及ぼす影響、人間の生活環境に及ぼす影響、動植物や物的資産に及ぼす影響の3つを掲げている。

　公害対策基本法（1967年法律第132号）は、上記の環境基準を正式に法制化するとともに、公害対策基本法の目的を「国民の健康を保護するとともに、生活環境を保全することを目的とする」ものとし、「環境」については定義規定をおかなかったが、「生活環境」については、「人の生活に密接な関係のある財産並びに人の生活に密接な関係のある動植物及びその生育環境を含むものとする」（2条2項）との定義規定をおいた[33]。

　以上を要約すると、「生活環境」という言葉は1950年ころより「公衆衛生」に変わって用いられるようになったものであり、肯定的な環境価値が明記されているとまではいえないが、そこには、法の保護対象である「環境」の範囲を、財産（土地、家屋）、動植物の生息生育環境などにまで拡大し、それらに悪影響を与える大気汚染などを排除すべきであるとの立法者の意図が

32）　また、「公害による社会的に有害な影響とは、人間の心身に及ぼす影響や生活環境に対する影響のほか、動植物や物的資産等に及ぼす影響を含む」などの記述が見られる。ジュリスト353号（1966）123頁。

33）　橋本道夫『私史環境行政』（朝日新聞社、1988）100頁・116頁によると、「財産並びに人の生活に密接な関係のある動植物及びその生育環境を含む」という文言は、農林省の強い要請によって加えられたものであった。岩田幸基編『新訂公害対策基本法の解説』（新日本法規出版、1971）148-150頁も参照。なお、当初の公害担当大臣や公害対策室が「環境庁」（仮称）に変わった経過はつまびらかではないが、環境庁設置法案趣旨説明では「公害の防止にとどまらず、広く自然環境の保護及び整備を含む環境保全に関するすべての問題をその行政の対象とする」（第65回国会衆議院会議録第11号（1971年1月25日）13頁）と説明されていることから、「環境」の中には、公害の防止に限らず、自然環境の保全、その他の環境の保全を含めることが意図されていたといえる。環境庁設置法3条は、「環境庁は、公害の防止、自然環境の保護及び整備その他環境の保全を図り、国民の健康で文化的な生活の確保に寄与するため、環境の保全に関する行政を総合的に推進することをその主たる任務とする」と定めている。

うかがえる。

しかし、「生活環境」に定義があるのであれば、人間の健康で文化的な生活に不可欠でより重要な清浄な大気、清浄な水、静穏などを含め「環境」について定義がないのは明らかに均衡を欠く。環境を、環境への負荷、環境の保全上の支障の原因などの用語を用いて裏側から定義するのではなく、環境基本法3条などの文言を根拠に、より積極的に「環境」を定義し、社会が共有すべき環境価値の中身を明確にすべきであろう[34]。

(4) 自然から自然環境へ

さて、ここでもうひとつの重要な言葉である「自然」に目を転じよう。しかし、自然あるいは自然環境という言葉の始まりも明らかではない。

「自然」という言葉は、すでに老子『道徳経』(前6世紀)に「無為自然」などの表現で頻繁に登場する。元来、あらゆる人為を捨て、自己から自然なものが流れ出るにまかせるという状態を示す言葉で、肯定的な道徳的価値を意味する。それが7、8世紀頃日本にもたらされたとされる[35]。さらに親鸞や道元は、この自然のもつ本来の意義を受け継ぎ、自然(じねん)を「おのずからしからしむる」こと、すなわち、ものがいささかの作為もほどこされず、本来のすがたであることを意味するものとした[36]。

このように、日本には、俳句や和歌の季語にみられるように、個々の自然物(植物、動物、山川)や自然のあらわれ(季節、天候、気温など)を表現する言葉は豊富に存在したが、自然一般を対象化・抽象化し表現する言葉はなく、それを体系化する理論も育たなかった[37]。このことは、日本では、人と自然は未分化で区別できないものと考え、西欧のように自然を客体視し、科

---

34) たとえば、アメリカ合衆国の国家環境政策法(National Environmental Policy Act: NEPA)は「すべてのアメリカ国民のために、安全で、健康で、生産的で、美的および文化的に快適な環境(ただし、environmentではなくsurroundings)」を確保すると定めている。その他、イギリスの1990年環境法は、「環境は、以下の媒体、すなわち大気、水、および土地のすべてまたは一部から成り、大気媒体は、建物の内部の大気、その他の地上もしくは地下の自然または人工の構造物の内部の大気を含む」と、かなり限定な定義をおいているが、これは法律の適用範囲を明確にしたものである。
35) 寺尾五郎『自然概念の形成史—中国・日本・ヨーロッパ』(農文協、2002) 172-203頁、ベルク(1)・前掲注 (9) 220頁以下に詳しい。
36) 小坂・前掲注 (11) 193-204頁、寺尾・前掲注 (35) 203-205頁。

学的・客観的に観察する目がなかったことを意味する[38]。

　他方、nature の意味も極めて多義的で、nature およびラテン語の natura が本来のギリシャ語の意を正確に反映しているかどうかをめぐって 2000 年余の論争が続いているとされるが[39]、nature が、「自然」とは異なり、自然界、自然物などの物理的存在を含むことは疑いがない。こうした中で、明治期に nature に「自然」の訳が与えられ、自然を事物化し、客観視するという西欧的な「自然」の観念が日本に持ち込まれたのである[40]。しかし、それは、自然を支配や管理の対象とは見るが、同時にその中に新しい価値（関係）を見いだし、人のために、あるいはそれ自身のために強固に保護するという西欧の思想が同時に日本に持ち込まれたことを意味するものではなかった。

　さて、上記のようなミスマッチはあったが、明治期になって、西欧から実証科学、文学、絵画、アルピニズム思想などが大量に流入すると[41]、自然、

37) 日本で主・客の区別による自然概念が明確に意識されるのは、蘭学が盛んになった 18 世紀半ば以後であり、ここにも西欧科学思想の影響を指摘できる。田島節夫ほか編集『講座現代の哲学 4 自然と半自然』（弘文堂、1977）15 頁〔坂本賢三〕は、その例として、三浦梅園『元熙論』（1753 年）と安藤昌益『自然真営道』（1755 年）をあげ、これらにおいては、今の自然にほぼ近い意味で「自然」が用いられているとしている。これに対して、寺尾・前掲注（35）227-228 頁は、三浦梅園においては、「自然」の概念の成立はみられないとする。
38) ベルク(1)・前掲注（9）223 頁・229 頁、田島・前掲注（37）16-21 頁〔坂本賢三〕。
39) ベルク(1)・前掲注（9）218-219 頁。
40) 柳父章『翻訳の思想―自然と Nature』（平凡社、1977）47-48 頁は、自然と nature の違いを次のように説明する。すなわち、nature は、物質界、物質的存在を意味している場合が多く、人間の精神や意識と対立する意味であるのに対して、自然は、むしろこのような意識的な区別を拒否する意味であり、また、nature は人間主体と対立する客観的な世界を意味する場合が多いのに対して、自然は、いわば主客未分の状態、境地を語っている。このことから、nature は知識の対象と考えられる場合が普通だが、自然はむしろ知識を否定するとも言えると。自然と nature の関係については、その他、岩田慶治ほか編集『自然と人間』（二玄社、1977）127-133 頁、159-167 頁〔栗田直躬〕、金子・前掲注（8）227-231 頁〔相良亨〕、田島・前掲注（37）6-9 頁〔坂本賢三〕などを参照。
41) 日本には登山や山岳美を楽しむという慣習はなく、日本に西欧流の登山スタイルを持ち込んだのは、ウェストンとその示唆をうけた小島烏水であった。日本山岳会百年史編集委員会編『日本山岳会百年史』（日本山岳会、2007）48-51 頁、内田・前掲注（8）77-81 頁。山と渓谷社編『目で見る日本登山史』（山と渓谷社、2005）67 頁は、「登山史の通説は、ウェストンと志賀重昂を日本近代登山興隆の祖とする」と述べる。

大自然、自然の美、天然という言葉は、文学や日常生活において広く用いられるようになり、日本の山岳美や海岸美を主張した志賀重昂『日本風景論』(1894年) は、国民を大いに興奮させることになった[42]。

他方で、同時に「保全」「保存」などの言葉も用いられるようになった。たとえば、1879年 (明治12年)、日光の名勝地と自然の保護をかかげ、日光保晃会の設立が認可されたが、その規則第1条は「本会ハ日光山祠堂ノ壮観及ビ名勝ヲ永世ニ保全セント」するものなりと定めている[43]。また、有名な「日光山ヲ大日本帝国公園ト為スノ請願」(1911年) では「復興ト保全」という言葉が用いられている。1907年、日本植物学の泰斗・三好学は、『太陽』に「天然紀念物保存ノ必要並ニ其保存策ニ就イテ」を発表し、さらに1911年、帝国議会に「史蹟及天然紀念物保存ニ関スル建議」を提出し、採択された。この頃のドイツでは、ドイツ自然保護の父といわれるコンベンツのもとで天然記念物保存運動が繰り広げられており[44]、ドイツで植物学を修めた三好はこれを熟知していたものと思われる。三好は、ヨーロッパの科学的自然運動を日本で最初に提唱した者といえるだろう。なお、この頃、保全、保存のほかに、保護という言葉も普通に用いられていたようである[45]。

---

42) 志賀は国粋主義思想を掲げ、同書の全体を擬古文体で装っているが、それが西欧の写実主義と実証主義の模写であることは否定しがたい。前田愛『近代日本の文学空間』(平凡社、2004) 90頁、荒山正彦「明治期における風景の受容―『日本風景論』と山岳会」人文地理41巻6号 (1989) 551-564頁、安西信一「志賀重昂『日本風景論』における科学と芸術―無媒介性と国粋主義」文化芸術11号 (東北芸術文化学会、2007) 2-6頁、ベルク(2)・前掲注 (9) 100頁。
43) 村串仁三郎『国立公園成立史の研究』(法政大学出版会、2006) 6頁。
44) コンベンツは、1906年、ダンツイヒに設立された天然記念物保存局の初代局長として、天然記念物制度の確立と普及のために東奔西走し、ドイツ自然保護のパイオニアとされている。Raymond H.Dominick Ⅲ, The Environmental Movement in Germany：Prophets and Pioneers, 1871-1971, at 3-4, 51-53 (Indiana University Press, 1992)；Friedemann Schmoll, Erinnerung an die Nature：Die Geschchte des Naturschutzes im deutschen Kaiserreich 93-99, 148-154 (Campus Verlag, 2004). なお、コンベンツが大きな反響を呼び、またたく間に版を重ねた『天然記念物の危機ととその保全方法』を出版したのは1904年であり、三好は、1907年に発表した「名木ノ伐滅並ニ其保存ノ必要」で、コンベンツの著書を早速引用している。三好は、1913年のヨーロッパ旅行の折に初めてコンベンツに面会し、大いに感激したとされている。酒井敏雄『評伝 三好學―日本近代植物学の開拓者』(八坂書房、1998) 539-541頁・706頁。

法令の中では、古器旧物保存方（明治4年太政官布告）が保存という言葉を用いており、それが古社寺保存法（1897年）や史蹟名勝天然紀念物保存法（1919年）にも引き継がれている。その他、国宝保存法（1930年）、重要美術品等ノ保存ニ関スル法律（昭和8年）など、法律上は保存という言葉が一般的であったともいえる。

　1931年の国立公園法制定に際し、安達内務大臣は、「国立公園ヲ設定スル目的ハ、優秀ナル自然ノ大風景ヲ保護開発シテ、一般世人ヲシテ容易ニ之ニ親シマシムルノ方途ヲ講ジマシテ、国民ノ保健休養乃至教化ニ資セントスル為デアリマス」と説明し、さらに同法には「本法ニ於イテ国立公園計画ト称スルハ国立公園の保護又ハ利用ニ関スル統制及施設ノ計画ヲ謂イ」（2条）、「主務大臣ハ国立公園ノ保護又ハ利用ノ為必要アリト認ムルコトアルトキハ其区域内ニ於テ一定ノ行為ヲ禁ジ若ハ制限シ又ハ必要ナル措置ヲ命ズルコトヲ得」（9条）との規定がおかれた[46]。ここには「保護」いう言葉が明確にみられるが、立法者が「保護」という言葉に「保存」とは異なる意味をこめたのかどうかは、明らかではない。

　戦後になると、「自然」は「自然環境」へと変化するが、その過程で、保護の対象の範囲や中身に変化があったのかどうかは不明である。たとえば、1957年に国立公園法を改正して自然公園法が制定されたが、同法では「自然公園」「自然の風景地」という言葉が用いられている。

　また、保全、保存、保護の使い分けにも一貫性がない。1970年の公害国会において公害対策基本法が改正され、改正公害対策基本法には新たに自然保護に関する規定がおかれることになったが、その内容は「政府は、この節に定める他の施策と相まつて公害の防止に資するよう緑地の保全その他自然環境の保護に努めなければならない」（17条の2）というものである。1971年の環境庁設置法3条には、「自然環境の保護」「環境の保全」という語が見られるが、これは公害対策基本法の内容を引き継いだものである。

---

45) 村串・前掲注（43）13頁・24-25頁。同書9頁および155頁によると、日本山岳会の重鎮小島烏水は、1909年7月、読売新聞と山梨日日新聞に「富士山保護論」を発表した。
46) 村串・前掲注（43）105-108頁。

しかし、難産の末に漸く成立した自然環境保全法には、「自然」や「保護」という言葉は見られず、法律は「自然環境の保全」「自然環境の適正な保全」「自然環境の確保」などの言葉で彩られている。環境基本法では、環境については全体が「環境の保全」という語で統一されているが、自然保護については、「自然環境が適正に保全」「生態系の多様性の確保」「野生生物の種の保存その他の生物の多様性の確保」などの使い分けが見られる（14条1項、2項）。

2001年1月、環境庁は環境省に昇格したが、環境省設置法では、自然環境の保護、自然環境の保全、南極地域の環境の保護、野生動植物の種の保存、野生鳥獣の保護、オゾン層の保護、森林及び緑地の保全、河川及び湖沼の保全などの言葉がランダムに用いられており、そこに厳密な使い分けがあるのかどうかは定かではない。

III 「環境」の拡大

1 アメニティ論の登場

日本において「環境」に対する認識に変化が生じ、環境に新たな価値が付与されるのは、1980年代後半に入ってからである。

1977年のOECD報告（OECD, Environmental Policies in Japan（Paris, 1977））は、「日本は多数の公害防除の闘いには勝利」したが、いまだ環境の質のための闘いには勝利していないと述べ、日本の環境政策が汚染防除にのみ目をうばわれ、アメニティとよばれる環境の質の改善に取り組んでこなかった点に強い警告を発した。この批判を契機に、にわかにアメニティ論議が高まり、1979年の環境白書には、はじめて「快適な環境を求めて」と題する章が登場した。同白書は、「今後は、日本の政策が汚染の防止のみならず、より広く一般的な福祉の向上、合理的な土地利用、自然及び文化的遺産の保護をも対象とした広範囲な基礎をもつ環境政策へと進展していくことが期待される。」というOECDの評価書を引用した後、市街地の緑の確保、水辺のある生活環境の確保、沿道景観の保全、自然景観の保全（広告の制限、建物や道路等の建設規制及びデザインの洗練、ゴミ対策等）、歴史的環境の保全、

町並み景観の保全、野外レクリェーション施設等の整備などを活動分野として掲げている[47]。ここに、19世紀末から20世紀初頭にかけてヨーロッパ諸国において「環境」と認識されたもの、すなわち、歴史・風土、身近な自然、見慣れた風景、野生動物、小自然などが、日本においても環境価値として認識され、環境法の視野に入ってきたということができる。

このように「環境」の範囲を拡大する動きは、国際環境法の分野においても顕著であって、たとえば、ヨーロッパ評議会作成の環境損害民事責任条約2条10 (1993年) は、「環境」を「大気、水、土壌、植物層及び動物層並びにこれらの要素の相互作用法のような無生物及び生物の天然資源」「文化遺産の一部を構成する財産」および「景観の特徴的な様相」を含むものと定義し、さらに「環境問題における情報のアクセス、政策決定への公衆の参加及び司法へのアクセスに関する条約（オーフス条約）」2条3は「環境情報」として「人間の健康と安全、人間の生活条件、文化的史跡及び建造物の状態」に関する情報を含めている[48]。

これらヨーロッパ諸国の取り組みに比較すると、日本におけるアメニティ保護や景観保護への取り組みは、未だ中途半端である。すなわち、イギリスでは、すでに1909年の都市計画法において「適切な衛生状態、アメニティー及び利便性の確保」が都市計画の目的に明記され、さらにアメニティが現行法のもとでは開発許可の定性的基準として具体的に機能している法概念であるのに対し[49]、日本におけるアメニティ概念は、未だに雰囲気や居心地という抽象的感覚や印象で捉えられ、都市計画や住宅整備の具体的基準とはなりえていないからである。

1997年に制定された環境影響評価法は、環境に及ぼす影響について環境の構成要素に係わる項目ごとに調査・予測および評価を行うものとし、主務大臣が定めるべき指針に関する基本的事項別表は、「人と自然との豊かな触れ合い（景観、触れ合い活動の場)」を掲げているが、環境影響評価によっ

---

47) 畠山武道「新しい環境概念と法」ジュリスト1015号 (1993) 106頁以下参照。
48) 松井芳郎『国際環境法の基本原則』（東信社、2010年) 7頁。
49) Robert Duxbury, Telling & Duxbury's Planning Law and Procedure 468 (14th ed., Oxford U.P., 2009).

て景観が実質的に保護された事例をあげるのは、ほとんど不可能である。日本で、都市計画法、建築基準法、文化財保護法、市町村条例などでは十分に保護されなかった景観・意匠に関する一定程度の保護が図られるようになったのは、2004年に景観法が制定されて以降である。

2 国内環境から地球環境へ

1980年代に急速に高まりをみせたのが、地球環境に対する関心である。ヨーロッパ諸国では、すでに海洋汚染、国際河川汚染などを材料に、環境問題に対する多国間の取り組みが図られてきたが、新たに国境を越える環境汚染の脅威を現実に示したのが、酸性雨被害、オゾン層の破壊、地球温暖化、熱帯雨林の消滅、土壌の砂漠化、動植物層の急速な消失などの地球環境問題である。地球環境問題への取り組みは、先進国間ではその必要が認識されていたが、さらに途上国を加えた取り組みが必要である。こうした中で、1970年のストックホルム人間環境会議以降、多数の環境条約が締結され、法体系の整備が格段に進んだ。

これらの条約等の詳細は本書別稿に譲るのが適当であるが、「環境」の定義との関連では、環境基本法によって、地球環境保全について定義規定がおかれ（第2条2項）、さらに地球環境保全の積極的推進が環境保全の基本理念として明記されたことに大きな意義が認められる。

3 人間環境から生物多様性へ

自然保護の分野では、1990年代になって「生物多様性」という理念が登場し、それが環境基本法（3条、14条2号）、生物多様性基本法（1条〜3条）、自然環境保全法（1条）、自然公園法（1条、3条2項）、鳥獣の保護及び狩猟の適正化に関する法律（1条）、特定外来生物による生態系等に係る被害の防止に関する法律（1条）、遺伝子組換え生物等の使用等の規制による生物の多様性の確保に関する法律（カルタヘナ法）（1条、4条、16条など）に明記されるようになった。しかし、先の地球環境保全の基本理念が「国内環境」の外延を「地球環境」に拡大したものであって、「環境」の定義に大きな修正を加える必要がなかったのに対し、生物多様性の登場は、「環境」の定義

に大きな影響を与える可能性がある。

　生物多様性という観念（理念）が国際的に登場してくる経緯や背景については別途詳細に検討したことがあるので[50]、ここでは経緯等を省略し、以下の点を指摘しよう。

　第1は、生物多様性条約の前文が「生物の多様性が有する内在的価値並びに生物の多様性及びその構成要素が有する生態学上、遺伝上、社会上、経済上、科学上、教育上、文化上、レクリエーション上及び芸術上の価値を意識し」と述べ、従来「環境」に認められてきたさまざまの手段的価値（道具的価値ともいう）に先立ち、生物の多様性が有する内在的価値を掲げたことである。内在的価値とは、一般に自然の美しさ、荘厳、生命の尊厳などをいう[51]。したがって、生物多様性には、生物多様性を構成する生物層・無生物層は、その手段的価値ではなく、生命の尊厳に基づいて生存を確保されなければならない（あるいは、生存する権利がある）という価値基準が含まれており、いわゆる人間中心の環境保護から、人間を含めた生態系中心の環境保護への転換が求められているといえる[52]。

　第2は、これまで西欧の環境思想の骨格をなしていた主体と客体（人間と自然）の分離という二元論が修正を迫られることである。すなわち、生物多様性の観念は、人が環境に対する主体（絶対者）ではなく、人も生態系という環境の一部であり、さらに人の身体の内部にも生態系があることを認める。したがって、人が生物多様性について新たな知見を得るためには、環境を対象化し、それを客観的・科学的に認識するだけではなく、人という主体を対象化し、その中に客体（生態系）を見る必要があるからである[53]。これ

---

50)　畠山武道「生物多様性保護と法理論―課題と展望」環境法政策学会編『生物多様性の保護』（商事法務、2009）4-5頁、畠山武道「生物多様性保護がつくる社会」法律時報83巻1号（2011）1-2頁。
51)　加藤・前掲注（18）〔加藤尚武〕11頁。
52)　レオポルドの至言をかりると、生態系という生命共同体において、人間は生物の集団の中の一構成員にすぎない、従って、ヒトは生態系という共同体の征服者から、平凡な一員、一構成員へと変わるのであり、他方で生物種には、人間にとって経済的利益等があろうとなかろうと生き物として存続する権利があるのである。アルド・レオポルド（新島義昭訳）『野生のうたが聞こえる』（森林書房、1986）314-315頁・323-324頁。

は、西欧近代思想の基本的パラダイムである主体・客体という単純な二分論を否定し、新たな主体・客体の関係を模索することを意味する。

これを距離という観念で説明すると、西欧近代思想は、人と環境との間に距離を設定し、環境を客観視することができたが、主体自身に対して距離をおき、自身の主体性を客観視できなかった。しかし、生態系・生物多様性という観念の発見によって、主体が主体自身に距離をおくことが可能になったのである[54]。

日本（およびおそらく東洋）の環境観・自然観の特徴は、主体・客体の未分化にある。それは人と環境との距離が西欧に比べて近いことを意味しており、生物多様性という観念を介在させて人と環境との新たな関係を模索するには、むしろ好都合に見える。しかし、それは、主体・客体の未分化への回帰ではなく、環境を客体化し、主体である人自身を客観化し、そのうえで両者の新たな関係を探りつつ、環境を管理することで達成されるべきであろう。

4　そして生態系サービス

さて、生物多様性の理念は、すでにいくつかの法律に明記されており、種の減少の防止、絶滅危惧生物の保護などにおいては、具体的な価値基準として機能しうる[55]。しかし、生物多様性は、生物学者や環境主義者の間では共感が得られても、社会一般の理解は容易に進まず、人や社会が広く共有する環境価値になったとまではいえない。また、学問的にも、生物多様性の概念は不安的、不確実で、それを法律学、経済学、政策学などの社会科学分野で

---

53) この個所は、ベルク(2)・前掲注 (9) 169-170 頁にヒントを得ている。なお、この指摘は、西欧の近代科学が人を対象化せず、人に対する科学を発展させなかったという意味ではない。柳父・前掲注 (40) 49 頁の指摘するように、nature は主観に関する客観、人間主体に対する客観世界という意味の場合が多いが、人間自身も、とくに生物として、動物としての人間として、nature の一部と捉えられるのである。ダーヴィンの進化論然り、近代西洋医学然りである。
54) ベルク(2)・前掲注 (9) 169 頁。
55) というのは、生物多様性保全においては、生物種の減少をひとつでも多く防止するというのが最も重要な規範命題であり、この点については、住民や政策担当者の間にも異論がないからである。

議論するのは困難であるという事情があった。そこで、最近提唱されているのが、生態系サービス（エコシステムサービス）や自然資本（ナチュラルキャピタル）という考えである。

これは、生態系がもつさまざまの価値を具体的な金銭価値に置き換えることで情報化し、環境の現状や変化（改善や損失）を把握するとともに、それを具体的な政策形成や法的規制に役立てようというものである[56]。この考えは、とくに環境経済学者に広く支持され、国連が主唱した「ミレニアム生態系評価」（2001年〜2005年）、生物多様性条約事務局が実施した「地球規模生物多様性概況（Global Biodiversity Outlook：GBO）」（2001年、2006年、2010年）、国連環境計画（UNEP）等が実施した「生態系と生物多様性の経済学（The Economics of Ecosystems and Biodiversity：TEEB）」（2010年）などにその成果が示されている[57]。

生態系が多様な価値を有することは、すでに生物多様性条約の前文が宣言しているところであり、その価値を数値化し、環境政策の立案や環境法の執行に役立てるという発想は不自然なものではない。とくに途上国においては生物多様性の現況を把握し、それを政策に反映することが困難な状態にあり、国際的な規模の生態系サービス評価は、それを支援する上で大きな意義がある。しかし、それは他面でサービス（便益、役務）という言葉から明らかなように人にとってのサービスであり、人間中心の自然観への逆戻りであることは否定できない[58]。また、生態系サービス評価については、生態系の

---

56) 多数の文献があるが、ここでは、James Salzman, Barton H.Thompson, Jr. and Gertchen C.Daily, Protecting Ecosystem Services：Science, Economics, and Law, 20 Stan. Envtl.L.J.309, 311-313（2001）を参照。代表的論者であるトンプソンによれば、生態系サービスは、生態的健全さと人間の福祉の直接的な関係を明示することで、生態系の保護を、人の健康に基礎をおいた環境条項によって長い間培われてきた水準と同じレベルにまで引き上げ、トレードオフおよび環境法・環境規制の実効性の評価のためのより厳密なメカニズムを提供するものであり、社会に対する法の価値を拡大し、増進するものである。Barton H.Thompson, Jr., Ecosystem Services & Natural Capital：Reconceiving Environmental Management, 17 N.Y.U.Envtl.L.J.560, 463-464（2008）.
57) それらの概要は、平成23年版環境白書を参照。また、ミレニアム生態系評価については、平成19年版環境白書、横浜国立大学21世紀COE翻訳委員会『国連ミレニアムエコシステム評価—生態系サービスと人類の将来』（オーム社、2007）を参照されたい。

内在的価値を適切に評価できない、生態系の機能を単純化している、生態系の経済的価値の強調が経済的利用を促すなどの批判がある[59]。生態系サービスの研究は未だ日が浅く、適用事例も多いとはいえないのが現状であり[60]、それが環境価値として受容されるには、もうしばらくの時間が必要である[61]。

IV 環境価値の具体化に向けて

これまで、環境の定義は、環境に対する社会の関係性の表現であり、したがってそれ自身が価値の基準を示すものであるという視点から、日本を中心に環境問題の沿革をたどってきた。簡単に要約すると、日本ではまず激甚型公害が頻発したために、人の生命・健康、財産権に対する侵害行為を除去することに追われ、社会がある価値を環境に組み入れ保護する余裕がなかったといえる。環境は、「公害のない環境」というネガティヴな表現でしか示されなかったのである[62]。しかし、公害対策が一段落すると、環境の外延は、生活環境、アメニティ、景観、自然環境、野生動物、地球環境などへと次第に拡大する。さらに、生物多様性という観念は、自覚するかどうかに係わらず、環境の理解を大きく変更する可能性を有している。

---

58) J.B.Ruhl et al., The Law and Policy of Ecosystem Services 15 (Island Press, 2007) は、生態系のサービスと機能を区別し、生態系サービスは人間個体群が生態系から利益をうる範囲でのみ重要なのであって、純粋に人間中心主義であると断言する。
59) Ibid.,at 30-35.
60) たとえば、生態系サービスの提唱者デイリーがあげるのは、湿地のミティゲーションバンク、エコシステムサービスユニット取引、ニューヨーク市の水源流域保全事業、ナパ川の洪水制御事業、コスタリカの農業補償金制度など、経済的インセンティヴを用いた生態系保護の事例である。グレッチェン・C・デイリーほか著（藤岡伸子ほか訳）『生態系サービスという挑戦—市場を使って自然を守る』（名古屋大学出版会、2010）プロローグ。その他、ジェフリー・ヒル（細田衛士ほか訳）『はじめての環境経済学』（東洋経済新報社、2005）参照。
61) なお、私見を述べると、デイリーのあげる応用事例（前掲注 (60)）は、伝統的な環境経済学の範囲に含まれうるものであり、生態系サービス概念の有効性の例証とまではいえないように思われる。また、Thompson, supra note 56, at 474 は、「土地利用規制の重点を生物多様性保護から生態系サービスにシフトさせることは、ささやかではあるが重要な変更である」というが、筆者（畠山）には、両者の違いが十分理解できていない。

そこで、次の課題は、これら環境の中に内包された価値を、どのようにして実現するのかということである。個別の法領域における具体的課題は別途詳しく議論されるので、ここでは環境価値を具体的な法制度に組み入れるまでの大まかな方向と課題を簡単に整理しておこう。

(1) 環境価値と他の社会的価値との調整

環境価値を具体化する場合に、最初に解決しなければならない問題が、環境価値と他の経済的価値、社会的価値が衝突する場合に、どちらを優先させるのかという問題である。環境法や環境政策において環境価値が優先されるべきことは当然である。しかし、他の公共政策にもそれぞれ実現すべき目的・目標があり、これらが衝突した場合に、いずれを優先させるのかという問題の解答は、環境価値の比較からは出てこない。この問題の解答は、おそらく「持続可能性」の中に求められるべきであり、法的な概念としての持続可能性に関する議論の深化を待つべきであろう[63]。

法的な観点からは、経済的利益との調整、すなわち経済調和条項の扱いが問題となる。経済調和条項は、1970年の包括的法改正によってすべて削除されたが、条文の有無に係わらず、それが環境政策の大きな桎梏となっていることは疑問の余地がない。大震災後の環境対策、とくに原子力安全庁が環境省の外局として設置され（予定）、環境基本法の傘下に組み込まれた後のエネルギー環境政策において、経済調和条項との関連が具体的に問題になるだろう。

---

62) しかし、このことは、早くに「環境」の内容を豊富化したヨーロッパ諸国やアメリカ合衆国が、「公害のない環境」を日本に先行して実現したことを意味するものではない。むしろ、欧米諸国では、大量の煤煙、廃・排水、有害廃棄物などが工場労働者や都市住民の生命・健康を蝕み、重大な環境問題を引き起こしたが、それは産業活動に不可欠の労働問題、公衆衛生問題として捉えられ、環境問題として認識されることはなかったのである。自然保護と公害対策の間には、大きな落差があり、労働者や都市住民の多くは、環境保護の恩恵を受けなかった。欧米諸国が重化学工業のもたらす桁違いに広範囲で深刻な生命・健康破壊と環境破壊に怖れをいだき、本格的な対策に乗り出したのは、1960年代後半である。その時、日本は公害（対策）の先進国となったのである。

63) 最近のものとして、松井・前掲注(48) 146-170頁、加藤・前掲注(18) 47-50頁〔加藤尚武〕など。

(2) 環境価値の序列化とその方法

　環境価値の多様化・豊富化とともに問題となるのが、環境価値相互の優先順位である。まず、人の生命・健康、生存を維持する上で最低限必要な財産権を「環境」に含めることには疑問もあるが、これらが環境法において最優先されるべき価値であることについては、疑問の余地がない。生活環境についても、高い順位が与えられるべきである。自然保護については、原生自然や希少野生動植物種とその生息生育地などに優先順位が与えられるべきであるが、さらにそれ以上に、自然景観、都市景観、里地里山、身近な生態系（小動物、昆虫）などにどの程度の優先順位が与えられるべきかは、価値の評価そのものからは解答が出てこない。そこで、価値の序列化ではなく、価値を序列化する方法を考えるべきであろう。

　まず、第1に考えられるのが、法律に個別の環境価値を明記し、保護のための具体的システムを構築することである。その場合、環境価値の序列化は、立法府によって行われることになる。これが環境価値を具体化するための最適な方法である。しかし、すぐに予想できるように、個別法の制定は容易ではなく、細切れで一貫性がなく、人や社会のいだく環境価値の序列を正確に反映しているとはいえない。

　第2に、そこで、より汎用性があるのが、環境基本法、循環基本法、生物多様性基本法などの基本法を用いて、環境価値を基本理念や基本原則に組み入れることである。これらの基本法による定めについては、具体性・実現性がなく、裁判による執行も期待できないという批判が多いが、環境価値の具体化にむけた一歩として評価すべきであり、法律要件の解釈・適用、裁量審査などへの影響を期待すべきであろう。

　また、個別法や基本法の制定とは別に、環境価値を理念化・原則化するための学問的努力も怠ることができない。そのうちのいくつかは、本書で別途議論される。

　第3は、こうした個別法の制定をまたずに特定の環境価値に権利性を付与し、裁判による保護を図ることである。これを権利的アプローチと呼ぶことができる。こうした考えは、これまでも見られたところであり、人格権、健康権、環境権、平穏生活権、景観権、眺望権、歴史的環境権、入浜権、自然

共有権、自然の権利など、さまざまの権利が主張されてきた。最近は、「環境権」を明記すべきであるとの主張が、国際法の分野で強くなされている[64]。

権利とは、一般に、最終的に特定の個人の利益に分割し、還元できる価値に対して認められるもので、ある環境価値に権利性を付与することは、環境価値を特定の個人に帰属させ、それが侵害されたと主張する者（1名の場合もありうる）の権利主張を認めることを意味する[65]。しかし、環境価値の多くは、特定の個人の利益に分割できず、特定の個人に権利主張の資格を認めることが適当ともいえない。そうすると、最近主張されているように、環境価値の多くは共同所有的な価値であり、環境に対する権利も共同的な権利であると解するのが適切であろう[66]。

また、権利的アプローチは、生物種、生態系などの価値を法制度の中に組み込むことが困難である。無論、生物種や生態系に権利を認め、その侵害に対して自然保護団体等の代理人が裁判所に救済を求めるシステムを考えることは可能である。しかし、現在の法制度や司法制度は、生物種や生態系による訴えを認め、その訴えに対して適切な解答を与えうるようにはできていない[67]。

第4は、環境価値について、多元的な主張を認め、民主的なプロセスをへて、その調整を図ることである[68]。環境価値を最終的に実現する正しい道筋

---

64) 松井・前掲注(48) 195-235頁に的確な検討がある。なお、日本で終息したかにみえる環境権論争が、例えば Tim Hayward, Constitutional Environmental Rights (Oxford University Press, 2005) などに見られるように、最近になって諸外国で盛んになされていることは興味深い。
65) たとえば、信教の自由権は、たとえ99人の利益に反しても1人の権利主張を許し、保護を与えるものである。共同的な権利に見える団結権も、それが侵害された場合には、1人が出訴し、その侵害を主張することができる。
66) 中山充『環境共同利用権―環境権の一形態』(成文堂、2006) 103-144頁、大塚直『環境法(第3版)』(有斐閣、2010) 56-62頁。とくに最近の北村喜宣『環境法』(弘文堂、2011) 48-53頁の議論を参照。
67) 動物の権利、自然の権利をめぐる最近の議論については、Cass R.Sunstein and Martha C.Nussbaum eds., Animal Rights: Current Debates and New Directions (Oxford University Press, 2004) を参照。また、動物の権利、自然の権利に関するアメリカ合衆国の裁判例については、畠山武道『アメリカの環境訴訟』第8章(北海道大学出版会、2008) で詳しく検討した。

は、環境価値の認識の拡大→（政治スローガン化）→環境価値の理念・原則化→憲法や基本法への明記→個別法による制度化（要件化）→法の執行→裁判による救済というものであろう。しかしながら、環境価値が承認され、具体化される道筋はさまざまであり、通常のルートを経由するとは限らない[69]。人の環境への関わり（関係性）は多様であり、環境の価値も多様であって、しばらくは、環境価値の実現のための多様なルートを開いておくのが現実的であろう[70]。

(3) 生物多様性と法制度の将来

さて、本稿は、生物多様性という観念の登場が、従来の環境観、自然観に及ぼす潜在的な可能性を指摘した。そこで最後に、生物多様性という価値を、思想や哲学のレベルにおける認知にとどめず、具体的に法制度を通して実現するための課題を簡単に考察しよう[71]。

ところで、生物多様性というと万物流転や森羅万象などの仏教的世界を連想するが、生物多様性という価値の基礎にあるのは、宗教や哲学ではなく、保全生物学という科学である。保全生物学は、生態系を、広域性、長期性、多様性、統合性、ダイナミック、不確実性、驚き、知識の限界などのキーワードで捉える[72]。しかし、こうした特徴を有する生態系を適切に管理する

---

68) とりあえず、畠山武道「環境権、環境と情報・参加」法学教室269号（2003）15-19頁を参照。

69) たとえば、19世紀後半のイギリスの動物虐待防止法や野鳥保護法のように、一部の集団の熱狂や感傷に基づく環境保護が、後に多数の者の支持を得て普遍的な価値に転嫁する可能性もある。「動物の愛護及び管理に関する法律」（動物愛護管理法）は、一部の人の主張が、理念や原則の形成を飛び越えて立法を促し、それが後に価値として認知された例であろう。また、企業が利潤目的でした動物保護が絶滅危惧種の保護に寄与することがあり、生物種の倫理的価値が経済的価値に常に勝るべきであるともいえない。さらに、環境訴訟における裁量審査も、実例をあげることはしないが、ある環境価値（あるいは理念・原則）に依拠したというよりは、裁判官の正義感、公正感（あるいは直感）に基づくものが少なくないだろう。

70) その点で、加藤・前掲注（18）32-36頁〔丸山徳次〕に賛成する。

71) 以下の記述は、畠山・前掲注（50）6-13頁を適宜要約したものである。詳しくは、同書およびそこに引用された文献を参照。また、及川敬貴『生物多様性というロジック—環境法の静かな革命』（勁草書房、2010）、小島望『〈図説〉生物多様性と現代社会』（農文協、2010）の新鮮な議論も参照されたい。

72) 畠山武道＝柿澤宏明編著『生物多様性保全と環境政策—先進国の政策と事例に学ぶ』（北海道大学出版会、2006）44-45頁〔畠山武道〕。

ためには、特別の管理方法が必要である。そこで、保全生物学で主張されているのが、生態系管理（エコシステムマネジメント）といわれる手法であり、科学的知見に基づく生態系の長期的・包括的な管理、生態系サービスの適切な評価と意思決定への反映、生態系の機能に応じた適切な管理境界の設定、協働的意思決定、知識の不足と変化に対応するためのアダプティヴ（順応的）な管理などを内容としている。

しかし、こうした保全生物学のパラダイムは、伝統的法学のそれとは内容をまったく異にするもので、エコシステムマネジメントを現在の法制度のもとで実現するのには多くの障害がある。そこで、とりあえず、以下の課題について、両者の接近を図るべきであろう。

第1は、生物多様性や生態系サービスの正当な評価と、評価の法制度への組み入れである。自然保護は、こうした市場メカニズムや経済的手法とは縁遠い分野と考えられてきたが、すでに指摘したように、生物多様性や生態系サービスを金銭価額に換算し、その価値を環境意思決定に公正に反映させるための試みがすでになされている[73]。他方で環境損害の概念を確立し、それを法制度化することが早急な課題である[74]。

第2は、生態系の範囲は、広範囲であるとともに不確定であり、関係する行政機関、利害関係者も多数にのぼる。そこで、生態系の範囲・境界に適応して、多数の省庁、自治体、専門家、利害関係者が参加し、協議するシステムを作る必要がある。諸外国にはこうした省庁間協議システム、住民参加システムが多数見られるが、日本ではこれらの連携がとくに不足しており、一層の工夫が必要といえる[75]。

第3は、生態系に対する知識の不足や生態系の突然の変化に対応するための柔軟な管理システムの導入である。たとえば、一般に現在の生物種に関する知見はごく限られており、ある動物種の保護増殖事業計画も、時間の経

---

73) 前掲注（60）。その他、林希一郎『生物多様性・生態系と経済の基礎知識―わかりやすい生物多様性に関わる経済・ビジネスの新しい動き』（中央法規出版、2009）参照。
74) 松村弓彦ほか共著『ロースクール環境法（第2版）』（成文堂、2010）541-545頁。
75) 畠山ほか・前掲注（10）第3章～第4章・第6章～第7章、畠山「生物多様性保護がつくる社会」前掲注（50）2-3頁、畠山＝柿澤・前掲注（72）56-119頁〔柿澤宏明、土屋俊幸〕など参照。

過、新たな知見の発見などによって、すぐに古くなる。そこで生態系管理において、知見を常に追加し、管理の目標や手段を変更する必要がある。これが順応的管理（アダプティヴ・マネジメント）と称される手法である。

　以上の3つの提案は、ごく控えめなものであるが、それでも従来、厳密な概念や時間の設定、管理責任、成果の予測と評価などを至高の原則としてきた法律学にとっては、容易に受け入れがたいものであろう。しかし、上記の提案の一部は、生物多様性基本法に明記され、すでに法制度による理念化・原則化の段階にある[76]。生物多様性という価値を手がかりに、新たな法理論、法原則が生まれることを期待したい。

---

76)　畠山武道「生物多様性基本法の制定」ジュリスト1363号（2008）52頁参照。

第 1 章 序 論

③ 環境権と環境配慮義務

磯野弥生

I はじめに

　日本の環境法において、その形成の初期から論じられ、そして現在でもなお、実定法上、あるいは裁判における定着ができないまま[1]今日に至っているのが、環境権である。
　学説上、環境権は環境法の原則とする見解が通説的地位を占めている。ところが憲法に環境権が規定されていないのは当然であるが、環境基本法でも、環境の保全は「現在及び将来の世代の人間が健全で恵み豊かな環境の恵沢を享受するとともに人類の存続の基盤である環境が将来にわたって維持されるように適切に行われなければならない。」(第 3 条)と、人々の良好な環境の享受は、社会の目標としての位置づけとなっている[2]。もっとも、このような規定が設けられたのは、国際的な環境に対する権利の承認の動向とともに、日本における環境権が概ねの承認を得られているということが背景にあると考えられる。そこで、敢えて環境権を明文の規定とする必要はないとも考えられるが、環境権が学説上承認されていることと裁判での不承認の間のギャップが有る限り、環境権を明文で規定する意味があると考える。ここ

---

1) 伊達火力発電所事件地裁判決(札幌地裁昭和 55 年 10 月 14 日判決、判例時報 988 号 37 頁)をはじめとして、環境権主張については認められていない。差止を認めた名古屋南部公害訴訟地裁判決や潮受け堤防の開門を認めた諫早干拓潮受け堤防開門請求事件高裁判決もまた、人格権あるいは漁業権による主張は認めたが、環境権に基づく主張は認めていない。
2) この規定に環境権を読み込む見解もあるが、立法経緯等を考えると環境権規定とするのは難しい。

では、環境基本法に環境権規定を明示することを求めて、環境権の展開と現時点で環境権の有るべき内容とその反映である環境保護義務を検討することとする。

　ところで、環境問題の日本における出発は、経済復興の過程で生じた水俣病、四日市問題など、死者を出すような深刻な公害問題から出発した。四日市公害は人が空気を体内に取り込む過程で、工場から排出した有害物質を直接取り込むことにより発症する一方、水俣病は生態濃縮により間接的に被害が発症した。工場で発生させた有害物質の人への取り込みの過程は異なるが、工場からの汚染物質が自然環境を媒介として個人の人格権侵害を引き起こしたことは共通する。これらのケースについて、工場からの汚染物質と人の健康の因果関係が自然環境が間に介在することで不明瞭となること、あるいは化学物質の悪影響への評価や生産過程での不要物の取扱いが無視されてきたこと、これらが被害を発生させても原因者に責任をとらせることを困難にしてきた。これらを解決できれば、最も典型的な不法行為の類型に当てはまる事例であった。言い換えれば、ここで議論された公害問題は典型的人格権侵害の例である。日本の環境権論は、このような極端な人格権侵害の解決に格闘している中で議論が始まったのである。

　公害による深刻な被害に対応する環境権論は、この法理を確立することで、司法的救済の道を付けることが目的だった。同時に人々が環境権を行使することで、国や自治体の環境保護義務を確立することでもあった。

　そして、環境問題への認識の深まりの中で、というよりも環境破壊の進行の中で、環境権の議論も、人格権侵害を解決することから、環境基本法の文言で言えば、「生態系が微妙な均衡を保つことによって成り立っており人類の存続の基盤である限りある環境」を将来にわたって維持するということに対する人々の権利として、環境権を構成することが求められるようになった。

　生じてしまった被害の賠償については不法行為法で対処できる。それに対して、現に生じている被害の原因行為を中止させる、あるいは被害を未然に防止を裁判上請求するには、これまでの法理論では至って困難だった。その要請に応じて、日本型環境権が理論化されたのである。日本の環境権の議論

はこのようにして始まり、展開していった。同時に、憲法でもプライバシーの権利などとともに、新しい人権のカタログの一つとして提唱され、現在、憲法上の権利として承認されているといえよう。

他方で、行政法では、これらの動向を見据えつつではあるが、権利構成というよりも、行政の公害未然防止義務の承認、健康被害防止に対する行政の裁量権をゼロとする裁量収縮論などが展開されたのである。行政法理論では、行政裁量における自由権規制に対する生存権保護の優位をどのように確立するか、が問われていたのである。環境保全責任から国、自治体のあらゆる活動における環境配慮義務へと展開していったのである。

環境権の議論と環境配慮義務論の展開は、不即不離の関係ではあるが、長らく平行して議論されてきた。しかし、人類の存続基盤として将来に至るまで維持するという、私権とは明らかに切り離された「公共的な利益」についての、人々の権利を環境権として構成するためには、国、自治体、事業者という環境への負荷を与えるおそれのある主体の環境配慮義務への監督権として、さらにパートナーシップを可能とするとして構成されることが求められている。

さらに、環境権の理論的争点一つとして、憲法での位置づけがある。憲法改正が議論されたとき、環境権を憲法上規定することが課題になり、憲法と環境権について、改めて様々な議論が行われ、現在も続いている[3]。環境権の公共性や将来世代の権利を含む故に、これまでの基本的人権とはなじまず、憲法上の権利とすることに難があるとする見解も出てきた[4]。また、憲法では、環境権よりも、国の環境配慮義務として規定することが望ましいと

---

3) 憲法と環境権の当初からの理論状況について、中富公一「環境権の憲法的位置づけ」高橋和之＝大石眞編『憲法の争点 第3版』（ジュリスト増刊）（有斐閣、1999）158頁、青柳幸一「環境」ジュリスト1334号（2007）166-171頁。それを含めて一般的に、村田哲夫「環境権の意義とその生成」環境法研究31号（2006）3-6頁。小林直樹『憲法講義 上 新版』（東京大学出版会、1980）319頁 は、環境権を「一般的には『良い環境を享受し、かつこれを支配する権利』であり、もう少し法的具体性を与えれば、『健康で快適な環境の保全を求める権利』」であるとして、積極的に環境権を憲法上の権利として支持した。芦部信喜『憲法学Ⅱ』（有斐閣、1994）365頁は、環境権についても、人格権として明確な内容を持つ場合には、公法あるいは私法上の法理に従って保護されるとする。

する見解もある。憲法上の議論を考察することも重要な課題であるが、むしろ解釈論上の根拠ともなり得る実定法での規定が必要であると考える。そこで、憲法の議論には立ち入らないこととする。

II　国・自治体と環境保護の責任

1　人の健康と生活環境保護義務

　環境権論はそれを通じて、国や自治体の環境保護義務を確立することでもあった。国が深刻な被害に適切に対応できないために、国民が、唯一環境侵害の防止を請求できる場としての裁判で、国や自治体に代わってその義務を行使した。差止が認められることにより、国の保護義務もまた明らかにされる。

　淡路剛久は、「我が国における悲惨な公害の歴史を踏まえ、そのような公害被害を二度と出してはならないという反省のうえに立つならば、人の健康の保護とそれに係わる生活環境の保全を最善の努力を持って最大限にはかることが国および地方自治体の義務であることを、環境法の第1の基本理念としなければならない[5]。」としている。

　国や自治体のかかる責任については、公害対策基本法が当初「経済との調和条項」を定めていたのを改正し、もっぱら人の健康と生活環境を保護することとしたところからも、経済との調整責任ではなく、環境保護責任であることが明確になった。これらの利益の保護については、利益を侵害する者に対しては積極的に規制を行い、法の解釈においても、侵害を認める裁量権行使はないと見ることができる。最も深刻な被害をもたらした水俣病被害において、最高裁判所が、原因者が明らかでかつ規制権限を行使する根拠がある場合には、規制権限を行使しなかったことが違法であるとし、国、自治体の権限行使の懈怠を違法と認定したことも、そのことを明らかにしている。

---

[4]　伊藤正己『憲法〔第3版〕』(弘文堂、1995) 237頁、奥平康弘『憲法III』(有斐閣、1993) 424-425頁は否定論である。松本和彦「憲法学から見た環境権」環境法研究31号 (2006) 22-25頁など。

[5]　淡路剛久「序論　環境法の課題と環境法学」大塚直＝北村喜宣編『環境法学への挑戦　淡路剛久教授・阿部泰隆教授還暦記念』(日本評論社、2002) 17頁。

このような健康に生きるや生活環境の保護は、憲法13条の人格権、25条の生存権の保障する内容である。環境法を環境問題を解決し、持続可能な環境を創造するための法分野であるとすれば、人の健康と被害の防止が実現せずして、環境の負荷を最小限にするあるいは生態系を保護することは、論外のこととなる。その意味でも、国、自治体には、淡路の述べるように、環境法の中核には人の健康と生活環境の保護責任の誠実な履行義務があるといえよう。

環境基本法では、「健全で恵み豊かな環境の恵沢を享受する」ことができるように環境の保全を適切に行うこと（3条）とし、施策の指針として、「人の健康が保護され、及び生活環境が保全され、並びに自然環境が適正に保全されるよう、大気、水、土壌その他の環境の自然的構成要素が良好な状態に保持されること。」（14条第1号）をあげている。そして、環境基準、環境基本計画、公害防止計画、公害規制法制の確立を義務づけている。それに失敗したときには、救済制度を設ける責任（31条2項）を定めている。さらに、原状回復についての措置も要求している。このような規定ぶりからも、人の健康と生活環境の保護をその義務としているのである。環境基本法は、人の健康と生活環境の保護については、単なる責務にとどまらず、それが保護義務として位置付けているといってよい。

2 将来世代と他の地域の人々に対する環境保護義務

環境基本法3条では現在及び将来の世代の人々、第5条の地球環境への配慮が規定されている。当初、公害対策基本法では、人の健康や生活環境の保護義務は、日本国内の現に存在する人々に対する義務として捉えられてきた。しかし、経済成長を経て、日本企業が国外進出をするに及んで、日本企業によるアジアを中心とした公害問題が激化した。また、国内の規制が強化されると、有害廃棄物の輸出も始まった。この段階に至り、人の健康と生活環境の保護の目的は、国外の人々を含む義務でなければならないことが明確になった。さらに、廃棄物や土壌汚染は、将来世代の環境の質を悪化させるばかりでなく、地下水の汚染を引き起こし、将来世代の人の健康への影響が問題となった。環境基本法の規定は、世代を超え、地域を越える人々の健康

と生活環境を保護することの原則を確認している。他地域の人々への保護義務は、日本企業の国外での活動に対する国内的な規制あるいは輸出入規制を義務づけることになる。地球環境保全としての温暖化対策は、直近にも、島嶼国の人々や砂漠に生きる人々の生活環境の保護義務として、日本に課された義務である。

III 環境権の成立と国の環境保護責任

1 国際的動向

　米国において、サックスが公共信託理論に基づいて環境の質に対する公共の権利として環境権（environmental right）を提唱した[6]ことが、日本の環境権に影響を与えた。とはいえ、その時代的背景を見ると、日本とは少し異なる。米国においては、環境影響評価制度の導入が進行しつつあり、パイプラインの敷設等などによる環境損害に対する予防訴訟の可能性が議論されていたのである。公共的な権利として構成されたところに特質がある。

　環境権論の日本への導入が検討される中で、1970年には、東京で公害国際会議が開催され、「とりわけ重要なのは、人たるもの誰もが、健康や福祉を侵す要因にわざわいされない環境を享受する権利と、将来の世代へ現在の世代がのこすべき遺産であるところの自然美を含めた自然資源にあずかる権利とを、基本的人権の一種としてもつという原則を、法体系の中に確立するよう、われわれが要請することである」（東京宣言Iの五）と宣言し、環境権の確立の必要性が訴えられた。そこでは、環境を享受する権利とともに、将来世代を含めて自然資源を享受する権利が主張されたのである。次いで、1972年、ストックホルムで開催された人間環境会議では、その宣言の中で、「自然のままの環境と人によって作られた環境は、ともに人間の福祉、基本的人権ひいては、生存権そのものの享受のため基本的に重要である」として、「人は尊厳と福祉を保つに足る環境で、自由、平等及び十分な生活水準を享受する基本的権利を有するとともに、現在および将来の世代のため環境を保護し改善する厳粛な責任を負う」（人間環境会議第1原則）と、宣言され

6)　ジョセフ・L・サックス『環境の保護：市民のための法的戦略』（岩波書店、1974）。

た。ここに、各人の固有の権利として、良好な環境に生きる権利について、国際的な了解ができ、その後の国際条約の動向にも影響を与えた。先住民の環境に対する権利や女性の環境に関する権利など、多様な人々の環境に対する権利が生み出されていったのである。同時に、将来世代にわたる良好な環境に生活する権利を保障するための環境保護改善に関する責務が確認された。

20年後のリオ・デ・ジャネイロで開催された「環境と開発のための国連会議」の宣言では、この確認として、「人類は、持続可能な開発への関心の中心にある。人類は、自然と調和しつつ健康で生産的な生活を送る権利を有する。」(第1原則)と宣言され、国家の具体的責務の規定に重点がおかれるようになってきた。ここに、現在日本でも環境権の内実を構成すべき論点が提示されたのである。

さらに、現在、憲法上、環境権を定める国も出てきている。隣国の韓国をはじめとして、スペイン、ポルトガル、ロシア、そしてフランスの憲法的法律[7]である環境憲章等がある。環境権を定めるのではなく、国の環境保護責任を定める例もある。このように、世界は、憲法的権利としての良好な環境を享受する権利を定め、あるいは国の環境保護責任を定める国も多い。

2　日本における環境権論成立の特徴

日本における環境権の展開は、このような国際動向とは少し異なる様相で推移してきた[8]。日本における環境権理論の形成の端緒は大阪空港公害訴訟の差止のための理論構成である。予防訴訟ではなく、すでに深刻な被害を発生させている事業活動に対する民事差止という防御的権利として出発したところに、日本の環境権論の特質がある。大阪弁護士会による環境権論ばかり

---

7)　淡路剛久「フランス環境憲章と環境法の原則」環境研究138号(2005)148-155頁、江原勝行「フランスの環境憲章制定をめぐる憲法改正について」早稲田法学80巻3号(2005)325-348頁。

8)　中山充「環境権—環境の共同利用権(1)-(3)」香川法学10巻2号(1990)1頁以下、同3・4号(1991)155頁以下、11巻2号(1991)1頁が、当初の環境権からその批判的議論まで、環境権の法理と判例の動向を追い、さらに大塚直『環境法(第3版)』(有斐閣、2010)が近時までの動向を追っている。

でなく、環境権の主張には、差止めの根拠の提供という側面があった。そこで求めていたものは、人格権侵害の中止に比重が置かれていたのである。

大阪弁護士会環境権研究会は、このような人格権あるいは土地所有権等の侵害に対しても、旧来の土地所有権等の消極的制約を根拠に他者への侵害を違法する構成では現在の環境問題を解決するには弱いとみる。したがって、侵害から守るべく強力な保護を与えるべきであるとするとして、伝統的財産権法理から環境法理を解き放することを目的とした。そこで、環境権は、憲法13条および25条に基づく「良き環境を享受し、かつこれを支配しうる権利である。」としている。「環境は、ある土地の上に固定的にのみあるものではなく広く周囲の土地の環境と交流するものであるから、」「環境に対する支配の権能は、これと係わりのある地域住民が平等にこれを共有しているものであり、誰もが自由にかつ平等に利用しうるもの」であるとする[9]。そこで、環境への「同意のない侵害に対しては、地域住民は、環境権の共有者として、これを侵害しようとする他の共有者に対し、侵害の予防を請求し、またこれを差止める権利を当然にもつ」とする。同理論では、かかる考え方から、私法上の差止請求権として、受忍限度論による基準に代えて、「環境が破壊されたこと」が基準となり、「地域住民は、ただちにその差止を求めうる」としている。いわば、コモンズ論の範疇にでも入る議論とでも言える。

この法理に対しては、環境権を私権の対象に位置づけることに対する批判をはじめとして、多くの批判的見解が出された[10]。にもかかわらず、同環境権は、環境に法的な価値を付与するとともに、従来の財産権論から離陸し、環境法理の形成に向かわせたという意味で、大きな役割を果たした。権利主体を地域住民とする視点と、誰にも独占されない地域住民の共有物という捉え方は、その後の環境に対する権利の主体の捉え方の一つの方向を示した。

これらを明確にするという趣旨で、環境権をさらに具体化して、入り浜権、浄水享受権、静穏に生きる権利、眺望権など、景観権など具体的な場面

---

9) 大阪弁護士会環境権研究会『環境権』(日本評論社、1973) 53-54頁。
10) 批判的見解の整理については、中山充「環境権論の意義と今後の展開」前掲注(5) 48頁、大塚・前掲(8)、吉村良一「公害・環境問題の歴史から学ぶもの」前掲注(5)。吉田克己『現代市民社会と民法学』(日本評論社、1999) 246頁も、環境権を人格秩序で理解することが難しいとしている。

での権利構成をしている。

3　環境権と環境保護責任

　国が公害規制に対しては自由権規制であるとして消極的な発動に終始することで、深刻な公害被害が発生する事態を招いた。その結果、被害者自ら原因を排除することを余儀なくされ、その理論的支柱として、環境権が提唱されたのだが、立法上の指導原理となっていたとはいいがたい。公害関係法律が整備されるなかで、1967年には、公害対策基本法で「公害の防止に関する基本的かつ総合的な施策を策定し、及びこれを実施する責務を有する。」（4条）として、国の公害防止に関する総合的責任が定められた。自治体に関しても「住民の健康を保護し、及び生活環境を保全するため、国の施策に準じて施策を講ずるとともに、当該地域の自然的、社会的条件に応じた公害の防止に関する施策を策定し、及びこれを実施する責務を有する。」（5条）とした。公害防止は公害の未然防止と環境改善の双方であり、そのための道具としての環境基準や公害防止計画あるいは規制システムが規定された。

　国民の健康という「公益」を保護するために、もっぱら国に権限を付与する制度として構成されている。国に権限を付与するとは、国の必要に応じて、国が専門的知見を有する者と判断する審査会の意見を聴いて、国民の望ましい環境とは何かを定め、あるいは規制基準を定めることを意味した。環境の特徴である地理的、気象学的特質については、自治体に一定の措置を責務として課すこととした。このように、環境保全義務は、環境権とは一線を画す形で生成してきた。

　これに対して、先の大阪弁護士会は、地域住民の地域環境に対する良好な環境への請求権を含み、「公益」＝行政権による保護という伝統的なスキームが環境を破壊してきたとして、財産権規制に対する環境権の優位を主張し、積極行政の展開を促した。

　行政法の立場から、民事的環境権の議論に対して、環境保全のための民事訴訟は「行政上の対策が不十分で個人的な被害が発生ないし、発生しそうな状況においてはじめて、人権救済のためにいわば補足的に発動される」として、地域環境は「一次的には、立法・行政制度を通じて公共的に管理される

べき」であるとし、私権としての環境権に対して消極的である[11]。その上で、同氏は環境権は行政訴訟を通じて実現すべきである、とした。このように、私権の発動を中心とする環境権論は、行政法理論としての行政の環境保全義務と融合することは困難だった。

　私権による環境行政へのチェック機能という意味では、行政法には受け入れられなかったが、行政判断における環境価値の考慮の必要あるいは環境価値の優越という点では、多くの論者が主張し、裁判でも取り入れられることとなった。何よりも、行政環境配慮義務の履行を欠く行政決定についての取り消しあるいは執行停止が認められた。臼杵埋立訴訟判決（福岡高判昭和48年10月19日判時638号36頁）、日光太郎杉訴訟判決（東京高判平成8年7月13日判時710号23頁）をはじめとして、多くの訴訟で環境配慮に欠ける行政処分や公共事業について違法とした。これらは、環境権こそ認めていないが、環境保護に公益としての価値として認め、それへの配慮がない場合には、要考慮事項の不考慮として、行政処方を違法としたのである。また、公害防止条例による規制の上乗せの適法性をめぐる議論では、「法律の制定する範囲」公害被害を生存権侵害としてとらえ、生存権を保護することは自治体の責務の範囲であるとする。自治体独自の責務として、上乗せ条例もまた認められる、とする考え方を示した。

　他方で、海における財産権侵害すなわち漁業権被害はそれ自体、海の生態系の攪乱の結果として生ずることが多く、環境権を持ち出すまでもなく、漁業者の生態系破壊の防止あるいは原状回復請求権とほぼ同一の意義を有する。諫早訴訟はその典型としてあげることができる。

4　小　括

　良好な環境を享受する権利としての環境権は、日本も国際的動向も同じである。しかし、深刻な被害の原状回復に用いる法理として構成されたことに特徴がある。そこには、現に被害を被っている被害者がいて、その被害者が環境権を主張する主体として見定められていた。人々が良好な環境を享受する権利を回復するには、地域の環境を改善せずには実現できないという現実

---

11)　原田尚彦『環境権と裁判』（弘文堂、1977）11-12頁。

があった。他方で、人の命・健康という人格権の基礎をなす権利侵害を中止させるには、当時の法理論も法制度もあまりに無力だった。かかる状況に対応する法理として、地域環境は地域の人々が決定するという当然の要求を理論化することが求められていたといえる。被害者がこの要求を民事訴訟で追求することが課題となった結果としての理論である。

しかし、そこで出された法理が、環境本来の公共的性質と矛盾をきたすとする考え方も強いし、人格権あるいは財産権に基づく差止で足りるとする説も多い。確かに、公共的性格と個人の排他的私権としての構成が素直には繋がらない。ただし、環境保護の公共的性格も、環境損害の程度によっては各人の一身専属的な権利性を有するという側面を持ちうることを示したといえる。さらに、環境侵害は、一身専属的な利益侵害を頂点に、地域集団の利益侵害、そして国境を越えかつ世代を超える公共的利益の侵害と重層的に考えるべきである。それを統一的に環境権侵害として表したところに理論的な意義がある。

また、生態系や生物多様性の保護、文化財の保護あるいは大気や水環境の保護は、本来共通利益であり、個人に帰属しない。生命・健康あるいは生活環境の侵害は、環境問題の中で、緊急避難に属する部分である。そのような緊急避難領域の解決にせまられていたのである。そこでこのような環境権を主張することで、人格権や財産権の有り様を認識させ、道路公害訴訟や廃棄物処理施設訴訟などで差止が認められるようになったと見ることができよう。

VI 公共性を基本とする環境権とその課題

1 環境権論の到達点

環境権論の到達点とは何か。

環境権は、これまで裁判で認められることはなかった。しかし、環境権の目標としたところを考えると、一定の目的は達成してきた。環境権が目的としたのは、行政の環境保護の懈怠によって被害が生ずるときに、国民が裁判を通じて原因行為を正すことに主眼があった。より具体的な権利として構成

した平穏生活権、眺望権あるいは景観利益が、その環境を共通にする地域住民に認められる私人の排他的な権利・利益として認められるようになった。国立景観訴訟最高裁判決（最判平成18年3月30日判時1931号3頁）では、結果的に原告の請求は認容されなかったものの、長年にわたって人々の努力により維持されてきた景観としての都市景観の場合には、「良好な景観に近接する地域内に居住し、その恵沢を日常的に享受している者は、良好な景観が有する客観的な価値の侵害に対して密接な利害関係を有するものというべきであり、」景観権とまでは言えないが、「これらの者が有する良好な景観の恵沢を享受する利益（以下「景観利益」という。）として法的保護に値する」とした。これは、景観権への一つの関門を突破したといえる。さらに、鞆の浦埋立免許差止事件広島地裁判決では、鞆の地域の住民に等しく景観利益を認めたのである。将来世代に受け継がれるべき普遍的環境、すなわち公共的価値を保護する利益を、その環境を共通に享受する住民各人に帰属する利益として認めた。

　他方で、名古屋南部公害訴訟（名古屋地判平成12年11月27日判時1746号3頁）などの道路公害訴訟で、人格権による汚染原因行為の差止を認めた。環境権を認めず、深刻な人格権侵害の防止は自動車交通という公益に勝るとして、一定区間の道路公害の差止を許容した。このことは、環境権論の間接的効果であるといってよい。行政訴訟の原告適格に関しては、法律の環境配慮規定が整備されるに至っている現在、行訴法改正の結果、小田急高架化訴訟最高裁大法廷判決（最判平成17年12月7日判時1920号13頁）では、都市計画事業認可処分をめぐって健康被害を蒙る慮のある者に原告適格を認める段階に来ている。

　これらの状況から、健康被害については、人格権によって対処できる可能性が高まっている。そして、個別の権利を追求することによって、公共的性格を有する権利・利益についても主観的利益として構成できる可能性が開かれてきた。環境権から派生していくつかの分野では、こうして新たな権利形成で差止が認められてきた。

　他方1980年代にもなると、内陸部での開発による森林破壊など自然破壊の進行が進むことで自然保護への要求が高まり、他方で人々の健全で良好な

環境の破壊も大きくなった。自然破壊の防止やアメニティの保護を訴訟で求める動きが促進されていった。環境権論への批判として、これまでの物権的請求権や人格権とは性質の異なる権利であることを明確にし、その性質にふさわしい独自の構成を加えることが求められるが、このような要求は、個人の健康や財産に対する深刻な被害という私益侵害とは異なり、公益侵害の是正を求めるものである。したがって、これまでの個人の利益に帰する環境権論の範囲の外になる。自然保護を中心に、環境権を再編する動きが促進された。

共有の原則に基づく環境権を主張してきた日本弁護士連合会も、1986年には、森林破壊等の自然破壊が深刻な事態になったことを受けて、個人の個別的具体的被害と離れてその保護を図る必要があるとして、「地域的限定および権利主体の制約のない権利が要請されるようになった。」(「自然保護のための権利の確立に関する宣言」)として、環境権とは別に、自然享有権を提唱するに至った。

中山充は、私権としての環境権で最も積極的な意義は、人格権や所有権等の個人的な権利によって保護できない環境利益の保護にあると、公益的な利益としての環境権を再構成した。そして、「他の多数の人々による同一の利益と共存できる内容を持って、かつ共存できる方法で、各個人が特定の環境を利用することができる権利[12]」とし、参加権的環境権として提唱した。淡路剛久は、自然保護やアメニティの場合には、物権あるいは人格権からの権利構成は困難であるとするとして、手続的な権利として環境権を構成すべきであるとした[13]。

このように、環境問題の広がりは、財産権や人格権の延長線上から環境権を捉えることに難があるとして、環境権は公益的性格を基本的性格とすることで、全体の了解をえるようになった。

---

12) 中山充「環境権—環境の共同利用権(4)完」香川法学13巻1号(1992)68頁。
13) 淡路剛久「自然保護と環境権—環境権への手続き的アプローチ—」環境と公害25巻2号(1995)9頁以下。

2 環境権の課題

(1) 環境権の射程範囲

環境権が学会に登場した時点から40年以上経ち、環境問題も多様になり、深化している。何よりも、法制度が公害対策基本法から環境基本法へと転換し、扱う環境問題の範囲が格段と広くなった。

環境の範囲を明示的に定めてはいないが、環境基本法の目標である「人類の存続の基盤である環境」の維持（3条）、「環境への負荷」のできる限り低減された社会を実現（4条）、地球環境保全（5条）に関する事柄が含まれる。第14条の1～3号に定められる①大気、水、土壌その他の環境の自然的構成要素の良好な状況での保持、②生物多様性の確保、そして人と自然との豊かな触れ合いの確保を中心に、文化的環境や都市環境の整備の一部を含む。環境法において公害対策は依然として重要な部分を占めるが、この部分については、人格権侵害や財産権侵害の範疇で捉えて、公共的な性格である環境権とは区別して論じることも可能となる。ただし、現在のところ道路公害差止訴訟では差止を認めても環境基準までの大気質の改善は義務づけられていないことを考えると、公害からの再生についてもアメニティと同様に、公共的利益に位置付けられる。そう考えると、公害差止も、緊急避難的な防御権から公益的な権利へと連続性を持つと言えよう。温暖化問題や生物多様性問題は、人の活動によって環境に影響を与える全ての行為を対象とし、それに対する権利として統一的に理論化することが求められる、とするのが妥当ではないだろうか[14]。

環境基本法に環境権を定めるとすれば、当面はその範囲の権利となる。環境影響評価手続への適用を通じて、上述の範囲にもまた環境権の範囲が広がると考えられる。

一方で、環境問題は、地域的にその生活の中で発生するため、眺望権や景観権などを具体的に構成することも求められている。このような個別分野に

---

[14] これに対して、大塚は、防御権としての環境権の意義は依然としてあると、述べる。大塚は、利権としての環境権として「特定環境の共同利用に関する慣習法上の法的利益の侵害に対する差止請求は、その利益が集団的に帰属すると考えられる」とする（「環境権の新展開―環境権（2）」法学教室294号（2005）121頁）。

特有な権利は、環境権の内容を豊富にすることになる。

(2) 公共性をその性質とする意味

公共性を環境権の特質とすると、以下のような課題に直面する。

環境が個人に属さないという意味は、自由財として誰もが好き勝手に利用できるのではなく、公共的な秩序の下に置かれるということである。原田尚彦が述べたように、公共的な秩序は、今日の社会では、概ね法律・条例がそれを形成し、行政がその執行にあたる。環境権は、このような仕組みの中に埋め込まれる権利として構成されることとなる。環境権をもってして、いかなる関与を法的権利として与えるかが、その課題となる。国、自治体の環境施策の策定や環境行政において、国民、住民がどのような法的地位を有するか、を課題とする。また、その反対に、国や自治体は、環境権を有する国民との関係でいかなる責任を有するか、が問われることとなる。

中山充は、共同利用の内容と方法は、多数の人々の意思によって定まり、行政規範として構成されるとする。吉田克己は、環境権を生活環境秩序のための参加権であるとする[15]。環境秩序形成は、行政の作用を通じて行われることが通例であるから、行政決定への参加権をその内容としている。

これらの論者は、いずれも環境権を根拠として、民事差止訴訟の可能性を視野において議論している。行政過程が適切に行われなければ、民事訴訟が可能となるとの見解を示しているのである。

淡路剛久も、環境権を手続的な権利として構成して、環境に対して何らかの利益を有する者は、環境保全に関する手続が十分でない場合には差止ができるとする、手続的アプローチを主張した[16]。大塚直もまた、参加権とすることに共感している[17]。

それに対して、行政法的視点からは、率直に、立法および行政過程への参加権を、環境権の内容とすることを示している[18]。

---

15) 吉田・前掲注 (10) 245 頁。
16) 淡路剛久『環境権の法理と裁判』(有斐閣、1980) 81 頁、同「自然保護と環境権」環境と公害 25 巻 2 号 (1995) 9 頁以下。
17) 大塚は、これを表現の自由と関連づけている (大塚・前掲注 (8) 8 頁)。
18) 畠山武道「環境権、環境と情報・参加」法学教室 269 号 (2003) 15 頁以下。北村喜宣『自治体環境行政法 (第 5 版)』(第一法規、2009) 106 頁。

このように、行政への参加権が環境権の内容として大方の承認を得ることとなった。そうであれば、次には、参加権としての内容を如何に確定するかが、問われることとなる。それが第1の課題である。

第2に、環境権に基づく行政の施策等に介入する法的な権利が付与されるとした場合に、手続的権利にとどまるのか、なお実体的権利として構成されるのかが残る。

第3に、誰にどのような法的地位を与えるのか、ということが問題となる。

第4に、環境権を主張する地位を与えるとして、それを保障する手段をどのように考えるか。

(3) 将来世代や他地域の人々の権利を含むとすることの意味

これらの人々の権利を含むことが、環境権の公共的性格を与える。同時に、将来世代の権利を現代世代の権利に内包することは、その権利の制約として働く。環境は一旦破壊すると元に戻らないか、あるいは再生には多大な時間を要する。また、環境は地球上で相互に関係する。このような環境の特質に鑑みて、将来世代および他地域の人の権利保障は、現世代に環境保護義務を課すことになる。係る義務ないし責務は、すでにストックホルム会議の人間環境宣言にも明示されているのである。環境権を有するものの環境保護義務を、環境訴訟の訴権に反映させるのが、日本弁護士会の自然享有権論である。責務と権利の関係性をどのように捉えるかが課題となる。

さらに、将来世代は、各時代には権利主張できないことから、その権利を誰が代理するかという課題が問われる。

(4) 環境権の課題と環境配慮義務

① 環境配慮義務の現状と課題

環境権が国民の公益的な権利として形成される一方で、公益の担い手たる国、自治体環の環境保護のための権限論についても、展開がみられる。積極的権限の付与から、環境配慮義務へと、国民の環境権の内実を行政の権限行使論から単帰する議論である。北村喜宣は、19条が具体化施策条項であることやその規定ぶりから、「環境基本法19条は、環境権の実体的側面を保障する効果を持つものであって、一定の法的規範性を有する」[19]として、環境

配慮規定を法的な拘束性のある義務を定めたものであるとする。それに対して、大塚直は、この規定について「環境への影響を全く考慮せずにされた行政処分は違法と解せられる」が、そこにとどまる規定であるとする。実際、北村も義務的規定としての解釈の精緻化の必要性を述べている。

他方、小賀野晶一は、環境配慮義務からの環境法の統一的把握を主張している[20]。

さらに、環境配慮は、環境に著しい負荷を課すおそれのある事業者に対しても、義務として構成する。環境基本法は、事業者にも事業活動における環境配慮のあり方の原則を定める。

循環型社会推進基本法、あるいは生物多様性基本法で、これら2者に対する各領域に独特の環境配慮の有り様を規定しているのである。これらに基づき、個別法で、環境負荷を与えるおそれのある者の環境配慮義務の具体的内容を定めていることについては、小賀野が環境配慮義務の法的な位置づけとしてとして述べている[21]。

加えて、環境基本法制以外の国土利用法、都市計画法、社会資本重点整備計画法などの開発法制において、国等の政策立案および行政処分において環境配慮を求める規定を設けられるようになっている。

立法で環境配慮に関する規定を広げてきたのに対して、裁判でも、国の環境配慮義務を積極的に認める判例が出てきた。人の健康との関係ではすでに道路訴訟で環境配慮義務を認めていることを述べたが、二風谷ダム事件判決（札幌地判平成9年3月27日判時1598号33頁）では、アイヌの人のアイデンティティと関わるという点では、本来的には人の健康と勝るとも劣らない権利として認められるべきであるが、その環境について、配慮義務を認めた。すなわち、ダム建設に当たってアイヌの文化について配慮しなかったことを違法としている。同事件は土地収用裁決の取消訴訟で前述の日光太郎杉事件の文化的環境の保護の系列にある。同判決が事情判決だという点では、その

---

19) 北村喜宣「判例にみる環境基本法」上智法学論集48巻1号（2004）163頁、畠山武道『自然保護法講義（第2版）』（北海道大学図書刊行会、2004）30頁も同様。
20) 小賀野晶一「環境配慮義務論」環境管理42巻5号（2006）461-469頁。
21) 小賀野晶一「環境配慮義務の法的位置づけ」環境法研究31号（2006）69-75頁。

意義も限定的ではある。諫早湾訴訟高裁判決（福岡高判平成22年12月6日判タ1342号10頁）は、調査のための潮受け堤防排水門の開門を命じた[22]。鞆の浦差止訴訟にいたって、瀬戸内法等に基づき歴史的環境としての景観の保護を義務として、差止請求を認容したのである。環境基本法19条を根拠とするものではないが、個別法の規定の解釈として、環境配慮／保護義務の存在を認めた。

　裁判において、環境配慮義務は環境保護に関する立法のあり方に委ねられている。だが、環境への影響がないことが不明の場合には調査のための開門という事業管理のあり方に踏み込んだことは、環境配慮義務論として、大きな一歩といえる。

　また、自治体が積極的に環境保護のための条例づくりを進める中で、最高裁も原告の主張は認めずに結論としては事業を容認したが、なお、条例の制定について環境配慮への傾斜を認めている。三重県長島町水道水源条例事件最高裁判決、国立マンション行政事件最高裁判決は、いずれも飲み水環境や都市環境の保護のための条例の制定を違法とはしていない。この点でも消極的だが、環境配慮義務への補完的意義を有する。

　環境配慮義務は、事業者の環境影響評価義務と国、自治体の権限庁の適正審査義務としても現れる。環境影響評価の適正評価義務違反を問う訴訟は少なくない。圏央道あきる野事件地裁判決（東京地判平成16年4月22日判時1835号34頁）で、圏央道あきる野区間の事業認定の取消を判決したが、受忍限度を超える騒音があることやSPMについての調査が不十分であることなどを認定している。また、小田急高架化訴訟第1審判決（東京地判平成13年10月3日判時1764号3頁）でも騒音等についての配慮を欠いているとした。両者とも、高裁、最高裁で反対の結論となっている。また、泡瀬干潟訴訟高裁判決が事業の違法を認めたにもかかわらず、環境影響評価の内容については立ち入らない。この判例が一つの典型であるが、環境影響評価の内容を環境配慮義務の判断を可能性が課題として残されている[23]。

---

22) もっともこの事例は公共事業訴訟であって、いわゆる規制権限ではなく、民間の事業者と同様の位置づけに当たることを留意する必要がある。

② 環境配慮義務と予防原則

環境保護は将来の悪影響を排除する行為で、そのために原因行為の影響の不確実性という論点を常に抱えている。それ故に行為規制が正当性が問われてきたのである。そこで、環境配慮としてのリスク管理論の導入が求められた。しかし、環境影響については、リスクの不確実性、不可逆性、晩発性など、決定分析的なリスク管理では扱いにくい事柄が多く、またそのためにリスク管理手法でも人々の納得が得にくいとされた。そこで、予防原則あるいは予防的措置論が登場した[24]。リオ宣言第15原則では、予防的アプローチの適用を求めて「深刻なあるいは不可逆的な損傷が生じる恐れがあるような場合、費用効果的に有効な対策について、科学的不確実性を口実にして、その実施の引き延ばしを図るようなことがあってはならない」としている。生物多様性条約、気候変動枠組み条約をはじめとする条約レベルで規定されるとともに、化学物質規制ではEUのREACHで具体化されている。日本でも、予防原則による環境配慮義務の履行が課題となる。立法上も、たとえば化審法で予防的アプローチを明確にすることが求められている。

なお、予防原則は、不確実性を前提として環境影響の回避を確実にするために用いる原則であるが故に、決定の選択のあり方が重要な内容である。関係主体の納得が重要な要素である。

V 手続的環境権

1 参加権としての環境権

(1) 参加権の法理

環境は公共財として共通の規範に服し、その規範は、法律、条例によって

---

23) 大久保規子「環境影響評価と訴訟」環境法政策学会編『環境影響評価―その意義と課題』(商事法務、2011) 59-71頁で、判例の動向と訴訟における新たな制度設計の必要性が述べられている。

24) 現在、主要な環境法の教科書では、予防原則を環境法の原則としている。予防原則については、日本では、大竹千代子＝東賢一『予防原則―人と環境の保護のための基本理念』(合同出版、2005) で全体的沿革が紹介されている。また、植田和弘＝大塚直監修『環境リスク管理と予防原則―法学的・経済学的検討』(有斐閣、2010) が現在の研究の全体像を明らかにしている。

定められる。環境規範にとっては、国際的規範としての条約の役割が重要である。そして、景観などで認められるように住民の絶えざる努力によって形成される協定形式をはじめとする規範[25]や法律が黙している条理により定められると見るのが適当である[26]。そう考えると、環境規範は議会を通じて定められる場合、環境を共通にする者の同意で定められる場合の双方があるとみるのが適切である。

また、持続可能な社会の形成や人類の存続の基盤である環境の維持については、誤った規範や執行によって不可逆的な破壊がもたらされるという環境の特質に鑑みて、行政に独占的な判断権を委ねることは危険である。とすれば、環境に影響を与える行為については、その環境を享受している人々や環境についての知見を持つ者の参加を得て、判断の誤りを極力回避することが必要である。このような環境の特質から、環境を享受している者や環境に知見の有る者が参加し意見を反映させる権利があるといえる。国・自治体の環境配慮の適切性のチェック機能すなわち行政監督権、そして行政補完的情報提供を含む積極的意思の反映、さらに、共同利用をしている特定の地域における環境規範形成権を環境権の内容として構成することができる。すなわち、環境権は、行政監督的機能を含めた環境共同形成権として捉えられることが適切である。良好な環境を形成するための参加権として、パートナーシップを含めた参加や自らルールを作り出す参加まで含めた権利として、環境権の手続的権利として収斂されることが望ましい。

国際的合意文書であるリオ宣言第10原則は、国民に環境に影響を与えるおそれのある決定への参加権を定めている。同原則では、「環境問題は、それぞれのレベルで、関心のある全ての市民が参加することにより最も適切に

---

[25] 現在、協定をはじめとする地域ルールの形成は多岐にわたっている。拙著「地域ルールの確立のための覚え書き」兼子仁先生古稀記念論文集刊行会編『分権時代の自治体法学』(勁草書房、2007) 107-146頁参照。これらを地域ルール形成権として、法的に位置付けることが可能な時期にきていると考えられる。大久保規子「環境ガバナンスとローカルルールの形成」都市計画69巻1号 (2010) 23-28頁。

[26] 中山充は、環境の共同利用権は、「あるものは制定法で定められ、他の者は法律と同一の効力を持つ慣習として存在する」としている。国立景観権訴訟をめぐる景観権の様々な主張は、住民の積極的景観形成によるルールの保護としての意味を持っているといえる。

扱われる。国内レベルでは、各個人が、有害物質や地域社会における活動の情報を含め、公共機関が有している環境関連情報を適切入手し、そして、意思決定過程に参加する機会を有しなくてはならない。各国は、情報を広く行き渡らせることにより、国民の啓発と参加を促進しかつ奨励しなくてはならない。賠償、救済を含む司法及び行政手続きへの効果的なアクセスが与えられなければならない。」として、情報公開、環境に影響を及ぼす意思決定過程への参加の機会の提供、司法へのアクセス権の付与がその内容として、示されている。

リオ宣言は、第1原則として、自然と調和しつつ生産的な生活をおくる権利を有するとして、それを実現するために国が採るべき具体的な手法を宣言していることについてはすでに述べた。第10宣言は、そのための手続的権利の中心となるべき事柄を取り上げているのである。人々の意思決定への参加はよりよい環境を実現するための核心とされる。十分な参加のためには、参加者が情報を共有することが前提となる。したがって、情報へのアクセス権の保障が参加権にとって必須の権利である。司法へのアクセス権は、参加を保障する。

ここに定められた手続的権利は、すでにUNECE第4回環境閣僚会議で採択され、発効しているオーフス条約（「環境に関する、情報へのアクセス、意思決定における市民参加、司法へのアクセスに関する条約」（Convention on Access to Information, Public Participation in Decision-making and Access to Justice in Environmental Matters））により、具体的効力をもって実現されつつある。日本の場合には、環境基本計画で、情報公開についてオーフス条約が引用されている[27]。

ところで、環境に影響を与える意思決定への参加については、すでに日本でも、様々な法制化が行われている。行政手続法により行政通則的に公聴会の機会が与えられる場合がある。さらに同法でのパブリックコメント制度もその一つとして見ることができる。自治体段階になると、住民参加条例やア

---

[27] オーフス条約については、大原有理「環境権と市民参加―オーフス条約の事例からみる手続的権利の可能性」、大久保規子「オーフス条約からみた日本法の課題」環境管理42巻7号（2006）59-65頁。

ドホックな住民投票条例なども制定されている。このように、民主的統制のもとで、一般法的展開があると同時に、生物多様性基本法における参加規定、環境影響評価法の参加規定、自然再生推進法に定める参加、廃棄物処理法に定める許可手続への環境についての意見参加権の規定などがある。

数多くの法令で、国民の参加権に関する規定を設けているが、環境法の全ての決定手続で参加権が保障されているのではない。たとえば、公害規制については、権限の発動手続における国民の意見参加の機会は特に与えられていない。また、参加のあり方も多様であるが、環境共同形成権とするならば、最低限いえることは、参加の機会の保障ではなく、意見の適正な考慮と反映が重要な要素となる。そして環境に影響を与える行政の意思決定には、政策から行政処分にいたるまで、環境上の意見を述べる機会が最低限与えられることが求められるであろう[28]。

また、自然再生推進法では、人々そしてNPOに共同決定参加権を付与し、環境保全活動・環境教育推進法では協力取組推進体制を定めている。景観法をはじめとして、協定方式を利用した地域環境の形成参加権を認める法律は少なくない。かかる法整備の裏づけとして環境権の法定が必要となる時期にきている。

(2) 環境権の主体

環境権の主体は、国、自治体等と環境を共同して形成する者である。地域環境の形成であれば、その地域の環境を共通にする人々である。希少な生物や文化財を保護する場合には、その専門性が要求されるために、地域の人々のみならず、当該環境に専門的な知識を有する者が重要な主体となる[29]。自然保護、文化財保護、あるいは化学物質問題については専門的NPOがあり、かかる専門的NPOが専門知識を有する者として、環境権の主体として

28) 環境法における市民参加の方式と意義について、大久保規子「市民参加と環境法」前掲注 (5) 94-106頁、拙著「環境保全・再生と住民参加の可能性」『中国の水環境保全とガバナンス』IDE-JETROアジア経済研究所 (2010) 212-227頁。拙著「予防原則と関係主体の参加」前掲注 (24)『環境リスク管理と予防原則』273-292頁、奥真美「予防原則をふまえた化学物質とリスクコミュニケーション」環境情報科学32巻2号 (2003) 36-42頁等参照。
29) 拙著「環境問題における諸アクターと法的地位」季刊家計経済研究63号 (2004 SUMMER) 41頁以下。

位置付けられる必要がある。
　(3) 情報へのアクセス権
　リオ宣言では、環境に影響を与える虞のある情報へのアクセスを必要な手続としている。行政一般法である情報公開法がその役割を担っていて、環境情報については様々な開示請求が行われている。同時に、PRTR 法は有害物質の移動についての情報の収集と公開及び開示について制度化し、人々の開示請求権が定められている。さらに、環境影響評価法も環境影響評価手続において関係情報の公開が一つの重要な手続となっている。このほか、廃棄物処理法における利害関係人への閲覧、地球温暖化対策の推進に関する法律における温室効果ガス排出量の公表など、環境情報の開示および公表を義務づける規定をおく例もある。「環境情報の提供の促進等による特定事業者等の環境に配慮した事業活動の促進に関する法律」は、国や関連団体のみならず、事業者に対しても環境配慮についての公表、すなわち環境報告書を積極的に公表すべきことを求めている。
　環境情報についての個別法をみると、PRTR 法に顕著なように、情報の収集と開示の双方で成立している。環境情報へのアクセス権からみるならば、情報収集請求権が含まれなければ、十全とはいえない。さらに、参加権を保障するための情報であれば、過程情報の開示や企業情報の非開示の緩和が求められる[30]。
　(4) 司法へのアクセス
　環境権を行使する主体が権利を侵害されたとき、裁判上の救済を受けることができて初めて権利として保障される。当初より環境権論は、環境侵害を防止するための司法的な救済を可能にするための役割を担っていた。環境権の公共性に積極的な意義を見いだし、構成する場合には、司法的救済の論点も、私権を前提とした法理とは異なる。
　原田は行政訴訟でこそ環境権が認められなければならないとしたが、そうであれば、環境侵害の利益が法律上保護される利益として認められることが必要である。環境保護が公共的な利益である場合には、主観訴訟を旨とする

---

[30] 環境情報のあり方について、「特集：環境情報開示のあり方に関する検討会報告書」季刊環境研究 135 号（2004）。

現行法では司法へのアクセスは認められないこととなる。わずかに、住民訴訟がその役割を果たすが、自治体の活動でかつ財務会計上の違法（前提の違法を含めて）を争う訴訟としての限界がある。環境共同形成権として、先の主体である限り、十分な参加を得られなかった者について、原告適格を認めていくことが求められる。

日弁連が、自然享有権は「自然保護の責務を遂行するため行使されるべきもので、そのため、争訟上は、自然の特質からその回復しがたい破壊を防止するための事前差止請求権を主な内容として事後の原状回復請求権、行政に対する措置請求権を併せ持ち、また行政上は、自然保護に影響を与える施策の策定、実施の各過程における意見・異議申立等の参加権を保障されるべきものと考える。」とするとした主張は、新たにこの主張に即した法解釈と法制度を要求する。

また、環境権の司法的救済については、現実的には、公共の一端を現に担っている環境公益団体に訴権を与えること、そのような意味で環境訴訟としての枠組を制度上認めることを求めているといえる[31]。なかでも、将来世代や他国の人の代理主体、あるいは自然の代理主体などについては、その枠組を立法的に形成することが必要である。

VI まとめにかえて

環境権を実定法に規定する意義は、環境に影響を及ぼすおそれのある決定への参加権、情報へのアクセス権、司法へのアクセス権についての解釈上の指標を与えることでもある。参加権の内容は、最小限の意見反映権という以上は、各分野の事物の性質に応じて決定する以外なく、さらなる解釈上の詰めが求められる。しかし、環境への影響を与える虞のある行為について、全ての場面でこのような意見反映権が認められるとすることで十分意味がある。また、参加権を環境共同形成権とすることで、パートナーシップ行政への深まり、自治的ルールへの法的位置づけへの橋渡しをすることが可能とな

---

31) 大久保規子の一連のドイツにおける団体訴訟の分析（「ドイツの環境損害法と団体訴訟」阪大法学58巻1号（2008）1頁 以下など）を通じて、団体訴訟の導入の必要性を述べる。

る。

　同時に、環境権を規定することで、立法の指導原理となる。環境法令は、常に生成中であり、時代に応じて、あるいは問題の所在に応じて、新たな立法が要請される。立法において、参加権を導入することを義務づけることになる。そして、司法へのアクセスに関する制度改正の促進として、有効な法的裏付けとなる。

　さらに、環境に影響を与えるおそれのある決定への参加権を認めるということは、その前提として、国、自治体の決定においては、環境保護義務、環境配慮義務が課される必要がある。環境基本法では、環境負荷の少ない持続可能な社会の形成を理念としていることは、環境への影響を与える行為全般への環境配慮責任を課しているといってよい。具体的には、同19条で環境配慮義務を課している[32]。そして、環境権を認めることで、環境配慮責任は義務として構成することとなる。環境配慮義務を定着することが、環境権のもう一つの役割である。

　なお、環境配慮義務の内容の現代的課題として、「予防原則」や積極的原状回復としての再生責任の導入が求められていることを付言しておきたい。

---

[32]　北村・前掲注（19）168頁以下で、環境基本法における環境配慮義務について、19条からより積極的な義務を導くことを提唱している。小賀野・前掲注（21）102頁以下参照。

第2章　環境法におけるリスク管理

④ 環境リスク・損害と法的責任

新美育文

I　はじめに

　人間の活動から生じる環境に対する深刻な損害（以下、環境損害という）は日常的に見られる。なかでも、1989年のアラスカでのエクソン社タンカー「バルディーズ号」座礁事故による原油流出、1999年のスペイン南部での石油タンカー「エリカ号」沈没事故による重油流出、そして、最近では、2010年に発生したメキシコ湾における海底油田からの原油流出事故などがそうした環境損害の事例として記憶に残る。

　ところで、環境損害が私人の権利・法益の侵害となる場合には、民事責任が追及されるが、それ以外においては、環境損害の原因となる汚染物質等の放出ポイントでの行政法的規制がほとんどであり、環境損害の予防・回復の措置を講じることについては十分な法的手段は見られなかった。ところが、こうした私人の権利・法益の侵害とはならない環境損害に関して、欧米各国は、環境損害の原因者に予防・回復措置（又は、その費用の負担）を内容とする法的責任（以下、環境責任という）を課す制度を採用してきている。たとえば、アメリカでは、深刻な化学物質汚染を引き起こしたラブ・カナル事件を契機として立法された1980年の包括的環境対策責任法（Comprehensive Environmental Response, Compensation and Liability Act）（以下、CERCRAという）及び1986年のスーパーファンド修正再授権法（Superfund Amendments and Reauthorization）（以下、SARAという）が、また、EUでは、2004年の環境責任指令（Environmental Liability Directive（2004/35/EC）（以下、ELDという）とそれに基づく加盟各国の国内法化を挙げることができる。

環境責任に関しては、それを環境保全の経済的手法の一つとして位置づける考えが強くなりつつあり、欧米諸国のみならず、アジア諸国でも導入されはじめている。我が国でも土壌汚染対策法などそれに属する制度が導入されているが、より一般的な環境責任の導入を強く求める意見が登場している[1]。

環境責任法制が効果的なものであるためには、有害固形廃棄物や大気汚染・水質汚濁の規制と環境責任構想とに広範な政策的連携がなされなければならず、また、環境責任や環境規制は補完的なものであり、それらは、それらが「予防原則（precausionary principle）」、「汚染防止（pollution prevention）」及び「公衆参加（public participation）」を促進する制度との関連で評価されなければならないともいわれている[2]。こうした指摘をも視野に入れつつ、本稿では、環境責任をめぐる欧米での議論を概観し、「法的責任」という視点から、その意義と問題点とを検討するとともに、経済的手法の一つとして機能するのかという観点からも検討したい。以下においては、まず、アメリカと EU とにおける環境責任をめぐる議論を概観し、それらを踏まえて、環境責任に関する法的責任論と経済的手法としての機能について検討する。

II アメリカにおける環境責任の概要

1 スーパーファンド法の概略

CERCRA 及び SARA（以下、両者をまとめてスーパーファンド法という）の下での環境責任については、すでに多くの紹介がある[3]。スーパーファンド法の詳細についてはそれらに譲ることにして、以下においては、アメリカと

---

[1] 例えば、大塚直「環境損害に対する責任」ジュリスト1372号（2009）42頁以下、特に、49-51頁。なお、淡路剛久「環境損害の回復とその責任―フランス法を中心に」ジュリスト1372号78頁、吉村良一「環境損害の賠償―環境保護における公私協働の一側面」立命館法学333・334号（2010）1792頁以下等。

[2] N.A. Ashford, *Reflections on Environmental Liability in the United States and European Union : Limitations and Prospects for Improvement* (Presentation paper at the Conference on Environmental Liability, Piraeus Bar Association, Piraeus, Greece, 26-27 June 2009), dspace. mit. edu/bitstream/handle/1721.1/55293/reflections_environmental-liability-schemes_US-EU. pdf?sequence=1 (accessed on 04/14/11).

EU諸国における環境責任法制を比較しながら、我が国での環境責任法制導入を考える場合の論点を明らかにするという本稿の目的に必要な限度での言及に止める。

スーパーファンド法は、施設（facility）又は船舶（vessel）からの有害物質もしくは汚染・汚濁物質の環境中への放出若しくはその重大なおそれがあり、それによって人の健康及び環境に悪影響が生じる場合に、浄化が行われるべきであるとする。そして、同法は、汚染者負担の原則を基礎に、連邦優先順位リスト（National Priority List）（以下、NPLという）に掲げられる地域[4]における土壌及び水の汚染関与者（殺虫剤使用者、石油、燃料及び大部分の核物質を除く）に対して環境損害に関する厳格責任を課しており、汚染関与者が複数の場合には判例法上連帯責任とされてきている[5]。そして、同時に、そこでは、支払能力のある汚染関与者が発見できない事案における浄化措置費用を賄うための有害対策信託基金（いわゆるスーパーファンド）が石油税、化学製品税や環境税等を財源として設立される（CERCRA111条）。なお、スーパーファンド法は、汚染関与者について「潜在的責任当事者（Potentioally Responsible Party）（以下、PRPという）」という概念[6]を用意して、PRPに対して政府による浄化措置に要した費用についての支払責任を負わせる仕組みを用意している（CERCRA104条、107条a項）[7]。そして、判例法によって、PRPの責任は、スーパーファンド法制定前の行為についても遡

---

3) ここでは、最近の論考として、ダニエルA.ファーバー「自然に対する不法行為―アメリカ法における自然環境に対する被害の回復」ジュリスト1372号54頁以下を挙げておく。なお、大塚・前掲注（1）48頁以下においても、要領のいい紹介がなされている。また、加藤一郎ほか監修『土壌汚染と企業の責任』（有斐閣、1996）及び大坂恵理「アメリカ合衆国における土壌汚染問題への取組み―スーパーファンド法とオルタナティヴな手法―」早稲田法学会誌48巻（1998）1頁以下をも参照されたい。
4) 州は、連邦NPLからそれに該当すべき地域を除外することができ、汚染共同体における財産価値に対する影響に配慮して、独自の救済を講じることができる。
5) 詳しくは、大坂・前掲注（3）19頁以下参照。
6) SERCRA 107条は、潜在的責任当事者として、汚染施設の現在の所有者又は管理者、有害物質排出時の当該施設の所有者又は管理者、当該施設に搬入された有害物質の発生者又は手配者（gererator or arranger）、当該施設に有害物質を搬入した運送業者の4類型の者を挙げる。
7) なお、同法106条は、潜在的責任当事者に対して大統領が自力での汚染除去を命じることができるとする。

及的に課される[8]。

ちなみに、スーパーファンド法に基づく浄化措置の費用負担に関するPRPの責任を裁判上追及するためには、原告は、被告がPRPであり、問題の施設から指定有害物質[9]の放出又はそのおそれがあり、浄化措置などのそれへの対処のために費用が生じたことを証明しなければならない。裁判例においては、PRPの範囲を拡大する傾向が見られるとともに、有害物質の放出又はそのおそれによって浄化措置費用などが生じたことという、いわゆる因果関係の立証については、これを緩和する傾向が見られる[10]。

2 スーパーファンド法をめぐるいくつかの問題点

スーパーファンド法は、厳格・連帯・遡及的というきわめて厳しい環境責任をPRPに課すが、そのことがいくつかの問題を引き起こしている。

スーパーファンド法が適用される多くの事例において、その浄化費用は膨大なものになる。したがって、PRPが単数の場合には、そのPRPの支払不能や破産を招来し、結果として、スーパーファンドの負担となり、その資金不足が懸念されるところとなっている。また、PRPが複数存在する場合においては、複数のPRP間における責任分担をめぐる訴訟が頻発し、浄化費用に回されるべき資金の相当部分が訴訟費用に費やされるとともに、訴訟が長期化し、浄化措置が遅延するという事態が生じていることが挙げられる。

前者に関連して、2009年に、連邦地区裁判所が注目すべき判決を下した[11]。PRPの破産や支払不能に備え、その環境責任を担保するための仕組みとして、CERCRA 108条b項は、連邦環境保護庁（EPA）が一定の指定施設に財政的担保措置義務を課すべきことを規定しているが、EPAはこれを実施してきていない。環境保護団体Siera Club等はEPAに対して、「合理的かつ厳正なスケジュール（reasonable and rigorous schedule）」で財政的

---

8) 詳しくは、大坂・前掲注（3）23頁以下参照。
9) ちなみに、石油・ガスは指定有害物質とはされていない。
10) 大坂・前掲注（3）17頁以下・25頁以下、今川嘉文「環境汚染企業への融資者責任（2）」神戸学院法学34巻4号（2005）248頁以下等参照。
11) Sierra Club v. Johnson, et al., No. C 08-01409, 2009 US Dist. LEXIS 14819 (N.D. Cal. Feb. 25, 2009).

担保措置の基準を実施すべきことを求めた。これに対して、裁判所は、2009年5月4日までにその財政的担保措置義務が課されるべき施設類型を特定し、公表することをEPAに命じる判決を下した。

この判決は、財政的担保措置義務制度の実施を命じるものではない。しかし、事業者の破産や支払不能に備えた対応が直ちに必要であることを示すものとして注目される。1998年から2003年の間に、環境浄化費用の支払い義務のある企業の破産数は136件に上ったとされている[12]ところ、リーマン・ショック後の経済危機により、破産企業の数が増加していることから、多くの環境団体のみならず連邦会計検査院（GAO）までも[13]がEPAに対して財政的担保措置義務の制度化を強く求めてきた。この判決を受けて、EPAは財政的担保措置義務の制度化の準備を始めたが、それぞれの産業界が直面しているリスク類型をどう評価するのか、財政的担保措置としてどのようなタイプのものを用意するのか、現在の財政担保措置プログラムに潜む問題点をどう分析するのかなど、困難で複雑なプロセスが待ち受けていよう。そして、このプロセスにおいて、各産業界は、EPAと情報共有しながら対応策を進めることになろう。特に、CERCRAによって財政的担保措置が要求される可能性の高い金属採鉱所・燐鉱石採鉱所・石油精製所・石炭精錬所、火力発電所、金属精錬所、製材・パルプ施設などの事業者及びその他有害廃棄物生成者や再生事業者はそのような対応が強く求められている[14]。

後者に関連しては、状況に若干の改善はみられるものの、訴訟社会といわれるアメリカの抱える根源的な問題ともいえる[15]。とりわけ、莫大な浄化費用の負担を求められるPRPにしてみれば、その負担軽減のために分担者を

12) *See* US GAO, SUPERFUND : BETTER FINANCIAL ASSURANCES AND MORE EFFECTIVE IMPLE-MENTATION OF INSTITUTIONAL CONTOROLS ARE NEEDED TO PROTCT THE PUBLIC, GAO-06-900T（2006 GAO REPORT）4（June, 2006）.
13) *See e.g.,* US GAO, HARDROCK MINING : INFORMATION ON TYPES OF STATE ROYALTIES, NUMBER OF ABANDONED MINES AND FINANCIAL ASSURANCES ON BLM LAND, GAO-09-429T ; 2006 GAO REPORT ; US GAO, ENVIRONMENTAL LIABILITYES : EPA SHOULD DO MORE TO ENSURE THAT LIABLE PARTIES MEET THEIR CLEANUP OBLIGATIONS, GAO-05-658（2005 GAO REPORT）（Aug., 2005）.
14) EPAは、2009年7月に金属採鉱業を、同年12月に化学製品製造業、石油・石炭製品製造業（炭鉱を除く）及び発電・送電・配電事業を財政的担保措置義務の対象として特定し、公表した。

できるだけ増やそうとするのは当然であり、そのことが PRP の範囲拡大の動き[16]へと連なり、また、それらの者の間での負担割合についての争いも熾烈となることも推測に難くない。司法省（Department of Justice）によれば、PRP の責任を厳格・連帯・遡及的[17]責任であることを明確にした判例法の確立がスーパーファンド・プログラムの成功に寄与しているとされてはいる[18]が、果たして、単純にそう言い切れるのかどうか、疑問がないわけではない。

15) こうした訴訟が汚染浄化の効率性に大きな影を落としていることはしばしば指摘されてきた。1994 年の連邦会計検査院（GAO）の調査によれば、平均的な浄化費用は約 150 万ドルであったが、そのうち 50 万ドルが訴訟費用などの法的費用であったという。この調査に直接接することはできなかったが、Revez & Stewart, *Analyzing Superfund-Economics, Science and Law,* Resources for the Future, 17（2002）を参照されたい。もっとも、GAO は、1994 年と比べて 2007 年にはスーパーファンド法関連の訴訟は 48％減少し、とりわけ、企業や個人が提起する訴訟が 69％も減少しており、これに応じて法的費用も減少したと報告する。*See generally* US GAO, Superfund : Litigation Has Decreased and EPA Needs Better Infomation on Site Cleanup and Cost Issues to Estimate Future Program Funding Requirements, GAO-09-656（2009 GAO Report）(July, 2009). なお、この報告において、①NPL に指定される地域が少なくなったことや、浄化が進んで、浄化が求められる地域が少なくなり、訴えを提起する者が少なくなったこと、②PRP との和解交渉を促進したこと、③これまで不明確であった法的論点について裁判所が明確な見解を示してきたことのゆえに、訴訟の数が減少したと分析する。ただし、最近の訴訟において、新たな争点が登場しており、こうした減少傾向が招来も維持できるかどうか注視しておく必要があるとする。
16) その代表的なものとして挙げられるのが汚染企業等に対する融資者をも PRP として捕捉しようとする動きである。この動きについては、多くの議論がなされている。それを紹介するものとして、とりあえず、今川嘉文「環境汚染企業に係る融資者の責任(1)・(2)」神戸学院法学 33 巻 2 号（2003）263 頁以下、同 34 巻 4 号（2005）1341 頁以下を挙げておく。
17) PRP の責任が遡及的なものであることについては、従来の判例によって確立されてきている。もっとも、退職者年金給付に関する石炭法の規定を遡及的に適用することの合憲性が争われ、デュー・プロセス違反等を理由に違憲判断をした連邦最高裁 Eastern Enterprises v. Apfel, 524 U.S. 498, 118 S. Ct. 2131, 141 L.Ed. 451（1998）が登場し、PRP の遡及的責任の合憲性が改めて浮かび上がったが、Eastern Enterprises 判決において連邦最高裁も意見が分岐していることもあって、同判決の登場が PRP の遡及的責任の合憲性を否定することには結びつかないとするいくつかの裁判例が現れており、PRP の遡及的責任は維持されている。*See e.g.* United States v. Alcan Aluminum Corp., 315 F.3d 179（2003）; United States v. Dico, Inc., 266 F.3d 864（8th Cir. 2001）; County Convention Facilities Auth. v. Am. Premier Underwriters, Inc., 240 F.3d 534（6th Cir. 2001）.

たとえば、判例法上、複数PRPの連帯責任が認められてきているが、そこでは、コモン・ローの下で連帯責任が認められることが前提とされ、事案毎に判断されてきている[19]。これまで、判例が複数のPRPの連帯責任を肯定するのは、行為共同（concert of the action）がある場合を別とすれば、損害を惹起した当事者が特定できない場合[20]や損害が不可分（indivisibility）である場合[21]であった。ところが、コモン・ローにおける複数加害者の連帯責任に関する法準則は、最近になって大きな変化を示めしている。とりわけ、複数原因者による一個の不可分な損害についての責任に関する法準則の変化は顕著であり、薬害事例で展開されてきた市場占有率責任やリスク寄与責任といった分割責任を肯定する法準則がその他の不法行為類型にも広がりつつある[22]。こうした傾向を反映してか、複数のPRPの責任関係についても新たな動きが見られる。すなわち、従来ならば一個の不可分な損害であるとされ、連帯責任が認められてきたような事案において、いくつかのデータに基づいて、浄化措置を講じた汚染に対する個々のPRPの寄与割合を判断することを合理的であるとして、その寄与割合に応じた分割責任を課す裁判例が登場してきている[23]。こうした寄与割合に応じた分割責任が一般化するならば、これまでのスーパー・ファンド・プログラムの実施に大きな影響が

---

18)　GAOの報告において、そのような司法省の見解が紹介されている。2009 GAO REPORT, at 48.
　　環境責任の性質が明確にされた結果、企業など私人の当事者は、紛争の結果について見込みを立てやすく、早期の和解成立に協力的となるという事情がその背景にあると見られる。*Id.,* at 47.
19)　United States v. Chem-Dyne Corp., 572 F.Supp. 802（S.D. Ohio 1983).
20)　O'Neill v. Picillo, 883 F.2d 176（1st Cir. 1989).
21)　第2次不法行為リステイトメント433A条が、複数者によって惹起された損害については、その損害が可分であるか、又は、その損害が1個である場合には、各原因者の寄与度の決定の合理的基礎が存在する場合には、分割責任が認められるが、それ以外は連帯責任がその複数原因者に課されるとしていることを受けて、多くの裁判例が、損害が不可分であることを理由に連帯責任を肯定している。*See e.g.* United States v. Alcan Aluminum Corp., 315 F.3d 179（2003）; United States v. Alcan Aluminum Corp., 964 F.2d 252（3rd Cir. 1992）; United States v. Monsanto, 858 F.2d 160（4th Cir. 1988).
22)　詳しくは、新美育文「リスクと民事責任における因果関係」森島昭夫＝塩野宏編『加藤一郎先生追悼論文集　変動する日本社会と法』（有斐閣、2011）を参照。

生ずる可能性もあろう。

その他にも、同じく連帯責任に関連して、自発的に浄化措置を講じたり、浄化費用を支払ったPRPからの他のPRPに対する費用償還請求又は求償請求が可能かどうかが必ずしも明らかでない状況[24]が見られ、そのことがPRPに自発的な浄化措置の実施や政府からの費用支払請求に関する和解をためらわせることになろうとの懸念が指摘されている[25]。

---

23) PRPの連帯責任に関する最近の連邦最高裁判決として、Burlington N. & Santa Fe Ry. Co. v. United States, 129 S. Ct. 1870（2009）がある。

　事案は次の通りである。長年の経営不安定を続けてきた農薬の流通業者であるBrown & Bryant会社（以下、B&B社という）は、その事業用の敷地及びBurlingon N. & Santa Fe鉄道会社ら2社（以下、B&S鉄道らという）所有の隣接土地の土壌汚染と地下水汚染を残して破産。EPAとキャリフォーニア州当局とが飲料水の保全のため当該敷地を含む汚染地区を浄化・修補し、隣接土地所有者であり、かつ、当該敷地の一部をB&B社にリースしていたBurlingon N. & Santa Fe鉄道会社ら2社（以下、B&S鉄道らという）とB&B社に農薬D-Dを販売したShell石油会社（以下、S社という）をPRPであるとして、その費用償還を請求。地区裁判所は、全費用のうち、B&S鉄道らについて9％、S社について6％の割合で、分割責任を認めた。第9巡回控訴裁判所は、本件における被害については理論的には分割責任を認めることができるが、証拠によれば、分割責任を認めるだけの事実が認められず、B&S鉄道らとS社とは連帯責任を負うべきであるとした。

　これに対して、連邦最高裁は、まず、S社については、「手配（arrange）」とは特定の目的に向けられた行為をいうのが通常であり、S社を有害物質の廃棄についての手配者（arranger）とするだけの事実が認められないとして、その責任を否定した。そして、B&S鉄道らの責任について、①それらが所有する土地の面積の割合、②それらのリース期間によって区分されるB&B社の事業継続期間、及び③浄化を必要とするリース物件に排出された汚染物質（D-Dではない）は2種類であり、それらは浄化を必要とする地区の汚染の約3分の2に寄与しているという認定事実に基づいて分割割合を決定した地区裁判所の判断は合理的であり、さらに、主要な汚染がB&S社らが所有する土地から大きく離れており、それらの土地に排出された有害化学物質が汚染地区全体の10％以下であり、そのうちの幾分かは浄化を必要としないことに鑑みるならば、B&S社らの責任割合を9％とすることは妥当であるとした。

　なお、S社は手配者であり、そのPRP責任を認めるべきであるとともに、分割責任を認めるための手続きが不十分であるので差し戻すべきであるとするGinsburg, J. 判事の少数意見が付される。

Ⅲ　EU の環境責任

1　ELD の概要[26]

　2004 年、EU は、ELD を採択した。「環境責任」という語を用いたその名称からすると、ELD は、民事責任を規定するように見えるが、「汚染者負担の原則」を基礎として、加盟国当局（competent authority）が事業者（opera-

---

24)　Cooper Industries, Inc. v. Aviall Services Inc., 543 U.S. 157（2004）は、Cooper 社から購入した土地の汚染をテキサス州政府の督促で除去した Aviall 社が Cooper 社に対して CERCRA に基づいてその除去費用の支払いを求めたところ、Cooper 社が PRP であることを自認しつつも、当該土地の浄化について訴えられてもいないし、連邦政府からもそのような命令を受けていないので、支払責任はないと争った事案について、Aviall 社のような、CERCRA の下で訴えられていない私人が他の PRP に対して浄化費用について償還請求することはできないとし、CERCRA の文言からすれば民事裁判を通じて浄化費用の償還請求ができるにとどまるとした。これに対して、United States v. Atlantic Research Corp., 551 U.S. 128（2007）において、連邦最高裁は、連邦政府から賃借した工場敷地で、連邦政府のロケット・モーターを製作してきた Atlantic 社がのロケット燃料の燃えかすによって当該敷地の土壌汚染及び地下水汚染を生じさせたため、それら汚染を自発的に浄化した後、CERCRA 107 条 a 項及び 113 条 f 項に基づいて連邦政府に費用償還の訴えを提起した事案について、CERCRA107 条 a 項に基づいて自発的な浄化を行った者が他の PRP に浄化費用の償還を求めることができるとした。この United States v. Atlantic Research Corp. 判決により、自発的に行われた浄化の費用償還については問題に決着がついたかのように思われるのであるが、すべての問題が解決されたわけではないようである。たとえば、W.R.Grace & Co.-Conn. v. Zotos International, Inc., 559F.3d 85（2009）において、連邦第 2 巡回控訴裁判所は、他社から汚染された土地を購入した Grace 社が有害物質を当該土地に廃棄することを手配したのは Zotos 社であると主張していたが、Grace 社とその他の PRP との間の同意に代わる州当局の命令を自発的に履行して、当該土地の調査及び修補を 170 万ドルかけて行った後、Zotos 社に CERCRA 113 条 f 項（そして、予備的に同 107 条 a 項）に基づいて当該費用の償還を請求した事案について、PRP の CERCRA 責任の解決のためであると明示していない環境修補のための 1 人の PRP と州政府との間の同意命令を自発的に履行したことによる Grace 社の費用は同法 113 条 f 項に基づく費用償還請求を許容する「和解」とはいえないとして、前掲 Cooper 判決と同様の立場を示す一方、他方では、州政府の同意命令に自発的に従って浄化を実施したことによる費用は 107 条 a 項の目的のために自発的に負担したものといえるとして、浄化費用の償還請求はできるとした。ちなみに、その後、第 2 巡回控訴裁判所は、Niagara Mohawk Power Corp. v. Chevron U.S.A., Inc., 596 F.3d 112（2010）において、PRP の CERCRA 責任の解決のためであると明示する環境修補のための PRP と州政府との間の同意命令は CERCRA113 条 f 項のいう費用償還請求を認めることのできる「和解」に該当すると判示する。

25)　2009 GAO Report, at 48.

tor）に対して「環境損害（environmental damage）」の防止及び修補（prevention and remedying）のための適切な措置を執らせるため、事業者の環境責任の枠組みを構築することを目的しており（1条）、行政法的な色彩が濃いものとなっている[27]・[28]。そして、その基本的な原則は「事業者が財政的な責任（financial liability）を軽減するために環境損害のリスクを最小化する方法を採択し、かつ、そのような実務慣行を開発することを促進する目的で、その活動が環境損害又はそのような損害への切迫した脅威を惹起した事業者に財政的な責任を課すこと」（前文第2章）にあり、ELDは、市場論理を基礎とする経済的手法として、外部不経済を内部化するために環境責任という手法を用いることとしており、環境経済学的な関心を明確に示す。

2　環境損害

　ELDの第一の特徴は、「環境損害」という新たな損害概念を打ち立て、その発生防止と修補を図ろうという点にある。ただ、ELDは、環境に対するすべての悪影響を環境損害として捉えるわけではない。ELDが対象とする環境損害は、「保護されるべき種と自然生息地」の「好ましい保全状態（favorable conservation status）」の達成又は維持に有意な悪影響（siginificant adverse effect）を及ぼすような当該自然生息地及び種に対する損害、関係水域の生態学的、化学的状態又は生態学的能力に有意な悪影響を及ぼすような水に対する損害及び地中、地表あるいは地下に物質、生物、微生物等を投入する結果として人の健康に悪影響をもたらす有意なリスクを作出する土壌汚染という土地への損害であると定義される（2条）。そして、「保護されるべき種と自然生息地に対する損害」に関連して、「保護されるべき種と自然生息

26）　前掲注（1）でその一部を掲げたが、ELDに関する多くの論考が我が国ですでに発表されている。したがって、ELDの内容の詳細についてはそれらに譲り、ここでは、その大概を眺めることにする。
27）　ELD第1条参照。
28）　しかし、「損害」、「因果関係」あるいは「賠償責任」など、民事責任に関する法概念が用いられており、その運用において、民事責任法理の影響を無視することはできない。ELDは、民事責任法と公法との「複線（double track）」構造を有するとする見解もある。See Juris E. Stavang, *Two Challenges for the ECJ when Examining the Environmental Liability Directive,* ENVIRONMENTAL LIABILITY 18〔2010〕5, p198.

地」と「好ましい保全状態」についての定義が用意される（2条3項及び4項）。

3　環境責任の要件

ELD は、厳格責任と過失責任の二種類の環境責任を用意する（3条1項、5条及び6条）。すなわち、①別表Ⅲが掲げる一定の危険な事業活動（occupational activities）による環境損害発生の切迫した脅威（imminent threat）及び現実に生じた環境損害に関しては厳格責任が課され、②別表Ⅲに掲げられていない事業活動による「保護されるべき種と自然生息地」に対する損害発生の切迫した脅威又は現実の損害に関しては過失責任が課される。

なお、不可抗力、武力衝突や第三者に介入などの免責事由が認められる（4条1項）。また、加盟国には、国内法化の際に、許可事業であることや技術水準（state of the art）などを理由とした免責条項を設けることが認められる。

4　環境責任の内容

環境責任の内容は、環境損害発生の「切迫した脅威」が存在する場合の防止措置（preventive action）（5条）と環境損害が発生している場合の修補措置及びその費用の負担である（6条）。

前者においては、切迫した脅威もしくはその疑いがある場合に、事業者からの報告を求め、それに基づいて事業者に必要な予防措置についての指示を出すか、または、自らその措置を講じることとされる。そして、後者においては、環境損害が発生した場合に、事業者は、当局への報告とともに、更なる環境損害及び人の健康等への悪影響を防止するために、汚染物質その他の損害要因を即時に制御、封じ込め、除去その他すべての実行可能な手段を講じること、及び、7条に定められる必要な修補措置を講じることを義務づけられる（6条）。

ちなみに、7条は次のように定める。まず、事業者は、別表Ⅱ[29]に従って可能な修補措置を特定し、その修補措置について当局の承認を得ることを義務づけられる（1項）。そして、当局は、事業者と協力して、別表Ⅱに従って

実施されるべき修補措置を決定する（2項）。必要な修補措置を同時に執ることが確実にはできないような状態で複数の環境損害事例が生じている場合には、当局は、まず修補されるべき環境損害を決定する権限を有する（3項）。

防止措置及び修補措置の費用については、事業者が負担する（8条1項）。それら措置を事業者自らが行う場合には、自動的に彼らが負担することになるが、当局が自ら又は他の適切な者にそれら措置を講じさせる場合には、当該事業者の財産に担保権を設定したり、保証を求めるなどの手段を採るなどして、環境責任を負うべき事業者から費用の償還を図る（8条2項）。なお、必要な支出額が回復される額を超える場合や事業者を特定できない場合には、当局は全費用を回復しなくくともよい（同項但書）。費用償還は、必要な措置が完了した時又は責任を負うべき事業者が特定された時のいずれかの、後の時点から5年間の間に行われなければならない（10条）。

5 責任主体

ELD 2条6項は、環境責任が課される事業者について次のように広く定める。

事業者とは、事業活動を行う又は管理する自然人若しくは法人であり、私人若しくは公人をいう。また、加盟国の国内法が定める場合には、当該活動に関する許可権限を有する者若しくは当該活動を登録したり告知する者を含め、当該活動の技術的作動に対して決定的な経済力を及ぼす者をいう。そして、同条7項は、事業活動とは、私的であるか公的であるかを問わず、そして、営利であるか非営利であるかを問わず、経済活動、事業又は事業の一環として行われる全ての活動をいうとする。

複数の責任主体が存在する場合、連帯責任とするか分割責任とするかは、

---

29) 別表Ⅱは、最適な環境損害修補措置を選択するための共通枠組みを用意する。まず、水及び保護されるべき種と自然生息地に対する損害の修補は、主要（primary）修補、補完（complementary）修補、補償（compensatory）修補という方法で、基準状態（baseline condition）までの環境の回復によって達成されなければならない、とする。また、土地の損害の修補は、少なくとも、汚染物質の除去、管理、封じ込め又は削減によって、人の健康への悪影響に関する有意なリスクが生じないようにするために必要な措置でなければならないとする。

加盟国にその選択が認められる。

6 ELDをめぐる最近の状況
(1) 加盟各国の国内法化の状況

加盟各国の国内法化は2010年末の段階でほぼ完了した。そして、ELDが加盟国の選択を認めた事項については、次のような分布が見られる。

まず、保護範囲を生物多様性まで拡大するのは、ベルギー、キプロス、チェコ共和国、エストニア、ギリシア、ハンガリー、ラトヴィア、リトアニア、ポーランド、ポルトガル、スペイン、スウェーデン及び英国（スコットランドを除く）である。

「技術水準」抗弁を許容するのは、ベルギー、キプロス、チェコ共和国、エストニア、ギリシア、イタリア、ラトヴィア（遺伝子組換え生物のみ）、マルタ、オランダ、ポルトガル、スロバキア、スペイン、ルーマニア及び英国（ウェールズ又はスコットランドにおいては遺伝子組換え生物を除く）である。

複数の責任主体がいる場合に連帯責任を認めるのは、ベルギー、キプロス、チェコ共和国、ドイツ、ギリシア、ハンガリー、アイルランド、イタリア、ラトヴィア、ポルトガル、ルーマニア、スペイン、スウェーデン及び英国である。これに対して、分割責任を採用するのは、ブルガリア、デンマーク、フランス、リトアニア及びスロバキアである。

財政的担保措置義務を肯定するのは、ブルガリア、チェコ共和国、ギリシア及びスペインであり、ハンガリー、ポルトガル、ルーマニア及びスロバキアがその可能性を留保する。

(2) ELDに係る最初の裁判例

2010年3月9日、欧州裁判所（the European Court of Justice）（以下、ECJという）は、ELDに関する最初の判決を下した。Raffinerie Mediterranee（ERG）SpA 対 Ministero dello Svluppo ekonomico 判決[30]がそれである。

シチリアのPriolo Gargallo地域では、1960年代から、複数の石油化学会社の吸収合併や譲渡が繰り返され、それらの操業により、この地域にあるAugusta Roadstead地区では、土壌、地下水及び近隣海域の汚染が生じて

---

30) C-378/08, C-379/08 and C-380/08.

いた。イタリア規制当局は、国内法に基づき、この地区を「浄化目的のために国家的関心のある地区」として、現存する複数の石油化学会社に対してAugustra港の汚染沈殿物の除去、地下用水路の建設、及び、その所有土地に隣接する海岸線に沿う物理的障壁の建設などの修補措置を命じた。その修補措置は、当該複数会社及び同社らが承継した会社による汚染と損害にも関係していた。

命令を受けた会社の内の数社は、シチリア地区行政裁判所に、修補措置が過去と現在の汚染を区別せず、又は、個々の会社の責任を評価せず（すなわち、「汚染者負担の原則」について留意せず）、そして、それら会社と協議せずに課されたことについて異議を唱えて訴えを提起した。イタリア国内法における手続き経て判決が下された後、いくつかのELDに係る争点がECJに照会された。

ECJは、複数の判決に分けてそれに応えた。

まず、ELDにおける因果関係の証明について次のように判示。すなわち、確かな証拠（plausible evidence）があるならば、1人の事業者の活動と多数の事業者によって惹起された汚染との因果関係の存在を推定することは各加盟国において許される。そして、そのような推定を許す確かな証拠には、汚染箇所近辺に当該事業者の施設が位置するという事実、汚染箇所で同定された汚染物質と当該事業者が使用していた物質との間に相関性（correlation）が存在するという事実に関する証拠が含まれる。なお、環境損害について事業者に過失があることを当局が証明する必要はないが、当局は、汚染源への事前調査を行わなければならず、その調査の手続き、方法及び期間に関しては裁量権を有する。

さらに、ECJは、環境損害の修補手段に関して、当局と関係事業者とが協議して選択され、実施されている措置を変更するにおいて、変更決定の理由を明らかにし、かつ、関係事業者の意見を聴取した後にその決定をしたのであれば、ELDの下、当局にはその修補手段を実質的に変更する権原が認められると判示。当初の選択との対比で、関係事業者に過度に不当な費用を負担させずに、環境の観点から最善の結果を達成することができる最終的な選択をしなければならないとしても、当初の選択が損害を受けた自然資源等

の回復、修復若しくは置換という目的にとって不適切であるということが示されるならば、そうした考慮は不要であるというのである。

そして、ECJ は、ELD が当局の次のような権原を承認するものであること明らかにした。すなわち、当局は、環境の状況悪化の防止又は操業場所における更なる環境損害の発生又は再発の防止という目的を遂行するために必要ならば、当該事業者に対して、彼らの事業用土地使用権原の行使が環境回復に直接的には影響しないとしても、その使用権原の行使を認めることの条件として、関係事業者らの所有土地ではない、国家が所有する土地ないし区域（本件では、主として海岸線及び海底）に環境保全措置を実施することを求めることができるとした。そして、このような要求は、「予防原則（precautionary principle）」に従うものであるとした。

その他に、ECJ は、ELD の適用時点に関しても判示した。ECJ は、①2007 年 4 月 30 日より前に発生した排出、事件又は事故によって生じた損害、②同日より前に行われ、かつ、終了した一定の活動に由来する、同日の後に発生した損害、及び③損害を惹起させた排出、事件又は事故から 30 年以上経過した場合の当該損害、の 3 つについては、ELD は適用されないとした。そのうえで、ECJ は、汚染者負担の原則及び ELD は無過失の企業に汚染を回復すべきことを要求する国内法を排除するものではないとし、汚染の回復を命じるイタリア国内法は、2007 年 4 月 30 日より前の汚染についても適用される内容になっているので、このシチリアの事件には、このイタリア国内法が適用されるとした。

(3) ELD に関する自己評価

欧州委員会は、環境損害の現実の修補及び修補の合理的な費用での利用可能性（availability）並びに保険その他の財政的担保の状況に関する ELD の実効性に関する報告を義務づけられていた。委員会は、いくつかの調査研究[31]の後、2010 年 10 月 12 日に、報告書（以下、2010 年報告書という）を公

---

31) これら調査研究を最終的にまとめた報告書（以下、2009 年調査報告という）が 2009 年 11 月に公表されている。See FINAL REPORT : STUDY ON THE IMPLEMENTATION EFFECTIVENESS OF THE ENVIRONMENTAL LIABILITY DIRECTIVE (ELD) AND RELATED FINANCIAL SECURITY ISSUES (2009).

表した[32]。

　2010年報告書は、多くの加盟国において国内法化が遅延したことを認め[33]、この遅延の主たる理由として、(i)環境問題に関する責任準則をすでに備えている加盟国にとって既存の法的枠組みに新たな立法を適合させる必要性があること、(ii)環境損害の経済的評価のために必要な事項、修補措置の様々な類型、及び、保護されるべき種と自然生息地に対する損害などは、多くの加盟国にとって経験したことのない新しい技術的要求であること、(iii)国内法化において加盟国にオプション選択について広い裁量権を認めるELDの法的枠組みが加盟国の国内論議を呼んだことを挙げる。

　2010年報告書は、この国内法化の遅れの故に、ELDの適用事例の数が限られることになり、2010年初めの時点で、EU全体でほぼ50件のELD適用事例があると推測できるが、16件が確認されているにすぎないとする。報告書は、こうした事例について十分な情報が得られていないことによって、ELDの効果についての評価が十分にはできないとしつつも、次のような分析をする。(i)ほとんどの事例が水及び土地への損害に関係するものであり、保護されるべき種と自然生息地に関係するものは限られている、(ii)ほとんどの事例において、主要修補措置（掘削、土壌交換、浄化）が直ちに採られているものの、補完修補措や補償修補に関する報告は得られていない、(iii)修補措置費用は、1万2000ユーロから25万ユーロの範囲にある、(iv)環境回復期間は区々であり、1週間から3年までと開きがある、(v)問題とされた事業活動のほとんどは、廃棄物処理事業、有害物質及びその関連製品の製造・使用・保管事業活動など、ELD別表Ⅲに掲げられるものであり、ELDの適用範囲内のものである。

　2010年報告書は、ELDに基づく環境損害への各国の対応に前述のような

---

32) REPORT FROM THE COMMISSION TO THE COUNCIL, THE EUROPEAN PARLIAMEN, THE EUROPEAN ECONOMIC AND SOCIAL COMMITTEE AND THE COMMITTEE OF THE REGIONS : UNDER ARTICLE 14 (2) OF DIRECTIVE 2004/35/CE ON THE ENVIRONMENTAL LIABILITY WITH REGARD TO THE PREVENTION AND REMEDYING OF ENVIRONMENTAL DAMAGE (2010).

33) 2008年、2009年に、フランス、フィンランド、スロベニア、ルクセンブルグ、ギリシア、オーストリア及びイギリスの7カ国に対してECJは遵守違反の判決を下した。なお、2010年7月1日に、ELDの国内法化は全加盟国において実現された。

差があることを指摘する一方、他方で、経済界、とりわけ、産業界の反応の鈍さに懸念を示す。そこでは、ELDに関する普及活動にも関わらず、ELD別表Ⅲに掲げられる事業者ら及びリスクないし損害について懐疑的な産業界において、ELDの条文についての認識が概して乏しいとの評価をする。そして、この評価はとりわけ中小企業について一層妥当するとしている。産業界の対応の鈍さは、ELDの国内法化の遅れに起因する法的な不確実性によることの他、ELDに関する普及活動の不足にもよるとの調査結果があることに言及する。

次いで、2010年報告書は、ELDの責任リスクの分散を図る事業者らが一般的な第三者保険、環境損害責任保険（Environmental Impairment Liability Insurance）その他の保険商品などの環境保険の組み合わせによって対処しており、キャプティヴ、銀行保証、保証及びファンドといった財政担保措置を採用しているのは比較的少数であるとする。同時に、経済界からは、財政担保のためのあらゆるオプションが検討されるべきであり、加盟各国が環境損害の回復に関する法準則を明確かつ正確に示すよう環境責任法制を改善すべきであるとの指摘がなされていることも明らかにする。加えて、保険業界がELDの導入に積極的な対応を取ってきているが、早期の段階にあることから、既存の保険商品のELD対応可能性が不確実であったり、リーマン・ショック後の経済危機によるELDをカバーする事業者の余力の一時的低下がみられることなどを指摘する。

かくして、2010年報告書は、ELDの国内法化が遅延し、EU全体の実施措置は広く多岐にわたっており、このような多様性が国内レベルでの財政担保オプションの開発を遅らせているとの結論を示す。

ところで、ELD 14条1項において、加盟各国には財政的担保手段とその市場の開発を促進することが求められているが、加盟各国の取組は限定的であり、せいぜい保険会社やその関係団体と議論を交わすに止まっていると2010年報告書は指摘する。同報告書によれば、ELDに関する財政的担保手段としては、保険が最も多く、次いで銀行保証となっており、ボンドやファンドなどの他の手段がそれに続いているとのことである。

2010年報告書は、ELDによる環境責任の主要な部分は伝統的な一般的な

第三者保険又は環境損害責任保険によってカバーされうるとし、現時点で、保険者若しくは再保険者が既存のそうした保険の対象範囲等を拡張したり、新たな ELD 対応の個別の保険を設けるなどの対応を示しているとする。しかし、現時点で、こうした財政的担保手段を提供する保険業界の能力が ELD による責任を効率的にカバーするに十分であるかどうかを評価することは難しいとする。そして、保険商品の需要が大きくなるにつれて、保険による財政的担保がさらに進展することが予測されるが、保険以外の財政的担保手段による能力向上が期待されるとも述べる。保険以外の手段として、同報告書は、廃棄物処理などの環境法分野に関連して経験を積んでいるボンド、銀行保証、ファンドなどを挙げ、修正をほとんど施さずに ELD の環境責任についても適用でき、これらは中小企業よりも大企業に適しているとする。また、同報告書は、財政的担保手段の適性は、担保される修補費用に関する効率性、各手段の事業者にとっての利用可能性、及び環境汚染防止の効果に依存するが、ELD の環境責任及び関係事業者にとって、この3つの要求を全て満たす利用可能な財政的担保手段は見当たらないがゆえに、どの手段を選択するかは事業者によって様々であるだろうと指摘する。そして、同報告書は、保険商品の利用可能性が限られているという現状において、漸進性の環境損害が対象から除外されたり、補償的修補措置のようなある類型の修補措置が除外されるという状況を招いているとの指摘をしたうえで、ELD 事案についてのデータの欠如や可能的な損失の計量化の不可能性がその原因であり、マーケットが経験を積んでいくことによって、こうした状況は次第に改善されるであろうとする。

2010年報告書は、以上のような現状評価の後に、加盟各国の国内法に多様性が見られること、加盟各国が強制的な財政的担保措置を取り入れておらず、その評価が十分にはできないこと、財政的担保の手段となる商品が利用可能になりつつあることを考慮すると、EU レベルにおいて強制的な財政的担保措置を提案することはいまだその時期にはないとしつつも、強制的な財政的担保措置の必要性は検討されてしかるべきであると説く。

そして、同報告書は、EU 委員会が考慮すべき①漸進的アプローチ、②財政的保証及び③低リスク活動の除外という3つの事項について共通認識は存

在しないが、これらに対して可能なアプローチは加盟各国の専門家や関係者によって探究されてきたとする。そして、あるべきシステムの評価に従えば、すべての強制的財政的担保スキームは、漸進的アプローチ、低リスク活動の除外及び財政的保証に関する上限額設定を含むべきであるとする。

2010年報告書は、これまでの調査や経験から、ELDの遂行と有効性を改善するためのいくつかの方策が示唆されるとする。①事業者、当局、財政的担保手段の提供主体、産業界、政府専門家、NGO及びEU委員会といった主要関係者間の情報交換及び対話を促進すること、②産業界、財政的担保手段を提供する諸団体、及びELDを執行する当局が個々の事業者及び財政的担保手段提供者の認識を高めるための周知活動を継続すること、③ELD適用に関する解釈指針、とりわけ、ELD別表Ⅱに関するEUレベルにおける指針を整備して、「環境損害」、「有意な損害（significant damage）」、「基準状態（baseline condition）」のような、根本的な定義や概念でありながら、加盟各国が国内法化において差異を示しているものに関して、環境責任の専門家グループによって議論を重ね、その意味を明確にして、ELDが等しく適用されるようにすること、④経験が活かされるよう、ELD事案について記録ないし登録をするよう加盟各国に助言すること、などがその方策であるとする。

加えて、2010年報告書は、リーマン・ショック後の財政危機にも関わらず、EU域内におけるELD関連保険商品のマーケットが拡大し、多様な保険商品が開発されつつあることは明白であり、法的な論点が裁判例などによって明瞭にされていくことによって、当局や関係事業者にELDの適用基準についての予測可能性が提供されることが期待できるとする。そして、ELD適用の経験が十分でないことから、EU委員会は、強制的な財政的担保に関する調和的な制度を現時点で導入することに十分な理由がみられないと結論づけるが、確定的な結論を出す前にそうした制度を採用する加盟国での進展を観察する必要があるとともに、近時発生したメキシコ湾における石油漏出事故のような、強制的な財政的担保制度導入に関係しそうな新たな事案の展開についても観察する必要があるとする。

また、2010年報告書は、2014年予定のELDの見直しの前であっても、

強制的な財政的担保措置の再検討を EU 委員会は行うべきであるし、加えて、同報告書が同定したいくつかの事項についても直ちに検討されるべきであるとする。それら事項とは、①海洋環境について不十分な対応が見られ、「水に対する損害」を沿岸水域及び領海へも拡大するよう、また、海洋生物の保護も含まれるように、ELD の範囲を検討すること、②加盟各国の国内法化された法準則の多様性が共通の財政的担保手段の提供を困難にしており、この多様性を縮小することで、ELD の環境責任をカバーする財政的担保措置に関する強制的な調和のある EU システムを導入するチャンスが大きく広がること、③加盟各国によっては「技術水準」抗弁の内容が区々であること、④加盟各国の国内法において保護されるべき種及び自然生息地への損害としてカバーされる範囲が区々であること、⑤十分な現実の財政の限度額が、大規模事故に関連して、財政的担保手段に設定されること、などである。

Ⅳ　環境責任法制の意義と問題点——まとめにかえて

これまで、アメリカと EU の環境責任法制を概観してきた。そこには、いくつかの相違点が見られる[34]ものの、汚染者負担の原則の下に、汚染者又は可能的汚染者に環境損害の修補又はその費用について原則的には厳格責任を負わせるという点では共通性があるといってよい。そして、環境責任の法制化には、ELD が明言するように、環境損害の修補に必要な費用を内部化し、市場を通じて最適の環境損害防止を図るという狙いがあることが見てとれよう[35]。

損害賠償責任に関する経済的分析によれば、経済的手法としての環境責任法制が望ましい結果を得られるかどうかは、責任の判断主体がいかに責任準

---

34) 両者の相違点については、大塚・前掲注（1）48 頁以下参照。
35) 経済的手法による環境保全という考えが必ずしも一般的でなかった当時に制定されたスーパーファンド法では明示されてはいない。しかし、その後、経済的手法による環境保全という発想が一般化しており、スーパーファンド法をプロトタイプとして成立した ELD が経済的手法の 1 つとして機能することを明言していることからすれば、スーパーファンド法も環境責任法制を環境保全のための経済的手法の 1 つとして機能してきていると解することは間違いではなかろう。

則を運用するかにかかっていると指摘される[36]。つまり、過失責任においては、過失責任に係る準則が緩すぎても厳しすぎても予防にとって不適切なインセンティブとなり、厳格責任ないし無過失責任においては、損害との対比で原因行為に適切な価格付けをすることが重要であり、損害の評価が緩すぎても厳しすぎても、やはり、予防にとって不適切なインセンティブとなる[37]。

では、原因行為に適切な価格付けがなされうるのであろうか。原因行為として何を捉えるのか。適切な価格付けはなされうるのか。

以上の視点及び法的責任論の観点から考察を加えていこう。

まず、環境責任は環境損害の発生又は発生の虞を対象とするが、外部費用の内部化という狙いを徹底するならば、当該費用を発生させる活動それ自体にその費用の負担を求めることが必要である。そうであるならば、過去の活動による損害ないしその虞を現在の活動の外部費用として負担させることは、市場メカニズムにおいて取引の対象となる活動の価格付けが適切にできるとは思われず、そこには自ずと限界がある。その意味で、遡及的な環境責任を認めることは、経済的手法という視点からは疑問の余地を残している。もっとも、法的責任論において大きな意味をもつ矯正的正義の観点からは、自らの活動又は自らが管理支配する土地等から生じた環境損害について遡及的な責任を負うことは説明可能である。ただし、そこには、当該環境損害と責任主体の行為との間の事実としての因果関係の存在が不可欠である。もちろん、その存在の証明についての法政策的な考慮はありうる。

なお、遡及的責任が無限定に認められることによる弊害がないわけではなく、ELD が遡及的責任を否定し、スーパーファンド法の下でも、遡及的責任を限定する方策が講じられるようになっている[38]ことは、法政策として

---

[36] S. Sharvell, FOUNDATIONS OF ECONOMIC ANALYSIS OF LAW (Harvard U. Press 2004) pp.175-289.
[37] R.D. Cooter, *Prices and Sanctions*, 84 COLUMBIA L. REV. pp.1523-560 (1984): R.D. Cooter, *Economic Theories of Legal Liability*, 5 J. OF ECONOMIC PERSPECTIVE pp.11-30 (1991).
[38] SARA に善意購入者抗弁 (innocent purchaser defence) が追加されたことなどを挙げることができよう。

はありうる判断である。

　つぎに、連帯責任を課すことについてみる。連帯責任概念が汚染者負担の原則ないし原因者責任の観念と調和するのかどうかが問題となろう。連帯責任を認めることは、浄化措置費用の汚染者ないし原因者らによる確実な負担という観点からは、きわめて有効である。しかし、効率性という観点からすると、他者による汚染についても責任（つまり、費用の負担）を求めることにもなりうる連帯責任を認めることは、原因行為に適正な価格付けがなされるといえるのかが疑問となる。過大な費用負担を求めることになる虞が大きいように思われる。また、矯正的正義の観点からしても、他者による環境損害責任を負わせることは、少なくとも責任を負わせられる者にその損害のリスクないし原因についての支配可能性がないかぎり、正当化できない。アメリカのスーパーファンド法の下で、一個の不可分な損害について連帯責任を負わせるというコモン・ローの準則の適用範囲が限定され、寄与割合に応じた分割責任が指向されつつある[39]ことは、こうした点を考慮したものといえる。この点について、ECJの見解は必ずしも明らかでないが、連帯責任を認めるためには、汚染者負担の原則、あるいは、個人責任の原則からして、より積極的な根拠が示されなければなるまい。

　なお、環境責任を厳格責任ないし無過失責任とする場合には、原因行為に適切な価格設定がなされなければならないとする経済的分析の指摘に関係するが、環境責任によって負担が求められる浄化費用をどう算定するのかという問題についても触れておく。この問題は、環境損害の範囲をどこまで広げるのか、また、回復すべき環境レベルをどのように設定するのかに大きく関係する。環境が複層的かつ系統的なシステムを構築していることは明らかであり、人の活動のこれに対する影響は無限連鎖的に認められるといえよう。環境損害の範囲について何らかの限定を用意しなければ、その修補・回復費用は無限大になるといってもあながち誤りとはいえない。環境損害の範囲に

---

[39]　もちろん、こうした傾向に対しては、連帯責任を背景とする和解交渉が円滑に進まず、訴訟の増加を招き、浄化措置が滞る虞があり、また、PRPの破産等によって基金の支出が増加し、その財政不足を招くとの懸念から、批判が加えられる。*See e.g.* Rachel K. Evans, *Burlington Northern & Santa Fe Railway Co. v. Nnited States*, 34 HARV. ENV. L. REV. 311, 319-20 (2010).

ついて、政策的な価値判断が不可欠といえよう。また、どこまで修補・回復すべきかということも明確にされなければ、費用の算定はきわめて困難である[40]。そして、それらの課題が解決されたとしても、市場メカニズムで価格決定がなされるためには、それら費用を内部化したものが市場で取引される必要があるところ、そうした市場が十分に形成されていないこともある。市場形成のための施策を講じることが検討される必要がある。ELD に関する 2010 年報告書が財政的担保措置義務を論じる中で、この点に大きな紙幅を割いていることからも明らかなように、経済的手法の1つとして環境責任を構築する場合の大きな課題というべきである。また、この点は、矯正的正義という観点からも強く求められるところである。すなわち、矯正的正義の下では、矯正されるべき不正義とはどのようなものなのかが明確に示されることが大前提である。ただ、経済的な費用＝便益分析を重視する効率性原理主義とは異なり、義務論的な観点から、何が不正義なのかが判断されることになる。そして、環境価値の序列化について共通の認識が形成されていない場合には、結論を得るに大きな困難が待ち受けていることは想像に難くない。

　環境責任については、アメリカや EU における意欲的な試みは評価できるにしても、理論的あるいは実際的な検討が今少し慎重に行われる必要がある。

---

40) 環境損害の価額算定の手法として、さまざまな方式があるとされるが、そうした手法を論じる前に、何を修補・回復すべき環境損害であるとするか、どこまで修補・回復すべきかということを決定する必要がある。

第2章 環境法におけるリスク管理

⑤ 環境リスクとその管理
―― ナノ物質のリスク？

山田　洋

I　はじめに

1　人あるいはそれを取り巻く環境にとって不都合な事象が生ずる可能性を素朴に「リスク」と呼ぶこととすれば、時代を問わず、人は、無数のリスクに囲まれて暮らしきた。そして、人は、個人や社会全体の蓄積してきた経験に照らして、こうした不都合な事象の重大性やその惹起する蓋然性を見積もって、それへの対応を考えてきたはずである。もちろん、その重大性や蓋然性が低いと考えられる場合には、生活の便宜上、これを無視あるいは受忍するという対応もありえる。しかし、そうでなければ、そうした事象が惹起しないような予防策を講じるか、それが惹起した場合に被害が生じないような対応策を考えることとなろう。もちろん、こうしたリスクへの対応は、個人やその集団によってなされることもありうるし、その重大性によっては、国家の責任とされることもありうるわけで、その境界は時代等によって変化する[1]。

こうしたリスクの見積もりは、将来の事象の惹起を予測する営みであるか

---

[1]　社会のリスク管理における国家もしくは行政の役割については、極めて多くの文献があるが、筆者自身のものとして、山田洋「リスク管理と安全」公法研究69号（2007）69頁。そのほか、近年のものとして、山本隆司「リスク行政の手続法構造」城山英明＝山本隆司編『環境と生命』（東京大学出版会、2005）3頁、大橋洋一「リスクをめぐる環境行政の課題と手法」長谷部恭男編『法律学から見たリスク』（岩波書店、2007）57頁、下山憲治『リスク行政の法的構造』（敬文堂、2007）1頁、戸部真澄『不確実性の法的制御』（信山社、2009）1頁、など。

ら、多かれ少なかれ、不確実性を帯びることとなる。とりわけ、経験の蓄積が十分でない場合については、予測がはずれて、その結果、対応策が成果をあげず、あるいは空振りに終わるといった場合がありうることは避けられない。しかし、人は、こうした失敗の繰り返しによって経験を蓄積し、いわばトライ・アンド・エラーの方式でさまざまなリスクを克服してきたといえる。そして、国家も、こうした経験の蓄積の上にたって、リスクを見積もり、たとえば、それを生ぜしめる私人の行為に規制を加えるといった対応策を決定してきたのである。

2　一方、現代社会は、科学技術の急速な発展がもたらした新しいタイプのリスクの克服を迫られている。科学技術の発展は、市民生活にも多くの便益をもたらしてきたが、それに付随して、人やそれを取り巻く環境に新たなリスクも生み出している。そして、技術の発展が急速であるほど、それによって生ずるリスクを評価し、それに対する対応を考えるという作業が必然的に追いつかなくなるのである[2]。

そもそも、こうした領域では、事の性質上、従来の経験に基づくリスクの評価ということはありえず、新たな科学的知見の集積が必要となるが、当然のことながら、この作業は、複雑かつ時間を要するものとなる。これに、技術発展による便益や営利の追求を急ぐ社会的な性向も加われば、リスクへの配慮を欠いたままで新たな技術だけが一人歩きするといった現象が常態化することとなりかねない。もちろん、ここでも、従来のように、影響が顕在化してからトライ・アンド・エラー方式によって対応できることも少なくないであろうが、人の健康被害などの取り返しのつかない結果が生じないという保障もない[3]。

他方、こうしたリスクに対しては、市民の間に危惧の念は広がることとなり、それを裏付けるような研究報告なども断片的には登場することもあろう。しかし、こうした危惧に応える対応策を国家が模索しようとしても、た

---

[2]　科学技術の発展と新たなリスクの登場につき、とりわけ、戸部・前掲注（1）25頁。
[3]　Calliess, Das Vorsorgeprinzip und seine Auswirkungen auf die Nanotechnologie, in : Hendler u.a.（Hrsg.）, Namotechnologie als Herausforderung für die Rechtsordnung（2009）, S.21（33f.）.

とえば、こうしたリスクを生ぜしめる活動を規制することを正当化しうるだけの知見が存在しない。また、こうした知見を自身が集積するだけの人的あるいは財政的リソースを、到底、国家は有しない。国家は、リスクに関する十分な知見を有しないままに、これに何らかの対応策を講じるか、これを放置するかの決断を迫られるのである。

3　こうした科学的知見に乏しい「環境リスク」の代表例は、化学物質による環境リスクである[4]。周知のとおり、現在、10万種類を超える化学物質が無数の製品等に含有されて流通しており、さらに毎年数百の新物質が生み出されている。これらの物質は、製品として、市民生活などに多くの便益をもたらしている一方、最終的には、廃棄物などとして環境中に排出され、場合によっては、各種のルートで人体に取り込まれることもありうる。これらの膨大な数の新物質が環境に与える影響、さらには環境を経由して人体に取り込まれる可能性やその影響などのリスクについて、既存の経験が役立つはずもなく、実験等による新たな知見の収集が必要となるが、現実には、すべてについて検証がなされているわけではない。そもそも、そのリスクを検証するとしても、そのコストの問題は措くとしても、たとえば、遺伝的影響などを十分に検証するためには、本来、何十年もの年月を要するはずで、実験等に基づく評価は、かなりの不確実性を含んだ暫定的なものでしかありえない[5]。

結局のところ、多くの化学物質の環境リスクについては、現在でも、十分な科学的知見が存在するとは言いがたいわけであるが、それによって危惧される影響の大きさに鑑み、各国政府は、かなり以前から、その管理に乗り出してきた。わが国においても、1973年、化学物質審査法が制定され、同法の施行後に新規に流通する化学物質については、届出を受けて、一応のデータに基づくリスクの審査をして、毒性の「疑い」があるときは、その流通等をコントロールする仕組みが設けられている[6]。もっとも、現実に流通して

---

[4]　化学物質の環境リスクについても、無数に文献があるが、筆者自身のものとして、山田洋「既存化学物質管理の制度設計」自治研究81巻9号（2005）46頁。
[5]　化学物質のリスク評価の不確実性について、蒲生昌志「化学物質の健康リスク評価」益永茂樹編『科学技術から見たリスク』（岩波書店、2007）139（151）頁。

いる化学物質の多くは、同法施行前から流通する既存の物質であり、これについてはリスクの検証がなされていないことになるが、これについても一定の方向が示されるなど、その後の法改正などにより、化学物質の管理は、それなりに強化されつつある。また、EUにおいても[7]、後にも触れるように、既存の物質を含めたすべての流通する化学物質についてリスクの検証を義務付ける新たな化学物質管理制度（いわゆるREACH）がスタートするなど、各国においても、化学物質によるリスクに対応するための制度作りが模索され続けている。

4 このように、科学技術の発展が生み出す環境リスクに対応することの困難さは、それを評価するための科学的知見が不十分であることにあるが、化学物質のリスクについては、それを前提としながらも、それなりの管理体制が構築されつつある。しかし、科学技術が発展を続けるかぎり、それが新たなリスクを生み出し続けることも避けられない。いわゆるナノ・テクノロジーは、現代における科学技術の花形といえようし、その産物であるナノ物質は、すでに、われわれの身近で広く用いられている。ところが、この新しい物質であるナノ物質の環境や人体への悪影響に対する危惧が世界的に広がりつつある。そして、ある意味では当然のことながら、それによる環境リスクに関する科学的知見は極めて乏しい。

以下、本稿においては、ナノ物質に起因する環境リスクを例にとりながら、科学的知見に乏しい環境リスクに対する法的な対応のあり方を考えていくこととしたい。なお緒に就いたばかりで、まさに法的知見にも乏しい領域であるため、到底、十分な考察は不可能であるが、問題発見の何らかの糸口となれば幸いである。

II ナノ物質とリスク

1 その環境リスクへの法的対応を検討する前に、その前提として必要か

---

[6] わが国の化学物質管理制度と問題点について、さしあたり、大塚直「日本の化学物質管理と予防原則」植田和弘＝大塚直監修『環境リスク管理と予防原則』（有斐閣、2010）25頁。

[7] EUの化学物質管理についても、多くの紹介があるが、最近のものとして、赤渕芳宏「欧州の化学物質管理法における予防原則の具体化」植田＝大塚・前掲注（6）3頁。

つ可能な範囲で、ナノ物質とそのリスクについて、一般的に説明されていることをまとめておきたい[8]。そもそも、1000分の1をミリ、100万分の1をマイクロと呼ぶように、ナノ（nano）は、10億分の1を意味し、1ナノ・メートル（1 nm）は、10億分の1メートルというきわめて微細な単位である。そして、粒子（分子）の径がナノスケール（おおむね100 nm以下）の物質をナノ物質と呼ぶ。したがって、ナノ物質とは、特定の組成を持つ物質の名称ではなく、一定サイズの物質の総称である。こうしたナノ物質は、火山灰中など自然界にも存在するし、物の燃焼などによって非意図的に作り出されることもある。しかし、科学技術の発展により、こうしたサイズの物質についても、人は、観察し、操作し、ひいては人為的に作りだすことができるようになったのである。

さて、物質の性質は、その組成は同一であっても、その粒子サイズによって、大きく変わってくる[9]。まず、粒子の質量は径の3乗、表面積は径の2乗で変化するから、径が小さくなるほど質量当たりの表面積は大きくなる。化学反応は、基本的には物質の表面で起こるため、その径が小さいほど反応性は高まることになり、ナノ物質は、通常サイズの物質よりも相当に化学反応性が高まることになる。

他方、粒子がナノサイズになると、もはや、そこは量子力学の支配する世界となり、通常サイズの物質と比して、物質中の電子の動きが大きく変化するという。物質の電気的、磁気的、光学的な性質等は、物質中の電子の動き

---

[8] ナノ物質とそのリスクについては、以下の各省の報告書が参照に便利である。ナノ材料環境影響基礎調査検討会「工業用ナノ材料に関する環境影響防止ガイドライン」1頁（2009）〔以下、「環境省報告書」〕、ナノマテリアル製造業者等における安全対策のあり方検討会「報告書」1頁（2009）〔以下、「経産省報告書」〕、ナノマテリアルの安全対策に関する検討会「報告書」1頁（2009）〔以下、「厚労省報告書」〕。そのほか、植月献二「ナノマテリアルの安全性―EUの化粧品規則制定をめぐって」外国の立法245号（2010）3頁。

さらに、Scherzberg, Risikoabschätzung unter Ungewissheit, ZUR 2010,S.303ff.；Meyer, Nanomaterialien im Produkthaftungsrecht（2010），S.25ff.；Raupach, Der sachliche Anwendungsbereich der REACH-Verordnung（2011），S.323ff.; Calliess/Stockhaus, Regulielung von Nanomaterialien-reicht REACH? DVBl. 2011,S.921ff.；Wendorff, Nanochemie, in：Scherzberg/Wendorff（Hrsg.），Nanotechnologie-Grundlagen, Anwendungen, Risiken, Regulierung（2008），S. 3ff.

[9] さしあたり、前掲注（8）厚労省報告書10頁。

を反映したものであるため、ナノ物質は、これらの性質において、通常サイズの物質とは異なった性質、あるいは通常サイズの物質が持たない性質を有することになる。ナノ物質は、通常の物質とは、電気の流れ方、磁気の帯び方、あるいは色彩などにおいて、まったく異なったものになるのである。

2 このように、ナノ物質は、通常サイズの物質とは異なった性質を有することになるが、もちろん、その性質は、個別の物質により異なるわけで、こうした性質を利用すべく、さまざまなナノ物質が作られてきた[10]。その製法には、銀や酸化チタンといった既存の物質の粒子を物理的にナノサイズ化するものと、カーボンナノチューブのように、新たなナノサイズの物質を作り出すものがある。さらに、ナノサイズの物質に他の物質を付着させるほか、ナノサイズの物質に他の物質を閉じ込めるなど、その技術は、高度化あるいは複雑化の一途をたどっている。

こうした作られた各種のナノ物質は、それぞれの特性に応じて、いわゆるナノ材料として、すでに、広範な分野で利用されている。もっとも身近な例としては、化粧品の紫外線防止効果などを高めるためにナノサイズの酸化チタンや酸化亜鉛などが広く用いられていることが知られているが[11]、もちろん、これは一例に過ぎない。家庭用品や繊維製品には抗菌性を高めるために、紙製品には撥水性等を高めるために、スポーツ用品やタイヤには材質の強度を高めるために、電子部品には導電性を高めるために、インクや塗料には発色のために、などなど、多くの製品に各種のナノ材料が用いられているし、現在も、開発は進みつつある[12]。そのほか、たとえば、ナノサイズの金属粒子をがん細胞に取り込ませて電磁的に細胞を死滅させる研究など[13]、医療などの多くの分野でナノ物質の利用が研究されている。

3 前記のように、ナノ物質は、通常サイズの物質とは異なった性質を有しており、それを利用した様々な応用技術が広がりつつあるわけであるが、このことは、それが人体に取り込まれた時には、人体に対しても通常サイズ

---

10) 前掲注（8）経産省報告書3頁など。
11) 植月・前掲注（8）4頁。
12) 前掲注（8）厚労省報告書3頁。
13) Scherzberg, ZUR 2010,S.303.

の物質とは異なった影響を与える可能性があることも意味する[14]。また、たとえば浮遊しやすいなど、人体への取り込まれ方も変わってくることも考えられる。この点について、わが国のいくつかの報告書は、ナノ物質が人の健康に影響を及ぼすというデータはないとするが[15]、いうまでもなく、このことは、ナノ物質が悪影響を及ぼさないことを意味するわけではなく、それに関するデータがおよそ不十分であることを表現しているのである。

　もちろん、世界各国でナノ物質の安全性を確認するための研究は少なからず行われているようで、その中には、発がん性など、健康への影響を危惧させる結果を示すものも散見されるようである[16]。しかし、いまだにナノ物質の特性に応じた安全性の有効な検証方法が確立していないために、研究は散発的なものに止まり、体系的なデータは欠けたままであるという。先に触れた化粧品における利用などにおいては、もちろん局所刺激性や短期毒性などについては、一応の安全確認はなされているようであるが、発がん性などの長期毒性については、その方法が確立していないこともあって、ほとんど検証されていないのが現状とされる[17]。

　そもそも、どのようなナノ物質がどのように用いられているかについても、包括的なデータはない。一般的な利用例については、先にみたように周知となっているものもあるが、先端技術の常として、なお多くは企業秘密の領域となっている。結局は、人体が、直接あるいは環境を通じて、どのようなナノ物質に曝されているかについてのデータがないことになる。

　4　とりわけ、環境に排出されたナノ物質の行方については、未解明な部分が多いようである[18]。ナノ物質の製造あるいは製品化の途上で、これが粉塵として空気中に排出されることがありうるであろうし、排水を通じて河川などに排出されることもありうる。さらに、製品の多くは、最終的には廃棄物となるわけで、それに含まれるナノ物質は、様々な経路で環境中に排出されることになろう。あるいは、化粧品に含まれるナノ物質は、洗顔などを通

---

14)　たとえば、Scherzberg, ZUR 2010,S.304.
15)　前掲注（8）厚労省報告書16頁、経産省報告書1頁、環境省報告書1頁。
16)　前掲注（8）環境省報告書48頁など。
17)　植月・前掲注（8）7頁。
18)　前掲注（8）環境省報告書33頁など。

じて河川等に排出され続けているはずである。

　このようにして排出されたナノ物質が空気中や水中でどのような動きを示し、凝集あるいは拡散していくかについては、測定方法も確立しておらず、データも少ないようである。もちろん、これが動植物に取り込まれるか否か、さらには、いかなる影響を及ぼすかも分かっていない。その結果、排出された物質が人体に到達するか否かも未解明ということになる。

　5　先に、通常の化学物質についても、その環境リスクは知見が不足し、未解明な部分が少なからずあると述べたが、以上で管見したように、ナノ物質については、未解明の度合いが質的といってよいほどに異なる。たしかに、化学物質についても、個々に見れば、リスクに関する知見のない物質が多く残っているわけであるが、存在する物質と利用形態については、一応の把握はなされており、そのリスクの検証方法についても、もちろん不確実性は残るとはいえ、一応は確立しつつあるといえる。これに対して、ナノ物質については、その利用の現状も、リスクの検証方法も分からないということになる。

　化学物質のリスクを数量化する場合、影響の重大性と曝露量の積として表現されることが多いが[19]、ナノ物質については、その両者について、知見が決定的に不足しているといえるのである。しかも、そのリスクは、ナノ物質全体に共通ではなく、当然のことながら、ここでも物質ごとに異なるはずである[20]。それだけに、そのリスクを評価するための知見の不足は、深刻といえる。

III　現行制度による対応

　1　さて、他の諸国と同様に、わが国の現行法上、ナノ物質に特化してその製造や利用を規制する法制度は、存在しない。しかし、ナノ物質について、何の規制もないわけではなく、当然のことながら、通常の物質と同様の規制は受けていることになる。たとえば、ナノ物質を医薬品や化粧品に利用するとすれば、薬事法の規制を受けることとなる[21]。

---

19)　蒲生・前掲注（5）144頁。
20)　Calliess/Stockhaus, DVBl. 2011, S.922.

まず、すでに広く行われている化粧品としての利用についてみれば、薬事法上、一部の医薬部外品の扱いを受けるもののほかは、品目ごとの製造販売承認の対象とはされていない。しかし、同法に基づく告示により成分等に関する基準が定められており、その中で有害な物質などの使用禁止成分が列挙されている。問題の酸化チタンなどは、通常サイズのものは、かなり以前から広く成分として利用されてきたものであるから、もちろん使用禁止成分には該当せず、それがナノサイズであっても、この規制にはかからないことになり、その使用が普及しているわけである。

　一方、現状では例は少ないようであるが、医薬品としてナノ物質を使用する新薬を製造販売する場合には、当然、その新薬について製造販売承認が必要となる。もちろん、医薬品についても、使用成分の基準はあるが、従来から通常サイズで使用されてきた成分であれば、それがナノサイズとなっても製造販売の妨げとならないことは、化粧品と同様である。他方、医薬品については、承認に先立って、その安全性などについての臨床試験などの厳格な事前審査がなされることになり、そこでナノ物質の使用に伴う人体への悪影響が明らかになれば、その承認は得られないことになる。問題は、ナノ物質に特有な長期毒性などが存在するとした場合に、現行の審査方法でチェックできるか否か、ということになる。

　そのほか、ナノ物質を食品添加物として使用するとすれば、食品衛生法による規制の対象となるが、ここでも、従来から通常の物質として認められてきた成分であれば、これがナノサイズとなっても、利用の妨げにならず、また、家庭用品への有害物質の含有を規制する家庭用品規制法などにおいても、状況は同一となる。このように、ナノ物質の使用について、少なくとも、それが従来から使用されてきた物質と同一の組成である限りは、規制が及ぶ余地はない。

2　それでは、特定の使用目的に限定することなく、ナノ物質の製造や流通そのものを規制する余地はないか。まず、急性毒性を有するナノ物質が問題となるとすれば、これは容易に立証することができるわけで、これを毒物劇物取締法により規制することも容易であろう。こうした急性毒性を有しな

---

21)　前掲注（8）厚労省報告書12頁。さらに、植月・前掲注（8）7頁。

いものであっても、ナノ物質も化学物質であるとすれば、先に触れた化学物質審査法による規制の対象となるはずではないか。しかし、問題は、さほど単純ではない。

　まず、ナノ物質とは、ナノサイズの物質全般を意味するわけであるから、現に使用されている物質の中にも「化学」物質に該当するか否かが疑わしいものがあるであろう。その点は措くとしても、現行の制度による登録や審査の対象となっているのは、基本的には「新規」の化学物質の製造等であり、制度発足以前から流通していた物質やすでに登録された物質は、規制の対象とはならない。そして、ある物質が「新規」であるか否かは、そのサイズとは関わりなく、もっぱら組成の異同によって判断されるわけであるから、ここでも、既存の物質と同一の組成の物質であれば、それがナノサイズ化されても「新規」の物質として規制の対象となる余地はない[22]。

　もちろん、従来とは異なった組成を有する物質をナノ物質として製造するとすれば、そのサイズとは関わりなく、規制の対象となり、届出と一定のデータの提出等が義務づけられ、通常物質と同様の審査がなされることとなる。ここで、何らかの有害性の「疑い」が出れば、一定の規制がなされることとなろう。しかし、ここでも、従来の物質と同様の審査によって、ナノ物質のリスクが有効に評価できるか否かが問題となることになる。

　3　結局、現行法の下では、多くのナノ物質が特段の法的な規制を受けることなく、いいかえればリスクの評価を経ることなく、さまざまな形で流通しているといえる。通常の物質と同様の規制の下に置かれている場合についても、ナノ物質に固有の審査方法が確立していないために、有効なチェックがなされているか否かは、疑わしいこととなる。このような法制度のあり方は、従来は、他の諸国でも、大同小異であったと考えられる。

　こうした状況においては、もし、ナノ物質について、危惧されるような有害性などが存在していた場合に、その影響を予防できないことはいうまでもない。そもそも、現状では、ナノ物質のリスクについての知見が蓄積される仕組みすらないこととなる。これに対する取り組みが各国で急がれている所以は、ここにある。

---

22) 植月・前掲注(8) 24頁。

Ⅳ　ナノ物質規制と予防原則

　1　以上で見てきたナノ物質の現状が典型的といえようが、科学技術が急速に発展する際には、そのリスクに関する知見の集積が追い付かなくなるのは、ある意味では、構造的な問題ともいえる。現状では、ナノ物質のリスクに関する知見は、限られた物質の限られた条件における実験結果が散発的に存在するだけで、極めて限られている。したがって、先に触れたとおり、それの人体への悪影響を示す報告はないということになり、もちろん、このまま、その利用を継続していっても人体や環境への影響は無視できるレベルにとどまることもありうる。また、影響が出たとしても、それが通常の物質と特段の差異がないということになるとすると、ナノ物質に特別の対策を考える必要はないということになる。

　しかし、このまま放置した場合に、人体や環境にナノ物質特有の悪影響が生じるという可能性も、また、現状の知見では排除できない。その影響は、広範な健康被害といった取り返しのつかないものとなるかもしれず、また、その時点で、環境中に拡散したナノ物質を回収するといった対応措置は不可能に近いものになるかもしれない[23]。

　2　さて、このような未解明の環境リスクへの対応を考える上での法原則としては、周知のとおり、わが国を含めた各国において「予防原則（Vorsorgeprinzip）」が論じられる。もっとも、この原則の意味内容や法的位置づけなどについては、各国で微妙な差異があるようで、極めて議論の多いところであるが[24]、その詳細に立ち入る用意はない。ここでは、さしあたり、ある文献にならい、「環境に脅威を与える物質または活動についても、その物質や活動と環境への損害を結びつける科学的証明が不確実であることをもって、環境への影響を防止するための対策を延期する理由としてはならない」[25]との原則と理解しておくこととしたい。その環境への影響が科学的に

---

23)　こうした危惧を表明するものとして、植月・前掲注（8）25頁。
24)　予防原則の法的位置づけや意味内容については、参照すべき文献を含めて、大塚直「予防原則の法的課題」植田＝大塚・前掲注（6）293頁。さらに、EUや米国などにおける意味につき、Scherzberg, ZUR 2010,S.305ff.

未解明なナノ物質のリスクについては、当然、この原則の適用が考えられることとなる。

　もちろん、この予防原則がナノ物質に適用されるからといって、単純に、その環境リスクが解明されるまではナノ物質の使用を中止すべきであるという結論が導かれるわけではない。現実に、海外において、この原則の帰結としてナノ物質開発のモラトリアムが提唱されたといわれるが、この原則の実現に積極的である欧州委員会からも、およそ非建設的であるとして、斥けられたという[26]。以下、やや先行しているドイツの議論などを参考にしつつ[27]、ナノ物質のリスクへの予防原則による対応について、その前提を考えてみたい。

　3　まず、その物質や活動の影響が未解明であるということから、当然に、予防原則に基づく何らかの対応が正当化され、あるいは義務づけられるわけではない。新たな技術開発においては、当然に、その結果あるいは影響について、未知の部分があり、それに対する漠然とした不安が生じることもあるであろうが、もちろん、こうした不安だけを根拠に、その技術開発を止めることが正当化できるわけではない。こうした規制措置を取るためには、その「根拠（Anlass）」が必要とされるが、科学的知見が不十分であることが前提である以上、どのような影響が危惧されるかを具体的に提示することはできないはずで、それは抽象的レベルにとどまらざるを得ない。しかし、さまざまの表現はあるものの、この危惧（Besorgniss）については、それなりに合理的あるいは科学的なものでなければならないことに異論はなく、それを裏付ける程度の科学的知見は要求されることとなる[28]。いいかえれば、未解明な環境リスクに対する予防原則に基づく対応措置といえども、それが正当化されるためには、一定程度の科学的な裏付けが必要とされるのである。

---

25)　大塚＝植田「はしがき」植田＝大塚・前掲注（6）ⅰ頁。
26)　Calliess/Stockhaus, DVBl. 2011,S.922.
27)　以下の点につき、とりわけ、Calliess, aaO.（Anm.3），S.34ff. そのほか、Scherzberg, ZUR 2010,S.305ff.；Calliess/Stockhaus, DVBl. 2011,S.922ff.; Decker, Nanopartikel und Risiko-ein Fall für das Vorsorgeprinzip?, in：Scherzberg/Wendorff（Hrsg.），aaO.（Anm.8），S.113ff.
28)　Calliess/Stockhaus, DVBl. 2011,S.922.; Scherzberg, ZUR 2010,S.305f.

問題は、ナノ物質のリスクに関する科学的知見の現状について、このような合理性を満たすレベルに達していると評価できるか否かである。いうまでもなく、この判断は一義的なものではなく、意見の分かれるところである。先に触れたとおり、ナノ物質については、個別の物質が人体や環境に及ぼす影響に関する知見は欠けているものの、その物理的な特性から人体等へ何らかの影響を及ぼす可能性が理論的には認められ、それを窺わせる実験結果なども散見されるというのが現状といえる。こうした知見によって、ナノ物質のリスクに対する危惧の合理性を裏付けることができるとするのが、それへの対応に踏み切りつつあるEUなどの判断ということになる。

4 ちなみに、このような未解明のリスクに対する評価に関して、予防原則が「立証責任の転換」をもたらすと説かれることが少なくない[29]。たとえば、ある物質の流通を規制するためには、伝統的には、それによる悪影響を国家が立証しなければならなかったわけであるが、予防原則の下では、その安全性を利用者側で立証しないかぎり国家による規制を免れないとされるのである。すべての化学物質について、その安全性についてのデータの提出を製造流通の要件とするEUのREACH制度がその例とされる[30]。

しかし、これを字義どおりに受け取って、利用者側に安全性の立証責任が課されると考えるとすれば、いわば論理的に不可能なことを求めることとなり[31]、たとえば、ナノ物質の利用については、必然的に相当に長期のモラトリアムが求められることとなる。ここでいう立証責任の転換とは、先に述べた合理的な危惧の示された物質については、現状で可能な限りの知見に基づく検証の結果に基づき、利用者側で危惧の合理性を解消しないかぎり利用できないこと[32]、を意味すると理解すべきこととなるであろうし、REACH自体もそうした制度と考えられる。

5 そもそも、合理的な危惧が認められた場合の予防原則による対応措置も、このような暫定的な利用禁止のみに限定されるわけではなく、また、拘

---

29) たとえば、大塚・前掲注(24) 316頁。さらに、山本・前掲注(1) 46頁。
30) 山田・前掲注(4) 54頁。
31) Calliess/Stockhaus, DVBl. 2011,S.922f.; Calliess, aaO. (Anm.3), S.40ff. 基本的には、注29の文献も、同様の認識に立つ。
32) Calliess/Stockhaus, DVBl. 2011,S.922f.

束的な法的規制のみが想定されているわけでもない[33]。継続的な監視のための情報収集の措置、各種の情報の公表、表示の義務付け、事業者による各種の自主的な取組みの勧奨など、さまざまな措置が視野に入れられている。こうした手段の選択の政策判断は、当然のことながら、一方では、現状で収集し得る科学的知見から見積もられる悪影響の重大性や蓋然性によって決まってくる。他方、所詮は仮定的な判断に基づく措置である以上、その選択に際しては事業者等の利益を無視することはできず、いわゆる比例原則による拘束に配慮すべきことになる[34]。

とりわけ、問題を複雑にするのは、ナノ物質に代表される発展途上の科学技術の生み出すリスクへの対応においては、その利用が現に社会にもたらしている効用、あるいは将来にもたらすであろう効用への配慮が欠かせないことであり、その対応が将来の技術の発展に及ぼす影響というまさに未知の要素を考慮しなければならないことである[35]。いわゆる予防原則を前提とするとしても、ナノ物質のリスクに対する対応は、このような総合的な比較衡量の結果に基づく、複雑かつ困難な政策判断ということになる[36]。

V　法的規制とその課題

1　近年、諸外国の影響もあってか、わが国においても、ナノ物質の環境リスクについては、一般の関心が高まりつつあるようであり、政府も、これに対する一定の対応を示しつつある。2009年春には、経済産業省が製造過程等での安全対策について、厚生労働省が医薬品と化粧品などの安全対策について、環境省がナノ材料の環境への影響について、相次いで報告書を発表して、そのリスクに対する注意を喚起し、事業者などに対して一定の対応を求めている[37]。しかし、繰り返し触れてきたように、いずれも、人体等への

---

33) Calliess, aaO.（Anm.3), S.47ff.
34) いわゆる「過剰禁止（Übermaßverbot)」の適用につき、Scherzberg, ZUR 2010,S.306.
35) こうした点についても、多くの文献があるが、たとえば、Hoffmann-Riem, Risiko- und Inovationsrecht im Verbund, DV 2005,S.145ff.
36) リスク管理における利益衡量の要素につき、山田・前掲注（1）84頁。米国における「費用便益分析」との異同などにつき、Scherzberg, ZUR 2010,S.306f.
37) 注（15）参照。

影響を示すデータはないとして、たとえば、化学物質審査法の改正といった法的対応は、先送りされた状態である。

これに対して、諸外国では、さまざまな動きがあるようで、とりわけ EU は、ナノ物質についても、化学物質に準じた法的規制に踏み切る構えである[38]。EU は、この問題に早くから深い関心を持ち、2004 年の欧州委員会によるナノ・テクノロジーに関する政策の表明に始まり、2008 年にナノ研究の行動規範を設定、2009 年にはナノ化粧品の規制に関する規則を制定するなど、各種の積極的な対応を見せてきたが、2009 年の欧州議会の決議などを受けて、化学物質の登録検証の制度として 2007 年に発足した REACH の対象にナノ物質を組み込むべく、その規則改正の準備を進めている。以下、そこでの議論を概観しつつ[39]、ナノ物質の法的規制の課題について、やや具体的に見ていくこととしたい。もし、わが国においても、将来、法的規制を考えるとすれば、類似の問題が生ずることとなろう。

2　REACH については、わが国でも関心が高く、すでに多くの紹介がなされているので、あらためて制度の詳細を紹介することは避ける[40]。さしあたり、その手順の概略を述べておけば、まず、化学物質を製造または輸入する事業者は、その物質について、欧州化学物質庁に対して、その属性および健康や環境への影響などの所定のデータを添えて「登録」をすべきことが義務づけられる。とりわけ、製造輸入量が年間 10 トンを超える物質については、その有害性に関するより高度のデータが求められ、さらに、発がん性等が認められるものについては、暴露データなどを含めて、そのリスクに関するより高度のデータの提出が義務づけられる。ちなみに、既存の物質についても、その生産量などに応じて、年次を追って段階的に登録が義務づけられ

---

38)　EU の動向について、詳しくは、植月・前掲注 (8) 10 頁。
39)　以下の点につき、Kayser, Die Erfassung von Nanopartikeln und nanokaligen Stoffen durch Chemikaliengesetz,in : Hendler u.a. (Hrsg.), aaO. (Anm.3), S.67ff.; Raupach, aaO. (Anm.8), S.415ff.; Calliess/Stockhaus, DVBl. 2011,S.923ff.; Führ, Regulierung von Nano-materialieren im Umweltrecht, in : Scherzberg/Wendorff (Hrsg.), aaO. (Anm.8), S.139ff.; Köck, Nanopartikel und REACH, in : Scherzberg/Wendorff (Hrsg.), aaO. (Anm.8), S.183ff.
40)　さしあたり、赤渕・前掲注 (7) 3 頁。ドイツにおける最新かつ詳細な解説として、Raupach, aaO. (Anm.8), S.43ff.

ている。

　このデータに基づいて、化学物質庁による「評価」がなされることになるが、この評価の内容も、その物質の属性や製造量などに応じて、優先順位が付けられ、段階的に異なってくる。この評価によって一定の有害性等が認められた物質については、その販売や使用が「認可」に係らしめられ、適切に管理されると認められた場合にのみ認可がなされることになる。さらに有害性の高いとされる一定の物質については、特定用途での使用禁止などの「制限」がなされることとなる。

　3　まず、ナノ物質を制度に取り込むためには、これを登録の対象としなければならないが、当然のことながら、この登録は「物質」ごとに行われることになる。しかし、この制度においても、従来は、粒子のサイズによって別の物質になるという発想はないので、通常のサイズを前提として、組成が同様の物質について、すでに登録がなされていれば、それがナノサイズ化されても新たな登録の対象とはならないこととなる。したがって、何よりも、通常サイズの物質とナノ物質を別の物質として扱うという新たな物質概念を立法化する必要が出てくる[41]。

　ただ、ナノ物質は、通常は径 100 nm 以下のものとされているが、粒状のほか、棒状、筒状など、さまざまな形状のものがあるようで、ナノ物質の大きさを厳密に定義することは、さほど簡単ではなさそうである。そのほか、通常の物質においても問題となりうるが、とりわけナノ物質においては、その組成や形状が複雑であるため、カーボンナノチューブにも様々なものがありうるなど、何をもって同一の物質と扱うかが流動的なものが多く出ることが予想されよう[42]。

　4　つぎに、この制度においては、年間の製造量等によって登録に際して提出すべきデータの内容等が変わってくる。質量あたりの化学反応性が高いというナノ物質の特色から考えると、通常の物質よりも製造量が少なくてすみ、反面、影響は大きくなる可能性があるため、同様の扱いでよいのかという疑問が出ることになる[43]。ナノ物質については、年間 10 トンという仕切

---

41)　Calliess/Stockhaus, DVBl. 2011,S.924.; Raupach, aaO.（Anm.8），S.433ff.
42)　Raupach, aaO.（Anm.8），S.449ff.

を引き下げることになるのかもしれない。

　同様の議論は、年間製造量を基準とした既存物質の段階的な登録についても生じよう。そもそも、通常の既存物質について段階的な登録が認められているのは、それが長期にわたり大きな影響なく使用されてきたという実績を考慮したものであると考えるとすれば、歴史の浅いナノ物質について同様の猶予措置を考えること自体が不適当であるとする議論もあり得る[44]。

　5　さらに、評価の段階になると、化学物質庁によるリスク評価の優先順位を決める際のナノ物質の扱いが問題となる。ここでも年間の製造量や属性などを基にする現状の基準に当てはめると、ナノ物質の評価の優先順位は、総じて低いものとなり、この段階でのリスク評価の対象となる可能性は低くなる。新たに基準の設定が必要となろう。

　この基準もさることながら、ナノ物質についての知見が乏しい中で、そもそも、それについてのリスク評価自体の基準、認可対象となった場合の認可の基準、さらには制限対象品目を定める基準を有効に設定できるか否かが最大の問題となろう[45]。当面は、ナノ物質について、ナノ物質としての特性に着目して、認可の対象としたり、使用制限をかけるなどの措置を取ることは困難であるかもしれない。もっとも、この場合でも、登録によって、ある程度、ナノ物質のリスクに関する知見の集積は保障されるわけで、制度化の直接の狙いは、そこにあるというべきであろう。

VI　むすび

　1　くり返し述べてきたように、先端科学が未知の領域への挑戦を意味する以上、ナノ・テクノロジーなどの応用技術には、何がしかの未解明のリスクが付随するのは必然であるし、そうしたリスクに対する知見が後追いとなるのも、構造的といえる。そうした中で、こうしたリスクについて、いわゆる未然防止の措置を講じることは至難の業といえよう。そうであればこそ、こうした技術を利用する者は、可能な限り、そのリスクに関する知見を将来

---

43)　Calliess／Stockhaus, DVBl. 2011,S.925.
44)　Calliess／Stockhaus, DVBl. 2011,S.925.
45)　Calliess／Stockhaus, DVBl. 2011,S.926ff.

に向けて集積していく責務を負うといえようし、国家は、こうした知見の有効な集積を保障するシステムを構築すべき責務を負うといわなければなるまい。このことが、いわゆる予防原則の最低限の帰結ということになろう。

先に触れたEUの動きなども、こうしたシステム構築に向けた第一歩として評価すべきことになろう。その先には、たとえば、物質のみならず、ナノ物質を用いた製品そのものを登録させるといった制度も視野に入ってくるかもしれない[46]。さらに、これによってある程度の知見が集積されれば、ドイツで構想されているようなナノ物質の暫定的な「リスク仕分け」といった対応[47]も可能となってくるのであろう。

2 以上、新しい環境リスクとして注目されつつあるナノ物質を素材としながら、科学技術の発展に伴って生ずる未解明の環境リスクへの法的な対応について考えてきた。結論は、まことに単純かつ平凡であって、先に述べたとおり、当該リスクに関する現時点での可能な限りの知見の集積とそれを保障するシステムの構築の必要性に尽きる。

ただし、こうしたシステムの構築自体も、EUの例で管見したように、さほど単純でも容易でもない。ここでも、こうしたシステムの構築のための法的な知見の集積に努めることが期待されよう。本稿は、ささやかではあるが、その試みである。

---

46) Calliess /Stockhaus, DVBl. 2011,S.929.
47) Scherzberg, ZUR 2010,S.309ff.

第2章 環境法におけるリスク管理

6 我が国の環境行政におけるリスクマネジメントおよびリスクコミュニケーションの取り組み

織　朱實

I　はじめに

　環境問題は、従来の公害問題とは異なり、人々のライフスタイルの変化に伴って、地球温暖化問題、生物の多様性減少問題、廃棄物問題といった様々なかたちで社会生活の中に存在するようになった。しかし、これら諸問題の発生原因や、行為と結果との因果関係、影響の存在やその規模についての科学的知見は必ずしも十分ではない。直面する問題の規模や原因、因果関係が明確でなければ、有効な対策手段を講じることはできないが、環境問題に関しては、科学的知見が十分に明らかになるのを待って対策を講じていては、手遅れになるおそれがある[1]。

　現在私たちが直面している環境問題は、たとえ科学的知見が十分でなく、対策の必要性や妥当性に関して確実な証明がなされないものであっても、何らかのかたちでマネジメントしていかなければならない問題となっているが、その対応にあたっては意思決定過程への利害関係者の参加とその前提としての情報公開が重要となる。施策の意思決定の過程では、様々な手法の中から最も適切（合理的）と推定される手法が選択され、実施されていかなけ

---

1) 科学的証明が得られるまで対策を講じず「手遅れ」となった事例は、OECD, Uncertainty and Precaution : Implications for Trade and Environment【COM/ENV/TD(2000) 114/FINAL】に示されている。

ればならないが、この選択が社会に受け入れられるためには、民主主義社会において必須の利害関係者の参加、特に影響をうける市民の参加によって手続き的公正性が確保されていなければならない。また、多様な利害関係者が意思決定過程に参加することにより、問題の争点が明確にされると同時に、多くの知見が集積され、最も適切で合理的な手法が選択されることが期待できる。こうした観点から、近年環境政策においてリスクマネジメントの概念が取り入れられると同時に、リスクコミュニケーションの重要性が認識され、それをいかに政策に取り入れていくかが大きな課題として浮上しはじめている。

環境政策におけるリスクマネジメント的アプローチは国際的動向でもあり、同時にリスクコミュニケーション促進に向けて情報公開、市民参加の原則の確認が国際的にも行われるようになってきた[2]。1992年の環境と開発に関する国際会議（地球環境サミット）のアジェンダ21では、市民参加と情報公開が重要原則とされた。地球環境サミットのリオ宣言第10原則は環境施策においては市民が意思決定過程に参加することを確保しなければならず、その参加を実質あらしめるために「有害物質や地域社会における活動の情報」や「公共機関が有している環境関連情報」の共有および参加の機会の確保がなされなければならないことを明言している[3]。一方、我が国において環境問題における利害関係者の参加および環境情報公開の重要性が本格的議論されはじめたのは近年になってからであり、これらを実施するための法制度上も行政システム上の整備も残念ながら十分とはいえない。そこで、本稿では我が国環境政策におけるリスクマネジメントおよびリスクコミュニケーションの政策動向について、その課題を整理し、今後のより良いリスクコ

---

2) UN/ECE, "Aarhus Convention-Implementation Guide" pp. 2-4 に多くの例があげられている。

3) 「リオ宣言（10）環境に関わる諸問題は、関係住民すべての適切な参加の下に正しく取り扱われねばならない。国レベルの問題では、公共機関が保持する当該環境に関わる情報、有害物質に関わる情報、当該地域での有害行為に関わる情報が、すべての個人に対して公開されるとともに、その意思決定過程への参加の機会が与えられねばならない。国は、情報を広く提供し、公衆の意識が高まり、その参加が促進されるように努めねばならない。訴訟や行政措置が効果的に行えるように、また賠償や救済措置が効果的に行われるように、整備されていかねばならない。」

ミュニケーションに向けての提言を行っていこうとするものである。

II　我が国における環境リスクマネジメント政策の変遷

　足尾鉱山事件以降、1960年代の急激な高度成長による工業化の進展に伴い、4大公害といわれる熊本の水俣病、新潟の阿賀野川流域の第二水俣病、富山県神通川流域のイタイイタイ病、四日市市の喘息病をはじめとする多くの公害紛争が発生した。激化する公害被害と公害紛争に対応するため、1967年に現在の環境基本法の前身である公害対策基本法が制定され、そのほか14もの公害関係法が制定・改正された。さらに1971年には、環境問題を専門に担当する行政機関として環境庁が設置された。このように、法・組織の面で環境行政の枠組みが構築されたが、採用されていた対策は有害物質を排出段階で規制する「出口規制」であり、損害賠償制度の充実による被害者救済という事後的対応であった。具体的には排出基準の設定や脱硫装置・バグフィルターの設置、構造維持管理基準の設定や過失の立証責任の転嫁等である。

　このようなアプローチは、化学物質についても、有害性の明確な化学物質の排出、製造、流通規制を行うというかたちで展開していった。例えば、1968年のカネミ油症事件を契機として1973年に制定された「化学物質の審査及び製造等の規制に関する法律（昭和48年法律第117号、以下化審法）」は、PCB[4]の製造・輸入・使用の原則禁止を定め、新規化学物質の審査制度を導入している[5]。カネミ油症事件は食物を通じてPCBが体内に蓄積されるという事件であったが、長期にわたり原因が判明せず被害者救済がなかなか図られなかったという悲惨な事件である。化審法は、こうした事件を契機とした法律であったため、化学物質全般の管理よりもむしろPCBの規制に

4）　PCB（ポリ塩化ビフェニル）は、その物理的特性、安定性から絶縁油として変圧器に使用されたり、熱媒体、感圧複写紙、塗料として用いられてきた。
5）　同法は、人の健康を損なうおそれのある化学物質による環境の汚染を防止するため、新規化学物質の製造、輸入の際に難分解性等の性状を有するかどうかの審査、化学物質の性状等に応じた製造、輸入、使用等の規制を定めたもので、第一種特定化学物質（PCB等）11物質、第二種特定化学物質（トリクロロエチレン等）23物質、指定化学物質（クロロホルム等）422物質が指定された。

主眼がおかれ、化学物質のリスクの未然防止という観点からは、諸外国の類似制度と比較しても制度上問題があると指摘されていた[6]。この他の化学物質の規制としては、1950年の毒物劇物取締法や、製造現場や家庭などの被害に関する労働安全衛生法（昭和45年法律第57号）、有害物質含有家庭用品規正法（昭和48年法律第112号）等があるが、いずれも有害性の明確な化学物質に対して流通や排出を規制するものとなっていた[7]。

諸法に共通する基本的な化学物質に関する対策の考え方は、当該化学物質に閾値が存在することを前提とし、閾値以下におさえるための基準を設定するということである。一方発がん性物質については閾値がないため基準は設けられておらず、このような物質については食品添加物や農薬では使用禁止という措置がとられてきた。

しかし、我が国の死亡原因の1位はがんであり、その原因として環境中の有害化学物質も寄与していると考えられることから、発がん性物質への対策の必要性が指摘されるようになり[8]、1990年代になると、一律強制的な手法、例えば「発がん性物質については全面禁止」というような従来型のアプローチでは現実性に欠けることが、識者の間で認識されるようになってきた[9]。この背景には、欧米でより総合的な環境施策が導入され、未然防止、発生源対策の重要性から化学物質リスクマネジメントアプローチが採用されたことによる影響も見受けられる[10]。

我が国の環境施策でリスクマネジメントのアプローチが本格的に採用され

---

6) 液状PCBについては鐘淵化学工業株式会社（鐘化）が通商産業省の指導により全国から回収し、その後、自社保有する約5,600トンが高温焼却処理されたものの、廃棄物処理法によりPCBを含む変圧器などが各事業者で保管することが定められ、各事業者においては不測の事態によるPCB漏出などのリスクが存在している。また、紛失されているPCBも多く、環境汚染を引き起こしている（早瀬隆司「PCB処理施設の立地とリスクコミュニケーション」環境研究122号（2001）83頁以下）。

7) 我が国の化学物質管理規制法の概要については、増沢陽子「化学物質規制の法」環境法政策学会編『化学物質・土壌汚染と法政策』（商事法務研究会、2001）1頁以下参照。

8) 内山巌雄「有害大気汚染物質に関するリスクアセスメント」安全工学35巻6号（1996）435頁。

9) 柳下正治「有害大気汚染物質対策時代の新しい流れ」資源環境対策32巻12号（1996）1122-1133頁。

10) 拙稿「「予防原則」を環境施策に適用することへの考察」環境法研究30号『環境リスク管理と予防原則』（2005）17-34頁。

るようになったのは、1996年の大気汚染防止法の改正（平成8年法律第32号）からである。法改正にあたり、発がん性物質のリスクおよびリスクマネジメントについて環境政策の場で正面から論じられた[11]。同法の改正により、ベンゼン、トリクロロエチレン、トリクロロエタンなどの環境基準を設定する際に、「リスク」「リスクアセスメント」「リスクマネジメント」の考え方が導入され、どの程度のリスクなら許容可能かという観点から検討が行われることとなった[12]。大気汚染防止法では、長期曝露の健康影響が懸念される大気汚染物質を「有害大気汚染物質」と定義し[13]、必ずしも被害が発生しているわけではない、もしくは被害が起こることがまだ明確になっていない段階からの対策を行おうとしている[14]。すなわち、有害大気汚染物質を「継続的に摂取される場合には、人の健康を損なうおそれがある物質で大気汚染の原因となるもの（法第2条9号）」と定義し、この定義の下、長期的に影響を及ぼす有害化学物質の対策を実施するためのリスクアセスメントの枠組み（行政による知見の収集、モニタリング、健康リスクの評価方法の導入が法第18条の22、18条の23）と同時に、事業者の自主的な排出抑制というリスクマネジメントの仕組みが作られた（法第18条の21に規定）のである。さらに2009年には既存化学物質についてもリスク概念を導入した化審法の改正、化学物質の排出移動量に係わる「特定化学物質の環境への排出量の把握等及び管理の改善の促進に関する法律（平成11年法律第86号：以下PRTR法）」、土壌汚染対策法の制定においてもリスクマネジメントの概念が採用されるようになった（PRTR法、土壌汚染対策法とリスクマネジメントについては後述する）[15]。化審法は、2009（平成21）年に見直しの時期を迎え、化学物質管理をめぐる状況の変化もふまえつつ、PRTR法との一体的な運用の可能

---

11) 柳下・前掲注（9）4-5頁、11-31頁。
12) 中央環境審議会大気部会環境基準専門委員会「ベンゼンに係わる環境基準専門委員会報告」1995年9月。
13) 法第2条9項は、「継続的に摂取される場合には人の健康を損なう恐れがある物質で大気の汚染の原因となるもの」と定義している。
14) 飯島孝「有害大気汚染物質対策に係る大気汚染防止法の改正について」日本リスク学会誌9巻1号（1997）。
15) 拙稿「我が国の土壌汚染対策とリスクコミュニケーション―米国の事例を参考としながら―」環境法研究34号『土壌汚染と法政策』（2009）122-145頁。

性も含め、2008年より制度改正について化審法見直し合同委員会（厚生科学審議会専門委員会、産業構造審議会小委員会及び中央環境審議会小委員会合同会合）で検討が行われ、従来の新規化学物質の審査制度に加え、すでに市場に流通している既存化学物質の環境リスク評価も行うこととなった[16]。

なお、我が国で用語として「環境リスク」という言葉が環境行政において公に頻出するようになったのは1990年代からである。1993年の環境基本法（平成5年法律第91号）の中で「環境の負荷」が定義づけられ[17]、これを受けて環境基本計画（1994年）の中で「環境リスクとは、化学物質による環境の保全上の支障を生じさせるおそれ」と定義づけられた。その後1996年の環境庁の「21世紀における環境保健のあり方に関する懇談会」[18]で環境リスク問題が検討された。同懇談会の報告書においては、「環境リスク」は「人の活動によって環境に加えられる負荷が環境中の経路を通じ、ある条件のもとで健康や生態系に影響を及ぼす可能性（おそれ）」を示す概念であるとされた。実際には、環境リスクの要因としては、化学物質だけでなく自然環境の改変行為、温室効果ガス排出等環境保全上の支障の原因となるおそれのあるすべての要因が考えられる[19]。

---

16) http://www.meti.go.jp/press/20081031017/20081031017-2.pdf
2008年10月にまとめられた合同委員会の報告書では、「予防的取組方法に留意しつつ、科学的なリスク評価に基づき、リスクの程度に応じて製造・使用の規制、リスク管理措置、情報伝達等を行うことを基本的な考え方とすべきである」とし、新たな化審法の具体的な制度体系について、
  (1) 化学物質の上市後の状況を踏まえたリスク評価体系の構築
  (2) リスクの観点を踏まえた新規化学物質事前審査制度の高度化
  (3) 厳格なリスク管理措置等の対象となる化学物質の取扱い
の3項目について検討を行っている。
17) 環境基本法第2条第1項は、「環境負荷」を「人の活動により、環境に加えられる影響であって、環境の保全上の支障の原因となるおそれのあるものをいう」と定義している。
18) 21世紀における環境保健のあり方に関する懇談会「21世紀における環境保健のあり方―化学物質の環境リスクへの対応を中心として」1996年6月。
19) 内山巌雄「健康被害、健康リスク、環境リスク」日本リスク研究学会編『リスク学事典』（TBSブリタニカ、2000）43頁。

III 環境リスクマネジメントにおける市民参加

　上述のようにリスクマネジメントアプローチが我が国の環境政策においても採用されるようになってきたが、この環境施策におけるリスクマネジメントを実質あらしめる市民参加については、まずリスクマネジメントアプローチとリスクコミュニケーション、市民参加の不可分な関連性についての論理的展開が必要になってくるだろう。

　米国のリスク評価及びリスク管理に関する大統領・議会諮問委員会1997年報告書[20]では、リスクマネジメントの意思決定の各段階で利害関係者、特に市民が関与する市民参加を確保することが重要であると指摘している。同様の議論は、環境施策全般においても行われており、環境施策における市民参加の必要性については多数の論文が論じている[21]。1992年リオ宣言第10原則、アジェンダ21第8章をはじめ環境施策における市民参加の重要性は国際的にも承認されており、環境と開発に関するリオ宣言第10原則は「有害物質や地域社会における活動の情報」「公共機関が有している環境関連情報」[22]に関して行政意思決定への参加の観点から市民参加を求めている。

　この理由としては、リスクが不確実性を伴う概念であり、リスク評価には価値観や社会・経済状況等の要因が影響を及ぼすことから、リスクマネジメントにおける市民参加は大きく正統化機能と合理化機能という2つの理由から要請されるといえる[23]。不確実なリスクをマネジメントする絶対的な手法

---

20) 佐藤雄也＝山崎邦彦「環境リスク管理の新たな手法―リスク評価及びリスク管理に関する米国大統領議会諮問委員会報告書　第1巻」(化学工業日報社、1998) 47頁。
21) 例えば淡路剛久＝阿部泰隆編『環境法』(有斐閣、1995) 38頁、北村喜宣「自治体環境管理と市民の役割」都市問題86巻10号 (1995) 82頁、大久保規子「市民参加と環境法」大塚直＝北村喜宣編『環境法学の挑戦』(日本評論社、2002) 93頁以下。拙稿「地域環境リスク管理における市民参加・リスクコミュニケーション促進の比較法的研究」文科省所管：平成18年度科学研究費基盤研究C：地域環境リスク管理における市民参加・リスクコミュニケーション促進の比較法的研究 (2007) 1-92頁。
22) 前掲注 (3)
23) なお、北村は環境施策における市民参加の機能を①問題提起者としての参画、②情報提供者としての参画、③政策提案者としての参画、④自己の権利利益防衛者としての参画、⑤公益防衛者としての参画、⑥不当・違法な行政決定の是正者としての参画、⑦事実上の拒否権保持者としての参画、⑧行政活動の監視者としての参加に分類している。北村喜宣『自治体環境行政法 (第2版)』(良書普及会、2001) 207頁。

の選択はありえない。現実にはリスクマネジメントの意思決定の過程で、様々な手法の中から最も適切（合理的）と推定される手法が選択され、実施されていくこととなるが、この選択が社会に受け入れられるためには、民主主義社会において必須の市民参加によって手続き的公正性が担保されていなければならない。正統化機能とは、民主主義社会で必要とされる民主的プロセスを経ることによって、当該リスクマネジメントの意思決定を正統化する機能である。そして、合理化機能とはリスクマネジメントの実施をより環境面でも経済面でも効率的で合理的なものとする機能である。市民が早期に参加することにより、関心や問題点が明確にされると同時に多くの知見が集積され、最も適切で合理的な手法が選択されることが期待できる。そして、リスクマネジメントアプローチにおける市民参加を実質あらしめるのがリスクコミュニケーションとなるのである。

Ⅵ　リスクコミュニケーションの概念

　ダイオキシンや環境ホルモンなどの問題、PRTR法の施行などをきっかけに、我が国でも「リスクコミュニケーション」という言葉が登場した。環境情報の中でも特にリスクに関する情報は、ある程度、科学的・技術的知識を備え、確率の考え方に慣れていないと理解が難しい。また、リスクそのものも一義的に容易に説明できるものではない。したがってリスク情報の提供にあたっては特別な配慮が必要とされるが、米国では1980年代からリスクコミュニケーションに関する議論が行われてきており、我が国で論じられているリスクコミュニケーションの概念も、基本的にはこうした米国の議論をベースとしている。以下では、それらの議論をふまえながらリスクコミュニケーションの定義、プロセスをみていきたい。

1　定　義

　リスクコミュニケーションについては、一般には米国国家調査諮問機関（National Research Council：以下、NRC）1989年の報告書の定義が用いられる[24]。ここでは、（リスクコミュニケーションとは、）「個人とグループそして組織の間でリスクに関する情報や意見を交換する相互作用的プロセスであ

る。(リスクに関する情報および意見には) リスクの特性についての多種多様のメッセージと、厳密にリスクについてでなくても、関連事や意見またはリスクメッセージに対する反応とかリスク管理のための法的、制度的対処への反応についての他のメッセージを必然的に伴う」とされている。この定義上のリスクに関する情報および意見は、「リスクの特性についての多種多様のメッセージ」と「厳密にリスクについてでなくても、関連事や意見またはリスクメッセージに対する反応、リスク管理のための法的・制度的対処への反応についての他のメッセージを必然的に伴う」とされており、以下の2つの内容を含んでいる。

① リスクの性質等リスクそのものについてのさまざまな情報（リスクメッセージ）

これは文字で書かれたものもあれば、聴覚や視覚に訴えるものもある。ここにはリスクそのものの情報だけではなく、リスクを低減するためにはどのような行動をとればいいのかの指示（リスクマネジメント）に関する情報が含まれる。これらの情報は、双方向的なリスクコミュニケーションの過程にあって、送り手から受け手へと一方向に伝えられる形態で実施される場合が多い。

② 上記のリスクメッセージに対する、またはリスクマネジメントにかかわる法制度・システムに対する関心、意見、それらへの反応等の情報やメッセージ

これらは厳密にはリスクそのものの情報ではなく、リスクに関連する周辺情報・メッセージであるが、NRCの定義ではこうしたものもリスクコミュニケーションの対象としている。例えば、企業や政府がきちんとリスクマネジメントを行っているかということについて住民が関心を表明することや、あるリスクの問題について一般の人々が反対したり、賛成したりというような意見の表明も対象とされているのである。これは、①と異なり一方向ではなく双方向の形態で実施される場合が多い。

NRCのリスクコミュニケーション概念の大きな特徴は、吉川の分析によ

---

24) 林裕造＝関沢純「リスクコミュニケーション―前進への提言」(化学工業日報社、1997) 16頁。

る次の2点にある[25]。一つは、リスクに関する情報が送り手から受け手に一方向的に送られるばかりでなく、受け手から送り手へ（例えば意見というような形で）情報が送られている場合も含め、リスクコミュニケーションを送り手と受け手の相互作用過程と捉えている点である。このような考えのもとでは、リスクの専門家が情報を独占したり、専門家のニーズのみから情報を提供したりするというような場合には、リスクコミュニケーションが行われていないこととなる。二つめは、次に、リスクについての意思決定の主体が、リスク専門家ばかりではなく、リスクにさらされる人々にもあることを重要なポイントとし、リスクにさらされる、あるいはさらされる可能性のある人々に対して、十分に情報を提供し、その問題に対する理解を深めてもらうことが重要であると考える点である。一方で、NRC報告書は、リスクについての情報を伝えることが、必ずしも正しい決定やよりよい決定につながることを保証していないという点にも注意を喚起している[26]。

また、2000年9月にベルリンで開催されたOECDの「リスクコミュニケーション」ワークショップでは、NRCのように理念を盛り込んだ定義ではなく、下記のような中立的な定義が行われている[27]。「リスクコミュニケーションは利害関係者間で健康や環境のリスクに関する情報をある目的をもって交換することである。特にリスクコミュニケーションは、(a) 健康や環境のリスクの程度、(b) 健康や環境のリスクの意義や意味、(c) 健康や環境のリスクの管理や制御を目指した決定事項、行動計画や方針について、利害関係者間で情報を伝達するという行為である。利害関係者には、行政機関、企業、企業グループ、労働組合、メディア、科学者、専門機関、関心を持っている市民グループ、市民個人を含んでいる。」。

この定義は、Covelloの定義[28]「健康ないしは環境リスクについての、利

---

25) 吉川肇子『リスク・コミュニケーション——相互理解とよりよい意思決定をめざして』（福村出版、1999）20頁。
26) 林＝関沢・前掲注（24）32頁。
27) Ortwin Renn, Hans Kastenholz, *Risk Communication For Chemical Risk Management,* Risk Communication Chemical Product Risks An OECD Background Paper, OECD Workshop Berlin (8-20 September 2000).
28) Covello, Winterfeldt, Slovic, "Risk Communication: A Review of the Literature", Risk Abstracts (1986) p.171.

害関係者間における、目的のある情報交換」という定義を継承しているものである[29]。NRC の定義は、相互の意見交換を通じて、誰もが納得するという合意形成が目的とされているのではなく、プロセスを経ることによって十分な情報が利害関係者に提供され理解が十分になされ、相互の信頼関係が構築され、その信頼が向上するという目的まで含まれたものとなっている。これに対して OECD はその目的を明確にしていない点で違いはあるが、OECD のバックグランドペーパーでも「信頼」「相互情報交換プロセス」の重要性が説かれており、実際面では大きな相違はない。我が国では NRC の定義が広まっているが、NRC の考え方は、一連の米国における社会運動の流れの中、消費者の権利が拡大され、知る権利や意思決定に参加する権利が消費者の権利として認められることとなったことや、現代社会において民主的手続の重要性が強く認識されてきていることが背景にあることに留意する必要があろう。

2　リスクコミュニケーションのプロセス

(1) リスク許容までのプロセス

リスクコミュニケーションを適切に実施するには、リスクに関する人の意思決定プロセスを理解する必要がある。人は、まず問題となるリスクの大きさについて認識評価し、どの程度のリスクなら許容できるのか、そのためにどのようなマネジメント手法を選択するのかの意思決定を行う。このそれぞれの過程でリスクコミュニケーションが重要な役割を担うこととなるが、リスクをどのように捉えるかは人の価値観によって大きく異なる[30]。これは、リスクが望ましくない状況の発生する確率であり、望ましくない状況は人の価値観や嗜好に規定されることを考えれば当然のことである。何がリスクであり、それがどのようなリスクであるかについて共通の認識を得るのが容易ではないというリスクの特性は、そのまま「リスクコミュニケーション」の

---

[29] 財団法人日本原子力文化振興財団「原子力広報におけるリスクコミュニケーション調査報告書」(2001) 1頁。
[30] 木下富雄「科学技術と人間の共生」『環境としての自然・社会・文化』(京都大学学術出版会、1997) 145頁以下。

難しさにつながっている。

　さらに、気をつけなければいけないのは個々人のリスクの認知は、社会文化的条件や経済的条件、既知の知見、個人の価値観等様々な要因に基づいて規定される点である[31]。リスクに関するリスクメッセージのあり方も、リスクの認知に影響を及ぼす。リスクアセスメントは科学的な知見に基づき進められるが、市民の認知するリスクの大きさと、科学的客観的に行われたリスクアセスメントの結果示されたリスクの大きさとは必ずしも一致していない。これが、リスク認知のギャップといわれる問題である。さらにリスクを認知し、どこまでのリスクなら許容するのかという許容範囲に関する意思決定の段階では、リスクとベネフィットの比較考量という要素が影響を及ぼすこととなる。最後に、リスクマネジメント手法の選択、選択されたリスクマネジメント手法を受け入れるか否かの意思決定の際には、提供されたリスクマネジメントへの信頼性という要素に加えて、参加の機会の有無も重要な要素となってくる。

(2) リスク認知

① リスク認知の要素

　リスクの問題を複雑にしているのは、上述したように客観的に評価される客観的リスクと価値観や嗜好等にもとづく主観的リスク評価が必ずしも一致しない点である[32]。リスクコミュニケーションがうまくいっていない事例では、お互いにリスク認知にギャップがあることが理解されないままコミュニケーションが行われている場合が多い。

　一般的にリスクの大きさは、専門家（またその意見を参考とする行政、事業者）は年間死亡率など科学的データで判断するが、市民は感情に基づき判断する傾向があるとされている。リスク認知に関するSlovicの研究[33]では、

---

31) 拙稿「環境リスクと環境情報公開―諸外国のPRTR制度の動向―」環境法研究24号『廃棄物行政の課題と今後の展望―現状回復と情報公開―』(1997) 59-77頁。
　　拙稿「PRTRとはなにか？新しい化学物質管理手法環境リスクと環境情報公開〜諸外国のPRTR制度の動向〜」月刊廃棄物24巻8号 (1998) 46-55頁。
　　拙稿「環境情報公開とPRTR制度の動向」資源環境対策12月号 (1998) 43-48頁。
32) 木下富雄「科学技術・物質のリスク認知と受容の構造」日本社会心理学会第37回大会発表論文集 (1996) 46頁。
33) Slovic P, "Perception of Risk", Science vol.236 (1987) p.678.

リスクに関する「恐ろしさ」「未知性」の因子が、リスク認知に影響を及ぼしているとされている。「未知性」の因子によると、そのリスクについて知ることができるか、観察することができるか否かでリスクの大きさが異なって感じられる。未知性の大きいリスク、例えば遅発性のリスクや科学的知見が十分ではないリスクについては、市民は実際よりそのリスクを大きく認知する傾向がある。もう一つの因子である「恐ろしさ」は、さらに「破滅性」「制御可能性」「公平性」の因子に分けられる。「破滅性」は、当該リスクは破滅的な結果の発生するリスクであるか否かであるが、例えば、原子力発電所の事故などのように、1回でも事故が発生すれば破滅的な影響が発生するリスクについては、発生確率がどんなに低くてもより大きく認知する傾向があるとされている。「制御可能性」は、そのリスクについて自分で制御することが可能なのか否かであるが、自動車リスクのように自分からそのリスクを引き受け、制御が可能なリスクについてリスクは小さく認知される傾向にあるが、工場からの排出などの受動的リスクについては大きく認知する傾向がある。「公平性」は、そのリスクが自分たちだけに発生するリスクなのか否かであるが、社会全体で公平にリスクを分担しておらず、自分たちだけでそのリスクを押しつけられていると感じる場合にはリスクをより大きく認知する傾向があるとされている。この例としては産業廃棄物処分施設の立地に関するリスク認知がある。主観的なリスク評価を社会調査法や心理学的尺度構成法等で可能な限り定量化し、客観的リスク評価とあわせてリスク評価を行おうという試みがなされているが、現実的にはかなり困難である。むしろリスク認知におけるこうした違いを認めながら、どのようにリスクをマネジメントするのかという意思決定を利害関係者間でのコミュニケーションを基盤に決定するというプロセスが重要になってくると考える。

② 受け手と送り手の立場の違いによるゆがみ

コミュニケーションは相互の情報交換のプロセスであるが、情報発信者と受け手では、考え方や価値観における違いが著しく、利害関係が絡むため立場の違いがコミュニケーションを阻害する要因となっている。例えば、事故が発生したときのメッセージについて、情報の受け手は安全への強い期待があるため、情報が全て開示されていないのではないかという、情報の発信者

に対する不信感や被害者意識を持って、その情報を受け止める傾向がある。これに対して発信者は、事故時には冷静な態度をとらなければならないという使命感から、事実を冷静に伝えようとするあまり、受け手に冷たく誠意がないと評されるような事態も発生する。また、発信者が、「話せば分かる」、「相手は情報不足だけで、情報を与えれば分かってくれるはず」、「一般住民は、科学的なリスクに関して無知である」という歪みをもってコミュニケーションを行うこともしばしば現実には発生する。一方で受け手も「専門家は、科学的に正確にリスクを計測できる」、「高度な科学技術のリスクはゼロになる」、「政府、自治体、事業体は自己保身が第一で、住民・市民のことは考えていない」、「リスクのあるものは悪、安全なものは良い」といった先入観をもってコミュニケーションを行っている場合も多い。このように発信者と受け手の立場の違いにより歪みが発生することもコミュニケーションを難しくする要因としてあげられる[34]。

(3) 許容リスクの要素

リスク情報の受け手が最終的に当該リスクを許容するかどうかの判断のためには、リスクに対するリスクマネジメントの評価、被るリスクと受けるベネフィットの比較のためのベネフィット情報が必要となる。ベネフィット認知は「親近性」「将来性」が重要な因子とされ、特に科学技術リスクの許容については「将来性」の因子が重要な役割を果たしているという[35]。しかし、米国では比較的合理的にリスクとベネフィットの関係で許容するか否かが決められることが多いが、我が国は先端技術や人工的なリスクに関してはゼロリスクを求める傾向があるといわれている。地震や台風などの自然災害によるリスクについては加害者は存在しないが、先端技術リスクについては当該リスクを発生させている事業者（かつ先端技術によって利益を得ている）が存在することもリスクの許容を難しくしているという特性には注意が必要である。また、リスク許容の問題ではこのリスクとベネフィットの問題に加

---

[34] 杉森伸吉「情報提示の方法と送り手：受け手関係のバイアス」日本リスク研究学会編『リスク学事典』（TBSブリタニカ、2000）286-287頁。
[35] 田中豊「原子力発電所立地におけるリスク認知とベネフィット認知」日本リスク研究学会誌9巻1号（1997）51頁。

えて、信頼関係や参加手続きの確保が重要になる点も注意しなければならない。信頼関係の構築は、受け手が発信者と適切なリスクコミュニケーションを実施していくために重要な要素であるが、そのためにはリスクメッセージや情報発信者への信頼、リスクマネジメントへの信頼、参加手続きの確保など制度の構築が検討される必要がある[36]。

V 我が国の環境管理政策とリスクコミュニケーション

このように、リスクについてのコミュニケーションは、一般的な市民参加におけるコミュニケーションを超えた難しさがある。しかし、この難しさをふまえながらもリスクコミュニケーションを促進していかなければ、環境政策におけるリスクマネジメントは実現できないのである。以下では、我が国でリスクコミュニケーションについて具体的な取り組みがなされた法分野をみていく。

1 PRTR

PRTR（Pollutant Release Transfer Register：汚染物質排出移動登録制度）制度自体は、排出・移動情報を提供するものであり、リスク情報の前提となる情報提供にすぎない。しかし、PRTRのリスクコミュニケーションの情報提供機能は、従来の環境施策の規制的手法を補完する自主的管理促進手法としても機能している点が重要である。すなわち、化学物質リスクをマネジメントするための手法として、従来の規制的手法では限界があり、情報提供・公開手法がソフトな行政的手法としてその重要性を増大させてきているのである。米国のTRI（Toxic Release Inventory）は有害化学物質の排出情報というマイナス情報を公開することによって企業が有害化学物質の削減に自主的に取り組み、効果をあげた代表例であるが、日本のPRTRにもそうした機能が期待されていた[37]。

しかし、我が国のPRTR制度は、法制定に至るまでは企業からも抵抗が

---

36) 参照：広瀬弘忠「ますます重要になるリスクコミュニケーションの役割」21世紀フォーラムNo.64（1993）。
37) 山村恒年「公害・環境行政と情報公開」ジュリスト742号（1981）105-109頁。

あり議論も盛んであったが、制定後はデータに対する市民からの問い合わせはあまり無く、PRTR に対する盛り上がりはみられなかった。業界は制定後に化学業界のように地域対話を積極的に行うなどリスクコミュニケーションにむけての取り組みを行ってはいるが、まだ市民の関心は低い[38]。

しかし、PRTR 法の目的にあるように、化学物質政策においてはすべての国民(市民、事業者、行政)が情報を共有し、この情報をベースとしながらリスクコミュニケーションを行いながら、協力して有害化学物質のリスク削減を図ることが重要である。

そのために有害化学物質取扱い企業は PRTR によって自らの化学物質管理を評価し、優先的に対策をとるべき化学物質や工程を判断して対策の計画を立てて利害関係者へ情報提供しつつ、適切なリスクコミュニケーションを行うことを通じてリスク削減対策を進め、事業者と地元自治体や地域住民との信頼関係が構築されるといった一連の取り組みが期待されるのである。

また、行政は地域の環境リスクに関する情報を市民へわかりやすく加工して提供し、市民は環境リスクに関する情報に関心をもち、地域の環境リスクの低減あるいは製品のリスクの低減に向けて取り組むことが望まれる。PRTR データの公開を法に規定するだけでは十分なリスクコミュニケーションにつながらない。現状においてより市民が関心をもってもらったり、リスク認知のギャップに考慮したリスクコミュニケーション促進に向けた制度整備も検討される必要があろう。

具体的には、リスクコミュニケーションの現場では市民は必ずしも正確な科学的データを求めているとは限らず、行政の姿勢、事業者の姿勢を問うている場合が多い点にも注意しながら、PRTR データの活用を促すためには、PRTR データを市民ニーズや関心にあわせて加工し、そのデータの意味合

---

38) 拙稿「我が国の環境リスク情報公開およびその活用に向けての制度的検討:米国制度との比較法的観点からの考察」関東学院法学13巻4号(2004)1-45頁。

拙稿「新しい化学物質管理手法のあり方とリスクコミュニケーション:米国 TRI (Toxic Release Inventory)施策の経験から」環境科学会誌17巻4号(2004)313-321頁。

拙稿「化学物質による環境リスクとリスクコミュニケーション」科学と工業78巻8号(2004)416-422頁。

いを説明することが重要である。例えば、当該物質がなぜ多いのか、当該業種の排出が多いのはなぜかといった情報、背景となる情報を調査して提供することがデータの意味付けをするために必要である。わかりやすい情報を市民へ提供することが、PRTRデータの意義をより深めていくことにつながるため、情報の解説者としてインタプリタを活用することが検討されるべきであろう。これまで環境省による支援のもとに「リスクコミュニケーションあり方検討会」の設置、リスクコミュニケーションのあり方報告書の作成、リスクコミュニケーションモデル事業の実施などが進められてきたが、さらに多くの具体的取り組みが求められているところである。PRTR法制定以降、化学業界、環境省、自治体等は、化学物質円卓会議、日本化学工業協会による地域対話、環境アドバイザー制度の導入等で化学物質に関するリスクコミュニケーションを円滑にするための取り組みも始めている[39]。その中でも特に市民に化学物質の専門用語を分かりやすく解説するインタプリタとして環境アドバイザー制度が創設された点は重要である。

また、市民の関心を高めるためには情報の入手容易性、データの理解をあげることが重要であり、ここにおいてNGOの役割が重要になってくる。2002年4月に設立された有害物質削減ネットワーク（以下、Tウォッチ）は、市民へPRTRに係る化学物質と環境への排出等に関する情報をわかりやすく加工して提供し、有害物質による環境リスク低減を促進しようと活動してきた。市民の関心を高めるために、関係者がデータ活用をすすめることは重要であり、市民の科学的知識の不足、データの意味づけをサポートする手法として後述の米国の取り組みが参考となる。

---

39) 化学物質アドバイザー制度について、PRTR制度のリスクコミュニケーションに関しては環境情報科学センターの雑誌『環境情報科学』31巻3号（2002）33-39頁、拙稿「汚染土壌のリスクマネジメントとリスクコミュニケーション―米国スーパーファンドプログラムにおけるリスクコミュニケーション促進のための諸制度を題材として―」を参照のこと。
　さらに、以下の文献も参考として挙げておく。
　拙稿「環境情報提供に関連する行政諸制度の日米比較」化学経済50巻15号（2003）103-108頁。

2 土壌汚染

　2002年に制定された日本の土壌汚染対策法は、環境リスクの程度やコストを問わず掘削除去が重視される傾向にあった土壌汚染について、リスクに応じた管理・措置を講ずることで、より合理的な対策を行うことを目指すものである。法律では、そのための調査、登録、措置について枠組みを定めているが、施行以降いくつかの課題も明らかになってきた。

　まず、対策のきっかけとなる調査のうち、土壌汚染対策法に基づく調査ではなく、自主的なものの割合が高いという状況があった。自主的調査は土壌汚染の広範な把握という点からは有用なものであるが、正確な情報を開示し、土壌汚染のリスク管理を適切かつ確実に実施するうえで、自主的調査の利点を生かした制度の拡充が求められることとなった[40]。また、その目的にもかかわらず法制定以降も、多くの土壌浄化措置において、掘削除去が選択されるという大きな問題もあった。

　土壌汚染対策法が施行されて以降も掘削除去が多く選択されるのには、汚染土壌サイト周辺住民や新たな土地の購入者が完全な浄化を求めることがその背景にある。汚染土壌による環境リスクは、有害化学物質が土の中にあるということもあり、他の環境リスクに比べて直接経路を遮断できるためリスクマネジメントが容易である。したがって、適切なリスク管理によって、汚染土壌と共に暮らすことも可能となる。しかし、一般の市民には、ひとたび汚染土壌が発見されれば、それはリスクが高いと認識されるものであり、完全除去を望む感情を簡単に否定できるものではない。だが、それによる掘削除去の増加はそのまま土壌汚染対策のコストの増大につながり、以前から課題となっている不動産取引をさらに阻害し、土地の塩漬け状態（ブラウン・フィールド問題）を硬直化させることとなる。そこで、こうした土壌汚染対策法改正の方向性を進めるためには、法の枠組みの他に、周辺住民の土壌汚染リスクへの理解がなによりも必要であり、そのために「土壌汚染のリス

---

40) 土壌汚染対策法の問題点については、高嶋洋「土壌汚染対策法の改正議論と問題点について」応用地質49巻1号（2008）38-41頁、畑明郎「法施行5年、土壌汚染対策の現状と問題点（特集 土壌汚染対策法）」自由と正義59巻11号（2008）9-16頁、保高徹生「日本におけるブラウンフィールドの問題の現状と対応」資源環境対策44巻15号（2008）76-80頁。

ク」に関するコミュニケーション、すなわち「リスクコミュニケーション」をどのように進めるかが我が国の「土壌汚染のリスク管理」のための課題となってきたのである。土壌汚染対策法の改正にあたっては、適切な汚染土壌対策を促進するために、土壌汚染および浄化手法に伴う環境リスクについて、リスクコミュニケーションの促進も盛り込まれることとなった[41]。しかし、どのように具体的に取り組んでいくのか、その課題は何かについてはまだ十分議論が行われていない。リスクコミュニケーションは今まで見てきたようにその促進が容易ではないが、特に土壌汚染のリスクコミュニケーションは、事業者と周辺住民の対立が激化しやすいといった特有の問題があり、また、これまでの土壌汚染に関するリスクコミュニケーションは問題が発生してから事業者と周辺住民という当事者のみで行われる場合がほとんどで、正確な知識を有し、中立的な立場でコミュニケーションを促進する人材が十分とはいえないのが我が国の現状である。こうした課題を解決するため、環境省は、事業者が土壌汚染対策を行う際に円滑なリスクコミュニケーションが行えるようにするためのガイドラインのとりまとめや、リスクコミュニケーションを促進する人材（土壌環境リスクコミュニケーター（仮称））の登録や要請、派遣といった仕組みづくりについて検討を行っている。「土壌環境リスクコミュニケーター制度」の検討は、平成19年度から制度の立ち上げ・運営開始まで(財)日本環境協会を中心に4年の計画で検討が進められている。その中の一つとして、平成20年度パイロット事業として、研修と派遣事業が実施された。研修は2008年12月1日に開催され、上記研修の受講者から3名のリスクコミュニケーターがパイロット事業として実際の案件に派遣され、実際にリスクコミュニケーションが行われた（筆者もファシリテータとして参加し、また検討にあたっては委員として参加した）。パイロット事業の派遣成果としては、派遣以前に依頼者が行っていた説明会では住民側が一方的に話す場面があるなどコミュニケーションが取れていない状況であったが、説明会の当日は、リスクコミュニケーターによる基礎的な質問から技術的な質問までの丁寧な解説や、ファシリテータによるポイントを丁寧に整理した司会進行が行われ、当初懐疑的な態度であった一部住民との、コ

---

41) リスクコミュニケーションの概要については、拙稿・前掲注 (38) 17-23頁。

ミュニケーションの改善がみられた。また、依頼者は、説明会後に依頼者が調査結果を周辺住民へ説明した際に住民側から徐々に理解が得られたとの評価が受け入れ先および参加者からなされている。土壌汚染は、工場からの化学物質排出よりも住民にとっては直接的な問題であり関心も高いが、その分対立構造に落ちいりやすいという特色がある。こうした土壌汚染のリスクコミュニケーションの特色から、PRTRのリスクコミュニケーションよりもさらに対話を促進するファシリテータやインタプリタの役割が重要になってくる。

Ⅵ リスクコミュニケーション促進のために

今まで、PRTRデータ、土壌汚染に関するリスクコミュニケーションの取り組みをみてきたが、最後にリスクコミュニケーションの全般に共通する促進のためのポイントを整理したい。

1 対象者の理解

従来のコミュニケーションは、一方的情報発信であったといわれている。一方的情報発信から双方向のコミュニケーションに転換するためには、情報発信者が情報を発信する際に受け手(コミュニケーションの対象者)を理解しておく必要がある。前述した発信者と受け手の立場の違いやリスク認知のギャップに配慮して、リスクメッセージがどのように理解され受け止められているのか、また利害関係者はどのような情報を本当に知りたがっているのかを情報発信者が理解しなければならない[42]。こうした努力がないと、結局「本当に欲しい情報はもらえず、不必要な情報ばかりが与えられる」という不信感につながり、コミュニケーションが適切に行えなくなる。この場合、リスクコミュニケーションを行ったことが無意味になるだけでなく、行わなかった場合よりもさらに情況を悪化させることにつながりかねない。表1は、PRTRに関する住民と産業界の意識の違いを端的に表している表であるが、一般に地域住民は、全国的な問題より身近な問題に関心が強く、加工されたデータへの不信感、聞きたいことと事業者が話したいことが一致しな

---

42) Baruch Fischhoff, "Risk Perception and Communication Unplugged : Twenty Years of Process".

表1 PRTR制度に関する関係者の認識の違い

論　点	産　業　界	地　域　住　民	相違
データの理解	データを正確に理解してくれない	意思決定のための生データを希望	×
物質数	小規模から開始し、徐々に追加	網羅的な数から開始し、不要は除外	×
物質選定根拠	客観的、科学的なリスクを基準	地域の関心による選択	×
データ	誤解や異常値を避ける	生データ、有効な解説	
対象	企業からの排出は、住民からの排出より少ない 10人以下の事業所も含めるべき 農業なども含めるべき	入荷量と出荷量から排出量を推算 製品もモニターする 10人以下の事業所、農業も含めるべき	
規制	標準化しても規制とはしない 自主的な制度からのスタート 企業秘密の保護	規制により、信頼感のあるデータとなる 直ちに開始	×
教育	地域住民の教育が必要	地域住民の教育が重要	○
リスクの判断基準	科学的証拠に基づくリスク判断	個人のリスク経験に基づいた判断基準で判定	×

（出典：オーストラリア NPI 公開ワークショップ資料より作成）

いことへのいらだちなどを有しているとされる。こうした住民の不信感の原因が何なのか、また住民が何を恐れているのかを、理解することからはじめる必要がある。

2　信頼関係の構築

　適切なリスクコミュニケーションを促進するためには、信頼関係の構築が重要となる。信頼関係を構築する要素としては、発信されるメッセージの信頼性、発信者への信頼性、手続きへの信頼性、組織への信頼性が挙げられる。これらの信頼性を確保するために考慮しなければならない事項を以下に整理する。

（1）リスクメッセージの信頼性の確保

　リスクメッセージの信頼性を高める要素としては、リスクメッセージが明確で偏向がないと信用できる内容であること、当該リスクの情報源の法的根拠が示されていること、リスクメッセージを発信するコミュニケーションプロセスが公平で公開性が保たれていること、リスクの影響を受ける者が意思

決定に参加できていること（参加の機会の確保）、リスク発信者が信頼できること等が考えられる[43]。逆に、リスクメッセージの信頼性を損なう要素としては、虚偽であるという評判が立っていること、メッセージが自己の都合の良い情報だけで組み立てられていること、他の信頼できる情報源から対立するメッセージが発信されていること、注意深くメッセージを検討すると矛盾があるメッセージ、情報発信者が専門的能力と的確性を欠いていると認識された場合等が考えられる。

リスクメッセージの信頼性を確保するためには、メッセージ自体を信頼できるものとする努力に加えて、後述する発信者の信頼性、手続きの公平性、参加の機会の確保も必要である。リスクメッセージが市民にわかり易い形で構成されていることは、メッセージの信頼性を向上させることにもつながる。受け手がすでに理解している言語や概念を用いてリスクメッセージを作成できれば理想的だが、メッセージを簡単にすることばかりに目が奪われると本質的な理解を得ることが難しくなる。また、リスクに対する明白で決定的な回答がほしいという市民のニーズや、なじみのない未知のものを恐れる心理に迎合するメッセージを作成することは、かえってリスクメッセージの信頼性を損なうことになる。インタプリタを活用しながら、適切なリスクメッセージの発信をしていく必要がある。

(2) 発信者の信頼性の確保

リスクメッセージの発信者の信頼性が高まると、発信されるメッセージの信頼性も高まる。発信者の信頼性を確保するためには、誠実であり率直であること、隠し立てしないで、よい情報も悪い情報もあわせて早期に公開する姿勢を示すことが効果的である[44]。また、市民は、発信者が専門家でかつ中立の立場にあると思われる時に、発信者を信頼し、リスクメッセージの内容

---

[43] Renn, O. and Kastenholz, H. in cooperation with A. Brüggemann, P. Gray, C. Henschel. B. Rohrmann and P. Wiedemann : Risk Communication of Chemical Product Risks. An OECD Background Paper. Document for the OECD. Printed by the Bundesinstitut für gesundheitlichen Verbraucherschutz und Veterinärmedizin（Berlin 2000）pp.25-27.

[44] EPA, Risk Communication about Chemicals in Your Community, A Manual for Local Officials（1989）.

も信頼する傾向にある。逆に、発信者が受け手の態度や行動に影響を与えようとする意図が露骨な場合には、発信者への不信感が高まり、メッセージへの信頼性も低くなる傾向にある[45]。ここにおいて適切な会議の運営が重要となりファシリテータの役割が重要となってくる。

(3) 組織への信頼性の確保

組織への信頼性が確保されれば、リスクメッセージへの信頼性も確保され、コミュニケーションが促進されることとなる。組織が信頼性を確保するためには、組織がチェック機能とバランス機能（check and balance system）を有している必要がある。市民のニーズや社会的に示される価値観を予測し、柔軟に対応するという先見性と組織の柔軟さを示すことも、組織の信頼性確保につながる。事故が発生した際の事後的な危機管理ではなく、長期間取り組む能力と準備があるという印象を残せば、組織はより信頼性を得ることができる[46]。

3 参加の機会の確保

適切なリスクコミュニケーションを促進するためには、住民の意思決定への参加の機会を確保することが重要であると指摘されている[47]。上述したように、リスクメッセージの信頼性を確保するためには発信者や組織への信頼性に加えて、参加の機会の確保（手続き的公平性の確保）が不可欠となっている。住民が意思決定過程に参加することによって、一方的なコミュニケーションを双方向のやりとりに変化させることが可能となり、それによってコミュニケーションの過程での誤解を減らし、相互理解が深まることが期待できる。また、いくつかの社会調査でも、人は意思決定過程に参加することによって、当該決定が自己の意見と異なっていても（意思決定過程に参加しない場合と比較すると）、受け入れやすくなるという事象が報告されている[48]。早

---

45) 広瀬弘忠「リスクコミュニケーションのプロセスと送り手の信頼性」日本リスク研究学会編『リスク学事典』（TBSブリタニカ、2000）281頁。
46) Renn, Kastenholz, supra note 43 p.52.
47) 吉川・前掲注（25）25頁。
48) Hance, B.J., Chess, C., & Sandman, Setting a context for explaining risk. Risk Analysis, 9, 1989.

期の住民参加がリスクコミュニケーションを促進させる重要な要素であることは疑いがない。そのための参加のシステムをどのように構築するのかが、行政や事業者にとって大きな課題となってくる。

Ⅶ　おわりに

リスクコミュニケーションを促進していくためには、①リスク概念自体が我が国において受け入れられる必要性、②リスクを市民がより理解し許容リスクレベルを決定するためのサポートシステムの必要性、③コミュニケーションをリスクマネジメントに反映させるための市民参加の制度的保障の必要性、④リスクコミュニケーションの前提となる情報公開システムの整備の必要性がある。

①については、リスクについて我が国では正面切って論じられることが少なかったが震災を契機としてより真剣な議論がなされる風土へと変化してきたといえよう。しかし、ゼロリスクを求める慣習が長かった我が国において、許容リスクのレベルを決定するという考え方が定着するまでは時間がかかるものと思われる。

②③については、ファシリテータ、インタプリタなども手法もあるが米国の土壌汚染、スーパーファンド法の取り組みが参考になる[49]。CERCLA[50]には市民参加についてなんらの規定もおかれていなかった。しかし、土壌汚染による影響を直接受けるのは地域の住民であり、浄化プログラムに地域住民の理解と協力を得るためには、住民の参加手続きをスーパーファンドプログラムの中に取り入れることが重要であるとの認識が、環境施策全般への市民参加の拡大の要請と共に高まってきた[51]。さらに、1984年にはスーパーファンドプログラムに市民参加規定がないことを問題視した環境保護基金

---

[49] 拙稿「環境政策における市民参加制度―米国環境法政策における市民参加制度　水質浄化法とスーパーファンドの例―」平成22年度国際環境法制情報収集分析業務（地方分権と環境行政班）（商事法務研究会、2011）。

[50] "The Comprehensive Environmental Response, Compensation, and Liability Act" の略称。拙稿「環境政策における市民参加制度―米国環境法施策における市民参加制度の概要―」環境情報科学32巻2号（2003）24-29頁参照。

[51] "Beyond The Usual Suspects : The Use Of Citizens Advisory Boards In Environemntal Decisionmaking" Indiana Law Journal 903（1998）pp.911.

(Environmental Defence fund) とニュージャージー州が、EPA に対して市民参加制度導入を求めて訴訟を提起した[52]。この判決では、行政機関はそのための制度を導入すること、さらには市民参加制度の導入を EPA が浄化措置を行う場合に限定せず、「(スーパーファンド) プログラムのもとでの、私人による浄化措置にも同じような市民参加手法を盛り込むこと」まで判示された。こうした世論の関心や判決を背景として、1986年の SARA には市民参加の規定が導入され、あわせて関連規則が公布された[53]。この結果、浄化の各プロセスにおいてで住民は情報を提供され、意見を表明する機会が制度的につくられることとなったのである[54]。具体的にはサイト選定作業に関して住民に周知するため EPA が実施すべき事柄が明記され、恒久措置決定(ROD)に先立ち恒久措置の計画書とその実施主体、計画の分析結果および代替案などを地元紙に掲載して住民に公表しなければならないこと、恒久措置プロセスに関する主要文書の公的な閲覧場所を地域に設けること、恒久措置措置を選択するための説明会を開催すること、口頭や文書によるコメントの募集とそれに対する回答を行うこと等が規定された。また、117条により技術的援助に関する諸制度が導入されたことが参考になるだろう。

④については、「はじめに」で見たように、アジェンダ21の理念を実現するには、環境リスク情報が十分に提供され、市民が意思決定に参加できることが重要である。市民生活に影響のある化学物質に関わる環境リスク情報は、製品含有化学物質、地域の事業場からの排出による環境リスク、事故時のリスク情報があるが、これらの情報の基本は事業者からの情報とならざるをえない。企業情報については、政情報以外の情報をどのように入手するかが課題であった。PRTR 法が制定されたことにより、この分野において一歩前進することが期待されるが、上記の PRTR データの活用に加え、さらに、情報を入手するために企業の自主的情報の提供を促進するための制度構

---

52) Environmental Defence fund, Inc.v.EPA, No.82-2234, et al. (D.C.cir.1984); New Jersey v. Environmental Protection Agnecy, No.82-2234 (D.C.Cir.1982).
53) 40 CFR§300.67,50fed. Reg.47912 (11-20-85).
54) 具体的には、全国浄化優先順位表 (NPL) への掲載、恒久措置調査および実効可能性調査 (RI/FS)、恒久措置決定 (ROD)、恒久措置実施計画 (RD) 策定・恒久措置実施 (RA) の各段階。

築が検討される必要があろう。例えば我が国では、規制的手法とあわせて公害防止協定が各自治体で活用されている。これは、行政と事業者との間で各種の防止設備や対応策を交渉し、その結果を協定の形にするために活用された手法で、我が国では公害被害が顕在化した1960年代から活用されている。この公害防止協定において情報公開システムおよび市民参加をより進めれば環境リスク情報を市民が入手する手法として機能するだけでなく市民参加の場としての機能も期待しうるものである。また、化学物質のリスク情報に関しては欧州でREACHが策定されたこともリスクコミュニケーションの観点からは重要になってくる。ここで、化学物質のリスク情報がサプライチェーンを通じて、上流から下流、市民まで流れるシステムが作られることとなった。我が国においても化学物質審査法改正により、既存化学物質におけるリスク情報が収集されることとなったがこれをいかにサプライチェーンで共有していくかが課題となっていくだろう。

なお、米国においても、情報公開をベースに、企業の自主をうながすための手法が用いられているのであるが、注意しなければならないのは自主的手法の活用の背景に、市民訴訟をはじめとする市民参加のシステムが環境施策に組み込まれている点、および情報公開の枠組みだけでなくそれをリスクコミュニケーションへと結びつけるNGOの活動が背景にあるという点である。特に、米国ではリスクコミュニケーションにおける環境保護庁（Environment Protection Agency：EPA）をはじめとする行政機関とNGOや事業者との役割分担が明確になされており、EPAはリスクコミュニケーションに必要な情報を拡充することに尽力し、その後のリスクコミュニケーションの促進は事業者やNGOにゆだねられていると評価できる。特に、最近ではNGOが市民に情報を与えるだけでなく市民が自らコミュニケーションを行うためのきっかけづくり、コミュニケーションができる市民を育てる意識作り活動に重点を移し始めている点は、変遷をみていく上でも興味深い。我が国においても、上記のような制度上の改善と併せて市民の意識作りに向けての取り組みも、また始められる必要があろう。

<参考文献>

吉川肇子「リスク伝達のミス・コミュニケーション」岡本真一郎編『ミス・コミュニケーションの社会心理学』(ナカニシヤ出版、2011)

吉川肇子「リスクコミュニケーションの意義と必要性」環境情報科学39巻2号 (2010) 2-13頁

吉川肇子＝重松美加「リスク・コミュニケーションとは―その歴史と現代における課題」日本医事新報4397号 (2008) 78-83頁

吉川肇子「リスクコミュニケーション」今田高俊編『リスク学入門 第4巻 社会生活からみたリスク』(岩波書店、2007) 127-147頁

増沢陽子「EU環境規制と予防原則」庄司克宏編著『EU環境法』(慶應義塾大学出版会、2009) 151-184頁

増沢陽子「環境法におけるリスク管理水準の決定方法：現状と今後の方向」松村弓彦編著『環境ビジネスリスク―環境法からのアプローチ』(産業環境管理協会、2009) 69-84頁

増沢陽子「REACH規則制定後の動向―欧州の化学物質法と日本」環境管理44巻9号 (2008) 66-72頁

中地重晴「日本におけるPRTR制度とその運用に関する評価」環境監視134号 (2010) 1-6頁

中地重晴「日本におけるPRTR制度とその運用に関する評価 (2)」環境監視135号 (2010) 6-8頁

永田裕子「化審法及び化管法改正の背景と動向（特集　化学物質管理)」高圧ガス46巻7号 (2009) 514-519頁

第3章 環境法の基本理念と原則

7 「持続可能な発展」概念の法的意義
——国際河川における衡平利用規則との関係の検討を手掛かりに

堀口健夫

I 序論

「持続可能な発展（開発）（sustainable development：以下SD）」の達成は、国際社会が実現すべき基本的課題の1つとして今日広く認められているが、他方で必ずしも一般的に確立した定義があるわけではない。だがその中でも比較的引用されることが多いのが、環境と開発に関する世界委員会（WCED）の『ブルントラント報告書』（1987年）による、「将来世代が自身のニーズを満たす能力を損なうことなく現世代のニーズを満たす発展」という定義であろう[1]。ここで将来世代の利益への言及は世代間の衡平（intergenerational equity）を、またニーズへの言及は世代内の衡平（intra-generational equity）を含意するというように、SDは衡平の概念と結び付けて理解されることが多い。例えば環境と開発に関するリオ宣言（1992年）第3原則は、「発展の権利は、現在および将来の世代の開発の環境上のニーズを衡平に満たすことができるよう行使しなければならない」とする。

他方、近年やや異なる定義づけを提供するものとして、SDに関するヨハネスブルグ宣言（2002年）で示されたいわゆる「3つの支柱（three pillar）」

---

[1] World Commission on Environment and Development, *Our Common Future* (1987) at 43.

による定式がある。同宣言は、「……我々は、SDの、相互に依存しかつ相互に補完的な支柱、即ち、経済発展、社会発展及び環境保護を、地方、国、地域及び世界的レベルで更に推進し強化するとの共同の責任を負うものである」(para.5) とする。1992年のリオサミットの段階では、貧困や人権といった社会発展の要素は経済発展と必ずしも明確に区別して把握されていなかったが[2]、ヨハネスブルグサミットでは、環境保護・経済発展・社会発展が同等の価値として明示的に位置づけられ、その統合がSDの基本的要請であるとの見方が一般化しつつある。もっともこれらの支柱の明確な定義は必ずしも存在しないが、経済発展がしばしば経済成長と同一視されるのに対して、社会発展は世代内の社会的公正に関わる要素であるというのが1つの可能な整理である[3]。

このように現段階では、SD概念の本質については、少なくとも上記のような意味での衡平 (equity) と統合 (integration) という2つの理解が存在する。もっとも両者は相互に排他的な見方であるわけでは全くない。いずれもその本質は「調整 (reconciliation)」にあるといえるが、それぞれSD概念の異なる側面に着目した理解であるといえる。すなわち後者の統合は、同概念が関係する問題領域（環境保護・経済発展・社会発展の価値が競合・重複する領域）に基本的に着目した見方であるのに対して、ここでいう衡平は利益の調整規則（並びに調整される利益の主体）の観点から同概念の本質を表現するものであると整理できる[4]。要するに、統合が何を調整するかに関わるのに対して、衡平はいかに調整するかに関わる、という大まかな整理がさしあたり可能である。

---

2) この点については、M.C. Segger and A. Khalfan, *Sustainable Development Law : Principles, Practices, &Prospects* (2006) at. 29. を見よ。

3) EUの文脈ではあるが、以上のような理解に立つものとして、例えばM.Lee, *EU Environmental Law* (2005) at 30.

4) 例えばLoweは、発展と環境保護は調整されねばならないという考え方は結局2つの法原則が存在するということ以上を明らかにしないと指摘する。V Lowe, "Sustainable Development and Unsustainable Arguments" in A.E. Boyle and D. Freestone, *International Law and Sustainable Development : Past Achievements and Future Challenges* (1999) at 26. 他方でLoweは、発展と環境の間の紛争に対してSDは衡平なアプローチを要求すると述べる。*Ibid.at* 36.

以上のような意味の衡平と統合を、SDの本質的要素として理解することには異論は少ないと考えられるが、それ以上に具体的な規範的命題として同概念の一般的定式を見出すことは容易ではない。国際法の学説においても、より精緻な定義づけを目指すというよりは、その実現に関連すると考えられる法規範が幅広く探求される傾向もみられる。例えば2002年に採択された国際法協会（以下ILA）ニューデリー宣言はそうした成果の1つであり、衡平並びに貧困解消や、統合と相互連関のほか、天然資源の持続的利用、共通だが差異のある責任、予防アプローチ、公衆参加と情報・司法へのアクセス、グッド・ガバナンスといった諸原則を列挙する[5]。またSchrijverは、ILAの挙げるこうした諸原則に加えて、国際経済関係における法の支配、SDのための協力義務、人権尊重の原則を指摘している[6]。たしかにこれらの諸規範がSDに関連する今日の国際法の枠組を構成しているといえるとしても、結局SDなる概念それ自体は法規範なのかという問題は残る。いずれにせよ、SDが相当に抽象的な概念である点については、論者の間にほぼコンセンサスがみられる。

　少なくとも以上の点から、SDは、環境保護・経済発展・社会発展という価値の統合を目的に衡平を要請する抽象的概念であるととりあえずは整理できる[7]。本稿は、より精緻な意味内容の理解のために、その歴史的展開をさらに詳細に検討することを目的とするものではない。むしろここで問題としたいのは、以上のような概念の提唱により、今日の法制度に実際のところいかなるインパクトが生じているのか、という点である。そこで本稿では、その検討対象として国際河川の非航行利用に関する国際法制度を取り上げ、同

---

5) ILA Resolution 3/2002. *Report of the Seventieth Conference*（2002）.
6) N.Schrijver, *The Evolution of Sustainable Development in International Law : Inception, Meaning and Status,*（2008）, at. 162-207.
7) SDの本質的な要素については様々な見解が存在する。例えばSandsは、同概念の「基本要素（key elements）」として、世代間衡平、持続的利用、衡平利用、統合の諸原則を挙げ、予防原則等その他の「持続可能な発展に関連する国際法原則」とは明確に区別する。P.Sands, "International Law in the Field of Sustainable Development: Emerging Legal Principles" in W. Lang（ed.）*Sustainable Development and International Law*（1995）, at 58f. 本稿は他の本質理解の可能性を否定するものではないが、例えばSandsの挙げる4要素にしても、結局本論で述べた意味での統合と衡平の2要素にまとめることが可能に思われる。

分野における SD の法的意義を具体的に検討していきたい。

複数国に跨って流れる国際河川に関する法制度は、当初は航行利用の調整を目的に発展したが、特に 20 世紀以降は灌漑、発電、工業利用などの非航行利用の規律を課題とするようになり、汚染など環境上の問題が比較的早くから顕在化した国際法分野である。ここで国際河川法に着目する理由は大きく 2 つある。第 1 に、伝統的に水資源の配分・最大利用を目的としてきた同分野においても、近年 SD の実現が基本的課題として広く認識され、制度の展開に大きな影響を与えている。例えばリオサミットで採択されたアジェンダ 21 は、淡水資源の水質・供給の保護を扱う第 18 章において、「その全体的な目的は、淡水資源に対する SD のための全ての国のニーズを充足することにある」(para.2) と明確に述べている。そして第 2 に、同分野における伝統的な中核的規範と SD 概念との間の一見したところの類似性が挙げられる。すなわち、国際河川等の非航行利用の規律に関しては、「衡平かつ合理的な利用の原則」(以下「衡平利用規則」) が遅くとも 20 世紀の半ば以降確立した。この規則は、各沿河国は国際河川を衡平かつ合理的に利用する権利があるとし、利用の調整にあたってはあらゆる関連事情を考慮して利益の衡量を図るべきだとする[8]。例えば、この分野の法典化作業を行った国際法委員会 (以下 ILC) は、1994 年草案の注釈において、衡平利用規則は「必然的に概括的かつ柔軟なもので、その適切な適用のために、当該国際水路に関係する具体的な諸要素を、関連する水路国のニーズと利用とともに考慮することを国家に要求する。ゆえに、具体的事案において何が衡平で合理的な利用であるかは、すべての関連要素と事情の衡量に依存する」と説明している[9]。このように衡平利用規則は、河岸国間の競合する利益の調整を目的に、包括的な利益衡量を衡平の名のもとに要請する抽象的概念であるところに特色があり、その点では一見 SD 概念と基本的な点で類似性も認められる[10]。したがって同規則との関係に着目することは、SD の独自の意義を理

---

8) 衡平利用原則を定める条約上の規定例として、例えば国連水路条約 (1997 年) 第 5 条・6 条。

9) 1994 年条文草案第 6 条注釈第 1 パラグラフ。ILC, *Draft Articles on the Law of the Non-navigational Uses of International Watercourses and Commentaries thereto and Resolution on Transboundary Confined Groundwater* (1994) at. 101.

解するにあたってさしあたり有益であると考えられる。

そこで以下では、国際河川法における SD 概念の展開に焦点をあて、伝統的な衡平利用原則との関係を主な手がかりにその法的意義を検討する。次節では、検討の前提として、内容の抽象性の問題が関わるその法的地位の問題をまずとりあげ、両概念の関係を論ずるうえでの基本的なアプローチをまずは明らかにする（Ⅱ）。そのうえで、国際河川法において見出すことのできる SD 概念の具体的意義について、実体法的側面と手続法・組織的側面に分けて考察を加える（Ⅲ）。

Ⅱ　SD 概念の国際法上の地位と機能

1　国際河川条約における採用

前述の通り、近年 SD 概念に言及する国際河川条約が増えているが、その多くは前文や条約目的、或いは原則を定める条項で言及する[11]。同分野の法典化条約である国連水路条約（1997 年。ただし 2011 年 9 月の段階で未発効）も、SD という言葉には明示的に言及しないが、前文において、「枠組条約が、国際水路の利用、保全、管理、保護、並びに、現世代と将来世代のためにその最適かつ持続的な利用を確保するとの確信を表明」し（para.5）、またリオ宣言やアジェンダ 21 の諸原則・諸勧告を想起するとしており（para.8）、同概念に実質的に言及しているといえる[12]。これらの条約では、SD は少なくとも条約の趣旨・目的として、他の条文の解釈を指針づけうるほか（条約法条約 31 条 1 項）[13]、継続的な国際規制を行っている条約制度では当事国の

---

10) 両概念の類似性を指摘するものとして、例えば M.Kroes, "The Protection of International Watercourses as Sources of Fresh Water in the Interest of Future Generations", in E.H.P.Brans et al, (eds.) *The Scarcity of Water* (1997) at 83.
11) 前文で言及するものとして、ザンベジ川協定（1987）、南部アフリカ開発共同体改正議定書（2000）等が、条約目的に関する条項で言及するものとして、ライン川保護条約（1999）3 条 1 項、1992 年ヘルシンキ越境水路条約に対する水と健康に関する議定書（1999）1 条等が、実質的に言及していると理解できるものとしてダニューブ川保護条約 2 条 1 項・3 項等がある。またライン川保護条約 4 条 g 項のように、条約の原則を定める条項において言及するものもある。
12) なお同条約の 24 条は国際水路の「管理（management）」に関する協議義務を定めるが、その管理には「国際水路の SD の計画」が含まれると定めている（2 項 a）。

交渉や条約機関の行動の指針となる。他方で、管見の限り、SD概念自体を、前節で述べた内容以上に具体的な規範的命題として定式化する条約は見当たらない。SDがいかなる規範的内容を有するのかという問題は、むしろ以下の国際慣習法としての地位をめぐる論争において展開されてきた。

2　国際慣習法としての地位

SDが国際慣習法上の規範といえるかという問題は1990年代に入って論じられるようになったが、当初より否定的或いは慎重な見解が少なくなく、その主たる根拠として挙げられたのが同概念自体の意味内容の曖昧さである[14]。つまり、国際慣習法の成立要件たる一般慣行や法的確信の有無を論ずる前提として、そもそも概念の規範的内容が不確定であることが問題とされた。

この点は、同じように柔軟な利益衡量を許容し、抽象性が高い概念と認識されていた伝統的な衡平利用規則とは対照的である。同規則については、その規範的内容の不確定性はそれほど問題とされることなく、国際慣習法として確立したという見方が比較的早くから支持を得てきた。例えば、1966年に採択された国際河川分野の法典化文書であるILAヘルシンキ規則は、「国際法の一般ルール」（1条）として、また国際河川分野の「重要原則（key principle）」（4条注釈。ただし注釈自体は未採択）として、衡平利用規則を定式化している（4条）。衡平利用規則の場合は、例えばこのヘルシンキ規則4条をみると、「各河岸国は、その領域内において、国際河川の流域の有益な利用における合理的で衡平なシェアに対して権利を付与されている」という

---

13)　例えばWTOエビカメ事件上級委員会報告（1998）は、条約目的としてSDに言及したWTO協定の前文を、GATT20条gの解釈の指針として扱った。WT/DS58/AB/R.しかし前文で単に言及されている場合と、目的として明示的に言及されている場合とでは、解釈の指針としての重みに差があるというべきであろう。この点については、D.B Magraw and L.D.Hawke, "Sustainable Development", in D.Bodansky, J.Brunnée and E. Hey（eds.）*Oxford Handbook of International Environmental Law*（2007）at 623. を見よ。また条約の原則として定められた場合に、目的以上の機能を果たすかどうかはむしろ文言の内容によるところが大きいと考えられる。*Ibid.*

14)　例えばG.Handl, "Environmental Security and Global Change : The Challenge to International Law", 1 Yearbook of International Environmental Law（1990）at 25.

ように、当初から明確な規範的意味を含む形で定式化され、その内容の抽象性は指摘されても、その基本的な定式に対して大きな異論は提起されてこなかった。またヘルシンキ規則では、衡平利用確定の際の考慮事項も、例示列挙ではあるが、合わせて条文化されている（5条）。そしてその理論上の基礎としても、論者により見解は異なるが、米国判例法上の「衡平割当（equitable appropriation）」や、ローマ法上のsic utere tuo non laedas等、既存の法理が参照されてきた[15]。以上の点からも伺えるように、衡平利用に関してはその規範的性格自体を問題視する見解は比較的少なく、それ自体裁判規範であるとの理解が多数である[16]。

これに対してSDの場合は、『フネ報告書』（1972年）、国際自然保護連合（IUCN）『世界保全戦略』（1980年）、前述の『ブルントラント報告書』等といったNGOや専門家組織の作成した文書が概念の提唱・発展を先導してきた点に特色があり[17]、当初必ずしも規範としての定式化が意図されてきたわけではなかった。また規範的な定式化がなされる場合も一様ではなく、今日においてもむしろ多義的・多面的な概念であることが強調されることが多い[18]。実際のところILAも、前述のニューデリー宣言（2002年）では、同概念を「目標（objective）」と表現するにとどまった（前文）。

だが近年の学説では、SDも何等かの法的意義を持つという点が様々に指摘されている。こうした論争の展開の1つの引き金となったのが、国際司法

---

15) 例えばI.Kaya, *Equitable Utilization* (2003) at 73-75 を見よ。
16) 衡平利用の法的不確定性を問題視する議論もないわけではない。この点については、A.Tanzi and M. Arcari, *The United Nations Convention on the Law of International Watercourses* (2001) at 97 を見よ。その適用の帰結の予見が困難であることは確かであり、この点は後で言及する。
17) 同概念の歴史的発展の概観については、例えばSegger and Khaflan, *supra* note 2. at 15-43. A.B.M. Marong, "From Rio to Johannesbrug : Reflections on the Role of International Legal Norms in Sustainable Development", 29 Georgetown International Environmental Law Review (2003-2004) at 22-29 等を見よ。
18) 例えばSchrijverは、"Multi-faceted"な概念だと評価する。Schriver, *supra* note 6. at 208. またMagrawとHawkeは、同概念の抽象性は不可避かつ適切だと評する。Magraw and Hawke, *supra* note 13. at 621. 同概念の多義性と統合の観念が孕む基本的問題を検討したものとして、拙稿「持続可能な開発概念に関する一考察：その多義性と統合説の限界」『国際関係論研究』第20号（2003）41-81頁。

裁判所（以下 ICJ）のガブチコボ・ナジュマロス計画事件判決（1997年）である。同事件は、ハンガリーと旧チェコ・スロバキア（その後スロバキアが当事国の地位を承継）の間で1977年に締結された二国間条約（1977年条約）に基づく、ダニューブ川の共同水利事業をめぐる紛争に関わる。その発端は、ハンガリーが環境への危険等を理由に自国の側の工事を一方的に停止し、条約上の義務の不履行に至ったことにある。裁判所は、1977年条約は終了したとのハンガリーの主張を退け、同条約の目的を達成するための再交渉を両国に命じたが、その点に関連して以下のように述べた。「……長きに渡って人類は、経済上並びにその他の理由から、継続的に自然に干渉してきた。過去においては、それはしばしば環境への影響を考慮しないままになされた。新たな科学的洞察と、現世代・将来世代の人類に対するリスクの認識の高まりにより、新たな規範や基準が発展してきており、それらはこの20年の間に数多くの文書において定められるようになっている。国家が新たな活動を検討している場合のみならず、過去に開始された活動を継続する場合においても、そうした新たな規範は考慮され、新たな基準は適切な重要性を付与されなくてはならない。このように環境保護と経済発展を調和する必要性は、持続可能な発展の概念において適切に表明されている。本件との関係では、このことは、ガブチコボの発電所の操業が環境に与える影響を当事国は共同して再検討すべきであることを意味する[19]。」

1977年条約は、前文や条文において同概念に特に言及しているわけではない。だが裁判所は、同条約の実施においてその後発展した環境法規範が関連性を有するとし、その基礎として SD に明示的に言及したのである。ただしこの多数意見では、SD を「概念（concept）」と表現するにとどまったが、Weeramantry 判事は個別意見において、「それは単なる概念以上のものであり、本案の判断に決定的な規範的価値を伴う原則」であると明確に指摘した。同判事によれば、本件での発展と環境保護という対立する国際法の原則の調整は、SD の原則に依拠することで可能となったという。そして、法体系において対立規範の調整が求められるという論理的な必要性、並びに国際

---

[19] ICJ *Gabcikovo-Nagymaros Case* (1997) at para.140.

社会における一般的な受容を根拠に、同概念は現代の国際法の不可欠の一部であると述べた[20]。

この判決と上記の個別意見は、その後の法的地位に関する学説の議論に大きな影響を与えた。まず一方では、Sandsのように、本判決を契機に国際慣習法としての地位に肯定的な立場に転ずる論者がみられた[21]。だが他方でLoweのように、国際慣習法としての地位を否定する一方で、同概念の規範性と権威の特質について新たな説明を与える試みも現れた。彼によれば、SDはICJの北海大陸棚事件判決（1964年）で国際慣習法の要件として示された「基本的な規範創設性（fundamental norm-creating character）」をそもそも備えておらず[22]、国家の権利義務に関わる通常の国際法規範（彼はそれを「一次規範（primary norm）」と呼ぶ）とはなりえないとする。つまり、国家の行為に直接指示を与えるような確立した規範的定式を見出すことは困難であるという。むしろそれは、そうした一次規範たる法規則・法原則が重複或いは抵触する際にそれらの境界を調整するメタ原則であり、彼はそうした規範を「規範間規範（interstitial norm）」或いは「修正規範（modifying norm）」と呼ぶ[23]。裁判官は、合理的な推論に基づいて裁判を行うという権限に基づいて、既存の法源のテストを必ずしも充たさないこうした概念を適用することができるという。

その後も、特にLoweの見解を手掛かりに様々な議論が展開されているが、大きく以下の3点を指摘できる。第1に、少なくとも同概念の規範的意義や機能自体については相当程度見解の一致をみるようになっている。すなわち、Bosselmannも指摘するように、同概念は国家に直接に法的な帰結を指示するような規範ではないが、他方で全く法的に意味をもたない単なる政策理念とも言い難い[24]、という認識が今日支配的となりつつある。その規範

---

20) Separate Opinion of Vice-President Weeramantry.
21) P.Sands, *Principles of International Environmental Law,* 2nd (2003) at. 254f. 他に肯定的な見解として、D.Luff, "An Overview of International Law of Sustainable Development and a Confrontation between WTO Rules and Sustainable Development", 29 Belgian Review of International Law (1996) at 94-97.
22) V Lowe, *supra* note4. at 30.
23) *Ibid.* at 31 and 33.

性に関する説明は必ずしも一様ではないが、大半の論者が基本的に参照しているのは Dworkin による法準則（rule）／法原則（principle）の区別である。Dworkin によれば、両者は具体的事案に適用された際の法的義務の指示のあり方が異なる[25]。すなわち、準則が一義的に法的問題への回答を提供する規範であるのに対して、原則は法的問題に対する推論を一定の方向に導くにとどまる。また、準則とは異なり、原則については対立する規範が同時に妥当する可能性があり、その間では比較衡量がなされる余地がある。この区別に依拠したうえで、SD については、交渉による法定立や裁判での法解釈など、決定の局面における指針としての機能を指摘する論者が増えている[26]。例えば前述の Sands のほか[27]、Bosselmann のように SD が Dworkin のいう原則として十分な規範的性格をもつことを積極的に主張する試みもみられる[28]。また Lowe 自身は Dworkin の区別を明示的に参照していないが、松井や Boyle は、Lowe の議論は結局のところ原則の役割を想起させる、或いは類似すると指摘している[29]。また Beyerlin や Lee のように、同概念は法原則というよりは「政治的理念（political ideal）」や「目標（objective）」

---

[24] K.Bosselmann, *The Principle of Sustainability*（2008）at 54. その後 ICJ は、後述するパルプ工場事件判決（2010）においても、条約解釈の際に SD に言及している。ICJ *Pulp Mill Case*（2010）, at para. 177.

[25] R.Dworkin, *Taking Rights Seriously*（1978）at 24f.

[26] なお準則と原則の区別に関する国際環境法学者の議論を詳しく検討したものとして、鶴田順「「国際環境法上の原則」の分析枠組」社会科学研究 57 巻 1 号（2005）63-81 頁。松井芳郎『国際環境法の基本原則』（東信堂、2010）57-62 頁。

[27] Sands は原則の性質を論ずるにあたって Dworkin の区別を明示的に引用しており、また別稿では原則の機能として、①準則の解釈の指針の提供、②将来的な義務のあり方に関する交渉・明確化の基礎の提供、③検証や遵守に関する手続規則の解釈への作用を挙げている。P.Sands, *supra* note7. at 56f.

[28] Bosselmann, *supra* note 24, at 50-57. なお Bosselmann は、現段階で同概念の国際慣習法としての地位については否定的である。*Ibid.* at.57.

[29] 松井は、Lowe の議論は Dworkin の区別を基礎に国際環境法学者が論じてきた法原則の役割、つまり①準則の起草の促進・方向付け、②準則の解釈の指針、③幅広い文脈での主張の正統化といった役割を想起させると述べる。松井・前掲注（26）167-168 頁。また Boyle は、他の準則の解釈を指針づけるという国際法の一般原則の機能を論ずる文脈で、Lowe の指摘は SD の本質を捉えていると評価し、Dwokin の言う原則と同様の法的意義をもつと述べる。A. Boyle, "Soft Law in International Law-Making", M.Evans（ed.）*International Law*, 3rd（2009）at 134.

であると明確に述べる論者も、機能的には原則と類似の機能を果たしうると指摘している[30]。

しかし他方で第2に、同概念の法的地位については、論者の評価は一様ではない。Sands は（またおそらく Weeramantry も）国際慣習法としての地位について肯定的だが、例えば「メタ原則」だとする Lowe や「政治的理念」だとする Beyerlin は、一定の法的意義はもつが基本的に非法の概念だと考えているようである[31]。他方 Boyle は、国際社会のコンセンサス（法的確信）にその権威と正統性が基礎づけられる、法の一般原則（ICJ 規程38条1項c）の文脈で同概念に言及している[32]。

以上をふまえて第3に、Dworkin の区別は SD の法的意義を理解するための手がかりを学説に広く提供していると同時に、さらにいくつか深く検討すべき課題を提示している。第1に法原則の生成に関する問題がある。松井が指摘するように、Dworkin の議論に沿って考えれば、法原則は必ずしも特定の成立形式を必要とせず、判例・法的文書・政治的文書等の資料に多くの支持が見出せるほど、法原則としての主張が強化されるという性格を持つ[33]。Boyle の法の一般原則の議論はそれに近いようにも思えるが、このような理解が Dworkin の区別を参照する論者によってどこまで共有されているのかは実のところ定かではない。そもそも法原則が国際慣習法であるか否かを論ずる意味を、改めて確認する必要がある。第2に法原則の機能に関する問題がある。Dworkin 自身は、既存の法準則の解釈の局面のみならず、適用可能な法準則がない場合にも、裁判所が新たな準則を採用することを法原則は正当化するとしていた[34]。しかし、Lowe の「規範間規範」はあくま

30) Beyerlin は、Dworkin の分類に依拠したうえで、SD は法原則ではなく政策理念にすぎないとするが、それでも国際法のさらなる発展のプロセスにおける触媒たりうるとする。U. Beyerlin "Different Types of Norms in International Environmental Law : Policies principles, and Rules", Bodansky, Brunnée and Hey, *supra* note13. at 444f また Lee は、同概念は「環境原則」とは異なり目標だとするが、機能としては類似すると指摘する。M.Lee, *supra* note 3. at 26. ただし Lee は明示的には Dworkin の区別に言及していない。
31) 例えば V. Lowe, *International Law* (2007), pp.97-99. を見よ。
32) A.Boyle, *supra* note 29. at 132-134.
33) 松井・前掲注（26）58-59頁。
34) Dworkin, *supra* note 25. at 29

で既存の「一次規範」とともに機能するのであり、またSandsも「法原則」にそこまでの機能を認めているかははっきりしない。その意味では、Loweのいう「規範間規範」とSandsのいう「法原則」は確かに機能が類似するかもしれないが、Dworkinの「法原則」とはおそらくズレがある。そしてLoweはDworkinのかかる理解を共有し、彼のいう「一次規範」たる「法原則」はそうした機能も果たしうる程度の規範的内容が求められると考えていたのかもしれない。上の機能を法原則に認めるかどうかが、SDの法的地位の評価に影響している可能性がある。第3に法原則と政策（目標）の関係がある。上記の議論の状況は、機能的には両者をカテゴリカルに区別することは容易ではないことを示唆する。ただしDworkinは政策と法原則の区別について、前者が達成されるべき目標（一般に社会の経済的・政治的・社会的状況の改善を設定する基準）を設定する基準であるのに対して、後者は正義や公正など道徳上の要請であるゆえに守られるべき基準であるとの議論も展開していた[35]。このような理解までも前提とするか否かも、SDの法原則としての性格付けに影響しうる。またそうした理解を前提とした場合、弱い持続可能性／強い持続可能性をめぐる論争[36]といった根本的な理念上の対立の存在が、その法原則としての主張の説得力に影響するかもしれない。

　以上のようにSDの規範性・法的地位に関しては様々な説明と課題があるが、それが新たな法定立の交渉を指針づけるのみならず、SDに言及しない古い条約や、衡平利用規則のような既存の一般国際法の規範の解釈においても指針を与えるとの理解が支持されるようになっている。それはあたかも、前述の条約の趣旨目的や原則としての機能と同様である。

---

35) *Ibid.* at 22. なおDworkinは、政策は社会の目的を明らかにする命題であり、原則は個人の権利を命題であるという区別も指摘している。*Ibid.* at 90. このような定義は、少なくとも国際環境法学では採用されていない。この点につき、例えばBosselmann, *supra* note 24. at.49. を見よ。
36) 「弱い持続可能性」と長期的に環境資本の人工資本による代替可能性を認めるが、「強い持続可能性」はそれを否定する。この論争については例えば、R.U. Ayes et. al., "Weak versus Strong Sustainability : Economics, Science and Consilience", 23 Environmental Ethics（2001）を見よ。

3 小括

 以上のことから、衡平利用とSDでは、同じく柔軟な利益の調整を特質とする概念であるにも関わらず、規範としての性質は異なるといいうる。衡平利用は一般国際法上の裁判規範であるとの見方がほぼ確立しているが[37]、SDについてはそのような規範的内容を見出せるかどうかが当初から問題視され、むしろそうした規範の定立・解釈といった異なる次元で機能する概念とみるべきだとの理解が定着しつつある。したがって、両概念の関係を論ずるにあたっては、SDが衡平利用の定式化やその解釈適用、またその存立自体にいかに関わるのか、という問いの立て方がさしあたり適切なアプローチであると考えられる[38]。以下この観点から検討を進めていこう。

Ⅲ 国際河川の非航行利用の規律におけるSD概念の意義

 具体的な検討に入る前に、以下での基本的な検討方法について確認しておく。本稿で検討対象とする国際河川の制度は個別性・多様性を1つの特色とする。つまりそれぞれの河川は、実際には多くの二国間条約や地域条約等で規律されており、制度の具体的内容は各河川・締約国の事情や規律事項等を反映して一様ではない。そこで以下では、ほぼそれらに共通すると考えられる基本的な規範や制度に焦点をあて、ILAヘルシンキ規則や、同規則の改訂を目的に採択されたILAベルリン規則（2004年）、またILCの法典化作業を経て採択された国連水路条約といった法典化文書を主たる手がかりとしながら、学説の傾向をふまえつつ、実体法的側面と手続法・組織的側面に分けて検討を進めることとする。

---

[37] だが後述するように、実際上は、裁判の局面よりもむしろ関連国による協力の手続・組織を通じた規律の指針としての機能を果たしてきた面が大きいと考えられる。この点に関する学説の議論については、拙稿「予防原則の規範的意義」『国際関係論』第18号（2002）55-88頁も見よ。

[38] 同様の指摘として、X.Fuentes, "Sustainable Development and the Equitable Utilization of International Watercourses", 69 British Yearbook of International Law (1999) at 129.

1 実体法的側面

前述の通り、国際河川の非航行利用に関する伝統的かつ中核的な実体法規範は衡平利用である。SDと同様、同規則は柔軟な利益の調整をその本質としていたが、従来そこで調整の対象となってきたのは各河岸国の河川利用に関する権利である。この点は、例えば前に引用したILAヘルシンキ規則第4条の、「各河岸国は……合理的で衡平なシェアに対する権利をもつ」、という規定ぶりにも明確に表れている。同条の注釈によれば、「この条文は、各河岸国が、共同河岸国の権利と相互に関連する本質的に平等な権利を有することを認める」とされる[39]。以上のように、伝統的な制度の基本的機能は、衡平利用を中核的規範とした河岸国間の水利権の調整・配分にあった。それでは、SD概念が制度の趣旨・目的として承認されつつある今日ではどのような変容がみられるのか。

(1) 衡平利用の再定立・再解釈

① **衡平利用の再定式：目的としての持続的利用** (sustainable utilization)

まず指摘できるのは、衡平利用の規定自体が再定式化される傾向である。例えば国連水路条約5条1項は、「水路国は、それぞれの領土において、衡平かつ合理的に国際水路を利用しなければならない。特に国際水路は、関連水路国の利益を考慮しつつ、水路の適切な保護と両立するように、水路とそこからの便益の最適かつ持続的な利用を達成するよう、水路国により利用され開発されねばならない」と定める。前述のILAヘルシンキ規則による伝統的な定式と比較すると、衡平利用の義務としての側面が強調されているほか、最適かつ持続的な利用、さらには水路の保護という目的・条件が付加されている。かかる文言の付加は、衡平利用が解釈適用される際の指針を提供することで、同概念の内容を明確にすることを意図するもので[40]、特に「持続的利用」の文言は、衡平利用の規定にリオサミット以降の法発展の成果をより明確に反映させるべく交渉過程で挿入された[41]。その後ILAベルリン

---

39) 引用、S. Bogdanovic, *International Law of Water Resources : Contribution of the International Law Association* (1954-2000), at102.
40) Tanzi and Arcari, *supra* note 16. at 104.
41) *Ibid.*, at 112-114.

規則も、衡平利用の解釈適用の際に考慮されるべき原則の1つとして、「持続可能性 (sustainability)」を挙げているが（第7条）、同規則の注釈は、「水や他の資源の持続的利用を達成するよう努める」国家の義務は国際慣習法であるとしている[42]。このような衡平利用の目的・指針としての持続可能性への言及は、近年の様々な河川条約で見受けられる[43]。

国連水路条約自体は持続的利用を定義しないが、それは利用を原理的に否定するような環境保護の理念と対立的である一方、少なくとも水資源利用における時間的次元・長期的視点を要請するもので、世代間衡平の理念を概念上の根拠とすると考えられる[44]。従来の衡平利用による規律は、河岸国間の水利権の調整を基本的な機能とする一方、資源の長期的管理の視点は必ずしも明確に組み込まれていなかった。例えばILAヘルシンキ規則では、衡平利用規則の保護の対象となるのは「有益な利用 (beneficial use)」に限定されたが、それは経済的或いは社会的に価値のある利用を意味し、直接的には保全や管理の含意はなかった[45]。また同規則の第4条注釈によれば、各河岸国の便益の最大化を最小限の害をもって達成することが衡平なシェアの本質であるとされており[46]、長期的な保全の観点を衡平利用が生来的に含むとまでは言い難かった。持続的利用が衡平利用の目的として明示されたことは、衡平利用規則の射程がもはや単純な水資源の配分や最大利用の達成にと

---

42) ILA, Berlin Conference (2004) Water Resource Law Fourth Report, at 15.
43) 国連水路条約とほぼ同じ定式を採用するものとして、例えば南部アフリカ開発改正議定書 (2000) 第7条 a。
44) J. Brunnée and S.J.Toope, "Environmental Security and Freshwater Resources : A Case for International Ecosystem Law", Yearbook of International Environmental Law (1995) at. 68. またILAベルリン規則は、「再生可能な資源を保存し、また非再生可能資源を合理的に最大限まで維持する一方、現世代と将来世代の利益のために、水の効率的な利用と衡平なアクセスを確保するための、資源の統合的管理」と「持続的利用」を定義している (3条19項)。
45) 第4条注釈。Bogdanovic, *supra* note 39, at. 102.
46) *Ibid*. なお国連水路条約で衡平利用の目的として持続的利用と併記されている「最適利用 (optimum utilization)」概念は、1994年ILC条約草案5条注釈パラグラフ3から伺えるように、便益の最大化をもたらす利用を含意するが、TanziとArcariによれば、ヘルシンキ規則は個別国家にとっての便益の最大化を目的としていたのに対して、ここでの最適利用概念は河川共同体全体にとっての便益の最大化を狙いとする点で異なるという。Tanzi and Arcari, *supra* note 16, at 104-110.

どまらないことを意味する。

　持続的利用が、次節でみるような衡平利用確定の際の単なる考慮要素の1つとしてではなく、衡平利用の目的として明示されたことの意義は大きい。まず第1に、非持続的な利用については利益衡量の余地なく違法だとする解釈の根拠を提供するようになっている。例えばTanziとAricariは、持続的利用は衡平原則自体に生来的な価値として位置づけられたとし、明白に非持続的な水路の利用は不衡平かつ不合理であろうと述べる[47]。またRieu-Clarkeのように、衡平利用規則が衡平性と合理性という別個の基準を含むことを強調する立場からは、持続的利用を合理性の条件とする見解もみられる[48]。また第2に、持続的利用の文言を介して、他の環境法規範の履行を衡平利用の条件として読み込むことがより容易となる。例えば、同じく長期的視点を要請する予防原則／予防アプローチについては国連水路条約に明示の規定はないが、衡平利用の解釈を指針づけるとの主張は十分可能であろう[49]。

② 　考慮事項の拡大：環境保護・資源保全等の要素の付加

　また近年では、衡平利用の確定の際の考慮要素として列挙される事項にも変化がみられる。例えば従来ILAヘルシンキ規則が列挙していた事項は、a. 地理、b. 水循環（hydrology）、c. 気候、d. 過去の水利用、e. 流域国の経済・社会的ニーズ、f. 水に依存する人口、g. 代替手段のコスト、h. 他の資源の利用可能性、i. 不必要な無駄の回避、j. 金銭賠償の可能性、k. 他の河岸国に損害を与えることなく、河岸国のニーズが満たされ得る程度が挙げられて

---

47) *Ibid.* at 104.
48) A. Rieu-Clarke, *International Law and Sustainable Development* (2005), at 104-109 and 131. また基本的な立場を同じくするものとして、J.Bruhacs, *The Law of Non-Navigational Uses of International Watercourses* (1993) at 163-164.
49) たしかに国連水路条約の交渉過程では、衡平利用規則の定式の中で予防概念に言及すべきとの提案は採用されなかった。Tanzi and Arcari, *supra* note 16. at 113-114. だが例えばILAベルリン規則は、水環境保護に関して予防アプローチを条文化している（23条）。またICJも、後述するパルプミル工場判決（2010）において、国際河川利用に関する二国間条約の解釈において予防アプローチが考慮されうる可能性に肯定的ともいえる見解を示した。ICJ *Pulp Mill Case* (2010) at para.164. 法解釈における予防概念の意義については、拙稿「国際海洋法裁判所の暫定措置命令における予防概念の規範的意義（1）・（2・完）」『北大法学論集』第61巻2号・3号（2010）も見よ。

いた (5条)。これに対して国連水路条約では、上記のd (ただし将来的な利用も併記)、e、f、hとともに、①a、bといった自然上の要素を1つの事項にまとめたうえで、そこに生態学的要素が追加されており (6条a)、②水資源の開発・利用の経済性と併記してその保全・保護が明確に挙げられている (同条f)。またそもそもこれらの事項は例示列挙であることから、例えば河川が流入する海洋の環境保護など、SDの概念は考慮事項のさらなる拡大を基礎づけうる[50]。

他方、上述のヘルシンキ規則の列挙事項e、fからも伺えるように、衡平利用規則は世代内衡平に関わりうる一定の考慮を当初から内包していたといいうる。また沿岸国の発展段階の要素はILCでの起草段階で考慮事項のリストから削除されたが、リストが例示列挙であることに加え、解釈の指針たりうる条約の前文が「開発途上国の特別な状況とニーズ」に言及していることに鑑みると、国家の発展段階の考慮も必ずしも排除されないとの指摘もみられる[51]。

③ 水利用間の階層性の設定：不可欠な人間のニーズの優先性

最後に利用の階層性に関しても変化がみられる。ILAヘルシンキ規則では、灌漑、工業、家庭、発電等の諸利用の間には生来的な階層性はないとされていた (6条)。同条の注釈によれば、「そのような優位を付与することは、決定の演繹的なプロセスに依拠する衡平利用原則と矛盾する[52]。」だがその後国連水路条約では、生来的な階層性の欠如を確認しつつも (10条1項)、利用間の対立が発生した場合には「生命に関わる人間のニーズ (vital human needs：以下VHN)」に特別な考慮を払って解決されねばならないとしている (2項)。またILAベルリン規則では、VHN概念の内容をより明確にする一方で[53]、「衡平かつ合理的な利用の確定に際しては、国家は、VHNを充足することにまず水を割り当てねばならない」とし、より強い優位を与

---

50) この点については、Fuentes, *supra* note 38. at 176. を見よ。
51) Rieu-Clarke, *supra* note 48. at 115-116.
52) 引用、Bogdanovic, supra note 39. at 106.
53) 第3条20項によれば、「人間の切迫した生存のために利用される水を意味し、家族の暮らしに必要な水のほか、飲料、料理、衛生上のニーズを含む」と定義される。ILA, *supra* note 42. at 20.

えている（14条1項）。これらの傾向は、社会発展、特に後述する水に対する人権論の背景にある理念を強く反映する[54]。もっとも、ベルリン規則のように生来的に完全な優位を付与することは、例えば他の資源で充足できるようなニーズも無条件で優先されることになり、衡平と矛盾するという説得的な批判もみられ[55]、少なくとも実定法の規則として確立しているかは疑問が残る。

(2) 環境保護・社会開発分野の法規範との調整[56]

以上では、SDが要求する環境保護や社会開発に関する価値の一定の考慮が、河岸国の利益調整の中核的規範たる衡平利用規則自体の再定立・再解釈を促している点を明らかにした。しかし近年の国際水路関係の条約や法典化文書では、以上の点にとどまらず、関連法分野で発展しつつある実体法規範をも併せて条文化するようになっており、そうした法規範と衡平利用の関係が解釈論上の論点となっている。

① 環境保護分野の実体法規範との調整

ILAヘルシンキ規則においても、越境汚染防止・削減の義務の規定は含まれていたが、条文上「衡平利用原則と両立するように」との条件づけがされており、衡平利用の優位が明示されていた。結果少なくともヘルシンキ規則の解釈としては、汚染を伴う利用であっても、衡平利用規則に照らして不衡平・不合理とされない限り違法と評価されないとの解釈が支配的であった。だが学説では、特に環境分野一般で発展してきた越境損害禁止規則（no-harm rule）と衡平利用規則との関係をめぐって論争があり、国連水路条約でも前者が第7条において条文化され、後者を規定する第5条・6条との関係が引き続き論点となっている。さらに、国連水路条約では国際水路の「保護、保存、管理」に関する諸規定として、生態系の保護・保存（第20条）、

---

54) 水に対する人権については、例えばS. C. McCaffray, "The Human Right to Water", in E.B. Weiss, L.B.de Chazournes and N.Bernasconi-Osterwalder. (eds.) *Fresh Water and International Economic Law* (2005) at 100f. を見よ。

55) Rieu-Clarke, *supra* note 48. at 114.

56) なおここでは、国際河川法の法典化文書で直接定立されるようになっている法規範に検討を限定している。他に国際的な水利用の問題に関わりうるものとして、例えば国際経済法の諸規範がある。この問題を扱った文献として、Weiss, de Chazournes and Bernasconi-Osterwalder, *supra* note 54.

汚染の防止・削減・管理（第21条）、外来種・新種の規制（第22条）、海洋環境の保護・保存（第23条）などの条文も列挙されており、衡平利用規則との関係が同様に論点となっている。

これらの論争については、少なくとも以下の点を指摘できる。第1にいずれの見解にしろ、少なくとも形式上は、衡平利用が中核的規範であることは否定されていない。例えば損害禁止や生態系保護の優位が指摘される場合であっても、一定の規模の損害をもたらす利用は不衡平・不合理とみなされる、といった説明づけが与えられている[57]。だが他方で第2に、損害禁止規則等の優位を指摘するには至らないまでも、一定の規模・性質の損害を伴う利用は不衡平・不合理と推定される（反証の余地はある）といった見解が近年有力に主張される等、環境に対する損害（やその危険）の要素に実質的に大きな重要性を付与しようとする解釈論が展開されるようになっている[58]。特に5条で「持続的利用」・「国際水路の適切な保護」が衡平利用の目的・条件として明示されたことは、こうした解釈に一定の支持を与える。またILCは、1994年草案の注釈において、「水生態系の保護・保存は、生命維持システムとしての生態系の継続的な能力を確保することに役立ち、そうしてSDの不可欠の基礎を提供する」と説明している[59]。

---

[57] ILCの1994年草案の第7条注釈は、「人間の健康や安全に対して重大な損害をもたらす利用は、本来的に不衡平かつ不合理と理解されるべきである」としている。ILC, *supra* note 9. at 104. 他に例えば、Y. Shigeta, "Some Reflection on the Relationship between the Principle of Equitable Utilization of International Watercourses and the Obligation not to Cause Transfrontier Pollution Harm", 9 Asian Yearbook of International Law (2000) at 177. を見よ。なおShigetaの議論は、損害禁止規則は事実上の損害（damage）の発生を禁止するという理解を前提としている。これに対して、損害禁止規則があくまで法益侵害（legal injury）の発生を禁止すると解する限りでは、衡平利用との抵触は起こりえないとの指摘もあるが、そうした理解にあっても衡平利用が河岸国の利用権の確定を規律すること自体は否定されない。例えばFuentes, *supra* note 38. at 137f. を見よ。

また生態系の生命維持能力を脅かす利用は不衡平・不合理とみなされうるとする見解として、例えばRieu-Clarke, *supra* note 48. at 131 を見よ。

[58] 例えばTanziとArcariは、重大な損害を発生させる利用は不衡平と推定されるが、それは他の要素との関係で争われうるとしている。Tanzi and Arcari, *supra* note 16. at 179. 同様の見解としてBrunnée and Toope, *supra* note 44. at 64.

[59] ILC, *supra* note 9. at 119.

② 社会開発分野の実体法規範との調整

上記の環境保護とは対照的に、ILAヘルシンキ規則、また国連水路条約においても、社会開発に関する実体的義務の規定は置かれていない。他方ILAベルリン規則では、個人の水に対するアクセス権を条文化している（17条）。こうした水に対する人権を明確に条文化した条約はわずかであるが[60]、2002年に国連社会権規約委員会の採択した一般的意見15が、「十分な生活水準」に対する権利（社会権規約〔1966〕第11条1項、第12条1項）に水に対する権利が含意されているとの見解を示している。水に対する人権が国際慣習法上確立しているといえるかどうか[61]、またそうであるとしてもいかなる即時的義務を含むかについては不明確だが[62]、学説では衡平利用規則との調整の必要性の指摘もみられるようになっている[63]。

(3) SDの実現における衡平利用規則の限界

さらに学説においては、SDの実現の観点から衡平利用規則の限界も指摘されるようになっている。第1に、衡平利用規則が裁判規範であるがための限界がある。例えば世代内衡平の要請は積極的な貧困の解消の要素を含むと考えられるが、そうした要素は裁判所による司法的判断に基本的になじまないため、少なくとも衡平利用規則の機能の外にあるといえる[64]。第2に、河岸国間の水資源の配分を基本的な機能とするがゆえの限界がある。同規則は資源配分の局面で環境保護等の要素を組み込むには有益といえても、個別国

---

60) 例としてセネガル川水憲章（2002）4条3。なお女性差別撤廃条約（1979）14条、子供の権利条約（1989）27条・30条なども、国家の義務として一定のカテゴリーの人に対する水の供給を規定する。
61) 2002年のヨハネスブルグサミットの関連文書においても、そうした人権は明示的に認められていない。
62) 社会権規約上の義務は、基本的には漸進的な達成義務であると理解されている。水に対する人権に関する義務の性格に関しては、S.McCaffrey, *supra* note 54. at 107-112 を見よ。
63) 例えばVersteegは、水に対する人権に関しては、国家が最小限不可欠な水量へのアクセスを直ちに確保しなければならない義務があるとしたうえで、水資源が希少な状況では衡平利用の義務と抵触する可能性があると指摘し、その場合には国際平面での水配分を規律する衡平利用に優位を付与することが妥当な解釈であると論じている M. Versteeg, "Equitable Utilization or the Right to Water? : Legal Reponses to Global Water Scarcity.", 13 Tilburg Foreign Law Review（2006-2007）at 368.
64) Fuentes, *supra* note 38. at 193. を見よ。

家の利益には還元し難い公共利益としてのより包括的な環境保護を十分確保しうるかは疑問も残る[65]。この点は、関連国の協力体制の構築と基準設定等による補完の重要性を示唆する。

以上の点は、SDがそもそも裁判規範として提唱されたわけではなく、また国際社会の公共利益の実現と結びついている点で、衡平利用とはかなり異質の概念であることを示すものでもある。だが過度に両者の異質性を強調することも適切ではない。衡平利用規則は、包括的な利益衡量を本質とするがゆえに、その適用の結果を予見することがやはり容易ではない。実際のところ同規則自体が国際裁判の基準として直接役割を果たすことはさほど多くなく[66]、複雑な利害関係や継続的なニーズの変化等を背景に、むしろ当事国間の交渉や、国際的な管理の局面における指針としての役割とその具体化を期待されてきたところが大きい[67]。そしてそのための協力の手続（事前通報・協議等）や組織（条約委員会等）の発展が、従来から国際河川法の特色となってきたのである。こうしたプロセス自体は、SD概念と基本的に矛盾するものではなく、むしろSDの概念のもとでは、従来見られた手続・組織が環境保護等の新たな機能の文脈を付与されつつある[68]。

2 手続法・組織的側面

(1) 越境環境影響評価

最近の手続上の発展の1つとして指摘できるのは、環境法分野で発展してきた越境環境影響評価の要求である[69]。前に引用したICJガブチコボ事件判

---

65) 例えば P. Birnie, A.Boyle and Redgwell (eds) *International Law and the Environment*, 3rd (2009) at 557. を見よ。
66) 役割を果たしたといえる実際の裁判例は、本論でも言及したICJガブチコボ事件判決・パルプ工場事件判決くらいである。また両判決では、衡平利用規則は他の法規範の解釈適用で役割を果たしたのであり、それ自体が国家の権利義務を導く直接の基準とされたわけではない。その意味では前述のSDの機能に近い。
67) この点については、拙稿・前掲注 (37) も参照。
68) 例えば事前協議手続に関する詳細な研究として、児矢野マリ『国際環境法における事前協議制度』（有信堂、2008）。
69) この点の詳しい検討として、例えば A.Z. Cassar and C.E.Bruch," Transboundary Environmental Impact Assessment in International Watercourse Management", 12 N.Y.U Environmental Law Journal (2003), at 163.

決は、開発活動に環境影響の評価を求めることは、SDの基本的要請だとした。この点ILAヘルシンキ規則は、計画されている工事等の実質的影響を被る他の河岸国に対して通告を行うべきであり、その通告は被通告国が影響を評価することができるような情報を含むべきだと定めるにとどまり、またその義務も勧告的性格にすぎなかった（29条）。これに対して国連水路条約は、悪影響の可能性にある他河岸国への通告義務に関連して、通告は環境影響評価の結果を含む、利用可能な技術上のデータや情報を伴わなければならないと定める（12条）。また最近では、ウルグアイ川沿いにあるウルグアイ領域内のパルプ工場の建設・操業の違法性が争われたICJパルプ工場事件判決（2010年）において、二国間条約上の水環境保護の一般的義務を定めた条文につき、「提案される工業活動が、越境の文脈、特に共有資源に関して重大な悪影響を有しうるリスクがある場合、環境影響評価を行うことが一般国際法上の要求であると今や考えうるほどに近年国家間で受容された実践に従って」、解釈されねばならないとした[70]。もっとも同判決によれば、影響評価の射程や方法を一般国際法上見出すことはできないとされ[71]、その点は個別の条約等に委ねられている。こうして今日では、越境環境影響評価は国際河川利用に伴う越境損害防止の不可欠の要素であるとの認識が強まりつつある[72]。

(2) 公衆参加

もう1つ現れつつある傾向として、国内の意思決定プロセスへの公衆参加がある[73]。これは上の越境環境影響評価とも密接に関連している。従来ILAヘルシンキ規則で定められた前述の手続は基本的に国家間の手続であったが、国内の意思決定手続にも国際法が一定の規律を及ぼすべきとの考え方が

---

70) ICJ *Pulp Mill Case* (2010), at para. 204.
71) *Ibid.* at para. 205.
72) 河川条約上の規定例として、ECEヘルシンキ条約第3条a、ルソ・スペイン条約（1997年）第9条、インコマチ・マプト暫定協定（2002）第3条3項等。この点につき肯定的な見解として、例えばO.McIntyre, Environmental Protection of International Watercourses under International Law, 2007, at 229-239。他方、越境環境影響評価の国際慣習法としての地位に慎重な見解として、M. Koyano, "The Significance of Procedural Obligations in International Environmental Law: Sovereignty and Cooperation", Japanese Yearbook of International Law (forthcoming)。

現れている。この点、国連水路条約には明示の定めはないが、ILAベルリン規則は、水管理の基本原則の1つとして意思決定への被影響者の参加の確保を掲げたうえで（4条）、水管理の意思決定に影響を受ける可能性のある自国管轄権内の者につき、意思決定のプロセスへの参加と意見表明の機会を付与する国家の義務を定め（18条1項）、そうした参加を可能とするために、関連情報へのアクセスの提供を国家に義務付けている（同2項・3項）。また他国の活動により損害を被っている者、或いは被る深刻なおそれにある者に対しても、当該計画国における環境影響評価手続への参加の権利が付与されねばならないと定めている（30条）。

こうした公衆参加を認めることの一般的な正当性につき、例えばECEヘルシンキ条約水と健康に関する議定書第5条iは、「水と健康に関する意思決定における情報へのアクセスと公衆参加は、とりわけ、決定の質と実施を向上させること、問題に対する公衆の意識づけに貢献すること、公衆の自身の懸念を表明する機会を提供させること、そしてそうした懸念を公的当局が考慮できるようにするために、必要とされる」と説明している。このような権利の付与はそれ自体人権の観点からの要請とみることができるが、それと同時に、環境保護・経済発展・社会発展の統合の要請の結果、意思決定に必要な考慮事項や利害関係が一層複雑となることから、判断のための資源や正統性の補強という観点からも、こうした手続が促進されているといえる[74]。現状でこのような手続がどこまで一般化しているかは疑問も残るが[75]、国際法と国内法の新たな協働の側面が現れつつある。

(3) 手続法と実体法との関係

またICJパルプ工場事件では、紛争当事国間の二国間条約上の手続的義務

---

73) 公衆参加といった場合には、国内司法へのアクセスや国際平面における参加も含まれうるが、本稿では紙幅の関係上扱わない。公衆参加全般に関する論稿とし、J.Ebbesson," Public Participation", in Bodansky, Brunnée and Hey, *supra* note 13 at 681. また公衆参加の確保は、いわゆるグッド・ガバナンスの1要素であるともいえる。
74) ILAニューデリー宣言は、「公衆参加はSDにとって不可欠」であるとしている（原則5.1）。ILA Resolution 3/2002. *Report of the Seventieth Conference* (2002).
75) パルプ工場事件判決でICJは、影響を受ける住民と協議を行う一般的義務の存在については、否定的な立場を示したといいうる。ICJ *Pulp Mill Case* (2010), at para. 215f.

と実体的義務の関係が1つの論点となった。アルゼンチンは、悪影響のおそれのある工事等の実施の際の通告・協議の手続を定めた規定は、「ウルグアイ川の最適かつ合理的な利用のために必要な共同の仕組みを創出するために……この条約に合意した」と定める条約目的の実現のために存在し、またその目的は既存の利用を考慮することなく一方的に当事国が行動することを抑制することにあるとして、当該手続に違反することは条約目的を害するとした。そして同条約では手続法と実体法は不可分一体であることから、手続法違反は必然的に実体的義務違反を伴うと主張した[76]。これに対して裁判所は、条約目的が上述の手続を通じた最適かつ合理的な利用の達成にあること、またそうした利用はSDを考慮にいれるべきことを示唆したうえで、損害の事前防止に関して実体的義務と手続的義務は機能的な連関を有するものの、後者の違反が前者の違反を必然的に伴うという関係は条約上見出せないとした[77]。そして同判決では、結論として実体法違反は認定されず、認定された手続法上の違法行為に関する救済については、違法性の宣言で足ると判断された。ただし同じ判決でICJは、「共有資源における他の河岸国の利益や環境保護を考慮に入れない場合、そうした利用は衡平かつ合理的と考えることはできないだろう」とも明確に述べており[78]、かかる考慮がなされたかの判断にあたっては、通告・協議、環境影響評価等の手続を尽くしたかどうかがやはり重要な要素であることは間違いない。衡平利用・持続的利用・生態系保護等の実体法規範の抽象性や、それらの間の調整の必要性、さらには環境リスクの受容に関する社会的合意の必要性等に鑑みれば、国際河川制度における実体法・手続法の関係についてはさらなる検討の余地があるといえよう[79]。

(4) 共同機関の設立

以上の手続規則の整備にとどまらず、水資源利用を管理するための国際的な共同機関やメカニズムを設立する必要性は当初より認識されており、実際

76) ICJ *Pulp Mill Case* (2010) at para. 71-72.
77) *Ibid.* at para. 75-79.
78) *Ibid.* at para. 177.
79) この点については、ICJ *Pulp Mill Case* (2010), Dissenting Opinion of Judge Al-Khasawneh and Simma. も見よ。

個別の条約で条約委員会等と呼ばれる共同機関が数多く設置されてきた[80]。国連水路条約では、8条2項で、関連する措置・手続についての協力を促進するために、水路国は共同メカニズム或いは委員会の設立を検討しうるとするほか、24条において水路の管理のための協議義務を定めている[81]。このように国連水路条約はかかる共同機関の設置自体を義務付けてはいないが、実際には多くの国際河川で国際委員会等の設置がみられる[82]。SD概念の下、環境という公共的な利益の考慮が求められる今日では、こうした共同機関の設立の必要性は一層強まっている。

実際に設置される共同機関の地位や任務・権限等は、個別の条約により一様ではないが、特にSDを趣旨目的としていると考えられる近年の条約では、規律事項の多様さや継続的規制の必要性等の理由から、幅広い任務や権限が付与される傾向もみられる。例えばECEヘルシンキ条約は、域内の各集水域等に設立されるべき共同機関の任務として、汚染源特定のための情報の収集・評価、水質・水量に関する共同監視計画の詳細化、汚染源の登録・情報交換、排水の排出制限の成果・管理計画の実効性の評価、水質目標・基準の設定と水質関連の措置の提案、固定汚染源からの削減協働計画の発展、警告手続の確立、最善の利用可能な技術に関する協力の促進、環境影響評価の実施への参加、を特に列挙している（9条2項）。またILAベルリン規則では、河川の共同機関の設立目的として、水資源管理と他の資源の管理の統合を意味する「統合的管理（integrated management）」の概念が強調されるようになっている（第6条・第64条1項）。他の条約機関との協働も1つにはこのような観点から要請されており、海洋環境保護の条約機関との連携はその好例である[83]。

ICJパルプ工場事件判決は、紛争当事国たるアルゼンチン・ウルグアイ間

---

80) この点についてはILC1994年草案第24条注釈para.5を見よ。ILC, *supra* note 9. at. 126. 1979年の時点で国連事務局がまとめた調査では、そうした機関の数は90にものぼっている。
81) これに対して、例えばECEヘルシンキ条約のように、共同機関の設置を締約国に義務付ける地域条約もある（9条2項、10条）。
82) 例えば、メコン川協定、ドナウ川保護条約、ライン川保護条約等、多数の事例がある。
83) 例えば、ECEヘルシンキ条約9条4を見よ。

の二国間条約の解釈の文脈ではあったが、こうした共同機関が衡平利用、ひいてはSDの実現にあたって果たしうる役割に一定の示唆を与える。第1に、規則定立の権限が条約上当該機関に付与されている場合、定立された規則は、条約上当事国に課せられている一般的な環境保護義務の具体的内容として解される[84]。つまりこうした基準は、利用の非持続性・有害性の判断で重要な役割を果たしうる。第2に手続法に関連して、条約上共同機関を経由した手続（本件では情報提供・通告の手続）が設定されている場合、たとえ当該条約が二国間条約であっても、条約上その機関に法人格が付与されているなど当事国とは別個の存在であることが認められ、また同機関が当事国間の協力の枠組を構成していると解される場合には、当該機関に対して行うべきこと（情報提供等）を直接に相手国に対して一方的に行うという手続上の自由はもはや認められない[85]。つまり共同機関の存在は、関連国の手続上の裁量にも影響を与えうる。こうして共同機関の設置は、公共利益としての水管理の増進に貢献しうる。

V 結 語

以上本稿では、国際河川法における展開を手掛かりにSD概念の法的意義の一端を検討してきた。国際河川の非航行利用に関する国際法制度は、衡平利用を中核的規範とする河岸国の水利権の調整を目的としてきたが、近年のSD概念の提唱により、特に環境保護や社会開発分野の価値や規範との調整が図られ、またその結果、利用の持続可能性や個人の権利といった考慮を含むようにその規範的射程を拡大しつつある。Islamの言葉を借りれば、SD概念は、従来の国家中心的で、断片的で、利用中心的なアプローチから、参加型で（participatory）、全体的な（holistic）、生態系保護のアプローチへの転換を促す基礎を提供しつつある[86]。国際水路の非航行利用の規律の場合、衡平利用規則がもともと柔軟な利益衡量を特徴としていたことから、秩序の

---

84) ICJ *Pulp Mill Case* (2010), at para. 199.
85) ICJ *Pulp Mill Case* (2010), at para. 89-90.
86) N. Islam, *The Law of Non-Navigational Uses of International Watercourses* (2010), at 242.

基本的構造は形式上保持されつつある一方、実質的には SD が上述のような変容に向けた法定立・法解釈の基礎を提供している[87]。もっとも、衡平利用規則は裁判規範として基本的に理解されているがゆえに、例えば貧困の積極的な解消のように、SD が含む要素を同規則がすべてカバーしているわけでは勿論ない。他方実践上は、むしろ利益調整のための手続や共同機関等を介して、関連国間の合意や基準設定により衡平利用、さらには SD の実現が図られてきているところが大きい。こうした国際河川制度のダイナミズムにおいて、今日では一層複合的な利害の考慮と調整が要請されるようになっているのである。

　国際法学者のなかには、こうした SD 概念の定着は、環境保護の価値を経済発展や社会発展との関係において相対化するもので、むしろ国際環境法の衰退を意味するのではないかとの見解を示す者もみられた[88]。だが少なくとも国際河川制度の発展をみる限り、かかる否定的評価はやや単純にすぎる。第 1 に、国連水路条約の規定にあるように、「水路の保護」や「持続的利用」が衡平利用の条件・目的として明確に位置づけられるようになっている。「……貧困削減、生産・消費形態の変更、及び経済・社会発展のための天然資源の基盤の保護・管理が SD の全般的な目的であり、かつ、不可欠な要件である」とヨハネスブルグ宣言も確認しているように（para.11）、資源の長期的な保護・管理は経済・社会発展の前提としての優位性が認められつつある。そして第 2 に、意思決定に関わる手続において、環境への影響や利害関係者の意見の考慮が制度化されつつある。このように専ら資源利用とその配分を目的としてきた従来の制度に環境保護や人権の考慮が浸透しつつある点は重要な発展であり、そうした発展を SD 概念が正当化・要請している点は評価されるべきである。

　無論、国際河川制度が十分に環境保護を実現しうるものかどうかはさらに慎重な検討を要する。例えば国際水路条約は、陸上の生態系や人間活動との

---

[87] 例えば McIntyre も、共有天然資源の分野では衡平利用規則は SD に近似し、そしてそれを具体的に機能させていると述べる。McIntyre, *supra* note 72. at 314.
[88] この点につき詳しくは、拙稿・前掲注（18）も見よ。前述のパルプミル事件においても、ウルグアイ側はむしろ自国の経済活動を正当化する文脈で SD を援用した。Separate Opinion of Judge Cançado Trindade, para. 144-145.

連関を十分に射程に入れていない等、全体的な生態系保護の観点からすれば問題を含む[89]。また確かに水量が枯渇している状況では、利用の持続性の維持とニーズの充足の両立は非常に難しい課題である。だがこれらの課題は、SD概念自体を批判したところで解決するわけでは勿論ない。むしろ同概念は、従来しばしば別の問題領域を扱う法分野とされてきた国際環境法や国際人権法等の価値や法規範を協働させることなしに、また関連する他の条約制度との協働なしに、そうした問題の克服は困難であることを明らかにしてきたといえる。しかもそれは同時に、準則・原則・政策といった規範類型間の関係、国際法と国内法の関係、実体法と手続法の関係というように、従来から協働が認識されていた様々な規範の関係のあり方についてもさらに検討を迫るようになっている。国際法・国内法を問わず、今日の環境法学の基本的課題の1つは、自らの学問領域が孤立しないよう慎重に配慮しつつ、また他方で環境法分野の独自性に対する理解も深めつつ、こうして複合的かつ動態的に機能する法秩序の解明に努めることにあるといえる。また統合・衡平というSDの基本的要請は国内法平面においても変わらないこと[90]、そして特に国際法が益々国内統治のあり方に関与しつつある傾向に鑑みたとき、国際法学と国内法学の協働も一層強く求められているように思われる。

〔付記〕

本稿は平成23年度科学研究費補助金(若手B:課題番号22730102)の成果を含む。

---

89) 例えば、Islam, *supra* note 86. at 224f. を見よ。
90) 我が国の環境法制度も、基本的にSDの理念に立脚するようになっている。例えば環境基本法(1993)4条を参照。

第3章 環境法の基本理念と原則

8 予 防 原 則

松村弓彦

I はじめに

現在では国際環境法、EU環境法をはじめ、国内環境法においても予防原則は広く認識されているが、統一的理解があるとはいえない。

わが国の環境法・政策領域では、一連の環境条約のほか、BSE事件、ホルモン飼料牛輸入禁止事件（WTO）、EUにおける化学物質管理関連法制度の変革（REACH規則）等の事例を契機として関心が高まり、国際環境法上の予防原則（例えば、リオ宣言等）あるいはEU環境法上の予防原則の影響を受けて、科学的不確実性を強調する方向にあるが、そこにいう科学的不確実性の具体的意味・内容、予防原則の射程等については論点も多い。国際環境法上あるいはEU環境法上の予防原則は、「原則」としての意味・内容が国内法におけるそれと異なるものの、いずれもその由来をドイツ環境法上の予防原則に求める説が多いし[1]、EUの予防原則が戦略上、方法論上の意味を中核とするに対して、ドイツのそれは実体的、手法的性格をも併せもつといわれ[2]、わが国の予防原則を考えるうえではその実体的意味、特に、科学的不確実性の具体的意味・内容を理解するうえで示唆が大きい。本稿では予

---

1) 国際環境法につき、磯崎博司「国境を越える環境問題」淡路剛久ほか編『環境法（第3版）』（有斐閣、2004）131頁；岩間徹「国際環境法における予防原則とリスク評価・管理」岩間ほか編『環境リスク管理と法』（慈学社出版、2007）287頁。EU法につき、Freestone, D./Ryland, D., EC Environmental Law after Maastrichit, Northern Ireland Legal Quarterly 45, 156（1994）および拙稿「EU環境法上の予防原則研究の問題点」環境管理47巻6号（2011）52頁注9記載の文献参照。
2) Winter, G., Umweltrechtliche Prinzipieren des Gemeinschaftsrechts, ZUR-Sonderheft 2003, 144.

防原則の基礎論（Ⅱ）、ドイツの予防原則論（Ⅲ）を概観したうえで、わが国環境法上の予防原則について考察を試みる（Ⅳ）。

Ⅱ 序 論

1 環境法の原則

　環境法上の予防原則という場合の「原則」は、国内法レベルでは国の意思決定に際しての行動準則（Handlungsmaxime）と位置づけられ、予防原則を発現する法令はこの行動準則から演繹的に具体化されるから、行動準則としての実質と具体性を有しなければならない[3]。行動準則性は全公権力を名宛人とするが、行政機関は法律の留保の原則にしたがい、司法では法律の適用を本旨とし、予防原則自体を直接の根拠とする法律の執行、適用はできない。それ故、予防原則は、一義的には、立法機関に対して作用する法形成上の原則と位置づけられ[4]、立法によって行政機関による干渉権限を拡大する機能を併せもつ。但し、立法によって下位法令に規則制定を授権し、あるいは不確定概念で規定することによって具体化を行政機関に授権する例は少なくない。原則は法原則と政策原則に区別される。法原則概念は多義的で、単に法律上の根拠をもつ意味で用いる例もあるが、狭義には公権的意思決定に対して拘束的に作用する効力をもつ場合を指すと理解される[5]。例えば、比例原則はこれに反する法令の規定を無効とする意味で拘束性をもつが、この

---

3) Frenz, W./Unnerstall, H., Nachhaltige Entwicklung im Europarecht, 113 (1999) ; Rehbinder, E., Das deutsche Umweltrecht auf dem Weg zur Nachhaltigkeit, NVwZ 2002, 657 ; Ketteler, G., Der Begriff der Nachhaltigkeit im Umwelt-und Planungsrecht, NuR 2002, 521 ; Murswiek, D., "Nachhaltigkeit"-Probleme der rechtlichen Umsetzung eines umweltpolitischen Leitbildes, NuR 2002, 641 ; Sieben, P., Was bedeutet Nachhaltigkeit als Rechtsbegriff ?, NVwZ 2003, 1173.

4) Rehbinder, E., Ziel, Grundsätze, Strategien und Instrumente, in : AKUR (Hrsg.), Grundzüge zur Umweltrecht, 134 (2007). 但し、法令の規定が行政機関に具体化を授権し、あるいは不確定概念で規定することによって、その具体化を行政機関に委ねる例も少なくない。

5) Canaris, C-W., Systemdenken und Systembegriff in der Jurisprudenz (1983) ; Larenz, K., Methodenlehre der Rechtswissenschaft, 6 Aufl. (1991)；藤井康博「環境法原則の憲法学的基礎づけ・序論（1）」早稲田大学大学院法研論集126号（2008）179頁。

ような意味での法原則は憲法に根拠がなければならず、予防原則は政策原則と位置づけられる。

これに対して、国際法上は条約締結国の主権に対して上位の主権は存在しないし、予防原則を所謂自然法、世界法と位置づける趣旨でもないと考えられるから、国際慣習法として認知されるのでない限り、国内法レベルの行動準則とは意味合いが異なり、特定の条約の解釈論としての予防原則、あるいは複数の条約の規定から帰納的に導かれる抽象概念としての予防原則の性格をもつことになろう。一方、EUの予防原則規定はEU固有の行動の授権規定と位置づけられるが[6]、わが国の国内法レベルでは、立法機関は予防原則領域の立法に特別の授権規定を要しない。

2　予防原則論の法的位置づけ

環境法は、細分すると、①人為的活動による環境負荷[7]に起因する基本的人権に対する侵襲（ここでは損害に到らない影響を含む）の管理、②人為的活動に起因する環境財に対する侵襲の管理、③環境財に起因する基本的人権に対する侵襲の管理、④環境財に起因する環境財に対する侵襲の管理、の四つの局面をもつ。

第1の局面は被侵襲者の基本的人権を保護する目的での侵襲者の基本的人権（営業の自由・所有権保障等）に対する干渉を内容とする。その意味で、「干渉による保護」、即ち、（侵襲者の）基本的人権に対する干渉による（被侵襲者の）基本的人権の保護の構造をとるため、国家として（被侵襲者の）基本的人権の保護の範囲と、（侵襲者の）基本的人権に対する干渉の範囲の調整問題が生じる。いずれも比例原則に服し、前者は過少禁止律（Untermaßverbot）[8]、後者は過剰禁止律（Übermaßverbot）にしたがう。尤も、過少禁止律については、保護義務の限界を画するうえでは必然的に被保護基本

---

[6] Lange, H., Die Nordsee auf der Kippe, IUR 1990, 15 ; Wegener, B., Pflanzenschutzmittel im "Europäischen" Trinkwasser, IUR 1991, 15.
[7] 自然起因の環境負荷を管理する例がないわけではないが（「土壌汚染対策法の一部を改正する法律による改正後の土壌汚染対策法の施行について」中「第1　法改正の経緯及び目的」の項（環水大土発第100305002号））、環境基本法上の環境負荷は人の活動起因をいう（2条1項）。

権に対する過少禁止律と基本権干渉の限界を画する過剰禁止律を同時に評価しなければならないこと等を理由として、過少禁止律と過剰禁止律の間に隙間は存在しないとする理解も見られるが（少数説）[9]、過少禁止律は被侵襲者の基本的人権保護の、過剰禁止律は侵襲者の基本的人権保護の最低条件を画するから、両者はデイメンジョンを異にする[10]。

第2局面は環境損害の管理領域で、環境財が保護法益と位置づけられる。環境損害は人為的活動によって直接発生する場合（例えば、野生動植物の乱獲）と、環境負荷経由で間接的に発生する場合を含む。ここでも侵襲者の基本的人権に対する干渉は過剰禁止律によって限界づけられる。野生動物による人的、物的損害は第3局面の例であり、第4局面は環境財による他の環境財に対する侵襲の管理問題である。予防原則は、国家による基本的人権（第1、第2局面）ないし環境財（第3、第4局面）に対する干渉を強めることによって、基本的人権（第1、第3局面）ないし環境財（第2、第4局面）の保護水準を高度化する機能をもつが、これを有効に機能させるためには、戦略・政策目標としての環境財の管理基準を早い段階で提示することが求められる[11]。

3 リスク管理論における予防原則の位置づけ

(1) リスク管理

予防原則は、より高い水準の環境質レベルでの環境管理によって、リスクの発生抑制、最小化を目標とする[12]。管理対象リスクは、環境負荷起因の伝統的保護法益に対する侵襲のリスク（環境負荷起因リスク）と環境財に対す

---

8) BVerfGE 88, 203 ; BVerfG NJW 1996, 651 ; Isensee, J., §111 Grundrecht als Abwehrrecht und als Staatliche Schutzpflicht, in : ders./Kirchhof, P. (Hrsg.), HdbStR V, 232 (1992) および拙稿「環境法における国家の基本権保護と環境配慮」(2) 季刊環境研究151号 (2008) 100頁以下の注174-179記載の文献参照。

9) Scherzberg, A., Grundrechtsschutz und "Eingriffsintensität", 208 ff. (1989) および拙稿・前掲注 (8) 101頁以下の注186-192記載の文献参照。

10) Jarass, H. D., Grundrechte als Wertenscheidungen bzw. objektivrechtliche Prinzipien in der Rechtsprechung des Bundesverfassungsgerichts, AöR 110 (1985), 384 および拙稿・注 (8) 102頁参照。

11) 目標設定の必要性につき、高橋滋「環境リスク管理の法的あり方」環境法研究30号 (2005) 11頁。

る侵襲のリスク(環境リスク[13])の総体である。その意味で、環境管理水準・リスク管理水準の決定に関する行動準則である。リスク管理(Risk Management)は、リスク調査(Risk Research)、リスク評価(Risk Assessment)を基礎とする。リスク調査は暴露量・反応量・リスク間の(可能な限り)定量的な関係の把握を目的とし、リスク評価はリスク調査を基礎とする暴露量・反応量・リスク間の定量的な関係の総合評価を内容とする。ともに自然科学の領域であり、没価値的であるが、リスク知見が科学的に完全な形で収集されることはあり得ず、収集される知見の科学的評価は調査の前提条件に由来する評価限界を内在するから、リスク調査とリスク評価によって導かれる暴露量・反応量・リスク間の定量的な関係は不可避的に不確実性を内在する[14]。これに対してリスク管理は政策領域であり、管理水準決定は国家の裁量に服するが故に、必然的に政策的不確実性を本質とする。予防原則は、このような科学的不確実性を前提として、国家の環境管理水準をリスクの最小化に誘導する[15]。

(2) リスク

リスク概念は多義的で、多様な用法で用いられるが、環境管理領域では損害・侵襲発生の蓋然性(確率)を意味し、蓋然性の程度により3類型(Risikotrias)に類別できる[16]。わが国ではドイツ法上の危険、危険防御の考え方(後記)が存在しないが、この3類型はドイツにおける危険、(狭義の)リスク、残余リスク(Restrisiko)の3分説と実質的な差は少ない。第1類型のリスクは損害発生の蓋然性が高い場合を指す。ドイツ法上は「危険」に相当し、基本権保護義務の射程に属するが、わが国では基本的人権保護義務につ

---

12) EUの予防原則について、例えば、Kahl, W., Umweltprinzip und Gemeinschaftsrecht, 21 Fußn. 77 (1993); Epiney, A., Umweltrecht in der Europäischen Union, 102 (2005). ドイツにおける予防原則について、例えば、Rehbinder, a. a. O., (Fußn. (4)), 134; Willand, A., Nachhaltigkeit durch Rechtsgestaltung, 29 ff. (Texte 13/05, 2005).

13) 環境リスクに環境負荷起因リスクを含める用法もみられるが、本稿では本文記載の定義を用いる。

14) この点を指摘する例として、第3次環境基本計画第一部第2章第3節(2006)。

15) 勢一智子「ドイツ環境法原則の発展経緯分析」西南学院大学法学論集32巻2・3号(2002)149頁。

16) 拙稿「環境法におけるリスク配慮論序説」平野裕之ほか編『現代民事法の課題』(信山社、2009)434頁。

いては現状では消極説が多く、損害発生後、一定の条件のもとで立法、行政の不作為を理由とする国家賠償責任に結びつくが、その損害を予防するための立法を求める法的手段が熟していない点に課題がある。第3類型のリスクは損害発生の蓋然性が極めて低い場合を指し、社会的許容リスクの領域である。第2類型のリスク（狭義のリスク）は第1類型と第3類型の中間に位置し、予防原則はこのリスクに対する配慮を含む。第1類型と第2類型および第2類型と第3類型の区分については、いずれも予測される損害・侵襲が重大であるほど（保護法益の優先序列が高く、損害の規模が大きいほど）、緊迫性が高いほど、そして予防措置の干渉度が低いほど、蓋然性の程度は低くて足る（所謂 Je-desto の公式（俗称：Faust の公式））。

4 予防原則の理論的根拠

予防原則は、経済学的には「証拠を待つことは、長期的には、コストが高くなる」ことによって根拠づけられるが（北東大西洋海洋環境保護条約（OSPAR 条約））、理論的根拠としては行動余地論と不知論が主張される[17]。

行動余地論（Freiraumthorie）は、特に、資源に着目し、人間社会と経済の今後の発展を可能とし、かつ、再生余力を維持するために、人為的活動による負荷に対する自然の受容能力を費消し尽くさない必要性によって予防原則を正当化し、予防原則を非再生資源の利用抑止に拡大する[18]。この意味で予防原則は資源配慮と結びつき[19]、持続可能な発展の考え方を取り込む。

これに対して不知論（Ignoranzthorie）は物質の排出に注目し（特に、自然

---

17) Marburger, P., Ausbau des Individualschutz gegen Umweltbelastungen als Aufgabe des bürgerlichen und öffentlichen Rechts, Verhandlungen des 56. DJT, Bd. I, Teil C, 58 F. (1986). v. Lersner, H., Vorsorgeprinzip, in : Kimminich, O. (Hrsg.), HdUR, 2. Aufl. Bd. 2, 1087 f. (1994) ; Hoppe, W./Beckmann, M./Kauch, P., Umweltrecht, 2. Aufl., 40 (2000) ; Erbguth, W./Schlacke, S., Umweltrecht, 2. Aufl., 49 (2008) ; Schmidt, R./Kahl, W., Umweltrecht, 8. Aufl., 11 (2010).

18) Feldhaus, G., Der Vorsorgegrundsatz des Bundes-Immissionsschutzgesetzes, DVBl. 1980, 133 ; Sellner, D., Zum Vorsorgeprinzip im Bundes-Immissionschutzgesetz, NJW 1980, 1255 ff. ; Martens, W., Immissionsschutzrecht und Polizeirecht, DVBl. 1981, 602 ; Rengeling, H-W., Die immissionsschutzrechtliche Vorsorge als Genehmigungsvoraussetzung, DVBl. 1982, 622 ; Ossenbühl, F., Vorsoge als Rechtsprinzip im Gesuntheits-, Arbeites-und Umweltschutz, NVwZ 1986, 162.

界に存在しない物質の排出[20]）、自然に対する侵襲、特に、環境中の物質による影響につき、科学知見が充分でないために安全域を認識できず、損害発生を排除できないことを起点とし、環境に対する干渉を技術的可能性、経済受容性の限度まで低減することを正当化する[21]。

　資源配慮と排出配慮は予防原則の両面であり、両理論を統合的に理解すべきものと考える（多機能論：multifunktionales Thorie・(多数説)）[22]。

III　ドイツ環境法上の予防原則
（Vorsorgeprinzip od. Vorsorgegrundsatz）[23]

1　序　説

　予防原則は、実体的な意味で、危険防御の対立概念である。対立概念としてしばしば挙げられる事後配慮（Nachsorge）は、部分的に、予防原則の射程に属する。即ち、事後配慮は、人為的活動終了後の配慮（例えば、要認可施設操業停止後の配慮に関する連邦イミッシオン防止法5条3項、循環型経済・廃棄物法36条）と、損害発生後の配慮（原状回復等）の二つの意味をもつ。前者は早ければ活動開始前の段階から活動終了後の配慮を求め、その配慮は予防原則に服し得るし、後者も、損害発生後の配慮である点では事後的だが、事後配慮措置（原状回復、代償措置等。但し、損害賠償、補償を除く）の内容は予防原則に服する[24]。

---

19)　Sparwasser, R./Engel, R./Voßkuhle, A., Umweltrecht : Grundzüge des öffentlichen Umweltschutzrechts, 5. Aufl., 72 (2003) ; Kloepfer, M., Umweltrecht, 3. Aufl., 181 (2004).

20)　Nicklisch, F., Das Recht im Umgang mit dem Ungewissen in Wissenschaft und Technik, NJW 1986, 2290.

21)　Schmidt, R./Müller, H., Grundfälle zum Umweltrecht, JuS 1985, 696.

22)　注17記載のほか、Hartkopf, G./Bohne, E., Umweltpolitik, Bd. 1., 93 (1980) ; Grabitz, E., Zweck und Mass der Vorsorge nach dem Bundesimmissionsschutzgesetz, WiVerw 1984, 234.

23)　松本和彦「環境法における予防原則の展開」(1) 阪大法学53巻2号 (2003) 367頁以下、(2) 同54巻5号 (2005) 1177頁以下。「事前配慮原則」の訳語も少なくないが、Precautionary principleと言語的にも同義だし、意味・内容にそぐわないから、本稿では両者とも同じ訳語を用いる。

2 危険防御 (Gafahrenabwehr)[25]

危険防御は、損害発生の「危険」を生じた場合に、損害発生を未然に防止するための行政機関による一般的授権条項に基づく公権的干渉を許容する。「危険」はプロイセン以来の一般警察法上の概念で、伝統的保護法益に対する損害発生の、充分な蓋然性 (hinreichende Wahrscheinlichkeit) と、損害発生の時間的・空間的緊迫性によって限界づけられる概念である。蓋然性の充分性の条件の判断は前記 je desto の公式にしたがう（通説・判例)[26]。

3 予防原則
(1) 予防原則の由来と経緯

予防原則は、19世紀の森林管理原則として発展した持続可能な発展と結びつけて用いられ[27]、1970年前後の時期以降の環境法の体系化、調和化の動向の中で、環境法の伝統的3原則の一つとして確立された。即ち、1969年に提示され、1970年連邦政府緊急行動計画[28]、1971年環境行動計画[29]、1976年環境報告書[30] を経て、1986年「有害物質の発生抑制および段階的削減による環境配慮のための連邦政府ガイドライン」[31] は環境配慮原則 (Prinzip der Umweltvorsorge) を環境政策上の行動準則とし、その後基本的には、この考え方が継承され、学説の支持を得ている。

予防原則を具体化する規定は少なくないが、実定法上の予防原則規定としては統合条約（BGBl. II 1990, 889 (900)) 34条1項、通貨・経済・社会連合条約 (BGBl. II 1990, 518 (540))、環境枠組法にとどまる。そこには予防原則の定義規定はないが、環境法典編纂事業の過程で定義規定の試みがあり（法典

---

24) Storm, P-C., Umweltrecht., 9. Aufl., 22 (2010).
25) "Gefahrenabwehr" は、予防、未然防止と区別する意味で、「危険防御」の訳語を用いる。
26) 磯崎博司「国際法における予防原則」環境法研究30号 (2005) 61頁、拙著『環境協定の研究』（成文堂、2007）85頁。
27) Engelhardt, H., Bürger und Umwelt, 40 (1985); Kloepfer, a. a. O. (Fußn. (19)), 183.
28) BMI, Umweltschutz: Sofortprogramm der Bundesregierung, 8 (1970).
29) BT-Drs. 6/2710, 7 f.
30) BT-Drs. 7/5684, 8.
31) BT-Drs. 10/6028, 7.

化自体は未実現[32])、1990年草案総論編（UGB-ProfE, AG)[33]では、適切な措置、特に、技術水準に適合する排出制限によって、発生抑制可能な、またはその長期的影響に関して予測できない環境侵害を、可能な限り排除するよう努めること（4条）、1997年草案（UGB-KomE)[34]では、環境またはヒトに対するリスクを可能な限り排除または低減すべきこと、感受性の高い集団およびエコシステムの構成部分を保護し、将来の利用余地を残すべきこと、環境質の改善・非悪化を図ること（5条）、2009年草案（UGB-Ref. E. 2009（2008. 5. 20)[35]では、一般原則の一つとしての、「人または環境に対するリスクを、可能な限り、予防的行動によって発生抑制または低減すべきこと」（1編1条2項2号）を予定した。

(2) 予防原則の射程範囲

① **危険防御の射程の拡大**

予防原則は危険の前段階（Noch-nicht-Gefahr ないし Vorfeld von Gefahren）に対する配慮を目的とし[36]、その実体的意味は「危険防御」の限定的な射程範囲を、リスク配慮（損害条件の緩和、充分な蓋然性の条件の緩和）、将来配慮（時間的緊迫性の条件の緩和[37])、環境配慮（保護法益の条件の緩和）、の各方向に拡大することにある。将来配慮は資源配慮（Resourcenvorsorge）を含むから[38]、予防原則はリスク管理法上の要素（危険防御・リスク配慮）と資源管理法上の要素（資源配慮）を含む（多数説)[39]。リスク管理上の要素について

---

32) 拙稿「幻のドイツ環境法典草案研究（その1）編集事業の経緯と第一編の特徴」化学物質評価研究機構編『平成20年度環境リスク研究会報告書』(2009) 9頁。
33) Entwurf des Umweltgesetzbuch : Allgemeiner Teil-Forschungsbericht (UGB-AT, 1990).
34) Entwurf der Unabhängigen Sachverständigenkommission zum Umweltgesetzbuch beim BMU (1998).
35) BMU Projektgruppe UGB, Umweltgesetzbuch (UGB) Erstes Buch (20. 5. 2008).
36) Darnstädt, T., Gefahrenabwehr und Gefahrenvorsorge, 96 (1983) ; Kloepfer, a. a.. (Fußn. (19)), 177.
37) 緊迫性の条件のうち空間的緊迫性の条件の緩和例として、遠隔地発生源に対する大気環境管理のための干渉が挙げられる（Engelhardt, H./Schlicht, J., Bundes-Immissionsschutzgesetz, 4. Aufl., 32 (1997) ; Kloepfer, a. a. O. (Fußn. (19)), 177)。
38) BT-Drs. 10/6028, 7 ; SRU, Gutachten 1994 (BT-Drs. 12/6995), 48 ; Calliess, C., Vorsorgeprinzip und Beweislastverteilung im Verwaltungsrecht, DVBl. 2001, 1727 ; Kloepfer, M., Umweltschutzrecht, 63 ff. (2008).

は、二つのリスク領域、即ち、蓋然性の定量的評価が可能な領域と、蓋然性の定量的評価、さらには因果連鎖ないし事象経過の予測を可能とする科学知見が未だ存在しない領域を区別しなければならない。所謂未知の領域には、結果的には、損害発生の蓋然性が充分に高かった場合が存在し得るから、予防原則の射程外（残余リスク領域）とすべきではない。前者は、さらに、以下の如く細分される。

② 損害の前段階に対する配慮

予防原則の射程は損害と評価するに到らない侵襲に拡大される。例えば、一定程度を超える不利益、影響等がこれに当たる。一方、不利益等が軽微な場合には社会的許容リスクと評価される。例えば、連邦イミッシオン防止法が要認可施設設置者の基本的義務としての配慮につき「不利益」、「負荷」に重大性の条件を付すのはこの趣旨である（5条1項2号）。

③ リスクに対する配慮

リスク配慮の典型的な射程はリスク3分説による（狭義の）リスクである[40]。リスク概念は多義的だが、3分説によれば、広義のリスクは、損害発生の蓋然性の水準によって危険、（狭義の）リスク、残余リスクに3分される。危険は、前記の如く、危険防御の領域であり、予防原則は環境管理の射程を（狭義の）リスクに拡大する。危険と（狭義の）リスクとの境界は損害発生の蓋然性の充分性の基準による。予防原則は残余リスク（社会的許容リスク[41]）に及ばない。

④ 将来配慮（Zukunftsvorsorge）

当初は将来配慮を含める説は一般的ではなかったが、Ossenbühl[42]が、Vorsorgeは「現在は我慢して将来のために蓄えることでもある」として以

---

39) BVerwGE 65, 313 (320) ; Böhm, M., Abschied vom Vorsorgeprinzip im umweltbezogenen Gesuntheitsschutz ?, in : Lange (Hrsg.), Gesamtverantwortung statt Verantwortungsparzellierung im Umweltrecht, 45 ff. (1997) ; Breuer, R., Umweltschutz, in : Schmidt-Aßmann, E./Schoch, F. (Hrsg.), Besonderes Verwaltungsrecht, 14. Aufl., 599 (2008).

40) 但し、リスク2分説につき、Ronellenfitsch, M., Die Bewältigung der wissenschaftlichen und technischen Entwicklung durch das Verwaltungsrecht, DVBl. 1989, 858 ; Transfeld, C., Das Vorsorgeprinzip im Lichte der Ökonomischen Analyse des Rechts, 50 (2006) 参照。

来、将来配慮を含める理解が定着した[43]。

　将来配慮は予防原則の理論的根拠の一つである行動余地論から導かれ、世代間公平の考え方を内包し、自然資源配慮を含むから、持続可能性の考え方を内在する。ドイツで持続可能性は予防原則に含まれるとする説が少なくないのは[44]、このためである。この点はEUの予防原則が持続可能性と密接に関連しながら[45]、自然管理を含まないとされる[46]のと対照的である。

⑤ **環境配慮（Umweltvorsorge）**
　環境財の保護を対象とし、伝統的保護法益限定の危険防御の射程を、伝統的保護法益におけるリスク配慮、将来配慮に相当する環境財保護の領域に拡大するから、環境損害に到らない程度の環境財に対する侵襲、環境損害発生に係わる（狭義の）リスクに対する配慮を含む。

(3) 予防原則の具体的内容
　Rehbinderによれば、予防原則の具体的内容は、①一定の物質・原因者に帰責できない緊迫した損害の防止、②既知だが、発生の蓋然性が極めて低い損害に係わるリスクの低減、③（発生のおそれはあるが未知の損害の）具体的なリスクの疑いまたはリスクの根拠がある場合における、技術的可能性基準または比例性にしたがったリスクの低減、④具体的なリスクの疑いがない場合またはリスクの根拠がない場合におけるリスクの最小化、⑤環境上の代償余地を確保し、将来における負荷余地を残す目的での負荷の低減、⑥可能な

---

41) Marburger, S., Rechtliche Grenzen technischer Sicherheitspflichten, WiVerw 1981, 245 ; Breuer, R., Anlagensicherheit und Störfälle Vergleichende Risikobewertung im Atom-und Immissionsschutzrecht, NVwZ 1990, 213 ; Kloepfer, a. a. O.（Fußn.(19)）, 133 ; Rehbinder, a. a. O.（Fußn.(4)）, 139 ; 拙稿・前掲 (8)(3) 季刊環境研究152号（2009）160頁。
42) Ossenbühl, a. a. O.（Fußn.(18)）, 161.
43) v. Bubnoch, Der Schutz der künftigen Generation im deutschen Umweltrecht, 82（2001）; Nolte, F., Lokale Agenda 21 zwischen Wunsch und Wirklichkeit, 102（2006）.
44) 拙稿「持続的発展と持続性原則論」季刊環境研究159号（2010）142頁以下。
45) Davies, P. G. G., European Union Environmental Law, 46（2004）.
46) 高橋・前掲注(11) 13頁；Epiney, A., Umweltrechtliche Querschnittsklausel und freier Warenverkehr, NuR 1995, 502 ; Lübbe-Wolff, G., IVU-Richtlinie und Europäisches Vorsorgeprinzip, NVwZ 1998, 779 ; Appel, I., Europas Sorge um die Vorsorge, NVwZ 2001, 397 ; Calliess, C., §174, in : Ruffert, M. usw.（Hrsg.）, EUV/EGV, 3. Aufl., 1819 ff.（2007）.

限り最善の環境選択(排出低減に限らず、環境保護の視点に立った最善の環境媒体利用)、⑦非悪化律、現状保護原則、⑧無害性の証明がない場合における環境影響(物質の排出または導入)の禁止、⑨発生抑制律、計画・自然資源利用領域では、これに加えて、⑩利害抵触の抑制、⑪持続的利用律と整理される[47]。

(4) 予防原則減縮論

予防原則減縮論については別稿[48]に譲り、ここでは三つの考え方に絞る。

第1は、危険防御の領域を危険防御原則ないし保護原則(Schutzprinzip)として独立させる説で(有力説)[49]、環境管理水準決定準則を輻輳させる点に問題はあるが、危険防御は環境法固有の概念ではないこと、環境管理に関する国家側の義務的領域の原則(危険防御原則)と権限的領域の原則(予防原則)を区別できること等の理由で魅力的である。

第2説は、第1説の射程を環境損害に拡大する(2009環境法典草案(2008年5月20日)1編1条2項1号)。ドイツ法上は伝統的な危険防御概念を環境法領域に限って拡大する点で疑問があるが、危険防御概念をもたないわが国では参考になり得る。

第3説は、持続性可能性原則を予防原則と並ぶ固有の原則と位置づける立場から、両者の射程の重なり合いを解消して前者の固有の作用領域を創出する目的で、後者を減縮する試みの一つとして、保護原則を伝統的保護法益保護のための最低基準、持続性原則を自然資源保護のための最低基準とし、予防原則をリスク配慮によって保護原則を、資源配慮によって持続可能性原則を補完する補完的原則と位置づける[50]。持続可能性原則が矮小化されること、環境管理水準決定に係わる原則が細分化される点に疑問があるが、危険

---

47) Rehbinder, a. a. O. (Fußn. (4)), 134.
48) 拙著『環境法の基礎』(成文堂、2010) 99頁以下;拙稿・前掲注(44) 140頁以下参照。
49) Germann, M., Das Vorsorgeprinzip als vorverlagerte Gefahrenabwehr, 34 (1993); Peters, H-J., Umweltverwaltungsrecht, 2. Aufl., 8 (1996); Schwartenmann, R., Umweltrecht, 14 (2006).
50) Murswiek, D., Schadensvermeidung-Risikobewältigung-Ressouecenbewirschaftung, in : Osterloh, L./Schmidt, K./Weber, H. (Hrsg.), Staat, Wirtschaft, Finanzverfassung, 441 ff. (2004).

防御と予防原則の関係の理解は第1説と等しい。

4 小 括

　ドイツ環境法の体系化は、危険防御領域の管理権限を具体化するとともに、管理領域を4方向に拡大する戦略的意図のもとに行われ、予防原則は後者の牽引力として機能した。その一方で、最初から意図されたわけではないが、立法段階の覊束的規定形式[51]と解釈論として学説・判例によって確立された基本権保護義務論によって、結果的には、拘束的義務領域としての危険防御[52]と裁量的権限領域としての予防原則という法律効果の差をもたらした。

Ⅳ　わが国の予防原則

　わが国では1990年前後の時期でも明確な形で認識されていたとはいえない[53]。その後、環境基本計画が「予防的方策」（第1次・第2次計画）あるいは「予防的な取組方法」（第3次計画）の表現で予防原則の考え方を採用しているが、立法機関の行動準則としての性格は希薄である。生物多様性基本法は「予防的な取組方法」を規定するが（3条3項）、立法機関としては、明文の授権がなくとも、予防原則を具体化する法制度の導入に妨げはない（憲法41条）。

1　未然防止と予防原則

　(1)　はじめに

　①　公害対策基本法制定当時、公害発生後の事後対策に対する公害未然防止の優先性については明確な認識が存在した[54]。当時、「原則」として明確

---

51) 大気質限界値達成に向けた地方自治体の行動計画策定義務が争われた BVerwGE 128, 278 ; BVerwGE 129, 296 はこの例である。
52) BVerfG NVwZ 2010, 702 ; Krings, G., Grund und Grenzen grundrechtlicher Schutzansprüche（2003）; Rehbinder, a. a. O.（Fußn.（4）), 123.
53) Rehbinder, E., Das Vorsorgeprinzip im internationalen Vergleich, 73（1991）.
54) 岩田幸基編『新訂公害対策基本法の解説』（新日本法規、1971）136頁、環境庁企画調整局企画調整課編『環境基本法の解説』（ぎょうせい、1994）31頁。

に認識されたわけではなく、後付けではあるが、立法レベルでも行動準則（原則）として機能した。このわが国の未然防止概念をドイツ法上の危険防御概念と比較すると、事前性の点では共通するが、危険防御が射程範囲に限界を持つに対して、未然防止は明確な定義を論じられたことがなく、後記のように比例原則によって限界づけられる点を除けば、無限定である。確かに、公害対策基本法では「公害の防止」に重点が置かれたが、それに限るわけではないし、リスクの最小化、高い水準の環境管理の認識を明確な形でもたなかったのも事実であるが、概念としてはこれを否定しない。

このため、未然防止原則のもとで導入された法制度にはドイツにおける危険防御領域（前記第1類型のリスクに対する配慮）に当たる法制度のほか、予防原則の射程に属する例も多い。例えば、損害に到らない反応レベルの「健康からの偏り」を生じる程度の影響に配慮した二酸化窒素に係る環境基準値（大気汚染）[55]は損害の前段階に対する配慮の例である。また、発がんリスクにつき政策的に定めたリスク水準（10^{-5}）を目標として科学的知見に基づいて制定されたベンゼンに係る環境基準値（大気汚染）はリスク配慮（第2類型のリスクに対する配慮）の典型例である。このほか、環境基準値が「維持されることが望ましい」水準（環境基本法16条1項）で定められる限りでは、損害発生の蓋然性が高いレベルとはいえず、リスク配慮の例に属する[56]。技術水準（例えば、NO_X・PM法31条）あるいは一定の性能が最も優れているものの性能（例えば、エネルギーの使用の合理化に関する法律78条）等を勘案して定める「判断の基準となるべき事項」（例えば、NO_X・PM法31条）による規制もリスクの最小化を目標とする（特に、定量的な形で定められる場合）。将来配慮は、わが国では、持続可能性との関連で論じられることが多い。この点は予防原則の理論的根拠を不知論のみに求めるか、あるいは行動余地論をも根拠の一つと位置づけるかの論点とも関連するが、持続可能性にせよ、世代間公平にせよ、環境管理上の機能は将来に配慮した現時点での管理水準決定に集約されるから、将来配慮は、前記の如く、予防原則の一

---

55) 環境庁大気保全局「二酸化窒素に係る判定条件等専門委員会の検討の経過と主な議論の内容」。
56) 高橋・前掲注（11）6頁。

部と理解すべきものであろう。長期・低濃度暴露起因障害あるいは遅発性障害に対する配慮もこの例である。ドイツにおける予防原則は資源配慮を含むが、わが国でも生物多様性保護について「予防的な取組方法」の規定例が存在するし（生物多様性基本法3条3項）、エネルギー使用の合理化、あるいは循環型社会形成推進基本法における循環概念は資源配慮の考え方を基礎とするから、同様に解することができる。一方、環境配慮は予防原則に不可欠ではなく、伝統的保護法益のみを保護法益とする法領域の予防原則は環境財に対する配慮に及ばない。しかし、環境法は環境財を保護法益とする点に法領域としての固有性を主張するから、環境法の予防原則は環境配慮に及ぶ。環境基本法制定前から自然保護関連法は存在するし、同法上の環境負荷、環境保全上の支障は環境損害に当たらない環境財に対する侵襲を含む（尤も、予防原則の射程範囲と、現時点での法制度が充分な形で環境配慮を具体化し得ているかは別問題で、公害対策基本法から環境基本法に脱皮した現時点でも、施設規制関連法（大防法、水濁法、土対法その他）は環境財としての環境媒体保護の考え方を含まない）。前記生物多様性基本法上の「予防的な取組方法」規定（3条3項）も将来配慮、環境配慮の要素を併せもつ。

②　ドイツの予防原則は、前記の如く、危険防御の射程限界を超える領域に環境管理を拡大し、危険防御による（広義の）リスク管理水準、環境管理水準を高める意図で導入されたが、わが国の予防原則は限界を持たない未然防止概念の射程内に、事前性の要素を共有しつつ[57]、参入してきた点で大きな違いがある。同じことはEU環境法にも妥当する。EU条約の未然防止原則は予防原則の考え方を含み、両者を明確に区別することは不可能とし、予防原則規定は深く議論しないまま採択されたとする説明もある[58]。このため、予防原則が追加規定された後のEU条約における未然防止原則と予防原則との関係については諸説あり、大別すれば、一体・同義説（Käller[59]によ

---

57)　磯崎・前掲注（26）61頁。
58)　例えば、Lübbe-Wolff, a. a. O. (Fußn. (46)), 778 ; Krämer, L., The Genesis of EC Environmental Principles, in : Macrory, R., Principles of European Environmental Law, 39（2004）.
59)　Käller, A., Titel XIX Umwelt, in : Schwarze, J. (Hrsg.), EU-Kommentar, 2. Aufl., 1516（2009）.

れば多数説)、部分原則説、別異説等が論じられるが[60]、後2説では両原則を区別する基準と実益が問われる。

わが国でも、事前性を共有し、射程を限定されない両原則の関係については統一的理解がない。学説が予防原則の発現形式として挙げる例[61]は、概ねリスク配慮領域に属するが、未然防止によって説明することも可能である。それ故、各々の射程を概念解釈で振り分けるアプローチを断念し、重なり合う両原則の射程を再編するアプローチが求められる。一体・同義説は実情に素直であるが、以下では両原則の再編を試みる立場から、線引き基準を検討することにしたい。

(2) 論点整理

わが国で予防原則と関連して論じられる要素を素描すると以下のとおりである。

① 科学的不確実性論

予防原則論では、国際環境法上も、EU 環境法上も、そしてわが国でも、科学的不確実性、確実な証拠の不存在等の概念が強調される。

ここでの確実性、不確実性については、定性的理解(例えば、特定の物質・製品あるいは特定類型の人為的活動等の有害性[62])と定量的理解(例えば、一定の法政策措置によってもたらされる損害・侵襲発生の蓋然性[63])がみられる。予防原則を環境管理水準決定準則と理解すれば定量的評価が求められ、この確実性は、目標達成との関係で、一方で、予定される措置で足るか、反面で、予定される措置までを要するかの双方向の吟味に服するが、現実のリスク管理の基礎となる科学的調査・評価は科学的不確実性を内在するから、

---

60) 拙稿・前掲注 (1) 54 頁。
61) 例えば、大塚直「未然防止原則、予防原則、予防的アプローチ」(2) 法教 285 号 53 頁、(3) 286 号 63 頁、(3) 287 号 64 頁 (2004);大塚「環境法の基本理念・基本原則」大塚ほか編『環境法ケースブック (第2版)』(有斐閣、2009) 8 頁;大塚『環境法 (第3版)』55 頁 (有斐閣、2010。以下、大塚・前掲注 (61) という);北村喜宣『環境法』(弘文堂、2011) 74 頁以下。
62) 南博方=大久保規子『要説環境法 (第4版)』(有斐閣、2009) 85 頁以下はこの趣旨か (?)。
63) 例えば、Epiney, A./Furrer,, A., Umweltschutz nach Maastricht, EuR 1992, 385 f. 参照。

このような意味での因果関係が科学的に確実と評価される例は、現実の環境管理の局面では、稀有に近い[64]。

予防原則の射程としての科学的不確実性を絞り込むため、2方向の試みがみられる。第1は、科学的不確実性をリスク評価段階とリスク管理段階に区分し、予防原則は後者と理解したうえで、狭義の科学的不確実性と広義のそれに区分し、予防原則の適用要件は広義の科学的不確実性とする[65]。ここでは広義の科学的不確実性は「措置の対象となる事象と悪影響の発生との間の因果関係を科学的に充分に説明することができないこと」と定義されるが、確実か不確実か（1か0か）ではなく、そこにいう「科学的に充分に説明」できない程度の問題、換言すれば、どの程度の不確実性レベルまで環境管理のための干渉を許容するかという定量的評価が求められる。

定量的類型化の試みとして、予防原則の射程を予想される損害や悪影響の程度との関連での確実性ないし損害発生の蓋然性の程度によって理解する考え方がある[66]。この考え方はJe-destoの公式にしたがうドイツ法上のリスク配慮と軌を同じくする。

蓋然性は損害の発生頻度[67]とその科学的知見の確実性の程度によって評価される[68]。即ち、損害発生の蓋然性が一般的生活経験に基づく場合には両者が総合的に一体化して評価されるが、科学的知見を基礎として導かれる発生頻度は、科学的評価基準に照らして科学的知見に内在する不確実性を伴うから、科学的知見の不確実性の程度は蓋然性を低下させる要素の一つである[69]。

ドイツ学説で論じられる危険の疑い[70]（事実関係ないし因果関係の経過予測に不確実性を伴うために蓋然性を示し得ない状態と説明され[71]、事象経過の不知

---

64) この点を指摘する例として、下村英嗣「『予防的』環境保護措置の実施に関する法的問題」人間環境学研究2巻1号（2003）40頁。
65) 赤渕芳宏「欧州における予防原則の具体的適用に関する一考察」学習院大学大学院研究科法学論集12号（2005）32頁以下。
66) 磯崎・前掲注（26）61頁；拙稿・前掲注（16）436頁。
67) リスク管理における発生確率の要素につき、高橋・前掲注（11）4頁。
68) 拙著・前掲注（26）89頁；拙稿・前掲注（16）433頁。
69) BVerwGE 61, 251 (267); Rengeling, H-W., Anlagenbegriff, Schadensvorsorge und Verfahrensstufung im Atomrecht, DVBl. 1986, 267.

に起因する未知[72]という概念はこれに類すると考える)、危険の疑いに充分な根拠がある場合[73]、理論的可能性(理論的には考えられるが、実際に損害発生に到るか否か評価できない事実関係)、あるいは連邦憲法裁判所がいう、純仮説的危険(信頼できる科学知見がなかったという事実関係)[74]、予言的リスク(損害発生のシナリオの前提条件の成立が排除済であるためにシナリオの現実化に否定的見解が強いという事実関係)[75]も、必ずしも明確な定義をもつわけではないが、危険の前段階という意味では、予防原則の射程に属すると考えられる。一方、単なる憶測の類は第2類型のリスクとは異なる[76]。

② 合理的な根拠論と未知のリスク論

OSPAR条約は、リオ宣言第15原則と異なり、予防原則の適用に、人為的活動がヒトの健康、生物資源、海洋エコシステム等に障害を与えることに「合理的な根拠」を求める(2条2項(a))。EUの予防原則の解釈もOSPAR条約に近いといわれ[77]、予防原則に関する(COM(2000)1)も影響の可能性についての徴候を求める。わが国でも「何もわかっていない」では足りず、損害発生のおそれについて「信頼できる科学的証拠の存在」を求める説がある[78]。「合理的な根拠」、「信頼できる科学的証拠」の具体的意味・内容は明確とはいえないが、仮に、化学物質の暴露規制について「すべての薬物

---

70) Hansen-Dix, F., Die Gefahr im Polizeirecht, 172 (1982); Murswiek, D., Die Staatliche Verantwortung für die Risiken der Technik, 385 (1985); Hermes, G., Das Grundrecht auf Schutz von Leben und Gesundheit, 233 (1987); Kloepfer, M., Handeln unter Unsicherheit im Umweltstaat, in : Gethmann, C. F./ders (Hrsg.), Handeln unter Risiko im Umweltstaat, 61 (1993); Böhm, M., Der Normmensch, 127 (1996).
71) BVerwGE 69, 37 (43); Kloepfer, M./Kröger, H., Zur Konkretisierung der immissionsschutzrechtlichen Vorsorgepflicht, NuR 1990, 12 ; Engelhardt/Schlicht, a. a. O. (Fußn. (37)), 32 ; Jarass, H. D., BImSchG, 6. Aufl., 114 (2005). Hansen-Dix, a. a. O. (Fußn. (70)), 172 参照。
72) Reich, A., Gefahr-Risiko-Restrisiko, 126 ff. (1989).
73) Hansen-Dix, a. a. O. (Fußn. (70)), 172 ; Murswiek, a. a. O. (Fußn. (50)), 385.
74) BVerfG NJW 2002, 1638 = UPR 2002, 225(拙稿・前掲注(8)(1)季刊環境研究150号(2008)147頁参照)。
75) BVerfG NVwZ 2010, 702 = UPR 2010, 225.
76) Jarass, a. a. O. (Fußn. (71)), 114.
77) Krämer, a. a. O. (Fußn. (58)), 40.
78) 北村・前掲注(61)71頁。

は身体にとって異物であり、副作用を伴う可能性がある」というような抽象的レベルで足るとすれば、第2説との差は本質的とはいえない。

これに対して、第2説は、予防原則の適用例として調査（リスク評価）が行われていない場合を挙げ[79]、所謂未知のリスクを予防原則の射程に取り込む考え方がある。Precautionary principle の訳語は「未知対処原則」がふさわしいとする説[80]もこれに類する。

未知のリスクも多義的であるが[81]、ここでの問題は科学的知見の欠如に起因する狭義の未知で、3類型のリスクの外縁に位置する。即ち、リスク3分説は、損害発生の蓋然性の定量的評価を前提とするが、未知のリスクは蓋然性評価の前段階のリスクであり、科学知見の蓄積によって、結果的には3類型のいずれにあたる場合もあり得る。それ故、現実の認識の限界を超える場合は抑々配慮の対象になり得ないが、例えば、特定の物質・製品、施設、行動等のリスクがその時点では未知だが、潜在的懸念ないし潜在的可能は認められるというような場合は予防原則の射程に服し得る（但し、この場合の予防原則に基づく法的措置の内容は、禁止、制限等の形式よりは調査、報告、表示等のリスク把握に向けた暫定的形式が適するし、手法論としては、合意形成手法の重要性が高まる）。

③ 損害の重大性・不可逆性

ドイツのリスク配慮は損害に到らない程度の侵襲に対する配慮を含むが、これに対して、アジェンダ21の第15原則の文言は予防原則を「損害の重大性・不可逆性」と関連づける。損害の程度と予防原則の射程の関係については、わが国では、概ね二つの考え方がみられる。第1説は予防原則の射程をこの条件に結びつける[82]。これに対して第2説は、損害の程度をリスク管理基準[83]あるいは予防原則に基づく措置の強度[84]と結びつける。

---

79) 大塚・前掲注（61）55頁。
80) 柳憲一郎「化学物質管理法と予防原則」環境法研究30号（2005）47頁。
81) 拙稿・前掲（41）182頁以下参照。
82) 下村・前掲注（64）40頁；柳・前掲注（80）45頁；大塚・前掲注（61）53頁；北村・前掲注（61）71頁以下。EU環境法につき、Krämer, L., EC Environmental Law, 5. ed., 22（2003）および赤渕・前掲注（65）31頁注38。
83) 磯崎・前掲注（26）61頁。
84) 北村・前掲注（61）82頁。

第1説によれば、重大性・不可逆性の判定基準が行動準則として機能し得る程度に具体化されなければならないが、いずれにせよ、この基準に満たない損害あるいは損害に到らない程度の侵襲を予防原則の射程外に区分けするのであれば、ドイツの予防原則とは別の方向を目指すことになる。むしろ、損害の重大性の要素は、リスク管理上の基準、即ち、第1類型・第2類型のリスク、第2類型・第3類型のリスク間の境界を画する蓋然性の弾力的判断要素（Je-desto の公式）の一つと位置づけることが妥当であろう。

④ **証明責任の転換**

EUでは予防原則とリスクの証明責任の転換の関係が論じられ、わが国でもこの点に関する議論がある[85]。行政レベルと司法レベルの証明責任の負担は法令の規定形式により、予防原則から直接証明責任の転換を導くことはできない[86]。それ故、議論の中核は立法段階の証明責任との関係であるが、一般的な形での証明責任転換を導くことは困難だから、論点が分かれる。第1は、立法に際して科学的証拠を要するかに係わる。EU条約上の予防原則規定は前記の如く、EU固有の行動の授権を意味するから、EU議会の意思決定に際しては、製品・物質の生命・健康に対する脅威について強い疑いがあれば足り、加盟国は明確な科学的証拠を求めることができないとの理解が見られ[87]、これによれば予防原則規定を立法段階での証明責任転換のために用いることができる[88]。しかし、これはEU固有の議論であって、国際法上は全締約国の合意を基礎とするから、EUにおける加盟国によるEU議会に対する授権問題を生じない。わが国の国内法レベルでも、国会の立法権限が環境法上の原則によって根拠づけられ、あるいは制限されることはない。第2に、行政レベルの証明責任の転換は立法レベルの予防原則の不可欠の要素か

---

85) 例えば、大塚・前掲注（61）54頁。
86) Rengeling, H-W., Bedeutung und Anwendbarkeit des Vorsorgeprinzip im europäischen Umweltrecht, DVBl. 2000, 14739 ; Werner, S., Das Vorsorgeprinzip-Grundlagen, Maßstabe und Begrenzungen, UPR, 2001, 335 ; Appel, a. a. O. (Fußn. (46)), 396.
87) Dhondt, N., Integration of Environmental Protection into other EC Policies, 148 ff. (2003).
88) Sunkin, M./Ong, D./Wight, R., Sourcebook on Environmental Law, 30 (1998) ; Appel, a. a. O. (Fußn. (46)), 396.

については、わが国では議論が尽くされているわけではないが、予防原則の機能を環境管理水準決定に求める場合には、消極に解すべきことになる。第3の論点は、行政レベルの証明責任転換規定の根拠に係わる。REACH 規則におけるリスクの証明責任の転換の根拠につき予防原則説と自己責任原則説[89]が見られたが、前説によっても証明責任の転換を予防原則の本質的要素と位置づけることは困難であろう。

⑤ **拘束性・裁量性**

ドイツ環境法では、前記の如く、予防原則が裁量的領域であるのに対して、危険防御は拘束的領域に属する。EU 法上は危険防御の考え方が存在せず、基本的人権保護義務を積極に解する明文の規定も、判例もないといわれるために[90]、法律効果面で両原則を区別する実益が希薄であるが、わが国では、現時点では、基本権保護義務論は熟していないものの、被害者の基本的人権保護に関する立法、行政の不作為を理由とする国家賠償責任は、一定の条件のもとで積極に解されるので、拘束性・裁量性の要素は両原則の線引きの要素の一つになり得る。

(3) 小 括

以上の検討から、未然防止と予防原則は、事前性、環境管理水準決定準則性を共有しつつ、目標とする管理水準の高さと法律効果によって再編する考え方が実際的であろう。即ち、未然防止は国家にとって拘束的な環境管理水準の領域であり、過少禁止律にしたがって基本的人権・環境財保護の見地から国家が環境管理を義務づけられる領域と言い換えることもできる。この領域の環境管理上の立法、行政の不作為によって損害が発生した場合には、国家賠償責任あるいは原状回復等の事後措置についての公的負担（不作為による原因者負担原則の適用）を根拠づける。そのような意味での最低限度の保護領域[91]ということも可能であろう。具体的にいえば、損害発生の蓋然性が高い領域（第1類型のリスク）は未然防止領域で、損害の重大性・不可逆

---

89) Opinion of the Economic and Social Committee on the "White Paper-Strategy for a Future Chemicals policy"（OJ. C. 36, 99/2001）。拙著・前掲注（48）149頁。

90) Szczekalla, P., Die sogenannten grundrechtlichen Schutzpflichten im deutschen und europäischen Recht, 1128, Rn. 73（2002）.

91) 高橋・前掲注（11）6頁。

性が高いほど、蓋然性の程度は低くて足る。ドイツ法の危険防御に近似するが、環境損害の領域を含む。

これに対して、予防原則は国家の裁量的管理水準の領域であり、損害発生の蓋然性がより低い領域に対する配慮（第2類型のリスク）に拡大することによって、リスクの最小化を射程にいれることになる。その外縁はドイツの予防原則と同じく、重大と評価するに到らない損害あるいは損害と評価されない程度の侵襲に対する配慮、将来配慮、環境配慮を含む。

2　予防原則の限界

予防原則の適用は立法レベルで比例原則（過剰禁止律）によって限界づけられることは異論が少ない[92]。被侵襲者の基本的人権との関係では、無リスクに対する基本的人権が認められるわけではなく[93]、完全な安全性を保障することも不可能である[94]。技術革新を前提とする現代社会に不可避的に内在する残余リスクは社会全体で受容しなければならない[95]。このような理解は比例原則に抵触しない。尤も、この場合に適用すべき比例原則の具体的準則は存在せず、ドイツ学説では、技術限界基準（例えば、最善の危険防御・リスク配慮基準、現実的な最善の危険防御・リスク配慮基準）、認識限界基準（例えば、現実の認識基準、知的資源の限界基準）、リスクの重大性・蓋然性基準（例えば、具体的人間の一般的生命リスクの重大性基準、一定の影響の蓋然性基準）等の考え方があるが[96]、蓋然性の水準（未知のリスクの場合は潜在的懸念）によるべきものと考える。この蓋然性の水準決定は理論的に導くことはできず[97]、費用・便益考量を含む社会的コンセンサスの問題であり、予防する侵襲・損害が重大であればあるほど、蓋然性のレベルは低くて足るが、決定手続の制度的保障によって相当性が担保されなければならない。環境財との関

---

92) 大塚・前掲注（61）54頁；北村・前掲注（61）81頁；拙稿・前掲注（41）182頁。
93) Benda, E., Technische Risiken und Grundgesetz, ET 1981, 869.
94) Murswiek, D., Restrisiko, in : Kimminich, O./Lersner, H. F./Storm, P-C. (Hrsg.), Handwörterbuch des Umweltrechts, 1719 (1994).
95) Marburger, S., Das Technische Risiko als Rechtsproblem, Bitburger Gespräche Jahrbuch 1981, 44；Ossenbühl, a. a. O. (Fußn. (18)), 46.
96) 拙稿・前掲注（41）180頁以下参照。
97) Breuer, R., Gefahrenabwehr und Risikovorsorge im Atomrecht, DVBl. 1978, 837.

係でも、前記の如く価値基準に不明確性はあるが、考え方の基本的な枠組みは変わらない。

V 結　語

　わが国の予防原則論はドイツの予防原則に由来するといわれる国際環境法上の予防原則あるいは同じくドイツの予防原則に由来するとする説が多いEUの予防原則の影響を強く受けたが、わが国ではドイツ法における「危険」、「危険防御」の概念がなかったから、ドイツの予防原則が射程が限定される危険防御を超える管理領域の拡大を目指す戦略的・政策的牽引力として機能したのに対して、法律の留保との関係では「ゼロからの出発」として公害法・環境法の体系化が意図された。このため、予防原則は環境管理水準を高度化する必要性を強調する意味はあるが、その射程範囲は未然防止原則で説明することも可能であり、敢えて未然防止原則と予防原則を並置する法的実益は希薄であった。ドイツの予防原則論で注目すべきは、予防原則の展開と並行して、従来の危険領域を国家機関に拘束的に作用する領域に変質させる解釈論が展開され、確立した点である。わが国では、環境保護立法あるいは環境管理基準設定が後手に回ったことにより、負の遺産を増大させた例は少なくないが、現時点では、立法・行政の不作為を理由とする国家賠償請求は一定の条件のもとでは許容されるものの、基本権保護義務論は消極説が多く、損害発生の予防を目的とする立法措置を求める訴訟制度も熟していない。それ故、未然防止と予防原則を拘束的射程と裁量的射程に再編し、環境管理の裁量的射程の拡大を目指す予防原則を強調する反面で、環境管理における国家の拘束的領域を認識することが重要である。

第3章 環境法の基本理念と原則

9 環境法における費用負担
―― 原因者負担原則を中心に

大塚 直

I はじめに――汚染者負担原則と原因者負担原則

1 OECD の汚染者負担原則（Polluter-Pays-Principle PPP）

OECD は 1972 年には「環境政策の国際経済面に関するガイディング・プリンシプルの理事会勧告」[1]を出し、1974 年には「汚染者負担原則（PPP）の実施に関する理事会勧告」を出した。これらは、外部不経済の内部化の観点から、受容可能な状態に環境を保持するため、汚染防止費用に関して汚染者に支払いを求めるものであった。そこでは、第1に、内部化により希少な環境資源を効率的に配分し、最適汚染水準（汚染防止費用と（広義の）環境損害の和を最小化する水準）を実現すること、第2に、補助金の禁止により国際競争に歪みを生じさせないことが目的とされていた。

なお、汚染者負担原則における「負担」とは、第1次的負担であり、それを他者に転嫁することは禁止されていない。また、この勧告が、OECD 加盟国の国内環境政策の国際的側面に関わるものであり、国際関係の越境損害等をカバーするものではないとしていたことも注目されるべきであろう。

2 日本版の汚染者負担原則

これに対し、わが国の汚染者負担原則の考え方は2つの点で異なっていた。第1は、事後的な費用も含めて用いられたことである。事後的な被害者

---

[1] OECD, Recommendation of the Council on Guiding Principles concerning International Economic Aspects of Environmental Policies, C (72) 128, 1972.

救済費用について、1969年には公害に係る健康被害の救済に関する特別措置法が、1973年にはこれに代わり公害健康被害補償法が、損害賠償の支払いの前払いとしての性格を持つ行政制度を導入した（これらは、公害対策基本法21条2項に基づくものであった）。また、事後的な原状回復費用について、1970年に公害防止事業費事業者負担法が制定された[2]。第2は、この原則が経済学の原則（効率性の原則）というよりも、公害対策の正義と公平を図るための原則として捉えられたことである。すなわち、わが国における汚染者負担原則は法的性格の強いものであったのである。この考え方によると、OECDのPPPの最適汚染水準の考え方は直ちには受容し難いこととなる。

第1点の背景には、汚染防止費用と（事後的な）損害とは密接不可分であり、ストック汚染も元を正せばフローとしての汚染の集積であるという考え方が、第2点の背景には、環境を悪化させた者が、その浄化もせず、また損害賠償を支払うこともなく利益を得ることは正義に反するという考え方があった。

このような日本版PPPの考え方は、1976年に出された、中央公害対策審議会費用負担部会答申（「公害に関する費用負担の今後のあり方について」）に示されている。

ちなみに、OECDのPPPが対象を汚染防止費用に限定していた理由としては、個々の汚染者の排出負荷と汚染による損失との直接的な因果関係を証明するのが困難であること、事後的に損失を回復するよりも事前に回避する方が経済的であることなどが考えられる。なお、この時期のOECD勧告では、工場からの排出物質による大気や水質の汚染のような典型的な公害が念頭におかれていたとみられる。

---

[2] 本法は原因者負担を基本としつつ、それをやや広げた性格の負担金として立法化された。下水道事業のように受益者負担に近いものも含まれている（2条2項4号）。また、事業が公害防止機能以外の機能をもつ場合は減額され、それ以外でも、「当該公害防止事業に係る公害の原因となる物質が蓄積された期間等の事情」を考慮して減額され、減額分については公共負担となる（4条2項）。

3　環境基本法における費用負担の規定

　1993年に制定された環境基本法もまた、費用負担に関する明確な定めをおいていないが、関連するいくつかの規定を有する。

　第1に、国・地方公共団体が公害又は自然環境の保全上の支障を防止するための事業を行う場合における原因者負担の規定（37条）、国・地方公共団体が自然環境の保全が特に必要な区域についてのその保全のための事業を行う場合における受益者負担の規定（38条）がみられる。共に行政が事業を実施する場合に限った規定である。この種の原因者負担の規定は公害対策基本法の頃から存在するものであるが、事業と原因の因果関係についてより明確なものを求める規定に変わっていることが注目される。受益者負担については公害対策基本法にはなかったが、自然環境保全法及び自然公園法で既に定められていたものを環境基本法に取り入れたに過ぎない。

　第2に、事前の汚染防止費用に関する汚染者の負担については、環境の保全上の支障を防止するための規制措置に関する規定（21条）、経済的負担を課する手法に関する規定（22条2項）がおかれているほか、事業者の責務についての規定（8条）がみられる。経済的負担を課する手法についての規定が入れられた点は新しい動きであった。また、事業者の責務の中で、廃棄物に係る製造者等の責務が定められており（8条2項・3項）、後に循環型社会形成推進基本法（循環基本法）で規定される拡大生産者責任（Extended Producer Responsibility　EPR）の考え方の一部が先取りされていたとみることができる[3]。

　第3に、環境の保全に関する施設の整備その他の国による事業の推進等（23条以下）、国による助成（22条1項）についての規定にみられるように、公共負担に関連する定めもおかれている。また、国が地方公共団体の環境保全施策の費用について、財政上の措置を講ずるよう努める定めもおかれている（39条）。もっとも、環境基本法はどのような場面で公共負担が行われるべきかについて明確に定めているわけではない。

---

[3]　すでに1991年にはドイツで包装廃棄物法規命令が定められており、拡大生産者責任の考え方は立法化されていた。環境基本法8条もそのような国際的な動向の中で規定されたものといえよう。

このように環境基本法自体には費用負担についてそれほど明確な規定があるわけではないが、経済的負担を課する手法の規定が導入されたこと、拡大生産者責任の考え方の一端がうかがわれる規定が導入されたことに、公害対策基本法とは異なる特色を見出しうる。

4 用語、分類について

あらかじめ、用語、分類について2点指摘しておきたい。

(1) 第1は、上記のように、環境基本法では、原因者負担、受益者負担の語を、行政が事業を実施する場合に限定して用いており、これは行政法学上の原因者負担等と同様であるが[4]、環境法の費用負担において原因者負担（汚染者負担）、受益者負担という語は、行政が事業を実施する場合に限定されず、規制の結果被規制者に生ずる汚染防止費用の負担を含めて、より一般的な原因者ないし汚染者、受益者の負担が問題とされている。費用負担全般を論じる際にはこのような広い意味で原因者負担、受益者負担の語を用いる方が適切であると考えられるため、本稿においてもそのような用語法を用いることとしたい。

(2) 第2に、汚染者負担と原因者負担の用語をどう用いるかという問題もある。

汚染者負担原則については、ドイツでは、原因者主義原則（Verursacherprinzip）と呼ばれる。この原則においては、①行政庁の命令や差止請求を含む行為（責任分担）自体も問題とされること、②この原則はPPPとは異なり法的原則として位置付けられることの2点において、PPPとは区別されている[5]。①については、行為（責任分担）が要求されれば、費用負担も伴うものであることは一般であるから、この点に着目すれば、汚染者負担原則

---

4) 一般に行政法学上の原因者負担（一般的制度として確立されるには至っていない）としては、公共事業の実施が必要となった場合についての議論がなされており（原田尚彦『行政法要論（全訂第7版補訂版）』（学陽書房、2011）264頁、阿部泰隆『行政の法システム（下）（新版）』（有斐閣、1997）491頁。例としてあげられるものも、河川法67条、道路法58条などその種のものである）、環境基本法37条・38条もそのような系譜をもつものといえる。
5) ドイツ法の状況について、松村弓彦『環境法の基礎』（成文堂、2010）107頁参照。

と同様の発想に立つことになる。

　他方、②については、汚染者負担の用語が元来は経済学的発想で用いられ、どうしてもOECDのPPPが想像されることが多いことから、――経済学的な発想の重要性は肯定しつつも――、これを環境負荷に対する正義と公平の原則、すなわち、法的原則として捉えるときには、別の用語を用いる必要性があろう。

　このような観点から、本稿では、用語の混乱を避けるため、費用負担を法的に問題とするときは、原因者負担の語を用いることにしたい。具体的には、汚染防止費用とともに原状回復や被害救済という事後的な費用の負担を含むこと、正義と公平の原則であり、経済学的な最適な汚染水準を求めるものではないことの2点を原因者負担の概念に含ませておきたい。これは、とりもなおさず日本版PPPであり、わが国には定着してきた考え方といえよう[6]。ドイツ法のように、行為（責任分担）に着目するときは、「原因者主義」と呼ぶのが適切であろう。行為の結果を含め、費用負担に着目することは、わが国の環境政策では1970年代から行われてきたのであり、このような伝統は軽視すべきでないと思われる。

　なお、PPPが事後的な費用を対象とすることについては、例えばEUでは、2004年の環境損害責任指令[7]で修復費用（原状回復費用）について認められるに至っており、日本版PPPは世界に先駆けてこの点を主張してきたと見ることもできないわけではない。

5　環境法における原因者負担の5つの性格

　このような広い意味で原因者負担を捉えた場合、原因者負担には次の5つの性格のものが含まれている[8]。このうち③が環境基本法ではじめて導入されたものである。

　①　損害賠償それ自体、またはその前払いないし立替払い（大気汚染防止

---

[6]　経済学者の中でもこれを「応因原理」を具体化したルールとして評価するものも表れている（除本理史『環境被害の責任と費用負担』（有斐閣、2007）40頁）。
[7]　2004/35/EC（OJ L 143,30.4.2004,p.56.）。
[8]　安本典夫「汚染者負担原則」『ジュリスト増刊・行政法の争点（新版）』（1990）259頁に追加した。

法25条、水質汚濁防止法19条、公害健康被害の補償等に関する法律。事後的費用負担）
② 行政規制の結果として生ずる費用負担（環境基本法21条、各種規制法。事前的費用負担の場合も事後的費用負担の場合もある）
③ 経済的負担を課する手法を採用した結果として生ずる費用負担（環境基本法22条2項。事前的費用負担が多い）
④ 公共事業にあたっての原因者負担（環境基本法37条、公害防止事業費事業者負担法における殆どの事業。事後的費用負担）
⑤ 事業者の社会的責任に基づく負担（公害健康被害の補償等に関する法律の予防事業、公害防止事業費事業者負担法における緩衝緑地設置事業、廃掃法の原状回復基金。事後的費用負担が多い）

筆者はかつて環境法における原因者負担原則を含めた費用負担の個別的事例について、環境基本法の前後を分け、網羅的に詳述したことがある[9]。本稿では費用負担の個別的事例のリストアップについてはそちらに委ね、原因者負担原則の根拠（Ⅱ）、原因者概念の拡大（Ⅲ）、原因者負担の強化（Ⅳ）、原因者負担原則と他の負担方式との関係（Ⅴ）、原因者負担原則適用に際しての問題（Ⅵ）について触れ、最後に課題と展望について述べることにしたい（Ⅶ）。

Ⅱ 原因者負担原則の意義・根拠と、OECDのPPPの修正

1 原因者負担原則の意義

原因者負担原則とは、受容可能な状態に環境を保持するため、汚染防止費用のみでなく事後的な費用についても、原因者に支払いを求めるものである。汚染防止費用としては、規制基準の遵守、有害物質の含有禁止等に係る費用、環境税が含まれる（上記の②と③）。事後的な費用としては、修復・原状回復について、地下水質浄化の措置命令、廃棄物の不適正処理の支障等除

---

[9] 大塚直「環境法における費用負担」三田学会雑誌96巻2号（2003）63頁、同「環境法における費用負担」植田和弘＝山川肇編『拡大生産者責任の環境経済学』（昭和堂、2010）260頁。

去の措置命令の遵守費用、さらに公害防止事業費事業者負担法による負担（上記の②と④）、被害救済費用として公害健康被害補償制度に基づく汚染負荷量賦課金（上記の①）などがあげられる。

原因者負担原則は環境法の基本原則の1つであるが、原因者負担主義を規定するドイツの環境法典草案（2008年12月4日草案1条2項4号）以外にも、EUではEU設立条約において「原則」と明記されており（174条2項）、フランス環境法典（110-1条Ⅱ.3.）においても同様である。これらの影響を受け、わが国でも、環境法の基本原則が語られることが少なくないが、そこでいう「原則」とは何か。

「原則」と「ルール」に関するDworkinの区別によれば、「ルール」とは、特定の事実に対して直ちに特定の法的解決を導くものであるのに対し、「原則」とは、必ずしも法文に表れていない法的な提案であり、実定法が従うべき一般的な志向や方向性を示すものである。「原則」は、全か無かの一義的な適用がなされるものではなく、裁判所には特定の解決を支持する理由を与えるにすぎないものであり、厳密な意味での法的拘束力はない。「原則」は「ルール」の形成に影響を与える[10]。

この見解は種々の批判を受けてはいるが、環境法の基本原則について議論される際にも、その骨格については支持するものが多い[11]。原因者負担原則（汚染者負担原則）も、上記の「原則」としての一般的な意義を有するのであり、その意味では、基本原則をすべての問題に適用される法的拘束力のあるものと理解するのが誤っていると同時に、基本原則を効力のない無意味なものと理解するのも賢明ではない。原因者負担原則は、特に立法者に対する指導指針としての意義を有するであろう。原因者に対して法的に具体的な義務を課するには、個別の法的根拠が必要となることはいうまでもない。

なお、原因者負担原則（ないし汚染者負担原則）は、先進国を中心として国内の環境政策として用いられているものである。国際文書においては、リオ宣言第16原則に定められているほか、OSPAR条約、油濁事故対策協力

---

10) Dworkin, Taking Rights Seriously, 1977, p.24.
11) de Sadeleer, Environmental Principles from Political Slogans to Legal Rules, 2002, p.307：Verschuuren, Principles of Environmental Law, 2003, p.144.

(OPRC）条約、残留性有害汚染物質に関するストックホルム条約等に規定されているが、国際慣習法上の原則かについては見解が分かれ、未だ確立しているとは言い難い[12]。

2 原因者負担原則の根拠

ドイツの環境法学者であるクレッパー（Kloepfer）によれば、原因者主義（原因者負担）原則の根拠として、(a) 経済学的・目的合理性、(b) 規範的・社会倫理学的合理性、(c) 環境政策的合理性、(d) 規範的・法的合理性をあげている[13]。原因者負担原則の根拠も同様に考えてよい。

ここでクレッパーのいう (a) は経済的効率性、(c) は環境保全の実効性、(b) と (d) は公平性の問題であると考えられる。(c) に関しては、原因者負担が最も適切であると考えられる[14]。原因者が汚染防止費用を支払えば汚染を最小化（未然防止）できるし、後に自ら修復（原状回復）しなければならないことが明らかであれば予め汚染をしないように注意を払うのが合理的な行動となるからである。また、(a) に関しては、汚染防止費用[15]については原因者主義が最も効率的である（OECDの汚染者負担原則参照）。また、(b) と (d) の公平性に関しては、原因者負担が非常に有力であるが、唯一の方法というわけではない。クレッパーにおいても、(b) に関しては、分配の公正についての社会福祉国家的理解から、原因者の経済的能力についての配慮が必要であること、(d) に関しては、警察法、租税法、民事法の帰責原理を排除するものではないことが指摘されている。もっとも、民事法では――過失が必要であることが多いものの――原因者負担が原則であるし、

---

12) なお、国家を汚染者として捉え、国際法上の国家の環境損害に対する責務をPPPから導き出すことは、従来行われてこなかった（奥真美「汚染者負担原則（Polluter Pays Principle）」環境法政策学会編『温暖化防止に向けた将来枠組み』（商事法務、2008）112頁）。また、国際紛争でPPPが問題となった例について、鶴田順＝久保田泉「『汚染者負担原則』の法過程的分析」季刊環境研究138号（2005）134頁。
13) Kloepfer, Umweltrecht, 2. Aufl., 1998, S.179.
14) なお、クレッパーにおいては、例外的に、原因者が多数存在したりする場合にはこの原則を貫徹することが困難であることが指摘されている（Kloepfer, supra note 13).）。
15) これに対して、事後的な費用については経済的効率性と明確な関係はないとみられる。

警察法でも状態責任と行為責任は並立するものの行為責任も重視されているから、原因者負担は、経済的能力について配慮する限り、重要な位置を占めることは間違いない（これに対し、租税法の分野では、租税公平主義が原因者負担と軋轢を生む可能性がある）。このようにみると、原因者主義は大局的には最も有力な原則であり、原因者負担原則が優先されるべきことが明らかになったといえよう。

特に (c) と (a) については、原因者負担原則は、他の負担方式を圧倒する根拠を有していると考えられる。

3 OECD の PPP の修正

冒頭に OECD の汚染者負担原則 (PPP) について触れたが、この概念はその後修正を経ている。汚染者負担原則は、原因者負担のうち汚染防止費用に限った経済学的な原則といえるのであり、その帰趨は原因者負担原則にも大いに影響を与える。そこで、この点に若干触れておくと、次の3点を指摘することができる。

第1に、1992年の OECD のモノグラフ[16]では、輸送や消費に関連する汚染について誰が汚染者であるかを決めるのは、工場からの汚染に比べて難しいとされ、経済効率や行政上の便宜を考えると、「汚染を実際に排出する者ではなく、汚染の発生に決定的な役割を担う経済主体を汚染者とした方が適切な場合が時としてある」とされるのである。その例としては、自動車メーカー[17]や農薬の製造者があげられている。これは、「汚染者」の概念が OECD の文書の中でも拡大し始めたことを意味している。このような流れは後に拡大生産者責任（EPR）の発展となって現れることになる（後述する）。第2に、EU に関しては環境損害責任指令について既に触れたが、OECD においても、1991年の「環境政策における経済的手法の活用に関す

---

16) OECD, The Polluter-Pays Principle OECD Analyses and Recommendations, 1992, p.7.
17) 損害賠償についてではあるが、大気汚染の被害者が自動車メーカーを相手に賠償請求をしたわが国の東京大気汚染訴訟判決（東京地判平成14・10・29判時1885号23頁）もこの点に関する論点を含んでいる（大塚直「東京大気汚染第1次訴訟第1審判決」判タ1116号（2003）31頁以下参照）。

る理事会勧告」において、汚染者負担原則の適用範囲に汚染損害の費用が含まれることとなった[18]。このような傾向はその後も維持されている[19]。部分的にではあるが、EU や OECD の PPP の適用対象はわが国の原因者負担に近づいてきたといえよう。第3に、OECD に限った点ではないが、汚染者負担原則のピグー的理解、すなわち、最適汚染水準を汚染防止費用と（広義の）環境損害の和を最小化する水準とする考え方については、汚染によって生ずる環境損害についての算定が困難なため、最適汚染水準を導き出すことが不可能である点が指摘され、ボーモル＝オーツ税[20]にみられるような外生的基準（例えば、環境基準及びそれと一体となった排出基準を想定されたい）に依拠して汚染防止費用を最小化することを目的とする制度設計をする考え方が有力になってきている。この点はテクニカルな算定困難性に基づくものであるが、汚染者負担原則についての経済学的理解が修正されてきたものとみることもできる。

III 原因者概念の拡大

わが国では、90年代半ばから、2つの点で原因者概念が拡大してきた。特に第2点が重要である。

1 産業廃棄物の排出事業者責任の強化

第1は、2000年の廃掃法改正で導入された、産業廃棄物の排出事業者責任の強化である。排出事業者は「産業廃棄物について発生から最終処分が終了するまでの一連の処理の行程における処理が適正に行われるために必要な措置を講ずるように努めなければならない」（現12条7項）という一般的な注意義務を前提としつつ、一定の場合には、適法な委託をしていても処理業者等の不適正処理の際に排出事業者に対して措置命令を出すことができるようになった。ドイツの循環経済廃棄物法と同様に、許可業者に委託をしても

---

18) OECD,Recommendation of the Council on the Use of Economic Instruments in Environmental Policy, C（90）177/FINAL,1991.
19) わが国の文献として、奥・前掲注（12）106頁参照。
20) Baumal & Oates, The Theory of Environmental Policy, 2nd ed., 1998.

公法上の処理責任は残るとしたことになる。この場合の排出事業者は間接的な原因者と位置付けられているといえよう[21]。

2 拡大生産者責任 (EPR) の発展

第2は、廃棄物リサイクルの分野での拡大生産者責任 (EPR) の発展である[22]。

EPR とは、2000 年の OECD のガイダンスマニュアルによれば、「物理的及び／又は金銭的に、製品に対する生産者の責任を製品のライフサイクルにおける消費後の段階まで拡大させるという、環境政策アプローチである」[23]。このような考え方は、1991 年のドイツの「包装廃棄物の発生抑制に関する法規命令」ではじめて導入された。その後 EPR は、OECD においても、環境配慮設計 (Design for Environment DfE) の促進と、それによる総合的な廃棄物最小化の実現のための一手法として、1994 年から検討されてきた。そこでは、拡大生産者責任論は、「廃棄物の最小化」を経済面、環境面の双方から効率的に実現する手法として位置づけられており、その背景には、消費後の製品のリサイクル・処理の責任を自治体から民間へ移行する政策がある。拡大生産者責任論の目的は、①外部不経済（外部性）の内部化のために、製品のライフサイクルにおける環境影響に関して生産者に対し適切なインセンティブとシグナルを与えること、②わが国の一般廃棄物にあたるものについて民営化を進めることにある[24]。

EPR と、原因者負担原則ないし汚染者負担原則との関係については議論があり、詳しくは後述するが、ここでは、OECD においては、生産者は、原因者の概念に包含され、EPR は汚染者負担原則の派生原則と捉える考え方が採用されていることを触れるに留める。上記のように、1992 年に出さ

---

21) この改正の法的な説明については、大塚直「産業廃棄物の事業者責任に関する法的問題」ジュリ 1120 号（1997）40 頁以下参照。
22) この点について、詳しくは、大塚直「環境法における費用負担論・責任論——拡大生産者責任 (EPR) を中心として——」城山英明＝山本隆司編『融ける境・超える法5』（東大出版会、2005）113 頁、同「リサイクル関係法と EPR」環境法政策学会編『リサイクル関係法の再構築——その評価と展望』（商事法務、2006）17 頁以下参照。
23) OECD, Extended Producer Responsibility, 2001, 1.4.

れた OECD のモノグラフによれば、汚染者概念の動揺ないし拡張がみられ、このような傾向は、その後の EPR 概念の発展とも平仄が合っているとみられるのである。さらに、EPR の考え方は、上記の②の点に着目すれば、公共負担から原因者負担への移行を図るものとみることができよう。

このような EPR の考え方はわが国においても導入された。容器包装リサイクル法、家電リサイクル法、自動車リサイクル法のほか、特に循環型社会形成推進基本法（2000年）にその一般的な規定が入れられたことが注目される（11条、18条3項など）。

Ⅳ　原因者負担の強化——環境基本法制定後

環境基本法制定の後、わが国の環境立法は文字通り爆発的に行われてきた。その中で注目されるのは原因者負担の強化である。以下では、その例をあげておきたい。

事後的な費用に関して、規制による原因者負担（→Ⅰ5②）を命ずるものとしては、1996年の水質汚濁防止法改正による特定事業場の設置者（ただし、その者が、地下浸透時に設置者であった者と異なる場合には、地下浸透時に設置者であった者）に対する地下水浄化の措置命令の規定の導入、2002年の土壌汚染対策法制定による原因者[25]に対する措置命令の規定の導入が重要である。他方、1999年に制定されたダイオキシン類対策特別措置法は、公害防止事業費事業者負担法と関連させることにより、公共事業を行った上

---

24)　もっとも、上記の 2000 年のガイダンスマニュアルのように、「実施責任（物理的責任）」と「金銭的責任」を対等のものとみる立場が適切かについては議論のあるところである。OECD の以前の議論においては金銭的責任を第一義的に捉えていたのであり、ガイダンスマニュアルがわが国をはじめ各国の制度を是認することに意を砕くことにより、原則を捻じ曲げている嫌いがみられるからである。ガイダンスマニュアルにおいても、外部性の内部化を通じて製品の設計に影響を与えなければならないことが指摘されており、そのためには、実施責任よりも、金銭的責任を第一義的なものと見るべきであろう。完全に他から費用を支払われた上で独占的に実施責任を果たす（リサイクルをする）制度（金銭的責任抜きで実施責任のみを果たす制度）では拡大生産者責任論の目的を達成することはできないと考えられる。
25)　土地所有者等も措置命令の対象となるが、土地所有者等が汚染の除去等を行った場合には、一定の要件の下に原因者に求償することができる仕組みとなっている（同法8条）。

での原因者負担（→ I 5 ④）を定めている。ダイオキシン類の場合には、リスクの広がり、大きさ、社会的関心の高さから、公共事業とする必要性が特に高かったと解することができよう。

他方、経済的負担を課する手法による原因者負担（→ I 5 ③）としては、2001 年からは、電気自動車、メタノール車等のいわゆる低公害車、低燃費車について、自動車税、自動車取得税の税率を軽減し、環境負荷の大きい車齢 11 年超のディーゼル車、同 13 年超のガソリン車の自動車税の税率を重課する「税率差別制度」が用いられた（地方税法における自動車税制のグリーン化）。地方自治体でごみ処理の有料化等を導入するところも増加しているし（これは受益者負担とみることも可能である）、新たな環境税の導入もみられる。多くの県で産業廃棄物税が導入されているし、東京都杉並区では 2002 年にレジ袋税に関する「すぎなみ環境目的税条例」が定められた（ただし、2008 年に「杉並区レジ袋有料化等の取組の推進に関する条例」が制定されると同時に廃止された）ことが注目される。これらは公害対策基本法の時代にはなかった特色である。そのうち、ごみ処理料金の有料化の進展は、公共負担から原因者負担への移行を示すものとみることができよう。

V 原因者負担と他の負担方式との関係

原因者負担と他の負担方式との関係としては、原因者負担と受益者負担、土地所有者等の責任の関係、原因者負担と公共負担の関係、原因者負担原則と EPR との関係について触れることにしたい[26]。

1 原因者負担と受益者負担、土地所有者等の負担

OECD の PPP において「受容可能な状態に環境を保持する」ことがその

---

26) なお、除本・前掲注（6）37 頁は、費用負担について、応能原理、応益原理、応因原理、応責原理の 4 つの原理をあげる。大変興味深いが、応能原理はそれだけで独立して用いられるものではないこと、応責原理の「責任」の意味が「責任ある関与」として多義的な用い方がされていること（トラスト型の自然保全運動のような市民の自発的費用負担も「応責原理」によって基礎づけられている。同・196 頁）に若干の問題を見出すことができる。なお、応益原理は受益者負担、応因原理は日本版 PPP に対応するとされる。

目標にされていたこと、さらに、この受容可能なレベルが、その後、ボーモル＝オーツ税において外生的基準として把握されるようになったことからも示されているように、原因者負担は、汚染ないし環境負荷を、行政が決める一定の基準以下に抑えるために用いられる。これに対し、①行政が決める一定の基準を超えてさらに積極的に環境保全をする場合には、原因者負担は問題とならない。そこでは、受益者負担（公共負担の場合もある）が問題となる[27]。水道水の高度処理の費用負担、河川の上流の森林地域の荒廃のケースにおける下流地域による森林整備の費用負担などはこのケースである。自然保護についても、受益者負担ないし公共負担が問題とされてきた[28]。受益者負担のほかのケースとしては、②公共事業によって一定の者が特別の利益を得る場合があげられる。これは環境基本法38条が定めるところである。さらに、③原因者との因果関係が不明確な場合にも受益者負担を適用すること

---

[27] 原因者負担を受益者負担の一形態とする見解もあるが、両者はこの点で異なっている。さらに、PPP（ないし原因者負担）と受益者負担をともに「特別の利益」によって根拠づける見解（植田和弘『環境経済学』（岩波書店、1996）19頁以下）については、そうであれば、原因者負担に基づいて負担すべき額は「特別の利益」の大きさによって規定されるべきであるが、環境破壊のケースで「特別の利益」の大きさと、環境破壊によって生じた被害の大きさ（そしてそれに応じた事後的対策の費用）が一致する保証はないとする批判がなされている（除本・前掲注(6) 45頁）。正当な批判というべきであろう。

[28] なお、自然保護のための費用負担については、日本版PPPが中央公害対策審議会費用負担部会で出されたのと同じ1976年に、自然環境保全審議会自然環境部会の「自然保護のための費用負担問題検討中間報告」が出されており、そこでは、主に受益者（利用者）負担と公共負担との関係が議論された。同報告は、自然を、経済活動の資源であり、また、それ自体が豊かな人間生活の不可欠な要素である「価値物」とすることについて国民の合意が得られているとし、自然保護によって生じる各種の費用負担について、①保護を重視するものと、②生活の利便、産業開発を重視して開発を行うことに国民的合意が成立しうるものの2つにわけている。そして、①については、(a)対象となる自然がかけがえのないものであることに、国民または地域住民の合意が得られているもの（絶対保護の対象）と、(b)自然が貴重であるとしても、自然保護が人間活動の他の重要目標（海浜の埋立て等）と競合する場合に一定の限界を定めて活動を許容する、競合的選択をとるもの（相対保護の対象）とに分け、(a)と、(b)のうちの公共財的なもの（非排除性、非競合性を有するもの。灯台等）については「公共負担」とし、(b)のそれ以外のものについては「利用者（受益者）負担」とした。②については、「開発者が緑化復元、緩衝帯設置その他の環境保護に要する費用を負担し、例えば発電所の場合は、電力料金等を通じてその利用者が負担することが原則である」とし、「利用者（受益者）負担」の考え方がとられるとしている。

が是認される。後述の石綿被害救済の一部についてはこの考え方が用いられている。

また、土地所有者等の責任は、土壌汚染のように土地と関連する問題については問われうる。土壌汚染対策法の制定時の議論では、土地所有者等は、土地を所有・支配しているという状態責任を根拠として責任を負うと説明された。ドイツの伝統的な警察法において、状態責任が行為責任と並ぶ位置付けがなされていることが基礎とされているのである[29]。

もっとも、受益者負担及び土地所有者の負担は、環境法全体に関わる問題とはいい難く、基本的には、特別な場合に用いられる費用負担形式というべきであろう。

2　原因者負担と公共負担

他方、国や地方公共団体には、国民（住民）の健康を保持し、一定の快適な環境を維持する義務（その多くの部分を国家の基本権保護義務から基礎づけることも可能である）があるところから、環境保全費用を国・自治体が負担しなければならない場面がある（公共負担）。その中には、国・自治体が独自に環境保全等の措置を実施する場合と、他の者が行う環境保全等の措置に対して国・自治体が助成をする場合が含まれる。

しかし、環境政策においては、このような公共負担は、原因者（汚染者）負担との関係では、後者の方が優先するものと考えられている[30]（わが国では、上記の1976年の中央公害対策審議会答申参照）。原因者負担原則の根拠としてあげたところがその理由付けとなる。Ⅱ2 (a)～(d) の根拠を分析したところから示されるように、原因者負担原則は大局的には最も有力な原則であり、原因者負担が原則が優先されるべきものと考えられるのである。

とはいえ、例外的に公共負担が行われるべき場合はある。それは、どのよ

---

[29]　ほかに、廃掃法において土地所有者は、措置命令の対象の関与者に入りうるほか、同法の2010年改正により、不適正に処理された廃棄物を発見したときに土地所有者等に、都道府県知事又は市町村長に対する通報努力義務が定められた（5条2項）。不適正処理においては、土地所有者が不法投棄者と結託している例もないではなく、この改正により、土地所有者の責任を強化する契機を作ったことになる。

[30]　ドイツでも同様である。Kloepfer, a.a.O., S. 182.

うな場合であろうか。

OECD の 1972 年及び 74 年の理事会勧告によれば、①過渡的期間中の助成、②研究開発がこれにあたる。さらに、1991 年の「環境政策における経済的手段の利用に関する OECD 理事会勧告」では、③適切な再配分型賦課金システム[31]と組み合わせて行われる資金援助もあげている。これらは、主として、国際的に公正な競争の枠組作りという観点から、汚染者負担原則の例外を設けたということができよう。

一方、1976 年の上記の中央公害対策審議会答申によれば、公共負担原則が用いられるべき場合として、1) ナショナル・ミニマムの達成に必要な場合（一般廃棄物の処理を税金で行っている論拠とされている）、2) 短期間での対策が強く要請されている場合の過渡的措置としての助成、民間の重要な環境保全技術開発に対する助成、地域間格差の是正等特別な経済社会目標を達成するための施策に付随して行われる公害規制目的の助成といった例外的な公的助成の認められるべき場合、3) 原因者（汚染者）への追及が不可能（不明、不存在）な場合があげられている。

2) は OECD の①②と重なるが、1) と 3) は OECD にはない議論である。OECD が公正な競争の枠組を考えているため、趣旨が異なるのは当然であるが、それぞれについては問題が少なくない。1) は一般的には妥当であろう。しかし、一般廃棄物についてみれば、ごみ処理料金（環境負荷の費用）のうち一定部分はナショナル・ミニマムとしても、廃棄物減量の観点からそれ以上の部分については国民の負担を求める方向に転換すべきことが論じられるべきである[32]。3) については、「国民の生活の維持、民生の安定、不公平の是正、農漁業政策等の政策上の配慮等種々の観点から加害及び被害の態様にてらし個別に公費負担が妥当かどうかを判断」するものとされている。不法投棄や土壌汚染における原因者不明・不存在の場合の基金について正に現在問題になっている点であり、法的にも難しい問題であるが、一概に

---

31) これに関しては、大塚直「環境賦課金 (2)」ジュリ 981 号 (1991) 99 頁注 (19) 参照。
32) 例えば、大塚直「廃棄物減量・リサイクル政策の新展開 (4)」NBL631 号 (1997) 37 頁。

公共負担が適当であるとは言い難い。もっとも、このような場合に公共負担となることはありうるであろう（後述する）。これに、OECD のいう③適切な再配分型賦課金システムと組み合わせて行われる資金援助を 4) として追加しておきたい。

公共負担が適当な場合としては、上記の 1)～4) のほかにも、5) 国や自治体レベルでの環境汚染防止・環境保全が必要な場合、環境汚染・リスクが極めて広範囲にわたる場合、6)――5) と重なる場合もあるが――行政が決める一定の基準を超えて積極的に環境保全をする場合（この場合には、上記のように受益者負担となるときもある）、7) 緊急に環境汚染防止・環境保全対策が必要な場合（上記 2) と一部重複する）があげられる。また、8) 原因者の責任を法律制定前に遡及して認める場合には一定額については公共負担をすることが検討されるべきであると考えられる（もっとも、これら 8 つが公共負担のなされる場合を網羅的に扱ったものというわけではない。新たな問題の発生に応じて公共負担すべき場合が増加する可能性も否定できない）。

3 原因者負担原則と EPR の関係[33]

(1) 次に問題となるのが、原因者負担原則（汚染者負担原則）と拡大生産者責任の関係である。両者は、①汚染者負担原則は主として費用負担の問題

---

33) 拡大生産者責任論（EPR）における費用負担をどう捉えるべきかについては、経済学者等によって議論がなされている。倉阪秀史教授は、これについて、①応能負担、②応益負担（植田・前掲注 (27) 152 頁）、③最安価費用回避者論（大塚直「政策実現の法的手段」『岩波講座・現代の法 4－政策と法』（岩波書店、1998）206 頁）、④徴収費用最小化論、⑤副次的影響最小化論（山口光恒「我が国の廃棄物政策と拡大生産者責任（EPR）」三田学会雑誌 92 巻 2 号（1999）135 頁）、⑥物質資源効率最大化論（倉阪教授の見解）をあげているが（倉阪秀史「汚染者負担原則と拡大生産者責任に関する覚え書き」千葉大学経済研究 14 巻 4 号（2000）772 頁）、①のみを理由とすることは困難であるし、②については（そこで問題とされている広い意味の）受益が誰にあるかは市場のその時々の状況で異なってくるので制度設計になじまないと考えられる。④徴収費用最小化論は確かに制度設計において考慮されるべき事由ではあるが、中心的課題とはいい難いし、⑤副次的影響最小化論も制度設計における考慮事由ではあるが、これを中心的課題としたのでは拡大生産者責任論の本来の目的が達成されるとは限らないことになる。⑥物質資源効率最大化論については、傾聴に値するが、結局事前予防が必要ということのみであり、共益状態を超えて廃棄物の発生抑制やリサイクルが必要となった場合に法的義務の根拠となるかは疑問といわなければならない。

を扱っているのに対し、拡大生産者責任論は生産者への環境適合的製品設計のインセンティブの付与の目的が重視されていること、②汚染者負担原則は製造過程で排出される大気汚染、水質汚濁等を主に問題としているのに対し（廃棄物の分野では、産業廃棄物の排出事業者責任は正に純粋な汚染者負担原則の適用である）、拡大生産者責任論は主に廃棄物との関係で、製品のライフサイクル全体を捉えている点が異なっている。しかし、両者ともに、外部性の内部化を目的としている点では一致している。また、上記の2つの相違のうち、①については、汚染者負担原則も、当初より結果的に汚染防止のインセンティブを汚染者に与えるものであったし、90年代に入ってそれが事後的な費用負担にも適用されるに至り、このようなインセンティブ機能はEU等でも正式に認められてきているとみられる。その意味では①については、両者の間に本質的な相違があるわけではない。

さらに、前述のOECDのPPPの修正点の第1点と関連して、汚染者負担原則の「汚染者」概念を、単なる汚染者ではなく、「汚染の発生に決定的な役割を担う経済主体」（選択可能性、技術的能力、知識、情報が集中している者）に組み換えることが重要な課題となっているとみられる。上記の例との関係で図式的にいえば、産業廃棄物については、排出事業者がこのような経済主体であるのに対し、一般廃棄物のうち一定のものについては、生産者がこのような経済主体であるとみられるのである[34]。

(2) このようなOECDの議論を基礎とする考え方に対し、わが国の有力な経済学者においては、これとは異なる見解も示されている。細田教授と植田教授及びそれを継承する浅木准教授の見解について検討しておきたい。

① 細田教授の見解

細田教授は、適正処理を行っていれば外部不経済は発生しないとしつつ、

---

[34] これは、とりもなおさず、カラブレイジィの最安価費用回避者の考え方（Calabresi, & Melamed, "Property Rules, Liability Rules and Inalienability", 85 Harv. L. Rev. 1089 (1972)）〔ここでは、汚染や環境負荷を外生的基準（環境基準及びそれと一体となった排出基準的なもの）に適合させることを最も安価にできる者（最もコントローラビリテイのある人）は誰かというアプローチ〕であり、これによって汚染者負担原則と拡大生産者責任論の統一的理解ができるともいえよう。なお、ほかに、拡大生産者責任論とShared Responsibilityとの関係についての議論もあるが、ここでは立ち入らない。

EPR の目的を最終処分場の延命化におき、EPR を PPP とは異なる最適制御のための政策とする[35]。しかし、適正処理を行っていれば外部不経済は発生しないと見ることは必ずしも適切ではないであろう。

第1に、歴史的にみれば明らかなように、その当時に法律に従った適正処理が行われていても、当時見過ごされてきた有害物質（ダイオキシン類、石綿など）が後に問題となり、基準が設定または強化されたものは多い。

第2に、現在の最終処分場が——適正に処理されていても——天災の場合にせよそうでない場合にせよ、中長期的に汚染が漏出するおそれがないわけではない。すなわち、処分場の存在自体が外部性を生み出しているとも見られる。

第3に、さらに、廃棄物が質的・量的に処理困難なほど発生していること自体を外部性と見るべきではないかという問題があると考えるが、この点については後述する。

② **植田教授及び浅木准教授の見解**

植田教授は、生産者、消費者などの各経済主体が廃棄物問題を考慮することなく個別に意思決定を行った結果、社会全体として廃棄物問題が深刻化しているとし、生産者や消費者の私的費用と社会的費用の乖離を問題とし、このような社会を「分断化社会」と呼ぶ[36]。浅木准教授はこれを外部性と捉える。さらに、植田教授が、廃棄物についての公共経営による非効率的な対応を政府の失敗と見るのを受け、浅木准教授は、一般廃棄物にあたるものについて公共から民間への移転を図る EPR を「政府の失敗是正のための政策原理」であるという。また、浅木准教授は植田教授の議論を承継しつつ、生産者に費用支払をさせる EPR は、最安価費用回避者に支払いを求めるものであるとする[37]。

---

[35] 細田衛士『グッズとバッズの経済学』（東洋経済新報社、1999）43頁。
[36] 植田和弘『廃棄物とリサイクルの経済学』（有斐閣、1992）28頁・229頁。なお、同「書評 細田衛士著『グッズとバッズの経済学』」三田学会雑誌96巻1号（2003）127頁。
[37] 浅木洋祐「拡大生産者責任と汚染者負担原則」植田和弘＝山川肇編『拡大生産者責任の環境経済学』（昭和堂、2010）209頁。この点、私見（大塚・前掲注（33））と同じになる。

植田教授及び浅木准教授の議論においても、外部性の内容はPPPとは異なっているが、EPRを外部性の内部化のための議論と捉えている点はPPPと類似している。これに対し、細田教授においてはEPRは最適制御にとって適当かどうかを判断しつつ実施されることとなり、この考え方によれば、EPR自体が独立した理念とはなりえないであろう。

③ 展　望

ではどう考えるべきか。

EPRの導入時期は、容器包装、家電、自動車のように、処理困難な質及び量の廃棄物が発生し、自治体が処理できずに悲鳴を上げ、自治体を含めた社会における早急な対処・考え方の転換が求められた時期であり、この状態が外部性を表すものであったと見られる。このような状態が発生した有力な原因が分断化された社会にあったことも事実であり、この指摘は重要である。しかし、分断化された社会という一般的なものを外部性と見るときは、外部性の概念を非常に広げることにならないか、あらゆる社会で類似の問題があるのではないか、という疑問も生まれるであろう。外部性は、分断化された社会自体にあるのではなく、「廃棄物が質及び量の点で処理困難なほどに発生し、放置すると環境負荷を生ずることを含め、製品の原料の採取から製品の廃棄等に至る製品のライフサイクル全体において発生する環境負荷」によって惹き起こされる費用（不経済）を外部不経済というべきであろう。このような「環境負荷」としては、天然資源の採掘における環境負荷、輸送における環境負荷、工場生産における環境負荷、製品の販売の際の環境負荷、製品廃棄・処理・リサイクルの際の環境負荷等があり[38]、その中に、廃棄物が質及び量の点で処理困難なほどに発生し、放置すると生ずる環境負荷も含まれると考えられる[39]。これらを外部性とみるときは、OECDのガイダンスマニュアルとも整合するし、植田＝浅木説の核心部分とも整合するのではないか。さらに、この考え方によれば、EPRはPPPの派生原則と構成することが可能である[40]・[41]。

---

[38]　OECD, supra note（23）.
[39]　除本・前掲注（6）198頁は「自らの製品による環境被害の発生を防ぐ責任」であるとする。

(3) 以上の点を要約すると、費用負担については原則として原因者負担を優先するが、上記の8つの場合（必ずしも網羅的なものではない）は公共負担とすること（なお、行政費用は公共の事務として行われる以上、公費負担となる）、受益者負担は、行政が決める一定水準を超えて積極的に環境保全をする場合に用いられることを指摘できる。

40) なお、EPRと公正性との関係については議論がある。EPRは、環境配慮設計（DfE）にとって能力・情報を最も有している生産者に費用負担（支払）をさせるのが適当である（したがって、携帯電話の通信業者は携帯電話の組成、材質等の選択に影響力がない限り、EPRの対象とはならない。これに対し、容器の中身の充填業者は、組成、材質等の選択に対する影響力が強く、特定事業者とされている）というところから、効率性が最大の根拠であり、公平性については、他の原因者が存在するという点で、原因者であるという側面からだけで生産者に責任を課することには課題が残るとする指摘がある（浅木・前掲注（37）302頁）。この点は支持できる面もあるが、次の主張を追加しておく必要があろう。第1に、生産者はその物を作り市場において販売した点で環境負荷の原因を作ったのであり、この行為がなければその後の問題を発生させることはなく、いわば根本的な原因を作り出したといえることである。したがって、EPRの最大の根拠が効率性にあることは否定できないが、公平性とも大いに関連はしている。第2は、上記のように、原因者自体、公平性を満たす唯一の責任者ではなく、そもそもPPPのみが公平性を満たすわけではないことである。第3に、EPRによる生産者の負担は、第1次的負担であり、最終的負担の在り方については市場が決することである（この点は、通常の原因者負担についてもいえる）。
41) もっとも、植田教授、浅木准教授も指摘するように、不法投棄は廃棄物リサイクルの分野での最大の外部性であり、これにどう対処するかは重要な問題である。外部性の内部化という点のみに着目するときは、製品を製造し販売した以上、それが不法投棄されることとも関係があるから、EPRによって不法投棄対策費用を生産者に支払わせ製品価格に上乗せすることによって、外部性の内部化を図るという議論も成り立ちえなくはない。しかし、OECDガイダンスマニュアルは不法投棄についてはEPRの対象としていないし、不法投棄は別の行為者によって行われるため、生産活動とは関連性が少ないし、製造者には環境配慮設計（DfE）等環境負荷の少ない製品の製造についての能力、情報を有しているというEPRの本質と、不法投棄の発生とはおよそ関係がないといわざるをえない。大気汚染や水質汚濁についてのPPPが問題となる事例では、工場は、廃棄物製品における生産者・消費者（排出者）・不法投棄（排出）者のすべてにあたるのであるが、廃棄物リサイクルの分野ではこれらが分離し、特に不法投棄者は製品の製造販売の市場とは異なる場（市場ともいえる）で活動するため、これらを一体化できないという問題があるのである。以上を前提とすれば、不法投棄による外部性は、EPRの扱う外部性から除外することになろう。

VI 原因者負担原則適用に際しての問題

既に紙幅も尽きた。原因者負担原則適用に際しての問題を3つあげておきたい。

1 原因者負担と自主的取組

原因者負担に関する規制緩和や「自主自責」という方向性については、環境問題の責任を拡散させ、解決の方法を曖昧にするものであり、被害を甘受すべきであるとの主張へつながりかねないと批判されている[42]。EPRとの関連で例をあげると、パソコン回収リサイクル、二輪車回収リサイクル、消火器回収リサイクル等、自主的取組によってそれが実現されている例は少なくない。しかし、パソコン回収リサイクルシステムの回収率が1割に満たないように、必ずしも成功していないものも多い（消火器の回収リサイクルは有償引取であるが、新品については前払い方式を採用し、廃消火器の回収率は2011年上半期には56.8％に達しており、成功した例といえる）。このように自主的取組については成功するかはケースバイケースとなってしまう。自主的取組の問題点としては、①取組を法的に担保できないこと、②履行の状況についての正確な情報が得られにくいこと、③フリーライダーが発生することを抑制しにくく、当事者間の不公平を招くことなどがあげられる。原因者負担の徹底や、公平性の確保のためには法制化が必要であり、徐々に法制化をしていくことが望ましい。ただし、産業界は規制に対処する費用がかかることを嫌う傾向があり、自主的取組で履行を確保できるかについて個々具体的に検討が必要であるといえよう。

2 公共負担回避のための原因者負担原則の利用への対処

原因者負担原則の行き過ぎた適用についての問題も生じている。環境基本法以前から最近まで引き続いていた問題ではあるが、熊本水俣病のチッソの事例である。チッソは被害者への補償によって支払不能（原因者の資力不足）に陥りそうになったが、行政は、原因者負担原則を適用する体裁を維持する

---

42) 除本・前掲注（6）19頁。

ことを目的として、補償額を1978年から県債で調達し、国が補助金を支出してきた（もしチッソが倒産した場合には、公害健康被害の補償等に関する法律47条で、都道府県（熊本県）が公費で支払うことになったであろう。これを避けたものとみられる）。その結果、2000年代半ばにはチッソは1600億円の負債を抱える一方、年53億円の利潤のうち40億円を被害者に補償しており、負債の返還の見込みは殆どない状況になったが、これをどう考えるべきか、という問題である。これは当初は公共負担を回避しようとしていたが、その後はむしろ原因者負担原則を固守するためにチッソを倒産させずに公費の投入を続けたものと考えられる。もしその方が投入する公費が少なくてすんだのであれば、むしろチッソの倒産を放任しつつ、新たな立法に基づいて国等が被害者に補償すべきであったとみる考え方もあろう。その後、水俣病の救済法が制定され、チッソの分社化が認められたことは——それ自体、原因者負担を不可能にするという別の問題を含んでいるものの——この点と関連している。もっとも、このようなケースは極めて例外的であり、これが原因者負担原則の意義に影響を与えるわけではない。

この点に関連して、より一般的に注意されるべきは、原因者負担原則は、行政庁が一旦負担して対策を実施することとは両立することである。行政庁が先に対策を実施し、後に原因者に対して費用回収をすることによっても、——当然のことながら——原因者負担原則が貫徹されることになるのである。具体的には、行政代執行をした上で原因者に追及するか、その要件に該当しなければ行政が対策をした後で一般的に民事責任（不法行為に基づく）を追及することが考えられる（今般の福島第一原発事故による損害賠償についても同様であり、後者の問題となる）。

3 原因者不明等の場合の基金

(1) 原因者不明等の場合には、原因者に対して責任を追及することは不可能になる。このような場合には、産業界ないし業界負担とするか、公共負担とするか（→V 2)）、両者を並存させるかなどの難問があり、このような場合に備えて基金制度が発達してきた。これは環境基本法以前にも存在したが、制定後に相当多くなっている。

具体的には、(a) 廃掃法の原状回復のための基金（1997年廃掃法改正の際に設置。98年6月以後の不法投棄等の事件を対象とする基金を設置し、産業界が半分任意拠出、国・都道府県から4分の1ずつ負担)、(b) PCB 特別措置法の基金（2001年に設置。中小企業等に係る高圧トランス・コンデンサの処理費用の軽減等を図る。国・都道府県からの補助金各20億円〔2001年度〕のほか、PCB製造者等の協力に基づく出捐による)、(c) 土壌汚染対策法の基金（2002年に設置。原因者が不明で土地所有者等が負担能力が低い場合を対象とすることが想定されている。土地所有者等、都道府県、政府から4分の1ずつ、政府以外の産業界等から4分の1。産業界等からの分については、経団連からの協力が得られず、1) 汚染土管理票の頒布に際し1部につき700円、2) 土壌環境修復サイトごとに修復事業の発注を受けた企業が請負額の0.1%、3) 指定調査機関が請負額の0.3%、4) 企業の自主的判断により1口10万円の土壌環境募金をそれぞれ出捐するという方式を採用した）の3つが、産業界にも出捐を要請するものである。産業界からの出捐を要請する (a)–(c) の中でも、(b)、(c) は関連業界が拠出しているのに対し、(a) は特定の業界によって相当の負担がなされているものの、経団連全体で拠出している点に特色がある。なお、基金に関する一般的規定として、循環基本法22条は、事業者等による基金の造成その他の必要な措置を講ずることを定めている。

このような業界ないし産業界による負担は、広い意味の原因者負担と捉えられる。

(2) 上記 (a) の基金については、2009年10月に産業界の任意拠出の仕組みについて積み増し期間を3年間に限定し、2010年度以降新たに発覚する事例については新たな枠組みを検討することとした。仮に任意拠出が行われないときには、法律に基づいて強制的に徴収するかを検討する必要が生じよう。このようなことは可能であろうか。

①産業界に基金への拠出を法的に求めることについては、連帯社会の考え方[43]や汚染者負担原則の拡大の考え方（EU の 1993 年グリーンペーパーにおける共同補償制度の考え方)[44]によって可能であるとの見解がある。産業連関を

---

[43] この点に関するドイツでの議論については、松村弓彦『ドイツ土壌保全法の研究』（成文堂、2001）164頁参照。

理由とする見方もこの立場に属する。これらの考え方の背後には、産業界ないし業界に負担を求めた方が産業界や業界での監視や予防活動を促進し、汚染の予防に資するという考えがある（環境保全の実効性）。

しかし、他方で、真に連帯社会が形成されているのかという疑問や、汚染者負担原則の拡大といっても、同原則は当該汚染排出（不適正処理）と関係がなく、環境負荷の低減に向けて真剣に措置をとっている者に費用負担を命ずることはできないとの考え方もある。後者の考えによれば、このような立法を行えば財産権侵害（憲法違反）となりうるであろう[45]。

後者の考えについてはなお議論が必要であるが、自動車損害賠償責任保険のような強制保険は財産権の侵害に当たるのか、当たらないとすればこのケースとはどこが違うのかを探求する必要があろう。また、後者の考えにたつと、国や自治体の国民ないし住民に対する健康・安全保持義務から公共負担をすることになるが、これは機能的には、費用負担のあり方が最も拡散し、汚染の予防とは結びつかないことにも注意を要する。

②さらに、行為者としての原因者が不明の場合の基金の拠出について法的に責任を課する別の方法としては、次の３つが考えられよう。第１は、排出者ではなく（有害物質の）生産者に負担を課する方法である。例えば、スーパーファンド法が制度導入時に行ったように、汚染排出の原因となる化学品（有害化学物質）を製造する事業者に負担金ないし税（目的税）を課することが考えられる。これについては、実際に汚染排出行為をした者が別に存在することをどう理解すべきかという問題の検討を必要とするが、今日有害化学物質を製造すればそれが多様な方法で環境全体に拡散していくことは予見されるのであり、完全な管理をすることは極めて難しいというべきことから一応の説明はできよう。もっともこの方法によるときは産業廃棄物一般ではなく、有害廃棄物に限定した対処をすることになるため、問題の一部の解決にしかつながらないおそれはあるといわなければならない。第２は、廃棄物の

---

44) 欧州委員会による1993年の「環境損害に関するグリーンペーパー」参照。但し、EUの環境損害責任指令（前掲注 (7)）は、このような場合に必要な措置の確保の仕方については構成国に委ねている。
45) 阿部泰隆「廃棄物行政の課題」環境法研究24号（1998）6頁。

減量を目的として、又は、他の理由に基づく財源確保を主たる目的として、全国的な産業廃棄物税を徴収し、その使途の一部を基金に用いることとする方法である。これは目的が基金の財源確保とは異なってくるため、財産権の侵害という問題は回避できるであろう[46]。さらにこれは制度の構築の仕方によっては、産業廃棄物の受入県の不公平感の解消にもつながる可能性がある。第3に、広い意味の受益者負担とすることも考えられる。国際的な基金ではあるが、「油による汚染損害の補償のための国際基金の設立に関する国際条約」（1971年採択、1978年発効。その後1992年議定書により改正され、96年に発効）は、油濁に関する民事責任条約では十分な損害賠償が支払われない場合に備えて基金を設置し（国際油濁補償基金）、前暦年度に年15万トン以上の原油又は燃料油を締約国の港で輸入した者は、その受取量に比例してこの基金に拠出することとされた。これは一種の受益者（利用者）負担である。

VII 課題と展望

1 原因者負担原則強化の動きと抵抗

(1) EU内の議論

EUにおいては、PPPの強化の議論がなお盛んに行われている。すでに、2004年に環境損害責任指令が採択され、構成国が実施を始めており、この点が注目されるが、さらに、PPPを他の原則等と関連付ける議論が行われていることが重要である。具体的には、PPPを予防原則と関連付けることによりPPPを強化する議論、PPPを民事責任と関連付け、その中で、関与者に全部責任を負わせる議論（拡大連帯責任論）も行われている[47]。原因者負担原則を徹底する方向は望ましいと思われるものの、拡大連帯責任論については、関与者に連帯責任を課する点でアメリカのスーパーファンド法に類

---

46) なお、産業界からの費用徴収の方法としては、かねていわゆる産業廃棄物デポジット制なども提案されてきたが、煩雑な行政事務が必要となるため、実施は容易ではないという問題がある。

47) de Sadleer, "Polluter-Pays, Precautionary Principles and Liability", *in* Betlem & Brans (ed.), Environmental Liability in the EU——The 2004 Directive compared with US and Member States Law, 2006, p.89.

似しており、ディープポケット論に至る可能性もあるため[48]、慎重な検討が必要であろう。

(2) わが国の状況

これに対し、わが国の法の状況はどうか。

環境基本法制定後から2000年代初めまでは立法等において、経済的手法の導入を含む原因者負担の強化、EPRの考え方やごみ処理料金の有料化の進展にみられる、公共負担から原因者負担への移行、原因者概念の拡大が行われてきた（Ⅳ参照）。

しかし、近時、特にリーマン・ショック以降は、同原則にとって必ずしも望ましくない動きが見られる。

①第1は、原因者負担導入への抵抗である。これは、温暖化対策税、排出枠取引の導入に対する抵抗にあわれているし、2011年の石綿被害救済法見直しの際、原因者負担原則については全く触れられず、受益者負担の観念が用いられた[49]ことに示されているといえよう。石綿被害についてはどうしても過去の事例であるため、因果関係が不明なものが多いことは事実である。その意味で原因者負担原則をそのまま適用することは困難であるが、因果関係が明らかな生産者等はあるのであり、その負担の強化の必要があろう。今般の見直しでは、環境基本法38条にいう受益者とは異なる、非常に広い受益者の考え方が打ち出されることにより、とりやすいところから薄く広く徴収することとなり、責任という考え方は薄れてしまった。環境保全の実効性の観点からは、この場面で原因者負担を強化しないことは特に問題であるといえよう。

②第2は、EPR導入に対する抵抗である。これは容器包装リサイクル法の2006年改正の際に現れ、特定事業者から市町村に対して行われる資金拠出の仕組みが極めて限定的な形で導入されるに留まった（10条の2）。産業界からのEPRに対する抵抗は、EPRが無制限に特定の事業者に負担を課す

---

[48] 大塚直「米国のスーパーファンド法の現状とわが国への示唆（4・完）」NBL 569号（1995）56頁。
[49] 中央環境審議会「石綿健康被害救済制度の在り方について（二次答申）『今後の石綿健康被害救済制度の在り方について』」(2011年6月)。

るのではないかという誤解に基づくもののようである。この点では、比例原則の強調が必要であるといえよう。

2　費用負担に関する現在の課題例

　より具体的に、2011年夏の時点で問題となっている点としては、第1に、循環基本法が定めるEPRを容器包装リサイクル法において実施していくため、上記のように2006年の同法改正で導入された、特定事業者から市町村に対して行われる限定された資金拠出の仕組みを、同法の次期改正でどのように設計するかという問題がある。すなわち、この仕組みは、「再商品化に現に要した費用の総額」が「再商品化に要すると見込まれた額」を下回る場合に、その差額のうち、各市町村の再商品化の合理化に寄与する程度を勘案して、特定事業者が市町村に対して支払うというものであるが、この差額が十分な拠出額になることの保障はなく、この仕組み自体が持続可能かについては疑問が呈されている。むしろ、分別と再商品化の中間の「選別」について特定事業者の責任とすることが検討されるべきではなかろうか。もっとも、これを実施するにあたり、自治体の廃棄物会計の導入により、廃棄物に係る費用についての透明化が行われることが必要であろう。
　第2に、廃棄物の分別収集・リサイクルに関する新たな視点として、資源確保を1つの目的とする回収リサイクルシステムの構築があげられる。2011年夏現在、まず、小型家電の回収・リサイクルを行うための仕組み作りが検討されている。従来、EPRは、環境負荷の低減を主な目的としてきたが、貴金属や銅、亜鉛（さらにレアメタル）など、わが国のいわゆる「都市鉱山」からの資源回収・資源確保を主要な目的とする仕組みが構築されるべきである。これは従来にない視点であるし、（直ちに対応が必要というわけでは必ずしもないが）資源国からの圧力をかわす予防的な狙いもあることから、EPRよりも（広い意味の）受益者負担とすることが適切である。新たな目的のために別の負担方式が用いられるべきであると考えられるのである[50]。

3　展　望

　今後の展望として、4点あげておきたい。

第1は、個々の環境法において、必要に応じて費用負担に関する再検討が行われるべきであり、具体的には、上記の原因者負担の優位性からすれば、原因者負担原則漸次強化の検討がなされるべきである。

　第2は、わが国においても、ドイツ環境法典草案、フランス環境法典のように、環境基本法に原因者負担（優先）原則が導入される必要がある。現行の環境基本法は、原因者負担について明確な規定がなく、そのために費用負担についてアドホックな対応がなされることが多いとみられる。

　第3に、原因者負担原則の徹底のため、環境損害に対する責任の導入の検討が必要である。水・土壌・生物多様性という環境自体の保護は重要であるし、原因者による原状回復（修復）のみでなく、原因者による未然防止を徹底させる観点、未然防止及び修復についての義務を課する要件を統一的に設定する観点からも、環境損害の導入は検討されるべきであろう。又、環境損害に対する責任を認めることは、環境関連の損害の包括的把握、環境政策の費用便益分析の基礎の形成にも役立つといえよう。

　第4に、EPRの関係では、無償引取と有償引取を区別し、例えば、前者を「第1種EPR製品」、後者を「第2種EPR製品」とすることにより、回収リサイクルにおける費用負担の在り方に焦点を当てることが必要である。有償引取は事業者による「リサイクル独占」となる危険も含むものであり、有償引取と無償引取の相違は重要であることを指摘しておきたい[51]。

---

50) また、土地所有者責任の再構成の議論として、土壌汚染対策法に関して、ドイツ法の学説の詳細な検討の結果、従来の状態責任の考え方はもはや維持されていないとし、「土地の所有者等」を「何らかの帰責事由がある場合の所有者等」に限定することが提案されている（桑原勇進「状態責任の根拠と限界（四・完）」自治研究87巻3号（2011）106頁）。土壌汚染対策法の立法時からあった、アメリカ法の善意の購入者の抗弁の導入を検討すべきであるとの議論にも通じる考え方である。なお、土地所有者の責任の限定としては、2000年2月6日、ドイツ連邦憲法裁判所が、上級行政裁判所の判決に関して、土地所有者が浄化対象の土地について状態責任を負うことに制限を設ける必要があるか否かを判断した際、浄化措置費用と土地の交換価格を比較していない点が違憲であるとしたこと（BverfGE 102.1.）も重要である。
51) 大塚・前掲注（22）「環境法における費用負担論・責任論」136頁。EPRを中心とする残された課題について、大塚直「残された法制上の課題」廃棄物学会監修『循環型社会をつくる』（中央法規出版、2009）199頁参照。

第4章　手法論

10　規制的手法とその限界

桑原勇進

I　序——本稿の視点

　本稿は、環境保全のための規制的手法の優位性や限界について、法学的観点（及び環境保護の観点）から考察することを目的とする。法学的観点といっても、本稿独自の観点を含み、それは法学の世界で必ずしも一般的に受け入れられているとは限らないことを予め断っておきたい。すなわち、環境保全という目的の達成のための実効性、公正性、利益バランスといったことが本稿の基本的な観点となるが、その評価の前提となる考え方として、基本権保護義務や最適化要求としての原理といった事柄を本稿は措定している。しかしこれらは、法律学の世界で必ずしも大方の同意が得られているというわけではない。

　本稿における考察に際しては、このテーマに関する既存の議論をある程度踏まえるが、法学とは無関係の特定の思想信条に基づく議論は、さしあたり視野の外に置く。例えば、労働者階級の利益になるか否かといった観点からの論評は、法学の観点とは無関係であるし、社会的効用の最大化（あるいは社会的費用の最小化）といった観点からの議論も、法学は功利主義を——立法や制度設計にあたって一つの指針とすることはありえても——思想の基盤としていないので、これもまた法学の観点とはさしあたっては無縁である。これらの類の議論は、本稿では基本的に参照しない。

　また、規制的手法の優劣の評価に当たっては、当然他の手法との関係で比較することになる。他の手法といってもさまざまであるが、規制的手法が環境保全のために人の行動を制御しようとするものであることから、同様に、

環境保全のための、人の行動の制御を目的とする手法を専ら比較の対象とする。もっとも、規制的手法とそれ以外の手法を抽象的に比較することにさほど意味はないとも思われるが（例えば環境賦課金のような経済的手法は、規制的手法よりも、私人の自由を認める点で拘束的でないなどといわれるが、具体的な制度の内容如何によっては、事実上自由剥奪的な効果を持ちうる）、それぞれの手法について傾向的なことは言いうるであろうという前提で、議論を進める。さらに、ポリシーミックスという観点からは、個別の手法の優劣を論じてもあまり意味はないとも考えうるが、規制的手法について、他の手法に可能な限り代替することが望ましいという評価もある[1]ことから、抽象的なレベルであっても、なお、手法間の優劣を考察することには一定の意義があると思われる。

[1) 経済社会のグリーン化メカニズムの在り方検討チーム「『経済社会のグリーン化メカニズムの在り方』報告書（2000、環境庁）は、規制的手法について、「枠組み規制的手法や経済的手法等他に代替することが容易であり、効果も大きい場合には、可能な限り、それらの手法によることとすべきである。」としている。この文を見る限りでは、代替容易性と代替手法の効果の二つの条件が付されており、必ずしも規制的手法にマイナスの評価をしているというわけではないようであるが、他の手法でも効果が挙がるのであればそちらによるべき、という限りでは規制的手法の劣位の位置付けがされているとも言える。また、「直接規制的手法については、他の政策手法との組み合わせにより、より規制的な色彩を減らしつつ、所期の目的を達成することが可能な場合もあると考えられる。このため、他の政策手法との組み合わせの在り方についてOECD諸国における取組等も参考にしながら検討する必要がある。」とされており、規制的色彩は薄いほうがよい、というニュアンスを読み取ることができる。さらに、「現在、直接規制的手法を用いているものについても、適切な機会をとらえて、他に代わるべき手法があるか検討することが望ましい。」とも述べられており、明らかに、規制的手法よりは他の手法のほうが好ましいという評価をしていることが看取される（同報告書の「4 環境政策手法の展開の方向性 (1) 直接規制的手法の採用に当たっての考え方の整理」）。同報告書は、必ずしも法学的観点からなされた議論であるわけではないであろう。例えば、同報告書の「2 環境政策の手法の意義と役割 (1) 直接規制的手法 ②経緯」では、「社会的に見てより低い費用で柔軟かつ効率的に政策目的を達しうる政策手法がある場合には、そのような政策手法への移行が図られるべき」という記述があり、社会的費用の最小化をよしとする、法学とは無縁の特定の思想信条からの評価が見られる。そうすると、本稿においては参照の要がないということになりそうである。しかし、法学者も同検討チームには参加しており、法学的観点からの評価も含まれているのではないかと推察される。実際、同報告書の規制的手法に対する問題点の指摘の中には、規制対象と環境汚染との因果関係の科学的解明が必要で対応が遅れがちになる、といった法学的にも重要な観点からのものがある。

II 考察の対象——規制的手法とは何か

1 環境基本法21条における規制措置

さて、序において述べたように、本稿は、環境問題への対応手法としての規制的手法の優位性等を論じようとするのであるが、まず前提として、規制的手法とは何かということを確定しておく必要がある。

環境基本法21条は、環境保全上の支障を防止するために国が講じなければならない規制措置として、①公害の原因となる行為に関し事業者が遵守すべき基準を定めること等による公害防止に必要な規制措置、②土地の利用等に関する公害防止のために必要な規制措置、③自然環境保全のための、土地の形状の変更、工作物の新設、木竹の伐採等の行為に関する規制措置、④野生生物等の保護のための、採捕、損傷等の行為に関する規制措置、⑤公害、自然環境の保全上の支障またはそのおそれをともに防止するための措置、を挙げている。この規定は、公害防止か自然環境保全かという目的と、そのための規制の態様の二つに着目して規制措置を分類し、国にそれを講ずるよう求めているのであるが、規制の態様に照らしてみると、(a) 私人が遵守すべき基準の設定 (①)、(b) 土地利用規制 (②)、(c) 行為規制 (③、④) にまとめることができるであろう (なお、③は一定の区域という面的要素に着目するのに対し、④は自然環境のうちの個別のもの——点——に着目するという点で異なるところがある)。

これらは広い意味ではすべて人の行為に制限を加えるという点で行為規制である。しかし、(a) は、基準の遵守という結果に向けられた規制であり、当該結果をもたらすために義務者がどのように行動するかは義務者の自由であるのに対し (結果確保義務)、(b) (c) は、義務者が具体的に為すべき (あるいは為すべきでない) 行為を措定してその行為を為すことまたは為さないことを義務付ける (行為義務) ものである点に違いがある。(b) と (c) は区別が困難であるが、(b) は土地利用行為に関するものである点で一応 (c) と区別される (但し、(c) にも土地利用に関する行為規制がありうるので、この区別は一応のものである)。

2 その他の規制措置

また、これらは、いずれも、環境に負荷を与えうる行為を抑制することを主眼としているが、実際に人の行動に干渉するという点では、環境に親和的な作為を強制するという手法もある[2]。さらに、環境親和的な行為を妨害しない——受忍する——ことを義務付けるという手法もある[3]。このようなものも含めて規制的手法という場合には、規制的手法とは、「環境親和的行為をすべきこと、あるいはそのような行為を受忍すべきこと、及び非環境親和的作為を控えることを法的に義務付けること」と定義できよう。具体的な規制的措置としては、行為の態様に着目すれば、排出規制、製造・販売・取扱等規制、土地利用規制、施設設置規制、採捕規制等があり、規制の態様に着目すれば、禁止、許可、届出、命令あるいはこれらの組み合わせ等さまざまなものがありうる。

規制的手法の優位性や問題性を論ずる文献の中には、規制的手法のうちの一部の特定のもの(特にエンドオブパイプ対策としての排出規制)を想定して論じているように思われるものがあり、そのような文献はそのようなものとして読む必要がある、つまり、規制的手法全般ではなく、論者が想定する規制的手法の評価として読む必要があるが、あたかも規制的手法一般に妥当するかのような誤解が生じるおそれもあるので、注意しなければならない。規制=エンドオブパイプ対策では決してないのである。

3 規制的手法以外の手法

前述のとおり、本稿は規制的手法の他の手法との対比も行うが、規制的手法以外の他の手法とは何かについても言及しておく必要があろう。

環境基本法には、規制措置の他、経済的措置(22条)、施設(緩衝地帯、下水道、公園等)整備(23条)、環境親和的製品の利用促進(24条)、教育[4]・広

---

2) 例えば、都市計画法の系統の法律であるが、都市緑地法34条以下は、一定の区域における緑化率の最低限度を定め、これを満たすことを義務付けている。これは、緑化という環境親和的作為の義務付けの一例である。
3) 鳥獣保護区内の民有地において土地や木竹に鳥獣の生息・繁殖に必要な施設を設けることを、当該民有地や木竹の所有者等の権利者は拒んではならないことを定める鳥獣保護狩猟適正化法28条11項がその例として挙げられる。

報 (25条)、環境親和的自発的活動の促進 (26条)、情報提供 (27条) 等が列挙されている。自発的活動の促進には行政指導やいわゆる公害防止協定等も含まれるであろう。これらのうち、施設整備は人の行動を制御することに向けられたものではないので、ここでは考察の対象から除外される。環境親和的製品の利用促進や教育は、人の行動の制御に向けられたものであり、有効ではあろうが、極めて間接的であり、さしあたり考察の主たる対象から除外する。人の行動を直接的に制御するものではないが、人の行動を直接の目的とするという点で規制的手法と共通する経済的措置、及び、自発的活動の促進という措置のうちの行政指導や公害防止協定等を、ここでは規制的手法との主たる比較対象として選定することにする。この他、人の行動選択に資することや非環境親和的行為に対する事実上の制裁等を目的としてなされる情報提供といった手法も、適宜参照する。上記のうち、規制的手法と経済的手法を除いたものを、何らの義務も課さないという意味で、ソフトな手法と呼ぶこともできよう。また、経済的手法及びソフトな手法は、人の行動を直接制御するものではなく、人に何らかの影響を与えることにより間接的にその行動を制御しようとするものであるから、間接的手法と呼ぶこともできる。これとの対比で、規制的手法を直接的手法と呼ぶことができよう。

　規制的手法、経済的手法、行政指導、協定等は、いずれも人の行動を制御することを直接の目的とするが、規制的手法が、人の行為に関する法的義務付け（作為の義務付け、不作為の義務付け、受忍の義務付け）であるのに対し、それ以外の手法は、そのような一定の行為の法的義務付けという契機に欠ける点で規制的手法と異なる（経済的手法のうち、一定の行為に金銭の支払いを課す手法は、金銭の支払いという行為を義務付けるものではあるが、環境親和的行為を義務付けるものではない）。逆に言うと、この点に規制的手法の大きな

---

4) 環境の保全のための意欲の増進及び環境教育の推進に関する法律がその具体化を図っている。同法には、学校教育における環境教育に関する規定も置かれているが、環境保全の意識を高めることの重要性は否定できないにせよ、学校教育をそのために用いることについては、教育の意義をどう捉えるかにもよるが、そのときどきにおいて政策的に重要とされる事柄を子どもに注入する（＝政策実現にとって都合のいい人間に仕立て上げる——しかも国家権力によって）という意味合いを持つおそれがあり、慎重さが要求される。

特徴がある。法的に、当該行為（作為・不作為）がなされることを確実に強制できるという点にその特徴を見いだすことができるということである。

Ⅲ　規制的手法に対する否定的評価

1　規制的手法に対する批判のいろいろ

　さて、環境政策の手法を論ずる諸文献を見る限りでは、規制的手法に対する評価は甚だ芳しくない。規制的手法の問題点として、以下に記すようなさまざまなことが挙げられている。規制的手法は今後も環境法において中心的地位を占めるなどとも言われるが、これだけ問題があるのだとすると、環境法においてほとんど居場所がなさそうにさえ思えてくるほどである。規制的手法に対して提起されるこれら問題点は、前述したように、主に排出規制をターゲットとしたものであると推察されるが、本稿は、規制的手法をそれに限定せず、言葉の本来的意味で理解することにするので、規制的手法に対するこれらの批判について規制的手法全般との関係で考えてみたい。

　規制的手法に対する否定的評価ないし問題点の指摘としては、列挙すると、以下のようなものがある。他にも問題点として指摘される点はあろうが、主要なものは以下に列挙するところでおそらく漏れはないと思われる。

① 有害性が証明されるまでは規制がされない。
② 複数物質の複合的な影響を捉えられない。
③ 事業者が守れる基準しか設定できない。
④ 比例原則から、より緩やかな手段である経済的手法、自主的（情報的）手法が要請される。
⑤ 地球温暖化や都市型公害では、違法性の非難ができない少量排出が問題となるので、規制になじまない。
⑥ 執行に膨大な行政コストがかかり、実際には困難。
⑦ 規制は一律的で柔軟性に欠ける。
⑧ 規制基準まで守ればよく、それ以上の改善努力への誘因が働かない。

2 指摘される問題点の分類

上記のような問題点は、規制的手法「では」ダメというものと、規制的手法「だけでは」ダメというものに分けることができるように思われる。

(1) 規制的手法「では」ダメ

例えば、有害性が証明されるまで（不確実な状況下では）規制できない（①）、比例原則から、より緩やかな手段である経済的手法・自主的（情報的）手法がとられるべきである（④）、事業者が守れる基準しか設定できない（③）、執行に膨大なコストがかかる（⑥）、一律的で柔軟性に欠ける（⑦）、地球温暖化や都市型公害では違法の非難ができず規制になじまない（⑤）といった問題点は、（少なくとも一定の場合には）規制的手法をとるべきでないという趣旨の批判であろうから、規制的手法ではダメだ、という性格の問題点ということができよう。①〜⑦がこれに当たろう。これらの問題点は、規制的手法と他の手法とを組み合わせることによっては、──本当にそうかどうかはともかく──基本的には解決できない性質のものとして指摘されているものと思われる。

(2) 規制的手法「だけでは」ダメ

規制基準以上の改善努力への誘因が働かないという問題点（⑧）は、規制的手法だけではだめ、という性格の問題点であろう。この問題点は、他の手法との組み合わせにより解決可能である。

3 普遍的妥当性と部分的妥当性

また、規制的手法に対して指摘される問題点は、規制一般に当てはまりうるものと、特定の規制的手法にのみ妥当するものとがある。不確実な状況下では規制できないとか、比例原則から規制的手法は抑制されるべきである、といった問題点は規制一般に関する問題点であろうが、一律的で柔軟性に欠けるといったものは特定の規制的手法（排出基準）にのみ当てはまるものであろう。特定の規制的手法についてのみ当てはまる問題点の指摘は、規制的手法一般の評価を貶めるものとは限らない。

Ⅳ 規制的手法に対する否定的評価の検討

しかし、そもそも、規制的手法に対して提起されるこれらの問題点は、本当にそのまま妥当する問題なのだろうか。以下、若干の検討をしてみよう。

1 規制的手法「では」だめ・他の手法のほうがよいという問題点について

(1) 科学的証明の必要性？

まず、①の有害性が証明されるまでは、つまり不確実な状況下では、規制がされない、という問題点についてはどうだろうか。現実の規制は、そのような限界を持っているかもしれないが、法理論的に見てもそうかどうかは別問題である。有害性が証明されるまでは規制されないというのは、予防原則を否定する場合に成り立つ議論である。予防原則を肯定する立場からは、規制的手法に対するこのような批判は当たらない[5]。

この問題点の指摘の裏には、有害性が証明されていないということは被害発生までにまだ時間的余裕があるのだ、という認識ないし前提があるのかもしれない。そのように時間的余裕がある場合には、規制でなく効果がより時間的に緩やかに現れる他の手法でよい、という認識ないし前提である。確かに、現在はまだ損害発生の可能性が顕在化していないが、なんらの対策もとらないと環境中の蓄積量が増大し損害発生の危険性が顕在化するであろう物質の排出等についてリスクというのであれば、経済的手法でもよいかもしれない（まだ被害発生の可能性が顕在化しておらず、時間的に余裕があるから）[6]。しかしながら、不確実であるということは、時間的に余裕があるこ

---

[5] 黒川哲志「環境規制におけるリスクコミュニケーション」阿部泰隆＝水野武夫編『環境法学の生成と未来』（信山社、1999）121頁は、ある物質を規制しようとする場合、当該物質の有害性が科学的に証明されている必要があり、科学的証明がされていないのに規制をすることは違憲であるという趣旨のことを述べていたが、同論文が収められている同『環境行政の法理と手法』（成文堂、2004）の該当箇所（77-78頁）では、違憲であるとの記述は見当たらなくなっている。

[6] 地球温暖化に関してこのように言われることがある。もっとも、温暖化は時間的にまだ余裕がある問題なのか、そうではなく（いますぐ対策をとらないと手遅れになるかもしれないような）不確実な問題なのかは、慎重に捉える必要がある。

とと同義ではない。有害性の証明がされていないということは、損害が発生するかどうか確実には分からないというだけのことであって、今すぐにでも損害が発生する可能性（あるいは既に発生している可能性[7]）もあるのであり、損害の発生が遠い将来に起こるということではない。不確実であっても即効的な対策が必要であるかもしれないのである。

　翻って、規制的手法のこの問題点の指摘の上に他の手法を推奨ないし望ましいとする見解がある[8]が、他の手法であれば、制御対象と望ましくない結果の発生との間の因果関係が科学的に証明されていなくとも、問題ないのであろうか。例えば、経済的手法なら不確実な場合にも適用可能なのであろうか。賦課金により、ある有害かもしれない物質の排出量を最適汚染水準なるところに合わせようとする場合（ピグー税）、不確実なのだから最適汚染なるものの水準は不明で、賦課金をいくらにすればよいのかも分からないはずで、この手法は利用できない。また、政策的に好ましい環境水準を達成するための手段として賦課金を用いようとする場合（ボーモル・オーツ税）も、不確実なのだから排出量全体をどこまで減らせばよいのかも分からず、結局利用できないのではないか。どこまで減らせばよいのか確かなことは分からないけれども、とにかく許容される排出総量を決定するということなのであろうか。それが可能なら、規制的手法で同様の決定をすることも可能である。

　さらに、経済的手法のうち助成（補助金の交付等）はともかく、不確実な場合に、規制はできないが金銭を賦課することはできるという根拠は何であろうか。賦課金は、確かに、環境保全にとって好ましい特定の行動を義務付けるものではないし、特定の行動をとらないことをもって違法と評価するわけではなく、その意味では私人の行動に対する束縛性は強くはないとは言い

7）　水俣病の事件では、既に損害が発生していたが、原因物質やその排出者が確実には分からない状況が続いた。

8）　例えば、黒川哲志『環境行政の法理と手法』（成文堂、2004）79頁以下は、規制的手法の本文に記したような問題点を指摘した上で、リスクコミュニケーションを中心としたソフトな手法を推奨するもののようである。また、岩崎恭彦「環境賦課金の行政法上の意義（2・完）」立教大学大学院法学研究28号（1999）116頁は、規制的手法が私人の自由を強く拘束することを一つの理由として、リスク配慮の局面では環境賦課金名をはじめとする間接的手法を導入すべきである旨述べている。

うる。しかし、環境保全にとって好ましくないかどうか不確実な行動に対して金銭納付を義務付けるという侵害的手法であることもまた確かである。つまり、どちらも自由または財産に対する侵害であるという点で共通であるが、不確実な場合に一方は許されないが他方は許されるという理由は何なのであろうか。人の行動を直接制御するかどうかという違いが侵害という共通性よりも重要であるという理由は不明である。

さらに言えば、ソフトな手法についても、情報提供等が本当に侵害に当たらないと言えるのか[9]、慎重な検討が必要であろう[10]。

以上のような観点からすると、規制的手法は許されないが他の手法は許されるということには必ずしもならないのであって、逆に、他の手法が許されるなら規制的手法も許されるのではないか、とも言いうるのである。

(2) 複合的影響の把捉不可能性？

複数物質による複合的影響を規制的手法では捉えられないという評価もよく理解できないところがある。これは、規制的手法の問題ではなく、単一物質に着目するという観点の問題のように思われる。他の手法なら複合的影響をうまく捉えた対応ができるのであろうか。例えば、有害物質の排出に対する賦課金などは、複合的な影響を踏まえた上で設定されるのだろうか。

(3) 基準設定の最小限性？

規制的手法の場合、事業者が守れる基準しか設定できないとする否定的評価は、おそらく現実の環境政策の経験に鑑みたものであろう。しかし、法理論的にみるならば、事業者が守れるか否かに関わらず一定の規制基準を定めることは、当然可能である。例えば、技術水準にとどまらない科学水準に基づく規制というのもある[11]。また、人の健康を守るためにどうしても守られなければならない水準の環境質が問題となっているのであれば、その水準が確保されるような規制基準が定められてしかるできであり、それを能力的に

---

9) 山本隆司『行政上の主観法と客観法』（有斐閣、2000）420頁。
10) 黒川・前掲注(8) 81頁以下は、情報開示を中心としたソフトな手法の法的問題につき検討している。なお、いわゆる自主的取組についても、それが奏功しないときは規制する、という警告の下で行われるのであれば、「自主的」ではなくなってしまう。
11) 例えば、ドイツ原子力法では、科学的水準から必要であるが技術的には可能でないような措置がある場合、当該原子力施設の設置は許されないことになる。

遵守できないような事業者は、市場から退場してもらうしかないのであって、事業者が守れる基準しか設定できないなどということは決してない。少なくとも、法的には、事業者が守れない基準は設定できないなどということはない。

翻って、現実の問題として考えるのであれば、環境課徴金には、事業者が払える額しか設定できないという問題はないのであろうか。規制の手法に対する否定的評価は、一方的にすぎるのではないだろうか。

(4) 比例原則

比例原則から、より緩やかな手段である経済的手法、自主的（情報的）手法が要請される、という評価に関しては、確かに、経済的手法やソフトな手法で規制と同じ効果が個々の事業者にとって安価な費用で発生するなら、規制的手法は比例原則（必要性＝同じ効果が得られる複数の手段のうち最も不利益の度合いの小さいものを選択すべしという原則）に反し、違憲となると言える[12]。しかし、それはあくまで同様の効果が得られる場合に限られる[13]。すなわち、比例原則からより緩やかな経済的・自主的手法がとられるべきであるという議論は、規制的手法以外の手法でも同様の実効的な環境保全が確保できるということが前提となるのであって、規制的手法以外では規制的手法と同様の実効的な環境保全がはかられないのであれば、このような議論はそもそも成り立たない。したがって、このような問題が本当にあると言いうるためには、他の手法による実効性を吟味する必要があるのであって、一概に

---

[12] 例えば、排出権取引が環境保護の観点から問題なく導入しうる場合（局所的な汚染の集中といった問題が生じない、または考慮する必要がない、といった場合）には、たんなる排出規制は比例原則違反になりうる。規制を受ける各事業者にとっては、より負担の少ない方法で規制目的を達成できるので、このような場合に排出権取引を認めないことは比例原則のうちの必要性の原則に反することになるからである。但し、排出権取引について付言すると、これは、削減対象場所・施設を特定せず、削減義務を負う主体のみを特定して、一定の削減を義務付けるのと同じであり、規制としての性格が強い。一般に、規制によって負う義務は、義務者が自ら実施するわけではなく、他人に報酬を払って実施してもらうことが多い。排出権を購入することは、他人に削減義務を実施してもらい、そのことに対して報酬を支払うのと同じである。したがって、排出権取引を経済的手法と位置づけるのは誤りであり、これは完全に規制的手法である。

[13] 戸部真澄『不確実性の法的制御』（信山社、2009）144頁、178頁。

は言えない。

　これに加えて、理論的には、経済的手法にも比例原則は適用され、場合によってはソフトな手法により同様の効果が得られるとして違憲とされる可能性があることも指摘しておきたい。

　なお、上記のような評価には、逆比例の観点[14]はない。すなわち、規制される側の観点から規制的手法の問題点を論ってはいるが、規制によって守られる側の観点からの論議はされていない。規制によって守られる側からすれば、より効果的な保護が求められるのであって、保護のための措置が緩やかであればそのほうがよい、ということにはならない。

(5) 少量排出の規制不適合性

　地球温暖化や都市型公害では、違法性の非難ができないような少量排出が問題となるので、規制になじまない、という評価も賛成できるものではない。これは、そもそも、排出規制（とその執行）が難しいというだけで、他の規制方式は可能（例えば、リン含有洗剤の製造・販売・使用禁止等を想起されたい）なので、規制＝エンドオブパイプという暗黙の前提の下でのみ成り立つ議論ではなかろうか。また、排出規制に関しても、大口排出源についてはなお有効であろう[15]。また、規制的手法をとることができるかどうかは違法性の非難ができるかどうかとは無関係である。実効的な環境保護という観点からは、経済的手法やソフトな手法で十分な効果が生じないなら、個々の排出行為に非難可能性がなくとも、規制をすべきである。

　もっとも、社会や経済の在り方全体を環境適合的に変えていく、という点では規制はなじみにくいかもしれない。しかし、規制をしないと社会の在り方も変わらない、ということもありうるようにも思われる。

(6) 執行コストの膨大性

　規制は、執行に膨大な行政コストがかかり、実際には実施困難であるとの評価はどうか。

　まず、行政による執行を補助する仕組みを設けることは可能である。例え

---

[14] 逆比例の考え方については、そのような呼称はされていないが、桑原勇進「環境と安全」公法研究69号（2007）181頁（2過少禁止の項）参照。
[15] 東京都における温室効果ガスの排出規制の例が典型である。

ば、団体訴訟、市民訴訟、調査・権限発動請求制度、環境法令執行自主監督としての環境監査等といった仕組みが、行政による執行の補完として考えられる（いわゆる、分権的（dezentral）監督）。その他、原告適格の拡大、義務付け訴訟や差止訴訟の（解釈論的・立法的）要件緩和等も考えられる[16]。確かに、小規模な事業者まで含めて何から何まで行政が監督しようとするのであれば、執行は困難であろうが、行政による執行を補完する仕組みにより、難点は相当に縮減できるのではないだろうか。執行コストの膨大性という議論は、行政が独力で執行する場合にのみ妥当するのであって、必ずしも規制的手法に宿命的な難点ということはできない。

また、規制的手法に対するこの評価は、排出規制を主に念頭に置いたものであろう。規制的手法の中でも、製造・輸入・販売の規制といったものには直ちには妥当しないのではないだろうか。少なくとも、受忍義務には妥当しない。

この問題についても、逆に、経済的手法（排出課徴金）の場合も同様の問題があるのではないか、という指摘が可能である。排出課徴金の制度を例にとれば、各事業者がどれほど排出をしているのか、行政が正確に把握しなければならないわけで、排出規制の場合と同様の作業が必要になるはずである。

(7) 一律性・非柔軟性

規制は一律的で柔軟性に欠ける、という批判はどうだろうか。これについては、他の手法――、課徴金のような経済的手法――も、ある意味では一律的であり、柔軟性に欠けると言え、その点で同じであろう。逆に、一律的でないと不公平になるおそれもある。

翻って、一律的であることはよくないことなのかというと、そういうわけでは必ずしもないであろう。一律の水準が確保されるため、これによって保護される側にとっても公平であるとも言いうる（一律的でない場合には、高い

---

[16] 行政による執行の民間による補完には、補完機能を担う民間人ないし民間団体の正統性、補完機能が裁判を通して発揮される制度の場合には司法権の範囲の逸脱の有無や権力分立違反の有無等の問題がありえ、これらの検討は別途行う予定であるが、さしあたり、宮崎良夫『行政訴訟の法理論』（三省堂、1984）92頁以下を参照。

水準での保護がなされる者がありうる一方で達成される保護の水準が低い者が生じる可能性もある)。

さらに、規制は本当に柔軟性に欠けるのだろうか、という疑問もある。排出基準などは一律的であろうが、規制内容を柔軟に（場合によって被規制者と相談して）決定することもありうる[17]。許可制（許可だけではないが）のような規制の場合には、附款により事情に応じた柔軟な対応が可能である。また、事情（経済・技術・環境の変化）に応じた柔軟な対応を可能とする工夫もある（状況に応じた必要な措置の命令等)[18]。規制が一律的で柔軟性に欠けるという評価は、排出規制を念頭においたものであって、規制的手法一般に妥当するものではないであろう。

仮に一律的で柔軟性に欠けるという批判が、事業者ごとに規制遵守のためのコストが異なることを無視しているという趣旨の批判だとすれば、それは、社会的費用が最小であるのがよいとする特殊な価値観に基づくものであって、社会通念を基礎的価値観とする法学とは無関係である。

(8) 規制基準以上の改善努力へのインセンティヴの欠如

規制では、規制基準まで守ればよく、それ以上の改善努力への誘因が働かないという批判も、排出基準を念頭に置いた議論であろう。実のところ、これがなぜ問題なのかはよく分からない。もっと排出削減が必要である（あるいはもっと削減したほうがよい）というのであれば、より厳しい排出基準にすればよいのではないかと思われるし、それが不要なのであれば、賦課金を課す等の手法によることがなぜ正当化されるのか、よく分からない。

それはさておくとしても、いわゆるトップランナー方式[19]のように、技術水準に基づく規制水準の引き上げ等、改善努力を余儀なくさせる規制方法も工夫できるのではないだろうか。また、規制的手法では、被規制者自身が自発的に技術水準を向上させるインセンティヴは働かないが、それは、被規

---

[17] 土壌汚染対策法の措置命令等は、規制内容を非規制者と相談して決定することが想定されているようである。黒川陽一郎「土壌汚染対策法の概要」ジュリスト1233号 (2002) 5頁。

[18] 但し、柔軟性（一律的でないこと）は、平等原則との観点から問題となることもありうる。

[19] 大塚直『環境法（第3版）』（有斐閣、2010) 162頁参照。

制者と技術開発・提供者が同一の場合であることが前提であろう。被規制者が技術開発・提供業者から技術を購入するという場合には、(技術の向上とともに規制水準が高められるとすればであるが) 技術開発・提供業者にとっては技術を向上させることが利益増大につながりうるので、技術向上への動機は十分発生しうるのではないだろうか (もっとも、被規制者が自発的に新しい技術の導入を進める動機にはならないことは確かである)。さらに、排出基準以外の規制であれば、規制権限の存在自体が、規制を免れるための自主的で柔軟なパフォーマンス改善努力を促すことも考えられる。

そもそも改善努力へのインセンティヴの欠如が規制の弱点だというなら、自主的取組などは論外であろう。

V 規制的手法の法的優先性と限界

1 規制の優位性——反面としての劣位性

規制的手法に対しては問題点が指摘される一方で、他の手法と比べて、環境保全という観点からは優位性も指摘できる。

(1) 確実性

規制的手法の優位性の一つは、執行が適切にされさえすればではあるが、確実に目的を達成できるという点である。経済的手法や自主的取組にはこれが欠ける (具体的な仕組みのあり方によっては一概には言えないことは、先述したところである)。

しかし、その反面として、拘束の度合いが強い、すなわち、権利侵害の強度が高い、という側面もあり、その法的限界の原因となる。

(2) 行政責任の明確性

さらに、規制的手法では、行政責任を法的に問える余地が生じるという利点もある。ドイツでは、規制を受ける者の権利救済の手段が経済的手法の場合にはとりにくいという議論がある[20]。これももちろん重要な観点であるが、むしろ、規制によって守られるべき利益を主張する側の法的救済の可能性という観点のほうが重要である。すなわち、行政が適正に権限を行使しな

---

20) Kloepfer, Umweltrecht 3. Aufl, 2004、305頁。

い場合（全く行使しない場合だけでなく、行使したが不十分であるという場合を含む）、規制権限を定める法律によって保護される利益を有する者が、取消訴訟や義務付け訴訟、国家賠償請求訴訟等の手段により、それを法的に（訴訟で）問責できるということである（地球温暖化防止や生物多様性保全のための規制権限の場合は、誰の個人的利益が害されるわけでもないので、義務付け訴訟や規制権限不行使による国家賠償請求等の訴訟はできないが、個人の権利や法律上保護された利益に関する規制権限であれば、訴訟で環境保全のための行政権限の行使を求めたり、行政責任を追及したりすることが可能である）。規制以外の手法に関しては、訴訟による行政責任の追及は、（現行法制度上は）不可能ではないにしても、困難である。

2　規制的手法の法的限界

　規制的手法に対する評価とその検討に関する上記の論述からもうかがい知ることができるが、規制的手法は、確実性を有する反面、その強烈性のため、比例原則による限界も他の手法に比べて強く働く。比例原則は、適合性の原則（採られる手段が目的達成に資するものでなければならない）、必要性の原則（採られる手段が、同様の目的達成のため最も打撃の少ないものでなければならない）、狭義の比例原則（採られる手段により得られる利益はそれにより生ずる不利益よりも大きくなければならない）という原則であるが、とりわけ、必要性の原則と狭義の比例原則から、厳格・慎重な考慮が要請される。

　もっとも、これも既に言及したところであるが、必要性の原則に反しているかどうかの判断の前提として、問題となっている規制的手法と比較される他の手法が、当該規制的手法と同等以上に目的実現に資するものであることが必要とされる。また、狭義の比例原則に関しても、規制的手法が強力であるためにそれへの違反がより問題となる傾向はあるにせよ、これは質的な違いではないしましてや規制的手法に固有の問題ではない。

3　規制的手法をとるべき法的要請

　規制的手法は、その優位性のゆえに、法的に要請されるという面もある。
　規制的手法には、上記のような優位性があるが、主たるものはやはり目的

達成の確実性ということであろう。そうすると、ある環境問題への対処のための措置として規制的手法と他の手法との選択を考える場合に重要なのは、その環境問題が個々の経済主体の費用・効用計算や善意等に委ねてよい問題なのかどうか、ということである。つまり予期される害悪が確実に防止されなければならないか否か、ということである。それは科学的証明がされていないという意味で不確実であるかどうかとは直接の関係はない。証明がされていなくとも確実に所期の結果が得られるような措置をとるべきであると考えられる場合はある。

確実に所期の結果が得られなければならない場合とはどのような場合かについては、政策判断によるところも大きいであろうが、少なくとも、人の生命や健康が相当の蓋然性をもって害されるおそれがあるといった場合には、そのような害悪の発生は確実に防止されなければならないであろう。動植物種の絶滅といった事態も、確実に防止されなければならないと考えられるが、政策判断に委ねられるという考え方もありえよう。

確実に所期の結果が得られなければならないという場合、原則として規制的手法を用いるべきことが法的に要請される。他の手法（のみ）では、確実性に欠け、発生してはならない事態が発生しうるからである。このような要請は、最適化要請としての基本権保護義務から導かれる[21]。基本権保護義務とは、私人による侵害から基本権的利益を保護すべき国家の憲法上の義務であるが、これを本稿は最適化要請という法的性質を有するものと考えている。最適化要請というのは、法的・事実的に可能な限り最大限実現すべし、ということであるが、ここから、より確実な保護が期待できる手法を用いるべし、という要請が導かれる[22]。もっとも、他の手法でも環境政策上の同様の効果があれば、規制でなくてもかまわないとも言える。これは、種々の政

---

21) 基本権保護義務の及ばない事柄、例えば種の絶滅回避といった損害に関しては、本文で述べたような議論は妥当しない。この場合には、別の論拠が必要になる。ドイツにおいては環境保護が国家目標規定として憲法の要請となっており、種の存続が憲法上最低限の要請であるとする見解があり、このような見解によるときは、種の絶滅の回避のために規制的手法が憲法上要求される、という帰結を導くことも可能であるが、日本の憲法にはそのような条項は存しないので、同様の帰結を導出するには、憲法解釈論上の根拠付けが必要である。

策手法の効果に関する予測を伴う比較的広範な立法裁量に委ねられるため、法学の観点からはどのような手法・制度をとるべきかに関して言えることは少ないが、次のようなおおまかなことは言えよう。

まず、危険、すなわち、事態がそのまま推移すれば望ましくない結果が生じるであろう高度の蓋然性がある場合[23]には、損害発生を抑止できる確実な対処が必要である。したがって、規制的手法以外の手法単独での対処は原則として違憲と解される(禁止と同じ効果のある経済的手法の場合は合憲と解する余地がある)。

次に、危険とは言い切れないリスクの場合であるが、これには危険かもしれない場合と損害発生の蓋然性が高くないとか時間的に切迫していないために危険とは言えない場合とがある。前者の場合には――有害性が判明していないとか環境中における挙動が不確実であるといった――危険と言えるための情報が欠如している状況であり、情報さえあれば危険と判断されるかもしれないわけで、時間的に切迫しているかもしれない。このような場合には、確実に危険であるとはいえないからといって、保護水準が低くてもよい=規制的手法をとらなくてよいということにならない。さしあたりソフトな手法を用いつつ情報獲得に努めるとか、経済的手法によりリスクの低減に努めるという対応が全く許されないわけではないにせよ、これらの手法では所期の効果(十分な環境中濃度削減等)が得られない場合には、より確実な手法、すなわち、規制的手法に移行すべきである。遺伝子組換え生物施設や原子力施設等潜在的リスクの大きな施設についても、第三者の利益を確実に守るため、許可制及び許可後の措置命令等を含む継続的な監督という規制措置が必要不可欠である。

時間的に余裕のあることが確実なリスクの場合には、必ずしも規制的手法によらなければならないわけではない。

---

22) 基本権保護義務及び最適化要請に関する本稿筆者による詳細な記述としては、桑原「国家の環境保全義務序説(3)」自治研究71巻7号(1995)94頁以下、「国家の環境保全義務序説(4完)」同71巻8号(1995)103頁以下がある。
23) 危険の概念については、桑原「危険概念の考察」碓井光明=小早川光郎=水野忠恒=中里実編『金子宏先生古稀祝賀 公法学の法と政策 下巻』(有斐閣、2000)347頁、須藤陽子『比例原則の現代的意義と機能』(法律文化社、2010)122頁等を参照。

以上述べたように、規制的手法は、その確実性に由来する優位性のゆえに、環境保全の観点から、他の手法よりも優先されなければならない。このことは、現行の環境法規からも確認できる。すなわち、環境基本法は、21条1項で、規制的措置に関し、「講じなければならない」としている。同法22条1項が、経済的措置について、「講ずるよう努めるものとする」と定めているのとは対照的である。環境基本法に表されている国の姿勢には、規制的措置の優先性が示されているのである。

第4章 手法論

[11] 環境法執行の実態とその課題
——フロン回収破壊法に見る回収破壊の実効性の確保

笠井俊彦

I　はじめに

　本稿では、筆者が制定にかかわった「特定製品に係るフロン類の回収及び破壊の実施の確保等に関する法律（平成13年6月22日法律第64号）」（以下「フロン回収破壊法」という。）を例に環境法執行の実効性とその課題を考えたい。

　フロン回収破壊法の制定経緯については、同法を創られた衆議院議員山本公一先生（当時自民党環境部会長兼フロンガス回収破壊対策小委員長）がまとめられた資料をご本人のご了解を得て別添として掲載させていただいたので、これを参照されたい（281頁）。自民党のイニシャティヴと野党各党の協力により作成された、これぞ政治主導の法律であったと筆者は思っている。しかも、その過程で行われた議論は観念的な法律論ではなく、回収破壊の実効性をいかに高めるかという現実重視の議論であった。

II　強力な温室効果ガスであるフロン類

　フロン類は、オゾン層破壊効果を持つとともに強力な温室効果ガスであるCFC（塩素とフッ素と炭素の化合物）、HCFC（CFCと比べると塩素の一部が水素に替わった化合物：オゾン層破壊効果は20分の1くらいになった。）がモントリオール議定書で生産規制等が行われ、オゾン層破壊効果はないが強力な温室効果ガスであるHFC（水素と炭素とフッ素の化合物）、PFC（フッ素と炭素

表1 主なフロンガスのオゾン層破壊係数と地球温暖化係数

	物 質 名	オゾン層破壊係数	地球温暖化係数	主な用途等
CFC	CFC11	1.0	4750	発泡剤
	CFC12	1.0	10900	冷媒
	CFC113	0.8	6130	洗浄剤
HCFC	HCFC22	0.055	1810	冷媒
	HCFC141b	0.11	725	発泡剤、洗浄剤
	HCFC142b	0.055	2310	発泡剤
HFC	HFC23	0	14800	HCFC22生成副産物
	HFC125	0	3500	混合冷媒原料
	HFC134a	0	1430	冷媒
	HFC152a	0	124	ダストブロワー

(環境省資料)

の化合物)、SF6 (六フッ化硫黄) が京都議定書の対象ガスとして大気中への排出削減の対象となっている。

CFC → HCFC → HFC は代替関係にあり、生産段階では HFC への転換が進んでいるが、冷凍空調機や断熱材といった機器の中に存在する CFC、HCFC が現在大量に大気中に排出されている。

フロン類のオゾン層破壊効果及び温室効果 (地球温暖化効果) は表1の通りである。例えば、HFC23 は 1 g の排出で CO_2 が 14800 g＝14.8 kg 排出されたのと同じ温室効果を持っている。

Ⅲ　フロン回収破壊法制定当時のフロンガスに対する認識

CFC、HCFC については、モントリオール議定書により生産規制等が行われ、我が国においては、2000年当時は、1995年末でCFCの生産は禁止され、HCFC についてもモントリオール議定書が定める期限を前倒しして生産規制が進められていた。オゾン層破壊防止のためには生産規制・輸出入規制が効果をあげていると思われ、モントリオール議定書は最も成功した環境国際条約などと言われていた[1]。

しかし、温室効果に注目すると、当時廃棄される自動車のカーエアコンに使われていた CFC12 は強力な温室効果ガス (当時の推計では温室効果は CO_2 の8100倍) であり、図1のように、カーエアコンからの排出だけで、CO_2

に換算すると京都議定書の基準年総排出量の2%相当を占めており、それが、HFC134aに代替することで急速に減っていく[2]。当時の衆参の環境委員会の委員は与野党を問わず、「京都議定書の対象ではないが、基準年の2%相当の排出を毎年していて地球環境に負荷を与えている。何もしないで、もう回収破壊ができなくなったでは日本の国際的責任を果たせないでは

図1 冷媒フロンの廃棄による温室効果（CO_2換算）の見通し（カーエアコン）

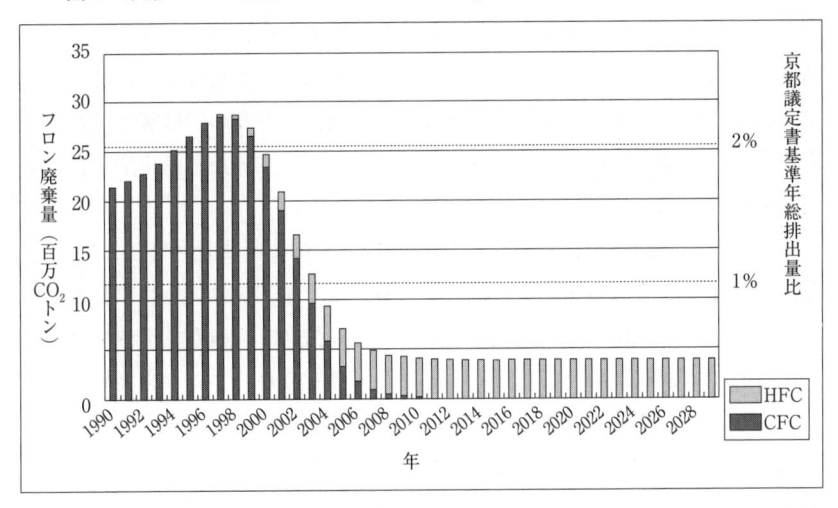

(2000年時点の予測：環境省資料)

---

1) UNEPによれば、基準年に比較した2005年のオゾン層破壊物質の生産量（正確には消費量＝生産量＋輸入量－輸出量：その年にその国で新たに投入された量）は、オゾン層破壊係数でみて、先進国で99.2%の削減となっており、途上国を加えても95.1%の削減となっている（IPCC/TEAP Special Report 2005）。
2) なお、モントリオール議定書は先進国と途上国で生産規制を行う年をずらしている。このため、2000年当時は我が国のカーエアコンのCFC補充のために密輸入が行われ問題になっていた。現在も既に国内生産されなくなったHCFCを冷媒とする冷凍空調機が我が国で使われていて密輸入の問題がまた起こっている。規制年限に差をつけるやり方は後述するように、現在、新興国でのCFC、HCFCの大量放出という問題を呼び込んでおり、決して正しい方法ではない。最近になって大きく報道された北極のオゾンホールの問題も現在の新興国からのHCFC等の大量排出が原因の一つと考えられる。筆者は現在モントリオール議定書の締約国会議で議論されているHFC規制についても、生産規制は世界同時、ただし、CDMのように排出防止のための費用を先進国が負担する形で途上国、新興国のHFC放出防止を進めるべきと考えている。

ないか！　CFCが回収できなくなる前に回収破壊法を作ることが緊急の課題だ！」と、6ガス6％しか気にしていなかった政府の尻を叩く形で、議員主導で法制化に取り組むこととなった[3]・[4]。

Ⅳ　回収の実効性を高める仕組み

2000年2月からフロン回収破壊法の検討が始められた自民党環境部会で最も重視されたのは回収破壊の実効性であった。別添資料で山本公一議員が言われているように、車体と違って、フロンは大気中に放出されたら証拠が残らない。放出を罰則で規制するとしても放出している現行犯を捕まえないと証拠がないので罰することができない。規制法でやるのでは実効性がないとなり、山本議員らは当時自主的にフロンを回収していた自動車解体業者の現場を訪ねられた。

山本議員自身が言われているところでは、「解体業者に聞いたところ、『解体業はお金になるものを車からとって売る仕事です。フロンを回収してお金がもらえるなら回収しますよ。』と言っていたので、回収業者がフロンを持って行けば回収費用をもらえるようにしてはどうか。フロンを集めれば集めるほどお金になるのであれば、実効性のある仕組みになると考えた。」とのことであった。すなわち、規制で縛るのではなく、経済的インセンティヴを与えることによって回収破壊の実効性を確保しようと考えられた。

2000年11月の資料1-1（262頁）にあるように、自民党環境部会では、カーエアコンと業務用冷凍空調機器は別の仕組みとし、業務用冷凍空調機器は業者間の相対の取引なので機器を廃棄する者が費用を支払う仕組みとし、多数の関係者が絡むカーエアコンについては、回収業者が破壊施設にフロンを詰めたボンベを持って行けば破壊施設は破壊証明書を発行し、回収業者は

---

[3]　当時、家電リサイクル法で家庭用冷蔵庫、ルームエアコンからのフロン類（CFC、HCFC、HFC）の回収が義務付けられており、法的な対応がなされていない冷媒はカーエアコンと業務用冷凍空調機器であった。

[4]　当時、廃車のカーエアコンには450～500 gのCFC12が残っており、1台のカーエアコンからの排出は、温暖化係数をCO_2の8100倍とするとCO_2に換算して3.6 t～4 t。我が国の国民一人当たりの年間CO_2排出量が約10 tなので、半年分を一度に排出していることになる（廃車にするのは約10年に一度だとしても、その年の排出量としてみれば、の話である。）。

破壊証明書をつけて第三者機関に費用請求を行う。第三者機関は回収業者にフロン1kgいくらで回収費用を支払う。破壊施設は破壊を確実に行うとともに費用支払いの基となる破壊証明書を発行する機関なので、主務大臣の許可制として公正を担保する、との仕組みが割と早く合意がなされた。

しかし、回収業者に対する経済的インセンティヴの原資となる費用負担を誰にどのように求めるかについては調整が難航し、その後、公益法人の不祥事があったことから第三者機関を作ること自体にも異論が提出された。

他方で、11月30日には公明党から、カーエアコンと業務用冷凍空調機器を区別せず、回収費用は機器廃棄者が支払い、破壊費用はフロンメーカーが負担するが、フロン回収・破壊促進センターを通じて破壊施設に支払うとの案が公表された（資料2（266頁））。

その間、産業構造審議会においては、フロンだけではなく、エアバック、車体も含めた自動車リサイクル法案の検討が進められ、2001年1月には、自動車メーカーがフロン、エアバック、シュレッダーダストを引き取るとの構想が自動車リサイクル小委員会に提示され、中央環境審議会においても自動車リサイクルシステムの検討が始められていた。

その後、2001年3月から自民党、公明党、保守党による与党プロジェクトチームでフロン回収破壊法の検討が進められ、カーエアコンと業務用冷凍空調機器のそれぞれの実態に即した仕組みとする自民党案を基本にし、最大の論点であった費用負担については、別添の山本公一議員の資料にあるように、政府で検討中の自動車リサイクルシステムと一体的に行うことが適当とし、フロン回収破壊法案には、回収業者が自動車メーカーにフロンを持って行けば自動車メーカーが回収費用を支払うことを規定し、自動車メーカーがそのためのお金をどうするかは自動車メーカーに任せて、ユーザーに請求できることを規定することで、5月に与党案がまとめられ、与野党調整を経て、6月に成立する。

自動車リサイクル法案の検討は依然として政府部内で進められていたが、1日でも早くカーエアコン、業務用冷凍空調機器からのフロン類の大気放出を止めたいとの関係議員の信念が結実し、業務用冷凍空調機器については2002年4月1日から施行、カーエアコンについては同年10月1日から施行

となった。カーエアコン部分は自動車リサイクル法が成立すれば自動車リサイクル法に移行すること及びその費用負担は自動車リサイクルの方法と合わせることとされ、自動車リサイクル法は2002年7月に成立し、2005年1月から施行された。

＜2000年11月9日自由民主党フロンガス回収破壊対策小委員会
法案起草チーム資料＞

資料1-1　地球環境保全のためのフロン類の回収及び破壊の促進に
　　　　　関する法律骨子案（たたき台）

　　　　　　　　　　　　　　　　　　　　　　　　　　　自由民主党
1　目的
　　フロン類の回収及び破壊を促進することにより、オゾン層の保護及び地球温暖化の防止を推進する。

2　対象物質（具体的には政令で規定）
　　特定機器に使用される冷媒用のCFC、HCFC、HFC（以下「フロン」という。）

3　対象機器（具体的には政令で規定）
　　業務用冷凍空調機器、カーエアコン（以下、両方まとめて言うときは、「特定機器」という。）

4　各主体の責務
　　次の主体の責務を定める。
　　・　フロンメーカー、特定機器メーカー等各事業者の責務
　　・　国民の責務
　　・　国、地方公共団体の責務

5　放出禁止
　　何人も、みだりにフロンを特定機器から大気中に放出してはならない。

6　業務用冷凍空調機器に関するフロン回収について
　①フロン回収義務
　　　業務用冷凍空調機器を廃棄する者は、第1種フロン回収業者にフロンを回収してもらわなければならない。
　　（注）機器を廃棄する者が自らフロンを回収したい場合は、フロン回収業者となればよい。

②第1種フロン回収業者
　・　業務用冷凍空調機器からフロンを回収する事業を行おうとする者は、都道府県知事へ登録しなければならない。
　・　都道府県知事は、第1種フロン回収業者に対して、報告徴収、立入検査並びに指導、助言、勧告及び命令を行うことができる。
　・　都道府県知事は、第1種フロン回収業者が法違反を行ったときは、その登録を抹消することができる。
　・　第1種フロン回収業者は、登録した都道府県知事に、フロン回収量を報告しなければならない。
③第1種フロン回収業者へのフロン回収等の費用の支払い
　　業務用冷凍空調機器を廃棄する者は、フロン回収等（運搬・破壊を含む。）に要する費用を第1種フロン回収業者に支払わなければならない。

7　カーエアコンに関するフロン回収について
①フロン回収義務
　　自動車を解体業者に持ち込む者は、第2種フロン回収業者にフロンを回収してもらわなければならない。
　（注）解体業者に持ち込む者とは、販売業者、整備業者、ユーザー（所有者）を想定している。
②第2種フロン回収業者
　・　カーエアコンからフロンを回収する事業を行おうとする者は、都道府県知事へ登録しなければならない。
　（注）第2種フロン回収業者には、フロンを回収する能力と意欲がある、販売業者、整備業者、解体業者を想定している。
　・　都道府県知事は、第2種フロン回収業者に対して、報告聴取、立入検査並びに指導、助言、勧告及び命令を行うことができる。
　・　都道府県知事は、第2種フロン回収業者が法違反を行ったときは、その登録を抹消することができる。
　・　第2種フロン回収業者は、登録した都道府県知事に、フロン回収量を報告しなければならない。
　・　第2種フロン回収業者は、フロンの回収等（運搬・破壊を含む。）に要する費用を、フロン破壊業者から交付された破壊証明及びカーエアコンからフロンを回収したことを示す書面を添付して、第三者機関（基金）に請求することができる。
③第2種フロン回収業者へのフロン回収等の費用の支払い
　　第三者機関（基金）は、第2種フロン回収業者から請求を受けたときは、その第2種フロン回収業者に対して、回収等（運搬・破壊を含む。）の費用に相当する金額を支払わなければならない。
　（注）回収等の費用に相当する金額とは、「フロン1kg当たりの金額」×「フロン破壊量」を想定しており、フロン1kg当たりの金額については、あらかじめ定

め、公表しておくこととする。

8 フロン破壊業者
・ 特定機器から回収されたフロンを破壊する事業を行おうとする者は、主務大臣の許可を受けなければならない。
・ 主務大臣は、主務省令で定める一定の技術水準に適合していなければ、その者を許可してはならない。
・ フロン破壊業者は、破壊したフロンの量に応じて、主務省令で定める書面（破壊証明）を発行しなければならない。
・ 主務大臣はフロン破壊業者に対して、報告聴取、立入検査並びに指導、助言、勧告及び命令を行うことができる。
・ フロン破壊業者は、主務大臣に、フロン破壊量を報告しなければならない。

9 自動車に係る費用負担
（案1）
・ 費用の徴収方法としては、ユーザー負担を基本とするが、廃車にする時に徴収しようとすると不法投棄（フロンの大気中への放出）を招きやすいことから、新車価格に含めてユーザーに負担してもらい、自動車メーカーから徴収する。その際、フロン回収等に要する費用は省令等で明らかにして、価格転嫁を容易にする。
（案2）
・ 産業廃棄物と同じように、ユーザーが廃車する時に費用負担を求める。

10 第三者機関（基金）
・ 第三者機関（基金）は、カーエアコンからのフロン回収等に係る費用の徴収、支払いを行う。
・ その他、第三者機関（基金）は、フロン回収業者、フロン破壊業者への支援、知識・技術の普及、研究開発、普及啓発などのフロンの回収破壊を支援する業務を行う。
・ 第三者機関（基金）は、支援業務のために、出えんを受け入れることが出来る。
・ 主務大臣は、第三者機関（基金）に対して、報告徴収、立入検査並びに指導、助言、勧告及び命令を行うことができる。

11 その他
・ 不適正な処理等の防止
・ 国の支援
・ フロンメーカー、特定機器メーカー等による出えん
・ フロンの回収、破壊に関する調査・公表

12 罰則
・（検討中）

資料 1-2　フロン回収・破壊のフロー（案）

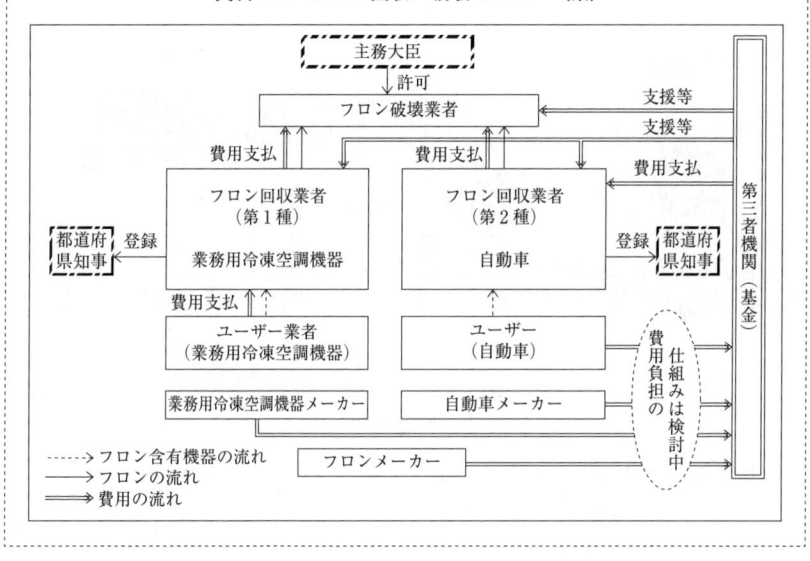

```
                    ┌──────────┐
                    │  主務大臣  │
                    └─────┬────┘
                       ↓許可
           ┌─────────────────────┐   支援等
           │    フロン破壊業者    │←──────────┐
           └──┬─────────────┬────┘   支援等    │
         費用支払↑↓      費用支払↑↓  費用支払  │
    ┌──────────────┐  ┌──────────────┐       │
    │ フロン回収業者 │  │ フロン回収業者 │       │第
登録│   (第1種)    │  │   (第2種)    │登録    │三
→│業務用冷凍空調機器│  │    自動車    │←─     │者
都道│              │  │              │ 都道  │機
府県└──────┬───────┘  └──────┬───────┘ 府県  │関
知事  費用支払↑↓              ↑       知事  │（
    ┌──────────────┐  ┌──────────────┐       │基
    │  ユーザー業者  │  │   ユーザー   │ 費用 │金
    │(業務用冷凍空調機器)│  │   (自動車)   │ 負担 │）
    └──────────────┘  └──────────────┘  の   │
    ┌──────────────┐  ┌──────────────┐ 仕組 │
    │業務用冷凍空調機器メーカー│ │ 自動車メーカー │ みは │
    └──────────────┘  └──────────────┘ 検討 │
                      ┌──────────────┐  中   │
                      │  フロンメーカー │─────→│
                      └──────────────┘       │
```

‒‒‒‒→ フロン含有機器の流れ
────→ フロンの流れ
════→ 費用の流れ

266　第4章　手法論

資料2　フロン回収破壊法　（公明党案 2000年11月30日）

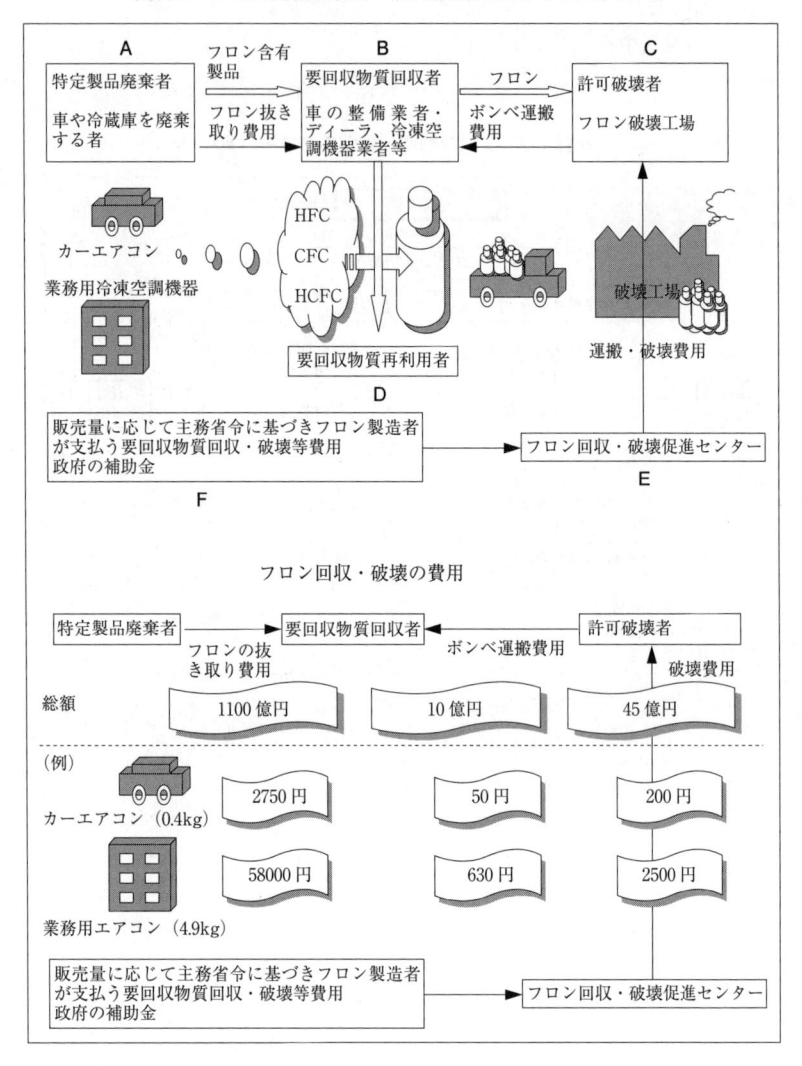

A 特定製品廃棄者
車や冷蔵庫を廃棄する者

→ フロン含有製品
← フロン抜き取り費用

B 要回収物質回収者
車の整備業者・ディーラ、冷凍空調機器業者等

→ フロン
← ボンベ運搬費用

C 許可破壊者
フロン破壊工場

カーエアコン
業務用冷凍空調機器

HFC / CFC / HCFC

要回収物質再利用者

破壊工場
運搬・破壊費用

D 販売量に応じて主務省令に基づきフロン製造者が支払う要回収物質回収・破壊等費用
政府の補助金

E フロン回収・破壊促進センター

F

フロン回収・破壊の費用

特定製品廃棄者 → 要回収物質回収者 ← ボンベ運搬費用 ← 許可破壊者
　　　　　　　フロンの抜き取り費用　　　　　　　　　　　　　　　破壊費用

| 総額 | 1100億円 | 10億円 | 45億円 |

（例）

| カーエアコン (0.4kg) | 2750円 | 50円 | 200円 |
| 業務用エアコン (4.9kg) | 58000円 | 630円 | 2500円 |

販売量に応じて主務省令に基づきフロン製造者が支払う要回収物質回収・破壊等費用
政府の補助金
→ フロン回収・破壊促進センター

11 環境法執行の実態とその課題 267

資料3 フロン回収破壊法のシステム

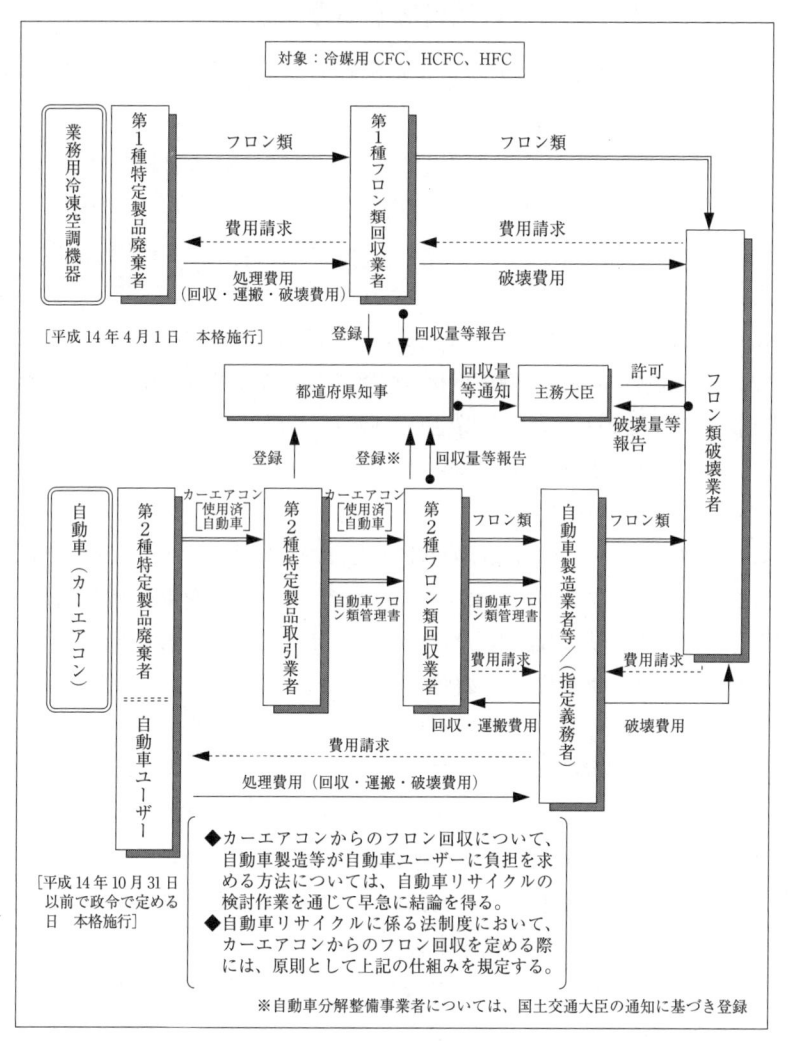

対象：冷媒用 CFC、HCFC、HFC

```
業務用冷凍空調機器 → 第1種特定製品廃棄者 ⇄ 第1種フロン類回収業者 ⇄ フロン類破壊業者
  （フロン類／費用請求／処理費用（回収・運搬・破壊費用））
  （フロン類／費用請求／破壊費用）

［平成14年4月1日 本格施行］

都道府県知事 ← 登録 ← 第1種フロン類回収業者
            → 回収量等報告 → 主務大臣 ⇄ フロン類破壊業者（許可／破壊量等報告）

自動車（カーエアコン） → 第2種特定製品廃棄者 → 第2種特定製品取引業者 → 第2種フロン類回収業者 → 自動車製造業者等／（指定義務者） ⇄ フロン類破壊業者
  カーエアコン／使用済自動車
  自動車フロン類管理書
  フロン類／費用請求／回収・運搬費用／破壊費用

自動車ユーザー
  費用請求／処理費用（回収・運搬・破壊費用）

［平成14年10月31日以前で政令で定める日 本格施行］
```

◆カーエアコンからのフロン回収について、自動車製造業者等が自動車ユーザーに負担を求める方法については、自動車リサイクルの検討作業を通じて早急に結論を得る。
◆自動車リサイクルに係る法制度において、カーエアコンからのフロン回収を定める際には、原則として上記の仕組みを規定する。

※自動車分解整備事業者については、国土交通大臣の通知に基づき登録

V　回収破壊の費用の負担に関する考察

1　自動車リサイクル法の費用負担の仕組みと併せたことによるフロン回収破壊法の問題

　費用負担に関しては、自動車リサイクル法は使用済みの自動車1台1台について、それを使用した人が費用を負担する1対1対応の仕組みを採用し、自動車リサイクル法施行後に販売される自動車についてはユーザーが購入時に支払い、施行時に既に使用されていた自動車についてはユーザーの支払いは任意時だが車検時にユーザーの支払いを確認し支払いがなければ運行ができないようにすることが2001年秋の段階でおおむね了承された。ユーザーが支払った費用は主務大臣が指定する機関が管理し、自動車が使用済みとなって自動車メーカーが適正処理・リサイクルを行った際に自動車メーカーに支払うこととされた[5]。

　この仕組みについての考察はのちほど行うが、自動車リサイクル法に先行して施行されるフロン回収破壊法のカーエアコン部分の費用負担については自動車リサイクル法の仕組みと一体的に行われることが適当とされていたので、自動車リサイクル法施行後使用済みになる自動車については車検時に強制力を持った支払い確認のできる自動車リサイクル法の徴収方法によることとされ、フロン回収破壊法だけが先行して施行されている期間は、自動車リサイクル法施行前に使用済みとなる自動車からのフロン回収について車検時の確認が出来ないまま、費用徴収を確認することとなった。

　フロン回収破壊法の条文だけを見れば、回収破壊費用の支払いのないことをもって自動車メーカー・輸入業者（自動車メーカー等）が回収業者からの支払い請求を拒否することはできないようにも読めるが（改正前の法第57条）、本来、自動車メーカーが自動車から回収されたフロンであることを明らかにしてほしいとして改正前の法第37条に規定されていた「自動車フロ

---

[5]　自動車リサイクル法の制定過程においては、拡大生産者責任（Extended producer responsibility）が強調されていたが、できあがった法律は、ユーザーが廃車になった時に必要となるリサイクル費用を予め預託しておく仕組みとなっており、ユーザー支払いのデポジット制である。

ン類管理書」の必要的記載事項に、ユーザーからの料金（回収破壊費用）が支払われている旨が2002年6月に定められたフロン回収破壊法施行規則（経済産業省・環境省共同省令）で規定されたため、回収破壊費用の支払いのないフロンは自動車メーカー等は引き取らなくて良くなってしまった。

改正前の法第61条において自動車メーカー等は自動車を運行の用に供する者（ユーザー）に回収破壊費用に関し適正な料金を請求することができるとされ、自動車を運行の用に供する者は請求された費用を負担するものとされている。しかし、自動車から回収されたフロンであれば自動車メーカー等はユーザーからの回収破壊費用の支払いの有無にかかわらず引き取らなければならないのではないか？　法制定時においては、集めたフロンの量に応じて費用を支払うはずが、できあがった仕組みではフロンの量は関係なく、支払の証明のある、すなわちフロン券が貼られた「自動車フロン類管理書」の数に応じて支払われる費用が決まってしまうのはおかしいのではないか、と立法に携わった議員からは異論が出された[6],[7]。

この方式については2001年12月始めの与党プロジェクトチーム及び中環

---

[6] これらの経緯は、山本公一議員が雑誌「かんきょう」2002年9月号に寄稿された「フロン回収破壊法の全面施行に寄せて」に詳しい。当時、一台当たりのフロン回収破壊費用は3000円とされていたので、年間100万台からフロン回収破壊を行っても、30億円となり、自動車メーカーの中には宣伝費と考えて「フロン回収破壊料を徴収しません」との戦略をとる社もあるのではないか、との推測が関係議員間ではあったようである。

[7] 法律的には以下に引用している改正前の法第39条第2項にいう自動車製造業者等から第二種フロン類回収業者への支払拒否の「正当な理由」にユーザーからの費用支払いのないことが含まれるか否かが問題となる。法制定に係わった議員は、法第57条は費用請求に関する「できる」規定なので費用請求をしないことを売りにする自動車メーカーも出てくるだろうとの認識を持たれていた。すなわち、自動車メーカーが回収業者に費用を支払うことと自動車メーカーがユーザーに費用を要求することは別の条文だし、連動しないとの考え方であった。中環審メンバーの法学者もこの考えを支持し、筆者も同じ考えであったが、中環審の議論では自動車リサイクルシステムとの整合性が優先された。つまり、中環審の結論は、「法律的にはどちらの考えも成り立ちうるが、その中で、より自動車リサイクルシステムとの整合性が高いものを選択する」ということであった。お金のやり取りの公平性を第一の原則とすれば妥当な考えと思えるが、回収破壊の実効性こそがフロン回収破壊法の第一の原則であると考えると関係議員が感じたような違和感はうなづけるものである。仮に、改正前の法第60条の規定はユーザーの支払いに関する責務を定めただけのものであり、支払いのないことをもって改正前の法第57条の引き取り拒否の「正当な理由」に当たるとするのは違法ではないかとの訴訟が起こっていたら、どうだったかは興味深い。

審・産構審のフロン合同会議で報告が行われたが、完璧な仕組みを作るために時間をかけるより1日でも早い法の施行の方が地球環境の保全に重要であるとの考えから、自動車（カーエアコン）部分の施行を1月早めることと併せて合意が得られた。

＜改正前のフロン回収破壊法及び同法施行規則の関連する規定＞
○フロン回収破壊法
第57条（第二種フロン類回収業者に支払う料金）
　　第二種フロン類回収業者は、主務省令で定めるところにより、自動車製造業者等に対し、第39条第1項又は第2項の規定により自動車製造業者等に引き渡したフロン類の回収及び当該フロン類を引き渡すために行う運搬に要する費用に関し、第二種特定製品にかかるフロン類の回収の適正かつ確実な実施を確保する観点から主務大臣が定める基準に従って自動車製造業者等が定める料金を請求することができる。
2　自動車製造業者等は、前項の規定による請求があった場合には、正当な理由がある場合を除き、その求めに応じて料金を支払わなければならない。
3　自動車製造業者等は、前項に規定する料金の支払いに関する事務を他のものに委託して行うことができる。

第60条（自動車を運行の用に供する者の費用負担）
　　自動車製造業者等は、第57条第2項の規定により支払う料金及び第40条第1項の規定により引き取ったフロン類の破壊に要する費用（次項において「フロン類の回収等の費用」という。）に関し、その製造等をした自動車を運行の用に供する者に対し、適正な料金を請求することができる。
2　自動車を運行の用に供する者は、前項の規定による請求に応じて適正な料金の支払いを行うことにより当該フロン類の回収等の費用を負担するものとする。

第37条（第二種特定製品引取業者の引渡義務）
　　第二種特定製品引取業者は、前条の規定により引き取った第二種特定製品に冷媒としてフロン類が充塡されている場合には、第二種フロン類回収業者に対し、当該第二種特定製品が搭載されている自動車の製造等（第39条第1項に規定する製造等をいう。）をした者の氏名又は名称その他の主務省令で定める事項を記載した書類（以下「自動車フロン類管理書」という。）を添付して、当該フロン類を引き渡さなければならない。

○フロン回収破壊法施行規則（経済産業省・環境省共同省令）
第12条の13（第二種特定製品引取業者の自動車フロン類管理書の記載事項）
　　法第37条の主務省令で定める事項は、次のとおりとする。

一　自動車フロン類管理書の番号
二　第二種特定製品を引き取った年月日、当該第二種特定製品の引取りを求めた第二種特定製品廃棄者の氏名又は名称及び電話番号
三　当該第二種特定製品引取業者の氏名又は名称、登録番号及び電話番号
四　当該引取りに係る第二種特定製品が搭載されている自動車の製造等をした者の氏名又は名称、当該自動車の種別（大型バス（人の運送の用に供する乗車定員11人以上の自動車（以下「バス」という。）であって自動車の長さが7メートル以上のものをいう。以下同じ。）若しくは小型バス（大型バス以外のバスをいう。）又はバス以外の自動車の別をいう。）及び道路運送車両法の規定による車台番号並びに当該第二種特定製品に充てんされているフロン類の種類
五　当該引取りに係るフロン類を第二種フロン類回収業者に引き渡した年月日、引き渡した相手方の氏名又は名称、登録番号及び電話番号
六　法第60条第1項に規定する料金が支払われている旨（次号に該当する場合を除く）
七　当該第二種特定製品引取業者が第二種フロン類回収業者を兼ねている場合において、当該者が自ら当該フロン類の再利用をすることがあらかじめ明らかな場合にはその旨

　自動車リサイクル法においては、ユーザー支払いを前提として、自分の使った車のために自分が支払ったお金を使う（自車充当）という考えがとられ、自動車リサイクル法施行後は、新車については新車販売時に、使用過程車については支払いの有無を車検の際にチェックし、支払いのない車は車検を通らないようにして支払いの確保を行った。

　しかし、2002年10月～2004年12月末までという、フロン回収破壊法制定時に与野党の議員がもっとも心配していた、温室効果が強いCFCが入ったカーエアコンが廃棄される時期は、自動車リサイクル法が施行されず、フロン券による支払確認という不十分な方法で、与野党議員が一番避けようとしていた廃車時負担のやり方になってしまった。

2　購入から廃棄までに時間がかかる製品に関する課題

　自動車をはじめとして購入から廃棄までに時間がかかる製品についての制度設計に当たっては、既に市中に出回り使用されている製品（市中製品）のことを考えなければならない。制度設計に際しては、法施行後に購入される

製品について設計した後に、市中製品については暫定的な問題だからと付け足し的な検討をされることが往々にしてある。しかし、現実には、既に市中にある製品の方が先に廃棄されることが通例であり、購入時には廃棄時の費用のことを考えていない市中製品の扱いこそ、環境問題としては真剣に考慮しなければならない課題である。

環境問題の費用負担に際しては、OECDが言い出した「汚染者負担の原則」から議論が始まることが通例だが、OECDの汚染者負担の原則は製品生産の段階で明らかな環境対策費用を製品価格に載せないと公正な貿易が阻害されるという理念であり、現実には、市中製品の問題や廃棄物不法投棄の原状回復、過去の行為（往々にして規制導入前の汚染行為）による土壌汚染対策といった「事後的に明らかになる環境対策費用」を誰がどのように負担するかが大きな問題になる。製品購入の際にこのような問題に必要となる環境対策費用は予測できないわけだが、費用が予測できないリスクを誰がどのように負うのかを考えなければならない。もちろん、制度設計に当たっては、環境保全の実効性、すなわち、きちんと動き環境保全の成果を上げる仕組みとなることが最優先である。実効性の確保の観点から汚染者負担の原則を超えた論理、または、実効性の確保の観点から有効な仕組みを汚染者負担の原則と矛盾せず説明できる論理が求められる。

なお、汚染者負担の原則から制度設計を始めると、まず、「誰が汚染者か」を決めなければならない。「汚染者」というと何か悪いことをしているイメージが付いてまわるが、環境対策費用を負担する者は誰かを検討するわけで、その人が現に汚染を引き起こしているわけではないことに留意しなければならない。

(1) メーカーを汚染者とした場合

自動車メーカーを汚染者と考えれば[8]、生産販売する車を一体に考えるこ

[8) カーエアコンが第二種特定製品であるが、自動車メーカー・輸入業者がフロンの引取・費用支払いを行うとされたのは、カーエアコンメーカーやフロンメーカーといった中間製品の製造者ではなく、ユーザーに一番近い最終の生産者が責任を負うことが適切とされたからである（自動車リサイクルの議論でフロンだけでなく、エアバック、シュレッダーダストと一緒に制度設計が議論されていたことも関係していると思われるが。）。

とになる。販売された後の車についても生産者が責任を持つということが拡大生産者責任として言われていることであるが、不具合があればリコールのようなこともやっているわけで（しかもリコールは無償で）、販売後も費用負担を含めて製品に責任を持つ仕組みは環境対策以外にもある。販売後の製品については一見、後から適正処理・リサイクルの義務がかかってくるように見えるが、生産販売した車全体をとらえて、廃車になった時点から適正処理・リサイクルの義務がかかるので、義務の遡及ではない。

　メーカー責任が徹底された仕組みを考えると、メーカーは生産販売する車全体について責任を負うので、毎年の廃車について必要となる適正廃棄・リサイクル費用を計算し、結局、これから販売する車の価格に含ませることになる。適正処理・リサイクル費用は１台ごとに異なるが、全体として考えるので平均的な費用を基に計算することになる。車の価格には、部品の調達費用、組み立て費用、設備投資の回収、賃金支払い等々の様々な費用とメーカー等の利潤が含まれているが、１台当たりそれぞれの費用がいくらかかっているかが表示されているわけではない。結局どんぶり勘定の中で企業として合理的な価格に設定されているだけである。そうであれば、他の費用と同じく、適正処理・リサイクル費用は別建てで表示する必要はなくなる。逆に言うと、別建て表示をしないことで各メーカーの合理的な判断が確保されていると言えよう。

　このように、メーカー責任で考えれば、ユーザーの誰からお金をもらって、どの車に使ったかは問題にならない[9]（１台当たり利潤がいくらなのかも表示されてないが、利潤は全体の会計処理の結果出てくるものなのであらかじめ表示できるものではない。適正処理・リサイクル費用も、使用済自動車１台１台の状態が違うことや処理施設やリサイクル施設への距離等を考えれば、全体の会計処理をした後に出てくる平均的な金額である。そのことを考えると、「自分の車の分」として１対１対応しているつもりだが、実は他の人の車の分との貸し借り

---

9)　以上の考察は、自動車リサイクルシステムの検討に際して、早稲田大学の大塚直教授が提出された資料を参考にさせていただいた（「費用支払い方法に関する一考察」2001年7月23日中環審第6回自動車リサイクル専門委員会資料；「産構審の自動車リサイクルシステム案の問題点」2002年1月18日中環審第3回廃棄物リサイクル部会資料）。

が現実には存在していることになる。)。

　ただし、メーカーが倒産した時にどうするのかの問題が残る。既に販売した車についての適正処理・リサイクル費用の総額を先取特権的に確保しておくことや保険で担保することが考えられる。退職金引当金のように「適正廃棄・リサイクル引当金」を認め、その分を非課税にする方法はどうだろうか？　法人税の引き下げが議論されているが、メーカーの社会的な負担・貢献に当たるところを非課税にしていくこのような方法の方が環境と経済の統合にはふさわしいと思われる。

　(2) ユーザーを汚染者とした場合

　自動車のユーザーを汚染者と考えれば、自動車を廃棄するユーザーは自分が廃棄する車に責任を負うとの考えになり、1台1台の状態が異なるので1対1の対応を考えるのが普通である。

　1対1で費用を取るので、これをメーカーの外に積んでおけば、メーカー責任で問題となったメーカー破産の際にも適正処理・リサイクル費用が確保される。1対1で取ってもメーカーのお金にしてしまうと破産問題は回避されないので、ユーザー責任の場合は必然的にユーザーのお金をメーカーの外に預託（デポジット）することになる。そうすると、預託されたお金の管理のための機関やそのための費用が必要となる。1対1対応なので、支払いがなされた車が廃棄されるまで、つまり、その自動車が運行の用に供されている間は、支払われたお金は使われないまま貯めておかれることになる。結局、我が国では約7000万台分のお金が貯まり、国債の購入等に充てられている[10]・[11]。

　また、既に市中に出ている車については、車検の際に確認をするとしても、車検に行かず廃車になる場合には廃車時に費用を徴収する必要が生じる（車検制度のように使用中の管理を行う仕組みがない製品の方が多いので、市中製品は廃棄時負担となるのが通例である。)。山本公一議員らが懸念され、大塚教

---

[10]　破産問題回避の方法として、メーカーが必要経費をまとめてどこかに預託する仕組みも考えられるが、預託されたお金が使われないまま死蔵される点は同じである。メーカーのお金であれば、引当金としておいても、それは期末の会計処理の時に仕分けされるだけなので、メーカーの経営の中で生きた使われ方がされる余地がある。公的な機関に預託して公的な事業に使うことが次の可能性として考えられる。

授も疑問を呈されていた、一方で使われないお金が貯まり、他方でお金が払われないで廃棄される事態が生じてしまう。

(3) ユーザーを汚染者とするが1対1対応を取らない場合

山本公一議員らが提案されていたのは、ユーザーが費用を負担するが、ユーザー互助会がカーエアコン全体の費用支払いを行うことにして、ユーザーは新車購入の際に、購入した車が使用済みになった際の費用ではなくユーザー互助会の会費を払うと考えて、一旦会費を払った後は負担しないという仕組みであった。つまり新車購入時に入ってきたお金を同じ年度の廃車のために使おうという考え方であり、ユーザーにとっては1台＋aの負担となる。注11の既販車7000万台、新車販売600万台、廃車500万台、中古車輸出100万台との前提条件で、10年後に全ての車がフロンを使わなくなり新車からの費用徴収ができなくなると考えると、1台当たりのフロン回収破壊費用をa、新車1台当たりの費用負担をxとすると、

600万×10×x ＝（7000万＋600万×10）×400万／500万×a　$x = 1.73a$

20年後に全ての車がフロンを使わなくなるとすると、

600万×20×x ＝（7000万＋600万×20）×400万／500万×a　$x = 1.26a$

フロンを使用する期間が長引くほど互助会入会金が低くなるのは皮肉であるが、10年たった現在でもフロンは使われていることから20年は新車からの費用徴収ができるとすると、新車販売時だけ負担しても1.3倍程度の負担で不法放出のおそれの多い廃車時の徴収を避けられると考えられたことは、素晴らしい提案だった。ちなみに1対1対応を貫くと、廃車をして新車を買う人は2台分の負担が必要となるので、中古車輸出分に助けられていることになるが、会費方式の方が負担が減ることになる。

---

11) 自動車リサイクルシステムの検討の際は、預託金の多額の積み上がりが問題とされた。当時の前提条件は、既に市中に出ている既販車7000万台、新車販売毎年600万台、廃車毎年500万台で中古車輸出毎年100万台、新車は10年で廃車となり、適正処理・リサイクル費用が1台当たり2万円だった。この条件の下では、毎年800億円が適正処理・リサイクルに使われるが、10年目の終わりに1兆8000億円、その後は毎年400億円ずつ貯まって行って20年目の終わりには2兆2000億円貯まる。実際の経済は、その後、新車販売台数が落ち込むとともに、廃車になる期間も延びている。デフレ下の日本でこれほどのお金を死蔵するのかとの意見も当時の中環審で出されていたが、国債購入することで公共のための支出を支えているということであろうか？

この方式について、山本公一議員は「脱会するときにお金を取られることが不合理なことはクレジットカードでもフィットネスクラブでも会員をやめる時のことを考えてもらいたい。また、三本立ての映画で一本しか見なくても入場料は同じだったり、世の中にはいろいろなお金の払い方があるので、フロン回収破壊の実効性が一番高い方法、すなわち、既に売られてしまった車から費用を徴収しなくてもすむ方法にすればよいと考えた」と言われている。

VI　その後の課題

1　カーエアコン部分について

　カーエアコンからのフロン回収については、自動車リサイクル法のユーザーが費用を預託する方式にそろえるため、ユーザーが任意の時期にフロン券を購入し、廃車にする際に引取業者にフロン券を渡す方式がとられた。この方式だと、メーカーは回収したフロンの量ではなく、メーカーまで回ってきたフロン券の数に応じて費用を支払うこととなり、当初意図していたようなフロンを集めれば集めるほどお金になる仕組みとはならなかった。しかし、自動車リサイクル法の施行が2005年1月になってしまったことを考えれば、先行して2002年10月からフロン回収破壊法が施行された意義は高い。

　他方で、フロン回収破壊法から自動車リサイクル法への移行に際して、フロン券による未使用金が7億円も発生し、公益信託が作られ、普及啓発事業が行われている。筆者としては、普及啓発事業を行うくらいなら、そのお金はフロン券の付いていないフロンの回収破壊に使ってほしかった。ユーザーのモラルハザードを心配する声があるが、地球を守るために支払われたお金なのだから、地球のために最も効果のある使い方をすべきである。

　これは、2008年に古紙偽装問題が起こった時に、100％古紙を使用していなかったコピー用紙の返却を求める声に対して、筆者が「使えるコピー用紙は使えば良い。製紙メーカーに戻して、それを溶かして使えば100％古紙ですとなるようではおかしい。製紙メーカーは偽装古紙の回収を行うのではな

く、表示と実際の古紙利用の差分を、これからの植林、温暖化対策のためのクレジットの購入、更なる古紙利用の拡大など環境への負荷を下げる活動（環境オフセット）で償ってほしい。また、その関係を公表してほしい。」と要請したことと同じである。

筆者は、ユーザーにとってのお金のバランスより、環境負荷削減のバランスを確保するこそ、ユーザーが費用負担を行った気持ちに応えることになると考えている。

2　業務用冷凍空調機器について

別添の山本公一議員の資料にあるように、2000年当初は業務用冷凍空調機器については回収破壊率が56％あり、業者間の契約に基づく関係で廃棄されることや、回収を行う機器整備業者の方から「機器の廃棄者に費用請求ができるように、機器の廃棄の際に回収破壊費用を払わないといけないことを法律に書いてほしい。」との要望があったことから、廃棄物と同じように廃棄する人が回収破壊の費用を払う仕組みとすればうまく動くと考えられた。しかし、フロン回収破壊法施行後、回収量等の報告が行われたところ、実態は三割程度しか回収されていないことが明らかとなった。56％には機器の廃棄の際だけでなく機器の整備時の回収も合わせて計上していたので、分母が違っていたためである。

3割の回収率を上げるため、2006年に整備時の回収の規定、行程管理票の導入などの改正が行われ、2007年10月から施行されている。規制強化が思ったほどの効果を上げていないことや、2009年に機器の使用中の漏えいが想定より多いことが分かり、（HFCに限るが）京都議定書事務局への排出量報告の修正が行われたことなどから、現在、中環審と産構審で放出抑制対策及び冷媒代替についての検討が進められている。回収破壊については、経済的インセンティヴをどう付与するかも議論されているが、現在すでに機器に充填されているフロンの回収破壊の費用を誰がどう負担するかについては、本稿で述べた、かつての自動車についての議論が参考になるのではないか。

さらに、IPCCとモントリオール議定書の科学当局であるTEAPが2005

年に共同で作成したSpecial Reportによると、機器中（冷凍空調機、断熱材等）に存在するフロン類（Bank）は全世界でCO_2換算で約200億tCO_2。そのうち、冷媒フロンは90億tCO_2（冷媒バンク）。このバンク全体からの毎年の排出量は25億tCO_2、そのうち、冷凍空調機からの排出が20億tCO_2と推計されている。

冷媒バンクのうちCFCは2010年に途上国でも生産全廃になったため、補充ができなくなり、CFCを使っている機器が廃棄され一気に放出されるおそれがある（中国はCFCを回収再生して再利用する方針であるが。）。CFCバンクは2002年56.5億tCO_2で、2015年はBAU予測（Business as usual：対策をとらずそのまま推移した場合）で10億tCO_2であり、差し引き46.5億tCO_2の排出が予測されている。

HCFCについては2007年のモントリオール議定書締約国会議で生産規制が前倒しされたが、それでも、途上国は2009年と2010年の平均を基準に2013年に生産量を凍結し、その後削減とのスケジュールのため、中国等は生産量を増大させている。中国の2006年生産量は約7億tCO_2に相当。これはやがて全量が大気中に放出されるおそれがある。また、米国もHCFCの生産量が多い（2002年4億3100万tCO_2　2006年1億8300万tCO_2相当）。

我が国についても、冷媒フロンの未回収分と機器からの漏洩分を合計すると、（HFCを含め）約4000万tCO_2相当の大気中への放出が推計される。PRTR法（化学物質排出把握管理促進法）による2006年度の排出量推計は表2の通り。他方で、我が国の2006年度の回収破壊量は1562万tCO_2相当である。2011年2月に2020年になるとHFC使用機器からの排出が3000万

表2　我が国のCFCとHCFCの排出量推計（2006年度）

	事業者届出による排出量 (t)	国推計による届出外排出量 (t)	合計 (t)	CO_2換算の排出量（万t-CO_2）
CFC	39	1490	1529	1264
HCFC	2088	15262	17350	2225
（参考）HFC				1160
				4649

（平成19年度オゾン層等の監視結果に関する年次報告書（平成20年8月環境省）に基づき作成）

tCO₂ になることが問題だ！　との報道があったが、現在京都議定書6ガス以外で同等の排出があることこそが問題である。

　なお、HCFCのように我が国で既に生産されなくなったフロンについては、資源の有効利用の観点から、回収再生を求める声がある。フロン回収破壊法は破壊をすることで大気中への放出が防げるから、破壊することをもって環境保全対策と評価しようとの考えから作られている。製造禁止になった冷媒を使っている機器については、環境保全のためには、大気中への放出を防ぎながら使い続けるか、より温室効果の低い冷媒に切り替えるかしかない。回収再生の評価は、回収再生した後もう一度機器に入れたフロンが漏洩する（平均して年に5％程度の漏えいは避けられない。）。又、回収を繰り返すと段々回収量が減っていくという点を、新品の利用との関係で環境保全の観点からどう扱うかが課題となる。回収と破壊or再生は分けて考えて、回収にかかる手間を経済的インセンティヴで補うと考えて、破壊しようが再生しようが、フロンを機器に充填するたびに回収に関する経済的インセンティヴの基となるお金を払う、という考え方もありうると思われるが、再生の評価はきちんとした議論が待たれる。

Ⅶ　むすび

　フロンは、建物の断熱・空調、食料品の生産・流通を支える冷凍冷蔵といったエネルギーと並ぶ現代生活の基盤となっている分野で使われている。機器が廃棄される時にフロン類をコンプレッサーのような回収機でボンベに回収し、そのボンベを破壊施設に運んで温室効果のない物質に変えることは難しいことではなく、途上国でも実施できる。回収機もそう高価なものではなく、タイ、インドネシア等には日本のメーカーが作った破壊施設もある。問題は、回収破壊のための経済的インセンティヴがないことである。途上国で回収破壊を行えば1トンのCO₂相当の削減が500円～1000円で実施できると言われている。途上国でのフロン回収破壊が京都議定書の6ガスのように評価されれば、アジア地域だけでもCO₂に換算して年間億トン単位の温室効果ガスの削減も不可能ではない。

　冷凍空調システムは途上国の近代化にとって不可欠のインフラであり、温

暖化対策として CO_2 だけに着目したエネルギー対策だけを支援するのではなく、エネルギー対策と冷凍空調システム対策をセットにして支援してこそ、持続可能な地球社会が構築できるのではないか。

　折しも、北極でもオゾンホールができていることが確認された。先進国の過去の排出だけでなく、新興国の現在の排出も原因の一つである。タイの大洪水では大量の冷凍冷蔵空調機器が廃棄されるであろう。我が国にはアンモニア等の自然冷媒を使ったすぐれた技術もある。フロン類の回収破壊の経済的インセンティヴにこれらへの代替の経済的評価も加えて、「アジア・フロン・クレジット圏」の構築を今こそ日本から提案すべきではないか！

別添：フロン回収破壊法制定の経緯　（山本公一衆議院議員）

<経緯>
○2000年2月　自民党環境部会
・業務用冷凍空調機器及びカーエアコンからの冷媒フロンの回収の実情についてヒアリング。いずれも業界の自主的取組が行われていたが、98年度の回収率は、
　　　業務用冷凍空調機器は56％　　カーエアコンは18％
で、特にカーエアコンからの回収率が低いことから、出席議員から議員立法による実効性のある仕組みを作るべしとの声が上がる。
・当時の政務調査会長が議員立法を推進していたこともあり、環境部会としてはフロン回収破壊法を議員立法で行うこととする。
○3月　自民党環境部会にフロンガス回収破壊対策小委員会を設置
・関係者（関係省庁、地方自治体、自動車業界、業務用冷凍空調機器メーカー、業務用冷凍空調機器整備業者等）のヒアリングを開始。新しい試みとして、NGO（ストップフロン全国協議会）に、ヒアリングを行う側に入ってもらう。
・自分も、フロン回収を自主的に行っている自動車解体業者を視察
・夏には、衆議院環境委員会で、各党そろって、フロン回収の現場を視察→理事会では、「自民党の法案ができるのを待とう」となる。
○10月　小委員会に法案起草チームを設置。ほぼ同時期に商工部会では自動車リサイクル法の検討を始める。
○11月　法案起草チームで法律案のたたき台

<法律案たたき台の基本的な考え方>
○当時、廃棄される機器に残されていたのはCFC。生産規制でオゾン層保護の問題は終わったのかと思っていたが、この年は、南極で過去最大のオゾンホールが出現し、議員の関心高まる。
○さらに、CFCはCO_2の8100倍もの温室効果を持っており、廃棄されるカーエアコンから放出されるCFCの温室効果を環境省に推計してもらったところ、1998年をピークに2000年は2800万トンCO_2。それが2005年になると550万トンCO_2、HFCと合わせると900万トンCO_2くらいになり、その後は全てHFCになるが450万トンCO_2くらいで推移する。
○CFCは京都議定書の対象ではないが、カーエアコンだけで日本の基準年排出量の2％を超える量を排出しており、直ちに対策を講じないと、相当な温室効果ガスが出しっぱなしになってしまう。また、一度、システムを作ればHFCの放出も抑えて京都議定書の目標達成にも役立つ。これは現在、HCFCからの代替を進めようとしている途上国にも当てはまるのではないか。
○議員の間でも、効果の大きいうちに取りかからないといけない緊急の課題であるとの認識が広がる。

○業務用冷凍空調機器は、業者間の契約に基づく関係で廃棄されることや、回収を行う整備業者の方から「廃棄の際に回収破壊費用を払わないといけないことを法律に書いてほしい。」との要望があったことから、廃棄物と同じように廃棄する人が回収破壊の費用を払う仕組みとした。
○カーエアコンは、ユーザーの手を離れた後、中古車になったり、海外に出て行ったりするし、販売業者、中古車業者、整備業者、解体業者など関係者がいろいろいる。また、車体と違って、フロンは大気中に放出されたら証拠が残らない。解体業者に聞いたところ、「解体業はお金になるものを車からとって売る仕事です。フロンを回収してお金がもらえるなら回収しますよ。」と言っていたので、回収業者がフロンを持って行けば回収費用をもらえるようにしてはどうか。フロンを集めれば集めるほどお金になるのであれば、実効性のある仕組みになると考えた。
○自動車業界や経産省は、「自動車リサイクル法を作ってその中でフロンの回収もやります。」と言っていたが、2000年の夏を過ぎてから、やっと法制化に向けて検討を始めたところで、どんなに急いでも2004年に入ってからでないと回収が始まらない。
○自動車リサイクル法ができるのを待っていたのでは、効果が大きいうちにフロンの回収が進まないので、フロン回収部分だけ先行して、自動車リサイクル法ができればカセットのようにはめ込めるようにしてはどうかと考えた。
○年が明けると、自動車リサイクル法では、フロン、エアバック、シュレッダーダストの三品目をメーカーに持って行けば、メーカーが処理をする仕組みが固まってきた。

＜与党PT＞
○2000年11月末には公明党もフロン回収破壊法案を公表し、2001年3月には与党PTが立ち上がる。
○フロン回収破壊のための費用をどうするかが最大の課題となったが、フロン回収破壊法では、回収業者がメーカーにフロンを持って行けばメーカーが回収費用を払う。メーカーがそのためのお金をどうするかはメーカーに任せて、ユーザーに請求できることを規定した。「請求できる」なので、請求しない場合も含めてどんな方法でも良いとの理解で、自動車リサイクル法がどんな方法をとっても整合がとれるようにした。
○野党との協議を経て、2001年6月にフロン回収破壊法は成立し、2002年の4月から業務用冷凍空調機器からの回収破壊、10月からカーエアコンからの回収破壊が始まった。
○自動車リサイクル法が成立したのは、2002年7月。本格施行が2005年1月で、フロン回収破壊法のカーエアコン部分は自動車リサイクル法に取り込まれることとなったが、フロン回収破壊法は、CFCの放出が懸念され、回収破壊効果の大きい時期に間に合わせるとの目的は達成されたと思う。また、自動車リサイクル法の成立を後押しすることもできたと思う。

○その後、業務用冷凍空調機器については、法律に基づいて回収量の報告がなされたことから、実際の回収率が低いことが分かり、より実効性を高めるために改正され、改正法が2007年の10月から施行されている。
＊2002年度29％　2003年度28％　2004年度31％　2005年度32％
○カーエアコンからの回収についても、フロン回収破壊法が先行する期間は、自動車リサイクル法のように車検の時に費用の支払いをチェックすることができなかったこともあり、回収率が期待したほどにはならなかったが、2005年度からは自動車リサイクル法が施行されているので改善を期待している。
＊2002年度29％　2003年度23％　2004年度26％

注）雑誌「かんきょう」2001年9月号には、森嶌昭夫先生（当時中央環境審議会会長）と山本公一衆議院議員の特別対談が掲載されている。

第4章 手法論

12 経済的手法とその限界

片山直子

I はじめに

本稿の目的は、経済的手法[1]のうち、環境税[2]について、その税負担の転嫁にかかわる問題を中心に考察することにある。これは、公正な税制を実現するにおいて、消費者が実質的な税負担を明確に認識できない間接税方式の

---

[1] 本稿のテーマである「経済的手法」に関しては、以下を含む数多くの文献がある。大塚直『環境法（第3版）』90-104頁（有斐閣、2010）、松村弓彦＝柳憲一郎＝荏原明則＝石野耕也＝小賀野晶一＝織朱實共『ロースクール環境法（第2版）』86-92頁（成文堂、2010）、南博方＝大久保規子『要説 環境法（第4版）』167-178頁（有斐閣、2009）、倉阪秀史『環境政策論（第2版）』203-216頁（信山社、2008）、吉村良一＝水野武夫＝藤原猛爾編『新・環境法入門―公害から地球環境問題まで―』84-89頁（法律文化社、2007）、交告尚史＝臼杵知史＝前田陽一＝黒川哲志『環境法入門（補訂版）』183-185頁（有斐閣、2007）、黒川哲志＝奥田進一編『環境法へのアプローチ』163-168頁（成文堂、2007）、大塚直編著『地球温暖化をめぐる法政策』106-127頁（昭和堂、2004）、松井三郎編著『地球環境保全の法としくみ』91-142頁（コロナ社、2004）。

[2] 本稿で検討している産業廃棄物税をはじめとする環境税については、田村泰俊＝千葉実＝吉田勉『自治体政策法務』（八千代出版、2009）、千葉実「北東北三県における産業廃棄物税の導入について」いんだすと第18巻第12号（2003）24-29頁、諸富徹「産業廃棄物税の理論的根拠と制度設計」廃棄物学会誌第14巻第4号（2003）182-193頁、藤田香『環境税制改革の研究』（ミネルヴァ書房、2001）の他、租税法に関する金子宏『租税法（第15版）』（弘文堂、2010）、岡村忠生＝渡辺徹也＝高橋祐介『ベーシック税法（第5版）』（有斐閣、2010）、三木義一編著『よくわかる税法入門（第5版）』（有斐閣、2010）、水野忠恒『租税法（第4版）』（有斐閣、2009）、金子宏＝清永敬次＝宮谷俊胤＝畠山武道『税法入門（第6版）』（有斐閣、2007）、田中治＝近藤雅人「消費税の納税義務者」（三木義一＝田中治＝占部裕典編著『[租税] 判例分析ファイルⅢ相続税・消費税編』（税務経理協会、2006）所収）245-256頁、金子宏「シャウプ勧告の歴史的意義―21世紀に向けて―」（租税法学会 租税法研究第28号『シャウプ勧告50年の軌跡と課題』（有斐閣、2002）所収）1-33頁を参考にさせていただいた。

環境税の仕組みをどのように構成するべきか、という視点によるものである。

経済的手法とは、環境政策における手法の一つであり、「市場メカニズムを前提とし、経済的インセンティヴの付与を通じて、各主体の経済合理性に沿った行動を誘導することによって政策目的を実現しようとする手法」[3] をいう。

環境行政においては、規制内容の実現が期待できることから、従来から規制的手法が主要な手法として採用されてきた。しかし、近年の環境問題が産業公害にとどまらず、都市型公害や地球環境問題をも含むものへと多様化[4]するなか、規制的手法の限界が論じられるようになり、規制的手法を補完するものとして経済的手法が注目されるようになった。

経済的手法を利用すれば、「汚染者には、法的基準以上に環境負荷を削減しようとするインセンティブが働く。」[5] また、経済的手法は、その「非権力的性質ゆえに、それ自体は違法と非難できない通常の都市生活や事業活動の集積によって生活環境の悪化がもたらされている都市生活型公害や地球環境問題への対応手段として適している」[6] などといわれる。

国際的には、経済協力開発機構（OECD）が経済的手法の利用に関する諸報告書を発表している[7]。また、「環境と開発に関するリオ宣言」の「汚染者負担原則」に関する第16原則は、「国の機関は、汚染者が原則として汚染による費用を負担するとの方策を考慮しつつ、また、公益に適切に配慮し、国際的な貿易及び投資を歪めることなく、環境費用の内部化と経済的手段の使用の促進につとめるべきである。」[8] とする。1993年に制定された我が国

---

3) 淡路剛久編集代表『環境法辞典』94頁（有斐閣、2002）の定義による。
4) 「環境問題の様相の多様化と政策手法の変遷」については、倉阪・前掲注（1）196-197頁が参考になる。
5) 南＝大久保・前掲注（1）168頁。
6) 交告＝臼杵＝前田＝黒川・前掲注（1）183頁。
7) OECDが1993年から1995年の間に発表した経済的手法に関する諸報告書の詳細については、水野忠恒「環境政策における経済的手法—OECD報告書（1993—1995）の検討—」（小早川光郎＝高橋滋編『南 博方先生古稀記念 行政法と法の支配』（有斐閣、1999）所収）253-276頁を参照。
8) 監修代表 広部和也＝臼杵知史『解説 国際環境条約集』（三省堂、2003）5頁。

の環境基本法も、「環境の保全上の支障を防止するため」経済的手法を利用する可能性について規定した（22条）。

経済的手法のうち、代表的なものとしては、以下の三つがある。

第一は、「環境に負荷を与える物質を排出する行為について、その排出量に応じ、税や賦課金（課徴金）を課す」[9]ものである。

税と賦課金（課徴金）の区別については諸説[10]があるが、両者を明確に区別することは容易ではない[11]。また、OECD等ではこれらは特に区別されていない[12]。さらに英国の例を挙げると、同国では、埋立税（Landfill Tax）、気候変動税（Climate Change Levy）および砂利税（Aggregates Levy）という三つの環境税が導入されている[13]。これら環境税の名称として、「税」を意味する"tax"および「課徴金」を意味する"levy"という異なる用語が使用されているが、これら三税は、課税実務上はすべて環境税（environmental taxes）として取り扱われている[14]。

実際には、「租税の学問上の定義に該当しない課徴金であっても、実定法上租税とされている場合には、関係の租税法規が適用」[15]されている。

---

9) 南＝大久保・前掲注（1）170頁。
10) 大塚『環境法（第3版）』前掲注（1）91頁において、大塚教授は、「租税とは、国民の能力（担税力）に応じて一般的に課されるものをいうのに対し、賦課金又は負担金とは、特定の事業の経費に充てるために、その事業と特別の関係のある者から、その関係に応じて徴収されるものであり、関係者が広範か否か、受益・原因の程度を個々人ごとに特定しうるかが、税か課徴金かの相違である。」とされる。また、水野・前掲注（2）32頁において、水野教授は、「租税とは、歳入を目的とすべきである。しかしながら、環境税は、環境保全を目的とするものであり、環境規制が進むほど、環境税の歳入は減少する性格を有している。そのため、環境税という用語を用いずに、環境課徴金とよぶこともある。」とされる。この他、高橋信隆＝岩崎恭彦「リスク制御手法としての環境賦課金―ドイツ環境法典草案を素材として―」立教法学第63号（2003）8頁によると、ドイツ環境法典草案における「環境賦課金」の「法律上の形式による分類」には、租税も含まれている。
11) 南＝大久保・前掲注（1）171頁も参照。
12) 倉阪・前掲注（1）206頁。
13) これらの税の導入の背景、課税要件、課題等の詳細については、拙著『英国における環境税の研究』（清文社、2007）および拙著「英国における環境税―導入の成果と課題―」環境法政策学会誌第11号（2008）167-173頁を参考にされたい。
14) "tax"と"levy"という用語の違いについて、特に記述した英国課税庁等による文書等の存在は確認できていない。

これらの点からすると、税と賦課金（課徴金）を截然と区別する必要性は必ずしもないとも考えられる。したがって、本稿では以下、税と賦課金（課徴金）とを特に区別せず、両者を一括して「環境税」として扱うこととする。

日本国憲法84条は、租税法律主義の原則を宣言しており、租税の一つ[16]である環境税を導入するには、個別の法的根拠が必要となる。

経済的手法のうち、代表的なものの第二は、「環境汚染を防止する活動を財政的に支援し、奨励する」[17]補助金制度である。これは、経済的助成措置の一つである。

第三は、「汚染物質の排出を行うには排出枠を市場等で取引することを認める仕組みを中核とする」[18]排出枠（排出権、排出量ともいわれる）取引制度である。

近時注目を集めているこれらの経済的手法についても、その確実性[19]、比例原則との適合性[20]、汚染者負担原則との関係[21]などの点から、限界があると指摘されている。

加えて、近時の環境問題の性質が複雑化していることから、実際の環境政

---

15) 金子『租税法（第15版）』前掲注（2）8頁。金子教授は、「適用法規を決定するうえで、租税であるかどうかを実質的に判断する必要は、ほとんど生じない。」とされる。
16) 租税とは公共サービスの財源であり、歳入を目的とすべきであるところ、環境税は環境保全を目的としていることから、そもそも環境税を租税と考えることができるのかが問題となりうるが、この点についてのドイツにおける議論については、水野・前掲注（2）32頁。この点に関連して、藤田・前掲注（2）18頁において、藤田教授は、「環境税は課税の経済効果について税収の減少を期待するという点で、本来の税の性質である財源調達目的から離れた課税である。つまり、税収の減少を期待する点で自己否定的な性格を持つ課税である。この見解によれば、環境税のみを考慮する場合には、長期的には環境税の課税によるインセンティブ効果が働くと税収はゼロになることも予想される。」とされる。
17) 淡路『環境法辞典』前掲注（3）95頁の定義による。
18) 交告＝臼杵＝前田＝黒川・前掲注（1）185頁。
19) 経済的手法の非権力的性格から、期待どおりの成果が達成できるかどうかが確実ではない。このことから、規制内容の確保という点で、規制的手法は依然として重視されている。この点、大塚『環境法（第3版）』前掲注（1）88-89頁において、大塚教授は、「今後とも規制的手法が重要な役割を果たしていくことが予想され、また必要とされるが、その他の手法も補充的に用いることが重要であろう。」とされる。

策においては、規制的手法、経済的手法、情報的手法、合意的手法などの様々な手法を、「それぞれ適切に組み合わせる形で実施する」[22]ポリシーミックスによって、効果を高めていくことが重要であるといわれる。

さて、本稿では、冒頭で述べたように、環境税の負担の転嫁にかかわる問題を中心に考察したい。近時、我が国においては地方分権一括法による地方税法の改正を受けて、多くの地方公共団体が多様な環境税を採用している[23]。また、長年議論されてきた地球温暖化対策のための税の導入が、国税としてようやく「平成23年度税制改正大綱」に盛り込まれるに至った。さらに、今後ますます少子高齢化が進むことに伴い、必要な財源を確保するため、環境税と同じ間接税である消費税の税率を引き上げて、間接税の比重を高めていくべきであるとの考え方[24]が有力になりつつある。このような状況のなか、環境税の導入によって消費者に転嫁されるものの法的性格をはじめとする諸論点について、検討しておくことは重要であろう。

以下では、まず、環境税の法的な根拠である汚染者負担原則と環境税が間

---

20) 比例原則とは、「不必要な規制、過剰な規制を禁止する」（宇賀克也『行政法概説Ⅰ（第3版）』53頁（有斐閣、2009））ものである。この比例原則は、「警察処分との関係で論議され、それが行政行為一般に、さらに公の行政活動一般に適用される法の一般原理」（塩野宏『行政法Ⅰ（第5版）行政法総論』115頁（有斐閣、2009））となっていることから、経済的手法の導入にも適用されることになろう。とすると、経済的手法を利用することによって、経済的な不利益が生じる場合、「不利益を受ける排出者の基本的権利と不利益の程度（あるいは環境負荷軽減目的の程度）が比例しなければならない。」下村英嗣「環境政策の実現手法(2)―経済的手法」（浅野直人＝柳憲一郎『演習ノート環境法』（法学書院、2010）所収）15頁。

21) 経済的助成措置である補助金制度については、汚染者負担原則に抵触する可能性がある。汚染者負担原則とは、「受容可能な状態に環境を保持するための汚染防止費用は、汚染者が負うべきである」（大塚『環境法（第3版）』前掲注(1) 65頁）とする原則である。OECDが勧告した概念であり、汚染防除措置は、国際的な貿易と投資に著しい歪みを生じさせるような補助金を伴うものであってはならないとされている。See OECD, *Recommendation of the council on guiding principles concerning international economic aspects of environmental policies (1972)*, at para. 4.

22) 倉阪・前掲注(1) 243頁。また、諸富徹編著『環境政策のポリシーミックス』8-9頁（ミネルヴァ書房、2009）において、諸富教授は、「『直接規制』対『経済的手段』という二分法的な区別は、教科書レベルではともかく、現実の政策手段分析の際には有効性を失」っており、「現実には単一政策手段のみで国内の温暖化対策を行っている国はほとんどなく、環境税を導入した場合でも、ほとんど直接規制を含めた複数政策手段によるポリシーミックスとなっている。」とされる。

接税として設計された場合の税負担の転嫁との関係を踏まえ、消費者が負担する環境税相当額が法的にどのように説明されるのかについて考える。ここでは、同じく間接税である消費税をめぐる我が国における判例の動向を参考にしている（Ⅱ）。続いて、英国の気候変動税を例として取り上げ、課税要件および課税時点や税収の還元を巡る立法当時の議論を検証し、環境税を設計する際の示唆を得たい（Ⅲ）。さらに、我が国において提案されている「地球温暖化対策のための税」および地方公共団体で導入されている法定外環境税、とりわけ産業廃棄物税の諸課題について概観する（Ⅳ）。

---

23) 憲法は地方自治を保障（92条）しており、「地方公共団体は憲法上当然に自主財政権を有している」（金子＝清永＝宮谷＝畠山・前掲注（2）43頁）ことから、地方公共団体は条例によって環境税を導入することができると解される。しかし、このように考えると、地方公共団体が、「法律」ではなく「条例」で地方環境税を創設することが、「あらたに租税を課し、又は現行の租税を変更するには、法律又は法律の定める条件によることを必要とする。」と定める憲法84条に違反しないかが問題となる。この点、「条例は、住民の代表である議会が制定するものであることから、『代表なければ課税なし』という租税法律主義の原則は確保されており、従って憲法84条に違反しない」（金子＝清永＝宮谷＝畠山・前掲注（2）44頁）と解されている。また、北野弘久『税法学原論（第6版）』104-105頁（青林書院、2007）において、北野教授は、「地方税のことについては、『法律』ではなく『条例』によって定めることが認められているのは、租税法律主義の例外であるという説明」は、「不正確である」とされる。同教授は、「かりに日本国憲法84条の『租税法律主義』が地方税についても適用されるとしても、同条の『法律』は地方税については『条例』そのものを意味する」とされる。

24) 金子＝清永＝宮谷＝畠山・前掲注（2）8頁によると、「わが国の直接税の比率は、先進国の中ではアメリカについで高いが、高齢化社会の財源需要を賄うため、間接税の比率を高める（消費税の税率引上げ）ことが重要な政策課題となっている。」。また金子「シャウプ勧告の歴史的意義—21世紀に向けて—」前掲注（2）によると、我が国は、昭和25年の税制改革において、『シャウプ使節団 日本税制報告書（いわゆる「シャウプ勧告」、昭和24年）』を「ほぼ全面的に採用」（同1頁）した。シャウプ勧告の重要な内容の一つは、「民主的租税観と担税力に応じた課税の見地から」勧告された「直接税中心、特に所得税中心の税制」（同18頁）であった。しかし、この「直接税中心の税制では必要な財政支出を賄いつつ財政再建を行うことが困難」（同18頁）になるなどの諸問題が生じ、これらの問題を解決するために、消費税が導入されるなどした。「このようにして、我が国の税制は、直接税中心主義の時代から、所得・消費および資産に対する租税を適切に組み合わせるタックス・ミックスの時代へと入った。税収に占める間接税の割合は、年を追って増加を続けている。」（同19頁）。

II　間接税方式による環境税の負担転嫁

1　汚染者負担原則との関係

　環境税の根拠の一つに、「汚染者負担の原則（Polluter pays principle：PPP）」がある[25]。汚染者負担原則とは、「受容可能な状態に環境を保持するための汚染防止費用は、汚染者が負うべきである」[26]とする原則である。この原則は、OECDにより勧告された原則であり、汚染防止の費用については、1972年の勧告の文言からも、商品やサービスの価格に織り込まれ、購入者に転嫁することが予定されていると考える[27]。この考え方は、間接税の構造で環境税を設計したときによく馴染むものである。

　間接税とは、「税の負担が、納税義務者である課税物件の製造者等から、その物品の販売価格を通して順次消費者へ転嫁することが、立法者により予定されている税」[28]をいう。

　税の設計にもよるが、環境税の納税義務者が製造業者等の事業者とされ、その税負担を消費者に転嫁することが予定されているとすれば、その環境税は「間接税」といえる[29]。環境税は、徴税事務の便宜も勘案して、上流の事業者を納税義務者として、間接税として設計されることが少なくない[30]。

---

[25]　水野・前掲注（2）32頁。
[26]　大塚『環境法（第3版）』前掲注（1）65頁。
[27]　See OECD, *supra* note 21, at para. 4. この点について、倉阪教授は、「消費者に『汚染者』によって負担された費用が、汚染を引き起こす財及びサービスの価格を通じて、当該財・サービスを購入する者に転嫁されることを禁じる趣旨のものではない」とされる。倉阪・前掲注（1）116頁。
[28]　岩崎政明＝平野嘉秋＝川端康之共編『七訂版税法用語辞典』150頁（財団法人大蔵財務協会、2007）。これに対して、直接税とは、「税金を納付する者と、その税金を実質的に負担する者とが同一人である（実質には法人税など直接税も経済的には転嫁される。）ことを予定し立法された租税」をいう（同577頁）。
[29]　英国の課税庁である歳入関税庁（Her Majesty's Revenue and Customs：HMRC）の間接税のリスト（List of 'indirect taxes' http://www.hmrc.gov.uk/complaints-appeals/how-to-appeal/indirect-tax.htm#1）には、付加価値税（我が国の消費税にあたる）をはじめ、英国におけるすべての環境税（埋立税、砂利税および気候変動税）等が掲載されている。

2 消費者が負担するものの法的性格

　環境税が間接税として設計され、上流の事業者が法律上の納税義務者とされた場合、納税義務者から転嫁され、価格を通して消費者が負担するものの法的性格が問題となりうるが、これまで、この点についての議論はほとんどなされていない。

　この点、租税が実際に転嫁されるかどうか、また転嫁の程度については明確ではないこと[31]、さらに、環境税は、例えば、我が国の「平成23年度税制改正大綱」に盛り込まれた「地球温暖化対策のための税」のように、「広く薄く」負担されるように設計されることが通常であるから、最終的に消費者が負担する額はわずかになることが予想されることからすれば、環境税相当額の法的性格について特段に議論を立てる意味がどれほどあるのか、との主張もあろう。

　しかし、当初は低い税率で環境税が導入され、その後、段階的に税率が引き上げられて、消費者の税負担が徐々に増えていくことがありうる。さらに、前述のように、少子高齢化社会において、将来的には、同じ間接税である消費税の増税の可能性も高まっていることからすれば、今後は、ますます間接税の比重が高まり、消費者がどの程度の実質的な税負担をしているか把握することが困難となろう。「税負担を感じつつ納税する直接税の方が、納税者が政府を身近に感じ、租税の使われ方について看視の目をゆきとどかせることができる」[32]のに対して、間接税では、支払者が自分の負担を明確に

30)　藤田・前掲注（2）14頁において、藤田教授は、環境税として炭素税を例に挙げ、「……二酸化炭素の生産段階よりも、むしろ二酸化炭素を多く排出する化石燃料の輸入段階や、生産段階もしくはかなり限定された消費段階に課税することが、徴税上の簡素化や排出量の測定が容易であるため実務的に選好されている。」と述べておられる。
31)　金子＝清永＝宮谷＝畠山・前掲注（2）7頁。また、岡村＝渡辺＝高橋・前掲注（2）3頁は、「転嫁の有無や程度を実際に計測することは困難であるし、予定どおりの転嫁が起こらなかったとしても、納税義務や法の解釈適用が変わるわけではない。」とする。さらに、岩崎＝平野＝川端・前掲注（28）150頁も、「この税負担の転嫁が円滑に行われるか否かについては、取引市場の状況等経済的諸条件に影響される場合がある」としている。
32)　金子「シャウプ勧告の歴史的意義—21世紀に向けて—」前掲注（2）14-15頁。また、水野・前掲注（2）133頁において、水野教授は、「所得税が、国の税制の中心として採用された大きな理由の一つは、支払い者が自分の負担を認識することができる公正な租税を期待できることがある。」とする。

認識することができない。消費者に「広く薄く[33]」負担させ、消費者への「転嫁の際に税痛感を与えないようにすることは、間接税の基本的特性」[34]であるとしても、検討されている将来的な消費税の税率の引上げや環境税などの導入によって、今後ますます間接税の比重が高まり、消費者が全体としてどの程度の実質的な税負担をしているか把握できなくなってもよいのかどうかが問われる。

以上のことからすれば、消費者が負担する環境税相当額の法的な性格については、負担額の多寡にかかわらず検討すべきであろう。

この問題については、同じく間接税である消費税をめぐる我が国の裁判例の状況が参考になる。我が国の消費税は、原則としてすべての事業者（製造業者・卸売業者・小売業者等、一般の事業者)[35]を納税義務者（消費税法5条）とする間接税であり、複数の取引段階で課税を行う多段階課税である[36]のに対して、環境税の多くは徴収の便宜から上流の事業者を納税義務者とする単段階課税[37]とされることが多い。したがって、消費税と環境税とを全く同列に論じることはできないが、消費税の負担が納税義務者以外の者に転嫁された場合に消費者が負担するものの法的性格という論点は、環境税の検討においても、示唆に富む。

我が国の消費税の納税義務者および消費者が負担するものの法的性格について、一連の裁判例は、田中治教授によれば、「①消費税法においては、事業者が納税義務者である、②事業者は、消費者から消費税を預かるのではなく、自らの消費税負担分を消費者に転嫁しようとする存在である、③取引の過程においては、商品の本体価格と消費税相当分とが区分して受領されるわけではなく、事業者が受領した価格の全体をもって対価とみるべきである」

---

33) 税制改革法（昭和63年）11条1項は、「事業者は、消費に広く薄く負担を求めるという消費税の性格にかんがみ、消費税を円滑かつ適正に転嫁するものとする。」と規定する。また後述するように、平成23年税制改革大綱も、「地球温暖化対策のための税」を「広く薄く」負担を求めるものであるとしている。このように、消費税と環境税とにおいて、「広く薄く」負担を求めることが、共通のキーフレーズになっている。
34) 田中＝近藤・前掲注(2) 250頁。
35) 水野・前掲注(2) 706頁。
36) 金子『租税法（第15版）』前掲注(2) 14頁。
37) 後述するように、英国の気候変動税も単段階課税である。

としている[38]。

このような消費税に関する裁判例からすると、環境税制において、上流の事業者を納税義務者であると設計した場合も、納税義務者から転嫁され、消費者が負担するものは、消費者が法律上の納税義務者ではない以上、税であると構成することはできない[39]。とすれば、消費税の場合と同様に、「対価の一部」[40]とみることになろう。

III 課税要件の検討——英国の気候変動税を例に

環境税の転嫁には、課税の地点をどこに設けるのかが深くかかわる。そこで以下では、英国の環境税の一つである「気候変動税（Climate Change Levy：CCL）」を例に挙げて、その課税要件を検討した上で、同税の立法段階においてなされていた課税地点等をめぐる議論について検討したい[41]。

租税法律主義の原則からすれば、環境税を導入する際にも、課税要件の法定および明確性が要請される。課税要件とは、納税義務の成立要件をいい、各租税に共通の課税要件として、納税義務者、課税物件、課税物件の帰属、

---

38) 田中＝近藤・前掲注（2）249頁。田中教授が、同248頁で、一例として挙げておられる東京地裁平成2年3月26日判決（判時1344号115頁）は、「消費税法及び税制改革法には、消費者が納税義務者であることはおろか、事業者が消費者から徴収すべき具体的な税額、消費者から徴収しなかったことに対する事業者への制裁等についても全く定められていないから、消費税法等が事業者に徴収義務を、消費者に納税義務を課したものとはいえない。」「消費者は、消費税の実質的負担者ではあるが、消費税の納税義務者であるとは到底いえない。」「したがって、消費者が事業者に対して支払う消費税分はあくまで商品や役務の提供に対する対価の一部としての性格しか有しないから、事業者が当該消費税分につき過不足なく国家に納付する義務を、消費者に対する関係で負うものではない。」とする。
　消費税の転嫁に関する裁判例の検討としては、浅野あずさ「消費税の転嫁に関する一考察—税制改革法11条に立ち返って—」第18回公益法人租税資料館受賞論文集中巻（2009年）163頁以下参照。同分析でも、裁判所が、「消費税相当額を『価格の一部』と解釈している。」と述べられている。
39) 田中＝近藤・前掲注（2）253頁において、消費税について、「現行法上の解釈として、消費者が納税者であるかのような解釈はやはり無理があると言わざるをえない。なぜならば、もし消費者が支払う金銭が税だというのであれば、その全額が国庫に納付されなければならないはずである。」とされている。
40) 前掲注（38）参照。東京地裁平成2年3月26日判決（判時1344号115号）。
41) 気候変動税の仕組みと課題および課税地点をめぐる議論等については、拙著『英国における環境税の研究』前掲注（13）第二章を参照されたい。

課税標準および税率の5つがある[42]）。

1　気候変動税の概要

2001年4月に英国で導入された気候変動税とは、ビジネス分野におけるエネルギー供給に課税される環境税をいい、その根拠規定は、2000年財政法第二部30条（Finance Act 2000 Part II, clause 30）および付則6・7（Schedules 6 and 7）である。同税は、英国の気候変動政策における主要な経済的手法の一つである。英国においては、気候変動税、自主協定および排出権取引のポリシーミックスとなっている。

気候変動税の目的は、ビジネス分野のエネルギー効率化を促進することによって、エネルギー需要を抑制することにある。

気候変動税の納税義務者は、課税対象商品の供給者であり（付則6第4部40-(1)）、一般的には、顧客が供給を受ける場面で課税される。これは下流での供給、すなわち小売業者による最終消費者への供給に対する課税である。気候変動税は、電力、ガスその他の課税対象商品の商業的な利用者に対する供給の際に課される単段階課税（single stage tax）[43]）である。

課税物件は、工業、商業、農業、行政その他のサービス分野における照明、暖房および電力の消費に向けられた、電力、天然ガス等の課税対象商品の工業的および商業的な供給である（付則6第1部3-(1) 参照）。

気候変動税は、供給されるエネルギー量を課税標準とする従量税である。但し、電力の課税標準については、例外的に、発電の過程で使用されたエネルギー量に応じて設定されている。これは電力発電において使用される化石燃料エネルギーの相当部分は、燃焼、送電、配電の過程で失われてしまうため、他の商品と同様に供給されるエネルギー量のみを課税標準とすることは、エネルギーの効率的な利用を促進するという気候変動税の趣旨に沿わな

---

42)　金子『租税法（第15版）』前掲注(2) 134頁。
43)　気候変動税に関連する具体的な紛争であるJ & A Young (Leicester) Ltd v HM Revenue & Customs事件に関するロンドン審判所（London Tribunal）の裁決においても、同税が単段階課税である旨の指摘がなされている。See London Tribunal Centre, *J & A Young (Leicester) Ltd v Revenue & Customs* [2008] UKVAT V20826 (08 October 2008) at para. 4.

いと考えられたためである[44]。

　税率は、2011年4月1日付で引き上げられ、電力については1kWhあたり0.00485ポンド、ガス公益事業が供給するガスまたはガス公益事業が供給するものと同一種類の気体で供給されるガスについては1kWhあたり0.00169ポンド、液状で供給される石油ガスまたはその他の気体状の炭化水素については1kgあたり0.01083ポンド、その他の課税対象商品については1kgあたり0.01321ポンド、となる予定である。

2　課税時点

　気候変動税は、小売業者による最終消費者への供給（下流）に対して課税し、卸売市場（上流）での取引は、課税対象外とされている。同税の課税時点を上流とするのか、それとも下流と設計するのかについては、立法段階でも議論がなされていた。当時の議論によると、仮に上流で課税した場合、交通燃料を含むすべての燃料を課税対象とすることができる。上流で課税することにより、燃料を最初に購入した時点で、エネルギーを変換または流通させる企業に対して、より炭素含有率が低い燃料に転換するなど効率化を推進するインセンティブを与えることができる。と同時に、税コストの一部は転嫁されるので、エネルギー消費者に対しても、効率化を推進するインセンティブを与えうるとされていた[45]。

　これに対して、下流で課税した場合には、発電のため使用された燃料には課税されないため、上流での課税と比べて、電力発電分野に対する燃料転換の促進度が弱い。このことからすれば、上流で課税することが妥当であるとする主張もなされた。

　しかし、上流での課税には、電力発電所が価格を引き上げて家庭における顧客に高いコストを転嫁するおそれがあり、家庭における燃料と電力の消費に対して新税を導入するのと同様の結果となってしまうのではないかと懸念

---

44)　*See* HM Customs and Excise, Notice CCL1 : *A general guide to climate change levy* (2002) at 3.2.
45)　*See* Royal Commission, Energy ─ *The Changing Climate* (2000), at 118 and Lord Marshall, *Economic Instruments and the Business Use of Energy* (1998) [Hereinafter cited as Lord Marshall], at 20.

された。すなわち、産業・商業使用と家庭消費の間の区別が明らかになるのは、最終消費者に売却される時点であることから、電力が最終産業・商業ユーザーに対して供給された下流の時点で課税するべきであるとされたのである[46]。

当時、全エネルギー商品の流通部門の企業は3,000以下で、これらのほとんどは既に付加価値税（VAT）登録を済ませていることから、付加価値税（VAT）制度におけるビジネスと家庭消費者の区別を、気候変動税の制度においても活用することができると主張された。

以上の議論からすると、この供給時点を上流または下流のいずれでとらえるのかという問題は、二つの政策目標、すなわち炭素含有率の低い燃料への転換を促進することと、家庭でのエネルギー使用の租税負担を増やさず気候変動税の対象外とすること、のいずれに重きを置くのかという点にかかわる。英国政府は気候変動税の導入において、家庭でのエネルギー使用の租税負担を増やさず気候変動税の対象外とするという目標を優先したものと考えられる。また、同国では既に付加価値税（VAT）の制度が確立されていたため、その制度を利用すれば、円滑に運用できるとの見通しも働いたと考えられる[47]。

しかし、電力が最終産業・商業ユーザーに対して供給された下流の時点で課税をすれば家庭での税負担を増やさずにすむ、とした当時の英国の立法担当者の考えにも疑問なしとしない。なぜなら、最終産業・商業ユーザーの商品またはサービスの価格を通して、結果的に家庭部門が税負担を負うということが考えられるのであり、家庭部門への税負担の転嫁の余地が全くないとするのは困難であるからである。

---

46) *See* Lord Marshall, at 20.
47) 拙著『英国における環境税の研究』前掲注（13）91頁。英国課税庁も実際の取扱いにおいて、気候変動税（CCL）は、従価税ではなく重量税であるという点で、基本的に付加価値税（VAT）と異なるが、簡明性を推進するとともに、関係する企業等のコンプライアンスコストを引き下げるため、気候変動税の管理は、付加価値税の管理と両立可能なものと解している。その上で、供給者は概ね既存の販売システムを調整して対応することができるであろう、としている。*See* HMRC, *General Principals : Background to the levy*（CCLG2050）.

3 気候変動税の税収の使途

　環境税を導入する際に、環境税から得られた税収の使途を特定すると、関係者をはじめとする国民のコンセンサスを得やすくなるといわれるが[48]、英国の気候変動税から得られる税収の使途も、産業界の抵抗に対応する形で、特定化された。

　英国財務省の1999年事前予算報告（Pre-Budget Report November 1999）によると、気候変動税導入後の初年度である2001年から2002年について、気候変動税により約10億ポンドの税収が見込まれていた[49]。しかし、気候変動税により得た税収は、雇用者負担の国民保険料（Employers' National Insurance Contributions）の0.3％切下げとエネルギー効率化手段に対する追加的支援としての財政支出（約1.5億ポンド）を通じてビジネスに還元する[50]ため、気候変動税の導入により国家財政が増えることはなく[51]、この改革は、英国の持続可能な発展を目標とする政府方針[52]に完全に合致するものである、と政府は主張した。すなわち、気候変動税の負担により企業のエネルギー使用コストは増えるが、雇用者負担の国民保険料が切り下げられるため、人件費が削減され、全体的に見れば雇用の機会拡大を促すことになるというのである。

　このように、英国政府によると、気候変動税の趣旨は、税負担を引き上げることではなくエネルギーの効率的な利用を促進することにある。政府がエネルギー利用者のエネルギー効率改善を促進するために設けた主要な手段としては、エネルギー効率基金、100％初年度資本控除制度、再生可能エネルギーから発電された電力についての気候変動税の課税免除、高品質と認められた熱電気複合利用（CHP）で使用された燃料についての気候変動税の課税免除等がある[53]。

---

48) 藤田・前掲注（2）17頁において、藤田教授は、使途を特定化する長所の一つとして、課税と課税目的が明らかである場合には、国民に新しい環境税導入のコンセンサスが得やすいことを挙げておられる。
49) *See* HM Treasury, *Pre-Budget Report* (1999) at 6.32.
50) *ibid.*
51) *See* HM Treasury, *supra* note 49, at 6.33.
52) *See* HM Treasury, *Statement of intent on environmental taxation* (1997).

4 気候変動税の税収の還元を巡る議論

　気候変動税の立法過程では、税収の全額を企業に還元する方法として、①エネルギー効率促進または排出削減目的を有する制度を通して還元する方法と、②一般の事業課税または雇用者負担の国民保険料（Employers' National Insurance Contributions（NICs））を通して還元する方法のいずれが妥当かについて、以下のような議論がなされた[54]。

　前者の方法のように、省エネ投資をしている企業に対する租税優遇措置を含むエネルギー効率化と排出削減目的を有する制度を通して税収を循環すれば、新しい技術の発展が促されよう。環境技術投資に対する租税優遇措置は、既にOECDの数か国において導入されているところでもある。

　しかし、このような租税優遇措置には、いくつかの難点があるとされた。第一に、対象となる投資を定義することが困難である。効果的な免除目標を確保するには、政府が対象となる省エネ投資について厳密に定義する必要があり、その評価は各社ごとになされなければならないが、これは制度の運営上、複雑でコスト高となりうる。第二に、対象となる投資を定義付けることにより、技術革新を停滞させる危険性がある。

　この点、立法過程で政府に提出された報告書は、一般の事業課税を通して税収を還元することが、簡易で透明性があり、税負担を長期的に「グッズ（goods、例えば、労働）」から「バッズ（bads）」に転換しようとする政府の意図[55]にも整合するとした。環境税には、環境を改善すると同時に労働の租税負担額を減税するという「二重の配当」により、雇用に有益な影響を与える余地があることから、適切な設計によって、租税負担の転換により生産量および雇用にプラスの効果を与えうるとしたのである。その一例として、ドイツ政府が、エネルギー課税の増加と非賃金労働コストの削減を含む税のパッケージを発表したことを挙げている[56]。

　以上のような気候変動税の税収の還元を巡る議論を経て、英国政府は、雇

---

53) *See* Department for Environment, Food and Rural Affairs, *Climate Change Agreement* (2002).
54) *See* Lord Marshall, at 25.
55) *See* HM Treasury, supra note 52.
56) *See* Lord Marshall, at 25.

用者負担の国民保険料を切り下げることにより雇用を創出するという目的に重きを置きながらも、税収の一部はエネルギー効率促進または排出削減を目的とする制度を通して還元するという折衷的な立場を採用した、ということができる。

Ⅳ 我が国における環境税導入への取組み

1 「地球温暖化対策のための税」

温暖化対策のための税は、ヨーロッパ諸国を中心に広く導入されているが[57]、我が国においても、「平成23年度税制改正大綱（平成22年12月16日閣議決定）」において、「消費課税」の一つとして[58]、「税制による地球温暖化対策を強化するとともに、エネルギー起源CO_2排出抑制のための諸施策を実施していく観点から」、「地球温暖化対策のための税」の導入が盛り込まれるに至った。

具体的には、「全化石燃料を課税ベースとする現行の石油石炭税にCO_2排出量に応じた税率を上乗せする『地球温暖化対策のための課税の特例』を設ける」こととしている。「この特例により上乗せする税率は、原油及び石油製品については1キロリットル当たり760円、ガス状炭化水素は1トン当たり780円、石炭は1トン当たり670円」としている。「このように『広く薄く』負担を求めることで、特定の分野や産業に過重な負担となることを避け、課税の公平性を確保する」としている。すなわち、「地球温暖化対策のための税」は、既存の石油石炭税を活用するものである。

そこで、石油石炭税の課税要件についてみると、同税の納税義務者は、原油、ガス状炭化水素又は石炭の採取者である（石油石炭税法第4条1項）。また、原油若しくは石油製品、ガス状炭化水素又は石炭（以下「原油等」という。）を保税地域から引き取る者も、その引き取る原油等につき、納税義務

---

57) 各国の「温暖化対策税」の概要については、藤田・前掲注（2）8頁の表1-1を参照。
58) 「平成23年度税制改正大綱の概要」（http://www.mof.go.jp/jouhou/syuzei/23kaisei/23taikougaiyou.pdf）では、「地球温暖化対策のための税」は、「消費課税」の一つとされている。

を負う(同2項)。次に、同税の課税物件は、原油及び石油製品、ガス状炭化水素並びに石炭である(同法第3条)。さらに、同法第8条1項で、同税の課税標準は、その採取場から移出した原油、ガス状炭化水素若しくは石炭又は保税地域から引き取る原油等の数量とされている。同条2項では、石油製品で政令で定めるもの又はガス状炭化水素で政令で定めるものに係る前項の数量は、それぞれその重量又は容量を基礎として政令で定める方法により計算した数量によるものとする、とされている。税率については、第9条で、各課税物件ごとに定められ、原油及び石油製品については、1キロリットルにつき2,040円(1号)、ガス状炭化水素については、1トンにつき1,080円(2号)、石炭については、1トンにつき700円(3号)とされている。

「平成23年度税制改正大綱」によると、『地球温暖化対策のための課税の特例』が設けられることによって、現行の石油石炭税の税率に、上記の税率が上乗せされることになる。

このように、石油石炭税の納税システムを活用して、輸入者、採取者の段階で課税するのは、「最上流課税」であり、製品価格に税負担が転嫁されて、エネルギーの最終消費者である国民が、二酸化炭素の排出量に応じて環境税を負担することが予定されている[59]。

日本政府は、最終的に家庭部門が「地球温暖化対策のための税」負担を負うことを予定しており、家庭でのエネルギー使用の租税負担を増やさず気候変動税の対象外とした英国政府の考え方とは、その前提が大きく異なることが理解できる。しかし、英国の気候変動税の設計においても、最終産業・商業ユーザーの商品またはサービスの価格を通して、結果的に家庭部門が税負担を負う可能性が否定できないのは、前述([Ⅲ]2)のとおりである。

2 我が国の地方公共団体による法定外環境税の導入

(1) 法定外環境税

地方分権一括法による地方税法の改正[60]を受けて、我が国における多くの地方公共団体が、法定外環境税を導入した。とりわけ、同改正による法定

---

[59] 「環境税を負担するのは誰か」についての環境省のウェブサイト(http://www.env.go.jp/policy/tax/about.html)(平成23年1月26日取得)参照。

外目的税制度の導入は、「地方環境税ブーム」を巻き起こしたといわれる[61]。「法定外環境税の導入とは、地方公共団体が、条例により、地方税法に定めのない環境税を創設することをいう。法定外環境税には、その使途を特定しない法定外普通税と、使途を特定した法定外目的税とがある。」[62]。

総務省の「法定外税の状況（平成22年4月現在）」[63]によると、まず、法定外普通税の例として、以下のものが挙げられる。都道府県では、「核燃料税」（福井県、福島県、愛媛県、佐賀県、島根県、静岡県、鹿児島県、宮城県、新潟県、北海道、石川県）が導入されている。市町村では、砂利採取税等が、城陽市（京都府）、中井町（神奈川県）、山北町（神奈川県）で導入されている。また、太宰府市（福岡県）は、「歴史と文化の環境税」を導入した。

次に、法定外目的税の例として、以下のものが挙げられる。都道府県では、産業廃棄物税等（三重県、鳥取県、岡山県、広島県、青森県、岩手県、秋田県、滋賀県、奈良県、新潟県、山口県、宮城県、京都府、島根県、福岡県、佐賀県、長崎県、大分県、鹿児島県、熊本県、宮崎県、福島県、愛知県、沖縄県、北海道、山形県、愛媛県）、乗鞍環境保全税（岐阜県）等がある。市町村では、遊漁税（富士河口湖町（山梨県））、環境未来税（北九州市（福岡県））、使用済核燃料税（柏崎市（新潟県））、環境協力税（伊是名村（沖縄県）、伊平屋村（沖縄県）、渡嘉敷村（沖縄県））がある。

法定外環境税の重要な課題としては、二重課税の問題と税収の規模が微少であることの二つが挙げられよう。

まず、二重課税の問題であるが、上述の地方税法改正による法定外目的税の導入により、「各地方団体が独自の税目を採用することにより、二重課税や重複課税の問題が生ずる恐れ[64]」が出てきた。この問題を解消すべく、後述のような北東北三県（岩手県、青森県および秋田県）における産業廃棄物税

---

60) 地方分権一括法による地方税法の改正の詳細については、宇賀克也『地方自治法概説（第3版）』117-120頁（有斐閣、2009）参照。
61) 北村喜宣『自治体環境行政法（第5版）』265頁（第一法規、2009）。
62) 南＝大久保・前掲注（1）172頁。
63) http://www.soumu.go.jp/main_sosiki/jichi_zeisei/czaisei/czaisei_seido/pdf/ichiran01_25.pdf
64) 水野・前掲注（2）776頁。

に関する「統一条例」を導入するといった動きも出ている。

次に、税収の規模についてであるが、総務省の「法定外税の状況（平成22年4月現在）」[65]によると、平成20年度決算では、環境税を含む法定外普通税の税収額は全国の22件の合計で約342億円、環境税を含む法定外目的税の税収額は全国の34件の合計で約105億円であった。これらを合わせた法定外税の税収額（447億円）の地方税収額に占める割合は、0.11％に過ぎない。

この点、環境税の目的は汚染行為の抑制にあることから、税収を期待することは妥当でないとも考えられる。しかし、法定外目的税が地方分権の推進の観点から創設されたこと、賦課徴収にも相当の費用がかかること、環境税が環境保全のための費用に充てるために導入されることが少なくないことから、今後は、環境税からどの程度の税収を確保すべきかについても検討する必要があろう。

(2) 産業廃棄物税

上述のように、多くの自治体が、法定外目的税として地方環境税を導入したが、とりわけ産業廃棄物税の普及が著しい。産業廃棄物税については、その「課税対象である産業廃棄物が、容易に、しかも広域的に移動可能な物体」[66]であることから、二重課税の問題が議論されている[67]。この二重課税の問題を調整すべく、各自治体は様々な努力を重ねてきた[68]。

そのなかでも最近注目されているのが、「ひとつの自治体の領域を超えて展開する環境に対応」することができる「統一条例」という手法である[69]。統一条例とは、「①立法事実を同一にし、②条例の対象とする自治体区域で

65) 前掲注 (63) http://www.soumu.go.jp/main_sosiki/jichi_zeisei/czaisei/czaisei_seido/pdf/ichiran01_25.pdf
66) 諸富徹「産業廃棄物税の理論的根拠と制度設計」前掲注 (2) 15頁。
67) 水野・前掲注 (2) 776-777頁において、水野教授は、「二重課税や重複課税について調整を行わないならば、県内で事業を行う納税者と、県外にも拡張して事業を行う納税者との間に税負担のアンバランスが生じ、課税の中立性を欠くこととなり、不適正な結果をもたらすことが考えられる。」と述べておられる。
68) 諸富「産業廃棄物税の理論的根拠と制度設計」前掲注 (2) 14-25頁において、諸富教授は、具体例として滋賀県および福岡県における二重課税の調整方法を分析しておられる。
69) 北村・前掲注 (61) 265頁。

相互に連関する複数の自治体が、③共通の行政課題解決のため、④同様な目的と効果を有する内容の条例を立法しようとする場合の条例」[70]をいう。

例えば、岩手県、青森県および秋田県の北東北三県は、青森・岩手県境産業廃棄物不法投棄事件[71]を受け、同一の仕組みの「産業廃棄物税条例」および「県外産業廃棄物の搬入に係る事前協議等に関する条例」を平成14年12月の各県議会の議決を経て、同時期に制定している[72]。この産業廃棄物税条例は、二重課税を避けるため、「最終処分場への搬入量に応じて課税し、最終処分業者が特別徴収義務者として税を一時預かり、県に納付する特別徴収（ただし自社処理等の際は申告納税）する『埋立て段階課税方式』を採用」[73]した。

V　おわりに

以上、環境税に関する諸論点について検討してきた。消費者が負担するものが「対価の一部」であり、税と構成できないことから（[Ⅱ] 2）、その法的性格の検討においては、消費税および環境税を含む間接税制における消費者の法的な地位をどのように考えるのか[74]、さらには、公平な租税のありかたについて、どのように考えるべきかが問われる。

次に、英国の気候変動税の立法当時の議論の検証によると、課税時点の設計については、既存の付加価値税制をどのように活用できるかという点が相

---

70)　田村＝千葉＝吉田『自治体政策法務』前掲注 (2) 282頁。
71)　この青森・岩手県境産業廃棄物不法投棄事件の概要については、津軽石 明彦＝千葉 実『自治体法務サポート 政策法務ナレッジ 青森・岩手県境産業廃棄物不法投棄事件』（第一法規、平成15年）が詳しく、参考になる。この事件では、青森県三戸郡田子町と岩手県二戸市にまたがる原野に、豊島（香川県）の不法投棄量の約2倍の産業廃棄物（約82万 m³）が不法投棄された。同2頁。
72)　千葉「北東北三県における産業廃棄物税の導入について」前掲注 (2) 24頁。また、田村＝千葉＝吉田『自治体政策法務』前掲注 (2) 283頁は、統一条例のタイプには、「①ネットワーク型」、「②共同歩調型」、「③共同管理型」があるとし、北東北三県での産業廃棄物税と産業廃棄物搬入事前協議制度は、②の共同歩調型（「複数の自治体が連携し、同様な目的意識の下に各自治体の条例中に共通事項のほかに、独自の事項を定め、共通事項については各自治体が同様に条例に規定し、独自事項については各自治体の実情に合わせた制度を条例化するもの」）であるとする。
73)　千葉「北東北三県における産業廃棄物税の導入について」前掲注 (2) 27頁。
74)　三木『よくわかる税法入門（第5版）』前掲注 (2) 212頁参照。

当に影響したことが興味深い。また、同国で、気候変動税に付加価値税を課税するとされている[75]ことは、我が国における石油石炭税、ガソリン税、石油ガス税などが、消費税と二重課税（Tax on Tax）されていて不当であるとの主張もあることから[76]、注目に値する。気候変動税の転嫁と付加価値税とがどのような関係にあるのかについて、今後も留意したい。これと同様に、我が国の消費税と環境税との関係についても検討が残る。

　また、我が国における取組みのうち、導入が検討されている「地球温暖化対策のための税」については、消費者に対する税負担の転嫁のありかたに加えて、既存の石油石炭税の税率に「特例」として、税率を上乗せすることの妥当性についても考える必要があろう。

　さらに、地方公共団体が実施している法定外環境税については、税収の規模が極めて小さいことから、有効な環境保全政策の実施のためにも、引き続き適切な課税要件のありかたについて検討することが重要である。また、複数の地方公共団体による二重課税を回避するための調整や工夫が注目される。

---

75)　See HMRC, *FAQ:Climate Change Levy*.
76)　石油連盟「石油諸税と消費税の二重課税（Tax on Tax）について」（2008年9月18日）http://www.paj.gr.jp/from_chairman/data/20081127c.pdf を参照。

第 4 章　手法論

13　合意形成手法とその限界

島村　健

I　はじめに

1　本稿の検討対象

　本書において筆者に割り当てられたテーマは、「合意形成手法とその限界」である。環境政策の手法の 1 類型として、「合意形成手法」[1]あるいは「合意的手法」[2]というカテゴリーが挙げられることがあるが、その概念の内容や、具体的にいかなる手法がそれに包含されるかといった点について一致があるわけではない。たとえば、松村ほか・前掲注（1）102 頁によれば、「合意形成手法」とは、「法令制定によらず、国・地方公共団体とその他の行動主体の合意に基づいてその行動主体が行うべき自主的な環境配慮を具体化する手法」のことをいい、公害防止協定や環境協定がその代表例であるとされる。また、倉阪・前掲注（2）227 頁は、「合意的手法」とは、「ターゲットがどのような行動を行うのかについて、ターゲットと事前に合意することを通じて、その実行を求める手法」をいい、「合意するか否かは、ターゲットの自由意思に委ねられるが、ひとたび合意された場合、合意内容を実行する責任・責務がターゲットに生ずる」、とする。ここでも、公害防止協定や環境協定がその例として挙げられている。
　これらのうち、従来から法的検討の対象とされてきたのは、公害防止協定

---

1)　松村弓彦ほか『ロースクール環境法（第 2 版）』（成文堂、2010）102 頁以下。
2)　北村喜宣『環境法』（弘文堂、2011）156 頁以下、大塚直『環境法（第 3 版）』（有斐閣、2010）81 頁以下、倉阪秀史『環境政策論（第 2 版）』（信山社、2008）227 頁以下等。

である。環境法の初期の代表的教科書・原田尚彦『環境法』[3]は、「地方公共団体の環境行政」という項目において、公害防止条例、公害防止協定、行政指導を扱っている。公害防止協定に関しては、それが各地の地方公共団体において広く採用されるに至った理由、その効用、法的性質、履行確保の方法およびその運用上の問題点が論じられていた。

今日の他のいくつかの環境法の体系書においては、「合意的手法」というカテゴリーの下で(以下では、便宜上、基本的に「合意形成手法」の語を用いる)、公害防止協定以外の、合意を基礎とする様々な環境政策の手法が取り上げられている。その中には、先に挙げた環境協定のように1970年代、1980年代には存在しなかった手法・仕組みも含まれているが、かねてより存在してはいたが然程注目されてこなかった手法・仕組みも含まれている。

本稿では、合意形成手法のうち、もっぱら公害防止協定(以下Ⅱ)と環境協定(以下Ⅲ)について検討を行う。

公害防止協定に関する法的論点は、1970年代、1980年代に議論されていたところと太宗において変わらず、以下Ⅱの内容はその意味で陳腐なものである。もっとも、実務には新しい展開もあり、最近の裁判例の動向とともにこれを簡単に紹介しておくこととする。

他方、環境協定は、比較的新しい政策手法であり、とりわけ1990年代以降、欧州諸国のたとえば気候変動防止政策の手段として用いられ、わが国にも一時さかんに紹介された。わが国においては、欧州諸国において典型的にみられたような行政と業界団体との間で締結される環境協定は存在せず、産業界の自主的な行動計画があるのみである。Ⅲにおいては、欧州諸国の環境協定制度の概要を紹介したうえで、それとの比較においてわが国の制度の特色とその問題点について分析を加える。

環境法における「合意形成手法」の例は、無論これらに限られるものではない。「合意形成手法」に関する体系的な分析のためには、本来、環境保全を目的とする当事者間の合意そのもののみならず、環境保全に関する関係者間の合意形成を促す仕組み、あるいは、環境保全に関わる行政上の決定がなされる際に関係者の合意を調達するための様々な仕組みを広く取り上げるこ

---

3) 原田尚彦『環境法』(弘文堂、1981)。

とが必要であると思われる。行政主体が合意の当事者となるものもそうでないものも検討の俎上に載せる必要があろう。しかし、本稿においては、紙幅の制約が厳しく、公害防止協定・環境協定以外の他の様々な合意形成手法に関する分析は、すべて割愛せざるをえなくなった。「大系」と名のつく書物の一隅を占める以上このような事態は避けたかったが、紙幅の制約がある中でこのカテゴリーに包摂される手法を逐一列挙するだけに終わるということをむしろ懼れた。他の様々な合意形成手法は、別稿において扱う予定である。

2　合意形成手法の位置づけ

　今日の環境法・環境法学における合意形成手法の位置づけは、1970年代、1980年代とはやや異なるものとなっている。最近の環境法の教科書の中には、ドイツ環境法学の影響を受け、環境法の基本原則の1つとして「協調原則」（あるいは協働原則。国または地方公共団体の立法または行政上の意思決定に際して、他の行動主体との間の合意形成を図り、またはこれを目指す原則）を挙げるものがあり、合意形成手法は、この原則を具現するものと位置づけられている[4]。この原則が包含する内容は、関係主体の行政決定等への参加に関わる問題、経済界の自主規制ないし自主的取組みと行政目標との関係に関わる問題、行政事務の私的主体への委任に関わる問題等多岐にわたっており、この原則を環境法の理念ないし原則とみるべきか否かについては、ドイツにおいてもわが国においても意見が分かれている[5]。しかし、公害規制等の分野では執行の欠缺という問題に直面しており、従来型の行政監督のシステムでは十分対処できないということ、科学的知見が不足している分野、損害発生の可能性や対策技術について科学的・技術的不確実性が大きい分野、まちづくりや都市景観のあり方など個々人の価値観の問題と関わる分野等におい

---

4)　松村ほか・前掲注（1）66頁。ドイツにおける Kooperationsprinzip（協調原則、協働原則）につき、松村弓彦「環境法における協調原則」環境研究136号120頁、137号143頁（2005）、同『環境協定の研究』（成文堂、2007）3頁以下、高橋正德「ドイツにおける協働的環境保護」神長勲ほか編『現代行政法の理論』室井力先生還暦記念（法律文化社、1991）148頁、大久保規子「ドイツ環境法における協働原則」群馬大学社会情報学部研究論集3巻（1997）89頁等を参照。
5)　大塚・前掲注（2）70頁以下。

ては、関係者の知見や合意を調達しながら環境保全の取組みを進めてゆかざるを得ないということについては、認識はもはや共有されていると思われる。以上のような様々な事情のもとで、従来型の権力的手法に加えて、あるいはそれを補うものとして、環境法の分野でも様々な合意形成手法が用いられるようになってきており、また、環境法・環境政策の教科書等においても、環境政策の手法の一つのカテゴリーとして、相応の記述がなされるようになってきている。

II 公害防止協定

1 公害防止協定の利用とその背景

公害防止協定は、昭和40年代以降、全国各地の地方公共団体で多く用いられるようになったが、その嚆矢として挙げられるのは、昭和39年に横浜市と電源開発株式会社の間で、同社の磯子火力発電所に関して締結されたものである[6]。この協定においては、集塵機の性能、煙突高、吐出速度、排ガス温度、燃料の成分、海水汚染の防止措置、ばい煙等の測定成績の報告、市職員の立入調査権、公害防止措置の市による代執行権等が規定されていた。その後、発電所に限らず様々な産業施設と地方公共団体との間で、あるいは、施設と地元住民あるいは住民団体との間で公害防止協定が締結されてきた。

近年の環境白書、環境・循環型社会白書によると、今もなお把握されているだけで年間1000件前後の公害防止協定が締結されている。協定の内容は多種多様である。地方公共団体が当事者となって締結されている公害防止協定の件数と内容については、環境省による調査[7]がなされている。そこでは、協定に含まれる項目のうち、一般的公害対策、ばい煙・排水・騒音・振

---

6) 同協定の内容及び締結の経緯につき、参照、猿田勝美「公害防止協定の沿革と横浜方式について」環境法研究14号(1981) 241頁、鳴海正泰「企業との公害防止協定―横浜方式」ジュリスト458号(1970) 279頁、北村喜宣『自治体環境行政法(第5版)』(第一法規、2009) 57頁以下。
7) ウェブサイトで公表されているものとして、やや古いが、平成17年度の「地方公共団体の環境保全対策調査」を参照した。

動・悪臭等の規制、産業廃棄物等に関する規制、緑化等の環境整備のほか、地方公共団体の職員または住民等の事業所への立入調査権、違反時の制裁措置（契約解除、代執行、違約金、操業停止、氏名の公開等）、公害発生時の措置（操業停止、無過失損害賠償を含む損害賠償）等が統計調査の対象とされているにとどまるが、各地の地方公共団体において締結されている公害防止協定の内容はこれに尽きるものではない[8]。最近では、従来の公害防止対策だけでなく、省エネルギー、再生製品の使用、環境負荷の少ない材料の使用等、幅広い環境保全活動についても協定の対象とする地方公共団体が増えている[9]。

　公害防止協定が広範に利用されるようになった背景としては、次の点があったとされる[10]。規制者の側の事情からすると、①昭和40年代の国の公害立法の内容が必ずしも十分でなく、他方、条例において国の法律の内容を上回る規制はできないと解されていたため、条例によらず、企業と折衝しその同意のもとで厳しい公害防止措置を約束させることが実際的であると考えられた。②また、条例で規制しようとする場合であっても、その公害規制は画一的な内容にならざるをえない。これに対し、協定によるならば、地域の状況に応じて個別的な規制内容を盛り込むことができるという利点がある。③大気汚染・水質汚濁・産業廃棄物等に関する規制については、都道府県に規制権限が割り当てられており、法律上の規制権限のない市町村としては、協定により立入検査権限等を創り出し、違反・事故事例等に対応しようとした。④日進月歩の公害防止技術の発展の成果を適宜取り入れるには、法令よりも協定のほうが適している。他方、事業者の側からすると、⑤公害防止の意欲を内外に示してイメージアップをはかることができる、あるいは住民の不安等を緩和し、反対運動を抑制することができるというメリットがある。

　このように、公害防止協定は、もともとは法令による規制が不十分である

---

8) 参照、北村・前掲注 (6) 63頁以下。
9) 「公害防止協定」に代えて「環境保全協定」という名称が用いられるようになってきている。たとえば、神戸市民の環境をまもる条例40条・41条。
10) 西原道雄＝木村保男編『公害法の基礎』（青林書院新社、1976）86頁（松島諄吉執筆）、原田・前掲注 (3) 166頁以下、原田尚彦「公害防止協定とその法律上の問題点」同『環境権と裁判』（弘文堂、1977）217頁（初出・1970）、北村・前掲注 (6) 59頁以下、大橋洋一『行政法　現代行政過程論（第2版）』（有斐閣、2004）346頁以下、大塚・前掲注 (2) 85頁以下等を参照。

時代に、法令の規制を補完するために、地方公共団体が利用してきた手法であるという側面がある。しかし、最近では、「国民は行政の客体ではなく、行政の協働形成者であるべきだとして、公権力の行使は最終的な手段としてこれを控え、できるだけ契約なり行政指導なりにより行政目的を達成すべき」[11]である、という考え方に立ち、協定という手法に積極的な意味づけを与えようとする者もある。先に言及した「協調原則（協働原則）」と軌を一にする考え方である。神戸市においても、日常生活に起因する環境負荷、地球環境問題といった課題に対処するためには、行政、事業者、市民それぞれが自らの責任を自覚し、協働して取り組むことが必要であるとの認識のもと、事業者を地方公共団体のパートナーとみて、将来にわたり幅広い環境保全活動を推進していく仕組みとして、平成6年3月に、環境保全協定制度を設けている[12]。

2　法的枠組み

　地方公共団体と事業者の合意に基づいて公害防止協定を締結しようとする場合、法律・条例上の根拠は不要であると解されている（以下3を参照）。しかし、地方公共団体の条例の中には、公害防止協定の締結に関する定めを置く例も多い。これらのうちでは、①事業者に対し、県や市町村との協定を締結するよう努力義務を課すものが多いようであるが（たとえば、三重県環境基本条例5条5項、静岡県生活環境の保全等に関する条例3条3項）、②知事が必要と認めた場合において、事業者に対し、知事との間で公害防止協定を締結するよう義務付けるかのように読める条例もある（新潟県生活環境の保全等に関する条例4条1項）。また、逆に、③協定締結の申し入れをすることを、知事に対して義務付ける規定を置くものもある（福島県生活環境の保全等に関する条例10条）。

　公害防止協定を締結するか否か、あるいはその内容として何を規定するかは、両当事者の自由な意思により決められるべきことがらである[13]。上記新

---

11)　南博方＝大久保規子『要説 環境法（第4版）』（有斐閣、2009）140頁。
12)　前掲注（9）、倉阪・前掲注（2）233頁を参照。
13)　もっとも、行政主体が、交渉に際して主張しうることには制約がある。後述5参照。

潟県条例のように、条例により、抽象的に―つまり協定の内容について具体的に規定することなく―公害防止協定の締結を事業者に対して義務付けることは、適切でないと思われる。事業者が協定上負うことになる義務の内容は、行政主体と事業者との間の交渉に開かれており、条例上確定していない。行政主体と事業者の間では、互いに対等な立場で交渉ができるとは限らないのであって、このような定めは、規制のあり方として妥当ではない。締結交渉においては、事業者の側でどのような規制内容も拒否できると考えなければならないが、そうであるとすると、協定の締結のみを義務付けても意味はないであろう。なお、北九州市公害防止条例22条は、市長が求めた場合に、ばい煙発生施設の設置者に公害防止協定を締結するよう努力する義務を課すとともに、「締結するよう努めない者」についてその旨を公表することを規定している[14]。この公表は、制裁的公表と理解される。締結自体ではなく締結努力を怠る者への制裁ではあるが、このように規定したとしても、上記のような問題を完全には免れてはいないように思われる。

3 法的性格

住民ないし住民団体と事業者との間で締結される公害防止協定は、私法上の契約と解釈されることが多い。他方、地方公共団体と事業者の間で締結される公害防止協定の法的性格については、かねてより、紳士協定説、私法契約説、公法契約説の対立があった。行政主体が一方当事者となる公害防止協定ないし協定中の一定の条項に法的拘束力を認める場合、私法契約か公法契約かを区別して論ずる実益が然程ないことから、当該合意を「行政契約」と呼ぶことも多い[15]。

かつて、行政主体が一方当事者となり公法上の法律関係を形成する公法契約の締結には法律の定めを要する、とする説があった[16]。このような見解に

---

14) 北村・前掲注（6）70頁参照。
15) 芝池義一「行政法における要綱および協定」『岩波講座基本法学4―契約』（岩波書店、1984）277頁以下（296頁）等を参照。
16) 法治主義の原則からして行政機関が公法上の法律関係を締結しうるのは法律が明示した場合のみであるとする（柳瀬良幹『行政法教科書』（有斐閣、1958）94頁以下）。小早川光郎『行政法上』（弘文堂、1999）162頁以下、258頁以下をも参照。

よると、公法契約たる公害防止協定は、法律の根拠のないかぎり認められない[17]。

その後も、公害防止協定の法的拘束力を否定する見解が有力に主張された時期がある。成田頼明は、「相手方との合意という形式をとるにせよ、公害発生源の規制という行政目的の下に、立法府が規制法において定めているところよりも厳しい規制を加え、または規制法が未だ行政上の高権的規制対象にとりこんでいない事項について一定の作為・不作為を内容とする法律上の義務を行政客体に課することが、「法律による行政」の原理と十分に両立しうるか」という点に疑問を呈し、「規制行政の契約への逃避が一般化し拡大する場合には、「法律による行政」の原理は自己崩壊し、行政の相手方を合意による協定の名の下に事実上の特別権力関係にひきずり込む結果を招くことになりはしないであろうか」と述べ、公害防止協定は、包括的な行政指導と見るべきであるとした[18]。山内一夫も、企業に見返りとなるべき利益がなく、協定締結企業は、地方公共団体の行政上の権限の濫用に基づく圧力によって締結を強制されているとみられる、などとして契約説を批判した[19]。

今日の多数説は、協定が、任意の合意によるものであり、強行法規や法の一般原則等に反せず、具体的な内容をもった取決めがなされる場合には、公害防止協定の法的拘束力を肯定してよいとする[20]。筆者も今日の多数説が支持されるべきであると考えるが、いずれにしても、公害防止協定の内容は様々

---

17) なお、法律の留保原則を、契約による規制についても緩やかに及ぼすべきとする見解として、山本隆司「判例から探求する行政法 第22回 行政契約」法学教室357号（2010）120頁（131頁）を参照。
18) 成田頼明「公害行政の法理」公法研究32号（1970）77頁（97頁以下）。
19) 山内一夫『行政指導の理論と実際』（ぎょうせい、1984）180頁以下。遠藤博也＝阿部泰隆編『講義行政法Ⅰ』（青林書院新社、1984）314頁（藤原淳一郎執筆）も、協定の片務性を問題とする。
20) 古城誠「公害防止協定の性質」ジュリスト増刊『行政法の争点』（1980）258頁、原田・前掲注（3）170頁以下、中山充「公害防止協定と契約責任」磯村保ほか編『契約責任の現代的諸相（上）』北川善太郎先生還暦記念（有斐閣、1996）319頁（326頁以下）、小早川・前掲注（16）262頁以下、野澤正充「公害防止協定の私法的効力」大塚直＝北村喜宣編『環境法学の挑戦』（日本評論社、2002）129頁（132頁以下）、大塚・前掲注（2）84頁以下、北村・前掲注（2）156頁以下、北村・前掲注（6）67頁以下、塩野宏『行政法Ⅰ（第5版）』（有斐閣、2009）193頁以下等を参照。

であるから、その法的性格を一律に論ずることはできず、協定締結の経緯、協定の内容に関係する規制権限の有無・所在、当事者の意思、義務の内容等の検討を通じ、法的拘束力の有無を個別に判断してゆくよりないと思われる。そして、事案に即して検討した結果、当該協定の締結が「規制からの逃避」であるとみなされるような場合には、その法的拘束力を否定すべきである。

　下級審裁判例は、公害防止協定に法的拘束力が認められるべき場合があるという判断を繰り返し行ってきた[21]。近時、最判平成21年7月10日判時2058号53頁は、産業廃棄物最終処分場を設置している事業者と福岡県福間町（のちに合併し、福津市となる）との間で締結された公害防止協定において定められた同処分場の使用期限が経過したため、福津市が、同協定に基づく義務の履行として同処分場が位置する土地を産廃処分場として使用することの差止めを求めた事案において、同協定の法的拘束力を否定した原審の判断を斥けている。本件最判は、上記使用期限条項が公序良俗違反か否か等につき審理させるため事案を原審に差し戻したが、上記のような公害防止協定の法的拘束力を基本的に認めるものである（後述5（1）を参照）。

4　履行請求の主体

　地方公共団体と事業者との間で締結された公害防止協定に関し、協定違反があった場合に、いかなる主体がその協定上の義務の履行請求を裁判上なしうるか、という問題がある。

　上記平成21年最判の事案で、被告産廃業者側は、福津市による訴えは、地域の公害の防止、住民の健康保護及び地域全体の生活環境の保全という一般公益の保護を目的として行政上の義務の履行を求める訴えにほかならず、国又は地方公共団体が提起した訴えは、法規の適用の適正ないし一般公益の

---

21) たとえば、地方公共団体と事業者との間の公害防止協定につき、名古屋地判昭和53年1月18日判時893号25頁（渥美町公害防止協定事件）、札幌地判昭和55年10月14日判タ428号145頁（伊達火力事件）─ただし、いずれも傍論。なお、住民と事業者との間の公害防止協定については、協定に基づく違約金の支払いを認めた高知地判昭和56年12月23日判タ471号179頁、協定に基づく義務の債務不履行を理由とする損害賠償請求を認容した山口地岩国支判平成13年3月8日判タ1123号182頁等がある。

保護ではなく、自己の主観的な権利利益に基づき保護救済を求めている場合に限って法律上の争訟性を肯定することができるとする最判平成14年7月9日民集56巻6号1134頁（宝塚市パチンコ条例事件）の判旨に鑑み、不適法であると主張した。平成21年最判の原審である福岡高判平成19年3月22日判例自治304号35頁は、本件協定は、周辺住民と事業者との間で締結される私法契約としての公害防止協定と紙一重の違いしかないことなどを理由として、被告産廃業者の訴えを退け、当該訴えは適法であると認めている（上告審は、この争点につき判断していない）。

上記福岡高判を前提とすると、地方公共団体と事業者との間で締結された公害防止協定に関し、義務の不履行があった場合には、地方公共団体が訴訟を提起すればよいことになるが、地方公共団体がそのような訴えを提起しなかった場合には、周辺住民が協定上の義務の履行を求めて訴えを提起することが考えられる。しかし、前掲注（21）札幌地判昭和55年10月14日は、「住民は、当該地方公共団体に属しているということのみをもって、当然に、公害防止協定に基づいて地方公共団体が有している権利をみずから代位行使しうる地位にあるとはいえない」とし（民法423条）、また、地方公共団体と事業者との間で締結された公害防止協定を住民らを受益者とする第三者のためにする契約（民法537条）と解する余地もない、と判示した。このような裁判例を前提とすると、地方公共団体が協定違反を裁判上追及しない場合に、協定中に住民の権利を定める規定がない限り、周辺住民が協定上の義務の履行確保のためにとりうる法的手段はない、ということになる[22]。

自治会等の住民団体と事業者との間で締結された公害防止協定についても、同じ点が問題となりうる。東京地八王子支判平成8年2月21日判タ908号149頁は、東京都日の出町に位置する一般廃棄物最終処分場の設置運営にあたる一部事務組合と、処分場が設置される地区の自治会との間で締結された公害防止協定に基づき、いかなる者が協定に定める資料閲覧謄写請求権を行使できる「周辺住民」にあたるかという点が争われた事案において、当該協定は第三者のためにする契約であり、日の出町の住民は、同協定にい

---

[22] この問題について検討する、阿部泰隆「公害防止協定と住民の救済方法」判時988号（1981）17頁以下を参照。

う「周辺住民」にあたるとした[23]。この事案とは異なり、住民団体が締結する協定中に受益者たる第三者の地位が明示されていない場合には、地方公共団体が事業者と締結する協定の場合と同様の問題が生じうる。しかし、奈良地五條支判平成10年10月20日判時1701号128頁は、住民組織の代表者が産業廃棄物最終処分場の設置者と締結した公害防止協定が遵守されなかったため、当該住民組織の代表者に加えて、当該住民組織の構成員が廃棄物撤去請求を行った事案において、個々の住民に権利を付与する明文の定めがないにもかかわらず、全ての原告について請求を認容した[24]。

5 限 界

(1) 強行法規違反

契約たる公害防止協定は、その内容が強行法規に違反するものであってはならない。公害防止協定が強行法規に違反するものであるかどうかが争われた事案として、前掲最判平成21年7月10日がある。最高裁は、地方公共団体と産業廃棄物最終処分場設置者との間で締結された公害防止協定に定められた施設使用期限条項に関し、「(廃棄物処理法に基づく) 知事の許可が、処分業者に対し、許可が効力を有する限り事業や処理施設の使用を継続すべき義務を課すものではないことは明らか」であり、処分業者自身の自由な判断により約束した施設使用期限条項に従って「許可が効力を有する期間内に事業や処理施設が廃止されることがあったとしても、同法に何ら抵触するものではない」と判示した[25]。

---

[23] 控訴審・東京高判平成9年8月6日判時1620号84頁は、少なくとも自治会の区域内に居住する住民は、協定にいう「周辺住民」にあたるとする。
[24] 判決は、一般に、産業廃棄物最終処分場に関する公害防止協定が保護しようとする住民の生活環境の保全に関する権利は、元来、同施設所在地付近の地域住民が個々に有するものであり、地域住民代表として同協定に調印した者は、地域住民個々人の法益のために、同人達に帰属する権利を協定によって設定する立場で、右住民の代表として協定に調印したものである、と述べている。
[25] 本判決は施設使用期限条項を無効とした原判決を破棄しているが、本判決が原判決の判決理由を正確に読解していたかという点については、疑問が残る。この点については、島村健「判批」自治研究87巻5号（2011）106頁以下を参照。

(2) 法の一般原則

公害防止協定は、両当事者の自由な意思により締結されたものでなければならない。また、住民・住民団体と企業との間で公害防止協定が締結される場合とは異なり、行政主体が締結主体となる場合には、比例原則、平等原則等といった行政法上の一般的法原則の要請に服する[26]。行政主体が、政策目的を達成する手段として、規制ではなく契約を選んだことによってこれらの要請を免れることがあってはならないからである。行政法上の一般的法原則等への適合性については、民法90条あるいは1条3項との適合性の審査という枠組みで検討される。

行政主体が同種あるいは類似の施設との間で公害防止協定を締結しようとする場合に、環境条件が異なるなど合理的な理由のない限り、一つの施設に対し、他の施設よりも厳しい措置を要求してはならない。また、ある施設と協定を締結した場合、別の同種あるいは類似の施設との協定の締結を拒むことはできないと解される（平等原則）[27]。

公害防止協定に盛り込もうとする規制措置は、環境保全という目的との関係で合理的な手段といえるものでなければならない（比例原則）。先に言及した、福岡県福間町と産業廃棄物最終処分場設置者との間の公害防止協定の法的拘束力が争われた事案は、協定中の施設使用期限条項が、生活環境の保全のために必要かつ合理的な手段といえるかどうかが本質的な争点であり、前掲の控訴審判決はこの点を否定する趣旨のものであったと理解される[28]。

(3) 履行確保措置の限界

協定上の義務の不遵守があった場合、当事者は、民事訴訟あるいは当事者訴訟を提起してその履行を強制することになる。行政主体が当事者である場合も、相手方の協定上の義務の履行を権力的な方法によって担保することはできない。たとえば、協定の内容として、前述のように地方公共団体の職員の立入調査権を定めているものも多いが、相手方が拒んだ場合に実力を行使

---

26) 小早川・前掲注（16）262頁、原田・前掲注（10）217頁。
27) 北村・前掲注（2）157頁。
28) 山本・前掲注（17）129頁は、控訴審判決を施設使用期限条項が比例原則に違反すると判断したものと理解する。筆者の理解は、島村・前掲評釈（注25）121頁以下。

することはできず、また、これを罰則等によって担保することもできない[29]。

北村・前掲注（6）72頁は、敦賀市土地利用調整条例における協定に関する定めを紹介している。同条例12条は、市長は、必要と認める場合に開発業者と協定を締結することができるとし、締結した場合には、開発事業者はこれを遵守しなければならないとする。不遵守の場合には、市長は、勧告をすることができ（18条1項5号）、それに従わない場合には、さらに是正措置命令を発することができる（19条）。命令違反に対しては、5万円以下の過料が科される（26条）。この条例のように、行政主体と被規制者との間の自由な合意の実現を、権力的方法によって行うことは妥当ではなく[30]、規制権限を法令ではなく合意によって創出しているという点で法律による行政の原理に反する違法なものであると評価される。

6 最近の不適正事例と対応

平成18年3月には出光興産愛知製油所、平成18年5月には神戸製鋼神戸製鉄所・加古川製鉄所において、大気汚染防止法やそれらの事業者が地方公共団体との間で締結している公害防止協定の規制値を超えるばい煙を排出しながら、協定に基づいて地方公共団体に送信していたばい煙の排出データを改ざんし、違反の隠蔽を図っていたことが発覚した。後者の事案に関しては、神戸市と神戸製鉄所との間で締結されている公害防止協定に基づき、製鉄所からのばい煙の排出データが神戸市に送信され、常時監視されているが、定期的な立入調査においても送信データの改ざんを見抜くことはできなかった。他にも同種の不適正事例の発覚が相次ぎ、これを受けて、大気汚染防止法、水質汚濁防止法が改正され[31]、公害防止協定の内容も強化された[32]。

---

29) 塩野・前掲注（20）194頁、小早川・前掲注（16）262頁以下、原田・前掲注（10）221頁以下。
30) 北村・前掲注（6）72頁は、「条例上の義務と契約上の義務の混線がある」とする。
31) 事業者による記録の改ざん等に対して罰則を創設（大気汚染防止法35条3号）、排出基準超過の際の改善命令の発動要件を緩和（14条1項・3項）、ばい煙・汚水の排出状況の記録義務に加え記録の保存を義務づけ（16条）、排出状況の把握と排出抑制にかかる事業者の責務規定を創設（17条の2）した（水質汚濁防止法についても同様）。

III 環境協定[33]

1 欧州3カ国の例

　幾つかの欧州諸国において、産業界と政府との間で、産業界全体あるいは業界団体毎の温室効果ガスの排出削減目標等に関する約束を含む環境協定を締結するということが盛んになされた時期があった[34]。これらの環境協定は、合意形成手法の典型例として紹介されてきた。これに対して、わが国においては、産業界全体あるいは業界団体が締結する環境協定は存在せず、産業界の一方的なコミットメントである「環境自主行動計画」があるのみであり、欧州型の「環境協定」を日本でも導入すべきであるとの主張がなされた。

　なお、周知のように、欧州では、2005年にEU全体の排出枠取引市場が創設され、産業・エネルギー転換部門の大規模事業所等は、この排出枠取引制度の対象とされることとなった。これに伴い、従来からの環境協定は、この排出枠取引制度との関係の整理を迫られることとなった。この結果、たとえばドイツにおいては、環境協定制度は、産業・エネルギー転換部門における気候変動防止政策の手法としての意義をほぼ失ったといってよい。わが国の研究者や環境省の関心も、EUの排出枠取引制度や、炭素税、自然エネルギーの固定価格買取制度といったいわゆる経済的手法に集中するようになっていった。今後の気候変動防止政策に関しても、排出枠取引制度や炭素税の導入の是非が中心的な争点となっており、環境自主行動計画を協定化すべしというかつてなされたような主張は、近時、ほとんど聞かれなくなってい

32) たとえば、神戸市と神戸製鋼との間で締結されている公害防止協定（環境保全協定）は、データ改ざんなど協定違反があった場合に、市が「必要な勧告」「施設の一時停止の指示」をすることができるよう改められた（朝日新聞2006年10月21日）。
33) 筆者は、環境法政策学会第13回学術大会（2009年6月）の全体シンポジウムにおいて、日欧の自主的取組・協定手法について比較検討する報告を行った。以下の記述の内容は、当該報告の内容（島村健「自主的取組・協定」環境法政策学会誌13号（2010）11頁以下）と一部重複する。ドイツ、オランダ、イギリスにおける協定制度について、詳しくは、上記拙稿および上記拙稿に引用した文献を参照。他の欧州諸国の協定制度の概要については、2001年当時のものであるが、「自主協定検討会報告書」（2001年6月21日。環境省ウェブサイト）を参照。
34) 廃棄物政策等、他の環境政策の分野でも協定締結の例があるが、本稿では省略する。

る。そこで、以下では、欧州3カ国の環境協定制度の概要について、基本的に排出枠取引制度導入前の時期のそれに絞って簡単に見ておくこととする。その際、とくに他の政策手段（規制、税、ドメスティックな排出枠取引制度（イギリスの場合））との関係に注目する。というのも、環境協定という制度がどのような法的性格をもつかという点は、それが、気候変動防止政策の様々な政策手段の複合（ポリシーミックス）の中でどのように位置づけられているかという点と密接に関わるからである。この点は、わが国の環境自主行動計画の性格を分析しようとする際にもあてはまる。

(1) ドイツ

1995年、ドイツ産業連盟（BDI）は、産業界の一方的宣言として、2005年までに1987年比でエネルギーないしCO_2の排出原単位を20％改善することを表明した。その後、2000年には、京都議定書とそれを踏まえたEU内の合意によって決定されたドイツの削減義務を踏まえ、連邦政府とBDIとの間で、京都議定書に定める6つの温室効果ガスについて、2012年までに1990年比で35％の原単位改善をすることを約束する協定を締結した。そのうちのCO_2については、従来よりも追加的な努力を行い、2005年までに1990年比で28％の原単位改善を行う[35]。協定は、業種毎の目標値を持つのみであり、個別企業の具体的な削減義務は、想定されていない。

政府は、これに対し、規制的手法を提案しないこと（EU法の国内法化を除く）、拘束的なエネルギー監査制度を導入しないこと、税制改革によって産業界が国際競争力上不利にならないように企業負担を負担可能な限度に抑えること等を約束したが、この協定は、法的拘束力をもたない政治的なものと整理された。産業界の取組みの進捗状況は、中立的な第三者機関（ライン・ヴェストファーレン経済研究所（RWI））によりモニタリング・検証される。

他の政策手段との関係という観点から見た場合に、上記協定の性格を一言で言うならば、まずは、それは規制回避的なものであるということができる

---

35) その翌年（2001年6月25日）、産業界は、連邦政府との間で、コジェネレーション施設の拡充に関する協定を締結し、その中で、2010年までに、4500万トンCO_2を削減することを約束した。絶対量の約束である点が、それまでの原単位目標の協定と異なる。

であろう。また、税との関係という点では、エコ税について産業施設等に対して減税措置がなされたことの背景事情の一つとして、上記協定の存在があるとする指摘もある。

(2) オランダ

オランダの製造業の業界団体は、1992年以降、政府との間で、2000年までに、1987年比でエネルギー原単位の20％改善（実際のエネルギー消費量をレファレンスケース（技術対策なき場合）と比較）を行うことを目標とする、エネルギー効率化に関する長期協定を締結した（第1次エネルギー長期協定。この協定においては、ドイツの上記協定と同様、個別企業のコミットメントは想定されていない）。エネルギー効率の改善率は、最終的に全体で22.3％に達したが（ただし、31業種中17業種が目標不達成）、CO_2の排出量は増加した。第1次エネルギー長期協定の期間経過後、産業界は、大規模企業を対象とする「ベンチマーキング協定」を環境省・自治体との間で締結した[36]。

ベンチマーキング協定に参加する企業は、2012年までに、世界最高水準のエネルギー効率を達成することを約束する[37]。絶対量での削減目標は、設定されない。また、参加企業には、毎年の省エネルギー計画の作成と第三者機関への提出、実績の報告を行うことが義務付けられる。企業が協定に参加することのメリットとしては、環境管理法上の許認可手続の手続負担が緩和されること、あるいは、省エネルギー措置のための助成を受けることができること等がある。政府は、協定に参加する企業に対して、追加的な政策措置（規制、エネルギー税の導入、京都クレジットの購入費用を負担させること）をとらないことを約束している。

ベンチマーキング協定を他の政策手段との関係からみると、それは、第1次的には、規制代替的な個別企業との協定とみることができる（規制を基盤とするポリシーミックス）。上記の政府のコミットメントからすると、それは、さらに、規制・課税回避的な協定という性格を持っている。協定締結

---

36) なお、中規模の排出企業については、第2次エネルギー長期協定を締結した。以下では、ベンチマーキング協定のみを取り上げる。
37) 世界最高水準の決め方については複数の方法がある。たとえば、企業は、世界各地の同業の製造施設のエネルギー効率の上位10％以内に入ることを約束する。第三者機関が、世界最高レベルの判断や、進捗状況のモニタリングを行う。

は、省エネ投資補助金の交付条件ともなってもいる。また、(ベンチマーキング協定に限らず) 近時のオランダの環境協定は、環境マネージメントシステムを導入させるための政策手段としての性格を有していることが多い[38]。

(3) イギリス

イギリスは、2001年4月、国内で消費される産業用・業務用燃料に対して (家庭用は非課税。また、石油については他の税が課されているため非課税) 気候変動税を導入したが、エネルギー多消費産業への税の負担を緩和するために、気候変動協定制度を合わせて設けた。気候変動協定を締結した企業については、気候変動税の80%分を軽減される。

協定締結の主体としては、多くの業界が、以下のような、いわば2重式の協定締結の方式を選択した。環境・運輸・地域大臣は、業界団体および個別企業それぞれとの間で協定を締結する。この場合、業界全体の目標が達成されなくとも、個別企業の目標が達成されていれば、税の軽減措置の撤回というサンクションを免れる (個別企業毎の遵守責任)。他方、業界内での企業の結び付きが強いセクターは、大臣・業界団体間の協定、業界団体・企業間の協定という、いわば2層式の構造を選択した。この方式によると、業界全体で目標が達成されない場合、すべての傘下企業がサンクションを受ける (業界単位の遵守責任。経団連の環境自主行動計画の場合のような、アンブレラ組織のコミットメントはない)。

協定の目標は、エネルギーもしくはCO_2の削減にかかる、原単位もしくは絶対量の目標として設定される。目標設定の前に、省エネルギーのポテンシャルが検討され、この分析結果が大臣と業界団体との間の交渉の際のベンチマークとされる。モニタリング・検証作業は、行政機関によって行われる。

協定上の削減義務の履行は、イギリス国内の排出枠取引 (UKETS) の利用―すなわち他企業からの余剰排出枠の購入―によって行うこともできる。このドメスティックな排出枠取引制度は、欧州全体の排出枠取引制度

---

38) 参照、島村健「交渉する国家―オランダの環境協定等に関するノート(1)〜(4・完)」自治研究77巻11号106頁以下、78巻2号107頁以下、79巻1号104頁以下、同3号78頁以下 (2001-2003)。

(EUETS)の導入後、2006年末に廃止されたが、2006年末までのイギリスの制度は、一言でいうと、税を基盤とするポリシーミックスと性格づけることができる。気候変動税の納税義務者は、協定の締結により減税措置を受けることができ、また、その協定上の義務を効率的に履行するための手段として排出枠取引を利用することができる。

(4) 意義と限界

環境協定の制度設計は、国毎に、あるいは環境政策の分野毎に多様であり、合意形成手法たる環境協定の有効性とその限界について一律に論じることは本来適当ではない。しかし、ごく一般的に言うと、次のような点がこの手法の長所であるとされている[39]。第一に、規制や、経済的手法が、たとえば法益侵害が時間的に差し迫っていないためにその必要性を認識されず、あるいは、環境保全目標について合意できないため、導入しにくい場合に、被規制主体に何らかのコミットメントを約束させることができる。第二に、規制や経済的手法よりも、事業者に受容されやすく、手続的にも迅速に行いうる。第三に、硬直的で画一的になりがちな規制や経済的手法よりも、柔軟な政策手法であり、目的達成のための合理的な手段を産業界の側で選択できる。第四に、産業界との情報の共有、協力関係の構築・維持に資する。第五に、産業界の責任感を強化する効果がある等である。

以上のような長所の裏返しとして、環境協定の問題点として指摘しうるのは、たとえば以下の点である。第一に、環境保護の目標水準が低下する。あるいは、規制や経済的手法の導入を遅らせようとする産業界の時間稼ぎのための手段となってしまう。第二に、合意の履行を強制することが難しい。この点について、環境協定に私法上の契約という性格づけが与えられている例もあるが、たとえば産業界全体あるいは特定の業界全体からのCO_2排出総量の削減を裁判によって強制することは現実には難しく、他方で、間接強制を想定するとそれは、炭素税と機能的に等価であり、法律によらずに化石燃料課税を行っていることと変わらなくなってしまう。第三に、行政主体と産業界の間で合意がなされるためには、行政主体の取り分と、産業界の取り分

---

39) 松村・前掲注(4)『環境協定の研究』157頁以下を参照。以下の記述を含め、ドイツにおける議論の詳細な紹介があり、参考になる。

の双方がなければならないが、産業界の取り分として行政主体が規制や経済的手法の導入猶予を約束したとしても、その合意は、国会を拘束せず、行政主体の側からの反対給付は、せいぜい合意事項の遵守に向けた努力といった程度のものにならざるをえない。第四に、行政主体が特定の私的主体と交渉し、環境政策上の目標等に関し合意を行うというやり方によると、法律や行政立法を制定する際に保障されているような手続の透明性や利害関係人の参加の機会が、全くあるいは十分には確保されない。結果として、交渉から排除された主体の利益あるいは環境利益を損なうおそれがある。第五に、逆に、交渉に加わらなかった（政策のターゲットにされなかった）ために、協定上の義務を免れる企業が出てくる場合には、協定に拘束される企業との間に不平等を生ずるおそれがある（フリーライダー問題）。

　欧州諸国では、以上のような問題点が認識しつつも、それらの問題点をできるだけ解決・緩和する試みをしながら、規制や経済的手法を導入しにくい段階において、―潜在的規制・課税権限を背景にしながら―、産業界との間で、CO_2排出量の削減等を内容とする協定を締結するということを行ってきたのである。

2　わが国の場合——自主行動計画[40]

(1) 経　緯

　経団連（現・日本経団連）は、1997年、「環境自主行動計画」を公表し、産業・エネルギー転換部門からのCO_2の排出量を、2010年度において[41]、1990年度レベル以下にすることを目標とする旨の宣言をした。

　この環境自主行動計画は、1998年度から産業構造審議会によるレビューを受けている[42]。また、2002年には、経団連に第三者評価委員会が設置され、以降、同委員会による第三者評価を受けている。

---

40) 以下2の内容について、詳しくは、島村・前掲注 (33) 19頁以下及びそこに掲げる文献を参照。
41) 2006年度に、京都議定書の目標達成期間と合わせ、2008年〜2012年の平均排出量が1990年度レベル以下になることを目標とした。
42) 2006年度から、産業構造審議会と中央環境審議会とが合同でレビューを行っている。

(2)「行政上の『制度』」としての自主行動計画

2005年4月には、自主行動計画は、政府の京都議定書目標達成計画(以下、「目達計画」と略記する)に位置づけられることとなった。目達計画は、取組みの透明性・信頼性・目標達成の蓋然性の向上を目的に、引き続き関係審議会等により定期的なフォローアップを行うこととし、さらに、自主行動計画を策定していない事業者がこれを策定し、特性に応じた有効な省CO_2対策を講ずることへの期待を表明している。目達計画に位置づけられたことにより、自主行動計画は、(経済産業省の言い回しによると)「行政上の『制度』」という性格を与えられることとなった。経済産業省の担当者は、「具体的に言えば、製造業28業種および電気事業者を対象に明確な定義を設けるとともに、削減効果を推計した上で、個別業種の進捗等について所管各省庁の審議会でフォローアップ(検証・改善)するというものに変えるということが政府決定された」のであり、「IPCC(国連の「気候変動に関する政府間パネル」)の報告書では、今や日本のこの仕組みは、『自主協定』と評価されてい」る、と述べている[43]。

目達計画において「行政上の『制度』」として自主行動計画の位置づけがなされ、経団連の環境自主行動計画参加団体以外の業界団体に対しても自主行動計画策定への働きかけがなされるようになった結果、目達計画策定後においては、従来からある経団連の環境自主行動計画と、目達計画上の自主行動計画とが観念上併存するかたちとなった(表1を参照)。両者は、対象業種やフォローアップの仕方を異にする別個の仕組みと一応は理解される。これらのうち後者(「行政上の『制度』」としての自主行動計画)の枠組みにおいて、各団体の自主行動計画は、所管省庁による評価・検証を受けることとなった。

ところで、経団連の環境自主行動計画に参加している産業・エネルギー転換部門の業界全体のCO_2排出量は、2000年度～2009年度実績において、2007年度を除く全ての年度において1990年度の排出量を下回っている[44]。

[43) 月刊地球環境2008年1月号21頁(藤原豊・経済産業省産業技術環境局環境経済室長発言)。藤原室長は、「この目達計画が閣議決定されたことで、自主行動計画は政府の施策・制度になった」とも述べている(日経エコロジー2008年7月号29頁)。

表1　目達計画に基づき各所管省庁の評価・検証対象となる自主行動計画

	産業	エネルギー転換	民生業務	運輸
自主行動計画策定 経団連参加業種 全62団体・企業 (民生業務・運輸含む)	日本鉄鋼連盟 日本化学工業会 等	電気事業連合会 石油連盟 日本ガス協会	日本チェーンストア協会等	日本トラック協会 JR各社等
うち、産業・エネ転34業種 (経団連目標の対象業種)				
自主行動計画策定 経団連非参加業種	日本ガラスびん協会等	特定規模電気事業者	情報サービス産業協会等	日本旅客船協会等

産業構造審議会環境部会地球環境小委員会・中央環境審議会地球環境部会自主行動計画フォローアップ専門委員会「2009年度自主行動計画評価・検証結果及び今後の課題等（案）」3頁を参照して筆者が作成したもの。目達計画改訂後の自主行動計画の概念図。

2007年度は、生産活動の活発化や新潟中越沖地震の影響による原子力発電所の稼働停止等に起因して、CO_2排出量が1990年比1.3%増となった。2008年度、2009年度のCO_2排出量は再び1990年度の排出量のレベルを下回り、さらに、両年度においては、電気事業者が京都メカニズムによって海外から取得したクレジットを償却したこともあって（2008年度に6400万トンCO_2、2009年度に5200万トンCO_2）[45]、産業・エネルギー転換部門の業界全体のCO_2排出量は、それぞれ1990年度比で、10.5%減、16.8%減となっている。このような排出量の推移から、2008年度〜2012年度における産業・エネル

---

44)　日本経団連「環境自主行動計画〔温暖化対策編〕2010年度フォローアップ結果 概要版〈2009年度実績〉」（2010年11月16日）。

45)　日本経団連「環境自主行動計画〔温暖化対策編〕2009年度フォローアップ結果 概要版〈2008年度実績〉」（2009年11月17日）によると、両年度において、他の業種は、京都クレジットを償却していない。経団連の環境自主行動計画非参加業種に関していうと、特定規模電気事業者が8万5000トンCO_2の京都クレジットを償却している。
　電気事業連合会、日本鉄鋼連盟は、京都クレジットの購入量を次第に積み増し、前者においては、2012年までに2億5000万トンCO_2、後者においては5600万トンCO_2分のクレジットの購入を予定している。
　また、電力・鉄鋼をはじめとする12業種が、業界毎の目標達成が困難な場合には、京都メカニズムを活用して自らの目標を達成することを明確化している（産業構造審議会環境部会地球環境小委員会・中央環境審議会地球環境部会自主行動計画フォローアップ専門委員会「2009年度自主行動計画評価・検証結果及び今後の課題等（案）」（2009年12月25日））。

ギー転換部門の業界全体のCO_2排出量の削減目標に関しては、目標達成の蓋然性が高いと予測されていたが、その後、2011年3月11日の東日本大震災以後の原子力発電所の休止、火力発電所の操業拡大により、今後のCO_2排出量の推移が見通せない状況となっている。

(3) 目達計画の改訂

京都議定書の約束期間・経団連の環境自主行動計画の目標期間の始まりの年である2008年度の初頭、政府は目達計画を改訂した。改訂目達計画では、①産業部門や、経団連自主行動計画に対象を限定せず、業務・運輸部門、経団連非加盟も含む個別業種単位の計画を、自主行動計画と再定義し、②それが、政府が厳格な評価・検証を実施する「評価・検証制度」であることを明らかにした。そして、③自主行動計画の目標、内容は、産業界の自主性に委ねられるべきものであることを踏まえつつ、社会的要請に応える観点から、(a) 計画を策定していない業種においては、新規に策定すること、(b) 計画の目標が定性的である業界は、目標を定量化すること、(c) 計画について、政府による厳格な評価・検証を実施すること、(d) 既に現状において目標を達成している場合には、目標の引き上げを行うことが奨励されるとした[46]。

政府の関係審議会による評価・検証作業は、上記 (a) ～ (d) に加え、以下の観点等を踏まえて行うこととされている。(e) 未達幅を埋め合わせる今後の対策内容(京都メカニズムの活用を含む)とその効果を、可能な限り定量的・具体的に示すよう促す。そのうち、目標不達成となる場合に備えて京都メカニズムを活用する業種については、クレジットの取得量と取得時期について、可能な限り具体的な見通しを示すよう促すとともに、取得したクレジットを目標達成に活用する場合は、政府口座に無償で移転することとする。(f) 目標達成の蓋然性をより向上させるため、各業種を構成する企業間の責任分担の状況等について、確認・見直しを行うよう促す。(g) 原単位

---

[46] 実際に、この間にも、目標達成水準に達している業種については、目標水準の上乗せが求められ、2007年度には産業・エネルギー転換部門について17業種、2008年度には同じく4業種、2009年度には2業種、2010年度には5業種が、目標水準を引き上げている(各年度の日本経団連によるフォローアップ結果及び「自主行動計画第三者評価委員会評価報告書」による)。

のみを目標指標としている業種に対し、CO_2排出量についても併せて指標とするよう促す。(h) 地球温暖化対策推進法に基づく個別事業所の排出量データを活用し、先進的な取組み事例を定量的に示すことも含め、更に積極的な情報開示を行うよう促す。

(4) 環境自主行動計画の問題点とその改善

2001年に公表された環境省の自主協定検討会報告書（前掲注(33)）は、当時の経団連の環境自主行動計画について、幾つもの問題点を指摘した。主なものを挙げると、①各業種の目標の合理性、業種目標と経団連全体の目標との整合性が保障されていない。②参加業種が限定されており、また、参加していない業種がこれに参加するインセンティヴがない。③当時のCO_2排出量減少が、環境自主行動計画参加業種の自助努力によってではなく、電力のCO_2原単位の改善と、業種によっては生産量の減少によってもたらされたものであり、外生的要因を除いた事業者の固有の努力が不足している。④産業界の一方的宣言という性格上、行政機関が履行確保を促す措置を講じる仕組みとなっておらず、目標達成の蓋然性確保のための体制が十分でなく、目標が達成されなかった場合の責任分担も明確でない、といった点である。

もっとも、その後の経緯を見ると、①②④といった問題点については、それなりの対処がなされてきていると評価できる。①については、目達計画に基づく「評価・検証」作業の一環として、業種毎に「目標の深堀」が行われている[47]。ただし、経団連全体の目標の引き上げは行われていない。企業の削減目標と業種全体の目標との関係あるいは業種の目標と経団連全体の目標との関係の整合性を確保する制度がないという点については、電力・鉄鋼をはじめとする排出量の割合が大きい業種が、業界全体として目標未達の場合には、京都クレジットの購入によって目標の達成を確保するという方針を打ち出しており、経団連全体の目標達成の蓋然性は高まっている。また、個別業種毎の目標指標のばらつきはなお残っているが、原単位目標のみしか持っ

---

47) 前注を参照。ただし、実際は、大半の業界が既に実績として達成した水準に目標を合わせただけで、今後削減される量として確認できるのは、ごくわずかであるとの批判もある（気候ネットワーク『よくわかる地球温暖化問題（新版）』（中央法規出版、2009）133頁）。

ていない業種について、「評価・検証」作業の中で、あわせて排出量目標を策定するよう働きかけが行われている。②については、経団連の環境自主行動計画に参加していない業種についても、目達計画に基づき自主行動計画を策定するよう働きかけがなされてきており、それが策定された場合にはそれらについても行政機関による「評価・検証」を受けることとされている。④については、第三者委員会によるフォローアップの制度が導入され、審議会による評価についても産構審・中環審合同の「評価・検証」制度へと体制の強化がなされている。他方、先にみた欧州各国の協定のような履行確保のための制度的手当て（とりわけサンクション）がない、目標未達成の際の責任の所在が明確にされていない、という問題は依然として残っている。現在も目標達成の蓋然性確保に関して規制的・経済的手法による裏付けはなく、行政指導という形で事実上の働きかけが行われているにすぎない。ただし、実際には、目標に届かない可能性がある業種については、先にみたように、大口の排出業種を中心に業種単位で京都クレジットの購入・償却が行われており、責任の所在としてはいわば事実上の"業界責任"というかたちで、経団連全体の目標の履行確保が図られている、とみることもできる。

(5) 自主行動計画の性格

① **一方的宣言から、協定ないし事実上の規制へ**

経団連の環境自主行動計画が策定された当時、少なくとも経団連側は、その目標をスローガン的なものと捉えていたようであるが、その後、各業種の自主行動計画が行政上の「評価・検証」制度として目達計画上に位置づけられることとなり、改訂目達計画に基づいて目標の深堀への働きかけが行われ、また、業種目標の遵守に向けて強い働きかけが行われるようになってきている。このような点に鑑みると、現時点では、それは、協定[48]あるいは事実上の規制[49]というべきものとなっている、との評価もなされている。京都クレジットを購入してまでも業種目標を達成するという姿勢は、このような評価を裏付けるものである[50]。

---

48) 月刊地球環境 2008 年 1 月号 21 頁（藤原豊・経済産業省産業技術環境局環境経済室長発言）。
49) 同上 34 頁（山本幸三・前経済産業副大臣発言）。

② 他の政策手段との関係

　自主行動計画は、以下のような他の政策手法と結びつけられつつ、運用されている。まず、自主行動計画において業界団体毎に自主的なキャップが定められるが、この目標を効率的に達成するためにクレジットの購入・償却が認められている（一種の経済的手法）[51]。この点は、キャップが義務的なものでないという点で重大な相違があるものの、イギリスの気候変動協定・排出枠取引制度と共通する面を含んでいる。

　また、省エネ法上の年平均1％以上の原単位改善目標（緩やかな規制的手法）、地球温暖化対策推進法上の温室効果ガスの算定・報告・公表制度（情報的手法）は、原単位目標をもつ業界団体の目標設定や、個別企業における取組みの進捗管理のための手掛かりとして、自主行動計画制度の運用のための基盤的な機能を一部担っている。

(6) 自主行動計画の問題点

　現在の自主行動計画が、環境協定に近いものに変化してきているとすると、環境協定と同様の問題（前述Ⅲ1(4)）を抱えこむことになる。第一に、目標水準が低くなるおそれがあること、第二に、履行を強制することができないこと、第三に、行政主体の側が反対給付を約束できないこと、第四に、手続の透明性に欠け、また、利害関係人の参加が保障されないこと、第五に、フリーライダー問題を生ずることである。

　これらのうち、環境保護団体等からしばしば批判されるのは、第一・第二の問題点であるが、これらの問題を解決しようとすると、別の問題が生ずる。この点は、当初は自主的なものであったはずの削減目標が、事実上、強制的なキャップとなっていると認識されていること、さらには、目標を深堀するよう強い働きかけがなされていることをどう評価するか、という問題と

---

50) もっとも、日経エコロジー2008年7月号31頁は、自主行動計画が事実上の協定となったと評価しうる業界と、自主性が色濃く残っている業界とがあり、業種毎にばらつきがある、と指摘する。

51) 電気事業連合会と日本鉄鋼連盟が、京都クレジットを購入しており、2009年度、2010年度に、電気事業連合会がこれを償却したことは前述したとおりである。また、大企業等の技術・資金等を提供して、自主行動計画に参加していない企業においてCO_2の排出抑制のための取組みを行い、その排出削減量を認証し、自主行動計画等の目標達成のために活用する仕組みとして、国内クレジット制度がある。

関係する。国の側からの目標設定・目標の深堀・目標達成の蓋然性確保への働きかけは、行政の行為形式としては行政指導そのものであり、行政手続法の定める実体的・手続的規律が及ぶべきものである。業界団体・企業側の取組みは、任意の協力によるものでなければならず、行政指導に従わなかったことを理由として、不利益な取り扱いをしてはならない（行政手続法32条参照）。にもかかわらず、法律上の根拠がない「自主的な」業種目標について、実態として当事者の間で協定ないし事実上の規制であるとの認識がなされ、とりわけ大口排出業種について、目標達成が半ば義務なことと受け止められているということは、法治主義の観点からみた場合に、座りの悪さを残しているように思われる。

　第五点のフリーライダー問題は、参加業種と非参加業種との間の公平性の問題と理解しうるが、実際には、主要な排出業種であって自主行動計画をおよそ策定していないというものはないようである。むしろ問題とされるべきは、自主行動計画を策定している業種間あるいは個々の企業間の公平性の問題である。国全体の温室効果ガスの排出にキャップがかかっている場合の排出枠の配分は、民主的正統性を有する公的機関によるフォーマルな形での分配決定、あるいは、市場的決定（典型的にはオークション型の排出枠取引制度）によるのがあるべき姿であろう。しかしながら、実際には、業界団体の一方的宣言によって削減目標が決められ、あるいは、不透明な手続の中での当事者間の合意によって、業界団体間・企業間の負担の分配（京都クレジットの購入負担等も含めて）が事実上決定されている。このような事実上の分配決定は、手続的正統性という点から問題であり、また、そのような分配決定によって生じうる業種間・企業間の実体的な不公平性が問題とされにくい状況が生み出されているという点も、法治主義ないし手続的正義という点からみた場合の現在の自主行動計画の問題点であると思われる。

第4章 手法論

14 環境刑法の役割とその限界

佐久間　修

I　はじめに

1　環境刑法の過去・現在

　1960年代の「公害」による生活環境の悪化や住民の健康被害は、いまや人類の存続を脅かすほどの問題に発展・拡大した。刑事法の領域でも、1970年に「人の健康に係る公害犯罪の処罰に関する法律（昭和45年法142号＝公害罪法）」が制定されて以降、今日では、有害物質のコントロールや悪質事業者による不法投棄の取締りなど、多種多様な刑事規制が行われている[1]。その意味で、環境法体系における刑法は、特別立法による例外的な規制にとどまらず、それ以外の法分野が担ってきた役割に近づいたといえよう。

　従来、環境法の諸問題は、民法や行政法の立場から検討されることが多かった。しかし、民法の領域では、加害者と被害者という当事者間の利害調整を前提とせざるをえない。また、行政法でも、監督官庁による法執行という枠組みを超えて、国境の壁や世代間の利害対立を越えた展望を示すことは困難であろう。他方、環境権をめぐる憲法上の議論にあっても、将来の自然環境や国民生活の利便性など、なお諸見解の対立が収束する見込みはない[2]。そもそも、現時点の利害衝突を調整する方法では、環境問題に対する根本的解決を得られないからである。

---

1)　わが国では、特別刑法の中に環境犯罪を規定するのが一般であるが、ドイツ連邦共和国のように、一般刑法典の中に環境犯罪を取り込んだ立法例もある（同法324条以下）。

2 法益論による呪縛と環境刑法の課題

わが国では、1993年に環境基本法（平成5年法91号）が制定された。同法の制定により、かつて「公害」対策として構築された私法的救済システムから進んで、環境破壊の予防に向けた積極的な取組みが、法分野の垣根を越えて可能になった。それに伴い、各領域の比重も変化したといえよう。具体的には、私法上の損害賠償訴訟から事前の差止請求へ、さらには、行政法による良好な環境の維持に大方の関心が移っている。そうした流れの中で、環境刑法の果たす役割は、明らかになったであろうか。刑法学では、上述した公害罪法が登場した時代と同じく、なお保護法益をめぐる議論が盛んである。実際の環境犯罪と刑事規制の機能について、実践的な議論が乏しい。刑法の補充性や謙抑主義を声高に唱える論者の多くは、「法益論による呪縛」に陥っている[3]。

かりに保護法益が定義された場合にも、いかなる範囲で処罰するべきか、具体的な行為態様がどうなるかは、何らの方向性さえ示されていない。他方、自然環境という保護の対象が無限定であって、その侵害・危険にかかる共通認識がない以上、将来の人類に予測不能な悪影響を与えないように、現在の行動を抑制するルールが必要となる。すなわち、過大な環境負荷に対しては、旧時代の自由放任主義を放棄せざるをえない。その上で、健康的な国民生活や良好な自然環境を維持するべく、現在の利害対立を超えた議論が求められる。したがって、人間の本性を取り扱う法分野でこそ、何らかの展望を見出せるかもしれない。

---

2) わが国では、憲法上の権利として、幸福追求権に類似する「環境権」の思想が定着したが、その内容は必ずしも明らかでなく、実際の裁判で機能する余地はほとんどないとされる（丸山雅夫「公害の処罰から環境の保護へ——刑法の役割」南山法学28巻3号（2005）68頁）。なお、最近の学説状況は、本書に収録した諸論稿で言及されるであろう。

3) こうした状況を象徴する例は、枚挙に暇がない。伊東研祐「環境刑法における保護法益と保護の態様」『刑事法学の現代的状況（内藤謙先生古稀祝賀）』（有斐閣、1994）305頁以下、伊東司「環境（刑）法総論——環境利益と刑法的規制」法政研究59巻3＝4号（1993）381頁以下など参照。ただし、近年、こうした概念論争から進んで、実際の刑事規制を対象とした議論が始まった。例えば、山中敬一「環境刑法」ジュリスト1015号（1993）124頁以下など。山中教授によれば、予防的規制において、環境刑法の役割は増大しつつあるとされる。

環境刑法が果たすべき役割については、なお根本的な省察が必要であるが、以下、旧来の諸見解を概観しつつ、「法益論による呪縛」を克服する中で、環境法体系における刑法の意義を考えることにしたい。

II　環境刑法の諸相

1　環境刑法の沿革と現状

　環境刑法とは、「生活環境を保護するため、その悪化をもたらすような行為を処罰する罰則の集合体」である。一部の論者によれば、環境法体系の中で「刑事法の役割は大きくない」のであって[4]、必要に応じて断片的な処罰規定を追加してきたとされる。しかし、環境保護に向けた諸施策が、当初の事後的救済から事前の予防措置に移行したため、現在では、刑法の形成的機能ないし環境秩序形成機能に期待する向きも少なくない。もちろん、現行法制度では、行政取締法規の罰則を通じて犯罪抑止機能を果たすことが多く、独立した刑事規制を導入する場合には、従来の古典的な法益概念を見直す必要があろう。

　その意味で、上述した公害罪法は、未だ環境刑法の概念が普及する以前の立法であったが、直接的な刑事規制の先駆けとなった。しかし、過失犯の結果的加重犯規定や因果関係の推定規定を盛り込んだものの、実際の刑事裁判では、いわゆる事故型の公害に適用されないまま、同法律の適用は著しく狭められた[5]。なるほど、環境破壊がもたらす人身被害については、刑法典上の業務上過失致死傷罪（刑法211条）を用いることで、いわゆる危惧感説（新・新過失論）が登場したほか、企業組織体責任論や管理・監督過失の理論が有力になった。他方、公害罪法の役割が著しく低下する中で、実務上は、産業廃棄物の不法投棄をめぐる罰則の適用が中心になった。

　最近の犯罪統計によれば、廃棄物の処理及び清掃に関する法律（＝廃棄物処理法）、水質汚濁防止法、大気汚染防止法、ダイオキシン類対策特別措置法、海洋汚染防止法などの特別法違反において、検察庁新規受理人員の圧倒

---

4)　丸山・前掲注（2）62頁。
5)　詳細については、後述する判例を参照されたい。

的多数が、廃棄物処理法違反で占められている[6]。

2 いわゆる廃棄物処理法と水質汚濁防止法・大気汚染防止法

さて、「廃棄物の処理及び清掃に関する法律（昭和45年法137号）」の投棄禁止違反罪では、「捨てる」こと自体が処罰対象となるため（同法16条、25条1項14号）、その保護法益は生活環境の保全である[7]。これに対して、水質汚濁防止法や大気汚染防止法のように、社会生活上一定の廃棄（排出）を容認しつつ、刑罰により排出基準を守らせる方式がある[8]。後者の場合にも、直罰主義が採られているが、抽象的危険犯にあたるため、所定の形式的要件を充たすことで、ただちに犯罪が成立する。したがって、公害罪法のように、事業活動による継続性は成立要件とならない。また、具体的な被害の発生も不要であるため、実効的な規制効果が期待されていた。

しかし、実務上は、行政規制の実効力を担保する範囲で機能する「行政従属性」が支配している。なるほど、行政取締法規が機動的に運用されるならば、自然環境の予防的保護に資することはいうまでもない。他方、行政作用それ自体には、刑罰権の行使に匹敵する強制力がなく、執行機関の調査権限や証拠収集の限界も含めて、必ずしも十分な効果を発揮できなかったことは、周知のとおりである。そこで、構成要件上の形式的な「行政従属性」を見直すだけでなく、法執行の場面にあっても、環境刑法の「（実質的な）行政従属性」を再検討する動きが目立ち始めた。

また、一部の環境犯罪については、一般刑法犯と特別法違反の距離が狭まっている。例えば、産業廃棄物の不法投棄をめぐって、不動産侵奪罪（刑

---

6) 『平成22年版犯罪白書 ―重大事犯者の実態と処遇』（法務総合研究所、2010）19・21頁。そのほか、特別法犯として、自然公園法、鳥獣の保護及び狩猟の適正化に関する法律が挙げられている。
7) 最近の判例として、最決平成18年1月16日刑集60巻1号1頁、最決平成18年2月20日刑集60巻2号182頁、最決平成18年2月28日刑集60巻2号269頁、最決平成19年11月14日刑集61巻8号757頁などがみられる。
8) 水質汚濁防止法12条1項・31条、大気汚染防止法13条1項・13条の2第1項・33条の2など。なお、これらの法令の中で、届出義務違反や行政命令違反は、行政取締目的の実現に資するとはいえ、個別的な行政処分にもとづくため、直接には環境保護を目指した法制度ではない（水質汚濁防止法33条、大気汚染防止法33条以下など）。

法235条の2)の規定を適用した判例がある。すなわち、土地の所有者による占有が残っている状態で、当該土地を借り受けた犯人が、その利用権限を超えて大量の廃棄物を堆積させることで、容易に原状回復ができないようにした場合、土地所有者の占有を排除したとして、不動産侵奪罪の成立が認められた[9]。

3 刑法の解釈と判例実務

冒頭で述べたように、公害罪法の罰則は、実務上ほとんど機能していない。その契機となったのは、①大東鉄線工場塩素ガス流出事件であり[10]、②日本アエロジル塩素ガス流出事件である[11]。いずれも、塩素ガスによる周辺住民の健康被害について、最高裁による消極的解釈が、その後の公害罪法の命運を決することになった。すなわち、法文中の「事業活動に伴う有害物質の排出」では、およそ事故型の公害が除外された結果、企業災害の多くが、刑法典上の業務上過失致傷罪で対処せざるをえなかったのである[12]。

なるほど、公害罪法3条の罪は、事業活動の一環として、人の健康を害する廃棄物を排出した場合に限定される。したがって、当該行為が事業活動の一環とされない他の事業活動であれば、かりに従業員や関連業者の過失で工場（事業場）外に有害物質を放出した場合にも、同罪にあたらないというのである。しかし、①では、排水処理の資材を搬入するタンクローリーの運転手や工場側管理者によるホースの誤接続から、塩素ガスが放出されており、②では、工場内の貯蔵タンクに塩素ガスを受け入れる工場側の作業員が誤ってバルブを開けたため、大量の塩素ガスを大気中に放出したにもかかわらず、通常人の理解として、「事業活動の一環として行われる排出」に含まれないのであろうか。

---

9) 最決平成11年12月9日刑集53巻9号1117頁。
10) 最判昭和62年9月22日刑集41巻6号255頁。
11) 最判昭和63年10月27日刑集42巻8号1109頁。
12) また、三菱石油水島コンビナート重油流出事件（岡山地判平成元年3月9日判時1312号12頁・判夕708号92頁）では、貯槽の亀裂・破断による原油流出について、水産動植物を死滅させた公害事件ではなく、コンビナート周辺の船舶を航行不能状態にしたり、他の船舶との衝突や座礁などをもたらした往来危険罪（刑129条）として起訴された。

およそ事業活動にあって、ヒューマン・エラーは避けがたい。そうである以上、「たまたま従業員の過失」を契機とした場合にも、それが重大事故に発展するならば、まさしく組織運営上のエラーとして、従業員のミスを想定した予防措置が完備されていない限り、事業遂行の過程で生じた排出行為にほかならない。その意味で、およそ事故型を除外した裁判所の解釈は、悪意による継続的排出だけを適用対象としており、今日の安全学やリスク・マネージメントの観点からは、到底容認できないものであろう[13]。しかも、個人の生命・身体を保護法益とする業務上過失致死傷罪は、大規模かつ集団的被害にいたる環境破壊を予防するには不向きである。翻ってみれば、公害罪法それ自体が、公衆の生命・身体に危険を及ぼすことを要求する。また、過失による危険犯も処罰されているが、もっぱら「人の健康に係る公害」の防止を目的とする点で、刑法典の人身犯罪を延長したものでしかない[14]。

III 刑法の社会的機能と保護法益論

1 保護法益論と積極的一般予防

環境刑法の草創期には、行政独立性にもとづく環境犯罪の新設を求める動きもあった。しかし、学説の関心が保護法益論に傾いた結果、刑法の社会的機能や刑事規制の在り方をめぐる議論に終始して、個別立法を中心とした環境刑法の実務には結びつかなかった[15]。その意味で、環境刑法の発展を阻害した最大の要因は、見かけ上の保護法益論に囚われた一部学説であったといっても過言でない。また、環境刑法の保護法益は、国際情勢の変化や経済動向によっても左右されるため、現在でも、一義的に確定するのは困難である。むしろ、各種の環境リスクを考慮しつつ、将来の悪影響を含めて事前に侵害を防止するためには、行政目的に合致した秩序違反行為として処罰する

---

13) 本判決当時、どの程度まで安全学やリスク・マネージメントの知見が考慮されたかは不明であるが、事業活動に伴う事故・災害の判断基準としては、疑問が残る。
14) そのほか、山中・前掲注(3)124-125頁参照。
15) 例えば、大塚直=北村喜宣=中谷和弘=丸山雅夫=南川秀樹「〔セミナー座談会〕環境刑法」ジュリスト1270号（2004）112頁〔北村発言〕は、「刑法学においては、環境刑法の議論は盛んですが、その成果は、実務には全く影響していない」といわれる。

ほかはない。すでに実務上は、形式的な概念論争から離れたところで、環境刑法の機能を発展させてきたのである。

そもそも、刑法典中の伝統的犯罪とは別に、各種の立法目的を達成する取締罰則が多数存在する以上、保護法益論だけで説明することは、こうした現実から乖離している。今日、一般犯罪にあっても、いわゆる機能主義の見地から、治安悪化に対抗する抑止刑論が盛んであるが（積極的一般予防論）、そこでは、個人の生命・身体などの私的利益から、公共の安全という社会的法益の保護に軸足が移っている。また、保護の範囲を「前倒し」した構成要件も増えており、環境刑法にあっても、保護法益をめぐる旧来の議論にとどまらず、予防原理を踏まえた刑事規制の在り方が問われている。

2　刑法の補充性と罪刑法定主義

つぎに、古典的な刑法観からは、環境それ自体を第一次的保護法益とみることに対して、異論が根強い[16]。反対説の中には、個人的法益を超える公共の利益を否定する向きさえあり、抽象的危険犯の類型を新設する際にも、必ず消極的な意見が出される[17]。法益侵害説の基礎となった個人主義的刑法観からは、やむをえない面があるといえよう[18]。しかし、現に行政従属性を前提とした多数の処罰規定が存在する以上、およそ行政取締法規であれば、刑法の補充性や罪刑法定主義の問題は生じないというのであろうか。

また、一部の学説は、刑法の「最終手段性」や「謙抑主義」を強調するあまり[19]、恣意的な刑罰権行使が横行した近代刑法の生成期と、民主主義にもとづく刑事立法の時代を混同している。もちろん、生態学的環境を保護法益

---

16) 例えば、米田泰邦「公害・環境侵害と刑罰—公害刑法と環境刑法」『現代刑罰法大系2』（日本評論社、1983）163頁は、象徴的立法によって人間の行為を規制するとき、あいまいな公共的利益により個人の人権を制約するため、環境保全に向けた人倫形成力という機能を認めるべきでないとされる。なお、川口浩一「環境刑法の基礎理論（一）」奈良法学会雑誌6巻2号（1993）1頁以下など参照。
17) 中山研一＝神山敏雄＝斉藤豊治＝浅田和茂『環境刑法概説』（成文堂、2003）37頁〔浅田執筆〕など。
18) ドイツ刑法典324条以下が、「生態学的な利益」である自然環境を独立した保護法益として位置づけたのと対比するとき、あまりに後ろ向きな議論といえよう。
19) 米田・前掲注（16）187頁以下、山中・前掲注（3）126頁。

とする場合にも、その内実は不明確なままであり、抽象的な自然環境を侵害する手段・方法も含めて、刑罰法規の明確性や謙抑主義に抵触するおそれがある。しかし、人類の存続を左右する環境問題について、旧世紀の原理・原則に固執する姿勢は、ある種のアナクロニズム（時代錯誤）であろう。今日の環境法体系では、基本的視座の転換が迫られるにもかかわらず、多くの論者が旧来の枠組みを墨守することに独自の意義を見出しているのは、奇妙なことである。

3 刑法の秩序形成機能

近年における保護法益論の中にも、次世代の理論につながる萌芽があった。すなわち、自然環境の予防的保護という見地から、環境刑法の（人倫）形成的機能が創唱されたからである[20]。そこでは、環境にとって過大な負荷となる行動について、その悪影響が顕在化するより前に、これを自粛するための行為規範の確立が必要とされる[21]。また、自然環境それ自体が価値のある保護法益である以上、行政取締法規の実効性を担保する必要があるという。なるほど、刑法の積極的な形成的機能を認める見解に対しては、学説上の批判が少なくない[22]。しかし、行政目的を達成する上で刑事制裁を利用する場合、行政取締法規の執行力を担保するだけでなく、違反行為を事前に抑止する規制的機能を担っていることは、明らかである。

もとより、生態学的環境が刑法上の保護法益たりうるかをめぐっては、これを肯定する立場と否定する立場が鋭く対立している。また、環境保護に関する「新しい倫理形成のための刑罰の活躍領域」があるという主張も、一般

---

20) 伊東研祐「『環境保護』の手段としての刑法の機能」『団藤重光博士古稀祝賀論文集三巻』（有斐閣、1984）272頁以下は、「生態系中心主義」を唱えつつ、環境に対する刑法の人倫形成力を認めておられる。また、ドイツにあっても、環境刑法の形成的機能・人倫形成機能を主張するものがある。Vgl. Schild, Umweltschutz durch Kriminalstrafrecht? Juristische Blätter, 1979, S.12ff.; ders., Probleme des Umweltstrafrechts, Jura., 1979, S.421ff.
21) なお、環境刑法の機能をめぐっては、伊東・前掲注 (20) 273頁など参照。
22) 山中敬一「環境刑法の現代的課題」『ジュリスト増刊　環境問題の行方』（有斐閣、1999）83頁は、環境刑法の「社会形成機能」と呼ばれるが、法規範が直接に社会を形成するものでない以上、おそらく「社会規範形成機能」を指すのであろう。

的な環境倫理の確立をめざすならば、狭義の思想や道徳から区別された刑法の役割ではなかろう[23]。しかし、環境基本法において、「現在及び将来の国民の健康で文化的な生活の確保」が明記された現在、自然環境の保全を人間中心的な法益論から説明できないわけではない。また、環境保護のために適切な予防手段を設けることも、国家として当然の責務であろう。

そもそも、刑法の一般予防機能からみて、犯罪を抑止する秩序形成機能があることは、当然の前提である[24]。また、すべての保護法益を個人的法益に置き換えるのは、社会的法益や国家的法益の存在を無視するものである。さらに、刑法の補充性や謙抑主義を唱えるだけで、抽象的危険犯を排除することはできない。山中教授によれば、「時代の要請に応じて刑法の機能も変化を免れえない」のであって、「人類と地球にとって重要な環境の保護に、刑法が、謙抑主義等の刑法の大原則との整合性を図りつつ、規範意識の向上と規範の実効性の担保に資するよう、立法、解釈、そして、適正な運用をしていかなければならない」のである[25]。

Ⅳ 環境刑法の機能主義的構成

1 法益保護機能と生態系中心主義

現在の環境刑法は、各種の「罰則の寄せ集め」であり、そのことが、環境刑法の非体系性や断片性の原因となっている。また、公害刑法から環境刑法へ進展したにもかかわらず、人間中心の保護法益論が維持されたため、単なる「レッテルの貼り替え」であると揶揄されてきた[26]。環境それ自体を保護法益と位置づけて、その破壊・危険を直接の処罰対象とすることなく、単に公衆の生命・健康に対する危険犯として構成するならば、特に環境刑法と呼

---

23) 何が環境倫理として確立されるべきかは、各時代または各国家の政治体制や一般国民の感情にも左右されるため、一義的に決まるものではない。
24) 刑法が社会秩序形成機能を果たすことは、行政目的達成のために執行を担保する刑罰であっても、一般に認められてきた（山中・前掲注（22）83頁）。
25) 山中・前掲注（22）87頁。山中教授は、行政規制の補強手段にとどまらず、環境政策の実現に積極的な役割を果たすべく、事前抑制の手段としての刑事罰が抑止力をもつとされる（山中・前掲注（3）126頁）。
26) 丸山・前掲注（2）73頁。

ぶ必然性はないからである[27]。実際、公害罪法は、個人の生命・身体が保護法益であって、環境それ自体を保護する規定ではない[28]。また、行政取締法規の中に罰則が点在する点では、行政従属性が環境刑法の特性とされてきた[29]。

つぎに、環境刑法の保護法益をめぐっては、生命・身体に対する危険犯と構成するほか、生態学的見地から人間の生活基盤として保護しようとする見解や、環境保護に向けた行政目的の達成を強調する一方、純粋に生態学的な自然環境を問題にする見解もみられる。さらに、これらの法益をすべて取り込んだ個別的法益を提案する立場、人類の公共財産として社会的法益に分類する立場もあるが、いずれも人間中心主義に立つといえよう。他方、一部の学説は、もっぱら人間の健康被害だけを議論したり[30]、旧来の法益概念を復活させることで、環境犯罪それ自体に否定的な見解もみられる[31]。しかし、環境刑法の機能を個人の生命・身体などの保護に限定する立場は、かつての公害罪法の枠組みを超えるものでなく、到底、自然環境の刑法的保護に資するものではない[32]・[33]。

なるほど、古典的な法益概念によれば、自然環境を独立した保護法益とみることは困難である。しかし、「法は人間の生活利益を守るために存在する」という見地から、不特定多数人の健康や生活環境に対する危険を取り除くだけでは、環境破壊によって将来の人類が被るであろう未知の危険まで予防することはできない[34]。他方、人間の活動も自然環境の一部をなすため、およそ人間社会から切り離した自然環境を論じるのも、正当ではなかろう[35]。もちろん、刑法上の違法性は、人間の行動を対象とする限度で、人間中心主義

---

27) 長井圓「環境刑法における保護法益・空洞化の幻想」横浜国際社会科学研究9巻6号（2005）3頁。
28) 大塚ほか・前掲注（15）112頁〔北村発言〕。
29) これらの点について、丸山・前掲注（2）80-81頁、丸山雅夫「環境刑法」ジュリスト1270号（2004）111頁。
30) 米田・前掲注（16）163頁以下。
31) 中山ほか・前掲注（17）16頁以下〔神山執筆〕。
32) 伊東・前掲注（3）307頁。
33) そのほか、わが国の環境刑法において、生態学的法益論に対する批判や伝統的な法益概念を強調する見解に対して、適切かつ具体的な反論を展開されているのは、長井・前掲注（27）6頁以下である。

になるのはやむをえないが、すべての保護法益が人間固有の利益である必然性はない。また、「法益概念の精神化」を避ける上では、精神的利益を含む価値論的構成は避けるべきであろうが、公共の安全や住居の平穏のように、社会生活上の観念的利益も保護法益となりうる。むしろ、自然環境という保護法益は、個人の私的利益に還元できない以上、人類の生存にとって必要不可欠な公共財産とみることで、社会的法益の中に位置づけることができよう[36]。

2　環境刑法の行政従属性

近年では、環境刑法における事前規制の在り方として、①行政目的達成のための形式犯、②行政法上の行動準則違反、③生活環境を守るための抽象的危険犯という3つが挙げられる[37]。いずれにあっても、刑事規制と行政規制の関係が問題となるが、行政従属性の概念は一義的なものではない。形式的には、行政法規により罰則が設けられたことを意味するが、実質的な見地からは、行政規制を担保する直接罰方式と命令違反を契機とする間接罰方式に区分される。前者は、不法投棄罪や排出基準違反罪のように、一律に罰則を適用する建前であるが、行政機関の利害調整を踏まえて違法性が決定されるなど、具体的な従属性が残る場合もある[38]。

---

34)　例えば、内藤謙「法益論の一考察」『団藤重光博士古稀祝賀論文集三巻』(有斐閣、1984) 25頁。また、内藤謙『刑法講義総論 (上)』(有斐閣、1983) 59頁は、およそ人の生命・身体・自由以外の保護法益を認めないようである。これに対して、ドイツ刑法典324条以下の保護法益は、現在及び将来における人間の生活基盤となる環境媒体を保護している (Rengier, Zur Bestimmung und Bedeutung der Rechtsgüter im Umweltstrafrecht, NJW.,1990, S.2506)。そのほか、ドイツの環境刑法については、立石雅彦「ドイツ環境刑法の改正について」刑法雑誌32巻2号 (1991) 1頁以下など参照。

35)　もっとも、現行法上は、生態系そのものを保護する法律もみられる (自然公園法など)。また、伊東教授は、「法は環境自体を守るためにも存在する」という命題が現行の憲法秩序でも妥当するとされる (伊東・前掲注 (3) 308頁)。

36)　宗岡嗣郎「刑事法における環境保護とその形成的機能」久留米大学法学9=10号 (1991) 8-12頁。

37)　なお、山中・前掲注 (3) 125頁参照。また、絶対的従属性、相対的独立性 (=相対的従属性)、絶対的独立性という分類方法もある。なお、立石雅彦「環境保全法の罰則について」『中山研一先生古稀祝賀論文集二巻・経済と刑法』(成文堂、1997) 139頁以下でも、環境刑法における行政規制の諸形態が類型化されている。

また、水質汚濁防止法や大気汚染防止法の排出基準違反罪は、②の直接罰方式を採用しているが、①で所管官庁の行政命令に違反する場合のように、行政取締法規の実効性を担保するための間接罰方式も、ともに行政従属型と呼ばれる。後者の類型は、行政機関が環境保護に忠実であることを想定しているが、個々の行政担当者が常に環境保護を重視するとは限らない。その意味で、行政機関の恣意的判断から独立して刑罰権を発動させることが必要となる。なるほど、排出基準それ自体は行政規制の一部であり、それが犯罪構成要件の一部となるため、形式的な従属性があるとはいえ、理論上、個別的な行政処分が前提条件となるわけではない。むしろ、保護法益が何であるかによって行政取締目的が一義的に決定されるため、実質的な意味では、独立して刑法上の違法性が評価されるのである[39]。

なお、一部の学説は、純粋生態学的な保護法益を認めるためには、行政独立性が必要であるという[40]。生態系中心主義の法秩序では、およそ行政法規に従属する必然性はなく、むしろ、刑法上も独立して保護されねばならないからである[41]。しかし、その場合、保護法益について共通の認識が存在しない現状では、実際に処罰する範囲が一致しないおそれがある。他方、犯罪の成否を行政機関の裁量的判断に委ねるのでは、刑罰法規の明確性からして問題が残るといえよう。したがって、（生活）環境それ自体を保護法益としつつも、行政法の行動準則違反で処罰するならば、形式的な行政従属性はともかく、個別事例の処理は行政機関の裁量に依存しない点で、刑罰法規の実質的明確性が確保される（②類型）。なお、刑法の形成的機能を強調する立場

---

38) なお、行政従属性については、伊東研祐「刑法の行政従属性と行政機関の刑事責任——環境刑法を中心に」『中山研一先生古稀祝賀論文集二巻・経済と刑法』（成文堂、1997）117頁以下、交告尚史「環境刑法の行政従属性」刑法雑誌32巻2号（1991）215頁以下、北村喜宣「環境行政法と環境刑法の交錯（一）」自治研究67巻7号（1991）121頁以下など参照。

39) 伊東・前掲注（38）122-123頁。

40) 伊東・前掲注（38）117頁以下。伊東教授は、環境刑法の行政従属性に批判的見解を示しておられる（前掲注（38）129頁）。

41) 伊東・前掲注（38）129頁。なお、生態系そのもの保護するとき、環境犯罪が義務違反罪に転化するため、採りえないという指摘がある（大塚ほか・前掲注（15）123頁〔丸山発言〕）。しかし、伝統的な保護法益論を前提としつつも、一部では義務違反罪が認められてきた以上、それだけをもって排斥する理由とならない。

3 抽象的危険犯と法益保護の早期化

かようにして、人間が生活する自然環境を、国境をまたぐ共有財産と位置づけて社会的法益に分類するとしても、現に自然環境が侵害されたという立証は困難であるため、その犯罪構成要件は危険犯の形式にならざるをえない[42]。上述した排出基準違反罪などは、いずれも抽象的危険犯にあたるが、個別的な行政規制に違反するとき、具体的危険犯とみる余地もあろう。しかし、何らかの自然環境を破壊する行為は、通常の市民生活でも頻繁に繰り返されており、いわば許された危険に分類される。これに対して、一定の行動準則に違反する場合は、もはや許されない危険に転化するのである。なるほど、一部には、抽象的危険犯の類型をタブー視する論者もみられるが、かりに環境刑法を法益侵害説で説明するならば、侵害結果の証明という過大な要求を導くことになりかねない。

環境犯罪では、不法に産業廃棄物を投棄する場合にも、ただちに自然環境が破壊されるわけではない[43]。理論上は、同じく許されない危険であっても、自動車運転過失致死傷罪（刑211条2項）や危険運転致死傷罪（刑208条の2）が、個人の生命・身体の安全を保護法益とすることから、死傷結果の発生が必要であるのに対して、自然環境を保護法益とみる以上、不良変更のおそれをもって処罰するほかはない。今日、行政独立型の罰則は、公害罪法だけであり、水質汚濁防止法や大気汚染防止法のように抽象的危険犯の規定が多いことは、こうした事情を反映したものであろう。また、これらの罰則

---

42) なお、行政取締法規だけでなく、現行刑法典の中にも、飲料水に関する罪（刑142条以下）など、公共危険罪の一種として生活環境の安全を確保するための規定がある。ただし、環境の悪化に伴う人身被害を想定し、早期の段階から処罰する規定を設けた点で、保護法益は公共の安全であって、環境それ自体を保護しているわけではない。また、出水に関する罪（刑119条以下）が、広く水環境を保護するとしても、あくまで地域住民の安全を想定した罰則である点に留意しなければならない。

43) 上述した水質汚濁防止法や大気汚染防止法の排出基準違反罪が環境破壊に直結するわけでなく、今日多用される廃棄物処理法でも、「政令で定める産業廃棄物を捨てた」場合だけが不法投棄罪になるのであり、不法投棄全体が処罰されるわけではない。

による宣言的効果は、決して小さくない[44]。しかし、抽象的危険犯という規定方式には、処罰の「前倒し」という側面もあるため[45]、むしろ、行政従属性と組み合わせて処罰範囲を確定する努力がなされてきた。

　刑法上有害な結果を重視する結果責任主義では、侵害にいたる犯行態様に着目して処罰範囲を限定できない。反対に、侵害行為それ自体に着目して不法を認定するとき、これを「(規範の)形成的機能」から説明するならば、まさしく行為無価値論による環境刑法の機能主義的構成が可能となる。その際、反対説であっても、行政取締法規による禁止規範の定立を認める以上、規範受命者の自由を拘束する点では変わらない。むしろ、行政機関の裁量が作用する場面では、その明確性は損なわれるであろうし、行政規制が無制限に拡大することは、厳格な刑事手続が要求される刑事規制よりも、かえって問題が少なくない。したがって、抽象的危険犯にあたるかどうかの形式論だけでなく、実務上も、いずれの段階から処罰対象になるかが注視されるべきである[46]。

V　結びに代えて

1　環境刑法の形成的機能と実効性

　現在でも、人間中心的な保護法益論と刑法の形成的機能をめぐる議論は終息していない。しかし、刑法一般の秩序維持機能から、環境刑法の人倫形成力を認めるとしても、社会全体で支えるべき環境倫理が何であるかも明らかにされていない以上、処罰する対象は不明確なままである。その意味では、

---

[44]　かりに人倫形成的機能が、こうした行為規範を人々に定着させることを意味するならば、保護法益を中心とする結果無価値論でも、刑法の規範形成機能を否定しているわけではない(宗岡・前掲注(36)6-7頁)。

[45]　中山ほか・前掲注(17)37頁〔浅田執筆〕は、抽象的危険犯が「法益保護の早期化」になるといわれるが、保護法益だけを考慮する結果無価値論と異なり、排出基準違反罪のように、侵害の態様を限定することで処罰範囲が明確となるのであって、例えば、刑法典の現住建造物等放火罪は、抽象的危険犯であるが、処罰範囲は明確である。

[46]　長井・前掲注(27)8頁は、正当にも、法益保護の早期化と法適用・執行の早期化は別問題であるといわれる。

少なくとも保護法益という手がかりがなければ、抑止手段たる環境倫理の形成力も、十分に働かないのではないか。したがって、行政独立性にもとづく罰則を設ける際にも、保護法益論から離れて純粋に形成的機能を論じるのは難しい。他方、旧来の保護法益論に固執することで、自然環境の悪化を放置する刑事規制消極論は、国民から付託された任務を放棄して、今後も環境破壊を容認・助長することになりかねない。

かようにして、形式的な行政従属性を前提としつつ、将来の生活環境に配慮した排出基準を順守させるため、特別法上の抽象的危険犯を置くという手法が、今後とも基本となるであろう。ただし、処罰根拠の中核となるべき保護法益の内容は、良好な自然環境としての公共財産という程度にとどまる。したがって、犯罪構成要件の射程範囲については、実際の侵害態様の中でも特に悪質なものに限定せざるをえない。すなわち、保護法益論と侵害態様の双方を組み合わせることで、刑事制裁の対象を絞り込むのである。このような意味の行政従属性は排除できないであろうし、かりに完全な行政独立性から新たな犯罪類型を設けるならば、まず人類にとって共通の保護法益を明示することが求められる。

なお、こうした刑法の形成的機能を疑問視する向きもあるが、環境刑法では、生命・身体・財産を保護法益とする殺人罪や窃盗罪などと異なり、人々の法感情に根ざした共通の規範意識がない。また、法執行にあたる行政の担当者でさえも、こうした共通認識を欠く場合が予想される以上、あらためて刑法の規範形成機能を強調する意味がある。すなわち、環境刑法の分野では、「刑罰法規の形成的機能」として、人々が現に存在する「環境権」を意識することで、国民の行動に影響を与える点を無視できないであろう[47]。

2 環境刑法の法執行力と刑事制裁

さて、環境刑法による形成的機能を認める場合にも、それが社会生活上で許容されたルール（生活規範）の集合にとどまる以上、実際の市民生活を無

---

47) 宗岡・前掲注（36）14頁以下。ただし、環境権それ自体は、まだ内容が明定されたわけでなく、なお生成途上の権利であって、広く国民に認知されるほどの状態ではないといえよう。

視した理想的な自然環境が目標となるわけではない。上述したように、人間の活動自体が自然環境の一部であることから、有史以前の自然環境を取り戻すという趣旨でなく、さらなる環境悪化を予防する限度で処罰するならば、刑罰権の行使が無限定に広がるという批判は回避できるであろう[48]。もちろん、刑法の領域では、犯罪構成要件の明確化が前提となる以上、漠然とした環境倫理の違反を処罰することは控えねばならない。しかし、例えば、排出基準を超える廃棄物の投棄や船舶による油の排出は、犯罪行為の内容が明確であって[49]、単に抽象的危険犯というだけで排除されるべきでない。

つぎに、現行刑法の法定刑が軽すぎるため、行政法規の実効性さえ担保できないという指摘がある。しかし、実際の執行力如何は、犯罪構成要件の内容とは別の問題である。むしろ、捜査機関による取締りが徹底できるかも含めて、その他の法規制と対比しつつ、実際上の予防効果を検証しなければならない[50]。そもそも、環境犯罪に対する刑罰の効果は、従来、ほとんど論じられなかったが、適切に機能してきたのであろうか。まさしく環境刑法にあっては、刑事手続の実態を踏まえた議論が必要不可欠であり、もっぱら行政処分にゆだねればよいという安直な姿勢では、何ら事態の改善には役立たないのである[51]。

---

48) こうした理解は、ドイツ刑法324条のいう「不利益な変更」という要件にも窺える。また、ルドルフィーは、環境刑法が現実の自然環境を保護することで、さらなる侵害から防御するにとどまり、積極的に現在の環境を改善・修復することは、将来の行政的規制に委ねるほかはないとする（Rudolphi, SK., Bd.I, 3.Aufl., 1.Lfg., 1981, Vorbem 1 Rdnr.5 m N. von Horn, SK.,Bd.II, 9.Lfg., 1980, Vorbem 324 Rdnr.3)。
49) 山中・前掲注（3）126頁。
50) なお、環境刑法の法執行とその限界については、山中・前掲注（22）85頁以下、町野朔『環境刑法の総合的研究』（信山社、2003）105頁以下〔安村勉執筆〕など参照。なお、石井隆之「『公害事犯』の取締りから『環境犯罪』の取締りへ」『刑事法学の潮流と展望（大野眞義先生古稀祝賀)』（世界思想社、2000）551頁によれば、直接罰方式を採用して法執行機関の積極的関与を促そうとしても、その構成要件が容易に執行できない状況であれば、ほとんど実効力がないことは、水質汚濁防止法と大気汚染防止法の摘発事例の差に現れているとされる。
51) 長井・前掲注（27）5頁。また、山中敬一「環境犯罪と環境刑法」刑法雑誌36巻3号（1997）108頁、町野・前掲注（50）381頁以下〔近藤和哉執筆〕でも、行政制裁や刑罰の有効性が検討されているが、一部学説のように、行政制裁であれば常に抑止効果があるとみるのは、一部の悪質業者に対しては幻想にすぎない。

例えば、産業廃棄物については、経済的な動機づけを利用して、暴力団による不法投棄事例を防止できるという主張がある。実際、組織的犯罪処罰法では、不法投棄や名義貸しを含む一連の犯罪について、不法収益を剥奪する規定を設けており（同法別表42号参照）、これを活用するべきだとされる[52]。しかし、すべての廃棄物処理法違反が暴力団によるものでなく、これらのアウトサイダーを利用する一般事業者も少なくない。その意味では、廃棄物処理法の問題を切り離して特別視するべきでなく、環境犯罪の取締りの一環として、刑罰による予防を考えるべきであろう。

3 法制度の多様性と棲み分け

もちろん、一般事業者による継続的な違反行為については、行政処分として事業活動の停止や免許の剥奪も有効な手段となる。しかし、その場合にも、行政規制が適切かつ迅速に機能することが前提条件であろう。さらに、アウトサイダーによる犯罪行為については、不法投棄を繰り返す悪質事業者を例示するまでもなく、旧来の行政規制ではほとんど抑止効果がない以上、自然人である経営者個人や実行担当者に刑事制裁を科するほかはない。

もっとも、産業廃棄物の不法投棄事例では、かりに実行犯が処罰されたとしても、すでに破壊された自然環境は、そのままの状態で放置される。したがって、犯人に代わって行政機関が現状回復をせざるをえない。しかも、その費用が犯人の負担においてでなく、公金から支出されるのでは、同種の悪質な違反行為を抑止できない。もちろん、差止請求や現状回復命令も用意されているが、犯行後に発覚する事例が多いため、有効な対策とはいいがたい。むしろ、これらを利用した事業者も含めて利益剥奪処分を徹底することで、違反行為にいたる動機づけを低下させる一方、剥奪された収益から現状回復費用を捻出するシステムが構築されるべきであろう[53]。

なるほど、法益概念に固執する論者は、廃棄物処理法の罰則が何度も強化

---

52) 大塚ほか・前掲注（15）130頁〔北村発言〕。同じく、大塚ほか・前掲注（15）121頁〔南川発言〕は、環境に起因する治安の悪化として区別しようとされる。
53) なお、実務上は、現状回復をしたとき刑罰を軽減する方法も採用されており、行政的措置だけで原状回復が困難であるならば、刑罰と連動させる方策が望ましい。

された理由が不明であるといい、今後も無制限に拡張されるという懸念を示している。しかし、こうした誤解は、いたずらに法益論に固執した結果であり、むしろ、機能主義に根ざした罪刑均衡原理を基準とすれば、自ずから処罰範囲は限定されるであろう[54]。そもそも、自然環境は、民事訴訟の原告だけに帰属する個人的財産でなく、国民共有の貴重な資産である。その意味でも、環境刑法の保護法益は、公共の利益に含めるのが望ましいし、かりに個人的法益として構成するならば、実際の刑事訴追にあたり、個別被害者の存在を考慮せざるをえない。他方、社会的法益として構成するならば、見かけ上の被害者に拘泥することなく、的確な刑事訴追が可能となる。また、個人に対する損害賠償制度では不十分な現状回復措置も、積極的に取り込むための前提要件となるのではなかろうか。

54) こうした指摘は、すでに長井・前掲注（27）15頁でもみられた。

第4章 手法論

15 責任担保制度とその限界
——環境責任の履行を確保するための保険化の課題：EU環境責任指令を中心として

村上友理

I　はじめに

　環境損害は、環境汚染に起因する損害一般をいう広義の環境損害と、伝統的損害といわれる人身損害、財物損害を除いた損害、言い換えれば、誰の所有にも属さない環境それ自体への損害をいう狭義の環境損害と、2つの意味で整理されている[1]。

　環境損害のうち、伝統的損害については、これまで不法行為制度のもと、損害賠償という形で金銭的な補償が行われてきた分野である。一方、環境自体への損害に対しては、自然資源や生物多様性を金銭的に評価することは難しく、その修復の責任と費用負担については、これまで国際的には回避されてきた分野であった[2]。しかし近年、欧米においては、環境自体への損害に対する修復の責任を巡り、議論が展開されてきている[3]。特に、2004年に

---
1) 大塚直「環境損害に対する責任」ジュリスト1372号（2009）42頁。環境損害の概念について、志田慎太郎「環境損害と保険」ジュリスト増刊・新世紀の展望2・環境問題の行方（1999）296-301頁、松村弓彦「環境損害に対する責任制度の前提条件」環境管理42巻12号（2006）64-69頁、高村ゆかり「国際法における環境損害——その責任制度の展開と課題」ジュリスト1372号（2009）79-87頁を参照。
2) 高村・前掲注（1）84頁。
3) 大塚・前掲注（1）42-43頁。

EUにおいて制定された「環境損害の未然防止及び修復についての環境責任に関する欧州議会及び理事会指令2004/35/EC」[4]（以下、「EU環境責任指令」または「指令」という）では、水、土壌への損害に加え、EU又はEU加盟国が指定する保護生物種及び保護生息地への損害を環境損害と定義し、限定的であるが生物多様性も含めた環境自体への損害に対する責任制度を規定した。そして、EU環境責任指令の策定を契機として、環境自体への損害に対する責任制度のあり方について、我が国でも検討されるようになってきている[5]。そこで本稿では、環境損害に対する責任制度を検討する上で重要な論点の一つとなる責任の履行を担保する財政的保証に着目し、EU環境責任指令を題材として論じることとしたい。

環境汚染防止や環境保全にかかる費用は、その原因者（汚染者）に負担させることが環境法における費用負担の原則となっている（いわゆる「原因者（汚染者）負担原則」）[6]。EU環境責任指令では、環境損害の原因者に対し、原則としてその未然防止及び修復の費用を負担すべきとして、環境損害に対する原因者負担原則の適用を徹底している[7]。また、環境損害に対する原因者負担原則の徹底を図るためには、原因者による義務履行を予め担保する何らかの財政的保証手段が有用である。そのため本指令では、環境損害に対する責任制度の導入と合わせて、加盟各国が財政的保証手段の開発とその市場の発展の促進についても取り組むよう規定している。

環境損害に対する責任の財政的保証手段として利用可能な金融商品は数多く存在するが、本稿ではその中で、特に保険について取り上げる。後述する

---

4) 大塚直＝高村ゆかり＝赤渕芳宏訳「環境損害の未然防止及び修復についての環境責任に関する2004年4月21日の欧州議会及び理事会の指令2004/35/EC」参照。
5) 例えば、大塚直「環境修復の責任・費用負担について―環境損害論への道程」法学教室329号（2008）94-103頁、大塚・前掲注（1）42-53頁、松村・前掲注（1）を参照。
6) 大塚直『環境法（第3版）』（有斐閣、2010）65-67頁。
7) 1972年にOECDが採択した汚染者負担原則は、元来、汚染防止費用を汚染者が負担すべきとする原則であり、環境修復費用や損害賠償費用を含んでいない概念であった。しかし、EU環境責任指令では、環境損害に対する修復費用も汚染者負担原則の適用の問題として捉えている。この点で、大塚教授は、元来の経済学的観点からの「汚染者負担」と区別するため、「原因者負担」の語を用いている（大塚・前掲注（1）42-43頁、大塚・前掲注（6））。

ように、環境責任を担保する仕組みとして機能するためには、保険は解決しなければならない課題を抱えているものの、リスク分散とリスク低減という保険本来の機能を発揮できれば、有効かつ効率的な財政的保証手段となりうる。また、EU環境責任指令の施行に当たって、EU域内の事業者に対して実施したアンケート調査によれば、現状、事業者が環境責任を担保する手段として一番利用されている、あるいは検討されている手段が保険であり、実際上、環境責任の担保としての保険の可能性と限界について検討することは意義があると考える[8]。

本稿ではまず、一般的な保険商品化の前提条件と環境リスクに伴う保険の限界について論じる（Ⅱ）。次に、環境損害に対する責任を担保するため、財政的保証に関する規定を組み込んだEU環境責任指令を題材に、環境損害に対する責任の履行を担保する手段としての保険の可能性と限界について検討する。また、2007年4月の指令施行以降、加盟国及び事業者における指令の実施状況について、特に財政的保証手段の状況を中心に述べる（Ⅲ）。

なお、本稿では環境自体への損害（狭義の環境損害）を「環境損害」、環境損害に対する法的責任を「環境責任」として用いることとする。

Ⅱ 環境責任とその履行担保手段としての保険

科学技術の進展により、これまで安全とされていた物質について新たに有害性が明らかになるなど、環境汚染と捉えられる範囲は社会の変化とともに変化する。そのため環境汚染リスクは、人為的な要素も強く、統計的データからの将来予測が難しい、不確実なリスクを内在している[9]。

また、2010年4月に起きたメキシコ湾原油流出事故が示すように、環境汚染事故はいったん起きれば回復不可能なレベルの甚大な被害をもたらす可能性が大きい。

ここでは、このような特性を持つ環境リスクを担保する手段として、保険がどのような役割を果たしうるのかを検討する。

---

8) 後掲注（58）参照。
9) 藤井良弘編著『環境債務の実務 資産除去債務への対処法』（中央経済社、2008）249-250頁。

1 環境リスクと保険可能性

保険は、市場性のある、特定のリスクに対して機能するもので、すべてのリスクを包括的にカバーできるものではない。保険が商品として成り立つためには、保険可能性と市場性の2つの条件が満たされなければならない[10]。ここでは、ある特定のリスクが保険商品として成り立つ前提条件（保険可能性）と、その特定のリスクが環境リスクである場合に生じる保険可能性及び市場性の阻害要因を検討する。

(1) 確率的な特性

第一に、保険の対象とするリスクは、十分に確率的特性を有しているものでなければならない。保険化するためには、そのリスクが発生するかどうかということ、もしくはいつそのリスクが起きるのかということのいずれかについて、確率的であることを要する。

保険は、少数の事例をとると不確実で偶発的に見えることでも、大数について見れば、そこに一定の確率が見られるという「大数の法則」を、保険料を算定する上での基本原則とする。例えば、火災や交通事故といった偶発的な事故も、それら事故を数多く集めることで、そこに一定の発生頻度を見出すことができ、これを基に保険料を算定することが可能となるのである。

(2) 保険事故としての偶然性

ある損害が必ず起きるという場合、そのリスクをプール化することによるリスク集約のメリットは得ることができない。保険は偶然な事象を前提としており、事故の発生が相当の蓋然性で予見できる場合は、保険として成り立たない。

環境汚染は、逆選択が生じやすいリスクである。逆選択とは、平均的なリスクよりも高いリスクを保有する者ほど、保険に加入したいと考えることをいう[11]。環境汚染、とりわけ漸次的に発生する環境汚染の多くは、保険加入

---

[10] 斉藤誠=堀ノ内美樹訳『環境リスク管理　市場性と保険可能性』（勁草書房、2001）37頁。なお、「保険可能性（insurability）」とは、「保険会社が対象としているリスクを正確に反映した保険料を設定できること」、「市場性（marketability）」とは、「保険会社の支出をまかない利益を生み出すほどの保険料で、保険を購入する個人や企業が十分な数だけ存在すること」を意味する（同45頁）。

[11] 藤井・前掲注（9）264頁。

時点において、既に汚染の原因が存在している可能性があり、加入者である事業者は、そのリスクをある程度認識している場合が多い。保険加入者の方が保険会社よりも保険対象とするリスクについて情報を持っており、本来リスクを評価した上、選択を行うべき保険会社がその機能を十分に発揮できないときなどに、逆選択の状態が生じうる[12]。逆選択の状態に陥ると、支払保険金の増加に伴う保険料の高騰を招き、その結果、保険集団からリスクの低い者が抜け、さらに高リスクの者だけが残ることとなり、リスク分散を図るという保険の機能は破綻する[13]。保険が商品として成立するためには、保険加入者が支払う保険料が一定期間に支払われる保険金の総額に見合うように設定されなければならないが[14]、高リスクの者だけが保険に加入するような逆選択が生じると、この収支バランスが崩れ、保険として成り立たなくなってしまうのである。

(3) リスクの評価が可能であること

ある特定のリスクを保険化するためには、対象とするリスクが定量的に評価できることが必要である。潜在的な損害が生じる機会及びその大きさについてリスクが全く予測できない場合、そのようなリスクは保険化することができない。対象となるリスクの大きさと潜在的な損害の大きさを完全に把握し、定量化できなければ保険化できないわけではないが、リスクは、貨幣価値の観点から十分に予見可能性がなければならない。理論的には、不確実性を保険料に織り込む形で保険料を設定することも可能であるが、そのリスクが保険会社にとって新しく、かつ知見のないものであれば、適切な保険料を算定することは難しい。

環境リスクは、他の保険事故分野と比べ、リスクとして認識されてからの歴史は浅く、リスク評価を行う上での経験やデータの蓄積がまだ十分とはいえない。また、環境汚染と環境損害との因果関係を特定することが科学的に困難な場合も多く、リスク評価が非常に難しい分野である。さらに、環境リスク分野は、科学的知見に伴い、あるいは社会的な認識の変化により、かつ

---

12) これを「情報の非対称性」という。藤井・前掲注 (9) 264 頁。
13) 藤井良弘『金融で解く地球環境』(岩波書店、2005) 168 頁。
14) 収支相等の原則と呼ばれ、保険料率を算定する上での基礎となる原則の1つである。

ては法的に使用が認められていた化学物質が後に有害化学物質として使用が規制されるなど、新たな法規制の導入や基準の見直しにより環境汚染とされる範囲が変化していくため、長期的なリスク評価が難しい分野でもある[15]。

2 環境損害と保険

環境損害に対する責任の履行担保としての財政的保証は、法的責任に基づき求められる金銭的義務を補償することが第一義的な役割だが、それだけでなく、財政的保証には、リスク分散とリスク低減という機能がある[16]。

環境責任の履行を担保する財政的保証手段としては、銀行保証、親会社による保証、業界プール制度や政府による基金[17]、保証証券[18]、エスクロー契約[19]、現金積み立て、内部留保、自家保険など、様々な手段が存在する[20]。上記に掲げた財政的保証手段の中でも、リスク分散とリスク低減という2つの役割は、特に保険が有効な役割を果たす。

例えば、地震や洪水など、一定地域に高リスクの契約者が集中する自然災害リスクについては、すべての契約者が同時に損害を被るリスクを少なくするため、保険を複数の地域で、多様な契約者に販売することでリスクを分散

---

15) 藤井・前掲注（9）250頁。
16) Ad-Hoc Industry Natural Resource Damage Group, *White Paper : Financial Security and Insurance aspects of the European Union Environmental Liability Directive*, February 2009, at 6.
17) 義務者が存在しない、義務者が特定できない、義務者に負担能力がない、あるいは緊急を要する場合など、義務者に代わって措置を実施する必要がある場合、業界でプールした基金や政府財源による基金などにより対応する制度。環境責任に関する基金制度について論じたものとして、例えば、松村弓彦「環境責任に関する基金制度（ドイツ法研究）」環境研究119号（2000）82-101頁参照。
18) 保証証券：保険会社が保証金額を限度として債務の履行を保証する証券。保証人である保険会社は被保証人が債務不履行に陥った場合、被保証人の相手方に保証金を支払うか、または被保証人に代わって当該債務を履行する。
19) エスクロー契約：エスクローとは、取引の安全性を保証するための第三者寄託をいう。エスクロー業者が中立的第三者として、契約形態に応じて保険的な役割を果たす。例えば、売買契約に盛り込まれた条項のうち、一定の契約条件が整うまでは買い手は代金を第三者（エスクロー業者）に預託し、契約条項がすべて満たされたことがその第三者に確認されることを条件として売り手は代金を受け取る仕組みである。
20) 近年米国では、環境債務の移転手法もビジネス化してきている。環境債務の移転手法については、藤井・前掲注（9）215-230頁参照。

する。保険は、このようにリスクが大数の人々によって分担される場合に最も機能する。

リスク低減効果は、保険の重要な機能の一つである。保険会社は、大数の法則により、保険会社にとっての全損失をより予測可能なものとし、その結果、個々でリスクを負担する場合に必要な積立金全体よりも少ない積立金で、予測される損失に備えることができる。企業は、保険を利用することで、想定される損失への積立金を削減することができるため、その結果、他のより生産的な目的のためにその資金を使うことができる。

また、保険は、リスクを集約させることに加えて、保険加入希望者のリスクをリスクの平均水準にしたがって区分し、リスクの水準に応じて保険料を設定することによって、リスクの分離を行う。保険は、このリスク分離機能により、実際に被る損害のレベルにプラスの影響を及ぼす可能性も持つ。すなわち、高リスク事業者には高い保険料が課されるため、高リスク事業者は保険料を下げるために、その保有するリスクを減らそうとするインセンティブが働く。保険は、リスクの集約とリスクの分離によって、リスクの差異を減らし、全体としての保険料（損害への備え）を減らす機能を持つのである。

3　保険の限界

保険会社は、蓄積してきたデータ及び経験に基づきリスクを評価し、多くの契約を引き受けて、大数の法則を活用することで、リスクを平準化する保険本来の機能を発揮する[21]。

しかし、上記のように、環境リスクには、逆選択が進むことにより、保険のリスク分散機能が働かず、保険商品化を阻むリスク特性がある。さらに、潜在的な汚染原因者は、保険に加入すると、保険に入っていることで注意を怠り、自らが環境汚染を未然に防ごうというインセンティブを失う、モラルハザードに陥る可能性が高い[22]。

一般に、逆選択及びモラルハザードの問題を回避する手法として、下記の

---

21)　藤井・前掲注（13）168頁。
22)　藤井・前掲注（13）169頁。

ような手法が挙げられる[23]。

・契約後に損失確率が上昇した場合、保険料を引き上げる。
・契約に免責条項を設ける。保険会社の免責の範囲が大きいと、契約者は自己負担の可能性が増すため、モラルハザードに陥る可能性が減少する。
・共同保険(coinsurance)を活用する。共同保険とは、保険会社と被保険者である事業者が相互に損害額を負担し合う仕組みである。免責金額[24]を超える損害が発生した場合、予め決めた割合で、保険会社と契約者である事業者がともに費用を負担する。共同保険は、言わばリスクシェアリングの仕組みであり、被保険者、すなわち事業者に、環境への注意深い行動を促すことができる。事業者自身を積極的なリスク管理に向かわせる効果があるため、モラルハザードの抑制効果が高い仕組みである。
・保険金支払額に上限を設定する。環境汚染の場合、保険金だけでは対応しきれない損害が生じる場合がある。支払保険金の上限を設定した場合、契約者は保険に加入しても安心できず、自らリスク管理を強化するインセンティブが働く。

また、逆選択あるいはモラルハザードによりリスク分散が機能しないという問題については、国が一定数に対して一律に保険の加入を義務づけることにより、人為的にリスク分散を可能とする、強制保険制度を導入することも考えられる。しかし、環境リスクについて強制保険を導入することは、保険料の一律負担を通じて、環境損害を補償する費用を広く社会に負担させる形になるため、環境政策上、保険を手段として用いることの必要性について、社会的合意が不可欠である[25]。

---

23) 斉藤=堀ノ内・前掲注(10) 54-57頁。藤井・前掲注(13) 173頁。
24) 免責金額とは、損害または傷害が発生した場合に被保険者の負担となる金額をいう。免責金額を超える損害については、支払保険金から免責金額を控除した金額が支払われる。自己負担額ともいう。
25) 藤井・前掲注(9) 262-263頁。

III EU環境責任指令と財政的保証

　環境汚染によって引き起こされた人身損害及び財物への損害（いわゆる「伝統的損害」）は民事上の賠償責任制度（不法行為責任等）のもとで責任履行がなされるのに対し、2004年4月に制定されたEU環境責任指令は、水、土壌及び生物多様性への損害に対し、未然防止を図るとともに、汚染者負担原則[26]に基づく損害の修復を求めるものである。

　本章では、EU環境責任指令について、公法上の環境責任を担保する手段としての財政的保証に関する議論を中心に検討する。

1 指令の概要

　指令の概要については既に多くの文献で紹介されているところであるため[27]、ここでは、本稿で取り上げる論点と関わる点に焦点を置いて紹介する。

(1) 基本理念

　本指令は、環境損害を未然に防止し、修復するために、「汚染者負担」の原則に基づいて、環境責任の枠組みを構築することを目的とする（1条）。汚染者負担原則は、EU環境政策の基本原則の一つとして、EC条約に規定されており[28]、EU域内での事業活動に起因する環境損害は、本原則に基づき、汚染者たる事業者の財政的負担により修復されなければならない。

---

[26] EU環境責任指令1条では、本指令の目的として、「環境損害を未然に防止し、修復するために『汚染者負担（'polluter-pays'）』原則に基づいた環境責任の枠組みを構築すること」と規定している。前掲注 (7) で述べたように、本指令では、汚染者負担原則を、汚染の未然防止費用だけでなく、環境修復費用も含むものとして捉えている。

[27] 例えば、EU環境責任指令と我が国の法状況とを比較し論じたものとして、大塚・前掲注 (5)。EU環境責任指令と米国スーパーファンド法とを比較したものとして、大塚・前掲注 (1) 42-53頁、Bio Intelligence Service (BiosIS), *Study on the Implementation Effectiveness of the Environmental Liability Directive (ELD) and Related Financial Security Issues*, Final Report, November 2009, at 47-51.

[28] 欧州共同体設立条約（EC条約）第174条（環境政策の目的）において「共同体の環境政策は……事前予防の原則、ならびに予防措置が講じられるべきこと、環境損害はまず原因において是正されるべきこと、および汚染者が負担を負うべきことという原則に基礎を置く」（有斐閣『国際条約集』）と規定する。

EU環境責任指令は、まさに「汚染者負担原則」を実施するものである。本指令の根本的なねらいは、環境損害を引き起こした事業活動を行った事業者に、その損害の修復に対して金銭的に責任を負わせることにある。汚染者負担原則を徹底することにより、事業者による未然防止とリスク管理のレベルを引き上げることが期待されている[29]。

(2) 対象となる損害

　本指令の対象となる環境損害（environmental damage）は、以下のように定義されている（2条）。

- 水への損害：EU水枠組み指令2000/60/ECで定義される、関連する水の生態学的、化学的、定量的状態、生態学的ポテンシャルに対して、重大な影響を及ぼす損害
- 土壌への損害：人の健康に対する現実的又は潜在的影響を与える重大なリスクをもたらす土壌汚染
- 保護生物種及び保護生息地への損害：EU又は加盟国が指定した保護生物種及び保護生息地の望ましい保全状態の実現又は維持に対して重大な悪影響を及ぼす損害

　ここにいう「損害」とは、測定可能な自然資源の悪化、または測定可能な自然資源の効用の悪化を意味する（2条2号）。

　本指令はEUにおいて初めて、環境損害に対する包括的な責任制度を制定したものである。特に、生物多様性の重要な要素である保護生物種及び保護生息地に対する損害に対する責任制度を導入した点が大きな特徴とされる。生物多様性への損害に対する責任は、EUにおいては新たなものであり、それ故に、生物多様性に関して正確で機能する定義を置くことが重要であった。そのため、本指令では、EU又は加盟国が指定した保護生息地及び保護生物種に限定している[30]。EU指令において指定されている保護生息地は、Natura 2000ネットワークと呼ばれる地域で、EU27カ国の国土面積のほぼ

---

29) EC, Questions and Answers Environmental Liability Directive, 27 April 2007, MEMO/07/157（欧州委員会Environmental Liabilityのウェブサイトより入手可能：http://ec.europa.eu/environment/legal/liability/index.htm）
30) EU生息地指令92/43/EECで保護される生物種及び生息地、EU野鳥指令79/409/EECで保護される絶滅危惧種及び渡り鳥。

17.5％をカバーしている[31]。加盟国において本指令が施行されてから7年後に当たる2014年に、生物多様性に係る本定義は見直されることになっている。しかしながら、生物多様性への損害に対する責任について、効果的かつ管理できる体系で制度をスタートさせることがまずは重要であった[32]。

生物多様性への重大な悪影響（significant adverse effects）の判断は、附属書Ⅰに示されている基準を考慮し、当該環境損害が発生しなければ存在していたであろう基礎状態に対する重大な変化であるか、人への健康影響があるかどうか等で判断される（2条1号 (a)）。

なお、大気への損害は、大気への排出が拡散性を有しており、汚染者負担原則の基礎となる「原因行為（者）」の特定が非常に困難なため、適用対象外とされる。但し、原因行為者が特定される場合は、この限りではない（4条5項）。また、「伝統的損害」は、民事法上の賠償責任の範疇にあるとして、公法上の賠償責任を規定する本指令の適用対象外である。

(3) 適用範囲及び責任原則

環境責任制度が有効に機能するためには、汚染原因者が明確に特定できなければならない。これはすなわち、潜在的な汚染原因者自身が、金銭的に責任を負う可能性があるということを認識している必要があるということである。汚染原因者たる事業者がこうした認識を持ってはじめて、注意深い事業活動を促すことができる[33]。

本指令が適用される事業活動は、以下の通りである（3条）。

・附属書Ⅲに列挙される事業活動から生じた環境損害

本指令は、潜在的に危険な活動と位置づけられている附属書Ⅲに示される事業活動から生じた環境損害及びその急迫のおそれ[34]については、無過失でその賠償責任を負う（厳格責任の適用）。具体的には、EU統合

---

31) NATURA 2000 (GIS CALCULATED VALUES)：Data of December 2010 provided by MS (http://ec.europa.eu/environment/nature/natura2000/db_gis/pdf/area_calc.pdf)
32) EC, supra note (29), at 5.
33) Id., at 2.
34) 「損害の急迫のおそれ」(imminent threat of damage) とは、近い将来において環境損害が生じる十分な可能性をいう（2条9号）。

的汚染防止管理（IPPC）指令[35]附属書Iに規定される施設（研究開発施設を除く）の操業等である。
・その他の事業活動から生じた環境損害のうち、保護生物種及び保護生息地に対する損害
　附属書Ⅲに列挙されている事業活動以外の活動から引き起こされた保護生物種及び保護生息地に対する損害及びその急迫のおそれに関して、事業者の過失が認められる場合に限り、その賠償責任を負う（過失責任の適用）。
(4) 未然防止措置・修復措置

本指令は、環境損害は発生していないが、その急迫のおそれがある場合には、未然防止措置の実施を（5条）、また、環境損害が発生してしまった場合には、各加盟国の権限ある機関への報告及び修復措置の実施を（6条）、事業者に義務づけている。

いずれの場合も、環境汚染を発生させた事業者が実施しなければならないが、措置が不十分な場合や事業者が特定できない場合、あるいは事業者が本指令のもと費用負担を求められない場合は、権限ある機関自らがこれらの措置を講じることができる。

修復措置については、事業者が附属書Ⅱに従って選定し、権限ある機関に承認を求める。権限ある機関は、附属書Ⅱに従い、また必要に応じて事業者と協力して、実施する修復措置を決定する（7条、11条2項）。

なお、損害を受けた自然資源によって求められる修復措置が異なる（2条11号、同15号、附属書Ⅱ）。土壌に対する損害は、人の健康に悪影響を与える重大なリスクがなくなるまで、当該土地を浄化することが求められる。一方、水、保護生物種もしくは保護生息地については、第一次的修復、補足的修復、補償的修復を通じて、環境を基礎状態に回復することが求められる。

第一次的修復措置とは、損害を被った自然資源及びその機能が通常の状態になるまで、または通常の状態になるように回復させるための措置をいう。

---

[35] IPPC (Integrated Pollution Prevention and Control) 指令とは、1996年に採択されたEU指令で、大規模設備に対する事前操業許可制度を通じて、環境媒体ごとでなく、大気、水質、土壌に対する排出を統合的に管理する仕組みである。

補足的修復措置とは、被害を被った自然資源及びその効用が第一次的修復措置により十分に回復していない場合に、それを補うために講じる措置をいう。補償的修復措置とは、損害発生日から第一次的修復措置が十分な効果を発揮するまでの間に発生する自然資源及びその効用の当面の損失を埋め合わせるために講じる措置をいう（附属書Ⅱ）[36]。

(5) 費用負担の免除

未然防止措置及び修復措置にかかる費用は、汚染者たる事業者が負担するのが原則であるが、加盟国は、汚染者に対して、以下に該当する場合、費用を負担しないことを認めることができる（8条4項）。

・事業者に過失がなく、環境損害が政府等から明確に認められた措置により発生したものである場合
・事業者に過失がなく、環境損害が事業活動当時の科学的・技術的知見に照らして有害とは考えられなかった活動から発生したものである場合

本指令は、他の政策手段によりカバーされていない重大な環境損害をすべてカバーすることを意図しているため、過失ある事業者は常に責任を負うように本規定を置いている[37]。

なお、本規定は、加盟国に対し、事業者が費用負担しないことを認めることができるという任意規定のため、加盟国における国内法化の過程において、両方の事由とも認める国と一方だけを認める国など、その運用にはばらつきが出ている。

(6) 財政的保証

環境汚染を発生させた事業者が、指令に基づき求められる未然防止措置及び修復措置を履行するための費用負担を行うことを担保するため、本指令は、財政的保証（financial security）の規定を置いている（14条）。すなわち、加盟国に対し、事業者が本指令に基づく責任を担保するため、適切な財政的保証の手段及び市場の発展を奨励する措置をとることを求めている。本規定は、汚染者負担原則に基づく事業者による環境損害に対する費用負担の実効

---

36) 「修復措置」「効用（services）」「基礎状態（baseline condition）」の定義は、指令2条11号ないし14号を参照。
37) EC, supra note (29), at 3.

性を確保するために、重要な意味を持っている。

本指令の制定過程において、財政的保証として強制保険の導入が議論された経緯もあり、本指令では、欧州委員会に対して、2010年4月30日までに、環境損害の修復に対する本指令の実効性、附属書Ⅲが対象とする活動に関する保険その他の財政的保証の合理的な費用での利用可能性、そしてこれら保険その他の財政的保証の条件に関する報告書を提出することを規定した。さらに本指令は、欧州委員会に対し、当該報告書及び費用効果分析を含む広範囲にわたる影響評価を踏まえて、適当な場合、EU域内で統一の義務的な財政的保証制度の提案を行うものとした（14条2項）。

2　指令に基づく環境責任の保険可能性の限界と課題

(1) 指令に基づく環境責任の保険可能性の要件[38]

指令に基づく責任のリスクが不確実であればあるほど、指令に基づく責任を保険化することは難しくなる。指令の対象となる環境責任に基づき負わせられうる損害はどういった損害か、損害の大きさに応じてどのような修復措置が求められるのかなど、指令のもとでの損害の定義と修復措置に関するルールが不明確で、多くの解釈の余地を残している。環境損害の定義について、行政機関や裁判所がどのような判断をするのか事前に予測することはできない。特に、経験がなく、過去のデータもない修復措置の費用は非常に予測が難しく、異なる費用での様々な選択肢が検討できる。指令に基づく責任の保険を提供する保険会社は、行政機関が過剰な修復措置を求めるリスクにさらされる。

また、第Ⅱ章で述べたように、保険会社は、保険可能性を減ずるものとして、逆選択とモラルハザードの2つの問題を管理していかなければならない。

(2) 財政的保証において検討すべき側面

前述の通り、指令14条2項では、附属書Ⅲに掲げる事業活動に対する保険その他の財政的保証の利用可能性とそれら財政的保証の条件について、

---

[38] CEA, *White Paper on Insurability of Environmental Liability,* January 2007.

2010年に欧州委員会が報告書を提出することとしていた。この報告書では、財政的保証に関して、段階的アプローチ、財政的保証の上限、及び低リスクの事業活動の適用除外の3つの側面について、検討を行うものとしていたが、これは強制的な財政的保証の仕組みをうまく運用するためには、これら3つの側面を合わせて採り入れる必要があるとの考えからである。以下では、2010年の欧州委員会の報告書に先立ち、欧州委員会から調査委託を受けたBioIS社が2009年にまとめた報告書より、財政的保証について考慮すべきこれら3つの側面を紹介する[39]。

① 段階的アプローチ

「段階的アプローチ」とは、導入時期、対象とする産業部門の範囲、対象とする責任の範囲の点で、段階的に財政的保証を導入することを意味する[40]。

強制的な財政的保証を導入する場合、全く新しい環境責任制度に基づくリスクは、保険会社にとっては大きな挑戦となる。そこで指令の制定過程では、強制的な財政的保証の導入と合わせて、2つの段階的アプローチが検討されていた[41]。一つは、まずは水及び土壌への環境損害について強制的な財政的保証を導入し、その2年後に保護生物種及び保護生息地に対して強制的な財政的保証を導入する、というものである。これは、保険会社が保護生物種及び保護生息地への損害を定量化する知見の蓄積が不足していたことを理由とする。もう一つ提案されていた段階的アプローチは、まずはIPPC指令の対象施設の操業者に対して強制的な財政的保証を導入し、その5年後に他の附属書Ⅲの事業活動にも拡大するというものである。第一段階をIPPC指令の対象施設とした理由は、すでに、IPPC指令に基づく許可を持っている企業に対し、その許可に基づき生じる責任について保険を付保することを義務づけている加盟国があったからである[42]。IPPC指令に基づく許可を有する企業に対しては、いずれにせよ、その許可のもと、行政としてはモニタリ

---

39) BioIS, supra note (27).
40) BioIS, supra note (27), at 31.
41) BioIS, supra note (27), at 32.
42) ハンガリーでは、国内法において、この仕組みを採用している。

ングをしなければならないため、行政コストを最小限にできるという意味で効率的なアプローチであると言える。

その他の段階的アプローチとしては、リスクの高い業種から段階的に強制的な財政的保証を導入していく形や[43]、強制的な財政的保証を求める範囲を第一次的修復措置や補足的修復措置に限定する形[44]が考えられる。

強制的な財政的保証を国内法で導入した各国では、何らかの形で段階的アプローチを採っている。

② 財政的保証の上限

財政的保証の上限とは、財政的保証の要件を一定レベルまでの損害賠償金の支払いに制限することを意味する[45]。実際のところは、賠償金支払いの最低レベルの設定である。これは、一つには、環境損害の修復措置にかかる費用は、他の損害費用よりも正確に見積もることが難しいという点と、保険、銀行保証、基金等、いかなる財政的保証手段であっても、無制限の補償を提供するものはないからである。すなわち、保証上限の設定は、財政的保証が強制か任意かにかかわらず、金融商品としては必要不可欠な仕組みである。

財政的保証の上限の設定レベルは、業種、当該事業活動によるリスク、所在地、事業規模などにより異なる。

③ 低リスクの事業活動の適用除外

強制的な財政的保証を導入する際、低リスクの事業活動を行う事業者についても一律に財政的保証を義務づけることは、特に中小規模事業者には過剰な経済的負担を課すことになりかねないと同時に、一部の事業者を適用除外

---

43) スペインでは、国内法において、対象業種を段階的に拡げていく形で、強制的な財政的保証を導入する予定である。「法律 26/2007 の附属書Ⅲに規定される事業活動に対する強制的な財政的保証の履行確保のための優先順位及びスケジュールを確立する省令案」(Proyecto de Orden ARM/⋯/2010, de⋯ de⋯ de 2010, que establece el orden de prioridad y el calendario para la exigibilidad de la garantía financiera obligatoria de las actividades profesionales del Anexo III de la Ley 26/2007, de 23 de octubre, de Responsabilidad Medioambiental) 参照。省令案は 2010 年 9 月 21 日にパブリックコメント募集が終了した状況。
44) スペインでは、国内法において、強制的な財政的保証の範囲を、保険会社が比較的知見を有する第一次的修復措置に限定している(「環境責任に関する法律 26/2007」(LEY 26/2007, de 23 de octubre, de Responsabilidad Medioambiental) 29 条 b) 号))。
45) BioIS, supra note (27), at 33.

とすることにより、事業者の履行を監視する行政コストも低減することができるため、社会全体として非効率である。

一方で、低リスクの事業活動をどう決めるのかは難しい問題である[46]。潜在的な損害の大きさ、環境マネジメントシステムの有無、倒産リスクなどの観点が判断基準として考えられるが、低リスク事業活動を行う者でも、依然として重大な環境損害を引き起こすおそれがあるため、適用除外とすべきでないという意見もある[47]。

(3) 保険以外の金融商品

保険以外の環境損害に対する財政的保証の手段としては、Ⅱ.「2. 環境損害と保険」で挙げたように、銀行保証、保証証券、基金等が挙げられるが、指令の財政的保証規定について論じるとき、その多くは保険について論じられる。2010年2月に公表された事業者に対するアンケート調査の結果でも、事業者のおよそ75％が、環境賠償責任リスクをカバーするものとして、保険を第一の手段として考えていると回答している[48]。

指令により生じる責任をカバーする手段を決定する要素として、前述の

---

46) スペインでは、事業者の潜在的な環境損害について、附属書Ⅲの事業活動すべてに対し指令に関連するリスク評価を行い、この評価に基づき、低リスク事業活動を強制的な財政的保証制度から適用除外するとしている（「環境責任に関する法律26/2007」28条）。具体的には、潜在的な環境損害の評価額により区別する。その際、EMAS及びISO 14001の環境マネジメントシステムを実施している事業者については、独立機関による認証を提示することにより、強制的な財政的保証の対象とする事業活動の損害評価額の基準を引き上げている（同法28条b）号）。しかし、BioIS社の2009年報告書では、この評価額の基準に対して、環境リスクは個々の事業者がとっている対策に依存するところが大きいため、附属書Ⅲの事業活動のカテゴリーごとにリスク評価を行い、リスクを一般化することには議論の余地があるとする。環境マネジメントシステムの導入を低リスク事業活動の評価軸の一つとして捉えることに対して、個々の事業者の対策状況を分析しない点で実施が容易である（すなわち行政コストが低く抑えられる）とする一方で、事業者の環境リスクは、マネジメントシステムよりも事業活動の性質や所在地などの要素の方が、よりリスク要因として大きいと指摘する（BioIS, supra note (27), at 35.)。

47) BioIS, supra note (27), at 36.

48) Ad-Hoc Industry Natural Resource Damage Group, *Report — Survey of Industrial Companies : Insurance and Other Financial Security Instruments and Remediation of Environmental Damages under the EU Environmental Liability Directive,* February 2010, at 3.

BioIS社の報告書では、次の3点を挙げている[49]。
　第一に、指令の基本理念である汚染原因者たる事業者の費用負担により、環境損害が修復されることを確保するのに効果的な手段であるかという点である。どんな財政的保証手段も、財政的保証による便益とその費用とのバランスをとることが、商品として成り立たせるには必要である。そのため、どの財政的保証手段についても、事前に保証する損害支払額の限度額を規定するため、事前に決定した支払額では、十分な修復措置を行えない可能性がある。この点は、保険も他の財政的保証手段も同じである。
　第二に、指令14条2項で規定されているように、妥当な費用と条件で事業者（特に中小規模事業者）に利用可能な手段であるかという点である。保険の場合、異なる関係者間では、提供されるサービスに釣り合った保険料が設定されると捉えられる。一方、他の財政的保証手段は、中小規模事業者は一般的に利用可能でないことがある。
　第三に、当該手段は、事業者に対し、汚染防止のインセンティブを与えることで、汚染の未然防止に効果的であるかという点である。財政的保証手段に係る料金が事業者のリスクマネジメントや未然防止手段とリンクしている場合、その手段は事業者に事故の未然防止を図るインセンティブを提供することができる。この点で、保険料は、事業者固有の取組状況に応じて決められるため、未然防止のインセンティブを与えることができる。一方、例えば、政府による課徴金や業界プールの加入者による一律の徴収金で創設された基金の場合は、法的要求以上に環境リスクを低減するための措置をとるインセンティブを与えることは難しい。
　このように、保険は事業者ごとの事情に合わせた柔軟性の高い商品を提供できるが、高リスク事業者にとっては保険を付保する費用が高すぎて、他の金融商品の方が魅力的な場合もある。すべてを備えた商品はなく、環境損害に対する財政的保証手段として、どの手段が適しているのかは、事業者の規模や事業活動などにより異なる。法や政策により一つの財政的保証手段に優先順位を置くと、中小規模事業者にとっては不必要な追加的費用を負担させ

---

49) BioIS, supra note (27), at 72.

る可能性がある点が指摘されている[50]。

3 指令の実施状況
(1) 2010年の欧州委員会の報告[51]
① 指令に基づく環境汚染事例の状況

本指令に基づく国内法が適用された環境汚染の事例は、欧州委員会が把握している限りでは2010年初めの時点で16件あり、欧州委員会の報告が行われた2010年10月時点では、EU全体で、およそ50件程度と推計されている。そのほとんどの事例が、水質汚染及び土壌汚染に関するものであり、事故の原因となった活動の多くが、附属書Ⅲに列挙される事業活動によるものであった[52]。なお、ほとんどの場合、汚染事故発生直後に第一次的修復措置が講じられたため、補足的修復措置や補償的修復措置が報告された事例はなかった[53]。

② 指令に基づく責任に関する財政的保証の状況

指令14条1項のもと、加盟国は、財政的保証手段及びその市場の発展を奨励する措置をとるものと規定されている。

欧州委員会の報告によると、EU加盟国では、環境責任をカバーするために、最もよく利用されている手段が保険である[54]。従来からある一般賠償責任保険もしくは環境賠償責任保険のもと、カバー範囲など一部変更を加える形で、指令に基づく環境責任の多くの部分をカバーすることが可能となっている。但し、現在利用可能な保険商品でも、漸次的な環境損害及び補償的修

---

50) Ad-Hoc Industry Natural Resource Damage Group, supra note (16), at 8.
51) Report from the Commission to the Council, The European Parliament, the European Economic and Social Committee and the Committee on the Regions, *Under Article 14 (2) of Directive 2004/35/CE on the environmental liability with regard to prevention and remedying of environmental damage*, COM (2010) 581 final, 12.10.2010
52) Id., at 5. 実際に第一次的修復措置が講じられた事例では、事業者が負担した費用は12,000ユーロから250,000ユーロ（約140万〜3,000万円。2011年5月時点1ユーロ＝116円で計算。）であり、その措置に要した期間は1週間から3年と、事例によりかなりの差異があった。
53) Id., at 5.
54) Id., at 7.

復措置については免責とされていることが多い。これは、指令に基づく責任をカバーするために求められる事故データが不足していることと潜在的な損失を定量化できないことによる。今後経験が積み重なれば、こうした制約も徐々に解消されてくるものと思われる。また、現時点で経済的影響が評価できない遺伝子組み換え作物（GMO）による損害については、現状保険でカバーすることは難しく、強制的な財政的保証制度を国内法で規定したスペインでも、GMO については民事責任制度のもとで、その損害及び損失について処理をすることとされている[55]。

上記欧州委員会の報告に対して、保険業界は、今回の報告書において、環境損害又は環境損害の急迫のおそれをカバーする EU 全体での強制的な財政的保証の仕組みを提案しなかったことを評価している[56]。保険業界としては、特に補償的修復措置についてはデータが不足していることに加えて、加盟国での国内法の違いや責任制度の考え方の違い、環境の状況の違いを理由として、EU において強制的な財政的保証の仕組みを導入することは適切ではないとの考えを表明しており、引き続き任意の保険市場において、環境保険の開発に取り組んでいくこととしている[57]。

(2) 事業者の反応

指令施行後、義務対象者である事業者の指令に基づき生じる環境責任に対する認識、また、その責任に伴う財政的保証の準備について、事業者はどのような対応をしているのだろうか。欧州委員会による財政的保証の入手可能性に関する報告書の期限である 2010 年 4 月を前に、2009 年にいくつかの企業アンケート調査が行われている。

欧州委員会により 2009 年 8 月に行われた企業アンケート調査（回答数

---

55) 「環境責任に関する法律 26/2007」第 4 追加条項（Disposición adicional cuarta）。
56) CEA News, *CEA welcomes EC report on Environmental Liability Directive*, 13.10.2011. 欧州保険協会（CEA : Comité Européen des Assurances）は、1953 年創設の欧州の保険及び再保険会社の連合である。各国の保険組合である 33 の加盟団体を通じて、規模を問わず、あらゆるタイプの保険会社および再保険会社を代表する。CEA は、欧州の保険料収入全体のおよそ 95％を占める保険事業者を代表している。
57) CEA, *Comments on the BioIS Study on the Implementation of the Environmental Liability Directive and Related Financial Security Issues*, 12 March 2010.

472)では、約7割の企業が指令に基づく環境責任制度が導入されたことを認識していた。しかしその一方で、指令に基づく環境責任を考慮して、何らかの財政的保証手段を検討している、あるいは既に財政的保証手段により自社の事業活動をカバーしていると回答したのは4割であった。また、この4割の回答者に対し、どの財政的保証手段を選択したか、あるいは検討したかという質問をしたところ、保険（再保険を含む）を検討した、あるいは既に保険を付保しているとの回答がおよそ97％に上った（但し、本質問は他の財政的手段を含めた複数回答形式）[58]。

欧州の主要産業部門に属する大規模事業者が多く参加するAd-hoc industry groupによる調査（回答数約150）でも[59]、7割強が環境責任リスクから自社を守るため、保険を主要な手段として利用すると回答している。

これら企業のアンケート調査結果からは、大企業では指令に基づく環境責任は認識されているが、財政的保証手段については、指令に基づく環境責任リスクをカバーするための特定の財政的保証手段を備える企業はまだ少ないようである。また、現状では、既存の一般的な賠償責任保険が、指令に基づく環境責任をカバーする主要な手段として利用されているようである。

(3) 指令に基づく環境責任制度の運用改善に向けた取組

これまで見てきたように、指令に基づく環境責任に対して、財政的保証を

---

58) European Business Test Panel (EBTP), *European environmental legislation* (2009年6月25日から8月14日に実施。回答数521。). EBTPは、欧州委員会の政策取組に関して定期的に意見を聴く個別企業パネルの仕組み。任意による企業の登録により、約15分程度のウェブ上の質問票に年間6～8件回答する。

59) Ad-Hoc Industry Natural Resource Damage Group, supra note (48), at 6-7.
Ad-Hoc Industry Natural Resource Damage Groupは、1988年に創設された主要産業部門を代表する多国籍企業で構成される団体。米国のスーパーファンド法、水質汚濁防止法、油濁汚染防止法等、及びEU環境責任指令に基づく法的、政策的、手法的問題について、自然資源に対する損害に関する法的責任に焦点を置き、活動を行う。EU環境責任指令の実務者向けに情報交換のためのウェブサイトを開設している（http://www.eueldpracticeexchange.com/）。

その他指令の対応に関する企業アンケート調査結果として、FERMA, *Survey on Environmental Liability Directive Report*, 27 January 2010がある。FERMA (Federation of European Risk Management Associations) は、18カ国のリスクマネジメント協会の連盟で、欧州におけるリスクマネジメント、保険、リスクファイナンスに関する認識の向上及び効果的な活用を支援している。

利用可能なものとするためには、経験とデータに基づく、より正確なリスク評価と分析が必要である。特に、附属書Ⅱに規定された環境損害の修復措置の選定を適切に実施していくため、欧州委員会は、第6次研究技術開発枠組みプログラム（2002-2006年）を通じて、経済評価手法に関する調査研究に資金的支援を行っている。これは、REMEDE（EUにおける環境損害評価のための資源等価手法）[60]と呼ばれるプロジェクトで、米国とEU加盟国での経験をベースに、環境損害を必要十分なレベルまで相殺するために必要な修復措置の規模を決定する手法（資源等価手法：resource equivalency methodsと呼ばれる）を開発し、普及することを目的とする。本プロジェクトメンバーは、EU加盟各国、ノルウェー、米国からの生態学者、経済学者、法学者で構成され、最終成果物として資源等価手法のツールキットを公表している[61]。

また、保険業界も、指令に基づく環境責任に係るリスク評価と保険金支払い処理について、保険引受け者向けに実務ガイドを作成している[62]。

欧州委員会は、2010年の欧州委員会報告書の中で、今後、指令の運用と実効性を改善していくため、事業者と財政的保証提供者の意識啓発を行うことを掲げている。また、財政的保証手段の進展の妨げとなっている法解釈のあいまいさに関し、特に修復措置の選定について規定した附属書Ⅱについて、EUレベルでのガイドラインを策定するとしている。「環境損害」「重大な損害（significant damage）」「基礎状態（baseline condition）」といった、各国国内法での実施に相違が見られる、鍵となる用語の定義や考え方を明確化することで、等しく適用されるようにすべきである、と述べている。さらに、加盟国に対しては、指令関連事例を記録又は登録する仕組みを構築し、

---

60) Resource Equivalency Methods for Assessing Environmental Damage in the EU の略。REMEDE のウェブサイト：http://www.envliability.eu/
61) REMEDE, Deliverable 13 : Toolkit for Performing Resource Equivalency Analysis to Assess and Scale Environmental Damage in the European Union, July 2008.
（ウェブサイトで閲覧もしくはダウンロード可能：http://www.envliability.eu/docs/D13MainToolkit_and_Annexes/D13MainToolkit.html）
62) CEA, *Navigating the Environmental Liability Directive — A practical guide for insurance underwriters and claim handlers*, April 2009.

ステークホルダー間でベストプラクティスを共有することを勧めている。加盟国は 2013 年 4 月までに、指令の適用によって得られた経験に関して、欧州委員会に報告することとなっている（13 条 2 項）。

なお、欧州委員会は、指令に規定されている、2014 年 4 月までの指令の見直しに関する報告書と合わせて、強制的な財政的保証について再度検討するとしている。特に、各国の国内法において、財政的保証の規定が異なっているため、財政的保証手段の提供者は、各国の要件に合わせて商品を変更しなければならず、これが財政的保証手段の入手に困難な状況を作っている可能性があることが指摘されている。また、各国の実施規定が異なっていることが、EU レベルでの強制的な財政的保証を導入する障害となる可能性もあり、この問題については 2014 年の見直しを待たず、早急に検討を始めるべきとしている[63]。

Ⅳ おわりに

財政的保証は環境責任制度を担保する重要な仕組みである。本稿では、環境責任を担保する財政的保証手段として、一般的に事業者に利用されている保険について、その商品化の前提条件と限界について検討した。保険は、大数の法則を活用したリスク分散による社会全体費用の低減、リスク分離に応じた保険料設定もしくは免責金額や共同保険の設定を通じた、被保険者（事業者）によるリスク管理へのインセンティブ効果が期待できる。しかしながら、環境リスクについては、環境リスクに内在する逆選択やモラルハザードの問題、科学技術的な知見の進展や社会の変化による環境汚染の範囲の見直し、リスク評価に必要とされる経験とデータの蓄積の不足などが大きな障害となって、商品開発を進めることが困難となっている。

こうした環境リスク特有の問題に対し、強制保険制度の導入により、大数の法則が働くよう一定数の保険加入者を確保し、保険商品化を可能とさせる政策アプローチがありうる。EU 環境責任指令では、財政的保証を一律に義務化しなかったものの、スペイン、ポルトガル、ギリシャ、チェコ共和国な

---

63) EC, supra note (51), at 10-11.

ど、8つの加盟国がその国内法において何らかの形で財政的保証を義務化する規定を設けている[64]。このうち、2007年に国内法を制定し、2010年に強制的な財政的保証の規定を施行する予定であったスペインでは、法の施行に必要な内容が具体化されていないため、施行が遅れている。スペインは、対象となる事業活動ごとにリスク評価を行い、リスクの高い事業活動から優先して強制的な財政的保証を導入する段階的アプローチを採用したが、このリスク評価に時間を要し、2011年5月現在、事業活動ごとのリスク評価の詳細を規定した省令案が公表されているところである[65]。

強制的な財政的保証制度を導入した各国において、制度を機能させるため、今後政府や関係主体がどのような取組を進めていくのか注目していく必要がある。スペインは、EU環境責任指令に基づく環境責任制度の実施を円滑に進めるため、環境損害の未然防止及び修復措置に関するガイドラインの策定や関連する環境責任法令の見直しに関する提案などを担う「環境損害の未然防止及び修復に関する委員会」[66]をスペイン環境農村海洋省（MARM）のもとに設置し、中央政府と地方自治体とが協働して、環境リスク評価及び環境リスク管理についての意見交換や調査を進めている。スペインをはじめ、国内法を運用していくEU加盟各国、及び土壌汚染リスクを中心とした環境保険分野で先行する米国での研究及び経験を各国で共有し、環境損害に対するリスク評価・管理手法の研究開発を進めていくことが、環境保険市場を進展させ、ひいては環境責任制度の実効性を高めていくことになるであろう。

最後に、保険をはじめとする財政的保証手段だけですべての環境損害をカバーすることは決してできない。不可逆的な環境損害の発生そのものを回避することが、何よりも重要である点を忘れてはならない。環境責任制度とともに、環境法の基本理念である未然防止、すなわち事業者自らが環境汚染事

---

64) Id., at 4.
65) 前掲注（43）及び（46）参照。
66) Comisión Técnica de Prevención y Reparación de Daños Medioambientales (CT-PRDM)。「国王令 2090/2008」(REAL DECRETO 2090/2008, de 22 de diciembre, por el que se aprueba el Reglamento de desarrollo parcial de la Ley 26/2007, de 23 de octubre, de Responsabilidad Medioambiental) 3条に基づき、本委員会は設定された。

故を予防するためのリスク管理に取り組むことを促す仕組み作りが重要なのである[67]。

※本稿は、個人としての見解であり、会社としての立場、意見を代表するものではありません。

---

67) 高村・前掲注 (1) 86 頁では、環境損害に対し、「責任制度だけでは損害の未然防止という責任制度本来の目的を達成するのに十分ではなく、」「事業者が十分な未然防止措置をとることが確保される制度を構築することが何よりも重要である」と指摘する。
　なお、保険業界は、1995 年、国連環境計画 (UNEP) とグローバルな活動を行う金融機関との間のグローバル・パートナーシップである UNEP FI (Finance Initiative) の中で、環境に関するコミットメントのステートメントに署名している。持続可能な発展という文脈の中で、環境リスクに対し、保険の果たしうる役割と限界について、
　「1.5 我々は、ある種の懸念は十分に定量化できず、また全ての影響を純粋に財務上の観点で解決できないという限りにおいて、予防的原則を承認する。調査研究は不確実性を減少させるのに必要であるが、不確実性を完全になくすことはできない。」
と表明している。
　出典：UNEP FI Statements, Statement of Environmental Commitment by the Insurance Industry, 1995 (http://www.unepfi.org/statements/ii/)。
　現在、保険業界は、「持続可能な保険原則 (PSI：Principle for Sustainable Insurance)」の策定を進めている。2011 年 3 月に、UNEP FI の保険業界のメンバーにより作成された本原則のコンサルテーション版が公表され、以降、多様なステークホルダーが参加する地域コンサルテーション会議が全世界で実施されているところである。本原則は、これらのコンサルテーションプロセスを経て、最終的には、2012 年 6 月に開催される Rio + 20 において公表されることになっている。現在公表されているコンサルテーション版では、保険業界として、「事業の原則、戦略、運営において、環境・社会・ガバナンス (ESG) の問題を体系的に考慮していく」との原則を掲げている。

第5章 地方分権と環境法

16 地方分権推進と環境法

北村喜宣

I 国家の統治法構造の変革

　分権改革とは、この国の行財政制度を憲法第8章適合的にするための壮大な国家的事業である。現在もなお、中央政府において、事業は継続されている。

　現行憲法が1947年に施行されて以降、それまでの法律や行政を「地方自治の本旨」にもとづくといえる状態にするため、大小様々な取組みがなされてきた。その最大は、1999年制定の「地方分権の推進を図るための関係法律の整備等に関する法律」（地方分権一括法）に結実する第1次分権改革である。その後も、改革の未完性を補うべく、2011年4月に「地域の自主性及び自立性を高めるための改革の推進を図るための関係法律の整備に関する法律」（第1次一括法）をはじめいわゆる地域主権三法が制定された。さらに、同年8月には、同名の法律（第2次一括法）が制定された。

　国民の福祉向上を究極目的にした「国と自治体の適切な役割分担」関係の構築。憲法92条のこの命令を具体的に実定法制度のなかで実現してゆくことが、ほかならぬ地方分権推進である。それは、「上下主従から対等協力の関係へ」と表現される、国家の統治法構造の変革である。

　以下では、より多くの対応をした第2次一括法による環境法改正を確認するとともに、地方分権推進の観点からその意義についてコメントする。さらに、分権時代の環境法を考える際のいくつかの論点について検討したい[1]。

II 「条例の先行と法律の後追い」

　議会制定法としての環境法には、国会の立法による法律と自治体議会の議

決による条例がある。環境法史においては、「条例の先行と法律の後追い」という傾向が、一般に指摘されている[2]。後を追って制定された法律は、多くの場合、先行していた条例規制の内容を吸収してこれを「国の事務」である機関委任事務とし、それを実施させた。条例は、個別環境法制定のトリガーとなったということができよう。

条例を制定していなかった自治体に関していえば、「国の事務」とはいえ、未然防止的に法システムが整備され適用されたことになる。一方、条例を制定していた自治体は、事業者との対応を「国の事務」として行わざるをえないようになったのであるが、条例が廃止されたかといえばそうではなかった。先行自治体の多くは、公害防止条例(実際の名称は多様である。)を存置し、工場認可制など独自の規制を実施していたのである[3]。その結果、法律規制と条例規制の「並行規制状態」が現出し、これは現在に至るまで継続している。ただ、条例の規制基準値は、実質的に法律のそれであることが多い。独自の規制といえるものは別にして、重複している規制が十分に機能しているかどうかには疑問もある。環境法史的に意味ある条例ではあるが、すべての規制を現在なお並存させる意味があるのか、環境規制の合理化の観点から、実証的に検討する必要がある。

Ⅲ 第1次分権改革と環境法

1 機関委任事務制度の廃止と「自治体の事務」化

第1次分権改革の最大の成果は、大臣という国の行政機関の下位に自治体首長を位置づける機関委任事務制度を廃止したことである。同制度のもとでは、実施される事務は「国の事務」であり、都道府県知事や市町村長は大臣

---

1) 地方分権と環境法についての筆者の論攷として、北村喜宣「地方分権の推進と環境法の展開」『分権政策法務と環境・景観行政』(日本評論社、2008) 80頁以下、同「地方分権時代の環境法」同92頁以下も参照されたい。また、大塚直『環境法(第3版)』(有斐閣、2010) 748頁以下も参照。
2) 佐藤英善「公害防止における法律と条例」戒能通孝編『公害法の研究』(日本評論社、1969)、松下圭一『市民自治の憲法理論』(岩波書店、1975) 116頁参照。
3) 室井力「公害対策における法律と条例」ジュリスト492号 [臨時増刊] 〔特集〕環境:公害問題と環境破壊』](1971) 166頁以下参照。

の下級行政機関であった。ちょうど、法務局長と法務大臣のような関係である。

法務局長と法務大臣の場合は、いずれもが国家公務員であるから、その上下関係は当然といえる。しかし、憲法93条2項により住民の直接公選とされる自治体の代表者をそのように位置づける制度は、憲法92条との関係でいかにも憲法違反であったが、環境法を含めて日本の法律に蔓延していた。

廃止された機関委任事務を含んでいた個別環境法（地方分権一括法で一部改正されたもの）は、環境庁（当時）専管法律では17本、他省との共管法律では3本であった。それぞれの法律において規定される「都道府県知事」「市町村長」は、改正前は「大臣の下級行政機関」を意味したが、改正後は、都道府県や市町村の事務を実施する責任者となった。地方自治法148条は、「普通地方公共団体の長は、当該普通地方公共団体の事務を管理し及びこれを執行する。」と規定するが、まさにこの意味における行政機関となったのである[4]。

機関委任事務は、廃止および国の直接執行としたほかは、法定受託事務と法定自治事務という2つのカテゴリーに振り分けられた（地方自治法2条8～9項）。法定受託事務となっている条項のみが、個別環境法の終わりの部分にある「事務の区分」というタイトルが付された条文のなかで明記されている（例：ダイオキシン類対策特別措置法42条）。改正対象となった上記合計20本の法律のうち、法定受託事務を含むものは10本である。振り分けは、実質的には、地方分権推進委員会と関係省庁との折衝により決せられた。当時の環境庁が頑なに直接執行化や法定受託事務化に固執したという折衝実態は、複数の委員会関係者が証言するところである[5]。また、大規模不法投棄など都道府県にとって手に余る事案に関係する「廃棄物の処理及び清掃に関

---

4) 北村喜宣『環境法』（弘文堂、2011）82-83頁参照。
5) 大森彌「くらしづくりと分権改革」西尾勝編著『地方分権と地方自治』（ぎょうせい、1998）211頁以下・244頁、成田頼明『分権改革と第二次勧告の意義：第一次勧告も踏まえて』（地方自治総合研究所、1988）20頁、西尾勝「制度改革と制度設計：地方分権推進委員会の事例を素材として（下）」UP［東京大学出版会］322号（1999）22頁以下・26-27頁参照。中央省庁全般にいえることであるが、分権改革への積極的対応姿勢は、環境省においてもみることはできない。

する法律」(廃棄物処理法)のもとので産業廃棄物規制事務については、全国知事会から法定受託事務とするよう強力な陳情がなされた[6]。なお、国の直接執行とされた機関委任事務を規定する法律は4法あったが、そのなかで、自然公園法のもとで国の直接執行とされた事務(例:国立公園特別地域内での工作物設置等許可)について、都道府県知事の個別の申出に応じて法定受託事務とされている取扱い(自然公園法施行令附則3項)は注目される。

2 法律の暫定性と自己決定の実現

第1次分権改革の前に制定された現行環境法は、機関委任事務を前提にして、「国がすべてを決定する」という基本思想のもとに制度設計されたものである。そこに規定されるのは「国の事務」であったから、こうした考え方は必然であった。本来、同改革は、機関委任事務を全廃するだけでなく、それを規定していた個別法の基本構造も、「自治体がより多くを決定できる」ように抜本改正すべきであったのであるが、種々の制約からそれが先送りされた形になった。この点については、地方分権推進委員会の最終報告『分権型社会の創造:その道筋』(1999年6月)が、「地方分権を実現するには、ある事務事業を実施するかしないかの選択それ自体を地方公共団体の自主的な判断に委ねることこそ最も重要であるため、地方公共団体の事務に対する国の個別法令による義務付け、枠付け等を大幅に緩和していく」と述べて、方向性を示した。

これは、「自分の事務に関する決定は自分でできるように」ということであろうか[7]。法律のどの部分についてどこまでそれを実現するかは一義的には決まらないが、憲法92条が命ずる「地方自治の本旨」の個別法における実現は、不可避的かつ緊急的課題として、爾後の国会および内閣が負わされた重要なミッションといえる。「環境法は改正されたが、環境法は変わって

---

6) 廃棄物処理法は、第1次分権改革当時は厚生省専管法であったが、後に環境省にそのまま移管されている。

7) このような捉え方からすれば、先に本文中でみたように、法律と条例との並行規制状態の問題は、条例を整理するという方向ではなくて、法律には基本的事項のみを規定して規制の具体的内容は条例決定とするという方向で解消されるべきということになるかもしれない。

いない」。地方分権推進の観点からは暫定的状態にあると評すべきなのが、第1次分権改革後の現行環境法である。

Ⅳ 第2次一括法による環境法の改正

1 自律的決定の強化

2011年8月に成立した第2次一括法は、義務付け・枠付け見直しの第2弾である。これは、地域主権戦略会議がとりまとめ閣議決定された『地域主権戦略大綱』（2011年6月22日）の内容を実現するものである。改正による見直し対象となる重点事項は、①基礎自治体への権限移譲、②義務付け・枠付けの見直しと条例制定権の拡大、とされている。そのほかの見直し内容も含めて、環境省関係の24法についての改正状況を整理すれば、[表1]にみる通りである。

表1　第2次一括法による環境省関係法に対する措置状況

改正内容	改正対象の関係法条
■国が決めていた基準を条例で決定	
□省令を参酌して条例で決定	○ 鳥獣の保護及び狩猟の適正化に関する法律15条13項、34条5項 ○ 廃棄物の処理及び清掃に関する法律21条3項
■国等の関与の廃止・弱い形態への変更	
□同意を要する協議から同意を要しない協議へ	○ 自然公園法10条2項、6項、12条、16条2項、20条5項、21条5項、22条5項、68条2項 ○ 自然環境保全法16条2項、21条1項、24条2項 ○ 瀬戸内海環境保全特別措置法4条2項 ○ 湖沼水質保全特別措置法4条5項 ○ 絶滅のおそれのある野生動植物の種の保存に関する法律54条2項 ○ 鳥獣の保護及び狩猟の適正化に関する法律9条14項、28条の2第3項および5項（ただし、一部存置）、4項
□同意を要する協議の廃止	○ 環境基本法17条3項
□協議の廃止	○ 温泉法3条3項、12条2項
□並行権限の廃止	○ 温泉法34条2項、35条2～3項

改正内容	改正対象の関係法条
■計画策定・公表義務、報告義務等の廃止・努力義務化	○ 自然公園法14条2項 ○ 大気汚染防止法5条の3第4項 ○ 公害防止事業事業者負担法6条5項 ○ 廃棄物の処理及び清掃に関する法律5条の5第4項 ○ 水質汚濁防止法4条の3第5項、14条の9第7項 ○ 動物の愛護及び管理に関する法律6条4項 ○ 瀬戸内海環境保全特別措置法4条4項 ○ 湖沼水質保全特別措置法4条7項 ○ 特定水道利水障害の防止のための水道水源水域の水質の保全に関する特別措置法5条10項 ○ 容器包装に係る分別収集及び再商品化の促進等に関する法律8条4項、9条5項 ○ ダイオキシン類対策特別措置法11条4項 ○ ポリ塩化ビフェニル廃棄物の適正な処理の推進に関する特別措置法7条3項 ○ 鳥獣の保護及び狩猟の適正化に関する法律4条4項、7条7項 ○ 特定産業廃棄物に起因する支障の除去等に関する特別措置法4条6項 ○ エコツーリズム推進法5条4項
■都道府県事務を市の事務化	○ 騒音規制法3条1項、18条、19条 ○ 悪臭防止法3条、4条 ○ 振動規制法3条、4条 ○ 環境基本法16条2項
■法定事項の削除・緩和、事項策定の努力義務化	○ 公害防止事業事業者負担法6条2項5号 ○ 廃棄物の処理及び清掃に関する法律5条の5第2項5号、6条2項6号 ○ 水質汚濁防止法14条の9第2項3〜4号 ○ 農用地の土壌の汚染防止等に関する法律5条2項4号 ○ 動物の愛護及び管理に関する法律6条2項3号、5号 ○ 瀬戸内海環境保全特別措置法12条の4第2項 ○ 湖沼水質保全特別措置法4条3項5号、23条2項、26条2項3〜4号 ○ 自動車から排出される窒素酸化物及び粒子状物質の特定地域における総量の削減等に関する特別措置法16条2項4号、18条2項4号 ○ 特定水道利水障害の防止のための水道水源水域の水質の保全に関する特別措置法5条2項6号 ○ 容器包装に係る分別収集及び再商品化の促進等に関する法律8条2項7号、9条2項4号 ○ ポリ塩化ビフェニル廃棄物の適正な処理の推進に関する特別措置法7条2項3号 ○ 鳥獣の保護及び狩猟の適正化に関する法律4条2項8号、10号、7条2項7号 ○ エコツーリズム推進法5条3項

改正内容	改正対象の関係法条
■手続の多様化の容認	○ ダイオキシン類対策特別措置法11条2項、31条3項 ○ 鳥獣の保護及び狩猟の適正化に関する法律7条4項、28条4項、6項
■大臣の指示権限の廃止	○ 環境基本法17条1項

　内容としては、大臣同意の不要化、計画などへの記載が義務づけられていた項目を一部任意への変更、計画等の公表義務の任意化が多い。一括法によるこうした改正は、国の立法的関与や行政的関与を減少させることになり、自治体の自律的決定の度合いが高まる結果となるのだろう。とりわけ、ほとんどの関係項目について、大臣同意という「国の拒否権制度」を廃止したことは、分権推進の観点からはシンボリックであった。この措置は、第1次一括法においても、大気汚染防止法、ダイオキシン類対策特別措置法、「自動車から排出される窒素酸化物及び粒子状物質の特定地域における総量の削減等に関する特別措置法」に関してなされている。また、省庁間関係の観点からは、温泉法のもとでの工業用利用目的の温泉採取に関して、経済産業局長との協議義務を廃止し、同局長の報告徴収・立入検査の並行権限を廃止したのは、適切な措置であった。協議義務の廃止は、第1次一括法においては、自然環境保全法に関して実現している。策定した計画の公表などは、法律上の義務ではなくなっても、自治体が独自に条例の根拠を与えることにより義務化を維持してもよいだろう。

　ところで、第1次分権改革直後には、自治体事務を規定する法律のあり方について、「枠組法」というモデルが論じられていた。詳細については論者により違いはあるが、共通して認識されていたのは、自治体事務に対する法令関与を少なくするという方向性であった[8]。第2次一括法による改正は、

---

8) 枠組法については、塩野宏「国と地方公共団体との関係のあり方」『法治主義の諸相』（有斐閣、2001）391頁以下・402-403頁、成田頼明「国と地方、県と市町村の新しい関係」『地方自治の法理と改革』（第一法規出版、1988）265頁以下・276-277頁、西尾勝「地方分権推進の潮流・体制・手法」『未完の分権改革：霞が関官僚と格闘した1300日』（岩波書店、1999年）1頁以下・35頁参照。なお、環境法に関して、こうした発想がすでに1970年代に主張されていたことには、注目すべきである。原田尚彦「公害防止条例の限界とその使命：東京都公害防止条例とその改正案に関連して」ジュリスト466号（1970）35頁以下・39頁参照。

たしかにその方向を向いてはいるが、改正対象となった法律については、なお堅牢な中央統制的法構造が維持されたままである。国と自治体の適切な役割分担に鑑みれば、枠組法化という方向性は妥当である。今回改正対象とならなかった個別環境法はもとより、改正された24法についても、将来、さらに踏み込んだ数次の改正が必要である。

2　条例による自己決定

今回の改正は、国と自治体の関係についてのものであるが、第2次一括法で注目されたのは、基準を政省令決定から条例決定に変更する措置であった。しかし、前掲の［表1］にあるように、環境法の条例措置は、2法3項目にとどまっている。

［表2］に改正後の条文をあげておこう。これは、市民・事業者に対する規制的事務ではなく、自治体自身がいわば事業主体として実施する事務に関するものである。

表2　第2次一括法による条例決定事務

■廃棄物の処理及び清掃に関する法律 ○　21条3項　第1項の技術管理者は、環境省令で定める資格（市町村が第6条の2第1項の規定により一般廃棄物を処分するために設置する一般廃棄物処理施設に置かれる技術管理者にあつては、環境省令で定める基準を参酌して当該市町村の条例で定める資格）を有する者でなければならない。
■鳥獣の保護及び狩猟の適正化に関する法律 ○　15条14項　前項の標識に関し必要な事項は、環境省令で定める。ただし、都道府県知事が設置する標識の寸法は、この項本文の環境省令の定めるところを参酌して、都道府県の条例で定める。 ○　34条7項　第5項の標識の寸法は、環境省令で定める基準を参酌して、都道府県の条例で定める。

政省令による決定を条例による決定に変更する対応は、一般に、「条例制定権の拡大」として歓迎されている。中央政府は、関係条文ごとに、「従うべき基準」「標準」「参酌すべき基準」の3種類の基準を規定し、自治体はそれを踏まえて条例決定をするのである。「従うべき基準」とは、「条例の内容を直接的に拘束する、必ず適合しなければならない基準であり、当該基準に従う範囲内で地域の実情に応じた内容を定める条例は許容されるものの、異

なる内容を定めることは許されないもの」とされる。「標準」とは、「法令の「標準」を通常よるべき基準としつつ、合理的な理由がある範囲内で、地域の実情に応じた「標準」と異なる内容を定めることが許容されるもの」とされる。そして、今回の環境法改正で用いられた「参酌すべき基準」とは、「地方自治体が十分参酌した結果としてであれば、地域の実情に応じて、異なる内容を定めることが許容されるもの」とされる。

　ところで、「資格」はともかく、「鳥獣の保護及び狩猟に関する法律」(鳥獣保護法)のもとでの指定猟法禁止区域標識や休猟区標識の「寸法」を条例決定事項とする措置には唖然とする。これをもって「条例制定権の拡大」というのには、相当の勇気を要するだろう。たんに「都道府県が定める」としてよかった内容である。都道府県としては、条例を制定するとしても、具体的決定は、その委任を受けた規則ですれば足りる。これは、数値基準の決定一般についても妥当する。なお、本来的な自己決定は、こうした些末な分野ではなく、以下にみるように、規制内容そのものを条例事項とすることによって実現されると考えなければならない。

　こうした観点からみるならば、条例による自己決定に関するかぎりで、第2次一括法による環境法改正は、何の成果もあげていないといわざるをえない。もっとも、第2次勧告および第3次勧告に定められた作業対象選択基準[9]に従うならば、環境法のなかでは、今回対象とするのはこれくらいしかなかったのであろう。廃棄物処理法や鳥獣保護法を含め、条例に決定権を与える必要がある対象法律の対象規定はきわめて多く残っているが、すべて将来の課題となっている。しかし、その実現の見通しはまったく立っていない。それまでの間、自治体の事務とされつつ基準が政省令で全国一律に決められているものについては、どのように考えればよいだろうか。

---

9)　基準については、上林陽治「義務付け・枠付けの見直しとはなにか：見直し条項数の量的分析」自治総研375号(2010)70頁以下、高橋滋「地方分権はどう進んだのか："義務付け・枠付け見直し"を中心に」自治体法務研究24号(2011)6頁以下参照。

V　環境法における条例

1　法定自治体事務であることの意味

　国会は法律により自治体事務を創設することができ、その法律は、「地方自治の本旨に基づき、かつ、国と地方公共団体との適切な役割分担を踏まえたものでなければならない。」(地方自治法2条11項)。国が国民に対してすべてのサービスを直接的に提供しようとすれば、法律には「国の事務」しか規定されないことになる。たとえば、条約の国内実施法である「南極地域の環境の保護に関する法律」や全国規模での対応が求められる「資源の有効な利用の促進に関する法律」には、自治体の事務は規定されていない。

　しかし、多くの環境法には、都道府県の事務あるいは市町村の事務が規定され、その実施が命じられている[10]。このことは、立法者が、国と自治体のそれぞれが適切な役割分担を果たして法律目的を実現することを期待したからにほかならない。「住民に身近な行政はできる限り地方公共団体に委ねることを基本」(地方自治法1条の2第2項)とすべきことの反映である。第1次分権改革時において、自治体事務にしたということは、自らの事務として権限を持つ自治体が「地域特性に応じて当該事務を処理する」(地方自治法2条13項)ことを国会が原則的かつ黙示的に承認したものと考えるべきである。これは、憲法92条の命令でもある[11]。

　このことは、とりわけ自治体事務を規定する環境法に関しては、重要なポイントである。立法者がある政策選択をして立法をするのであるが、自治体の場においてそれをどのように実現するのかについては、権限を持つ自治体の事情が大きく関係する。環境をめぐる状況は自治体によって異なる(その内部でも異なる)のであり、国が一律に決定した規制内容では必ずしも地域

---

[10]　なお、景観法のように、事務の実施を任意的としているものもある。北村喜宣「景観法と政策法務」北村・前掲注(1)190頁以下参照。

[11]　岩橋健定「条例制定権の限界：領域先占論から規範牴触論へ」小早川光郎=宇賀克也編『行政法の発展と変革(下巻)[塩野宏先生古稀記念]』(有斐閣、2000)357頁以下・373頁、松本英昭『要説地方自治法：新地方自治制度の全容(第2次改訂版)』(ぎょうせい、2002)153~156頁、亘理格「新制度のもとで自治体の立法権はどうなるか」小早川光郎編著『地方分権と自治体法務：その知恵と力』(ぎょうせい、2000)75頁以下・88頁参照。

特性に適合しない場合もありうるだろう。個別法の目的に規定される「自然環境」「生活環境」という保護法益の実現の程度をどのように考えるかは、権限の行使を命じられた自治体ごとに異なってくる場合もあろう。

こうした実情を踏まえて地域特性適合的に対応しようとすれば、市民・事業者の権利義務に影響を及ぼす結果になることもある。「普通地方公共団体は、義務を課し、又は権利を制限するには、……条例によらなければならない。」(地方自治法14条2項)という法治主義の当然の帰結が第1次分権改革のなかで敢えて確認的に規定されたことは、法定自治体事務に関する自治体の自主的・自立的決定を促進するものと受け止められるべきである。

2 条例による自己決定

抽象的には以上のように整理できる。実務的には、その次のステップが重要である。しかし、具体的場合において、事務を規定する法律との関係で、どのような事項に関してどの程度まで条例決定ができるのか(条例による修正が可能なのか)となると、一致した見解がない状況にある[12]。

現在のところ、私自身は、自治体事務に関する「自治体の役割部分」について、法令でとりあえずの決定がされていたとしても、条例による修正は可能であると考えている。もちろん、自治体事務といえどもその創設は国がするのであるから、規制対象となる活動に関して、「全国的に統一して定めることが望ましい」(地方自治法1条の2第2項)とされる部分もあるだろう。それについては、自治体事務であっても国の役割に関するものであるために、条例制定権の事項的対象外となる。そこまではいえないにしても、全国画一的な内容とした方が望ましいと立法者が考えるものについては、個別法において、ネガティブ・リスト方式で条例を明示的に排除することになろう。それがされていない以上、原則として条例による修正は可能と考えるのが、憲法92条および94条に適合的である[13]。

---

12) 岩橋健定「分権時代の条例制定権：現状と課題」北村喜宣ほか編『自治体政策法務』(有斐閣、2011)353頁以下参照。
13) 磯部力「分権改革と「自治体法文化」」北村ほか・前掲注(12)61頁以下・67頁、松本英昭「自治体政策法務をサポートする自治法制のあり方」同前書80頁以下・95頁も参照。

もっとも、具体的な規制システムについてどのように考えればよいだろうか。たとえば、許可制を届出制に変えることは可能か、直罰制とされている法律違反を命令前置制にすることは可能か、勧告止まりの違反対応措置に変更命令を加えることは可能か、ということになれば、これらは全国統一的な仕組みなのかもしれない。しかし、少なくとも許可要件・許可基準、命令要件・命令基準といった「規制の対象、範囲、内容、程度」については、全国統一的とすべききわめて強力な立法事実がないかぎりは、条例により地域特性に適合する変更を加えてもよいように考えている。イメージを示すならば、許可や変更命令という「仕組み」は変えられないが、そこに差し込む「カートリッジとその中身」の決定は自治体に委ねてもよい。

　一般には、いわばデフォルトとして、法律本則や政省令によって要件や基準が決定されている。これは第1次決定である。それで問題がなければ特段の措置を講じなくてもよいが、地域特性適合性の観点から問題があるとなれば、条例およびその委任にもとづく規則により、第2次決定をすればよいのである[14]。

3　第2次一括法の意味

　個別法と条例の関係については、大別して2つの考え方がある。第1は、法律に根拠を有すれども自治体の事務となったことを重視し、それについては、地域特性に適合する措置を講じることができるようにすべきという観点から、個別法に条例規定がなくても規制内容の修正は適法になしうるという立場であり、上にみたように、筆者もこの説をとる[15]。憲法94条にいう「法律の範囲内」の「法律」とは、ひとつには、憲法92条の「地方自治」を踏まえた法律であるが、自治体事務を規定する法律である以上、当該事務に関して地域特性に適合する措置を条例で規定できることは、憲法94条の当然の帰結と考えるのである。

---

14)　第1次決定および第2次決定という整理については、北村喜宣「法律改革と自治体」公法研究72号（2010）123頁以下・124-125頁参照。
15)　松本・前掲注（13）論文、岡田博史「自治通則法（仮称）制度の提案」自治研究86巻4号105頁以下、同5号124頁以下（2010）も参照。その実現方法に違いはあるが、基本的発想は共通しているように思われる。

第2は、個別法に条例規定が存するかぎりにおいて、かつ、当該規定の内容の範囲で、条例による地域特性適合的対応が可能になるというものである。ポジティブ・リスト方式であり、明文規定必要説である。
　中央政府が立脚しているのは、基本的には第2の立場であるように思われる。ただ、政省令により全国一律的に決定していた従来のやり方をとらず、政省令では先にみた3種類基準のいずれかを示すにとどめ、決定それ自体は、欲すると欲せざるとにかかわらず、条例という自治体決定に委ねるとしている点で、やや押しつけ的ではある。この措置が講じられる法律に関しては、自治体が第1次決定をし、かつ、それで完結することになる。

4　基準と根拠

　政省令では基準が示されるけれども、最終的に決定するのは自治体である。それゆえ、決定内容の妥当性について、自治体は、市民・事業者に対して、自らの責任で説明をしなければならない。政省令による決定ならば、市民・事業者にとっては、どこかしら「他人事」であるが、自治体の決定となると、より身近に感じられるだろうし、それが許可基準になるとすれば、たとえば、不許可処分を受けた申請者が取消訴訟を提起し、そのなかで基準の違法性を争うことも考えられる。
　現行政省令で規定されている基準については、現実には、そのすべてについて十分な根拠があるとはいえない。自治体が決定をするといっても、根拠提示義務まで全面的に負担すると考えるのは不合理である。国はそれなりの予算と専門的研究者を擁する研究機関を分権改革後も保持しているのであるから、とりわけ自治体に条例決定を強制する以上、十分な根拠を持って基準を提示するのは、国の役割と考えるべきである。「従うべき基準」は十分な根拠を伴って示されなければならないし、「標準」の場合には、「本命」である基準以外にも複数の基準を根拠とともに示す必要があるだろう。「参酌すべき基準」の場合でも、同様に考えることができる[16]。
　一方、政省令による第1次決定を条例による第2次決定を通じて修正する場合には、根拠提示義務は自治体が負う。ただ、修正を考える自治体から根拠作成などについてアドバイスを求められた場合には、これに対して真摯に

協力する義務が国にあると考えられる。こうした関係は、地方自治法に一般的規定を設けることで明確にできる。

VI　地方分権推進と環境法をめぐるいくつかの論点

1　広域的経済活動と環境規制

　分権改革と関係なく、事業活動は自治体域を超えて展開する。規制を受ける側からすれば、ルールは同一であった方が、スケール・メリットが発揮できる点で効率的である。機関委任事務制度は、こうした観点からは都合のよいものであったかもしれない。

　地域特性に応じた対応は、法定権限を有する自治体ごとに異なる基準の創出をもたらす可能性がある。自治体から事業者をみれば「1対1」の関係であるが、事業者からみれば「1対多」の関係である。条例を認める以上、異なった地域ルールによる規制に服することは財産権の内在的制約ではあろうが、地方分権推進が規制のコストに無関心であってよいわけではない。異なるルールのそれぞれにはそれなりの合理性はあるとしても、全体としてみた場合に不合理の方が大きいならば、国の役割として全国統一的な対応がされるべき場合もあろう[17]。

2　ナショナル・ミニマム論

　国法たる環境法と自治体の関係については、1970年代に「法律＝ナショナル・ミニマム」論が提唱された。公害防止や地域的自然環境保護などの住民生活の安全と福祉に直接関係する事務は「固有の自治事務領域」であり、「かかる事務領域につき、国が法律を制定して規制措置を定めた場合には、

---

16)　出石稔「義務付け・枠付けの見直しに伴う自治立法の可能性：条例制定権の拡大をどう生かすか」自治体法務研究24号（2011）11頁以下・14-15頁も参照。同13頁、北村喜宣ほか〔座談会〕自治体政策法務の連載をふりかえる」ジュリスト1411号（2010）74頁以下・79頁〔北村発言、山口道昭発言〕は、条例決定の義務づけ措置に対して、疑問を呈する

17)　大塚直「「地方分権と環境行政」に関する問題提起」環境研究142号（2006）142頁以下、田中正「公害防止行政と地方分権」同前168頁以下参照。

それは全国一律に適用さるべきナショナル・ミニマムの規定と解すべきであって、自治体がもしそれを不十分と考える場合には、それ自体が基本的人権の保障や比例原則に違反しあるいはその手段目的が不合理でないかぎり、独自に条例をもって横出しないし上乗せ規制を追加することも、つねに許される」[18]というのである。

「規制措置」とは何か、届出制を許可制に代替できるのか、基準値だけの話なのか、など議論に明確性を欠く点はあるが、現在における地方分権改革の流れに照らしてみた場合、この議論の基本的発想の先見性には驚かされる。ただ、基準値についてのことだとしても、すべてについてナショナル・ミニマムとみるのは、とりわけ現在においては、実証性を欠く観念論の面がある点は否めない。環境基準にせよ排出基準にせよ、国が一律的に示す基準でそれにもとづき自治体が何らかの措置を講ずることが求められるものは、基本的には標準的なものであり、当該基準を適用する自治体がその妥当性・合理性を地域的立法事実に照らして判断して自ら決定すればよい。国が示す基準値は、参照されるべきナショナル・スタンダード（全国的標準値）であり、それを踏まえつつ、比例原則に配慮しつつローカル・オプティマム（地域的最適値）を確定すればよいのである。現実には、ナショナル・スタンダードがローカル・オプティマムになることもあるだろうが、それを決定するのは、法定権限を有する自治体である。

3　新ナショナル・ミニマム論

地方分権一括法のもとになった『地方分権推進計画』策定過程で当時の環境庁が懸念したのが、開発志向の強い自治体が、短期的利益を過大評価して自然環境破壊的な決定をすることであった[19]。そうした懸念を背景に、自然環境管理の法制度については、「国がナショナル・ミニマムとしての環境の保全を図る必要がある」[20]とされることがある。新たな視点でのとらえ方で

---

18)　原田尚彦「地方自治の現代的意義と条例の機能」『環境権と裁判』（弘文堂、1977）236頁以下・246頁参照。
19)　田中充「地域環境政策と分権改革」鈴木庸夫編著『分権改革と地域づくり』（東京法令出版、2000）137頁以下・139頁参照。
20)　大塚・前掲注（1）751頁参照。

ある。

　論ずべき点は多いが、何点かの指摘をしておこう。第1に、そうした決定を可能にした法制度をどのように改正すべきかが問題である。第2に、そうした決定を司法的に統制する仕組みが創設されるべきである。第3に、自然破壊的な開発には国の補助金が関係することが少なくない。

　このように、自治体の事務化は、それだけで論じられるべきものではないのである。たしかに、指摘したような諸点への対応はされていないが、それゆえにナショナル・ミニマム的な環境法制度整備を国がするというのであれば、それはいささか性急な結論であろう[21]。

4　事務の再配分

　第1次分権改革時点の環境法において、機関委任事務であれ団体委任事務であれ個別法に「都道府県」「都道府県知事」「市町村」「市町村長」と規定されていた事務は、基本的に、それぞれ「都道府県の事務」「市町村の事務」とされた。いわゆる「現住所主義」にもとづく事務配分である。国の直接執行事務とされたものがわずかにとどまることは、先にみた通りである。

　自治体の事務とされた以上、その実施においては自治体の法政策裁量が尊重されることが大原則である。「何に関してどの程度まで」のすべてを国が決定できた時代とは異なり、少なくとも「どの程度まで」は、自治体がその必要性や予算などに照らして決定するのである。しかし、事務によっては、全国的に等しいレベルで実施される必要があるものもあろう。たとえば、環境状態の常時監視義務と大臣への報告義務は、法定受託事務とされている（例：大気汚染防止法22条、31条の2、水質汚濁防止法15条、28条の2）。測定ポイントが減少すればデータの質に影響が生じるが、これに関して、環境大臣が「是正の指示」（地方自治法245条の7）をすべき場合を想定することは難しい。そうした事務については、国の直接執行事務とした上で自治体に事務委託をする方法や、法定受託事務でも法定自治事務でもない第3のカテゴリーの事務類型を創設して現状の自治体事務全体を再配分する方法がありうるが、いずれも大事業である。

---

21)　北村・前掲注（4）85頁も参照。

第2編 各　　論

第6章　基本法・横断法
第7章　気候変動、汚染の危険・リスク管理関連法
第8章　物質循環関連法
第9章　被害救済法
第10章　原子力・エネルギー関連法
第11章　自然保護・自然資源・都市環境

第6章 基本法・横断法

17 環境基本法の意義と課題

西尾哲茂
石野耕也

I はじめに

(1) 環境基本法が今日の環境政策の展開に果たした大きな役割は誰しも否定できないところであり、そしてその制定に当たって森嶌昭夫先生が比類なきイニシアティブを発揮されたことも世に明るい。

森嶌昭夫教授の喜寿を迎えて著名な識者が集って執筆されるこの論集において、「環境基本法の意義と課題」を担当させていただくことは、身に余る光栄である。

環境基本法は、私達も立案チームの末席を汚し、森嶌先生の御薫陶を賜ったことから思い出の深い法律であり、その故に、浅学を顧みず拙論を述べさせていただくこととした。皆様の御宥恕を賜りたい。

(2) 環境基本法は、時代精神に沿うものとして制定が待望されていたもので、その意義・内容については、当時、森嶌先生自らのご紹介を始め多くの識者が詳述しておられ、また、逐条解説書も存するところであり、これに拙い屋上屋を重ねることは、余り意味がないように思える。

したがって拙稿では、いささかの無謀を承知の上で、今日から振り返った環境基本法の「意義」と「課題」を浮かび上がらせる作業をしてみたい。

(3) もとより、環境基本法は、環境政策・施策、関係法令の体系化とこれ

らの発展を画するものであり、その制定そのものが大きなインパクトを持つとともに、その打ち出した理念・原則及びその具体的に規定する政策・施策等が、爾後の環境政策・施策、環境を巡る社会思潮に相当の影響を及ぼしたことは疑いない。

したがって、まずは、「Ⅱ　環境基本法が及ぼした総体としての効果」を概観し、次に「Ⅲ　環境法の個別の論点」について環境基本法によってもたらされたもの、もたらされなかったものを評価し、その上で、環境基本法制定時には視野に定かには入っていなかったともいえる「Ⅳ　残された論点」について検討してみたい。

Ⅱ　環境基本法が及ぼした総体としての効果

1　"環境の時代"を告げる役割

(1)　「公害」から「環境」への脱皮

①　環境政策が、「公害→環境」と脱皮しなければならない、いや脱皮しつつあると言う認識は、当時、既に広く当然視されていた。

環境基本法制定前夜、一般に抱かれていたイメージを、大胆に整理すると次のようになろう。

ア．1967年に公害対策基本法を生むに至った高度成長に伴う激甚な公害、更には日本各所に繰り広げられる自然環境の破壊は、1980年代には終息に向かいつつあった。そして、公害の克服が進むにつれ、その使命は終わったかのようにとらえられて、環境政策の力が低下する傾向が見られた（この点は、故橋本龍太郎総理が、環境庁に関して繰り返し述懐しておられる[1]。）。

イ．しかしながら、自動車排ガスによる大気汚染や閉鎖性水域の水質汚濁などは、なお改善を見ず、また、身近な自然が失われ行くことから、人々の環境に対する不満は、高いものがあった。

ウ．1980年代の中頃から世界中でオゾン層破壊、地球温暖化、生物多様性の喪失など、地球環境問題が脚光を浴び始めたが、もとより、こうした課

---

1) 橋本龍太郎「我が国の経験を資産として国際社会での役割を果たすために」季刊環境研究93号（1994）参照。

題に正面から取り組む枠組みはなかった。

　エ．そのような中、1992年リオデジャネイロにおいて地球環境サミットの開催が決定されるに至るや、人々の環境に対する願いは、ところを得て、一気に盛り上がった。

　オ．この潮流は、当時の与党自由民主党においても竹下元総理を中心とする有力議員によって受け止められ、地球環境時代にふさわしい基本法の制定に向かうこととなる。政府による最初の環境基本法の検討の表明は、1992年3月参議院予算委員会における地球サミットに向けての質疑の中で、宮沢総理答弁によりなされている[2]。

　②　このようにして、環境基本法の制定は、何層にも重なった当時のもやもやした状況に、大きな区切りを付けるものとなった。立案に際して各論では厳しい議論が闘わされたものの、総論としては、各方面に歓迎され、以後、政府はもちろん、事業者や、国民の取り組みにも、"環境"が深く浸透していくこととなった。

(2)　"環境"を広くとらえる

　①　1990年頃に至り、人々が考えるようになった"環境問題"には、二つの特徴があった。

　一つは、地球環境問題から、身近な環境問題まで、一人一人の大切と思う環境問題があり、これら様々な環境問題が集積して、幅広い"環境"概念が形成されていったことにある。

　②　環境基本法では、「環境」の定義が置かれていない。

　環境基本法立案に当たって、「環境基本法の対象とする「環境」の範囲についても、環境施策に関する社会的ニーズや国民意識の変化に伴って変遷していくもの」[3]と整理された。現実に、立案の折衝において、とても合意が得られるとは思われなかった上、むしろ、前記のように、多くの人々にとっ

---

[2]　平成4年3月16日参議院予算委員会。この辺の政治レベルも含む動きについては、石野耕也「環境基本法の立案制定の経緯と概要」季刊環境研究93号（1994）97-100頁に詳しい。

[3]　「環境基本法制のあり方について」（中央公害対策審議会、自然環境保全審議会）1(3)②、環境省総合環境政策局総務課『環境基本法の解説（改訂版）』（ぎょうせい、2002）121頁。

て、極めて幅広くとらえられているものを、行政法の規定により画することはなじまないと思われたからといえる。

③　この結果、環境基本法の制定以降、問題とする事象がある限り、環境の範囲は広くとらえられるようになったことは、大きな成果といえる。

(3) "全員野球"の精神で臨む

①　第二の特徴は、今日の環境問題は、みんなが影響を受け、その解決にはすべての人が努力しなければならない、いわば「全員野球」の精神で取り組むことにある。

人々が直面する環境問題は、事象が地球規模の広がりを持つだけでなく、その影響や必要な対策が、世界中の経済社会と極めて密接するとともに、私たち一人一人の行為の積み重ねにも依拠する。

通常の経済活動や暮らしに起因する環境問題の解決が課題となり、これは従来の加害者対被害者の図式では対応しきれない。そのためには、人々の暮らしや生き方が問い直されなければならないという認識が広まり、Think Globally, Act Localyが叫ばれるようになった。

②　環境基本法は、その趣旨を次のように表している。

ア．基本理念4条において「環境の保全に関する行動がすべての者の公平な役割分担の下に自主的かつ積極的に行われるようになる」ことの重要性を掲げたこと。

イ．責務各条において基本理念にのっとることとしたこと。

（アの趣旨も受けている。）

ウ．とくに、9条（国民の責務）において、「国民は、……その日常活動に伴う環境への負荷の低減に努めなければならない」としたこと。

（公害対策基本法6条における住民の責務は、環境基本法では9条2項におかれている国・地方公共団体の施策への協力のみという、受動的な位置づけであった。）

(4) 後続する法・政策、それぞれの取り組みを勇気づけ

このように「環境基本法」の制定それ自体が、このような意味での"環境"の時代の足取りを確かなものとする大きな効果があった。

そして、国の環境各分野における法・政策の展開を促すだけでなく、地方

公共団体、事業者、国民、民間団体の取り組みを事実上勇気づけることとなった。

2　環境法・政策の"新たな体系"を打ち出す役割

(1) 新たな体系構築のための構造

① 繰り返すが、「環境基本法」の大きな使命は、いわば制度的な疲労が目につくに至っていた「公害対策基本法」と公害法体系から脱皮し、新たな環境法・政策のための体系を打ち出すことあった。

ア．公害というアブノーマルなものに限局すれば、それが解消されれば使命は終わることとなる。しかし、それは、主として産業公害の規制に関して言えることであり、依然として都市生活型公害など、国民一人一人が関わる残された問題に対しては、必ずしも有効な施策を提示し得ないでいる。

イ．地球環境保全、自然環境保全の分野も取り込んで、広く"環境"の概念の下に、環境法・政策体系を再構築する必要がある。

しかるに、公害対策に関する法・政策と自然環境保全に関する法・政策が、いかにも木に竹を接いだような違和感がある。

地球環境保全の意義内容に至っては、閣僚会議申し合わせ[4]に掲げられているにとどまり、法的位置付けはなかった。

② 新たな体系構築のため、環境基本法は次のような構造を用意した。

ア．「基本となる理念・原則」を打ち出し、その浸透を図る。

イ．国、地方公共団体、事業者、国民の「責務」を明らかにし、各主体の取り組みを促す。

ウ．基本となる理念・原則を敷衍し、具体化を図るため「環境基本計画」制度を設け、総合的・計画的な施策の展開を図る。

エ．基本となる理念・原則及び環境基本計画を踏まえて、国の施策を講じる（地方公共団体は準ずる）が、その際、従来中心となった規制手法に加えて、「多様な政策手法」の推進・導入を期する。

---

[4] 「地球環境保全に関する施策について」平成元年6月30日地球環境保全に関する関係閣僚会議。

(2) 基本となる理念・原則の浸透

① 環境基本法3条から5条までに、基本理念が掲げられた。基本理念は、ⅰ) 3条は、環境保全に際しての環境に関する認識を中心に、ⅱ) 4条は、経済社会活動など人間の営為のあり方を中心に、ⅲ) 5条は、国際社会におけるあり方を中心に整理されている。

② 基本理念と実際の政策・施策、具体の行為との結びつけについては、次の三つのブリッジを用意した。

ア．第一のブリッジ"国の施策の指針"である。

環境基本法14条の「施策の策定等に係る指針」では、柱書に「この章に定める環境の保全に関する施策の策定及び実施は、基本理念にのっとり、次に掲げる事項の確保を旨として、各種の施策相互の有機的な連携を図りつつ総合的かつ計画的に行わなければならない」と規定し、国の政策・施策と基本理念が結びつけられている。

イ．第二のブリッジは、"環境基本計画"である。

「環境基本計画」は、この14条の下にあって基本理念にのっとることになるが、その性質上も、基本理念を敷衍し、具体的な施策を導き出す役割を果たすことは、当然である。

ウ．第三のブリッジは、"各主体の責務"である。

環境基本法6条から9条までの「責務」規定によって、基本理念にのっとることが、各主体の行為に結びつけられている。

これにより、国、自治体については、施策の指針と責務の両面から、基本理念が、政策・施策の指導理念であることが示されている。

また、事業者、国民については、それぞれの役割に応じた、自発的な取り組みを促す上での指導理念として、位置づけられることになる。

(3) 責務規定のもたらす理念上の効果

① 環境基本法の責務規定は、前記の効果に加え、先に指摘した基本理念4条の「環境の保全に関する行動がすべての者の公平な役割分担の下に自主的かつ積極的に行われるようになる」を支え、ある意味では、"協働原則"を示しているとも解し得る。

このことが、産業界から賛意を得られた点である[5]とともに、環境保護団

体・NGOから、国民の責務を規定している一方で参加の権利が明示されていないとの批判をよんだ点でもある[6]。

② また、環境基本法8条の事業者の責務において、後述するように製品からリサイクルに至る一連の責務を強化した点も評価する必要がある。つまり、責務規定には、基本理念を補足する環境に関する原則の萌芽を含んでいると考えられる。

③ なお、環境基本法制定時の各法の責務規定の整理は、次のとおりであり、環境基本法の責務（基本理念を踏まえた各主体の責務）が、環境関係法全体に及ぶこととなった。このことは、後述の分野基本法との関係の検討に際して、思い起こしていただきたい。

ア．「環境基本法の施行に関する関係法律の整備に関する法律」によって、従来、自然環境保全分野における実質基本法であった「自然環境保全法」における責務規定については、同法2条（国等の責務）において「国、地方公共団体、事業者及び国民は、環境基本法（略）の基本理念にのっとり、（略）それぞれの立場において努めなければならない。」と整理された（自然公園法については、多分に経緯的なものと考えるが、自然環境保全法と類似の整理がされた。）。

イ．大気汚染防止法等の各法においては、従来どおり責務規定を置かない、つまり、環境基本法の責務規定に言い尽くされている、という整理がされた。

（注）1992年に制定された自動車NOx法においては、自動車大気汚染に関わる主体と行為が多種多様でわかりにくいことから、特例として責務規定を置いた。また、2010年の大気汚染防止法及び水質汚濁防止法の一部改正により、これらの法律に事業者の責務が追加された（大気汚染防止法17条の2、水質汚濁防止法14条の4）。この改正は、測定結果の改ざんに対する罰則の創設など公害防止管理体

---

5) 阿比留雄「企業経営と環境基本法」環境情報科学23巻3号（1994）18頁「政府、企業、国民という社会の構成員のすべてが、『主体的・積極的に』環境保全に取り組むことが、……不可欠である……『環境基本法』において『主体性・積極性』の重視・尊重の考え方が貫かれた」。
6) 須田春海「生活の場から見た環境基本法」環境情報科学23巻3号（1994）27頁「市民や事業者は責務だけを負わされ、責任を果たす手段、参加方法はまるでないのだ」。

制の綻びを立て直す狙いで行われたため、事業者の排出等の状況把握と排出等の防止の責務を明示することとなった。分かりやすい法制の観点からは評価できるが、環境基本法下における責務規定の整理をあいまいにした感はいなめない。

(4) 環境基本計画の威力

① 環境基本計画について言えば、第1次環境基本計画[7]において、同計画のコンセプトが「循環」「共生」「参加」「国際的取組」という四つの長期的目標にまとめられ、環境基本法における基本理念を補完・敷衍する形で示された。

また、後記のように「拡大生産者責任」、「予防原則」など、環境基本法に文字通りの明確な規定が置かれなかった環境原則について、先進的な記述を行いリードする役割も果たしている。

そういう意味では、環境基本法と環境基本計画が相まって、環境法・政策を俯瞰する理念・原則を打ち出し、浸透させる役割を果たしていると総括することができる。

② また、理念・原則だけではなく、政策・施策の面においては、多様な手法の活用、更にはベストミックスの考え方について、第2次環境基本計画[8]において、「環境配慮のための仕組み、環境投資、環境教育・環境学習、情報提供及び科学技術など、あらゆる政策手段の適切な活用を図ります。また、政策のベスト・ミックス（最適な組合せ）の観点からそれらを適切に組み合わせて政策パッケージを形成し、相乗的な効果を発揮させることに努めます」と強調し、環境基本法の補強が図られている。

③ これまで策定された環境基本計画の特徴を各一つ挙げれば次のようになる。

・第1次環境基本計画
　……「循環」「共生」「参加」「国際的取組」を四つのコンセプトとして
　　　長期的目標の提示
・第2次環境基本計画

---

7) 平成6年12月12日閣議決定、第2部第2節「長期的な目標」。
8) 平成12年12月22日閣議決定、第2部第2節3「あらゆる政策手段の活用と適切な組合せ」。

……施策の具体的な展開のための 11 の戦略プログラムの提示
　・第 3 次環境基本計画[9]
　　　……可能な限りの定量的目標・指標による点検、進行管理
　④ "環境保全に関しては、環境基本計画が基本とされなければならない"旨の最上位計画条項がないことを問題とする意見もあるが、実践的には、環境基本計画は、これまでメリハリある計画づくりがされ、環境に関する政策、施策をリードする威力は有していた。
　要は内容である。そういう意味で、今後後記のように分野基本法に基づく計画づくりが進むに従い、いかなる役割を果たすべきか、環境基本計画の危機が訪れかねないことが、問題といえる。
　(5) 新たな体系は構築されたか
　新たな体系の構築に向けて、大きな道具立ては揃った。
　今度はその内容を具体的に見て、環境基本法が提示した理念・原則は、国際的な環境原則等に照らして十分なものであるのか、また、施策に関して盛り込まれた規定は、多様な政策手段の展開を十分に後押しするものだったかを、次に検討したい。

Ⅲ　環境法の個別の論点

1　理念・原則の明示

　(1)「持続可能な発展」の考え方
　① 「持続可能な発展」の考え方こそ、1992 年の地球環境サミットをリードする時代の精神であった。
　このため、環境基本法においては、これを基本理念の大きな柱ととらえ、3 条において "環境の有限性の認識" を示した上で、4 条 (環境への負荷の少ない持続的発展が可能な社会の構築) において、「環境の保全は、……健全で恵み豊かな環境を維持しつつ、環境への負荷の少ない健全な経済の発展を図りながら持続的に発展することができる社会が構築されることを旨とし、……て、行われなければならない。」と丁寧に規定している。

---

9)　平成 18 年 4 月 7 日閣議決定。

② 来るべき地球環境サミットに向けて発信すべく、当時環境庁では、「環境と文化に関する懇談会（近藤次郎座長）」を設けて、新しい時代の環境倫理を議論し、ⅰ）有限性だが精妙な環境の……理にかなった行動、ⅱ）環境と人との絆、ⅲ）現在を生きる人々、将来の世代、多様な生物……と分かち合う、の三つを提案した[10]。

また、1982年のナイロビ会議において、我が国が提案した賢人会議が国連総会で承認され、ブルントラント委員会として活動し、1987年に報告書"Our Common Future"をとりまとめ、持続可能な発展の概念を打ち出していた[11]。

そして地球環境サミットにおいて採択されたリオ宣言、アジェンダ21を咀嚼して、基本理念を規定することが求められたのは、当然である。

また、自然環境保全法の基本理念をも引き継ぐ必要があった。

③　このため、基本理念では、次のような様々な重要な概念が盛り込まれている。

「現在及び将来の人間が健全で恵み豊かな環境の恵沢を享受すること」（→環境権、配慮義務、世代間公平につながる記述）

「人類の存続の基盤である環境が将来にわたって維持されること」
　　（→持続可能性、地球益につながる記述）

「人類の存続の基盤である限りある環境が、……損なわれるおそれが生じてきている」（→環境の有限性の認識（持続可能性の前提））

「環境は生態系が微妙な均衡を保つことによって成り立っているものであること」（→生態系バランスの認識（生物多様性につながる））

「環境への負荷の少ない持続的発展が可能な社会の構築」
　　（→ズバリ持続可能な発展に関する記述）

「すべての者の公平な役割分担の下に自主的かつ積極的に行われる」
　　（→協働原則の議論につながる記述）

---

10)　「環境に優しい文化の創造をめざして」平成3年4月1日環境と文化に関する懇談会。

11)　*"Our Common Future"* The World Commission on Environment and Development (1987).

「科学的知見の充実の下に環境の保全上の支障が未然に防がれる」
　　（→未然防止原則、予防原則の議論につながる記述）
「国際協調による地球環境保全」
　　（→地球環境保全に関する国際主義に言及）
　④　とはいえ、全体としては、時代の精神である「持続可能な発展」を特に強く打ち出したと言うことができ、これに伴い、公害対策基本法以来の「経済との調和条項」問題、すなわち経済か環境かの二者択一型の議論は排されたと考えて良い[12]。

環境保護サイドからも、経済サイドからも、方向性の一致を見たといえ、これは環境基本法がもたらした大きな成果である。

ちなみに、「持続可能な社会」の言及は、循環型社会形成推進基本法の基本原則（3条1項）、環境教育法（環境教育等による環境保全の取組の促進に関する法律（平成15年法律第130号）の目的規定などに表れることとなる。

(2)「環境権」
　①　環境基本法立案に当たっては、環境権を法律上の権利として位置づけることは、「法的権利としての性格についていまだ定説がなく、判例においても認められていないことや具体的権利について不明確であることから困難である」とされた。

そして、基本理念3条に「現在及び将来の人間が健全で恵み豊かな環境の恵沢を享受すること」を掲げたことをもって、「いわゆる環境権の趣旨とするところは法的に的確に位置づけられている」としている[13]。

　②　"環境権を明記すべきではないか"との意見は、環境基本法の国会審議においても提起され、また、多くの論者の指摘するところである。

環境権の議論の始まりは、受忍限度論を克服する公害追及のためのツールとして考究されたと考えるが、やがて、環境という「共通利益」を法的保護対象とするものとして主張された[14]・[15]。

---

12)　調和条項と持続可能な発展の対比については、北村喜宣『環境法』（弘文堂、2011）43-47頁参照。
13)　環境省総合環境政策局総務課・前掲注（3）98-99頁。
14)　大阪弁護士会環境権研究会『環境権』（日本評論社、1973）参照。

③ しかし、このような立論により、環境改変行為を民事訴訟により差し止めることについては、権利内容が明確でなく、核心部分は人格権として主張できるという見地から、総じて裁判所は否定的である。

今日、追求すべき"環境"の内容が豊かで深いものとなるに従い、伝統的私権と同様の個人権として取り扱うことは、益々難しくなる。例えば、地球温暖化防止のため、特定の温室効果ガス排出行為を差し止めることは、どうなるのだろうか、ということになる。

④ 個人権としての議論が難航する傍ら、近年、良好な環境を確保することを、公益と観念し、行政に属するものとしつつも、市民に何らかの保障を与えるべきとする考え方が多くの論者から主張されていることは、注目に値する[16]。環境問題の解決に市民の参加を求めるリオ宣言の第10原則と共通する主張である。

これは、環境権には、立法・行政過程への参加権としての側面があることに注目し、「参加権としての環境権の重視は積極的に認められるべきである」とするもので、その立場からすれば「環境基本法は、行政に対して環境配慮義務を課する一方、その結果に対する意見を市民が表明する制度を考えていないのであり、市民のイニシアティブを通じた環境保全の進展についての理解を欠くもの」と言うことになる[17]。

⑤ 環境基本法は、環境権は明文化しなかったが、環境配慮義務は、19条（国の施策の策定等に当たっての環境配慮）に掲げられている。が、これも、「環境配慮を果たしたか否かに対する意見を住民が表明する制度を取り上げていない点に限界がある」[18]と考えられる。

憲法改正が議論されるとき、当然に、環境権乃至はこれに代わるべき概念についての規定に言及されることが必至であることを考え合わせれば、環境

---

15) 大阪弁護士会環境権研究会・前掲注（14）、村田喜代治編著『環境権の考え方』（産業能率短期大学出版部、1972）17頁「「環境権」とは、人間が健康で快適な生活を維持するために必要な、よい環境を求め、この環境をおかすことを許さない権利である。」としている。
16) 大塚直ほか「環境法セミナー①セミナー座談会『環境権』」ジュリスト1247号（2003）81-94頁参照。
17) 大塚直『環境法（第3版）』（有斐閣、2010）58頁、243頁。
18) 大塚・前掲注（17）63頁。

配慮義務を含む、国による"良好な環境の確保"についての明解な言及と市民の手続き的参加について、法制化の積み重ねが必要と思われる[19]。

⑥　現に、2011年には、環境配慮義務をより具体化する戦略的環境アセスメントを盛り込んだ環境影響評価法の改正がされている。

また最近、"政策形成への民意の反映"が条文化される動きがでてきた。

まず「地球温暖化対策基本法案」に、広く事業者及び国民の意見を求め、地球温暖化対策に関する政策形成を行う仕組みを活用する趣旨の規定が盛り込まれた[20]（同法案は、2010年に国会提出され、再提出を経て2011年の通常国会において、なお継続審議とされている）。

同じ2011年の通常国会において、議員立法により環境教育法の改正が成立し、遂に環境実定法において、政策形成への民意の反映に係る条文が規定されるに至った（改正後の21条の2に、国・地方公共団体は、国民、民間団体等多用な主体の意見を求め、これを十分考慮した上で環境保全活動等に関する政策形成を行う仕組みの整備・活用を図るよう努める趣旨を規定）。

前記のような参加の手続き的アプローチの確立のためには、こうした積み重ねにより着実に地歩を築くことが有効であり、これからの成行きが注目される。

(3)　「予防原則」乃至は「予防的アプローチ」

①　環境基本法においては、「予防」という語を用いた正面からの規定がない。

他方、公害対策基本法には明記されていなかった未然防止の語は、環境基本法4条において、「環境の保全は、……科学的知見の充実の下に環境の保全上の支障が未然に防がれることを旨として、行われなければならない」として、基本理念に明記されている。

②　このため、文理解釈上"環境基本法は、未然防止は掲げたが、「予防

---

19)　北村・前掲注（12）48-53頁参照。
20)　地球温暖化対策基本法案33条（政策形成への民意の反映等）　国は、地球温暖化対策に関する政策形成に民意を反映し、並びにその過程の公正性及び透明性を確保するため、地球温暖化対策に関し学識経験のある者、消費生活、労働及び産業の領域を代表する者その他広く事業者及び国民の意見を求め、これを考慮して政策形成を行う仕組みの活用を図るものとする。

原則」乃至は「予防的アプローチ」は取り入れなかった"と解される余地が生じ、「予防原則は……わが国の環境基本法が採用しているといえるかは必ずしも明らかでない」[21]という受け止めがなされている。

だからといって、環境基本法は、"未然防止＝蓋然性を要求している（予防原則を排除）"と短絡することは、多くの論者の賛同しないところである。環境基本法4条の持続可能な発展や19条の国の環境配慮義務に含まれると解する余地を指摘するもの（前出大塚）、また、予防原則を明記していないが、事後的対応を基本とはせず、未然防止的アプローチと予防的アプローチを使い分けて施策を推進することを規定している、と説明する見解も出されている[22]。

③ 立案・制定過程を振り返ってみると、環境基本法の基となった答申においては、リオ宣言の15原則に沿って予見的アプローチを用いた施策を講じることが重要として、基本理念への盛り込みを求めている[23]。

環境基本法案制定時の附帯決議[24]においては、未然防止のためとして、リオ宣言15原則後段の趣旨が盛り込まれている。

また、環境基本計画においては、第1次計画では、「科学的知見の充実の下に、予見的アプローチを用い、環境への負荷が環境の復元能力を超えて重

21) 大塚・前掲注（17）55頁。
22) 北村・前掲注（12）73頁「同条は、問題が発生してから取り組むという事後的対応を基本とはしないことを明確にしたものであり、問題の性質に応じて未然防止的アプローチと予防的アプローチを使い分け、それにもとづく施策を推進することにより、持続的発展が可能な社会を構築することを規定していると解すべきである」とし、生物多様性基本法が「科学的知見の充実に努めつつ生物の多様性を保全する予防的な取組方法により対応することを旨として行」う（3条3項）と規定したのを、環境基本法が予防的アプローチを認めていることの傍証としている。
23) 前掲注（3）（二）基本理念の内容 ②持続可能で環境負荷の少ない経済社会の構築
我々の経済社会活動は、限られた地域のみならず地球的規模で環境に様々な負荷をかけつつ営まれている。こうした環境負荷を少なくするためには、不確実性を減ずるような科学的知見の充実を図りつつ、予見的アプローチをも用い、環境に深刻又は不可逆的な影響を及ぼさないよう積極的な施策を講ずることが重要である。
24) 環境基本法案に対する附帯決議（衆議院環境委員会）
一 環境施策の推進に当たっては、環境の保全上の支障の未然防止が重要であることにかんがみ、科学的知見の充実に努めるとともに、科学的知見が完全でないことももって、対策が遅れ環境に深刻なまたは不可逆的な支障を及ぼさないよう、積極的に施策を講じること。

大な、あるいは取り返しのつかない影響を及ぼすことがないようにする」[25]とし、第2次環境基本計画に至っては、「予防的な方策」と項を立て[26]て、明確に定めている。

さらにその後、環境基本法が予防的アプローチを採用しているのかどうかについての質問主意書に対し、政府は、リオ宣言の15原則で示された「予防的な取組方法」の考え方を踏まえて、環境基本法4条が規定されている趣旨の肯定的な答弁をしている[27]。

つまり、予防原則の語が一人歩きすることを怖れて"予防"の語を迂回しつつ、他方で、環境基本法の傘に下に予防的アプローチを進めたかったというのが立案担当者の本音であり、以後の行政においては、一貫して予防原則を認める対応がされていると見ることができる。

④ 以上を総括すると、環境基本法下の政策・施策においては、当然、予防原則、予防的アプローチを採用すべきと理解されるものの、環境基本法の文言上は沈黙しているように見えることが問題である。

もともと、環境基本法立案担当者や汚染防止行政担当者の悩みは、予防原則の趣旨に従って、ⅰ）重大な影響、不可逆的な影響を防ぐこと、ⅱ）そのためには十分な科学的 evidence を待つわけにはいかない場合があること、には同意するが、具体的に、"科学的に見てどの程度の兆候があるときに、どの程度の強度の施策を講じるべきか"について、関係各方面の理解の一致が得られていないところにあり、これが予防原則の文言上の明記を躊躇わせる主要因であったと思われる。

⑤ いずれにしても、立法時においては、ドイツ環境法の事前配慮原則がそうであったように、未然防止原則と予防的アプローチを截然と分けて考えた上で法文化されたわけではない。したがって、今後は、環境リスクの防止についての総合的体系的考え方の確立が重要で、自然科学・社会科学両面から光を当てて、これを整理しつつ、予防原則を環境法に取り込むという作業

---

25) 第1次環境基本計画第2部第2節。
26) 第2次環境基本計画第2部第2節1（3）ウ。
27) 参議院議員加藤修一君提出、我が国における「予防原則」の確立と化学物質対策等への適用に関する質問に対する答弁書（平成14年6月28日）。

が必要になると考える。

実際、環境基本法の制定後、大気汚染防止法の改正による有害大気汚染物質対策、地球温暖化対策推進法、PRTR法、化審法の近年の改正、さらに生物多様性基本法において、予防原則の取り込みが進められてきており、包括的な体系化の期は熟しつつあると考える。

(4)「汚染者負担原則」と費用負担

① 汚染者負担の原則（Polluter Pays Principle）いわゆるPPPの原則は、1972年2月にOECD理事会が勧告した「環境政策の国際経済的側面に関するガイディング・プリンシプル」を嚆矢として、広く世界に浸透した。

当初の議論は、"環境汚染の防除コストが、外部不経済であるに止まる限り、環境汚染は止まらず、国際取引にもゆがみをもたらす"とする経済学的な提言であった[28]。これは更に1991年1月のOECD環境委員会閣僚会合における経済的手法の推奨などを経て、1992年の「環境と開発に関する国連会議」（地球環境サミット）において「環境と開発に関するリオ宣言」の16原則に取り上げられるに至った。

② 我が国では、この原則が国際的に唱えられるや、折からの激甚な公害事件への反省から、汚染原因者の責任を追及する社会的指導理念としての色彩を強く帯びるようになり、

ア．"公害による損害賠償を汚染原因者が責任をもって公害による被害に係る損害賠償を行う"すなわち、民法709条の不法行為責任の適用の援護射撃としての役割と、

イ．"損害賠償費用のみならず、未来に向かっての汚染防止費用から、既に生じた汚染の除去及び環境の回復に係る費用に至るまで汚染原因者に求める（公費負担しない）"との費用負担原理の確立の役割との

二つの役割を果たした。

③ 環境基本法では、前記②イ．の費用負担原理の側面について、37条（原因者負担）の規定が置かれ、「既存の原因者負担制度を総括したプログラム規定」と理解されている[29]。

---

28) Alfred Beckerman 1972 "Polluter Pays Principle".
29) 環境省総合環境政策局総務課・前掲注(3) 317頁。

④　また、より根本的に"環境を外部不経済に止めるのではなく、事業者に内部化させるべし"との考え方については、まず、環境基本法8条1項において、事業者に、持続可能な発展等を示した基本理念に基づいて、公害防止等を行う責務を負わせたことから、当然の帰結となる。

そして、それを促す政策・施策手法として、経済的措置に係る22条2項に「負荷活動を行うものに対し適正かつ公平な経済的負担を課すことによりその者が自らその負荷活動に係る環境への負荷の低減に努めることとなるように誘導することを目的とする施策が、……国際的にも推奨されている」との認識を示している。

⑤　ドイツ法における原因者負担原則との異同[30]、公害防止事業費事業者負担法やアスベスト救済法などにおける費用の実際的解決方途、土壌汚染対策法における土地所有者の対策義務など、併せて考察すべき点は残るが、まずは、③、④から、環境基本法では、汚染者負担原則の宣言、敷衍は果たされていると考える。

(5)「拡大生産者責任」

①　環境基本法の立案当時、大気汚染、水質汚濁などの事業活動過程における環境負荷問題の解決にある程度目処がついた一方で、事業活動の結果最終的にもたらされる負荷としての廃棄物問題が益々大きくなるとの認識は、確実に高まりつつあった。とくにリサイクルの促進をめぐっては、各省庁における審議会や検討会の報告とりまとめ、政党による政策提言がされるなどの動きが加速され、1991年には「再生資源の利用の促進に関する法律」（資源リサイクル法）が制定され、次の政策展開につながることとなった。

②　ともあれ環境基本法においては、OECDの拡大生産者責任ガイダンス・マニュアルや、1994年のドイツ循環経済法の考え方を意識し、公害対策基本法時代よりは、格段に充実した事業者の責務規定と、対応する政府の措置が求められた。

ア．このため、公害対策基本法では、3条（事業者の責務）において、1項の直接排出の防止に加え、2項において、事業者は、「その製造、加工等に

---

[30] ドイツ法における原因者負担原則については、松村弓彦『環境法の基礎』（成文堂、2010）107-117頁。

係る製品が使用されることによる公害の発生の防止に資するように努めなければならない」としたに止まるが、環境基本法8条（事業者の責務）においては、3項において"製品その他のものが使用され"に加え、"又は廃棄されることによる"と廃棄を規定した。

　イ．更に、2項において、「その事業活動に係る製品その他の物が廃棄物となった場合にその適正な処理が図られることとなるように必要な措置を講ずる責務」を規定し、3項においては、前述の責務に加え、「その事業活動において、再生資源その他の環境への負荷の低減に資する原材料、役務等を利用するように努めなければならない」とリサイクルに関する責務を規定している。

　ウ．そして、これに対応する政府の措置として、24条（環境への負荷の低減に資する製品等の利用の促進）を掲げるに至った。

③　2000年に至って、循環型社会形成推進基本法が制定されるに当たり、拡大生産者責任が大きな論点となったことは記憶に新しい。

循環型社会形成推進基本法の制定に当たり、同法立案者は、同法が、初めて本格的に「拡大生産者責任」を明定するものであり、それが同法の大きな狙いであったとしている。

④　その核心的な規定は、循環型社会形成推進基本法11条3項の「当該製品、容器等に係る設計及び原材料の選択、当該製品、容器等が循環資源となったものの収集等の観点からその事業者の果たすべき役割が循環型社会の形成を推進する上で重要であると認められるものについては、当該製品、容器等の製造、販売等を行う事業者は、基本原則にのっとり、当該分担すべき役割として、自ら、当該製品、容器等が循環資源となったものを引き取り、若しくは引き渡し、又はこれについて適正に循環的な利用を行う責務を有する」とする部分と考えられている。

つまり、廃棄物処理法の下で一般廃棄物の処理責任が市町村にあることを前提に、「処理やリサイクルに関する自治体の責任を再配分するのが日本法の下でのEPRの実際上の意味なのである」[31]ということになる。

⑤　この間の、環境基本法と循環型社会形成推進基本法の関係を説くもの

31)　北村・前掲注（12）64頁。

は少ないが、環境基本法では、生産者たる事業者の責任の拡充が図られ、第1次基本計画においては、容器包装に係るリサイクルの検討課題としてズバリこの問題が取り上げられている[32]ことを考え合わせると、大きな流として、"環境基本法において事業者責任の拡充が図られ、循環型社会形成推進基本法において日本版拡大生産者責任に到達した"とみることができる。

このことを、前出北村は、「EPR は、実定法によってはじめて具体化される。具体化のための戦略は多様であるが、日本では、1993 年に制定された環境基本法 8 条 2～3 項を経て、2000 年に制定された循環基本法が、法政策の方向性として EPR を採用することを明言した（11 条）」[33]と述べている。

(6)「協働原則」及び「参加」と「情報公開」

① 環境基本法においては、これらはいずれも、明示の原則としてはとりあげられていない。

基本理念 4 条に「すべての者の公平な役割分担の下に自主的かつ積極的に行われる」とし、すべての主体の努力を結集することが重要であるとの趣旨が、環境基本法を貫く基調となっている。

このこと自体は、協働原則の動機付けの部分を体したものといえるが、協働原則にみるような手続き的な保障は与えられていない。先に述べたように、国からの要求は書いてあるが、国に対する権利は書いていないとの批判が出る所以である。

つまり、「協働原則」との厳密な照らし合わせはおくとして、ⅰ）あらゆる主体の取り組みが大切、ⅱ）そのための様々な主体の参加、ⅲ）議論の前提としての情報公開のうち、後の二つを欠くとの指摘である。

② 確かに環境基本法は、「参加」と「情報公開」に関しては、26 条（自発的な活動の促進）、27 条（情報の提供）など、政府の講じるべき施策の側か

---

32) 第 1 次環境基本計画において、第 3 部第 1 章第 4 節 2 適正なリサイクルの推進（ⅲ）包装廃棄物の分別収集・包装材の再生利用の推進が取り上げられ、「包装材について、廃棄物の減量化を図り環境への負荷を低減するため、市町村が包装廃棄物を分別収集し、事業者が引取り・再生利用を行う新しいシステムの導入を検討し、必要な措置を講ずる。このため、事業者がそれぞれの引取り・再生利用に要した費用を価格に適切に反映させる形での経済的措置の活用を含むシステム等について幅広く検討する」とされている。

33) 北村・前掲注（12）64 頁。

ら規定し、権利乃至は手続き的保障の側からは規定しなかった。

　また、第1次環境基本計画においては、循環、共生、参加、国際的取組を長期的目標の四大柱としているが、「あらゆる主体が……公平な役割分担の下に、……自主的積極的に取り組み、環境保全に関する行動に参加する社会を実現する」との切り口であり、同様、情報公開についても、環境情報の整備・提供の観点からの記述に止まっている。

　③　結局、参加については、閣議了解を経て行政手続法39条に定められた意見公募手続により、情報公開については、情報公開法による一般則によることとなり、最初の「環境影響評価法案」の提案時のように前衛として踏み出すことはなかった。

　近年、実際の行政において、化学物質に関する円卓会議が持たれ、また、重要な国際会議においてNGOの参画を求めるなどの事例も積み重なってきている。こうした実績の積み重ねと併せて、一般則（行政手続法、情報公開法）で果たせない環境分野特有の課題は何かを考察していく必要があると考える。

　また、先の（2）の環境権乃至は環境配慮義務に関する手続き的保障の面からも、求められる行政手続、情報公開のあり方が、導き出されるかも知れず、今後の議論の進展が期待される。

　④　加えて、2011年の改正後の環境教育法において、「協働取組の推進」の節が設けられ、規定の大幅な充実が図られたことに、留意したい。

　同法の"協働"は、自発的に行われる環境保全活動や環境教育等について、国民、民間団体、国、自治体など様々な主体が相互に協力して行う取組について「協働取組」と捉えたものであり、その限りでは「協働原則」との応答関係が必ずしも明らかでない点があるが、ⅰ）本節に前記（2）⑥に紹介した政策形成への民意の反映の規定が置かれていること、ⅱ）国をも含む様々な主体の間で、協働取組を推進するための役割分担を定めた協定の締結や連絡調整を行うための協議会の設置ができるとしたこと（同法21条の4）から考えて、今後の市民との関わりについて、豊かな関係を築く出発点となりうるものと考える。今後の同法の実施に注目したい。

2 多様な政策手段の活用
(1) 環境影響評価の法制化

① かつて1981年に国会提出された環境影響評価法案が、1984年に至り、衆議院の解散により審議未了・廃案となって、その後の再提出も困難となったため、検討開始から9年にわたる法制化の努力を一時棚上げして、いわゆる閣議アセスの導入[34]による決着が図られた。以来、環境影響評価の実施事例は着実に積み重ねられたが、その法制化は、課題として残されたままであった。

② 環境基本法20条は、今見れば何の変哲もない規定であるが、長い経緯を有する環境影響評価法の法制化問題の方向付けをするということで、立案時に大きな争点となったことも、むべなるかなと思われる。

結局、環境基本法の制定後、関係省庁一体となった調査研究が行われることとなり、3年間の集中的な作業の結果、1997年、環境影響評価法が制定された。これは、環境基本法が後押しして、具体的な施策を実現したという意味で、象徴的な成果である。

③ 環境影響評価法の成立により、積年の課題は一応の解決を見たと言えるが、次いで戦略的環境アセスメント（SEA）の制度化が課題となった。

環境基本法20条は、基本的には、いわゆる"事業アセス"を念頭に規定されたものである。しかしながら、環境配慮義務である19条と併せて読めば、政策・施策の決定の早い段階でのアセスメント手続きを導入することは、排除されるものでなく、むしろ、環境基本法の精神の延長線にあると考えて良いと思う。

ともあれ、戦略的環境アセスメントについては、第3次環境基本計画[35]による言及に基づき、ガイドライン[36]による実施が図られ、また、生物多様性基本法25条に「事業計画の立案の段階等での生物の多様性に係る環境影響評価の推進」が掲げられ、遂に、2010年の通常国会において、戦略ア

---

[34] 「環境影響評価の実施について」（昭和59年8月28日閣議決定）により決定された「環境影響評価実施要綱」。

[35] 第3次環境基本計画第2部第9章第3項1 (2) 戦略的環境アセスメント。

[36] 戦略的環境アセスメント導入ガイドライン（平成19年4月5日）。

セスメントを導入するための環境影響評価法の一部改正法が提出され、継続審議の上、2011年4月22日に成立するに至ったことは、感慨深い。
 (2) 経済的手法
 ① 経済的手法の導入は、環境影響評価の法制化と並んで、立案時関係省庁間等で最も厳しい折衝が行われた規定である。

環境基本法立案時には、"基本法に規定すると、直ちに具体的立法がされるのではないか"との懸念から、基本法に盛り込むこと自体の是非が厳しく議論された。更に条文化に当たっては、懸念消極サイドは、当該政策・施策を実施するための条件を書き込んで、がんじがらめに縛ろうとするし、積極導入サイドは速やかに実現しなければならないように書こうとするから、その力関係を反映したわかりにくい条文となった。
 ② 経済的措置に係る第22条は、次のような構造をしている。

先に記した懸念側と積極側の綱引きは、この22条に顕著であり、問題の少ない助成手法と、争点となった負担手法に項を分け、後者には、慎重条件と推進条件がない交ぜに盛り込まれて「官庁文学の粋」といわれるような条文となっている。
 ア．第1項　助成
 　→　エコカー、エコポイントの成功など
 イ．第2項　負担
 　→　環境税、リサイクル費用の負担

このため「汚染者負担原則からすれば、助成（経済的インセンティブ）を定めた22条1項と経済的負担（経済的ディスインセンティブ）を定めた同条2項の順序は逆でなければならないであろう」[37]などの指摘を受けている。
 ③ 当時は、温暖化対策に係る経済的手法として、それだけで温室効果ガスの排出を顕著に抑制するようなインセンティブをもった"環境税"の導入の可否が重要な政策課題と目され、主としてそれが意識された。

したがって、その後大きくクローズアップされ、EU等で主要手段となった排出量取引については、本条に該当するものの、その性格付けや、方向付

---

37) 大塚・前掲注 (17) 243頁。

けについて、何らかのニュアンスを付け加えることには、本条は寄与していないように見える。

④　経済的手法について一応の位置づけがされ、"経済的手法導入論者の大きな拠り所"となったが、その後の紆余曲折の中で、環境税の成否、排出権取引の導入に向けて、一定の進展[38]が見られたものの、自動車税のグリーン化などを除けば、未だ本格的な経済的手法の全面的な活用が図られるに至ったとは言い難い。こうした状況から、OECDによる環境政策レビューにおいて、繰り返し日本の環境政策に経済的手法の活用が勧告されている。

したがって、これが、環境基本法が、経済手法の活用にもたらした到達点であるとともに、限界となっている。

(3)　いわゆる"ソフトな手法"の導入

①　環境基本法では、ⅰ）25条環境教育、ⅱ）26条自主的な環境保全活動、ⅲ）27条情報提供など、いわゆるソフトな手法について、初めて糸口となる規定がおかれた。

環境教育については、2003年の「環境の保全のための意欲の増進及び環境教育の推進に関する法律」の制定につながった。

また、自主的な環境保全活動、情報提供の規定は、2004年の「環境情報の提供の促進等による特定事業者等の環境に配慮した事業活動の促進に関する法律」の制定につながり、また、環境報告書、各種ラベリング、環境マネジメントシステムなど、様々な取り組み群が形成されるに至った。

この結果、自主的な取り組みについては、「当時の予想を上回る発展を遂げたもの」[39]と受け止められるに至っている。

②　しかしながらソフトな手法は、従来の概念では法律化になじみにくいことから、立法の観点から見るとその展開はなかなか容易ではなく、それを

---

38)　「地球温暖化対策のための税」については、2011年度の税制改正に地球温暖化対策を推進する観点からの石油石炭税の税率の特例が盛り込まれ「所得税法等の一部を改正する法律案」が国会提出されたが、大震災復興のための第三次補正と併せて、引き続き各党間で協議することとされた。排出量取引制度については、政府部内で検討中である。

39)　大塚・前掲注（17）244頁。

克服するような新しい環境法分野の体系化が成し遂げられているわけではない。

とくに、ここでいう環境保全活動は「自発的」（＝規制等の措置がなくとも自らの発意で行われる）であることに意義があり、それゆえにこそ、環境問題は、政府だけではなく、事業者、市民によって担われ、その参加が不可欠となるというコンテキストによって、燦然と輝く。

つまり"自らの発意に基づいて行う環境保全活動を、政府が環境保全活動を促進するというのは、矛盾ではないか"と言うことになる。

これを克服するために、環境問題の様々な特質から政府の関与を説明する[40]こととなるが、いずれにしても、"政府の関与の必要性を強く説明しなければ、法律化は難しく、さりとて、関与の必要性がそれほど高いのであれば、自発的ではなく、遵守規範として定めるべき"という二律背反に陥りやすい。こうしたことから、環境報告書の作成を慫慂する環境配慮促進法が行き悩んでいるといえる[41]。

(4) 多様な手法の活用（ポリシーミックス）

① 環境基本法は、従来のような規制手法中心では限界があり、様々な政策・施策の手法を提示し、導入の推進を図ろうとしていることから、多様な手法の活用を基本的考えとしていることは疑いがない。

地球温暖化対策を考えてみても、あらゆる多様な手法を総動員して対処しなければならないから、"多様な手法の活用とベストミックスの追求"は、今日当然視されている。

第2次環境基本計画でも、社会経済に環境配慮を組み込んでいくためには、あらゆる政策手段の適切な活用、政策のベスト・ミックスが大切との考えの下に、次のような手法を掲げている。

　ア．直接規制的手法
　イ．枠組規制的手法

---

[40] 当時の認識については、倉阪秀史「環境保全活動の促進策の考え方と現状」ジュリスト1041号（1994）36-38頁に詳しい。
[41] 西尾哲茂「続・公害国会から40年、環境法における規制的手法の展望と再評価」季刊環境研究159号（2010）104-105頁参照。

ウ．経済的手法
エ．自主的取組手法
オ．情報的手法
カ．手続的手法

② しかし、環境基本法では、"多様な手法の活用"そのものを説明的に規定してはいない。他の実定法の条文においても、その趣旨を明示で書き込んだものはみあたらない。とくに、ベストミックスについては、揮発性有機化合物対策に係る大気汚染防止法の規定（大気汚染防止法2条6項、17条の3）のみである。

私見であるが、このことが、前述のいわゆるソフトな手法の展開にあたってのバックボーンを弱くしているように思われる。

今後とも、色々な手法が提示されてくるわけで、例えば、2000年のグリーン調達法（国等による環境物品等の調達の推進等に関する法律）、2007年のグリーン契約法（国等における温室効果ガス等の排出の削減に配慮した契約の推進に関する法律）も、従来にない方法で、環境配慮の浸透に大きな影響を及ぼした。これは、6条の国の責務（あるいは国の事業者としての責務8条）から導かれることとはいえ、環境基本法にこれぞといった根拠の規定を見いだすことはできない。

③ かつての状況でこれを書き込もうとすると、多様な手法の活用の語が、必ず経済的手法を伴うもの、あるいはその導入の梃子になるとの警戒感が先に立って抵抗を受けたかも知れないが、地球温暖化対策に係る税や排出量取引の議論が徐々に収束してゆくから、そろそろ、この問題に真正面から整理をつけることができると思われる。

多様な手法の活用についての総論が規定されれば、これまで孤軍奮闘の感のあったいわゆるソフトな手法に関する立法を勇気づけることとなると考える。

3 従来型手法等の継続・発展

(1) 環境基準

① 以下、公害対策基本法に掲げられていた施策その他従来からの考え方

や手法が引き継がれたものについて、簡単に概観したい。

まず、環境基準であるが、公害対策基本法から引き継いで、環境基本法16条に規定された。

環境基準各項目の性格・運用の相違、環境基準とその他の各種基準の性格などについては、環境基本法においても、明解な整理はなされていない。裁判規範としては、判断の一つの基礎になるものの、二酸化窒素の環境基準改定について、取消訴訟の対象となる行政処分としての直接の法的効果は否定されている[42]。

② 環境基準を設定する項目は、大気の汚染、水質の汚濁、土壌の汚染及び騒音である。

汚染防止行政の根幹的ツールとしての地位は、いまも揺るぐものではなく、とくに、健康被害の防止のため、環境基準と排出規制の組み合わせによる積極的な施策の発動が重要であることはいうまでもない。

③ ただ、環境基準が一定の公害各項目に縛り付けられていることにより、環境リスクの観点からの対応が窮屈になった感は否めない。なお、それを乗り越えて、有害大気汚染物質の環境基準、微小粒子状物質の環境基準のように、予防的見地から、閾値の考え方とは異なる科学的な根拠と手法に基づいて環境基準が設定される例も出てきている。

環境基本法が、後で述べるような分野基本法のカバーしない分野をリードしていくためには、予防原則でのべた検討（Ⅲ1.(3)⑤）と併せて、環境リスクの管理に関する行政目標と対策の体系化を深めていく必要がある。

(2) 施設整備

① 環境基本法23条は、公害対策基本法19条を積極化、発展させた規定となっている。

緑の公共ストックが意識されるようになり、平成6年度予算から、自然公園等事業の公共事業化が実現し、国立公園等の保護、利用のための施設整備（傷んだ植生復元、登山道、ビジターセンターなど）に必要な予算の確保が図られるようになった。

② "鉄とコンクリート"の公共事業から、"緑と生き物"の公共事業とい

---

42) 東京高判昭和62年12月24日判タ668号140頁。

う潮流が強まり、2002年には、「自然再生推進法」の制定を見た。

　しかし今なお、荒れゆく森林、田園の保全に対する決め手がないままに推移しており、2010年には、「地域における多様な主体の連携による生物の多様性の保全のための活動の促進等に関する法律」が制定され、同年、名古屋で開かれた生物多様性条約締約国会議において、SATOYAMA イニシアティブ国際パートナーシップが創設されるなど、取り組みが続けられている。

　③　また、2001年には中央省庁再編に伴い、廃棄物行政が環境省に合流したことから、環境省所管の公共事業には、廃棄物処理施設等整備事業が加わった。この事業は、三位一体の地方分権改革の際、補助金部分が、循環型社会形成促進交付金への改革を遂げている。

　④　なお、「公害防止計画」に基づく事業に係る国の財政負担の特例を定める公害防止財政特例法は、特定地域における環境保全に資する公共事業等を推進する効果を発揮してきたが、これらの制度についても、公害対策基本法から引き継がれ、公害防止財政特例法も、2011年の国会において、有効期限が2022年度末まで10年間延長されている。

　(3)　費用負担

　①　環境基本法37条原因者負担は、「環境法制における既存の原因者負担制度を総括したプログラム規定であり」、38条受益者負担は「自然環境保全法及び自然公園法の各法律及び類似の条例に規定されている受益者負担の考え方を位置づけた」ものとされている[43]。

　「汚染者負担」「受益者負担」の原則が、明確に整理されたといえる。

　②　しかしながら、費用負担問題は、往々事後になって、現実の必要の前で呻吟せざるをえない状況を現出する。このため、環境基本法制定後も、個別問題分野の事情に応じて、工夫がされ、よく言えば現実的な対処、悪く言えば出たとこ勝負の対処がなされている。

　例えば、土壌汚染対策法では、現在する汚染土壌について対策を講じる緊要性、支配性に鑑み、土地所有者に第一次的措置責任を負わせており、汚染者負担主義の限界を補う方策が採られている。

43)　環境省総合環境政策局総務課・前掲注（3）317頁、325頁。

(4) 紛争処理、被害の救済
① 環境基本法31条は、公害対策基本法から引き継がれた極めて重要な規定である。

環境基本法制定後、2006年には、「石綿による健康被害の救済に関する法律」が制定され、2009年には、「水俣病被害者の救済及び水俣病問題の解決に関する特別措置法」が制定されている。

② 今後、救済制度が必要となる事態を招来しないことが先決であるが、31条は、環境行政の良心として存在すべき条項となっている。

4 その他の視点

① 本稿では、諸外国の法制との比較法的な分析には、踏み込んでいない。

一つには、諸外国の法制において、形式上、環境基本法のような法制が見あたらないことからである。

環境基本法との比較で注目されるものとしては、EU の基本条約には、環境に関する原理や意欲的な規定が見られることである[44]。また、憲法上、環境に関する規定を有する国もあり、ドイツでは、環境法典化の議論が深められている[45]。しかしながら、いずれも我が国の環境基本法とはその性格が大きく異なるものであり、環境基本法と同列で論じることは困難である。

日本の環境基本法が狙いとした理念の明確化や環境政策の方向付けは、諸外国においては法律という形式ではなく、むしろ計画という形で具体化が図られることが多く[46]、ある特定分野における政府の基本方針を「基本法」という法形式で明定するというのは、我が国ならではのものといえる。

更に進めて分析するには、なぜ我が国では「基本法」という法体系が重視

---

44) 庄司克宏『EU 環境法』（慶応義塾大学出版会、2009）参照。
45) 松村・前掲注（30）8-10頁参照。
46) 環境基本法とほぼ同じ時期に同様の理念や環境政策の方向性を打ち出した計画としては、例えば、1993年に策定された EU の第5次環境行動計画（Towards Sustainability : the European Community Programme of policy and action in relation to the environment and sustainable development ［1993］OJ C138/5）、また、1994年に策定されたイギリスの Sustainable Development: The UK Strategy (Cm 2426, 1994) を挙げることができる。

されているのかという観点から、我が国の法政策の特色にまで遡って諸外国の環境法の体系を比較することが必要になり、本稿では、手に余ると考えた。

②　地方公共団体の施策については、環境基本法36条に「国の施策に準じた施策及びその他のその地方公共団体の区域の自然的社会的条件に応じた環境の保全のために必要な施策を……実施する」と当然の規定が置かれている。

また、多くの地方公共団体において、環境基本条例（名称にかかわらずその性格を持つもの）が定められている。

地方公共団体の施策のあり方、国の施策との関係の具体的内容は、2000年からの地方分権改革により変わっていくものであり、分権改革の議論と併せてでないと、環境基本法と地方公共団体の施策との関係を整理しづらいので、これも、本稿では手に余るものとして、割愛した。

環境分野においては、かねて地方公共団体が先導してきた歴史があり、地域での取り組みになじみやすい面があるとともに、他方で、環境問題は、地球規模から身近な地域まで連続しおり、かつ、他の様々な政策分野の問題と密接裏腹の関係になるものが多いことから、国と地方公共団体で協力して取り組むことが必要となる。

このため、"国の事務と地方公共団体の事務を截然と区分し、地方公共団体への権限委譲を進め、国の関与を極力排する"という二分論を単純にあてはめ難い面があり、環境分野をあつかうケアフルな方法論が望まれる。

Ⅳ　残された論点

1　体系化の停滞

（1）環境基本法は、今日の環境法・政策の"新しい体系"を打ち出したはずであった。しかし、現在出版されている環境法の教科書的解説書を見たところ、必ずしも、環境基本法の規定や構造が下敷きにされていない様に見える。それぞれの著者の切り口による以上、当然のことではあるが、その背景として、次の事情から、環境基本法の規定の順序・構造に従って整理するこ

とが難しくなっていることも原因ではないかと思われる。

ア．環境基本法では、国際環境法についての理解・言及が十分ではなく、国際、国内の整理がついていない。

イ．環境基本法制定後、分野基本法が制定・提案され、それぞれの観点からの体系化を打ち出している。

つまり、2000年には「循環型社会形成推進基本法」が、2008年には「生物多様性基本法」が制定され、さらに、2010年には「地球温暖化対策基本法案」が国会提出され、2011年の国会においても審議中である。

2　環境基本法における国際環境法の理解の限界
(1) 環境基本法における地球環境問題と途上国の環境問題等の取扱
① 環境基本法においては、地球環境問題を次のようにして取り込んでいる。

ア．地球環境問題

ⅰ）2条において、次の組み合わせで定義した。

a 地球温暖化、オゾン層の破壊、海洋の汚染、野生生物の種の減少を例示し、全球あるいは地球規模の広範な環境問題である。

b それは人類益であるとともに、国民益でもある。

ⅱ）5条の基本理念において、次の論理で積極的に取り組むとした。

a 人類共通の課題であり、かつ、我が国の国民と経済社会に密接に関わる問題である。

b 我が国の能力と地位を踏まえて、国際的協調の下に推進されなければならない。

ⅲ）2章6節に「地球環境保全等に関する国際協力等」の一連の規定を置き、32条1項において、"国は、国際的連携の確保など地球環境保全に関する国際協力を推進する措置を講ずる"趣旨を規定して、そのすべての導入条文としている。

② これは従前の貧弱な法令上の整理（越境環境問題）[47]を改め、地球環境閣僚会議における地球環境問題等の認識に合わせるべく、抜本的に書き下したものである。

そこでのストーリーは、ざっくりした言い方をすれば、"地球規模の問題なのだから、人類共通の課題であるとともに、自らも裨益しており、したがって、国際社会で恥ずかしくない振る舞いをしなければならず、このため国際協力をする"というものである。

③　環境基本法の立案に当たって、地球環境問題をどうして国内法で規定できるのか、という議論で紛糾した。

それに対して考えたのが「二重の独楽の理論」[48]である。

地球環境問題では、"純粋国益だけ、自分さえ良ければ良い"ということは許されない。人類益と、国益・国民益は、最早切り離せないわけで、一本の軸に貫かれた二重の独楽のように、運命共同体として一緒に回るから、国内法に規定する理由があるという主張である。

環境基本法の目的規定には、「……もって現在及び将来の国民の健康で文化的な生活の確保に寄与するとともに人類の福祉に貢献することを目的とする。」と定められ、1998年の地球温暖化対策の推進に関する法律にも同様の文言が盛り込まれている。

④　この説明では、途上国の環境問題まではカバーされない。途上国において激甚な公害等が生じたとしても、それは当該国の主権と責任の範囲に属する。よって、途上国の環境問題への支援は、国際協力の一般論で扱うべきという議論である。

これに対しては、例えば、途上国の対応能力の不足により、有害な化学物質が地球上に拡がって残留するようなリスクが懸念されるなど、途上国の行動により様々な環境問題が蔓延するおそれがある。その前に、先進国の協力によって途上国の対処能力を高める（キャパシティビルディング）ことが、結局、我が国の国民の健康の保護など国益につながるとの「蔓延論」[49]を持

---

47)　環境基本法制定前の唯一の地球環境問題に言及した法令（環境庁組織令（昭和46年政令219号））では、越境環境問題「環境の保全（本邦と本邦以外の地域にまたがつて広範かつ大規模に生ずる環境の変化に係るものに限る。以下「地球環境の保全」という。）」とされていた（地球環境部の設置のため、平成2年政令177号による改正が行われた当時の規定）。

48)　西尾・前掲注（41）112-113頁。

49)　塚本直也「環境基本法の制定と国際協力」ジュリスト1041号（1994）43頁。

ち出して説明した。

　この説明の相違のため、途上国の環境問題への協力は、環境基本法第 2 章 6 節においては、地球規模の環境問題と同様に国際協力をすることとされているものの、環境基本法 2 条の定義、同 5 条の基本理念の対象とはされていない。

　⑤　なお、付け加えるといわゆるグローバル・コモンズ（global commons）とされているもの、南極、宇宙空間、世界遺産に係る環境保全は、基本的には、条約等の国際約束を前提として進められるものの、当該国際約束に基づき然るべき国際協力等をしなければならないことは当然であるから、環境基本法第 2 章 6 節において国際協力をすべき対象とされている。

(2)　今日の地球環境問題の理解

　①　今日、(1)に述べたような「二重の独楽」「蔓延論」は、最早論点と意識されていない。その理由の一つは、このような環境基本法立案当時の整理は、余りにも「国家主権」と「国際約束」の二元論にとらわれているからである。2 条の「地球環境の保全」の定義において、四つが例示されているのも、当時地球環境基金（GEF）によって協力をしようということが既に国際約束されていた事象に限った結果である。

　②　途上国の環境問題という認識も修正が余儀なくされる。中国、新興国は、どう位置づけるのか、という問題にも行き当たるが、より根本的には、地球環境問題への対策と、各国国内の環境問題への対策を、二分して考えることができなくなっていることにある。

　地球環境問題も、国内の汚染問題も、その国の経済社会のあり方と深く結びついているとの認識が深まるにつれて、コベネフィットアプローチの有効性が認識され、我が国はこれを国際協力の目玉としているからである。

　③　環境基本法制定時においても、「人類の活動が地球全体の環境に影響を与える規模に至った今日、環境保全という内政上の課題を解決するために、国内施策に加えて国際協力が必要不可欠となったのである」[50]という認識が持たれていた。当時としては、半歩前進で、取り組みの基本的視座を与えるものであったが、今日の地球環境に係る難問の前では、定かな指針を与

50）塚本・前掲注（49）42 頁。

④ 「まず国家主権があって、我が国の地位に相応しい協力をする」とした環境基本法制定時の感度から脱皮して、「地球共同体として問題を真正面からとらえ、その中で、先進国、新興国、途上国それぞれの役割分担の下に、然るべきバードンシェアリングをする」という形に再構成する必要があるように思える。そういう整理ができるなら、環境に関する理念・原則について、もっと、国際環境法原則に従い、あるいはそれを発信するという意識で規定することができるのではないかと思われる。

3　分野基本法の成立と環境基本法に及ぼす影響
(1) 分野基本法の発展

① 環境基本法制定後の環境問題を巡るグローバル化、社会思潮の変化の中で、循環型社会形成推進基本法及び生物多様性基本法が制定され、更に、地球温暖化対策に関する基本法がこれに加わる公算が高い。

これら三法（案）は、気候変動、生物多様性、3R という、目下世界的に最も重要視されている環境問題について、いわば分野基本法を形成している。

このような状況は、"環境基本法制定時には視野に定かに入っていなかった"ものといえる。

② 【別表】に、環境基本法と三分野基本法（法案）の構造比較表を掲げた（433頁）。

ア．分野基本法（案）のそれぞれの目的規定には、「環境基本法の基本理念にのっとり」との規定があり、環境基本法のいわば"宗主権"を認めている（循環型社会形成推進基本計画及び生物多様性国家戦略については、環境基本計画を基本として策定する旨が規定されている。）

イ．また、いくつかの規定は、環境基本法から発展したものと見ることができる。

ⅰ）循環型社会形成推進基本法に掲げる循環資源に関する施策は、環境基本法24条の「環境への負荷の低減に資する製品等の利用の促進」が発展したものとみることができる。

ⅱ）環境基本法22条の経済的措置は、地球温暖化対策基本法案13条「国内排出量取引制度の創設」、14条「地球温暖化対策のための税の検討その他の税制全体の見直し」、15条「再生可能エネルギーに係る全量固定価格買取制度の創設等」で更に発展させられているように見える。

ⅲ）生物多様性の保全は、環境基本法14条「施策の指針」の2号において、「生態系の多様性の確保、野生生物の種の保存その他の生物の多様性の確保」と頭出しがされている。

ウ．他方、次のような重要な規定については、分野基本法（案）は、それぞれの観点から、独自のものを定めている。

ⅰ）基本原則

ⅱ）基本計画（生物多様性基本法では、「生物多様性国家戦略」）

ⅲ）各主体の責務[51]

エ．主要な政策・施策に係る規定が独自に定められていることは当然であるが、他方で、教育・学習、自発的措置、情報提供など殆ど同趣旨の規定が、それぞれの分野基本法（案）に規定されている。つまり、環境基本法の規定を通則的に位置づけようという意識はされていないことになる。

最たるものは、国会報告（白書）に関する規定で、すでに、循環型社会関係と生物多様性関係については、環境白書と合本できるように作成される運用がなされている。

③　以上を見ると、各分野基本法（案）は、環境基本法の宗主権を認めると言っても、ごく形式的であり、実質、それぞれの観点から独自に立法されていると見た方がよい。そのことは、立法が図られる政治的モチベーションからみて当然といえるが、他方で、環境基本法の肩身を狭くするうらみがある。

(2) 三大社会改革の同時遂行

加えて、2007年に策定された「21世紀環境立国戦略」においては、持続可能な社会に向けて「低炭素社会」、「循環型社会」及び「自然共生社会」への取り組みを統合的に進めることがうたわれている[52]が、このような三大

---

51) 環境汚染については、責務規定は、環境基本法に独占させていることは、［Ⅱ］2(3) ③参照。

社会改革の同時遂行を、環境基本法から定かに読み取ることは難しい。

(3) 分野基本法の成立が環境基本法の運命にもたらす影響

① 分野基本法が発展すると、環境基本法を頂点にするピラミッド構造が果たして維持され得るのか。そうする意味があるのか、という問題に逢着することとなろう。

とくに、環境基本計画を、三分野の計画と、役割分担しかつ統合的に機能するものとすることは、実務的に極めて複雑な思考・検討を要する。

② 将来の立法論に委ねざるを得ない課題であるが、いずれの道を辿るべきか、ということになる。

ア．このような分野基本法の発展は、経済社会の変化、知見の進展に伴うものなので、今後とも、必要に応じて、柔軟に分野法が発展していけばそれでよい、と考えるのか。

イ．分野基本法（案）が規定する分野（つまり今日の環境問題を構成する巨大分野であるが）の上に、"大"環境基本法ともいうべき指導理念・指導原理が必要である、と考えるのか。

③ 実務的には、前者ア．の方が、ありそうな途と思われる。

この場合、環境基本法は、主として基本理念によって分野基本法に君臨だけはしている。その他の機能としては、分野基本法のない環境汚染の分野の基本法として働かせることになろう。例えば、環境リスクの管理に係る政策・施策については、更なる発展の必要と余地があると考えられる。

④ 大環境基本法ともいうべき指導理念・指導原理が必要か、言い換えれば、分野基本法を横串で律するような指導理念・指導原理が考えられるのか、ということであり、それは先に述べた"三大社会改革の統合的遂行"に当たっての共通原理があるのか、ということでもある。

私見ではあるが、次のことがヒントとなるのではないかと考えている。

ア．一つには、グリーンニューディール、グリーン経済といわれる考え方であり、環境に関する技術、投資、産業が経済成長と雇用を牽引することが期待されている。

持続可能な発展の到達点と観念することもできようが、すくなくとも、経

52) 21世紀環境立国戦略（平成19年6月1日閣議決定）1(2)②。

済と環境の両立から一歩踏み出したパラダイムであり、政策として、あるいは社会の指針として深める価値はあると考える。

イ．二つめは、将来世代との環境のシェアリングを可能にする人類的規範のあり方である。

現在に生きる同世代の間で環境をどのようにシェアリングするかは、国内の政策形成と国際交渉によって、それぞれの主張がされ、討議決定される。しからば、声を上げることができない将来世代とのシェアリングは、どうするのか。現在の基本法では、将来の世代へ継承が掲げられるに止まる。

これについては、地球温暖化交渉における共有のビジョンの議論の行く末が注目される。気温上昇を2℃以内に収める長期目標をどのように立て、そのために現在の我々がどのような義務を負うか、について国際合意がなるかどうかは、将来世代とのシェアリングについての社会思潮に決定的な影響を及ぼすと思えるからである。

4 まとめ

① 環境基本法は、広い「環境」の概念を定着させ、あらゆる主体に環境への取り組みを促した。

環境基本計画を策定することとし、総合的計画的な政策・施策推進の基礎を築き、責務と相まって、各主体の取り組みを促し、"全員野球"の定着に効果を発揮した。

② 環境に関する理念・原則については、持続可能な発展、汚染者負担などの基本理念・原則の提示に成功したが、予防原則などは、今日に至るも、論点となっている。同じく、情報公開や公衆参加などは大いに議論があろう。

③ 政策・施策手段については、環境影響評価の法制化、資源循環に関する施策の萌芽、ソフトな政策・施策手法の発展など、一定の成果を得た。

経済的手法については、厳しい議論のあったところであり、その後の紆余曲折を経て、現時点ではまだ、本格的な経済手法の活用が図られるに至っているとはいえない。

また、多様な政策・施策の活用やベストミックスに関する総論が規定され

ていないため、その後における様々な具体的施策の導入のバックボーンが十分に与えられていないように見える。

④　公害から環境へと脱皮したといっても、その後も様々な健康懸念事案が発生し、"環境汚染の防止"の重要性はいささかも衰えていない。今後如何にして「環境リスクの管理」を促すように組み上げることができるかは、一つの課題である。

⑤　環境基本法は、地球環境問題へ視野を開いたが、今日的に見れば、最早そこでの認識は狭いように見える。

⑥　環境基本法制定の際、定かには視野に入っていなかったものに、分野基本法の制定がある。

低炭素社会、循環型社会、自然共生社会への三大社会変革が同時遂行されなければならない今日、環境基本法の果たす役割の再吟味が必要である。環境基本計画の役割も同様である。

⑦　グリーン経済への経済原理の変革、将来世代とののシェアリングといった大きな課題は、環境基本法の今後を導くテーマとなり得るかどうか。

こうしたことを考えるには、地球温暖化対策基本法等の成否、温暖化に係る国際合意の成否の行く末を見守る必要がある。

〔後記〕

平成23年3月11日に発生した東北地方太平洋沖地震に伴う福島第1原子力発電所の事故以来、環境基本法13条等における放射性物質による環境汚染の適用除外規定の適否が議論の俎上に上がっている。

もとより、今般の事故による汚染の除染、今後の事故防止のための安全チェック体制の確立等を如何にして成し遂げるかが先決であって、その方向性を踏まえて対処されるべきものと考える。

現に、「平成23年3月11日に発生した東北地方太平洋沖地震に伴う原子力発電所の事故により放出された放射性物質による環境の汚染への対処に関する特別措置法（平成23年法律110号）」により、汚染された廃棄物及び土壌の除染について、環境大臣が主体的役割を果たすこととされ、また、原子力安全規制に関する組織等の改革の基本方針（平成23年8月15日閣議決定）

によって、環境省に外局として原子力安全庁（仮称）を設置することとされており、組織の面での任務分担の変更が必至であることから、その推移を注意深く見守ることが必要と考える。

＜文献目録＞

阿比留雄「企業経営と環境基本法」環境情報科学23巻3号（1994）

環境省総合環境政策局総務課『環境基本法の解説（改訂版）』（ぎょうせい、2002）

橋本龍太郎「我が国の経験を資産として国際社会での役割を果たすために」季刊環境研究93号（1994）

庄司克宏『EU環境法』（慶応義塾大学出版会、2009）

松村弓彦『環境法の基礎』（成文堂、2010）

須田春海「生活の場から見た環境基本法」環境情報科学23巻3号（1994）

西尾哲茂「続・公害国会から40年、環境法における規制的手法の展望と再評価」季刊環境研究159号（2010）

石野耕也「環境基本法の立案制定の経緯と概要」季刊環境研究93号（1994）

倉阪秀史「環境保全活動の促進策の考え方と現状」ジュリスト1041号（1994）

大阪弁護士会環境権研究会『環境権』（日本評論社、1973）

村田喜代治編著『環境権の考え方』（産業能率短期大学出版部、1972）

大塚直ほか「環境法セミナー①セミナー座談会『環境権』」ジュリスト1247号（2003）

大塚直『環境法（第3版）』（有斐閣、2010）

塚本直也「環境基本法の制定と国際協力」ジュリスト1041号（1994）

北村喜宣『環境法』（弘文堂、2011）

17 環境基本法の意義と課題 433

[別表] 環境基本法及び三分野基本法（法案）の構造比較表

項目	環境基本法	循環型社会形成推進基本法	生物多様性基本法	地球温暖化対策基本法
目的 §1	①基本理念、②責務、③施策の基本、④総合的計画的な推進 もって、a 現在及び将来の国民の健康で文化的な生活の確保に寄与 b 人類の福祉に貢献	◎環境基本法の基本理念にのっとり、①[循環型社会形成推進]の基本原則、地球温暖化対策]の基本原則、②責務、③施策の基本、④総合的な推進（[温暖化]では、経済成長・雇用安定・エネルギー安定供給確保を図りつつ） もって、a 現在・将来の国民の健康で文化的な生活の確保に寄与 b 地球環境の保全に寄与。[循環]は（文言には、若干の異同があるが、言及せず）	◎環境基本法の基本理念にのっとり、①[循環型社会形成、地球温暖化対策]の基本原則、②責務、③[循環型社会形成基本計画、地球温暖化対策基本計画中長期目標]他、④総合的な推進	◎環境基本法の基本理念にのっとり、①[循環型社会形成、生物多様性の保全・持続的利用、地球温暖化対策]の基本原則、②責務、③[循環型社会形成基本計画、生物多様性国家戦略、地球温暖化対策基本計画]他、④総合的な推進
定義 §2	①環境への負荷 ②地球環境保全 ③公害	①循環型社会 ②廃棄物等、③循環資源←廃棄物と循環資源をブリッジ ④循環的な利用、⑤再使用、⑥再生利用、⑦熱回収、⑧環境への負荷	①生物多様性 ②持続可能な利用	①地球温暖化 ②地球温暖化対策 ③温室効果ガス ④温室効果ガスの排出 ⑤再生可能エネルギー ⑥フロン類等
基本理念基本原則	§3 環境の恵沢の享受と継承等 §4 環境への負荷が少ない持続的発展が可能な社会の構築等 §5 国際的協調による地球環境保全の積極的推進	§3 循環型社会の形成 §4 適切な役割分担 §5 原材料、製品等が廃棄物等となることの抑制	§3 基本原則5項にわたり規定 特徴的なものは下記 ←3項 "予防的な取り組み方法…により対応すること"を旨とし	§3 基本原則7項にわたり規定 1～3項→低炭素社会、国際的協調、技術開発に言及 4～7項→次の各分野との関係に言及

項目	環境基本法	循環型社会形成推進基本法	生物多様性基本法	地球温暖化対策基本法
		§6 循環資源の循環的な利用及び処分 §7 循環資源の循環的な利用及び処分の基本原則 ←［再使用＞再生利用＞熱回収＞処分］の順を明らかにする。	←5項生物多様性と地球温暖化の相互関係に言及	・地球温暖化防止に資する産業の発展、雇用の安定 ・エネルギー施策との連携 ・防災、生物多様性保全、食料の安定供給、保健衛生等との連携 ・財政運営に配慮
施策の有機的な連携への配慮	―	§8 適正な物質循環の確保その他の環境保全に関する施策相互の有機的な連携が図られるよう配慮	§9 地球温暖化の防止、循環型社会の形成その他の環境保全に関する施策相互の有機的な連携が図られるよう配慮	―
責務	§6〜§9	§9〜§12	§4〜§7	§4〜§7
	○各主体に共通〔国・地方公共団体・事業者・国民〕は、基本理念にのっとり、…	○各主体に共通〔国・地方公共団体・事業者・国民〕は、基本原則にのっとり、…	○各主体に共通〔国・地方公共団体・事業者・国民・民間団体〕は、基本原則にのっとり、…	○国、地方公共団体のみ〔国・地方公共団体〕は、基本原則にのっとり、…
環境の日	§10	―	―	―
法制上の措置	§11	§13 同趣旨の規定有り。	§8 同趣旨の規定有り。	§8
年次報告	§12（環境白書）	§14（循環型社会形成推進白書）	§10（生物多様性版）	§9（地球温暖化版）

17 環境基本法の意義と課題　435

項目	環境基本法	循環型社会形成推進基本法	生物多様性基本法	地球温暖化対策基本法
放射性物質	§13	—	—	—
施策の策定等に関する指針	§14 環境保全施策は、基本理念にのっとり、…総合的・計画的に行われなければならない。 二号に、生態系の多様性の確保、野生生物の種の保存その他の生物の多様性の確保	—	—	—
基本計画国家戦略	§15 環境基本計画	§15、16 循環型社会形成推進基本計画 →①〔循環型社会形成推進基本計画〕は、環境基本計画を基本として策定 →②国の計画（環境基本計画等以外）は、〔循環型社会の形成・生物多様性の保全・持続的利用〕に関しては、〔循環型社会形成推進基本計画・生物多様性国家戦略〕を基本とする。 §25 地方公共団体による施策の適切な策定等の確保のための措置	§11、12 生物多様性国家戦略 §13 都道府県、市町村の生物多様性地域戦略	§12 基本計画
環境目標	§16 環境基準（大気汚染、水質汚染、土壌汚濁、騒音）	（循環型社会形成推進基本計画において"資源生産性"等の目標値を掲げる）	§22-2項 適切な指標の開発（2010年 COP10 において愛知ターゲット採択）	§10 温室効果ガスの排出の量の削減に関する中長期的な目標 §11 再生可能エネルギーの供給量に関する中期的な目標

項目	環境基本法	循環型社会形成推進基本法	生物多様性基本法	地球温暖化対策基本法
公害防止計画	§17, 18	—	—	—
国の施策に当たっての環境配慮	§19 国の施策の策定等に当たっての配慮	—	—	—
環境影響評価	§20 環境影響評価の推進	—	§25 事業計画の立案から実施の段階での生物の多様性に係る環境影響評価の推進	—
汚染防止に係る規制	§21 環境の保全上の支障を防止するための規制	§17 原材料、製品等が廃棄物となることの抑制のための措置 §21 環境保全上の支障の防止	—	—
経済的措置	§22 環境の保全上の支障を防止するための経済的措置 →1項 助成措置 →2項 経済的な負担	§23 原材料などが廃棄物等となることの抑制等に係る経済的措置 →1項 助成措置 →2項 経済的な負担		§13 国内排出量取引制度の創設 §14 地球温暖化対策のための税の検討その他の税制全体の見直し §15 再生可能エネルギーに係る全量固定価格買取制度の創設等

17 環境基本法の意義と課題　437

項目	環境基本法	循環型社会形成推進基本法	生物多様性基本法	地球温暖化対策基本法
施設整備等	§23 環境の保全に関する施設の整備その他の事業の推進	§24 循環型社会の形成に資する公共的施設の整備の推進	―	―
循環資源に関する施策その他各分野の施策	§24 環境への負荷の低減に資する製品等の利用の促進 →とくに2項　再生資源等の利用促進	§18 循環資源の適正な循環的な利用及び処分のための措置 §19 再生品の使用の促進 §20 製品、容器等に関する事前評価の促進等	§14 地域の生物の多様性の保全 §15 野生生物の種の多様性の保全等 §16 外来生物等による被害の防止 §17 国土及び自然資源の適切な利用等の推進 §18 生物資源の適正な利用の推進 §19 生物の多様性の促進に配慮した事業活動の促進 §20 地球温暖化の防止等に資する施策の推進	§16 原子力に係る施策等 §17 エネルギーの使用の合理化の促進等 §18 交通に係る温室効果ガスの排出の抑制 §20 メタン及び一酸化二窒素の排出の抑制 §21 フロン類等の使用の抑制等 §22 新たな事業の創出等 §26 地域社会の形成に当たっての施策

項目	環境基本法	循環型社会形成推進基本法	生物多様性基本法	地球温暖化対策基本法
環境教育・学習	§25 環境の保全に関する教育、学習等	§27 循環型社会の形成に関する教育及び学習の振興等	§24 国民の理解の増進(教育推進、広報活動を含む)	§27 温室効果ガスの吸収作用の保全及び強化 §28 地球温暖化への適応を図るための施策 §23 教育及び学習の振興等
	—	—	§21 多様な主体の連携及び協働並びに自発的活動の促進等	—
自発的活動	§26 民間団体等の自発的な活動を促進するための措置	§28-1項 民間団体等の自発的な活動を促進するための措置 同趣旨の規定有り。	§21-2項 自発的な活動の促進	§24 自発的な活動の促進
情報提供	§27 情報の提供	§28-2項 情報の提供	§22-1項 調査等の推進(含む情報の提供) 同趣旨の規定有り。	§25 温室効果ガスの排出量等に関する情報の公表等
政策形成				§32 制度の調査及び研究 §33 政策形成への民意の反映等
調査実施	§28 調査の実施	§29 調査の実施	§22-1項 調査等の推進	§31 地球温暖化の状況等に関する観測等(含む調査)

17 環境基本法の意義と課題　439

項目	環境基本法	循環型社会形成推進基本法	生物多様性基本法	地球温暖化対策基本法
監視体制	§29 監視等の体制の整備	同趣旨の規定有り。	同趣旨の規定有り。	§31 地球温暖化の状況等に関する観測等（含む監視）
科学技術振興	§30 科学技術の振興	§30 科学技術の振興	§23 科学技術の振興	§19 革新的な技術開発の促進等
紛争処理被害者救済	§31 公害に係る紛争の処理及び被害の救済	同趣旨の規定有り。	―	―
費用負担	§37 原因者負担 §38 受益者負担	§22 環境の保全上の支障の除去等の措置（←原状回復基金など）	―	―
国際協力	§32 地球環境保全等に関する国際協力等 §33 監視、観測等に係る国際的な連携の確保等 §34 地方公共団体又は民間団体等による活動を促進するための措置 §35 国際協力の実施等に当たっての配慮	§31 国際的協調のための措置	§26 国際的な連携の確保及び国際協力の推進 基本的に同趣旨	§29 国際的協調のための施策

項目	環境基本法	循環型社会形成推進基本法	生物多様性基本法	地球温暖化対策基本法
地方公共団体の施策	§36 地方公共団体の施策	§32 地方公共団体の施策	§27 地方公共団体の施策 同趣旨の規定有り。	§34 地方公共団体の施策
	§39 地方公共団体に対する財政措置等 §40 国及び地方公共団体の協力	—	—	§30 地方公共団体に対する財政措置等
組織その他	§40の2〜46			§35

第6章 基本法・横断法

18 環境影響評価法の課題と展望

柳　憲一郎

I　はじめに

　2010年3月、環境影響評価法改正案（閣法）が提出されたが、審議未了により、参議院で継続審議となり、同年12月2日参議院に付託された。その後、2011年4月15日に参議院本会議で可決され、同月22日衆議院本会議において「環境影響評価法の一部を改正する法律（平成23年法律第27号、以下、改正アセス法という。）」として可決、成立した。本稿では、まず、国で検討されてきた環境影響評価法の改正議論について、論点を整理しながら、法改正の方向性や改正点を明らかにする。

　環境影響評価法の改正をめぐって、さまざまな論点があるが、ここでは、平成21年7月に公表された環境影響評価制度総合研究会報告書（以下、報告書という。）を素材として、以下の論点について、枠組み規制手法の観点から検討する。すなわち、①対象事業、②スコーピング、③国の関与、④許認可への反映・事後調査・リプレース、等について、枠組み規制のもつ特徴の視点から検討する。

　ここにいう枠組み規制は、①公平性、透明性、信頼性及び手続きの適正の確保といった「法の支配」との親和性、②対策内容の決定に関する被規制主体の自主性の尊重、③規制行政庁の一定の関与による実効性の確保、④統制的規制や経済的手法よりも政治的・社会的受容可能性（public and political acceptability）が高いこと、⑤統制型規制より規制対象（汚染物質、汚染源、行為等）の射程を拡大できること、⑥事業者等の被規制主体の意思形成プロセスに環境配慮を組み込むことにある。すなわち、法改正にあたっては、こ

れらの構成理念の内容が深まる方向で検討されることが望ましいと考えたからに他ならない。

II　環境影響評価法の改正議論

1　対象事業について

(1)　国と地方の役割分担

第二種事業は、第一種事業と同じ要件に該当する事業のうち第一種事業に準ずる規模を有するものであって、環境影響の程度が著しいものとなるおそれがあるかどうかについて、法第4条に規定する手続きにより個別的に判定する必要があるものとして政令で定めるものである。その判定は個別に所管行政庁が行うものである。これについては、その規模要件の引き下げや許認可要件を外すこと等により、対象事業の種類及び規模について範囲の拡大を図るべきという見解がある一方で、国の関与は少なくし、地方の独自性を活かすことも必要ではないかという意見や、法の対象範囲を拡大した場合、従来、環境影響評価条例に基づき環境影響評価手続を実施していた事業を法対象事業に引き上げることとなり、法と条例の関係から適切かどうかという意見がある[1]。

法対象事業の範囲の検討に当たっては、行政全体の動きとして地方分権推進の流れがあり、法と条例が一体となって幅広い事業を対象にしていること等を踏まえると、慎重な対応も求められるが、近年、周辺の住民から健康被害のおそれや苦情が問題になっている風力発電などは、規制行政庁の一定の関与による実効性の確保の観点から対象事業化することが望ましいといえる。

(2)　法的関与要件

法2条2項2号に定めるものとして、法的関与要件がある。これは、国として環境影響評価の結果を事業の内容の決定に反映させる方途として、①法律による免許等を受けて事業が実施される場合の当該免許、②国の補助金等を受けて事業がおこなわれる場合の当該補助金等の交付決定、③特殊法人に

---

1)　北村喜宣『自治体環境行政法（第5版）』（第一法規、2009）163頁。

よって事業がおこなわれる場合の当該法人に対する国の監督、③国が自ら実施する場合、などの4つに係る事業を対象事業としている。この規定順は、環境影響評価の結果の反映の方途の他律性の強度によるものである。該当する国の許認可を対象事業の要件から外し、環境負荷の大小で対象事業を決めるべきという対象範囲の拡大の必要性に関する意見があるが、法的関与要件は、環境保全上の配慮の確保について一定の強制力を担保する仕組みとなっており、それは、環境影響評価法の制度の根幹であり、一定の妥当性がある。これもまた、規制行政庁の一定の関与による実効性の確保の観点から必要なものである。なお、国の法的関与要件のない事業は条例において対象とされている場合が多い。

(3) 補助金事業の交付金化への対応

法施行後の状況の変化として、地方の裁量を高めるために補助金を交付金化する取組が進められている[2]。法では、法的関与要件の一つとして「国の補助金等の交付の対象となる事業」が規定されているが、交付金は当該要件の範囲に含まれていない。そこで、地方の独自性の発揮を目的とする交付金事業を環境影響評価法の対象とすることは、地方分権との関係に留意が必要という意見があるが、法対象事業に係る事業種・規模相当に該当する場合であっても、交付金化した事業については現行法の規定では法対象事業とならないことから、規制行政庁の一定の関与による実効性の確保の観点から補助金事業の交付金化に伴う必要な措置を行うべきである[3]。

(4) 将来的に実施が見込まれる事業種への対応

将来的に実施が見込まれる規模の大きな事業としては、放射性廃棄物処分場の建設事業が想定されている。また、二酸化炭素の回収・貯留（CCS）[4]については、国内での実証試験実施に向けた検討が開始されるなどの状況がみ

2) 道整備、汚水処理施設整備、港整備の3分野において、国土交通省、農林水産省、環境省の所管する補助金を一本にして、内閣府の下に一括して予算計上するものであるが、事業に関する地方の自主性・裁量性を格段に高めるものである。①一本の交付金の下、地域再生計画に基づき、地方の裁量により自由な施設整備が可能となる。②計画の申請、予算要望等の手続きは、内閣府の下に窓口を一本化することにより大幅に簡素化される。③地方は、事業の進捗等に応じ、事業間での融通や年度間の事業量の変更を行うことが可能となる。
3) 環境影響評価制度総合研究会「環境影響評価制度総合研究会報告書」24頁（2009）。

られる。これらについては、第二種事業として位置付ける必要がある。ただし、これらの事業は実証試験や技術開発の段階であるが、当面は、回収段階(CCS Ready)[5]で留まるものと思われる。将来的には、評価手法に係る知見を踏まえて、貯留も対象にすべきである。また、将来的に実施が見込まれる事業種で現行法の対象になっていないものについては、事業者等の被規制主体の意思形成プロセスに環境配慮を組み込むという観点から、事業の特性や実施可能性、社会的要請等について知見を収集・分析した上で、個別に対応を検討していく必要がある[6]。

(5) 条例等による事業種への対応

法の定める13事業種以外に条例で対応する事業種がある。たとえば、農道、スポーツレクリエーション施設、風力発電所、畜産施設などである。

既に条例等による環境影響評価が実施されている事業種の中では、風力発電施設[7]に関する環境影響評価の取扱いがあげられる。これについて、新エネルギー・産業技術総合開発機構(NEDO)がマニュアル[8]で対応しているが、条例や要綱等に基づく環境影響評価の義務付けが地方公共団体で拡大している。都道府県・政令指定都市において、風力発電の環境影響評価や環境調査等に関する要綱、ガイドライン等を作成しているのは、都道府県では秋田県、静岡県、鳥取県、島根県の4団体、政令指定都市では浜松市の1団体である。環境影響評価等の実施状況に関するアンケート調査[9]によると、風力発電施設[10]のうち、条例以外による環境影響評価等の項目として、1万

---

4) 経済産業省産業技術環境局二酸化炭素回収・貯留(CCS)研究会「CCS実証事業の安全な実施にあたって」(2009)では、環境アセスメントを実施する場合の留意事項について述べている。
5) 具体例として、CCS回収までであるが、四国電力石炭火力発電所計画がある。
6) 前掲報告書24-25頁。
7) 牛山泉監修・日本自然エネルギー株式会社編著『風力発電マニュアル2005』(エネルギーフォーラム、2005)。
8) NEDO「風力発電のための環境影響評価マニュアル(第2版)」(2006)。
9) 環境省「環境影響評価等の項目、手続等についてアンケート調査(2008年2月~3月)」。

稼働年月が2003年4月~2008年3月(平成15年度~平成19年度)の期間内であり、総出力が500kW以上の風力発電施設を設置する事業者を対象に、風力発電施設の設置に当たって実施している。

kW以上の風力発電施設40件については、すべての事例で騒音及び景観を項目として選定している。また、98％の事例で鳥類を項目として選定している。また、1万kW未満の風力発電施設については、全ての事例で騒音を項目として選定しており、他、94％の事例で鳥類を、89％の事例で景観を項目として選定している。環境影響評価等の手続をみると、条例以外の環境影響評価等では、1万kW以上の風力発電施設については、93％の事例で「住民説明会の開催」、「住民の意見聴取」を行っている。その一方で、1万kW未満の小規模の風力発電施設については、71％の案件で「住民説明会の開催」を実施しており、65％の案件で「住民の意見聴取」を行っている。

　また、風力発電施設設置の環境影響評価については、法による取組みに比べて情報公開や客観性の確保が不十分であることから、事業者等の被規制主体の意思形成プロセスに環境配慮を組み込むという観点から、法の対象として検討するべきである[11]。

(6) その他の課題

　法2条では、対象事業として、第一種事業種13業種に限定している。これは、①事業形態として環境影響が著しいかどうか、②国家的な問題か、地方制度に任せられる問題か、③社会的要請が高い問題か、④環境影響評価の実効性を確保できるかどうか、などを勘案して決定されてきた。これまで対象規模が小さな事業については、簡易アセスメントとして捉え、地方制度に委ねてきたというのが現状であり、簡易アセスメントの導入については、慎重な検討が必要であるとの意見が少なくない[12]。ところで、米国における簡易アセスメント（EA）とは、あらゆる事業の実施前に10ページ程度の予備的な文書を作成するものである。米国の制度の枠組みについては、わが国の法制度との違いが大きい。そのため、その制度の導入によって、法の法定要

---

10) NEDO「日本における風力発電設備・導入実績（2008年3月末現在）」。
11) 環境省「国立・国定公園内における風力発電施設設置のあり方に関する基本的考え方」（平成16年2月）の内容を受け、風力発電施設の新築、改築及び増築に関する許可の審査基準を新たに定めること等を内容とする自然公園法施行規則（省令）の一部改正がなされている。また、環境省では、2010年10月から「風力発電施設に係る環境影響評価の基本的考え方に関する検討会」を設置して検討をしている。
12) 前掲報告書26-27頁。

件の枠組みを見直す必要がある。また、第二種以下の規模要件のものについては、条例アセスに委ねているため、条例への配慮という観点が必要であろう。

2 スコーピング
(1) 論点
これについては、①方法書段階の説明の充実という観点と、②スコーピングに関する手続の強化の観点から議論がある。

① 方法書段階の説明の充実
法17条では説明会の開催は準備書段階のみの義務づけとなっているが、方法書の分量が多く内容も専門的であることや、公共事業におけるPI等の取組み[13]の進展といった状況を踏まえ、方法書段階での説明会を義務化すべきである。なお、構想段階で住民等とのコミュニケーションといった所要の取組みを実施しているPI事業にまで一律に方法書段階での説明会を求める必要はないことから、構想段階における取組みと関連づけて検討すべきであろう[14]。

② スコーピングに関する手続の強化
方法書は、「対象事業に係る環境影響評価（調査・予測・評価）を行う方法」の案について、環境の保全上の見地からの意見を求めるために作成する図書である。方法書の作成から各主体の意見の聴取を経て環境影響評価の項目及び手法の選定に至るまでの一連の過程において、項目及び手法を絞り込むという意味でスコーピング[15]と言っており、現行法では、方法書手続前又は方法書手続と並行して事業実施予定地等の調査を行うことについて、特段の制限は設けられていない。方法書の作成に当たって一定の事前調査が必要な事案もあり、環境省のSEA導入ガイドライン[16]でも構想段階において必要があれば、現地調査を実施することが想定されていることから、必要に

---

[13] 国土交通省「構想段階における市民参画型道路計画プロセスのガイドライン」（平成15年）。

[14] 前掲報告書27-29頁。

[15] 北村・前掲注(1) 154頁は、スコーピングによって「定食型アセスメント」から「オーダー・メイド型」になったと指摘する。

応じて現地調査を認めるべきである。

　また、方法書は、あらかじめどのような項目が重要であるかを把握することにより、調査、予測、評価の手戻りを防止し、効率的なアセス評価を可能とする。しかし、その方法書の記載内容が不十分な場合、①方法書を差し戻す、②準備書案で対応する、の二つの対応がありうるが、方法書は熟度の低い段階で作成されることが想定されており、対策内容の決定に関する被規制主体の自主性の尊重という観点からは、①の対応は望ましくない[17]。

3　国の関与

　これについては、①環境大臣の関与のない事業の取扱いと、②方法書段階での環境大臣の関与が論点になる。

(1)　論　点

①　環境大臣の関与のない事業の取扱い

　法の対象事業の中には、公有水面埋立事業のように、地方分権の推進等により事業自体に対する国の許認可がなくなったため、環境影響評価手続の中で国の関与がなくなったケースがみられる。地方公共団体に対するアンケート[18]によると、このようなケースに関して環境大臣の関与が必要という意見がある。総合研究会の議論においても、国と地方公共団体の二重行政の回避といった地方分権の観点から許認可手続きが見直されるのは当然のことであるが、広域的な環境保全等の観点から、手続において環境大臣が関与する機会を設ける必要があるとの多くの指摘があった[19]。地方分権が進められている中で、都道府県の意思決定に対して国の関与を単純に拡大することは適切ではないが、公平性、透明性、信頼性及び手続きの適正の確保といった「法の支配」との親和性の観点から、広域的な環境保全を必要とする事業については、環境大臣が関与するあり方について検討する必要がある。

---

16)　環境省「戦略的環境アセスメント導入ガイドライン（上位計画のうち事業の位置・規模等の検討段階）」(2007)。
17)　前掲報告書29頁。
18)　環境省「平成19年度環境影響評価制度に関するアンケート調査」。
19)　前掲報告書29-30頁、51頁。

② 方法書段階での環境大臣の関与

法24条は、環境大臣の関与は、評価書の段階としている。これまで、環境大臣の関与は、免許等を行う者に第三者審査として環境大臣が主体的に必要に応じて意見を言うことで、当該事業に環境行政の立場を反映させるものとしていた。しかし、その時期が免許等を行う者が評価書に意見を述べる段階で述べることとしており、早期の段階のものではなかった。そこで、環境影響評価の初期段階から監視・関与するため、方法書・評価書と二段階で環境大臣意見を提出できるようにすべきである。この点について、環境影響評価の項目等の選定に当たって事業者が主務大臣に助言を求めることができるとする法11条2項の規定を受けて、この段階で環境大臣にも助言を求めることができるようにする工夫ができる[20]。

(2) 国の関与の実態

公有水面埋立法では、国以外の者が行う事業については、知事等の免許に先立ち国土交通大臣が認可を行うこととされており、その際、50ヘクタールを超える埋立及び環境保全上特別の配慮を要する埋立てについては、同法に基づく措置として環境大臣の意見が求められる仕組みとなっている。同法では国直轄の事業については、大正11年の内務省通知により、国が行う事業に対する知事の承認に当たって、国以外の者が行う事業と同様に国の認可を必要とする運用を実施しており、この際に環境庁長官（当時）の意見を求める運用がなされていた。しかし、地方分権法の施行を契機として、平成12年4月から上記の通知による措置が廃止されることになり、国が事業主体の埋立事業については、環境大臣の意見が求められなくなった。公有水面埋立法による公有水面の埋立て及び干拓の事業は、環境影響評価法に基づく手続を要する対象事業として規定されているが、公有水面埋立法の免許権者は知事又は港湾管理者の長であり、環境影響評価法上は、すべての事業について、評価書に関する環境大臣に対する意見照会は行われないのが実態である。そこで、公有水面埋立事業の大臣関与が議論となった事例[21]では、環境大臣の関与の手続が必要ではないかという指摘[22]がなされている。

---

20) 環境庁環境影響評価研究会『逐条解説環境影響評価法』（ぎょうせい、1999）109頁。

4 許認可への反映・事後調査・リプレース

(1) 許認可への反映

環境影響評価結果の許認可等への反映について指摘された事項は、許認可等を行うに当たっての「環境の保全についての適切な配慮」に係る審査基準を明確化すべきという指摘がある。しかし、最低限クリアーすべき審査基準の明確化については、現行法ではベスト追求型の評価の視点を取り入れていることを踏まえれば、現行法の趣旨にそぐわないといえる。また、許認可等権者が許認可等に関する判断を下した場合に環境保全をどのように考慮したかについては、どのように配慮したかを公表することは環境影響評価手続きの実効性の担保にも資すること等から、許認可等の際の環境保全への配慮と他の公益との比較考量の検討経緯について、事業の内容に応じ公表させる必要性について検討の余地がある。

(2) 事後調査

事後調査の統一的な制度化については、環境影響評価の結果を共有することは環境影響評価の質の担保や今後の環境影響評価技術の発展に有効であり、事前に実施した環境影響評価に関してその実際の結果を評価する視点は必要であって前向きに検討すべき課題である。今後行われる環境影響評価に対して知見を活用し、環境影響評価の質を担保するためには事後調査の結果は公表すべきであるが、複数の地方公共団体にまたがる事業の場合、事後調査について統一的な取扱がなされないので、国の関与が必要となる。

また、環境影響評価の結果を許認可等に確実に反映させることとし、許認可の段階で手続きが完結する現行法の仕組みの中、許認可等がなされた後の段階でどのような法的根拠によって事後調査を義務付けるかについては、以下のような考え方がある。

①許認可等を行う際に、予測の不確実性等を理由に事後調査の実施及び報告を許認可等の附款という形で義務づける。

---

21) 沖縄県中城湾港泡瀬地区公有水面埋立事業(平成12年環境影響評価手続終了案件)は、上記の通知による措置が廃止された後の事業であるため、環境影響評価手続及び公有水面埋立法に基づく承認・免許の手続において、環境省の関与の機会は設けられていない。
22) 衆議院環境委員会(平成21年3月17日)岡崎トミ子議員等。

②事後評価によって事前評価の問題を見出して、それを改善していく評価のサイクルの観点から、事後調査を許認可等の附款ではなく法で一律に義務づける。

また、事後調査を導入するのであれば、事後調査の結果が事前の予測と大きく違っていた場合にどのような保全措置を講じるのかをあらかじめ明らかにしておく必要がある。

さらに、予測の不確実性について社会的な受容性があるのかという点については十分な議論が今後、必要であろう。

(3) リプレース等への対応

老朽化した施設をリプレースする場合等について、環境影響評価手続期間を短縮する必要があるのではないかということが議論になっている。火力発電のリプレースは温室効果ガスの削減にも資することから、このような事業に対する環境影響評価手続期間の短縮の可能性を引き続き検討していく必要があるが、その一方で、閣議決定要綱に基づく環境影響評価では保全目標クリアー型の評価が基本となっていたが、環境影響評価法ではベスト追求型の評価の視点が取り入れられており、方法書手続におけるスコーピングを通じて効率的でメリハリのある環境影響評価を行うこととしている[23]。そこで、リプレースのようなケースについても、手続の簡略化を行うことはベスト追求型の環境影響評価を進める観点からみると、必ずしも適当とはいえない。そこで問題となる所要期間の短縮については方法書手続の活用により対応すべきである。

Ⅲ 改正法の概要

1 改正法をめぐる論点への対応

(1) 対象事業の見直し

① 補助金事業の交付金化への対応

法対象事業に係る事業種・規模相当に該当する場合であっても、交付金化

---

[23] 環境影響評価法に基づく基本的事項（最終改正：平成17年3月30日環境省告示第26号）。

した事業については現行法の規定では法対象事業とならないことから、規制行政庁の一定の関与による実効性の確保の観点から補助金事業の交付金化に伴う必要な措置を行う必要があった。改正法は、交付金事業を対象事業に追加した。

② 条例等による事業種への対応

法の定める13事業種以外に条例で対応する事業種の中では、風力発電施設に関する環境影響評価の取扱いが検討課題にされた。この背景には、風力発電事業の大幅な増加とシャトルの風きり音による騒音等への苦情や鳥類への被害が問題となっていた。改正法では、風力発電所を政令改正事項として、対象事業に追加することになった。

(2) 計画段階配慮書の手続の新設

改正法においてその制度化が検討され、事業段階での柔軟な環境保全の視点を確保するために、計画段階配慮事項の手続を新設し、事業の検討前段階における環境影響評価を実施することになった。具体的には、図1に示すように、第一種事業を実施しようとする者は、事業計画の立案段階の実施区域等の決定を行う段階でこの手続を実施するとしている（改正法第3条の2）。

すなわち、改正法第3条の2は、「第一種事業を実施しようとする者は、第一種事業に係る計画の立案の段階において、当該事業が実施されるべき区

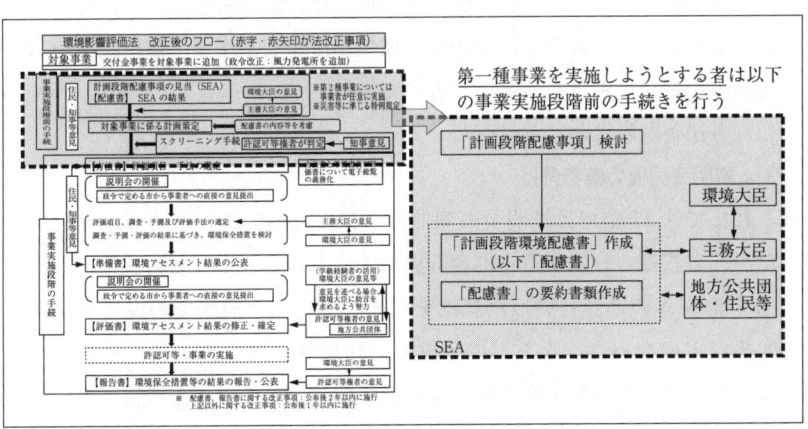

図1 改正法のフローと事業実施前手続

（出典：環境省ホームページ改正法案の概要）

452　第6章　基本法・横断法

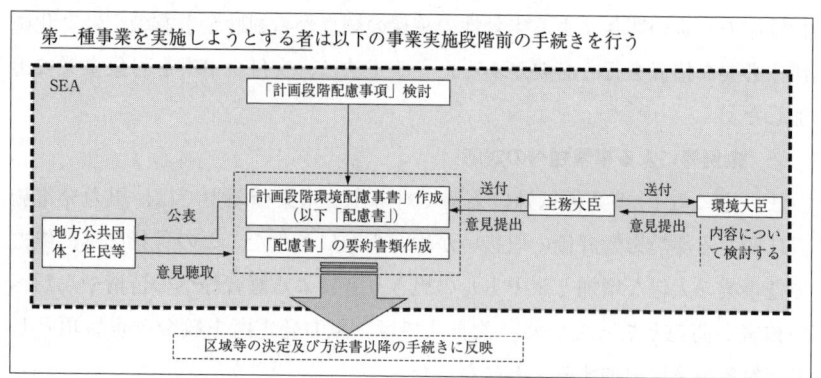

図2　計画段階配慮手続のフロー

[図：第一種事業を実施しようとする者は以下の事業実施段階前の手続きを行う
SEA枠内：「計画段階配慮事項」検討 →「計画段階環境配慮事項書」作成（以下「配慮書」）→「配慮書」の要約書類作成；地方公共団体・住民等（公表、意見聴取）；主務大臣（送付、意見提出）；環境大臣（送付、意見提出、内容について検討する）→区域等の決定及び方法書以降の手続きに反映]

（出典：環境省ホームページ改正法案の概要）

域その他の事業の種類ごとに主務省令で定める事項を決定するに当たっては、事業の種類ごとに環境大臣と協議して定める主務省令で定めるところにより、一又は二以上の当該事業の実施が想定されるべき区域（以下「事業実施想定地域」という。）における環境の保全のために配慮すべき事項（以下「計画段階配慮事項」という。）についての検討を行わなければならない。」と規定する。

　これにより、図2に示すように、第一種事業実施者は、計画段階配慮事項の検討を行った計画段階環境配慮書を作成し、これを公表して、住民や知事の意見を聴取し、また、主務大臣及び環境大臣に配慮書を送付し、付された意見に配意して、対象事業にかかる区域等を決定し、事業実施段階での方法書以降の手続に反映させるというものである。

(3) 方法書段階における見直し

① **説明会開催の義務付け**

　これまで法17条では説明会の開催は準備書段階のみの義務づけとなっていたが、方法書の分量が多く内容も専門的であることや、公共事業におけるPI等の取組みの進展といった状況を踏まえ、方法書段階での説明会を義務化することになった。なお、構想段階で住民等とのコミュニケーションといった所要の取組みを実施しているＰＩ事業においては、方法書段階での説明会を求める必要はないとされる。また、事業実施段階前の手続においても

説明会の開催義務は規定されていない。
　② 主務大臣助言への環境大臣意見
　これまで法24条は、環境大臣の関与は、評価書の段階としてきた。それは、環境大臣の関与は、免許等を行う者に第三者審査として環境大臣が主体的に必要に応じて意見を言うことで、当該事業に環境行政の立場を反映させるとの位置づけであった。しかし、その時期が免許等を行う者が評価書に意見を述べる段階で述べることとしており、早期の段階のものではなかったことから、環境影響評価の項目等の選定に当たって事業者が主務大臣に助言を求めることができるとする法11条2項の規定を受けて、この段階で環境大臣にも助言を求めることができるように改正したものである。
(4) 電子縦覧の義務化
　カナダなど諸外国の制度においても電子縦覧の仕組みがみられるが、わが国においても行政手続きの電子化の進展がみられる。これまでアセス図書に関しては、紙媒体での縦覧であったが、その縦覧は事業実施地域に限定されることが少なくなかった。そこで、電子媒体化して、縦覧することを義務化することで、より多くの住民の意見集約が期待される。ただし、希少種情報や安全保障に係るケースについてはマスキングをする場合はありうるであろう。
(5) 政令市の長の意見提出
　これまでは都道府県知事が市町村長意見を踏まえて事業者に意見を提出する仕組みであったが、地方分権推進の要請や条例自治体のタイトな審査日程の中での意見提出が困難な場面もあるため、政令で定める市にあっては、当該事業に係る環境影響が当該政令市にとどまる場合には、直接、事業者に意見の提出ができるように改正した。その場合、都道府県知事においても広域的な観点からの意見提出が可能になるような制度的手当が必要となろう。
(6) 評価書段階における見直し
　① 環境大臣の関与のない事業の取扱い
　法の対象事業の中には、公有水面埋立事業のように、地方分権の推進等により事業自体に対する国の許認可がなくなったため、環境影響評価手続の中で国の関与がなくなったケースがみられる。地方分権が進められている中

で、都道府県の意思決定に対して国の関与を単純に拡大することは適切ではないが、公平性、透明性、信頼性及び手続の適正の確保といった「法の支配」との親和性の観点から、広域的な環境保全を必要とする事業については、環境大臣が関与するあり方について検討する必要が指摘されていた。そこで、許認可権者である地方公共団体の長が意見を述べる際に、環境大臣に助言を求めるように努めることが規定された。なお、評価書に対して環境大臣が意見を述べる際、特に専門的知見が必要な案件については外部有識者をこれまでも活用してきたが、意見形成過程の透明性を確保する意味で、学識経験者の活用についても措置することとなった。

(7) 環境保全措置等の結果の報告・公表

事後調査の統一的な制度化については、環境影響評価の結果を共有することは環境影響評価の質の担保や今後の環境影響評価技術の発展に有効であり、事前に実施した環境影響評価に関してその実際の結果を評価する視点は必要であって前向きに検討すべき課題である。今後行われる環境影響評価に対して知見を活用し、環境影響評価の質を担保するためには事後調査の結果は公表すべきであるが、これまでは複数の地方公共団体にまたがる事業の場合、事後調査について統一的な取扱がなされないという状況がみられた。また、事後調査を報告・公表する仕組みがなかったので、そのため、事後調査結果について住民や行政が確認できないという課題があった。そこで、改正法では、環境保全措置等の結果を報告・公表する規定を置くことになった。

改正法の規定では、「評価書の公告を行った事業者は、環境保全措置（回復することが困難であるためその保全が特に必要であると認められる環境に係るものであって、その効果が確実でないとものとして環境省令で定めるものに限る。）、事後調査及び事後調査により判明した環境の状況に応じて講ずる環境措置であって、当該事業の実施において講じたものに係る報告書を作成し」、「作成したときは、評価書の送付を受けた者（免許等を行う者等）にこれを送付するとともに、公表しなければならない。」とされた。

事後調査の手続には、環境大臣意見を事後調査のどの段階に位置づけるのかという問題があるが、一般に、工事中、供用・存在時の二つの段階がある。改正法は、事後調査や環境保全措置は、当該事業の実施において講じた

ものに係る報告書とあることから、工事中までと狭義に解する考え方と存在・供用時を含めると解する考え方がありうる。環境大臣意見としては、環境保全措置の適否について、工事中の段階の報告書に意見を述べることにより、場合によっては、事業者に対して、事後調査を含む環境保全措置を変更ないし追加させることも可能となりうると思われる。また、事後調査は、現行アセス法では「工事中及び供用後の環境の状態等を把握するための調査」とされていることから、その実施期間については、調査項目や環境保全措置の内容によって異なり得るが、一般に、事後調査報告書の多くは、動植物や生態系については3カ月から5年程度、大気汚染や騒音等の物理現象の場合には1日から3年程度とされている。そこで、これまでの法対象事業の実施状況や現行の基本的事項の留意事項を踏まえ、実態に即して設定することが望ましい。また、事後調査の終了の判断には、第三者による判断を入れることで客観性等を担保することができると思われる。

IV 戦略的環境影響評価をめぐる議論

SEAもしくは戦略アセスの制度的な捉え方については、1990年に公表された環境省の戦略的環境アセスメント総合研究会報告書が参考になる[24]。そこでは、SEAの意義と目的について、SEAとは、政策（policy）・計画（plan）・プログラム（program）という事業に先立つ3つのPを対象とする環境アセスメントと定義し、環境に影響を与える施策の策定に当たって環境への配慮を意思決定に統合し、事業の実施段階での環境アセスメントの限界を補充するものと意義づけている。また、SEAの原則として、諸外国の制度の研究結果から、以下のように整理している。①計画等を決定するための既存の手続とSEAとの関係としては、環境面に焦点を絞り関係者を適切に位置づけた独立した手続であり、SEA結果の計画等策定者の意思決定（最終判断）への確実な反映等が求められていること。②評価の手続等に関する原則としては、評価の主体は計画等の策定者であるが、公衆や専門家、環境の保全に責任を有する機関（部局）の関与等が必要であること。③スコーピング及び評価に関する原則としては、立地を含めた複数案の比較評価、広域

---

24) 環境省SEA総合研究会報告書（平成12年8月）。

的な視点から環境改善効果も含めた評価およびスコーピングで目的や制約条件を明確化等が必要であること、などが明らかにされた。また、今後、SEA導入に当たっての留意点として、①対象とする計画等の内容やその立案プロセス等に即した弾力的な対応を図ること、②対象の抽象性からくる不誠実性を前提とした評価にならざるを得ないこと、③環境情報を提供する評価文書は分かりやすく記載すること、④事業の実施段階での環境アセスメントとの重複を回避する工夫が必要なこと、などが挙げられた。さらに、今後の方向としては、当然のことながら、まずできるところからの取組みが求められており、環境影響評価法（平成9年6月13日法律第81号）で導入されたスコーピング手続を活用しつつ、各種の計画等の策定主体となることが多い地方公共団体における取組みの支援するため、各計画等の策定主体の参考となるガイドラインの整備を推進することとなった。

1　最近の戦略的環境影響評価への取り組み

(1) 国の動向

ここ数年の動きを時系列的に整理すると、以下のようになる。

まず、2006年の第3次環境基本計画[25]において、「上位計画や政策の決定における環境配慮のための仕組みである戦略的環境アセスメントについては、近年、欧州各国や後進国においてその推進が図られ、わが国でも、環境影響評価法において港湾計画に係る環境影響評価が定められている。欧州連合等の加盟国や一部の地方公共団体において、上位計画が及ぼすおそれのある環境影響への配慮に関する、評価書等の作成や環境部局と関係機関との協議等が制度化されていること等から、それらの進展状況や実施例を参考にし、国や地方公共団体における取組の有効性、実効性の十分な検証を行いつつ、わが国における計画の特性や計画決定プロセス等の実態に即した戦略的環境アセスメントに関する共通的なガイドラインの作成を図る。これらの取組を踏まえ、欧州等諸外国における戦略的環境アセスメントに関する法令上の措置等も参考にしながら、上位計画の決定における戦略的環境アセスメントの制度化を進める。さらに、政策の決定における戦略的環境アセスメント

---

[25]　平成18年4月7日閣議決定。

に関する検討を進める。」と位置付けられた。

2007年4月にSEAの共通的な手続等を示す「戦略的環境アセスメント導入ガイドライン」(上位計画のうち事業の位置・規模等の検討段階)[26]が取りまとめられ、①ガイドラインの目的、②対象計画、③実施主体について、以下のように整理された。なお、図3にガイドラインと公衆や地方自治体とのかかわりについて示した[27]。

① ガイドラインの目的

このガイドラインは、事業に先立つ早い段階で、著しい環境影響を把握し、複数案の環境的側面の比較評価及び環境配慮事項の整理を行い、計画の検討に反映させることにより、事業の実施による重大な環境影響の回避又は低減を図るため、上位計画のうち事業の位置・規模等の検討段階のものについてのSEA（戦略的環境アセスメント）の共通的な手続、評価方法等を定め

図3 戦略的環境アセスメント導入ガイドライン
(上位計画のうち事業の位置・規模等の検討段階)

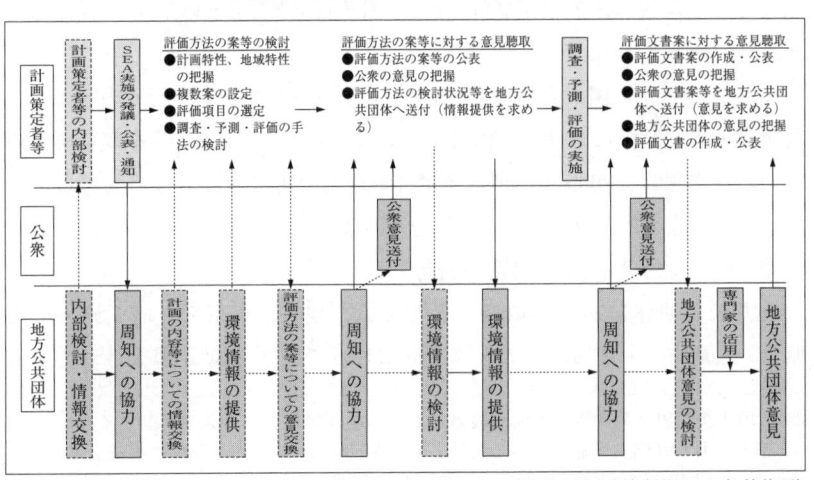

(出典：環境省資料注26に加筆修正)

26) 戦略的環境アセスメント総合研究会「戦略的環境アセスメント報告書」(平成19年3月)。
27) 各都道府県知事・政令指定都市市長あて環境省総合環境政策局長通達(平成19年4月5日環政評発第070405002号)。

るものであり、これによりSEAの実施を促すことを目的とする。

② **対象計画**

このガイドラインの対象とする計画は、環境影響評価法に規定する第一種事業を中心として、規模が大きく環境影響の程度が著しいものとなるおそれがある事業の実施に枠組みを与える計画（法定計画以外の任意の計画を含む。）のうち事業の位置・規模等の検討段階のもの（以下「対象計画」という。）を想定している。本ガイドラインに基づきSEAの導入を検討するに当たっては、対象計画の特性や事案の性質、地域の実情等を勘案しつつ、検討するものとする。

③ **実施主体**

意思決定者の自主的環境配慮という環境アセスメントの原則及び環境配慮を意思決定に円滑に組み込むという目的に鑑みれば、SEAは、対象計画の検討経緯、設定可能な複数案、検討すべき配慮事項及びそれらを検討すべき適切な時期等について最も知見を有し、また各方面から必要な情報を適時に収集できる対象計画の策定者等（以下「計画策定者等」という。）が行うことが適当であるとする。

また、2008年に国土交通省は、5年経過を目途に見直しを行う内容の「公共事業の構想段階における計画策定プロセスガイドライン」[28]を取りまとめている。さらに、2009年、環境省は「最終処分場における戦略的環境アセスメント導入ガイドライン」（案）[29]を取りまとめている。

(2) 地方におけるSEA制度の動向

地方公共団体における取組みとしては、現在、東京都・埼玉県・千葉県[30]・広島市[31]・京都市[32]の5都県市においてSEA制度が導入されている

---

28) 国土交通省「公共事業の構想段階における計画策定プロセスガイドライン」（平成20年4月）、「国土交通省所管の公共事業の構想段階における住民参加手続きガイドライン」（平成15年6月30日国土交通事務次官通知）。

29) 環境省「一般廃棄物：最終処分場における戦略的環境アセスメント導入ガイドライン（案）」（平成21年3月）において、都道府県廃棄物処理計画、ごみ処理広域化計画、循環型社会形成推進地域計画、一般廃棄物処理基本計画、一般廃棄物処理実施計画を対象とした取組みが示されている。なお、環境省「廃棄物分野における戦略的環境アセスメントの考え方」（平成13年9月）参照。

30) 千葉県「計画段階環境影響評価実施要綱」（平成20年4月）。

が、その他の道府県及び政令市の約半数近くにおいてSEA制度が検討されている状況にある[33]。

　要綱としての取組みとしては、2002年4月1日に実施された埼玉県要綱があげられる[34]。これは事業アセスとは別の独立したものであり、多段階型アセスメント制度である。計画書を公表して、「環境の保全と創造の見地からの意見を有する者」の意見を聞き、修正を加えて報告書として再び公表し、意見を求め、公聴会を経て知事が審査意見を計画策定者に送付するというものである。制度の目的は、環境に著しい影響を及ぼすおそれのある道路、鉄道、廃棄物処理施設などの計画等の案を作成する段階において、計画策定者が、社会経済面の効果や環境面の影響を予測評価した内容を県民等に開示し、情報交流をすることにより、幅広く環境配慮のあり方を検討するものとされている。

　このように、複数の計画案等について環境面からの比較考量等を原則としつつ、関連する社会経済面の影響の推計と連携させながら環境アセスメントの実施を図るものとされている。また、累積的影響・複合的影響を検討するために計画等の種類や内容、対象地域に応じた、効果的・効率的な戦略的環境アセスメントの予測・評価手法を採り入れている[35]。環境の範囲についても、従来の埼玉県環境基本条例の理念に基づき、県の環境基本計画で扱う範囲なども踏まえつつ、現行の環境影響評価制度における調査、予測及び評価の項目より幅広い領域（安全、防災を含む）を扱っている。予測・評価手法の具体例や手法の選定については、その考え方をまとめたガイドラインを整備し、定期的に更新し、また、戦略的環境アセスメントの実施に役立つ環境

---

31) 広島市「広島市多元的環境アセスメント基本構想―持続可能な社会を目指して」（平成15年3月）、広島市環境局「廃棄物最終処分場整備計画の策定における多元的環境アセスメントガイドライン」（平成16年3月）、「広島市多元的環境アセスメント実施要綱」（平成16年4月）。

32) 京都市「京都市計画段階環境影響評価（戦略的環境アセスメント）要綱」（平成16年10月）。

33) 最近の環境省の調査によれば、条例又は要綱で導入済み、導入を検討中、関連する取り組みを実施している自治体は、62団体中それぞれ5団体、25団体、18団体である。拙稿「政策アセスメントと環境配慮制度」増刊ジュリスト66頁（1999）。

34) 埼玉県戦略的環境影響評価実施要綱（平成14年3月27日知事決済）。

35) 埼玉県「戦略的環境影響評価技術指針」（平成14年6月27日環境防災部長決裁）。

情報の整備も行うこととしている。

　条例段階のものとしては、2002年の改正東京都環境影響評価条例による計画段階と事業実施段階におけるアセスメントを一体一連とする計画段階アセスメント制度があげられる[36]。これは、個別計画、広域複合開発計画についてより早期の段階で環境への影響について、あらかじめ調査・予測・評価を行い、その結果を公表して広く意見を求めることで、事業者が環境に配慮したよりよい計画をつくるための仕組みを目指している。2003年1月1日から施行されているが、具体的な計画段階のアセスの案件は、2004年10月の「豊洲新市場建設計画」や「国分寺都市計画道路3・3・8号府中所沢線計画」の2事例[37]がある。前者は施設の配置計画を主体として複数案（3案）を提案し、後者は特例環境配慮書による都市計画道路の複数案を提示するものである。後者の特例環境配慮書の場合には、図4に示すように、計画段階のアセスメント時に評価書案相当の内容を行なうことで、事業段階アセスメントの評価書案作成の免除を受けることができるというティアリング制度を

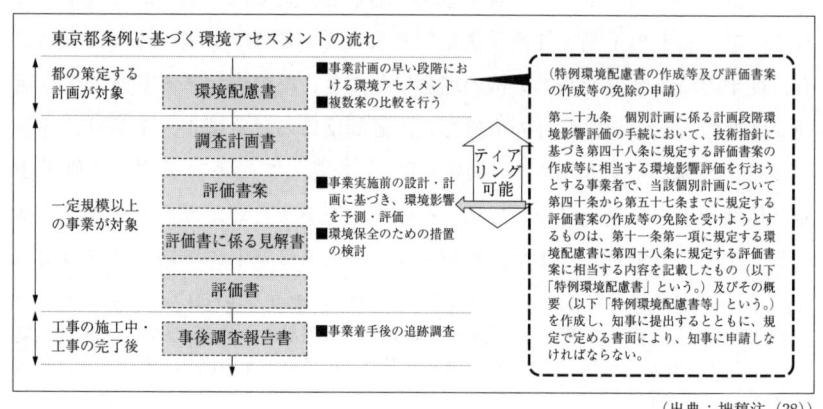

図4　東京都の制度とティアリング

（出典：拙稿注（38））

36）　東京都環境影響評価条例（昭和55年10月20日条例第96号、改正平成11年6月）。
37）　なお、現在手続中の案件として、「（仮称）東京港臨港道路南北線建設計画」があり、これは、東京都が計画する臨港道路（延長・区間：約2.5km〜約4.2km、車線数・道路規格：往復4車線）である。東京都：（仮称）東京港臨港道路南北線建設計画環境配慮書参照。

導入したものである。ただし、東京都の条例では、事業者から提出された特例環境配慮書について、その後のどの段階の環境図書を免除するかを判定する手続き的な仕組みが用意されていない。そのため、評価書案の段階までの免除申請が提出された場合、条例で定める住民関与の手続きは特例環境配慮書の段階の１回に留まり、手厚く住民関与を定めた条例の仕組みが形骸化するおそれがある。この点は、運用上も含め、今後の検討課題として残されている。地方自治体の取組みについては、表１にとりまとめたので参照されたい[38]。

表１　上位計画に関する地方自治体のSEA制度その１及びその２

上位計画等に対するSEA制度　その１

	埼玉県（戦略的環境影響評価実施要綱）平成14年4月1日実施	東京都（環境影響評価条例）平成15年1月1日実施	広島市（多元的アセスメント実施要綱）平成16年4月1日実施）	京都市（計画段階環境影響評価要綱）平成16年10月1日実施
主旨・目的	環境配慮が目的	環境配慮が目的	環境配慮が目的	環境配慮が目的
対象計画	個別事業の構想・基本計画が対象	複数の事業等を総合した地域全体の開発計画及び個別事業の構想・基本計画が対象	個別事業の構想・基本計画が対象	上位計画及び個別事業の構想・基本計画が対象
SEA実施主体	対象計画等の策定主体	対象計画等の策定主体	対象計画等の策定主体	対象計画等の策定主体
対象計画等策定プロセスとの関係	環境配慮が計画等の意思決定プロセスと独立した手続き	環境配慮が計画等の意思決定プロセスと独立した手続き	環境配慮が計画等の意思決定プロセスと独立した手続き	環境配慮が計画等の意思決定プロセスと独立した手続き
環境面の評価文書作成	環境面からの評価結果を取りまとめた評価文書を作成	環境面からの評価結果を取りまとめた評価文書を作成	環境面からの評価結果を取りまとめた評価文書を作成	環境面からの評価結果を取りまとめた評価文書を作成
環境面の評価項目の選定（スコーピング）	環境面及び社会・経済面からの評価結果を取りまとめた評価文書を作成	環境面からの評価結果を取りまとめた評価文書を作成	環境面及び社会・経済面からの評価結果を取りまとめた評価文書を作成	環境面からの評価結果を取りまとめた評価文書を作成
複数案の比較評価	対象計画等の立案段階で検討している複数案について相対的に評価	対象計画を策定しようとするとき複数の対象計画の案を策定し環境配慮書を作成	複数案について比較検討	複数案について比較検討

[38] 拙稿「戦略的環境影響評価（地方自治体も含む）」環境法政策学会編『環境影響評価』（商事法務、2011）14-29頁。

462　第6章　基本法・横断法

上位計画等に対する SEA 制度　その2

	埼玉県	東京都	広島市	京都市
累積的・複合的影響の評価	（規定なし）	その実施が複合的かつ累積的に環境に著しい影響を及ぼすおそれのある開発計画として「広域複合開発計画」を対象	（規定なし）	（規定なし）
公衆・専門家の関与	意見書の提出、公聴会の開催（公衆）	意見書の提出、説明会、意見を聴く会の開催（公衆）	意見書の提出、説明会・公聴会の開催（公衆）	意見書の提出、説明会の開催（公衆）
	知事の求めにより戦略的環境影響評価技術委員会を設置（専門家）	知事の付属機関として東京都環境影響評価審議会を設置（専門家）	専門家で構成する環境影響評価審査会を設置（専門家）	専門家で構成する環境影響評価審査会を設置（専門家）
環境部局の関与	関与する	関与する	関与する	関与する
具体例	・地下鉄7号線延伸計画（浦和美園～岩槻）［鉄道の建設］ ・所沢市北秋津地区土地区画整理事業（基本構想）［土地区画整理事業］ ・彩の国資源循環工場第Ⅱ期事業基本構想［廃棄物処理施設の設置・工業団地の造成］	・豊洲新市場建設計画（卸売市場の設置・自動車駐車場の設置） ・国分寺都市計画道路3・3・8号府中所沢線建設事業［道路の新設］		・プラスチック製容器包装中間処理施設整備計画［ごみ処理施設］（第二種計画） ・伏見区総合庁舎整備の事業計画［建築物の新築］（第二種計画） ・下京消防署新築整備事業計画［建築物の新築］（第二種計画） ・京都市立病院再整備基本計画［建築物の新築（増築）］（第二種計画）

（出典：拙稿注（38））

(3) 改正法にみる SEA の位置づけ

2000年の総合研究会報告書での SEA の設計イメージは、上位計画段階における事業段階アセスと同様の手続きを導入するというプロトタイプ型のものであった。図5参照。しかし、2007年の SEA ガイドラインでは、いわば、現行の事業実施段階の手続きを少し前倒しし、位置・規模の検討段階において複数案を検討する、現行 EIA 拡張型とでもいえる設計イメージになっている。今回のアセス法の改正法もそれを踏襲しているといえる。

図5 SEAの設計イメージ

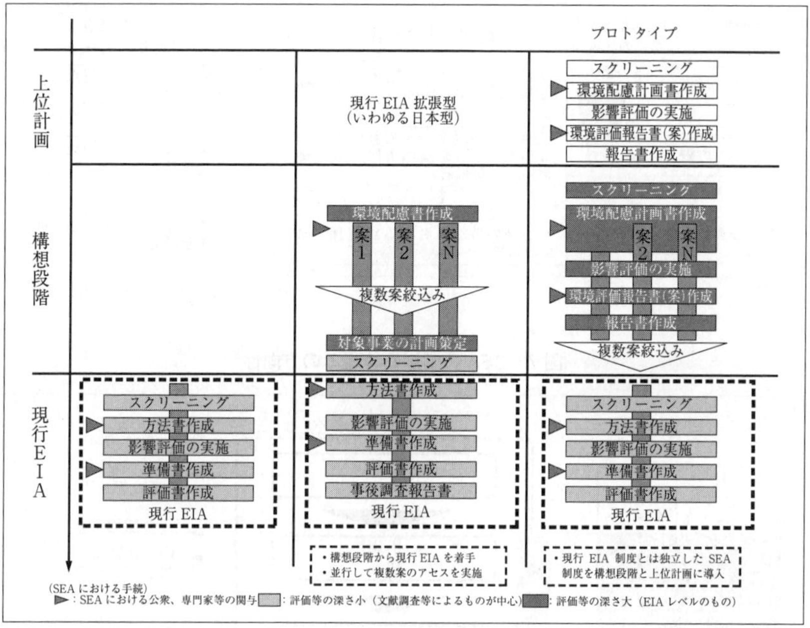

(出典:拙稿注(38))

2 わが国で検討された戦略的環境アセスメントの位置づけと評価

わが国における SEA の位置づけは、図5に示すように個別の事業実施に先立つ「戦略的な意思決定段階」、すなわち個別の事業の計画・実施に枠組みを与えることになる計画を対象とする環境アセスメントとされている。

それは、図6にみるように、SEA 段階は、EIA 段階や事後調査段階に比べて、事業内容の熟度が低く、環境保全にかかる検討は、複数案の比較評価を踏まえた環境配慮事項を検討する段階にあり、評価の視点や調査の方法については、広域的・長期的視点で既存の資料調査によるものと位置づけられるものである。

しかし、今回の改正法案は、環境基本法20条の枠組み[39]での整理に留

---

39) 発電所に関しては、2007年戦略的アセスメント共通ガイドラインでは対象から外れているが、今回の改正法案は対象を第一種事業の13業種としているため、発電所の新増設はすべて対象になる。

図6 環境影響評価の各段階における検討

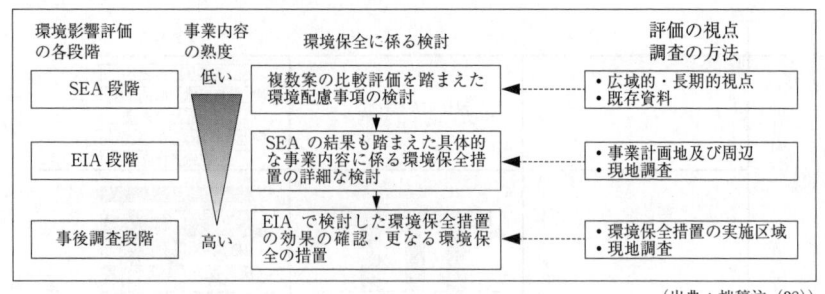

環境影響評価の各段階	事業内容の熟度	環境保全に係る検討	評価の視点・調査の方法
SEA 段階	低い	複数案の比較評価を踏まえた環境配慮事項の検討	・広域的・長期的視点 ・既存資料
EIA 段階	↓	SEA の結果も踏まえた具体的な事業内容に係る環境保全措置の詳細な検討	・事業計画地及び周辺 ・現地調査
事後調査段階	高い	EIA で検討した環境保全措置の効果の確認・更なる環境保全の措置	・環境保全措置の実施区域 ・現地調査

(出典:拙稿注(38))

図7 SEA の制度的枠組みの方向性

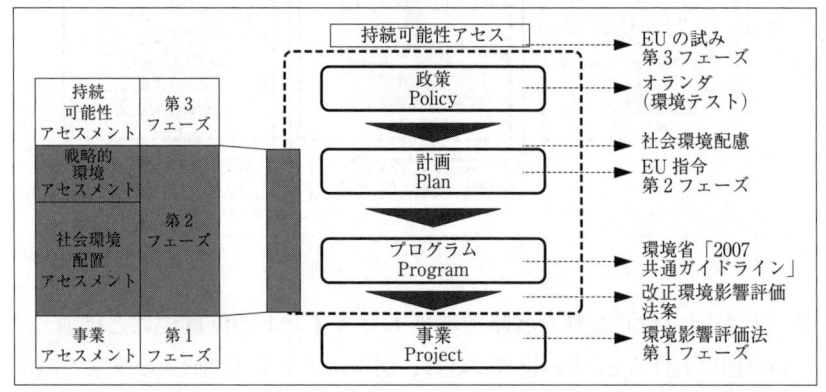

持続可能性アセスメント		持続可能性アセス	
持続可能性アセスメント	第3フェーズ	政策 Policy	→ EU の試み 第3フェーズ → オランダ(環境テスト)
戦略的環境アセスメント	第2フェーズ	計画 Plan	→ 社会環境配慮 → EU 指令 第2フェーズ
社会環境配慮アセスメント		プログラム Program	→ 環境省「2007共通ガイドライン」 → 改正環境影響評価法案
事業アセスメント	第1フェーズ	事業 Project	→ 環境影響評価法 第1フェーズ

(出典:拙稿注(38))

まっているため、SEA といっても諸外国のそれとは異なり、図7に示すように2007年の共通ガイドラインのレベルまでは到達せず、事業段階の早期レベルにおける複数案検討を目指した制度であると位置づける方が正鵠を得ているかもしれない[40]。

V 今後に残されたアセス制度の課題

以上、本稿の検討で明らかにしてきたことを踏まえて、今後に残された、わが国における SEA 制度の導入とその発展に向けて、留意点や課題を諸外

---

40) この図の社会環境配慮アセスメントについては、「JICA 社会環境配慮ガイドライン」(2010)を参照されたい。

国における SEA の検討からの示唆として指摘する。それは、今後のわが国の持続可能な社会形成のために、第2フェーズとして制度設計される行政主導型 SEA の役割と期待にかかるものである。

(1) 役　割

まず、役割としては、経済成長と環境保全との調和を図り、社会を持続的発展の方向へと導くこと、つぎに、公衆を意思決定の際に組み込むことで責任分担を可能とすること、さらに、SEA と事業アセスとの相互の補完及び連動を図り、現状の様々な環境関連問題群を解決することがあげられる。

(2) 期　待

また、SEA に期待されることとして、①包括的評価法の有効性、②累積的・複合的影響の評価、③事業の実施段階での環境アセスメント等との重複の回避があげられる。

①は、SEA の方法論を特定するのは容易ではないが、複数案（代替案）の評価も考慮され、多様な状況への適用が可能である。いずれの計画の中にも多様なサブ・プランが含まれているため、環境及び土地利用計画の戦略的統合において、有効性は増すと考えられる。

②としては、小規模事業による環境への負荷は累積化することで、重大な影響となることや、また同一地域で集中的に実施された複数の事業による複合的な環境への影響についての予測・評価が可能となる。③として、SEA を行った後に事業の実施段階での環境アセスメントを行う際には、評価の重複を可能な限り避けるため、直近の SEA の結果を適切に活用することが重要である。そのことは、事業者の負担の軽減やより良い計画立案へのインセンティブにもなりうると考えられる。

(3) 手　続

具体的な手続としては、①スクリーニング、②スコーピング、③複数案の比較による評価、④評価の視点、⑤手続の統合、⑥評価文書の分かりやすさ、⑦地方公共団体の役割の重要性、という7点を指摘しておきたい。

まず、①スクリーニングは、SEA の必要性の判断である。その場合には、PPP との連携性が求められており、特定の PPP に戦略アセスが連結されている必要がある。すなわち、特定の計画・プログラムには SEA が要件にな

るようにしておく必要がある。ただし、明確に PPP の段階が特定できない場合には、特定できる段階に SEA を連動させるような工夫が必要である。

　②スコーピングは、事業の実施段階での環境アセスメント以上に重要となる。単なる手法や項目の検討ではなく、背景となる情報とデータベースを構築し、既存の資料やバックグランドデータとの差異を認識し、環境保全の目的を記述する必要がある。環境特性のみならず、社会経済的な要素への配慮も必要である。制度設計に当たっては、SEA をどのような事項に関し、どのようなタイミングで、どのような手続を経て行うかは、対象とする計画等の内容やその立案プロセス等に即して、弾力的に対応することが重要であるが、スコーピングの情報が図書として取りまとめられた場合には、それに対する公衆の参加や情報公開が必要となる。

　③SEA では、複数の案について比較評価を行うことがこの仕組みの核心部分といえるが、検討すべき案の範囲として、とりうる選択の幅を明らかにする必要がある。とりわけ、戦略的なレベルで意味のある選択肢が検討されなければならない。その場合、影響評価が科学性、適切性、透明性をもつもので、その評価結果について、信頼性、技術性を担保するものでなければならない。影響評価は、狭義には発生しうる影響をいかにミティゲーション（回避、低減、補償）するかに尽きるが、広義には、社会経済影響も評価の対象とすべきである。そのもとで、ベストプラクティス（BP）や費用対効果のある最善の選択（BPEO）が識別できると考える。

　④の環境保全面からの評価については、環境基本計画や環境管理計画等で望ましい地域の環境像や環境保全対策の基本方向が示されていることが必要である。また、広域的な視点からの環境の改善効果も含めた評価や SEA では、より広域的な視点から、環境改善効果も含めて、複数の事業の累積的な影響を評価することが期待されている。ただし、行政主導型戦略アセスは、計画やプログラム等を対象とするため、環境影響の予測結果等には不確実性が伴う。しかし、その不確実性を過大に捉える必要はなく、不確実性があることを前提に、スコーピングや複数案の比較評価などを活用し、計画等に適した評価を行うという対応が重要である。これらは、いずれも現行のアセス法に導入されたスコーピング手続の応用により、アセス法で SEA に期待で

きる一定部分は実現できると考える。なお、評価のためのガイドラインを整備し、具体的な事例の積み重ねによって、各主体の参考となるベストプラクティスを含む文献やガイドラインを提示し、SEA の実施を促す努力はいうまでもない。

⑤環境面からの評価が科学的かつ客観的に行われるためには、環境面からの必要性に対応して関与すべき者が適切に位置づけられた手続が必要である。このため、SEA は環境面に焦点を絞った一定の独立した手続として設けられる必要がある。

⑥評価文書は、科学的な環境情報の交流ベースとしての機能や意思決定の際に勘案すべき情報提供機能をもっており、分かりやすく記載するよう努めることが大切である。

⑦各種計画の策定主体としての期待や地域環境保全に責任をもつ姿勢から、地方公共団体が先導的に SEA に取り組むことが必要であるが、しかし、上位計画を策定する国が PPP の法制度を SEA が適用できるように再構築しておくことが重要である。

その場合、環境アセスメントは意思決定のツールだという考え方に重点を置き、次世代の多段階型環境アセスメントとして、意思決定のおおもとの段階にさかのぼり、予測・評価の領域を拡大していくことが望ましい。

これまでの考え方であると、社会経済面への影響評価を実施し、社会への影響や経済的効果などを予測・評価するとともに環境への影響評価もあわせて検討するということが妥当であるとの考え方であった。しかし、その方式は、いわゆる、埼玉方式であるが、環境と社会経済要素をバランスさせることに焦点が置かれ、環境保全が不十分でも社会的合意が得られると良しとする風潮になりやすいという危惧がある。

本稿では、この場合、環境容量論の視点に立ち、環境資源の利用可能性を複数のシナリオを検証するということで、社会経済要素は、環境容量の中に包摂されるシステムを構築することの重要性を述べた。これにより、より適切な環境への配慮のあり方は可能であると考える。

以上、わが国の戦略的環境アセスの期待と役割について敷衍したが、諸外国の SEA の実例をみると、その実施事案は少なくないが、系統的な研究は

意外と乏しいことが明らかになった。そのため、ある意味で、われわれ研究者が把握している情報は意外と多くないといえる。たとえば、異なるシステムに対する比較評価方法やSEAの有効性に関する評価等の研究などはあまり文献的にみられない。また、SEA制度の推進者は、往々にして、そのメリットの面を強調しがちであるが、現在のところ、実際に効果が検証された例はわずかであることは自戒しなければならない。逆に言うと、その根拠の少なさが、SEA制度に反対する者を説得する際の障害となっているともいえる。そのため、SEA研究は、制度枠組みや手続きに関する研究のみならず、実際の事例の分析にさらに一層注目し、上位段階のSEAがいかに持続可能性や環境配慮を高めるかを見極めていかなければならない。

　本稿では、環境アセスメント制度を事業アセス、援助アセス、戦略アセス、持続可能性アセスと体系的に捉え、国内外の広範な実態調査や文献サーベイにより、現状と課題について論じてきた。

　わが国においては、現下の状況下と法制度の枠組みの中で持続可能な社会を構築するためには、環境アセスメントのツールを用いて、SEAと事業アセスとの相互補完や相互連動を図ることがまず必要である。つぎの第2フェーズに移行するために、今後の制度設計にあたって、英国のようなAppraisal方式のSEAをとるか、米国のEIA方式のSEAをとるかが制度設計にはまず避けて通れないハードルである。わが国のこれまでの経験と蓄積の中では、英国のAppraisal方式が米国方式よりも馴染みやすいが、行政主導型戦略アセスでは、特定の計画プロセスにEIA型のSEAを組み込むことを検討すべきであると考える。

　また、政策立案や最上位の計画段階における政策型戦略アセスには、柔軟性が確保できる英国のAppraisal方式が望ましいと考える。しかし、その場合においてもステークホルダーに対する公開性と参加性を確保するように努力されなければならない。これらの検討課題は、今後、2021年をターゲットとする法制度の見直しのなかで制度化されるべき課題であり、その焦点は、先に指摘したように行政主導型の戦略アセスの制度枠組みの検討であろう。

　しかし、中長期の2050年をターゲットに考えた場合、持続可能性アセス

のプロセスを構築するように、持続可能性を第一義の国家政策戦略とする政府の取り組みが必要である。その際、少なくとも国際条約の求めに応じての外圧によるのではなく、内発的な努力により、これまでの公害先進国としての技術力や環境立国としての矜持に基づく意欲的なものであることが期待されている。

　これまで明らかにしたように、わが国のアセスメント研究の国際社会における立ち位置は、環境の側面に限定されており、2000年以降の取り組みの一つである新JICAの環境社会配慮が一歩前に踏み出しているにすぎない。先進的諸外国から制度枠組みや評価の方法論でも大きく後れを取っている。そのことは、持続可能性という国家政策や国家戦略がわが国では確立されておらず、将来世代を踏まえた環境政策が実現できていないことを示唆するものである。残された課題は少なくないといえる。今後は、環境容量をコアや外延にした環境社会経済配慮を構築していく制度枠組み、手法を先進諸外国に学びつつ、国内的にも制度構築を推し進め、その蓄積した知見に基づき、前進することが持続可能性アセスを実現させる道であろう。そのための社会科学的な枠組みとしての法制度が具体的にどう構築すべきかを、関連諸科学と協力しながら、さらに具体的に模索していくことが残された研究課題であると考える。

VI　おわりに

　改正法におけるSEAは、先に述べたように環境基本法第20条の枠組みの中で、検討されているものであり、事業実施区域等の決定段階のものである。

　そこで、今後、環境基本法第19条に基づく、計画策定段階の上位段階における環境配慮の仕組みを導入するためには、地方自治体の計画段階アセスの実績も踏まえながら、各種計画策定システムの研究が不可欠である。それによって、計画策定システムを統一化ないし規律化していくことが、計画ごとにSEA制度をあてはめるべき段階や組み込み段階を明確化できることになると思われる。

　また、諸外国のSEA制度に見られる環境配慮の側面のみならず、社会・

経済的側面を踏まえた持続可能性を向上させるための仕組み（第3フェーズ）を導入するためには、今後の取り組みによる蓄積を踏まえ、環境基本法の環境配慮の射程の見直しを法改正も視座に入れて検討し、評価軸についても環境面・社会面・経済面を統合した評価軸へと再構築を図る必要がある。

第7章 気候変動、汚染の危険・リスク管理関連法

19 気候変動防止関連法の課題と展望

下村英嗣

I はじめに

　地球環境保全は、環境基本法で基本理念の一つとして定められ（5条）、地球温暖化ないし気候変動問題は、地球全体の環境に影響を及ぼす事態の一つとして明記され（2条2項）、環境基本法体系に組み込まれている。それゆえ、日本は、国際協調のもとで地球温暖化対策を積極的に推進しなければならず、国、地方公共団体、事業者、国民は、地球温暖化の防止に向けて各自の責務を果たさなければならない（6-9条）。

　とくに国は、地球温暖化防止を含む地球環境保全に関する国際的な連携や国際協力を確保または推進するための必要措置を講ずるよう努めなければならない（31条）。環境基本計画でも、地球温暖化防止は重要な位置を占め、第三次環境基本計画では、重点分野政策に位置づけられる。

　地球温暖化は、国際的に防止・解決することが不可欠であるが、国際協力を実際に具現化するには、国際条約のもとで各国が具体的な防止対策を自国内で実施する必要がある。地球温暖化防止に関する国際条約には気候変動枠組条約と京都議定書がある。日本の地球温暖化防止対策は、これらの国際条約に定められた国際義務を履行するための国内実施である。

　そこで、現行の日本の地球温暖化対策は、第一約束期間の京都議定書を所与とした国内対策であり、とくに同議定書で求められる1990年比で温室効果ガスの6%削減目標の達成に向けた取り組みである。そして、未だ具体

な内容は確定していないが、第二約束期間に向けての対策を見据えた動きも胎動している。

地球温暖化防止に関する国際的動向や国際条約は他章に譲り、本稿は、国内の地球温暖化防止関連法の制度・内容について述べる。また本書にはエネルギー資源分野の章もあるが、気候変動とエネルギーの密接不可分な関係からエネルギー関連法に触れることは避けられないため、本稿でも、気候変動の原因である温室効果ガスの排出抑制ないし削減の観点から必要に応じてエネルギー関連法に触れることにする。

以下では、気候変動防止に対する横断的な政府の対策に関する史的展開を交えながら、現時点で気候変動関連の法政策の中心といえる地球温暖化対策推進法、個別分野の取り組みとして、温室効果ガス排出の抑制・削減に至るエネルギー需要および供給対策の法政策、フロン類回収の現行法制度の内容を示す。そして、それらの法政策の実効性から現行法制度の評価課題を指摘し、最後に地球温暖化対策基本法案を中心に今後の展望について述べることとしたい。

II 政府の地球温暖化防止対策の展開

1 政府の計画による取り組み

(1) 地球温暖化防止行動計画

1992 年にブラジルのリオデジャネイロで開催された国連環境開発会議（UNCED）では、生物多様性条約の締結、アジェンダ 21 と森林原則声明の採択と並び、気候変動枠組条約が締結された。

わが国の地球温暖化対策は UNCED 以前から始まり、政府は、1989 年には地球環境保全に関する関係閣僚会議を設置した。同会議は 1990 年に「地球温暖化防止行動計画」（以下、行動計画）を策定した。行動計画は、地球温暖化を防止する国際的枠組づくりに貢献する上での、わが国の基本姿勢を明らかにし（行動計画第一）、対策の着実な推進により 2000 年以降の国民一人あたりの二酸化炭素の排出量を概ね 1990 年レベルで安定化させること（同第三 (1) 1)、技術開発の大幅な進展により二酸化炭素の排出総量を 2000 年

以降概ね1990年レベルで安定化させること（同第三(1) 2)、メタンや亜酸化窒素などの排出量を現状維持で保つこと（同第三(2)）を目標とした。

行動計画では、これらの目標を達成するために温室効果ガスの排出を抑制する効果をもたらすさまざまな対策が網羅的にあげられ（同第五）、目標達成期間を1991年から2010年までと設定した。しかし、行動計画策定後の関係省庁の取り組みは緩慢であったし、具体的な温暖化対策はほとんどとられなかった。

ところで、行動計画が策定された1990年から京都会議（気候変動枠組条約第三回締約国会議）が開催された1997年の間には、環境基本法の制定（1993年）と第一次環境基本計画の策定（1994年）があった。第一次環境基本計画は温暖化対策に言及したものの、その内容は行動計画の目標をそのまま復唱したに過ぎず、二酸化炭素の排出抑制対策は関係省庁の対策の羅列にとどまった（第一次環境基本計画第一章）。

この時期、具体的な温暖化政策の実施には至らなかったため、1996年度におけるわが国の二酸化炭素の排出総量は、1990年度に比べて9.8％増加し、国民一人当たりで7.8％増加していた[1]。

(2) 地球温暖化対策推進大綱

京都会議を目前に控え、政府は、各関係審議会及び9つの審議会の代表からなる「地球温暖化問題への国内対策に関する関係審議会合同会議」を組織し、温暖化対策を具体的に話し合うようになった。

京都議定書において、わが国は、2008年から2012年の5年間平均で、1990年レベルに比して温室効果ガス排出量を6％削減するという法的拘束力のある数値目標を約束した。京都会議前年の1996年には1990年比ですでに二酸化炭素の排出量が9.8％増加していたわが国にとって、この削減数値目標の達成はきわめて厳しいものであった。

京都会議後、政府が設置した「地球温暖化対策推進本部」（以下、推進本部）は、具体的な温暖化対策の検討を始め、1998年に「地球温暖化対策推進大綱」（以下、旧推進大綱）を策定した。旧推進大綱は、上記の「地球温暖

---

[1] 拙稿「国内法の現状」大塚直編著『地球温暖化をめぐる法政策』（昭和堂、2004）61-62頁。

化問題への国内対策に関する関係審議会合同会議」でまとめられた対策を承継したものであった。

旧推進大綱は、第一に、京都議定書で温室効果ガスの6％削減を国際的に約束したことを受けて、方針としてその6％削減の内訳を各対策別に振り分けた（旧推進大綱第二 (1)）。

第二に、地球温暖化対策推進法にもとづき温暖化対策を総合的かつ計画的に推進するものとした（同第二 (3)）。第三に、「経団連環境自主行動計画」（1997年公表）の目標の進捗状況を関係審議会によって点検を行うとされた（同第二 (4)）。

旧推進大綱が前述の行動計画と異なるのは、単なる政策の羅列ではなく、ある程度の政策の優先順位づけや予算化を伴い、後述するように、その政策を実現する既存法の改正と新法の制定に至ったことにある。

ところで、京都議定書の運用細目を定める文書が2001年のCOP7で採択され（マラケシュ合意）、京都議定書の発効が現実味を帯びてきたことから、旧推進大綱は2002年に改定された（以下、新推進大綱）。新推進大綱は、旧推進大綱が計画性・実効性に乏しいとの批判があったことから、旧推進大綱よりは計画性・具体性を帯びたものとなった。

計画性に関しては、京都議定書の削減数値目標の達成に向けて「ステップ・バイ・ステップ」アプローチを採用し、京都議定書の第一約束期間が始まる2008年までに対策の進歩状況について評価及び見直しを二度行い（2004年及び2007年）、段階的に必要な対策を講じていくことになった。実効性の確保に向けて新推進大綱は、100を超える個別具体的な対策及び施策を掲げた。

6％削減目標に関する対策別の内訳は、新推進大綱で見直され、①省エネルギー、新エネルギー、燃料転換等の追加対策と原子力推進によりエネルギー起源の二酸化炭素の排出を1990年度と同水準に抑制すること、②非エネルギー起源の二酸化炭素、メタン、一酸化窒素の排出を1990年度比で0.5％削減すること、③革新的な技術開発及び国民各界各層の更なる温暖化防止活動の推進により2％削減すること、④代替フロン等の三つのガス（HFC、PFC、SF6）は2％の増加に止めること、⑤森林等の吸収源により

3.9％削減することとされた。

地球温暖化対策推進法に基づく総合的かつ計画的な温暖化対策の推進は、同法の改正により新推進大綱を基礎として「京都議定書目標達成計画」を策定するものとされた。具体的な対策の中身については、旧推進大綱が単なる目標の提示であったのに比べ、新推進大綱では、取り組むべき施策とその目標がより具体的になった。

もっとも、横断的な政策である市場メカニズムを利用した経済的手法（環境税、課徴金、排出枠取引）の導入については、検討課題とされた[2]。

なお、1997年には、温室効果ガスの排出の多くを占める産業界は、2010年度に産業部門及びエネルギー転換部門からの二酸化炭素排出量を1990年度レベル以下に抑制する努力目標を掲げた自主行動計画を策定した。この取組状況とフォローアップは、京都議定書目標達成計画の施策の一つに位置づけられ、進捗状況は各審議会でも審査されている。

当時の世界最大の温室効果ガスの排出国アメリカの離脱で発効が危ぶまれたものの、ロシアの批准により、2005年に京都議定書は発効した。これにより、わが国では、京都議定書の目標達成に向けてさまざまな法対策が動き出すこととなった

III　横断的な地球温暖化対策法制度

1　地球温暖化対策推進法の枠組

地球温暖化対策推進法（以下、温対法）は、1998年に制定され、その後、現在に至るまで繰り返し改正・強化されてきた[3]。本法の目的は、「温室効果ガスの濃度を安定化させ地球温暖化を防止することが人類共通の課題であり」、「京都議定書目標達成計画を策定するとともに」、「温室効果ガスの排出の抑制等を促進するための沿いを講ずること等により」、地球温暖化対策を推進し、現在及び将来の国民と人類の利益を保護することである（1条）。

---

2)　拙稿・前掲注（1）63-65頁。
3)　本稿では取り上げないが、温対法の2006年改正では、京都メカニズムに対応するため、割当量口座簿制度も整備されている（29-41条）。

本法の制定背景として次のことがあげられる。①温暖化対策を先延ばしにした場合、将来的によりドラスティックな対策を実施しなければならなくなるが、ドラスティックな対策は日本経済に大きな影響を及ぼすことになる。そのため、できるだけ早い段階で温暖化対策を実施した方が実施コストや影響の程度が少なくて済む。②京都会議でわが国が議長国を務めた責任を果たすために、国内対策を率先的に実施する必要がある。③世界に先駆けて温暖化対策関連技術の開発や対策のノウハウを蓄積し、将来の日本の繁栄につなげる[4]。

本法は、すべての者が自主的かつ積極的に温暖化防止の課題に取り組むことが重要である（1条）との観点に立ち、政府が地球温暖化対策に関する基本方針を策定し、国、地方公共団体、事業者、国民の各主体の取り組みに関する責務を定め、各主体が自ら排出する温室効果ガスを抑制する措置を計画的に推進するための枠組を設けている。

2002年の改正で、本法は京都議定書の国内履行を役割とすることから、対象とする温室効果ガスは京都議定書で指定された6つのガスと同じにされた（2条3項）。また、政府は、京都議定書目標達成計画の作成が義務付けられた（8条1項）。

京都議定書目標達成計画は、新推進大綱を基礎として地球温暖化対策推進本部（10条以下）により作成され、温暖化対策推進の基本的方向や各主体の講ずべき措置、各温室効果ガスの排出量及び吸収量に関する目標、そのために必要な対策、実施スケジュール、温室効果ガスを多く排出する事業者が策定・公表する排出抑制措置の計画に関する基本的事項などを定める（8条2項）。本計画の内容は、2004年と2007年に検討され（9条1項）、必要に応じて変更するものとされていた（同条2項）。

地方公共団体（都道府県および市区町村）は、自ら排出する温室効果ガスの排出抑制、住民・事業者への情報提供などを責務とし、国と同様に、京都議定書目標達成計画に即して自らが出す温室効果ガスの排出抑制等のための実行計画の策定・公表、及びその実施状況の公表を義務づけられた（4条）。

しかし、相当量の温室効果ガスを排出する事業者は、自らの排出抑制と他

---

4) 石黒匡身編著『環境政策学―環境問題と政策体系』（中央法規、2000）254頁。

の者への寄与に関して、単独または共同で計画を策定し、計画及びその実施状況を公表するよう求められたが、この計画の策定と公表等は努力義務にとどまった[5]。

このように、2002年改正までの温対法は京都議定書目標達成計画や実行計画の策定・公表する程度にとどまり、排出削減に向けた具体的な制度や措置を定め、排出者に法的義務を課すものではなかった。

しかし、2005年改正から、温対法は各主体の自主性に委ねる制度から義務的制度へと少しずつ変容しつつある。それが顕著に表れているのが次の政府の実行計画策定義務と温室効果ガス排出量算定報告公表制度である。

2 政府の実行計画

(1) 実行計画策定義務

2005年改正で、政府は、京都議定書目標達成計画に即して、その事務および事業に関して閣議決定による「政府実行計画」を策定することになった(20条の2)。地方公共団体(都道府県と市町村)も「地方公共団体実行計画」を策定する(同条の3)。これらの計画は、行政が温室効果ガスの排出量を削減し、吸収作用を保全及び強化するための措置に関するものである。国も地方公共団体も、温室効果ガス総排出量を含めた、これらの計画に基づいた措置の実施状況を公表する義務を負う(同条の2第7項、同条の3第10項)。

(2) 政府実行計画の具体的実施例

京都議定書目標達成計画が閣議決定された日に、政府実行計画[6]も閣議決定された。政府実行計画で定められた措置の中には財やサービスの購入・使用への配慮が掲げられていた[7]。

この計画事項は、2007年に議員立法で成立した「国等における温室効果

---

5) これにより当時の環境庁は、事業者による温暖化対策への取り組みについて計画的に実施し、透明性を高めることを目指したようであるが、かかる計画策定などが努力義務にとどまったのは、省エネ以外の6ガス対策がまだ緒についたばかりということを理由としている。三好信俊「地球温暖化防止に関する国内法・施策－環境庁」森島昭夫＝大塚直＝北村喜宣編『環境問題の行方』(有斐閣、1999)138頁。
6) 「政府がその事務および事業に関し温室効果ガスの排出の抑制等のため実行すべき措置について定める計画」(平成17年4月28日閣議決定)。

ガス等の排出の削減に配慮した契約の推進に関する法律」(環境配慮契約法)により具体化され、法的に裏付けされることになった。本法の概要は、次のとおりである。

国は、温室効果ガス等の排出削減に配慮した契約の推進に関する基本的方向や契約時の基本的事項などを盛り込んだ基本方針を策定し (5条)、この基本方針にしたがって、各省庁の長や独立行政法人の長は温室効果ガス等の排出削減に配慮した契約を推進するために必要な措置を講ずる努力義務を負う (6条)。

各省庁や独立行政法人の長は、契約締結の実績概要を公表すると同時に、それを環境大臣に通知し (8条)、環境大臣は、とくに必要があると認められる措置をとるべきことを各省庁の長等に対して要請できる (9条)。

環境配慮契約法は、将来的な温室効果ガス排出対策費用を低く抑えるため、価格競争を維持しつつ、価格が多少高くとも、温室効果ガスの排出抑制に配慮した環境負荷の少ない物品やサービスの購入・使用、庁舎の改築、電気の購入などができる政府調達を目指している[8]。

3　温室効果ガス算定報告公表制度

(1) 制度概要

温室効果ガス算定報告公表制度の創設により、国や地方自治体を含めた温室効果ガスを多量に排出する事業者等 (特定排出者) は、自己の設置する一定規模の以上の事業所 (特定事業所) ごとに、温室効果ガスの排出量を算定し、事業所管大臣に報告することを義務付けられる (21条の2)。

各事業者の事業所管大臣は、報告された温室効果ガスに関するデータを環境大臣及び経済産業大臣に通知し (同条の4)、両大臣は、かかるデータを記録・集計・公表する (同条の5)。排出量に関する情報 (データ) は、企業・

---

7) 政府調達における環境配慮については、すでに「国等による環境物品等の調達の推進等に関する法律」(グリーン購入法) がある。同法は、循環型社会形成推進基本法の個別法の一つとして位置づけられ、一定レベル以上の環境性能を有する物品のうちもっとも価格の安いものを購入する仕組みである。

8) 三俣真知子「環境配慮契約 (グリーン契約) の推進」時の法令1798号 (2007) 39頁。

業種・都道府県の単位で温室効果ガスごとに公表され、公表後に情報開示請求の対象となる。何人も主務大臣に対して事業所ごとの排出量の開示請求を行うことができ（同条の6）、主務大臣は、当該請求に対して情報を開示しなければならない（同条の7）。

事業者が個別事業所ごとに排出量を報告する方法は、「特定化学物質の環境への排出量の把握等及び管理の改善の促進に関する法律」（PRTR法）に倣ったものであろうが、温室効果ガスの排出抑制・削減の取り組みは、企業単位やフランチャイズ単位で行っている場合や、事業所ごとの温室効果ガス排出量は少ないものの、事業者全体としての温室効果ガス排出量が多い場合もありうる。また、2008年に「エネルギーの使用の合理化に関する法律」（以下、省エネ法）において、エネルギー管理に関する規制対象者が事業所単位から企業単位・フランチャイズ単位に変更された。

このような実情や関連法の動向との整合性を保つために、温対法は、2008年改正で当該制度における情報の公表単位を事業所単位から企業（事業者）単位・フランチャイズ単位に変更した（21条の2）。

(2) 制度の性格と機能

温室効果ガス算定報告公表制度は、一定の手続（算定・報告）を事業者に義務づける点で手続規制の性格を有する。後述するように、二酸化炭素排出量の算定報告を義務づける手続規制は、すでに省エネ法で採用されているが、温室効果ガス報告公表制度は温室効果ガスの排出量を扱い、省エネ法はエネルギーの利用効率やエネルギー使用に伴う二酸化炭素排出量などを報告の対象とする点で異なる[9]。

排出量の報告だけでなく、公表制度の導入で、温室効果ガス算定報告公表制度は、情報的手法の性格も帯びる。すなわち、特定排出者は、自らの排出量が透明化され、事業者自身や事業者間だけでなく、社会全般から排出量が評価されることになる。これにより、特定排出者が自らの排出量を把握し、自主的に排出抑制・削減に向かうことが期待される[10]。

---

9) また両者が不合理に重複しないように、温対法では、みなし規定が定められている（21条の10）。
10) 大塚直『環境法（第3版）』（有斐閣、2010）160頁。

(3) 権利利益保護請求

温室効果ガス排出量算定報告公表制度は、事業者を自主的な排出抑制・削減努力に誘導する情報的手法の機能を期待されるものの、企業秘密に一定の配慮がなされている。特定排出者は、公表により自らの権利、競争上の地位その他正当な利益が害されるおそれがあると考えた場合、報告先である事業所管大臣に対して、環境大臣及び経済産業大臣への排出量の通知を事業ごとに合計した量で行うよう請求できる（21条の3）。

権利利益保護請求が認められると、個別のデータは開示対象から外れるが、集められ記録されたデータは、行政文書として行政機関情報公開法のもとで開示請求の対象となりうる[11]。これは、省エネ法における情報公開請求と整合性を図る趣旨であろう。

IV エネルギー需要対策関連法

温暖化対策として、エネルギー需要対策は、経済効率と温室効果ガスの排出抑制・削減を同時に確保できる可能性があるため、重要かつ有効である。

1 事業者に対するエネルギー需要対策

(1) 概　要

京都議定書目標達成計画で示されたエネルギー需要対策で主要な役割を担うのは、省エネ法である。省エネ法は、温対法と異なり、温暖化対策としては世界的にも珍しい規制的手法を採用している[12]。

省エネ法は、もともと第二次オイルショック時におけるエネルギー供給のひっ迫に対応してエネルギー需要対策として制定されたものである。通産省（当時）は、京都会議以前から重要な温暖化対策の一つとして省エネ法の改正を掲げていた。

省エネ法の改正は旧推進大綱や新推進大綱の策定に合わせて行われ、内容も強化された（1998年、2002年）。その後も、京都議定書目標達成計画の策定やエネルギー消費量の高い部門に対する省エネ対策の必要性から、2005

---

11) 北村喜宣『環境法』（弘文堂、2011）569頁。
12) 大塚直「環境政策の手法」法学教室256号（2001）96頁。

年と2008年にも改正され、規制対象も拡大されている。

　本法の目的は、燃料資源の有効な利用の確保のため、工場等、輸送、建築物、機械器具についてのエネルギー使用合理化措置やその他のエネルギー使用合理化に必要な措置等を講ずることである（1条）。本法にいうエネルギーとは、石油・可燃性天然ガス・石炭等の燃料並びに熱及び電気及びこれらを熱源とする熱及び電気を指す（ただし、風力や太陽光などの非化石エネルギー、廃棄物からの回収エネルギーは対象外）（2条）。

　規制対象になるのは、①工場等、②輸送、③建築物、④機械器具である。経済産業大臣は、エネルギー需給の長期的な見通しとエネルギー使用の合理化に関する技術水準その他の事情を勘案して、エネルギー使用の合理化に関する基本方針を策定する（3条）。同大臣は、この基本方針に沿って、①～④に関連する一定規模以上の事業者や製造者等が省エネに取り組む際の目安となる基準（判断基準＝省エネ基準）を公表する（5条など）。

　①～④に従事する事業者は、省エネの努力義務を負い、省エネ目標の達成計画策定義務を負う。省エネ基準の達成を確保する措置としては、勧告、公表、措置命令などが用意されている。

(2) 工場等

　工場等を設置している者のうち、自己の設置するすべての工場等のエネルギー使用量の合計量が一定規模以上で、エネルギーの使用合理化をとくに推進する必要がある者は、経済産業大臣により特定事業者として指定される（7条1項）。特定事業者は、そのエネルギー使用量により、第一種特定事業者と第二種特定事業者に分けられ、それぞれの省エネ規制は異なる。

　第一種特定事業者は、エネルギーの年度使用量が一定規模以上の工場等（第一種エネルギー管理指定工場）の設置者である（7条の4）。第一種エネルギー管理指定工場は、1998年改正時は製造業、鉱業、電気・ガス等の公益事業に限られていたものの、2002年改正によって業種指定が撤廃され、年間の電力使用量が1200万kW（キロワット）（原油換算3000kl（キロリットル））以上の全業種の工場を指す（6条1項、約3500事業所）。

　第一種エネルギー管理指定工場は、判断基準に沿ったエネルギー使用合理化を実施し（努力義務）、この判断基準に基づく具体的な合理化実施マニュ

アル（管理標準）を作成しなければならない。事業者は、管理標準の作成義務を負うが、一律的な数値目標を課されることはなく、その具体的内容（管理、計測・記録、保守・点検等）は、事業者の自主的な判断に委ねられる。

　第一種特定事業者の義務として、エネルギー管理者（8条1項）およびエネルギー管理員の選任（13条）、省エネ目標達成のための中長期計画作成義務（14条1項）、エネルギーの使用状況（二酸化炭素排出量を含む）や省エネ設備の設置・改廃に関する定期報告義務（15条1項）がある。

　第二種特定事業者は、特定事業者のうち、エネルギーの年度使用量が第一種エネルギー管理指定工場より少ないが一定規模以上あり、第一種エネルギー管理指定工場に準じた省エネ措置を特に推進する必要がある工場等（第二種エネルギー管理指定工場、17条1項）を設置する者である（同条2項）。第二種エネルギー管理指定工場は、全業種のうち、年間電力使用量が600万kW（原油換算1500 kl）以上の工場（全国で約9000事業所が指定）である。第二種特定事業者の義務は、エネルギー管理者の選任以外は第一種と同じである（18条）。

　特定事業者のエネルギーの使用状況が判断基準に照らして著しく不十分であると認められる場合、主務大臣は、省エネに関する合理化計画の作成および提出、提出された合理化計画の変更や適切な実施を指示できる（16条1項及び2項）。特定事業者が実施指示に従わない場合には、主務大臣は、その旨を公表することができ（同条4項）、正当な理由なく合理化計画の作成・提出・変更・実施の指示に関する措置を取らなかった場合には措置命令を発動できる（同条5項）。

　工場等については、上記の第一種特定事業者と第二種特定事業者のほかに、2008年改正で特定連鎖化事業者に対する規制が導入された（19条）。特定連鎖化事業者は企業単位・フランチャイズ単位で省エネに取り組む事業者のことで、第一種エネルギー管理指定工場を設置する特定連鎖化事業者は第一種特定事業者の規制が、第二種エネルギー管理指定工場を設置する特定連鎖化事業者は第二種特定事業者の規制が準用される（19条の2）。

（3）輸　　送

　運輸部門は、エネルギー消費量が増大し、温暖化進行への多大な寄与が懸

念されることから、輸送に関する省エネ措置が2005年改正で導入された。運輸に関する省エネ規制は、貨物輸送、荷主、旅客輸送のそれぞれについて定められるが、規制構造は、上記の工場等と同じである。

経済産業大臣と国土交通大臣が特定貨物輸送事業者（54条）、特定荷主（61条）、特定旅客輸送事業者（68条）に対する判断基準（省エネ基準）を策定・公表し、これらの事業者は、省エネ目標達成のための中長期計画の作成・提出（荷主は目標達成計画）、二酸化炭素排出量を含むエネルギー使用状況の報告を義務づけられる（貨物輸送52条以下、荷主59条以下、旅客輸送66条以下）。省エネ状況が著しく不十分と認められる場合には、勧告（57条）、公表（64条）、措置命令（69条）が課される。

中長期計画の提出先とエネルギー使用状況の報告先は、特定貨物輸送事業者と特定旅客輸送事業者が国土交通大臣であり、荷主の場合は主務大臣である。また、荷主は、直接エネルギーを消費するわけでないが、省エネへの貢献方法として省エネ型の輸送方法の選択や輸送の利用効率向上等の実施によって省エネを図る努力義務が課せられている（58条）。

(4) 建築物

工場等や輸送と同様に、建築物の省エネ性能に関する基準（判断基準）が経済産業大臣と国土交通大臣により設定・公表され（73条1項）、この判断基準にもとづいて、建築物に関する規制対象者は、省エネに努めなければならない。

規制対象の建築物は、一定規模以上（延床面積2000 m^{2}以上）の建築物である（特定建築物、73条1項）。事務所ビル等の住宅以外の建築物（第一種特定建築物、75条1項1号）や住宅（延床面積2000 m^{2}以上）、第一種以外で一定規模を有する住宅・建築物（第二種特定建築物、75条の2第1項）の建築主は、新築や大規模修繕などを行う際に、所管行政庁に省エネ措置の届出を義務づけられる（75条、75条の2）。このほか、新築の住宅を建築・販売する事業者（住宅事業建築主）に対する省エネ性能の向上に関する努力義務が定められている（76条の2）。

建築主に対する建築物の判断基準に関する指導・助言の権限は、2002年改正時に国土交通大臣から建築主事を置く市町村などの所管行政庁へ委譲さ

れた（74条1項）。また、延床面積 2000 m^2 以上の住宅・建築物（第一種特定建築物）の建築をする者は、判断基準に照らして省エネ措置が著しく不十分な場合の指示・公表に加えて、指示にしたがわない場合の措置命令と処罰の規定が導入された（75条4項、95条2号）。

(5) 機械器具

機械器具以外の他の規制対象は 2002 年から 2008 年までの改正で強化されてきたが、機械器具は、1998 年改正以来、規制内容が変わっていない。しかし、対象品目は徐々に拡大されてきた。1998 年改正前に対象となっていた機器はわずか 8 品目であったが、2010 年現在では、23 品目が指定されている。

法律上、規制の対象となるこれらの機械器具は特定機器と称され、施行令で指定される。特定機器への指定要件は、①大量に使用されること、②使用時に相当量のエネルギーを消費すること、③性能の向上を図る必要が特にあるもの、である（78条）。特定機器を一定量以上製造又は輸入する事業者は、国の定めた判断基準（省エネ基準）に沿って特定機器のエネルギー使用合理化に努めなければならない（77条）。

特定機器に関する省エネ基準の設定方法は、1998 年改正前には設定した区分内において平均的なエネルギー消費効率を若干上回る水準とされていたが、1998 年改正で特定機器に関する省エネ基準を設定する際の判断基準として「トップランナー方式」が採用され、規制が大幅に強化された。「トップランナー方式」は、現在商品化されている製品のうちエネルギー消費効率が最も優れている機器の性能水準を勘案して、省エネ基準の目標値を定める。また、事業者は特定機器に関するエネルギー消費効率の表示を義務づけられる（80条）。

事業者が省エネ基準を達成できなかった場合の担保措置として、勧告・公表・命令・罰金がある（79条）。表示義務違反に関する担保措置も同様のしくみがとられる（81条）[13]。

---

[13] 柳憲一郎「地球温暖化対策に関する法政策の現状と課題」不動産研究52巻4号（2010）6-9頁。

2　部門間の連携によるエネルギー需要対策

　運輸部門の地球温暖化防止対策は、省エネ法によって対処されてきたものの、荷主企業と物流事業者の連携または協力が十分ではなかった。そこで、京都議定書の発効によって運輸部門の温室効果ガス排出削減が急務であることを目的の一つに掲げた「流通業務の総合化及び効率化の促進に関する法律」が2005年に制定された。

　本法は、効率的で環境負荷の小さい物流を目指して、輸配送・保管・流通加工の総合的実施、物流拠点の集約化や高速道路・港湾施設などに近接した立地促進、配送ネットワークの合理化などを掲げている。

　主務大臣は環境負荷低減を含む流通業務効率化に向けた基本方針を策定し（3条）、事業者がこの基本方針に則して流通業務総合効率化計画を作成提出する。同計画は、基本方針との適合性について主務大臣の認定を受けなければならない（4条）。この認定は、本法に用意されるさまざまな支援措置を受ける前提となる[14]。

3　条例による省エネ対策

　地方自治体が独自に省エネ対策を実施する場合がある。建築物について、東京都がオフィスビルやマンションに対して独自の省エネ対策を実施している。東京都は、「都民の健康と安全を確保する環境に関する条例」（以下、環境確保条例）において、建築物環境計画書制度を展開し、一定規模以上の建築物（延床面積5000 m^2 超）を建てる建築主に対して、環境計画書の作成および工事完了の届出やマンション環境性能表示の義務付けをしている。

　環境計画書の評価項目には、エネルギー使用合理化（省エネ）、資源適正利用、自然環境保全がある。また、再生可能エネルギー設備導入検討義務や省エネ性能評価制度の導入（延床面積1万 m^2 超が対象）などによって、オフィスビルやマンションを多く抱える東京都ならではの省エネ対策を実施している[15]。

---

14)　大塚・前掲注（10）170頁。
15)　石原肇「東京都建築物環境計画書制度の展開」不動産研究52巻4号（2010）16-25頁。

V　エネルギー供給対策関連法

　エネルギー供給の大部分を石油に依存する現状において、温室効果ガス（とくに二酸化炭素）の発生を抑制するには、省エネ対策だけでなく、化石燃料に代わるエネルギー源からのエネルギー供給量を増やすことも必要かつ重要になる。

1　新エネ利用促進法

　新エネルギーの導入対策として最初に制定されたのは、1997年「新エネルギー利用等の促進に関する特別措置法」（以下、新エネ利用促進法）である。

　本法にいう新エネルギーは、「石油代替エネルギーの開発及び導入の促進に関する法律」（石油代替エネルギー法）2条で定義される「石油代替エネルギー」と同義であり、石油によって得られるエネルギーの便益がそのまま得られる代替エネルギーを石油代替エネルギー＝新エネルギーとしている。具体的な新エネルギーは、施行令で太陽光発電や風力発電などが指定されている（施行令1条）。

　また本法にいう「新エネルギー利用等」とは、①石油代替エネルギーを製造、発生、利用すること等のうち、②経済性の面での制約から普及が進展しておらず、かつ、③石油代替エネルギーの促進に特に寄与するもの、という要件を満たしたものを指す（2条）。

　本法は、国民による新エネルギーの利用促進、新エネルギーの円滑な導入を目的として（1条）、経済産業大臣によって策定された基本方針（3条）にもとづいたエネルギー使用者、エネルギー供給事業者及び製造・輸入事業者による新エネルギー利用等の促進のための努力義務（4条）、エネルギー使用者に対する主務大臣の指導・助言（6条）を定める。

　本法の措置は、新エネルギー利用等を行う事業者に対する金融上の支援措置などが中心であり、支援措置を受けようとする事業者は、新エネルギー等に関する「利用計画」の作成と主務大臣への提出、主務大臣による同計画の認定を受けなければならない（8条）。

このような支援措置を導入した背景として、新エネルギーの利用は、技術的には十分実現可能な段階に達しつつあるが、現状においては、経済性の制約が存在し、まだ十分普及していない状況にあるため、今後新エネルギーの利用の加速的な促進を図ることがある（5条）[16]。

2　新エネ発電法

新エネ利用促進法に続き、2002年には「電気事業者による新エネルギー等の利用に関する特別措置法」（以下、新エネ発電法）が制定された。新エネ発電法は、支援措置ではなく、電気事業者に新エネルギーの利用を義務づける点に特色がある。

京都議定書目標達成計画の新エネルギー導入目標量は、一次エネルギー総供給に占める割合で3％程度、1999年度実績の約3倍であり、旧推進大綱の導入目標と変わりはない。新エネ利用促進法による導入段階での支援措置だけでは、導入目標量に大幅に不足し、旧推進大綱から掲げられてきた新エネルギー供給を3倍にするという導入目標を達成するには、新たな対策が必要とされた。

本法はこのような背景で制定されたため、その制定目的は電気事業者による新エネルギーの利用に関する措置を講じることによって地球温暖化対策（エネルギー起源の二酸化炭素削減）に寄与することである（1条）。本法の新エネルギーは、新エネ利用促進法とほぼ同じであり、風力や太陽光などが制定時に指定され、その後、農業用水などを利用した小規模水力発電の原動力となる水力、バイオマスを原料とする水素などから得られるエネルギーも追加された（2条2項）[17]。これらから得られた電気は新エネルギー電気と呼ばれる（同条3項）。

新エネルギー電気は、経済産業大臣により4年ごとに向後8年間の利用目標が定められる（3条1項）。この際、経済産業大臣は、総合資源エネルギー

16）　拙稿・前掲注（1）71-72頁。
17）　なお、経済産業大臣はバイオマス発電設備を認定する際に関係大臣と協議しなければならず、廃棄物であるバイオマスについては、環境大臣との協議が必要とされた（施行令3条、施行規則13条）。

調査会のほか、環境・農水・国土交通の各大臣の意見を聴かなければならない（同条3項）。

経済産業大臣は、電気事業者に対して、毎年度、利用目標を考慮した上で、その事業者の販売電力量（前年度の届出に基づく）に応じて一定量以上の新エネルギー電気の利用を義務づける（5条）。

電気事業者は、新エネルギー電気を利用する際に、次の三つの方法から選択できる（5条及び6条）。①電気事業者が自ら新エネルギーを発電し、当該新エネルギー電気を利用する。②新エネルギー電気の発電を行う事業者から新エネルギー電気を購入する。この新エネルギー電気の発電を行う事業者は、発電設備が省令で定められた基準に適合しているかどうかの認定を経済産業大臣から受けなければならない。③他の電気事業者が利用義務量以上の新エネルギーを利用している場合、当該電気事業者の同意を得ることに加え、経済産業大臣の承認を得ることによって、その超過分を自己に課せられた義務量（全部または一部）に組み入れる。

本法の担保措置には、勧告、命令、罰則（罰金）がある。第一に、経済産業大臣は、義務として課された新エネルギーの利用量に達していない電気事業者に対して、義務量以上の新エネルギー量を利用する旨の勧告が出すことができる（8条1項）。第二に、経済産業大臣は、義務として課された新エネルギーの利用量が相当程度低い（省令で基準を定める）と認められる電気事業者に対して、義務量以上の新エネルギーを利用する旨の命令を出すことができる（同条2項）。第三に、かかる命令に違反した者は、罰金を科せられる（15条)[18]。

3 太陽光発電買取制度

2009年に「エネルギー供給事業者による非化石エネルギー源の利用及び化石エネルギー原料の有効な利用の促進に関する法律」（以下、エネルギー供給構造高度化法）が制定され、本法にもとづき太陽光発電買取制度が導入された。

本法は、2009年2月に総合資源エネルギー調査会総合部会報告書「エネ

---

[18] 拙稿・前掲注（1）72-74頁。

ルギー供給構造の高度化を目指して」の提言を受けて制定された。同報告書は、地球温暖化対策というよりも、エネルギー安全保障の観点からわが国のエネルギー自給率を高める方策を提言している[19]。

それゆえ、本法の目的は、エネルギー供給事業者による非化石エネルギー源の利用及び化石エネルギー原料の有効な利用促進するために必要な措置を講ずることで、エネルギーの安定的かつ適切な供給の確保を図ることである（1条）。もっとも、これらの実現は、結果的に地球温暖化防止に資することになるし、目的条項でも環境負荷の低減の重要性が認識されている。

本法は、省エネ法と同様に、行政が目指すべき目標および指針を示し、規制対象者が目標の達成に向けて指針に沿って計画的に取り組む構造を採用している（前述の報告書では「誘導的規制」と表される）。すなわち、経済産業大臣は、エネルギー供給事業者に対する基本方針を作成および公表し（3条1項）、政令で指定される特定エネルギー供給事業者（2条7項）の判断基準を定め公表する（5条1項）。エネルギー供給量が一定規模以上にある特定エネルギー供給事業者は、この判断基準（目標）を達成するための計画を作成および提出する義務を負う（7条1項）。経済産業大臣は、指導、助言、勧告、命令を行う権限を有する（6条、8条）。

基本方針策定の際の勘案事項として環境保全への留意があげられ（3条2項）、非化石エネルギー源利用の事項について環境大臣などとの協議義務が定められている（同条3項）。また、経済産業大臣に対して、非化石エネルギー源の利用促進施策が環境保全にかかわる場合には、環境大臣との緊密な連絡および協力をするよう定めている（16条）。実際、特定エネルギー供給事業者の判断基準を定める際には、再生可能エネルギー源の費用負担のあり方や円滑な利用確保を盛り込まなければならない（5条1項2号）。

政府は必要な財政上の措置を講ずる努力義務を負い（13条）、再生可能エネルギー源の利用に必要な費用を電気料金などへの転嫁することを認め、国

---

19) これは、アメリカ合衆国でブッシュ政権時代にチェイニー副大統領を座長とするグループが作成し、2001年5月に公表された「国家エネルギー政策報告書」の内容と類似する。同報告書も、エネルギー安全保障の観点から再生可能エネルギーの導入を提言している。National Energy Policy Development Group, NATIONAL ENERGY POLICY (2001).

がその周知を図るよう努力する義務を定める（14条）。

　本法にもとづき導入された太陽光発電買取制度は、電気事業者が太陽光発電による余剰電力を適正価格で買い取る制度で、買取にかかる費用はすべての電力需要家に転嫁することとされた（買取価格は従来の2倍の1キロワットあたり48円）。買取対象の太陽光電気（特定太陽光電気）の利用目標量は、2014年に39億kWhとされた[20]。

4　バイオマスの活用推進

　上記の新エネルギーまたは再生可能エネルギーの導入・利用に関連する個別法のほか、特定のエネルギー源に特化したエネルギー供給対策法として、2009年に議員立法で制定されたバイオマス活用推進基本法がある。基本法の名が示すとおり、本法は、具体的な措置や規制をとくに定めるものではないが、国、地方公共団体、事業者、国民がバイオマスを製品原材料またはエネルギー源として活用する際の責務、施策の基本事項を定めている。

　本法にいうバイオマスとは、石油石炭などの化石資源を除いた動植物に由来する有機物である資源をいう（2条）。バイオマスの活用を推進するにあたり、地球温暖化防止（4条）、循環型社会形成（5条）、食料安定供給（6条）、生物多様性などへの環境配慮（7条）を掲げている。政府は、バイオマス活用推進基本計画の策定義務を負うが（20条）、地方公共団体のかかる計画策定は努力義務となっている（21条）。

VI　フロン類対策

1　フロン類の生産使用の規制〜オゾン層保護法

　フロン類は、温室効果の高いガスである。フロン対策は、1980年代から、国際的には1985年オゾン層の保護のためのウィーン条約と1987年オゾン層を破壊する物質に関するモントリオール議定書、国内的にはそれらの条約を国内履行する「特定物質の規制等によるオゾン層の保護に関する法律」（オ

---

[20]　平成21年経済産業省告示323号。また、買取制度導入に伴い、新エネ発電法における基準利用量と利用目標量が調整されている。大塚・前掲注（10）170頁。

ゾン層保護法）によってフロン類の生産・輸出入などが規制され、わが国のみならず各国で全廃に向けて取り組まれてきた。

2 フロン類の廃棄時の放出規制

　しかし、既存のフロン類については、従来、関係業界で自主的にその回収と破壊が進められてきたものの、電気冷蔵庫で3割弱、カーエアコンで2割に満たないなど回収率が極めて低い水準にとどまっていた。そこで、このような事態を改善すべく、フロン類の大気中への排出を抑制し、地球温暖化防止に取り組むために、2001年に「特定製品に係るフロン類の回収及び破壊の実施の確保等に関する法律」（フロン回収破壊法）が制定された。同法は、フロン類のうち冷媒用のクロロフルオロカーボン（CFC）、ハイドロクロロフルオロカーボン（HCFC）、ハイドロフルオロカーボン（HFC）を対象とする[21]。

　1998年に制定された「特定家庭用機器再商品化法」（家電リサイクル法）では、家電メーカーによる冷蔵庫及びルームエアコンのフロン類回収を定めているため、フロン回収破壊法では、これら以外のフロン類の回収を制度化した。法律上、フロン類は、業務用のエアコン・冷蔵庫・冷凍庫のフロン類第一種特定製品とカーエアコンのフロン類第二種特定製品に分類される（2条）。その後、第二種特定製品のカーエアコンのフロン類は、2005年に施行された「使用済自動車の再資源化等に関する法律」（自動車リサイクル法）で扱われることになった。

　第一種特定製品については、都道府県知事による回収業者の登録（9-18条）、廃棄者の回収業者への引渡し義務（19-21条）などが規定される。これらのフロン類を破壊する業者は許可制とされた（44-51条）。このほか、各々の主体の費用の請求及び支払い、費用負担などを定める（56-62条）[22]。

---

21)　CFCとHCFCはモントリオール議定書の規制対象物質であり、オゾン層保護法でそれぞれ1995年と2019年に生産禁止になる。HFCは京都議定書で扱われる。
22)　拙稿・前掲注（1）74-75頁。

Ⅶ 現行法制度の課題と展望

1 従来の地球温暖化対策の評価

京都議定書が発効する前の地球温暖化対策は、法政策の観点から概ね次のことが指摘されていた。

第一に、国による地球温暖化対策の横断的な評価制度の必要性が指摘されていた[23]。そのためには、各主体の意思決定過程に環境配慮の判断の機会とその判断基準を組み込む手続的手法、行政の地球温暖化対策計画の作成・公表、排出者による温室効果ガス排出量やエネルギー使用量などの報告・公表をする情報的手法を活用する必要がある。

第二に、自主的取組手法である経団連の自主行動計画は、社会的評価による履行確保が必要であり、第三者機関による審査を導入する必要がある。

第三に、不特定多数の排出源に有効に対処するため、排出量取引や炭素税といった効率性とインセンティブに長けた経済的手法を取り入れるべきである[24]。

2 現行法制度の評価

(1) 実効性の観点からの評価

京都議定書が発効し、第二約束期間を合意しなければならない2010年現在、上記の指摘がなされた時点に比べて、新たな地球温暖化防止関連の法律がいくつか制定され、従来の地球温暖化防止関連法も改正・強化されてきた。

このような地球温暖化防止に対する取り組みの実効性について、温室効果ガスの総排出量は、京都議定書の基準年である1990年と比べて、2007年度は9.0%も増加したが、2008年度は金融危機（リーマン・ショック）の影響があって、1.9%増にとどまった。2009年度は、景気低迷が続いたことや原子

---

[23] 淡路剛久「わが国現行法制度の分析」環境法政策学会編『温暖化対策へのアプローチ』（商事法務、2002）10-15頁。
[24] 前田陽一「地球温暖化問題への法政策的対応」大塚直＝北村喜宣編『環境法学の挑戦』（日本評論社、2002）249-252頁。

力発電所の稼働率の上昇などにより、1990年比で4.1％減少した。海外から購入した排出枠を含めると9.5％減になり、単年度では初めて京都議定書の削減目標を達成した[25]。

しかし、京都議定書の削減目標は2008-2012年の平均値で判断されることや、東日本大震災の影響による電力不足に火力発電で対応せざるをえない状況にあることから、京都議定書の削減目標が達成できるかどうかは予断を許さない状況にあるといえる。また、京都メカニズムは原則的に国内対策に対する補助的な役割にすぎない。

そのため、京都議定書それ自体の問題はさておき、同議定書を所与とするならば、引き続き削減目標の確実な達成を目指さなければならないし、中長期的に温室効果ガスの排出を一層削減しなければならないため、なお一層の国内努力が必要である。

(2) 横断的な現行法政策の評価

前述したように、政府計画の策定・公表を義務づけ、また排出者に対する手続的手法と情報的手法を組み合わせた制度を温対法に導入するべきことが指摘されていた。現行法は、2005年改正で温室効果ガス排出量算定報告公表制度が導入され、算定報告の手続により公的部門を含む排出者が自己の排出量を把握し、自主的に排出抑制・削減に向けた計画を策定し行動するよう誘導できるようになった。

これは、第三次環境基本計画で掲げられたPDCA（Plan-Do-Check-Action）サイクルの実践である。同計画では、温室効果ガスの目標達成状況、個別の対策・施策の進捗状況を評価・点検し、見直しや追加を行うとされている[26]。そして、事業者や公的部門に対する排出量の公表の義務化により、各主体の取組状況の透明性が確保され社会的に評価される。評価によって各主体は地球温暖化対策に関する自らの行動を見直す機会を得られる。

とくに国は、事業所ごとに排出量が収集され、企業・業種・都道府県単位で公表されることから、事業所やそれらの単位ごとに排出量の情報を分析で

---

25) 環境省報道発表資料「2009年度（平成21年度）の温室効果ガス排出量（確定値）について」（平成23年4月26日）。
26) 第三次環境基本計画（平成18年）37-38頁。

きるようになるため、地球温暖化防止法政策の実効性を各単位別まで詳細に把握できる。したがって、国は、かかる情報をもとに温室効果ガスの排出抑制に「配意」（温対法3条2項）できるようになったといえるが、収集した情報にもとづいて、どの程度の見直しや追加対策を実施すれば、「配意」したことになるのかという問題は残る。

地球温暖化対策の実施にあたっては、第三次環境基本計画や京都議定書目標達成計画で述べられているように、（枠組）規制的手法、経済的手法、情報的手法、自主的手法などあらゆる政策手段に依拠し、これらを組み合わせるポリシー・ミックスが有効である。ポリシー・ミックスの必要性に関しては衆目一致するところであるが、どの手法をどの程度組み合わせるのかは、今後の地球温暖化対策にとって重要な課題となる。

この点、温対法は、努力義務規定が多く、基本的な立場としては自主的手法への依存度が高いが、政府計画や報告公表制度が義務付けられたことで、情報的手法化が進んだ。しかし、温室効果ガスの最終排出者を報告義務者とする同制度を拡大生産者責任（EPR）の観点から検討すべきことが指摘されている。すなわち、製品の生産者や輸入者が製品の生産・輸入時に事業にかかる排出量の報告義務を負うしくみである。また、削減インセンティブを持たせるために、排出量のみでなく、吸収源の拡大やサーマルリサイクルにより排出量の抑制・削減に貢献した分を報告量から相殺するしくみも検討されるべきことが提案されている。

そのほか、地球温暖化対策は、国際条約の国内履行という性格からすれば、国がその中心的な役割を担うのは当然ではあるが、東京都の先駆的な取り組みをはじめ、各地で地球温暖化防止関連の条例が制定されている現状から、地球温暖化対策における国と地方自治体の役割や関係の明確化も今後必要になろう[27]。

(3) 個別分野の現行法政策の評価

① **エネルギー需要分野**

〈産業部門〉

産業部門の2009年度の排出量は、わが国の約半分近く（45.5%）を占め

---

27) 北村・前掲注（11）566-573頁。

る[28]。産業部門の温室効果ガスの排出抑制・削減対策は、伝統的に産業界の自主的取組に委ねられてきた。産業部門の自主的取組にもとづく対策は、以前から、その履行確保や透明性確保の必要性が指摘され、批判されてきた。

経団連の自主行動計画は、業界ごとの計画の烏合にすぎないこと、計画の履行確保方法が制度化されていないこと、計画の策定や実施の過程の透明性や第三者機関による審査が不十分であることが問題としてあげられる。最近は、第三者評価が徐々になされるようになってきたが、企業単位でのデータの検証が困難であり、第三者評価に参加しない企業もあるといった問題も残っている[29]。

一定規模以上の個別企業や事業所の温室効果ガスの排出量は、温対法の報告公表制度で把握・可視化されるようになった。これに加えて、省エネ法のエネルギー使用量の報告制度では、二酸化炭素の排出量も含めて報告される。しかし、省エネ法で集められたエネルギー使用量の情報は、経済産業大臣や主務大臣に公表義務が課せられてない。

省エネ法の第一種特定事業者は、一定の数値規制を課せられるわけではなく、手続規制の中で省エネ努力に取り組むことが求められる。この努力に実効性をもたせるためには、企業秘密に一定の配慮をせざるをえないだろうが、成果を可視化し、省エネ法分野でもPDCAサイクルを機能させる公表制度も導入すべきであろう。もっとも、省エネ法で報告された情報は行政の文書であるため、情報公開法を利用すれば、情報開示される途はある[30]。

〈運輸部門〉

運輸部門の省エネ対策においては、自動車単体のトップランナー方式の適用に加えて、自動車のグリーン税制が実施されている。直近の運輸部門の二酸化炭素排出量は経済の停滞もあって、貨物輸送量の減少により若干減少し

---

28) 2009年度（平成21年度）の温室効果ガス排出量（確定値）http://www.nies.go.jp/whatsnew/2011/20110426/about.pdf 参照。

29) 大塚・前掲注（10）174-175頁。

30) 省エネ法で第一種特定事業者は、エネルギー利用効率や二酸化炭素排出量の主務大臣への報告を義務づけられるが、環境NPOなどが報告内容の開示を求めたものの非開示になった部分について、決定の取り消しと開示決定の義務付けを求めた訴訟がいくつか提起されている。たとえば、名古屋地判平成18・10・5判タ1266号207頁などを参照。

た（1990年比で2008年度は8.3％増だが、2009年度は5.8％増）[31]。

しかし、トップランナー方式もグリーン税制も大型車に有利な仕組みになっているため、大型車への買い替えが進めば排出量が増えてしまい、それらの措置による排出削減努力が相殺されるおそれもある[32]。

〈民生部門〉

排出増加率の高い部門として、商業・サービス・事業所などの民生業務部門（2009年度で1990年比31.2％増）と家庭部門（同26.9％増）がある[33]。民生業務部門は、前述したように一定規模以上の建築物が省エネ法で省エネ措置の届け出を義務付けられている。他部門に比べて特に高い増加率を示す民生業務部門に関しては、届け出義務にとどまらず、東京都の建築物環境計画書制度のように、事務所建築物には二酸化炭素の排出量削減への取り組みに関する報告義務、マンションには環境性能表示義務などの導入を検討すべきであろう。

家庭部門の省エネについては、特定機器は、漸進的に品目が拡大されてきてはいるものの、家電の複数所有化への対応や待機電力対策なども検討すべきである。家電の複数所有化への対応として、トップランナー機器を一層拡大し、省エネ基準を強化する必要がある[34]。省エネ住宅については、優遇税制や優遇金利ローンなどの支援制度が考えられる。

② エネルギー供給分野

温室効果ガスの排出抑制に有効なエネルギー源の非化石燃料化には、風力や太陽光といった再生可能エネルギーの拡大・推進が欠かせない。現在のところ、その導入促進策として、支援制度（新エネ利用促進法）、市場機能を利用するRPS制度（新エネ発電法）、太陽光発電買取制度（エネルギー供給構造高度化法）が実施されている。しかし、一次エネルギー供給の3％を新エネ

---

31) 2009年度（平成21年度）の温室効果ガス排出量（確定値）、前掲注(28)参照。
32) 大塚・前掲注(10) 175頁。
33) 2009年度（平成21年度）の温室効果ガス排出量（確定値）、前掲注(28)参照。
34) 大塚・前掲注(10) 175頁。
　　エコポイント制度において、特定の機器は省エネ性能の高いものへ買い替えが進んだが、大型家電に有利な仕組みであったため、省エネ性能分が相殺されるおそれがある。エネルギー効率や省エネ基準達成率による表示ではなく、実際の二酸化炭素排出量や電気使用量などの表示を義務付ける制度も考えるべきであろう。

ルギーにする目標自体が欧米諸国に比べて穏当に過ぎるし、風力や太陽光発電の導入実績はドイツをはじめとする固定価格買取制度を当初から導入している諸国の後塵を拝する状況である。

　2000年に新エネ発電法を制定する際、RPS制度ではなく、全量固定価格買取制度の導入を強く求める意見がすでにあった。再生可能エネルギーの導入量が進まないことから、ようやく太陽光発電の余剰電力を固定価格で買い取る制度が導入された。

　同制度の効果の程は今後の推移を見守るしかないが、諸外国の導入量や増加率を考えれば、当初から固定価格買取制度（ひいては全量買取制度）によって導入量を確保するべきであった。

3　今後の地球温暖化防止対策の展望

　2010年3月に政府は、地球温暖化対策基本法案を閣議決定した。これは、前年の2009年に当時の鳩山首相が国連の気候変動サミットで、すべての主要国が公平で実効性のある国際的枠組に意欲的に参加することを条件に、2020年までの中期目標として1990年比で温室効果ガスを25％、2050年までの長期目標として50％削減する声明を行ったことで、その実現に向けた具体的な対応策である。

　法案の特徴として、経済的手法が基本的な施策として導入されていることがあげられる。温室効果ガスの排出の抑制・削減のために、地球温暖化対策推進法と京都議定書目標達成計画、個別分野のさまざまな法政策がこれまで作られ、実施されてきた。手法としては、枠組規制的手法（誘導的規制手法）、情報的手法、自主的手法が採用されてきた。

　しかし、温室効果ガスの発生源が多様かつ不特定多数あり、発生抑制技術が確立していない状況において、効率的かつ誘導的（インセンティブ利用）に排出を抑制・削減することができる経済的手法は、さまざまな利害が交錯する地球温暖化対策の中で、これまで採用されてこなかった。

　上記の意欲的・野心的な中長期削減目標を達成するには、京都議定書目標達成計画でも指摘されているように、文字通りの政策の総動員が必要になる。法案は、キャップ・アンド・トレード方式の排出量取引制度、地球温暖

化対策税、再生可能エネルギーの全量固定価格買取制の三つを中心的な基本的政策として採用している。そのほかにも、基本法にふさわしく、原子力、省エネ、交通、技術開発、教育、吸収作用、適応など政策を網羅的に規定する。

しかし、基本法ゆえに避けられない部分であるが、三つの中心的政策をはじめとする基本的施策の数々の具体的な内容は、まだ大部分が議論を詰められていない。たとえ本法案が成立したとしても、いくつかの課題もある。

まず目標値に関しては、上記の中長期目標は果たして達成可能な数値なのか、目標値の中にどの程度海外からのクレジット購入分や吸収量を組み入れるのかがある[35]。

上記の三つの主要な政策については、次のような状況下にある。

第一に、排出量取引制度は、2010年6月に閣議決定された「新成長戦略」の工程表で「2011実施すべき事項」としてあげられた。このため、現在、環境省および経済産業省の審議会で審議中であるが、対象期間、排出枠総量、対象ガス、排出枠設定対象、排出枠設定方法、費用緩和措置など論点は多岐に渡る。政府法案はキャップ・アンド・トレード方式を基本とするが、排出枠設定方法における例外としての原単位方式の取り扱い（例：電力会社）の行方が注目される。

第二に、地球温暖化対策税は、排出量取引と同じく市場メカニズムを活用し、効率的な温室効果ガスの削減を目的とするが、租税であるため、通常の環境政策の政策策定過程とは異なり、税制調査会の審議を経る。地球温暖化対策税は、2009年の税制改正大綱を受けて、法案では地球温暖化対策のための税について、「平成23年度の実施に向けた成案を得るよう、検討を行う」としている。

2010年度に閣議決定された税制改正大綱は、地球温暖化対策のための税の導入を正式決定した。それによると、全化石燃料を課税ベースとした石油石炭税に二酸化炭素排出量に応じた税率を上乗せする方式が採用され、課税の特例として扱われる。具体的な税率は、化石燃料ごとにことなるが、1トンあたり670円から780円である。環境省の試算ではガソリン価格に反映さ

---

35) 大塚・前掲注（10）177頁。

れる額は1リットル0.79円と想定されている。

このように、広く薄くを旨とする税率設定になっている。設定した税率は段階的に引き上げられ、免税還付措置が設けられることになっているが、当初は顕著な効果を期待できない。

第三に、全量固定価格買取制度は、法案では2020年に1次エネルギーの10％を再生可能エネルギーで賄うことが目標とされた。経済産業省は、2009年から全量固定価格買取制度を検討し始め、2010年に基本的な考え方を取りまとめ、2011年の通常国会に関連法案を提出する予定である。基本的な制度内容としては、エネルギー供給構造高度化法にもとづいた余剰電力買取制度と同じく、買取価格を電気料金に上乗せする方式を採用する予定である[36]。

以上の三つの主要政策は、国民的な議論が欠かせない。排出量取引は経済への影響や企業の海外移転を招くことを懸念する意見もあるし、地球温暖化対策税や全量固定価格買取制度は国民に負担を強いることになるからである。

Ⅷ　おわりに

地球温暖化対策基本法案が制定・実施されることになれば、経済的手法が加わり、ほぼすべての手法が揃うことになる。このこと自体は、好意的に受け止められる。しかし、本文でも指摘したが、ポリシー・ミックスのメニューは揃ったものの、今後はどのポリシーをどうミックスするのかが課題となろう。

温室効果ガスは発生源が多種多様であり、大気汚染物質や水質汚濁物質の浄化のように、温室効果ガスの発生・放出を抑制・削減する決定的な技術が汎用していない。そのため、法的な対策としては、公害分野のように行政が汚染物質の特定の発生源に対して命令・禁止を命ずる直接的な規制的手法は取られず、相対的にソフトなものになっている。温対法は、徐々に法的な強制力を伸長してきているし、省エネ法も規制を導入しているものの、温室効

---

[36] 安部慶三「温暖化対策主要3施策をめぐる動向と課題」立法と調査312号（2011）141-147頁。

果ガスの明確な排出許容限度量を設定し、その遵守を排出者に強要するわけではない。

　したがって、今後は、温室効果ガスの実際の排出量を見据えつつ、各手法の重用の程度を検討していくことになろう。そのためには、どの制度・手法がどの程度の温室効果ガス排出の抑制・削減につながるのかを評価する制度が欠かせない。温対法で排出量算定報告公表制度が導入され、排出者のPDCAサイクルが既存のものとなったが、個別の手法や制度の実効性を評価し、それらの改善に向けた取り組みを実施するきめ細やかなPDCAサイクルも必要になると思われる。

　そして、京都議定書目標達成計画ではステップ・バイ・ステップ・アプローチを採用したため、個別対策を積み重ねてきたが、個別の地球温暖化対策関連法の関連性や連携を図ることで相乗的な効果も期待したいところである。個別の政策や手法の連携を確保することで、体系化を図りつつ、今後の一層の温室効果ガス排出削減に向けて、まさに総合的な地球温暖化対策を構築する必要があろう。

第7章 気候変動、汚染の危険・リスク管理関連法

20 化学物質管理関連法の課題と展望

大坂恵里

I はじめに——本稿の対象

　現在、世界では約10万種、日本でも約5万種もの化学物質が流通していると言われている。化学物質および化学物質を含む製品は、人々の暮らしに便利さや快適さをもたらす一方で、製造・輸入・使用・廃棄の過程で有害な影響を及ぼすものもあるため、そのライフサイクル全般にわたって適正に管理する必要がある。

　日本の化学物質管理関連法は、主として人の健康を化学物質から保護する観点から発展してきた。しかしながら、化学物質が影響を及ぼすのは人の健康や生活環境に限られない。現在の化学物質管理政策には化学物質による環境リスクの低減を目指すことが求められているのであり、その中核にあるのは、化学物質の審査及び製造等の規制に関する法律（以下「化審法」という）と特定化学物質の環境への排出量の把握等及び管理の改善の促進に関する法律（以下「化管法」という）である。

　そこで、本稿では、化審法と化管法の概要を説明した後、化学物質管理関連法の課題と展望について論じることとする。

人が身近な製品経由で摂取する化学物質の規制
食品衛生法―食品、食品添加物、食器に使用される化学物質を規制
農薬取締法―農薬に使用される化学物質を規制
肥料取締法―肥料に使用される化学物質を規制
建築基準法―シックハウス症候群の原因となりうる化学物質やアスベストを規制
飼料安全法―飼料添加物を規制
薬事法―医薬品や医薬部外品、化粧品に含まれる化学物質を規制
有害物質含有家庭用品規制法―家庭用品に含まれる化学物質を規制

人が環境経由で影響を受ける化学物質の規制
大気汚染防止法
廃棄物処理法　（環境基準）
水質汚濁防止法
農用地土壌汚染防止法
土壌汚染対策法
ダイオキシン類対策特別措置法
PCB処理特別措置法
農薬取締法

とくに有害性の高い化学物質の規制
消防法、火薬取締法―爆発性・引火性のある化学物質を管理
毒物劇物取締法―急性毒性を有する化学物質を管理
高圧ガス保安法―可燃性ガスや毒性ガスを管理
覚せい剤取締法
麻薬及び向精神薬取締法
放射線障害防止法

人が労働環境において曝露する化学物質の規制
労働安全衛生法
農薬取締法

化学物質管理政策の柱
化審法　化管法

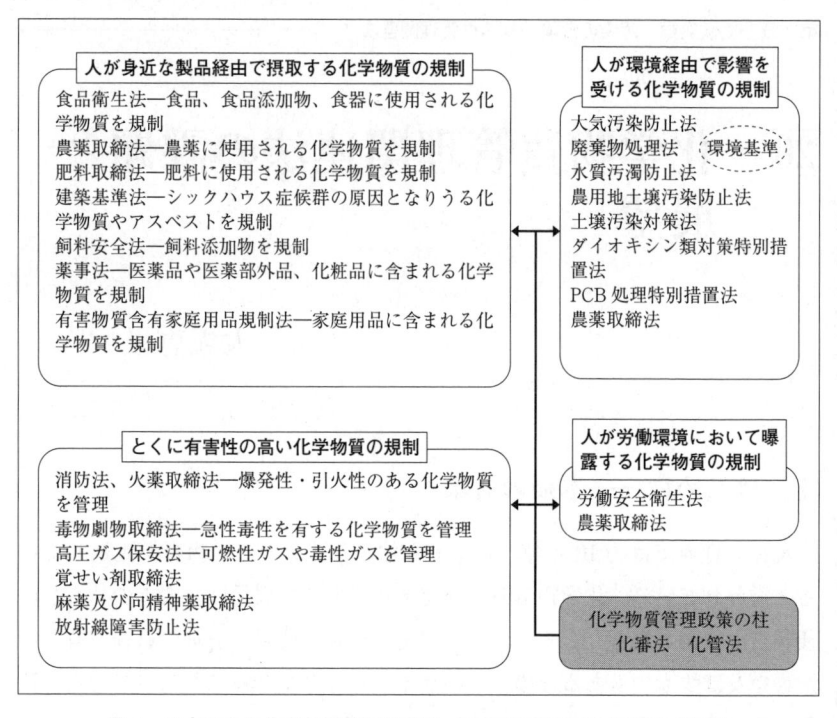

図1　日本の主な化学物質管理関連法（経済産業省の図を参考に作成）

II　化審法

1　制定と主要改正の経緯

(1) 化審法の制定

　1968年、PCB（ポリ塩化ビフェニル）が混入した食用油を摂取した人々に健康被害が生じるというカネミ油症事件が発生した。化学的に安定性が高いPCBは、その耐熱性・絶縁性・不水溶性等から広く利用されてきたが、同事件によって人体への毒性が注目されることとなった。さらに、1971年には、日本国内におけるPCBによる環境汚染が明らかとなり、社会問題化した。

　こうしたPCB問題を契機として、1973年10月16日に化学物質の審査及

び製造等の規制に関する法律（昭和48年法律117号）が公布された。同法は、施行後に新たに製造・輸入される化学物質（以下「新規化学物質」という）を事前届出によって把握し、製造・輸入前に組成・性状等を審査した結果、PCBと同等の性状、すなわち、環境中では容易に分解せず（難分解性）、生物の体内に蓄積しやすく（高蓄積性）、かつ、継続的に摂取される場合に人の健康を損なうおそれ（人への長期毒性）がある化学物質を「第一種特定化学物質」として指定し、その製造・輸入・使用を許可制として、厳しい規制を課すものであった。一方、法制定以前に製造・輸入されていた「既存化学物質」については、事前審査制度の対象とはされなかったが、衆参それぞれの商工委員会の附帯決議において、国が予算措置を講じて安全性点検を行うことで、その安全性を確認することが要求された。

(2) 1986年改正

化学物質の規制は、先進国において重要課題とされてきたが、各国の足並みは揃っていなかった。OECDは、化学物質に関する規制の国際的調和を目指して様々な決定や勧告を行うようになり[1]、日本も対応を迫られるようになった。また、1982年、環境庁が実施した地下水汚染実態調査[2]により、トリクロロエチレン等による汚染が各地で発見された。トリクロロエチレン等の揮発性有機塩素化合物は、蓄積性がないが、難分解性で長期毒性をもっており、環境中での残留の状況によっては規制する必要があることが明らかとなった。

そこで、これらの要請に対応する改正法が1986年4月25日に成立し、5月7日に公布された（昭和61年法律44号）。改正法は、従来の「特定化学物質」を「第一種特定化学物質」に変更し、蓄積性がなく、難分解性で長期毒性をもつ化学物質を「第二種特定化学物質」、そうした疑いのある化学物質を「指定化学物質」とする規制を新たに設け、さらに、これらに指定された化学物質について事後管理制度を導入した。

---

1) 代表的なものとして、1982年の化学物質の評価における上市前最少安全性評価項目に関する理事会決定（Decision of the Council concerning the Minimum Pre-Marketing Set of Data in the Assessment of Chemicals (8th December 1982-C (82) 196/Final）がある。
2) 環境庁『地下水汚染実態調査結果（昭和52年度）』(1983)。

(3) 1999年改正

中央省庁等改革基本法（平成10年法律103号）に基づく省庁再編に伴って庁から省へと昇格した環境省が、環境保全の観点から、化学物質の審査および製造の規制について経済産業省・厚生労働省と共同で所管することとなった。そこで、中央省庁等改革関係法施行法（平成11年法律160号）によって化審法の内容が改正され、新規化学物質の届出・審査、指定化学物質の指定・有害性調査指示、第二種特定化学物質の数量制限に係る認定等については、環境省・経済産業省・厚生労働省の共管となった。

(4) 2003年改正

その後、欧米においては、人の健康への影響とならんで動植物への影響（生態毒性）にも着目するとともに、化学物質の環境中への放出可能性を考慮した審査・規制を行うことが主流となった。2002年1月には、OECDが、化学物質管理の効果および効率性を更に向上させるとともに生態系保全を含むように規制の範囲を更に拡大するべきである、という内容の勧告[3]を行った。

このような状況の下、関係審議会である産業構造審議会・厚生科学審議会・中央環境審議会における審議を経て、改正法が2003年5月22日に成立し、同月28日に公布された（平成15年法律49号）。

主な改正点は、以下の4つであった。

第一に、環境中の動植物への影響に着目した審査制度・規制が導入された。すなわち、生態系への影響を考慮する観点から、化学物質の審査項目として動植物への毒性が新たに加えられ、この審査の結果、難分解性があり、かつ、動植物への毒性があると判定された化学物質（第三種監視化学物質）については、製造・輸入事業者に製造・輸入実績数量の届出を求めるなどの監視措置を講じ、必要な場合には製造・輸入数量の制限等を行うことができる制度を新設したのである。

第二に、難分解・高蓄積性の既存化学物質に関する規制が導入された。従

---

[3] OECD, OECD Environmental Performance Reviews: Japan 2002（OECD Publishing, 2002）［邦訳：OECD（経済開発協力機構）編、環境省総合環境政策局環境計画課訳『新版 OECDレポート――日本の環境政策』（中央法規出版、2002）］．

来は、難分解性かつ高蓄積性があるものの、人や動植物への毒性が不明な既存化学物質については、統計調査による製造・輸入実績の把握や行政指導により環境中への放出の抑制を図ってきた。しかし、将来生じうる被害の未然防止を一層進める観点から、これらの既存化学物質（第一種監視化学物質）について、毒性の有無が明らかでない段階において、事業者に対して製造・輸入実績数量の届出義務を課するとともに、開放系用途の使用の削減を指導・助言し、必要に応じて毒性の調査を求める制度を新設したのである。

第三に、環境中への放出可能性に着目した審査制度が導入された。従来は、化学物質の環境中への放出可能性にかかわらず、事前審査が原則的に義務付けられてきたが、①全量が他の化学物質に変化する中間物や閉鎖系の工程でのみ用いられるものなど、環境中への放出可能性が極めて低いと見込まれる化学物質については、そうした状況を事前確認・事後監視することを前提として、事前審査なく製造・輸入ができることとし、また、②高蓄積性がないと判定された化学物質については、製造・輸入数量が一定数量以下と少ないことを事前確認・事後監視することを前提として、毒性試験を行わずにその数量までの製造・輸入ができることとしたのである。

第四に、従来は、化学物質の製造・輸入事業者は、新規化学物質の審査時以外には試験データ等の有害性情報を国に報告することは求められていなかったが、後に有害性情報を入手した場合にも、国へ報告することを義務付けられた。

なお、既存化学物質については、1973年の法制定時の附帯決議のとおり、国の主導で安全性の点検を行うことになっていたが、遅々として進まない状況にあった[4]。そこで、2003年改正時の参議院経済産業委員会による附帯決議では、官民の連携による有害性評価の計画的推進を図ることが要求された。これを受けて、2005年に、厚生労働省・経済産業省・環境省が、官民連携既存化学物質安全性情報収集・発信プログラム――通称「Japanチャレンジプログラム」――を開始したのであった。

---

4) この状況は2003年改正後も続き、1973年の化審法制定時に既に市場に流通していた約2万物質のうち、2007年度までに安全性点検が実施されたのは約1,600物質であった。

(5) 2009年改正
① 改正の背景

　2003年改正法附則6条は、施行後5年を目途に化審法を見直すこととしていた。そこで、2008年より、化審法を所管する厚生労働省・経済産業省・環境省が共同で設置した化審法見直し合同委員会が、化学物質管理をとりまく環境の変化、また、化管法との一体的な運用の可能性の観点も含めて、化審法の制度改正の必要性等についての検討を開始した。同委員会が検討過程において意識したのは、以下の2つの国際動向であった。

　一つは、2002年に開催された持続可能な発展（開発）に関する世界首脳会議において採択されたヨハネスブルグ実施計画22の「ライフサイクルを考慮に入れた化学物質と有害廃棄物の健全な管理のためのアジェンダ21の約束を新たにするとともに、予防的取組方法に留意しつつ透明性のある科学的根拠に基づくリスク評価手順とリスク管理手順を用いて、化学物質が、人の健康と環境にもたらす著しい悪影響を最小化する方法で使用・生産されることを2020年までに達成する」という目標である。この目標達成に向けて、欧州を中心に、すべての化学物質についてリスクを評価したうえでライフサイクルの全般を通じた一層の適正管理を実現するための取組みが進みつつあり、日本においても、川上事業者のみならず川下事業者も含めたサプライチェーン全体で、各事業者が化学物質を適切に管理する必要性が高まっていた。

　もう一つは、残留性有機汚染物質に関するストックホルム条約（Stockholm Convention on Persistent Organic Pollutants、以下「POPs条約」という）の対象物質の拡大への対応である。POPs条約は、環境中での残留性、生物蓄積性、人や生物への毒性が高く、長距離移動性が懸念される残留性有機汚染物質の製造・使用の廃絶、排出の削減、これらの物質を含む廃棄物等の適正処理等を規定している。同条約の国内担保法の一つである化審法は、同条約で対象となった化学物質を第一種特定化学物質として指定して、閉鎖系の用途以外には使用を認めてこなかったが、2009年の同条約締約国会議において、ペルフルオロオクタンスルホン酸およびその塩（Perfluorooctane Sulfonate, PFOS）を、例外的使用を認めながら対象物質として追加する見込み

であったため[5]、同条約と化審法との整合性を図る必要があった。

その後、化審法見直し合同委員会報告書[6] およびこれを受けた中央環境審議会の答申[7] が2008年12月に公表された。2009年改正法は、これらの内容を反映した内容となっている。

② 改正法の概要

化学物質の審査及び製造等の規制に関する法律の一部を改正する法律（平成21年法律39号）は、2009年5月13日に成立、5月20日に公布された。同法には、衆参それぞれの経済産業委員会による附帯決議がある。

主な改正点は、以下の3つであった。

第一に、既存化学物質を含めた包括的な化学物質管理制度が導入された。既存のものを含む化学物質（以下「一般化学物質」という）について、年間1トン以上製造・輸入した事業者に対して、その数量等の届出を義務付けた。国は、届出によって把握した製造・輸入数量等および有害性に関する既存の知見等を踏まえ、リスク評価を優先的に行う物質を「優先評価化学物質」として指定し、これらについては、必要に応じて事業者に有害性情報の提出を求めて、人の健康等に与える影響を段階的に評価することとなった。

第二に、サプライチェーン全体において化学物質管理を適切に実施することとなった。特定化学物質および当該物質が使用された製品による環境汚染を防止するため、取扱事業者に対して、一定の取扱基準の遵守を求めるとともに、取引に際して必要な表示を行う義務を課した。優先評価化学物質と監視化学物質の段階では、情報提供は努力義務とされた。

第三に、POPs条約によって新たに製造・使用が禁止される化学物質について、同条約で許容される例外的使用を厳格な管理の下で認めるための規制が見直された。すなわち、第一種特定化学物質について、代替が困難であ

---

5) その後、実際に、PFOSを含む12物質が新たに対象となった。
6) 厚生労働省・経済産業省・環境省「厚生科学審議会化学物質制度改正検討部会化学物質審査規制制度の見直しに関する専門委員会、産業構造審議会化学・バイオ部会化学物質管理企画小委員会、中央環境審議会環境保健部会化学物質環境対策小委員会合同会合（化審法見直し合同委員会）報告書」(2008年12月)。
7) 中央環境審議会「今後の化学物質環境対策の在り方について（答申）——化学物質審査規制法の見直しについて」(2008年12月)。

り、かつ、環境の汚染が生じて人の健康に係る被害等を生ずるおそれがない用途（エッセンシャル・ユース）について、使用が制限されないこととなった。

改正化審法は、すべての化学物質に係る製造・輸入数量等の届出、優先評価化学物質の指定、第二種・第三種監視化学物質の廃止については2011年4月1日に、それら以外の改正点については1年早い2010年4月1日に施行された。

2 現行化審法の概要

(1) 目　的

本法は、人の健康を損なうおそれや動植物の生息・生育に支障を及ぼすおそれがある化学物質による環境の汚染を防止するため、新規の化学物質の製造・輸入に際し事前にその化学物質の性状に関して審査する制度を設けるとともに、その有する性状等に応じ、化学物質の製造・輸入・使用等について必要な規制を行うことを目的としている（1条）。なお、本法における化学物質とは、元素または化合物に化学反応を起こさせることにより得られる化合物をいうが、放射性物質、毒物劇物取締法上の特定毒物、覚せい剤取締法上の覚せい剤とその原料、麻薬取締法上の麻薬は対象外である（2条1項）。

(2) 新規化学物質の事前審査制度

新規化学物質の製造・輸入をしようとする者は、あらかじめ、厚生労働大臣・経済産業大臣・環境大臣（以下「三大臣」という）に対して届け出なければならず（3条1項）、三大臣がその性状に関して審査し、本法の規制の対象となる化学物質であるか否かを判定し、その結果を通知する（4条）までは、原則として、その新規化学物質の製造・輸入をすることができない（6条）。新規化学物質について届出をしなかった者、あるいは、通知前に製造・輸入をした者に対しては直罰が科され（58条1号、2号）、法人の場合は重科の対象となる（61条2号）。

(3) 上市後の化学物質に関する継続的な管理措置

① 一般化学物質

包括的な化学物質の管理を行うため、化審法制定以前に製造・輸入が行わ

れていた既存化学物質を含む「一般化学物質」（2条7項）等について、1トン以上の製造・輸入を行った事業者は、製造・輸入数量等を届け出なければならない（8条1項、施行令5条）。

② **優先評価化学物質**

三大臣は、一般化学物質等に関する届出等から推定される環境残留量および化学物質に関して得られている知見を考慮したうえで、環境の汚染により人の健康に係る被害または生活環境動植物——その生息・生育に支障を生ずる場合には、人の生活環境の保全上支障を生ずるおそれがある動植物——の生息・生育に係る被害を生ずるおそれがないと認められないため、そのおそれがあるものであるかどうかについての評価——いわゆるリスク評価——を優先的に行う必要があると認められる化学物質を、「優先評価化学物質」として指定する（2条5項）[8]。2011年4月1日付で88物質が指定された。

1トン以上の優先評価化学物質を製造・輸入した者は、経済産業大臣に対して、毎年度、製造・輸入数量等を届け出なければならない（9条1項、施行令6条）。違反者に対しては直罰が科される（60条2号）。

三大臣は、リスク評価を行うにあたって必要があると認めるときは、優先評価化学物質の製造・輸入事業者に対して、毒性試験等の試験成績を記載した資料の提出を求めることができる（10条1項）。そして、優先評価化学物質が、第二種特定化学物質相当の有害性を有すると疑うに足りる理由が認められる場合であって、実際に長期毒性を有する場合には特定化学物質相当の被害を人や動植物に与えるおそれがあると判断するときには、事業者に対して、有害性調査を行い、その結果を報告するよう指示することができる（同条2項）。さらに、事業者からの報告の結果に基づき、当該優先評価化学物質に人または生活環境動植物への長期毒性があるかどうかを判定して、その結果を報告者に対して通知しなければならない（同条3項）。このように、2009年改正によって、①一般化学物質のうち、リスク評価を優先的に行う

---

[8] 既述のとおり、「優先評価化学物質」の新設に伴い、人の健康を損なうおそれがある化学物質を「第二種監視化学物質」として、また、動植物の生息または生育に支障を及ぼすおそれがある物質を「第三種監視化学物質」として指定し、それらの製造・輸入数量の届出を求める制度は廃止された。第一種監視化学物質は、名称を「監視化学物質」に改め、存続させている（2条4項）。

必要があるものを絞り込んで優先評価化学物質として指定し——スクリーニング評価——、②優先評価化学物質のリスク懸念の程度を詳細に評価し——第一次リスク評価——、③有害性調査指示による報告結果から、長期毒性の判定を行う——第二次リスク評価——という、段階的なリスク評価プロセスが確立された。優先評価化学物質に長期毒性があると判明した場合には、第二種特定化学物質に指定される。

優先評価化学物質を事業者間で譲渡等を行う場合には、相手方事業者に対して当該化学物質が優先評価化学物質であること等の情報を提供するよう努めなければならない（12条）。

さらに、主務大臣は、必要に応じて事業者に対し、優先評価化学物質の環境中への放出を抑制する措置を講ずるよう指導・助言を行うことができ（39条）、その取扱い状況の報告を求めることができる（42条）。

(4) 化学物質の性状等に応じた規制等

本法は、化学物質の分解性、蓄積性、人への長期毒性または動植物への毒性といった性状——場合によっては環境中での残留状況——に着目し、ある化学物質がいずれの性状等を有しているかに応じて、規制等の程度や態様を変えている。

① 第一種特定化学物質

新規化学物質の事前審査または既存化学物質の安全性点検等により、難分解性、高蓄積性、人または高次捕食動物——ほ乳類や鳥類[9]——への長期毒性の3つの性状をすべて有していることが判明した化学物質は、第一種特定化学物質として指定される（2条2項）。2010年12月末日時点でPCBを含む28種類が指定されている。

第一種特定化学物質の製造・輸入をしようとする者は、経済産業大臣の許可を受けなければならない（17条、22条）。違反者に対しては直罰が科され（57条1号、3号）、法人の場合は重科の対象となる（61条1号）。

第一種特定化学物質の製造については、その能力が需要に照らして過大とならず、設備が技術上の基準に適合し、事業を適確に遂行するための経理的

---

9) 経済産業省・厚生労働省・環境省「化学物質の審査及び製造等の規制に関する法律【逐条解説】」(2010) 33頁を参照。

基礎および技術的能力を有しない限り、許可されない（20条、28条1項も参照）。輸入についても、国内での需要を満たすために必要と認められない限り、許可されない（23条）。さらに、第一種特定化学物質が使用されている製品が環境を汚染することも想定して、政令で定めるものについては輸入が禁止される（24条、施行令7条）。

第一種特定化学物質については、①他の物による代替が困難であり、かつ、②第一種特定化学物質が使用されることにより環境の汚染が生じて人の健康に係る被害または生活環境動植物の生息・生育に係る被害を生ずるおそれがないという要件を満たす場合として政令で定める用途以外には、その使用が認められない（25条）。この規定は、POPs条約において許容されるエッセンシャル・ユースとの整合性を確保したものである。現在、エッセンシャル・ユースの対象となっているのは、PFOSおよびその塩である（施行令8条）。第一種特定化学物質を業として使用する者は、あらかじめ主務大臣に届出を行わなければならず（26条）、違反者には直罰が科される（59条）。さらに、第一種特定化学物質の取扱いに係る技術上の基準に従って取り扱うこと（28条2項）、他の事業者に譲渡・提供する場合には、第一種特定化学物質による環境の汚染を防止するための措置等に関する表示をすること（29条2項）が求められており、それらの違反は改善命令の対象となる（30条）。

主務大臣は、第一種特定化学物質の指定等の際、当該化学物質による環境汚染の進行が特に懸念されるときには、必要な限度において、当該化学物質または当該化学物質使用製品の製造・輸入事業者に対して、それらの回収を図ること等の措置命令を出すことができるし（34条1項、2項）、第一種特定化学物質に関する規制に違反して製造・輸入・使用を行った者に対しても同様の命令を出すことができる（同条3項）。

第一種特定化学物質以外の化学物質が第一種特定化学物質の要件に該当すると疑うに足りる理由があるときは、事業者等に対し、主務大臣が必要な勧告をすることができる（38条1項）。

② **第二種特定化学物質**

高蓄積性ではないものの、長期毒性を有することが判明した化学物質のう

ち、相当広範な地域の環境中に相当程度残留しているかその見込みが確実であることから人の健康または生活環境動植物の生息・生育に係る被害を生ずるおそれのある化学物質は、「第二種特定化学物質」として政令で指定される（2条3項）。2010年12月末日時点でトリクロロエチレンを含む23種類が指定されている。

　第二種特定化学物質または政令で定める製品で第二種特定化学物質が使用されているもの（以下「第二種特定化学物質等」という）の製造者・輸入者は、製造・輸入予定数量等を経済産業大臣に届け出なければならない（35条1項）。違反者に対しては直罰が科され（58条4号）、法人の場合は重科の対象となる（61条2号）。

　主務大臣は、環境汚染を防止する観点から、第二種特定化学物質等を取り扱う事業者がとるべき措置を技術上の指針として公表する（36条1項）とともに、第二種特定化学物質等の容器・包装等に環境汚染を防止するための措置等に関して表示すべき事項を定める（37条1項）。三大臣は、第二種特定化学物質等の製造・輸入・使用の状況や、前記措置の実施の効果等に照らして、環境汚染を通じて人の健康または生活環境動植物に係る被害を生ずることを防止するために必要があると認めるときには、その旨の認定を行い（35条4項）、届出に係る製造・輸入予定数量の変更を命じることができる（同条5項）。さらに、主務大臣は、必要に応じて事業者に対し当該化学物質の環境中への放出を抑制する措置を講ずるよう指導・助言を行うことができ（39条）、その取扱い状況の報告を求めることができる（42条）。

　第二種特定化学物質以外の化学物質が第二種特定化学物質の要件に該当すると疑うに足りる理由があるときは、事業者等に対し、主務大臣が必要な勧告をすることができる（38条2項）。

③　監視化学物質

　三大臣は、難分解・高蓄積性と判明し、人の健康または高次捕食動物への長期毒性の有無が不明である化学物質を「監視化学物質」として指定し、公表する（2条4項、8項）。

　監視化学物質を製造・輸入する者は、毎年度、経済産業省に対して、製造・輸入実績数量や用途の届出を行わなければならない（13条1項）。

三大臣は、監視化学物質による環境汚染が生ずるおそれがあると認められる場合には、製造・輸入事業者に対して、長期毒性に関する調査を行い、その結果を報告すべきことを指示することができ（14条1項）、報告に係る監視化学物質が第一種特定化学物質に該当するかどうかを判定し、その結果を事業者に通知しなければならない（同条2項）。

監視化学物質を取り扱う者は、当該監視化学物質の譲渡・提供の相手方事業者に対して、それが監視化学物質であること等の情報を提供するよう努めなければならない（16条）。

主務大臣は、必要に応じて事業者に対し、当該化学物質の環境中への放出を抑制する措置を講ずるよう指導・助言を行うことができ（39条）、その取扱い状況の報告を求めることができる（42条）。

(5) その他

① 有害性情報の報告

化学物質の製造・輸入事業者は、その製造・輸入した化学物質に関して自主的に試験を実施した結果、新たな有害性情報を取得する場合がある。そこで、事業者が、難分解性、高蓄積性、人や動植物に対する毒性などの一定の有害性を示す知見——公知になっていないものに限る——を得たときには、三大臣に報告しなければならない（41条1項、2項）。また、既に有している知見についても、三大臣に報告する努力義務がある（同条3項）。三大臣は、このような有害性情報の報告その他によって得られた知見に基づいて、当該化学物質が第一種特定化学物質等の規制対象物質に該当する場合には、遅滞なく、指定その他の必要な措置を講ずるものとされている（同条4項）。

② 他の大臣への通知

三大臣は、本法に基づいて化学物質の性状等に関する知見等を得た場合、必要に応じ、他の大臣に対し、当該知見等の内容を通知するものとされている（47条）。

③ 他の法令との関係

他の法令により化学物質による人の健康および生活環境動植物に係る被害が生じることを防止するための規制措置を講じることができる場合には、本法に基づく規制の対象外とされている（55条）。

Ⅲ 化管法

1 環境汚染物質排出移動登録制度

環境汚染物質排出移動登録（Pollutant Release and Transfer Register, PRTR）とは、事業者が、工場や廃棄物処分場における環境に有害な影響を及ぼすおそれのある物質の大気・水・土壌への排出量、廃棄物が処理・処分のために場外へ移動した量を把握し、行政に報告し、その情報を公衆に利用可能にする制度である。そうした情報には、固定発生源のみならず、農業や移動発生源などからの放出量の推計が含まれる場合もある。

PRTR 制度は、早くからオランダ[10]、アメリカ[11]、カナダ[12]、イギリス[13]等で法制化され、1992 年の環境と発展（開発）に関する国連会議のリオ宣言第 10 原則にいう環境情報の適切な入手と意思決定過程に参加する機会の確保、そしてアジェンダ 21 第 19 章の「有害及び危険な製品の違法な国際的移動の防止を含む、有害化学物質の環境上適正な管理」という考え方を背景に、1996 年 2 月には、OECD 理事会が、加盟国に対して PRTR を実施するよう勧告を行った[14]。

PRTR 制度には、①環境保全上の基礎データとしての重要な位置づけを有すること、②行政による化学物質対策の優先度の決定にあたり重要な判断材料となること、③事業者の化学物質の排出量の削減のための自主的取組の

---

[10] 1974 年から排出目録制度（Emission Inventory System）が実施されている。
[11] 1986 年緊急対処計画及び地域住民の知る権利法（Emergency Planning and Community Right to Know Act）に基づいて有毒物質放出目録（Toxic Release Inventory）が実施されている。
[12] 1988 年環境保護法（Environmental Protection Act）に基づき、1992 年に法制化され、1993 年から国家汚染放出目録（National Pollutant Release Inventory）が実施されている。
[13] 1990 年環境保護法（Environmental Protection Act）に基づく化学物質放出目録（Chemical Release Inventory）が導入され、現在では、汚染防止管理規則（Statutory Instrument 2000 No.1973）28 条に基づき、汚染目録（Pollution Inventory）が実施されている。
[14] Recommendation of the Council on Implementing Pollutant Release and Transfer Registers（PRTRs）（20 February 1996-C（96）41/FINAL, Amended on 28 May 2003-C（2003）87）.

促進に寄与すること、④国民への情報提供を通じて、化学物質による環境リスクへの理解を深め、化学物質対策への協力および環境への負荷低減努力を促進するものとなること、⑤化学物質に係る環境保全対策の効果・進捗状況を把握する手段となること、という多面的な意義があると評価されている[15]。

2 化管法の制定と見直し

(1) 制　定

　OECD理事会勧告を受け、環境庁は、包括的化学物質対策検討会を設置し、同検討会は、1996年6月にPRTR導入に当たっての課題を整理した報告書[16]を公表した。1996年10月には、PRTR技術検討会を設置し、1997年5月にPRTRパイロット事業の実施要綱と排出量推計マニュアルに関する検討結果を取りまとめた報告書[17]が公表された。この内容に基づき、PRTRパイロット事業が行われ、1998年5月に結果[18]が公表された。同年7月には中央環境審議会で検討が開始され、同年11月に、PRTRの法制化にあたっての基本的考え方についての中間答申[19]が公表された。また、通商産業省においても、1997年9月に化学品審議会安全対策部会・リスク管理部会合同部会が検討を開始し、1998年9月にはPRTRおよびMSDS――化学物質安全性データシート（Material Safety Data Sheet）――の法制化についての中間報告[20]が公表された。

　これらの検討に基づき、特定化学物質の環境への排出量の把握等及び管理

---

15) 中央環境審議会「今後の化学物質による環境リスク対策の在り方について（中間答申）――我が国におけるPRTR（環境汚染物質排出移動登録）制度の導入」(1998年11月) 6頁を参照。
16) 包括的化学物質対策検討会「包括的化学物質対策検討会検討取りまとめ」(1996年6月)。
17) PRTR技術検討会「PRTR技術検討会報告書――環境排出登録パイロット事業について」(1997年5月)。
18) 環境庁環境保健部環境安全課「PRTRパイロット事業中間報告――環境汚染物質排出・移動量集計結果」(1998年5月)。
19) 中央環境審議会「今後の化学物質による環境リスク対策の在り方について（中間答申）――我が国におけるPRTR（環境汚染物質排出移動登録）制度の導入」(1998年11月)。

の改善の促進に関する法律（平成11年法律86号）が1999年7月13日に公布され、2000年3月30日に施行されたのであった。

(2) 見直し

化管法は、施行後7年を経過した場合において、法律の施行の状況について検討を加え、その結果に基づいて必要な措置を講じることとされていた（附則3条）。これを受けて、中央審議会および産業構造審議会が合同で検討に入り、2007年8月には、法施行後の状況の変化を勘案し、また、化学品の分類および表示に関する世界調和システム（Globally Harmonized System of Classification and Labelling of Chemicals, GHS）との整合化を目指して対象物質の見直しを行うべきであるとする中間とりまとめ[21]を、2008年7月には、見直し後の対象物質候補リストを含む答申[22]を公表した。

これらの検討に基づく化管法改正施行令が、2008年11月21日に公布され、2009年10月1日に施行された。同施行令では、PRTRおよびMSDSの対象となる物質が見直され、また、PRTRの対象となり得る業種に医療業が追加された。改正後の対象物質の排出・移動量の把握は2010年度から実施済みであり、届出は2011年度から実施されることになった。

3　化管法の概要

(1) 目　的

化管法は、有害性のある様々な化学物質の環境への排出量を把握することなどにより、化学物質を取り扱う事業者の自主的な化学物質の管理の改善を促進し、化学物質による環境保全上の支障が生ずることを未然に防止することを目的としている（1条）。

---

20)　化学品審議会安全対策部会・リスク管理部会合同部会「中間報告——事業者による化学物質の管理の促進に向けて」(1998年9月)。
21)　中央環境審議会環境保健部会化学物質環境対策小委員会、産業構造審議会化学・バイオ部会化学物質政策基本問題小委員会化学物質管理制度検討ワーキンググループ合同会合「今後の化学物質環境対策の在り方について（中間答申）——化学物質排出把握管理促進法の見直しについて」(2007年8月)。
22)　中央環境審議会「特定化学物質の環境への排出量の把握等及び管理の改善の促進に関する法律に基づく第一種指定化学物質及び第二種指定化学物質の指定の見直しについて（答申）」(2008年7月)。

事業者は、この目的のために主務大臣が定める化学物質管理指針（3条）に留意して、指定化学物質等の製造・使用・その他の取扱い等に係る管理を行うとともに、その管理の状況に関する国民の理解を深めるよう努めなければならない（4条）とされており、リスク・コミュニケーションが求められている。

(2) 対象化学物質

　①人の健康を損なうおそれや動植物の生息・生育に支障を及ぼすおそれがあること、②自然的作用による化学的変化により容易に生成する化学物質が人の健康を損なうおそれや動植物の生息・生育に支障を及ぼすおそれがあること、③オゾン層を破壊し、太陽紫外放射の地表に到達する量を増加させることにより人の健康を損なうおそれがあるものであること、のいずれかに該当し、かつ、その有する物理的化学的性状、その製造・輸入・使用・生成の状況等からみて、相当広範な地域の環境において継続して存すると認められる462の化学物質は、「第一種指定化学物質」としてPRTR制度およびMSDS制度の対象とされている（2条2項、5条、14条、施行令別表第一）。また、第一種指定化学物質のうち、人に対して発がん性を示すと評価された15物質は、「特定第一種指定化学物質」として指定されている（施行令4条）。また、「第一種指定化学物質」としては指定されなかった物質でも、①から③のいずれかに該当し、かつ、その有する物理的化学的性状からみて、その製造量・輸入量・使用量の増加等により、相当広範な地域の環境において当該化学物質が継続して存することとなることが見込まれる100の化学物質は、「第二種指定化学物質」としてMSDS制度の対象となっている（2条3項、14条、施行令別表第二）。

　これらの指定化学物質は、環境の保全に係る化学物質の管理についての国際的動向、化学物質に関する科学的知見、化学物質の製造・使用その他の取扱いに関する状況等を踏まえ、化学物質による環境の汚染により生ずる人の健康に係る被害ならびに動植物の生息・生育への支障が未然に防止されることとなるよう十分配慮して指定されているのである（2条4項）。

(3) PRTR制度
① 届 出

政令で定められる24業種（施行令3条）に該当し、かつ、第一種指定化学物質を当該年度に1トン以上（特定第一種指定化学物質の場合は0.5トン以上）を取り扱い、事業所単位で常時使用する従業員が21人以上という要件を満たすか、特定要件施設を有するという要件を満たす「第一種指定化学物質等取扱事業者」（2条5号、施行令4条、5条）は、事業所ごとに、その事業活動に伴う第一種指定化学物質の排出量・移動量を把握しなければならない（5条1項、施行規則4条）。排出量については、大気、公共用水域、当該事業所における土壌、当該事業所における埋立処分に区分して、移動量については、下水道、事業所外に区分して把握する（施行規則4条）。

第一種指定化学物質等取扱事業者は、第一種指定化学物質および事業所ごとに、毎年度、前年度の第一種指定化学物質の排出量・移動量に関して、事業所管大臣に届け出なければならない（5条2項、22条1項3号）。この届出をしなかった場合や虚偽の届出をした場合には、20万円以下の過料に処される（24条）。この届出は、事業所の所在地を管轄する都道府県知事を経由して行わなければならず、都道府県知事は、届出に係る事項に関して意見を付すことができる（同条3項）。

事業所管大臣は、届け出られた情報について、遅滞なく、経済産業大臣および環境大臣（以下「二大臣」という）に通知しなければならない（7条）。

② 集計および公表

二大臣は、5条2項に基づいて届け出られた情報について、電子ファイル化し、ファイル記録事項の物質別・業種別・地域別等の集計結果を、事業所管大臣および都道府県知事に通知するとともに公表しなければならない（8条1～4項）。事業所管大臣および都道府県は、通知された事業所ごとの情報をもとに、事業者や地域のニーズに応じて集計・公表することができる（同条5項）。

二大臣はまた、5条2項に基づいて届け出られた排出量以外の対象化学物質の環境への排出量——対象業種の事業者のうち要件を満たさないため届出がなされない排出量、農業など非対象業種の事業者からの排出量、家庭から

の排出量、自動車など移動体からの排出量——も推計して、8条の集計結果とともに公表しなければならない（9条）。

③ 営業秘密

事業者は、届出情報のうち営業秘密に係る部分は、都道府県知事を経由せず（5条3項）、化学物質名を化学物質分類名で通知することを、事業所管大臣に対して理由を付して請求できる（6条1項、2項）。届出を受けた大臣は、遅滞なく、都道府県知事に通知しなければならない（同条3項）。

秘密情報に該当するかどうかの決定は、届出を受けた大臣が行うが（6条4～7項）、その判断基準は、①「秘密として管理されている」②「生産方法その他の事業活動に有用な技術上の情報であって」③「公然と知られていないもの」（同条1項）であることに加えて、④「第一種指定化学物質の名称等が開示されることによって、秘密とされる情報が他の事業者等に知られてしまう可能性があること」も要求される（特定化学物質の環境への排出量の把握等及び管理の改善の促進に関する法律第6条における秘密情報の審査基準）。

なお、平成21年度までの情報ではあるが、PRTR制度が開始して以来、国への企業秘密としての届出は1件もないという[23]。

④ 個別事業所のファイル記録事項（PRTRデータ）の開示

誰でも、二大臣および事業所管大臣に対して、電子ファイル化された個別事業所の届出情報の開示を請求することができる（10条）。当該大臣は、開示請求があった場合は、速やかに開示しなければならない（11条）。開示手数料は、実施の方法に応じて政令で定められている（19条、施行令8条）。

もっとも、現在では、このような開示手続を踏まなくとも、環境省のホームページから、2001年度以降の年度毎の個別事業所のPRTRデータと、その取込み・検索・集計・比較・印刷・ファイル出力を行うために必要なソフトウェアも無料でダウンロードすることが可能となっている。また、インターネット上の環境省「PRTRデータ地図上表示システム」を使って個別事業所を地図から探すことや個別事業所のデータをグラフや図で見ることも

---

23) 環境省環境保健部環境安全課「PRTRデータを読み解くための市民ガイドブック——化学物質による環境リスクを減らすために／平成21年度集計結果から」（2011年3月）12頁を参照。

可能となっている[24]。

(4) 国による調査の実施

国は、PRTR 制度の集計結果等を勘案して、環境モニタリング調査および人の健康や生態系への影響に関する科学的知見を得るための調査を実施し、公表するものとされている（12条）。この調査に関し、都道府県知事は、調査を行う行政機関の長に対し、必要な資料の提供を求め、意見を述べることができる（13条）。

(5) MSDS 制度

「指定化学物質等取扱事業者」（2条6項）は、他の事業者に指定化学物質等の譲渡・提供を行うときは、当該化学物質等の性状および取扱いに関する情報を文書等の方法により提供しなければならない（14条）。これを目的としたものが、MSDS である。MSDS は、1970 年代に欧米において始まったものであるが、国際的に普及するようになり、1994 年には国際標準化機構（International Organization for Standardization, ISO）が MSDS に関する国際規格を作成した。日本においては、1992 年には労働省が、1993 年には通商産業省と厚生省が共同で MSDS に関する指針を告示として公表し[25]、産業界に自主的取組を促してきたが、本法、そして同時期に改正された労働安全衛生法、毒物劇物取締法施行令によってようやく法制化されるに至った。これらの法令の施行に合わせて、2000 年 2 月、JIS が ISO 規格に対応した MSDS を規格化した（JIS Z 7250：2000）。そして、現在では GHS に対応した内容に改正されている（JIS Z 7250：2005）。

経済産業大臣は、違反する指定化学物質等取扱事業者があるときは、当該事業者に対して勧告することができ、その勧告に従わなかったときはその旨を公表することができる（15条）。また、指定化学物質等取扱事業者に対し、指定化学物質等の性状および取扱いに関する情報の提供に関し報告をさせる

---

[24] 詳細は、環境省ウェブサイトの PRTR インフォメーション広場（http://www.env.go.jp/chemi/prtr/kaiji/index.html）（2011 年 7 月 31 日アクセス）を参照。

[25] 労働省告示「化学物質等の危険有害性等の表示に関する指針」（平成 4 年労働省告示第 60 号）および「化学物質の安全性に係る情報提供に関する指針」（平成 5 年厚生省・通商産業省告示第 1 号）。なお、厚生省・労働省・通商産業省の監修の下、日本化学工業協会が『製品安全データシートの作成指針』を作成し、改訂している。

ことができる(16条)。これに対して報告をしなかった場合や虚偽の報告をした場合には、20万円以下の過料に処される(24条)。

(6) 国および地方公共団体による支援措置

国は、①化学物質の有害性などの科学的知見の充実、②化学物質の有害性などのデータベースの整備と利用の促進、③事業者に対する技術的な助言、④化学物質の排出や管理の状況などについての国民の理解の増進、⑤③④のための人材育成に努めるものとされており、③から⑤については、地方公共団体にも努力義務がある(17条)。

Ⅳ　むすびに代えて——化学物質管理関連法の課題と展望

1　化審法について

(1) REACH規則との比較

化審法の2009年改正により、日本も、すべての化学物質をリスク・ベースで管理するという国際的潮流へと合流することができた。このような国際的潮流を先導してきたのは欧州であり、それはREACH規則[26]で具体化されている。REACH規則とは、欧州連合(EU)における化学品の登録・評価・認可・制限に関する規則であるが、欧州委員会が同規則案を採択したのは2003年10月のことであり、2007年6月に施行され、2008年6月からは本格的に運用されている。REACH規則と改正化審法を比較すると、大きく異なる点が3つある。

第一に、REACH規則は、新規・既存を問わず、年間あたり一定量以上製造・輸入される化学物質のすべてについて登録が義務付けられており、ノー・データ、ノー・マーケットが徹底されている(5条)。一方、化審法は、事前審査制度がある新規化学物質に関してのみノー・データ、ノー・マーケットを採用している。第二に、REACH規則は、新規・既存を問わ

---

[26] Regulation (EC) of No. 1907/2006 concerning the Regislation, Evaluation, Authorisation and Restriction of Chemicals, OJ L 396, 30, 12, 2006. REACH規則には、国際的な化学物質管理のための戦略的アプローチ(Strategic Approach to International Chemicals Management, SAICM)の達成に貢献することが明記されている(前文6項)。

ず、化学物質のリスク評価の責任を事業者に課した。一方、化審法では、データについては事業者が提供するが、リスク評価の責任は国にある。第三に、REACH規則は、危険な物質について川上事業者から川下事業者への情報伝達義務を課し、高懸念物質（substances of very high concern, SVHC）[27]についても、成形品中に一定濃度を超えて含有される場合には、川下事業者および消費者への安全性情報伝達義務を課している。さらに、川下事業者から川上事業者へ用途等に関する情報を伝達する仕組みを有している。一方、化審法では、消費者への情報伝達については明らかではなく、また、化学物質の用途等に関する情報を川上事業者が把握する仕組みもない。

(2) 化審法の問題点

REACH規則との比較から明らかであるように、①ノー・データ、ノー・マーケットが徹底されていない点、②リスク・コミュニケーションを含めた情報伝達に関する仕組みがなお不十分である点は、問題であるといえよう。その他、③化審法の対象物質から元素・天然物が外されているゆえに、規制の隙間ができていることも[28]、問題点として指摘しておきたい。

2 化管法について

化管法制定の契機となったOECDの勧告がリオ宣言の第10原則およびアジェンダ21の第19章を背景としていることは既述のとおりであるが、それらから導き出される「知る権利」を同法が十分に保障するためには、なお改善の余地があろう。まずは、現在は運用上行われている個別事業所のPRTRデータの開示制度を、法文中に取り込むべきであろう。また、意図的に虚偽の届出を行った事業所が摘発されているが、4年間にわたって行われた化管法違反に対する罰則は8万円の過料であった[29]。同法における罰則

---

[27] 高懸念物質とは、①一定程度以上の発がん性・変異原性・生殖毒性を有する物質（CMR物質）、②残留性・蓄積性・毒性を有する物質（PBT物質）、③残留性・蓄積性が極めて高い物質（vPvB物質）、④それら以外の化学物質で、内分泌かく乱特性を有しており人の健康や環境に深刻な影響がありそうなもの（個別に特定）を指す。

[28] 後述のケミネットは、そのような規制の隙間にあるものとして、シロアリ駆除剤を挙げている。

[29] 三重県「石原産業（株）の法令違反等に係る県等の対応の進捗状況について」（http://www.pref.mie.lg.jp/TOPICS/2008060069.htm）（2011年7月31日アクセス）。

の内容が上限20万円の過料というもので十分であるのか、再考すべきであろう。

3 化学物質管理政策全体について

本稿では、数ある化学物質管理関連法の中から、化学物質管理において中心的役割を果たしている化審法と化管法を取り上げ、概要を説明し、課題を列挙した。しかし、そもそも、各省庁が化学物質の管理に関して独自の法規制を行っていることで規制の隙間が生まれてしまうことに、現在の化学物質管理政策の限界があると思われる。2009年改正化審法への附帯決議でも指摘されているように、今後は、化学物質に関する統合的な法制度の構築を検討する必要があるだろう[30]。そしてその際には、予防原則の明示、市民参加の確保が重視されるべきであろう。

＜参考文献＞
（本文・注に記述したもの以外のもの）
大坂恵里「環境法の新潮流第75回　化審法改正の要点と国際的動向」環境管理46巻5号386-391頁（2010）
大塚直『環境法（第3版）』（有斐閣、2010）
大塚直「わが国の化学物質管理と予防原則」環境研究154号76-82頁（2009）
経済産業省製造産業局化学物質管理課「化審法改正及び化管法見直しのポイント」環境管理45巻10号1-6頁（2009）

---

30) 化学物質に関する基本法の制定に向けては、化学物質問題に取り組む市民団体・NGOが「化学物質政策基本法を求めるネットワーク」（略称ケミネット）を結成し、中心的な活動を行ってきた。ケミネットが作成する化学物質政策基本法（試案）は、ホームページ（http://www.toxwatch.net/cheminet/index.htm）（2011年7月31日アクセス）から入手可能である。民主党、公明党、社民党、共産党も、マニフェスト等において化学物質に関する基本法の必要性を主張してはいるが、立法化には至っていない。

第7章 気候変動、汚染の危険・リスク管理関連法

21 大気汚染防止法・水質汚濁防止法の課題と展望

淡路剛久

I はじめに——大気汚染防止法、水質汚濁防止法の経緯

(1) 大気汚染および水質汚濁は、典型的な環境汚染である。大気汚染、水質汚濁のうち、事業活動その他の人の活動に伴って生ずる相当範囲にわたるものであって、人の健康又は生活環境に係る被害が生ずる環境汚染は、土壌汚染、騒音、振動、地盤沈下および悪臭によって生ずる環境汚染とともに、「公害」と呼ばれる（環境基本法2条3項。このような定義は、公害対策基本法2条1項を引き継いだものである）。公害については、1967年、公害対策基本法[1]によって規制の法体系がつくられ、大気汚染の規制については、1962年に制定されていた「ばい煙の排出の規制等に関する法律」（ばい煙規制法）は、1968年に改正されて大気汚染防止法（以下、「大防法」と略称）となり、また、1958年に制定されていた「公共用水域の水質の保全に関する法律」（水質保全法）および「工場排水等の規制に関する法律」（工場排水規制法）（これらの二つの法律をあわせて水質二法などと略称される）は、1970年、水質汚濁防止法（以下、「水濁法」と略称）となって、それから40数年が経過した。

(2) 初期の頃、これら二つの法律は、規制手法として同様の欠陥と不十分さを抱えて出発した。経済発展と生活環境との調和条項があり、規制対象は

---

[1] 制定時の公害対策基本法については、蔵田直躬＝橋本道夫『公害対策基本法の解説』（新日本法規、1967）の解説が詳しい説明をしている。

指定地域や指定水域に限られ、それらの指定が環境の質の基準（環境基準、水質基準など）や規制のための基準と相まって行われたこともあって、利害関係者の反対や利害の調整のために時日をとられ、しばしば経済発展に伴う汚染の方が先に進行していった。また、大防法も水濁法も、規制については、濃度規制を基本としたために、汚染源の増大による汚染の増大に対しては有効な対策となり得ない不十分さをもっていた。濃度規制が緩く定められたことも、汚染の規制の効果をあげるのに妨げとなった（なお、大防法は、硫黄酸化物についてはＫ値規制――着地濃度を規制するために、汚染源の煙突の高さとそれが存在する地域についてのＫ値の値によって、規制値を決定する――を導入したことにより、量に対する規制が一部可能となった）。

(3) しかし、1970年の「公害国会」、1971年の環境庁の設置等を契機として、大防法、水濁法はその欠陥を是正し、有効な手法を導入するなどして、大気汚染、水質汚濁防止の実をあげるようになっていった。1970年の公害国会においては、公害法制から「経済調和条項」が削除され、水質二法に代わって制定された水濁法は、指定水域制度をとらず全水域へ規制を適用するようになり、都道府県知事の上乗せ基準を許容し、排水規制基準の違反に対して、直罰規定、排出停止命令が導入された。改正大防法は、調和条項を廃止し、指定地域制度を廃止し、ばい煙の定義を拡大し、都道府県による上乗せ基準を許容し、直罰規定、排出停止命令などを導入して、規制を強化した。次いで、濃度規制の弱点をカバーする規制手法として、総量規制が、1974年に大防法へ、また、1978年に水濁法へ導入された[2]。

その後、大防法および水濁法は、数多くの改正を重ねて、今日のような体系に至っている。

Ⅱ 大気汚染防止法

(1) 大防法の体系は次のとおりとなっている。すなわち、第一章「総則」、第二章「ばい煙の排出の規制等」、第二章の二「揮発性有機化合物の排出の規制等」、第二章の三「粉じんに関する規制」、第二章の四「有害大気汚染物

---

2) これらの制度変遷の経緯については、阿部泰隆＝淡路剛久編『環境法（第4版）』（有斐閣、2011）8頁以下参照。

質対策の推進」、第三章「自動車排出ガスに係る許容限度等」、第四章「大気の汚染の状況の監視等」、第四章の二「損害賠償」――無過失責任が導入されている――、第五章「雑則」、そうして、第六章「罰則」、である。

以下、移動発生源に係る第三章を除いて、規定の体系を概観し、随時、課題と展望を述べておこう。

(2) 第一章では、総則として目的と定義規定が置かれている（1条、2条）。

(3) 第二章では、ばい煙の規制等に関する規定が置かれている。すなわち、排出基準（3条、特別の排出基準については3条2項）、都道府県知事による上乗せ・横だし基準（4条、32条）、総量規制基準と指定ばい煙総量削減計画（5条の二、5条の三）、計画変更命令等（9条以下）、ばい煙の排出の制限等（13条以下）、改善命令等（14条）に関する規定等が、それぞれ置かれている。排出基準などの規制基準は、環境基準を達成することを目標としてその数値が定められるが、直接に対応しているわけではない。

大気に関する環境基準は、規制法ないし実施法としての大防法ではなく、環境基本法（16条）に基づき、閣議決定を経て告示という形式で決められている（環境基準はすべてそうである）。もっとも、この点については、環境行政の基本となる重要な政策決定であるから、国会承認を必要とすべきとの議論もある[3]。大気汚染に関わる環境基準としては、二酸化硫黄－SO_2、一酸化炭素－CO、浮遊粒子状物質－SPM、極小粒子状物質－PM2.5、二酸化窒素－NO_2、光化学オキシダント、ベンゼン、トリクロロエチレン、テトラクロロエチレン、ジクロロメタンについて、基準値が告示されている。

(4) 第二章の二には、揮発性有機化合物（以下、VOCと略称）の排出の規制等に関する規定が置かれている（17条の二以下）。大気汚染源のうち、浮遊粒子状物質による健康被害の原因となり、また、光化学オキシダントの原因となる物質が（その一つと考えられているのが）VOCである。2004年の大防法の改正によって同法に導入された。同法によれば、VOCとは、大気中に排出され、または飛散した時に気体である有機化合物（浮遊粒子状物質およびオキシダントの生成の原因とならない物質として政令で定める物質を除く）

3) 阿部＝淡路編・前掲注(2) 204頁。

をいうものとされている。VOC の排出および飛散の抑制対策は、行政規制すなわち、排出基準の遵守の義務づけ（17条の三以下）、排出基準の遵守義務（17条の九）および改善命令等（17条の十）と、事業者等の自主的取組み（17条の二、17条の十三）とによって、実施される。

VOC および窒素酸化物に関わる課題として指摘されるべきは、光化学オキシダントであろう。2010（平成22）年版の「環境・循環型社会・生物多様性白書」（以下、「環境白書」と略称）によれば、2008（平成20）年度の大気汚染状況について、環境基準が定められている物質の中でその達成率がきわめて悪いのが光化学オキシダントであり、一般環境大気測定局（1549局）で0.1％、自動車排出ガス測定局（自排局、438局）で0％と報告されており、環境基準を超えた場合に発令される光化学オキシダント注意報等（法23条、施行令11条1項別表第五）の発令日数（全国）は、08年度144日、09年度123日となっている。また、被害届出人数は、08年度400人（10都県）、09年度910人（12県）と報告されている。

光化学濃度は上昇傾向にあることが指摘されており、さらなる取組みの必要があると思われる。環境白書は、VOC が光化学オキシダントの主な原因物質の一つであり、その排出削減によって光化学オキシダント大気汚染の改善が期待できるとし、排出規制や自主的取組みの適切な組み合わせの実施、そして調査研究やモニタリングの実施について、述べている。VOC は200種類程度に及ぶとされており、どのような物質を削減することが必要か、なお引き続き調査研究と予防原則に基づく抑制措置が求められよう。

(5) 第二章の三は、粉じんに関する規制にあてられている。大防法によれば、粉じんとは、物の破砕、選別その他の機械的処理またはたい積に伴い発生し、または飛散する物質をいい（2条8項）、「一般粉じん」と「特定粉じん」とに分けられる。特定粉じんとは、粉じんのうち、石綿その他の人の健康に係る被害を生ずるおそれがある物質で政令で定めるものをいい、それ以外が一般粉じんである（2条9項）。

特定粉じんとしては、石綿（アスベスト）だけが政令指定されている（大気汚染防止施行令2条の四）。特定粉じん（現在は石綿）の規制は、特定粉じん発生施設（工場または事業場に設置される施設で特定粉じんを発生、排出、飛散

させ、大気の汚染の原因となるもので政令で定めるものをいう）について、その隣地との敷地境界における規制基準（敷地境界基準と呼ばれる）を許容限度として定め（18条の五）、その遵守義務（18条の十）、不適合の場合の改善命令や施設の使用の一時停止命令（18条の十一）といった手法で実施される（石綿の敷地境界基準は、施行規則によって定められており、16条の三によれば、1リットルにつき10本）。なお、2007年末までに、特定粉じん発生施設はすべて廃止された[4]。

　しかし、石綿は、特定粉じん施設以外の作業とりわけ建築物の解体作業からも排出される。そこで、建築物の解体等の作業を「特定粉じん排出作業」として規制することとし（1996年改正、2条12項）、作業基準、作業実施の届け出、作業基準の遵守義務等が定められている（18条の十四以下）。なお、東日本大震災においては、石綿使用建物が破壊され、瓦礫化しており、その処分の作業において（大防法の領域ではないが）、またその処分の結果として、石綿被曝が生じないような措置が必要とされる。

　(6) 第二章の四には、有害大気汚染物質対策の推進のための規定が置かれている（1996年に大防法に追加規定された）。有害大気汚染物質とは、継続的に摂取される場合には人の健康を損なうおそれがある物質で大気の汚染の原因となるもの（ばい煙および特定粉じんを除く）をいう（2条13項）。

　大防法は、施策の実施の指針としてこう規定した。「有害大気汚染物質による大気の汚染の防止に関する施策その他の措置は、科学的知見の充実の下に、将来にわたって人の健康に係る被害が未然に防止されるようにすることを旨として、実施されなければならない」。化学物質その他の大気汚染物質は、現在多くの種類が使用されているが、低濃度であっても、長期にわたって曝露すると、人の健康に影響を及ぼす可能性のあるものが少なくないであろう。そのような低濃度・長期曝露による健康影響が懸念される有害大気汚染物質（有害大気汚染物質に該当する可能性のある物質）として、この制度の導入時には、234種類がリストアップされ、「優先取組物質」として22種類が指定され（中でも、ベンゼン、トリクロロエチレン、テトラクロロエチレンは早急な排出抑制対策が必要とされる）、さらに、2010年には、リストアップは

4)　大塚直『環境法（第3版）』（有斐閣、2010）338頁。

248物質となり、優先的取組物質は23種類とされた。

　有害大気汚染物質に対する大防法の施策は、事業者の責務と国の施策によって行われるようになっている。すなわち、事業者は、事業活動に伴って有害大気汚染物質の大気中への排出または飛散の状況を把握するとともに、それらの抑制のために必要な措置を講じるようにしなければならない（18条の二十一）。また、国は、地方公共団体との連携の下に、有害大気汚染物質による大気の汚染の状況を把握するための調査の実施に努めるとともに、有害大気汚染物質の人の健康に及ぼす影響に関する科学的知見の充実に努めなければならず（18条の二十二）、科学的知見の充実の程度に応じ、有害大気汚染物質ごとに大気の汚染による人の健康に係る被害が生ずるおそれの程度を評価し、その成果を定期的に公表しなければならない。学説からは、「従来にない手法であり、行政が企業の対処措置の自由を認めつつ、それが成功しなかった場合には規制等を検討するものである。閾値のない物質についてリスク低減のため規制等を検討する旨を宣言することにより、企業の積極的な対応を促すという新たな手法を取り入れたものといえよう」[5]という評価が与えられている。

　有害化学物質に対する法的対策としては、このほか、「化学物質の審査及び製造等の規制に関する法律」（化審法）、「特定化学物質の環境への排出量の把握等及び管理の改善の促進に関する法律」（PRTR法）、ダイオキシン類対策特別措置法（ダイオキシン対策法）などがある。有害化学物質の種類や発生源、環境に放出される媒体や経路、法的手法などの違いに応じて、随時制定されてきたものであるが、全体としてわかりにくい面もある。リスクコミュニケーションとか情報的手法などの面では、国民と直接向き合う法律でもあり、もう少し分かりやすく総合化ないし統合をはかる努力があっても良いように思われる。

　（7）第四章は大気の汚染の状況の監視等にあてられているが、地方自治体による大気汚染状況の常時監視の義務（22条）とその公表（24条）は、重要な仕組みである（大気汚染のコントロールの第一歩は、このような基礎的データがあることである）。これまでの大気汚染状況をデータ化し、誰でもいつでも

5）大塚・前掲注（4）340頁。

過去の数値を知ることができるような仕組みが望まれる。

Ⅲ 水質汚濁防止法

(1) 水濁法の体系は次のとおりである。すなわち、第一章「総則」、第二章「排出水の排出の規制等」、第二章の二「生活排水対策の推進」、第三章「水質の汚濁の状況の監視等」、第四章「損害賠償」——無過失責任が導入されている——、第五章「雑則」、そうして、第六章「罰則」、である。

以下、概観して、課題と展望についてもふれておこう。

(2) 第一章では、総則として目的と定義規定が置かれている（1条、2条）。工場・事業場からの排出水の規制だけでなく、地下水の水質の保全と生活排水に対するコントロールが本法の目的に含まれるようになっている。

(3) 第二章では、排出水の排出の規制等に関する規定が置かれている。すなわち、工場・事業場については、排水基準（3条。条例によるより厳しい排水基準——上乗せ基準の許容——および横だし基準については、3条3項、29条）、総量削減基本方針（4条の二）と総量削減計画（4条の三）および総量規制基準（4条の五）、排水基準に適合しない排出水の排出禁止（12条）、総量規制基準の遵守義務（12条の二）などが定められている。12条の排出水とは、特定施設を設置する工場・事業場から公共用水域に排出される水をいい（2条5項）、特定施設とは、カドミウムその他人の健康に係る被害を生ずるおそれがある物質として政令で定めるものか（同条2項一号）、化学的酸素要求量（COD）その他の水の汚染状態を示す項目として政令で定める項目に関し、生活環境に係る被害を生ずるおそれがある程度のもの（同条項二号）のいずれかの汚水または廃液を排出する施設で、政令で定めるものをいうとされている。排出基準による排出水の制限と総量規制基準の遵守義務等によって、工場・事業場からの排出水による水質汚濁を防止し、あるいは抑制しようとする仕組みとなっているのである。

特定地下浸透水（2条7項によれば、同条2項1号に規定する物質——有害物質——をその施設において製造し、使用し、または処理する特定施設を設置する特定事業場から地下に浸透する水で有害物質使用特定施設に係る汚水等を含むものをいう）については、環境省令で定める要件に該当する特定地下浸透水を

浸透させてはならない（12条の三）とされ、改善命令等（13条以下）、都道府県知事による地下水の水質の浄化に係る措置命令等（14条の三）、が定められている。

　大気汚染の規制の場合と同様に、水質基準などの規制基準は、環境基準の達成を目標として、定められ、適用実施されている。2010年度環境白書によると、環境基準のうち人の健康の保護に関する環境基準（公共用水域についてカドミウム等27項目——達成期間は、設定後直ちに達成され、維持されるように努めるものとされている、地下水について28項目）は、ほとんどの地点で達成されている。

　しかし、人の健康に関わる物質の利用は、化学技術の発展とその産業的利用により、普段に拡大されている。そこで、実施されているのが予防的観点からのリスク・アプローチである（予防原則まではいっていない）。すなわち、環境基準には設定されていないが、監視の必要がある、健康被害のおそれのある物質を「要監視項目」として指定して、モニタリングの対象とする措置を講じていることである。法以前の行政的な予防的手法であり、「将来的には、大防法と同様に、事業者の自主的な取組を促す規定が置かれる可能性もあろう」[6]と指摘されている（このような手法から、環境基準の設定に至ったものとして、1,4-ジオキサンがある）。

　地下水については、前述のように、特定地下浸透水を浸透させてはならないこと、改善命令、浄化などの措置命令が行われるようになっている。課題はさまざまにあるが、たとえば、前掲白書によれば、地下水の水質については、硝酸性窒素および亜硝酸性窒素の環境基準達成率が低いことが報告されている。これらの物質は、農地施肥、畜産廃棄物、生活排水など多種多様な発生原因があるとされており、自治体の総合的な対策、対策の前提となる国によるデータの蓄積、解析と情報の提供など、総合的な施策が求められよう。また、市町村においては、過剰施肥の抑制、畜産廃棄物のリサイクルなど、環境保全型農畜産業への転換の努力が必要とされている[7]。

---

6)　大塚・前掲注（5）359頁。
7)　この点については、環境省環境部地下水・地盤環境質「硝酸性窒素による地下水汚染事例集」2004年。

他方、生活環境の保全に関する環境基準の達成率は、相変わらず悪い。生活環境の保全に関する環境基準は、対象領域として河川、湖沼、海域とに分けられ、利用目的の適応性としては、水道、水産、工業用水、農業用水、生物の生息状況があり、環境項目としては、水素イオン濃度－PH、生物化学的酸素要求量－BOD、化学的酸素要求量－COD、浮遊物質－SS、溶存酸素量－DO、大腸菌群数、全窒素、全燐など10項目がある。対象水域と利用目的に応じて、それらの項目のいくつかが適用されるようになっている。前掲白書によると、湖沼（これは水濁法および湖沼水質保全特別措置法の領域となるが）のCODの環境基準達成率は55％に過ぎない。2008年の報告であるが、閉鎖性海域（これは水濁法の領域である）の海域別のCOD環境基準達成率は、東京湾73.7％、伊勢湾56.3％、大阪湾66.7％となっている。閉鎖性水域における水質汚濁の削減は、内陸部を含めた総合的な総量削減計画が必要であるとともに、それが陸域における土地利用と密接に結びついているだけに、汚染源への削減の割り当てだけで目標を達成することができるかどうかは明らかでない。土地利用計画や環境保全に関わる国や自治体の計画と連動していなければ、実効性を高めていくことは困難かもしれない。

　(4)　第二章の二は、生活排水対策の推進にあてられている。市町村は、公共用水域の汚濁の負荷を低減するために、必要な施設を整備し、生活排水対策の啓発に携わる指導員の育成その他の施策の実施に努めなければならず、都道府県はより広域の観点から施策の総合調整に努め、国は、知識の普及、技術および財政上の援助に努めるべきものとされている（14条の五）。また、生活排水を排出する者は、公共用水域の水質に対する生活排水による汚濁の負荷の低減に資する設備の整備に努めなければならない（14条の六）。さらに、都道府県知事は、特に必要な場合には、生活排水対策重点地域を指定し、そこでの施策を実施するために生活排水対策推進計画を定めなければならないものとされている（14条の八）。

　以上のように、水濁法による生活排水対策は、主として、いわゆる啓発的手法によっている。

　(5)　第三章は、水質の汚濁の状況の監視等である（15条以下）。常時監視の重要性とデータの公表そして一般的利用への提供の必要性を、ここでも強

調しておいて良いであろう。

(6) 第四章は、損害賠償に関する規定であり、無過失責任が導入されている（19条以下）。

Ⅳ　むすび——大気汚染防止法・水質汚濁防止法と放射能による環境汚染

(1) 大防法、水濁法の個別的な課題については、簡単ながら、それぞれのところでふれた。これら二つの法律は、あるいは、法の失敗を踏まえて改善され、あるいは科学的知見と法技術の進展とともに進展させられて、今日に至っている。

この間、法律の手法も、たとえば、伝統的な直接規制、経済的手法、計画的手法、情報的手法、リスクアプローチなど多様化した。今後、潜在的リスクとその巨大さに応じて、予防原則の導入なども議論の対象となるであろう。この点に関連して、課題となるのは、環境汚染としての放射能汚染の問題である。

(2) 福島第一原子力発電所事故（福島第一原発事故）により、放射能によるきわめて広域かつ重大な環境汚染が生じている。これまで、放射性物質による大気の汚染、水質の汚濁および土壌の汚染の防止のための措置については、環境基本法体系から除外され、原子力基本法その他の関係法規で定めるところによるものとされてきた（環境基本法13条）。行政の管轄としても、原子力発電所に対する規制、放射性物質による環境汚染等については、経済産業省、文部科学省の管轄とされ、環境省の管轄ではなかった。これに対して、今後、福島第一原発事故を契機に、原子力の安全の規制とコントロールは環境省の外局として設置される原子力安全庁に移管されることとなっている。

原子力発電所の安全規制は、今後、環境省管轄で実施されていくことになるが、それはそれとして、放射能による環境汚染の問題は、今後どう扱われるべきであろうか。この点については、きわめて多くの課題がある。

わが国は、これから長期間、放射能による環境汚染の存在を前提として環

境行政その他の行政を進めなければならないことになった。従来、原発については、完全な安全性の神話がつくられてきたために、放射能による環境汚染については、大気についても、水（地下水を含む）についても、土壌についても、廃棄物についても、海域についても、人の健康に関わる基準も環境に関わる基準も、なんら存在しなかった。しかし、事故後、人体の年間許容曝露基準、肉、魚、野菜などの食品の出荷基準、農作物の作付け基準、放射能汚染された瓦礫処理基準などと、必要に応じて、暫定基準がつくられ、公表されている。今後、科学的な基礎づけ、消費者の安全と安心、国際的な標準と信用などを基本として、様々な基準や指針がつくられなければならないであろう。

　原子力基本法体系の下では、安全規制は存在したが、環境汚染の規制と汚染対策（汚染の削減）については、なにも法的措置が存在しない。今後、環境中の放射能の除去がすすめられるにあたって、大気環境、土壌、水、地下水などにつき放射線量基準が決められていくことになろうが、その法的手法が早急に検討される必要がある。大防法、水濁法の手法のあるものは適用可能であり、別のものは参考となるかもしれない。

　本格的な検討ができる限り早く開始されるべきである。

第7章　気候変動、汚染の危険・リスク管理関連法

22　自動車排出ガスによる環境リスク管理の課題と展望

石野耕也
西尾哲茂

I　はじめに

　我が国では、高度経済成長を背景に急速なモータリゼーションが進展し、これに伴って自動車排出ガスによる大気汚染や騒音問題への社会的関心が高まり、対策が始められた。その後、交通が集中する大都市や幹線道路周辺における大気汚染が深刻化し、規制対象の拡大と基準の見直し強化によって、自動車排出ガス対策が段階的に強化されたが、平成に至るも汚染状況の改善ははかばかしくなかった。こうした状況を打開するため、従来の対策に加え、大都市地域における自動車排出ガスの総量削減を図る新たな法制度が樹立されて対策が講じられ、さらに自動車排出ガス低減技術の飛躍的な進歩とあいまって、大気汚染は次第に改善されてきた。それと同時に、排出ガス低減技術のみならず、自動車の燃費向上など技術革新の進展により、我が国自動車産業の国際競争力が高まり、経済発展の牽引力ともなってきた。この間の歩みは平坦な道のりではなかったが、自動車排出ガスによる環境リスク管理という課題への対応の中から、環境と経済の好循環を通じて、持続可能な社会の実現を図るうえでの重要な教訓を得ることができるであろう。

　この間の課題の変化と対策の進展は、大きく4つの時期に分けて見ることができる。

　第1期は1970年代に自動車排出ガス規制が本格的に開始され、技術開発

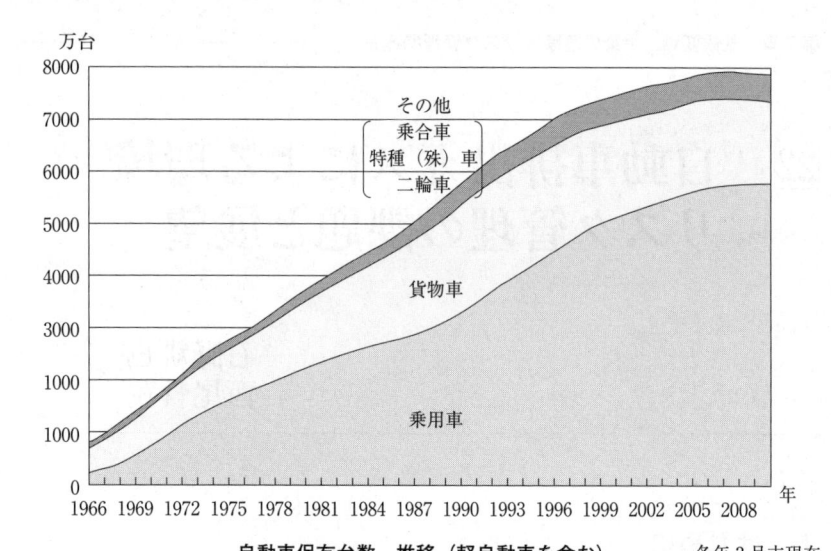

538 第7章 気候変動、汚染の危険・リスク管理関連法

自動車保有台数　推移（軽自動車を含む）　各年3月末現在

（出典：（財）自動車検査登録情報協会 http://www.airia.or.jp/number/pdf/03_2.pdf）

で大きな成果を収めた時期、第2期は1980年代後半、窒素酸化物による大気汚染の改善が遅れ、効果的な対策の強化に向け苦闘が続いた時期、第3期は1990年代、大都市大気汚染対策の新たな方策を樹立し、それに続いて粒子状物質、炭化水素に重点を置いて自動車排出ガス対策の一段の強化が進められた時期、さらに、排出ガス低減技術の進展を基礎に、世界最高水準の規制、低公害車の開発普及、地球温暖化対策として温室効果ガス排出低減＝燃費改善も加えた総合的な取組が展開されている第4期、である。これまでの課題解決に向けた政策展開を振り返り、将来の展望のよすがとしたい。

II　自動車排出ガス規制の出発と大きな進展——第1期

　我が国の自動車排出ガス対策は、昭和40年代初頭に始まり、48年から本格的な規制が行われ、次いで日本版マスキー法規制の決定、実施によって大きく進展した。

1　黎明期から本格的規制へ
　自動車排出ガスによる大気汚染として、昭和30年代から道路沿道で一酸

化炭素（CO）汚染が調査され、40年代には住民への影響も把握されるようになった[1]。これを背景に、自動車排出ガス対策は、41年に運輸省の行政指導によってガソリン車排出ガス中のCO濃度規制として始められ、翌42年には道路運送車両法に基づく保安基準が定められた。また、ガソリン中の鉛化合物による汚染が社会問題となり、無鉛化計画が進められた[2]。

続いて、45年7月に運輸技術審議会から運輸大臣に「自動車排出ガス対策基本計画」の答申がなされ、COの規制を中心としつつ、規制対象物質に炭化水素HC、窒素酸化物NOx等を加え、ガソリン車の排出ガスについて重量規制を導入するなどの方策が示された。

その後、環境庁が発足し、自動車排出ガスの排出規制は、大気汚染防止法第19条に基づき、環境庁長官が自動車排出ガスの量の許容限度を定め、運輸大臣が道路運送車両法の規定に基づく道路運送車両の保安基準により、許容限度を確保する自動車の構造、装置等の基準を定め、実施する仕組みが確立した。

こうして48年には、上記答申の線に沿って、すべてのガソリン車排出ガス中のCO、HC、NOxを対象とする本格的な排出ガス規制が実施されることとなった。また、ディーゼル車に対しては、47年の黒煙規制に始まり、49年には3物質の濃度規制が開始された。

2 日本版マスキー法規制の決定、実施

昭和46年環境庁発足後、自動車排出ガス規制の抜本的な強化をめざし、9月中央公害対策審議会に「自動車排出ガス許容限度長期設定方策」について諮問がなされた。この中では、米国のマスキー法（大気清浄法1970年改正法）が予定していた規制（自動車排出ガス中のCO、HC、NOx規制値を1970-71年

---

1) 『日本の大気汚染の歴史　第Ⅲ巻』928頁、932頁（公害健康被害補償予防協会、2000）。
2) 昭和45年新宿区牛込柳町の鉛汚染問題をきっかけに、ガソリン中に添加された鉛化合物による大気汚染が社会問題となり、同年通商産業省がJISを改定してガソリンの加鉛量を下げ、さらに無鉛化計画を決定、実施した。これにより次第に有鉛ガソリンは減り、62年には完全に無鉛化された（昭和48年、50年版環境白書、前掲注(1)929頁）。

型車に比べ1975、76年型車から10分の1以下とする)の案を軸に審議が行われた。47年10月の中間答申は、これと同程度の規制を行うべきであるとし、乗用車を基準に50年規制、51年規制の許容限度目標値が示された。50年規制は49年1月に告示、実施された。

51年規制は乗用車のNOxをさらに5分の1に低減させるものであったが、技術開発状況に関する自動車メーカーのヒアリングにおいて、目標値をなお達成できていない社がほとんどであった。このため、審議会で再度審議が行われ、49年12月に、実施を2年延期、51年NOx規制値0.6 g/kmとし、53年には必ず当初目標値達成を図るべしとの答申がなされた。これに沿って、告示と道路運送車両の保安基準が改正された。また、NOxの当初規制目標値達成に資するため、「自動車に係わる窒素酸化物低減技術検討会」が設置されて専門的技術評価が進められ、メーカーヒアリングを行い、逐次報告をまとめ公表した。その第3次報告(51年10月)において、技術の急速な進歩により大部分の国内メーカーが53年NOx低減目標値を達成する見通しが得られとされ、同年12月に告示等が改正されて53年規制は実現された[3]。

こうして、自動車メーカー間の競争を通じ、技術開発に寄与することができたことから、これ以後自動車排出ガス規制の強化において、検討会を設けヒアリングを行い、技術を評価して、規制基準と実施時期を決めるという方式がとられるようになった[4]。

	S48年規制	S50年規制	S51年規制案	S51年規制	S53年規制
CO	18.4 g/km	2.1 g/km	2.1 g/km		
HC	2.94 g/km	0.25 g/km	0.25 g/km		
NOx	2.18 g/km	1.2 g/km	0.25 g/km	0.6 g/km (1t以下) 0.85 g/km (1t超)	0.25g/km

[48、50、51、53年規制] ガソリン普通乗用車の排出ガス許容限度
(平均値 10モード)

---

3) 環境庁草創期における乗用車排出ガス規制をめぐる政治、行政、自動車メーカーの動き、日米での経緯については、川名英之『ドキュメント日本の公害 第2巻』(緑風出版、1988) 247頁以下に詳しい。

50-53年規制に対応するための自動車排出ガス低減技術としては、自動車メーカーにより、希薄燃焼方式のほか、排ガス再循環（EGR）と酸化触媒・三元触媒の組合わせによる後処理で幾つかの方式が開発応用されたが、その後技術改善が重ねられ、電子制御燃料噴射方式と併用する三元触媒装置が広く採用されるようになっていった[5]。

この経験を出発点として、厳しい目標設定と懸命の技術開発努力によって、日本の自動車技術は飛躍的に進歩を遂げ、自動車産業は次第に国際競争力を高め、日本経済をリードする産業として発展していくこととなった。他方、マスキー法を制定した米国においては、基準達成の技術開発が困難とする自動車メーカーの反対により、同法の実施が延期、停止され、その後ようやく1994年になって当初の規制基準が実施、達成されたのであった。

III 二酸化窒素環境基準達成に向け、トラック・バスのNOx規制強化へ――第2期

1 二酸化窒素環境基準の設定、改定とその後

本格的な自動車排出ガス規制が実施された時期は、大気汚染に関する環境基準が設定、改定された時期でもあった。公害対策基本法の規定に基づき、昭和44年に硫黄酸化物（SOx）、45年にCOの大気環境基準がそれぞれ閣議決定された。環境庁設置後、厚生省生活環境審議会における大気環境基準の審議を引き継いだ中央公害対策審議会から答申を受け、47年に浮遊粒子状物質（SPM）の環境基準、48年には二酸化窒素（NO_2）、光化学オキシダントの環境基準が告示され、二酸化硫黄（SO_2）の環境基準は改定強化された。

NOxは発生源が多岐にわたり、とりわけ移動発生源の寄与が大きいことから、環境基準の設定以後、上述したように、自動車排出ガス対策はそれまでのCO中心から、NOx規制へと重点を移していった。

同時に、工場・事業場からのNOx対策として、大型発生源を対象とする第1次規制（48年8月）に始まり、対象施設の拡大等を行う第2次規制（50

---

4) 『日本の大気汚染の歴史 第Ⅱ巻』662頁。
5) 前掲注（4）。

年12月)、基準強化と対象施設の拡大を行う第3次規制(52年6月)が順次実施されていった。しかしながら、SOxによる大気汚染が大きく改善されつつあったのに比べ、NO_2による大気汚染状況は、悪化傾向から横ばいとはなったものの環境基準の達成状況は極めて低いままであった。

　NO_2の環境基準(1時間値の1日平均値0.02 ppm以下)は、それまでの限られた動物実験データ、疫学調査、測定データを基礎として、思い切った安全性を見込んで設定されたものであった。その後、内外における科学的知見の充実と蓄積が進んだことから、中央公害対策審議会への諮問、答申(52年)により、最新の科学的知見の評価と科学的判断である指針の提案を受けて、53年7月に環境基準が改定された。新たなNO_2環境基準は、1時間値の1日平均値0.04～0.06 ppmのゾーン内又はそれ以下とされ、0.06 ppmを超える地域においては、原則として7年以内に0.06 ppmを達成するよう努めることとされた。

　これによって、新たな環境基準を60年度までに確保することが大気汚染対策の最重要課題となり、固定発生源・移動発生源の対策強化が進められることとなった。固定発生源対策としては、NOxを排出するほとんどの施設を規制対象とする第4次規制(54年8月)が実施され、さらに、工場・事業場が集合して、環境基準を超え、現在の対策では環境基準の達成が見込めない地域として、東京都特別区等、横浜市等及び大阪市等の3地域において総量規制が導入された(56年11月)。また、石炭等の固体燃焼ボイラーに対する排出基準を強化する第5次規制(58年9月)も実施された。

　こうした段階的な排出規制強化により、固定発生源のNOx低減技術は著しく進展し、二段燃焼、低NOxバーナーの採用が広く普及したほか、排煙脱硝装置の設置数及び処理能力が急速に増加していった[6]。

2　トラック・バス、ディーゼル車に対するNOx排出規制強化

　移動発生源対策として、ガソリン乗用車の排出ガス規制は、50-53年規制により大きく進展したことから、技術的に困難があり、緩やかな規制にとどまっていたトラック・バス、ディーゼル車のNOx排出に対する規制強化に

[6]　平成2年版環境白書各論第2章第2節(1)ウ。

重点が置かれるようになっていった。

　トラック・バス等に対しては、本格的規制のガソリン車48年規制を強化した50年規制が実施され、次いで、重量トラック・バスとディーゼル車に対する52年規制（NOx）が強化実施された。さらに、46年諮問への最終答申（52年12月）において、ガソリン乗用車以外の車両に対する長期的なNOx低減目標として、2段階の規制目標値と実施時期が示された。これを受けて、その実施を進めるため設けられた「自動車公害防止技術評価検討会」（53年3月）での検討と報告を通じ、第1段階は54年規制（全車種）、第2段階は、軽量車、中量車、重量車、ディーゼル車の車種ごとに56、57、58年規制として実施された。また、同検討会の報告により、ディーゼル乗用車に対する2段階のNOx規制強化がなされた[7]。

3　大気汚染状況の推移と中期展望

　この時期までの大気汚染状況を見ると、最も早く規制が始まったCOは順調に汚染が改善し、58年から全ての測定局で環境基準が達成されたが、NO_2は、規制強化にもかかわらず、大都市地域を中心に汚染改善が進まず（表1参照）、達成期限の60年までに環境基準は達成できなかった。その主な原因は、普通トラック等の走行量の大きな伸び、ディーゼル車の割合の増加などにより自動車からの排出が当初予測ほど減少しなかったことであった[8]。移動発生源からのNOx排出量の増加について、NOx総量規制地域での60年におけるNOx排出量では、自動車からの排出は、東京都等地域

表1　NOx総量規制3地域の自動車排出ガス測定局におけるNO_2環境基準達成状況
（未達成局数／全測定局数）

年度＼地域	東京都等	横浜市等	大阪市等
昭和60年度	21／28	11／16	16／22
昭和62年度	28／28	15／16	19／24
平成1年度	28／28	16／17	21／27

（出典：環境白書昭和62年版、平成元年版、3年版）

---

7)　「自動車公害防止技術評価検討会」第3次報告で示された新たな2段階の目標値。第1段階は61、62年規制、第2段階は平成2、4年規制として実施された。

67％、横浜市等地域32％、大阪市等地域47％と推計された[9]。

これに加え、浮遊粒子状物質（SPM）の環境基準達成率も低い状況にあり、対策の確立が課題となっていた。SPMは、発生源が固定発生源からのばいじん、粉じん、自動車からのPMのほか、土壌の舞い上がり等、二次生成粒子（大気中SO_x等のガス状物質が変化してできる粒子）もあり、環境庁は検討会を設けて、その発生・生成の調査、環境濃度の解析、予測手法の検討を行い、削減手法のとりまとめがなされた。その中でディーゼル車の寄与が大きいことが示され[10]、自動車PM対策の強化が課題とされるようになった。

この状況に対し、環境庁では「大都市地域における窒素酸化物対策の中期展望」（60年12月）を策定し、将来予測に基づく対策の推進に努めたが、汚染状況はなお厳しく、さらに「窒素酸化物対策の新たな中期展望」（63年12月）を策定した。この中で、平成5年度までを見通し、窒素酸化物総量規制3地域では自動車排出ガス測定局での環境基準の達成はなお困難としつつも、自動車単体対策、自動車交通対策、固定発生源対策の総合的推進、特に自動車排出ガス規制等の更なる強化を図るとともに、自動車排出ガスの総量抑制や都心部への自動車乗入れ抑制方策など新たな考え方に立った対策の検討、具体化を図ることとした[11]。

---

8) 昭和61年版環境白書第3章第1節。自動車からのNO_x排出が当初計画ほど減少しなかった理由として、次のような事情があげられた。
   ・NO_x排出量の多い普通トラックなどの自動車走行量の大きな伸び
   ・車齢の伸びにより、新たな規制適合車への代替の遅れ
   ・トラック等を中心に、ディーゼル車の割合の増加
   ・NO_x排出量の多い直噴式ディーゼル車の割合が中型トラックやバスを中心に増加
9) 排出量推計は、平成2年版環境白書各論第2章第2節。
10) 浮遊粒子状物質削減手法検討会中間報告（2年9月）。これによると、SPMの発生源寄与割合（年平均）は、ディーゼル車黒煙2～4割、土壌舞い上がり等2～3割、工場等での燃焼によるもの数％、ほかとされ、人為的発生源ではディーゼル車の汚染寄与が最も大きいとされた。「エネルギーと環境」1123号（1990年10月）、平成3年、4年版環境白書。
11) 平成元年版環境白書各論第2章第2節。新・中期展望について「エネルギーと環境」1037号（1989年1月）。

4　自動車排出ガス規制の強化

　これと同時に、発生源対策の根幹として、ディーゼル車を重点に排出ガス規制を強化すべく、60年11月、中央公害対策審議会に「今後の自動車排出ガス低減対策のあり方について」諮問された。その中間答申（61年7月）では、早期に実施すべき対策として、ディーゼルトラック・バスのNOx排出量削減、ガソリン・LPG軽量トラックの乗用車並み規制、その他中量・重量トラック等の低減目標が示され、63年から平成2年にかけて、それぞれ実施に移された。

　さらに、審議会は自動車単体対策の強化に向け4年をかけて審議検討し、その後の自動車排出ガス対策を大きく方向づける、次のような最終答申（平成元年12月）を行った。

・ディーゼルトラック・バスを中心にNOxの規制を一層強化するとともに、環境基準達成率の低い浮遊粒子状物質対策として、粒子状物質PM排出基準を設定することとし、短期目標（5年以内）及び長期目標（10年以内）の2段階に分けて許容限度設定目標値を示す。

・これによる自動車からの排出総量の削減効果を試算した。自動車保有台数や交通量等が変わらないと仮定し、対象車両がすべて長期目標値の規制に適合すれば、NOxで4割から5割の削減、PMではおよそ7割の削減効果が見込まれるが、今後の伸びを考慮した場合には、一般環境大気測定局ではNO$_2$環境基準をほぼ達成すると見込まれるが、大都市地域の自動車沿道での環境基準達成にはなお十分でないと推定される[12]。

・このため、ディーゼル車を中心に今後一層の自動車排出ガスの低減、低公害車の導入普及、さらに地域全体の自動車排出ガス総量の抑制策も検討する必要がある。

---

12) 元年答申の元となった自動車排出ガス専門委員会報告の二（二）排出ガス総量削減効果。今後の保有台数や交通量の伸び等を考慮した場合には、短期目標値の規制効果がある程度現われる10年頃にNOxでおよそ2割、長期目標値の規制効果が最も現われる20年頃におよそ3割強の総量削減効果と見込まれ、東京・神奈川の総量規制地域において自動車排出ガス測定局で環境基準を概ね達成するには、NOx排出総量を現時点からおよそ5割、長期目標値規制適合車にほぼ代替した時点においても更におよそ3割ないし4割削減することが必要と推定した。

・走行実態を反映した排出ガス測定モードの変更、ディーゼル車の排出ガス低減のため今後見込まれる技術開発を進めるうえで軽油中硫黄分を10分の1レベルまで低減する必要がある。

答申後、これを具体化するため設置された「自動車排出ガス低減技術評価検討会」で技術評価が進められ、短期目標については平成4、5、6年にかけて実施され、長期目標については、ガソリン車は6～7年にかけて、ディーゼル車は9、10、11年にかけて小型車、軽量車、中量車、重量車等の車種ごとに実施された。

これら規制への対応技術としては、精密制御の排ガス再循環（EGR）、燃料噴射の高圧化と精密制御、さらに酸化触媒、ディーゼル粒子フィルターDPF等の排気後処理装置へと進展していった[13]。軽油の低硫黄化は、さらに高度の排出ガス低減技術開発応用の条件であり、一層の低硫黄化が求められることになっていく。これと関連して、石油製品の輸入自由化が進む中で、大気汚染防止に必要な自動車燃料の品質を確保するため、大気汚染防止法が改正され（7年）、環境大臣が自動車燃料の性状又は含有物質量の許容限度を定めることとされた。

こうして、元年答申がなされ、その具体化が進められた時期に、次に述べるように大都市地域におけるNOx排出総量の削減をめざす法律の制定、実施へと進展することとなる。

それまで一連の自動車排出ガス規制の経緯を表2に示す。

Ⅳ 大都市NOx汚染の総量削減をめざす新たな対策へ ——第3期

1 自動車NOx法の制定

大都市地域のNOx排出量に大きな割合を占めている自動車の交通量の増大、ディーゼル車の割合の増加、車齢の伸びによる最新規制適合車への代替の遅れなどにより、それまでの対策効果が相殺される結果となっている状況を打開するには、自動車からのNOx排出総量を削減する方策の確立が重要

13) 前掲注（4）665-666頁。

表2 自動車排出ガス規制をめぐる答申等の経緯（元年答申まで）

年月　答申	主な内容	施行
昭45.7 運輸技術審議会中間答申	「自動車排出ガス対策基本計画」 ・自動車排出ガスとしてCO、NOx、HC、鉛化合物を対象 ・48、50年の2段階に分け自動車排出ガス低減目標を設定 ・新車の排出ガス規制を重量規制により段階的に強化	48年規制（G車、CO、HC、NOx）
昭46.9	「自動車排出ガス許容限度長期設定方策について」中央公害対策審議会に諮問	
昭47.10	「自動車排出ガスの量の許容限度の設定方針」（環境庁告示）	49年規制（D車、CO、HC、NOx）
昭47.10 中間答申	・ガソリン・LPG乗用車の自動車排出ガス許容限度値設定 　（50、51年度を目途）	50年規制（乗用車、軽中量トラック・バス）
昭49.12 「昭和51年度自動車排出ガス規制について」答申	・51年の当初目標を実施することは困難 ・51年度NOx許容限度を設定 ・53年度に当初目標値を必ず達成するよう自動車排出ガス防止技術開発に努める	51年規制 53年規制
昭52.12 最終答申	・トラック・バスに対するNOx規制強化 　第1段階（54年）、第2段階（50年代中）に分け目標値設定 　ガソリン車50％以上削減、ディーゼル車約30％削減 ・自動車公害防止技術評価検討会による評価と報告	54年規制（全車種） 56、57、58年規制 61-62、2-4規制 （D乗用車）
昭60.11	「今後の自動車排出ガス低減対策のあり方について」諮問	
昭61.7 中間答申	・トラック・バスNOx排出ガスの当面の規制強化 　（ディーゼル車、ガソリン・LPG車）、軽自動車	63、元、2年規制
平元.12 最終答申	・トラック・バスNOx排出ガスの規制強化（2段階） 　短期目標（4、5、6年）　長期目標（遅くとも10年以内） ・PM規制の新設（60％以上削減）と黒煙規制の強化 ・軽油の低硫黄化（現行0.5％→短期0.2％　長期的に0.05％） ・測定モードの変更 石油製品の輸入自由化に対応し、審議会意見具申（6年11月）を受けて、7年に大気汚染防止法を改正（環境大臣が自動車燃料の性状・含有量の許容限度を定めることとする）。	4、5、6年規制 （短期規制） 6、7年規制 （長期規制G車） 9、10、11年規制 （長期規制D車） 4年～硫黄分0.2％ 8年　硫黄分0.05％

課題となった。大都市の自治体では、自動車交通総量の抑制によるNOx総量規制の効果的実施に向けた検討が進められた[14]。こうした取組も背景に、この課題に対応するため、大気汚染防止法の枠組みを超える「自動車から排出される窒素酸化物の特定地域における総量の削減等に関する特別措置法」（自動車NOx法）が制定された。

　平成元年8月、環境庁は大気保全局内に「窒素酸化物自動車排出総量抑制方策検討会」を設置し、「窒素酸化物対策の新たな中期展望」に示された新たな考え方に立った対策として、地域全体の自動車排出NOx総量の削減を図る方策の検討を開始した。そこでは、自動車走行量の抑制につながる「面的規制」を可能にする方策の提案、関係者のヒアリング・意見交換も含めて、一年余にわたり議論が重ねられ、事業者に対する自動車排出ガスの総量規制、自動車の使用車種規制、ステッカーによる走行規制の3案を軸に議論が集約され（中間とりまとめ2年11月）[15]、さらに法的側面からも検討を進め、3年10月「窒素酸化物自動車排出総量抑制方策のあり方について」（最終報告）をとりまとめた[16]。同報告では、国の総量抑制基本方針、知事の総量抑制計画、自動車の使用車種規制、事業者の排出抑制計画作成からなる新たな対策の柱が示され、関係省庁との調整を経て、4年2月に審議会への諮問答申がなされ、3月に自動車NOx法案が国会提出され、6月に成立した。

2　自動車NOx法の施行

　自動車NOx法は、自動車交通が集中して、自動車から排出されるNOxによる大気汚染が著しく、大気汚染防止法による対策のみではNO_2環境基準の確保が困難な地域を政令で指定（特定地域）し、特別の措置を講ずることにより、二酸化窒素に係る大気環境基準の確保を図り、もって健康を保護し、生活環境を保全することを目的とする。特別の措置とは、国が決定する

---

[14]　東京都「自動車交通量対策検討委員会」での検討と中間報告、自動車交通量対策実施計画。大阪府「自動車窒素酸化物総量規制検討会」での検討。前掲注（1）973頁、「エネルギーと環境」1124号、1125号（1990年10月）。

[15]　「エネルギーと環境」1097号（1990年3月）、1131号（1990年11月）、1146号（1991年3月）。

[16]　「エネルギーと環境」1176号（1991年10月）。

総量削減基本方針において、自動車から排出されるNOxの総量削減の目標、総量削減計画の策定その他施策の基本的な事項等を定め、都道府県知事が総量削減計画を策定して、NOxの削減目標量、計画達成の期間及び方途を定めるとともに、NOx排出量が多く特定地域内に使用の本拠がある特定自動車（トラック、バス、散水車等の特種自動車）で特定自動車排出基準に適合しないものの使用を一定の猶予期間後は認めない（車種規制）こととし、さらに特定地域内の事業者に対して自動車使用の合理化指導を行う等の措置である。これら措置は、大気汚染防止法による自動車排出ガス規制に加えて、車種規制により特定地域内においてNOxを多く排出する自動車の代替促進と増加抑制を図るとともに、物流・人流・交通流対策の実施、運輸業・製造業・卸小売業等を所管する大臣が定める「自動車使用合理化指針」に基づく指導等、さらに地方自治体が進める事業者の自主管理の取組を通じて自動車交通量を抑制することを、総量削減基本方針・総量削減計画の下に関係主体が協力して実施することにより、それまでのNOx大気汚染対策の隘路を克服しようとするものである。

　同法に基づき、東京都、千葉県、埼玉県、神奈川県、大阪府・兵庫県の196市区町村が特定地域に指定され、総量削減基本方針（5年1月閣議決定）において「NO_2の環境基準を平成12年度末までにおおむね達成すること」を目標と定め、これに基づいて都府県の総量削減計画が策定され、車種規制は5年12月から施行された。特定自動車排出基準は、車両総重量毎にガソリン車、ディーゼル車共通の排出基準として、法施行時において最も厳しい排出ガス規制値[17]を定め、現に使用されている自動車に対する猶予期間は、平均使用期間より1年短い期間とすることにより、代替促進を図った。また、基本方針の基本的事項には、自動車単体対策と車種規制に加え、低公害車の普及促進、物流対策、人流対策、交通流対策、局地汚染対策、普及啓発活動等も定められた。こうして大都市地域における自動車交通に関する活動を抑制する施策も合わせて、環境への負荷を低減する方策を総合的に推進する枠組みが確立したことは大きな前進であった（表3〈次頁〉参照）。

---

17) 例えば、ガソリン車への代替が可能な1.7トン以下のトラックは、63年規制ガソリン車並みの基準とされた。

表3　現行の総量削減基本方針・計画による各種対策（平成20年）

(1) 自動車単体対策の強化等
(2) 車種規制の実施及び流入車の排出基準適合車への転換の促進
(3) 低公害車の普及促進
(4) エコドライブの普及促進
(5) 交通需要の調整・低減
(6) 交通流対策の推進
(7) 局地汚染対策の推進
(8) 普及啓発活動の推進

V　自動車NOx・PM法への改正、その後の展開

1　大気汚染状況の推移、法改正へ

　総量削減計画の達成期限である平成12年、中央環境審議会で自動車NOx法の施行状況について見直し、答申がなされた。法施行後も、大都市地域の大気汚染状況は横ばいが続き、その後少しずつ改善傾向を示し、特定地域内の一般環境大気測定局では環境基準達成率が9割に達した（11、12年）が、自動車排出ガス測定局では3割から6割にとどまり、なお厳しい状況にあった（図1参照）。法規制の効果として、車種規制により特定自動車排出基準適合車への代替は着実に進み、これによる削減効果も推計された。自動車排出ガス規制の強化も進んだが、自動車走行量の伸び、トラックの大型化等により削減効果は減殺された。物流対策、人流対策、交通流対策も所期の効果は見られなかった。こうして、法規制により一定の効果は認められたが、目標であったNO_2環境基準の概ね達成はできなかった[18]。

　他方、SPMによる大気汚染も、大都市地域を中心として依然深刻な状況にあった。これを背景に自動車公害訴訟では、NOxと並んでSPMも健康被害の原因との主張がなされ、尼崎公害訴訟においてディーゼル排気微粒子DEPと気管支ぜん息の因果関係を認定し、損害賠償とSPMの排出差し止めが認められ（12年1月31日神戸地判　判時1726号20頁）、名古屋南部訴訟に

---

18)　「今後の自動車排出ガス総合対策のあり方について（答申）」（中央環境審議会　平成12年12月19日）特定自動車排出ガス基準適合率は12年度末で95％を超え、平成9年度までの車種規制によるNOx排出削減量は6都府県で約6,600トンと試算された。猿田勝美＝石野耕也「自動車NOx法改正の経緯」大気環境学会誌37巻4号A41（2002）。

(二酸化窒素)

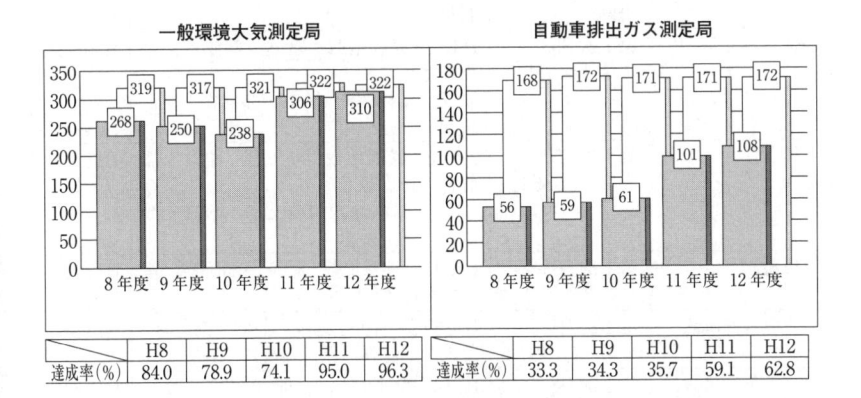

一般環境大気測定局

	H8	H9	H10	H11	H12
達成率(%)	84.0	78.9	74.1	95.0	96.3

自動車排出ガス測定局

	H8	H9	H10	H11	H12
達成率(%)	33.3	34.3	35.7	59.1	62.8

(浮遊粒子状物質)

一般環境大気測定局

	H8	H9	H10	H11	H12
達成率(%)	30.6	26.6	33.7	74.9	85.5

自動車排出ガス測定局

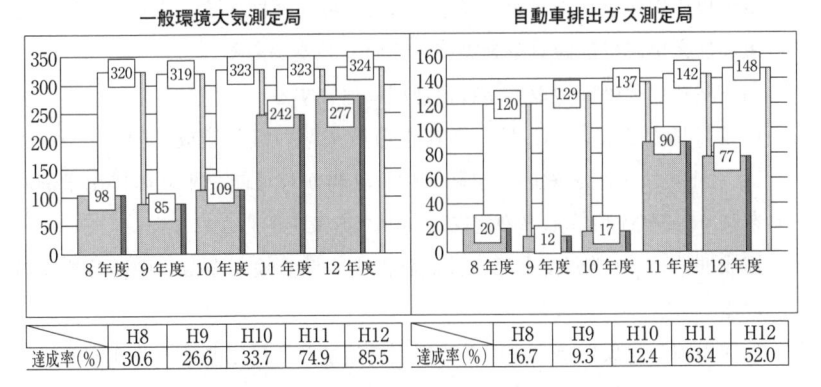

	H8	H9	H10	H11	H12
達成率(%)	16.7	9.3	12.4	63.4	52.0

図1 特定地域における環境基準達成状況の推移（平成12年まで）

おいても同様の判決がなされた（12年11月27日名古屋地判　判時1746号3頁）（表4〈次頁〉参照）。また、ディーゼル排気微粒子の健康影響に関して、環境庁の健康リスク評価検討会（12年3月～）の中間とりまとめで「ディーゼル排気微粒子（DEP）が人に対して発がん性を有していることを強く示唆している」との定性的な評価が示された[19]。

こうした大気汚染と法施行後の状況を評価し、答申では対策の一層の強化が求められた。

表4 道路大気汚染訴訟の概要

	提訴	判決	和解
西淀川訴訟	第1次S53 －第4次H4	H3.3.29 大阪地裁　賠償一部認容、差止却下 H7.7.5 大阪地裁　賠償一部認容、差止棄却	H10.7.28
川崎訴訟	第1次S57 －第4次S63	H6.1.25 横浜地裁川崎支部　賠償一部認容、差止却下 H10.8.5 横浜地裁川崎支部　賠償一部認容、差止棄却	H11.5.20
尼崎訴訟	第1次S63 －第2次H7	H12.1.31 神戸地裁　賠償一部認容、差止一部認容	H12.12.8
名古屋南部訴訟	第1次H1 －第4次H9	H12.11.27 名古屋地裁　賠償一部認容、差止一部認容（原告1人について）	H13.8.8
東京大気汚染訴訟	第1次H8 －第6次H18	H14.10.29 東京地裁　賠償一部認容、差止棄却	H19.8.8

・自動車排出粒子状物質を、健康への悪影響を予防する観点から、法の対象に加え早急に削減対策を実施していく必要がある。
・名古屋及びその周辺地域を特定地域に追加する。
・達成目標として、NO_2 は引き続き環境基準の概ね達成、PMについては、DEPに主眼を置いて予防原則の立場から可能な限りの排出量削減を図り、SPM環境基準の達成に向けた方策を明らかにする。
・達成期間は10年程度とし、達成状況を中間点検するため中間目標を設ける。
・車種規制の対象にディーゼル乗用車を追加し、排出基準を強化する。
・事業者指導の仕組みが十分機能しておらず、また物流対策等を一層推進するため、事業者に自動車使用管理計画策定を義務付け、地方自治体が指導等で主体的役割を担う。

この答申を受けて、翌年、自動車NOx法は「自動車から排出される窒素酸化物及び粒子状物質の特定地域における総量の削減等に関する特別措置法」へと改正された。

19）ディーゼル排気微粒子リスク評価検討会中間とりまとめ。平成13年版環境白書第1章第1節4（2）ウ。中間とりまとめ後、検討会はリスクの定量的評価等を行い、「平成13年度報告」（14年3月　環境省記者発表資料3月5日）にまとめた。

法改正により、PMが対象物質に加えられ、対策地域（窒素酸化物対策地域及び粒子状物質対策地域）に愛知県・三重県の地域（名古屋市周辺、四日市市周辺）、首都圏・阪神圏の一部地域の追加（8都府県、276市区町村となる）、車種規制の強化（ディーゼル乗用車の追加、窒素酸化物排出基準の強化、粒子状物質排出基準の設定）、一定の事業者の自動車使用管理計画策定義務が定められた。また、総量削減基本方針では、22年度までに、NO_2環境基準を概ね達成、自動車排出PMの相当程度削減によりSPM環境基準を概ね達成するとの目標を定め、17年度までに達成すべき中間目標量の設定、事業者の判断の基準となるべき事項に関する基本的事項も追加された。これらに基づき、都府県は総量削減計画を定め、改正法は14年10月から全面施行された。車種規制の排出基準は、ガソリン車長期規制並みのNOx基準などに強化・設定された[20]。

2　地方自治体による対策の進展

　自動車交通による都市大気汚染が深刻な都府県においては、自動車NOx法改正と同時期に、地域の特性に応じた対策の強化が進められた。東京都を中心に首都圏の1都3県では、ディーゼル車のPM排出を削減することを目的に、流入車も含めて一定のPM排出基準に適合しないトラック・バス等の走行禁止を条例で定め、立入検査又は路上検査により規制を実施する（違反には罰則）こととされ、15年10月から施行されている[21]。排出基準不適合の車両でも、都県が指定するPM除去装置（DPFなど）の装着により規制適合車とみなし、また装着への補助措置を通じて規制の実効を上げる仕組みも講じられた。また、兵庫県は、大型のトラック・バスに対して国と同じNOxとPMの排出基準により走行禁止を条例で定めて16年10月から実施しており、その後大阪府も条例を改正し、法律と同じ基準での走行禁止を21年1月から実施している（表5〈次頁〉参照）。

---

20) PM排出基準は、新短期規制の2分の1の排出ガス基準（＝新長期規制並み）、重量車はディーゼル長期規制並みに設定された。
21) その後、横浜市、川崎市、千葉市、さいたま市を加えた8都県市、さらに相模原市も加わった9都県市「あおぞらネットワーク」共通の仕組みとなっている。その規制内容については、http://www.9taiki.jp/inflow/index.html を参照。

表5 地方自治体独自の規制

	自動車NOx・PM法	関東1都3県条例	兵庫県条例
対策地域	8都府県（埼玉県、千葉県、東京都、神奈川県、愛知県、三重県、大阪府及び兵庫県）の一部の地域	埼玉県・千葉県・東京都（島部を除く）・神奈川県の全域	阪神東南部地域（神戸市灘区、東灘区、尼崎市、西宮市（北部地域を除く）、芦屋市、伊丹市）
排出規制物質	NOx、PM	PM	NOx、PM
対象自動車	対策地域内に使用の本拠の位置がある自動車	対象地域内を運行する自動車	対象地域内を運行する自動車
対象となる種別	トラック、バス、特種（乗用車ベースはディーゼル車のみ）、ディーゼル乗用車	ディーゼルのトラック、バス、特種自動車	車両総重量8トン以上の普通貨物自動車及び特種自動車、定員30人以上の大型バス
規制値NOx	長期規制値並	規制なし	自動車NOx・PM法と同じ
規制値PM	3.5トン超：長期規制値並 3.5トン以下：新短期規制の1/2	長期規制値並（ただし、東京・埼玉は平成18年4月から新短期規制並）	
規制開始時期	平成14年10月	平成15年10月	平成16年10月
猶予期間	原則として初度登録から車種に応じ8〜12年（初度登録時期に応じてさらに平成15年9月から平成17年9月までの準備期間）	初度登録から7年	原則として初度登録から車種に応じ10〜13年（初度登録時期に応じて平成16年9月から平成18年9月までの猶予期間を設定）
規制担保手段	車検	自動車Gメンによる立入検査や路上検査	路上検査やカメラ検査
罰則	6月以下の懲役または30万円以下の罰金	50万円以下の罰金（命令義務違反）や氏名公表	20万円以下の罰金や荷主等事業者に対する氏名公表

（出典：環境省ホームページ「自動車NOx・PM法の車種規制について」パンフレットより http://www.env.go.jp/air/car/pamph/index.html）

3　その後の改善傾向、2度目の法改正

　13年法改正の実施状況、その効果については、17年に審議会に設けられた小委員会により中間点検が行われ、全体として改善傾向が見られるが、大都市圏を中心に環境基準未達成局が残るとされた[22]。小委員会は、局地汚染対策と流入車対策についてさらに検討を続けて大気部会に報告し、19年2

月審議会としての意見具申がなされた[23]。大気汚染状況は地域により差があるものの、NO_2 は改善傾向にあり、SPM も年度により大きく変動するものの近年緩やかな改善傾向にある。予測評価の試算によれば、目標達成期限である 22 年度までに対策地域全体では環境基準を概ね達成すると見込まれ、総量削減基本方針の目標を変更する必要はないとされた。しかし、NO_2 環境基準非達成が見込まれる幹線道路の交差点など交通の集中する局地の汚染対策、流入車対策の法制度化が必要とされた。

この意見具申を受け、19 年に次のような自動車 NOx・PM 法の 2 度目の改正がなされ、翌年から施行された。

・局地汚染対策として、重点対策地区を知事が指定し、重点対策計画を策定、実施する。この地域では、大きな交通需要を生じさせる建物の新増築について、排出抑制配慮事項等の届出を義務付け、必要に応じて都府県知事が意見、勧告、報告の徴収などを行う。

・流入車対策として、重点対策地区内で流入車対策が特に必要な地区を環境大臣が指定地区に指定し、主務省令で指定する周辺地域内で自動車を保有し、指定地区に継続して運行する事業者[24]に NOx・PM 抑制計画の提出、定期報告（毎年）を義務づける。また、流入車（周辺地域内自動車）を対策地域内で運行する事業者（運送事業者に貨物の運送を継続して行わせる事業者を含む。）には、車種規制基準適合車の使用、荷主には貨物運送に関する排出抑制の努力を義務づける。

これらに加え、法改正に際して、国会の附帯決議により流入車規制に有効な手法として、車種規制基準適合車を表示するステッカー制度の導入が求められ、環境省・国土交通省の行政措置よって 20 年 1 月から実施されている。

目標達成年度である 22 年、改正後の法施行状況の評価と見直しが審議会に諮問され、小委員会において、大気汚染の状況、車種規制その他の施策、

---

22)「今後の自動車排出ガス総合対策中間報告」（自動車排出ガス総合対策小委員会、平成 17 年 12 月）。
23)「今後の自動車排出ガス総合対策のあり方について（意見具申）」（中央環境審議会、平成 19 年 2 月）。
24) 周辺地域内で自動車を 30 台以上保有し、指定地区に 300 回以上継続して運行する事業者が対象となる。

地方自治体による対策、事業者の取組等について、審議検討がなされた。改正法による重点対策地区制度は、交通需要を発生させる建物に対する規制と、流入車対策として周辺地域の事業者による取組を求める仕組みであるが、自治体ではこうした措置の対象となる地区・事業者が特定できない、実効性が不確実などの事情もあって、実際に指定はなされなかった。

小委員会の中間報告では、NO_2、SPM の環境基準達成率は全体として改善傾向にあり、ここ数年継続して 90％を超えていることから、「環境基準のおおむね達成」の目標は達成していると評価された[25]（図2参照）。一方で、

（二酸化窒素）

（一般局）

	H12	H13	H14	H15	H16	H17	H18	H19	H20	H21
達成率	97.3%	96.9%	97.1%	99.8%	100.0	99.8%	100.0	100.0	100.0	100%
有効局数	452	453	456	452	447	448	441	436	436	438
達成局数	440	439	443	451	447	447	441	436	436	438

（自排局）

	H12	H13	H14	H15	H16	H17	H18	H19	H20	H21
達成率	65.3%	64.5%	69.3%	76.4%	81.1%	85.1%	83.7%	90.6%	92.0%	92.9%
有効局数	199	200	205	212	217	222	227	224	225	226
達成局数	130	129	142	162	176	189	190	203	207	210

（浮遊粒子状物質）

（一般局）

	H12	H13	H14	H15	H16	H17	H18	H19	H20	H21
達成率	81.1%	51.2%	50.7%	83.0%	99.1%	96.0%	96.7%	93.2%	99.8%	100%
有効局数	470	471	473	459	452	452	448	443	440	439
達成局数	381	241	240	381	448	434	433	413	439	439

（自排局）

	H12	H13	H14	H15	H16	H17	H18	H19	H20	H21
達成率	54.2%	25.7%	24.7%	61.9%	96.1%	92.8%	92.1%	92.5%	99.5%	100%
有効局数	166	171	182	197	206	209	215	212	213	214
達成局数	90	44	45	122	198	194	198	196	212	214

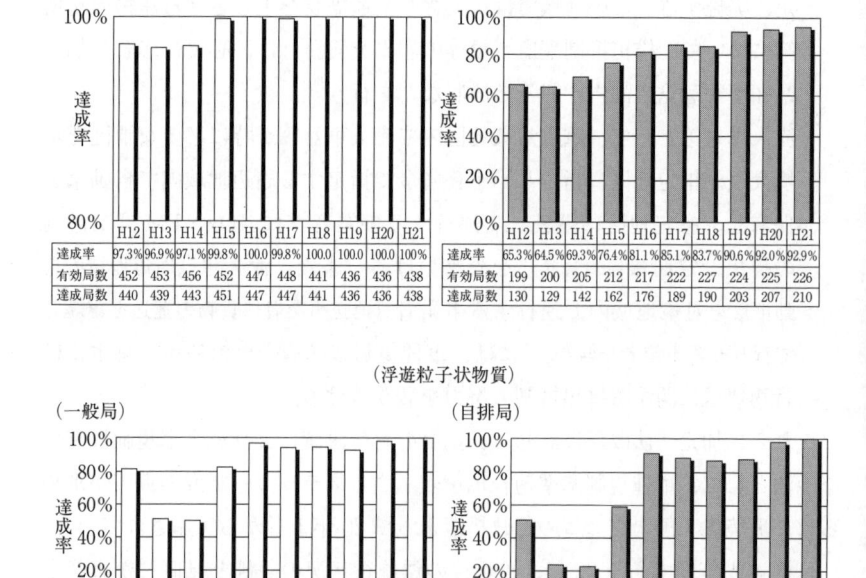

図2　対策地域における環境基準達成状況の推移

---

[25]「今後の自動車排出ガス総合対策の在り方について（中間報告）」（自動車排出ガス総合対策小委員会　平成23年1月）

なお NO_2 環境基準の非達成局が残され、将来も超過地点が残るとの予測が示された。環境基準が継続的安定的に達成されているとは言えず、今後も総量削減対策を継続する必要があり、局地も含め対策地域全体で環境基準の達成・維持を目標に対策を進めることが求められた。このため、基本方針を見直して「対策地域における環境基準の確保」を目標とすること、目標期間は10年（平成32年度まで）とし、5年目までに測定局における環境基準達成をできる限り図ること、改善の困難な地区でのより実効性の高い対策、地域の状況に応じた局地汚染対策、流入車対策、その他対策を推進することなどが提言され、これに従って基本方針が改正された（23年3月）。

VI 世界最高水準の自動車排出ガス規制、地球温暖化対策との連携へ——第4期

1 新短期目標、新長期目標、その後

自動車NOx法が制定、施行され、また平成元年答申の長期目標の具体化がなされた平成8年5月、改めて「今後の自動車排出ガス低減対策のあり方について」諮問がなされ、自動車排出ガス規制の強化に向けた審議検討が再始動し、答申に基づく対策の実施が継続して進められている。これまでの十次にわたる答申（平成22年まで）の要点は、次のようなものである（表6〈次頁〉参照）。

第1に、長期規制達成後の自動車排出ガス規制の段階的強化である。大気汚染状況の変化、排出ガス低減技術の進展、国際的動向を勘案しつつ審議検討が行われ、より厳しい排出ガス基準の目標値、達成期限を提言する答申がなされてきている。

第二次答申、第三次答申により、ガソリン・LPG車、ディーゼル車の新短期目標、新長期目標（新短期目標のさらに2分の1）が示され、新短期目標は、ガソリン車については12年から14年にかけて、ディーゼル車については14年から16年にかけて実施された。新長期目標については、その実施時期を17年に前倒して（第四次答申）、ディーゼル車のPM低減に重点を置いて世界最高水準となる目標値が定められ（第五次答申）、実施された。これに

表6 自動車排出ガス規制をめぐる答申等の経緯（平成8年以後）

年月　答申	主な内容	施行
平8.5	「今後の自動車排出ガス低減対策のあり方について」諮問	
平8.10 中間答申	有害大気汚染物質対策として早急に実施すべき対策 ・二輪車の排出ガス規制導入（HC、CO、NOx） ・ガソリン・LPGトラック、バスのHC、CO、NOx規制強化 ・ガソリンの低ベンゼン化（含有率5%→1%）	10、11年規制 10年規制
平9.11 第二次答申	・ガソリン・LPG自動車全車種の規制強化 新短期目標（NOx、HC、CO） 新長期目標（さらに2分の1低減　平17頃を目途） ・ディーゼル特殊自動車の規制導入（平16までに）	12、13、14年規制 （乗用車12年規制 ＝ポスト53年規制）
平10.12 第三次答申	・ディーゼル自動車全車種の規制強化 新短期目標（NOx、PM、HC、CO） 新長期目標（さらに2分の1低減　平19頃を目途）	14、15、16年規制
平12.11 第四次答申	・ディーゼル自動車の新長期目標の早期達成（平19を平17に） ・軽油の低硫黄化（500 ppm→50 ppm） 新長期目標達成に有効な排気後処理装置の機能発揮に必要 ・ディーゼル特殊自動車規制の早期達成（平16を平15に）	16年末までに実施 15年規制
平14.4 第五次答申	・ディーゼル自動車の新長期目標値 PM低減に重点。世界最高 新短期目標からPM 75～85%、NOx 41～50%低減 ・ガソリン・LPG自動車の新長期目標値 二酸化炭素低減対策との両立に配慮 ・ガソリンの低硫黄化（100 ppm→50 ppm） ・排出ガス試験方法の変更等 ・新長期目標以後の新たな低減目標について検討	17年規制 17、19年規制 16年末までに実施
平15.6 第六次答申	SPM、光化学オキシダント、有害大気汚染物質低減に重点 ・二輪車の排出ガス規制強化 二輪車はHC排出寄与率が高く、HC重点に対策強化 ・ディーゼル特殊自動車の規制強化 ・ガソリン・LPG特殊自動車の規制導入（平19までに） ・公道を走行しない特殊自動車（オフロード車）規制導入の検討	18、19年規制 18、19、20年規制 19年規制

年月　答申	主な内容	施行
平 15. 7 第七次答申	・軽油の超低硫黄化（50 ppm → 10 ppm） 　ディーゼル自動車の排出ガス低減（後処理装置）に必要 ・燃料品質に係る許容限度の見直し（E3対応を含む）	19年までに実施
平 17. 7 第八次答申	・ディーゼル自動車の09年目標値（ポスト新長期規制） 　基本的にガソリン車と同レベルの排出ガス規制 　PM →未規制時に比べ 99％削減 　NOx →同じく 96％削減 ・ディーゼル重量車NOxに、さらに次の「挑戦目標値」を提示 ・一部ガソリン・LPG自動車のPM規制導入 ・その他	21、22年規制 20年頃、技術レビューを行い決定
平 20. 1 第九次答申	・ディーゼル特殊自動車の規制強化 　2011年目標値（PM重点）、2014年目標値（NOx重点） ・黒煙規制の見直し	23、24、25年規制 26、27年規制
平 22. 7 第十次答申	大都市地域でのNO_2環境基準達成を確実にし、自動車環境技術の国際競争力を確保 ・ディーゼル重量車の次のNOx目標値　世界最高水準 　排出ガス試験方法を世界統一試験サイクルWHTCに変更（World Harmonized Transient Cycle）） ・E10[注]対応ガソリン車の導入に向けた環境整備 　E10燃料規格、E10ガソリン車の排出ガス基準 ・その他	28年までに実施

（注）E10とは、バイオエタノールを10％混合したガソリン

より、ディーゼル重量車のNOxは86％削減（昭和49年比）、PMは96％削減（平成6年比）と大きく削減された。これに続き、さらに高い目標となるディーゼル車の09年目標（ポスト新長期規制。第八次答申）、重量車NOxに対するさらに次の目標値（第十次答申）が示されている（図3、図4〈次頁以下〉参照）。

　こうした規制強化への対応には、燃料噴射の電子制御、高圧化等のエンジン改良に加えて、新長期目標以後は排気後処理装置が不可欠となり、吸蔵型NOx還元触媒、尿素添加による還元触媒（尿素SCR）、PMに対するDPF等の開発導入が進んでいる。また、これら装置の浄化性能を発揮させる条件として、軽油・ガソリンの低硫黄化が逐次実施されている（第四次、第五次、

NOx

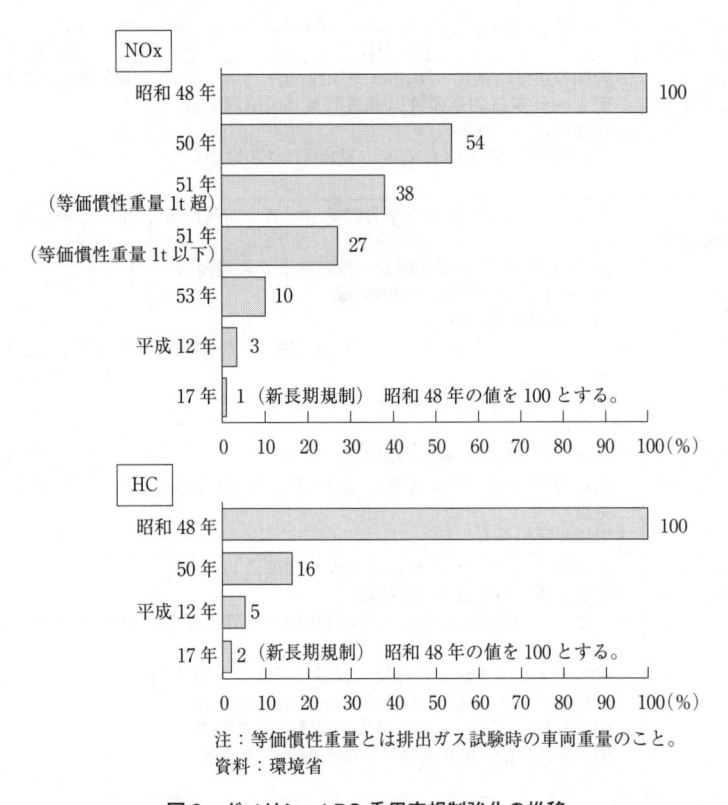

年	値
昭和48年	100
50年	54
51年（等価慣性重量1t超）	38
51年（等価慣性重量1t以下）	27
53年	10
平成12年	3
17年（新長期規制）	1

昭和48年の値を100とする。

HC

年	値
昭和48年	100
50年	16
平成12年	5
17年（新長期規制）	2

昭和48年の値を100とする。

注：等価慣性重量とは排出ガス試験時の車両重量のこと。
資料：環境省

図3　ガソリン・LPG乗用車規制強化の推移

第七次答申）。自動車排出ガス性能の的確な評価のため、排出ガス測定モードの変更、さらに国際的試験方法との調和も順次進められてきている。

第2に、これまでの自動車排出ガス規制の成果を踏まえた新たな課題、残された課題への対応である。未規制の物質、車種に対して規制が拡大、強化されてきている。

有害大気汚染物質による健康リスクを低減していくための大気汚染防止法8年改正[26]に沿って、自動車排出ガスに含まれる有害大気汚染物質について早急に実施すべき対策（中間答申、第六次答申）としてHC規制の強化等がなされ、また、乗用車、トラック・バスの排出ガス対策が強化されたことで大気汚染への寄与率が大きくなった二輪車、特殊自動車に対する排出ガス規

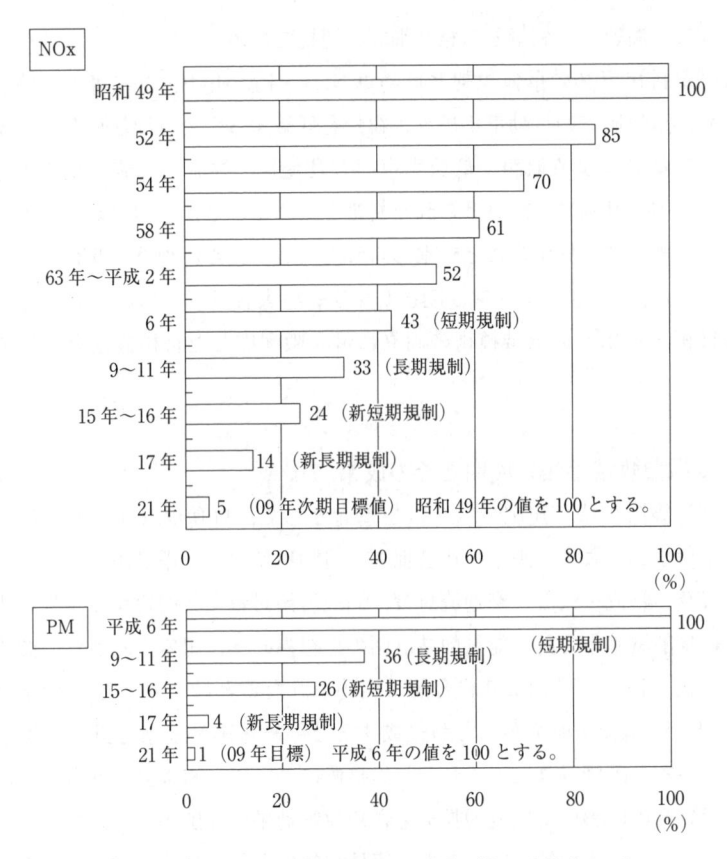

22 自動車排出ガスによる環境リスク管理の課題と展望　561

NOx

年	値	規制
昭和49年	100	
52年	85	
54年	70	
58年	61	
63年～平成2年	52	
6年	43	（短期規制）
9～11年	33	（長期規制）
15年～16年	24	（新短期規制）
17年	14	（新長期規制）
21年	5	（09年次期目標値）　昭和49年の値を100とする。

PM

年	値	規制
平成6年	100	（短期規制）
9～11年	36	（長期規制）
15～16年	26	（新短期規制）
17年	4	（新長期規制）
21年	1	（09年目標）　平成6年の値を100とする。

図4　ディーゼル重量車規制強化の推移（第8次答申まで）

制の導入と強化（中間答申、第二次、第四次、第六次、第九次答申）が行われた。二輪車を対象にするため大気汚染防止法が改正（有害大気汚染物質対策の導入と同時）され、公道を走行しない特殊自動車の排出ガス規制を行うため「特定特殊自動車排出ガスの規制等に関する法律」が制定（17年、施行18年）された。

26)「今後の有害大気汚染物質対策のあり方について」（中央環境審議会中間答申、平成8年1月）を受けた大気汚染防止法の改正。従来の大気汚染対策より進んで、大気中の有機塩素系溶剤等の有害大気汚染物質による健康影響を予防する観点から、科学的知見の調査・収集、自主的取組も活用する法的枠組を規定した。

第3に、関連する施策との相互補完、連携である。

自動車排出ガスの単体規制と自動車NOx・PM法はまさに車の両輪であり、大都市地域での自動車排出ガス総量を低減するため、同法に基づく車種規制、事業者による取組、低公害車の普及促進、物流・人流・交通流対策等、総量削減計画に位置付けられた対策を進めることが答申においても重要とされ、着実に実施することが求められている。また、地球温暖化対策の重要性に対応し、E3ガソリン、E10ガソリン導入普及への対応の検討や、低燃費技術と排出ガス低減技術の両立に最大限配慮した目標設定を求めている。

2 多様な政策手法の展開とその成果

大気汚染防止法の規制システムを基礎として、自動車NOx・PM法により、車種規制による自動車の代替促進、自動車使用の管理計画に加え、低公害車普及、物流・人流・交通流対策、局地汚染対策など関連する多様な措置が、総量削減基本方針・総量削減計画の枠組みの下に組み合わされ、関係主体の役割分担・協働により総合的に実施されたことにより、22年度までにNO_2、SPM環境基準をおおむね達成するとの総量削減基本方針の目標は達成していると評価された。それぞれの措置について、審議会の答申、中間報告、意見具申において定量的推計も含め政策効果の評価がなされている。

それによれば、施策の中心である車種規制により、対策地域での対象自動車の排出基準適合率は、16年の55％から目標年度である22年には99％を超えると推測され、これによる排出量削減効果は12年から17年までに削減されたNOxの26％（約16,000トン）、PMの33％（約4,300トン）と試算された[27]。自動車使用管理計画の効果については、計画作成と報告がなされた事業者のNOx、PM削減は、地域全体の排出量の削減率よりも高かったことが示され、措置の有効性が推察された。

低公害車の普及促進は、電気自動車、天然ガス自動車、メタノール自動車、ハイブリッド自動車の4車種の導入普及に対する財政税制上の支援措

---

27)「今後の自動車排出ガス総合対策中間報告」（自動車排出ガス総合対策小委員会、平成17年12月）。

置、燃料供給施設等のインフラ整備などに始まり、第1次環境基本計画（6年12月）に位置付けられた国の環境保全に向けた取組の率先実行行動計画において、政府の公用車に占める低公害車の割合を12年までに10％に高めるとの目標が閣議決定され（7年6月）、また、環境庁が開発目標として「低公害車排出ガス技術指針」（7年6月）を策定した。さらに、審議会答申でも自動車の低公害性の評価と表示の手法確立等が求められ（第3次答申）、従来の4車種に加え、排出ガス性能が大きく改善したガソリン自動車等で排出ガス基準より優れた低排出ガス車も含める「低公害車等排出ガス技術指針」（環境庁12年3月）、「低排出ガス車認定実施要領」（運輸省 12年3月）の策定実施によって、低公害車の普及に大きな弾みがついた[28]。これが、地球温暖化対策としての自動車燃費基準改善と連携して次のステップへとつながっていく。

他方で、物流対策では、荷主と運送事業者が協力した物流効率化の取組、共同輸配送など、人流対策では、関係機関・団体によるTDM施策など、交通流対策では、地域の状況に応じた道路構造改善、環境ロードプライシングの試行など、様々な取組が実施されてきたが、十分な効果は見られず、なお一層の取組が必要とされた[29]。

総じて見れば、技術の開発と普及を軸とした措置は着実な効果をあげたのに対し、自動車交通に関する行動変化をめざす措置は、自治体の関与を強化した自動車使用管理計画、自治体の条例による走行規制に効果が認められたほかは、十分な削減効果は示されていない。

3 自動車排出ガス対策と地球温暖化対策の連携

自動車は大気汚染の主要発生源であるとともに、その二酸化炭素（CO_2）排出量は、我が国全体の約2割を占め、地球温暖化対策を進める上で自動車

---

28) 低排出ガス車認定制度により、NOx、PM等の排出が12年基準排出ガスレベルより25％、50％、75％低減された自動車が低排出ガス車と認定された。排出ガス基準強化に伴い15年10月から、17年基準排出ガスレベルに対応した低排出ガス車も認定され、その後も改正されている（50％、75％低減、重量車は10％低減）。

29) 「今後の自動車排出ガス総合対策のあり方について（意見具申）」（中央環境審議会 平成19年2月）。

からの CO_2 排出を削減することは重要な課題である。

　CO_2 排出削減のための省エネルギー対策で、自動車は、エネルギーの使用の合理化に関する法律（省エネ法）の対象（特定機器）に指定され、乗用車等の燃費基準が定められている。平成9年（1997年）の京都議定書締結を受けて翌年同法が改正され、トップランナー方式が導入され、11年に乗用車等のトップランナー基準が定められた[30]。低排出ガス車認定制度の確立とあいまって、13年度から「自動車グリーン化税制」が実施され、低燃費かつ低排出ガス車と認定された車については、自動車税を軽減するとともに、車齢13年を超えるガソリン車、11年を超えるディーゼル車については自動車税を重課することとされた。また、同年5月の小泉総理の指示によって、14年度から16年度までの3年間で政府の一般公用車は原則として全て低公害車に切り替えることとされた。さらに、経済産業省、国土交通省、環境省は、同年7月共同して「低公害車開発普及アクションプラン」を策定して、実用段階にある低公害車[31]を2010年までのできるだけ早い時期に1000万台以上普及し、燃料電池自動車等の次世代低公害車を早期実用化することを目標とし、そのための普及策（政府・自治体による率先導入、民間への本格的普及促進、環境整備等）を明らかにした。これに沿った技術開発、普及の取組、政策措置により、低公害車の普及台数は急速に伸び、17年度末には全国で1200万台を超えるなど大きな成果をあげた[32]。同時に、乗用車トップランナー基準（2010年度基準）は2004年度で達成され（1995年比で22％改善）、2007年には前倒しで2015年度目標（2004年実績値比で23.5％改善）が定められた。また、重量車（大型トラック、バス）についても2006年にトップランナー基準が設定された。乗用車の2015年度目標については、2010年から実績評価と見直しの審議が進められている。

　こうして、自動車排出ガス対策と地球温暖化対策が結びついて相乗的な効果をあげてきており、19年改正後の自動車NOx・PM法に基づく総量削減

30）　ガソリン車は2010年度目標、ディーゼル車は2005年度目標とされた。
31）　「実用段階にある低公害車」は、天然ガス自動車、電気自動車、ハイブリッド自動車、メタノール自動車、低燃費かつ低排出ガス認定車（トップランナー基準を達成し、かつ低排出ガスの認定車）を指す。
32）　前掲注（29）。

基本方針においても、低公害車の普及促進、エコドライブなどの施策を、大気汚染防止と地球温暖化対策の双方に資する視点から推進するとしている。

4 今後の課題と展望——国際環境協力も視野に

　大都市の大気汚染対策は、これまでの様々な施策を通じほぼ解決の目途がついたことから、さらに局地汚染対策の強化を図るとともに、新長期規制、ポスト新長期規制の適合車普及が進むことも見込んで、環境基準の全測定局での確保が課題とされている。

　今後は、地球温暖化対策の観点から、自動車交通に起因する温室効果ガスの低減に向けた施策が一層重要性を増すことになる。そのため、燃費基準の強化を軸として、環境への負荷の少ない自動車の開発・普及が求められ、国際競争にも拍車がかかっている。2009年、世界各国でグリーン・ニューディール政策が大きな潮流となり、我が国でも、環境・エネルギー対策を通じ経済活性化を図る政策の一環としてエコカー補助金が講じられ、ハイブリッド車の売り上げが大きく伸びるなど、市場でもエコカーが高く評価された。この流れに乗って、電気自動車、家庭充電型ハイブリッド車の発売や計画が相次ぐなど、環境対応車をめぐる開発競争が加速化している[33]。こうした動きは、まさに環境が経済を牽引する原動力となることを示しており、これが主流となって、低炭素社会の実現につながることが期待されている。

　加えて、自動車交通に起因する環境問題は、今日世界共通の課題であり、我が国の高い技術力と取組の経験を活かし、国際社会に貢献することは、環境立国をめざす我が国の課題のひとつである。自動車が重要な国際商品であり、エコカーの市場が広がっていることを考えれば、これは、環境上より優れた自動車の技術開発・普及を通じ、国際競争力を維持強化しつつ世界の持続可能な発展をめざす途でもある。

　諸外国、とりわけアジアの急速に発展する大都市において、増大する自動車交通による大気汚染、エネルギー消費、混雑渋滞問題が、焦眉の急となっ

---

[33] プリウスが国内新車販売の首位を2010年末まで19カ月続け、同年の年間売上でも歴代で首位となった。朝日新聞2011年1月7日、日本経済新聞2010年12月7日、10月7日、7月20日。

ている。国際的には、環境上持続可能な交通（Environmentally Sustainable Transport）を目指す政策として、2000年頃から国際協力が進められてきている。アジアの国々は、政治体制、経済の発展段階が大きく異なるが、急膨張する大都市問題は共通の課題であり、その中で自動車環境対策は国際協力の対象として、取り上げやすい利点がある。

近年のアジア各都市の自動車環境対策を俯瞰すれば、特徴として次の二点が挙げられる。

一つは、自動車排出ガス対策として最先端の環境技術が利用可能なことである。我が国では、経済発展とモータリゼーションの進行によって生じた大気汚染を解決すべく、対策技術の開発に懸命の努力を行ってきた。これに引き替え、これまでに製品化された先端技術は、資金力があれば入手することが可能である。技術の到達点も分かっており、段々キャッチアップも早くなる。環境悪化の後に改善を図るという道をたどらずに、一気に最善の発展経路を選べるという「蛙飛び」の利である。

二つは、渋滞緩和対策と合わせることで、自動車交通量の制限が可能となることである。かねて、乗り入れ規制や、ナンバープレート制限、混雑課徴金など、自動車の保有や走行を直接制約する手法は、確立した都市計画により、規制区域と必要な動線の区分が行いやすい欧州の都市などに向いており、日本の大都市圏等のようにカオス的に発展してきた都市では困難と考えられてきた。しかしながら、最近の北京でのナンバー規制や、プレート下付制限を見れば、これらは、渋滞緩和対策と結びつけた場合に有効な手段とすることができるのではないかと思われる。つまり、自動車交通による外部不経済だけでなく、保有者にとっての内部不経済の解消も合わせて課題とすれば、規制・抑制政策へのハードルが低くなるのではないかと考えられるからである。

このような特徴を踏まえて、自動車排出ガス対策、交通流対策を視野に入れて国際協力を進める余地が大きいと考えられる。その際、ともすれば、乗用車の増加の問題に目が向いているように思われるが、新興国などが高い経済成長を続けていく上で、物流の大きな部分をトラック等の商用車に頼らざるを得なくなる。こうした物流の増加に伴う環境問題、エネルギー問題への

取組は、全般的にいささか弱いように思われ、トラック・バス等の自動車排出ガス対策と物流対策も、今後の協力に当たっての大きな焦点となるものと考えられる。

第8章　物質循環関連法

23　循環型社会形成推進基本法の理念とその具体化
―〈施策の優先順位〉をめぐる課題

赤渕芳宏

I　はじめに

　循環型社会の形成を目標とする法制度においては、(i)社会が目指すべき物質循環のあり方としていかなるものを想定するか、および(ii)その実現のために各主体が果たすべき役割は何か（責任配分原理）、といった2つの点について、基本的な考え方（以下ではこれをさしあたり「理念」と呼ぶこととする）が示される必要がある。わが国においては、こうした理念の提示は、「基本法」と名称される法律のひとつである循環型社会形成推進基本法（以下では「循環基本法」とする）によって行われており、そこでは、(i)廃棄物等の発生抑制および循環資源の処理の優先順位（5条、7条。このほか6条も）、ならびに(ii)適切な役割分担（4条。いわゆる〈各主体による責任の共有〉(shared responsibility)）、およびそれから派生する排出者責任（11条1項、12条1項）、拡大生産者責任（11条2項・3項）について定められている。このうち(i)については、順に、発生抑制、再使用、再生利用、熱回収、適正処分といった処理方法が講じられるべきものとされていることは周知のとおりである。

　ところで、基本法[1)]の多くは、自己完結的な法律ではなく、その理念は別個の法律によって具体化されることを前提としている（こうした法律は「実施法」あるいは「個別法」と呼称される）[2)]。すなわち、基本法においては、私人または行政府に対して政策遂行（実現）に係る具体的な指図が行われるこ

と(つまりは権利義務に関する規律がおかれること)はまれであり、こうした指図、ないしその実効性を担保する仕組みは、実施法において備えられることが標準とされるのである[3]。基本法と実施法とのこうした関係からは、基本法が提示した理念は、実施法のもとで、それが対象とする個別具体の状況に即しつつ具体化されることが要請ないしは期待されることとなる。

このことを循環基本法についてみれば、同法の実施法にあたるものとしては、資源の有効な利用の促進に関する法律(以下では「資源有効利用促進法」という)および個別の物に係る各種のリサイクル法、ならびに廃棄物処理法などが挙げられる。では、これらの実施法においては、先に挙げた循環基本法の理念はどのように、またどの程度具体化されているだろうか。このこと

---

1) 基本法一般に係る包括的研究として、川﨑政司「基本法再考(1-6・完)——基本法の意義・機能・問題性」自治研究81巻8号48頁以下、10号47頁以下、82巻1号65頁以下、5号97頁以下、9号44頁以下、83巻1号67頁以下(2005-2007)。またこのほか、亀岡鉱平「農業基本法の法運用——「基本法」論序論」早稲田法学会誌60巻1号(2009)161頁以下。

　ここでいう「基本法」とは、「基本法」という名称をもつ法律(形式的意味の基本法)であり、なおかつ実質的意味の基本法、つまり「社会における基本的な原則や準則、あるいは一定の法分野における制度、政策等に関する基本や原則・基準等について定める法律」を指す。川﨑・前掲論文(1)49-50頁。循環基本法は、川﨑氏の類型にいう「政策型」、つまり「それぞれの行政分野における国の政策・制度の目標、方向、在り方、大綱等を示し、それを踏まえて政府に対して施策の実施を促すもの」に該当しよう(同上、59-60頁)。以下本稿にいう「基本法」は、同氏のいう「政策型」を指すものとして議論を進める。なお基本法の類型については、同論文のほか、毛利透「基本法による行政統制」公法研究72号87頁以下、88-90頁(2010)も参照。

　浅野直人「循環型社会形成推進基本法の構成と意義」環境研究121号3頁、3-4頁(2001)は、こうした基本法によって「政策を法律の形式で定めることは、国会の議決により、国民各層の合意によってそれが定められたという位置づけを与えるものである。そして、その内容が広く国民に明らかにされるとともに、定められた政策の内容に変更を加えようとする場合には、再び国会の議決を要するという意味では、政策の安定性と継続性の担保につながるという意義を有するものでもある」とする。しかし他方で、こうした法律の実際の効果の疑わしさ、さらにそれゆえの、省庁にとっての単なる「金づるとしての機能が中心」となるおそれ、も同時に指摘されている。毛利・前掲論文89-90頁を参照。

2) このため、基本法は一般法ではない(基本法と実施法との関係は、一般法と特別法との関係ではない)と説明される。塩野宏「基本法について」同『行政法概念の諸相』23頁以下、29頁以下(有斐閣、2011)(初出2008年)を参照。

3) ただし、行政府に対して計画の策定等が義務づけられることはある(たとえば、環境基本法15条、循環基本法15条など)。

に関して、これまでに一定の議論の蓄積がみられるのは、もっぱら責任配分原理、とりわけ拡大生産者責任についてであるといえよう[4]。そこでは、しばしば、拡大生産者責任を具体化する法制度の理念型（これは海外の法律に求められることがすくなくない）が措定されたうえで、これにしたがって、実施法たる各種のリサイクル法が「生産者」に課する責任の態様・度合いを評価するといったことが行われてきた。他方で、施策の優先順位が実施法のなかでどのように展開されているかについては、──循環基本法の制定過程においてはかかる優先順位を明文化することの重要性が強調されたものの──これまでさほどの関心を集めておらず、考察の対象とされることもすくなかったように思われる。

　本稿の目的は、循環基本法が定める理念のひとつである施策の優先順位（以下では、発生抑制および「循環的な利用」（「再使用」、「再生利用」および「熱回収」）に考察対象を限定し、適正処分を除く）につき、それが実施法たる各種のリサイクル関連法律においてどのように具体化されているかを検討し[5]、かかる作業を通じて、循環基本法、さらには──現代のわが国の制定法におけるひとつの特徴ともいえ[6]、数多くの政策分野において活用されている[7]──基本法という法形式がもつ法的意義について再考することである。実施法に該当するすべての法律を横断的に取り上げることには能力上また紙幅上

---

4) ここでは、大塚直『環境法（第3版）』12章3節、4節（有斐閣、2010）のみを挙げるにとどめる。そこでは、拡大生産者責任をめぐる各種のリサイクル法の課題として、「法律制定・改正の際に、理念実現の意欲が乏しいこと」が挙げられ、「循環基本法よりも先に個別法が制定されていたため、循環基本法の理念が個別法に反映されていないという問題がある」ことが指摘される。

5) 地方公共団体における取り組みについては本稿の検討対象とすることができない。また本稿では、循環基本法で規定された施策の優先順位を所与のものとして扱い、その政策的妥当性については問題としない。

6) これについて塩野・前掲注（2）54-55頁、58頁は、わが国の基本法に類似する法形式と内容とが、東アジアの諸国（そこでは韓国、台湾が取り上げられる）においても観察されることを指摘する。

7) 2011年4月現在、基本法の名称がつく法律は38本ある（さらに同年6月には東日本大震災復興基本法が新たに制定され、また従来のスポーツ振興法が全面改正されてスポーツ基本法となった）。最近でも、環境保全分野において、地球温暖化対策基本法案（第176回国会閣法5号）の国会審議が進められているほか、水循環に関する基本法の制定がとりざたされている。

の制約が伴うことから、本稿では、実施法のなかでも比較的早くに制定された、容器包装に係る分別収集及び再商品化の促進等に関する法律（以下では「容器包装リサイクル法」または「容リ法」という）および資源有効利用促進法に対象を限定して議論を進めることとする。

ところで、後にみるように、循環基本法では、発生抑制ないし「循環的な利用」に関して、同法の制定前より施行されている各実施法が用いてきたものとは異なる概念が採用されており、そのなかには、たとえば発生抑制と「排出の抑制」、あるいは「再生利用」と「再利用」のように、各実施法における既存の概念との間で、文言上は似ているもののその射程にはすくなからず違いがみられるものが存在する。このため、循環基本法が設定する施策の優先順位に照らして各実施法のありようを検討するという本稿の目的からは、循環基本法の概念を標準として、これに各実施法の概念を再布置するといった作業があらかじめ行われなければならない。そこで本稿は、検討対象とする2つの実施法ごとに、まずこうした作業を行ったうえで、ついで当該の実施法のもとで優先順位がどのように具体化されているかを検討し、そこにみられる課題を指摘する（Ⅱ）。最後に、右の検討結果を踏まえて若干の考察を行い（Ⅲ）、むすびとする（Ⅳ）。

Ⅱ 施策の優先順位に係る理念の実施法における具体化

1 はじめに

資源有効利用促進法の前身である再生資源の利用の促進に関する法律は平成3年に制定され（平成12年6月に改正され現行法となった）、また容器包装リサイクル法は平成7年に制定された。これらの法律は、その制定当時、物質循環をめぐるさまざまな社会的課題のうち法律による対応が必要との認識に至ったもの（容器包装リサイクル法でいえば、一般廃棄物の大半が中間処理・最終処分される状況にあって、その相当割合を容器包装廃棄物が占めていたこと）への対応策として、個別に制定されたものであった。そのためもあってか、各主体への責任配分、および物質循環に係る諸施策（「再使用」、「再生利用」など）の間での比重のおき方（さらにはこれら諸施策を表す概念およびそれらの

射程）は、個々の法律によってまちまちであった。

　その後、平成12年6月に循環基本法が制定されたことにより、これらの法律には、新たに、循環基本法の規定内容の実施を担う実施法としての位置づけが明確に与えられることとなった[8]。では、循環基本法に定められた理念は、これら既存の法律において具体的な規範となって現されているであろうか。また、それはどのような態様をもってしてであろうか。

2　資源有効利用促進法

　資源有効利用促進法（以下本款では「本法」ともいう）では、循環基本法が定める施策の優先順位はどのように現されているか。このことを明らかにするためには、はじめに、循環基本法で定義される発生抑制ないし「循環的な利用」と、本法が設けている、廃棄物の発生抑制あるいは資源の有効利用を図るために要請される施策（「省資源化」、「再資源化」など）に応じた、製品および業種のカテゴリー（2条7項〜13項）との対応関係を明らかにしたうえで（(1)）、循環基本法が定めるような優先順位が本法においても見られるかどうかを確認すること（(2)）が必要となる。

(1)　発生抑制・「循環的な利用」に係る施策への、本法による製品・業種に係る分類の布置

　(i)　まず、発生抑制（循環基本法5条）に係る事業者の責務（同法11条1項のうち、「原材料等がその事業活動において廃棄物等となることを抑制するために必要な措置を講ずる」責務）を具体化するものとしては、特定省資源業種（本法2条7項、10条以下。「原材料等の使用の合理化による副産物の発生の抑制」に係る部分）[9]、および指定省資源化製品（本法2条9項、18条以下。「使用済物品等の発生抑制」）[10] を挙げることができる。

---

[8]　これらの法律は、循環基本法の制定以前は、環境基本法（さらには公害対策基本法）の実施法としての位置づけが与えられていたものとみることができようが、本稿ではもっぱら循環基本法との関係を扱うこととする。

[9]　「事業活動において生ずる副産物（産業廃棄物及び有価の副産物）を多量に発生させる業種……について、生産工程の見直し等により副産物の発生を抑制する」。通商産業省環境立地局リサイクル推進課「再生資源の利用の促進に関する法律の一部を改正する法律の概要（資源の有効な利用の促進に関する法律）」ジュリスト1184号（2000）27頁以下、30頁。

(ii)　つぎに、「循環的な利用」(循環基本法2条4項、6条。ただし「熱回収」を除く——後述)に係る事業者の責務(同法11条1項のうち、事業活動において生じた循環資源について「自ら適正に循環的な利用を行い、若しくはこれについて適正に循環的な利用が行われるために必要な措置を講」ずる責務)の具体化についてである。この責務は、循環資源を生せしめた事業者に対して、㋐自ら「循環的な利用」を行うこと(「自ら適正に循環的な利用を行」うこと)を要請するのか、あるいは㋑第三者による「循環的な利用」が行われるための措置(「適正に循環的な利用が行われるために必要な措置」)を講ずることを要請するのか、に分けて考えることができる。両者では事業者に求められる作為の内容は大きく異なりうるのであり、このことは、たとえば廃プラスチックの〈再資源化〉(ここでは一般的な語義で用いている)において、廃プラスチックからペレットを製造し、それを自ら代替的なインプットとして利用すること(事業者自らによる「循環的な利用」)と、それを第三者が用いるインプットの代替物としてその者に譲渡すること(第三者による「循環的な利用」が行われるための措置)との双方において、要求される作業内容を対比すれば明らかであろう。

　このうち、前者の〈自らによる「循環的な利用」〉には、特定再利用業種(本法2条8項、15条以下。「一度使用された物品や工場等から発生する副産物のうち、原材料として利用できるものについて、原材料としての利用を義務付ける」[11])を位置づけることができる。また後者の〈第三者による「循環的な利用」が行われるための措置〉には、指定再利用促進製品(本法2条10項、21条以下。原材料・構造の工夫、分別のための工夫など、「製品の製造加工段階で予め再生資源としての利用が容易となる措置を講ずることを義務付け〔る〕」[12])、指定再資源化製品(本法2条12項、26条以下。「製品の製造事業者が販売事業

---

10)　「製品の製造に使用される原材料の削減、詰替製品のように原材料(容器包装)の使用を大幅に削減できる製品の供給形態への転換、耐久性の向上を図る設計、部品の統一化・共通化、使用段階における修理等によって長期間の利用を可能とすることなどを通じて廃棄物の発生抑制に資する取組が技術的・経済的に可能で特に必要な製品」。前掲注(9) 28頁。
11)　前掲注(9) 28頁。
12)　前掲注(9) 28頁。

者、リサイクル事業者などの協力の下に自主的な回収・再生資源としての利用に取り組むことを促進する」[13])、指定副産物（本法2条13項、34条以下。「当該副産物が再生資源として他の事業者等により利用しやすくすること等」[14]）を位置づけることができる。

　以上のほか、特定省資源業種（前出）のうち、「副産物に係る再生資源の利用」に係る部分については、その取り組みとして「副産物に係る再生資源を当該業種とは異なる用途に利用されるよう、当該副産物の品質の均一化や加工の委託等、副産物が再生資源として利用されることを促進する取組」、および「副産物を自らの生産工程に再投入して原材料として利用することを促進するための取組」があると説明されており[15]、これには〈自らによる「循環的な利用」〉と〈第三者による「循環的な利用」が行われるための措置〉との両方が含まれるものと解される。

　なお、本法は、以上に掲げたもののほかに、指定表示製品といったカテゴリーも設けている（2条11項、24条以下）。「循環的な利用が行われるために必要な措置」をきわめて広く解すれば、これに該当するとも考えられなくはないが、ここでは、「循環的な利用」の手前の、分別排出（収集）に必要な措置と整理しておきたい。

　(iii)　本法において「循環的な利用」の対象となるもの（すなわち、循環基本法の「循環資源」に相当するもの)[16]としては、「再生資源」（2条4項。定義は(iv)(イ)を参照）と「再生部品」（2条5項。「使用済物品等のうち有用なものであって、部品その他製品の一部として利用することができるもの又はその可能性のあるもの」）とがある。このうち、〈再生資源としての利用〉は循環基本法

---

13)　前掲注（9）29-30頁。立法担当者の説明はそのようになっているが、指定再資源化製品の製造事業者に対して実際に求められるのは〈再生部品・再生資源として利用することができる状態にすること〉である（密閉形蓄電池の製造等の事業を行う者及び密閉形蓄電池使用製品の製造等の事業を行う者の使用済密閉形蓄電池の自主回収及び再資源化に関する判断の基準となるべき事項を定める省令3条1項、4条、パーソナルコンピュータの製造等の事業を行う者の使用済パーソナルコンピュータの自主回収及び再資源化に関する判断の基準となるべき事項を定める省令3条1項）。
14)　経済産業省産業技術環境局リサイクル推進課編『資源有効利用促進法の解説』（財団法人経済産業調査会、2004）94頁。
15)　前掲注（14）12-13頁。

にいう「再生利用」（2条6項）に、また〈再生部品としての利用〉は同じく「再使用」（とりわけ、2条5項2号の「循環資源の全部又は一部を部品その他製品の一部として使用すること」）に、それぞれあてはまるものと解される。

　ところで、本法では、「再資源化」（2条6項）ないし「再利用」（たとえば特定再利用業種に係る2条8項）といった概念が設けられているが、これらにおいては循環基本法の「再使用」と「再生利用」とが混在していることを指摘することができる。すなわち、本法は、「再資源化」を「再生資源又は再生部品として利用することができる状態にすること」と定義し（2条6項）、また「再利用」も〈再生資源または再生部品としての利用〉というものとしており（上記のほか、指定再利用促進製品（2条10項））、どちらも「再使用」（「再生部品として〔の〕利用」）と「再生利用」（「再生資源として〔の〕利用」）との双方を含むものとされているのである。循環基本法のもとでは明確に区別される「再使用」と「再生利用」とが（「再資源化」あるいは「再利用」といった）ひとつの概念に包摂されることにより、「再使用」または「再生利用」のいずれか一方のみが行われても、本法のもとでは「再資源化」あるいは「再利用」としてひとくくりに評価されることになる。

16）　細かい点であるが、本法の解説書によれば、「再生資源」の定義における「その可能性のあるもの」とは「技術的及び経済的可能性のあるもの」を意味するものと説明される（前掲注（14）13頁）。ただしそれをどう解すべきかは、同書の解説からは明らかでない。なお、循環基本法においても〈技術的・経済的可能性〉といった表現は出てくるが（たとえば3条、7条）、これは「単に事業者が技術的に無理または経済的に無理と言えばやらなくていい」という「現状追認的なもの」ではなく、「事業者が……相当の努力を行〔う〕」ことを（も）念頭におくものであると説明される。循環型社会法制研究会編『循環型社会形成推進基本法の解説』（ぎょうせい、2000）44-45頁、56頁。

　ところで、循環基本法における「循環資源」それ自体の射程は、こうした「可能性」によって限定されない。すなわち、同法における「循環資源」の定義は「可能性」の文言を用いていない。また、そこでの「有用なもの」とは、「循環的な利用が可能なもの及びその可能性があるもの」を指すものと理解されているが、これについても、「新規技術の開発や市況などにより経済的な制約は生ずるものの、可能性という点ではすべての「廃棄物等」は循環的な利用が可能であり、したがって、実態的にみれば、「廃棄物等」と「循環資源」は同じものを指す」と説明されている（同上39頁）。

　以上からすれば、定義上は、技術的・経済的可能性によって対象をより限定しているという点で、本法にいう「再生資源」は循環基本法の「循環資源」よりも射程が狭いと解されよう。

(iv)(ア) これまでにおいては、「循環的な利用」のうち、「再使用」と「再生利用」についてみたが、それでは「熱回収」(循環基本法2条7項)については、本法ではどのように扱われているであろうか。この点、本法には、以下にみるような問題が伏在しているように思われることから、若干敷衍しておきたい。

(イ) 本法の主要概念のひとつに「再生資源」がある((iii)を参照)。本法2条4項によれば、これは「使用済物品等又は副産物のうち有用なものであって、原材料として利用することができるもの又はその可能性があるもの」と定義されるが、ここにいう「原材料として利用することができるもの又はその可能性があるもの」の意味として、本法の解説書は、

> 「再生資源の利用には、原材料としての利用、燃料としての利用、本来の使用目的に沿った製品としての利用が考えられるが、本法律で対象としているのは、原材料としての利用であることを示している。エネルギーとしての収集・利用促進については、我が国のエネルギー供給構造の脆弱性にかんがみ、「エネルギーの使用の合理化に関する法律」及び「石油代替エネルギーの開発及び導入に関する法律」が整備されており再生資源のエネルギーとしての回収・利用についてはこれらの法制度の中で対処し得るものであるため、本法において重畳的に規制の対象とはしないこととしたものである。」[17]

と説明している(なおこうした理解は、旧法におけるそれをそのまま引き継いでいるものとみられる)[18]。ところで、循環基本法にいう「熱回収」は、立法担当者によれば「循環資源を燃焼させて水蒸気や温水の形で熱エネルギーを得ること」を指すものと説明されており[19]、本法にいう「〔再生資源の〕燃料としての利用」ないし「再生資源のエネルギーとしての回収・利用」がそれに該当することは明らかであろう。このことに照らせば、右の解説は、本法による規律の対象となる事業者に対して、(他法によるものは別としても)すくなくとも本法のもとでは、熱回収の義務は課せられないことを明らかにし

---

17) 経済産業省産業技術環境局リサイクル推進課編・前掲注 (14) 13頁。
18) 旧法である再生資源利用促進法の解説書には、同一の記述がみられる。通商産業省立地公害局編『リサイクル法の解説』(財団法人通商産業調査会、1993) 14-15頁。
19) 循環型社会法制研究会編・前掲注 (16) 42頁。

たものであるということができよう。右の解説のもとで、なお本法が熱回収に係る「規制」を許容しているものと解することは困難であろう。

(ウ) 他方で、本法に基づいて定められる、個別の製品ないし業種に係る下位法令のなかには、以下のように「熱回収」に関する定めをおくものがあることが注目される。すなわち、(指定再資源化製品である) パソコンの自主回収・再資源化に関する「判断の基準となるべき事項を定める省令」(以下では「パソコン再資源化省令」、またとくに本款では「本省令」ともいう)[20] 5 条 1 項は、次のように規定する。

　　　事業者は、使用済パーソナルコンピュータの全部又は一部のうち、第 3 条〔第 1 項――註〕各号に掲げる行為〔再資源化――註〕ができないものであって、熱回収 (使用済パーソナルコンピュータの全部又は一部のうち、再生資源又は再生部品として利用することができる状態にされたもの以外のものであって、燃焼の用に供することができるもの又はその可能性のあるものを熱を得ることに利用することをいう。以下同じ。) をすることができるものについては、熱回収をするよう努めるものとする。

この規定を含む本省令は、以下にみるように、本法 26 条 1 項に基づいて定められたものである。それでは、本法の右規定との関係で、本省令 5 条 1 項はどのように解せられるであろうか。ここでは、本省令において、本法が規律対象としない「熱回収」につき、これに「努める」よう事業者に指図することが許されるかが問題となるが、このことを考えるにあたっては、かかる指図につき定めをおく本省令がいかなる法的性格を有するかを明らかにしておく必要がある。

(エ) 本法は各種の事業者に対し種々の義務を課するものであるが[21]、義務の発生要件や義務づけられる行為 (要件効果) については明快な規定ぶりを行っていない。

このことは指定再資源化事業者 (指定再資源化製品の製造・販売等を行う事

---

20) パーソナルコンピュータの製造等の事業を行う者の使用済パーソナルコンピュータの自主回収及び再資源化に関する判断の基準となるべき事項を定める省令 (2001 年)。
21) 「〔座談〕新リサイクル法・容器包装リサイクル法」いんだすと 15 巻 8 号 25 頁以下、26 頁 (佐々木伸彦・通商産業省前リサイクル推進課長 (当時) 発言) (「リサイクル法は事業者義務づけ法で」あるとする)。

業者）に関する本法26条についても同様である。同条は、1項柱書において、主務大臣が、指定再資源化製品に係る再生資源または再生部品の利用を促進するために、指定再資源化事業者の「判断の基準」を省令により定めるものとし、各号において、かかる「判断の基準」として定められるべき事項を列挙している。しかしながら、この「判断の基準」が法的にどのような性格を有するものであるかは、かならずしも判然としない。

この点について、本法の解説書では、「判断の基準」につき、それが「主務大臣が指定再資源化製品に対して示す法律上のガイドライン」あるいは「〔事業者が〕どのような努力を行えばよいのかについて〔の〕目安」を意味するものと説かれる[22]。もっとも、この「判断の基準」に係る本法の仕組みをもうすこしつぶさに観察するとき、これをもっぱら「ガイドライン」ないし「目安」（これらは法規性を有しない規範といった意味を内蔵する表現と解される）にとどまるものと解するのはかならずしも適当ではないように思われる。すなわち、「判断の基準」は、主務大臣が事業者に対して行う勧告[23]の規準とされており（33条1項）、勧告内容の不遵守に対しては措置命令（33条3項）が、さらに措置命令の違反に対しては罰則（42条。50万円以下の罰金）が用意されている。このうち、事業者に対しはじめて具体的な義務が課せられることとなるのは措置命令においてであり（もっとも、これを勧告と解する余地も残される）、それにより課せられる義務は「勧告に係る措置」の実施とされるが、その具体的な中身は、結局のところ勧告の規準となる「判断の基準」により定められることとなるのである[24]。このような本法の仕組みに徴すれば、「判断の基準」につき定める本省令は、本法が定める、指定再資源化事業者が行うべき再資源化等の義務の内容を具体化する機能を有して

---

22) 経済産業省産業技術環境局リサイクル推進課編・前掲注（14）77頁。
23) ここでの勧告それ自体の法的性格は行政指導であるが、医療法30条の7に基づく病院開設中止勧告に処分性を求めた最判平成17年7月15日民集59巻6号1661頁に照らせば、不服従に対する（制裁的）公表、措置命令が用意されている右勧告にも処分性が認められる余地がある。北村喜宣『環境法』（弘文堂、2011）224頁。
24) ここでは、立法担当者が、「判断の基準」が省令をもって定められる理由を、「主務大臣が命令を課す場合には、〔「判断の基準」が〕命令の構成要件としての性格を帯びるため」と説明していることにも注目される。経済産業省産業技術環境局リサイクル推進課編・前掲注（14）32頁。

いるものとみることができるのではなかろうか[25]。こうした理解に立つとき、本省令は法規命令（委任命令）としての性格を有しているものと解することができよう[26]。また委任規定と解される本法26条1項の各号は、指定再資源化事業者に課される再資源化等の義務に係る基本的事項を定めているものとみることができよう。

(オ) もっとも、本省令において用いられる文言に着目すると、自主回収の実施（1条）や再資源化の実施（3条）、再資源化目標の達成（2条）など、本法において事業者に対し明らかに義務づけがなされていることがら（いいかえれば、本法26条1項1号から3号までの定めから、指定再資源化事業者に対する義務として読み取り可能なことがら）については「……するものとする」との表現が用いられている一方で、熱回収に係る5条1項では、事業者に対し「熱回収をするよう努めるものとする」とされており、先の3つの条文との間で規定ぶりに違いがみられる[27]。こうした文言によりなされる私人への指図は、通常、努力義務と捉えられていることからすれば[28]、本省令のもと

---

[25] この点、本法の解説書は、「判断の基準は、法的措置を実施する際の絶対的基準となるものではなく、基本的には誘導指標として総合的な判断の有力な材料となるものとして位置付けられている。このことから、判断の基準に盛り込まれる内容は、最低限遵守すべき水準のものとしてではなく、〔対象事業者〕一般の……努力の目安となるべき標準を示すものとなる」（前掲注（14）32頁）とも述べており、「判断の基準」の法的性格にはなお曖昧な部分を残しているが、本稿ではひとまず本文のように解することとしたい。

この点に関しては、産業構造審議会廃棄物・リサイクル部会企画小委員会パソコン3R分科会・厚生省パソコン等リサイクル検討会合同会合「資源の有効な利用の促進に関する法律に基づくパーソナルコンピュータの3R推進のための方策について」4頁（2000年12月）（以下では「パソコン3R推進報告書」とする）における次の記述も併せて参照。「資源有効利用促進法においては、指定された製品に関して、製品の省資源化・長寿命化による廃棄物の発生抑制対策、部品等の再使用対策、使用済製品の回収・再資源化対策等の、リデュース、リユース、リサイクルが、事業者に対して義務付けられる。具体的には、事業所管大臣等の主務大臣が対象製品を政令で指定し、事業者が取り組むべき対策に関する判断の基準を省令で定め、事業者の取組が不十分な場合には勧告、事業者名の公表、命令等の措置を行うことが規定されている。」

[26] 以上の議論は、行政立法の「内容についての区別」を前提とする通説にしたがったものである。他方で行政立法の「法形式による区別」にしたがえば、問題となる行政立法が法律の委任を受けて定められる省令であることから、法規命令（委任命令）としての性格を有するものと説明されることとなる。この点につき、藤田宙靖『行政法Ⅰ（総論）〔第4版改訂版〕』（青林書院、2005）286-289頁を参照。

で指定再資源化事業者に課される熱回収義務の法的性格は、努力義務にとどまるものと解されることとなる。なおこのことは、再資源化目標の達成の判断にあたって、熱回収は算定に含められていないこと[29]にもみてとることができよう。

ところで、法規命令は「行政機関の制定するところの、行政主体と私人の関係の権利・義務に関する一般的規律」[30]ないし行政機関により定立される「国民の権利義務に関する規範」[31]であり、法律による行政の原理より、その定立には法律の個別的な授権が必要である。では、行政立法において定められる義務が、「公法上〔の〕強制的性格をもたず、もっぱらソフトな行政措置（指導、助言、助成金などプラスの経済的インセンティブ）によって実効性を確保することが予定され」る[32]努力義務である場合であっても、法律の授権が必要となるだろうか。これはいうまでもなく、努力義務が「法規」に該当するかどうかの問題であるが、この点についての通説的な見解は必ずしも定かではないように思われる[33]。思うに、この問いに対しては、そもそも「法規」が私人の権利義務「に関する」規範であるとはいかなる意味か、と

---

27) 同省令のもととなったパソコン3R推進報告書・前掲注（25）12-13頁では、熱回収「をすることができるものについては、熱回収がされること」とされている。他方で、たとえば、「再生部品として利用することができる状態にすることができるものについては、再生部品として利用することができる状態にすること」とされており、両者の間に若干のニュアンスの違いを読み取ることができる。

28) ただし、「「努めなければならない」という文言の有無は重要な目安であるが、「努力義務規定」の決定的なメルクマールではない」ともいわれている。両角道代「努力義務規定の概念と機能について——コメント」ソフトロー研究6号（2006）50頁以下、52頁。

29) パソコン3R推進報告書・前掲注（25）11頁。

30) 塩野宏『行政法Ⅰ（第5版）』（有斐閣、2009）93頁。

31) 芝池義一『行政法総論講義（第4版補訂版）』（有斐閣、2006）117頁。

32) 両角・前掲注（28）51頁。

33) 努力義務をめぐっては、とりわけ労働法学分野においての議論が目につく。両角・前掲論文のほか、寺山洋一「労働の分野における努力義務規定から義務規定への移行に関する立法政策について」季刊労働法199号（2002）116頁以下、荒木尚志「労働立法における努力義務規定の機能——日本型ソフトロー・アプローチ？」『労働関係法の現代的展開〔中嶋士元也先生還暦記念論集〕』（信山社、2004）19頁以下などを参照。もっとも、これらの論稿において問題とされるのは、もっぱら法律において定められる努力義務規定であり、行政立法におけるそれではない。

いう問いにどのように答えるかによって、異なる結論が導かれることとなろう。すなわち、努力義務は、私人に対し義務を課するものであることに変わりはないが[34]、もっとも国家が義務の懈怠に対してその内容を強制的に実現すること、あるいは懈怠を理由として何らかの物理的制裁を加えることはもとより想定されていない。このとき、私人の義務「に関する」規範たる「法規」の内容として、前半部分を強調するときには努力義務といえども「法規」に含まれそうであるし、他方で後半部分を重視するときには「法規」からはひとまず除外されるものと解されそうである。いずれが妥当かはにわかに断じがたいが、ここでは、努力義務であっても私人に対し義務を賦課するものであり、立法府と行政府との機能分担からみればそれは本来的には立法府により定立されるべきものであって、これを行政府が独自に定めることは慎まれるべきであると考えられることから、努力義務であってもこれを行政府が行政立法によって定立するには法律の委任がなければならない、とさしあたり解しておくこととしたい[35]。

(カ) そのうえで、つぎに問題となるのは、熱回収に係る努力義務を定めるパソコン再資源化省令5条1項が、その直接の根拠である本法26条1項4号の趣旨に抵触しないかどうかである（行政手続法38条1項）。

本法26条1項は、主務大臣に対し、指定再資源化事業者の「判断の基準」を定めるよう求める規定であり、この「判断の基準」によって、指定再資源化事業者が本法によって課せられる義務の内容が具体化されることとなると解されることは、すでに述べたとおりである。さて、「判断の基準」の枠組みを定める同項各号のうち、4号は「その他自主回収及び再資源化の実施に関し必要な事項」と定める。では、ここでいう、「再資源化」すなわち〈再

---

34) 塩野・前掲注(2) 45頁、48頁は、いわゆる責務規定との対比で、「条文本文で……「努めるものとする」といった努力規定の表現がなされているのは、結果の責任まで求めている趣旨ではないこと、義務の程度を緩和する趣旨であることが伺われるが、義務を課していることには変わりはないので、努力規定もその限りでは責務規定と同義に解してよい」と整理したうえで、「責務規定は、端的に国民の義務を定めるもので、国民の自由に対する侵害は概念的には大きなものがある」と説く。
35) 他方で、ここでの「義務」とは国民に対する強制可能性を備えたものを指すとの理解に立てば、そうした強制的性格を有しない努力義務については、法律の委任がなくても行政府が独自に定めうる、と解されることとなろう。

生資源として利用することができる状態にすること〉に関する「必要な事項」を、熱回収をも含む趣旨として捉えること、いいかえれば、本法26条1項が、主務大臣に対し指定再資源化事業者に対して熱回収をも（努力義務であるとはいえ）義務づけることを委任する趣旨と解することは、はたして可能だろうか。

　この点を検討するにあたっては、本法の立法者意思が、ひとつの有力な手がかりを提供しよう。すなわち、本法の制定（旧法たる再生資源利用促進法の改正）における国会での担当大臣の答弁では、以下のようにいわれているのである。

　　「個別法の運用に当たり熱回収をどう規定していくのかとの御質問についてですが、今国会に提出をいたしました再生資源利用促進法の改正法案では熱回収は対象にしておりません。……いずれにいたしましても、こうした個別の法律における熱回収の位置づけについては循環型社会形成推進基本法案に定められた基本原則に従いつつ、今後とも適切に対応してまいる所存でございます。」[36]

　右の発言を素直に受け取れば、これは、本法が、循環基本法の制定にかかわらず、「熱回収」を積極的に除外する趣旨に出ることを説くものとみることができよう。こうした立法担当者の見解に基づけば、本法が事業者に義務づけるのは、基本的には、発生抑制、「再資源化」および自主回収ということとなり、熱回収は本法に基づく義務の射程からは外れるものと解釈されることとなる。とするならば、本法の立法者意思に照らしたとき、以上にみた、パソコン再資源化省令による熱回収の努力義務の設定は、根拠法律たる本法との関係からみて問題を孕んでいるものということができよう（なお、右の理解を前提とするならば、努力義務に係る右規定は、行政指導の根拠規定と解せざるをえず、また法実践上もそのように機能しているものと推測されようが、とはいえかように解する場合には、なおそのための指針が定められ公表されている必要がある（行政手続法36条））[37]。

---

[36]　第147回国会参議院会議録26号9頁（平成12年5月19日）（深谷隆司国務大臣発言）。
[37]　管見のかぎりではそうした指針の存在は確認できなかった。

(2) 資源有効利用促進法における優先順位

ところで、本法のもとでは、循環基本法における施策の優先順位に関して、どのような規定がおかれているであろうか。

(i) 本法においては、循環基本法が制定されたことを直接の契機とした改正は行われなかった[38]。本法、および主務大臣が定める「基本方針」（資源の有効な利用の促進に関する基本方針。2006年）には、発生抑制・「循環的な利用」に係る施策の優先順位に関する言及はみられない。

(ii)(ア) 本法に基づき定められる政省令においてはどうであろうか。本法のもとでは、政令である本法施行令がおかれているほか、製品および業種に係る各カテゴリー（たとえば、指定再利用促進製品、特定省資源化業種など）のそれぞれに関する「判断の基準」を規定する省令が、これらのカテゴリーに該当する製品・業種ごとに定められている[39]。これらのうち、施策の優先順位が具体化されていると目されるのは、先にみた、（指定再資源化製品としての）パソコン再資源化省令のみであり、その他の省令や政令においてはそうした優先順位に関する規定は見当たらない。

(イ) では、このパソコン再資源化省令においては、優先順位はどのように表されているであろうか。その3条は、次のように定めている[40]。

（再資源化の実施方法に関する事項）
第3条　事業者は、第1条第1項の規定による自主回収をしたときは、自ら又は他の者に委託して、技術的及び経済的に可能な範囲で、次に定めるところにより、当該自主回収をした使用済パーソナルコンピュータの再資源化をするものとする。ただし、次に定めるところによらないことが環境への負荷の低減にとって有効であるときは、この限りでない。
一　使用済パーソナルコンピュータの全部又は一部のうち、再生部品として利用することができる状態にすることができるものについては、再生部品

---

38) 循環基本法が制定されて以降、資源有効利用促進法は、平成14年2月により附則2条が改正されたほかは、改正をみていない。
39) 2011年4月1日現在で、これらの「判断の基準」を定める省令は全部で49本ある。
40) パソコン3R推進報告書・前掲注(25) 10頁では、「循環型社会形成推進基本法に示されたとおり、再資源化に当たっては、①リユース（製品リユース及び部品リユース）、②リサイクル（マテリアルリサイクル及びケミカルリサイクル）、③熱回収（サーマルリサイクル）、の順に優先して取り組むべきである」といわれていた。

として利用することができる状態にすること。
　二　使用済パーソナルコンピュータの全部又は一部のうち、前号に掲げる行為ができないものであって、再生資源として利用することができる状態にすること（化学的変化を生ぜしめる方法によるものを除く。）ができるものについては、化学的変化を生ぜしめる方法によらずに、再生資源として利用することができる状態にすること。
　三　使用済パーソナルコンピュータの全部又は一部のうち、前二号に掲げる行為ができないものであって、再生資源として利用することができる状態にすること（化学的変化を生ぜしめる方法によるものに限る。）ができるものについては、化学的変化を生ぜしめる方法によって、再生資源として利用することができる状態にすること。
２　前項の規定は、当該使用済パーソナルコンピュータをパーソナルコンピュータとして利用できる状態にすることを妨げない。

　右の３条１項が施策の優先順位につき定めるものであることは、その柱書および各号の文言を循環基本法７条のそれらと対比するまでもなく明らかであろう。ただし、各号において優先順位づけがなされる各施策は、いずれも本法にいう「再資源化」にあたるものであり、先にみたとおり、これは循環基本法にいう〈第三者による「循環的な利用」が行われるための措置〉であることを再度指摘しておく。
　そのうえで、各号はそれぞれ、〈部品としての「再使用」〉（１号）、〈化学的変化を伴わない方法による「再生利用」〉（２号。いわゆるマテリアル・リサイクル）、および〈化学的変化を伴う方法による「再生利用」〉（３号。いわゆるケミカル・リサイクル）につき定めているものとみることができる。そして相互の関係として、〈「再使用」が「再生利用」に優先する〉という明確な優劣関係をみてとることができる（１号、および２号・３号）ほかに、「再生利用」について、オリジナルの状態でのそれを、そうではない方法（「化学的変化を生ぜしめる方法」）によるものに優先させるといった指向をみてとることができる（２号、３号）。後者は循環基本法にはみられないものである。
　このほか、すでに見た、同省令の５条１項では、〈「再使用」・「再生利用」が「熱回収」に優先する〉という優劣関係がおかれている。以上から、（右規定に付随する課題は措くとして、）同省令においては、「循環的な利用」につき、循環基本法の定める優先順位がそのまま投影されているものということができよう。

(ウ) もっとも、ここでの施策の優先順位の設定に関しては、以下のような課題を指摘することができる。これらはいずれも、本法にいう「再資源化」の射程にかかわることである。

第1に、本省令の優先順位における〈製品としての「再使用」〉の位置づけについてである。循環基本法における「再使用」は、〈製品としての「再使用」〉および〈部品としての「再使用」〉の双方を含むものであるが（ただし両者間でのさらなる優先順位づけはされていない）[41]、ここでは〈製品としての「再使用」〉は優先順位の対象から外されているのである。これに関して、右に引用した同省令3条2項がこうした〈製品としての「再使用」〉をカバーするものと解されるが、条文の文言に明らかなように、その位置づけは曖昧なものにとどまっている。〈製品としての「再使用」〉がこのような扱いになっている理由は、それが本法にいう「再資源化」に該当しないと考えられていることに求められよう[42]。

第2に、本法26条1項2号に関する、使用済指定再資源化製品の再資源化目標に関しては、本省令2条において具体的な数値（使用済製品のうち「再資源化」がなされるものの重量比）が定められている[43]。この目標値が達成されるための方法として、2条1項は、「再生部品として利用することができる状態にすること」および「再生資源として利用することができる状態にすること（化学的変化を生ぜしめる方法によるものを除く。）」を挙げ、これらがなされたものの総重量をもって目標値の達成のいかんを評価することとしている。すなわち、ここでは、「循環的な利用」の進捗に係る定量的目標が、〈部品としての「再使用」〉および〈化学的変化を伴わない方法による「再生利用」〉（マテリアル・リサイクル）のみを対象として設定・評価される

---

41) 循環型社会法制研究会編・前掲注(16) 40頁を参照。
42) パソコン3R推進報告書・前掲注(25) 11頁を参照（「使用済パソコン製品を特に加工することなく製品リユースすることは製品の再利用であり、資源有効利用促進法上は再資源化には該当しないと考えるのが適切である」とする）。
43) たとえば、デスクトップ型パソコン本体（条文上は、「パーソナルコンピュータ（その表示装置及びノートブック形のものを除く。）」）については、重量比で50％以上が〈部品としての「再利用」〉またはマテリアル・リサイクルされるべきものと規定される（同指令2条1項の表第1欄）。実際に何％についてこれらの行為が行われるかは、各事業者が定めるものとされる（同条同項）。

こととされているのである。これは、「再資源化」に該当する施策のうちより重要なものを取り上げたとする見方もできなくはない[44]。しかしながら、施策の優先順位の考え方に照らせば、具体的な数値目標の設定等にあたって両者を一体化することは、各々の進捗の把握を困難なものとすることからかならずしも望ましいとはいえないであろうし、また他方で、他の「循環的な利用」に係る施策がこうした定量的目標の設定対象から外れている点も課題とすることができよう。

3 容器包装リサイクル法

　以下では、前款において資源有効利用促進法について行ったのと同様の検討を、容器包装リサイクル法（以下本款では「本法」ともいう）を対象として行うこととする。循環基本法にいう発生抑制ないし「循環的な利用」にかかわりのある施策として、本法は「再商品化」（2条8項）および「排出の抑制」（本法第4章の章名）を定めている。前款と同じく、ここでも、これらと循環基本法との関係を明らかにする作業からはじめることとする。

　(1)　発生抑制・「循環的な利用」に係る施策への、本法が要求する措置の布置

　(i)　本法は、「再商品化」にあたる行為として、「自ら分別基準適合物を製品（燃料として利用される製品にあっては、政令で定めるものに限る。）の原材料として利用すること」（1号）、「自ら燃料以外の用途で分別基準適合物を製品としてそのまま使用すること」（2号）、「分別基準適合物について、第1号に規定する製品の原材料として利用する者に有償又は無償で譲渡し得る状態にすること」（3号）、および「分別基準適合物について、第1号に規定する製品としてそのまま使用する者に有償又は無償で譲渡し得る状態にすること」（4号）の4つを挙げる。

　これらのうち、1号および2号の内容は、〈自らによる「循環的な利用」〉であり、そのうえで、1号の〈製品の原材料としての利用〉は「再生利用」

44）　パソコン3R推進報告書・前掲注（25）11頁は、「プラスチックのリサイクルについては……ケミカル・リサイクルも可能である一方、これに優先してマテリアルリサイクルの取組みを促進することも重要である」と述べている。

に、2号の〈製品としてのそのままの使用〉は「再使用」に、それぞれ該当するものと考えられる。なお、1号括弧書きからは、「再生利用」について、それによって製造される製品の用途に応じてさらに〈燃料として利用される製品〉と〈それ以外の製品〉とに区分されていることが窺える。また、3号および4号は、〈第三者による「循環的な利用」が行われるための措置〉に該当し、そこでの「循環的な利用」とは、3号が「再生利用」、4号が「再使用」であると解される[45]。

　本法にいう「再商品化」とは、〈自らによる「循環的な利用」〉のみならず、〈第三者による「循環的な利用」が行われるための措置〉をも含む概念となっており、このことが、〈容器包装廃棄物が「再商品化」される〉といった表現の理解において、ときに齟齬を生ぜしめる要因ともなっているように思われる。

　(ii)　本法にいう「排出の抑制」は、循環基本法にいう「発生抑制」といかなる関係にあるだろうか[46]。この点につき、本法の2006年改正の制定過程においては、次のような説明が加えられていた。すなわち、──

　　「発生抑制は、過剰な使用の抑制と考えられますが、これは排出抑制の重要な手段の一つであると思っております。容器包装リサイクル法では、これまでも、発生抑制や容器包装の再使用を含め排出抑制を図ってまいりました。」[47]（傍点は筆者による）

　この説明が正しければ、本法にいう「排出の抑制」は、循環基本法の「発生抑制」にくわえて「再使用」をも含む、より広い概念として理解されていることが分かる。よって、本法のもとで〈排出抑制の促進〉といわれる場

---

45)　なお容リ法36条は、再商品化により得られた物につき、これを利用できる事業を行う者が、再生資源利用促進法に基づき利用する義務を負うものと定めるが、ここでの「再商品化」とは、本法2条8項の3号または4号に該当する行為を指すものと解される。

46)　なお「排出の抑制」の語は、廃棄物処理法においてもみられる（1条（平成3年改正による）など）。これと循環基本法の「発生抑制」との関係、および本法の「排出の抑制」との異同についても興味深いところであるが、ここでは立ち入らない。

47)　第164回国会衆議院会議録28号7頁（平成18年5月9日）（二階俊博国務大臣発言）。

合、そこでは「発生抑制」と「再使用」とが併せて促進されることとなり、これは極論すれば、「再使用」のみの促進であっても、容リ法のもとでは「排出の抑制」と評価されることを意味する。

ところで、本法にいう「再商品化」が循環基本法の「再使用」をも包摂する概念とされていることは、(i)で述べたとおりである。そうであるならば、〈容器包装の「再使用」〉は、本法のもとでは「排出の抑制」と「再商品化」との双方によってカバーされることとなるものと解されようが、こうした整理が本法の理解として妥当なのかどうかは、かならずしも判然としない。

さて、本法では、この「排出の抑制」に係る措置が、同法の2006年改正によって法定化されたことが注目される（7条の2から7条の7まで）。これは、以下にみるように、「排出の抑制」のうち特に「発生抑制」に係る取り組みを求めるものであると評することができよう。すなわち、ここでは、小売業に属する事業者（法文上は、施行令5条に定める業種に属する「指定容器包装利用事業者」[48]。7条の4第1項）に対して、容器包装の使用原単位の低減目標を設定すること、およびその達成に向けて計画的な取り組みを実施することが義務づけられている（同条同項、小売業に属する事業を行う者の容器包装の使用の合理化による容器包装廃棄物の排出の抑制の促進に関する判断の基準となるべき事項を定める省令1条）。かかる義務の実効性確保の手立てとしては、一般には主務大臣による指導および助言にとどまる（省令で定められる「判断の基準」に照らし取り組みが不十分である場合に行われる。本法7条の5）が、事業者が「容器包装多量利用事業者」（7条の6）、つまりその事業において多量（前年度の使用量が50トン以上。本法施行令6条）の容器包装を利用する事業者に該当する場合には、指導・助言にくわえ、主務大臣による勧告、公表、および措置命令（さらには措置命令違反に対する罰則）が用意されている（本法7条の7、46条の2）。なお、この「多量利用事業者」に対しては、このほか、前年度の容器包装利用量、使用原単位、排出抑制に関し実施

---

[48] その事業において容器包装を用いる事業者であって、容器包装の過剰な使用の抑制その他の容器包装の使用の合理化を行うことが特に必要な業種として政令で定めるものに属する事業を行うもの（7条の4第1項）。政令では、各種商品小売業、飲食料品小売業、医薬品・化粧品小売業、書籍・文房具小売業などが指定されている（本法施行令5条）。

した取り組みとその効果について、主務大臣に報告する義務が課されている（7条の6、小売業に属する事業を行う容器包装多量利用事業者の定期の報告に関する事項を定める省令2条）。

(2) 容器包装リサイクル法における優先順位

(i) 本法においても、循環基本法が制定されたことを直接の契機とした改正は行われなかった[49]。本法の諸規定、たとえば、目的（1条）、事業者・消費者の責務（4条）などの抽象的内容を定める規定においては、〈発生抑制が「再商品化」に優先する〉といった明確な順位づけはされていない。「再商品化」が「再使用」と「再生利用」とをともに包摂する概念であることはすでに述べた通りであるが、その定義のなかで「再使用」が「再生利用」に優先するといった関係が定められていることもない。

(ii) 一方で、こうした優先順位は、本法3条に基づき主務大臣[50]が定める「基本方針」（容器包装廃棄物の排出の抑制並びにその分別収集及び分別基準適合物の再商品化の促進等に関する基本方針。2006年）のなかに見出すことができる。ここでは、(ｱ)容器包装廃棄物の全般、(ｲ)個別の素材、のそれぞれについて優先順位が定められている。

(ｱ) 容器包装廃棄物全般に関しては、次のような記述がある。

「一　容器包装廃棄物の排出の抑制並びにその分別収集及び分別基準適合物の再商品化の促進等の基本的方向
　廃棄物の適正な処理及び資源の有効な利用の確保を図るためには、容器包装について、製品の開発・製造から消費、廃棄等に至る各段階において、廃棄物の発生の抑制、使用済製品の再使用、原材料として利用するリサイクルの促進という観点を持った、環境と経済の統合による持続可能な発展を目指した循環型社会を構築することが必要である。
　すなわち、循環基本法に規定する基本原則に基づき、容器包装廃棄物の排出を抑制するとともに積極的に分別収集と再商品化を促進し、さらに、再商品化をして得られた物についてその積極的な利用に努めることが必要である。また、これらの取組を一層効率的に推進することで当該取組に要する費用を

---

49) 循環基本法が制定されて以降、容器包装リサイクル法は、たとえば平成12年6月（36条）、平成15年6月（10条4項）、平成18年6月（21条1項）などに改正がなされたが、いずれも循環基本法の制定と直接のかかわりをもたない。
50) 財務大臣、厚生労働大臣、農林水産大臣、経済産業大臣および環境大臣がこれにあたる。

可能な限り抑制するとともに、関係する国、地方公共団体、事業者、消費者、関係団体等のすべての関係主体が相互に連携協力することで、全体の調和を図りながらこれらを推進していくことが必要である。」
「二　容器包装廃棄物の排出の抑制を促進するための方策に関する事項
　容器包装廃棄物は、一般廃棄物の中で大きな割合を占めており、その減量が重要である。容器包装廃棄物の減量対策に当たっては、まず、できる限り容器包装廃棄物の排出を抑制することが必要である。このため、国、地方公共団体及び事業者にあっては容器包装廃棄物の排出の抑制を促進するため、また、消費者にあっては容器包装廃棄物の排出を抑制するため、それぞれの立場で密接な連携協力を図りつつ積極的な取組を果たすことが求められている。」

　以上の記述では、一において循環基本法に定められた優先順位に基づき施策を進めることが確認されており、また二において「排出の抑制」が最優先されるべきことが明記されている。ただし循環基本法における各施策の定義と本法におけるそれらとの関係（(1)(ii)を参照）については触れられていない。
　(イ)　ついで、個別の素材に関する記述をみる。まず、紙製容器包装に関しては、次のようにいわれている。

　　「紙製の容器包装の再商品化に当たっては、まず、選別等の再商品化により製紙原料等や古紙再生ボード、溶鋼用鎮静剤、古紙破砕解繊物等の燃料以外の製品の原材料としての利用を行い、それが技術的な困難性、環境負荷の程度等の観点から適切でない場合に、固形燃料等の燃料として利用される製品の原材料として利用する。当該燃料の利用に当たっては、環境保全対策に万全を期しつつ、高度なエネルギー利用を図ることとする。」

　ここでは、「再商品化」において、〈燃料として利用される製品〉に係る「再生利用」よりも、〈燃料以外の製品〉に係る「再生利用」が優先される旨が定められている。これは、循環基本法における優先順位を、「再生利用」により得られる製品の用途の選択という局面において反映しているものと評することができよう。またここでは、さらに「再生利用」によって得られる〈燃料として利用される製品〉の利用のあり方についても規律されている。〈燃料として利用される製品〉に係る「再生利用」が認められる要件としては、技術的困難性、環境負荷の程度からする不適切性が挙げられている一方、経済的可能性（困難性）は問題とされないようである。

(ウ)　つぎに、プラスチック製容器包装に関しては、次のような記述がある。

> 「プラスチック製の容器包装（ペットボトルを除く。）の再商品化に当たっては、まず、ペレット等のプラスチック原料、プラスチック製品、高炉で用いる還元剤、コークス炉で用いる原料炭の代替物、炭化水素油、水素及び一酸化炭素を主成分とするガス等の製品の原材料としての利用を行い、それによっては円滑な再商品化の実施に支障を生ずる場合に、固形燃料等の燃料として利用される製品の原材料として緊急避難的・補完的に利用する。当該燃料の利用に当たっては、環境保全対策等に万全を期しつつ、特に高度なエネルギー利用を図ることとする。」

　ここでは、「再商品化」のうち、「再使用」の観点は欠落している。「再生利用」については、紙製容器包装と同様に、それにより得られる製品の用途選択の局面において優先順位づけがなされている。すなわち〈燃料以外の製品〉に係る「再生利用」が〈燃料として利用される製品〉に係る「再生利用」よりも優先されることとされているのである。

　さらに特記すべき点は、〈燃料として利用される製品〉に係る「再生利用」が認められるための要件である。こうした「再生利用」は、循環基本法の優先順位の理念を参照すれば、〈それ以外の製品〉に係る「再生利用」に劣後するものと解することができようが、「基本方針」によれば、これは、(ア)〈それ以外の製品〉に係る「再生利用」によることによって「円滑な再商品化の実施に支障を生ずる」場合、かつ(イ)〈燃料として利用される製品〉に係る「再生利用」が「緊急避難的・補完的」なものとして行われる場合、に認められるとされる。

　この点に関して、循環基本法は、その7条において、優先順位に係る施策の選択に関し、(ア)「技術的及び経済的に可能」である限りにおいてより上位の施策が選択され[51]、他方で、(イ)そこで定められる優先順位に従わないこと

---

51)　周知の通り、これは、「単に事業者が技術的に無理又は経済的に無理と言えばやらなくてもよいという現状追認的なものではなく、事業者が、新しい技術を活用したり、経済的にも一層のコストダウンを行うこと等、相当の努力を行った上ではじめて可能となるような措置をも念頭に置いたものである」ことが確認されている。循環型社会法制研究会編・前掲注（16）56頁。

が「環境への負荷の低減にとって有効であると認められる」場合には、かならずしも優先順位によることなく、よってより下位にある施策の選択も妨げられない、との旨を定める。循環基本法のこうした考え方と「基本方針」で示された上のような考え方との関係は、どのように解されるだろうか。

「基本指針」をめぐっては、〈燃料として利用される製品〉に係る「再生利用」は、上に示した要件に従ってきわめて例外的な場合にのみ許容されるものと説明されるが、とはいえ「基本方針」のこうした〈例外〉許容要件を、循環基本法のそれと比べるとき、前者は後者とは異なる観点から設けられていることは明らかであろう。つまり、「基本指針」にいう「円滑な再商品化の実施に支障を生ずる」といった要件は、循環基本法の〈例外〉許容要件とはさしあたり無関係である。また、「緊急避難的・補完的」の要件については、その内容はかならずしも明瞭でない——おそらくはこの要件を厳格に解することによって〈例外〉にあたる事実を絞り込もうとする趣旨であろうと推測される——が、文言上は、技術的・経済的により劣る施策であっても、あるいはかならずしも「環境への負荷の低減にとって有効であると認められ」ない場合であっても、まさに「緊急避難的・補完的」にはそうした〈例外〉が認められる趣旨である、と解される余地を残している。これが、循環基本法の〈例外〉許容要件にさらに要件を付加する趣旨なのか、あるいは循環基本法から離れて独自の要件をおく趣旨なのかは、かならずしも定かでないが、おそらくは後者であるとみることができよう。仮にそのように解する場合、上に見たように、その解釈のいかんによっては、結果として、循環基本法の優先順位に表された理念との齟齬を来す事態を招くおそれがあることに留意する必要があろう（なお関連して、「基本方針」は、環境保全対策に万全を期すること、および高度なエネルギー利用を図ること、といった別の条件をおくが、これらは〈燃料として利用される製品〉に係る「再生利用」が選択された場合に、それを実施するに際しての条件なのであって、施策の選択自体に係る要件ではない）。循環基本法の理念からは、「基本方針」における〈燃料として利用される製品〉に係る「再生利用」の〈例外性〉がいたずらに拡大されることへの懸念が指摘されよう。

III　若干の考察

1　施策の優先順位の具体化をめぐる課題

　循環基本法に定められる施策の優先順位が、各実施法のもとでどのように具体化されているかにつき、これまでにみたところを総括する。

　(i)　まず、こうした具体化がいずれの主体により、いかなる法形式・行為形式により行われていたかについて確認すると、本稿でみたところでは、立法府による（法律をもってする）具体化（つまり、基本法の制定を承けた実施法の改正）はみられなかった一方で、行政府が、各々の実施法で法定された行為形式——行政立法（省令）、行政計画（「基本方針」）[52]——を媒体として、施策の優先順位を具体的規範へと転換していた[53]。基本法の規定内容を実施する法律たる実施法によることがいわば〈迂回〉され、実施法のもとの省令ないし「基本方針」に、基本法の理念がダイレクトに反映される、といった現象があることを指摘することができよう。

　ここで、「実際には、基本法の制定に際し、または制定後速かに既存の関係法律の個々の規定について、基本法との矛盾の有無をつぶさに検討のうえ、基本法と調和させる必要があると認められるものについては、所要の改廃措置がとられるのが例である」との説示[54]に依拠すれば、実施法の改正による具体化が行われなかったという事実からは、次のこと、すなわち、循環基本法の制定において、同法の規定内容に明らかに矛盾抵触すると考えられる規定がこれらの法律には見当たらず、よって行政府による各実施法の運

---

[52]　本稿では、容リ法の「基本方針」を行政計画としてさしあたり解する。西谷剛『実定行政計画法』巻末「府省別計画名一覧」（有斐閣、2003）25頁を参照（本稿が扱う容リ法の「基本方針」を行政計画として挙げる）。また、芝池義一「行政計画」雄川一郎＝塩野宏＝園部逸夫編『現代行政法大系2』（有斐閣、1984）333頁以下、334-345頁、小幡雅男「「基本方針」の機能——個別行政法で多用されている実態（上）」自治実務セミナー40巻9号（2001）32頁以下、32頁を参照。

[53]　優先順位の具体化は、本稿でみた行為形式のほかにも、たとえば個々の事業者や事業者団体に対する行政指導、あるいは事業者による自主的取組によっても行われうるものと解されるが、これらを用いた具体化のありようについては、今後の検討課題としたい。

[54]　菊井康郎「基本法の法制上の位置づけ」法律時報45巻7号（1973）15頁以下、21頁。

用によることで対応が可能である、といった立法担当者の判断が実際には存在していたことが窺われようか[55]。もっとも、基本法と実施法との関係（とりわけ実施法の改正の必要性の有無）についてどのような検討が立法担当者によってなされていたのかは明らかでない。

(ⅱ) では、こうした具体化はどのような内容を有していたであろうか。これについては、個々の実施法のもとでも多様な状況がみられた。これをまとめると以下のようになる。

第1に、循環基本法における優先順位をほぼダイレクトに具体化するケースがみられた。容リ法の「基本方針」では、容器包装廃棄物全般の「再商品化の促進等の基本的方向」として、「循環基本法に規定する基本原則に基づ」くべきことが確認されていた。

第2に、規律対象となる物の性状等に応じて、次のようなケースがみられた。

(ア) 優先順位が微調整（精緻化）されるケース。資源有効利用促進法に基づくパソコン再資源化省令では、再生利用について、マテリアル・リサイクルをケミカル・リサイクルに優先させていた（循環基本法の「再生利用」に係る説明では、両者は区別されていない）[56]。また、容リ法の「基本方針」では、紙製容器包装およびプラスチック製容器包装に関して、その再生利用によって作られる製品の用途をめぐり、〈燃料以外の製品の原材料としての利用〉が〈燃料として利用される製品の原材料としての利用〉に優先するものと定

---

55) 循環基本法の制定当時の行政府の認識として、「〔対談〕循環基本法」いんだすと15巻8号（2000）20頁以下、20頁における伊藤哲夫・環境庁海洋環境・廃棄物対策室長（当時）発言を参照。そこでは、「循環基本法のポイントの一つとして、対策の優先順位を法定化したということです。個別法では、対策の優先順位は書かれていないわけです。今回、廃棄物リサイクル対策全体としての対策の優先順位は、上位法である循環基本法で国民の合意として決定されましたので、この方向に基づいて個別法の運用も図っていくことが期待されます。また、〔循環型社会形成推進基本〕計画の実施を通じて循環基本法の考え方が適切に個別法の運用に反映されるようにしていきたいと考えます」（強調は引用者による）と述べられている。
56) 循環型社会法制研究会編・前掲注（16）41頁を参照。ここでは、「再生利用」の具体例として、使用済みペットボトルの繊維原料としての利用、廃家電製品から取り外した鉄くずの製鉄原料としての利用とならんで、廃プラスチックの高炉還元剤としての利用（これがケミカル・リサイクルにあたる）が掲げられている。

められていた。

　(イ)　優先順位の修正が行われているケース。容リ法の「基本方針」では、紙製容器包装、プラスチック製容器包装のいずれについても、「再使用」が除外されていた。

　以上のことは、行政府が、規律対象となる事象についての行政実践を通じて自らに蓄積された専門的理解をもとに、循環基本法で定められた優先順位の調整を図ったものとみることができるであろう（優先順位を修正するケース（第2点の（イ））については異論もあろうが、そこで対象とされた物の性状にかんがみれば不合理とはいえないであろう）。

　反面、第3に、行政府による具体化に対しては、次のような課題を指摘することもできる。

　(ア)　優先順位の具体化が、実施法が規律対象とする事象のごく一部においてしかなされていないケースがみられた。資源有効利用促進法のもとで定められる製品・業種の分類において、こうした優先順位に関する規定がみられたのは、本稿が扱ったパソコン再資源化省令においてのみであった。

　(イ)　優先順位の対象となる各種の施策のうち、実施法がそれを規律の対象外としているため、優先順位に係る理念の趣旨が十分に反映されているといえるかが疑わしいケースがあった。資源有効利用促進法においては、「熱回収」がその規律の対象から外されており、また〈製品としての「再使用」〉もそれが「再資源化」の定義に含まれないことから、同じく同法の規律外とされていた。

　(ウ)　実施法が採用する1個の概念に、循環基本法にいう複数の施策が含まれており、このため優先順位に係る理念の趣旨が十分に反映されているといえるかが判然としないケースがみられた。資源有効利用促進法における「再利用」および「再資源化」は、ともに「再使用」と「再生利用」との双方を含む概念であった。また容リ法においては、「排出の抑制」および「再商品化」のいずれもが、「再使用」をその内容としており、くわえて、前者は「発生抑制」を、また後者は「再生利用」をも、それぞれ含むものであった[57]。

　これらの課題が生じた要因としては、第1に、循環基本法の制定時におい

て、それに合わせた実施法の改正が行われなかったこと、つまり実施法においてすでに採用されていた概念ないし措置を、循環基本法の規定内容に積極的にすり合わせる作業が行われなかったことをただちに指摘することができよう[58]。もっともこうしたことが、政策的にみて妥当性を欠くとの評価にくわえ、法的にも妥当でないと評価されるかは別の問題である（後述する）。
また第２点として、具体化において行政立法ないし法定の行政計画を用いる場合、そこでの具体化は、直接の根拠を提供する実施法の枠内においてなされざるをえないが、こうした実施法の解釈・運用において優先順位がかならずしも十分に咀嚼されなかったこと、が考えられる。これら２つの要因は、右に掲げた(ア)から(ウ)までの３つの課題のいずれにも関わりがあるが、(ア)につ

---

[57] このほか、循環基本法における〈自らによる「循環的な利用」〉と〈第三者による「循環的な利用」が行われるための措置〉との区別に関連して、次の２点を指摘することができる。第１に、もっぱら〈第三者による「循環的な利用」が行われるための措置〉が推進されるケースがあったことである。資源有効利用促進法の「再資源化」は、「再生資源又は再生部品として利用することができる状態にすること」と定義されていた。

また第２に、実施法で採用される概念が〈自らによる「循環的な利用」〉と〈第三者による「循環的な利用」が行われるための措置〉とを混在させているため、いずれを推進しているかが判別できないケースがあったことである。容リ法の「再商品化」は、〈自らによる〉ものと〈第三者による〉ものとを包摂する概念であった。

もっともこれらの点については、循環基本法が、〈自らによる「循環的な利用」〉と〈第三者による「循環的な利用」が行われるための措置〉とで、前者を後者よりも推進しているのかどうかは明らかでないことから、これらを課題とすることはさしあたり留保する。すなわち、循環基本法の解説書によれば、同法11条は、「排出事業者自身が循環的な利用を行い得ない場合や自らが循環的な利用を行うよりも他者により循環的な利用が行われた方が適切な（より効果が高い）場合などにおいては、他者による循環的な利用が促進されるような措置を講じた方が望ましいことも考えられる」と説明されており（循環型社会法制研究会編・前掲注 (16) 67頁）、両者の間での優先順位は設けられていないのである。ただし当然ながら、これとは別の評価もありうる。

[58] 関連して、川﨑・前掲注 (1)・(3) 74頁では、「基本法が制定される際には、……既にその分野・事項に関連する法律がいくつか存在していることが多いことから、基本法の制定に伴って、基本法の規定とそれらとの調整を行う必要があれば、関係法律の改正が同時に行われるのが通例であ」るが、「そもそも基本法の規定の内容はかなり抽象度が高いことなどから、個別法の規定がそれと矛盾するようなことはほとんどないのが実情であり、そのため、基本法が制定されても既存の個別法にほとんど影響を及ぼさず、それらの改正が全く行われないケースや、個別法の制定・改正の際に基本法がほとんど見向きもされないようなケースも見受けられる」と述べられる。

いてはとくに第2点が関わるものといえよう。

2 検 討

（i）こうした課題への対応策としてはどのようなことが考えられるであろうか。ここでは、基本法と実施法との関係——実施法に対する基本法の規範的要請——の観点から検討をくわえることとする。

（ii）基本法は、法形式としては実施法と同格であるが、その規範内容において実施法に優越するものと一般に解されている[59]。基本法の優越的性格からは、実施法の規定内容が、基本法の趣旨や目的、内容と整合性を保つことが要請される。こうした要請により実施法の規定内容がどの程度拘束されるかについては理解が分かれるが、すくなくとも、基本法が実施法の(ア)制定・改正[60]、および(イ)解釈・運用[61]にあたっての指針[62]として機能するものと解する点ではほぼ一致した理解があるといってよいであろう（このように解するかぎりにおいては、〈優越的〉性格というよりも、むしろ〈指針的・指導的〉性格とするのが適切かもしれない）[63]。

では、こうした基本法の優越的性格からは、実施法の規定が基本法の趣旨・目的や規定内容とかならずしも整合的でないと考えられる場合には、どのような帰結が導かれることとなるだろうか。なお、ここで「整合的でない」とは、(ア)実施法の当該規定が基本法に矛盾・抵触する場合（従来の議論では主にこちらが問題とされてきたようにみられる）にくわえて、(イ)矛盾・抵

---

[59] 長谷川正安「憲法体系と基本法——基本法研究序説」法律時報45巻7号（1973）8頁以下、12頁。

[60] 川﨑・前掲注（1）・(4) 107-108頁および (2) 47頁を参照。

[61] 塩野・前掲注（2）40頁、およびそこで引用される内閣法制局長官の見解（第165回国会参議院教育基本法に関する特別委員会会議録9号（その1）46頁（平成18年12月7日）（宮崎礼壹内閣法制局長官発言）を参照。

[62] 成田頼明「土地基本法の成立と今後の立法課題等（上）」自治研究66巻3号（1990）3頁以下、10頁を参照。行政府の認識として、たとえば環境庁「『循環型社会形成推進基本法』の概要」時の動き2000年11月号（2000）22頁以下、24-25頁を参照（基本法は「他の関係法律の制定や運用に際しての方針を指し示すという役割を担う」とする）。

[63] 塩野・前掲注（2）39-40頁。また長谷川・前掲注（59）12頁、川﨑・前掲注（1）・(3) 71頁も参照。

触までには至らないものの、実施法の当該規定が基本法の規定内容の具体化にあたって障害となる場合が考えられる。

(iii) まず確認されるべきことは、実施法の当該規定と基本法とが整合的でないことがいかなる理由によるものであるか、およびその理由に合理性が認められるかどうかである[64]。この合理性の有無は、㋐基本法との齟齬が、基本法の趣旨・目的の実現を阻害する程度、および㋑そうした齟齬をなお設けておくことの政策的な必要性、などの相関によって判断されよう。こうした見方からは、施策の優先順位を定める循環基本法7条の〈例外〉許容要件（Ⅱ3(2)(ii)(ウ)を参照）は、右の㋑が大きい場合に、（状況によっては㋐のいかんにかかわらず）同条の定める優先順位との齟齬が許される旨を定めるものと捉えなおすことができよう。

そして、かかる齟齬に合理性が認められるようであれば、実施法の当該の規定はそのまま妥当するものとみてさしつかえないであろう。このとき、かかる規定は、それが規律する個別領域を対象として基本法に対するいわば特別法的な規定をおくか、または基本法の適用除外を定めるものとして性格づけられよう。

他方で、右のような合理性が認められない場合に、なお実施法に対する規範的意義を基本法に認めようとするときには、両者の不整合を（実施法が基本法にそぐうこととなるかたちで）解消するための論理構成を考える必要が生じよう。

(iv) こうした論理構成としては、まず、基本法との齟齬をきたしている実施法の規定を所与として、その解釈によって、当該の規定がもつ意味内容を基本法の規定内容に近づけることが考えられよう。すなわち実施法の解釈における基本法の規定内容の〈埋め込み〉であり、主に、基本法の趣旨や目的を主たる考慮要素とした体系的解釈（あるいは実施法がより妥当な方向性を指向することをねらいとした目的論的解釈）が行われることとなる。

しかし、こうした解釈は、実施法の当該規定の文言や語義によってその限界が画されることとなる。よって、かかる文言等から逸脱しないことには基

---

64) 塩野・前掲注 (2) 40 頁では、「法令等の制定過程において、基本法との整合性の有無、ない場合の合理性の有無が論議されていることが重要である」といわれる。

本法との齟齬を解消しえないような場合には、さらに次の手立てが考えられなければならない。

(v) 次に考えられるのは、同じく実施法の規定を所与としたうえで、これを適用しないこととすることにより、かかる規定が規律する対象に基本法の規定内容を妥当させる（いわば基本法によって実施法を〈上書き〉する）ことである。すなわち、基本法と実施法の制定の先後関係として、〈実施法が先、基本法が後〉である場合には、法の一般原則である「後法優先の原則」が、基本法と実施法との間にも妥当するものと解されており、これにより、「後法である基本法の規定により、前法である個別法の規定は適用されなくなる」と説かれるのである[65]。

基本的な考え方としてはその通りであり、また法理論上もそのように解されよう。もっとも、基本法に定められる行政機関や私人への指図は抽象的なものが多く、このため、実施法に代わって妥当する具体的な行為規範を基本法の解釈から一義的に析出することは、すくなからず困難であるように思われる。つまり、基本法との齟齬を理由に実施法の規定の効力を失わしめることが、かえって法実践上の不都合を生ぜしめることとなりかねないのである。ゆえに実際には、「後法優先の原則」の適用も、実施法の規定の効力を否定することによる種々の影響を勘案したうえで判断せざるをえず、状況によっては、両者の齟齬を放置したうえで、立法府による対応（実施法の改正）を待つよりほかないといったことも考えられるであろう（先に引用した説示もこうした理解を暗黙の前提とするものと推測される）。

(vi) 以上は立法府による対応が講じられない場合を前提としたものであるが、本来であれば、立法府が基本法の制定に合わせて個々の実施法に必要な整備を加えることが最も期待されるところである[66]。とりわけ、基本法の理

---

65) 川﨑・前掲注（1）・(3) 70-71 頁。また塩野・前掲注（2) 39 頁も参照。他方で、〈実施法が後、基本法が先〉の場合には、本文で述べたような〈実施法の効力を否定する〉といった手立てを考えることはできないため、この場合には立法府による対応を待つよりほかないこととなる。

66) 菊井・前掲注（54）20-21 頁、川﨑・前掲注（1）・(3) 70 頁を参照。ただし菊井論文が「既存の関係法律の規定で、基本法の内容に反し、あるいは基本法の目的・趣旨に反することが明らかなような内容をもつものは、違反している限度で効力を失うものとみるべきであ」ると説く点（20 頁）には与しがたい。

念を具体化するにあたって私人の権利自由に対する新たな制約を必要とするような場合においては、基本法自体がそのための根拠規範をもたないことが通例である以上、各実施法のもとでの対応が求められることとなるが、その際基本法の内容をもっとも直截に現すことのできる方法は、いうまでもなく法律のレベルでの対応、すなわち実施法の改正等であるからである。また法的には、右にみたような操作を経てなされる行政府の対応には、民主的コントロールが及びにくいという限界がある点もその理由として挙げられよう[67]。とはいえ、〈実施法は基本法に整合的でなければならない〉といった要請は、これを〈基本法に整合的でない実施法の規定を改正するよう、基本法は国会を法的に拘束する〉というような、立法府を名宛人とする義務へと読み換えることには無理があり[68]、よって右の要請は立法府に対する事実上の自己拘束としての意味（あるいは政治的な意味）[69] を有するにすぎないものと解される。また、基本法（とりわけ「政策型」に分類されるそれ。注１を参照）には、政府に対し、基本法に定める施策の実施のために「必要な法制上の措置」を講ずることを義務づける規定をおくものがすくなくないが（循環基本法にも同様の定めがある。13条）、一般に、かかる義務の名宛人に立法府

---

[67] 行政計画による具体化に関する指摘として、川﨑・前掲注（1）・（2）58-59頁を参照。
　なお川﨑・前掲注（1）・（3）78頁以下は、〈基本法による行政のコントロール〉を、基本法の「特に重要な」機能として挙げる。ここにいう「コントロール」あるいは「監視・統制」が、内容面におけるそれを念頭におくのか、あるいは方法面についてなのかは判然としないが、仮に前者であると解するとき、たしかに、行政による政策実施が法的根拠をもたない形式により行われる場合、あるいは法的根拠をもつにしても基本法自らを根拠とする場合（たとえば「基本計画」の策定など）には、基本法はそうした枠としての役割を果たすであろう。だが、そうでない場合には、法的根拠は実施法により提供されることが通例であるから、行政の統制は基本法ではなく実施法によりなされることとなろう。なお後者の、方法面での基本法による行政の政策策定過程の枠づけについては、小早川・後掲注（68）を参照。

[68] 遠藤博也『計画行政法』（学陽書房、1976）70頁、小早川光郎「行政政策過程と"基本法"」成田頼明先生横浜国立大学退官記念『国際化時代の行政と法』（良書普及会、1993）59頁以下、63-64頁、川﨑・前掲注（1）・（4）107-108頁、塩野・前掲注（2）41-42頁などを参照。

[69] 川﨑・前掲注（1）・（3）71頁は、基本法との適合性に欠ける実施法の制定・改廃を行うときには「説明責任や政治的責任が問題とされることになるなど、政治的にはそれなりの意味をもつ」とする。

は含まれず、行政府に対して法律案の作成とその国会への提出を義務づけるものにすぎないものと解されている[70]。結局のところ、基本法と実施法との調整を（実施法の改正によって）図るか否かは、立法府の判断に委ねられることとなるのである[71]。

(vii) さて、基本法と実施法との関係について以上のように考える場合、1(ii)の第3点で指摘した3つの課題については、それぞれ次のことが指摘されよう。

まず(ア)の〈優先順位の具体化が、実施法において規律対象とされる事象のごく一部においてしかなされていないケース〉については、資源有効利用促進法のパソコン再資源化省令以外の他の省令における具体化の検討が求められるべきであろう。こうした要請は、政府に対し「必要な法制上の措置」を義務づける循環基本法13条がその根拠となろう。

しかし、行政府が実際に必要な「法制上の措置」を講じた（あるいはそのための検討を行った）ことを外部から確かめる手立てとしては、基本法の制定後に実際に制定・改正された政省令を確認することくらいしかないのが実情である。このため、こうした行政府の義務を実効あらしめるための方策として、基本法の制定に伴い、新規の政省令の制定および既存の政省令の改正が必要か否かを検討した結果が明らかにされることが併せて必要であろう。このためには、たとえば、先の「必要な法制上の措置」を講ずる行政府の義務の内容として、(i)各実施法のもとの政省令の制定・改正につき検討する義務、およびそれにくわえて、(ii)かかる検討の結果を公表する義務、を含めることが考えられる。

ところで、先にみたように、この「必要な法制上の措置」に係る行政府の義務は、政省令の制定・改正にくわえて、実施法の（改正）法案の作成と国会への提出も含まれるものと解されている。必要な実施法の制定・改正に係る検討作業は、当然のことながらそれに基づく政省令の制定・改正に関する作業よりも先に行われるべきものであることからすれば、右に示した行政府

---

70) 小早川・前掲注(68) 63-64頁、毛利・前掲注(1) 92頁。また循環型社会法制研究会編・前掲注(16) 88頁も参照。
71) 毛利・前掲注(1) 92頁。

の義務には、それぞれ、(i)関係法令の制定・改正に係る検討義務、および(ii)かかる検討の結果の公表義務、が含まれるものと解するのがより妥当であるといえよう[72]。

次に、(イ)の〈優先順位の対象となる各種の施策のうち、実施法がそれを規律の対象外としているため、優先順位に係る理念の趣旨が十分に反映されているといえるかが疑わしいケース〉である。資源有効利用促進法において「熱回収」が同法の規律の対象から外されたのは、〈「再生資源」のエネルギーとしての利用は他のエネルギー関連法律により規制されていることから、重畳的に規律の対象とする必要はない〉といったことを理由とした、同法の「再生資源」の定義規定（2条4項）の解釈によるものであった。これは立法者意思にしたがった解釈であり、そこでは、エネルギー法体系と、同体系下での「熱回収」の規律の棲み分けがねらいとされていたものとみられる。

しかし、こうした解釈によって得られる結論が、循環基本法の趣旨および優先順位に係る理念からみて妥当といえるかについては、再考の余地があろう。基本法の優越的性格からは、右の解釈にあたっては、むしろ、資源有効利用促進法が循環基本法の実施法としてその体系下におかれたことが重視されるべきであろう。ここでは、循環基本法を頂点とした、循環型社会の形成に係る法体系を主たる考慮要素として、資源有効利用促進法の条文の解釈がなされること――具体的には「再資源化」（2条6項）の文言の解釈において、循環基本法における施策の優先順位を考慮のうえ、これに「熱回収」が含まれるものと解すること、すなわち体系的解釈による拡張解釈を施すこと[73]――の可能性が検討されるべきであろう[74]。

なお類似のことは、同法の「再資源化」の解釈における〈製品としての「再使用」〉の位置づけ（Ⅱ2(2)(ii)(ウ)の第1点を参照）についても問題となる

---

72) (i)につき同様の指摘として、成田・前掲注（62）10頁。
73) 笹倉秀夫『法解釈講義』（東京大学出版会、2009）3頁以下を参照。
74) 菊井・前掲注（54）23頁を参照。そこでは、「関係法律の定めの内容が基本法の規定・目的・指導原理に沿っているのかどうかについて、解釈上多少の疑義があるという程度にとどまる場合には、かるがるしく基本法の適用を排除する趣旨と断定すべきではあるまい」と述べられる。

が、この点は、それが「再資源化」の文言ないし字義に収まりきるか否かの理解によることとなる。もし解釈による対応が無理なようであれば、立法による対処が必要となってこよう（なお念のため付言すると、これに関連すると思われる製品カテゴリーとして「指定再利用促進製品」があるが、これは前にも触れたとおり（Ⅱ2⑴(ⅱ)を参照）、事業者に対して「再利用」そのものを義務づけるものではない）。

　また、㈦の〈実施法における１つの概念に、循環基本法にいう複数の施策が含まれるため、優先順位に係る理念の趣旨が十分に反映されているといえるかが判然としないケース〉については、実施法のこうした概念が行政立法や行政計画などを介して規範化されるにあたり、かかる概念を施策の優先順位に沿うように解釈・運用することが要求されよう。具体的には、資源有効利用促進法の「再資源化」であれば、循環基本法の〈再使用が再生利用に優先する〉との順位づけに沿うよう、〈再生部品として利用することができる状態にすること〉が〈再生資源として利用することができる状態にすること〉に優先すべきであることを、何らかの行為形式を用いて確認することが考えられる。また容器包装リサイクル法についていえば、第１に、同法の「排出の抑制」の定義から「再使用」を除外し、「再使用」が「再商品化」にのみかかわることを明らかにしたうえで（同法の「排出の抑制」概念は紛らわしく、本来ならばこれを廃したうえで循環基本法にいう発生抑制に統一されるべきである）、第２に、「再商品化」において「再使用」が「再生利用」に優先すべきであることが確認されるべきである（同法の「基本方針」ではこの点が曖昧にされたままである）。

Ⅳ　むすびに

　本稿では、循環基本法の理念のひとつである施策の優先順位が、実施法のもとでいかなる具体的な規範となって現れているかについて検討を行った。その結果として、「法律」の形式によることなしに、行政立法や行政計画などといった実施法に定めのある行為形式による具体化が行われていたこと、および具体化の態様にはさまざまなものがあり、一方ではより詳細な順位づけをおくなどの工夫がみられ、また他方ではいくつかの課題があることを指

摘した。

　本稿がみたような実施法の〈迂回〉現象を肯定的に評価しようとするならば、次のようにいうことができよう。すなわち、行政府による行政立法の定立ないし行政計画の策定は、立法府による法律の制定と比してとくに機動性に優れていることはつとに指摘されるところであり、また、根拠とする法律の趣旨・目的の枠内においてであれば、これらにいかなる内容を盛り込むかについては行政府に一定の裁量が認められることから、行政府が、これらの行為形式を用いて、あわせて規律対象に関して自ら保有する専門的理解を活用しつつ、基本法の理念を取り込んだ規範の定立を積極的に行ったことには、一定の合理性が認められるといえよう。これは、「行政活用論」と称される立場[75]に親和性をもつものということができるかもしれない。

　もっとも、ここでは次の点に注意されるべきである。すなわち、一見実施法が〈迂回〉されたようであっても、そこで採用される行為形式が実施法を直接の根拠とするものであるときには、実施法を文字通り〈迂回〉すること、つまり実施法の趣旨・目的をまったく考慮の外におくことは許されないのであり（ただし、考慮すべき度合い（実施法の内容に拘束される度合い）は、行為形式によって異なる）、このため、行政府による基本法の理念の具体化にあたっては、ときとして実施法がその桎梏となることがありうるのである。基本法につき認められる優越的性格は、実施法を、基本法の理念に沿うよう解釈することを要請する（基本法の解釈指針性）が、さらにここでも、実施法の採用する文言ないし語義によってかかる解釈の限界が画されるのである。このように考えるならば、右のような〈迂回〉は次善の策としたうえで、まずは、基本法の制定にあたり、実施法の個々の規定が基本法と整合的であるか否かを逐一吟味し、必要に応じて、基本法の理念をより直截に具体化することが可能となるよう適宜改正を図ることが正攻法といえるのではなかろうか[76]。すなわち、基本法の優越的性格としての立法指針性が、実際の法実践において発揮されることが、まずもって期待されてよいように思われる。

---

75)　芝池義一「行政法理論の回顧と展望」公法研究65号（2003）50頁以下、59頁を参照。

〔付記〕
　本稿の草稿に対しては、小林寛・長崎大学大学院水産・環境科学総合研究科准教授から丁寧なコメントをいただいた。ここに記して御礼を申し上げる。

---

76)　菊井・前掲注(54) 21頁は、本文III 1 (i)に引用した箇所（注(54)を参照）につづけて、「既存の関係法律についてこのような〔基本法との調和を図る〕改廃が行なわれることこそ、まさしく、基本法の優越的な機能を裏打ちしたことにひとしいわけである」と説く。
　なお、実施法の改正は、循環基本法の制定に際しても、まったく意識されていないわけではなかったようである。このことにつき、前掲注(55)の対談記事で、伊藤哲夫・環境庁海洋環境・廃棄物対策室長（当時）は、「むしろこの法律〔循環基本法〕ができたことで、これからいろいろな法律がより整合性があるかたちで整備されていく、という風に受け止めてよろしいのでしょうか」との質問に対し、「当然そういう方向ですし、それが基本法の意味合いだと思います」と回答していたこと (22頁) が注目される。

第9章 被害救済法

24 被害救済法

渡邉知行

I はじめに

　戦後の経済の高度成長に伴って、公害による住民らの健康被害が深刻化するなかで、四大公害訴訟をはじめとして、被害者らは、加害企業らに損害賠償を求めて訴訟を提起し、請求が認められてきた。このような請求をするには、加害行為が不法行為の要件を満たすことが必要である。公害事案において、判例は、被害者の救済に資するように抽象的な規定を解釈して、公平で効率的な解決を図ってきた。加害行為が継続している場合には、過去の損害賠償だけでなく将来の損害の発生が抑止されなければ、被害者の救済が不十分である。1970年代以降、公害訴訟において、損害賠償請求にとどまらず、操業の停止や汚染物質の排出削減などを求める差止請求がなされることが多くなった。差止請求には、民法に明文の規定がなく、訴訟が展開されるなかで、その法的根拠や要件などの判例準則が形成されてきた。公害の健康被害に関する判例準則は、さらに、騒音、日照妨害、景観など生活妨害事案の解決にも寄与してきた。

　そこで、本稿では、まず、公害・生活妨害事案における損害賠償請求（Ⅱ）と差止請求（Ⅲ）において、判例・学説がどのように展開されて、どのようなところに到達したのか、考察する。

　環境基本法では、事業者が公害防止や環境保全のために必要な措置を講じる責務を規定し（同法8条1項）、国や地方自治体についても、環境保全に関する施策を策定して実施する責務を負う（同法6条、7条）、と規定する。判例・学説の到達点を踏まえて、公害健康被害の補償等に関する法律（公健

法）などによる行政救済制度や行政訴訟（国賠訴訟、行政事件訴訟）による救済をどのような方向に進めることが望まれるか、検討する（Ⅳ）。

Ⅱ 損害賠償請求

本項では、公害・生活妨害事案において、不法行為の要件について争点となった主要な点について、判例・学説の動向を考察する。

1 過失責任と無過失責任

(1) 過失の認定

過失が加害行為者に帰責するのは、予見義務違反であるのか、結果回避義務違反であるのか、争われてきた[1]。大阪アルカリ事件判決（大判大正5年12月22日民録22輯2474頁）は、被告の化学工場が排出する亜硫酸ガスや硫酸ガスによる原告農民らの米麦の減収被害について、「其目的タル事業ニ因リテ生スルコトアルヘキ損害ヲ予防スルカ為メ右事業ノ性質ニ従ヒ相当ナル設備ヲ施シタル」のであれば、賠償責任を負わないと判示して、農作物被害の予見可能性があったとして調査研究を怠った過失を被告に認定した原審を破棄した。本判決を先例として、判例では、過失の構造について、どのような措置を採るべきであるのか認識できる程度の予見可能性を前提として、結果を回避する義務に違反したことであると解されてきた[2]。この判断においては、加害行為が損害を発生させる可能性と侵害される法益の重大性が相関的に考慮される[3]。

四大公害訴訟の判決では、このような過失の構造を前提として、被告企業に高度の予見義務のもとで操業停止も含む最善の結果回避義務が認定されている。新潟水俣病訴訟判決（新潟地判昭和46年9月29日判時642号96頁）は、被告の予見義務ないし結果回避義務について、「最高の分析探知の技術」によって排水中の有害物質を調査して、最高技術の設備によっても生命・身

---

1) 過失の帰責根拠について、森島昭夫『不法行為法講義』（有斐閣、1987）170頁以下参照。
2) 森島・前掲注(1) 189-192頁。
3) 平井宜雄『損害賠償法の理論』（東大出版会、1971）398頁以下。

体に危害が及ぶ危険がある場合には操業短縮や操業停止が要請される、と判示した（同旨、熊本水俣病訴訟判決（熊本地判昭和48年3月20日判時696号15頁）、四日市喘息訴訟判決（津地四日市支判昭和47年7月24日判時672号30頁））。被害の重大性が考慮されて、過失責任のもとで実質的には無過失責任が事業者に課されているといえる[4]。後の大気汚染訴訟において、西淀川第1次訴訟判決（大阪地判平成3年3月29日判時1383号22頁）や川崎第1次訴訟判決（横浜地判川崎支判平成6年1月25日判時1481号19頁）では、後述する改正大気汚染防止法が施行される前と後に発生した健康被害について賠償責任が問われたが、改正法施行後の加害行為について被告に無過失責任が認定され、施行前の加害行為について被告の過失責任が認定されている。

他方、東京大気汚染訴訟判決（東京地判平成14年10月29日判時1885号23頁）は、被告の自動車メーカーについて、大気汚染によって住民らが気管支喘息を発症する予見可能性を認めながら、被告らが間接寄与者であり、自動車の製造による被告や社会の利益を重視して、結果回避義務違反を否定した。しかし、判決は、自動車メーカーについて、「自動車排出ガス中の有害物質について、最大限かつ不断の企業努力を尽くして、できる限り早期に、これを低減するための技術開発を行い、かつ、開発された新技術を取り入れた自動車を製造、販売すべき社会的責務がある」と判示し、控訴後の和解では、患者らの医療費を助成するために自動車メーカーが解決金を支払うことが合意された。

(2) 無過失責任立法

企業の過失なくして損害が発生した場合に、企業活動が損害を発生させる危険を内包しているにもかかわらず、被害者に損害コストを負担させるのは不公平である。特別法によって、危険責任に基礎づけられる無過失責任が事業者に課せられることがある。

鉱業法109条は、「鉱物の掘採のための土地の掘さく、坑水若しくは廃水の放流、捨石もしくは鉱さいのたい積又は鉱煙の排出によって他人に損害を与えた」場合に、鉱業権者に無過失賠償責任を課す。イタイイタイ病訴訟判決（名古屋高金沢支判昭和47年8月9日判時674号25頁）では、本条に基づい

---

[4] 徳本鎮『企業の不法行為責任の研究』（一粒社、1974）113-114頁。

て被告の過失を問うことなく賠償責任が課せられた。

原子力損害の賠償に関する法律3条は、原子力事業者に対して「原子炉の運転等の際、当該原子炉の運転等により原子力損害を与えたとき」に、また、船舶油濁損害賠償保障法3条は、タンカー所有者に対して「タンカー油濁損害が生じたとき」に、無過失賠償責任を課す。

四大公害訴訟が展開されて事業者に高度の注意義務が認定されるなかで、1972年（昭和47年）に大気汚染防止法と水質汚濁防止法が改正されて、政令で指定された物質による生命・身体侵害について、加害者が無過失責任を負うことが規定された[5]。大気汚染防止法25条は、「工場又は事業場における事業活動に伴う健康被害物質の大気中への排出により、人の生命又は身体を害したとき」、また、水質汚濁防止法19条は、「工場又は事業場における事業活動に伴う有害物質の汚水又は廃液に含まれた状態での排出又は地下への浸透により、人の生命又は身体を害したとき」、排出事業者に無過失賠償責任を課している。

2 権利・利益侵害

民法の立法者は、不法行為が成立する事案について、権利侵害がある場合に限定していたが、大学湯事件判決（大判大正14年11月28日民集4巻670頁）によって、違法な利益侵害がある場合にも広げられた[6]。本判決を契機として、侵害行為の態様と被侵害利益の性質を相関的に考察して違法性の有無を判断する相関関係理論が通説となり[7]、公害訴訟の事案では、信玄公旗掛松事件判決（大判大正8年3月3日民録25輯356頁）による権利濫用論を先例とすることなく、加害者側と被害者側の様々な事情を総合的に考慮して受忍限度を超える侵害を違法と判断する受忍限度論が採用されてきた[8]。受忍限度論においては、被害の程度、加害行為の公共性、行政規制基準違反の有無、損害防止措置の状況、加害者と被害者の先住後住関係、地域性などが考

---

[5] 船後正道『逐条解説公害に係る無過失損害賠償責任法』（ぎょうせい、1972）。
[6] 森島・前掲注（1）224頁以下。
[7] 我妻榮『事務管理・不当利得・不法行為』（日本評論社、1937）124頁以下。
[8] 加藤一郎「序論」加藤一郎編『公害法の生成と展開』（岩波書店、1968）27-28頁、野村好弘「故意・過失および違法性」同書396頁以下。

慮される。

2004年（平成16年）に改正された民法709条において、判例準則に基づいて、権利侵害と並んで「法律上保護される利益」が侵害された場合にも不法行為が成立することが明文化された[9]。権利侵害類型と利益侵害類型が分けて規定され、後者で不法行為が成立するには侵害された利益が法律上保護されると評価される必要がある。公害・生活妨害事案では、健康被害の事案が前者の類型に生活妨害の事案が後者の類型に該当するといえる。

住民らの重篤な健康被害を救済した四大公害訴訟の判決において、被告による汚染物質の排出行為に違法性がないという反論が退けられてきた（新潟地判昭和46年9月29日、津地四日市支判昭和47年7月24日、熊本地判昭和48年3月20日）。被侵害利益が生命・身体という重大なものであることが考慮されて、公共性や排出基準の遵守によってその侵害が被害者の受忍限度内にあるとはいえないと判断された。改正民法では、原告の生命・身体について権利侵害がなされる場合には、受忍限度論を通じて違法性が阻却されないことが明確になったといえる[10]。

改正民法で利益侵害類型に該当する生活妨害事案には、騒音・振動、日照侵害、景観侵害などがある。

道路交通による騒音について、国道43号線訴訟判決（最判平成7年7月7日民集49巻7号1870頁）は、道路周辺の住民らが産業物資流通のための幹線道路から受ける利益と被る損害との間に「後者の増大に必然的に前者の増大が伴うというような彼此相補の関係」がなく、被告の環境対策が効果をあげていないとして、道路の公共性によって原告の利益侵害が受忍限度内にあるとはいえない、と判示した。

隣接する建物の増築による日照侵害について、世田谷日照権訴訟判決（最判昭和49年6月27日民集26巻5号1067頁）は、被告が、建築基準法に違反し、工事施行停止命令や違反建築物の除却命令を無視して建築工事を強行し、原告が、住宅地域で日照、通風を奪われて不快な生活を余儀なくされて

---

9) 大塚直「民法709条の現代語化と権利侵害論に関する覚書」判タ1186号（2005）16頁、「権利侵害論」内田貴＝大村敦志編『民法の争点』（有斐閣、2007）266頁。
10) 淡路剛久『公害賠償の理論』（有斐閣、1977）239頁。

転居したとして、「社会観念上妥当な権利行使としての範囲を逸脱し、権利の濫用として違法性を帯びるに至った」と判示した。

歴史的文化的環境や豊かな生活環境が形成されてきた閑静な住宅地の景観侵害について、国立高層マンション訴訟判決（最判平成18年3月30日民集60巻3号948頁）は、景観利益が客観的な価値を有し法律上の保護を受けると解したうえで、財産権の制限の範囲・内容等をめぐる周辺の住民相互間や財産権者との間での意見の対立を第一次的に行政法規や条例等で調整することが予定されているので、「侵害行為が刑罰法規や行政法規の規制に違反する」、「公序良俗違反や権利の濫用に該当する」など社会的に相当でない場合に限って受忍限度を超える、と判示した。

3　因果関係

原告が不法行為に基づいて損害賠償を請求するには、加害行為と損害との間における事実的因果関係を証明する必要がある。公害訴訟では、被告企業らが原告よりもはるかに多くの情報や専門的知識を有している。このような問題を解決するために、因果関係の証明度を証拠の優越に軽減する蓋然性説が有力に主張された[11]。

これに対して、最高裁は、公害と同様に原告が因果関係を証明するのが困難である医療事故に関するルンバール訴訟判決（最判昭和50年10月24日民集29巻9号1417頁）において、「訴訟上の因果関係の立証は、一点の疑義も許されない自然科学的証明ではなく、経験則に照らして全証拠を総合検討し、特定の事実が特定の結果発生を招来した関係を是認しうる高度の蓋然性を証明することで」、「通常人が疑を差し挟まない程度に真実性の確信を持ちうるものである」として、因果関係について民事訴訟の証明度を軽減しないこと示した。

四大公害訴訟判決においては、因果関係について、証明度を高度の蓋然性から軽減することなく、被害者を救済するために、原告の証明責任を実質的

---

[11] 徳本・前掲注（4）116頁以下、加藤一郎「序論」加藤編・前掲注（8）28-29頁、淡路剛久「因果関係」同書415頁以下、西原道雄「公害に対する私法的救済の特質と機能」戒能通孝編『公害法の研究』（日本評論社、1969）34頁以下。

に軽減することが認められた。

　患者の疾患の原因となる有害物質が特定される場合には、原告は、被告がその物質の排出源であり被告が排出した物質を原告が摂取したというプロセスを証明する必要がある。新潟水俣病訴訟判決（新潟地判昭和46年9月29日）は、因果関係の証明で問題となるのは、①被害疾患の特性とその原因（病因）物質、②原因物質が被害者に到達する経路（汚染経路）、及び③加害企業における原因物質の排出（生成・排出に至るまでのメカニズム）であることを示したうえで、衡平の見地から、状況証拠を積み重ねて関連諸科学と矛盾することなく説明できるように①と②の証明がなされて、企業の門前までに到達した場合には、③について被告が反証を挙げない限り事実上推認されて、因果関係が証明されるものと解した[12]。

　大気汚染地域に居住する住民らが気管支喘息などの呼吸器疾患に罹患した場合には、工場が排出した二酸化硫黄などの汚染物質のほかに、アレルギーや喫煙など他の原因も考えられる。四日市喘息訴訟判決（津地四日市支判昭和47年7月24日）は、疾患の罹患調査や住民検診などの証拠資料を積み上げることを通じて、汚染物質と疾患について集団的因果関係を考察する疫学的手法によって、疫学の次の4つの条件に本件事案を当てはめて大気汚染と疾患との集団的因果関係を認定することを通じて、個別的因果関係を推認した[13]。その条件とは、①因子が発病の一定期間前に作用する、②因子が作用する程度が著しいほど、疾患の罹患率が高くなる、③因子が取り去られると疾患の罹患率が低下し、因子がない集団では罹患率が著しく低い、及び④因子が作用するメカニズムが生物学的に矛盾なく説明できる、である。

　イタイイタイ病訴訟判決（名古屋高金沢支判昭和47年8月9日）は、「公害訴訟における因果関係の存否を判断するに当っては、企業活動に伴って発生

---

12)　本判決の因果関係の認定に基づいて、間接反証説が提唱された。好美清光＝竹下守夫「イタイイタイ病訴訟第一審判決の法的検討」判評154号（1971）5頁以下。
13)　疫学的手法について、新美育文「疫学的手法による因果関係の証明」ジュリ866号74頁以下、871号89頁以下（1986）、瀬川信久「裁判例における因果関係の疫学的証明」星野英一＝森島昭夫編『加藤一郎先生古稀記念　現代社会と民法学の動向（上）』（有斐閣、1992）149頁以下、松村弓彦『環境訴訟』（商事法務研究会、1993）、山口龍之『疫学的因果関係の研究』（信山社、2004）など参照。

する大気汚染、水質汚濁等による被害は空間的にも広く、時間的にも長く隔った不特定多数の広範囲に及ぶことが多いことに鑑み、臨床医学や病理学の側面からの検討のみによっては因果関係の解明が十分達せられない場合においても、疫学を活用していわゆる疫学的因果関係が証明された場合には原因物質が証明されたものとして、法的因果関係も存在するものと解する」、と判示して、疫学的手法によって因果関係を認定した原審（富山地判昭和46年6月30日判時635号17頁）を維持した。

その後、環境庁、地方自治体、大学医学部などによる疫学調査が実施され、大気汚染公害訴訟では、これらの証拠資料を総合的に判断することを通じて、因果関係の存否が判断されてきた[14]。

1990年代後半から、千葉大学医学部の研究室が、自動車排ガスに曝露された住民らの健康被害について、都市部と田園部に居住する小学生の呼吸器疾患の新規発症率を統計的に調査した[15]。その結果、都市部沿道部（幹線道路から50m以内）の喘息発症率が田園部の約4倍、都市部非沿道部（沿道部外）が田園部の約2倍であることが解明された。尼崎大気汚染訴訟判決（神戸地判平成12年1月31日判時1726号20頁）や東京大気汚染訴訟判決（東京地判平成14年10月29日）は、この千葉大調査に基づいて、当該調査の都市部の道路に相当する交通量のある幹線道路から50m以内に地域に居住する原告についてのみ、喘息を発症する相対危険度が非汚染地域の約4倍であるので、高度の蓋然性をもって集団的因果関係を肯定して個別的因果関係を推認し、他方、都市部非沿道部に相当する地域に居住する原告については、相対危険度が約2倍もあるにも関らず高度の蓋然性がないとして集団的因果関係を否定することを通じて、個別的因果関係を否定した[16]。名古屋南部大気汚染訴訟判決（名古屋地判平成12年11月27日判時1746号3頁）は、千葉大調査のほかに欧米の調査にも照らして、都市部沿道部に相当する地域で幹線

---

14) 千葉大調査について、島正之「幹線道路沿道部における大気汚染の健康影響評価—千葉県における疫学調査の概要」法時73巻3号（2001）32頁以下参照。
15) 判例の動向について、吉村良一『公害・環境私法の展開と今日的課題』（法律文化社、2002）232頁以下、拙稿「大気汚染公害訴訟における因果関係の認定」名古屋大学法政論集201号619頁以下（2004）、「大気汚染公害訴訟における因果関係の認定・再論」現代法学（東京経済大学）12号（2007）81頁以下参照。

道路から20m以内に居住する原告についてのみ集団的因果関係を肯定している。

千葉大調査では、喫煙をせず移動範囲が小さい小学生を対象にして、追跡調査も行って疾患の新規発症率を調査して相対危険度の数値を算出する疫学調査が実施されたために、集団的因果関係の証明度が定量的に認定されて、高度の蓋然性をもって因果関係の証明責任を負う原告が従来の訴訟よりも不利になるという結果を招いている。

因果関係の証明度を軽減して原告を救済した判例もある。水俣病東京訴訟判決（東京地判平成4年2月7日判時平成4年4月25日臨増号3頁）は、四肢末梢型の感覚障害の患者について、原告が水俣病に罹患した高度の蓋然性がない場合でも、水俣病に罹患した「可能性の程度は連続的に分布している」として、「損害の公平な分担」という観点から、「蓋然性の程度を大きく下回るものではない」場合には、被告の損害賠償責任を認めた。因果関係の証明度を軽減する一方で、因果関係が存在する可能性の程度を賠償額の算定に反映させた。水俣病関西訴訟第一審判決（大阪地判平成6年7月11日判時1506号5頁）は、原告の疾患が被告の排出した有機水銀による可能性に照らして、確率的に因果関係を認定した。

学説においても、公害などで原告について個別的に疾患の原因を究明することが困難な事案では、原告に関する個別の資料がない場合でも、疫学などによる集団的因果関係に関する確率的な資料に基づいて確率に応じた賠償額の請求を認めることが、有力に主張されている[17]。

4 共同不法行為

共同不法行為によって損害を発生させた場合には、各行為者は連帯して損害賠償責任を負う（狭義の共同不法行為、民法719条1項前段）。共同行為者のうちいずれの者が加害者であるか不明である場合にも、各行為者は同様の責

---

16) 新美・前掲注（13）ジュリ871号90頁。
17) 森島昭夫「因果関係の認定と賠償額の減額」『加藤一郎先生古稀記念　現代社会と民法学の動向（上）』（有斐閣、1992）257頁以下、加藤新太郎「証明度軽減の法理」『手続裁量論』（弘文堂、1996）124頁以下。

任を負う(加害者不明の共同不法行為、同条項後段)。後述する大気汚染公害訴訟の判例では、共同行為者が損害を発生させたが寄与度が不明である場合にも、同条項後段が適用されている[18]。判例・通説は、共同不法行為が成立するためには、行為者らに客観的な関連共同性があることで足りると解している[19]。

山王川事件判決(最判昭和43年4月23日民集22巻4号964頁)は、国営アルコール工場の廃液によって米作の減収が発生した事案において、「共同行為者各自の行為が客観的に関連し共同して違法に損害を加えた場合において、各自の行為がそれぞれ独立に不法行為の要件を備えるときは、各自が右違法な加害行為と相当因果関係にある損害についてその賠償の責に任ず」る、と判示した。本判決のように解するならば、共同不法行為の成立を問うことなく、各行為者の責任を追及すれば十分であり、狭義の共同不法行為の成立を問題にする意味がない。そこで、共同不法行為においては、共同行為と損害との間に因果関係が存在すればよいという見解が有力に主張された[20]。

四日市喘息訴訟判決(津地四日市支判昭和47年7月24日)は、コンビナートを形成する複数の企業を被告として損害賠償が請求された事案で、共同行為と損害との間に相当因果関係が認められる場合には、共同不法行為が成立し、被告らの間に弱い関連共同性がある場合には因果関係が推定され、強い関連共同性がある場合には因果関係が擬制される、と判示した(同旨、倉敷訴訟判決(岡山地判平成6年3月23日判時1494号3頁))。都市型大気汚染の事案である西淀川第一次訴訟判決(大阪地判平成3年3月29日)も同様に解

---

18) 学説では、民法719条1項後段は、択一的競合の事案に適用されるので、寄与度不明の事案には類推適用されると解されている。内田貴『民法Ⅱ債権各論(第3版)』(東大出版会、2011)534-535頁、大塚直『環境法(第3版)』(有斐閣、2010)677頁。類推適用を否定する見解として、四宮和夫『事務管理・不当利得・不法行為』(青林書院、1985)796頁、能見善久「共同不法行為責任の基礎的考察(8・完)」法学協会雑誌102巻12号(1985)2240頁以下。

19) 加藤一郎『不法行為(増補版)』(有斐閣、1974)208-209頁。主観的共同説として、前田達明『不法行為帰責論』(創文社、1978)292頁以下、幾代通=徳本伸一補訂『不法行為法』(有斐閣、1993)24頁以下。

20) 淡路・前掲注(10)117頁以下。

している（同旨、川崎第1次訴訟判決（横浜地川崎支判平成6年1月25日）、尼崎訴訟判決（神戸地判平成12年1月31日）、名古屋南部訴訟判決（名古屋地判平成12年11月27日））。

　これらの判例によれば、加害行為者らに弱い関連共同性があれば、民法719条項後段が適用され、加害者らに強い関連共同性があれば同条項前段が適用される。前者については、行為者は因果関係の全部または一部が存在しない反証をあげて免責や減責を受けることができるが、後者については、後者は免責や減責を受けることはできない[21]。

　被告らの行為について、損害の発生について社会通念上全体として1個の行為と認められる程度の一体性があれば、弱い関連共同性があると解される。コンビナートを形成することなく、工業地帯に工場などが隣接して操業して煤煙が排出される場合にも弱い関連共同性が認められる。さらに、社会的一体性を超えた密接な一体性があり、共同行為者らが連帯して賠償責任を負うのが相当である場合には、強い関連共同性があると解される。

　四日市喘息訴訟判決は、コンビナートを形成する被告企業ら6社のうち、製品・原料の供給が密接不可分であり、資本的な関連もある被告3社についてのみ、強い関連共同性を認定した。後に、倉敷訴訟判決は、水島工業地帯に計画的に共同関係を有して発展してきたコンビナートを形成する被告らについて、排出する汚染物質と被害との関係で一体であり、排出につき共同の認識があったとして、四日市喘息訴訟判決よりも広く強い関連共同性を認定した。

　西淀川第1次訴訟判決は、強い関連共同性の具体的判断基準として、客観的関連共同性で足りると解しつつ、「具体的基準としては、予見又は予見可能性等の主観的要素並びに工場相互の立地状況、地域性、操業開始時期、操業状況、生産工程における機能的技術的な結合関係の有無・程度、資本的経済的・人的組織的な結合関係の有無・程度、汚染物質排出の態様、必要性、

---

21)　判例にしたがって、公害に関する共同不法行為を再構成した学説として、淡路・前掲注（10）117頁。四日市喘息訴訟判決では、因果関係が推定される「弱い関連共同性」の事案について、民法719条1項のうち前段が適用されるのか後段が適用されるのか明確でなく、因果関係が推定される場合に、被告が免責を受ける余地があることのみ判示され、減責に関しては判示されていない。

排出量、汚染への寄与度及びその他の客観的要素を総合的に判断する」と判示した[22]。そして、資本的組織的に結びつきの強い被告3社について、さらに、公害環境問題で関連することを自覚すべきであったといえる西淀川大気汚染緊急対策策定以降における全ての被告について、強い関連共同性を認めた。このような判断基準は、後の判例に踏襲されている[23]。

都市部の複合大気汚染で共同不法行為の成立が認められないと解される場合にも、本条項を類推適用した判例もある。西淀川第2次～第4次訴訟判決（大阪地判平成7年7月5日判時1538号17頁）は、工場の煤煙、自動車排ガス、ビル暖房・家庭からの汚染物質によって生じる都市型複合大気汚染について、多数の発生源の行為が重なって損害を発生させる重合的競合行為として、共同不法行為の規定を類推適用して、被告の道路管理者らの責任について、特定された汚染源の行為の総体を限度とし、行為の寄与の限度に限定される、と解した。

大気汚染防止法25条の2や水質汚濁防止法20条は、民法719条が適用される場合に、「当該損害の発生に関しその原因となった程度が著しく小さいと認められる事業者があるときは、裁判所は、その者の損害賠償の額を定めるについて、その事情をしんしゃくすることができる」、と規定する。立法者によれば、「著しく小さい」事業者とは、寄与度が10％未満である者と解される[24]。共同不法行為の成立が認定されたにもかかわらず、広く原因者が減責されるのは原因者の負担として不相応である。判例では、これらの規定は適用されていない。

5 損害賠償請求の方法

公害訴訟では、多数の被害者が存在し、その健康被害は深刻で、家庭生活や社会生活にも重大な損害をもたらすので、交通事故による損害賠償のように、個々の損害を積み上げて賠償額を算定することが困難である。また、集

---

[22] 共同不法行為を類型化する見解として、平井宜雄「共同不法行為に関する一考察」来栖三郎＝加藤一郎編『川島武宜教授還暦記念　民法学の現代的課題』（岩波書店、1972）300頁以下、四宮・前掲注（18）760頁以下、能見・前掲注（18）2179頁以下。
[23] 判例の動向について、吉村・前掲注（15）261頁以下。
[24] 船後・前掲注（5）118頁以下、158頁以下。

団訴訟を維持して円滑に進めるためには、訴訟戦略上、個々の原告の逸失利益を賠償額に反映させることは望ましくない。そこで、1970年代の4大公害訴訟以降、原告の損害を個別的に算定せずに慰謝料として包括的に請求し、多数の原告につき被害の程度に応じて一律に請求することが行われてきた[25]。

新潟水俣病訴訟（新潟地判昭和46年9月29日）では、原告らは、死亡及び患者の症状の程度（3段階にランク分け）に応じて、各々一律に慰謝料として包括的に損害賠償を請求した。判決は、原告が財産損害を賠償請求する意思がないとして財産損害を考慮して慰謝料を算定することを認め、死亡及び患者の症状の程度（5段階にランク分け）に応じた基本的な賠償額に個別的な事情を考慮して賠償額を認定した。民事訴訟で請求するのは個々の原告の損害賠償であるという原則を維持しつつ、包括請求や一律請求の趣旨を賠償額の算定方式に反映させている。

イタイイタイ病訴訟判決（名古屋高金沢支判昭和47年8月9日）は、原告による一律請求について、財産損害と精神損害を区別して請求する通常の不法行為訴訟と異なって、「財産上の損害についての立証の困難や審理期間の長期化等により被害者の救済のおくれるのを防止するため、これを慰藉料算定の斟酌事由として慰藉料の額に含ませて請求することは許される」としたが、「多数の被害者につき被害者側の個別事情を考慮することなく一率に損害額を算定請求するという意味での一律請求というのであれば、そもそも私法上の請求については当事者毎に個別的に具体的事情に応じて損害額が算定さるべき」で許容されない、と判示した。しかし、本判決は、精神的苦痛と逸失利益に差異がないと判断して、生存患者と死亡患者につきそれぞれ一律の賠償額を認容しており、一律請求も実質的に認められていると評価することもできる。

最高裁は、大阪国際空港訴訟判決（最判昭和59年12月16日民集35巻10号1369頁）において、原告の主要な被害状況が共通するという限度で、包括的

---

[25] 森島・前掲注(1) 338頁以下、淡路剛久『不法行為法における権利保障と損害の評価』（有斐閣、1984）176頁以下、牛山積『公害の課題と理論』（日本評論社、1987）13頁以下、吉村良一『人身損害賠償の研究』（日本評論社、1990）163頁以下。

な一律請求を認めている。

　学説では、原告が被害の種類・程度のみを主張立証した場合には、原告の生活保障のための包括的慰謝料を定型的に認容し、他方、個別的な損害評価を基礎づける事実を主張立証した場合には、その事実を基礎として賠償額を認定できる、という見解が有力に主張されている（評価段階説）[26]。

6　期間制限

　不法行為による損害賠償請求権は、被害者またはその法定代理人が損害及び加害者を知った時から3年で消滅時効になる（民法724条前段）。不法行為の時から20年を経過したときも同様である（同条後段）。最判平成元年12月21日民集43巻12号2209頁は、後段の期間制限について、被害者側の認識を問わずに一定の時の経過によって法律関係を確定させるため請求権の存続期間を画一的に定めたもので、除斥期間であると解した。

　大気汚染防止法25条の4や水質汚濁防止法20条の3は、本条と同趣旨を規定する。

　騒音や日照妨害については、土地の不法占拠のように損害が継続して逐次発生していると評価できるので、消滅時効が逐次進行すると解される（大判昭和15年12月14日民集19巻2325頁）[27]。

　他方、大気汚染や水質汚濁による健康被害については、継続的に有害物質に曝露されることで症状が逐次悪化して進行するので、不法行為が終わった時点から消滅時効が進行する（鉱業法115条2項参照）[28]。

　最高裁は、空港や自衛隊基地の航空機発着の騒音などによる継続的な被害について、原告らの将来の賠償請求を認めていない（大阪国際空港訴訟判決（最判昭和59年12月16日）など）。民訴135条は、期限付き請求権など既に権利が発生する基礎となる事実上法律上の関係が存在する場合に給付の訴えを許容するもので、将来発生する可能性がある全ての給付請求権について給付の訴えを許容するものではないからである。そこで、過去の騒音被害につ

---

26)　淡路・前掲注（25）74頁以下。
27)　加藤・前掲注（19）264頁以下。
28)　前田達明『民法Ⅳ 2』（青林書院、1980）390頁、森島・前掲注（1）446頁以下。

いて賠償請求を認容する判決が確定した後も、騒音被害が継続する場合には、同様の訴訟が繰り返されることになる。

　20年の期間制限の起算点について、判例・通説は、文言通りに加害行為時であると解するが[29]、有力説は、長期間が経過して損害が発生する事案も念頭に置いて、損害発生時と解する[30]。

　最高裁は、原則として起算点を加害行為時と解しつつ、「身体に蓄積する物質が原因で人の健康が害されることによる損害や、一定の潜伏期間が経過した後に症状が現れる疾病による損害のように、当該不法行為により発生する損害の性質上、加害行為が終了してから相当の期間が経過した後に損害が発生する場合には、当該損害の全部は一部が発生した時が除斥期間の起算点となる」、という準則を定立した（最判平成16年4月27日民集58巻4号1032頁）。損害が発生することなく加害行為時から除斥期間が進行するのは、被害者に著しく酷であり、加害者は、加害行為から発生する損害の性質から、相当の期間が経過した後に損害賠償の請求を受けることを予期すべきである、という。

　関西水俣病訴訟判決（最判平成16年10月15日民集58巻7号1802頁）は、水俣病の原因となる魚介類の摂取を中止してから4年以内にその症状が客観的に現れる、潜伏期間のある遅発性水俣病に罹患した原告について、水俣湾周辺地域から転居した時から4年を経過した時から除斥期間が起算される、と解した。

7　まとめ

　公害事案における損害賠償請求訴訟において、加害者に賠償を負担させて被害者を救済するために、民法の不法行為の抽象的な要件を事案に適合するように解釈することを通じて、判例準則が形成されてきた。これまでみてきたように、これらの判例準則は、被害者に発生した損害コストを原因者に負担させて公平で効率的に被害者を救済するもので、次のような特徴がみいだ

---

[29]　末川博『権利侵害と権利濫用』（岩波書店、1970）665頁。
[30]　内池慶四郎『不法行為責任の消滅時効』（成文堂、1993）53頁、四宮・前掲注（18）651頁、吉村良一『不法行為法（第4版）』（有斐閣、2010）189頁。

せる。

　第一に、事案の類型に応じて被害者の救済に資するように要件を解釈してきた。重篤な健康被害が発生した事案では、過失責任においても、被告の結果回避義務を高度化して、免責の余地が小さい実質的に無過失責任に近似する責任を被告に課した。大気汚染防止法や水質汚濁防止法は、一定の健康被害の事案について事業者に無過失責任を課す改正がなされた。違法性における受忍限度論を通じて、侵害行為の態様と侵害された権利・利益の要保護性など諸般の事情を考慮する判断基準を形成した。2004年（平成16年）の民法改正において、709条は権利侵害類型と利益侵害類型に分けて規定されて、公害による生命・身体の侵害について受忍限度が問われずに不法行為が成立することが明確になった

　第二に、原告は、被告よりも情報や専門的知識に乏しいところ、原告による一定の要件の証明責任を実質的に緩和した。因果関係の証明責任について、「高度の蓋然性」をもって証明する基準を維持しつつ、疫学的手法による集団的因果関係の証明を通じて個別的因果関係を推認してきた。複合汚染の事案では、共同不法行為の関連共同性を広く認定することを通じて因果関係を擬制または推定している。

　第三に、公害による地域住民らの集団被害の救済にかなうような請求方式を認めてきた。財産損害も含めた慰謝料請求による包括請求を容認し、一律請求について民事訴訟が個々人の被害救済を目的とすることを前提としつつ損害が共通である範囲で容認してきた。集団的因果関係を認定する疫学的手法による因果関係の証明が定着してきたことは、地域住民らに集団的被害が発生する公害のプロセスの解明にも寄与している。

　第四に、継続的で長期化する公害の被害を救済できるように、期間制限の規定を解釈してきた。消滅時効について、騒音による継続的損害や大気汚染による呼吸器疾患の発症・増悪に対応して消滅時効の起算点を認定し、遅発性の水俣病など有害物質に曝露されてから発症までに潜伏期間がある疾患の患者を救済するために、除斥期間の起算点を加害行為時でなく損害発生時と解した。

　第五に、複合汚染の事案で被告らの間で損害コストを公平に負担させる準

則を定立してきた。被告らが相互に損害発生に関与した程度に応じて、共同不法行為における強い関連共同性または弱い関連共同性を認定して、被告の責任の範囲を画定してきた。都市型複合汚染で被告のほかの汚染源が存在して共同不法行為が成立しないと解される場合にも、重畳的競合不法行為として共同不法行為の規定を類推適用した判例もある。

被害者が訴訟を通じて損害賠償を請求するには、このような判例準則のもとでも、多大な時間と費用が必要である。また、加害企業が破産するなどして清算された場合には被害者は賠償金の支払いを受けることはできない。訴訟などを通じて加害企業に一定の範囲の被害者らに対する民事賠償責任が認められてきた典型的な事案においては、行政を通じた救済制度を立法して、発生させた損害に応じて原因者に費用を負担させて、一定の要件を満たす患者には医療費や逸失利益に相当する給付がなされて、公平で効率的な救済がなされることが望ましい。

III 差止請求

本項では、まず、差止請求の法的根拠についてその要件とともに考察し、次に、請求の内容や行政権との関係でどのような制約があるのかみる。

1 法的根拠と要件

公害や生活妨害を発生させる行為について、どのような法的根拠に基づいて差止を請求することができるのか[31]。損害賠償請求のように、民法に明文の規定はない。判例は、物権的請求権のように、絶対権である人格権を根拠とする法律構成を採用して、被告の違法な行為の差止請求を認めてきた。被告の行為の違法性は、不法行為による損害賠償請求と同様に、受忍限度論によって原告側と被告側の様々な事情を総合的に考慮して判断される。

国道43号線訴訟判決（最判平成7年7月7日民集49巻7号1870頁）は、道路交通による騒音被害の事案で、損害賠償請求に関する違法性を肯定したのに対して、騒音や排ガスを削減する差止請求に関する違法性を否定した原審（大阪高判平成4年2月20日判時1544号39頁）を維持した。原審は、「差止請

---

31) 差止請求の法律構成について、澤井裕『公害差止の法理』（日本評論社、1980）。

求の場合には、損害賠償と異なり、社会経済活動を直接規制するものであって、その影響するところが大きいのであるから、その受忍限度は、金銭賠償の場合よりもさらに厳格な程度を要求される」と解し、受忍限度の判断基準として、「侵害の態様とその程度、被侵害利益の性質とその内容、侵害行為の公共性、発生源対策、防止策、行政指針及び地域性等について、総合的な判断が必要である」、と判示する。道路の公共性や公益上の必要性について、受忍限度の判断における重要性が損害賠償請求と差止請求において異なるのである[32]。損害賠償請求においては、本件道路が周辺住民の日常生活に不可欠でなく、住民が道路から受ける利益と損害との間に彼此相補の関係がないことから、道路の公共性によって住民の損害が受忍限度内であると解されない。他方、差止請求においては、本件道路が、沿道の住民や企業だけでなく、地域間交通や産業経済活動に対して多大な便益を提供し、差止請求が認容されて交通量の制限などがなされると経済活動に支障が生じると考えられるので、道路の公共性が住民の損害を受忍限度内であると解する重要な要素になっている。

大阪弁護士会は、生活に不可欠の資源である良好な環境を共有し、良好な環境を享受し、かつ支配する権利である環境権を根拠とする差止請求を提唱した[33]。環境権に基づく法律構成によれば、公害事案では、原告に健康被害が現実に発生せず、発生する蓋然性が高いとはいえない場合にも、差止請求が認められる余地がある。

しかし、判例は、環境権に基づく差止請求を悉く退けてきた。生命・身体のように原告の個人的な権利に還元できない環境権を根拠として、民事訴訟で差止を請求することはできないと考えられるからである。

近時、産業廃棄物処分場などの建設や操業を巡って、周辺住民らが、生活用水に有害物質が混入することを懸念し、平穏生活権ないし平穏生活利益を

---

32) 差止の内容によって、受忍限度を判断する要素の重要性が異なりうる。大塚直「生活妨害の差止に関する基礎的考察（8・完）」法協 107 巻 4 号（1990）585-586 頁。

33) 大阪弁護士会環境権研究会編『環境権』（日本評論社、1973）。原田尚彦『環境権と裁判』（弘文堂、1977）、淡路剛久『環境権の法理と裁判』（有斐閣、1978）、澤井・前掲注（31）19 頁以下、中山充「環境権論の意義と今後の課題」大塚直＝北村喜宣編『環境法学の挑戦』（日本評論社、2002）45 頁。

根拠として、事業者に差止を求める紛争が各地で発生している。処分場から漏出する有害物質によって生活用水が汚染される高度の蓋然性が認められる場合に、人格権である平穏生活権として、生活用水を確保する権利に基づく差止請求権を被保全請求権とする仮処分の申立てが認められている（熊本地決平成7年10月31日判時1569号101頁、福岡地田川支決平成10年3月26日判時1662号131頁など）。環境権を根拠とすることなく、健康被害が発生する蓋然性が高いとはいえない段階でも差止請求が認められている。

　また、墓地や葬儀場の建設や営業を巡っても、近隣に居住する住民が宗教観に関する平穏生活権を害されたとして、差止を求める紛争が生じている。最判平成22年6月29日判時2089号74頁は、葬儀場の様子が見えることで宗教観に関する平穏生活利益が侵害されたという主張について、「主観的な不快感にとどまる」ものと判断して、「葬儀場の営業が、社会生活上受忍すべき程度を超えてXの平穏に日常生活を送るという利益を侵害しているということはできない」と判示した。

　判例では、平穏生活権に基づいて差止請求がなされた場合に、有害物質などによって生命、身体などの侵害がなされる可能性がある事案では仮処分段階で請求が認められ、他方、宗教観など原告の主観にかかわる事案には権利の要保護性が否定されて請求が認められない傾向があるといえる。

　生活妨害のうち日照侵害の事案では、差止請求が認められることも多い[34]。当事者間での相隣関係の利害調整が問題となっており、公共性が問われるものではないからである。

　景観侵害の事案で、国立高層マンション訴訟の第一審判決（東京地判平成14年12月18日判時1829号36頁）は、景観の利益を根拠とする地上20mを越える部分を撤去する請求を認容した。しかし、控訴審判決（東京高判平成16年10月27日判時1877号40頁）は景観の利益が主観的であるとして要保護性を認めず、景観の利益の要保護性が認められた最高裁判決（最判平成18年3月30日民集60巻3号948頁）では、差止請求は審理の対象でなかった。

---

[34]　大塚直「生活妨害の差止に関する裁判例の分析（4・完）」判タ650号（1988）32頁以下。

2 差止請求の制約

(1) 請求の特定

判決で認容された差止請求を強制執行するには、その具体的内容が明確にされていることが必要である。公害による健康被害を受けた原告が、訴訟提起から判決に至るまでの間に、被告に具体的な手段を求めることなく、居住地域に一定程度以上の騒音や汚染物質を進入させないように求める抽象的な差止請求が適法であるか否か問題となる。

新幹線騒音訴訟控訴審判決（名古屋高判昭和60年4月12日判時1150号30頁）は、一定の騒音の侵入の差止請求について、実体法上契約によって結果の発生を目的とする請求権が発生し訴求できるので、「ある結果の到達を目的とする請求が常にその手段たる具体的な作為・不作為によって特定されなければならないものではない」として、適法であると解した。

差止請求を棄却した原審を維持した国道43号線訴訟判決（最判平成7年7月7日）は、抽象的差止請求が適法であることを前提とする。学説もまた、このような請求を認めることが当事者にとって有益であると考えて、抽象的差止請求を肯定する傾向にある[35]。専門的知識や情報に乏しい原告が、被害発生を防止するための具体的な手段を特定して主張するのは困難である。抽象的な請求をされた被告は、汚染物質の排出量を削減する自己に有利な手段を選択することができるのである。

自動車排ガスによる健康被害が発生し、その被害が継続する蓋然性が高い事案において、尼崎訴訟判決（神戸地判平成12年1月31日判時1726号20頁）や名古屋南部訴訟判決（名古屋地判平成12年11月27日判時1746号3頁）は、道路の公共性を問題とすることなく、道路管理者に対する、粒子状物質を一定濃度以下に削減する抽象的な差止請求を認容した。

複数の汚染源によって住民らに受忍限度を超える健康被害が発生し、複数の加害行為者を被告として差止が請求された場合には、各々の被告はいかなる範囲で汚染物質の排出を削減する義務を負うのか。複数の汚染源に対して請求が認められた判例はない。被告らは、分割責任を負うのか、もしくは連

---

[35] 川嶋四郎「大規模公害・環境訴訟における差止的救済の審理構造に関する予備的考察」判タ889号（1995）35頁以下参照。

帯責任を負うのか、争われている[36]。

(2) 行政権の行使

私法上の差止請求によって、行政権の行使につき取消や変更を求めることはできない。

大阪国際空港訴訟判決(最判昭和59年12月16日民集35巻10号1369頁)は、航空機の夜間の離着陸に関する差止請求について、運輸大臣の空港管理権が航空行政権と「不即不離、不可分一体に行使実現されている」ので、「不可避的に航空行政権の行使の取消変更ないしその発動を求める請求を包含」して不適法である、と判示した。夜間の一定期間の航空機の発着を禁止する民事訴訟は行政権限の行使とかかわりがなく適法であると判断した原審(大阪高判昭和50年11月27日判時1025号39頁)を破棄したのである。判決は、原告らがどのような行政訴訟によって差止を請求できるのか判示していない。

厚木基地訴訟判決(最判平成5年2月25日民集47巻9号643頁)は、自衛隊機の夜間の離着陸の差止や音量規制の請求について、防衛庁長官の権限で行われる自衛隊機の運航に伴う騒音等の影響は不可避であり、その権限行使は、「騒音等について周辺住民の受忍を義務づける」もので「周辺住民との関係において、公権力の行使に当たる行為」として不適法である、と判示した。

3 まとめ

公害に関する差止請求は、抽象的な内容であっても、人格権を根拠として、健康被害が問題となる事案を中心に認められるようになった。住民らの住居の近隣に産業廃棄物処分場の建設が予定されるなど、健康被害の不安が生じているが被害が発生する蓋然性が高いとまでいえない段階においても、平穏生活権に基づく仮処分の申請が認められている。

他方、生活妨害の事案では、相隣関係の問題に関する日照侵害の事案以外では、私法上の請求として様々な限界があり、差止請求は認められにくい。個

---

36) 澤井・前掲注(31)137頁以下、牛山積『公害の課題と理論』(日本評論社、1987)165頁以下、大塚・前掲注(18)692頁以下。

人の権利に還元できない環境権に基づく請求は認められていない。道路による騒音公害の事案のように、受忍限度論において被告の道路供用に関する公共性が重視される。空港や自衛隊機地の騒音公害では、民事訴訟によることができない行政権に関する行為が差止の対象とされていると評価されている。

Ⅳ 今後の課題——行政的解決による被害者救済

最後に、公害・生活妨害の事案において、さらに被害者救済が進展することを展望して、これまでみてきた判例・学説の到達点を踏まえながら、現行の行政救済制度や行政訴訟について考察することにしたい。

1 行政救済制度

四大公害訴訟を契機として、1973年（昭和48年）に公害健康被害補償法（公健法、1987年（昭和62年）改正で公害健康被害の補償等に関する法律に改称）が制定された[37]。

公害健康被害補償制度は、公害原因者の民事責任に基礎づけられて、所定の要件を満たす患者やその遺族に、療養給付、障害補償給付、遺族補償給付などがなされる制度である（本法3条、4条）。指定地域に一定期間居住して指定疾患に罹患している者は、所定の補償給付を受けることができる。指定地域には、第一種地域と第二種地域がある（本法2条）。前者は、大気汚染によって気管支喘息などの非特異性疾患が多発している地域、後者は、水質汚濁によって水俣病やイタイイタイ病などの特異疾患が多発する地域である。第一種地域では、非特異性疾患が指定疾患とされるが、因果関係について個別的な認定を行わない、いわゆる因果関係の割切りがなされて、所定の要件が満たされるならば喫煙などの他原因を問わずに給付がなされる。

第一種地域の補償給付の財源は、一定の煤煙発生施設を有する事業者に対する汚染付加量賦課金と政府から交付される自動車重量税であり、その割合は8対2である。1987年の改正によって、硫黄酸化物による大気汚染が改

---

[37] 松浦以津子「公害健康被害補償法の成立過程（1）—（3・完）」ジュリ821号29頁以下 822号80頁以下、824号91頁以下（1984）。

善されたにもかかわらず事業者に過負担であるという産業界の要請によって、第一種地域は全て指定が解除されて、新規の患者認定が打ち切られた。

その後、自動車排ガスによる大気汚染は改善されることがなかったため、東京大気汚染訴訟では、23区を中心に東京都に居住する多くの未認定患者らが原告となって、道路管理者や自動車メーカーに損害賠償などを請求した。控訴審で和解がなされ、自動車メーカーや道路管理者が解決金を拠出して、原告患者らの医療費を負担することが取り決められた。自動車排ガスによる健康被害について、原因者が寄与に応じて費用を拠出し、患者らが一定の医療費や補償給付を受けることができる新たな制度が確立されることが望まれる[38]。

1995年（平成7年）の水俣病の最終解決の決定が意図された和解の後、原告らが和解に応じなかった関西水俣病訴訟で、四肢末梢型の感覚障害を有する患者について、チッソが排出した有機水銀による中毒症に罹患したことを肯定した控訴審（大阪高判平成13年4月27日判時1761号3頁）が最判平成16年10月15日民集58巻7号1802頁で確定した後に、水俣病の未認定患者らによる訴訟提起が相次いだ。2009年（平成21年）7月、このような事態に対処するために、水俣病被害者の救済及び水俣病問題の解決に関する特別措置法（水俣病救済特別措置法）が制定された。本法には、有機水銀の曝露によって四肢末梢型の感覚障害に罹患した可能性がある患者の救済策の規定が含まれている。一定の曝露要件と症状要件を満たす者について、水俣病の補償や救済を受けた者、公健法の認定を申請している者、及び訴訟を提起している者を除いて、一時金と療養手当を支給することが規定された（本法5条、6条）。

2005年（平成17年）に尼崎市のアスベスト工場の周辺住民が中皮腫に罹患していることが公表されたことを受けて、翌年2月、石綿による健康被害の救済に関する法律（石綿健康被害救済法）が制定された。本法は、アスベストに曝露されて発症する中皮腫や肺がんは潜伏期間が長期であるために因果関係の証明が困難であることを考慮して、環境再生保全機構による救済給

---

[38] 吉村良一「新たな大気汚染被害者救済制度の提言」環境と公害39巻4号（2010）44頁以下。

付（医療費、療養手当）と特別遺族給付（弔慰金、葬祭料）を規定した（本法3条）。機構に石綿健康被害救済基金を設置して、政府と地方自治体、石綿を使用する一定の要件を満たす事業者らが費用を基金に拠出する（本法31条以下）。

これらの救済制度について、加害企業など健康被害の発生に関与した者が寄与の程度に応じた費用負担をしているか、患者が受ける給付の内容や金額が損害を十分に補填するものであるのか、検討する必要がある[39]。一定限度の医療費の給付にとどまり、逸失利益の補償給付がなされないのは、原因者が発生させた損害に相当する費用を負担していると評価できず、これまで公害事案で損害賠償について展開されてきた判例・学説の到達点に照らせば、公平や効率性の観点から見直しが必要であろう。

2　行政訴訟

(1) 国家賠償請求訴訟

企業が十分な防止措置をとっていない場合に公害による健康被害の発生を防止するには、関連法規に基づく国や地方自治体による規制によって企業に防止措置を強制することが必要である。健康被害の補償が問題となったときには、加害企業の賠償金の支払い能力が十分でなかったり、健康被害が継続的である場合や、中皮腫のように長期の潜伏期間を経て発症するような場合には、加害企業が倒産するなどして清算されて存在しないこともある。

公害の健康被害について、国や地方自治体が加害企業などに対する規制権限の行使を違法に怠っていた場合には、被害者は、国家賠償法1条に基づいて、国や自治体に対し損害賠償を請求することができる[40]。

水俣病関西訴訟判決（最判平成16年10月15日）は、規制権限を行使しないことが著しく合理性を欠く場合にはその不行使が違法となるという基準に従って、水俣病の被害の実態を認識し、その原因物質と排出源を高度の蓋然性をもって認識し得る状況のもとで、国による水質二法の規制権限の不行使と熊本県による漁業調整規則の規制権限の不行使が違法であると判断して、

---

39)　除本理史『環境被害の責任と費用負担』（有斐閣、2007）参照。
40)　宇賀克也『国家賠償法』（有斐閣、1997）154頁以下。

国と熊本県の賠償責任を肯定した。

　アスベスト工場で就業する労働者や周辺に居住する住民らが、大量のアスベスト粉塵に曝露されることによって、中皮腫や肺癌などに罹患する被害が各地で発生している。かつて大阪南部の泉南地域に点在していた工場で就業し疾患に罹患した労働者らが、関連法規による規制や情報提供権限の行使を怠ったとして、国に対して損害賠償を請求する訴訟を提起した。原告には、労働者のほかに、工場周辺で作業をして疾患に罹患した農民らも含まれている。大阪地判平成22年5月19日判時2093号3頁は、原告のうち労働者について請求を一部認容したが、農民の請求を退けた。控訴審判決（大阪高判平成23年8月25日）は、「工業製品の製造や加工の際に新たな化学物質の排出を避けることは不可能であり、規制を厳しくすれば工業技術の発達や産業社会の発展を大きく阻害する」ので、規制の時期や内容について行政の裁量に委ねられる範囲が大きいとして、原判決を取消した。平成23年9月現在、本判決は、最高裁に上告されている。

　不法行為による損害賠償において、生命・身体に損害が発生した場合には、違法性の判断において企業活動に公共性があっても受忍限度内と判断されていない。行政の規制権限の不行使についても、生命・身体が保護法益である場合には、科学技術や産業社会の発展への影響を重視せずに、違法性を認定すべきである。

　行政救済制度においても、国や自治体による関連法規の規制権限の不行使について、どのように評価してどのような割合で費用を負担させるのが公平や効率性にかなうのか検討する必要がある。

　(2) 行政訴訟

　公害や生活妨害に関する行為を差し止めるには、関連施設の設置や営業に関する行政処分（許認可など）の取消を求める取消訴訟によることができる。行政訴訟における審査の対象は、行政処分の違法性で、行政処分を規律する関連法規に関するもの限定される。取消訴訟の対象となる「行政庁の処分」（行訴3条2項）は、「直接国民の権利義務を形成し又はその範囲を確定することが法律上認められているもの」（最判昭和39年10月29日民集18巻8号1809頁）である。

判例において、取消訴訟の対象となる行政処分が広く解される傾向にある。最判平成20年9月10日民集62巻8号2029頁は、土地区画整理事業計画について、施行地域内の宅地所有者は、事業の手続による換地処分を受けて法的地位に直接的な影響が生じると解して、実効的な権利救済を図るという観点からも、判例を変更して処分性を肯定した。

取消訴訟の原告適格は、「当該処分又は裁決の取消しを求めるにつき法律上の利益を有する者」である（行訴9条1項）。「法律上の利益」について、判例・通説は、最判昭和53年3月14日民集32巻2号211頁が、「行政法規が私人等権利主体の個人的利益を保護することを目的として行政権の行使に制約を課していることにより保障されている利益」で、「行政法規が他の目的、特に公益の実現を目的として行政権の行使に制約を課している結果たまたま一定の者が受けることとなる反射的利益とは区別される」と判示したように、法の趣旨・目的を判断基準とする法律上保護された利益と解し、これに対して、有力説は、法律上保護に値する利益であると解して、行政処分による不利益が法の保護に値する者に救済を認めようとしてきた[41]。

公害・生活妨害の事案において、新潟空港訴訟判決（最判平成元年2月17日民集43巻2号56頁）は、定期航空運送事業免許処分の取消について、「当該行政法規が、不特定多数者の具体的利益をそれが帰属する個々人の個別的利益としても保護すべきものとする趣旨を含むか否かは、当該行政法規及びそれと目的を共通する関連法規の関係規定によって形成される法体系の中において、当該処分の根拠規定が、当該処分を通して右のような個々人の個別的利益をも保護すべきものとして位置付けられているとみることができるかどうかによって決すべき」と判示して、騒音による著しい障害を受ける者の原告適格を肯定し、もんじゅ原発訴訟判決（最判平成4年9月22日民集46巻6号571頁）は、原告の被害の性質も考慮して法令の趣旨を検討して、原子炉設置許可の取消に関する周辺住民の原告適格を肯定した。

行政事件訴訟法は、2004年（平成16年）改正において、9条2項を新設して、法律上の利益の判断基準として、「当該処分又は裁決の根拠となる法令

---

41) 塩野宏『行政法（第5版）』（有斐閣、2010）127頁以下、原田尚彦『行政法要論（全訂第7版）』（学陽書房、2010）386頁以下。

の規定の文言のみによることなく、当該法令の趣旨及び目的並びに当該処分において考慮されるべき利益の内容及び性質を考慮する」、「当該法令と目的を共通にする関係法令があるときはその趣旨及び目的をも参酌する」、「当該処分又は裁決がその根拠となる法令に違反してされた場合に害されることとなる利益の内容及び性質並びにこれが害される態様及び程度をも勘案する」と規定した。改正法9条2項は、従来の通説を維持しつつ、判例を通じて展開された原告適格を実質的に拡大する判断基準を規定したのである。

その後、小田急訴訟判決（最判平成17年12月7日民集59巻10号2645頁）は、連続立体交差工事を実施する鉄道事業などの認可の取消について、関連法令である都市計画法の規定が、事業に伴う住民らの健康被害や生活被害を防止することも趣旨・目的とすると解して、周辺住民の原告適格を肯定している。

また、2004年の行訴法改正において、行政庁に一定の処分・裁決をすべき旨を命じることを求める義務付け訴訟（3条6項）、行政庁が処分・裁決をしてはならない旨を命じることを求める差止訴訟（3条7項）が法定された。

環境基本法に基づいて環境関連法規が整備されるなかで、このように行政訴訟の対象が拡張されると、私法上の請求によっては実現できなかった地域環境の保全や環境に関する利害調整がなされることが期待されている。

第10章　原子力・エネルギー関連法

25　原子力利用と環境リスク

髙橋　滋

I　はじめに

1　福島第一原発事故

　平成23（2011）年3月11日に発生した東日本大震災とそれに続く福島第一原発事故[1]は、原子力施設の安全規制の根幹を揺るがし、原子力発電所の新増設・原子力技術の国外輸出等を柱としてきた政府の原子力政策[2]の根本的転換を求めるものとなった。例えば、菅内閣が設置した「エネルギー・環境会議」（議長・国家戦略大臣、関係の国務大臣等により構成）が同年7月29日に決定した「『革新的エネルギー・環境戦略』策定に向けた中間的な整理」においては、「原子力発電に電力供給の過半を依存するとしてきた現行のエネルギーミックスをゼロベースで見直す。……原子力発電については、より安全性を高めて活用しながら、依存度を下げていく」との方針が示さ

---

[1]　福島第二原発についても、東日本大震災による津波の影響を受けたため、平成23（2011）年3月12日に原子力緊急事態が宣言され、付近住民に対して避難指示、屋内退避指示が出された。もっとも、同原発は、同月15日にすべての原子炉が冷温停止の状態を確保し、避難区域が原子炉施設の半径10 kmから8 kmに縮小された。このように、福島第二原発でも看過できない事象が発生しているが、本稿では、大量の放射性物質が外部に飛散し、原子炉建屋、原子炉格納容器、原子炉圧力容器の破損、燃料のメルトダウンが確認された福島第一原発事故に言及することから、「福島第一原発事故」の名称を用いる。

[2]　平成22（2010）年6月18日に閣議決定された「エネルギー基本計画」（エネルギー政策基本法（平成14年法71号）12条）は、①国内の原発稼働について、2020年までに、9基の原子力発電所の新増設を行い、さらに、2030年までに、少なくとも14基以上の原子力発電所の新増設を行う、と規定した（同27頁）。また、原子力技術の輸出については、米欧、中国・インド、東南アジアや中近東等の新規導入国など、市場ごとの特性に合わせた対応を行う、としている（同34頁）。

れ、同年9月、菅直人首相の後を継いで第95代内閣総理大臣に就任した野田佳彦氏は、「安全性を確認した原発から再稼働を認めていくものの、新増設は行わず稼働予定年限を経過したものから廃炉にしていく」との認識を示している[3]。

2　本稿の目的

　もっとも、本稿は、原子力を含むエネルギー政策について考察を加えることを目的とするものではない。このような政策決定は、各分野の専門家が提供する客観的なデータを下に、国民的な議論を経て、政策に責任をもつ者が決定すべきものであり、政策決定の枠組みに係る議論を除けば、法律学に求められる役割は大きくはない。他方、将来は役割を減じていくとはいえ、現に稼働中の原子力発電所は存在し、また、定期点検後に再稼働が認められる施設があるとすれば、これらの施設に対する安全規制のあり方については、行政法学から論ずべき点は多い。しかしながら、この点については、事故の詳細かつ客観的な検証を踏まえた学問的作業として行われるべきものであり、筆者には別の機会にこの点を論ずる予定がある[4]。本稿においては、原子力利用がどのような形で環境に対してリスクをもたらすか、それは、これまで議論されてきた「環境リスク」論とどのような関係に立つのか等について、法律学の観点から分析することにしたい。

3　本稿の概要

　そこで、本稿においては、まず、わが国の法体系のなかで、原子力利用の規制がどのように位置づけられてきたのかを確認したい（Ⅱ）。その上で、原子力利用のもたらすリスクと、これまで環境リスク論が対象としてきたリスク、特に、化学物質利用の健康・生態系へのリスクとを比較・検討することにする（Ⅲ）。最後に考察のまとめを行う（Ⅳ）。ちなみに、福島第一原発

---

[3]　平成23（2011）年9月13日の野田佳彦内閣総理大臣の衆議院・参議院での所信演説。
[4]　高橋滋「福島原発事故後の原子力安全規制法制の課題」高木光＝交告尚史ほか編『行政法学の未来に向けて（阿部泰隆先生古稀記念論文集）』（有斐閣、近刊所収予定）。

事故後、菅直人政権は、商業用原子炉施設の安全規制を担当してきた原子力安全・保安院を経済産業省から分離し、原子力安全委員会と統合した上で、環境省の外局としての「原子力安全庁（仮称）」に改組するとの方針を決定した。かつ、この方針は、野田佳彦内閣にも受け継がれている[5]。行政組織や事務配分のあり方は対象とする事務の性格のみで決められるべきものではないが、本稿のテーマに関わる当面の重要な事項であるため、まとめにおいて、この問題に触れることにしたい。

II　わが国の法体系における原子力法の位置づけ

1　法制度の概要（平成23年時点）
(1)　昭和30年代の制度整備[6]
① 原子力発電所・核燃料サイクルの規制

わが国の原子力発電が開始されたのは、昭和38（1963）年、東海村に建設された実験炉JPDRにおいてであり、初の商業用発電所は昭和41（1966）年に運転を開始した東海発電所である。

もちろん、法制度の整備はこれに先行し、昭和30（1955）年には原子力基本法（同年法186号）が成立し、同法に基づく原子力大綱が定められた。また、原子力基本法に続いて制定された原子力委員会設置法（同年法188号）に基づき、昭和31（1956）年には原子力委員会が設置され、引き続き、日本原子力研究所法（同年法92号）に基づき原子力研究所が、原子燃料公社法（同年法94号）に基づき原子燃料公社が設置されている。

そして、上記の研究開発機関が行う原子力利用、そして、近い将来に予想される原子力の商業利用の規制制度を整備する法律として制定されたのが、昭和32（1957）年制定の「核原料物質、核燃料物質及び原子炉の規制に関する法律」（同年法166号。以下、「原子炉等規制法」という。）である。この法律

---

[5]　「原子力安全規制に関する組織等の改革の基本方針閣議決定」（平成23年8月15日）、第178回国会（臨時会）の衆議院及び参議院における野田佳彦首相の所信演説。

[6]　原子力法制を体系的に紹介するものとして、下山俊次「原子力」塩野宏ほか『未来社会と法』（筑摩書房、1976）415頁以下がある。

は、第一章（総則）のほか、第二章（製錬事業の規制）、第三章（加工事業の規制）、第四章（原子炉の設置運転の規制）、第五章（再処理事業の規制）、第六章（核燃料物質の使用の規制）、第七章（雑則）、第八章（罰則）等、原子力利用に係る事業、燃料の精錬・加工、再処理等を含めた核燃料サイクル事業及びその他の利用について、分野別に必要な規律を設けるものであった（これは、通常「領域的規制」と呼ばれている）。

また、研究用原子炉、商業用原子炉を含め、原子炉施設の規制については、同法は、施設の建設・運転に先立って、原子炉設置許可（同法23条）、設計及び工事の方法の認可（同法27条）、使用前検査（同法28条）、溶接の方法及び検査（同法28条の2）等の複数の事項に係る規制を行うこととしており、これを「段階的安全規制方式」と呼んでいる[7]。さらに、建設後も、原子炉施設については、運転計画の届出（同法30条）、保安規定の認可（同法37条）等の安全規制があり、これらの規制が総体として機能することにより、原子力発電所の安全性が保たれることとなる（なお、商業用原子力発電所に関しては、原子炉等規制法73条の規定により、同法27条ないし29条の規制につき、電気事業法（昭和39年法170号）39条以下の規制を受ける）。

また、当時の立法者は、福島第一原発事故によって今回不幸な形で実証された、原子力利用に伴う潜在的リスクの巨大さを無視していた訳ではない。原子力事業を民間企業が行うことに伴う事業リスクを軽減し、併せて事故が発生した場合における十分な被害者救済を確保するため、昭和36（1961）年、原子力損害賠償法（同年法147号）が制定されている。

同法の第一の特色は、事業者の無過失責任主義であり、第二の特色は、事故が発した場合に巨額にのぼると予想される損害賠償を確実に履行させる仕組みとしての「賠償措置」制度である。さらに、特色の第三は、損害額が巨額となった場合にも免責を認めない無限責任主義であり、第四の特色は、責任集中の原則である。わが国において、無過失責任主義を採用した立法としては、昭和14（1939）年の旧鉱業法があったものの、その後に立法例は途絶

---

[7]　「段階的安全規制方式」とこれに関する各種の法的問題点を検討したものとして、やや古いものであるが、高橋滋『先端技術の行政法理』（岩波書店、1998）79頁以下がある。

え（1例を除く。）、原賠法の無過失責任主義は実質上これに続くものであった。かつ、原賠法のこの規定は、後の大気汚染防止法（昭和43年法97号）25条、水質汚濁防止法（昭和45年法138号）19条等の無過失責任立法へとつながる点で重要な意義をもっていた。

なお、事故発生の際に賠償額は巨額となることが予想されたにもかかわらず、無限責任主義が採用されたことは、比較法的に見ても珍しい例といわれており、かつ、国の責任が「援助」にとどまったことについては、立法当時にも学会等から批判がされていた[8]。この点は、福島第一原発事故後の原賠法の改正論議において国の責任を明確にする方向性が議論されている[9]。

以上、原子力に係る法制度は、昭和36（1961）年の時点において、議論の余地を残しつつも、ほぼその形を整えたといえる。その点で、四大公害裁判を経て公害対策立法、そして、環境管理立法へと発展を遂げた環境法制に先んじて制度整備がされた、と評することができよう[10]。

② その他の原子力利用の規制

ちなみに、原子力の利用は、原子力発電及びそれに関わる核燃料サイクルにとどまらない。原子力利用の一環として、放射性同位元素、放射線発生装置による放射線の利用が、研究、教育、産業等多方面にわたって広く行われており、これについては、「放射性同位元素等による放射線障害の防止に関する法律」（昭和32年法167号）以下の諸法令が定められている[11]。同法は、
1) 放射性同位元素や放射線発生装置の使用の許可・届出（同法3条、3条の2)、2) 販売及び賃貸の業の届出（同法4条）、廃棄の業の許可（同法4条の

---

[8] 原賠法の特色及びその問題点につき、参照、高橋滋「原子力損害賠償紛争審査会について—中間指針策定の作業と今後の課題」原子力学会誌53巻11号（2011）727頁。

[9] 福島第一原発事故後の国会論議の結果、原子力損害賠償支援機構法（平成23年法94号）の附則6条（検討）の中に、「原子力損害の賠償に係る制度における国の責任の在り方、原子力発電所の事故が生じた場合におけるその収束等に係る国の関与及び責任の在り方等について、これを明確にする観点から検討を加える」との規定が盛り込まれた。

[10] 環境法制の展開につき、参照、大塚直『環境法（第3版）』（有斐閣、2010）5頁以下。

[11] もっとも、薬事法に定める放射性医薬品等については、放射線障害防止法施行令で適用除外となっており、医療法及び薬事法の規制を受ける（放射性同位元素等による放射線障害の防止に関する法律施行令（昭和35年令259号）1条2号ないし5号）。

2) 等の規定を置くほか、2) 使用施設、貯蔵施設又は廃棄施設の検査（同法12条の8)、許可業者の施設の定期検査（同法12条の9) 及び定期確認（同法12条の10)、施設等に対する基準適合命令（同法13条) 等の制度を置く。さらに、3) 譲渡し、譲受等の制限（同法29条)、所持の制限（同法30条)、海洋投棄の制限（同法30条の2)、取扱いの制限（同法31条) の規律を設け、事故届（同法32条)、危険時の措置（同法33条) 等、人の生命・健康に対する障害が生ずることを防止する措置が取られている[12]。

③ 放射線障害防止のための基準

また、放射線防護については、国際的には、国際放射線防護委員会（ICRP）という機関があり、この組織が発出した勧告が、わが国を含めた各国の国内法の規制に取り入れられている。そして、放射性同位元素等の防護基準については、原子力発電・核燃料サイクル、医療・研究、教育、産業利用等について、統一的な基準をもって人の生命・健康等への障害の防止を図ることが望ましいとの見地から、放射線障害防止の技術的基準に関する法律（昭和33年法162号）が制定され、「放射線障害の防止に関する技術的基準の斉一を図る」ことを任務とする放射線審議会が文部科学省（当初は総理府）の下に置かれた。よって、関係行政機関の長は、放射線防止に関する技術的基準を定めようとするときは、放射線審議会に諮問しなければならない（同法6条）。

(2) その後の制度改正

① 昭和53年改正

昭和30年代に基本的枠組みが確立されてから、平成23 (2011) 年にいたるまで、上記の原子力立法には重要な改正がなされてきた。例えば、低レベル放射性廃棄物の埋設処分の実施について必要な規律を置くための原子炉等規制法の改正が、昭和61 (1986) 年に行われ、「第五章の二　廃棄の事業に関する規制」の章が設けられた（同年法73号）。また、放射性廃棄物については、使用済燃料の再処理後に生ずる高レベル放射性廃棄物（ガラス固化体）

---

[12] 保管・運搬の規制（同法16条・17条)、放射性同位元素装備機器等に係る設計認証（同法12条の2以下)、放射線取扱主任者（同法34条以下）についての規律も設けられている。

の最終処分（地層埋設処分）も問題となってきたが、平成12（2000）年に、最終処分場の建設に必要な枠組みを制度化する目的をもって、特定放射性廃棄物の最終処分に関する法律が制定された（同年法117号）[13]。さらに、再処理の過程によって生ずる長半減期の核種を含む廃棄物（TRU廃棄物）等のなかで高レベル放射性廃物と同じ枠組みのなかで処分するのが適当なものの処分について、上記の特定放射性廃棄物最終処分法のなかに位置づけ、併せてこれらの放射性廃棄物の最終処分に係る安全規制についての制度を原子炉等規制法に盛り込む改正が、平成19（2007）年に行われている（同年法84号。「第一種特定放射性廃棄物」・「第二種特定放射性廃棄物」、「第一種廃棄物埋設」・「第二種廃棄物埋設」の区分を創設）。

また、事故等の経験による新たな安全規制上の課題に対応するため、様々な改正が加えられてきたのも、原子力法制の特色である。まず、昭和53（1978）年には、原子力船「むつ」の放射能漏れ事故を契機として[14]、原子力委員会から原子力安全委員会が分離・独立され、その後も、原子力安全委員会は、平成11（1999）年のJCOウラン加工工場事故を受けて、権限と事務局の体制が強化されている[15]。

② **JCO事故を踏まえた改正**

そして、このJCOウラン加工工場事故は、臨界事故に伴う初の死亡が発生し、中性子線による被ばくを避けるため周辺住民の避難等が要請された等の点において、国際原子力事象評価尺度（INES）でレベル4に位置づけられる重大なものであった[16]。この重大事故を契機として、先に述べた原子力

---

13) 特定放射性廃棄物の最終処分に関する法律は、最終処分場の建設へといたる手続や必要な資金調達の仕組み等を規律するものであり、安全規制については、原子炉等規制法に高レベル放射性廃棄物処分の性質上必要となる規律（閉鎖措置計画の認可等）が導入された。
14) 「原子力基本法等の一部を改正する法律」（昭和53年法86号）2条。
15) 設立当初、原子力安全委員会の主要な任務は、規制官庁が行った原子炉設置許可の際の安全審査結果について、第三者的立場から再度審査すること（ダブル・チェック）にあったが、JCO事故を受けて、平成12（2000）年から原子炉設置許可に続く、後続規制の実施状況について報告を受けて監視・監査する「規制調査」が導入された。かつ、平成15（2003）年には、これを法律の中に正式に位置づけ、四半期ごとに規制官庁から報告を受ける制度が導入されている（参照、電気事業法及び核原料物質、核燃料物質及び原子炉の規制に関する法律の一部を改正する法律（平成14年法178号））。

安全委員会の強化策のほか、経済産業省の中で促進部門と規制部門とを分離する組織改編も行われ、原子力安全・保安院が設立された。併せて、原子力災害対策特別措置法（平成11年法156号）も制定されている[17]。

同法は、1)事業者に防災業務計画の策定等を義務付け、2)施設に置かれる原子力防災管理者に対し、原子力事業者の区域境界線付近において政令で定める基準以上の放射線量が検出される等の事象が生じた場合に、国・公共団体に対する通報を義務付ける（同法10条。通報の対象となる事象を「10条事象」という。）。さらに、3)異常な水準の放射線量が検出される等の場合を想定して、a) 原子力緊急事態宣言・原子力対策本部等の設置（15条・16条）、b) 原子力災害対策本部長である内閣総理大臣による権限の行使（関係行政機関の長、地方公共団体の長への指示、自衛隊の部隊の派遣要請等。同法20条)、c) 国・関係都道府県・関係市町村による原子力合同対策協議会の設置（同法23条）を規定し、4)上記の10条の報告対象となる事象が生じた場合における原子力事業者の応急措置の実施義務（同法25条)、行政機関・地方公共団体の長等による緊急事態応急対策の実施（避難勧告・指示、放射能の測定、被災者の救援、犯罪予防・交通規制等。同法26条）についての規律を置いている。さらに、放射能の濃度測定、住民の健康診断、放射能の発散の状況に関する広報等、原子力災害事後対策に関する規律も置かれている（同法27条以下）。

③ 他の重要な改正

そのほかにも、原子力利用に関する法制度は様々な改正を経験している。例えば、原子力燃料公社は、昭和42（1967）年、動力炉・核燃料開発事業団の発足時にこれに吸収された。そして、同事業団は、高速増殖炉「もんじゅ」のナトリウム漏えい事故、東海再処理施設アスファルト固化処理施設火災爆発事故等を契機として、平成10（1998）年、核燃料サイクル開発機構へと改組された。さらに、平成17（2005）年に、独立行政法人改革により、

---

16) 原子力安全委員会ウラン加工工場臨界事故調査委員会『ウラン加工工場臨界事故調査委員会報告』（平成11年12月24日)、原子力安全委員会「JCO臨界事故10年を迎えて―原子力安全委員会の取組状況について」（平成21年9月11日)。
17) 同法については、参照、髙橋滋「原子炉等規制法の改正と原子力災害対策特別措置法の制定」ジュリスト1186号（2000）32頁以下。

原子力研究所と核燃料サイクル開発機構とが統合され、現在の日本原子力研究開発機構が発足している[18]。さらに、原子力損害賠償法についても、賠償措置額の引き上げ等が順次行われたほか、JCO ウラン加工工場臨界事故の教訓から、原子力損害賠償をめぐる紛争を迅速に処理する目的をもって、原子力損害賠償審査会に紛争解決のための指針を策定する権限を付与する、等の改正も行われている[19]。

2　原子力利用に関する法制度と環境法

(1) 公害基本法制定時の整理

① 環境基本法の規定

後に見るように、現行の環境基本法（平成5年法91号）13条は、「放射性物質による大気の汚染、水質の汚濁及び土壌の汚染の防止のための措置については、原子力基本法（略―筆者）その他の関係法律で定めるところによる」と規定し、放射性物質による環境汚染の防止については、原子力利用に係る法規制に委ねることにしている。ただし、同条の規定振りから明らかなように、環境基本法は、放射性物質による大気の汚染、水質の汚濁及び土壌の汚染を、同法2条3項にいう「公害」の中に含めているものと解されている。この点について、環境省による同法の解説書には、次のような記載がある。

「原子力の平和利用に伴い放射性物質が生じるが、……環境の保全上の支障として大気汚染、水質汚濁、土壌汚染が生じる恐れがある。しかし、放射性物質による大気の汚染等については、(旧) 公害対策基本法の立法当時、原子力基本法及びその関係法律で既に防止のための措置がとられていたことなどから、これらの防止措置については、原子力基本法及びその関係法律により行うこととされていた。……〔本条は〕この考え方を引き継いだ」。

そこで、次に、旧公害対策基本法（昭和42年法132号）の制定過程を振り

---

18)　上記の改正については、参照、動力炉・核燃料開発事業団法（昭和42年法73号）、原子力基本法及び動力炉・核燃料開発事業団法の一部を改正する法律（平成10年法62号）、独立行政法人日本原子力研究開発機構法（平成16年法155号）。

19)　原子力損害の賠償に関する法律及び原子力損害賠償補償契約に関する法律の一部を改正する法律（平成21年法19号）18条1項・2項。

返り、放射性物質による汚染の取扱いがどのように整理されていったのかを、確認することにしたい。

② **公害対策基本法の制定経緯**

公害対策基本法の制定については、昭和 38（1963）年に小林武治厚生大臣により言及されたのが最初であるが、作業の本格化は昭和 41（1966）年のことである。同年 8 月 4 日には、厚生省公害審議会が「中間報告―公害に関する基本的施策について」（以下、「中間報告」という。）（ジュリスト 353 号（1966）122 頁）を公表し、その後、通産省、自治省、経済団体連合会等が、意見書を次々に公表した。これらの意見を踏まえて、同年 10 月、厚生省公害審議会が「公害に関する基本施策について（第一次答申）」（ジュリスト 358 号（1966）126 頁）を公表した後、同年 11 月の厚生省「公害対策基本法（仮称）試案要綱」（ジュリスト 363 号（1967）100 頁）を経て、公害対策推進連絡会議「公害対策基本法要綱案」が策定された（ジュリスト 367 号（1967）120 頁）。この要綱案を基礎として、公害対策基本法案が閣議決定され、衆議院において一部修正を経た後、昭和 42 年 7 月 21 日に、同法案は参議院本会議において可決され、成立した。

もっとも、これらの制定過程においては、経済との調和条項、無過失責任の取扱い、環境行政の一本化等、法の基本的枠組みに関する議論が中心的になされ、放射性物質による汚染の規制と同法との関係についての議論はほとんどされていない。ただ、厚生省公害審議会の中間報告は、公害についての無過失責任の例として、原子力損害賠償法を明示していた（ジュリスト 353 号 120 頁）。また、同審議会「公害に関する基本施策について（第一次答申）」においても、1) 公害とされるもののなかにも、他と同一に処理すべき性質のものでないこと、規制方法につき検討すべき点が多いこと、別個の法体系がある等の理由により、他の公害と同様の取扱いをする必要のないものがあり、その中には放射性物質による汚染も含まれていること、2) しかし、今後の社会的諸事情の進展により、これを施策の対象として追加していく態度で望むべきであることが、記述されている（ジュリスト 358 号 126 頁）。さらに、当時の立案関係者の解説等においても、放射性物質による汚染は公害の一種であり、特に、原子力損害賠償法は、公害救済法の原則である無過失

責任主義を定めた特例法であるとの認識においては、一貫していた[20]。

このような観点から、「放射性物質による大気の汚染及び水質の汚濁の防止のための措置」について、原子力基本法以下の法律で定めるところに委ねるとの公害対策基本法8条の規定（制定当初の規定）となったといえよう[21]。ちなみに、公害対策基本法のこのような整理に関しては、原子力の利用については、原子力利用の軍事目的への転用の防止（及び核テロ対策）という独自の規制課題[22]があり、原子力施設等の規制について原子力基本法及び関連法令に立法者が委ねた背景にはこのような観点もあった可能性もある。しかしながら、このことは、放射性物質による汚染が、公害対策基本法（さらには環境基本法）に規定される公害に該当し、「防止に係る措置」以外については、公害対策基本法（環境基本法）及び関連法令の規律の下に置かれ得るものである、との理解を変更するものではない。

(2) 環境基本法の整理

上記の公害対策基本法制定時の整理は、既に述べたように、環境基本法13条に引き継がれている。そこから、同条の解釈として、次のような取り扱いがなされている[23]。

まず、第一に、原子力関連施設（原子力事業場等）から発生する騒音、悪臭、放射性物質を含まない温排水等の下水や廃棄については、環境基本法及び関連法令の適用を受ける。

第二に、上記の環境汚染の「防止のための措置」については、原子力基本法及び関連法令に委ねることとしているのであって、環境基本法の基本理念や責務などは、原子力関連施設の建設・運転等（原子力事業等）にも適用される。

---

20) 橋本道夫「公害対策基本法の誕生と今後の課題」自治研究43巻10号（1967）59頁、小田薫堆「公害対策基本法制定と今後の課題」同73頁、中島忠能「公害行政推進のために」同102頁。

21) 蔵田直躬＝橋本道夫『公害対策基本法の解説』（新日本法規出版、1967）150頁以下、加藤三郎「公害対策基本法とその世界（5）」下水道協会誌26巻305号（1989）27頁。

22) 下山・前掲注(6) 498頁以下。

23) 環境省総合環境政策局総務課編著『環境基本法の解説（改訂版）』（ぎょうせい、2002）174頁以下。

ちなみに、「公害に係る紛争の円滑な処理」(現行法では環境基本法31条1項)のために、公害紛争処理法(昭和45年法108号)が制定され、紛争を円滑に処理するための機関として、公害等調整委員会及び都道府県公害審査会が設けられている。

そして、第三に、同法の解釈においては、原子炉の事故等による、大気汚染等の典型7公害の形態をとらない発生源からの直接的な放射線被爆による被害については、公害紛争処理制度の対象とならないとされているものの、直接的な被ばくという形態をとらない被害、例えば、放射性物質に汚染された塵や水の拡散による周辺地域の大気、水又は土壌の汚染がもたらす健康や生活環境に対する被害は、大気汚染、水質汚濁又は土壌汚染の典型7公害に該当することから、公害紛争処理制度(公害等調整委員会によるあっせん、調停その他の措置(原因裁定・責任裁定を含む。)等)の対象になるものと解されている[24)・25)]。

以上、環境基本法についての法令担当者の整理は、これまでに見た公害対策基本法の制定過程において示された考え方にも沿うものといえよう[26)]。

---

24) 公害等調整委員会事務局編著『解説公害紛争処理法』(ぎょうせい、2002) 21頁。
25) よって、原子力損害賠償法が同法18条により設けている原子力損害紛争審査会の和解の仲介の制度との関係が問題となるが、これらは相互に独立した制度であり、原子力事業に係る損害賠償責任に関する紛争のうち典型7公害による被害が主張されている紛争については、和解の仲介の制度と公害紛争処理制度の両方を利用でき、いずれの制度を利用するかは当事者の意思によるものとされている。参照、公害等調整委員会事務局・前掲注(24) 21頁以下。
26) もっとも、環境省総合環境政策局総務課編著・前掲注(23) 283頁においては、原子力損害賠償法を無過失責任制度の一環として紹介するにとどめ、公害に係る特別立法として整理されるか否かについては、明言を避けている。

Ⅲ 原子力利用と環境リスク

1 原子力利用と環境リスク

(1) 原子力利用のリスクと環境リスク

　これまで見てきたように、放射性物質による汚染は環境基本法上の公害に含まれるとわが国では考えられてきた。公害対策基本法制定時に、原子力基本法及び関連法令による汚染等の防止の仕組みが設けられていたことから、同法は、「汚染防止のための措置」について原子力基本法以下の法令に定めるところに委ねたにすぎない。かつ、この考え方は、現在の環境基本法等の環境法令にも引き継がれている。

　そして、このような考え方は、原子力利用のリスクの性格に照らしても妥当なものである、と筆者は考える。すなわち、放射性物質による汚染については、1）原子力災害の潜在的リスクが大きいこと、2）低線量レベルでの人の健康影響の大きさが未解明であること等から、事故起因の災害の防止、健康被害の防止について、積極的な対策が実施されている。その意味において、原子力法においては、建築物の倒壊、危険物の爆発・火災等、19世紀以降、古典的な規制行政が対象としてきた社会事象とは異なる対策上の考え方がとられてきた。その意味において、原子力利用のリスク対策においては、明確な危険発生の蓋然性を前提として対策がとられる上記規制対象の事象＝危険（danger, Gefahr）ではなく、このような蓋然性が顕在化する前に総合的・包括的に対策をとることが求められる事象＝リスク（risk, Risiko）が問題とされているのであって、その意味において、広義の環境上のリスクに位置づけることが可能である[27]。

(2) 環境リスクの多様性

　もっとも、広く環境上のリスクといっても、リスクの性格は様々である。例えば、大気汚染防止法や水質汚濁防止法等の初期の公害対策立法が対象と

---

[27] ちなみに、筆者は、既に、原子力利用のリスクの特色につき、他の環境上のリスクとの関係において比較分析する作業を行ったことがある。参照、高橋滋「環境リスクへの法的対応」大塚直＝北村喜宣編著『環境法学の挑戦』（日本評論社、2002）271頁以下。本稿の以下の叙述は、これと重複する部分があるものの、テーマとの関係上、叙述に必要な限りにおいて、その内容に触れることにしたい。

してきた有害物質の規制は、1）発生源の多様性、汚染の複合性・重畳性、2）被害の発生機序、対策の有効性等の面において、不確実性が高く、政策的判断の要素が強いという意味において、環境上のリスク対策の典型例であった。しかしながら、これらの対策が一定程度進むと、対策の新たな課題として、ダイオキシンやベンゼン等、微量、低い濃度においても健康影響や環境汚染が懸念される物質のリスクが浮上し、そこでは、健康影響の有無や深刻さそのものについての知見が十分に得られない点を踏まえた、独自の対策が取られる必要がある、と認識されるにいたった（ちなみに、筆者は、これらの物質を「高リスク化学物質」と呼んでいる。）。また、市街地の土壌汚染については、大気汚染防止法・水質汚濁防止法よりかなり遅れて土壌汚染対策法が立法化された（平成14年法53号）が、蓄積性・残存性の汚染である点、かつ、封込め対策、浄化対策等と、費用と効果の異なる対策のバリエーションがあり得る点等において、大気汚染・水質汚濁等とは異なるリスクの性格がある[28]。

　そして、独自の性格のある点は、放射性物質による汚染も同様である。そこで、以下、原子力関連施設の建設・運転等に伴うリスク[29]を取り上げ、その基本的性格を指摘した上で、事故リスクの対策、平常時のリスク対策に分け、その特性に関連して若干の指摘を行うことにしたい。

2　原子力関連施設のリスク

(1) リスクの特性

① サイト起因のリスク

　原子力利用に関するリスクにも様々なものがあるが、もっとも関心の高い原子力関連施設の建設・運転等に伴うリスクに限定してみた場合、そのリスクの大きさは、事故リスク・平常時のリスクともに、サイトからの離隔によって規定される性格がある。さらに、今回の福島第一原発事故において、

---

28)　以上につき、参照、高橋・前掲注（27）274頁以下・283頁以下。
29)　既に述べたように、放射性物質による汚染には、医療、研究・教育等の分野でも起こり得る。しかしながら、これらの汚染のリスクにも特有な性格があり、ここでは、考察の焦点を絞るため、原子力施設のリスクに限定して考察することとする。

わが国の原子力サイトに特有な施設の集中立地の問題点が露呈したと思われるが、サイト内の原子炉施設の数により、潜在的リスクの大きさが異なることとなる点も、原子力関連施設の建設・運転に伴うリスクの特色といえよう[30]。このようなリスクの特殊性は、製品の利用一般、一定の広まりをもった地域において問題となる高リスク化学物質のそれとは異なる。かつ、この点において、特定事業場による排出を把握するが、一定のまとまりをもった地域・水域への影響を問題とする大気汚染防止法の有害物資とも異なった性格をもつ。

② **事故リスク・災害復旧目標**

ある論者が指摘するように、放射性物質による汚染のリスクには事故リスクが含まれる点において、典型的な環境上のリスク、高リスク化学物質、土壌汚染のリスクとは異なる面がある[31]。この点、公害対策基本法の制定時にも、事故等のリスクについては、公害に含まれるものの、原因となる行為が継続的なものではなく、同法とは別途の対策がとられるべきである、との理解もあった[32]。しかしながら、現行の環境基本法においては、環境法の規制の対象となる施設については、事故のリスク、事故後の復旧等に関し、環境基本法及び関係法令の規律の下におかれるとの理解がされている[33]。

この点につき、事故といっても、国際原子力事象評価尺度（INES）[34]に示されているように、平常時の運転における事象と区別される事象には様々な性格のものがある。その中では、作業員、周辺公衆に対する放射線被ばくの

---

30) この点、筆者は、原子力安全委員会の専門部会でのプレゼンテーションにおいて、施設サイトに偏在するリスクの性格ゆえに、原子炉施設の安全目標をかなり低く抑えるべきであると主張したことがある（参照、原子力安全委員会原子力安全目標部会第6回会合（平成13年10月25日）配布資料―目専第6-2号「社会的リスクの法的比較―原子力安全目標策定に向けて」）。
31) 大塚直「予防原則の法的課題」植田和弘＝大塚直監修・損害保険ジャパン＝損保ジャパン環境財団編『環境リスク管理と予防原則』（有斐閣、2010）305頁。
32) 幸田正孝「公害対策基本法の制定」時の法令621号3頁。公害対策基本法の解説においても、突発事故による大気汚染等も公害に含まれるとしつつ、「この法律が主として予定しているのは人の活動によって継続的にもたされる汚染などによる被害であって、突発事故の対策としては、別途の対策が講ぜられることが多いと思われる」との留保も付されていた（参照、蔵田＝橋本・前掲注(21)135頁）。
33) 参照、環境省総合環境政策局総務課編著・前掲注(23)134頁。

性格、規模は様々であり、これら事象の間において明確に線を引くことは困難である。

　また、事故リスクへの対策、事故発生後の対策の設計に際しても、後に見るように、周辺住民への急性被ばく、公衆の慢性被ばくについて、がん死等の増加等の被害をリスク論の見地から把握・評価して対策を講ずるべきである、との見解も有力となっている。この点において、事故リスク対策の視点は、平常時の被ばくリスク対策についての視点と共通性をもつようになっている。

　さらに、福島第一原発事故が示したように、敷地境界線を越えて飛散した放射性物質の除染等については、事故起因・平常時の操業起因等の区別により、本質的な違いが生ずる訳ではなく、被害防止・縮減の目標を設定するに際しても、許容できる限界値よりもさらに可能な限りリスクを減少させるとの見地から、ALARA（as low as reasonably achievable）の原則が採用されている。このような観点からも、環境基本法及び関連法令の規律の下におかれる事象から事故リスクを除外する必要はあるまい。

　ただし、再三お断りしてきたように、本稿においては、福島第一原発事故を踏まえた事故リスク管理のあり方を直接の対象とはしない。ここでは、次の点のみを指摘する。

　上に述べたように、近時、原子力事故リスクの管理手法として、確率論的安全評価が注目を集め、同手法に基づく原子力安全目標の導入が盛んに議論された。そして、平成15（2003）年8月には、原子力安全委員会に設置された原子力安全目標専門部会が中間報告を取りまとめ、そのなかで、1）定性的目標案として、「原子力活動によって放射線の放射や放射性物質の放散が発生した場合に、公衆の健康被害が発生する可能性は、公衆の日常的な生活に伴って発生する健康リスクを有意には増加させない程度（水準）に抑制されるべきである」こと、2）定量的目標案として、「原子力施設の事故に起因する、施設の敷地境界線付近の公衆の個人の放射線被ばくによる平均急性死

34）　International Nuclear Event Scale の略である。See IAEA, *INES : The international Nuclear and Radiological Event Scale User's Manual, 2008 Edition*, IAEA-INES-2009.

亡リスクは、年あたり百万分の1程度を超えないように抑制されるべきである。また、施設からある範囲の距離にある公衆の個人の放射線被ばくによって生じ得るがんによる平均死亡リスクは、年あたり百万分の1程度を超えないよう抑制されるべきである」との考え方が示された[35]。この点、既に筆者が指摘したように、「化学物質による健康リスクは、特定集団における疾病（ガン等）発生の増加等の形で測定可能である……のに対し、……放射性物質の周辺への放出や炉心損傷等の事故リスクについては、過去における機器の損傷頻度等から推定するほかはない。したがって、施設のリスク計算に際しては不確実性を大きく織り込む必要がある」[36]。今後、確率論的安全評価・原子力安全目標に関する議論については、福島第一原発事故に対する真摯な反省を踏まえて、再構築する必要があろう。

　また、事故起因の放射性物質による汚染に関連しては、今回の福島第一原発事故について、災害復旧についてどのようなターゲットを設定して行うかが、議論の対象となる。ただし、事故の収束については、原子力工学を中心とした自然科学分野での議論に委ねるのが適当であろう。ここでは、放射性物質によって汚染された地域、とくに、「事故発生から1年の期間内に積算線量が20ミリシーベルトを超えるおそれがあるため避難指示を受けている地域」＝計画的避難区域、さらに、追加被ばく線量が年間20ミリシーベルトから1ミリシーベルトとなる地域において、放射性物質による汚染の除去（除染）の作業を、どのようなターゲットをもって、どの程度のテンポで進めていくかが、法律学を含めた課題となろう。この点につき、原子力災害対策本部は、平成23（2011）年8月26日、「除染に関する緊急実施基本方針」を策定したが、今後、地元関係者を含め、幅広い議論が行われていくことが期待される[37]。

---

35) 原子力安全委員会『原子力安全白書平成15年版』24頁以下（国立印刷局、2003）。さらに、参照、平成18年度第23回原子力安全委員会（平成18年4月6日）資料第1-1号「発電用軽水型原子炉施設の性能目標について―安全目標案に対応する性能目標案について―」。これに言及する最近の論文として、下山憲治「原子力事故とリスク・危機管理」ジュリスト1427号（2011）103頁以下。
36) 高橋・前掲注（27）282頁。

③ 平常時リスク・廃棄物処分施設のリスク

原子力施設のリスクについては、上記の事故リスクに注目が集まっているが、通常操業時における放射線障害の防止についても、長年にわたり議論が積み重ねられてきた。ちなみに、許容できる限界値を設定した上で、さらに可能な限り放射線被ばく低減を求めるICRPによって提唱されたALARAの原則は、先に簡単に触れたように、原子力利用に係る放射線防護上の基本原則として世界的な承認を受け[38]、かつ、わが国においても、原子力利用に係る各種安全対策の基本原則であると考えられている[39]。

また、ドイツにおいても、このALARAの原則は、ドイツ環境法上の基本原則の一つとされる事前配慮原則（Vorsorgeprinzip）が採用された典型的事例として理解されてきた[40]。すなわち、放射線被ばくを法令上の限界値を超えて可能な限り低減すべきことを求めるドイツ原子力法上の「放射性被曝低減の原則」（現行、放射線防護令6条2項）は、放射性物質による被ばく影

---

37) 参照、原子力災害対策本部「除染に関する緊急実施基本方針」（平成23年8月26日）。ちなみに、同方針では、放射性物質の物理的減衰及び風雨などの自然要因による減衰（ウェザリング効果）が2年間を経過すると40パーセントにのぼるとの前提から、①計画的避難区域については、原則として除染によりさらに約10パーセント減少させ、子供の生活環境確保については、2年後までに60パーセント減少した状態を実現する、②追加被ばく線量がおおむね年間1から20ミリシーベルトの間の地域でも、比較的線量の高い地域については面的な除染を行い、その以外についてはコミュニティ単位での除染を行う、③追加被ばく線量がおおむね年間1ミリシーベルトとなる地域については、側溝や雨樋等の高線量を示す場所に限定して局所的な対策を講ずる、としている。

38) 参照、原子力安全委員会『原子力安全白書平成12年版』3頁以下（国立印刷局、2001）。See ICRP, 1977. Recommendations of the ICRP : ICRP Publication 26.Ann, ICRP 1 (3). ICRPの勧告とALARAの原則について、近時の邦語文献としては、小佐古敏荘＝杉浦紳之「国際放射線防護委員会（ICRP）の20年間の展開」RADIOISOTOPES50号（2001）148頁以下、小佐古敏荘「放射線防護の歴史的展開—ICRP勧告の変遷を中心として」原子力学会誌52巻4号（2010）39頁がある。

39) 参照、原子力安全委員会「『安全指針類における放射線防護の関連規定基礎調査』について」（平成15年1月30日決定）、原子力安全委員会放射線防護専門部会「原子力安全委員会の安全指針類における放射線防護に関する記載の考え方報告書」（平成22年11月4日）。

40) 参照、高橋・前掲注（27）271頁、大塚・前掲注（10）51頁以下。さらに、参照、高橋滋「原子力発電所に対する行政の安全規制とその法的特徴」『徳島大学総合科学部創立記念論文集』（1987）75頁。

響についての閾値の有無に関する論争が決着しないなかで事業者の義務として法定されたことから、事前配慮原則に基づく措置の典型例であるとみなされてきた、という経緯がある。近時、環境法上の原則として、わが国においても注目されているEUの予防原則又は予防的アプローチ（precautionary principle、precautionary approach）とドイツの事前配慮原則との関係については様々な見解がある[41]。しかしながら、放射線の被ばくが人の健康への障害となる因果関係は証明されているものの、閾値の存在についての科学的議論が決着しない段階においても、閾値がないものとして放射性被ばくの合理的低減の義務を事業者に求めるドイツの「放射線被曝低減の原則」規定は、EUにいう予防原則と共通する思考方法に基づくものと整理できる点において、比較法的に見ても興味深い。

ただし、「合理的に達成できる程度に低減する」とはどのような対策を意味するのかは、必ずしも明確なものではない。したがって、決定に際しては、各種の総合考慮を必要とする政策的な判断が必要とされよう。これまでわが国においては、平常時の被ばく対策についても、かなりの安全余裕をもった対策を行ってきたし、放射性廃棄物埋設施設が将来世代に対して与える影響といった観点からのリスク目標について、諸外国との比較においても安全裕度をもったレベルに置いてきた。すなわち、軽水型原子炉施設周辺の公衆の被ばく実効線量については、めやす値として年間50μシーベルトが採用されてきたし[42]、第二種廃棄物（これにはTRU廃棄物等の比較的放射能レベルの高い廃棄物も含まれる）の埋設施設については、管理期間を終了しても、通常想定される基本シナリオでは年間10μシーベルト、減衰に必要とされる長期間の環境変化の可能性を踏まえた変動シナリオにおいて年間300μシーベルト、極めて発生頻度が低い事象が起こった場合について年間10

---

[41] EUの予防原則及び予防的アプローチとドイツの予防原則について整理する文献として、近時のものでは、大塚・前掲注（31）300頁以下がある。この点については、筆者も、高橋滋「環境リスク管理の法的あり方―議論の到達点の整理」森島昭夫＝塩野宏編『変動する日本社会と法（加藤一郎先生追悼論文集）』（有斐閣、2011）219頁-244頁において、やや踏み込んで私見を述べたので、参照されたい。

[42] 参照、「発電用軽水型原子炉施設周辺の線量目標値に関する指針」（昭和50年5月13日原子力委員会決定、一部改訂平成元年3月27日原子力安全委員会、平成13年3月29日原子力安全委員会）。

ミリシーベルト(より保守的な要件の下でも年間100ミリシーベルト)等の設計条件を満足することが求められている(さらに、非意図的な侵入等によるバリアの攪乱等の人為事象シナリオについても必要な解析が併せて求められる)[43]。

このこととの対比においても、福島第一原発事故の深刻さは明らか[44]であり、事故の収束の後、いかなる対策目標をもって、どのような迅速さをもって、放射性物質で汚染された地域の除染等を行っていくかは、政府及び関係者に対して課された極めて重い課題ということができよう[45]。この点、放射性廃棄物によって汚染された土壌等の除染につき、第177回国会において、衆議院議員提出立法により、除染措置の手続、費用負担のあり方について基本的な枠組みが定められた[46]。今後、この法律の運用を注視していくことにしたい。

---

[43] 参照、「第二種廃棄物埋設の事業に関する安全審査の基本的考え方」(平成22年8月9日原子力安全委員会決定)17頁以下。

[44] 2011年9月現在、警戒区域は、福島第一原発敷地から半径20キロメートルの地域に及び、さらに、その外側にも、かなりの広い面積をもつ計画的避難区域があり、多数の特定避難勧奨地点が点在している。参照、原子力災害対策本部「避難区域等の見直しに関する考え方」(平成23年8月9日)、「平成23年(2011年)福島第一及び第二原子力発電所事故に係る原子力災害対策本部長指示」(福島県知事等宛。平成23年4月22日9時44分)、原子力災害対策本部「事故発生後1年間の積算線量が20 mSvを超えると推定される特定の地点への対応について」(平成23年6月16日)、同「伊達市における特定避難勧奨地点の設定について」(平成23年6月30日)、同「南相馬市における特定避難勧奨地点の設定について」(平成23年7月21日)、同「南相馬市における特定避難勧奨地点の設定について」(平成23年8月3日)、同「川内村における特定避難勧奨地点の設定について」(平成23年8月3日)。

[45] ちなみに、福島第一原発事故をめぐっては、この他にも、政府の指示による避難、農産物・観光業等への被害等原子力損害賠償をめぐる法律問題もある。この点については、紙数の関係上触れることができないため、やや立ち入って問題を検討した筆者の別稿を参照されたい。高橋・前掲注(8)5頁。

[46] 「平成23年3月11日に発生した東北地方太平洋沖地震に伴う原子力発電所の事故により放出された放射性物質による環境の汚染への対処に関する特別措置法」(第177回国会衆法29号。平成23年法110号)。

Ⅳ　おわりに

1　原子力利用と環境リスク

　福島第一原発事故は、これまでの原子力利用に伴うリスクへの対策に関するわが国の考え方を根本から揺るがし、対策制度の再検討という重い課題を関係者に投げかけている。残念ながら、本稿は、この課題に真正面に応えることを目的としていない。

　本稿においては、原子力利用に係るリスクに対する規制の法的枠組みを確認した上で、環境基本法及び関連法令と原子力安全規制法制との関係がどのように整理されているのかを、その沿革を含めて検討した。さらに、原子力利用に起因するリスクの特色を、他の環境上のリスクと比較し、今後の課題について若干の指摘を行った。

　その作業のなかで、1) 環境基本法（及びその前身である公害対策基本法）は、放射性物質による汚染を公害とは異なるものとは理解していなかったこと、2) 損害賠償の仕組みや紛争処理の仕組みについても、原子力損害賠償法の規律に服することを認めつつも、同法を環境法上の特別立法と観念していたこと、かつ、3) 放射性物質による大気汚染等については、原子力損害賠償法の和解の仲介の制度と並行的に公害紛争処理法上の紛争処理の対象になると考えられていること、を確認できた。

　そして、このような現行法の取扱いは、核物質防護という他の環境法上のリスクにはない独自の規制を必要としつつも、環境法上の他のリスクとは完全に異質な性格をもつものでないという、放射性物質による汚染、放射線障害に係るリスクの性格からも、首肯できる。特に、原子力発電所等の原子力施設関連のリスクについては、1) 事故によるリスクを含むものであること、2) 特定サイトに起因するリスクであること、等の特殊性があり、その点において、大気汚染防止法・水質汚濁法上の有害物質のリスクや、ダイオキシン・ベンゼン等の高リスク化学物質のリスクとは、性格を異にする。しかしながら、1) 今日、環境基本法は事故起因の汚染も公害と見ており、それには一定の合理性がある。また、2) 特定サイト起因のリスクという点においては、土壌汚染対策法の対象とするリスク等、環境法上の他のリスクにも同様

の性格のものがある。その意味において、放射性物質の汚染につき、その特殊性を看過しさえしなければ、環境法上の考察対象から区別して論ずる必要はない。

2 原子力リスク規制の今後

ちなみに、民主党の菅内閣は、「原子力関連行政機関につき、推進・振興を担当する組織と規制を担当する組織とを分離する」との観点から、実用発電用原子施設、加工事業、再処理事業、放射性廃棄物埋設事業等に対する規制を担当する原子力安全・保安院を経済産業省から分離し、原子力安全委員会の機能をも統合して、環境省の外局として、原子力安全庁(仮称)を設置する、との方針を決定した。かつ、その方針は次の野田内閣にも継承されている[47]。原子力規制機関について、推進・振興を担当する組織から分離する必要性のあることについては、かねてから指摘のあったところであり、この点は、重大な事故を経た後のこととはいえ、規制上の大きな改善である。

かつ、移管先についても、本稿の検討を踏まえるならば、環境省の外局として位置づけることにも、合理性はある[48]。ちなみに、先に述べたように、放射性廃棄物によって汚染された土壌等の除染については、第177回国会において、衆議院議員提出立法により、基本的な枠組みが定められた[49]。そして、同法では、環境大臣に対し、1)汚染対策基本方針の原案の策定(方針

47) 参照、前掲注(5)。なお、福島第一原発事故について、行政法学的見地から検討するものとして、下山・前掲注(35)100頁のほか、阿部泰隆「大震災・原発危機:緊急提案(東日本大震災への緊急提言)」法律時報83巻5号(2011)70頁、同「原発事故から発生した法律問題の諸相―原子炉等規制法・電気事業法・災害対策基本法」自治研究87巻8号(2011)3頁、川合敏樹「東日本大震災にみる原子力発電所の耐震安全性の確保の在り方について」法律時報83巻5号79頁等がある。

48) もっとも、規制担当組織のあり方については、所掌事務の共通性・類似性のほかにも、所掌事務の事務量、採用・人事交流のあり方等、様々な考慮要素があり、原子力安全委員会が属していた内閣府という選択肢もあり得たところではある。さらに、近時、内閣府内に多くの調整組織が設立され、調整機能の発揮という内閣府の利点が失われがちであった点に鑑みるならば、公害等調整委員会が置かれている総務省の外局にする、との選択肢も必ずしも排除されるべきものでもない。筆者は、環境省の外局案に賛成するものであるが、閣議決定に際しては、様々な角度からの、より慎重な考察が必要であった、と考える。

49) 参照、前掲注(46)。

は閣議決定事項)、2)汚染廃棄物対策地域の指定・対策地域内廃棄物処理計画の策定、3)事故由来放射性物質により汚染された廃棄物に係る各種基準の策定、4)除染特別地域の指定・特別地域内除染実施計画の策定、5)汚染土壌等の除染の措置、汚染土壌の処理等に係る基準の策定等、法令主管大臣としての各種権限が付与されている。この点についても、放射性物質による土壌の汚染等を環境基本法上の公害と位置づけている現行法体系からすれば、合理的なものと評価できよう。

　もっとも、今回の改革につき、筆者が指摘すべきと考えるのは、以下の点である。すなわち、これまで見てきたように、わが国において重要な事故が起きる度に、規制機関から独立した第三者機関による独自のチェックの必要性が指摘され、原子力安全委員会の原子力委員会からの分離、原子力安全委員会の強化という道筋がとられてきた[50]。このような道筋から見るならば、今回の改革は、第三者機関の廃止という点において、これまでの改革に逆行する側面がある。新設される機関が、推進側から分離されたとはいえ、内閣府の系統の下に置かれる行政機関である点に鑑みるならば、原子力安全委員会の廃止を正当化するものとはいえまい。この点については、規制機関が原子力安全・保安院、文部科学省、原子力安全委員会と分立してきたことが、個々の規制担当組織のチェック能力の弱体化を招き、事故の遠因となったとの反論[51]もあろうが、規制機関の能力向上については、これまで手厚く配置されてきた推進担当部局の人員を安全担当部局に再配置することによって達成することが十分に可能であると考える。したがって、環境省に原子力安全庁を置いた場合にも、内閣府原子力安全委員会及びその事務局を存置した上で、現状より権限・人員を強化すべきものと考える。

---

50) 原子力安全委員会を中心に原子力安全規制の歴史的経緯を検討したものとして、城山英明「原子力安全委員会の現状と課題」ジュリスト1399号(2010) 44頁以下がある。
51) このような議論の存在は、城山・前掲注 (50) 52頁に紹介されている。ただし、城山教授の立場は必ずしも同論文からは明らかではない。

第10章 原子力・エネルギー関連法

26 エネルギーの使用の合理化に関する法律（省エネ法）

松下和夫

I 法制定の背景と改正の経緯

　「エネルギーの使用の合理化に関する法律」（以下「省エネ法」と略称する）は、1970年代に起きた2度の石油ショックを受け、1979年に制定された。石油ショックを契機とした石油価格の急速な上昇を受けて、産業や生活面での資源・エネルギーの効率的利用や、省エネ対策が進んだ。しかしながら、エネルギー消費量はその後も上昇し続けたため、エネルギー使用の合理化を総合的に進めることを目的として本法が制定されたものである。制定当初の法律では、製造業を中心に省エネルギー達成のための目標と施策が定められた。

　省エネ法は、1979年の制定以来何度か改正が行われた。以下にその主要な改正の経緯と内容を述べる。

　1997年の気候変動枠組条約第3回締約国会議（COP3）で採択された京都議定書を受け、1998年に省エネ法は改正された。京都議定書では、先進国に対し二酸化炭素（CO_2）など温室効果ガスの法的拘束力を持った削減目標が定められ、日本も2008年から2012年の間に、1990年と比べ平均で6％削減することを約束したことを受けて改正されたものである。この改正では、自動車や家電などの機器のエネルギー消費効率を向上するための省エネ対策として、「トップランナー方式」が導入された。これは市場に出ている機器の中で最も高いエネルギー効率のレベルを、エネルギー消費効率の基準にす

る方式である。トップランナー基準の対象は、2011年現在で23品目である。この改正では、大規模工場での省エネルギー計画の作成・提出義務づけや、中規模工場における対策なども導入された。

2003年からは大規模なオフィスビルに対しても省エネルギー目標が設定されている。

2005年には、民生・業務部門における省エネルギー対策の強化などを目的に改正され、①工場・事業場に関するエネルギー管理に関する規制の一本化、②運輸分野への省エネルギー対策の導入、③建築物への対策の強化などが行われた。

2008年には、京都議定書目標達成に向けた地球温暖化対策の一層の推進、とりわけ産業部門に加えてエネルギー消費量が増加している業務・家庭部門でも省エネを進めるとの観点から改正が行われた。この改正では、大規模な工場・オフィスに対して、工場単位で義務づけてきたエネルギー管理義務を事業者単位で行うこととし、オフィスやコンビニエンスストアなどにも拡大した。また、住宅と建築物に関する省エネ対策が強化・拡充され、住宅を建築、販売する事業者による住宅の省エネ性能向上を促す措置の導入と、事業者の努力義務に、一般消費者への省エネ性能の表示による情報提供が追加された。さらに、登録建築物調査機関による建築物の調査制度が創設された。

II 法の概要

1 目的と定義（法1章）

省エネ法1条では、法律の目的を下記の通りに定めている。

「1条（目的）　この法律は、内外におけるエネルギーをめぐる経済的社会的環境に応じた燃料資源の有効な利用の確保に資するため、工場等、輸送、建築物及び機械器具についてのエネルギーの使用の合理化に関する所要の措置その他エネルギーの使用の合理化を総合的に進めるために必要な措置等を講ずることとし、もつて国民経済の健全な発展に寄与することを目的とする。」

一方、2条では「エネルギー」と「燃料」を次のように定義している。

「2条（定義）　この法律において「エネルギー」とは、燃料並びに熱（燃料を熱源とする熱に代えて使用される熱であって政令で定めるものを除く。以下同じ。）及び電気（燃料を熱源とする熱を変換して得られる動力を変換して得られる電気に代えて使用される電気であって政令で定めるものを除く。以下同じ。）をいう。

2　この法律において「燃料」とは、原油及び揮発油、重油その他経済産業省令で定める石油製品、可燃性天然ガス並びに石炭及びコークスその他経済産業省令で定める石炭製品であって、燃焼その他の経済産業省令で定める用途に供するものをいう。」

　一般的には、エネルギーとは、すべての燃料、熱、電気を指しているが、本法においては、上記の燃料、熱、電気を対象とし、廃棄物から回収したエネルギーや、風力、太陽光等の非化石エネルギーは対象となっていない。したがってこの法律の基本的な目的は、化石燃料の消費量を抑えるということになる。

2　基本方針等（法2章）

　経済産業大臣は、エネルギー使用の合理化を総合的に進める見地からエネルギー使用の合理化に関する基本方針を策定し公表する（法3条1項）。
　基本方針は、エネルギーを使用する者等が講ずべき措置に関する基本的な事項、エネルギー使用の合理化の促進のための施策に関する基本的な事項などにつき、エネルギー需給に関する長期的見通し及び技術水準その他の事情を考慮して、閣議の決定を経て定める（法3条2項・3項）。

3　法が規制対象とする分野

　省エネ法が直接規制対象とする事業分野としては、「工場又は事業所その他の事業場」、「輸送」、「住宅・建築物」、「機械器具」の4分野があり、それぞれ以下に示す事業者が規制の対象とされている。

表 1　規制対象事業分野

工場・事業場	工場等を設置して事業を行う者 ・工場を設置して事業を行う者 ・事業場（オフィス、小売店、飲食店、病院、ホテル、学校、サービス施設などすべての事業所）を設置して事業を行う者
輸送	・輸送事業者：貨物・旅客の輸送を業として行う者 ・荷主：自らの貨物を輸送事業者に輸送させる者
住宅・建築物	・建築時：住宅・建築物の建築主 ・増改築、大規模改修時：住宅、建築物の所有者・管理者 ・特定住宅（戸建て住宅）：住宅供給事業者（住宅事業建築主）
機械器具	エネルギーを消費する機械器具の製造事業者及び輸入事業者

4　工場等に係る措置等（法3章）

表1で示されるように、省エネ法での「工場等」は、一般的な意味での工場のみでなく、オフィスや商業施設、ホテル、病院、学校なども含まれる。また、平成20年の法改正により、これまでの工場・事業場単位のエネルギー管理から、事業者単位[1]（企業単位）でのエネルギー管理に規制体系が変わった。

(1) 事業者単位（企業単位）で一定規模以上のエネルギーを使用している事業者（特定事業者）

事業者全体（本社、工場、支店、営業所、店舗等）の1年間のエネルギー使用量（原油換算）が合計して1,500キロリットル以上であれば、そのエネルギー使用量を国に届け出て、特定事業者の指定を受けなければならない（法7条）。

特定事業者は、エネルギー管理に関する中長期的な計画の作成、エネルギー使用の合理化に関し、エネルギーを使用する設備の維持、エネルギーの使用方法の改善及び監視等の業務を統括管理する者（エネルギー管理統括者）を選任し、経済産業大臣に届け出なければならない（法7条の2）。あわせてエネルギー管理統括者を補佐するエネルギー管理企画推進者も選任し、経済

---

[1] 事業者単位の範囲は、法人格が基本。したがって、子会社、関連会社、協力会社、持ち株会社等はいずれも別法人であるため、別事業者として扱われる。

産業大臣に届け出なければならない（法7条の3）。

　特定事業者は、エネルギー使用の合理化目標達成のために、中長期的な計画を作成し、提出すること（法14条）、およびエネルギー使用量について定期的な報告をすること（法15条）が求められる。

　中長期計画書は、今後3〜5年の中長期的な省エネ計画であり、エネルギー管理体制や設備機器ごとの省エネ対策をまとめたものである。

　定期報告書では、エネルギー使用量、エネルギー消費原単位とその推移、エネルギーを消費する設備の状況、判断基準の遵守状況等を報告する。地球温暖化対策推進法に基づく報告もこの中に含まれ、CO_2排出量も届け出ることになる。

　以上の結果、エネルギー使用の合理化の状況が、5条1項に規定する判断の基準に照らして著しく不十分であると判断された場合は、合理化計画を作成して提出するよう指示や命令が行われる。また計画が適切でないと判断された場合は、計画の変更が指示される（法16条）。

　法5条に基づき定められる事業者の判断の基準となるべき事項（判断基準）とは、エネルギーを使用し事業を行う事業者が、エネルギー使用の合理化を適切かつ有効に実施するために必要な判断の基準となるべき事項を、経済産業大臣が定め、告示として公表したものである。各事業者はこの判断基準に基づき、エネルギー消費設備ごとや省エネルギー分野ごとに、運転管理や計測・記録、保守点検の方法について管理基準を定め、エネルギー使用の合理化に努めなければならない。

(2) フランチャイズチェーン事業等を行っている事業者（特定連鎖化事業者）

　連鎖化事業者とは、契約に基づいて、特定の商標や商号を使って商品やサービスを提供する事業者をいう。一般にはフランチャイズチェーンといわれる業態である。

　フランチャイズチェーン事業等の本部とその加盟店との間の約款等の内容が、経済産業省令で定める条件に該当する場合、その本部が連鎖化事業者[2]となり、加盟店を含む事業全体の1年度間のエネルギー使用量（原油換算値）が合計して1,500キロリットル以上の場合には、その使用量を本部が国に届

け出て、本部が特定連鎖化事業者の指定を受けなければならない（法19条）。

特定連鎖化事業者は、特定事業者と同様に、エネルギー管理統括者およびエネルギー管理企画推進者を選任し、経済産業大臣に届け出なければならない（法19条の2）。

また、特定連鎖化事業者は、エネルギー使用の合理化目標達成のために、中長期的な計画を作成し、提出すること、およびエネルギー使用量について定期的な報告をすることが求められる（法19条の2）。

以上の結果、エネルギー使用の合理化の状況が、5条1項に規定する判断の基準に照らして著しく不十分であると判断された場合は、合理化計画を作成して提出するよう指示や命令が行われる。また計画が適切でないと判断された場合は、計画の変更が指示される（法19条の2）。このように、フランチャイズチェーン全体としてのエネルギー使用の合理化が進められるよう国から管理されるのである。

(3) 第一種エネルギー管理指定工場

特定事業者または特定連鎖化事業者が設置している工場等のうちで、1年間のエネルギー使用量が3,000キロリットル以上のエネルギーを消費する工場等がある場合は、そこは第一種エネルギー管理指定工場に指定される（法7条の4）。第一種エネルギー管理指定工場に指定された場合には、エネルギー管理士資格を持つ者をエネルギー管理者として選任し、経済産業大臣に届け出をしなければならない。エネルギー管理者は、定期報告書を作成し、それを提出する。

---

2) 定型的な約款による契約に基づき、特定の商標、商号その他の表示を使用させ、商品の販売又は役務の提供に関する方法を指定し、かつ、継続的に経営に関する指導を行う事業を行っており、次の (1) 及び (2) の両方の事項を加盟店との約款等で満たしている事業者。(1) 本部が加盟店に対し、加盟店のエネルギーの使用の状況に関する報告をさせることができること。
　(2) 加盟店の設備に関し、以下のいずれかを指定していること。
　　○ 空気調和設備の機種、性能又は使用方法
　　○ 冷凍機器又は冷蔵機器の機種、性能又は使用方法
　　○ 照明具の機種、性能又は使用方法
　　○ 調理用機器又は加熱用機器の機種、性能又は使用方法

(4) 第二種エネルギー管理指定工場

特定事業者または特定連鎖化事業者が設置している工場等のうちで、1年間のエネルギー使用量が1,500キロリットル以上で3,000キロリットル未満の工場等がある場合は、第二種エネルギー管理指定工場に指定される（法17条9）。第二種エネルギー管理指定工場に指定された場合は、エネルギー管理員を選任し、経済産業大臣に届け出をしなければならない。また、定期報告書の作成と提出が求められるが、それは特定事業者として本社で一括して提出できる。

(5) 特定事業者・連鎖化事業者の義務

以上を取りまとめると、事業者全体のエネルギー使用量（原油換算量）が1,500キロリットル/年以上であり、特定事業者または特定連鎖化事業者に指定された事業者は、以下の義務と目標が課される（法7条の2、7条の3、8条、14条、15条、16条、19条の2）

表2　事業者全体としての義務

年間エネルギー使用量 （原油換算 kl）	1,500 kl/ 年以上	1,500 kl/ 年未満
事業者の区分	特定事業者または特定連鎖化事業者	－
事業者の義務：選任すべき者	エネルギー管理統括者・エネルギー管理企画推進者	－
事業者の義務：遵守すべき事項	判断基準の遵守（管理基準の設定、省エネ措置の実施等）	同左
事業者の目標	中長期的にみて年平均1％以上のエネルギー消費原単位の低減	同左
行政によるチェック	指導・助言、報告徴収・立入検査、合理化計画の作成指示（指示に従わない場合、公表・命令）等	－

5　輸送に係る措置（法4章）

輸送に係る措置には、輸送事業者に係る措置と荷主に係る措置がある。輸送事業者とは、貨物又は旅客の輸送を業として、エネルギーを使用して業を行うものをいう。荷主とは、自らの事業に関して自らの貨物を貨物輸送事業者に輸送させる者をいう。

輸送事業者には、エネルギー消費効率の良い輸送用機器や輸送能力の高い輸送機器への転換や、効率のよい運転方法の採用などを通じて、省エネを図る努力が求められている(法52条)。また、荷主は、輸送力の利用効率を高める輸送方法の検討や、省エネ化を進めている輸送事業者を選定することが求められている(法58条)。

(1) 特定輸送事業者(貨物・旅客・航空)

国土交通大臣が自らの事業活動に伴って、他人又は自らの貨物を輸送している者及び旅客を輸送している者のうち、輸送区分ごとに保有する輸送能力が、一定基準以上(鉄道300両、トラック200台、バス200台、タクシー350台、船舶2万総トン(総船腹量)、航空9千トン(総最大離陸重量))である者を特定輸送事業者として指定する(法54条)。

表3 特定輸送事業者の基準

輸送区分	保有する輸送能力
鉄道	300両以上
トラック	200台以上
バス	200台以上
タクシー	350台以上
船舶	2万総トン(総船舶量)以上
航空	9千トン(総最大離陸重量)以上

これらの特定輸送事業者は、エネルギー使用の合理化目標達成のために、中長期的な計画を年1回策定して国土交通大臣に提出すること(法55条)、及びエネルギーの使用量について年1回国土交通大臣に報告することが求められる(法56条)。

以上の結果、エネルギー使用の合理化の状況が、54条1項に規定する判断の基準に照らして著しく不十分であると判断された場合には、国土交通大臣は必要な措置を取るよう勧告ができる(57条1項)。もし事業者が勧告に従わなかったときは、それを公表し、勧告の措置をとるよう命ずることができる(法57条2項・3項)。

(2) 特定荷主

経済産業大臣が、自らの事業活動に関して自らの貨物を継続して貨物輸送

事業者に輸送させる者のうち、年度間の自らの貨物の輸送量（トンキロ）の合計が、3,000万トンキロ以上である者を特定荷主として指定する（法61条）。

これらの特定荷主は、エネルギー使用の合理化目標達成のために、中長期的な計画を年1回策定して主務大臣に提出すること（法62条）、及びエネルギーの使用量について年1回主務大臣に報告することが求められる（法63条）。

以上の結果、エネルギー使用の合理化の状況が、59条1項に規定する判断の基準に照らして著しく不十分であると判断された場合には、主務大臣は必要な措置を取るよう勧告ができる（64条1項）。もし事業者が勧告に従わなかったときは、それを公表し、勧告の措置をとるよう命ずることができる（法64条2項・3項）。

6 建築物に係る措置等（法5章）

(1) 第一種特定建築物に係る届出、指示等

エネルギー使用の合理化を図る必要のある延べ床面積2,000 m^2 以上の建築物を第一種特定建築物という。第一種特定建築物を新築する場合や大規模（床面積2,000 m^2 以上）な増改築を行う場合は、建築主は省エネルギー措置を所管行政庁に届け出なければならない（法75条1項）。

それに対して行政庁が法73条第1に規定する判断の基準となるべき事項に照らして著しく不十分であると認めるときは、届け出に係る事項を変更すべき旨を指示することができる（法75条2項）。建築主が指示に従わなかったときは、その旨を公表し（法75条3項）、指示に係る措置を取るべきことを命ずることができる（法75条4項）。

第一種特定建築主等は、第一種特定建築物の維持保全の状況について、定期的（3年に1回）に所管行政庁に報告しなければならない（法75条5項）。その際に維持保全の状況が法73条第1に規定する判断の基準となるべき事項に照らして著しく不十分であると認めるときは、エネルギーの効率的利用に資する維持保全をすべき旨の勧告をすることができる（法75条6項）。

(2) 第二種特定建築物に係る届出、勧告等

エネルギー使用の合理化を図る必要のある延べ床面積 300 m^2 以上で、2,000 m^2 未満の建築物を第二種特定建築物という。第二種特定建築物を新築する場合や 300 m^2 以上の床面積の増改築を行う場合は、建築主は省エネルギー措置を所管行政庁に届け出なければならない（法75条の2第1項）。

それに対して行政庁が法73条第1に規定する判断の基準となるべき事項に照らして著しく不十分であると認めるときは、届け出に係る事項を変更すべき旨を勧告することができる（法75条の2第2項）。

第二種特定建築主等は、第二種特定建築物の維持保全の状況について、定期的に所管行政庁に報告しなければならない（法75条の2第3項）。その際に維持保全の状況が法73条第1に規定する判断の基準となるべき事項に照らして著しく不十分であると認めるときは、エネルギーの効率的利用に資する維持保全をすべき旨の勧告をすることができる（法75条の2第4項）。

(3) 住宅事業建築主への措置

住宅を建築して販売する住宅事業建築主は、基本方針（法3条）の定めるところに留意して、その新築する特定住宅のエネルギーの効率的利用のために、性能の向上を図るように努めなければならない（法76条の4）。

また、新築する特定住宅の戸数が一定以上で性能の向上を図る必要がある場合には、国土交通大臣は住宅事業建築主に対して、目標を示して、その住宅の性能の向上を図るべき旨の勧告をすることができる（法76条の6第1項）。住宅事業建築主が指示に従わなかったときは、その旨を公表し、指示された内容に従うよう命ずることができる（法76条の6第2項・第3項）。

(4) 建築設計及び建築材料に係る指導及び助言

国土交通大臣は、建築物の設計や施工を行う事業者に対して、エネルギーの効率的利用のために建築物に必要とされる性能向上や性能表示に関して、必要な指導や助言をすることができる（法76条の2）。

経済産業大臣は、外壁や窓などの建築材料を製造または加工する事業者に対して、断熱性の性能向上や品質表示に関して、必要な指導や助言をすることができる（法76条の3）。

7 機械器具に係る措置（法6章）

(1) トップランナー基準

1998年度から自動車、家電製品及びガス石油機器の省エネ基準について、トップランナー方式が導入された。トップランナー方式とは、自動車の燃費基準や電気製品等の省エネ基準を、それぞれの機器において現在商品化されている製品のうち、もっとも優れている機器の性能以上にするということであり、法6章の規定に基づくものである。

省エネ法においてこの措置は、製造事業者等の努力義務として判断基準が示されている（法77条、78条）。ここで「製造事業者等」とは、機器の製造又は輸入を反復継続して行うものを指している。

トップランナー基準については、施行令（政令）、施行規則（省令）、告示により構成されている。施行令において、対象とする機器の特定及び対象となる製造事業者等に係る生産量または輸入量の要件を規定し、施行規則において機器の除外となる範囲を規定している。また、告示において基準値や測定方法等の具体的な基準が示されている。

トップランナー方式の対象となる機器は、わが国で大量に使用され、かつ、その使用に際して相当量のエネルギーを消費する機械器具であって当該性能の向上を図ることが特に必要なものとして、以下の23機器が政令で定められている（2010年3月現在）。

表4　トップランナー基準対象機器

乗用自動車	ビデオテープレコーダー	自動販売機
エアコンディショナー	電気冷蔵庫	変圧器
照明器具	電気冷凍庫	ジャー炊飯器
テレビジョン受信機	ストーブ	電子レンジ
複写機	ガス調理機器	DVDレコーダー
電子計算機	ガス温水機器	ルーティング機器
磁気ディスク装置	石油温水機器	スイッチング機器
貨物自動車	電気便座	

(2) 性能の向上に関する勧告及び命令

経済産業大臣は、トップランナー基準対象の製造事業者等に対し、法77

条に規定する性能の向上を相当程度行う必要があると認めるときは、目標を示して特定機器の性能の向上を図るべき旨の勧告をすることができる（法79条1項）。製造事業者等がその勧告に従わなかったときは、その旨を公表することができる（法79条2項）。さらに勧告を受けた製造事業者等が、正当な理由がなくてその勧告に係る措置をとらなかった場合において、当該機器に係るエネルギー使用合理化を著しく害すると認めるときは、審議会等で政令で定める者の意見を聴いて、当該製造事業者等に対し、その勧告に係る措置をとるべきことを命ずることができる（法79条3項）。

(3) 表示義務

トップランナー対象機器には、消費者が購入する際に、エネルギー消費効率に関する情報を取得できるように、省エネ法において表示制度が設けられている（法80条）。この制度は、対象となる機器の表示に関し、製造事業者等が表示すべき事項を告示によって示すもので、遵守事項に従って表示しない場合は罰則を伴うものである。

これによってトップランナー基準により、製造事業者に対しエネルギー消費効率の向上努力を求めることに加えて、消費者にも製品毎のエネルギー消費効率についての正確な情報を伝えることを意図している。

＜参考文献＞

福田遵『改正省エネルギー法とその対応策』（日本工業新聞社、2009）

経済産業省資源エネルギー庁、（財）省エネルギーセンター『改正省エネ法の概要2010』（経済産業省資源エネルギー庁、（財）省エネルギーセンター、2009）

第 11 章　自然保護・自然資源・都市環境

27 生物多様性管理関連法の課題と展望

交告尚史

I　はじめに

　生物多様性の根本は、様々な生物種がこの世に存在するということである。彼らは、それぞれの方法で地球上の空間の一部を利用し、それぞれの仕方で生命を維持し子孫を残している。そのことについては、人間と変わるところはない。また、ほとんどの生物種は、長い時の流れのなかで、自分の活動能力を十分に発揮させられるだけの空間を選んで、命を繋いできた。そのため、元々は同一の種であるにもかかわらず、自分が留まった空間の特質に由来して独特の形質を獲得した個体群が生まれることともなった。悠久の自然史に思いを馳せ、ヒトという動物種の歴史はその一部でしかないことに思いを致すならば、そうした地域的な変異にも軽々に扱うことはできない価値が見えてくるであろう。また、それぞれの生物種は、それぞれに相応しい自然空間、すなわち森林の内奥、林縁、草地、洞窟、水辺、浅海、深海等々を自分の棲処と定めている。それならば、われわれ人間は、自身も生態系の一員であるとの自覚[1]をもち、自らの生存空間を確保しつつも、他の生物種が暮らしていける空間をも絶やさぬように配慮すべきではないか。

　生物多様性基本法は、生物多様性を、「様々な生態系が存在すること並びに生物の種間及び種内に様々な差異が存在することをいう」と定義した（2

---

[1]　滋賀県の「ふるさと滋賀の野生動植物との共生に関する条例」（平成 18 年制定）の前文に、「私たち人間も自然の一員であり、……」という一文がある。

条1項)。これを私は上記のような趣旨で理解し、賛意をもって受け容れている。生物多様性は、植物や昆虫がもつ薬品的価値を世間に知らしめるための標語ではない。もちろん、現にそのような価値の分配に関して不公正が生じているのであれば、その解消を図ることは大切な課題である。しかし、薬品の材料として人間の幸福に役立つがゆえにその生物種を保全するのだと考えるべきではない。

II　自然保護法制の史的素描

　生物多様性を保全するためには、まずは自然を保護するための仕組みが用意されている必要がある。しかし、たとえそれが用意されていても、自然という概念でもって単なる緑の塊が観念されているのでは、まったくもって不十分である。土、岩、石、水といった非生物的な自然の構成物を舞台に無数の生物が食うか食われるか（それに止まらない面があるが）の関係で繋がる有様、すなわち生態系が観念されているのでなければならない。では、はたしてそのような観念はわが国の法制に現れているのであろうか。1970年代以降の法制の変遷を簡単に追ってみる。

1　環境保護法制と生態系の観念

　まず、1970年のいわゆる公害国会において自然環境の保全は政府の重要施策であるとの認識が示され、1972年に自然環境保全法が制定された。1972年はストックホルムで国連環境人間会議が開催された年であるが、このとき出された国連人間環境宣言に「生物圏の生態学的均衡」という表現が見られる。自然環境保全法に基づいて1973年に定められた自然環境保全基本方針にも、「日光、大気、水、土、生物などによって構成される微妙な系を乱さないことを基本条件として」人間活動を営むべきだという考え方が提示されている。

　それから20年後の1992年にリオデジャネイロで環境と開発に関する国連会議が開催され、環境と開発に関するリオ宣言が出されたが、このとき生物多様性条約が採択され、翌年発効した。日本もこれを批准したが、その時点では、特別に生物多様性保全に狙いを定めた法律が制定されることはなかっ

た。しかし、それでもその年のうちに「絶滅のおそれのある野生動植物の種の保存に関する法律」（種の保存法）が制定されたし、翌1993年には環境基本法が成立して、環境の保全に関する施策の策定と実施に当たっては生物多様性の確保を図るものとされた（14条）。また、1997年には環境影響評価法が成立し、関連の行政立法により動物と植物のほか生態系も評価項目に組み入れられた[2]。そして、2002年には、「鳥獣保護及狩猟ニ関スル法律」が「鳥獣の保護及び狩猟の適正化に関する法律」と改称され（鳥獣保護法）、この時点で「生物の多様性の確保」が法目的に取り込まれた。また、同年、失われた自然環境を取り戻すことを目的とする自然再生推進法が制定された。さらに2003年に「遺伝子組換え生物等の使用等の規制による生物多様性の確保に関する法律」（カルタヘナ法）、2004年に「特定外来生物による生態系等に係る被害の防止に関する法律」（外来生物法）が制定されている。

2　生物多様性基本法の制定

　この間政府は、1995年に生物多様性国家戦略を策定した。それが2002年に改訂されて新・生物多様性国家戦略となった。この時点で生物多様性の危機が3つに区分されている。第1の危機が乱開発による自然環境の破壊、第2の危機が生活の近代化による雑木林等の喪失、そして第3の危機が外来種や化学物質の持込みによる生物の生息・生育空間の悪化である。第3の危機との関係で、2003年に「化学物質の審査及び製造等の規制に関する法律」（化審法）が改正され、動植物の生息・生育空間への配慮が盛り込まれたことは見落とせない。2007年には新・生物多様性国家戦略が第3次生物多様性国家戦略に改まり、第4の危機として地球温暖化の危機が加わった。

　2008年に、ついに生物多様性保全の枠組みを示す生物多様性基本法が議員立法で成立した。これにより、種内の多様性、つまり遺伝子レベルの多様性をも含む生物多様性の概念が法律に明記された。生物多様性のこの定義

2）　2011年4月22日に同法の一部を改正する法律が成立し、4月27日に公布された。この改正で、計画の立案段階で環境の保全のために配慮すべき事項について検討し配慮書を作成するという手続が設けられた。これが生物多様性の保全にどの程度貢献するか、今後の運用を注視する必要がある。

は、生物多様性条約のそれと同じである。翌2009年には、生物多様性基本法の成立を受けて、自然環境保全法と自然公園法が改正され、それぞれの第1条に「生物の多様性の確保」が法目的として書き込まれた。なお、上述の生物多様性国家戦略であるが、生物多様性基本法により同法の制度として位置付けられ、2010年3月16日に至って生物多様性国家戦略2010が閣議決定された。都道府県および市町村も生物多様性地域戦略を定めるよう努めるものとされている。

そして、同年10月に、名古屋市において、生物多様性条約第10回締約国会議が開催された。この会議において、生物多様性の損失速度を減少させるためのポスト2010年目標である「愛知目標」と、遺伝資源へのアクセスと利益配分（ABS）の問題に関する「名古屋議定書」という2つの成果が得られ、また、この機にわが国はSATOYAMAイニシアティヴを発信することができた[3]。

さらに、同年のうちに、「地域における多様な主体の連携による生物の多様性の保全のための活動の促進等に関する法律」（生物多様性保全活動促進法）が成立した。同法は、市町村が作成する地域連携保全活動計画において地域連携保全活動の実施主体として定められた者について、自然保護に関するいくつかの法律で必要とされる許可が「あったものとみなす」と規定しており、生物多様性保全の担い手作りの観点から注目される。

Ⅲ　豊かな自然空間における多様性保全

生物多様性の保全は近時の環境法学の重要課題であるにもかかわらず、地球温暖化と比べて問題の所在が掴みにくいという感想をしばしば耳にする。その理由は様々であろうが、今日とくに都市部においては、他の生物との関係を意識しないで暮らすことも可能であるから、様々な動植物のつながり、すなわち生態系についてなかなか具体的なイメージが浮かばないという事情があるのかもしれない。そこで、最近興味深く読んだ1冊の書物[4]から、大台ヶ原という空間で繰り広げられている生の営みを大掴みに捉えて、生態系というものを考えるうえでの手がかりを提示しようと思う。

---

3) ジュリスト1417号（2011）4頁以下の特集「生物多様性のこれから」を参照。

1 生態系の1つのイメージ——大台ヶ原の現状

(1) 大台ヶ原の位置と地理学的特色

　大台ヶ原は、紀伊半島南東部、奈良県と三重県の県境に位置する台高山系に属し、標高1,300〜1,695 m、広さ約700 haの非火山性の隆起準平原を核とする地域である[5]。大台ヶ原に限らず、紀伊半島は100万年以上に亘って火山活動の影響を受けていない。つまり火山活動による絶滅が起きていないということであり、このことが生物種の多様性の大きな要因になっている。

(2) 大台ヶ原の森林——東大台と西大台

　大台ヶ原の森林は、東部（「東大台」）と西部（「西大台」）で大きく性質が異なる。東大台は、トウヒ（唐檜）などで構成される亜高山性針葉樹林（トウヒ群落）である。それに対して、西大台は、ブナやウラジロモミを主要な構成樹種とする冷温帯性針広混交樹林（ブナ—ウラジロモミ群落）である。大台ヶ原はすぐ西の大峰山系とともに、トウヒの南限とされる。南限と言っても直ぐ北隣りは岐阜県の恵那山であり、それと大台ヶ原のトウヒとは遺伝的に別系統である。そこに遺伝子レベルの多様性が観念されて、大台ヶ原のトウヒに1つの価値が生まれる。この価値を重視すれば、大台ヶ原のトウヒが少なくなったからと言って、恵那山から移植するというわけにはいかない。

(3) 東大台におけるトウヒ林の衰退とミヤコザサの分布拡大

　1970年代前半までの大台ヶ原は、トウヒなどの林冠が陽光を遮り、林床に苔むす冷涼な空間であった。しかし、今日では様相がすっかり変わり、東大台のトウヒの多くは枯死して化石のような姿を晒している。その下一面にミヤコザサの群落が広がっている。ミヤコザサはイネ科ササ属のササであり、大台ヶ原に生息するシカの主食となっている。すなわち、当地のササはシカの採食を通して維持されている草原生態系と評価され、それなりに学術的価値を有する。したがって、かつてのトウヒ林と現在のミヤコザサ群落の

---

[4] 柴田叡弌＝日野輝明編著『大台ヶ原の自然誌—森の中のシカをめぐる生物間相互作用』（東海大学出版会、2009）。本書は、大台ヶ原に関心を寄せる多数の研究者が、それぞれの専門（植物、鳥、昆虫等々）の観点から行った研究の成果をまとめたものである。

[5] 地理学的データは、環境省近畿地方環境事務所「大台ヶ原自然再生推進計画—第2期」（平成21年3月）のものを採用した。

いずれを採るかという選択の余地を生ずるが、目下のところ、昭和30年代前半までの状況を目標として自然再生の取組みが進められている。

ミヤコザサの分布拡大の端緒は、1959年の伊勢湾台風の来襲であった。この時、トウヒの大径木が倒れ、その部分の林冠が失われてギャップが生じ、陽光が射し込むようになった。もしそこにトウヒの小径木が育っていたなら、それがこの時とばかりに成長して、やがては再び林冠を塞いだはずである。しかし、トウヒの小径木は、シカに樹皮を剥がされて、枯死してしまっていた。その代わりに入り込んだのがミヤコザサである。ミヤコザサには、数十年に一度、一斉に開花して一斉に枯死するという不思議な性質があり、大台ヶ原では1955年にこの現象が見られた。そのときの種子がネズミ類などによって東大台を中心に撒布され、林床でじっと堪え忍んで進出の好機を窺っていたのであろう。

(4) シカとトウヒとミヤコザサ

ミヤコザサが増えればシカの食料は足りるように思われるが、反芻動物であるシカが自らの胃を健全に保つには繊維質に富む樹皮を食する必要があるらしい。そうであれば、シカが生息する限り、トウヒの剥皮は続く。いずれまたミヤコザサの一斉開花・一斉枯死現象が生ずれば、再びミヤコザサが群落を成す前に森林が復活する可能性はあると言われている。しかし、トウヒの衰退があまりに激しいので、それまで待つというわけにはいかず、シカによる剥皮を防ぐために、樹幹への金網巻きや防鹿柵の設置などの対策が講じられている。

ところで、ミヤコザサは、シカに採食されると、稈高を低くし、葉を小さくし、その代わりに稈数を増やす。ミヤコザサの地上部はもともと1年か1年半で付け替わるので、シカに採食されてもダメージは小さいうえに、小さくなった葉の光合成能力は増加しているので、全体的にみると、採食の影響は大きくはない。要するに、シカによる採食圧がかかった時点で地上部に見切りをつけ、地下茎にエネルギーを蓄積する方向に戦略を転換しているのである。シカがトウヒを枯死させてくれるおかげで分布域を拡大できている面があることも併せて考えると、ミヤコザサのシカに対する関係は、単に喰われるものと喰うものの関係には収まらないことが分かる。

(5) 生物相互間作用の広がりの一端

防鹿柵を設置すると、たしかに樹木をシカから防護することはできるが、柵内のミヤコザサに採食圧がかからないので、ミヤコザサはまた元の大きさに戻る。そうなると、それによって光を奪われて、トウヒの実生が成長できない。それで、トウヒ林再生の見地からは、防鹿柵を設けるだけでなく、柵内のミヤコザサを刈り取るべきだという意見が出てくる。しかし、何の配慮もなく刈り取りをしたのでは、ミヤコザサの背丈に差異があることによって成り立つ寄生蜂の多様性が失われてしまう。ミヤコザサフシコブタマバエという寄主を維持し、かつ2種類の寄生蜂の共存を図るには、シカの個体数を減らし[6]、広い空間を動き回らせて、背の高いミヤコザサと背の低いミヤコザサがモザイク状に分布するような状況を作出するのが理想である。とは言え、シカは元々繁殖力の強い動物であるから、その個体数を減らすには、早い段階で相当数を捕獲する必要がある。

2 関係する法制度

(1) 自然保護区という概念

生物多様性を保全するためには、動物や植物の種のみならず生態系としての自然環境全体に配慮しなければならない。自然環境を保全する手段としては、一定範囲の区域を限定し、その中で営まれる特定の人間活動（たとえば家屋の建築）を制限し、そのことによって自然環境への悪影響を防止ないし緩和するという方法がすぐに思い浮かぶ。この仕組みを自然保護区と総称することにしよう。自然空間に関わる法律で設けられた地域地区制度には自然保護区の役割を果たすものがあり、そのうちで生態系保全の意図が明瞭に顕れたものの1つが国立公園および国定公園の特別保護地区（自然公園21条1項）である。

大台ヶ原は、吉野熊野国立公園の一部であり、特別保護地区に指定されている。同時に、国指定大台山系鳥獣保護区（鳥獣保護28条1項1号）でもあ

---

[6] シカの個体数調整につき、高槻成紀『野生動物と共存できるか―保全生態学入門』（岩波書店、2006）135頁以下を参照。高槻は、シカの生息地管理を土地管理計画のなかに組み込むことが必要だと説いている。

る。ちなみに、土地所有の面を見ると、ほぼ全域が民間から買い上げられて、現在では環境省所管地である[7]。

(2) 特別保護地区における行為規制

特別保護地区は、当該国立「公園の景観を維持するため、特に必要があるとき」に、特別地域（自然公園20条1項）の中に設けられる（自然公園21条1項）。特別地域に指定されるだけでも、工作物の新築・改築・増築、木竹の伐採、鉱物の掘採・土石の採取などの行為が禁止される（自然公園20条3項）が、特別保護地区内では、それに加えて、木竹の植栽、草本植物の種子撒き、動物の捕獲・損傷・卵の採取、動物の解き放ち等の行為のほか、落葉・落枝の採取まで禁止される（自然公園21条3項）。落葉の層のことを生物学者はリターと呼ぶようであるが、リターは生態系内における窒素循環の担い手（土壌に窒素を受け渡す）となっているばかりでなく、昆虫や微生物の生息空間としての意義も大きい。

(3) 大台ヶ原における取組みの基本精神

上述のように、特別保護地区は、極力人為を排する制度であるが、裏を返せば生態系の自然的な変化は受け容れようという趣旨にも見える[8]。そうだとすれば、シカの剥皮によるトウヒ林の衰退が自然的な変化であるかどうかが問われることになろう。この点に関わって、1961年の大台ヶ原ドライブウェイ開通により、大台ヶ原地域の自然公園利用者数が増加し、林床の踏み荒らしや苔の盗掘が行われたことと、ドライブウェイ沿いの法面への吹付植生が大台ヶ原周辺に生息していたシカを誘引したことが指摘されている[9]。しかし、大台ヶ原における目下の取組みを見ると、人為的要素があったかど

---

7) このことは、環境省が積極的な手だてを講じやすいという点で、大台ヶ原にとって好都合であったと言えるかもしれない。山中正実「不思議の国の自然保護②「国立」公園ってなに？」時の法令1882号（2011）2～3頁によれば、国立公園内の国有林管理を巡る林野庁と環境省の方針の違いが由々しき問題のようである。

8) 鷲谷いづみ＝竹内和彦＝西田睦『生態系へのまなざし』（東京大学出版会、2005）61頁は、次のように述べている。「生態系の保全は、現実に存在する生態系を動的に維持することを意味する。もしその生態系の動態が自然的攪乱のみで維持されている場合には、人為を排除し、生態系を保護するのが妥当である。これは、自然保護地域や国立公園の特別保護地区などでみられる生態系保護の考え方である。」

9) 環境省近畿地方環境事務所「大台ヶ原自然再生推進計画—第2期」本文26頁。

うかということよりも、現に森林の天然更新が阻害されているという事実が重視されているように見受けられる[10]。つまり、トウヒが自然のサイクルの中で枯死するのはやむを得ないが、シカが植物を採食する結果、シカの嫌いな植物だけが残り、トウヒの後継木が育たないという悪循環を断ち切るべきだという判断[11]がなされているのである。その判断の前提には大台ヶ原のトウヒ林の学術的価値に対する高い評価があると考えられるが、特別保護地区に係る厳しい行為規制の定めに鑑みれば、自然公園法20条1項の「景観」概念にそのような価値を読み込むことも許されよう[12]。もっとも、私は、私自身をも含む人類全体が観察しようと思えば観察できる状態に在るという事実自体が価値をもつと考える。

(4) 生態系の再生と修復

大台ヶ原における自然再生の試みは1986年に始まった。同年、環境庁（当時）は、大台ヶ原地区トウヒ林保全対策検討会（2002年度に「大台ヶ原地区植生保全対策検討会」と改称）を立ち上げた。そして2001年度には大台ヶ原ニホンジカ保護管理検討会を設置し、その検討結果をも踏まえて、東大台地区の植生対策に関する調査を行い、個体数調整、防鹿柵設置、金網巻きなどの影響軽減対策を講じてきた。しかし、その間、西大台においても森林衰退が進行していると考えられるようになったため、2002年度に改めて大台ヶ原自然再生検討会が設置され、その調査検討を基礎にして2005年に第1期大台ヶ原自然再生推進計画が策定された。2009年には第2期計画が立てられている。

大台ヶ原自然再生検討会が設置された2002年は自然再生推進法が制定された年であり、検討会の名称は同法を意識して付けられたようであるが、大台ヶ原における自然再生の事業自体は、今日に至るも自然再生推進法の制度に乗ったものではない[13]。自然再生推進法の枠組みを使うのであれば、再生事業の実施者が地域住民、NPO法人、専門家、関係行政機関等から成る

---

10) 環境省近畿地方環境事務所「大台ヶ原ニホンジカ保護管理計画―第2期」（平成19年3月）本文2頁。
11) 依光良三編『シカと日本の森林』（築地書館、2011）30〜31頁〔依光良三〕を参照。
12) 甲賀春一「自然公園法制定の経緯と解説」國立公園95号（1957）12頁を参照。
13) 2011年8月11日に環境省近畿地方環境事務所に電話で確認。

「自然再生協議会」(自然再生8条1項) を設け、「自然再生事業実施計画」(自然再生9条1項) を作成することになる。

なお、自然公園法の2009年改正において、生態系維持回復事業の仕組み (自然公園38条) が創設された。自然再生推進法が失われた自然を取り戻す事業であるのに対し、生態系維持回復事業はそこまで行かないうちに進行を食い止めるための事業だとされている。シカの採食圧、踏圧によりエロージョンが生じている箇所に表土流出防止対策を講じるようなときには、この仕組みを使うことになるという[14]。重要なのは、国および地方公共団体以外の者でも、当該国立公園の生態系維持回復事業計画に適合する旨の認定を環境大臣から得ておけば、当該計画に従って生態系維持回復事業を行うことができるとされていることである。専門的能力を持った団体等が必要に応じて迅速に対応できるところに意義がある。

(5) 個体数調整

大台ヶ原では、シカの個体数調整が行われている。個体数調整といえば、鳥獣保護法の1999年改正で導入された特定鳥獣保護管理計画の仕組み (鳥獣保護7条) が想起される。しかし、大台ヶ原の個体数調整は、それに基づくものではなく、環境省近畿地方環境事務所が作成した「大台ヶ原ニホンジカ保護管理計画―第2期」を基礎にして実施される。この計画は、奈良県知事が定めた奈良県ニホンジカ特定鳥獣保護管理計画に整合するように構成されている。しかし、シカは大台ヶ原の範囲を越えて移動するので、実効的な管理のためには、奈良県のほか、三重県、林野庁等との連携が必要であろう[15]。

なお、大台ヶ原は国立公園の特別保護地区であるから、そこで動物を捕獲するには、自然公園法21条3項に基づき (9号該当)、環境大臣の許可を受

---

[14] 交告尚史「自然公園法及自然環境保全法の一部を改正する法律」ジュリスト1386号 (2009) 77頁を参照。

[15] 環境省近畿地方環境事務所「大台ヶ原自然再生推進計画―第2期」本文57頁を見ると、「また、ニホンジカの冬期移動先等の周辺地域も含めた広域的な生息環境の重要性も指摘されている。そのため『大台ヶ原・大杉谷ニホンジカ保護管理連絡会議』において各主体が実施しているニホンジカ保護管理について情報共有を始めたところ……」と記述されている。

けなければならない。また、当地は国指定の鳥獣保護区であるから、鳥獣保護法 9 条 1 項に基づき（1 号該当)、やはり環境大臣の許可が必要となる[16]。

(6) 利用調整地区

自然公園法の 2002 年改正で、利用調整地区の仕組み（自然公園 23 条）が設けられた。これは、いわゆる over use（使い過ぎ）の問題に対処するための仕組みである。傷つき易い自然空間に多数の人々が一度に押し寄せたのでは、当地の生態系が破壊されるおそれがある。そこで、特別地域に（2009 年改正により海域公園地区にも）利用調整地区を指定して、利用可能人数を制限することができることとされたのである。しかし、利用調整地区の指定は事前折衝で難航するらしく[17]、なかなか実績が上がらない。そのような状況のなかで、初めて指定されたのが大台ヶ原の西大台利用調整地区（2006 年指定）である。国立公園の利用調整地区に立ち入るには環境大臣の認定を受けることが必要である（自然公園 24 条 1 項）ところ、環境大臣はこの認定の事務を「その指定する者」(「指定認定機関」) に行わせることができる（自然公園 25 条 1 項）。

Ⅳ 都市における生物多様性保全

生物多様性の保全は、豊かな自然空間だけの問題ではない。緑空間の減少した都市部においても、それなりの生物多様性が見られ、その保全を検討する必要がある。もっとも、私の在住する横浜市のことを考えてみても、市域の全部が「都市」空間であるわけではなく、「緑の七大拠点」と称される比較的豊かな樹林地が残っている。そこでの生物多様性の問題には、豊かな自然空間のそれと共通する部分がある。

---

16) 大台ヶ原の事業主体は近畿地方環境事務所（環境省の地方支分部局）である。そのため、まず鳥獣保護法の許可について、近畿地方環境事務所長が申請して近畿地方環境事務所長が許可を出す（自然公園法 69 条に基づく権限の委任）という形を採る。そして、鳥獣保護法の許可が出ると、当該捕獲は自然公園法 21 条 8 項 4 号および自然公園法施行規則 13 条 5 号により、自然公園法の許可不要となる。2011 年 8 月 19 日に環境省自然保護局国立公園課に電話を入れて教示を受けたが、条文の引用は私の判断による。

17) 知床での状況について、山中正実「不思議の国の自然保護④混迷する知床岬」時の法令 1886 号（2011）3 頁を参照。

1　緑地保全法と首都圏近郊緑地保全法の制度

(1) 制度の概要

　都市部に残された緑地の保全に関係する法律として、都市緑地法と首都圏近郊緑地保全法を取り上げる。まず都市緑地法であるが、その目的は、都市における緑地の保全と緑化の推進を図ることである。「緑地」という概念は、「樹林地、草地、水辺地、岩石地もしくはその状況がこれらに類する土地が、単独でもしくは一体となって、またはこれらに隣接している土地が、これらと一体となって、良好な自然的環境を構成しているもの」と定義されている。本法には緑地保全地域および特別緑地保全地区という２つの制度が用意されているが、とくに生態系の観念と結び付き得るのは後者であろう。それはすなわち、都市計画区域内の緑地で特定の要件に該当する区域を特別緑地保全地区として都市計画に定めるという仕組みであり、その要件の１つに「動植物の生息地または生育地として適正に保全する必要があること」という項目がある。区域内で建築行為、宅地の造成等の土地の形質の変更、木竹の伐採等の開発行為を行う場合は、都道府県知事の許可を要する。

　次に首都圏近郊緑地保全法であるが、これは国土交通大臣が首都圏整備法に基づいて指定する近郊整備地帯の緑地保全を図るための法律である。近郊緑地保全区域および近郊緑地保全特別地区という２つの仕組みが設けられているが、ここで注目したいのは後者であり、指定の要件の１つに「特に良好な自然の環境を有すること」という項目がある。

(2) 都市緑地法による生物多様性保全の可能性

　同法の特別緑地保全地区に関する規定を見ると、たしかに、動物の生息地または植物の生育地として適正に保全する必要性があることが指定事由の１つになっているが、それ以外の条文からは生物多様性保全への関心がなかなか読み取れない。そのため、この法律の仕組みを実施するのに生物多様性の観点をどの程度織り込めるのかが問題になる。都市緑地法に関しても、その第１条に生物多様性の確保が書き込まれない以上、その目的を前面に出すことはできないという見解もあるかもしれない。しかし、本法はともかくも緑地保全を目的とする法律であるし、本法の基本計画と環境基本法に基づく環境基本計画（環境基本計画には、生物多様性を確保するために活用する手段とし

て、自然公園や自然環境保全地域だけでなく、特別緑地保全地区、風致地区、それに都市公園も挙げられている)との調和が求められている(都市緑地6条3項)ことに照らせば、生物多様性保全への配慮を取り込むことに本法が無関心であるわけではない。それゆえ、たとえば本法14条1項に基づいて特別緑地保全地区における開発行為の許可が求められた場合において、行政庁は、同条3項に基づいて許可に付する条件の中に、生物多様性保全の見地からの要求を盛り込むことができるであろう。

2 横浜市の取組み

(1) 横浜市が利用している法律上の制度

横浜市は、大都市特例の規定により、都市緑地法と首都圏近郊緑地保全法の事務を処理している。まず都市緑地法に関しては、緑の七大拠点をはじめとする樹林地で、特別緑地保全地区の指定と土地の買取りを進めている。また、七大拠点の1つである円海山周辺地区は、首都圏近郊緑地保全法の近郊緑地保全区域に指定されており、その一部は近郊緑地特別保全地区の指定も受けている。

(2) 開発の波への対抗策としての契約的手法

横浜市は、「市民の森」という市独自の緑地保全策を1971年に創設した。これは、山林所有者との契約により、森林を市民の憩いの場として提供してもらう手法である。2010年4月1日現在で31か所、約451 haが指定されており、「緑の七大拠点」を構成する森林のかなりの部分はこの手法で保全されている。そして、1973年には、急激な都市化の波に抗するために「緑の環境をつくり育てる条例」が制定された。現行条例の条文で言えば7条1項に「市長は、緑地、樹木等の所有者その他これらに関し権利を有する者の同意を得て、保存すべき緑地、樹木等を指定することができる」と定められており、現在ではこれが「市民の森」制度の根拠とされている。

また、同条例の8条には、「市長は、緑地の保存及び緑化の推進に関し必要な事項を内容とする協定を、市民等と締結することができる」と定められている。この規定に基づく緑地保存協定は、とくに横浜の自然の特色である斜面緑地の保全策として有効だと思われる。ただし、条例全体が樹木を重視

した作りになっているので、樹林内に散在する草地の維持まで要望するのは難しいかもしれない。しかし、そこをきめ細かに制度設計して運用しなければ、都市の生態系の多様性を維持することはできない。

(3) 横浜みどりアップ計画と横浜みどり税

横浜市は、「樹林地を守る」、「農地を守る」、「緑をつくる」を3本柱とする「横浜みどりアップ計画」を立て、その政策を実現するために平成21年から「横浜みどり税」を導入した。これはみどりアップ事業のための安定した財源の確保という意味（政策と税金のつながりがよく見えるという意味もある）から、大いに注目される試みである。なお、横浜市は、2011年4月に「生物多様性横浜行動計画 横浜bプラン～はじめよう、bな暮らし～」を策定した。これは、生物多様性基本法13条1項に基づく生物多様性地域戦略として位置付けられている。今後は、横浜市における自然環境の保全および創出の試みをこの計画が生物多様性の観点から方向づけて行くことになると思われる。

V 種々の観点から

1 自然保護区補論

(1) 自然保護区のデザイン

自然保護区による自然保護にとって最大の問題は、保全生物学ないし保全生態学において明らかにされた知見を、具体の自然保護区の設定に活かすことができるかどうかである。保全生物学ないし保全生態学の分野では、種々の生物種の習性や他の生物種の繋がり等を調査し、保護の対象（特定の種に着目するか、生態系全体を重視するか）に見合った自然保護区の設定の在り方を研究している。したがって、自然保護区を設定する目的に照らせば、それらの学術的知見に従って保護区をデザインするのが合理的である[18]。しかし、実際には、地主の反対等の事情があって、十分な範囲の指定ができないという現実がある。

自然公園法の制度について言えば、生物多様性の保全が図れるかどうかは、まずは本来特別保護地区に指定されるべき区域がきちんと指定されるか

どうか[19]に係っている。しかし、同法の運用においては、伝統的に景色の視覚的な面が重視され、生態系への配慮に悖る部分があったと言われている[20]。この点が、日本自然保護協会等の環境保護団体にとっては、大きな不満であった。だが、2002年の改正により、「自然公園の生態系の多様性の確保その他の生物の多様性の確保を旨として」自然公園の風景の保護に関する施策を講ずることが国の責務として規定され、さらに2009年の改正では、第1条の法目的に「生物の多様性の確保に寄与すること」が書き込まれた[21]。このように生物多様性の確保が重視されるに至ったことが、特別保護地区の指定の在り方を見直す動きにつながるかどうかが、生物多様性保全に心を砕くものにとって、大きな関心事となっている。

(2) 自然保護区のメニューと法制度の在り方

自然保護区の有り様を考えるうえでは、自然環境保全法の原生自然環境保全地域や自然環境保全地域のことも考えなければならない。両法の制度の在り方について、大きく分けて3つの意見がある。第1に、自然環境保全法の方が自然保護の目的に徹した法律であることから、国立公園のうちで自然保護の要請の強い所を自然環境保全地域に指定替えするのがよいとする意見[22]である。第2に、それとは逆に、自然環境保全法の自然保護区はもはや人々の目を惹かなくなっている現実を直視し、それらを国立公園の特別保護地区ないしは第1種特別地域に取り込んで適切に管理するのがよいという見解[23]

---

18) この問題意識については、交告尚史「環境倫理と環境法」大塚直＝北村喜宣編『環境法学の挑戦』（日本評論社、2002）362～364頁で詳説した。それに先行し同じ問題意識でスウェーデンの自然保護地域について研究した成果が、交告尚史「自然保護の法制度と知の結合——スウェーデンにおける自然保護地域の指定を素材に」阿部泰隆＝水野武夫編『山村恒年先生古稀記念論集 環境法学の生成と未来』（信山社、1999）203頁以下である。

19) 村串仁三郎『自然保護と戦後日本の国立公園 続『国立公園成立史の研究』』375頁（時潮社、2011）によれば、特別保護地区は貴重な自然を保護できるシステムであるにもかかわらず、それを国立公園法に導入するに当たり（1949年5月の同法改正時）、厚生省と通産省の間に密約的な覚書が交わされて、厚生省は特別保護地区の指定に際して通産省と協議することを約束させられてしまったという。

20) 糸賀黎『持続可能社会における自然保護』（糸賀黎先生記念出版の会、2006）11～12頁。

21) 交告・前掲注（14）72～74頁を参照。

22) 大塚直『環境法（第3版）』（有斐閣、2010）584頁。

がある。そして、第3に、小面積でも指定できる自然環境保全地域（自然環境保全法22条1項の3号から6号）を活用して、自然公園と自然公園の隙間を埋めるのがよいという考え方[24]である。私自身は、自然保護に関係する法律をすべて整序して総合的な「自然保全法」[25]を作り、その中で、生態系の学術的価値を最大限尊重するものから、国民による利用を相当程度認めるものまで、自然保護区のメニューを揃えるのがよいと考えている。種の保存法36条の生息地等保護区のような種の保存に着目した保護区も、そのようなタイプの自然保護区として掲げることになる。

2　野生動植物種の保護

(1) 種の保存法の仕組みと問題点

野生動物種の保護の方策を定めた法律として真っ先に挙がるのが、種の保存法である。ほかにも鳥獣保護法や文化財保護法の天然記念物制度などが関係してくるが、ここでは種の保存法にのみ言及する。この法律の要諦の1つは、国内希少野生動植物種を政令で指定（4条3項）し、その捕獲（9条）と取引（12条）を規制することである。平成22年3月現在で、アホウドリ、トキ、ツシマヤマネコなど82種が指定されている。しかし、これはレッドデータブックの絶滅危惧I類のごく一部に過ぎない。さらなる指定を早急に進めるべきである[26]。

---

23)　加藤峰夫『国立公園の法と制度』（古今書院、2008）49～52頁。
24)　大澤雅彦監修・(財)日本自然保護協会編『生態学からみた自然保護地域とその多様性保全』（講談社、2008）50頁〔幸丸政明〕。なお、隙間を埋めるという意味では、たとえば西宮市の「自然と共生するまちづくりに関する条例」のそれのような自治体が工夫した小規模な自然保護区にも効果が認められるのではないか。この条例は、第1条で、生物多様性の確保および自然と共生するまちづくりを目的として謳い、生物多様性の保全のための自然保護地区と、特定の野生動植物の保護、繁殖を図るための生物保護地区という2つの自然保護区を用意した。現在、自然保護地区として剣谷自然保護地区と仁川自然保護地区の2か所が、また生物保護地区として甲山湿原と甲子園浜の2か所が指定されている。
25)　北村喜宣『環境法』（弘文堂、2011）557頁は、「行政的経緯から2つに分割されている自然環境保全法と自然公園法を、生物多様性基本法を踏まえて再構成することが必要である」と述べているので、少なくともこれら2つの法律は統合することになるものと思われる。

この法律のもう1つの要諦は、生息地保護である。環境大臣は、国内希少野生動植物種の保存のために必要があると認めるときは、生息地等保護区の指定を行うことができる（36条1項）。当該種の個体の生息地または生育地だけでなく、それらと一体的に保護を図る必要がある区域をも指定できるとされている点が、実効的な保護の観点から、きわめて重要である。しかし、種の保存法に財産権尊重の規定（3条）があるためか、現在のところ9か所が指定されているにすぎない。わが国の制度では、国内希少野生動植物種の指定と生息地等保護区の指定が連動しておらず、この点が強い批判を浴びている[27]。

(2) 個体数の回復——生息・生育環境の復元

　個体数が著しく減少した種については、種を存続させるという目的に照らして、ある程度ゆとりをもてるところまで個体数の回復を図りたい。しかし、この点については、種の保存法の保全目標は絶滅の回避に止まり、種の回復までは想定されていないとの指摘[28]がある。そこは議論の余地があると思われるが、そのようにしか読めないとすれば、法律を改める必要がある。

　個体数の回復を図るためには、現に存在する生息・生育地の保全に努めるだけでなく、近隣に生息・生育環境を復元する見込みが立つのであれば、復元を試みるべきである。このことに関連して、長野県におけるオオルリシジミの保護の例に触れておく。この蝶は、今では九州の阿蘇地方と長野県でしか観察されていない。長野県でも全域で見られるわけではなく、安曇野市、東御市および飯山市で生息が確認されているに過ぎない。環境省のレッドデータブックでは絶滅危惧Ⅰ類に指定された。長野県も2006年に希少野生動植物保護条例[29]の指定希少野生動植物種に指定し、保護回復事業を開始した。しかし、この蝶の生息地を確保するのは容易ではない。一定の区域を

---

26) 大塚・前掲注（22）597頁。
27) 関根孝道「似て非なるもの　日米『種の保存法』の比較法的考察」阿部泰隆＝水野武夫編『山村恒年先生古稀記念論集　環境法学の生成と未来』235頁（信山社、1999）。
28) （財）日本自然保護協会編『生態学からみた野生生物の保護と法律：生物多様性保全のために（改訂）』（講談社、2010）81頁および87頁〔坂元雅行〕。

囲って行為規制をかければ済むものではないのである。むしろ、生息地を積極的に作出する必要がある[30]。そのためには、まず、農家に依頼して幼虫の食草であるクララを刈り残してもらわなければならない。クララは昔は殺虫剤として農家で利用されていたが、今は雑草の扱いである。それをあえて刈り残してもらうのであれば、そのことを評価して補助金を出す仕組みを作ることが検討されてよい。こうした食草の確保以上に厄介なのは、オオルリシジミの天敵であるメアカタマゴバチの個体数を抑制することである。メアカタマゴバチの個体数を減らすには、春先に野焼きをすることになる（オオルリシジミは蛹の状態で地中にいるので救われる）。昔は農作業の一環として行っていた行事を、オオルリシジミの保護を意図して行う[31]のである。将来的には、農家の高齢化を見越して、NPO法人などを取り込んだ体制を調えるべきであろう。

---

29) この条例は、指定希少野生動植物および特別指定希少野生動植物という2つの概念を設けて、2段階規制をしている。前者は、知事に届け出ることにより、捕獲、採取、殺傷または損傷をすることができるのに対し、後者は、それらの行為は原則として禁止される。そのほか、生息地等保護区、保護回復事業、外来種に関する調査等に関して様々な規定が置かれている。現在、指定希少野生動植物は72種、特別指定希少野生動植物はイヌワシなど19種が指定されている。2011年7月19日に長野県環境部自然保護課に立ち寄って尋ねたところ、この条例に基づく生息地等保護区はまだ指定されていないということであった。

30) このことを理解するうえで、中村寛志＝江田慧子編『蝶からのメッセージ：地球環境を見つめよう』（信州大学山岳科学総合研究所、2011）に収録された3つの論文、丸山潔「松本平の歴史とオオルリシジミ」、西尾規孝「東御市におけるオオルリシジミの復活」、および江田慧子「オオルリシジミと野焼き」が参考になる。なお、2011年6月29日付長野日報1面記事によれば、信州大学農学部AFC昆虫生態学研究室が、つい先頃、生息地の回復に成功した。

31) このような保護の在り方は、オオルリシジミという自分たちの好きな種（とくに美麗種）を保護するためにメアカタマゴバチを犠牲にしている（「選択主義」）ように見える。動植物の保護には、しばしばこの問題が伴う。しかし、保護活動をしなければ、オオルリシジミは遠からず絶滅するであろう。そうした事態は、回避できるものならば回避するべきである。それが昆虫研究者の学術的利益に資することは確かであるが、私としては、前にも述べたように、私自身をも含めた人類全体がオオルリシジミを観察しようと思えば観察できる状態に在ることが価値をもつと考えたい。ちなみに、メアカタマゴバチは、他の昆虫の卵にも寄生できるので、クララの自生地で野焼きをしただけでは絶滅しないと思われる。

3 動植物の移入の問題

(1) 外来生物

その地にもともと生息・生育する動植物以外の動植物がその地に入ってくると、われわれ人間に危害を与えたり（人の生命・身体に対する悪影響）、農作物に被害を与えたり（農林水産業への悪影響）することがあるほか、在来生物の生息・生育環境を破壊したり、在来の近縁生物と交雑して雑種を作る（生態系への悪影響）ことがある。近時アライグマ、ブルーギル、カミツキガメ等に関する事件が報じられることが多くなったことから察せられるように、これらの生物がもたらす悪影響をもはや黙視することはできない。そこで、2004年にいわゆる外来生物法が制定された。同法は、海外から導入されることによりその本来の生息地または生育地の外に存することとなる生物（外来生物）であって、生態系等に係る被害を及ぼし、または及ぼすおそれがあるものを政令で特定外来生物として指定することとし、特定外来生物の飼養、栽培、保管または運搬、および輸入の規制（4条以下）、防除に関する規定（11条以下）、それに未判定外来生物に関する届出の規定（21条）などを置いた。要するに、問題がある生物を指定して対処するブラックリスト方式が採用されたわけであるが、問題がないことが確認された生物についてのみ輸入を認めるホワイトリスト方式への転換を図るべきである[32]。

(2) 国内での移入

ある土地の生態系への影響という観点から見ると、国内での動植物の移入についても外来生物の場合と同様の問題が生じ得る。しかし、こちらの方は、まだあまり国民の関心を呼んでいないように見受けられる。それでも、自然公園法の2009年改正で、国立公園および国定公園の特別地域に関して、「非本来的生息（育）地動植物の放出」を禁止する規定が導入された。ここでは、さしあたり動物の方に注目し、自然公園法20条3項14号を読んでみよう。「環境大臣が指定する区域内において当該区域が本来の生息地でない

---

[32] ブラックリスト方式とホワイトリスト方式については大塚・前掲注 (22) 604-606頁が詳しい。大塚自身は、分類学の知見が蓄積され、ある程度体制が整備されれば、ホワイトリスト方式への転換が検討されてよいとする。それに対し、(財) 日本自然保護協会編・前掲注 (28) 125頁 [草刈秀紀] はできる限り早い段階での再検討を求めているようであり、私はその立場を支持したい。

動物、当該区域における風致の維持に影響を及ぼすおそれがあるものとして環境大臣が指定するものを放つこと（当該指定する動物が家畜である場合における当該家畜である動物の放牧を含む。）。」この行為を特別地域内において環境大臣の許可なく行うことが禁止されるのである。

　この条文では、環境大臣が指定するのは「動物」とされているが、環境省の解説[33]では、「種」を指定すると説明されている。では、地域変異の著しい個体群をどう考えるのか。たとえば、ある国立公園の特別地域を流れる河川にイワナが生息しているとして、そこに別地域のイワナを持ち込むことは許されるのかということである。前述のように、特別保護地区であれば、動物の解き放ちは一切禁止されるので、当然他地域のイワナを持ち込むことはできない。特別地域の場合は、そこまでは禁止されていないと読むべきなのかもしれない。しかし、生物多様性基本法は種間の多様性も生物多様性の要素として挙げているのであるから、本来ならば、特別地域であっても、地域個体群のレベルで移入の可否を考えるべきであろう。

　なお、このことは、国立公園や国定公園に限らず、ともかく生態系の保護を図る場合には常に検討しなければならないことである。たとえば、神奈川県内の都市公園にシラカシが植栽されているとして、そこに他地域のシラカシを持ち込めば、遺伝的な交雑の機会を与えてしまうことになるのである。また、シラカシの根に他地域の土が付いてくるわけであるから、その中にいる土壌生物などに起因して生態系が破壊されるおそれもある。もっとも、それを回避するには地元で育てたシラカシを使う必要があり、他地域のシラカシを購入するのに比べてコストが高くつくかもしれないが、本当に遺伝子レベルの多様性をも重視するのであれば、それもやむを得ないと考えるべきである[34]。

---

33)　環境省自然環境局自然環境計画課・国立公園課「自然公園法及び自然環境保全法の改正について」國立公園675号（2009）26頁。
34)　高桑正敏「これからの都市公園に期待する―自然史を尊重する公園づくり」公園かながわ23号（2003）25頁以下を参照。

4 森、川、海の法制度の問題点

(1) 問題の所在

2007年の第3次生物多様性国家戦略において、生物多様性の保全と持続可能な利用に向けた基本戦略の1つとして、森・里・川・海のつながりの確保が提唱された。しかるに、わが国では、森、川、海に関する主要な法律が「真の自然保護法」とは観念されておらず、そこに生物多様性保全にとっての最大の問題があると思う。

(2) 森林法

森についての最も重要な法律は森林法である。森林法に関する私の不満は、林地開発許可制度（10条の2）の環境要件（「周辺における環境を著しく悪化させるおそれ」）の運用にある。現実にはこの要件は残置森林率の基準（一定割合の自然林を残すことを要求）によって判定されており、そこには生物多様性への配慮は窺われない。そこで、これを保全生態学の知見を反映させた要件規定[35]に変えることが考えられる。そのような要件設定に関しては、森林法はそもそも生物多様性の保全を目的にしていないという法目的論の見地からの批判[36]が予想される。この点について、私は、環境基本法14条に生物多様性の確保が明記されていることを重視し、そこに「多様な自然環境」の例として挙がっている森林、農地、水辺地等の環境に関わるすべての法律を1つの家族として捉えてはどうかと考えている[37]。

なお、森林法に関して私が期待の目で眺めているのは、内水面に魚つき保安林（森林25条1項8号）を指定する例[38]が出てきていることである。その第一次的な目的は漁獲資源としての渓流魚を保全することにあると思われるが、森と川の生物移行帯（エコトーン）を保全するという効果も認められよう。

---

35) 高知県の「四万十川の保全及び流域の振興に関する条例」において、回廊地区内における開発許可の1つの要件として、「当該行為をする土地の現に有する生態系及び景観の保全の機能からみて、当該行為により当該土地及びその周辺の地域における生態系及び景観を著しく悪化させるおそれがないこと」が要求されているのが参考になる。
36) 阿部泰隆「自治体訴訟法務と裁判」北村喜宣＝山口道昭＝出石稔＝礒崎初仁編『自治体政策法務』（有斐閣、2011）320～321頁を参照。
37) 交告尚史「第4章 国内環境法研究者の視点から」環境法政策学会編『生物多様性の保護—環境法と生物多様性の回廊を探る』46～48頁（商事法務、2009）を参照。

(3) 河川法

河川法は、伝統的に治水と利水の法律であったが、平成9年に至って河川環境の保全が第1条の法目的に加えられた。ある解説書[39]によれば、河川法1条の「河川環境」は、河川の自然環境（河川の流水に生息・繁茂する水生動植物、流水を囲む水辺地等に生息・繁茂する陸水動植物の多様な生態系）及び河川と人との関わりにおける生活環境（流水の水質（底質を含む）、河川に係る水と緑の景観、河川空間のアメニティ等）を意味する。

このような目的が加わったことによって行政は安心して環境事業ができるようになったと言われている[40]。環境保全のために良い事業をしようとすれば、それだけ費用が割増しになるが、環境保全が法目的であるとなれば、税金の無駄遣いとの批判をかわすことができるからである。したがって、平成2年の建設省通達[41]を頼りに試みられてきた多自然型工法も、堂々と実施することができるものと推測される。多自然型工法とは、高知県の四万十川水系での試み[42]を例にとれば、落差工で造られた旧来の段差を魚が遡上できるように改良するとか、魚の寄る辺となるように石を配置するとか、河川周

---

38) 森と海が接する所に魚が多く集まる事実が古くから認識されていて、森林法は当初からそれを魚つきとして保安林の類型に取り込んでいた（森林25条1項8号）。その歴史的経緯のせいか、魚つき保安林は森と海の接点に指定するものと考えられてきたようである。ところが、2011年5月30日、岐阜県下呂市馬瀬地区の民有林が魚つき保安林に指定された（岐阜県内で2箇所目）。この民有林は、合併により下呂市となる前の馬瀬村の時代から要綱で保全されてきた渓流林の一部である。馬瀬村における自然環境保全の取組みについて、小池永司「現地からの報告　岐阜県馬瀬地方自然公園と渓流魚付き保全林について」林業経済61巻10号（2009）17頁以下を参照。
39) 河川法研究会編著『逐条解説　河川法解説（改訂版）』（大成出版社、2006）23頁。
40) 養老孟司＝竹村公太郎『本質を見抜く力―環境・食料・エネルギー』（PHP研究所、2008）235頁の竹村発言を参照。
41) この通達が発せられた背景については、関正和『大地の川―甦れ、日本のふるさとの川』（草思社、1994）20頁を参照。
42) 2011年3月30日に、四万十川水系で「近自然工法」を実践してこられた熊田光男氏に面会し、実際に近自然工法が採用された現場の案内を乞うた。熊田氏は、現在「多自然型」の名の下で行われている工法が人間中心的な営みに堕していることを批判し、その原因の一端は建設省通達で「多自然型」という語が用いられたことにあるのではないかと指摘した。熊田氏自身は「近自然」と形容している。ちなみに、生態学者の川那部浩哉は、ドイツ語のNaturnaheを「近自然」ではなく「多自然」と訳したところに土木工学関係者の自然に対する傲慢さが如実に顕れているという。川那部『生態学の「大きな話」』（農山漁村文化協会、2007）113頁を参照。

辺から河川敷に至る動物専用道を造るとかいったことである。もっとも、そのような工法を採用することによって生物多様性を保全するためには、当該河川の特質に関する着実な研究と、生物多様性の意義を理解できる人材とが必要である。多自然型工法は、「コンクリートを石に換えればそれでよしとし、そこに生き物が全然いなくても意に介さない人間中心的な営み」であってはならない。

　河川法の許可制度、たとえば同法 23 条の流水占用許可の制度が、上記のような意味での環境保全を第一目標として運用されるのであれば、それは生物多様性の保全にとって好ましいことである。しかし、実際には、河川環境の保全という目的は、河川法の伝統的な目的である治水と利水に劣後してしまうのではないかと推測される。

　また、河川環境の保全ということが河川管理者の意識にあるとしても、それを実行するには知識が必要である。当該河川に関する生態学的知見は、河川整備計画の案を作成する段階で、学識経験者や関係住民の意見を聴取する（河川 16 条の 2 第 3 項、第 4 項）ことによって吸収できるはずである。しかし、それも、意見聴取を行うかどうか、どういう人物から意見を聴くかというかということについての河川管理者の判断に係っている。河川管理者にそもそも生態学的知見を得ようというような姿勢が見られなければ、当該河川の管理は、「一官庁とそれを支える河川工学という限られた学問に独占される[43]」ことになる。

　そのような姿勢の河川管理者が、河川環境の保全について十分な検討を加えることなしに流水占用許可を出したとすれば、当該河川の魚類の保全に尽力している者にとっては大いに不満であろう。しかし、そのような者が当該許可処分の取消しを求めて訴訟を起こそうと考えても、目下の状況では原告適格を否定される可能性が高い[44]。つまり、許可制度の運用について司法審査を求めることのできる者がいないということになる。このことも、生物多

---

43)　小野有五「川・魚・文化─天塩川水系・サンル川から考える」宇沢弘文＝大熊孝編『社会的共通資本としての川』（東京大学出版会、2010）378 頁。
44)　長野地判平成 16 年 3 月 26 日判例集未登載、およびその控訴審判決である東京高裁平成 17 年 3 月 9 日判例集未登載を参照。

様性保全の見地から由々しき問題である。

(4) 海の法制度

海岸法についても、平成11年の法改正で「海岸環境の整備と保全」が第1条の法目的に追加された。その結果、海岸保全区域の占用許可（海岸7条1項）や一般公共海岸区域の占用許可（海岸37条の4）などの海岸法の制度は、海岸防護・環境保全・適正利用という3つの目的の絡み合いの中での運用を求められることになった。そこで問題は、その中で生物多様性の観点がどれほどの重みを持ち得るかである。この点については、河川法と同様の状況にあると推測される。

自然公園法の2009年改正により、それまで同法において用いられていた「海中」という語が「海域」と改められた[45]。それは、とりわけ「海中公園地区」が「海域公園地区」になったことにおいて意味をもつ。従来の海中公園地区は、ガラス底船によるサンゴの鑑賞など1970年代に普及したレジャーに対応するものであった。それを海域公園地区に改めるに当たっては、生態系としての浅海域の価値が重視されている。したがって、今後は、その方向で海域公園地区の適正な指定がなされることが望まれる。

海に関して私が最も危惧しているのは、深海底における海底熱水鉱床やメタンハイドレートなどの掘削である[46]。陸域の資源に乏しいわが国にとって深海底に眠る資源は大いに魅力的であるが、そこに広がる生態系について十分な調査がなされているとは言い難い。鉱業法に基づく規制ではたして深海底の生物多様性保全に対応できるかどうか、そういう難問を現在われわれは抱えている。

VI　おわりに

生物多様性基本法との関係で、アンブレラという語がよく用いられる。様々な法律が生物多様性の傘下に収まることを表現しているように見受けられる。しかし、実際にどれだけの法律が生物多様性基本法の趣旨に沿って運

---

45)　交告・前掲注（14）76頁を参照。
46)　交告尚史「海底資源問題に対する国内法の対応」ジュリスト1365号（2008）85頁以下を参照。

用できるのであろうか。上述のとおり、森林法ですら怪しいところがある。温泉法、鉱業法、採石法、砂利採取法等々、自然空間の改変に関わる法律は多数存在するが、それらの法律で設けられた許認可の仕組みを生物多様性保全の観点を重視して動かすのはかなり難しそうである。せめて生物多様性保全の見地から許認可に条件（行政行為の附款）を付けることはできないかと思うが、それすらも否定されるかもしれない。そうであってみれば、やはりそれらの諸法律が改正されて、生物多様性の確保を重視した決定を堂々と行うことができるような状況に至ることを願うほかはない。

　仮にそのような改革が実現したとすると、それまで生物多様性に関して無関心であった行政機関も、生物多様性に関する専門的知見に沿って業務を行うことを求められる。そうなると、そのような専門的知見をどのようにして関係機関に伝播させるか、そして関係各機関の政策をどのようにして調整するか[47]が重要な課題となる。

　生物多様性保全の実践を考えた場合、言うまでもなく、実際の作業を行う担い手の育成が肝要である。生物多様性保全活動促進法が制定されてNPO法人の活躍の場が拡がりそうであるが、小さなNPO法人では後継者不足等による解散が危惧される。行政が自らも関与する安定した組織を設けて、法人から離れた有能な人材をいつでも取り込めるようにしておくべきであろう。

47）及川敬貴『生物多様性というロジック　環境法の静かな革命』（勁草書房、2010）113頁以下にいう「環境の司令塔」という概念に学ぶべきところが多いと思う。

第11章 自然保護・自然資源・都市環境

28 自然環境保全関連法の課題と展望

加藤峰夫

I　はじめに

　長い間「自然保護」といわれ、その後「生態系保全」という表現を経て、近年では「生物多様性保全」と呼ばれることが多くなった、いわゆる自然環境の保護保全に関する法律や制度は、環境法のなかでは以前から主要な分野のひとつとして考えられていた。しかし問題の性質が、「人の生命・財産」に直接的に影響する場合が少ないと考えられていたためか、公害に代表される汚染型の環境問題と比べると、現実の制度的対応ではどうしても、遅れた、あるいは不十分な面が多かった。

　ところが、かつては、人の生死にさえ関わる「公害」と対比して「贅沢な環境問題」とさえ呼ばれることがあった自然環境保全の問題も、世界の各地そして地球規模での、大量の種の絶滅や生態系の変化あるいは劣化が顕著になると、その結果が、それまで自然環境が提供してくれていた、いわゆる「生態系サービス」の劣化・消失として人びとの現実の生活に悪影響を与えるようになった。そして現在では、自然環境の悪化は、実は人類の生存基盤自体を脅かすような重要かつ深刻な問題であると多くの人々が認識せざるを得なくなった。今や、自然環境を地球規模で適切に保護保全するために、積極的な、そして従来とは多分に異なる考え方での取り組みが求められている。

　本稿では、自然環境の保護保全に関連する法律について、まずは日本国内

のこれまでの経緯と現状を概観する。次に、生物多様性条約によって、自然環境保護・保全の分野における、いわば国際的かつ最大公約数的な理解となった「生物多様性の保全」という概念とその影響について検討する。そのうえで、保護地域制度の典型であり中心である自然公園制度（自然公園法）を例として、問題点と課題そして発展のための方向性について考察を進める。

II　自然環境保全に関連する法制度の概要

　自然環境を保護し保全するための代表的な手法は、ある広がりをもった自然地域を対象とし、その内部の自然環境に影響を与える開発等の行為を規制あるいは禁止することによって、その地域全体を保全することである。この方式の典型的な例は、自然公園法に基づく自然公園制度（国立公園・国定公園・都道府県立自然公園）および自然環境保全法に基づく自然環境保全地域制度（原生自然環境保全地域・自然環境保全地域・都道府県自然環境保全地域）、文化財保護法に基づく天然記念物制度、そして森林生態系保護地域に代表される国有林野内の保護林・保存林制度である。

　一方、地域全体ではなく、その中に生息・生育する動植物を保護保全することも重要である。鳥獣や希少な野生生物の捕獲および採取の規制を通じてその保護保全を図ろうとする鳥獣の保護及び狩猟の適正化に関する法律（鳥獣保護法）や、絶滅のおそれのある野生動植物の種の保存に関する法律（種の保存法）はその代表例である。しかし特定の動植物の個体の捕獲や採取を規制しても、その動植物が生息し繁殖する地域的な自然環境が十分に確保されていないのであれば、その種の保全は不可能となる。そこで近年は、野生動植物の保護についても、生息地である地域全体の自然環境の保全が重要視されるようになってきている。また野生動植物を保護するためには、捕獲・採取された生物が商品として市場で取引されることを制限することも必要となるため、鳥獣保護法や種の保存法では取引規制も制度化されている。一方、数が減少した野生動植物の人為的な増殖も行われている。

　自然地域や野生生物を対象とする、いわゆる自然保護に関する制度は、日本では特に森林を対象に、かなり古い時代から存在していた。たとえば、森

林保全のための種々の禁制（規制）は7世紀頃から記録されており、江戸時代では留木・留山（とめき・とめやま）等の禁伐措置が各藩で定められていた。

近代法制となった明治以降では、1919年に始まった都市計画法が都市内の公園緑地の整備や風致地区制度へと発展した。1897年に制定された森林法には保安林制度が導入され、無秩序な森林の伐採を規制した。1919年には文化財保護法の前身である史跡名勝天然記念物保存法が制定され、優れた風景や名勝、学術上貴重な動植物、岩石、地形、地質などを保護保存することとなった。そして1931年には国立公園法が成立し、変化に富んだ自然風景地域を保護の対象とする国立公園制度が誕生した。この国立公園制度は、1957年には自然公園制度（自然公園法）へと発展し、現在に続いている。また野生生物を対象としては、1892年の狩猟規則で捕獲禁止の保護鳥獣が定められたのを経て1895年に狩猟法が制定され、その後1918年に全面的に改正された狩猟法では、哺乳類と鳥類（鳥獣）について、狩猟対象とされた鳥獣以外は原則としてすべて保護の対象とされることとなった（狩猟法は、鳥獣保護及ビ狩猟ニ関スル法律を経て、2003年からは鳥獣の保護及び狩猟の適正化に関する法律となっている）。

第二次世界大戦後、高度経済成長のなかで国土全体の開発が進むに伴って、全国各地で自然破壊が問題とされるようになった。そのような事態に対応し、自然保護政策をより積極的に実施するため、1971年に環境問題を専門に担当する行政組織である環境庁（2001年からは環境省）が設置された。翌1972年には自然環境保全の全般に関する理念や基本方針を盛り込んだ自然環境保全法が制定され、原生的な自然地域の保全を含め、国の自然保護政策の中心的な役割を担うこととなった。

その後1993年に、汚染（公害）問題と自然保護問題の両者を包含・統合して環境政策の基本方針を定めることを意図した環境基本法が制定された。また同年には、自然保護（生態系保全）に関する国際的な条約である生物多様性条約に日本も参加することとなり、1995年からは日本としての自然保護に対する取り組みの基本的な考え方や施策をまとめた生物多様性国家戦略が数年ごとに策定されている。2003年には、損なわれてしまった自然の修

自然環境の保護・保全に関する法制度の概要（2011年7月末現在）

環境に関する基本的な方針を定める法律・計画 等	自然保護に関する基本的な方針を定める法律・計画 等	保護の対象となる自然地域および対策	
環境基本法およびおよび環境基本計画	生物多様性基本法および生物多様性国家戦略	原生的な自然	
		自然景観	
		森林	
		河川	
		湖沼	
		海岸	
		温泉	
		田園（農業地域）	
		都市緑地	
	自然環境保全法および自然環境保全基本方針	歴史的風土	
		野生生物	
		移入種・侵入種対策	
		遺伝子組み換え生物対策	
		全国的な自然環境の調査	
	海洋基本法および海洋基本計画	自然環境への影響の評価	
		自然環境の積極的な復元	
		地域の取り組み支援／促進	
		環境教育	
		適正な利用（エコツーリズム）	
		国際条約	

復をさらに積極的に推進するため、議員提案による自然再生推進法が成立した。そして 2008 年には、やはり議員立法として成立した生物多様性基本法が、生物多様性という観点から自然環境の保護保全についての基本的な原則や枠組みを明示することとなった。

その結果、自然保護に関する現在の法制度は、図表に示すように、環境基本法とそれに基づく環境基本計画を基礎に、生物多様性基本法と生物多様性国家戦略、自然環境保全法に基づく自然環境保全基本方針と自然環境保全基

関係する主要な法律・制度
（国のレベル。この他に各地方自治体でも種々の条例や指針・要綱が設けられている）
自然公園法、自然環境保全法、文化財保護法（天然記念物制度）、国有林野内の保護林・保存林制度
自然公園法、文化財保護法（天然記念物制度）、都市計画法、景観法 等
森林・林業基本法、森林法、国有林野の管理経営に関する法律、国有林野内の保護林・保存林制度、公共建築物等における木材の利用の促進に関する法律 等
河川法 等
河川法、湖沼水質保全特別措置法、琵琶湖総合開発特別措置法 等
海岸法、砂防法、海岸漂着物処理推進法（海ゴミ）、瀬戸内海環境保全特別措置法 等
温泉法
食料・農業・農村基本法、農地法、農業振興地域の整備に関する法律、生産緑地法、景観法 等
都市公園法、都市緑地法、都市の美観を維持するための樹木の保存に関する法律、都市計画法、建築基準法、首都圏近郊緑地保全法、生産緑地法、景観法 等
古都における歴史的風土の保存に関する特別措置法、文化財保護法（史跡・名勝制度）、景観法 等
鳥獣の保護及び狩猟の適正化に関する法律（鳥獣保護法）、絶滅のおそれのある野生動植物の種の保存に関する法律（種の保存法）、文化財保護法（天然記念物制度）、国有林野内の保護林・保存林制度、水産資源保護法、漁業法 等
特定外来生物による生態系等に係る被害の防止に関する法律（外来生物法）
遺伝子組換え生物等の使用等の規制による生物の多様性の確保に関する法律（カルタヘナ法）
自然環境保全法（自然環境保全基礎調査）
環境影響評価法（アセスメント制度）
自然再生推進法
生物多様性保全活動促進法
環境教育推進法
エコツーリズム推進法
国内の自然保護制度との関連が強い国際条約としては、生物の多様性に関する条約（および 名古屋議定書、カルタヘナ議定書）、世界の文化遺産及び自然遺産の保護に関する条約（世界遺産条約）、特に水鳥の生息地として国際的に重要な湿地に関する条約（ラムサール条約）、絶滅のおそれのある野生動植物の種の国際取引に関する条約（ワシントン条約）、日米・日露・日豪・日中等の2国間渡り鳥条約 等々がある。

礎調査、および、海域については2007年に成立した海洋基本法とそれに基づく海洋基本計画を軸として、自然環境の保護・保全からその再生・修復まで、多数の法律や制度がそれぞれの分野で対応する、という仕組みになっている。

III 「自然保護」から「生物多様性の保全」へ

1 「自然保護」という概念のあいまいさ

ところで、「自然保護」あるいは「自然環境の保全」を推進しようという際に、これまでいつも、その出発点において大きな問題となっていたのは、そもそも「自然」とは何か、そして、その「自然を保護・保全する」というのは、何のために、どんな行動を取ることなのかという、いわば根本的なところが、実は必ずしもはっきりとしていない、という点であった。これは、「自然」および「保護・保全」という概念が多義的あるいは「あいまい」であり、それぞれの人がどの立場や観点を取るかによって相当に異なるものとなるためである。

たとえば、農地や放牧地は、ある人たちにとっては代表的な「自然」であるが、他の見方をする人たちにとっては、大規模な自然改変あるいは自然破壊の結果に他ならない。しかしそれでは、人の手が（ほとんど）加わっていない「原生的な自然」だけが価値があるのかと言うと、決してそうではない。人間の行為が自然に働きかけた結果として形成された里山のような「二次的な自然環境」も、重要な「自然」であって保護保全の対象とされるべきことは多くの人が合意している。ところが、さらに一歩話を進めて、それではどこまでの「人為」を加えられた「自然」が保護されるべきなのかと言う問題になると、これはまた立場や見方によって大きく異なる。たとえば、都市公園内の花壇あるいは道路脇の街路樹は「自然保護」の対象なのだろうか？　それとも「美観」あるいは「アメニティ（快適さ）」という観点から考えるべき「人工的な施設」なのだろうか？

2 「生物多様性」という概念がもたらした影響

この「自然保護の多義性、あるいは根本的な部分でのあいまいさ」に一応の整理をもたらしたのが、生物多様性条約[1]である。「生物多様性」（Biological Diversity）とは、すべての生物の間の変異性をいう概念で、「ひとつの生物種の内部（遺伝子レベル）での多様性」、「生物の種の多様性」、そしてそれらの生物種が他の生物種および気候や地形といった生物以外の自然要素と織

り成す「生態系の多様性」という3つのレベルでの多様性を含む広い概念と定義されている（生物多様性条約2条）。また、この生物多様性という考え方は、原生的な自然環境や希少あるいは絶滅のおそれのある種だけではなく、すべての種と多種多様な生態系自体までを保全の対象としていることに大きな特徴がある。

しかし、自然環境の保護保全という考え方や関連の制度に対して、この生物多様性条約がもたらした影響で最も重要なことは、実は「生物多様性の保全は、人間がその価値を利用するためである」[2]という整理あるいは「割り切り」であろう。この考え方は、生物多様性条約に加盟している世界のほとんどの国々[3]によって（および、ごく一部の未加盟の国々にとっても）、現在では、いわば「最大公約数的な合意」として受け入れられている。

その結果、従来の「自然環境の保護保全」が、往々にして「好み／趣味」や「文化意識／美意識」あるいは「動物／生物の権利」や「環境倫理」といった、一国の内部でも（いや、各生活地域(コミュニィティ)のレベルにおいてさえも）社会的な合意が難しい理由を根拠にしようとしたために、なかなか意味ある活動につなげられなかった状況は大きく変わった。そして、生物多様性（≒自然環境）の保全は「人間にとって利益があるから行う」もので

---

1) 正式名称は「生物の多様性に関する条約」(Convention on Biological Diversity (CBD))。温暖化問題についての国際的な取り組みである気候変動枠組条約とともに、1992年にブラジルのリオデジャネイロで開催された、いわゆる地球環境サミットで採択され、日本は1993年に批准・締結した。なお、この生物多様性条約は、よく「生物多様性『保護』（あるいは『保全』）条約」ともいわれるが、条約の名称には「保護」や「保全」という表現は入れられていないし、その主要な内容も、実は「資源としての生物の利用に関する国際的公平性」に関する問題である。
2) 生物多様性条約 前文（「締約国は、生物の多様性が有する内在的な価値並びに生物の多様性及びその構成要素が有する生態学上、遺伝上、社会上、経済上、科学上、教育上、文化上、レクリエーション上及び芸術上の価値を意識し……現在及び将来の世代のため生物の多様性を保全し及び持続可能であるように利用することを決意して、次のとおり協定した」）および 第1条 目的「この条約は、生物の多様性の保全、その構成要素の持続可能な利用及び遺伝資源の利用から生ずる利益の公正かつ衡平な配分をこの条約の関係規定 従って実現することを目的とする……」。
3) 生物多様性条約には、2010年現在、アンドラとアメリカ合衆国を除く全国際連合加盟国およびクック諸島、ニウエ、欧州連合が加盟している（計193団体）。バチカン市国は加盟していない。またアメリカ合衆国は、条約に署名しているが批准していない。

あり、その意味では、開発行為や通常の経済活動そして日常生活全般といった、「人間にとっての利益を追及する行動」の一環として位置付けられるようになった。

「生物多様性の、人間にとっての利益」とは、具体的には、たとえば2010年の10月に名古屋で開催された生物多様性条約第10回締約国会合（CBD-COP10）で、その利益の配分方法が主要な争点となった「遺伝子資源」であり、これは現在のバイオテクノロジー産業にとって、まさに「重要な、価値ある資源」となっている。しかも、この遺伝子資源という観点からは、どの生物の遺伝子が有用であり価値があるかは、研究してみなければわからない。その意味では、すべての生物に、潜在的な価値が存在する。

一方、すでに生態系や自然環境から人類が得ている「利益／サービス」も、あらためて評価してみると、その経済的価値は実に大きなものである。こういった、人間が自然環境から得ている利益は「生態系サービス」（ecosystem services）あるいは「エコロジカルサービス」や「生態系の公益的機能」とも呼ばれる[4]。生物や生態系（自然環境）に由来し、人類の利益になる機能（サービス）のことであり、食糧・飲料水・木材・バイオマス燃料等といった有形の財や、観光・文化資源等に分類される[5]。その経済的価値は算出法により異なるが、年平均33兆ドル（16～54兆ドル）と見積もる報告もある[6]。なおこの研究では、同時期の人為的な経済活動による世界総生産は年間約18兆ドルと見積もられている。また、2010年7月に国連が発表した"The Economics of Ecosystems and Biodiversity for Business（TEEB）[7]"は、生物多様性の損失による経済的影響は、年間2～4.5兆米ドルにおよぶと試算し、このまま生物多様性が失われ続けるならば、消費者や企業、政府

---

[4] 生態系サービスについては、世界の草地、森林、河川、湖沼、農地および海洋などの生態系に関して、水資源、土壌、食料、洪水制御など生態系機能が社会・経済にもたらす恵み（財とサービス）の現状と将来の可能性を総合的に評価するために国連の呼びかけで2001年に発足した世界的プロジェクトであるミレニアムエコシステムアセスメント（Millennium Ecosystem Assessment）が代表的な情報となっている。4年間の調査研究の成果は2005年3月に"Millennium Assessment Reports"として発表されている。同報告の和訳は、横浜国立大学21世紀COE翻訳委員会、『生態系サービスと人類の将来―国連ミレニアムエコシステム評価』（オーム社、2007）参照。

は、商品価格の上昇や、資源・商品供給の混乱などを通じて影響を受けることになろうと予測している。

こうして「現実的な利益追求のための活動の一環」とされた「生物多様性の保全」によって、自然および自然環境の保護保全は、それまでの、「自然だから素晴らしい」あるいは「自然にはそれだけで価値がある」といった、ある意味では「別格扱い」の立場からは引きずり落とされた。しかしその一方で、「人間にとっての利益のため」あるいは「他の経済活動と同じ立場」

---

5) ミレニアムエコシステムアセスメントでは、生態系サービスを供給サービス（Provisioning Services）、調整サービス（Regulating Services）、文化的サービス（Cultural Services）および基盤サービス（Supporting Services）の4種類に整理している。「供給サービス」とは、食料、燃料、木材、繊維、薬品、水など、人間の生活に重要な資源を供給するサービスである。このサービスにおける生物多様性は、有用資源の利用可能性という意味で極めて重要で、ある生物を失うことは、現に経済的取引の対象となっている生物由来資源や、現時点では未だ発見されていない潜在的な有用性に至るまで、現在および将来のその生物の資源としての利用可能性を失うことになる。次の「調整サービス」は、森林による気候緩和や洪水防止あるいは水源涵養といった、環境を制御するサービスのことであり、これらを人工的に実施しようとすると膨大な費用が必要となる。このサービスの観点からは、生物多様性が高いことは、病気や害虫の発生、気象の変化等の外部からのかく乱要因や不測の事態に対する安定性や回復性を高めることにつながることとなる。3番目の「文化的サービス」は、人びとに精神的充足や美的な楽しみ、あるいは宗教・社会制度の基盤やレクリエーションの機会などを与えるサービスのことを言う。多くの地域の文化や宗教はその地域に固有の生態系や生物相によって支えられており、生物多様性が失われることは、その地域の文化が失われることにもつながりかねない。最後の「基盤サービス」は、供給・調整・文化的の各サービスそのものの存在を支えるサービスであり、たとえば光合成による酸素の生成や土壌形成・栄養循環・水循環等の機能といった、それがなくては生物多様性どころか生物の生存自体も成り立たない、まさに自然環境の基礎的な部分のことである。
6) "The value of the world's ecosystem services and natural capital"、Costanza, Robert 他、1997 年、Nature 387: pp.253-260。
7) "The Economics of Ecosystems and Biodiversity: Ecological and Economic Foundations (TEEB)"、Pushpam Kumar 編著（2010 年、英語版は EarthScan 社より）は、地球温暖化の分野で 2006 年に公表されて世界の温暖化対策に大きな影響を与えた "The Economics of Climate Change"（「気候変動の経済学」、いわゆる「スターンレビュー」）の生物多様性版というべきものである。スターンレビューと同様の調査研究が生物多様性の分野においても必要だという声に答え、2007 年 3 月にドイツ・ポツダムで開催された G8＋5 環境大臣会合でプロジェクトが立ち上げられ、欧州委員会やドイツ政府、イギリス政府、ノルウェイ政府が資金などを提供し、ドイツ銀行のパバン・スクデフ氏がリーダーとなって推進された。

という評価を与えられたため、自然環境を保護保全することの重要性がより広く認知され、そしてそのための政策や活動に対しても、これまでよりもはるかに強力な社会的支援が得られることになる[8]。

日本も、生物多様性条約への1993年の加盟以降、「生物多様性」という概念を基礎としてその効果的な保全を目標に、自然環境の保護保全関係および開発・資源利用関係の法律や制度に改正を加え、従来の「いわゆる自然保護」を「生物多様性」という概念で整理しなおすという作業を行ってきた。具体的には、既存の法律の改正や新法の制定に際して、自然環境保全関係の法制度の場合にはほぼ間違いなく生物多様性という概念が挿入され、また開発・資源利用関係の法制度の場合には、これもまず例外なく生物多様性の保全への配慮が盛り込まれるようになっている[9]。さらに2008年には、この分野における新たな基本法として生物多様性基本法も制定された。

現在の日本の「生物多様性保全」すなわち自然環境の保護保全に関する基本的な考え方は生物多様性基本法に示され、より具体的な方針や施策は生物多様性国家戦略としてまとめられている。生物多様性基本法が示す基本原則は、①生物多様性保全の必要性と、地域的・社会的特性に応じた保全対策、②開発行為（国土および自然資源の利用）が生物多様性に及ぼす影響の回避あるいは最小化、③科学的知見の充実化推進とともに、予防的および順応的な対策の必要性、④長期的な観点からの生態系保全および再生、⑤地球温暖化が生物多様性に与える影響と、生物多様性の保全が温暖化防止に資するとの

---

[8] しかし2011年現在においてさえも、生物多様性の保全について、野生生物を守るためにはその地域の人々（あるいは、もっと直接的に、「途上国の人々」）は開発をあきらめて、貧しいままで我慢しろということなのかといったような「生物多様性保全への批判」的な主張がなされることもある（たとえば、武田邦彦『生物多様性のウソ』小学館、2011年）。しかしこのような批判や主張は、生物多様性の保全は、人間の利益のためであることと、そしてその利益は、第一にその生物多様性が存在する地域の人たちに利用あれ、あるいは還元されなければならないものであるという、現在の国際社会の合意を全く理解していないものである。ここで例として取り上げた武田邦彦氏の『生物多様性のウソ』は、「生態系サービス」の概念について、批判材料としてさえも、全く触れていない。

[9] 生物多様性条約と生物多様性という概念が日本の社会や制度に与えている影響については、及川敬貴『生物多様性というロジック』（勁草書房、2010）がコンパクトにまとめている。

認識、となっている（生物多様性基本法3条）。

一方、生物多様性条約が加盟国に策定を求めている国家的な戦略・行動・実施計画（生物多様性条約6条A）への対応でもある「生物多様性国家戦略」には、日本としての生物多様性の保全とその持続可能な利用に関する政策の方針や具体的な施策が示されている。また1995年10月に閣議決定された最初の国家戦略には、施策の実施状況について毎年点検を行うとともに、おおむね5年程度を目途に見直しを行うことが規定されている。この生物多様性国家戦略は、2008年に成立した生物多様性基本法によって、それまでの「閣議決定による政府の方針」にとどまらず、「法律に基づく基本的な計画」として位置づけられることとなった。なお生物多様性基本法は、地方自治体に対しても、各地域ごとの「生物多様性地域戦略」の策定を、努力義務としてではあるが求めている。

しかし1995年に取りまとめられた最初の生物多様性国家戦略は、策定過程におけるNGOや国民の関与が不十分であり、またその内容も、自然保護に関する各省庁所管の既存の制度を羅列しただけとの批判が大きかった。再検討された第二次の生物多様性国家戦略である「自然の保全と再生のための基本計画」（2002年3月決定）は、日本全体として生物多様性の保全にいかに取り組むべきかという観点が、具体的な問題点の指摘とともに、かなり明確に打ち出されたものとなった。さらに2007年3月には「第三次生物多様性国家戦略」が閣議決定され、過去100年の間に破壊してきた国土の生態系を、今後100年をかけて回復するという大きなイメージのもとで、具体的な戦略と行動計画を示した。

第4次の国家戦略となる「生物多様性国家戦略2010」は、「第1部・戦略」と「第2部・行動計画」から成る。戦略は、「100年先を見据えたグランドデザイン」を長期的視点とし、2020年までに生物多様性の損失を食い止め、2050年までには生物多様性の状態を現状以上に豊かなものとすることを目標とする。その目標達成のための基本戦略として、①（生物多様性の）社会への浸透、②人と自然の関係の再構築、③森・里・川・海のつながりの確保、④地球規模の視野を持った行動、の4つが挙げられている。そしてこの下に具体的な行動計画が並ぶ。

第二次以降の生物多様性国家戦略は、いずれも、その考え方においても、また具体的対策についても、生物多様性保全のための「国家的な取り組みの方針」として十分に評価できるものであろう。しかし問題は、その国家戦略が、どこまで現実に実施され、そして効果を上げることができるか、である。そこで次にこの点について、自然公園制度を中心的な例として、現状と問題点を指摘したうえで、課題とそれに取り組むための方向性を検討してみたい。

Ⅳ　自然環境保全制度の課題と、今後の発展の方向性
——自然公園制度を例として

1　自然公園制度の現状

　19世紀後半にアメリカで誕生した国立公園（National Park）[10]は、その後、国立公園あるいは自然公園（Natural Park）制度として多くの国々に取り入れられ、現在では、その認知度においても、また保全の対象となる地域の面積や保護の対象においても、自然環境を保護・保全する制度の代表的なものとなっている。日本でも、1931年に導入された国立公園制度が、第二次世界大戦後に国立公園・国定公園・都道府県立自然公園の3類型の自然公園からなる自然公園制度へと拡充された。2011年7月現在では、国立公園[11]29カ所、約209万ha（国土の陸域面積の約5.5％、以下同じ）、国定公園[12]56カ所、約136万ha（約3.6％）、都道府県立自然公園[13]312カ所、約

---

10)　「国立公園」の誕生時期に対しては、実は2通りの答があり得る。「National Park」という名前を冠された世界最初の地域は、アメリカの西部、イエローストンで1872年に設けられた。しかし、大規模な自然地域を「公園」として保全するという「概念（アイデア）と具体的な内容」を備えたものの、名前だけは「ナショナルパーク」ではなかった地域が、1864年、同じくアメリカの西部、ヨセミテ地域で、カリフォルニア州の州立公園（State Park）として設けられている。だから、実質面を考慮するのであれば、国立公園の誕生時期は「1864年に、ヨセミテで」ということになるし、名称という形式面を重視するのであれば「1872年に、イエローストンで」ということになる。しかし、いずれにせよ「国立公園は、19世紀後半、アメリカ西部で誕生した」という点は間違いない。

11)　「我が国の風景を代表するに足りる傑出した自然の風景地」（自然公園法2条2号）であり、環境大臣が指定し国が管理する。

197万ha（約5.2％）が指定されており、自然公園全体では397カ所、約542万ha、国土面積の14.3％強を占める。利用者数は自然公園全体で一時は年間10億人を超えたこともあるが、近年は年間9億人前後となっている。

ところで、日本の自然公園制度の場合は、公園の対象とされる地域について、その土地の所有権や利用権を必ずしも国や都道府県あるいは市町村が所有することを必要とはしない。他の目的で利用あるいは管理されている国有地や公有地および民有地を対象として公園となる地域を指定し、土地の所有関係や利用関係は基本的に現状のままで、その地域の内部で一定の行為規制（開発規制）を課すことによって自然環境の保護保全を図る。このように、地域指定と開発規制によって自然環境を保護保全しようとする制度を「地域制」といい、地域制で管理される公園を地域制公園という。これに対してアメリカやカナダにみられるような新大陸型の国立公園は、国が公園地域の土地の所有権や使用権を取得して管理する営造物公園である。日本では国営公園を含む都市公園（都市公園法）と国民公園が営造物公園である。

この地域指定と開発規制による地域制は、日本では自然公園だけではなく自然環境保全地域制度（自然環境保全法）や野生動植物種の生息地保護制度（鳥獣保護法、種の保存法等）あるいは天然記念物制度（文化財保護法）等々といった、自然地域を保護保全するための多くの制度の基礎となっている。例外は森林生態系保護地域のような国有林野内の保護・保存林制度ぐらいであり、これは国有林野を所管する林野庁が、その地域の管理権（≒土地所有権）を基礎として環境の保護保全を行うものであり、その意味では営造物的な管理が行われている保護地域といえよう。

国がその管理に責任を負うことになっている国立公園については、環境省から全国11カ所の自然保護事務所やその出先の自然保護官事務所（69カ所）に自然保護官（いわゆる「レンジャー」）が配属されている。しかし、自然保護官の人数は近年大幅に増員されたとはいえ、全国で234名（2009年時点）

---

12) 「国立公園に準ずる優れた自然の風景地」（自然公園法2条3号）であり、環境大臣が都道府県の申し出により指定される。公園計画の一部は環境大臣、一部は都道府県知事により決定され、具体的な管理行為は都道府県が行う。

13) 都道府県の条例により知事が指定し都道府県が管理する、優れた自然の風景地（自然公園法2条4号）。

に過ぎない。職員1人あたりの国立公園管理面積は、単純計算でも約8,800 ha で、東京ドームの約1,900個分あるいは東京都の1/25に相当する。しかもこの自然保護官は本省（東京・霞が関）にも配属されるため、自然保護官事務所に駐在する自然保護官は1名というところも多く、さらに国立公園の管理だけではなく周辺地域の自然保護全般にかかわる問題を広く任務とするうえに、国立公園管理では開発行為等の許認可申請への対応が日常業務の大部分を占めるため、公園内の環境調査や利用指導といった、本当の意味での公園管理ともいうべき活動にまではなかなか手がまわらないのが実態である。しかし自然保護官を日常的に現地管理ができる体制にするほど増員するのは困難なため、環境省は2005年度から、いわば「正規のレンジャー」である自然保護官の補佐として、国立公園内の巡視（パトロール）や自然解説等といった現場での管理業務を主に担当する非常勤職員である「自然保護官補佐」（アクティブレンジャー）の雇用・配置という新たな対策を実施している[14]。

2　問題点と取り組みの状況

以前から自然公園制度には、自然環境の保護保全について、特に「生態系の保全」（現在風に言い換えるならば「生物多様性の保全」）という観点から見た場合に大きな問題点がいくつかあることが指摘されていた。その中でも特に重要な点は、景観中心主義と地域制という自然公園制度の基本的性格から生じるものであった。しかし2002年と2009年という近年の2度の法改正で、制度的にはかなりの対応が施された。

---

[14]　アクティブレンジャーは、制度発足年度の2005年度には60名が採用され、全国47地区に配属されたが、その後毎年増員され、2010年度は85名が各地の国立公園に配属されている。また国立公園では以前から、自然観察会等の解説活動や美化清掃、利用施設の簡単な維持修理などの各種活動について自発的に協力する「パークボランティア」（2010年3月末現在、25国立公園（および新宿御苑）の40地区で1,798名）が活動している。さらに1957年以来、公園利用のマナー周知活動や遭難等の事故防止対策、探勝コースの選び方や自然の利用に関する助言、あるいは公共施設の毀損やゴミ等による環境汚染の通報等々の面でレンジャーの活動を支援する「自然公園指導員」が委嘱されている（2008年度には2,946名）。

(1) 生態系と生物多様性の保全

　自然公園制度は、国立公園制度として1931年に誕生して以来、「国民の保健、休養及び教化に資する」ために「優れた自然の風景地」を保護の対象に、その「利用の増進を図る」ことを目的とし、保護の対象としてきた（自然公園法1条）。そのため、景観的に優れたものではない自然地域は、それが自然保護の観点や学術的な価値からはいかに貴重なものであっても、そもそも保護の対象とはならないこととなる。また指定後の管理においても、保護の対象が景観中心であるため、その地域内に生息する野生生物といった生態系的な観点からの環境保全的な配慮が弱かった。しかもその一方で、利用の増進を図るというもう1つの目的のために、往々にして観光開発が推進されることとなり、公園内での自然破壊をもたらしてきた。もちろん、国立公園制度の誕生国であるアメリカや、アメリカと並んで国立公園の先進国といわれるカナダでも、制度発足の当初からかなり長い間は、やはり利用の増進とそのための開発を重視した管理が行われていたが、近年は自然環境の保全を第一に考慮した公園管理へと移行している。

　しかし日本でも、ようやく2002年の自然公園法改正で、自然公園に生息・生育する動植物の保護が「風景の保護に重要である」ことが明確に指摘され、生態系や生物多様性の確保を重視した施策を講ずることが国等の責務として明記された（2002年改正法3条2項）。さらに2009年の改正では、自然公園法の目的自体のなかに、「生物の多様性の確保に寄与すること」が加えられた（1条）。また2009年改正では、新たな管理活動として生態系維持回復事業が新設された（38～41条）。これは、増加したシカやオニヒトデ等の野生生物による植生やサンゴ等への食害や、公園外の地域から侵入した動植物によって在来生物が脅かされ駆逐されるといった、人間の活動を規制するという従来型の対策のみでは生態系の維持が困難な問題に対して、環境に被害を与える生物の駆除を含む被害防除対策や生態系の維持回復状況のモニタリングといった積極的・能動的な活動を、公園管理の一環として行う、という対策であり、2011年現在では、シカの食害対策を対象とした生態系維持回復事業計画が、知床や尾瀬等の各地の公園で策定され実施されている。

(2) 地域制という特徴の、欠点から利点への転換

　公園の対象となる地域を指定し、その内部に一定の土地利用制限（開発規制）を課すことによって自然を保護するという日本の「地域制」自然公園制度は、広大な国土（それも、そのほとんどが国の所有地である）を前提に、その一部を公園専用に利用する制度として発展したアメリカやカナダ等の新大陸型の営造物公園とは異なり、狭い国土の中で土地の多目的利用を前提とせざるをえないという制約の中で、やむをえずとられた措置だったといえよう。

　しかしこの地域制のもとでの公園管理は、公園地域内の他の産業等による土地利用行為との間での調整が困難で、どうしても産業活動や日常生活優先となってしまう傾向があった[15]。また、公園の利用者に対する管理（利用規制）が必要な場合でも、公園を管理する環境省や都道府県の自然公園関係部局が土地の所有権や利用権を有していないため、必要な規制を実施する権限がない（要するに、強力な利用規制はできない）とされてきた。このように、自然環境の保護保全の面でも、またその適切な利用の推進という面においても、地域制は日本の自然公園制度の（そして他の保護地域制度の）根本的な制度的障害あるいは欠点とみなされていたのである。

　しかし現在では、生物多様性の保全という要請のもとで、保護の面では、従来型の開発規制だけではなく、里山のような「二次的な自然に対する継続的な働きかけ」や、さらには損なわれた環境を人為的に修復あるいは再生するといった活動までもが求められている。また利用面においても、エコツアーに象徴されるように、適切な利用のための情報提供や、ガイドツアー等といった利用サービスの整備が要請されるようになってきている。要するに、自然公園管理に必要な対策が、規制中心であった従来の、いわば「消極

---

[15] たとえば公園地域内での林業を例にとると、禁伐地域である特別保護地区は国立公園総面積の 13.3％（国定公園では 4.9％）にすぎず、択伐可能地域（第1種特別地域）は 12％（国定公園 12.6％）、そしてそれ以外の皆伐可能地域の合計は 74.7％（国定公園 82.5％）というように、実に約4分の3（国定公園では5分の4以上）の地域で皆伐が可能ということとなる。しかも禁伐の特別保護地区や皆伐規制の第1種特別地域では、高山植生地域や湿原のように、そもそも林業の対象となる森林が存在しない地域も多いことを考えると、公園内のほとんどの森林で、従来とそれほど変わらない施業態様での林業が可能ということになる。

的な管理（環境保護）対策」だけではなく、それに加えて、「日常的なこまめな対応と、環境への能動的な働きかけ、そして適切な利用の推進」という「積極的な管理」が求められるようになったのである。

こうした「積極的な管理」に欠くことができないのは、そのための活動を支える「人材」（マンパワー）である。その人材としては、それぞれの公園地域の自然環境についての十分な知識を持つ多数の人たちが、意欲的かつ積極的に公園管理に参加し協力・協働することが望ましい。そして、この観点から日本の自然公園制度を眺め直してみると、公園内にも多くの人々が居住し日常生活を営んでいるという地域制自然公園は、公園の内部や周囲の人たちから公園管理への理解と積極的な協力を得ることができるならば、将来的な発展可能性が高い持続的な地域環境保全制度と成り得る。要するに、地域制を欠点や障害としてではなく、将来への高い発展可能性を秘めた「特長」さらには「利点」として捉えようという、いわば発想の転換である。

(3) 地域の関係者の理解と協力を前提に行う新たな対策

地域制を欠点ではなく日本の自然公園の特長として捉え利用するべきではないかという考え方を自然公園法にも反映させたのが、2002年改正で導入された風景地保護協定制度（国立公園と国定公園について43条、都道府県立自然公園の場合は74条）である。これは、自然公園内で、人為的な管理が必要な二次的な自然から構成される風景地で、土地所有者等による管理が不十分で風景の保護が図られないおそれのある地域について、環境大臣もしくは地方公共団体またはNGOやNPO等の「公園管理団体」が土地所有者との間で風景地の保護のための管理に関する協定（風景地保護協定）を締結し、当該土地所有者に代わり風景地の管理を行うというものである。

この風景地保護協定を実質的に支えるのが、これも2002年改正で設けられた公園管理団体制度（国立公園と国定公園について49条、都道府県立自然公園の場合は75条）である。従来も自然公園内では、種々の市民団体やNGOが数多くの重要な環境保全活動を行ってきた。この公園管理団体制度は、そういった民間団体や市民による自発的な自然風景地の保護および管理の一層の推進を図るために、一定の能力を有する公益法人またはNPO法人等を、環境大臣や都道府県知事の指定によって、風景地保護協定に基づく風景地の

管理主体や、公園内の利用に供する施設の管理主体等として位置づけるものである。いわば、これまでは単に自発的に自然公園内で環境保全活動を行ってきた市民団体について、正式に「公園管理のパートナー」として位置づけようという考え方である。

　一方、人気のある自然地域で往々にして深刻な問題となる「過剰利用」(over use)への対応としては、利用者に対し、環境保護の観点から利用制限を含む規制を行うことが必要となる。このような利用者への規制も、「地域制自然公園だから絶対にできない」ということはない。地域制のもとであっても、地権者を含む関係者の理解があれば、もちろん可能である[16]。

　2002年の法改正では、過剰利用対策として、公園内の土地所有者等の地権者の同意が得られることを前提に、国立公園や国定公園の特別地域（および特別保護地区）内で環境保全に特別の配慮が必要な場所について、指定された期間の立ち入りを規制する「立ち入り規制区域」を環境大臣が指定できることとなった[17]。そして、これも2002年改正で創設された利用調整地区制度（国立公園と国定公園については23条、都道府県立自然公園については73条）は、さらに積極的に利用者管理を意識したものであり、公園内の特定地域について、環境に影響を与えないという観点から環境省令で定める利用方法（人数、滞在時間、利用時期、等）に適合すると環境大臣あるいは都道府県知事が認定した場合にのみ利用（立ち入り等）が認められるという仕組みである。2011年7月末現在、吉野熊野国立公園の西大台地区と知床国立公園の知床五湖地区で利用調整が行われている。

(4)「海の環境」の保全の強化

　自然公園制度は海域についての保護が弱いという指摘も強かった。確かに従来の制度では、海中（海底を含む）までの環境や動植物を保護できるのは海中公園地区のみであり、その数も面積もきわめて限定されていた。そして

---

16)　この点については、拙著『国立公園の法と制度』（古今書院、2008）188-208頁を参照されたい。
17)　立ち入り規制区域については、自然公園法20条3項16号および21条3項1号参照。また73条により都道府県立自然公園にも適用可能。海の場合は、国立公園および国定公園の海域公園地区において、環境大臣が指定する区域内で指定期間内の動力船の使用が規制される（22条3項7号）。

海中公園以外で海域に指定できるのは、海岸から原則として1km範囲を普通地域としてのみであり、これは景観保護の意味に限定してもはなはだ不十分であった。2009年の法改正は従来の海中公園地区を「海域公園」に拡充し（22条）、規制内容も、従来の海中公園地区のように厳しいものから、ある程度の開発利用は認めるものまでの間で、各海域公園地区ごとの環境保護の必要性等に応じて柔軟に選択できることとした。この新たな海域公園地区制度は、海域の環境保全に、公園指定面積とその内部での保護の質の両面から大きく寄与することが期待されている。

3 より効果的な自然環境保全を行うための制度的課題と具体的対策

(1) 裏付けとなる「費用」についての配慮の不足あるいは欠如

このように、特に近年、かなり積極的な対応が行われている自然公園制度であるが、しかし、自然公園地域内での効果的な環境保全や適切な利用の推進の具体化のために不可欠な「費用」（コスト）という面について見てみると、2002年と2009年の法改正のどちらでも目立った対策は取られていない。環境保全に要する費用の利用者負担あるいは公園の「利用料」については、世間ではかなり議論されているものの、自然公園法はそれについてまったく触れないままであり、費用の問題は各公園を抱える地域の判断に「丸投げ」されているのではないかという気さえする。

たとえば生態系維持回復事業は、国や地方自治体が行うのであれば公園管理への現実的出費となるが、事業実施は当然のことながら予算上の制約を受ける。要するに、予算がなければ実施できないのである。また、そもそも自然公園法の基本的な性格が、土地利用制限（開発制限）を核とする「規制法」なのにもかかわらず、その規制によって不利益を受ける可能性のある公園内の民有地の地権者（所有者および利用権者）に対する経済面での配慮が、現実にはほとんど機能していない損失補償制度（国立公園と国定公園は64条、都道府県自然公園は77条）だけでよいのかという問題や、さらに、地権者を含む「公園周辺地域」への経済的および社会的支援はどうあるべきか等々の点は、決して十分に検討されているとは言えない。

生物多様性条約で「生物多様性は、人間にとっての利益であるから保全す

べきである」ということが確認されたはずなのに、その「利益」の面について、しかも、まず第一に考慮されるべき、公園内の地権者をはじめとする「地域の人々」が受けるべき利益について十分に明確にされることがないまま、そしてその利益を増加させる対策が具体化されることもないのに、他方では風景地保護協定制度や公園管理団体制度といった、自然公園内や周辺地域の関係者に対して一方的な「協力・協働」を求め、あるいは意欲あるNGO等々による「ボランティア活動」を期待するといった、いわば「虫のいい話」ばかりが先行している。そしてこの傾向は、何も自然公園制度だけではなく、日本の自然環境の保護保全に関わる多くの制度に多かれ少なかれ共通した傾向だと言える。生物多様性の保全を支える中心地域である自然公園を持続的に維持し、効果的な自然環境の保護保全と適切な公園利用を推進していくためには、この「自然環境保全の費用（コスト）負担のありかた」が、しっかりと検討されなければならないはずである。

(2) 求められるのは「自然環境の価値」の適切な評価と「保全費用の合理的な負担」

何度も繰り返すようであるが、生物多様性条約は、生物多様性の保全は人間にとっての利益となるからこそ行うべきものであることを国際的な合意とした。その結果、生物多様性の保全あるいは自然環境の保護保全は、「人間にとっての（経済的）利益」という面で、開発等の他の経済活動（そして日常の生活や活動）と同じ立場で評価可能なものという新たな立場を与えられた。

ところが、国内の自然環境の保護保全に関わる法律や制度を見ると、「生物多様性」という「言葉」こそ加えられたものの、「人間にとっての利益」の明確化および具体化という面や、さらにはその利益のために環境を保全する「コスト（費用）の負担」という点について、ほとんど触れていない。これでは、特定の希少あるいは原生的な自然環境だけではなく、里山のような二次的な自然環境や「身近な自然」までも積極的に保全していくためには、やはりどう考えても不十分である。経済学的な表現をするならば、現在の日本の制度には、「自然環境を保護保全するインセンティブ（誘因）が、ない」のである。これは大きな制度的問題点である。

では、どうすればよいのだろうか。答えは明らかである。まず「自然環境の経済的価値」を明らかにできるものについては、これも前述の「生態系サービス」という考え方を参考に（あるいは、もっと単純に、観光資源としての価値等としてでもよい）、その適切な評価を行うことである[18]。その評価が行えない（あるいは評価された価値が低い）というのであれば、「人間にとっての利益」という物差で他の諸活動と比較可能なものとされた「生物多様性の保全」は、結局は開発等の、より経済的効果の大きい活動によって押しやられるだけだろう。

次に、その自然環境を保護保全するためには、どれだけの費用がかかり、そしてその費用は誰がどのように負担するのが合理的なのかを、これもしっかりと検討し、その結果を現実の制度に反映させることである。たとえば、自然公園であれば「入園料」あるいは公園内の特定地域の「利用料」、狩猟であれば「狩猟地域（猟区）利用料」、保護地域の確保・拡大については、開発行為の場合の代替的自然地域確保（mitigation）の義務化や、各企業あるいは産業界に対する「生物多様性保全協力金制度」あるいは「CSR（企業の社会的責任）としての生物多様性保全活動の要請」、そしてより一般的な自然環境の保護保全については、「森林税」や「水減税」あるいは「環境税／自然環境保全税」等々といった費用負担対策について、積極的な議論と検討を行い、そして合理的な範囲で具体化していくことである。

自然環境の価値を適切に評価するということと、その価値を前提に、保護保全のために必要となる費用の合理的な負担を制度化するということは、自然保護活動を社会に広く根付いた持続的なものとする鍵となる。その逆に、環境の価値の評価とその価値の具体的実現がなければ、自然環境の保護保全は期待できない。一方、この「価値評価と費用負担」という考え方を戦略的

---

18) たとえばアメリカ国立公園局は、イエローストン国立公園について、利用者は年間7億2,500万ドル以上を支出し、16,163人分の職を創り出しているとしている。また国立公園局の主張するところでは、アメリカの国立公園全体では、1993財政年度の国立公園関係予算が約10億ドルであるのに対し、公園利用者の支出（直接および間接支出）は約100億ドルであるから、国立公園は10倍もの利益をあげる社会的投資だとのことである（アメリカ国立公園局ホームページ情報参照）。これなどは、「国立公園の経済的価値」の分かりやすい一例であろう。

に利用するならば、自然環境の保護保全をさらに拡大し発展させていく可能性も広がる。そこで本稿の最後に、これらの点について、2011年3月11日の大震災および原子力発電所の事故以降の状況下におけるひとつの例を示すとともに、今後の対策検討の際の「タネのひとつ」となることを期待した提案を行わせていただきたい。

(3) 自然環境の保全を利益と費用で考える必要性の具体例——東日本大震災に関連して

① 自然公園と地熱発電計画

まずは、自然環境の価値を適切に評価することの重要性についてである。東日本を襲った大地震と大津波の直接的および間接的な影響として、日本各地の原子力発電所は、その多くが2011年7月現在では営業運転を停止し(あるいは再開せず)、そして東京電力と東北電力から送電を受けている地域では電気事業法に基づく罰則付きの電力使用制限令まで発令される「電力不足」の状況となった[19]。新たな原子力発電所の建設が現実的には非常に困難となり、しかも温暖化対策として二酸化炭素排出抑制への配慮も行わなければならない中、新たなエネルギー源探しが盛んに行われているが、風力・未使用水力・太陽光・波力等々と候補が挙げられる中、日本では最も現実的だとされるのは地熱発電である。

ところが、地熱発電の適地である火山や温泉地域は、すでにその多くが国立公園等の自然公園となっているため「開発規制」によって利用できない、だから規制を緩和すべきだ、という主張が盛んに行われている。このような状況のなかで、自然公園による生物多様性や自然環境の保全が人間の利益のためになるといくら言ったところで、それが「どんな利益で、幾らになり、誰がその利益を受けるのか」が明確にされない限り、エネルギー不足を補う「新しいエネルギーという、多くの人々にとっての利益」が明白な地熱開発に軍配が上がり、自然公園の環境保全は後退することにならざるを得ないだ

---

19) 東日本大震災後の電力不足を受け、不測の大規模停電を防止するため、東京電力と東北電力管内にある大規模工場など大口電力需要家に対して昨年比15%の節電を義務付けるもの。電力使用制限令は、第1次石油危機があった昭和49年以来37年ぶりの発動となる。

ろう。

　もちろん、「自然公園の（環境の）経済的利益」が明確に示されたからといって、それだけで地熱発電開発の圧力を一気に退けることができるわけではないし、退けるべきでもないだろう。しかし、自然公園によって自然環境を保護保全することに、誰もが理解し納得する明確な「利益」があることが明らかにされた場合は、たとえその地域での地熱開発が行われる場合であっても、少なくとも関係者に対して、その「自然環境の利益」をできるだけ損なわないような配慮や考慮が期待できよう。そして、自然環境へのこういった配慮や考慮を、できるだけ多くの人間活動に組み込むことが、国内的にも国際的にも、より現実的かつ効果的そして持続的な「生物多様性の保全」につながるはずである。

　②　戦略的な自然再生活動による復興への寄与

　次は、「自然環境の価値評価と、その保護保全費用の合理的な負担」という考え方を戦略的に利用し、自然環境の保護保全をさらに拡大できないかという提案である。3月11日の地震と津波は、東北地方の太平洋沿岸に位置する陸中海岸国立公園と南三陸金華山国定公園を直撃した。日本の海岸景観を代表する両公園と、その拠点となっていた地域の人々の生活の場が、いまや全く一変してしまい、見るも無残な状況となった。しかし、津波によって大きな被害を受けた東北太平洋沿岸地域を対象に、自然環境の保全という観点から積極的な取り組みを行うことによって、地域の復旧や復興に若干ながらも寄与することも、自然保護を「インセンティブ」と結び付けて設計することにより可能となるのではないだろうか。

　たとえば、地震や津波で住居として不適当となった土地を、将来の「国立公園用地」や「自然再生用地」として、国が土地所有者から一定期間借り上げる（あるいは買い上げる）。そして借り上げた土地での「積極的な自然再生活動」を、国や地域が意欲あるNGOやNPO等と協力して行う。その活動に必要となる費用については、国内の各地域の「開発」で失われる可能性のある生態系を、少なくとも量的な面で「補う」ことに利用可能という制度を創設し、全国の開発事業者に対し、開発分の自然を補う生態系の「購入代金」の提供を求める（いわゆるミティゲーションである）。根拠となる制度と

しては、既存の開発関連法の改正か、あるいは、国が生物多様性保全という観点からCSRガイドラインを整備し評価するといったことが考えられよう。この提案に対しては、「ミティゲーションは、同種の（それも近接地域の）環境の間で行うのでなければ意味がない」との批判が行われるのは当然であろうが、しかし2010年のCBD-COP10「名古屋会議」で採択された「愛知ターゲット」の内容[20]との関係では、いずれ国内の各地域あるいは各産業が協力を求められるであろう「生物多様性保全活動」を「満たす／賄う」ための場として活用する（少なくとも、面積等の「量的観点」で）、という「現実的かつ具体的な利益」につなげる形で震災復興に組み込むことは検討されてもよいのではないだろうか。

　これらの例で示したかったのは、これからの時代に求められる新たな自然環境保全対策の「イメージ」である。それは、従来のような特定地域の開発規制という消極的な対策だけでなく、それに積極的な環境再生や環境利用対策も加え、そして国内や世界の各地域で、人間が関わる活動のできるだけ多くの場面において、環境への配慮と具体的対応を戦略的に組み込んでいく、というものとならなければならない。そのためには、できるだけ多くの人々の理解と合意そして協力が前提となる。その理解と合意そして協力を得るための説明の際の最大公約数的な共通基盤が、「自然環境の保全は、人間にとっての利益」ということであり、結局のところは、自然環境の保護保全という問題においても、他の活動と同様、「利益についての明確な説明と、負担への合理的な対応」が求められるということに他ならない。このことを十分に理解しようとせず、関係者の「善意」や「自主性・自発性」のみを前提

[20] 愛知ターゲットは、地球規模で劣化が進んでいるとされる、生物多様性の損失に歯止めをかけるために設定された「2010年目標」に代わって合意された目標であり、人類が自然と共生する世界を2050年までに実現することを目指している。愛知ターゲットは、その目標11で、「2020年までに、少なくとも陸域及び内陸水域の17％、また沿岸域及び海域の10％、特に、生物多様性と生態系サービスに特別に重要な地域が、効果的、衡平に管理され、かつ生態学的に代表的な良く連結された保護地域システムやその他の効果的な地域をベースとする手段を通じて保全され、また、より広域の陸上景観又は海洋景観に統合される」とし、また目標15では、「2020年までに、劣化した生態系の少なくとも15％以上の回復を含む生態系の保全と回復を通じ、生態系の回復力及び二酸化炭素の貯蔵に対する生物多様性の貢献が強化され、それが気候変動の緩和と適応及び砂漠化対処に貢献する」ことを求めている。

とするような法律や制度は、たとえ特定地域や特定の問題に対して一時的に効果を上げたように見えたとしても、一般化できるものとも、また持続的なものともなり得ないだろう。

第11章 自然保護・自然資源・都市環境

29 海浜・河川・湿地保全法制度と課題

荏原明則

I はじめに

　海浜・河川・湿地は、水棲生物の生息地であるとともに鳥類や陸上の動植物の生息にとっても欠かすことのできない地域である。しかし、一方で津波、高潮等の波浪や、暴風・大雨等の影響を受け、急激な増水、土砂の流出又は堆積、これに伴う周辺地域への浸水等の問題、さらに都市化等による水質の悪化（富栄養化、有毒物質による汚染等）が起こりやすく、環境変化の影響を受け、生態系のバランスが崩れやすい地域でもある。この地域については人間にとっても重要な地域であり、その利用という側面からは多くの法制度が構築されてきたし、海岸の波浪や河川の洪水防止のような防災面からの法制度整備もなされてきた。しかし、その保全に関しては、個別具体的な害悪の防止はともかく、体系的な法的整備が必ずしも充分ではなかった。以下、現在の問題点を中心にその法的問題、さらに若干の立法的課題を順次見ていこう[1]。

　なお、水質汚濁については本書別稿があるため、水質汚濁防止法については、本章の検討課題の検討の際に必要に応じて触れるにとどめる。

---

[1]　この問題について、筆者はすでに小稿を公にしたことがある。荏原明則『公共施設の利用と管理』65頁（日本評論社、1999、初出「海浜・河川・湿地保護の法と課題」ジュリスト増刊『環境問題の行方』200頁（有斐閣、1995））。
　　なお、環境法的視点からのものではないが、成田頼明＝西谷剛編『海と川をめぐる法律問題』（良書普及会、1996）。

II 海浜をめぐる法制度と保全

1 対象（沿岸域）の範囲とその性質

　海浜の問題を考える場合はまず、その範囲の確定が必要である。一般に海と陸とは春分・秋分の日の満潮位線（海岸線）を境界として海水に覆われる区域を海、覆われない区域を陸とし、海浜地とは、有番地の海側境界線（ほぼ植生線と同一）から海岸線までの間を指すとされてきた（財務省や旧建設省の実務。登記実務では、この定義によっていて、満潮位線と干潮位線との間の土地については登記対象としていない。）が、その実態は砂浜や磯の状態にあり、実務上では、無番地とされるものがほとんどである[2]（なお、満潮位を基準とすることの問題について荏原注（1）参照）。国際法上境界線は、満潮位ではなく、干潮位線（低潮線）である（領海及び接続水域に関する法律1条・2条1項本文、海洋法に関する国際連合条約5条）[3]。しかし、問題となるのは、海岸線を中心に海水に覆われている部分、覆われていない部分を含めてである。すなわち、海浜埋立ての対象となるのは通常は海岸線に接し、またはあまり離れていない海水面であるし、海岸線を津波・高潮・波浪から守るために構築する海岸保全施設も海岸線よりは海側に構築することが多い。

　平成11年改正後の海岸法は、

「『公共海岸』とは、国又は地方公共団体が所有する公共の用に供されている海岸の土地（他の法令の規定により施設の管理を行う者がその権原に基づき管理する土地として主務省令で定めるものを除き、地方公共団体が所有する公共の用に供されている海岸の土地にあつては、都道府県知事が主務省令で定めるところにより指定し、公示した土地に限る。）及びこれと一体として管理を行う必要があるものとして都道府県知事が指定し、公示した低潮線までの水面をいい、

---

[2]　詳細は、荏原・前掲注（1）77頁、實金俊明『里道・水路・海浜（4訂版）』（ぎょうせい、2009）162頁・192頁。
[3]　これに関連して、2010年に排他的経済水域及び大陸棚の保全及び利用の促進のための低潮線の保全及び拠点施設の整備等に関する法律（平成22年法41号）が制定された。これについてはさしあたり、齊藤敬一郎「『排他的経済水域及び大陸棚の保全及び利用の促進のための低潮線の保全及び拠点施設の整備等に関する法律』について」河川769号15頁（日本河川協会、2010）、および河川769号掲載の諸論文参照。

図1 沿岸域の範囲

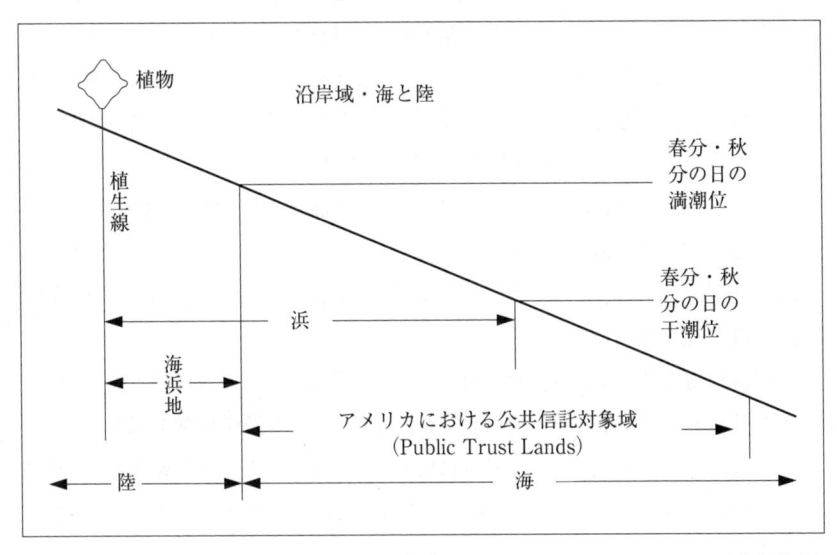

（筆者作成）

　『一般公共海岸区域』とは、公共海岸の区域のうち第三条の規定により指定される海岸保全区域以外の区域をいう。」（2条2項）と定め、上記の定義による海浜地のほか、公示した低潮線までの水面の両方を含むものとした。これにより、従来法定外公物とされていた海岸はなくなり、法制度上、海岸は港湾区域、臨港区域、漁港区域、河川区域、公共海岸（海岸保全区域と一般公共海岸区域。海岸法が適用される。）に区分された。このように細分化された管理制度は、後に見るように海岸を含む沿岸域の環境問題の適切な処理のためには問題が残る。

　海洋基本法25条は、

　「国は、沿岸の海域の諸問題がその陸域の諸活動等に起因し、沿岸の海域について施策を講ずることのみでは、沿岸の海域の資源、自然環境等がもたらす恵沢を将来にわたり享受できるようにすることが困難であることにかんがみ、自然的社会的条件からみて一体的に施策が講ぜられることが相当と認められる沿岸の海域及び陸域について、その諸活動に対する規制その他の措置が総合的に講ぜられることにより適切に管理されるよう必要な措置を講ずるものとする。

2 国は、前項の措置を講ずるに当たっては、沿岸の海域及び陸域のうち特に海岸が、厳しい自然条件の下にあるとともに、多様な生物が生息し、生育する場であり、かつ、独特の景観を有していること等にかんがみ、津波、高潮、波浪その他海水又は地盤の変動による被害からの海岸の防護、海岸環境の整備及び保全並びに海岸の適正な利用の確保に十分留意するものとする。」

と定める。この沿岸域の概念は、平成10年閣議決定の全国総合開発計画、国土庁編『21世紀の国土のグランドデザイン――地域の自立の促進と美しい国土の創造』[4]に見られるが、沿岸域という語は、第三次国土総合開発計画から既に見られる。

この海岸線を中心に一定範囲の陸域、海域を含めた、この領域は一般に沿岸域と呼ばれ、すでに多くの研究蓄積もあり[5]、日本沿岸域学会は

「沿岸域は、水深の浅い有無とそれに接続する陸を含んだ、海岸線に沿って伸びる細長い帯状の空間である。また、そこは陸と海という性質の異なる環境や生態系を含み、陸では海からの、また海も陸からの影響を受ける環境特性を持っている」

と定義し、沿岸域総合管理法で定めるべき沿岸域総合管理区域について「海域においては海岸線から領海までとし、陸域は海岸線から海岸線を有する市町村の行政区域、および必要な場合はその沿岸域に大きな影響を与える河川流域の範囲を最大として、当該沿岸域の地域特性に応じて決定する」としている[6]。

この提言に見られるように、沿岸域を「水深の浅い有無とそれに接続する陸を含んだ、海岸線に沿って伸びる細長い帯状の空間」であり、「そこは陸と海という性質の異なる環境や生態系を含み、陸では海からの、また海も陸

---

4) 国土庁編『21世紀の国土のグランドデザイン――地域の自立の促進と美しい国土の創造1』（大蔵省印刷局、1998）45頁。

5) 多賀谷一照「沿岸域の法理への視角」千葉大法学論集12巻3号（1998）33頁。

6) 日本沿岸域学会「2000年アピール――沿岸域の持続的な利用と環境保全のための提言」。提言についてはさしあたり、敷田麻美＝横内憲久「今後の日本の沿岸域管理に関する研究――日本沿岸域学会2000年アピールの理論的分析と評価」日本沿岸域学会論文集14号（2002）1頁。

　なお、敷田教授の一連の沿岸域に関する研究については教授のHP、http://www.cats.hokudai.ac.jp/~shikida/index.htm

からの影響を受ける環境特性を持っている」という指摘は正鵠を得ている。本稿の執筆依頼では「海浜」となっているが、以下では上記の指摘を前提に検討を進めることとし、海浜ではなくて沿岸域という語を使用する。

2 管理・保全に関する法制度

　沿岸域のうち、海浜地は無番地で、国有財産上の国有地であることが多い。この部分は、臨港地区（都市計画法8条9項、9条22項、港湾法2条4項、38条）、港湾法による港湾区域（港湾法2条2項、4条4項）、漁港漁場整備法による漁港区域（漁港漁場整備法6条）、河川法による河川区域（河川法6条）、海岸法[7]による海岸保全区域（海岸法3条）のほか、一般公共海岸区域（海岸法2条2項）に指定されている。これら区域指定は、事柄の性質上、陸上だけでなく、海の部分をも含む場合もある。また、河川区域と港湾区域又は漁港区域の重複指定（河川法6条5項）もあり得るし、海岸保全区域と河川区域のように両者の重複適用がない（海岸法3条1項但書）こともある。
　また、ここでの対象地域のうち公共水域については水質汚濁防止法、さらに湖沼水質保全特別措置法、瀬戸内海環境保全特別措置法等が適用される。
　この沿岸域に適用される利用規制・管理法としては海岸法、河川法、漁港漁場整備法、港湾法等のいわゆる公物・公共施設法がある。これらの法律のうちでは河川法が、最初に「環境の整備と保全」を目的に入れた。すなわち、河川法は、制定時には治水と利水をその目的としていたが、河川での水質汚濁、ダムの建設による河川環境の悪化等を理由として平成9年法69号による改正で河川環境の整備と保全を加え、

> 「この法律は、河川について、洪水、高潮等による災害の発生が防止され、河川が適正に利用され、流水の正常な機能が維持され、及び河川環境の整備と保全がされるようにこれを総合的に管理することにより、国土の保全と開発に寄与し、もって公共の安全を保持し、かつ、公共の福祉を増進することを目的とす

---

[7]　海岸法について、小川一茂「海岸地域における土地利用と「海岸法」(1)——陸地、海岸、水域の連続性の法制度への反映」神戸学院法学37巻3・4号 (2008) 11頁、櫻井敬子「海からみた海岸法制」自治実務セミナー46巻5号 (2007) 8頁、横山信二「海・海岸の管理」『行政法の争点（第3版）』(2004) 198頁。

る。」(河川法1条)。
と定める。

　先に挙げた諸法律は平成9年の河川法の法改正後、順次法改正により「環境の保全の配慮」を目的規定に挿入する法改正がなされた。すなわち、海岸法は1条に「海岸環境の整備と保全及び公衆の海岸の適正な利用を図り」を加え(平成11年法54号による改正)、港湾法では1条に「環境の保全に配慮」を加え(平成12年法33号による改正)、さらに漁港法は漁港漁場整備法に名称を変更するとともに1条の目的規定を全面改正したが、この際に「環境との調和に配慮」を加えた(平成13年法92号による改正)[8]。

　ただこれらの諸法律に規定された「環境の整備と保全」や「環境との調和」等の規定のみによって従来からの公物管理法制が、すぐに変わるとは考えにくい。これらの諸法律は、目的規定に先のような文言を追加したものの、各論部分での変更は大きくはない。たとえば、港湾法において「港湾および開発保全航路の開発に関する基本方針の中に配慮事項として環境保全事項の追加等」(港湾法3条の2第2項4号・5号)、「船舶等の廃棄、放置禁止」(37条の3)等、海岸法における海岸保全区域内での船舶等の廃棄・放置等の禁止等(海岸法8条の2第3号・4号)、一般公共海岸区域内における特定行為の禁止(同法37条の5、37条の6)等が、環境保全上一定の意味があると考えられるにすぎず、漁港漁場整備法の定める漁港漁場整備事業の内「漁場としての効用の低下している水面におけるその効用を回復するためのたい積物の除去その他漁場の保全のための事業」(4条2号)等が環境の整備と保全に資すると評価できるに過ぎない。

　むしろ公物管理法と呼ばれるこれらの諸法律は、まさに公物管理法としてその機能管理や財産管理に重点が置かれ、法文上からはその基本的構造は大きな変化があったというよりは機能管理や財産管理の際に環境への配慮を行うというものと理解しうる。ただ、従来これらについては環境への配慮に全

---

8)　「特集・海岸法の一部を改正する法律」河川635号(日本河川協会、1999)3頁、「建設省河川局水政課「海岸法の一部を改正する法律(平11.5.28法律第54号)」法令解説資料総覧213号(1999)39頁。松本平「漁港法の一部を改正する法律(平13.6.29号外法律第92号)」法令解説資料総覧237号(2001)74頁。

く欠けると批判される状況であったことを考えれば環境保全への一歩が踏み出されたと言えよう。

3　最近の問題

沿岸域で古くから指摘されているもの、または近年問題とされているのには、海浜の埋立、プレジャーボート等小型船舶の不法係留、浮体構造物（メガロフロートなど）の設置、陸上施設からの排水による水質汚濁、温排水による環境悪化、船舶からの廃棄物等の投棄、投棄された物件の処理、海上事故に起因する油の流出、海底からの土砂の採取、水産資源の枯渇等がある。前三者については、従来からの利用形態、すなわち、遊泳、船舶の航行、漁業、海浜の散策等との調整が議論されている。水質汚濁については水質汚濁防止法、船舶等からの海洋への油や物件投棄規制に関しては海洋汚染等及び海上災害の防止に関する法律（昭和45年法136号）が定められ、海砂の採取に関しては瀬戸内海沿岸の県からによるものが多かったが、近年は各県が海砂採取を規制する条例を定め、全面禁止を定めるものも少なくない。

また、総合保養地域整備法（昭和62年法71号、いわゆるリゾート法）は沿岸域における開発を促進したが、一方では大きな環境悪化をもたらした。

これらの環境上の問題を考える際には、沿岸域を外洋に面した地域と閉鎖性水域に面する地域とに区別して考察する必要がある。閉鎖性水域はその性質上、水質汚濁（有毒物質の蓄積、富栄養化等）、土砂の堆積等による環境悪化に極めて弱く特別の考慮が必要である。わが国でも瀬戸内海環境保全特別措置法（瀬戸内海環境保全特別措置法（昭和48年法110号）を恒久化したもの、さらに、湖沼に関する湖沼水質保全特別措置法（昭和59年法61号））等により不完全ながら閉鎖性水域の特殊性を前提としたコントロールシステムが存する。

また、海水と真水が混じり合う汽水域（estuary）も環境悪化に対してきわめて弱い。汽水域は河口付近だけでなく、大阪湾、東京湾などのように河川水の流入する内湾にも見られる。また河口付近には後に検討する湿地が広がっていることも注意しておきたい。

わが国では防災上の問題も含めて留意が必要であるが、これについて河川

法、港湾法による規制や海岸法による海岸保全区域等がある。

2011年3月の東日本大震災により、大きな津波が東北や関東の太平洋の沿岸域に襲来して大きな被害を発生し、福島第一原子力発電所問題は放射性物質による海の汚染問題を提起したことは記憶に新しい。

(1) 埋立の問題

埋立・干拓は沿岸域の利用というよりは、公有水面を廃止して、埋立て工事完了後にできる土地の利用を目的とする。農業、工業、港湾用地の確保等が目的とされてきた。埋立はその性質上、陸域に隣接した地先水面を埋め立てるものがほとんどであり、環境上極めて脆弱な、影響を受けやすい地域をほぼ全面的に、かつ不可逆的に改変するものである。その環境上の問題、特に、水際の藻場の喪失が海の自浄能力に極めて大きな影響を与えることはつとに指摘されている[9]。

埋立については、公有水面埋立法（大正10年法57号）により規制され、同法による要件に合致すれば埋立が認められる。同法は大正年間に制定され、埋立開発促進型の法律であった。特に無願埋立の追認制度は典型であり、それを規定していた公有水面埋立法（旧）32条は、昭和48年法84号による法改正で削除された。さらにこの改正では、環境配慮条項等（現行4条1項、2項）が追加された。これにより埋立の許可面積は減少したが、それは埋立のスピードが落ちたという程度に過ぎない。閉鎖性水域である瀬戸内海については、瀬戸内海環境保全特別措置法が制定されて、埋立抑制が図られている。同法四条は、瀬戸内海の環境保全のため、各都道府県で瀬戸内海保全に関する計画を策定することとする。この計画の法的性質につき、織田が浜訴訟の差戻し後の高裁判決は、同法四条に基づいて愛媛県知事が策定した「瀬戸内海の環境保全に関する愛媛県計画」を一般的指針と解しており（高松高判平成6年6月24日判例地方自治126号31頁）、コントロールとして

---

[9] 埋立て問題について、阿部泰隆「海浜の埋立と保全」自治研究56巻11号 (1980) 29頁、伊藤護也「瀬戸内海環境の規制型保全と誘導型創造——とくに埋立について」『市民法学の課題と展望——清水誠先生古稀記念論集』（日本評論社、2000）431頁、富井利安「海浜環境の保全と埋立アセスメント」『自然は守れるか——自然環境保全への法政策の取組み』（商事法務研究会、2000）171頁、畠山武道「アメリカにおける海浜開発——連邦法を中心として」（国際比較法センター、1996）94頁。

は弱い。また、同法13条1項は、「関係府県知事は、瀬戸内海における公有水面埋立法第2条第1項の免許又は同法第42条第1項の承認については、第3条第1項の瀬戸内海の特殊性につき十分配慮しなければならない。」とし、さらに同2項に基づく「埋立に関する基本方針」が出され、埋立は厳に抑制すべきものとされた。これによって、埋立件数の減少等かなりの効果があった。しかし、問題も少なくない。すなわち、埋立を厳に抑制するとしているものの、それはかえって公共団体等による公共性が高いとされたものに免許を付与することとなった。すなわち、①埋立の公益公共性が相当程度高いこと、②埋立以外に内陸部での代替地取得が不合理若しくは不可能であること、③環境保全に資すること、に合致した場合にやむを得ないものとして免許が付与されてきた。具体的には、各種の港湾施設、下水処理場、工場移転、空港等の用地確保や、廃棄物処理空間の確保（大阪湾でのフェニックス計画等）などが認められてきた（図2、図3〈次頁以下〉参照）。

　港湾[10]の充実拡大、空港の新設・拡充は、最近の事業仕分けでも問題とされたが、過剰と思われる施設の建設・拡充があり、地元自治体の財政赤字の大きな要因となっていることは、つとに指摘されていることである。大阪湾での関西空港、神戸空港とも公有水面の大規模な埋立であって、その空港としての公共性を別にすれば、関西空港の傾斜護岸による自然回復が話題となるものの、喪失された自然との比較をすると環境への負荷は大きい。港湾の整備拡充による地方の活性化も成功した例は少ない。

　また、埋立願書の提出を事実上公共団体等に限定したことはかえって、埋立免許権者と出願者が同一であって免許手続の公正さを疑わせる事態を招くこととなった[11]。筆者が身近に見る瀬戸内海以外の地域でも、諫早湾干拓のように社会的に大きな影響を持つ埋立がなされた例は少なくない。

　なお、鞆の浦埋立て免許事件では、下級審であるが、景観保護を理由として埋立免許の差止めを認めた（広島地判平成21年20月1日判例時報2060号3

10）　港湾に関する研究として木村琢磨『港湾の法理論と実際――行政法・財政法からのアプローチ』（成山堂書店、2008）、同「法的観点からみた港湾の現代的課題」都市問題研究62巻2号（2010）43頁。

11）　荏原・前掲注（1）88頁、阿部泰隆『行政の法システム（新版）』（有斐閣、1997）599頁。

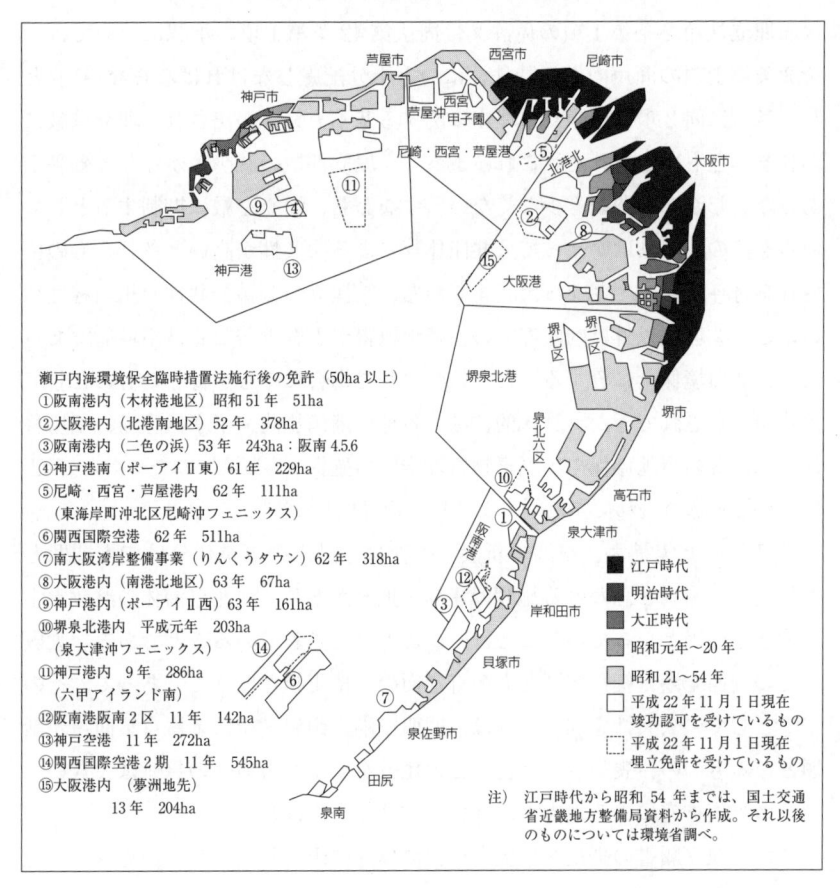

図2 大阪湾奥部における埋立状況

瀬戸内海環境保全臨時措置法施行後の免許（50ha 以上）
① 阪南港内（木材港地区）昭和 51 年 51ha
② 大阪港内（北港南地区）52 年 378ha
③ 阪南港内（二色の浜）53 年 243ha：阪南 4.5.6
④ 神戸港南（ポーアイⅡ東）61 年 229ha
⑤ 尼崎・西宮・芦屋港内 62 年 111ha
（東海岸町沖北区尼崎沖フェニックス）
⑥ 関西国際空港 62 年 511ha
⑦ 南大阪湾岸整備事業（りんくうタウン）62 年 318ha
⑧ 大阪港内（南港北地区）63 年 67ha
⑨ 神戸港内（ポーアイⅡ西）63 年 161ha
⑩ 堺泉北港内 平成元年 203ha
（泉大津沖フェニックス）
⑪ 神戸港内 9 年 286ha
（六甲アイランド南）
⑫ 阪南港阪南 2 区 11 年 142ha
⑬ 神戸空港 11 年 272ha
⑭ 関西国際空港 2 期 11 年 545ha
⑮ 大阪港内（夢洲地先）
13 年 204ha

■ 江戸時代
■ 明治時代
■ 大正時代
■ 昭和元年〜20 年
■ 昭和 21〜54 年
□ 平成 22 年 11 月 1 日現在 竣功認可を受けているもの
□ 平成 22 年 11 月 1 日現在 埋立免許を受けているもの

注）江戸時代から昭和 54 年までは、国土交通省近畿地方整備局資料から作成。それ以後のものについては環境省調べ。

（出典：『瀬戸内海の環境保全（平成 22 年版・資料集）』40 頁（瀬戸内海環境保全協会、2011 年））

頁)[12]。景観保護を理由とする珍しい例である。なお、この事件で仮の差止請求については申立て人適格を肯定したが、申立ては斥けられた（広島地決平成 20 年 2 月 29 日判例時報 2045 号 98 頁)[13]。

(2) プレジャーボート等の違法係留・放置

レジャー・ブームに乗ってプレジャーボートが普及したものの、マリーナ整備が不充分であるとともに、実際上の規制・取締も充分でないことを理由として放置・違法係留が全国的に見られた[14]。利用者には海は自由使用でき

図3 瀬戸内海における埋立て免許件数と埋立て面積の推移

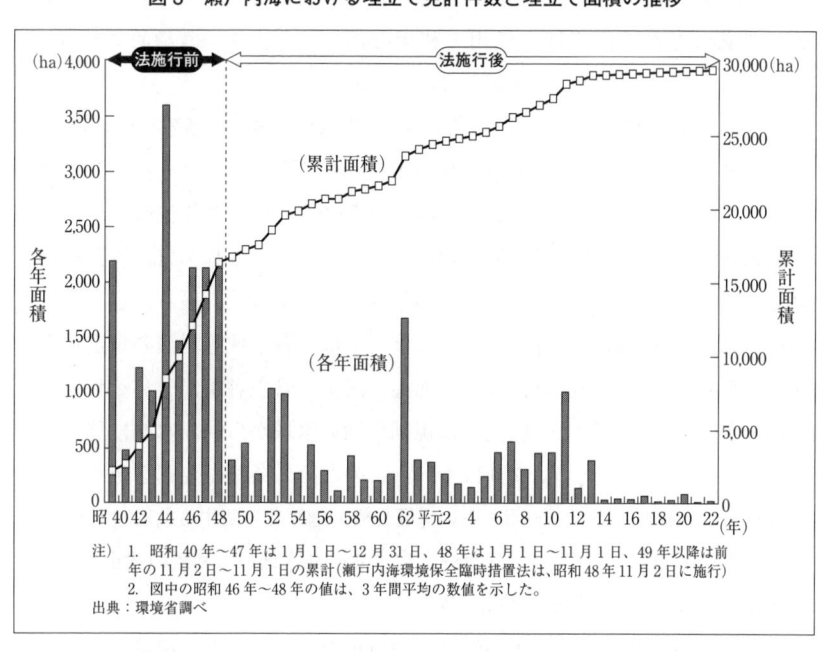

（出典：『瀬戸内海の環境保全（平成22年版・資料集）』44頁（瀬戸内海環境保全協会、2011年））

るから係留も自由だと主張するものまであり、いわば無法状態であった。

　この問題は、公物管理の問題としては最近まで顕在化せず、環境問題とし

---

12) 判例解説として、山村恒年「鞆の浦の公有水面埋立法2条の広島県知事の埋立免許に対する行政事件訴訟法37条の4の差止めの訴えについて、事業の必要性、公共性について、調査、検討が不十分であるか、又は一定の必要性、合理性が認められたとしても、埋立自体の必要性を肯定することの合理性を欠き、裁量権の濫用の範囲を超えたとして差し止めが認められた事例――鞆の浦埋立免許差止請求事件（広島県・福山市）（平成21.10.1広島地判）」判例地方自治327号（2010）85頁、交告尚史「鞆の浦公有水面埋立免許差止め判決を読む」法学教室354号（2010）7頁、山下竜一「鞆の浦埋立免許差止め事件第一審判決」判例時報2078号（2010）164頁、横山信二「景観利益と差止訴訟における『法律上の利益』：鞆の浦景観訴訟第一審判決〈判例研究〉」松山大学法学部20周年記念論文集99頁（2010）等。

13) 判例解説として大久保規子「周辺住民の景観利益を根拠に仮の差止めの申立適格を認めた事例――鞆の浦埋立免許仮の差止め申立事件（平20.2.29広島地決）」法学セミナー53巻7号（2008）119頁、福永実「自然・歴史的景観利益と仮の差止め：鞆の浦埋立免許仮の差止め事件（広島地決平成20年2月29日判例集未搭載）の考察を中心に」大阪経大論集60巻1号65頁等。

ては、埋立に比べて害悪が小さいと思われてきたこと、リゾート開発が重要課題であったため沿岸域の活用・利用の面に注目して（意識的に？）フォローをしてこなかったこと等がその原因である。

　ただ、問題が顕在化した後、(旧)運輸省（現・国土交通省）のボート・パーク事業など簡易な係留施設の整備がなされ、自動車のような登録制度も小型船舶の登録等に関する法律（平成13年法102号）により整備された。さらに海岸法、港湾法等の各水域管理法が相次いで改正され、(1)放置を禁止する区域の指定、(2)監督処分規定の整備、放置艇対策に係る規定も整備された。しかし、放置艇に対する規制については、各水域管理法の規定が整備されたため、各水域（海岸、港湾、漁港、河川）管理者が、それぞれ独自に規制をかけても、実態上、放置艇は規制の強い水域から弱い水域に移動するのみで、根本的な解決にはなりにくい。このため、条例や要綱を定めた県も見られる（千葉県プレジャーボートの係留保管の適正化に関する条例（平成14年条例41号）、兵庫県「プレジャーボートによる公共水域等の利用の適正化に関する要綱」（平成13年7月23日施行）など）。

　ボート・パーク、マリーナの建設・設置場所についても、環境上の要素を充分に考慮した規制が望まれる。建設・設置場所として汽水域を使用している例が少なくないが、環境面から再考が要求されよう。

　(3) 海ゴミ

　海ゴミは、各地の沿岸で漂流ごみとして問題とされてきた[15]。島崎藤村の「椰子の実」に歌われるような状況ではなくなっている。海ゴミには、海面浮遊ゴミ、海岸漂着ごみ、海底堆積ゴミがあり、漂着ごみについては各地の住民やNPO、地方公共団体等が従来から対応してきた。従来研究の進んでいなかった海底堆積ゴミについては瀬戸内海についての調査があり、解明が進んでいる[16]。

　海ごみの大きなものでは船舶の残骸、材木、漁具等があり、空缶・空き瓶

---

14)　島田茂「放置船舶問題に対する地方自治体の法的対応（上）（下）」自治研究77巻3号88頁、8号26頁（2001）等参照。
15)　この問題の紹介として、小島あずさ＝眞淳平『海ゴミ―拡大する地球環境汚染』（中公新書、2007）。

も多い。船舶や釣り人からの投棄と推測されるものの他、沿岸住民による投棄がある。さらに、大雨により陸上に堆積されていたものが大量に流れ込むことが多く、これが最も多量であると言われている。材質はガラス、プラスチックやビニール等水に溶けないものや、材木の破片、金属など多種多様である。これらは、大きいものであれば船舶の航行の妨げとなり、漁業にとっては漁場の荒廃、漁網の破損等が問題となるし、海岸では海水浴や散策の妨げとなる。漁業者が網を引き上げた際に多くの漂流物・沈殿物が網に漁獲された魚と混在し、作業の妨げとなっている。また、この漂流物が沈下すれば海底に蓄積し、水中の動植物に大きな影響を与えることとなる。ビニールを飲み込んだ亀が海岸に打ち上げられ、捕獲されたイルカやオットセイに漁網や釣り糸等が絡まり、その内蔵から上記の物質が発見されることは珍しい現象ではない。

　また、ナホトカ号事件（1997年1月にロシア船籍のタンカー、ナホトカ号が島根県隠岐諸島の沖で沈没し、大量の重油が流失した。）に見られるように海難事故に起因する油の流失も大きな問題であり、ナホトカ号事件では福井県、京都府等を中心に日本海沿岸地域では大きな被害を受けた。

　問題はこれら漂着物を含む海ゴミを処理する法システムが存在しなかったことである。漁業組合では、漁船を用いて漂流物や沈殿物の回収をするが、これでは回収したゴミが産業廃棄物に該当するため、排出者としての漁業者に処理責任があることになる。ナホトカ号事件のような例は別として、多くの場合排出者が不明であるため、責任追及も難しく、これでは積極的な海ゴミ処理はおぼつかない。

　また、先に述べたように海岸を所管する部署が異なるため、海岸清掃をする場合にもなかなか適切な対応がしにくい状況もある。海岸清掃については、伝統的に市町村が行ってきたが、現在のような大量のゴミが漂着する状況では、財政上も対応は困難である。

　この種の問題の対応には発生防止と、発生した漂流物等の処理を巡る問題とに分けて考える必要がある。発生予防策としては、海洋汚染等及び海上災

16）　柳哲雄「瀬戸内海における海面浮遊ごみ・海底堆積ゴミの挙動特性」瀬戸内海56号（瀬戸内海環境保全協会、2009）4頁。

害の防止に関する法律（昭和45年法136号）や廃棄物の処理及び清掃に関する法律等があるが、これらでは十分とは言えない状況であった。

最近、この問題に対処するため「美しく豊かな自然を保護するための海岸における良好な景観及び環境の保全に係る海岸漂着物等の処理等の推進に関する法律」（平成21法82号）が制定された[17]。同法は、海岸における良好な景観及び環境の保全を図る上で海岸漂着物等がこれらに深刻な影響を及ぼしている現状にかんがみ、海岸漂着物等の円滑な処理を図るため必要な施策及び海岸漂着物等の発生の抑制を図るため必要な施策（「海岸漂着物対策」）に関する基本計画策定、対策推進策等を定める。海岸漂着物対策総合推進基本方針は平成22年3月に閣議決定された。

基本方針では、「我が国に漂着する海岸漂着物は、地域によっては周辺国から我が国の海岸に漂着するものが多くみられるものの、全国的にみれば我が国の国内に由来するものが多いと言われている。国内に由来して発生する海岸漂着物は、山、川、海へとつながる水の流れを通じて海岸に漂着したものであって、海岸を有する地域にとどまらず我々の日頃の行動や社会の有り様を映し出す鏡であるとも言える。」とするが、まさにこの問題の核心の一つを指摘するものと考えられる。ただ、この法律はその名称の示すとおり漂着ごみを主たる対象としたものであり、海底堆積ごみは課題として残されている。海ごみの多さと海岸の状況を考えると問題への対応はこれからである。

(4) ノリの色落ち問題——水質汚濁防止法による規制の再検討？

ノリの色落ち問題とは、ノリが秋期から冬期における養殖シーズンに海水に十分な栄養塩類があれば黒いノリができるが、チッソ、リンなどの栄養塩類が足りない場合には色調が低下し、ノリの黒い色調が黄褐色に褪せて「色落ち」と呼ばれる現象が発生することを言う。これは、これらの栄養塩が不足することによって光合成で作られた糖類からアミノ酸を合成する窒素同化作用が十分に行われなくなるためと説明されている。この場合チッソはリン

---

[17] 棚村治邦「美しく豊かな自然を保護するための海岸における良好な景観および環境の保全に係る海岸漂着物等の処理等の推進に関する法律（平21.7.15法律第82号）」法令解説資料総覧341号（2010）29頁、南川秀樹＝西山茂樹「海岸漂着物処理推進法制定とこれからの取組」季刊環境研究155号（2009）199頁。

酸の 8〜10 倍程度必要なので、特にチッソ不足が問題となる。

　このチッソ不足の原因は、①海域へ栄養分の多い河川水の流入が減少することにより、栄養補給が十分でない場合、②珪藻の増殖により、チッソ・リンが大量に吸収されて、海水中の栄養塩が減少する場合、が指摘されている。対策としては、珪藻プランクトンを捕食する二枚貝の増殖技術の開発や沿岸海域の栄養塩管理技術の開発（水産庁が補助研究事業として平成 19 年度から 26 年度実施中）の他、高い栄養塩を含む河川水の増大も考えられる。この栄養塩の問題は水質汚濁防止法による規制によることも一因であると考えられる。すなわち、水質汚濁防止法では、排出水中のチッソ・リンの含有量を規制するが（2 条、同法施行令 3 条の 3 第 1 項 12 号等）、これが厳しければノリ養殖を行っている海域へのチッソの流入量が十分でなく、ノリの色落ちの原因となるからである。

　ただ、瀬戸内海について言えば、栄養塩の供給源は河川由来よりも外洋由来との指摘もあり[18]、異なった対応が必要かもしれない。

　水質汚濁防止法の総量規制に関する中央環境審議会「第 6 次水質総量規制の在り方について（答申）」（平成 17 年 5 月）では、大阪湾を除く瀬戸内海について、環境基準達成率等を考慮して規制内容を現在の水準を維持する旨答申している。答申に基づく「窒素含有量についての総量規制基準に係る業種その他の区分およびその区分ごとの範囲」（平成 18 年 3 月環境省告示 135 号）がなされ、第 7 次の答申、およびそれに基づく「窒素含有量についての総量規制基準に係る業種その他の区分およびその区分ごとの範囲」（平成 23 年 3 月環境省告示 24 号）でも大阪湾を除く瀬戸内海は、規制値の変更もなかった。

---

18)　特集「瀬戸内海におけるリン・チッソの挙動」瀬戸内海 40 号（瀬戸内海環境保全協会、2004）1 頁以下、この特集では、石井大輔「瀬戸内海におけるリン・窒素の起源」1 頁、兼田敦史「豊後水道から瀬戸中海への栄養塩の流入過程」6 頁、藤原建紀「紀伊水道からのリン・窒素の流入過程」10 頁、西田修三「紀淡水道のリン・窒素フラックス」17 頁、上真一「紀伊水道の栄養塩・低次生産・高次生産の経年変動」22 頁、浮田正夫「瀬戸内海の望ましいかつ可能なリン・窒素濃度」27 頁が掲載されている。

(5) 里海論

里山という言葉は人口に膾炙しているが、それに倣って里海論が提唱されている[19]。柳哲雄教授によれば、里海とは「人手が加わることにより、生産性と生物多様性が高くなった沿岸海域」と定義されるが、これは環境問題を考える際に示唆に富むものと考えられる。汚染物質規制等に重点を置いた公害規制法制から環境管理法制への転換を考えるとき、従来の法制度を再検討する示唆を与えるものであろう。この里海については、2010年10月に名古屋で開催された生物多様性条約第10回締結国会議（COP10）でも議論があり、資料が国連大学より公表されている[20]。

なお、河川の部分でも問題となるが、流域環境管理を考える場合には、さらに進めて森里海連関学も提唱されていることも指摘しておこう[21]。

(6) その他注目すべき点

以上のほか、近時注目されたものをあげておく。

第一に、船舶事故等に起因する油流出は、前述のように社会問題ともなったが、海洋汚染及び海上災害の防止に関する法律が改正され、対策が強化された。

第二に、埋立用の土砂として陸上の土砂のほか、廃棄物を使用する例（いわゆるフェニックス計画等）や、海砂を利用する例がある。海砂の採取による海底付近の環境悪化を防ぐため広島県の「広島の海の管理に関する条例」の制定等瀬戸内沿岸各県では規制を強めている。

第三に、陸上の開発行為による赤土の流入からサンゴ礁等を保護するため、沖縄県赤土等流出防止条例が制定された。

第四に、海岸保全区域にもうけられる施設等についていくつかの点を指摘

---

19) 柳哲雄『里海論』（恒星社厚生閣、2006）、瀬戸内海研究会議編（松田治＝柳哲雄＝上真一＝山下洋＝戸田常一＝荏原明則＝浮田正夫著）『瀬戸内海を里海に──新たな視点による再生方策』（恒星社恒星社、2007）。
20) 「日本の社会生態学的ランドスケープ──日本の里山・里海評価 概要版」（www.ias.unu.edu/Public_sharing/16853108_JSSA_SDM_Japanese.pdf）
　なお、環境省の里海ネットHP（http://www.env.go.jp/water/heisa/satoumi/index.html）には、多くの資料がアップされている。
21) 京都大学フィールド科学研究センター編・山下洋監修『森里海連関学──森から海までの総合的管理を目指して』（京都大学出版会、2007）。

する。

　海岸保全区域には海からの高潮や波浪による海水の陸岸への浸入、海岸の決壊、侵食など防ぐため、海岸防護施設を設置することとされている。しかし、2011年3月の東北地方太平洋沖地震に起因する津波では東北地方から関東地方の太平洋沿岸地域で防波堤等が倒壊・破壊された。今後、復旧・復興工事がなされるものと考えられるが、どのようにこれを再建するか、環境上の問題とされる可能性があることを指摘しておきたい。

　また、海岸保全地区での砂の流失（砂浜の減少・消滅）が問題となっている。石川県小松市安宅海岸には勧進帳で有名な安宅の関跡があったが、これは現在海の中になってしまった[22]し、兵庫県東播海岸では明治初期から百数十年間でおよそ100メートルの海岸線の後退があった。このような現象は上記の例に限られるわけではなく、富山湾沿岸などを含め各地で発生している[23]。ダムや堰の構築による河川からの砂の供給減少、砂防ダムの構築等が原因の一つと言われている。この点は環境問題であるとともに治山・治水の問題でもある。

　養浜事業も近年しばしば目にすることがあるが、経年変化に伴う砂の流失により、当初の計画が達成が困難となっているところも少なくないし、親水海岸の実現という目的はともかく、技術的な問題が残る。

III　河川をめぐる法制度と保全

1　河川の意義

　河川については、河川法が一級、二級河川及び準用河川に適用・準用されるが、小河川・水路等は適用がない。この小河川や水路は普通河川として市町村が管理するとされている。河川法では、河川区域を指定してその範囲内について公物管理としての河川管理がなされる。なお、河川法では、湖沼も

---

22)　正和久佳「海に消えたむら——消えた砂浜・安宅の関」河川591号（日本河川協会、1995）23頁。
23)　資料として少し古いが、田中茂信「日本の海岸侵食」河川579号（日本河川協会、1994）21頁。

河川に含まれるが、これは閉鎖性水域である（特に湖沼水質保全特別措置法による規制がある）とともに、次項の湿地としての性質をもつものが少なくない。

河川における環境問題としては、従来から水質汚濁が大きいが、ダムの建設や各種の河川改修等の人工的改変による影響も無視できない。豊富な生物の生息の場としての河川という面からは、生物生態に大きな影響がある。前述のように河川法は、平成9年に改正され、河川環境の保全がその目的の一つに加えられた。

2 従来からの手法とその評価

(1) ダムや堰

ダムは、その建設自体が河川環境を大きく変更させる。わが国では、ダム建設により、発電、水道、工業用水道用水の開発など（特定多目的ダム法（昭和32年法35号）等参照）が行われてきた[24]。これらはわが国の経済に貢献をしてきたが、近時これに対する見直し、すなわち、経済的貢献度に比べて無視・軽視されてきた環境上、文化上の諸価値への再評価である。長良川河口堰問題はこのような文脈の中で理解できよう[25]。これは河川法改正の一因でもあった。

① 水量確保

ダムや堰の建設の影響の一つに、河川の水量の問題がある。ダムの建設により、水量の極めて減少した河川が増えた。これは、多目的ダムの場合、利水のために設定される水利権により、河川には設定された水利権の量を差し引いた水量しか流れないことになり、これにより河川の水位が低下し、従来河川のもっていた流域への効果を減少させ、環境悪化を招くことも少なくない。水量の減少は、魚類の減少等、ひいては鳥類等を含む生態系に変化を及ぼす。また、ダム建設による海への砂の流入減少は、海岸線の浸食を招くと

---

24) ダムの効用については、国土交通省水管理・国土保全HP、http://www.mlit.go.jp/river/pamphlet_jirei/dam/gaiyou/panf/dam2007/index.html
25) 天野礼子『長良川から見たニッポン』（岩波ブックレット313号、1993）、同『日本のダムを考える』（岩波ブックレット375号、1995）、同『川は生きているか』（岩波書店、1998）等。

表1 河川別および管理者一覧表

水系	模式図	河川別	管理者
一級水系		一　級　河　川 　　大臣管理区間 　　指　定　区　間 準　用　河　川 普　通　河　川	国土交通大臣 都道府県知事 市町村長 地方公共団体
二級水系		二　級　河　川 準　用　河　川 普　通　河　川	都道府県知事 市町村長 地方公共団体
単独水系		準　用　河　川 普　通　河　川	市町村長 地方公共団体

(出典：国交省東北地方整備局山形河川国道事務所最上川電子大辞典
http://www.thr.mlit.go.jp/yamagata/river/enc/words/06ha/ha-006.html)

指摘されている。

② **魚類等生物への影響**

ダムや堰の構築は、魚の遡上等を阻害し・河川の生態系に大きな影響を与えることも指摘されている。

(2) 河川改修

治水目的による河川改修がいわゆる三面張り（コンクリート等で河底・河岸の三面を整備する手法）で行われた場合には、河岸堤防の決壊等による洪水の危険性が減少し、一定の成果があった。しかし、水が一気に海へ流出し、従来河川の持っていた能力、水の存在による生態系への影響が大きく変化した。たとえば、わんどなど河川沿いの湿地は消滅することとなった。

3 河川法の改正と環境保全

　平成9年の河川法改正は「河川環境の整備と保全」を同法1条の目的規定に追加し、環境整備・保全策を採用することとした。すなわち、①環境を含め、地域の意向を反映した河川整備の計画制度の創設（16条・16条の2参照）、②環境と調和とれた治水、利水対策としての樹林帯制度の創設（3条、6条3項・6項等）、③環境悪化をもたらす水質事故処理等を円滑に進めるための原因者施行（18条）、原因者負担金制度の創設（67条）などである。さらに、不法係留対策のための簡易代執行制度の実効性をあげるための保管、売却、廃棄等の手続を整備した（75条4項以下等）。

　河川環境管理基本計画は、河川環境の計画的管理に関する施策の総合的計画的実施のため水系ごとに策定し、河川空間を、自然環境を保全する「自然ゾーン」、自然志向の利用を図る「自然利用ゾーン」、地域の利用要請が高く人々の親水的な利用をめざす「整備ゾーン」等に区分する[26]。

　これらにより、従来の治水中心の河川管理が河川環境保全も視野に入れ、水質、生態系の保全、水と緑景観、河川空間のアメニティといったものが確保されることが予定される。具体的には多自然型工法による河川整備の拡大、親水性、生態系に配慮した環境護岸などがある[27]。

　河川法改正はダム事業にも影響を与えた。すなわち、河川整備計画の案に関しては地元の意見を聴きながら策定することとしたため、今後は地域の意向が反映される可能性ができた[28]。しかし、淀川水系流域委員会[29]のように住民の意見反映が十分でないとの批判もあり今後の課題は大きい。もっとも法改正については、五十嵐教授の指摘のように全面的改正でなければ、環境保全からは充分ではなかろう[30]。

---

26) 平成21年3月までに109の一級水系で基本方針を策定済、73河川で整備計画策定済。国交省水管理・国土保全HP、http://www.mlit.go.jp/river/basic_info/jigyo_kei-kaku/gaiyou/seibi/index.html#map3
27) さしあたり、建設省河川研究会『改正河川法とこれからの河川行政』（ぎょうせい、1997）100頁。
28) 嶋津暉之「河川整備基本方針と河川整備計画の策定に住民の参加を――治水面でのダムの上位計画策定に対して」『水資源・環境研究の現在――板橋郁夫先生傘寿記念』（成文堂、2006）93頁。
29) 淀川水系流域委員会については、http://www.yodoriver.org/index.html

しかし、公共事業の事業評価によりダム建設がその評価対象となり、群馬県の八ッ場ダム建設等が取り上げられた。熊本県七滝ダム、青森県大和沢ダム、千葉県大喜多ダム、兵庫県武庫川ダム等が建築中止とされた。各地方公共団体でもダムの見直しがあり、現在大阪府等で見直し作業が進行中である。

(1) 多自然河川の整備

河川環境が注目されはじめたことを受けて（旧）建設省は、多自然型河川整備を河川整備の手法として導入した。これは三面張り河川は単なる排水路に過ぎず、多様な自然をもち、人間に親しまれてき河川の機能を失わせるものとの批判に対する回答の一つであった。

多自然型川づくりとは、平成2年の「多自然型川づくり実施要領」により推進されたが、これはある意味ではコンクリートで固めた三面張り河川から「多自然型」河川への河川モデルの変更であって、当該河川の自然的、地域的、社会的状況等を踏まえていない画一的な標準的モデルが続出する結果となった。このため国交省は平成18年には「多自然川づくり基本指針」を定めて、新たな政策展開を計っている。そこでは、

> 「河川全体の自然の営みを視野に入れ、地域の暮らしや歴史・文化との調和にも配慮し、河川が本来有している生物の生息・生育・繁殖環境及び多様な河川景観を保全・創出するために、河川管理を行うことです。
> 『多自然川づくり』とは個別箇所の工事にあたって留意すべきことだけではなく、『河川全体の自然の営みの尊重』、『地域の暮らしや歴史・文化との調和』、『河川管理全般での留意』の3つの方向性を持った川づくりを指すものであることを明らかにするため、『多自然川づくり』の定義を変えました。」

と説明している。

(2) 普通河川の管理

普通河川は、河川法の適用されない小河川や水路である[31]。地方分権化一括法等により市町村に譲与されるまではいわゆる法定外公物として財産管理

---

30) 五十嵐敬喜「河川法と環境」法律時報59巻11号（1997）24頁。
31) 以下について詳細は、荏原明則「普通河川の利用と管理の法的課題」法と政治62巻2号（関西学院大学法政学会、2011）1998頁。

は国(国土交通省、その前は(旧)建設省)が行ってきたが、機能管理についてはその担い手について争いがあったが、事実上は放置か市町村又は住民が行ってきた。譲与を機会に各地方公共団体は普通河川と里道等をまとめてその規制対象とする法定外公共財産管理条例(又は法外公物管理条例等、名称は各地方公共団体により多少相違がある)を定めて管理するか、普通河川管理条例(普通河川のみを対象とする)を定めて管理してきている。ただその実態は各地方公共団体によってことなり、農業用水路、洪水防止用水路、雨水排水路として使用するものの他、その役割を終えてドブ川化したもの、排水路乃至は下水路となったもの、埋め立てられて廃止されたものなどもある。表1で理解できるように普通河川は山間の渓流から市街地の水路まで様々あるが、これを放置してドブ川と化して環境上問題を起こす例や、きれいな渓流が民間事業者による開発行為により三面張水路になる例など、問題を起こす例は多い。しかも管理については、法律上ないしは条例上はともかく、事実上地域団体や住民にゆだねている例が多い。筆者の聞き取り調査では財産管理は条例により市町村が行うが、機能管理は住民団体や住民にゆだねている、又は放置との回答が多かった。ここでは環境上の配慮はきわめてうすい。環境関係の条例で河川環境保全を掲げてあっても、これらは法的権利義務を規定しているものではないと解されて、実効性を持たない。このような問題については、現在のところ解決は難しい。

(3) 水辺の保護

水辺は、自然の浄化能力に優れ、また魚や鳥の生息場所でもある。これを守るため滋賀県では、滋賀県琵琶湖のヨシ群落の保全に関する条例(平成4年条例17号)を定め、ヨシ群落保全基本計画(平成23年滋賀県告示73号)も策定された。この条例では、ヨシ群落が水鳥や魚の生息場所であることから、湖岸の浸食防止、湖辺の水質保全の役割も果たすことを目的としている。さらに刈り取ったヨシの利用・活用を考えている。

(4) 流域水環境管理制度

河川をその流れだけでなく流域全体を視野に入れた管理を考えることは、環境上から意味を持つ。すなわち、河川の環境は流れの一部だけで解決するものではないし、広く水の循環の観点から考える必要があるからである。流

域内の流域の土地利用（森林の整備、農地等の利用、都市的土地利用等）の内容が河川環境に影響を与えることは言うまでもない。魚附林や河畔林等（河川法3条、6条6項等）はこの一端であるし[32]、兵庫県の流域水環境創造指針策定（兵庫県・環境の保全と創造に関する条例84条・85条）などの試みは環境の保全・創造の面から注目される[33]。

(5) 汽水域の保護

わが国の制度とアメリカのそれとを比較すると、河川・沿岸域環境については汽水域保護に関してかなりの差異が見られる。アメリカでは、水清浄法（Clean Water Act）に1987年に追加された全国汽水域プログラム（National Estuary Program）に基づき、州法で汽水域が環境上脆弱な地域であり、藻場として、また土砂の堆積、水質汚濁物質の流入、有害物質蓄積の可能性の高い場所として、汽水域保全計画が策定されている。わが国では、今後の検討課題である。

IV 湿地保全

わが国では湿地保護を目的とした法制度は不完全というより、従来なかったといってもよいほどである[34]。まず湿地の範囲について触れておこう。ここでは、他の法令と重複する部分を含めて、

「湿地とは、天然のものであるか人工のものであるか、永続的なものであるか一時的なものであるかを問わず、更には水が滞っているか流れているか、淡水であるか汽水であるかんか鹹水であるかを問わず、沼沢地、湿原、泥炭地又は水域をいい、低潮時における水深が六メートルを超えない海域を含む。」（特に水

---

32) 竹門康弘「森が水生昆虫を育み川を豊かにする」山林1998年9月号2頁など。
33) この問題の法政策的検討として、三好規正『流域管理の法政策』（慈学社出版、2007）。
34) 湿地保全に関して、米田富太郎『湿地保全法制論——ラムサール条約の国内実施へ向けて』（丸善、2003）、米田富太郎「自治体と国際環境保護条約義務の履行——『湿地保全法制論』の再論として」中央学院大学社会システム研究所紀要5巻2号（2005）3頁、磯崎博司＝大久保規子＝下村英嗣＝古川勉「湿地保全に関する法制度——日本の公有水面埋立法における環境配慮と参加」環境と公害33巻1号（2003）52頁。
　田中謙「湿地保全をめぐる法システムと今後の課題」長崎大学経済学部研究年報24号（2008）51頁は、この湿地保全の法システムについての詳細な研究である。

鳥の生息地として捆際的に重要な湿地に関する条約（ラムサール条約）1条1項）
とする定義が参考となる。

　この地域は、わが国では、河川周辺においては河川法で、海岸の周辺は前記の海岸に関する諸法律で規制対象とされてきた。しかし、これらは、その目的から湿地そのものに注目するよりも河川・海岸の一部として対象とされてきたに過ぎない。したがって、河川周辺のわんどのように、河川改修等でつぶされたり、また河川法の適用がなければ埋立・盛り土等によって容易に他の土地利用に供されてきた。

　近年、湿地の持つ環境上の価値が確認され、保護が始まった。例えば、「特に水鳥の生息地として国際的に重要な湿地に関する条約（通称、ラムサール条約）」が、水鳥の生息地として国際的に重要な湿地、及び湿地に生息する野生生物の保護を目的に1971年、イランのラムサールで採択された。ラムサール条約では、条約締結国に対して締約国がとるべき措置として、①各湿地の管理計画の作成、実施（保全と賢明な利用の推進）②各条約湿地のモニタリング、定期的な報告　③湿地の保全に関する自然保護区の設定　④湿地の保全管理に関する普及啓発、調査の実施を求めている。2012年7月現在締結国160カ国、登録湿地数1953カ所、その合計面積は約190,455,433 haである。

　わが国は、このラムサール条約に1980年10月に加盟し、タンチョウの主要な生息地、北海道・釧路湿原を第一号の登録指定湿地とし、その後、伊豆沼・内沼（宮城県）、クッチャロ湖（北海道）、ウトナイ湖（北海道）、霧多布湿原（北海道）、谷津干潟（千葉県）、片野鴨池（石川県）、琵琶湖（滋賀県）、佐潟（新潟県）等を追加登録した。

　しかし同条約の国内的施行は、従来の諸法律の枠内で行うに過ぎない。例えば釧路湿原については天然記念物指定区域と重複するし、他の例では鳥獣保護区制度を利用する等である。国内法で指定された地域を原則とするため、その登録範囲は湿地全体ではなく一部に過ぎないことがほとんどである。このため、登録は国際的価値が高められたと言ったものに過ぎず、法的には意味は小さく、周辺部の開発により条約の趣旨が損なわれる恐れもあ

る。

　また、登録湿地の数も極めて限定されており、大規模な湿地の消滅は続いている。例えば、1997年には諫早湾の干拓事業のため水門が閉鎖されて大規模な湿地が消滅し、名古屋藤崎干潟と博多湾和白干潟は埋立計画によって消滅の可能性があったが、かろうじて残った。これらの湿地も水鳥の大規模な中継地、繁殖地である[35]。

V　環境管理計画・環境影響評価制度

　本稿の対象地域は環境上影響を受けやすく、また容易に開発できる地域であり、その保全は極めて困難である。最近の環境基本法、環境影響評価法の制定、各地方公共団体での環境基本条例、環境影響評価条例の制定等は一定の保護手法を提示するものである。本大系では他の論考があるためここでは、問題点の指摘を行うにとどめる。

　第一は環境計画である。環境基本法に基づき策定された環境基本計画は、一般的・抽象的な計画の域を出ていないが、各地方公共団体が環境基本条例を鮒定し、地方公共団体レヴェルで環境基本計画の策定をはじめている。これが土地利用計画をにらんだ環境管理計画であれば、環境アセスメント実施の際の具体的基準として働くことが可能となる。

　第二は、環境影響評価法の制定により、一定規模以上の埋立、開発行為、ダム建設等は環境影響評価を行うことが義務づけられた。環境影響評価については既に閣議決定された要綱による環境影響評価の実績があるが、法律による環境影響評価の実施の要求は法的義務である点、また手続的に情報の公開、住民の参加が認められたことに注目してよい。

　第三は、立法論として計画法制度及び管理制度の整備がある。周知のようにアメリカは沿岸域については沿岸域管理法に基づく沿岸域管理制度を持ち、土地利用規制、ゾーニングを含む利用と管理を行っている事が注目され

---

[35]　藤崎干潟については、藤前干潟を守る会のHP, http://fujimae.org/、http://fujimae.org/modules/tinyd0/index.php?id=22、和白干潟については、和白干潟を守る会HP、http://www14.ocn.ne.jp/~hamasigi/、http://www14.ocn.ne.jp/~hamasigi/wajiro/wajiro.html

てよい(沿岸域制度の内容は州により異なる)。前記の環境管理計画は、この管理制度の一部分と位置づけられよう。わが国の場合の埋立問題のように、一つ一つの埋立免許が適法であるとの判断の積み重ねにより、ほぼすべての海岸線が埋め立てられてなくなった(大阪湾岸では90%以上が人工海岸であり、埋立地の前の水面をさらに埋め立てるといった現象が起きている。図2参照)ということが起こる可能性が少なくない。前述の問題も併せ考えると、沿岸域での土地利用規制、ゾーニングを含めた沿岸域利用・環境管理制度の検討は急務であろう。

VI 司法的コントロールと法治主義

本稿での対象のほとんどは、その環境面に関する限り、司法審査が認められなかった。この点はアメリカでは環境問題に関して、水清浄法(The Clean Water Act)等に市民訴訟規定が含まれることと対比されよう。地方公共団体の場合には、既にわが国でも住民訴訟を用いて争うものもある。すなわち、公有水面の埋立を例に取れば、漁業権を持つ漁業組合が争うことは別にして、一般住民が埋立免許を争う場合には原告適格が否定されている。これは付近住民は埋立によって権利を侵害されるなど原告として相応しい法的利益を持たないと判断されるためである(神戸地判昭和54年11月20日行集30巻11号1894頁[36])。これによれば、違法又は不当な埋立免許が付与されてもそれを争う原告が存在しないため、裁判所によりチェックされる可能性はないこととなる。この種の例では、漁業権を侵害されたと主張した漁業組合等の訴訟提起が認められてきたに過ぎない(臼杵風成公害予防訴訟第一審判決(大分地判昭和46年7月20日行集22巻7号1186頁)、控訴審判決(福岡高判昭和48年10月19日行集24巻10号1073頁)等参照)。漁業組合以外の漁民(当該漁協の組合員であっても)には、個人として原告適格は認められないとするのが判例理論である(伊達火力発電所埋立免許等取消請求事件、最判昭和60年12月17日判タ583号62頁等)。いわゆる環境権・入浜権が認められれば、この状況が変わりうることが予想されるが、これはむずかしい(否定例

---

[36] 荏原明則「姫路LNG事件」『公害・環境判例百選』別冊ジュリスト126号(1994)176頁。

として、長浜入浜権訴訟、桧山地判昭和53年5月29日行集29巻5号1081頁)。
以上の状況は、河川管理、湿地でもほぼ同様である。このため最近の例では、上記の原告適格の問題を回避し、埋立事業が地方公共団体により行われる場合に、その公金支出を問題とする住民訴訟の形式で訴訟を提起するものが多い。織田が浜訴訟（差戻し後高裁判決、高松高判平成6年6月24日判例地方自治126号31頁）が例である。

　この問題はより基本的問題に遡れば、海浜（または広く沿岸域)、河川、湿地はその多くは行政法学上の公物・公共施設法の対象であって、特に有用であると思われる部分を中心として公物法とよばれる諸法律の規制に服してきた。この場合、これらの利用は自由利用であって権利ではないと説明されてきた。

　しかし、本稿で述べたようにこの論理にほころびができているように感じられる。すなわち、従来関心の薄かった普通河川は河川であるにもかかわらず種々の理由により河川法の適用を受けず、国の財産管理規制のみがあるとされてきた。地方分権一括法等による地方公共団体に譲与された後、市町村は条例を定めて管理をしてきたが（条例を定めていない市町村も多い）、その条例の多くは財産管理条例であって、機能管理を地域団体等にゆだねているところが多い。たとえば、聞き取り調査では多くの市町村が事実上管理をしている地域団体等の同意を普通河川改修の条件としたり、開発許可時の公共施設管理者の同意（都市計画法32条）の前提としたりする旨回答している。このような場合事実上の管理をしている地域団体等には一定の権利を認めうる法理論が構築できるようにも考えられる。湿地については、各湿地に適用される法令（適用法令がない場合も多い）が様々であるため、統一した法制度の確立が望ましい。しかし、これとは別に、環境団体やNPOが事実上の管理者として行動していることも少なくないことは上記の場合に類似する。このような場合には上記と同様に各種団体に一定の権利を付与する法理論構築を検討すべきと考えられる。

Ⅶ　今後の課題

　本稿の対象地域での環境保全上主たる規制対象は、従来、水質汚濁であっ

たが、上記の流域水環境創造等からも理解できるように、水生生物・生態系を視野に入れ、さらに土地利用を含めたものに変わりつつある。これは視野を従来からの産業規制から、生活排水規制、さらに農業等への広がりや、社会自体を循環、共生型社会に変える場合に、当然の帰結でもある。その際には、環境の保全だけでなく、ミティゲイションを含めた創造のための施策の採用も検討されているが、これは検討すべき課題が多い[37]。また、その法整備の問題がある。これらはいわゆる公物・公共施設の一種であり、前述の沿岸域管理制度を含め、資源としての環境を構成要素とする公物・公共施設の利用と管理に関する法制度の整備が要請される。その際には、アメリカの公共信託理論が参考にされてよいように考えられる。すなわち、「公衆の最良の利益」のため、環境の保護の理論として再構成されたが、この再構成はわが国の公物・公衆施設の基本的理解のための参考としてよい[38]。この点の検討は筆者の今後の課題でもある。

〈参考文献〉注に引用したものの他、

　畠山武道＝柿澤宏昭編著『生物多様性保全と環境政策』（北海道大学出版会、2006）

　畠山武道『自然保護法講義（第2版）』（北海道大学図書刊行会、2004）

　土屋正春＝伊藤達也編『水資源・環境研究の現在（板橋郁夫先生傘寿記念）』（成文堂、2006）

　畠山武道『アメリカの環境保護法』（北海道大学図書刊行会、1992）

　河川法研究会編著『逐条解説　河川法解説（改訂版）』（大成出版社、2006）

　国土交通省河川局水政課「河川法改正の背景とその内容」河川731号19頁（2007）

　小倉紀雄＝島谷幸宏＝谷田一三編『図説　日本の河川』（朝倉書店、2010）

　その他、荏原・前掲注（1）に引用した論文参照。

---

37)　北村喜宣「ミティゲイション——アメリカにおける湿地保護政策の展開」エコノミア47巻4号（1997）22頁。
38)　荏原・前掲注（1）29頁。

第 11 章 自然保護・自然資源・都市環境

30 森林保全関連法の課題と展望

小林紀之

I はじめに

　わが国の最も古い森林関係の近代的な法律は 1897 年に制定された森林法で、2 回の大きな改正を含む約 50 回の改正を経て現在に引き継がれている。1964 年に林業基本法が制定され、同法は 2001 年に大幅に改正され、森林・林業基本法が成立した。森林関係の重要な法律は森林・林業基本法、森林法、森林組合法の 3 法であるが、本稿では森林・林業基本法と森林法を取り上げたい。

　わが国の森林管理での 1897 年以来の伝統的で重要な概念は森林の「保続培養」で、現在の森林法第 1 条、目的の最初にも示されている。この概念の解釈は時代とともに変化してきたが、林業振興の結果として森林資源の保続培養が実現できるという、所謂「予定調和」が伝統的な考え方と言える。

　林業基本法では産業としての林業の発展を目的の第 1 にあげていたが、森林・林業基本法では森林の多面的機能の発揮を上位目的にあげ、林業や木材の供給・利用はその目的達成に資する位置づけにあたると考えられる。

　森林の多面的機能の発揮の概念は、1992 年の国連環境開発会議で採択され、世界的に広く認められている「持続可能な森林経営」の概念に添うものである。森林・林業政策の基本理念を森林の「保続培養」か、「持続可能な森林経営」のどちらにおくかにより、政策の重点を林業の産業振興か森林の保全のどちらに軸足をおくかは、過去の歴史から見て社会情勢や森林に対する社会のニーズによって変化してきたと考えられる。

　2011 年 4 月の森林法改正は政治主導で進められた「森林・林業再生プラ

ン」を法制面で具現化するものと位置づけられている。この再生プランは10年後の木材自給率50％以上を目標に、森林の多面的機能の確保を図りつつ、人工林資源を活用し、木材の安定供給を図ることを目的としている。この目的は、低迷している林業を活性化させ、産業としての林業の発展に森林・林業政策の軸足を移したものと解釈できる。

今回の森林法改正は、改正の政策的位置づけ、主旨からして森林計画や施業に関する同法の第二章と第二章の二を中心に改正されたが、その主要点を分析することによりわが国の森林保全をめぐる課題と展望を明らかにしたい。

II 森林法の歴史的経緯

1 明治時代から第二次世界大戦まで

フランス森林法をモデルとして1882年森林法草案が帝国議会に提出されたが、廃案となった。成立に至らなかった理由としては、フランスをモデルとするよりドイツ林学がわが国の森林管理に適しているのではないか等の意見があったためと言われている。

その後、近代化による木材需要増による盗伐、乱伐、さらに1896年の大水害により治山、治水の気運が高まり、治山治水三法として1897年に河川法（1896年）、治山法（1897年）と共に森林法が制定され、後世第一次森林法と称されている。このような時代背景で生まれたことから、第一次森林法は森林の保安機能の保持を目的として監督取締法規としての森林法であった。営林の監督、保安林、森林警察、罰則の条項からなり、特に第2章「営林、監督」と第3章「保安林」は重要で、これらの条項にもとづく制度により林地の生産力を維持することが林業の経済的発展の基礎となり、また国土保全の基礎になると考えられていた[1]。

第一次森林法は保安林を森林法制の中心においているが、今日の保安林制度の基礎となっている。同法の12種の保安林には土砂崩壊流出の防備など危険を直接防止するためのもののほか、水源かん養林、魚つき林など森林の

1) 遠藤日雄「日本の森林政策」『現代森林政策学』（㈱日本林業調査会、2008）49頁。

公益的機能の保護を目的とする保安林が多数含まれている。第三次森林法（1951年）でも基本的に変更されていることなく今日に引き継がれている[2]。

日清、日露戦争後の経済発展による大量の木材需要に応えるため第一次森林法は全面改正され、1907年に第二次森林法が産業助長法規[3]として制定された。木材の増産と林業育成を図るために、「土地、使用及収用」、「森林組合」の関係法規追加、「営林、監督」規定の拡充などが主な改正点である。「土地、使用及収用」は林道設置などのための土地使用収用を簡易化するものであった。森林組合制度は強制加入が前提で、後の統制的組合制度への下敷きを作る結果となった。

太平洋戦争突入前の1939年、戦時体制に備えて、第二次森林法は改正され、森林組合は組合員の施業を管理し、施業統制を担う機関と位置づけられ統制的性格の組合となった。「営林、監督」は民有林の経営を合理化し、木材生産性をあげる施業を目ざす改正がなされた。

戦前における森林法の変遷を概観したが、森林に関する主な法整備に次のものがあげられる。第一次森林法に先立つ1895年には狩猟法が制定され、1901年、1918年に大幅改正され、狩猟から保護を図る流れとなっていった。

自然景観の保護を目的とした法律としては、1919年に史蹟名勝天然物保存法が、1931年には国立公園法が制定された。いずれも、自然景観の保護とレクリエーション、観光への活用を主眼としており、今日の生態系保全の視点には欠けるものであった。

2　第二次世界大戦後の復興期

ここ数十年森林法は林業基本法の制定とあいまで様々な変遷を経て今日に至っている。

森林法（昭和26年6月26日法律第249号）は民主化政策の背景の中で戦前の森林法を改正して制定されたが、現在の森林法の原型をなすものと位置づけられ、第三次森林法と称されている。

主な改正点は第2章「営林の助長及び監督」、第3章「保安施設」、第6章

---

2)　畠山武道『自然保護法講義（第2版）』（北海道大学図書刊行会、2004）64頁。
3)　遠藤・前掲注（1）49頁。

「森林組合及び森林組合連合会」であり、第2章で森林計画制度が導入されたこと、第6章の森林組合の協同組合化が大きな改正点である[4]。この改正の主要点は政策の柱が森林計画制度、保安林制度、森林組合制度であり、森林資源造成を基調とする政策を反映したものと見られている。

森林計画制度は「森林基本計画」（農林大臣）、「森林区施業計画」（都道府県知事）、「森林区実施計画」の3計画からなっている。

森林組合は強制加入でなく、戦時中の統制的組合から自由・平等な協同組合へと改められた。

III 森林法と森林・林業基本法の時代へ

1 林業基本法制定

1964年に東京オリンピックが開催され、わが国は戦後の復興期から成長期へと向かい、経済成長にともない木材の需要も急速に増え、1964年には国有林が木材増産計画を策定した。又、木材価格の沈静化を図るため1964年には丸太の輸入が完全に自由化された。

このような背景の中で、1964年に林業基本法が制定された。同法は林業の産業としての発展と林業従事者の社会的経済的地位の向上を目的としており（同法1条）、あわせて森林資源の確保及び国土の保全を図るとしている。同法は「産業としての林業の発展」を旗印として掲げたことにより、森林法下での明治以来の資源政策から脱却し、経済政策へと大きく転換したと理解された[5]。又、畠山武道は「同法のねらいは、産業としての林業を発展させ、高度成長期に必要な木材を確保することにあり、公益機能の確保は、その目的を達成する過程で副次的に考慮されたにすぎない。」と同法の森林保全の視点からの問題点を看破している[6]。

わが国の森林施策は1897年第一次森林法以来、約70年続いた資源育成か

---

[4] 1968年の改正で第2章は「森林計画等」、第2章の2が「営林の助長及び監督」となった。
[5] 遠藤・前掲注（1）51・52頁。
[6] 畠山・前掲注（2）68頁。

ら産業としての木材生産重視へと大きく政策の舵を切ったと言える。

2　森林法改正

　林業基本法を受けての森林法の大きな改正は無かったが、1968年に森林施業計画制度導入にともなう改正が行われ森林計画制度が確立された。森林施業計画制度は個々の森林所有者が任意に森林施業計画を作成し、農林大臣あるいは都道府県知事の認定を受けることが出来る制度である[7]。

　森林法の重要な改正は1974年の改正で、1971年の環境庁設置、1972年の自然保護保全法の制定等環境保全に対する社会の関心の高まりから、1964年林業基本法制定以来の産業としての林業の発展と合わせて森林のもつ、多面的機能が認識されるようになった。改正の第1は森林の機能評価を活かした森林計画制度を策定すること、第2にその森林整備を効率的に推進するための30 haを単位とする団地協同森林施業計画制度の導入、第3に林地開発許可制度の創設などである。これ等の制度の新設により森林の多面的機能が発揮される森林経営がなされたかは、その後の間伐等森林整備の停滞を見ると疑問の残るところで、次に述べる25年後の2001年の森林・林業基本法による大きな転換が必要であった。

3　森林・林業基本法の制定への胎動

　1980年代の後半から世界の森林をめぐり大きな動きがあった。環境問題への関心の高まりからの熱帯林伐採反対運動と米国西海岸でのマダラフクロウ保護の為の原生林伐採運動であり、環境保全と森林伐採のあり方を世界的に見直すきっかけとなった。1992年の国連環境開発会議（地球サミット）では森林原則声明が採択され、持続可能な森林経営（Sustainable Forest Management）が世界の森林管理の基本原則として合意された。この基本原則は森林の多面的機能の持続的発揮で、将来世代への森林の恩恵を引き継ぐことが森林経営の基本となることを示している。

　わが国では国有林の多額の累積赤字、民有林の採算悪化、木材自給率の低下等で林業は産業として行き詰っていた[8]。1998年10月「国有林野事業改

---

[7] 森林法の当時の条文では11条。後に、森林施業計画の提出先は市町村長に変わった。

革のための特別措置法」が施行され、改革の主な点は森林管理の木材生産機能重視から公益的機能重視に転換すること、組織・要員の合理化及び累積債務問題であった。又、1999年7月森林・林業政策検討会の報告書では、森林政策の方向を木材生産を主体にしたものから森林の多様な機能を持続的に発揮させるための森林の管理経営を重視するものに転換するとしている。上記の特別措置法や検討会報告書提言の重要な点は、林業基本法等で示されていた産業政策としての色彩の濃い森林政策を環境重視に転換することであった[9]。

さらに2000年12月に「林政改革大綱」では「基本政策理念をこれまでの木材生産を主体とした政策を抜本的に見直し、森林の多様な機能の持続的利用を推進する（後略）」としている。森林・林業政策の転換が必要となったのは、環境重視の国内外の潮流もさることながら、国有林の経営破綻や民有林の多くで経営が行き詰まり、「経済性と公共性の予定調和」[10]の考え方が成り立たなくなったことが根底にあると考えられる。

このような背景の中で林業基本法は改正され、森林・林業基本法として制定され、林業生産中心の政策から森林の多面的な持続的発展を図る政策へ転換された。

森林・林業基本法（昭和39年7月9日法律第161号）の基本は森林の多面的機能の持続的発揮（同法2条）に林業の健全な発展が重要な役割を果たしている（同法3条12項）又、林産物の適切な供給及び利用の確保は林業の健全な発展に必要であるとの考え方に立っている。あくまで森林の多面的機能の発揮が上位にあると言える。

---

8) 国有林の累積債務は1998年10月時点で3兆8000億円、1998年の木材自給率は2割。
9) 小林紀之「地球環境と日本の林業・木材輸入」（財）地球環境戦略研究機関編『民間企業と環境ガバナンス』（中央法規、2000）166頁。
10) 遠藤・前掲注（1）56頁「林業基本法下の森林政策の考え方は、森林所有者の適切な林業生産活動が結果として森林を保全、さらに山村の活性化を進めていくというものであった」を「経済性と公共性の予定調和」の考え方としている。

IV 森林・林業基本法と森林・林業基本計画の概要

1 森林・林業基本法の概要

［Ⅲ］3で述べた背景の中で2001年に林業基本法は大幅に改正され、森林・林業基本法が制定された。同法の名称に「森林」が加えられたことに大きな意味がある。

同法は「基本法」という性格上、最も重要なもので、基本法としては実態的に規定している内容は多くないが、林政の枠組みを定めるものとなっている[11]。

同法の目的は「森林及び林業、施策について基本理念およびその実現を図るのに基本事項を定め、並びに国及び地方公共団体等の責務を明らかにすることにより森林及び林業に関する施策を総合的かつ計画的に推進する（後略）」（同法1条）としている。

同法2条、3条に施策についての基本理念が規定されているが、森林について2条で森林の有する多面的機能の発揮が持続的に発揮されることが国民生活及び国民経済の安定に欠くことが出来ないものであることをまず示し、この実現のために「将来にわたって、森林の適正な整備及び保全が図られなければならない」としている。又、第2項で山村の振興に対する配慮の必要なことが示されている。林業については3条第1項で「林業については、森林の有する多面的機能の発揮に重要な役割を果たしていることにかんがみ、（中略）その持続的かつ健全な発展が図らなければならない」としている。又、林産物については3条第2項で林業の発展にあたって、林産物の適切な供給利用確保の重要性を示している。

これらの基本理念からして林業基本法に示された産業としての林業発展を図る政策から森林の多面的機能の発揮重視への政策へ大きく転換されたと言える。

［Ⅲ］3で述べた「経済性と公共性の予定調和」の考え方でなく、森林の多面的機能の発揮の実現が上位にあり、林業や木材供給利用はその目的達成に資する位置づけにあると考えられる。

---

11) 永田信「これからの林政」山林1501号（2009）6頁。

参考のために同法の構成を示しておくが、第3、4、5章は同法2条、3条の理念に基づく施策の基本となる事項を定めている。第2章と第7章が実体法的な部分である。

　第一章　　総則
　第二章　　森林・林業基本計画
　第三章　　森林の有する多面的機能の発揮に関する施策
　第四章　　林業の持続的かつ健全な発展に関する施策
　第五章　　林産物の供給及び利用の確保に関する施策
　第六章　　行政機関及び団体
　第七章　　林政審議会

2　森林・林業基本計画の概要

　森林・林業基本計画（基本計画）は同法の第3、4、5章で示された3つの基本施策を総合的かつ計画的に推進するために、5年に1度を目途に策定されるが（同法11条）、最初の基本計画は2001年10月、現在の基本計画は2006年9月に閣議決定された。基本計画では①森林・林業施策の基本方針、②森林の多面的機能の発揮、林産物需給目標、③森林・林業に関する政府の施策等を定めることになっている。

　2006年9月策定の基本計画では森林を「緑の社会資本」と位置づけ、後世の人々が森林の恩恵を享受できるよう長期的視野による森林づくりの構造をあげ、表1に示した森林の多面的機能発揮のための森づくりの計画目標を示している。又、森林を支えるためには林業の発展が不可欠との認識のもとで、平成27年度の国産材供給目標を2300万m^3に増やすことを軸に林業・木材産業の再生を目指している[12]。

　森林の多面的機能発揮の森づくり計画の要点は、広葉樹林化、長伐期等による多様な森林の誘導をあげており、育成複層林を増やし100年後には単層林、複層林を50/50にすることをめざしている[13]。育成複層林とはスギ、ヒノキ、カラマツ等の人工林で「人為によって保育などの管理された森林のう

---

[12]　http://www.rinya.maff.go.jp/seisaku/kihonkeikaku/kihonkeikakugaiyou.html（2006.9.27）

表1 森林・林業基本計画の目標

(単位:万ha、百万m³)

	(現況) H17年	目標 H27年	目標 H37年	(参考) 指向状態 <100年後>
育成単層林	1,030	1,030	1,020	660
育成複層林	90	120	170	680
天然生林	1,380	1,350	1,320	1,170
合計	2,510	2,510	2,510	2,510
総蓄積	4,340	4,920	5,300	5,450

(出典:林野庁資料[12])

ち、樹齢や樹高の異なる樹木によって構成された森林」のことである[14]。単層林から複層林に誘導することにより広葉樹との混交も可能となり、生態系の多様性など森林の多面的な機能が発揮され、健全な森林が育成できるとの考え方のもとに長期計画が策定されている。

森林整備の具体的施策として、低コスト・効率化の作業システムの整備普及など、林業の健全な発展に関する施策として、林業経営の規模の拡大、若年層就業者の確保・育成、林業生産組織の活動の促進をあげている。

V 森林法改正の背景

1 「森林・林業再生プラン」の策定

民主党政権誕生とともに森林政策の見直しへの動きが急速に進んだ。菅直人首相は野党時代の2007年5月にドイツ林業を視察し、わが国林業再生に向けて取り組みの意志を強めたと見られている。その視察に同行したのが、

---

13) 森林・林業基本計画の需給目標によれば平成16年(実績)の国産材の供給量は17百万m³、総需要量は91百万m³、自給率18.7%。平成27年の目標は国産材供給量23百万m³、総需要量91百万m³、自給率25.3%としている(出所注(12))。

14) 林野庁編「森林・林業白書(平成22年版)」(2010)参考付表27頁。

当時富士通総研経済研究所の主任研究員であった梶山恵司氏で、政権発足後同氏は菅首相の森林政策のブレーンとして内閣官房国家戦略室内閣審議官に就任し、政策立案の中心的役割を担っている。同氏が2009年5月に発表した論文「森林・林業再生のビジネスチャンス実現に向けて」で森林所有者の集約化、路網整備による間伐の促進、安定した木材生産、林業・木材産業の集積の構築を唱え、林業は経済活動と環境とを高度な次元で融合する産業として、これからの時代を象徴する産業となるであろうと述べている[15]。この考え方はその後の政権での政策検討の根底に流れている。

2009年から2011年にかけての民主党政権下での森林政策改革の動きは梶山氏をブレーンとして政治主導型で始まったといっても過言ではない。

農林水産省は2009年12月にわが国の森林・林業を再生する指針となる「森林・林業再生プラン」を策定し、10年後の木材自給率50％以上を目指し、効率的かつ安定的な林業経営の基礎づくりを進めるとともに、木材の安定供給と利用に必要な体制を構築することとしている。

「森林・林業再生プラン」は2010年6月に閣議決定された「新成長戦略」で、「21世紀の国家戦略プロジェクト」の一つに位置づけられている[16]。

森林・林業再生プランは3つの基本理念[17]の下に、木材の安定供給体制を構築し、儲かる林業を実現し、10年後の木材自給率50％以上を目指すとしている。この目標達成のために、路網整備を徹底し、ドイツ並みの路網密度を達成することにより、森林整備の集約化、必要な人材育成を軸として効率的安定的な林業経営の基礎づくりを進めるとともに、木材の安定供給と利用に必要な体制を構築するとしている[18]。ここに示されている政策案は、2001年の森林・林業基本法の政策から、1964年の林業基本法に示された産業として林業発展を図る政策に戻ったとも言える。

---

15) 梶山恵司「森林・林業再生のビジネスチャンス実現に向けて」研究レポート343号、富士通総研経済研究所（2009）1・8頁。
16) 林野庁編「森林・林業白書（平成23年版）」（2011）1・2頁。
17) 3つの基本理念は、①森林の有する多面的機能の持続的発揮、②林業・木材産業の地域資源創造産業への再生、③木材利用・エネルギー利用拡大による森林・林業の低炭素社会への貢献。
18) 林野庁編・前掲注（14）2頁。

2 「森林・林業の再生に向けた改革の姿」

「森林・林業再生プラン」(「再生プラン」) の具体的改革内容を検討するため、農林水産省は2010年1月に「森林・林業再生推進プラン推進本部」を設置した。その下に「森林・林業基本政策検討委員会」(座長岡田秀二岩手大学教授、外部委員14名) はじめ5つの委員会 (外部委員合計50名) が設置され、再生プランの課題を検討し、2010年11月に「森林・林業の再生に向けた改革の姿」(「改革の姿」) として具体的な対策がまとめられた。

この検討過程で特徴的なことは、わが国第一線の研究者、林業・木材業界人、市民団体50名が委員会に参加したこともさることながら、全ての委員会に前記の梶山恵司氏が内閣審議官としてオブザーバーで参加していることである。検討は民意を反映しているとはいえ、政治主導の影はぬぐえないと思われる。

検討の中心的役割を担った前出の岡田委員長は「新政策の形成は、検討会での議論と合意を最大限に尊重する中で行われている。おそらくわが国林政史上初めてのことであろう。政権交代のなせる業であり、すでにこの段階で林政史上の新たなページが開いたと言える。」と評価している[19]。

「改革の姿」は「再生プラン」の大目標である"10年後の木材自給率50%以上"を達成するために、森林・林業に関する施策・制度・体制を抜本的に見直し、新たな森林・林業政策を構築するとし、次の6項目にわたる改革の方向を示している。

①森林計画制度の見直し
②適切な森林施業が行われる仕組みの整備
③低コスト化に向けた路網整備等の高速化
④担い手となる林業事業体の育成
⑤国産材の需要拡大と効率的な加工・流通体制の確立
⑥フォレスター等人材の育成

農林水産省は上記の①、②、③、⑥について取組みを開始することを表明している。①については現行の森林施業計画制度を見直すこと、②には「森

---

19) 岡田秀二「森林・林業再生プラン」とその「中間とりまとめ」森林技術822号 (2010) 5頁。

林管理・環境保全直接支払制度」の導入、無秩序な伐採や造林未済地の発生防止の仕組み導入、③には「林業専用道」、「森林作業道」の規格を設け、路網整備を推進すること、⑥には地域の森林作りを担う「フォレスター」の育成など重要な施策（案）が含まれている[20]。

これ等の動きと並行して木材利用推進に向け、2010年5月には「公共建設等における木材の利用促進に関する法律」が成立している。

3 森林法改正の位置づけ

森林法改正は「森林・林業再生プラン」を法制面で具現化する重要な位置づけとなっており[21]、2011年4月15日参議院法会議で全会一致で可決され成立した。同法は震災の復旧・復興にも役立つと与野党が判断し、自民党修正案も入れ震災関連法としてスピード審議が行われた[22]。

一方「再生プラン」を施策実施で具現化するのが森林・林業基本計画の検討で、2011年7月までに新しい基本計画の策定を予定している。これ等の関係を図示したのが図1である[23]。

Ⅵ 森林法の概要と改正の要点

1 改正の主旨

森林法は［Ⅱ］1に述べたが、1897年に第一次森林法が制定され、森林資源の育成と林業に関する古い歴史のある法律である。今回の改正までに49回改正[24]され、第一次、第二次、第三次森林法はじめ、主な改正については［Ⅱ］、［Ⅲ］に述べたが、1897年以来続いている重要な概念は森林の「保続培養」の概念である。過去100年以上にわたる森林法の歴史は、森林・林業政策の変化により環境保全か林業生産のどちらを重視するかで振り

---

20) 林野庁編・前掲注(16) 2・3頁。
21) 「森林法の一部を改正する法律の概要」林野庁（2011.4）。
22) 林政ニュース411号（2011）8・9頁。
23) 林野庁・前掲注(21)及び森林・林業再生プランの実現に向けた取組み状況、林野庁（2011.4）。
24) 堺正紘「森林政策学の概念」『森林政策学』(株)日本林業調査会、2004) 26頁。

図1 「森林・林業再生プラン」と森林法改正の位置づけ

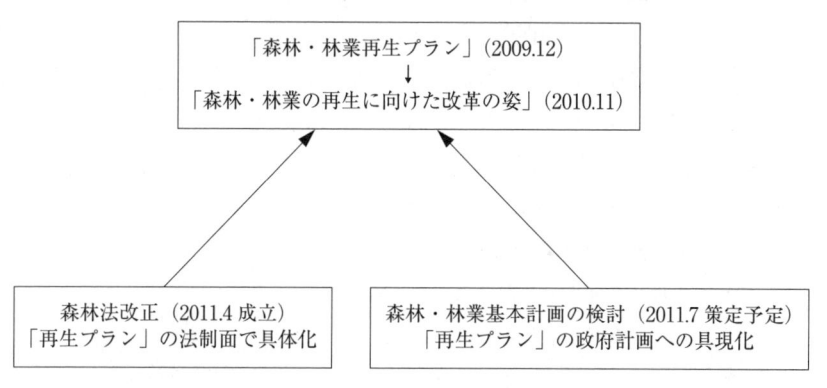

```
        ┌─────────────────────────────────────┐
        │ 「森林・林業再生プラン」(2009.12)      │
        │        ↓                             │
        │ 「森林・林業の再生に向けた改革の姿」(2010.11) │
        └─────────────────────────────────────┘
             ↗                    ↖
┌──────────────────────┐  ┌──────────────────────────┐
│ 森林法改正(2011.4 成立) │  │ 森林・林業基本計画の検討(2011.7 策定予定) │
│ 「再生プラン」の法制面で具体化 │  │ 「再生プラン」の政府計画への具現化 │
└──────────────────────┘  └──────────────────────────┘
```

子のように動いてきたといえる。

2011年4月の改正の主な主旨は図1で示したように、「森林・林業再生プラン」を法制面で具体化[25]で、「森林所有者がその『責務』を果たし、森林の有する公益的機能が十全に発揮されるよう措置。」と説明されている。改正は主に第二章と第二章の二に集中しているので、2011年の改正は1951年の第三次森林法が森林資源育成に重点をおいたことから、産業としての林業発展へと重点をシフトしたと言え、2011年改正法は第四次森林法と称しても過言ではないと考えられる。

本章では2011年改正森林法（森林法と称す）の概要を逐条約に主要な項目を取り上げるが、第二章と第二章の二に関しては改正点に重点をおいて分析したい。

2 森林法の構成と目的

(1) 目 次

森林法（昭和26年6月26日法律第249号）は下記の8章からなり、214条にわたる、森林に関する基本的な事項を定める最も重要な法律である（目次は「環境六法」（第一法規による））。

---

25) 林野庁・前掲注(21)。

第一章　総則（第一条—第三条）

第二章　森林計画等（第四条—第十条の四）

第二章の二　営林の助長及び監督（第十条の五—第二十四条）

第三章　保安施設（第二十五条—第四十八条）

第四章　土地の使用（第四十九条—第六十七条）

第五章　都道府県森林審議会（第六十八条—第七十三条）

第六章　森林組合及び森林組合連合会

第七章　雑則（第百八十七条—第百九十六条の二）

第八章　罰則（第百九十七条—第二百十三条）

　附則

(2) 同法の目的（1条）

　同法の目的は森林計画、保安林その他の森林に関する基本的事項を定めて、森林の保続培養と森林生産力の増強を図り、もって国土の保全と国民経済の発展とに資すると規定されている。

　これまで度々述べたが、「保続培養」の原則は100年以上にわたり現在でも同法目的の第一にあげられる森林管理の基本原則となっており、法制林[26]に仕立てるのが林業経営の目的とされてきた。「保続」に関する次のような分かりやすい説があるので参考のため引用しておきたい。「『保続』とは、一般に『将来永久にわたり木材収穫をたやさないように持続させる』というほどの意味にすぎなかったが、それがドイツの法制林思想及び林業技術体系と結びつき、森林管理の理想とされた」[27]。

　「保続培養」の字句は明治以来使われているが、その意味するところは時代とともに変化しているのは、ある面では当然のことであり、「予定調和論」や持続可能な森林経営の概念との関連で、［Ⅶ］で森林法の課題の一つとして検討したい。

---

26) 法制林とは長期的な森林経営計画をたて、伐期齢（輪伐期）を定め、経営面積を伐期齢で割った面積（蓄積）を毎年伐採し、それに見合う植林をし永続的に木材生産が出来る森林のこと。例えば60年を輪伐期とすれば毎年60分の1伐採し、その分植林する。

27) 畠山・前掲注(2) 75頁。

「森林生産力の増強」は第三次森林法の制定当時は森林生産力とは林業としての木材はじめ林産物の生産力であったと考えられるが、「森林原則声明」に示されている持続可能な森林経営の概念からすれば、木材のみならず、多様な森林のニーズに合う森林生産力の増強を意味することを理解すべきと考えられる[28]。

3 森林計画と施業に関する条項

(1) 国、都道府県、市町村の森林計画制度

森林計画制度に関するフローを示したのが図2である。森林法第二章森林計画等で、全国森林計画、地域森林計画を第二章の二、営林の助長及び監督の章で市町村森林整備計画と森林整備計画について定めている。

森林・林業基本法11条1項は森林・林業基本計画（基本計画）を定めることを規定している。これを受け、森林法4条で農林水産大臣は基本計画に基づき、全国の森林につき5年毎15年を一期とする全国森林計画をたてなければならないとしている。同法5条では、都道府県知事は民有林を対象に全国森林計画に即して、森林計画区毎に5年毎に10年を一期とする地域森林計画を立てなければならないと定めている。

第二章の二「営林の助長及び監督」の10条の5で、市町村はその区域内にある地域森林計画の対象となっている民有林につき5年毎に10年を一期とする市町村森林計画を立てなければならないと定めている。

図2　森林計画、施業計画の体系

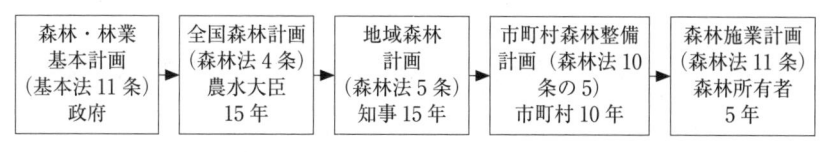

森林・林業基本計画（基本法11条）政府	全国森林計画（森林法4条）農水大臣15年	地域森林計画（森林法5条）知事15年	市町村森林整備計画（森林法10条の5）市町村10年	森林施業計画（森林法11条）森林所有者5年

注：地域森林計画、市町村森林整備計画、森林施業計画の対象森林は民有林

---

28) 「持続可能な森林経営」の概念では、森林の生産物およびサービスには次のものが含まれる。木材、木製品、水、食料、飼料、医薬品、燃料、住居、雇用、余暇、野生生物の生息地、景観の多様性、炭素の吸収源・貯蔵庫。

(2) 森林所有者等の管理責務と森林施業計画

森林・林業基本法9条に森林所有者等の責務として[29]、森林の整備、保全に努めることが定められている。又、森林・林業基本計画の前書き (4) には次のように述べている。「森林は私有財産であっても公益的機能も併せ有する社会的資産であることを踏まえる必要がある」とし、「森林所有者等に内在する責務として、まず森林所有者等の自助努力により森林が適正に整備、保全され、森林の有する多面的機能の発揮が基本である。このため（中略）経済活動である林業の健全な発展をはかり、適切な林業生産活動が継続して行われなければならない。」さらに、公的機能発揮のため社会全体で森林整備、保全を支える必要があることも説いている。

森林所有者等が事業として森林を経営し、施業を行う場合には、森林法の森林施業計画に従って実施する必要がある。

森林法によれば森林所有者等は、市町村森林整備計画を遵守し（同法10条の7）、5年を一期とする森林施業計画を作成し、市町村長に提出し認定を求めることができる（同法11条）。不在村者所有林や境界不明森林に関しては、森林施業計画の作成、提出、認定に適正な対応がなされているかが課題であった。伐採や伐採後の造林に際しては森林所有者は事前に市町村長に届出しなければならない（同法10条の8）。市町村長は届出書の計画が市町村森林整備計画不適合と認めたときは変更命令ができる（同法10条の9）。事業者が届出書の計画に従って伐採、造林していないときは市町村長は計画に従うべきことを命ずることができる（同法10条の9）。又、事業者が市町村森林整備計画を遵守せず施業した場合、市町村長は遵守を勧告できる（同法10条の10）[30]。

森林施業計画の認定を受けると、上記の義務が生じるが、間伐や造林補助金の増額など優遇措置がある。認定を受けるのは森林所有者等の任意によるものであり、計画作成が面倒な私有林の認定率は全国で7割前後と見られて

---

[29] 森林所有者等とは、森林の所有者又は森林を使用収益する権原を有する者（森林・林業基本法9条）。

[30] 小林紀之「持続可能な森林管理の法制度と社会システム」日本大学法科大学院法務研究4号 (2008) 101頁。

いる。森林経営の永続性の担保の側面からも森林施業計画の認定率向上は森林・林業政策の重要な課題と考えられる。

(3) 2011年4月改正の主要点[31]（第二章と第二章の二）
① 森林計画制度の見直し

森林所有者等が作成する従来の森林施業計画を森林経営計画に改め（11条）、集約化を前提に、路網の整備等を含めた実効性のある計画を認定要件にしている（11条4項4号）。又、森林所有者のほか、その委託を受けて長期・継続的に森林・経営を行う者（森林組合等）が計画を作成することが出来ることとなった（11条1項から3項）。

委託を受けての森林経営に関連して5条2項5の2、10条の5第3項にも定められている。

② 所有者が不明の場合を含む適正な森林施業の確保

施業の集約化や路網整備の実施に際し、所有者不明の森林の存在が障害となっていたが、今回の改正で次の対応がとられることとなった。他人の土地について路網等の設置が必要な場合、土地所有者等が不明でも使用権の設定を可能にするため、意見聴取の機会を設ける旨を一週間前までに公示すること等により、手続きを進められるよう措置することになった（50条2項、3項）。

要間伐林の施業促進については次の措置が取られることになった。

森林所有者が早急に間伐が必要な森林（要間伐森林）の間伐を行わない場合に、所有者が不明であっても、行政の裁定により施業代行者が間伐を行うことが可能となる制度が拡充された。従来の制度では、市町村長が間伐をするよう勧告し、従わない場合は都道府県知事が調停し、分収育林契約を結ばせ、間伐を実施することになっていたが、発動実績は全くなしと報告されている。そこで今回の行政裁定、施業代行制度が新設された[32]。

③ 無届伐採が行われた場合の造林命令の新設

立木を伐採しようとする者は、前出のように森林施業計画に従い、あらかじめ市町村長に届出書を提出する必要があるが、届出せず違法に伐採し、造

---

31) 林野庁・前掲注（21）を参考とした
32) 林政ニュース405号（2011）3頁。

林しない者が跡を絶たないため次の措置が取られた。

無届による伐採について、森林所有者のいかんを問わず、引き続き伐採し、又は伐採後の造林をしない場合は、災害発生等の防止に必要な新たな伐採の中止、又は伐採後の造林を行わせるための命令を新たに発出できる条文が定められた（10条の9第4項）。

④ 森林の土地の所有者となった旨の届出

外国資本等の国内森林、特に水源林の買収の増加が懸念されているが、その対策として次の届出制度が新設された[33]。

地域森林計画の対象となっている民有林について、新たな土地の所有者となった者は市町村長に届け出なければならない（10条の7の2）。保安林については市町村長は知事に通知しなければならない（10条の7の2第2項）こととなった。

⑤ 立入調査主体の拡充

農水大臣、都道府県知事又は市町村長は、この法律の施行のために必要のあるときは、その職員に加え、新たにその委任した者に他人の森林に立ち入って、測量又は実地調査させることが可能となった（188条関係）。

⑥ 施行期日

上記⑤は公布日、③の路網等の設置は公布後3ヶ月以内に、その他①等については、平成24年4月1日。⑤と②は東日本大震災復興対応として公布日を早めたとされている。

4 保安林制度

(1) 保安林の種類と面積

森林法第三章第一節に保安林について定められているが、2011年4月の改正では前記3の改正に伴う一部の改正に止まっており、保安林制度の見直しはなされていない。

保安林制度は1897年森林法制定とともに生まれた古い制度で、保安林に指定されると伐採や開墾などが制限されるが、私有林では財産権の尊重から

---

[33] 林野庁編・前掲注 (16) 57頁によれば2006年から2009年の外国人による森林買収は25件、558haと報告されている。北海道に集中している。

規制は必要最小限の下に限られている。現行制度では保安林はその目的により水源かん養保安林、土砂流出防備保安林、保健保安林等17種類がある。その総面積は2009年現在1196万ha（2006年で国有林670万ha、民有林500万ha）で全国の森林面積の48%、国土面積の32%を占めている。種類別に見ると上記の3種で1225万haと延べ面積1270万haの96%を占めている[34]。保安林は洪水、渇水防止や山地災害の発生防止に重要な役割を担っていると言える。

(2) 保安林における伐採行為等の制限と権限の適切な行使

森林所有者等は保安林に指定されると施業等で様々な制限を受ける。伐採に関しては34条1項で都道府県知事の許可を受けなければ立木を伐採してはならないとし、又、34条2項では都道府県知事の認可を受けなければ、開墾その他の土地の形質を変更する行為をしてはならないと規定している（1、2項とも例外規定を設けている）。

保安林で択伐の届出書を都道府県知事に提出する必要がある（34条の2）。間伐についても同様の手続きが必要である（34条の3）。なお、34条の2の4項には2011年4月の改正に伴い、森林施業計画が森林経営計画に改正されている。植栽義務については34条の4に規定されている。

保安林に指定されたことによる損失補填については35条に規定されているが、補填総額はわずかなものと言われている。

保安林指定の権限強化については、2011年4月の改正で40条1項が新たに追加されている。

(3) 保安林の指定と解除

保安林の指定は国有林については農林水産大臣が行う。民有林については水源かん養、土砂流出防備、土砂崩壊防備の目的を達成するために「重要流域」にある民有林を農林水産大臣が指定し（25条1項）、「重要流域」以外の民有林については都道府県知事が指定することが出来る（25条の2）。解除については、農林水産大臣、都道府県知事は指定の理由が消滅したときは解除しなければならない（26条1項）。公益上の理由により必要が生じた時は解除することが出来る（26条2項）と定めている。

---

34) 林野庁編・前掲注（16）67頁。

「公益上の理由」による解除とは、保安林として維持することから得られる利益（保全利益）と他の目的（利便、観光、地域振興、税収など）を比較衡量して、後者の方が大きい時になされるもので、要するに政治的・政策的な解除で比較的簡単に解除が認められ、大きな問題を残していると指摘されている[35]。

5　開発行為の許可（林地開発許可制度）

林地開発許可制度は1960年代の乱開発による問題に対処するため1974年に創出された民有林を対象とした制度である。同制度は林地開発そのものの規制や他の目的への転用の抑制を目的としたものでないため、許可が原則となっている。

同法10条の2によれば地域森林計画の対象となっている民有林において開発行為（土地の形質を変更する行為で政令で定める規模を超えるもの）をしようとする者は都道府県知事の許可を受けなければならない（例外規定あり）。

都道府県知事は許可の申請があった場合に10条の2の2項1～3号で例示している問題のないと認めるときは許可しなければならないとなっている（10条の2の2項）。さらに10条の2の4項には都道府県知事の許可に条件を附することができるとしており、「言いかえると、林地開発許可においては、許可が原則であり、問題事例については条件で対応することである。（中略）林地開発許可が土地所有者で開発業者に最大限の尊重をはらっていることが分かろう。」との厳しい見解もある[36]。

6　森林保全に関する森林法の重要条文

公共工事のみならず、リゾート建設等民間の開発事での環境紛争で森林法が適用される場合が多い[37]。そこで、森林法の条文をこれまで逐条約に見てきたが、森林保全に関わる重要な条文を整理しておきたい。

---

35) 畠山・前掲注（2）83・84頁。
36) 畠山・前掲注（2）92頁。

(1) 全国森林計画等

全国森林計画については、4条3項で全国森林計画は「良好な自然環境の保全および形成その他森林の有する公益的機能の維持増進に適切な考慮が払われたものでなければならない」とし、さらに4条4項では環境基本計画と調和するものでなければならないと規定している。又、全国森林計画の策定、変更に当たっては農林水産大臣は環境大臣その他行政機関の長と協議することが必要とされている（4条8項）。4条3項の準用は地域森林計画（5条3項）、国有林の地域別の森林計画（7条の2第3項）、市町村森林整備計画（10条の5第4項）で各々規定されている。

(2) 保安林の伐採行為制限、指定解除

伐採や開墾等には都道府県知事の許可が必要であるが（34条1項、2項）、「申請に係わる行為がその保安林の指定の目的の達成に支障を及ぼすと認められる場合を除き、これを許可しなければならない」（34条5項）とし、さらに許可には条件を附することができることになっている（34条6項）。これ等の条項からすれば許可が原則と解せられ、4(1)で述べたように、特に私有林では財産権の尊重から規制は必要最小限に限られていると考えられる。

指定解除（26条1項、2項）については4(3)で示したように比較的簡単に解除が認められるという問題がある。

(3) 林地開発許可制度

実態は5で述べたように許可が原則となっているが、許可しない該当事項の中に「環境の保全の機能からみて、当該開発行為により当該森林の周辺の地域における環境を著しく悪化させるおそれがあること」（10条の2第2項3号）との条項があり、逆に言えば著しく悪化させるおそれがなければ不許可に出来ないことになる。

許可には条件を附することが出来るが（10条の2第4項）、その条件は

---

37) 佐藤泉＝池田直樹＝越智敏裕『実務環境法講義』（民事法研究会、2008）270-272頁。
　アマミノクロウサギ処分取り消し請求事件、鹿児島地裁平成13年1月22日判決（環境法判例百選所収）等。

「森林の現に有する公益的機能を維持するため必要最小限のものに限り、かつその許可を受けた者に不当な義務を課することとなるものであってはならない」(10条の2第5項)となっている。これ等の条文からして林地開発許可制度は森林保全や環境面を軽視しているといっても過言ではない。

(4) 自然公園法、自然環境保全法との関連

森林法と両法との関連について自然環境保全の側面から様々な問題があるが、ここでは次の2点につき述べておきたい。

自然公園法との関連は、国立公園の62%、国定公園の47%が国有林となっており、保安林であっても(2)で見たように伐採は原則的に許可される。「伐採の必要はあるとしても自然保護的観点が軽視された事業がなされているという批判が強い。林野庁と環境省の調整は重要である。」[38]との指摘は妥当と考えられる。

自然環境保全法との関連では、自然環境保全地域を保安林に指定することは可能であるが、その伐採や開墾は全面的に環境大臣の許可から除外されており(自然環境保全法25条4項、28条1項)、森林法34条の許可で伐採、開墾等行うことが出来るが、生態系の考慮は十分にされていないとの問題提起がある[39]。

(5) 2011年4月改正での森林保護の追記

農林水産大臣は全国森林計画の策定にあたっては、「森林保護に関する事項」を明らかにすることが必要となった(4条2項4の3)。この項目は地域森林計画では5条2項5の3にあり、市町村森林整備計画の遵守の項では森林の保護の実施が追記された(10条の7)。

森林所有者等は森林経営計画の作成にあたり記載事項に森林の保護に関する事項を記載しなければならなくなった(11条の2第7項)。

Ⅶ　森林法改正と森林・林業の課題

2011年4月の森林法改正は森林保全の側面から見てもわが国の森林・林業政策の課題や今後の展望を浮き彫りにしたと考えられる。そこで本章では

---

38)　北村喜宣『環境法』(弘文堂、2011) 558頁。
39)　大塚直『環境法 (第3版)』(有斐閣、2010) 582頁。

森林法改正を中心に課題を考察したい。

1 森林法と森林・林業基本法の関係

　森林法の改正は前述のように「森林・林業再生プラン」という現政権にとって重要な森林・林業政策を法制面で具体化するものとして位置づけられている。森林・林業基本計画は図1に示したように再生プランの政府計画への具現化として2011年7月までに策定が予定されているが、森林・林業基本法の改正は2001年以降は俎上に載せられていない。

　2011年4月の森林法改正は森林計画や森林施業のあり方について大きな改正と言えるが、森林・林業基本法の改正を検討しなくてもよいのかとの疑問もある。そこで両法の関係について考察したい。

　森林・林業基本法の前身である林業基本法の審議過程で既存の森林法との関係について論議があったと報告されており、興味深い内容なのでここに引用しておきたい。「この林業基本法は、資源政策的な修正にもかかわらず、「実体法」だが、「基本的な法律」である森林法と並ぶ林業の生産・流通・構造に関する「宣言法」だと解説されている。(中略)基本法を一応林野・林業法全体の上位法と言えると書いた記述もあるが(『現代行政法学全集』)それも「実体的にみれば両法並立」と言っている[40]。」。この報告からみると1964年当時は森林法が上位か両法並立かの両論があったが、並立論の方が有力であったと思われる。

　森林・林業基本法は一般的には森林及び林業に関する施策について基本理念及びその実現を図るための基本事項を定めることと規定されている(同法1条)。一方、森林法の目的には森林計画、保安林その他の森林に関する基本事項を定める(同法1条)となっており、両法の目的のみを見るとどちらが上位法であるか明確でないと思われる。

　森林法4条には、全国森林計画は森林・林業基本法11条1項の基本計画に即し、農林水産大臣が策定することが明記されている。この条文からすれば森林・林業基本法が森林法の上位法として位置づけられるとする説も成り立つとの見方もある[41]。

---

40) 福島康記「林業基本法と林業構造改善事業について」山林1512号(2010)23頁。

森林法の定める森林計画は森林・林業基本法の基本計画の下位にあることは明白であり、森林法の改正にあたっては基本計画との整合性を保つ必要があると考えられ、今回の改正についても少なくとも森林・林業基本計画を先に改正すべきであったと考えられる。

2 森林の保続培養と予定調和論

わが国の森林・林業政策は100年以上にわたり、森林法1条に示されている森林の保続培養と森林生産力の増進を基本として推進されてきた。林業基本法では森林法が目的としている森林資源の保続培養、国土保全は林業の復興を図るその結果として実現されるという捉え方が基本になっていた[42]。又、林業基本法下の森林政策の考え方は、森林所有者の適切な林業生産活動が結果として森林を保全、さらには山林の活性化を進めていくというものであった。この考え方が「経済性と公共性の予定調和[43]」と言われるものである。1990年代に森林経営が産業として成立しなくなり、予定調和的な考え方が無理となり2001年森林・林業基本法が制定され、林業生産中心の政策から森林の多面的機能の持続的発展を図る政策へと転換された。

2010年4月の森林法改正は産業としての林業復興で国産材供給50％を旗印とする林業生産を重視した改正である。改正の主旨に「森林所有者がその『責務』を果たし、森林の有する公益的機能が十全に発揮されるよう措置」と記されている。これらから見て今回の改正は予定調和論に戻ったとも考えられる。

なお、1992年の国連環境開発会議で採択された森林原則で提唱されている「持続可能な森林経営」の概念と予定調和論に基づく保続経営の概念はその意味するところが微妙に異なることを附記しておきたい。

3 土地使用権の設定、施業代行制度

わが国の自然保護に関する法律や森林法では関係者の所有権、財産権は尊

---

41) 遠藤・前掲注（1）52頁。
42) 福島・前掲注（40）24頁。
43) 遠藤・前掲注（1）56頁。

重されている。自然環境保全法3条は「自然環境の保全に当っては、関係者の所有権その他の財産権を尊重する」と規定しているし、自然公園法4条、希少種保存法3条にも同じ規定がある。所有権、財産権重視の規定は1950年、1960年代の公害対策基本法時代の「経済調和条項」の「生きた化石」とも評されている[44]。

森林法では既述のように保安林の伐採許可や解除では財産権が尊重されている。一方［Ⅵ］3（2）で述べたように森林・林業基本計画では森林所有者の責務として私有財産であっても社会的資産であることを踏まえる必要のあることを示している。憲法29条を持ち出すまでもなく財産権と公共の福祉の整合はわが国森林政策の最大の課題の一つと指摘されている[45]。

2011年4月の森林法改正での森林施業に必要な土地使用権の設定手続きの改善（50条1項、2項関係）や要間伐森林の施行代行制度の見直し（10条の10第4項等）は、林業目的の使用権で自然保護の目的の為でないとはいえ、所有権や財産権に一歩踏み込んだ画期的な措置と言える。所有権の認可に関する条項で公示期間が6日以内と短いこと（50条3項）や要間伐森林の間伐による収益の分配で土地所有者が後日不服を申し立てた場合の処理問題等が課題と考えられる。

4　行政のあり方、実効性の課題

(1) 地方自治体への権限移譲と行政の裁量

2011年4月の改正では行政、特に市町村の役割の重要性は増し、改正の主要点が実行され改正の初期の目的が達成できるか否かは地方自治体の森林・林業部門の実行力にかかっているとも言える。実効性に伴ういくつかの課題につき考察したい。

森林・林業行政は森林施業計画の認可等ですでに市町村に権限移譲されているが、今回の改正で3で述べた土地使用権の設定は都道府県知事によるが、路網設置の必要性の判断と使用権の設定まで知事が踏み切るかの裁量が問われることになる。

---

44) 北村喜宣言『プレップ環境法（第2版）』（弘文堂、2011）105頁。
45) 遠藤・前掲注（1）54頁。

市町村長の権限として新たに加わったものとして、無届伐採中止の行政による命令の新設がある。10条の9第4項によれば、伐採の中止を命じ、伐採された跡地への造林を命ずることができることにもなっているが、命ずることが出来る場合の必要な条件がついている。その条件とは土砂の流出など災害の発生のおそれ、水害発生のおそれ、水源確保への著しい支障のおそれ、環境を著しく悪化させるおそれである（10条の9第4項1〜4号）。これらの"おそれ"の判断をどのような基準に基づき、行政の誰が判断するのか、市町村長の裁量にかかわる、行政としての実行力の問われる重要な課題と考えられる。

　要間伐森林の施業代行制度については、市町村長は森林所有者等に間伐の必要性を方法や時期を含めて通知し（10条の10第2項）、実施しない場合は実施を勧告し（10条の10第3項）、勧告に従わない場合は施業代行ができること（10条の10第4項）が規定されている。施業代行に至る過程は通知、勧告があり、行政指導を経て施業代行を実施することになる[46]。市町村長の多くは施業代行の乱発にためらいがあると思われ、施業代行の必要性の判断は首長の裁量にかかってくると思われる。

（2）行政の対応能力の課題

　実効性の確保には市町村の行政対応能力が必要となる。市町村の森林・林業部門の組織、人員は多くの自治体では財政難から大幅に縮小されており、現状では新たに増える業務に対応することは不可能と思われる。「森林・林業再生プラン」では市町村の業務に対応する人材として「フォレスター」を予定しており、5年間で准フォレスター約2000人を育成し、平成25年からフォレスター資格試験を開始する構想となっている。フォレスターの人材候補として、林野庁技術職員、都道府県林業普及指導員が予定されている。フォレスターが市町村業務を支援する際の役割、権限の明確化、人件費の負担方法等々がフォレスターが市町村の森林・林業行政の担い手になるかのカギと考えられる。

---

[46] 北村説（前掲注（38）138頁）によれば、行政指導前置制と解釈できる。

5 京都議定書とわが国の森林

(1) 森林が吸収する CO_2 の帰属権又は所有権（炭素権）

京都議定書では森林吸収源（シンクと称す）による CO_2 の吸収量を削減目標達成のために繰り入れることが認められ、わが国の削減目標6％の内、3.8％は森林吸収源で確保する計画となっている。この森林吸収源には京都議定書のルールでいくつかの制約が付いているが、対象となる森林で、人為的活動により定められた期間に吸収した吸収量しか算定対象とならない。植林や森林整備の活動をして吸収した CO_2 が誰に帰属するのか考えておく必要がある。京都議定書のクリーン開発メカニズム（CDM）の植林プロジェクトで吸収された CO_2 はクレジット（lCER、tCERと称す）として定められたルールに従い一義的にはプロジェクト事業者に帰属する。そのクレジットを事業者は排出量取引市場で取引することが出来るので、京都議定書のもとでの CO_2 の所有権は明らかである。

オーストラリアのビクトリア州、ニューサウスウェルズ州等では森林の吸収量を法的に認める炭素権（Carbon Sequestration Right）が法制化され、ビクトリア州の森林財産権法（Forestry Act1996）で明示されている。基本的には、フォレスト・プロパティの所有者に炭素の権利が付随すること、フォレスト・プロパティの所有者が権利のやり取りについて契約を設定することなどを認めている[47]。ニュージーランドの排出量取引制度等でも取引の対象として森林吸収源のクレジットを認めている。わが国でも国内の森林で定められたルールで吸収した CO_2 が後述するカーボン・オフセット J-VER 制度で VER（Verified Emission Reduction）として認められている。

炭素権について、わが国では法的な議論は進んでいないと思われるが、毛上の権利や民法242条などと照合して森林法でも議論すべきと考える。京都議定書での森林吸収源の取り扱い、オーストラリア、ニュージーランドの事例からしても人為的活動により吸収した CO_2 は一定のルールの下で炭素権として森林所有者等に帰属させるべきと考えられる。

---

47) 小林紀之『温暖化と森林―地球益を守る』（日本林業調査会、2008）68-71頁。

(2) わが国のカーボン・オフセット、排出量取引での森林吸収源の取り扱い

環境省によるわが国のカーボン・オフセット制度であるJ-VER制度には森林プロジェクトが認められ、認証されたプロジェクトの約7割は森林プロジェクトで、今後広く普及すると思われる。J-VER森林クレジットはボランタリーマーケットを対象としたもので、将来わが国に排出量取引制度が導入された場合は、森林吸収源のクレジットも含め削減義務達成（コンプライアンス）にも活用できる制度とすべきである。もしくはJ-VERと排出量取引制度のクレジットの互換性、相互認証を検討すべきと考える。わが国の削減目標達成上の削減と吸収のダブルカウント防止は次期枠組みでの国内制度設計上は可能と考える[48]。

2011年4月の森林法改正はJ-VER森林プロジェクトに直接的影響は少ないと思われるが、搬出された間伐材の算定方法等マイナス評価にならず、木材での固定量としてのプラス評価も検討すべきと考える。

6 森林法改正「森林・林業再生プラン」の残された課題

公有林の森林経営、林業振興、木材生産力向上等に焦点をしぼった限定的な改正や再生プランであるため、わが国の森林・林業政策での検討すべき課題は今後の検討に委ねられている。主な課題をここに列挙しておきたい。

- 森林法での保安林に関すること（同法第三章関係）
- 国有林問題（国有林の一般会計化につき、林政審議会に国有林部会を設置し、今後の管理経営のあり方につき検討を開始する予定）
- 森林のゾーニングと管理体制の見直し（国有林と国立公園等自然公園、自然保護区の所管、管理問題も含めて）

Ⅷ まとめ

「森林・林業再生プラン」（「再生プラン」）の要点は、民有林での森林経営

---

[48] 例えば、国連でわが国が認められた森林の吸収量適用上限値（第1約束期間では1300万炭素トン）の一部を排出量取引の対象量として、その分は上限値より差し引く等の案が考えられる。

計画を多くの森林所有者による有効な施業の実行計画にすること、路網整備のための土地使用権の設定、要間伐林の施業代行制度の強化などである。これ等はいずれも私有林の財産権と公共の福祉の原則の相剋にかかわる問題で、政策の推進に必要な措置を森林法の下で法の適切な適用で実施できるか、実際の運用に当たっては解決すべき課題は多いと思われる。いくつかの課題をまとめに変えて述べたい。

① 規制的手法の限界

「再生プラン」の政策実施に当たって森林法改正を法制面で具現化するものとして位置づけており、「再生プラン」の重要な部分を規制的手法で推進することになると言える。森林法の改正部分の条文は市町村の行政担当者の裁量の幅が生じる可能性の大きい規定となっており、上述の使用権設定や施行代行はある程度の強制力をもってしても、目的を達成するのに限界があると考えられる。

「再生プラン」の根底には「再生プラン」に従って事業を実施すれば収益が上がることが前提となっているが、明確に儲かることを示さないと森林所有者は路網整備や集約化に応ずるとは考えにくい。そこでトップダウン的な市町村森林整備計画や森林経営計画を策定するのではなく、市町村森林整備計画は充分に地域住民や森林所有者の意見を聴取し、意見を取り入れたものであること、森林経営計画は多くの森林所有者が自主的に申請し、認定率を現状から大幅に上げることが必要である。

② ガバナンスの構築

森林法を改正して法的な実行力の強化による規制的手法のみでなく、自主的な行動を誘引する手法を合わせることが必要と考えられ、その一つがガバナンスの構築である。前出の岡田秀二は「「再生プラン」は大きくガバナンス化を進めようとしており、裁量型から転換が求められる」（岡田・前掲注(19) 8頁）と述べているが、今回の森林法の改正の条文からはこの考え方は読み取れないと考えられる。そこで考えられるのは、森林法10条の5の3項に新たに設けられた条項で市町村森林整備計画の策定に当たって学識経験者の意見を聞かねばならないことになっているが、この聞く場を協議会、委員会組織とし構成員の幅を広げ、地域森林ガバナンスの中心的組織にするこ

とが考えられる。又、路網整備や要間伐林施業代行案を検討し、行政に提示する委員会も市町村に設置し、ガバナンスの仕組みに組み入れることも考えられる。

これ等ガバナンスの仕組みと森林法で規定される規制的手法を適切に組み合わせることにより、地域の森林管理に関する実効性のある効果的な取り組みが出来ると考えられる。

③ 森林保全への取組み

「再生プラン」や森林法改正によりわが国の森林・林業政策は産業としての林業重視に軸足が移されるが、当然のことながら林業専用道、森林作業等路網整備には森林保全、生物多様性への配慮、地球温暖化防止への取組み等森林の多面的機能の発揮の確保に十分すぎるほどの配慮をはらう必要がある。

最後に本稿が森林・林業や環境分野の研究者、行政担当者、実務に携わる方々の参考になれば幸いである。

〔追記〕

本稿は2011年4月末に脱稿したもので、その後2011年7月26日に「森林・林業基本計画」の変更が閣議決定されたのでその主要点を追記しておく。

新「森林・林業基本計画」の主要点

1. 基本的な方針として森林・林業再生プランの推進をあげ、その実現に向けた目標、施策の明確化を第1に挙げている。

2. 森林面積、林産物の供給・利用に関して次の目標を挙げている。

森林面積は平成22年（現況）の2,510万haを中・長期的に維持するとしている。生態系等に配慮し、育成複層林を増やす計画となっているも、現況の100万haを平成32年に140万、平成42年に200万haにとどまっている。総蓄積量の現況は47億m^3で、平成32年52億、平成42年54億m^3と漸増計画になっている。

林産物の総需要量の平成32年の見通しは7,800万m^3とし、そのうち国産材の供給・利用量の目標は3,900万m^3、総需要量に占める国産材の割合は

50％とし、森林・林業再生プランに合わせる目標となっている。平成21年の国産材利用実績が1,800万m^3であったことからして極めて高い目標と言える。

　3. 森林・林業に関する政府の講ずべき施策については、森林・林業再生プランの内容がほぼそのまま盛り込まれている。ポイントとしては、実効性のある森林計画制度の普及・定着や効率的、安定的林業経営の育成のための林業生産の低コスト化、さらに木材産業に関しては効率的な加工・流通体制等が挙げられている。予算の裏付けのある具体的な施策が必要と考えられる。

　また、国有林の人工林資源の適切な有効活用のために、地方自治体、企業との共同施業の積極的推進にも取り組むべきと思われる。

第11章 自然保護・自然資源・都市環境

31 都市環境関連法の課題と展望
―― 計画法論の視点から

亘理 格

I はじめに

　1990年代以降の都市計画法には、都市機能の利便性の確保と同時に良好な居住環境（都市居住のアメニティ）を維持増進するための規定の占める割合が増大しており、また、景観法[1]のように、都市計画法とは別立ての新規立法により同様の趣旨の規定や法制度を創設又は拡充しようとする傾向も強まっている。加えて、近年においては、「持続可能な発展」に立脚した社会の実現のための様々な分野での方策の一環として、集約型都市構造ないしコンパクトシティの実現という名の下で、都市郊外部における市街地拡散を抑制すると同時に、都市中心部の再開発や再生事業その他既成市街地における都市機能の再編強化を図ろうとする傾向が強まっている[2]。以上のような傾向は、ひとことで言えば都市計画における環境モティーフの強化と呼ぶことのできる現象であり、かかる傾向は、今や、都市計画法及びその関連諸法を貫く主旋律と捉えるべきものであると言えよう。問題は、都市計画法その他の現在の実定法が、このような環境モティーフが指向する方向性を体現し且つその実現を担保するものと言えるかどうかである。この点の検証を通して、環境モティーフとの関係で現行の都市法制がいかなる状況にあるかを明

---

[1] 景観法の制定が我が国の都市法制全体の中でいかなる意義と限界を有するものであるかについては、拙稿「土地利用規制論と景観法」ジュリスト1314号（2006）21頁以下、同「都市景観保護の課題―行政訴訟も含めて―」環境法政策学会編『まちづくりの課題』（商事法務、2007）11頁以下参照。

らかにすることが、本稿の第一の課題となる。

　以上のような分析を通して、都市計画法及びその関連法である国土利用計画法や建築基準法及び景観法等から成る都市環境関連法[3]の到達点と限界ないし課題を明らかにしたいが、なかでも本稿が最も重視したいのは、我が国の現行都市法制においては、政策法の体系と実効的規制法の体系とが分離し、且つまた、その相互間の連携確保により前者の次元で決定された政策目的を後者の法制度を介して確実に実現するという仕組みになっていない、という問題点である。かかる問題点は、日本の都市法制における政策法体系と実効的規制法体系間の「接続不良」と呼ぶべきものである。この問題にこれ以上立ち入ることは過剰な論点先取りを犯すことになるので、ここではこの程度に止めるが、以下の叙述で解明されることとなる問題状況を踏まえ、最後に、環境モティーフの強化という政策的方向付けとその実効的な実現のためにいかなる法制度の再編が必要であるかを明らかにしたい。その際の新たな法的仕組みの中心に位置すべきであると考えるのが、「戦略的広域計画」である。

　以上のような見地から、本稿ではまず、環境モティーフが現行都市計画法においていかなる位置づけ方をされて来たかについて、1968年の同法制定以降の変遷過程を概観することにより明らかにする（Ⅱ）。次に、我が国の

---

2)　国土交通省の審議会におけるこのような傾向を明確に示す文書として、社会資本整備審議会都市計画・歴史的風土分科会都市計画部会内に設置された小委員会が、1999年6月26日に公表した報告書（『都市政策の基本的な課題と方向検討小委員会報告』）参照。本報告書は、その第4章「今後の都市政策の方向」において、地球環境問題の解決策の一環として「持続可能な都市」の再構築を掲げており、そのための都市の将来ビジョンとして「集約型都市構造」ないし「エコ・コンパクトシティ」の実現という課題を打ち出している。そして、そのための方策として、「拠点的市街地の再構築とともに、それを支える都市基盤の整備や連携させる都市交通システムの構築に優先的に取り組むことが重要である」と述べている。ここでは、「選択と集中」という標語の下、①拠点的市街地の再構築に対する支援、及び、②公共交通システムの整備改善等による拠点的市街地間の連携強化策が、集約型都市構造実現のための二本柱として表明されている点が、特に重要である。

3)　本稿で「都市環境関連法」とは、都市計画法を中心とし、それに関連諸法として、国土利用計画法や国土形成計画法等、国土の利用及び整備開発のあり方を定めた法令群、及び、建築基準法や景観法等、都市計画法を前提とし又は同法と密接な関係にある規制法令群を加えた諸法令の全体を意味している。

都市法制における政策法の体系と実効的規制法の体系との関係を分析することにより、その問題点を明らかにする（Ⅲ）。以上を踏まえ、戦略的広域計画を中心とした新たな法制度設計の必要性に言及することとする（Ⅳ）。

Ⅱ　都市法と環境法

1　都市計画法の目的・理念と都市環境の保護

　都市計画法は、「都市計画の内容及びその決定手続、都市計画制限、都市計画事業その他都市計画に関し必要な事項を定めることにより、都市の健全な発展と秩序ある整備を図り、もって国土の均衡ある発展と公共の福祉の増進に寄与することを目的と」した法律である（1条)[4]。「都市の健全な発展」という表現から都市環境の保護目的を導くことが不可能ではないが、当該目的規定には、環境保護への明示的言及はないという点に、まず留意する必要がある[5]。今日の目で見れば、「都市の健全な発展」に住環境ないし生活環境の保護が含まれるのは、自明であるとすら言い得るかも知れないが、1968年立法当時の都市計画法が、目的規定の中に環境保護を明示しなかった背景には、当時は未だ、環境保護を以て、都市計画の主要な構成要素の一つとして把握しようとする観念が希薄であったという事情が窺える。

　とはいえ、同法には、当時社会問題化していた公害や都市郊外における乱開発に対処することを念頭に置いた制度や規定が置かれていることも見逃し得ない。そもそも、まず、同法制定時に、上述の乱開発の防止を目的として導入された開発許可制度（29条）は、都市計画区域内における一定規模以上の開発行為（建築行為等を目的とした土地の区画形質の変更行為）について許可制を採用したものであり、「道路、公園、広場その他の公共の用に供する空地」の規模・構造及び配置状況に関する許可基準を定めた規定には、「環境の保全上」支障がないことを求める規定が含まれている（33条1項2号）。

---

[4]　本文で引用した1条の規定は、1968年の現行都市計画法制定時のままである。
[5]　都市計画の基本理念を定めた2条の規定にも、「農林漁業との健全な調和を図りつつ、健康で文化的な都市生活……を確保すべきこと」とする定めはあるが、より明確な表現での環境保護への言及はない。

また、開発許可制度は、市街化区域と市街化調整区域の区域区分（7条1項）を前提にした制度であり、このうち、「市街化を抑制すべき区域」として想定された市街化調整区域（7条3項）内における開発行為は、開発行為全般に適用されるべき許可基準（33条1項各号）に加えて、加重された許可基準を満たさなければ許可されない旨定められている（34条）。他方、種々の都市計画決定に際して遵守しなければならない基準、すなわち都市計画基準を定めた規定（13条1項）では、公害防止計画が定められている場合には、当該公害防止計画に「適合」した都市計画でなければならない（13条1項柱書）とするとともに、地域地区に関する都市計画については、「住居の環境を保護し、商業、工業等の利便を増進し、美観風致を維持し、公害を防止する等適正な都市環境を保持するように定めること」（13条1項7号。制定時は同項2号）[6]、また、都市施設に関する都市計画については、「良好な都市環境を保持するように定めること」（同項11号。制定時は3号）を、制定当時から、それぞれ要求していた。以上のように、都市計画法は、その制定時において既に、「環境の保全」や「都市環境の保持」を相当意識して制定されたものであることには疑問の余地がない。その後、1980年改正により導入された地区計画制度は、狭域的に指定された区域個々の特性に応じた詳細都市計画を、限定的にではあるがわが国に初めて導入したものであるが、かかる地区計画に関する都市計画の決定に際しても、「その良好な環境の形成又は保持のため」という目的規定が都市計画基準の中に盛り込まれた（同項14号）。そして、2000年の同法改正では、すべての都市計画決定に共通の都市計画基準を定めた規定の中に、「当該都市における自然環境の整備又は保全に配慮しなければならない」（13条1項柱書・第2文）として、「自然環境の整備又は保全」への配慮を義務づける旨の規定が、都市計画法に初めて加わることとなった。以上のような変遷過程を経て、都市計画法は、今日既に、「公害の防止」から居住環境の保護、更には自然的環境の保護まで視野に組み込んだ意味での都市環境の保護を、その法目的中に内在させていると解すべきである。

---

[6] なお、現行法では、2004年の景観法制定時の法改正により、「美観風致を維持し」という箇所が、「良好な景観を形成し、風致を維持し」という規定に改められている。

以上により、今日の時点では、都市計画法が定める「都市の健全な発展」を図るという目的規定（1条）、及び「健康で文化的な都市生活」を確保するという都市計画理念（2条）には、都市の居住環境及び自然環境の保護が、その重要部分として含まれると解するのが妥当である。以上のことを前提に都市計画法の法目的及び理念について改めて整理して述べるならば、都市計画法は、地域地区制や都市施設に関する都市計画制度及び都市計画事業に関する様々な規定の適用や制度の運用を通して、都市的土地利用を増進し都市機能の利便性を確保することを法目的・法理念の一方の柱に据えるとともに、同様の法規定や法制度を通して、良好な居住環境や自然環境を確保し都市居住の快適性（アメニティ）を実現することをもう一つの柱に据えた法分野であると捉えるべきであろう。上述の今日的視点から見れば、「都市の健全な発展と秩序ある整備」という法目的には、都市環境の保護が当然含まれると解すべきであり、また、「機能的な都市活動」の確保という都市計画理念の根幹部分が都市的都市機能の利便性の確保を意味するのに対し、「健康で文化的な都市生活」の確保という都市計画理念の根幹部分には、都市環境の保護という理念を読み込んで運用すべきであるということになるのである。もっとも、他方で、同法の立法目的や都市計画の基本理念を定めた規定（1条・2条）には、なおも都市環境の保護を正面から定めた規定が存在しないことが象徴的に示しているように、今日の都市計画法は、本格的な環境法への脱皮の途上にあるというのが、妥当な理解であるように思われる。したがって、かかる拮抗した状況を越えて都市計画法が環境法との共通項を拡げる方向へ進むか否かが、今後とも問われることになるであろう。

2　都市環境法の視点から見た都市計画の制度的課題

　ところが、わが国の都市計画法の従前の運用状況は、以上二つの法目的・理念の中でも、都市機能の利便性の確保の方に軸足を置いた法運用に傾斜してきたと言えよう。従来の都市計画行政は、全般的に見て、都市的土地利用を効率的に増進し、都市機能の利便性を最大限確保することに力を集中してきた結果、多くの場合、良好な居住環境の確保という法目的・理念は軽視されてきたように思われる。しかし、1990年代以降、そのような法運用に対

する深刻な反省を踏まえて、良好な居住環境の確保に軸足を置いた法運用へ転換する必要があるとの認識が、広く共有されるようになってきた。そのような法目的・理念レベルでの方向転換（都市機能の利便性の確保への一方的傾斜から良好な居住環境の確保の重視への軸足の転換）を具体的な制度設計のあり方に即して述べるならば、以下の三点が重要であるように思われる。

　第一に、上述のように、今日の都市計画は、何よりもまず、居住環境及び自然環境の保護を含めた良好な都市環境の確保を図ることを第一の目的に掲げることにより、都市機能の利便性の効率的達成に偏重してきた従前の法運用を是正し、二つの法目的間の適正なバランスを実現する必要がある（良好な居住環境ないし都市アメニティの確保）。

　第二に、そのためには、都市計画の地方分権を徹底し、都市計画その他の土地利用の計画的制御の現場である基礎自治体を主体に、地域や都市の特性に即応した詳細都市計画の実現を目指す必要がある（地方分権化による即地性のある詳細都市計画の実現）。

　第三に、都市計画の地方分権化の下での詳細都市計画制度のあり方は、国の法令が定めた一律的若しくは定型的な基準に基づく都市計画から、基礎自治体自ら設定した戦略的なマスタープランの下での詳細都市計画の策定・実施という方向へ転換しなければならない（戦略的都市計画としてのマスタープランを主軸に据えた二層的都市計画制度の実現）。なお、言うまでもないことであるが、「持続可能な発展」という環境法の今日的重要課題は、かかる戦略的都市計画の中に他の政策目標と一体化したかたちで位置づける必要がある。

　もっとも、都市における良好な居住環境の確保という第一の課題の達成が、何故、分権化された詳細都市計画の実現という第二の課題に結びつくのか、また同様に、何故、戦略的都市計画を主軸にした都市計画の実現という第三の課題と結びつくのかについては、俄には理解し難いように思われるので、以下に説明を要する。

3　都市アメニティの確保と分権化された詳細都市計画の関係

　都市計画の第一の理念として、都市における良質な居住環境の維持増進を

掲げた場合、かかる理念の達成をより良くなし得るのは、都市居住の現場に最も近い公共団体としての市町村である。都市計画の主たる目的が幹線道路や大規模住宅団地や工業団地の整備に置かれていた時代には、都道府県やそれ以上広域的な視野からの根幹施設整備の指針の設定が優先され、そのような上からの目線で都市施設整備や土地利用調整の必要性を優先課題とする論理に説得力が認められたが、良質な居住環境の維持増進という理念が優先される今日の都市法においては、現場に即した即地的な詳細計画の重要性がはるかに高まっている。以上のような理由から、用途地域の類型に応じて、法定された容積率や建ぺい率の選択の幅及び高さ制限の有無等が決まってしまう現行法の方式は、今後は根本的に改められるべきであろう。また、容積率や建ぺい率等の数値に基づく規制に加えて、「城下町らしい街並み」や「農地と調和した住宅街」、「背景となる山並みと調和した閑静な住宅地」、「瓦屋根と板壁が連続した落ち着いた街並み」等々の定性的な基準に基づく建築物の建築行為その他の土地利用のコントロールへと転換を図る必要があるであろう。今後は、建築許可や開発許可の要件にこのような定性的基準を盛り込んだとしても、司法審査による事後的コントロール[7]が実効的に機能し得るような規律密度を具備した計画制度を構築する必要がある。そして、そのような詳細都市計画の正当性を背後で支えるのが、以下に述べるような戦略的都市計画の存在である。

4　都市アメニティの確保と戦略的都市計画の関係

人口減少化傾向の中で持続可能な発展を図るには、道路や交通等の都市機能及び良好な居住環境を維持しながら市街地を縮小する必要があり、かかる政策目標に到達するための長期の戦略に則って諸施策を総合的に展開する必要がある。そのような長期且つ総合的な政策遂行の中心に位置するのが戦略的都市計画である。人口減少化の下で、市街地拡張路線からの撤退を前提に

---

7)　都市計画争訟制度の法制化に関する国土交通省関係の研究会の報告書及び同省内に設置されたワーキンググループにおける調査検討の結果の報告書として、(財)都市計画協会都市計画争訟研究会「都市計画争訟研究報告書」(2006 年 8 月)、及び、国土交通省都市・地域整備局都市計画課「人口減少社会に対応した都市計画争訟のあり方に関する調査業務報告書」(2009 年 3 月) 参照。

集約型都市構造（コンパクトシティ）の構築という課題に適切に対処するには、長期にわたる市街地再構築のプロセス全体を見通した戦略的な都市計画の存在が、不可欠なのである。

　次に、持続可能な発展という環境法的理念を都市計画法に投影した場合、従来の都市計画区域が対象地域として想定してきた都市地域の枠を超え、農業地域や森林地域まで対象範囲を拡げた上で、都市的土地利用の増進と自然及び農業的土地利用の保護との適正な相互調整の下に土地利用を方向付ける必要がある。かかる都市地域と農業地域とを横断した広域的な視野から異なった種類の土地利用相互間の調整と方向付けのための指針を提供するのが、戦略的都市計画の主要な役割である。ここでは、都市計画の役割が、都市地域と周辺の農業地域及び森林地域を広域的に包摂した地域全体における土地利用の調整及び方向付けへと拡大され、それに対応し、都市計画の意味は、当該地域全体における都市的土地利用のコントロール（市街地の拡張、抑制、縮減の制御）へと変容する。

　ところで、以上のような長期かつ広域の戦略的目標の下に都市的土地利用の変動を実効的にコントロールしようとする場合、当該戦略的目標とその実現のためのおおよそのプログラムを定めた、その意味で政策法たる性格を有する計画法の体系と、より具体的な規制手法を具えた実効的規制法の体系との間に、緊密な連携を確保することが不可欠である。ところが、我が国の場合、以下に見るように、今日までのところ、そのような政策法の体系としての計画法制度と実効的規制法の体系としての計画法制度との間の連携が妨げられてきたのである。

Ⅲ　土地利用基本計画と都市計画マスタープラン

1　政策的計画法と実効的規制計画法の接続不良

　マスタープランないし戦略的都市計画の要請という視点から我が国の土地法制の問題点を探ろうとする場合、まずは以下のような問題点を指摘することから検討を始めなければならない。

　即ち、我が国における都市的土地利用に対する計画法制の中で、計画的な

土地利用制限（計画的規制）の役割は主として都市計画法によって担われてきたのに対し、農業地や森林地等都市地域以外の土地利用と都市地域の土地利用との調整や広域的且つ長期的な土地利用の方向付けという土地政策的な役割は、国土利用計画及び土地利用基本計画によって担われてきた。しかし、都市計画法上の都市計画と国土利用計画法上の土地利用基本計画との関係は、広域と狭域という関係に止まらない問題を含んでおり、わが国の都市計画法制の欠陥に関わる根本問題を含んでいたのではなかろうかと思われる。都市計画制度が適正に機能するための条件として、戦略的広域計画法の体系と実効的規制法の体系との相互連携性の確保が必要不可欠であるという見地から述べると、都市計画法に基づく都市計画と国土利用計画法に基づく土地利用基本計画の関係について、少なくとも以下のような二つの難点を指摘する必要がある。

　第一に、我が国の土地法制の場合、都市における土地利用の誘導を内容とした政策法的機能は、都市計画法上のマスタープラン（都市計画区域マスタープラン及び市町村マスタープラン）、及び、国土利用計画法上の土地利用基本計画とに分属するという、比較法的に見て特殊な制度設計を採用・維持してきた。しかも、都市計画法上のマスタープランは、専ら都市計画区域のみをカバーし得るものであるため、農業地域や自然地域等の非都市地域まで包摂した広域的な都市的土地利用の誘導政策において、都市計画法上のマスタープランが果たし得る機能は、実はそれほど大きいものではなく、かかる政策法的機能の多くは、わが国の法制度上、本来、土地利用基本計画によって担われるべきものであった。

　ところが、第二に、我が国の場合、国土利用計画と土地利用基本計画によって構成される政策的計画法の体系と、都市計画法や農業振興地域の整備に関する法律等、個別規制法の体系とが分離しており、政策的計画法の体系は、個別規制法がそれぞれ掲げる固有の法目的と法制度設計の存在を前提に、個別規制法相互の調整を図ることを主たる任務としてきたため、本来果たすべき戦略的広域計画としての誘導政策機能を十分に果たすことができない状況に甘んじてきた。

　以上のような状況の下では、土地利用基本計画にも、一定の国土利用政策

上の一貫した指針の下に各分野の個別規制法の運用を方向付けるという指針計画的機能を期待することはできないのである。

　他方、上述のように、人口減少化と環境保護理念を背景に良質な居住環境の実現を第一の課題として再構成された都市計画は、市街地それ自体はコンパクトシティとして集約化された都市構造に再編され、法制度としては周辺の農業地域等をも組み込んだ市街地制御のための都市計画として、捉え直す必要がある。そして、かかる新たな都市計画を対象とする法制度は、基礎自治体である市町村を主とした分権化された詳細都市計画と広域的で長期的な戦略的都市計画により構成された、二層的計画制度でなければならない。そのような認識の下に、上述の我が国現行の土地法制を振り返ってみれば、分権化された詳細都市計画に対応すべきなのは現行の都市計画法に基づく都市計画であり、また、広域的都市計画に対応しているのが、国土利用計画法に基づく土地利用基本計画であると捉え得る。ところが、前者すなわち現行都市計画法は、分権化及び詳細計画の必要性という視点から見て、極めて不十分である。他方、後者すなわち土地利用基本計画について言うならば、策定主体が市町村ではなく都道府県であるため、土地利用規制の現場に即した即地性が欠けているという点で不十分であり、また、都市計画法や建築基準法に基づく土地利用規制権限から切り離されているという点で実効性の乏しい計画制度と言わざるを得ないのである。

2　土地利用基本計画——現行法制の枠内での活用可能性
(1) 政策的計画としての土地利用基本計画

　我が国の現行法をそのまま見る限り、土地利用基本計画は、広域的視点から異なる土地利用相互間の調整を図ることを目的とした計画という点では戦略的計画という性格を認め得るが、他方、法的規制手段を具備しないという点では、規制法制度から切り離されたという意味で、もっぱら政策法的な意味しかもたない計画制度であるというべきものである。

　このように広域性を有しながら実効手段を具備していない土地利用基本計画には、従来から、異なった区分地域間で土地利用の優劣関係を定めることにより土地利用の調整を図るという役割を果たすことが期待されてきた。し

かしながら、自前の実効手段を具えていないため、その果たすべき調整機能は十全には果たされない状態に置かれるのが現状であると思われる。そこで、従来から、担当機関である国土交通省土地・水資源局では、土地利用基本計画の実効性を確保するためその機能強化を図るべく検討を継続して進めてきたことが窺える。そのような永年にわたる検討が実を結んだ成果の一つが、『土地利用基本計画の活用について』(土地利用基本計画の活用に関する研究会、2009年2月18日報道発表)という報告書(以下では、「活用報告書」と呼ぶことにする)である。この活用報告書からは、上述の制約の下で少しでも土地利用基本計画の実効性を高めようとする試みの跡を読み取ることが可能であるので、以下に、その報告書の内容を見てみることにしよう[8]。

(2) 2009年『活用報告書』(国交省土地・水資源局)

活用報告書は、「土地利用基本計画の活用についての視点や手法を示し、都道府県での土地利用基本計画の変更の際の参考となるものを提案したいとの趣旨」で進められてきた検討の結果を文書化したものである。その内容は、(I)「土地利用基本計画の基本的な考え方」と(II)「個別課題に対応した土地利用基本計画の活用イメージ」の二部構成である。このうち(I)は、1974年の国土利用計画法制定による土地利用基本計画制度の創設の経緯と趣旨及びその後の同制度運用の中で直面する課題を踏まえ、「土地利用に関するマスタープラン」としての同計画制度の機能を、土地利用上の諸課題の解決に活用するための基本的な考え方を提起した部分である。これを受けて、(II)では、土地利用現場で直面する多様な種類の土地利用調整上の課題に対処するための土地利用基本計画活用について、具体的な活用方法を事例1から事例17までの具体的課題類型に即した解説が行われている。(II)で取り上げられる事例は、「良好な眺望景観の確保」(事例3)、「長距離自然歩道周辺の良好な環境・景観の確保(複数の都道府県にわたるテーマ)」(事例5)、「土地利用規制の及ばない地域(白地地域)の発生への対応」(事例8)、「市街化調整

---

[8] なお、当該報告書を基に土地利用基本計画の活用を広く促進するため、国土交通省土地・水資源局が都道府県向けの手引書として作成し公表したパンフレットとして、国土交通省土地・水資源局『土地利用基本計画を使おう!—活用の手引き—』(2009年)及び同『土地利用基本計画を作ろう!—作成の手引き—』(2010年)があり、参考になる。

区域とその外側に位置する非線引き都市計画区域との間にわたる広域的な土地利用調整」（事例13）のように、土地利用の規制ないし調整の現場職員が現実に直面し得る切実な問題の各類型に応じて、「背景・課題」、「対応の考え方」、「土地利用基本計画の計画書の記載例」、「備考」という四項目から成る統一の様式に従った解決策を、まさに処方箋として示すというものであり、行政実務上極めて高い価値を有するものと思われる。しかし、本稿においては、活用報告書が、土地利用の計画的規制調整において土地利用基本計画にはいかなる機能が期待され、今後の活用のあり方について、いかなる指針を示そうとしているのかを明らかにする必要があるため、以下では、(1)で示された「基本的な考え方」について立ち入った検討を加えることにする。

(3)「調整計画（マスタープラン）」としての土地利用基本計画

活用報告書は、土地利用基本計画に期待される機能について、「都道府県土の地域空間を五地域に再編し土地利用の総合的かつ基本的な方向付けを行うことにより、各種の土地利用計画の総合調整を果たすことを目的として作成されるものであり、各種の土地利用行政の調整計画（マスタープラン）としての機能を有する」と述べている。この叙述で重要なのは、土地利用基本計画には、「各種の土地利用計画」ないし「各種の土地利用行政」を総合的に調整する「調整計画（マスタープラン）」たる機能が期待されるという部分であると思われる。活用報告書は、また、以上のような「調整計画」としての「マスタープラン」性について、国土利用計画法制定時おける以下のような行政解釈を引用することにより補強している。即ち、当時の国土庁事務次官基本通達中の解説によれば、土地利用基本計画は「都市計画法、農業振興地域の整備に関する法律、森林法等（以下、「個別規制法」）に基づく諸計画に対する上位計画として行政部内の総合調整機能を果たす」とされていた。さらに、総合調整の具体的な手法について、活用報告書は、土地利用基本計画が、「都市から農村までの空間を欠けることなく、一葉の図に表示」することにより、視覚的に認識可能な形で「個別規制法相互の調整を可能」とする点に同法制定前にはなかったメリットがあるとして、区分された五地域ごとの個別規制法に基づく各種規制が合流し総合調整の対象とされるという意味で、「プラットホーム機能」を有することを強調している。そして、

同報告書は、従来から各都道府県が法令に基づかずに設置してきた「任意の会議」体である「土地利用調整会議」を以て、かかるプラットホーム機能の現実の担い手と位置づけており、同会議が、①主として五地域区分の変更の際の調整を行っているほか、②当面する諸課題への対応方策についての意見交換や、個別事案における部局間の総合的な協議・調整、③土地利用の調整に関する条例との連携という役割を果たすことが重要であるとしている。

(4) マスタープランとしての活用手法

さて、以上のように土地利用基本計画に期待されるマスタープランとしての機能を前提に、特に前述のプラットホーム機能を具体的な土地利用計画の局面で発揮させるために、活用報告書は、①「それぞれ固有の目的を有する関係諸法を橋渡し(ブリッジ)し、土地利用調整の総合性を発揮」するという機能、②「個別規制法による規制・誘導措置の準備が整うまでの繋ぎ役として乱開発等の進行を防除」するという機能、③「個別規制法が足並みをそろえて連携して規制・誘導するための調整機能」という、三つの活用方法を提示している点が注目に値する。

このうち①は、Ａ法(例えば、都市計画法)では十分な計画的規制が及ばない「計画白地地域」に当たる地域において、別のＢ法(例えば、農業振興地域の整備に関する法律)の側から見れば充実した計画的規制が及んでいるという場合に、Ａ法とＢ法双方の規制領域の組み合わせによって、「相当の土地利用調整上の対応が可能となる」というものである(以下では、このような活用手法を以て「橋渡し機能」と呼ぶことにする)。一例として、「都市地域の中の郊外部で無秩序な土地利用転換が問題となっている場合には、農業地域側から見れば、農地の保全管理上問題となっているケースが多い」として、このようなケースに対応するためには、「Ａ法＋Ｂ法」の連携方針を土地利用基本計画の中に書き込むことにより、両法制度の安定的な連携活用が可能となるとされる。

次に②は、個別規制法に基づく本格的な規制措置の実施に相当期間を要するという場合において、その間の暫定的措置として、後に講じられる予定の本格的な規制措置を予め土地利用基本計画の中に書き込み、当該記載事項に沿った土地利用を促すことにより「繋いでいく」という手法である(以下で

は、このような活用手法を以て「繋ぎ機能」と呼ぶことにする）。本格的な規制措置の実施には、一般に、関係者の合意形成や一定の実態調査のために相当期間を要し、その間に無秩序な土地利用転換が進行する結果、当該措置が正式に導入される時点では既に規制が困難となっている場合が多い。そこで、そのような事態を防ぐため、土地利用基本計画の「土地利用の調整等に関する事項」（国土利用計画法9条3項）の中に、「個別規制法が予定する措置」を記載し、関係諸法が本格的措置として適用されるまでの間、「国土法10条を介し」て「繋いでいく」こと、あるいは、後に予定されている本格的措置には及ばないものの、それに準ずる規制措置により対応するに際して配慮すべき事項を記載することにより、「繋いでいく」必要があるとされる[9]。具体的には、「市町村合併に伴い同一行政区域に規制強度の異なる区域が混在している場合」に、行政区域全体をカバーする計画変更が行われるまでの間の暫定的な調整措置として活用する場合、あるいは、上記①の「橋渡し」手法との組み合わせで、B法に基づく規制措置を講ずるまでの間の暫定措置として「繋ぎ機能」を活用するという場合が、想定されているようである。

最後に③は、自然遊歩道の周辺地域や河川流域のように、「一定のつながりをもった地域」が広域的に広がっている場合に、景観や眺望への配慮あるいは総合的な治水対策の必要性から、当該地域内にある都市地域、農業地域、森林地域等の各地域における規制制度の運用の足並みを揃えるようにするため、土地利用基本計画に規制・誘導の方針等を書き込み、各個別規制法間の連携調整を図らしめようとする手法である（以下では、かかる手法を以て「広域連携機能」と呼ぶことにする）。

以上のような手法は、各個別規制法に固有の法目的や制度設計による制約という枠内にありながらも、国土利用計画法が想定する土地利用基本計画制

---

9) ここで「繋ぎ機能」の法律上の拠り所として国土利用計画法10条に言及している趣旨は必ずしも明確ではないが、同規定が、「別に法律で定めところにより」として、個別規制法に基づく規制措置を主たる実効手段として想定していることは当然としても、このことから、個別規制法上の規定が定められていない場合において、国土利用計画法の趣旨に則って「公害の防止、自然環境及び農林地の保全、歴史的風土の保存、治山、治水等に配慮」した措置を講ずる可能性が排除されわけではない、と考えているものと思われる。

度の趣旨を最大限活用しようとする志向の下で打ち出された考え方であり、土地利用計画の現場の要請に応えようとする苦心の策であると同時に、制度本来の趣旨目的を存分に実現させるための目的論的運用論として見ても、相当な説得力を有する考え方を打ち出したものであると評価できる。他方しかし、以下に見るように、上述のような現行制度の枠内では克服することのできない限界を抱えたものであることもまた、否定し難いように思われる。

(5) 「調整計画」機能と「指針計画」機能の相互関係

上述のように、活用報告書が、土地利用基本計画を以て果たさしめようとする「マスタープラン」機能とは、厳密には、個別規制法に基づく各種の規制の存在を前提とした「調整計画」としての機能を意味しており、その場合のマスタープランとしての効果は、直接的には、個別規制法に基づく土地利用計画行政を担当する各行政部局を名宛人とした効果のことである。その意味で、活用報告書が主として想定する土地利用基本計画の「マスタープラン」機能とは、厳密には、土地利用規制に関する「行政部内の総合調整機能」を意味するものであることが、理解できるであろう。ところが他方で、活用報告書は、土地利用基本計画に期待される機能に関する前述の引用箇所において、「土地利用の総合的かつ基本的な方向付けを行う」という機能にも言及していることに、留意しなければならない。ここでは、単に行政部内の総合調整に止まることなく、土地利用自体を直接対象とした「基本的な方向付けを行う」ことが土地利用基本計画の役割であるとされており、この場合の方向付けの名宛人として想定されるは、究極的には、土地利用の主体である土地の所有者その他の権利者であると思われる。土地利用基本計画の役割について、「都道府県土における地域空間の将来像を示し、土地利用の総合的かつ基本的な方向付けを行う」としている箇所も、同様の趣旨と解することが可能である。

以上により、個別規制法に基づく各種の土地利用計画の存在を前提に担当行政部局間で行われるべき総合調整ないし部局間調整計画としての機能（以下では、この機能を以て「調整計画」機能と呼ぶことにする）と並び、土地の権利者を名宛人として土地利用の基本的な方向付けを行うという機能（以下では、この機能を以て「指針計画」機能と呼ぶことにする）もまた、土地利用基本

計画に期待される役割とされていることに留意する必要がある。ところで、土地利用基本計画が指針計画機能を適切に果たすには、現場の担当職員が当該計画の趣旨目的と内容を精確に把握し当該計画の意を体して規制権限の行使を行うことが前提条件となることからすれば、担当行政部局間における調整が適切に行われることは、当該計画が指針計画機能を十全に果たすことの前提条件でもある。したがって、調整計画機能と指針計画機能との間に重なる部分が存在することは自明である。しかし、両者間には相互対立的要素も存在することに留意しなければならない。何故なら、都市計画法や農振法等の個別規制法にはそれぞれ独自の法目的が定められ、当該法目的に応じた制度設計が行われているため、土地利用基本計画における調整計画機能は、かかる個別規制法固有の法目的と法制度設計を所与の前提として、その相互間調整を図ることを余儀なくされるのであり、その際、土地利用基本計画において定められた目標に重大な制約が課せられ、その指針計画機能の発揮にとって根本的障害となることがあり得るからである。地域における土地利用の実態が当該地域をカバーする土地利用基本計画で想定された目標と大きく乖離するということは、日本各地で経験する事態であり、このような事態が生ずる少なくとも一因には、上述のように、土地利用基本計画の指針計画機能が十分に果たされていないことがあるように思われる。

(6) 小 括

土地利用基本計画が果たすべきマスタープランあるいはプラットホームとしての機能に関して活用報告書が打ち出した考え方は、上述のごとく、個別規制法上の固有の法目的に立脚した諸制約の枠の中で、土地利用基本計画に総合調整ないし調整計画機能を果たさせるため可能な限りの工夫を凝らした苦心の策というべきものであり、それ自体高く評価すべき提言である。しかし同時に、土地利用基本計画の機能の1つとして活用報告書自身が目論んでいる筈の指針計画機能の発揮可能性という点では、個別規制法に由来する諸制約の前では十分な役割を果たし得ないという壁に直面せざるを得ないのであり、かかる限界は、政策法としての国土利用計画法の体系と実効的規制法としての都市計画法その他の個別規制法の体系とが分離したまま接続不良に陥っているという現行法の枠組の下では、乗り越えることのできない壁と

なって立ちふさがっているのである。

3　市町村版土地利用基本計画の可能性
(1) 都市計画制度における広域戦略性の欠如

　現在の国土利用計画法上の土地利用基本計画は、実効手段を欠いた政策法的計画であるのに対し、現行の都市計画法や建築基準法の法制度は、地域地区の指定、開発許可や建築確認、都市計画事業その他の計画的な実効的手段を具備した法制度である一方、もっぱら都市地域だけに対象を限定した点で広域性を具備しない計画制度である。また、都市計画法上の都市計画区域マスタープラン（都計法6条の2第1項「当該都市計画区域の整備、開発及び保全の方針」）や市町村マスタープラン（都計法18条の2第1項「当該市町村の都市計画に関する基本的な方針」）には、長期的視野からの指針定立の役割を期待し得る面はあるが、農業地域や自然地域等まで包摂した広域的視野からの計画制度という点では決定的に欠けている。その意味では、戦略的都市計画としての機能を果たし得ない制度と言わざるを得ない。我が国の都市計画法の運用において環境法的視点が根を下ろすことを妨げてきた要因の一つには、都市計画制度におけるこのような広域戦略性の欠如があったように思われる。

　以上のような現行法の限界を克服するには、計画策定主体を基礎自治体たる市町村へ転換した上、市町村又は市町村の共同組織体を策定主体として新たに衣替えした土地利用基本計画の体系の中に個別規制法を一体的なものとして組み込むことにより、土地利用基本計画の政策的上位法としての位置づけを明確化することが不可欠であると思われる。かかる法制度改革は、国土利用計画法に基づく土地利用基本計画と都市計画法に基づく都市計画区域マスタープランを統合し、長期且つ広域的な戦略的都市計画として再編することを意味するが、同時に、戦略的な広域計画の決定権限を土地利用規制の現場に近い基礎自治体又はその連携組織体に委ねることを意味する。以下では、かかる再編案モデルに近い考え方を基礎に都市計画法改正に関する提言を行った例として、日本弁護士連合会が2010年8月19日に提案した「都市計画・建築統合法案（仮称）要綱」（以下では、「法案要綱」と呼ぶことにする）

を取り上げることにする。

(2) 日弁連の「都市計画・建築統合法案（仮称）要綱」

この法案要綱は、日弁連が2007年11月2日、第50回人権擁護大会において行った決議をベースに、策定されたものであり、「持続可能な都市の実現のために都市計画法と建築基準法（集団規定）の抜本的改正を求める意見書」と名付けられた日弁連の意見書（以下では、これを「日弁連意見書」と呼ぶことにする）とともに公表されたものである。法案要綱は、開発行為や公共施設の建設等の土地利用及びその計画制度について、「持続可能な都市の形成及び維持に対応し、かつ、住民の快適で心豊かに住み続ける権利を保障する」ものにすることを基本理念とし、そのために都市計画法と建築基準法の抜本的改正を掲げて提案されたものである。その提案内容は多岐にわたるが、特に計画制度との関係では、都市計画決定権者を市町村に一元化することを前提に、土地利用基本計画、地域土地利用計画、地区詳細計画という三段階の計画制度を提案する点に注目する必要がある。

このうち土地利用基本計画は、市町村が、市町村の全域を対象に「定めるものとする」と規定される計画であり、現在の国土利用計画法では都道府県が策定権限を有する土地利用基本計画の基本的な枠組みを、市町村レベルに引き写した上で、その拡充を図っている点が注目される。要点をかいつまんで言えば、五地域区分（都市地域、農業地域、森林地域、自然公園地域、自然保全地域）を定めるものであること、五地域区分と並んで「土地利用の調整等に関する事項及び都市計画に関する基本的な方針（以下「都市計画基本方針」という）」を定めるものとされていること、「土地利用基本計画（市町村マスタープラン）」は、「他の計画・開発行為・公共施設の設置等に対し、法的拘束力をもつ計画としての意味を有するようになる」ことが意図されている点等が重要である。

次に地域土地利用計画は、土地利用基本計画と後述の地区詳細計画の「中間的なもの」として位置づけられる計画であり、「一定のまとまりのある街区について、やや詳しい地域土地利用計画を定めることができるものとする」というものであり、策定は任意であることが前提とされている。一例として、「例えば、新宿区が土地利用基本計画を策定し、そのうち一部地域、

例えば、神楽坂について独自に、より具体的な地域土地利用計画を策定する等が考えられる」とされている。

　最後の地区詳細計画は、具体的な開発行為や公共施設の設置計画を想定した詳細計画であり、既成の市街地内において「近隣の特性に適合」的な建築物等を建築する場合等以外は、「地区詳細計画がなければ、開発行為・公共施設の建設等の土地利用はできない」という性質のものであるとされている点が重要である。この意味で、「計画なくして開発なし」及び「建築調和の原則」という考え方を具体化した計画制度と捉えられる。地区詳細計画はこのように開発行為等の権利行使を直接的に左右するとともに、周辺地域の生活環境に対して直接重大な影響を及ぼすことから、「訴訟における処分性を制度的に基礎づける」必要があるとされている点が注目される。

　(3)　市町村マスタープランとしての土地利用基本計画

　以上のように、日弁連の法案要綱の提案に係る三段階の計画制度は、土地利用基本計画を名実ともにマスタープランとして位置づけた上で、より狭域的な地区や街区を対象に中間程度の詳細計画を任意に上乗せ的に定めることを可能とするとともに、「計画なくして開発なし」の考え方に立脚した地区詳細計画を想定するというものである。以上のような計画体系の中心に位置する土地利用基本計画は、現在の都道府県を策定主体とする土地利用基本計画を市町村を策定主体とする制度に組み替えた上で、市町村の全域をカバーしたマスタープランたる機能の発揮を期待して想定されたものであることが注目に値する。

Ⅳ　むすび——戦略的広域計画の必要性

1　二段階の戦略的都市計画——広域と狭域の二層制

　ここまでの検討から得られる結論として私見を述べるならば、現在の国土利用計画法上の土地利用基本計画と都市計画法上のマスタープラン（都市計画区域マスタープランと市町村マスタープラン）の統合を前提に、市町村又はその連携組織体を策定主体とした戦略的計画という意味でマスタープランたる資格を具えた計画制度を構築していく必要があるように思われる。また、

その場合、市町村単位の市町村マスタープランとは別に、共通の社会経済圏に属する複数市町村間の連携組織体を策定主体とする戦略的広域計画を制度化する必要がある。その意味で、広域と狭域の二層にわたり二段階の戦略的都市計画を想定する必要があるのではなかろうか。

したがって、市町村単独及び複数市町村の連携組織体を策定主体とする戦略的計画に関する制度設計のあり方を、次に検討する必要があるが、以下では、策定主体の組織構成及び策定手続に関して必要最小限の見通しを述べるに止めることにする。

まず、戦略的広域計画の策定主体については、共通の社会経済圏に属する複数市町村の連携組織のあり方が重要な検討課題となる。その場合、関係市町村で構成される協議体又は連携組織を策定主体とする一方、都道府県は、関係市町村間の利害対立に対する調整者として関与するという法的仕組みを構築する必要がある。さらに、広域及び狭域の双方について戦略的計画策定の早期時点からの住民及び利害関係者の参加手続を具備する必要がある。以上による民主的正統性の補強策を前提として、狭域マスタープランの内容は広域マスタープランの内容と両立可能なものであることを義務づけることにより、戦略的都市計画相互間の整合性を確保する必要がある。

2　戦略的広域計画の実効性確保の必要性

以上のような二段階の戦略的都市計画を想定した場合、いかにして各段階ごとの計画策定を動機づけるかが課題となる。とりわけ広域計画については、共通の社会経済圏を構成するすべての市町村に、広域計画策定過程への参加を動機付けることは困難であることが予期される。したがって、広域計画策定への参加を促すための制度的仕組みが必要となるが、その有力な手段として考えられるのは、広域計画策定に参加しない市町村の区域内では、一定規模以上の新たな市街地開発や公共事業の実施に制約が課されるという仕組みの導入である。この点で参考になるのは、フランスの都市計画制度において「広域整合スキーム」と呼ばれている戦略的広域計画である。

広域整合スキーム（schéma de cohérence territoriale. 以下では、頭文字をとって、SCOTと呼ぶことにする）は、2000年の「都市の連帯と刷新に関す

る法律」(Loi No 2000-1208 du 13 décembre 2000, relative à la solidarité et au renouvellement urbains. 以下では、頭文字をとって、SRU法と呼ぶことにする）に基づき、従前の広域計画である「指導スキーム」(schéma directeur : SD) に代わって制度化された広域計画である[10]。SRU法は、「持続可能な発展」の理念に基づき、①従前の市街地拡張路線を転換し都市の拡散防止策を打ち出すとともに、②市街地整備における公共輸送網整備との一体性の確保、③都市居住における「社会的混住」(mixité sociale) 及び「都市機能的混在」(mixité urbaine) の確保[11]、④都市における自然保護その他の環境保全等の施策の推進を求めた法律である。そして、これらの都市政策を整合的に推進するための要の位置づけを与えられた計画制度が、複数市町村の連携組織体が主体となって策定されるSCOTである[12]。

かかるSCOTの策定に実効性を確保させるため、SRU法は、一定の条件下にある市町村については、SCOTに加わっていなければ、新たな市街地拡張のための土地利用や公共事業の実施を可能とする詳細計画の決定または改訂を、一定の例外を除いて禁止するという規定を創設した（フランス都市計画法典・法律篇122の2条1項）。このような開発禁止原則の適用対象は、現行法では、①人口5万人以上の都市圏からの距離が15km未満の市町村の区域内、又は②海岸からの距離が15km未満の市町村の区域内に限定されている[13]が、2010年の法改正[14]により、①及び②の限定が撤廃されることとなり、2017年1月1日以降、当該禁止原則は、SCOTによってカバーされていないすべての市町村の区域に適用されることとなった。こうした立法措置により、農山漁村域に位置する市町村であったとしても、SCOTに

---

10) 2000年のSRU法及びSCOTについては、拙稿「計画的土地利用原則確立の意味と展望」稲葉馨＝亘理格編『藤田宙靖博士東北大学退職記念 行政法の思考様式』（青林書院、2008）619頁以下、特に625頁以下参照。

11) 「社会的混住」とは、旧植民地等からの移民をも含む貧困層の居住域が特定の市町村や街区に集中し、都市内隔離状態（ségrégation urbaine）が発生又は固定化するのを防止又は解消するための政策を意味し、また、「都市機能的混在」とは、特定の街区に特定の業務や店舗が集中することにより生ずる都市機能の劣悪化を防止又は解消するための政策を意味する。

12) SCOTの全体像及びその直面する問題点等を論じたものとして、ジャン・フランソワ・ストゥルイユ「フランスにおける戦略的都市計画の変容―広域整合スキーム（SCOT）の場合」（拙訳）新世代法政策学研究14号（2011）189頁以下参照。

加わっていなければ新規の市街地拡張に当たると判断される土地の利用や公共事業を実施することができなくなるわけである[15]。

　以上の例は、都市・農村間の産業構造や地理関係及び市町村の面積や人口規模が我が国とは大きく異なるフランスという国の法制度に関するものであり、したがって、その考え方をそのまま我が国に持ち込むことは不適切である。しかし、かかる比較法的立法例は、環境モティーフが今日の都市計画制度の核心的構成要素となっているとの判断、また、そのような今日の都市計画に関する法制度の成否を左右する少なくとも1つの鍵となるのが戦略的広域計画である、との判断を踏まえたものであると思われる。その意味で、「持続可能な発展」という法理念に適合的な制度的再編を課題としている今日の我が国の都市計画法制にとっても、以上のようなSCOTの制度設計とその背後にある考え方は示唆に富むものであると言えよう。

13)　なお、既存の都市圏からの距離との関係で新規の市街地拡張を禁止するという原則（本文の①）の適用範囲は、現行法では、人口5万人以上の都市圏からの距離により画されるが、2000年のSRU立法時の規定では、人口1万5千人以上の都市圏からの距離により画されていた。人口要件を1万5千人以上から5万人以上へ緩和した現行規定は、2003年の法改正により実現したものである。
14)　同改正は、2010年の「環境のための国の責任引受に関する法律」(Loi No 2010-788 du 12 juillet 2010, portant engagement national pour l'environnement) による都市計画法典の改正のことである。
15)　ジャン・フランソワ・ストゥルイユ（拙訳）・前掲注（12）195-196頁参照。

第3編　国際環境法・条約

第12章　国際環境法・条約

第12章 国際環境法・条約

32 国際環境法の遵守手続とその課題
―― ロンドン海洋投棄議定書の遵守手続を手がかりに

一之瀬高博

I はじめに

　国際環境条約は、1970年頃から質的にも量的にも急速な発展を遂げてきたが、それに伴い1980年代後半以降、条約上の義務の締約国による遵守をいかにして確保してゆくか、ということにしだいに大きな関心が向けられてきた。「遵守の手続とメカニズム」(compliance procedures and mechanisms)（以下、遵守手続、とする）は、そのための新たなしくみとして創設され、今日、少なからぬ国際環境条約にその特徴的な存在を認めることができる[1]。

　遵守手続をはじめて明確なかたちで導入した、オゾン層保護の分野の1992年のモントリオール議定書不遵守手続[2]以来、地球規模の環境条約には、2002年のバーゼル条約遵守メカニズム運用規則[3]、2004年のカルタヘ

---

1) 環境条約の遵守手続全体に関する論考として以下がある。臼杵知史「環境条約の履行確保」西井正弘＝臼杵知史編『テキスト国際環境法』(有信堂、2011) 224-232頁。松井芳郎『国際環境法の基本原則』(東信堂、2010) 314-341頁（「多数国間環境保護協定の遵守確保と紛争解決」)。遠井朗子「多数国間環境条約における不遵守手続」西井正弘編『地球環境条約』(有斐閣、2005) 407-439頁。岩間徹「地球環境条約の履行確保」国際法学会編『開発と環境（日本と国際法の100年第6巻)』(三省堂、2001) 109-136頁。

ナ議定書遵守手続[4]、2005年の京都議定書遵守手続[5]、および、2008年の海洋投棄ロンドン議定書遵守手続[6]といった制度が創設されてきた。地域的な環境条約についても、例えば、UNECEのもとでの、1997年の長距離越境大気汚染条約議定書遵守手続、2001年の越境環境影響評価エスポー条約遵守手続、および2002年のオールフス条約遵守手続が、また、2008年の地中海の汚染防止に関するバルセロナ条約遵守手続などが、それぞれ設けられている。

本稿では、最初に海洋投棄ロンドン議定書のもとに設けられた遵守手続（以下、ロンドン遵守手続、とする）を概観した後、わが国も直接関係する地球規模の環境条約の遵守手続との対比も含め、遵守手続の基本構造の課題を検討することにしたい。

II 海洋投棄に関するロンドン条約および議定書

ロンドン海洋投棄条約（「廃棄物その他の物の投棄による海洋汚染の防止に関する条約」、以下、ロンドン条約、とする）は、1972年に採択され、1975年に発効した[7]。1996年には同条約を改正する議定書（以下、ロンドン議定書、とする）が採択され、2006年に発効している[8]。両者の関係については、条約

---

2) *Decision IV/5 on Non-Compliance Procedure,* doc. UNEP/OzL.Pro4/15 (25 November 1992), at 13, Annex IV, at 44 (Non-Compliance Procedure) and Annex V, at 46 (Indicative List of Measures that might be taken by a Meeting of the Parties in Respect of Non-Compliance with the Protocol).
3) *Decision VI/12 on Establishment of a Mechanism for Promoting Implementation and Compliance,* doc. UNEP/CHW.6/40 (10 February 2003), Annex, at 45.
4) *Decision BS-I/7 on Establishment of Procedures and Mechanisms on Compliance under the Cartagena Protocol on Biosafety,* doc. UNEP/CBD/BS/COP-MOP/1/15 (27 February 2004), Annex I, at 98.
5) *Decision 24/CP.7 on Procedures and Mechanisms relating to Compliance under the Kyoto Protocol,* doc. FCCC/CP/2001/13/Add.3 (21 January 2002), at 64 (Marrakesh Accords); *Decision 27/CMP.1,* Annex, at 92.
6) Compliance Procedures and Mechanisms pursuant to Article 11 of the 1996 Protocol to the London Convention 1972, *Report of the Twenty-ninth Consultative Meeting and the Second Meeting of Contracting Parties,* doc. LC 29/17, Annex 7 (14 December 2007). この遵守手続の規定には、次の正誤表が付されている。*Report of the Twenty-ninth Consultative Meeting and the Second Meeting of Contracting Parties,* doc. LC 29/17/Corr.1 (15 January 2008).

と議定書の双方の締約国には、議定書が条約に置き換えられる（議定書23条）。

条約も議定書もともに、海洋環境の保護のために、内水を除くすべての海域を対象に、船舶・航空機・人工海洋構造物からの廃棄物の海洋投棄を規律する。ロンドン条約は、附属書Ⅰに掲げる廃棄物およびその他の物（以下、廃棄物等、とする）については投棄を禁止し、附属書Ⅱの廃棄物等については事前の特別許可を、その他の廃棄物等については事前の一般許可を、投棄の条件とする。また、投棄を許容するこれらの許可は、附属書Ⅲの掲げるすべての事項に慎重な考慮が払われた後でなければ、与えられない（条約4条1項、2項）。

他方、議定書で注目されるのは、締約国は、海洋投棄からの環境の保護について予防的アプローチ（precautionary approach）を適用する、とした点である（議定書3条1項）。これを基礎に、議定書は、条約よりも海洋投棄をより制限的に扱い、原則と例外を入れ替え、廃棄物等の海洋投棄を原則禁止としつつ、附属書Ⅰの廃棄物等に限り許可に基づく投棄を許容する（リバース・リスト方式）。投棄の許可の検討にあたっては、締約国は、附属書Ⅱの定める環境影響評価の実施を確保するよう求められる（議定書4条1項）。さらに、環境影響評価が未完了の間、および、環境影響評価が好ましくない結果を示す場合には、許可は与えられるべきではないとされている（附属書Ⅱ14項、17項）。

議定書は、違反に対する責任について、国家責任に関する国際法の諸原則に基づき、海洋投棄から生じる責任に関する手続を作成することを締約国に要求している（議定書15条）。議定書はまた、紛争解決についても詳細な規定を置く。紛争は、当事国間で原則として12カ月以内に解決されない場合に、司法的な紛争解決に付される。紛争当事国が国連海洋法条約（287条1

---

7) London Convention on the Prevention of Marine Pollution by Dumping of Wastes and Other Matter, 29 December 1972. 日本国効力発生1980年。締約国数87（2011年7月31日現在）。

8) Protocol to the London Convention on the Prevention of Marine Pollution by Dumping of Wastes and Other Matter, 7 November 1996. 日本国効力発生2007年。締約国数40（2011年7月31日現在）。

項)の定める紛争解決手続のいずれかに合意する場合にはそれに従い、その合意のない場合には、一紛争当事国の請求により、紛争は、附属書Ⅲの定める仲裁裁判所により解決される(議定書16条2項)[9]。

遵守手続については、議定書11条が次のように規定し、その根拠を提供している。

1. 締約国会合は、この議定書の発効後2年以内に、議定書の遵守を評価しかつ促進させるために必要な手続およびメカニズムを創設する。そのような手続およびメカニズムは、建設的な方法により、十分かつ公開された情報交換を可能にすることを目的として作成される。

2. 締約国会合は、この議定書に従って提出されるあらゆる情報、および、1項のもとに創設される手続またはメカニズムを通じてなされるあらゆる勧告を十分検討した後に、締約国および非締約国に対して、助言、支援または協力を提供することができる。

Ⅲ ロンドン議定書遵守手続の基本構造

1 遵守手続の創設

ロンドン遵守手続は、議定書発効後2年以内に創設されるものとされていた(議定書11条1項)。議定書は2006年3月24日に発効したため、遵守手続創設の期限は、2008年3月24日であった。2007年11月の第29回ロンドン条約締約国会議(Meeting of the Contracting Parties to the 1972 Convention)と同時に開催された、第2回ロンドン議定書締約国会合(Meeting of the Contracting Parties to the 1996 Protocol)において、議定書11条に基づく「遵守の手続とメカニズムに関する規則」が採択され[10]、遵守委員会の第1回会合も、2008年10月の第3回締約国会合に合わせて開催されることになった[11]。これにより、遵守手続が正式に発足した。次に、この遵守手続の

---

[9] さらに、いずれの締約国も、議定書への加入時に、3条1項(予防的アプローチ)または3条2項(汚染者負担)の解釈・適用にかかる紛争については、附属書Ⅲの仲裁手続にはその同意を必要とする旨を、事務局長に通告できるとされている(議定書16条5項)。

[10] Doc. LC 29/17, *supra* n. 6, Annex 7, doc. LC 29/17/Corr.1.

構造をその要素に即して整理する[12]。

2 遵守手続の目的と権限

(1) 遵守手続の目的

ロンドン遵守手続は、その目的を、建設的な方法により、十分かつ公開された情報交換を可能にするために、議定書の遵守を評価しかつ促進させることにあるとする（1.1項）。ここでは、議定書11条1項の表現がほぼ繰り返されている。また、この文言からは、ロンドン条約の遵守に関する事項は、厳密には対象から外れることになる。

(2) 遵守手続に関する権限

遵守の問題に関しては、議定書の締約国会合がその全体の責任を引き受け（1.2項）、遵守に関するいかなる作業も、遵守手続に従うかまたは締約国会合の承認のもとになされる（1.3項）。遵守手続に関する専門的な組織である「遵守グループ」（Compliance Group）が、締約国会合により創設される（1.4項）。

3 遵守に関係する組織および締約国（遵守グループを除く）

(1) 締約国会合

締約国会合は、遵守に関する事項（可能性のある不遵守の個別的な状況、全体的な問題およびその他の遵守事項）を、遵守グループおよび／または議定書科学グループに、諮問することができ（2.1.1項）、この議定書に従って提出されるあらゆる情報、および、遵守手続を通じてなされるあらゆる勧告を十分検討した後に、締約国および非締約国に対して、助言、支援または協力を提供することができる（2.1.2項、議定書11条2項）。締約国会合はまた、遵

---

11) Ibid., doc. LC 29/17, para. 14.16.
12) ロンドン議定書遵守手続の構造を分析する論考に、次のものがある。S. Trevisanut, The Compliance Procedures and Mechanisms of the 1996 Protocol to the 1972 London Convention on the Prevention of Marine Pollution by Dumping of Wastes and other Matter, in Treves, T. et al. (eds.), *Non-Compliance Procedures and Mechanisms and the Effectiveness of International Environmental Agreement* (2009) at 49-61.

守グループと議定書科学グループの役割を含め、遵守手続の実効性を定期的に検討すること（2.1.3項）、議定書に基づき締約国が提出した報告書を検討し、必要に応じて、遵守グループおよび／または議定書科学グループによるこれらの報告書に対する勧告を検討すること（2.1.4項）、ならびに、遵守を促進するためのその他の行動をとることができる（2.1.5項）。

(2) 締約国

締約国は遵守手続に付託することができるほか、付託された締約国はその手続のもと置かれる。すべての締約国は、議定書に基づき、事務局に対して履行に関する定期的な報告を行う。

(3) 議定書科学グループ

議定書（18条1.2項）に基づき設置された補助機関である議定書科学グループは、その考慮事項（Terms of Reference）に従い、遵守グループの作業に寄与することができる（2.3項）。具体的には、同グループは、議定書（9条4.1項）の定める投棄の許可と海洋状態の監視にかかる記録を評価し、必要に応じて、遵守委員会および締約国会合に助言を行う（6.2項）[13]。

(4) 事務局

議定書の事務局機能は、IMO（機関）が担う（議定書19条1項）。不遵守の付託は、事務局に対して行われ（4.3項）、事務局は、2週間以内に受領した付託を遵守委員会にその検討のために送付する。自らの遵守に関する締約国の付託の場合を除き、事務局は、遵守が問題とされている締約国に、2週間以内に受領した付託の写しを送付する。すべての付託はすべての締約国に情報として通告され、締約国は付託のすべての写しを請求することができる（4.4項）。

事務局は、締約国が議定書（9条4.1項、4.2項、4.3項）に基づき提出した記録や報告書を議定書科学グループや遵守グループに送付する（6.2項、6.3項）。また、事務局は、議定書（10条3項）に基づいて受領する「事件通報書式」（Incident Information Form）を編集し[14]、締約国会合、および、適切

---

13) Terms of Reference for the Scientific Group under the London Protocol, doc, LC 29/17, *supra* n. 6, Annex II, preamble and para. 2.5.
14) 後記、Ⅲ7 (1)、参照。

な場合には、遵守グループまたは議定書科学グループにそれを送付する（6.4項）。

このように事務局は、遵守手続において重要な役割をもつが、その機能は、不遵守の付託、記録、報告書および情報に関する伝達と整理に限定されており、遵守手続に関して自ら判断を行う裁量は与えられていないように見受けられる。

(5) 国際原子力機関（IAEA）

放射性廃棄物・放射性物質にかかわる遵守の問題が付託された場合には、遵守グループに代わって事務局が、技術的な評価と検討のために問題をIAEAに送付する。遵守グループは、当該問題の検討においてIAEAの評価を考慮する（4.6項）。

4 遵守グループの構成

(1) 構　成

遵守グループは、15名以内の委員で構成され（3.1項）、議長と副議長を選出し（3.6項）、年に一度および締約国会合が要求するときに、その会合をもつ（3.7項）。

(2) 委　員

遵守グループは、科学的、技術的および法的な専門知識に基づいて選ばれた個人により構成される（3.2項）。委員は、客観的にかつ議定書の遵守を促進するという利益のために任務を遂行する（3.3項）。

委員は、国連の5つの地域グループを地理的に衡平かつ均衡に代表するように締約国によって指名され、かつ、締約国会合によって選出される（3.4項）。委員の任期は、通常の締約国会合から次の通常の締約国会合まで（1年）を1期とし、締約国会合が、5名を1期、5名を2期さらに5名を3期の任期で選出する。ただし、委員は、連続する3期を超えて任務に就くことはできない（3.5項）。

(3) オブザーバー

遵守グループの会合には、いかなる締約国および非締約国のオブザーバーも、出席することができる。ただし、遵守の個別的状況が遵守グループに

よって検討されるときに、遵守が問題とされている締約国がそのように要求する場合には、会合は公開されない（3.8項）。

5　遵守グループの機能

遵守グループには、遵守の評価と促進のために次のような任務が与えられている。

(1) 遵守の手続における検討と措置の勧告

①遵守グループは、手続への付託を受けて同グループに送付された、締約国の可能性のある不遵守の個別的な状況を、事実関係、可能性のある原因および特別な事情を特定することを目的として、検討し評価することができる（2.2.1項）。また、②遵守グループは、可能性のある不遵守の個別的な状況につき遵守手続によりとられる措置に関して、締約国会合に勧告を行うことができる（2.2.3項）。このほか、③遵守グループは、締約国会合が検討を行っている締約国に対して遵守問題の助言や指導を与えることができる（2.2.7項）。

(2) 履行状況のモニタリングおよび締約国会合への報告

①遵守グループは、遵守に関する締約国会合の勧告および決定の履行について再検討をすることができる（2.2.5項）。さらに、②遵守グループは、締約国から提出される報告書および記録を再検討し、締約国会合に助言を提供することができる（2.2.6項）。

遵守グループは、締約国会合に毎回、①個別の締約国の遵守および②全体的な遵守の問題に関して行った作業、ならびに、③将来の活動計画についての報告書を提出する（6.6.1項～6.6.3項）。

(3) 遵守に関するその他の任務

遵守グループは、全体的な遵守の問題および遵守を促進するためのその他の活動について、締約国会合に勧告をすることができる（2.2.2項、2.2.4項）。遵守グループはまた、非締約国の要求に基づき、同国が議定書の締約国になることを促進するために助言や指導を与えることができるほか（2.2.8項）、議定書科学グループに対して助言および情報を要求することができる（2.2.9項）。

6 遵守に関する手続[15]

(1) 手続の発動要件（トリガー）

遵守に関する手続の発動要件（トリガー）については、次のように規定されている。不遵守の個別的な状況を手続に付託することができるのは、第一に、締約国会合（4.1.1項）、第二に、自らがその状況にある締約国（4.2.2項）、および、第三に、他の締約国の遵守につき留保を行う締約国であって、不遵守により自国の利益が影響を受けるかそのおそれのある国、である。③の場合には、付託を行おうとする締約国は、事前に、事態の解決に向けて、遵守が問題とされている締約国と意味のある協議を行うべきとされている（4.4.3項）。

遵守グループは、自らが、些細な、明らかに正当な理由のない、または、匿名であると考えるいかなる付託も、拒否するよう勧告することができる（4.2項）。

(2) 遵守グループによる検討

手続への付託は、①問題となる事項、②議定書の関係する規定、および③付託を立証する情報、を記載した書面を事務局に提出する（4.3項）。

付託は、前述のように、事務局を通じて遵守グループおよび遵守の問題が提起された締約国に送付される。当該締約国は、付託に関して回答をすることができ、その意見または情報は、付託の受領から3ヶ月以内に事務局に送付される。ただし、当該締約国が要求し、議長が合理的な理由があると認める場合には、90日までその期間を延長することができる。この意見または情報は、事務局により遵守グループに送付され、遵守グループは、付託およびこの意見または情報を次回の会合において検討する（4.4項、4.5項）。

遵守グループはまた、その機能を果たすに当たり、自らが信頼できると考える関連情報をあらゆる情報源から求めまたは受領しおよび検討することができるとされている（3.11項）。

---

15) ここでの「遵守に関する手続」とは、「遵守の手続とメカニズム（遵守手続）」の一部分である、締約国の可能性のある不遵守の個別的状況をとりあげる、いわば狭義の遵守手続を指す。

(3) 遵守グループにおける意思決定

遵守グループは、すべての事項についてコンセンサスによる合意に達するようあらゆる努力を払う。コンセンサスによる合意が得られない場合には、最後の手段として、出席し投票する委員の4分の3の多数決による。ただし、この場合には、遵守グループのすべての委員の意見が報告書に反映される（3.9項）。定足数は、遵守グループの委員の3分の2とされる（3.10項）。

遵守グループは、締約国会合に勧告を提出するに先立ち、その結論と勧告を、検討のために関係する締約国に提供する。当該締約国からのいかなる意見も、締約国会合に対する遵守グループの報告書に添付される（5.3項）。

(4) 手続の結果とられる措置

遵守グループは、締約国の可能性のある不遵守の問題の検討と評価をした後に、関係締約国の能力、ならびに、付託に対して提出した意見または情報、および、不遵守の原因、種類、程度、頻度のような諸要素を考慮しつつ、締約国会合に次の措置の一または複数を勧告することができる（5.1項）。：①締約国の議定書の履行を支援するための助言および勧告の提供、②協力と支援の助長、③目標および時間的予定表を含む遵守行動計画の関係締約国との協力による作成、④締約国の遵守状況に関する公式な懸念の表明（5.1.1項〜5.1.4項）。

締約国会合が締約国の遵守の状況つき上述の措置に合意した場合には、当該締約国は、自らの状況につき締約国会合に意見を述べることができる（5.2項）。

締約国会合は、遵守グループの措置の提案につき、最終決定を行う。締約国会合はまた、必要に応じて、関係締約国による遵守の助長のために、その権限の範囲内で追加的な措置を検討することができる（5.4項）。

(5) 紛争解決との関係

紛争解決との関係については、「このメカニズムは、紛争解決に関する議定書16条の規定を損なうものではない」としている（7項）。

7 報告に関する手続

締約国は議定書に基づき報告や記録を事務局に提出するが、これについ

ても、遵守グループの手続的な関与が定められている。
(1) 遵守グループへの報告の送付
　遵守グループへの報告の送付の方式には、次の四つがある。第一に、締約国は、自国が与えた投棄の許可とその内容、および、海洋の状態の監視に関する情報につき、毎年、事務局に報告する（議定書9条4.1）。この報告は、事務局により議定書科学グループおよび遵守グループに送付される。議定書科学グループは、これらの情報を評価し、必要に応じて遵守グループおよび締約国会合に助言を行う（6.2項）。
　第二に、締約国は、議定書の規定を実施するためにとる執行措置の概要を含む行政上および立法上の措置、ならびに、そのような措置の実効性および措置の適用において生ずる問題を、定期的に事務局に報告する（議定書9条4.2、4.3）。この報告は、評価のために遵守グループに送付され、遵守グループは、締約国会合にその結論を報告する（6.3項）。
　第三に、締約国は、議定書に違反する海洋投棄が観察された船舶・航空機に対する手続を含め、議定書を国の管轄権の外の区域に効果的に適用するための手続の作成に協力する（議定書10条3）。事務局は、この手続に基づいて受領する「事件通報書式」（"Incident Information Form"）を編集し、それを検討のために締約国会合に提出し、適切な場合には、遵守グループまたは議定書科学グループに送付する（6.4項）。
　第四に、議定書に加入しようとする国は、加入から最長5年間の移行期間において、議定書の特定の規定を遵守できない旨を事務局長に通告できるが（議定書26条1）、当該締約国は、議定書の完全な遵守を達成するための計画と予定表および技術的な協力と支援の要請を締約国会合に提出し（議定書26条5）、また、提出した計画の実施と監視のための移行期間中の手続とメカニズムを設け、遵守に向かう進捗に関する報告書をその期間の各締約国会合に提出する（議定書25条6）。締約国会合は、この報告に関して対応し、適切な場合には、遵守グループまたは議定書科学グループに送付する（6.5項）。

(2) 報告に対する遵守グループの対応

前述のとおり（Ⅲ5(2)）、遵守グループは、このようにして締約国から提出される報告書および記録を再検討し、締約国会合に助言を提供することができるほか（2.2.6項）、締約国会合に報告や勧告を行うことができる（6.6.1項～6.6.3項、2.2.2項、2.2.4項）。

Ⅳ 遵守手続の基本構造

1 ロンドン遵守手続の概要

遵守手続一般の構造の分析に入る前に、ロンドン遵守手続の概要を整理しておきたい。ロンドン遵守手続はその目的を議定書の遵守の評価と促進に置く。遵守に関する事項の最終的な権限は締約国会合が有し、そのもと設置され個人により構成される遵守グループが具体的な検討や評価を行い、締約国会合に勧告・報告を行う。

遵守グループは、遵守に関する事項について二つの面で重要な役割を果たす。ひとつは、締約国の可能性のある不遵守に関する個別的な状況を評価し、遵守の促進に必要な措置をとる遵守手続においてであり、もうひとつは、締約国の遵守に関する報告の検討および評価においてである。

遵守手続の発動、すなわち手続への付託は、締約国会合、自らが不遵守の状況にある締約国、および、他の締約国の不遵守により自国の利益に影響を受ける締約国がなすことができる。遵守グループは、付託された問題につき検討と評価を行った後に、とられるべき措置につき決定をし、締約国会合に勧告を行う。措置の内容は、①助言・勧告の提供、②協力と支援の助長、③遵守行動計画の作成、④公式な懸念の表明である。締約国会合は、遵守グループの措置の提案につき、最終決定を行う。また、遵守手続は、議定書の紛争解決の規定を損なうものではないとされている。

報告・審査手続にも、遵守グループは一定の関与をする。すなわち、締約国が提出する、投棄の許可と海洋の状態の監視、議定書実施のためのとられる措置とその適用において生じる問題、国の管轄外の区域における投棄の通報、および、議定書加入時の移行期間に関する報告につき、遵守グループ

は、その評価や締約国会合への報告などを行う。

2　遵守手続の諸要素

　遵守手続（あるいは不遵守手続）は現在さまざまな環境条約のもとに設けられているが、それらの環境条約は、規律の目的、対象、内容、方法等を異にしているため、遵守手続もまた、それぞれの環境条約の実体規定の求めに応じて「注文仕立て」(tailor-made) で作られることになり、多様な姿を見せている[16]。しかしながら、それぞれの遵守手続には共通にみられる諸要素があり、それらが遵守手続の理念ないし一般論を示していることも確かといえそうである。そこでつぎに、ロンドン遵守手続だけでなく、モントリオール不遵守手続[17]、バーゼル遵守手続[18]、カルタヘナ遵守手続および京都遵守手続[19]とも対比しつつ、遵守手続の特徴を分析してゆきたい。

(1) 目　的

　遵守手続の目的が何かについては、学説上、モントリオール不遵守手続に関して次のような代表的な理解がある。すなわち、諸国を、その条約上の義務を遵守するよう励まし、不遵守の場合には、諸国に、一般国際法のもとで

---

[16] G. Loibl, Compliance procedures and mechanisms, in Fitzmaurice, M. et al. (eds.), *Research Handbook on International Environmental Law* (2010) 426, at 428.

[17] これに関する邦語論文に以下がある。臼杵知史「地球環境保護条約における履行確保の制度―オゾン層保護議定書の「不遵守手続」を中心に」世界法年報 19 号 (2000) 72-97 頁。臼杵知史「地球環境保護条約における紛争解決手続の発展―オゾン層議定書の「不遵守手続」の機能を中心に」杉原高嶺編『紛争解決の国際法』（小田滋先生古稀祝賀）（三省堂、1997) 167-192 頁。高村ゆかり「国際環境条約の遵守に対する国際コントロール―モントリオール議定書の Non-compliance 手続 (NPC) の法的性格」一橋論叢 119 巻 1 号 (1998) 67-82 頁。遠井朗子「多数国間環境保護条約における履行確保―モントリオール議定書不遵守手続の検討を手がかりとして」阪大法学 48 巻 3 号 (1998) 715-743 頁。

[18] これに関する邦語論文に、柴田明穂「バーゼル条約遵守メカニズムの設立―交渉経緯と条文解説」岡山大学法学会雑誌 52 巻 4 号 (2003) 47-103 頁。

[19] これに関する邦語論文に以下がある。臼杵知史「京都議定書の遵守手続き―遵守確保の方法を中心に」同志社法学 59 巻 4 号 (2007) 1-15 頁。高村ゆかり「京都議定書のもとでの遵守手続・メカニズム」高村ゆかり＝亀山康子編『京都議定書の国際制度』（信山社、2002) 202-230 頁。高村ゆかり「京都議定書の遵守手続・メカニズム」静岡大学法政研究 6 巻 3・4 号 (2002) 121-164 頁。

の伝統的な紛争解決手続によって提供されるものよりも、不遵守を取り扱うより柔軟なしくみを提供することにあり、それゆえ、必ずしも不遵守に対して罪を負わせるというのではなく、遵守と引き換えに不履行国を手助けするよう設計されている、というものである[20]。

バーゼル遵守手続においては、このような目的が端的に表されている。そこでは、条約義務の遵守のために締約国を支援し、また、条約の義務の実施と遵守を容易にし、促進し、監視するとともに確保を目指すことが、目的とされ（1項）、さらに、それを実現するメカニズムについても、非対立的で、透明性があり、費用効果的で、予防的で、簡素で、柔軟で、非拘束的で、締約国を助ける性質が必要であるとする（2項）。しかし、他方において、京都議定書遵守手続のように、以上のような遵守の助長、促進に加えて、締約国の不遵守に対しより強力な執行的な措置を予定するものも存在する[21]。

1993年のUNECEの第2回欧州環境大臣会合で採択されたルツェルン宣言においても、すでに不遵守レジームの基本的な性格が述べられていた。それによれば、遵守レジームは、複雑さの回避を目指し、非対立的で、透明性があり、締約国の決定に権限を残し、いかなる技術的、財政的支援が必要とされるかにつき締約国に考慮を委ね、締約国が合意する場合には、透明性のある明らかな報告のシステムと手続を含む、というものである[22]。この宣言には、遵守メカニズムと報告システムとの間の密接な関係も示されており、条約に基づく締約国の定期的な報告は、遵守メカニズムの運用において、とりわけ情報源として重要な役割を有するとの指摘がなされている[23]。

(2) 遵守手続の創設の根拠

遵守手続の創設の根拠は、その母体となる環境条約の規定に求められることが多い。環境条約が、条約発効後の一定期間内に遵守手続を創設すること

---

20) M. Fitzmaurice and C. Redgwell, Environmental Non-compliance Procedures and International Law, *Netherlands Yearbook of International Law*, vol.31 (2000) 35, at 39.
21) 松井・前掲注 (1) 321 頁。
22) Lucerne Declaration, 30 April 1993 (UNECE Second Ministerial Conference "Environment for Europe"), para 23.1.
23) Loibl, *supra* n. 16, at 427.

を明示的に規定する、いわゆる授権条項 (enabling clauses) をおいている場合である[24]。しかし、他方で、環境条約に明確な授権条項が存在しなくとも、遵守手続が創設される場合がある。バーゼル遵守手続は、締約国会議はこの条約に必要と認められる補助機関を設置する、とのバーゼル条約の規定 (15条5 (e))——つまり、締約国会議に補助機関の設置を授権する規定——を根拠に、締約国会議によって創設されている[25]。このことから、バーゼル遵守メカニズムの地位および機能は、締約国会議により創設された他の作業グループのそれに優るものではなく、それゆえ、条約に基づく遵守メカニズムほどの強い権限は備わっているわけではないとの見解がある[26]。しかし、これには、各種の遵守委員会の機能は、「注文仕立て」アプローチのために広範に異なるが、バーゼル遵守レジームのもとでの機能を超えているわけでもないとの理解がある[27]。

(3) 遵守委員会・グループの構造

遵守手続の委員会は、一般に、10名から15名程度の特定の人数の委員により構成されるが、委員には、関連する専門知識を有することが期待されている。委員の選出は、衡平な地理的配分に基づいてなされる。委員は、条約の締約国もしくはその代表として、または、個人的資格で選出される。モントリオール不遵守手続は、委員を締約国と定め (5項)、京都議定書遵守手続は、委員を個人の資格と明記している (II部6項)。このいずれの場合にもそれを支持するべき理由があり、締約国またはその代表の場合には、条約の運用における締約国の共通の利益が強調され、個人の資格の場合には、政府の政治的考慮の誘導から離れた、遵守手続の客観性が強調される[28]。バーゼル遵守手続では、委員は、締約国により指名され締約国会議により選出され

---

24) モントリオール議定書 (8条)、カルタヘナ議定書 (34条)、京都議定書 (18条)、ロンドン議定書 (11条1項)。
25) 柴田・前掲注 (18) 58頁。
26) Akiho Shibata, Ensuring Compliance with the Basel Convention-its Unique Features, in U. Beyerlin et al. (eds.), *Ensuring Compliance with Multilateral Environmental Agreements-A Dialogue between Practiotioners and Academia* (2006), 69, at 78.
27) Loibl, *supra* n. 16, at 428.
28) Ibid., at 430.

るとするが (3項)、個人の資格であるのかどうかは必ずしも明確ではない。この点、締約国が「委員」を指名すること、委員の途中退任に当該締約国が残任期間の代理委員を指名すると定めていること、委員は客観的かつ条約の最善の利益のために職務を遂行するとされていることから (4項、5項)、委員会は政府代表でない個人で構成されると解釈するのが妥当との見解がある[29]。ロンドン遵守手続においても、個人の資格かどうかは必ずしも明確に規定されていない。しかし、遵守グループは、締約国により指名され締約国会議により選出される個人により構成され、また、委員は客観的かつ議定書の遵守を促進する利益のために職務を行う、とされていることからすると (3.2項、3.3項、3.4項)[30]、委員は個人の資格に基づくものと理解すべきであろう[31]。他方、カルタヘナ遵守手続は、バーゼルやロンドンと同様な選出方法に加えて、委員は客観的かつ個人的資格で活動すると明確に規定している (Ⅱ2項、Ⅱ3項、Ⅱ4項)。

政府代表の場合にはあまり問題にならないが、委員が個人的資格の場合には、任期途中での退任が問題になりうる。この点、京都議定書遵守手続 (Ⅱ部5項) には当初からの、また、バーゼル遵守手続 (4項) には上述のような、代理の委員の制度が用意されている。

(4) 遵守手続の開始

誰がどのように遵守手続を開始させるのか、これは、一般に、トリガー (triggers) (発動) の問題と呼ばれている。いずれの遵守手続も、それぞれ手続開始の契機を限定列挙している。それらは次のとおりである[32]。

---

29) 柴田・前掲注 (18) 60-61 頁。
30) 交渉過程では多くの締約国が、委員に政府代表という性格づけを与えることに賛意を示していたが、最終的には2つの締約国の要求により、委員は「客観的かつ議定書の遵守を促進する利益のために」任務を遂行する、との文言が盛り込まれたとされる。Synthesis of questionnaire Results for Compliance Procedures and Mechanisms under article 11 of the 1996 Protocol to the London Convention 1972, Doc. LC 25/3 (28 July 2003), Annex, para. 11. S. Trevisanut, *supra* n. 12, at 54.
31) 松井・前掲注 (1) 323-324 頁。
32) このほかに、公衆からの連絡を手続の開始に関連づけるものも存在するが、今までのところ例外的でありオールフス遵守手続のような地域的環境条約に限られている。

① 締約国が自らの遵守に関して手続に付託する場合（self-party trigger）

この方式は、遵守手続一般に見ることができる。

② 締約国が他の締約国の遵守に関して手続に付託する場合（party to party trigger）

この方式も、遵守手続一般に見られる。ある国による他の国の不遵守の可能性の指摘は、当該国家間の政治的問題に関係するおそれがある。そのような問題を回避するために、付託が確証的情報によって支持されること（京都遵守手続Ⅵ部1（b）項）、あるいは、付託をなす締約国が不遵守により影響を受けるおそれという関心を有していること（ロンドン遵守手続4.1.3項、カルタヘナ遵守手続Ⅳ1（b）項、バーゼル遵守手続9（b）項）が要求されている。また、締約国は付託に先立ち、他の締約国と問題解決のための協議を実施すべきとされている（ロンドン遵守手続、バーゼル遵守手続）。付託をなす締約国のこの「影響を受けるおそれ」の要件は、環境条約の義務の保護法益が、国際社会の共通利益だけでなく、同時に締約国の個別的な利益も含んでいることを示唆しているように思われる。

③ 事務局による付託・照会（secretariat trigger）

モントリオール不遵守手続は、事務局が報告書の作成過程で締約国の不遵守を知った場合の付託を定めており（3項）、バーゼル遵守手続にも類似の規定がある（9（c）項）。事務局の付託を採用する遵守手続は多くはない。この方式については、事務局が紛争に加わることになり、その結果、事務局の客観性や公平性が損なわれ、締約国からの情報の提供が滞るおそれがある。したがって、事務局は、関係当事国、遵守委員会あるいは締約国会合に対して、問題の注意を喚起することに徹するべきであろう[33]。

④ 締約国会議による付託

ロンドン遵守手続は、最高機関である締約国会合に付託の権限を与えている（4.1.1項）。むしろ、この方式には、影響を受けるおそれのない締約国、事務局、公衆、NGOなど関係締約国以外が不遵守を把握した場合に、締約国会合への情報提供を通じて、締約国会合の判断により手続が開始される可能性が含まれているとみることもできるであろう。

---

33) Loibl, *supra* n. 16, at 432.

⑤ 遵守委員会による開始

遵守委員会が、入手した情報に基づき自ら手続を開始できるかについては、京都遵守手続が定めを置いている。すなわち、遵守委員会は、事務局を通じて専門家検討チームから受領した報告書に基づいて、手続を開始できる。ここでの事務局は伝達者としての役割をもつに過ぎない。遵守委員会は、当該報告書の受領により、他の締約国による付託の場合と同様に、予備審査を行い手続の開始を判断することになる（Ⅵ部1項、3項、Ⅶ部4項）[34]。

(5) 遵守委員会の手続

なされた付託に対し、多くの場合、遵守委員会は、とるに足らない些細なあるいは明らかに正当な理由のない場合には、手続を拒否することができる（バーゼル遵守手続18項、カルタヘナ遵守手続Ⅳ1項、ロンドン遵守手続4.2項）。

遵守手続は、その公正さを担保するために、その透明性の確保や締約国の手続上の権利保護などが不可欠と考えられる。ロンドン遵守手続を例にこの点を整理してみよう。デュー・プロセスに関連して、遵守委員会の委員が、その自らの国に関する勧告の作成や採択に参加できるかという問題が提起されているが、これは、後の遵守グループの検討にゆだねられている[35]。手続の透明性については、締約国は付託の全文を入手できるほか、締約国および非締約国は遵守グループ会合にオブザーバー参加が認められる。ただし、NGOがこのオブザーバーの資格を有するかどうかは、規定上明らかではない[36]。関係締約国の手続上の権利に関しても、次のようなセーフガードが設けられている。すなわち、遵守の個別的状況の検討においては、当事国の要求により会合は非公開にすることができる。また、問題の付託、遵守グループの結論と勧告の作成、および、締約国会合の措置の決定に際して、問題の提起された締約国にはそれらの文書が送付され、かつ、当該締約国はそれに対する意見表明を遵守グループあるいは締約国会合になすことができ、その意見は適宜検討される。

---

34) Ibid., at 433.
35) Doc. LC 29/17, *supra* n. 6, para. 5.8.2. Trevisanut, *supra* n. 12, at 57.
36) Trevisanut, ibid., at 54.

3 遵守手続の帰結・措置

(1) 帰結・措置の内容

　遵守手続の帰結（consequences）として、不遵守に対して遵守を促すための一定の措置がとられる。これらの措置には、問題の締約国にとってソフトで支援的な「アメ」（carrots）にあたるものと、より強力で厳しい制裁的な「ムチ」（sticks）にあたるものがある。いずれの措置が適用されるかについては、不遵守の原因、態様、程度、頻度、締約国の能力などが考慮され、まずはソフトな措置が採用され、それでは効果があがらない場合により厳しい措置が適用される[37]。ロンドン遵守手続では、助言と勧告、協力と支援、遵守行動計画の作成というソフトな措置と並んで、公式の懸念の表明という若干制裁的な措置が置かれている（5.1項）。カルタヘナ遵守手続にも、促進的措置のほかに警告の発出および不遵守の公表が定められている（Ⅵ 2 (b)、(c) 項）。バーゼル遵守手続も、促進的措置では足りないと委員会が判断する場合に、警告の声明の発出を含む追加的措置をとることができる（19項、20項）。

　他方、モントリオール不遵守手続には、①支援のほかに、②警告と③議定書の権利特権の停止という制裁の措置が存在する[38]。さらに、京都遵守手続においても詳細な制裁的措置が設けられている。遵守委員会の促進部（facilitative branch）では支援の促進や勧告を行うが、強制部（enforcement branch）においては、①報告義務を履行しない場合の不遵守の宣言、②不遵守に対する是正計画作成の要求、③京都メカニズムの適格性の要件を満たさない場合の、メカニズム利用の適格性の停止[39]、および、④排出量の超過に対する、超過分の1.3倍の削減量の次期約束期間への上積みが、制裁的措置として規定されている（ⅩⅤ部1項、2項、4項、5項）。

(2) 帰結・措置の権限

　遵守手続の措置をとる権限は、誰にあるかという問題がある。これには、

---

[37] Loibl, *supra* n. 16, at 435.

[38] *Decision IV/5 on Non-Compliance Procedure, supra* n. 2, Annex V, at 46（Indicative List of Measures）.

[39] 適格性が停止されるメカニズムとは、京都議定書6条の共同実施、12条のクリーン開発メカニズムおよび17条の排出量取引である。

①締約国会議（会合）等の政治的機関である最高機関に与えられる場合、②遵守委員会に与えられる場合、③最高機関が権限を有するが、遵守委員会にも一定の権限が与えられる場合（混合方式）の、3つの類型がある[40]。

　モントリオール遵守手続はその権限を最高機関である締約国会合に与えている。履行委員会は、締約国会合への報告において遵守に関する勧告や決定を提案するが、勧告や決定の採択は、締約国会合のみが行う。この方式には、勧告や決定が最高機関の大きな権限のもとでなされるという利点もあるが、締約国会合の会期間には、不遵守の勧告や決定を行うことができず、次の会期まで待たなければならない点が問題となりうる[41]。

　京都遵守手続は唯一、遵守委員会（促進部、強制部）に、自らが勧告と決定を採択する権限を与えている。これは、締約国が不遵守の状態にある場合には、迅速な決定が必要であるという点から説明されうる。強制部の決定に対しては、関係当事国は、デュー・プロセスを欠いていることを理由に最高機関（COP/MOP）に上訴することができる（XI部1項）[42]。京都遵守手続の制裁的措置に関しては、遵守委員会が準司法的機関として機能する、対決的な色彩の強い、詳細な手続が用意されている[43]。

　混合方式は、強力な措置については遵守委員会の勧告に基づき最高機関が決定を行うが、一定の範囲内で、遵守委員会それ自身が関係締約国に対して決定ができる、というものである。典型的なのはカルタヘナ遵守委員会で、関係締約国に、遵守行動計画の作成を要求または支援し、進捗報告書の提出を勧め、助言や支援を提供することができる（VI 1項）[44]。バーゼル遵守委員会も、非拘束的勧告や締約国の協力のもと任意的遵守行動計画の策定を行うことができる（21項）。ロンドン遵守グループも、わずかながらこのような機能を持ち、締約国会合が検討中の問題につき締約国に助言と指導を与えることができる（2.2.7項）。この方式で遵守委員会にゆだねられている決定

---

40) Loibl, *supra* n. 16, at 435-436.
41) Ibid., at 436.
42) Ibid.
43) 京都遵守手続IX部、X部およびXI部。臼杵・前掲注（19）6頁以下。高村「京都議定書の遵守手続・メカニズム」前掲注（19）153頁以下。
44) Loibl, *supra* n. 16, at 436.

の対象は、個別具体的な不遵守の問題にとどまらず、遵守状況の報告とそれに対する改善にかかわるものも含まれているとみることができる。

V 遵守手続をめぐる諸問題

1 遵守手続と国家責任法
(1) 国家責任法との関係

遵守手続の帰結に関する問題のひとつは、遵守手続の国家責任との関係である。これはさらに二つの点に分かれる。第一は、遵守手続が、法的義務を柔軟なものにするために、義務を履行する責任にも影響をもたらすのか、というものである。

この点について、ロイブルは次のように論じている。遵守手続は、特別な目的を有しており、違反それ自体を扱うのではなく遵守を支援し促進するものである。それは、国家責任のように過去の侵害の回復を目指すものではなく、将来を考慮するものである。たしかに、遵守手続と国家責任とは、その行為を停止するまたはそれを繰り返さない義務に関して、一定の重複がありうるが、遵守手続は、あくまで不遵守の状態が継続せず将来発生しないよう確保することにその目的があり、過去の行為の影響を扱うわけではなく、その点で区別される。

しかし、このような一般論も、京都議定書の排出削減の約束の不履行に関して、問題となる可能性がある。強制部は、将来の行動にも過去の行動にも帰結を提供する。遵守行動計画のような将来に向かう帰結は、国家責任法と関係しない。しかし他方、締約国の排出削減義務の不履行は、次期期間に1.3倍の削減義務として埋め合わせられ、それにより遵守を達成したことになる。この帰結は、過去の違反に対する賠償とみることができるかもしれない。そこで、京都遵守レジームは、国家責任条文55条のいう特別法（*lex specialis*）とみなされうる要素を含むかどうかが問題となりうる、という[45]。

---

45) Ibid., at 437-438.

(2) 遵守手続と対抗措置

　第二の点は、遵守手続の帰結の法的性質が、国家責任法の対抗措置とみなされうるかどうかである。これについてロイブルは次のようにいう。ここでは、モントリオール不遵守手続の権利・特権の停止、および、京都遵守手続の京都メカニズムからの排除、という帰結が問題となる。対抗措置は、義務の履行を促すためにのみ、すなわち国際違法行為の中止と被害の回復するために、被害国によってとられる（国家責任条文49条）。他方、モントリオール議定書と京都議定書のもとでは、措置は、国家ではなく締約国により設立された組織によりとられる。ここでは、両議定書の義務が、すべての締約国に対する義務あるいは国際社会全体に対する義務の性質を持つために、これらの措置は、議定書のもとに設けられた特定の義務の違反に対する、締約国の集団的対応と見ることができる[46]。

　しかし、遵守手続の帰結を対抗措置ととらえる見方に対しては、対抗措置は国家責任の文脈での違法性阻却の根拠であるのに対し、遵守手続は議定書に基づく合目的的な措置であり、対抗措置で説明することは適当ではない[47]。あるいはまた、対抗措置は他国の条約上の義務を一時的に履行しないことを正当化するが、不遵守手続の帰結たる条約上の権利停止は、当該権利を付与・確認している条約規定の効力を一時的に停止することであるので、権利停止を国家責任法上の対抗措置と位置づけることはできない[48]、といった批判がある。

2　遵守手続と条約法

　二つめの問題は、遵守手続の帰結と、条約の重大な違反に対する条約の運用停止または終了を定めるウィーン条約法条約60条との関係である[49]。

　遵守手続の法的性質については、学説上、次のように説明されている。す

---

[46]　Ibid., at 438.
[47]　西村智朗「地球環境条約における遵守手続の方向性」国際法外交雑誌101巻2号（2002）120-121頁。
[48]　柴田明穂「環境条約不遵守手続の帰結と条約法」国際法外交雑誌107巻3号（2008）11-12頁。
[49]　この問題を詳細に分析した論文に、柴田・前掲注（48）1-21頁。

なわち、「遵守手続は、多数国間条約のもとでの特定の義務の集団的停止と、条約文書全体の集団的停止との中間のものとみなされる。前者は国家責任のもとの対抗措置に該当し、後者は条約法条約60条に該当する。遵守手続は、対抗措置にも条約の重大な違反にも属さない柔軟な対応を規定するが、それはそのいずれかまたは両方の対応の要素を明確に具体化しうる[50]、」というものである。

遵守手続は、厳密には、対抗措置でも条約の重大な違反でもないが、両者の要素を持つとするこの見解には、遵守手続は、必ずしも一貫した理論的立場で説明できるものではなく、このような折衷的な立論にならざるを得ない、との評価が与えられている[51]。

実際、条約法条約60条は、そもそもある締約国の重大な義務違反に対し、他の締約国が自らの条約上の義務を免れることを根拠づける、いわば相互主義に立脚するものであって、国際社会の一般利益を念頭に置いて締約国の不遵守の解消を目指す遵守手続とは、制度目的を異にしている[52]。そうすると、遵守手続は、条約の終了・停止とも、(すでにみたような)対抗措置とも割り切ることはできない性格のものということになろう。しかしながら、遵守手続には、それに法的な機能を付与するという目的から、両者の性格を持つものとみなして、条約法および対抗措置の規則が準用されているとみることができるであろう。

モントリオール不遵守手続は、議定書の権利・特権の停止は「条約の運用停止に関する適用可能な国際法規則に従って」なされるとしており[53]、不遵守の帰結と一般国際法とが関連づけられている。これにより、条約の重大な違反について60条の停止が適用可能となる。他方、京都遵守手続には、このような条約法への関連づけをおこなう規定は存在しない。重大な違反の問題は、京都メカニズムへの参加の停止に関してのみ生じるのであるが、これ

---

50) M. Fitzmaurice and C. Redgwell, Environmental Non-compliance Procedures and International Law, *supra* n. 20, at 59.
51) 松井・前掲注 (1) 333頁。
52) 松井・前掲注 (1) 332頁。
53) *Decision IV/5 on Non-Compliance Procedure, supra* n. 2, Annex V, at 46 (Indicative List of Measures).

については、メカニズムの実効性が脅かされるという点で、メカニズムの基準を満たさない締約国は、条約の重大な違反とみなされることになる、とする見解がある[54]。

3 遵守手続と紛争解決規定

遵守手続には、一般に、「遵守手続は紛争解決の規定を損なうものではない」とする規定が置かれている。しかし、これまで、遵守手続と伝統的な紛争解決規定との関係は、必ずしも明確ではなかった[55]。その理由は、ひとつには、環境条約の紛争解決規定が実際に利用される例が限られていたことがある。また、紛争解決規定が生じた紛争に対処するものであるのに対し、遵守手続は将来に向けての義務の遵守の確保を目指すものであり、性格や方向性を異にすることも挙げられるであろう。

伝統的紛争解決は、加害国と被害国の間の利害の調整であるのに対して、遵守手続は、締約国の共通利益または国際社会の一般利益の実現のために、遵守の回復をめざすものである点に着目し、両者が棲み分けることも考えられなくはない。しかし、遵守手続においても締約国の利害関係が問題にされる場合もあるので、このような整理のしかたは、あまり厳密とはいえないとの指摘がなされている[56]。

モントリオール不遵守手続は、条約の紛争解決手続が進行している間は、締約国会合は、遵守に関する暫定的な要請・勧告を行うことができるにとどまるとしている（12項、13項）。このような調整規定がない場合の一般論はどのようになるであろうか[57]。紛争解決手続を損なわないということからすると、遵守手続が紛争解決手続に優先することはない。したがって、遵守手続を考慮せずに、紛争解決手続は開始、進行することができる。両者が競合

---

54) Loibl, *supra* n. 16, at 440.
55) この問題を詳細に検討する論文に、柴田明穂「『環境条約不遵守手続は紛争解決制度を害さず』の実際的意義—有害廃棄物等の越境移動を規制するバーゼル条約を素材に」島田征夫ほか編『国際紛争の多様化と法的処理　栗山尚一先生・山田中正先生古稀記念論集』（信山社、2006）65-89頁。
56) 松井・前掲注（1）338頁。
57) この点を検討する論文に、臼杵・前掲注（19）11-12頁。

し、結果が異なる場合には、紛争解決手続の結論が優先することになろう。

しかしながら、この問題については、遵守手続の性格が、政治的手続なのか司法的紛争解決手続なのかということも関係してくるように思われる。また、遵守手続は、環境条約の遵守を促進し、遵守の障害を取り除くために設けられた追加的な手段であり、伝統的な紛争解決手段の代替物とみられるべきではないとの指摘がなされているが、この点も考慮される必要があろう[58]。

VI　おわりに——遵守手続と報告システム

最後に、遵守手続の特徴をもうひとつだけ挙げておきたい。遵守手続の適正な実施のためには、報告審査制度による締約国の情報の正確な把握が必要であることは、すでに指摘されているが[59]、さらに進んで、遵守手続と報告システムとのより強い結びつきを見出すことができる。例えば、京都遵守手続では、専門家検討チームの報告書の示す実施問題は、促進部に割り当てられ、促進部は、それをもとに締約国に助言、支援の促進、勧告を行うことができるとされている（XIV部）（「報告・審査と遵守の結合」）[60]。ここでは、遵守委員会は、報告システムを基礎に遵守手続を進めている。

他方、ロンドン遵守手続においては、締約国から提出される報告書や記録を再検討し、締約国会合に助言を行うことができるとされており（2.2.6項）、個別的な遵守の判断手続とは別に、遵守委員会が報告システムの機能強化に関わっている。これは、遵守委員会のもうひとつの新しい任務といえるかもしれない。つまり、遵守手続への付託が必ずしも頻繁になされるわけではないことを前提にすると、遵守の促進の最も現実的で実効的な手法は、締約国の履行状況を報告により把握することと、その報告を検討し、さらなる履行の促進を図る具体的な方策を探ることといえそうである。個別的な遵守の判断手続の外側ということになるが、ここにも遵守委員会の重要な役割が存在

---

[58] Loibl, *supra* n. 16, at 442.
[59] 西村智朗「締約国会議における情報管理と報告審査制度」西井正弘編『地球環境条約』（有斐閣、2005）401頁。
[60] 臼杵・前掲注（19）6頁。

しているように考えられる。この意味で、遵守手続と報告システムとは、より複雑かつ機能的な結合をみせているといえるであろう。

第12章　国際環境法・条約

33　地球温暖化問題の国際条約の展開

高村ゆかり

I　はじめに

　地球環境問題の中でも、地球温暖化問題は、生態系と人類の生存基盤である地球の気候系そのものを変化させてしまうとして、ここ20年ほどの間、国際政治の議題としても最も高い優先順位が与えられ、日本国内においても最も注目を集めてきた問題といってよい。これまで、国際社会は、1992年の国連気候変動枠組条約（UNFCCC）とそのもとで1997年の京都会議（COP3）で採択された京都議定書を基礎に、温暖化問題に対処する国際制度を構築してきた。京都議定書は、2005年2月にその効力を発生し、2008年年頭からその削減の約束を実施する約束期間に入った。他方で、国際交渉においては、京都議定書が発効してから、京都議定書の第一約束期間（2008年から2012年）の終了後の2013年以降、いかなる国際制度のもとで問題に対処すべきかが最も重要な議題となってきた。2010年12月のカンクン会議（COP16）で合意されたカンクン合意で、2013年以降の国際制度の姿が見えてきたようにも思われるが、国際制度がその姿を完全なものにするには、京都議定書がどうなるのか、最終的にどのような法形式で国際制度が合意されるのかをはじめ、なお多くの事項について合意が必要な状況である。

　本稿では、まず、現行の温暖化に関する2つの条約の概要と展開を紹介し、その意義と課題を明らかにしたい。その上で、現在形成途上にある温暖化の国際制度の展望と課題を考察したい。

II 温暖化に関連する二つの条約
——気候変動枠組条約と京都議定書

1 気候変動枠組条約の制度の概要

(1) 気候変動枠組条約成立の経緯

地球温暖化問題は、1988年の国連総会で初めて取り上げられた。マルタの提案をうけて、総会は同年12月、「人類の現在および将来の世代のための地球の気候の保護に関する決議」(国連総会決議43/53)[1] を採択した。決議は、同年、世界気象機関と国連環境計画 (UNEP) の下で気候変動に関する政府間パネル (IPCC) の設置を支持しながら、「気候変動が人類の共通の関心事 (common concern of mankind)」であり、「国際的枠組のなかで気候変動を取り扱う必要かつ時宜を得た取り組みがなされるべき」ことを決議した。1989年、総会は、交渉の準備を開始するUNEPの決定を支持し、「気候に関する枠組条約と、具体的な義務を定める関連する議定書を緊急に作成」することを国家に要請する決議 (国連総会決議44/207)[2] を採択し、1990年には、総会のもとでの政府間交渉プロセスとして、政府間交渉委員会 (INC) を設置する決議45/212[3] を採択した。INCは、1991年2月より交渉を開始し、5回の会合を経て、1992年5月9日、「気候変動に関する国際連合枠組条約」(以下「枠組条約」)を採択した。2011年8月1日現在、米国を含む国際社会のほぼすべての国 (194ヶ国とEU) が加入する普遍的な条約である。

(2) 気候変動枠組条約の制度の概要

気候変動枠組条約と京都議定書は、オゾン層保護に関するウィーン条約とモントリオール議定書と同様に、枠組条約方式を採用している。枠組条約方式は、基本的な原則やその後の交渉の枠組についての合意をまず行い、それをもとに科学的知見の発展や技術の進歩などに応じてより具体的で明確な義務を定める議定書や附属書を作成するものである。それにより、科学的不確実性などを理由に問題解決の枠組について一気に合意を形成するのが困難ま

---

[1] U.N. GAOR, 43rd Sess., Supp. No. 49, at 133, 134, U.N. Doc. A/43/49 (1988).
[2] U.N. GAOR, 44th Sess., Supp. No. 49, at 262, U.N. Doc. A/44/862 (1989).
[3] U.N. GAOR, 45th Sess., Supp. No. 49, at 147, 148, U.N. Doc. A/45/49 (1990).

たは時間がかかる問題についてまず今後の交渉の土俵を作り、時間をかけて交渉を推進していくことができる[4]。また、気候変動枠組条約も京都議定書も、他の環境条約と同様、締約国会議（COP）の決定を通じて、詳細な実施規則に関する合意を積み重ねており、レジーム全体が、状況の変化に応じて更新され、進化していく性質を有している。

ここでは、まず、気候変動枠組条約とその締約国会議（COP）の決定によって構築されている現行の法制度の概要を紹介する。

① 目標と原則

枠組条約2条は、条約およびCOPが採択する関連する法的文書は、「気候系に対して危険な人為的干渉を及ぼすこととならない水準において大気中の温室効果ガスの濃度を安定化させること」を究極的な目的と定める。そして、この安定化の水準は、「生態系が気候変動に自然に適応し、食糧の生産が脅かされず、かつ、経済開発が持続可能な態様で進行することができるような期間内に」達成されるべきであるとしている。ただし、大気中の温室効果ガス濃度をどのレベルで安定化させるのか、こうした目的をいつまでに達成するべきなのかについては曖昧な表現にとどまる。

3条は、条約の目的を達成し条約を実施するための措置をとるにあたって指針とすべき原則を定める。3条1項は、「締約国は、衡平の原則に基づき、かつ、それぞれ共通に有しているが差異のある責任及び各国の能力に従い、人類の現在及び将来の世代のために気候系を保護すべきである。したがって、先進締約国は、率先して気候変動及びその悪影響に対処すべきである」と定める。この原則に基づき、枠組条約は、附属書を用い、条約採択時のOECD諸国（＝附属書Ⅱ国）と市場経済移行国からなる附属書Ⅰ国と非附属書Ⅰ国（それ以外の国）という国の分類を設け、分類によって義務の内容に差異を設けている（表1〈次頁〉）。

3条3項は、深刻なまたは回復不可能な損害のおそれがある場合には、科学的な確実性が十分にないことをもって、気候変動の原因を予測し、防止し、または、最小限にするための予防措置をとることを延期する理由とすべきではないとする。これらの文言は、リオ宣言原則15とほぼ同じで、予防

---

4) 山本草二「国際環境協力の法的枠組の特質」ジュリスト1015号（1993）145-150頁。

表1 条約のもとで差異化された義務

	条約で課されている義務
発展途上国（非附属書I国）	・排出目録の作成、定期的更新、公表、12条に基づく締約国会議（COP）への提出（4条1項 (a)）、国家計画の作成、実施、公表、定期的更新（同 (b)）、12条にしたがった実施に関する情報のCOPへの送付（同 (j)）など（4条1項） ・研究および組織的観測（5条） ・教育、訓練および啓発（6条） ・実施に関する情報の送付（12条）
附属書I国（条約採択時のOECD加盟国と市場経済移行国）	上記の発展途上国に課される義務に加えて ・気候変動を緩和するための政策と措置の実施（4条2項 (a)） ・これらの政策と措置とそれによる効果の見積もりの情報を12条にしたがって送付（同 (b)） ・適当な場合の、他の附属書I国との経済的手法、行政的手法の調整、温室効果ガスを発生させる活動を助長する自国の政策と慣行の特定と定期的検討（同 (e)）
（附属書I国のうちの）附属書II国（条約採択時のOECD加盟国）	上記の発展途上国および附属書I国に課される義務に加えて ・資金の供与（4条3項、4項） ・技術移転（4条5項）

的アプローチを定めたものである。また、3条5項は、協力的・開放的な国際経済体制の確立に向けての協力原則を定め、とりわけ、気候変動に対処する措置と貿易の関係について言及し、GATT 20条柱書きの文言を取り入れ、「国際貿易における恣意的もしくは不当な差別の手段または偽装した制限となる」ような措置となるべきでないとする。

　これらの原則は、その規定が一般的で、その解釈と実施にあたって締約国に大きな裁量を与えるものであり、「should」という法的義務を示すのには通常利用しない用語を使っていることからもその違反の法的責任を追及できるようなものではないと考えられる。ただし、少なくとも、締約国が、条約の目的達成と実施のために措置を策定し、実施するにあたって、参照すべき基準を提供するものといえる。

② 排出削減策

　4条1項は、共通に有しているが差異のある責任、各国特有の開発の優先順位、目的、事情を考慮して、途上国を含むすべての締約国が、温室効果ガ

スの目録の作成、公表、12条に基づくCOPへの提供(1項(a))、気候変動の緩和措置(排出削減策)および適応措置などを定める気候変動に対処する国家計画の作成、実施、公表(1項(b))などを行うことを定めている。

　それに加えて、附属書Ⅰ国は、まず、温室効果ガスの人為的な排出の抑制ならびに吸収源および貯蔵庫の保護と強化により、気候変動を緩和するために政策と措置をとることを約束している。附属書Ⅰ国は、これらの政策と措置を他の締約国と共同して実施することができ(4条2項(a))、COP1が共同実施についての基準を決定するものとされた(4条2項(d))。第二に、附属書Ⅰ国は、①これらの政策と措置、②政策と措置をとったことにより予測される温室効果ガスの発生源による人為的な排出と吸収源による除去に関する詳細な情報を12条の規定にしたがって送付する(4条2項(b))。

　③　適応策

　適応策について、枠組条約は、途上国を含むすべての締約国が、緩和措置とともに適応措置などを定める気候変動に対処する国家計画の作成、実施、公表、定期的更新(4条1項(b))を行うことを定めるにとどまる。2001年のCOP7は、後発途上国(LDC)が十分に適応策に取り組むのに困難があることを認め、LDCによる国家適応行動計画(NAPA)の作成、実施などを定めたLDC作業計画を決定し、LDC基金などによる支援も定めた(5/CP.7)。適応策の実施の促進をねらったブエノスアイレス適応・対応措置作業計画が2004年のCOP10で採択され(1/CP.10)、また、科学上および技術上の助言に関する補助機関(SBSTA)の下で実施されるものとして、全ての締約国が気候変動の悪影響の理解と評価を向上させ、より適切な適応策の決定を支援するナイロビ作業計画が2006年のSBSTAで合意されている[5]。

　④　資金・技術支援

　附属書Ⅱ国(条約採択時のOECD加盟国)は、途上国が条約の一般的約束を実施する費用にあてるため、新規のかつ追加的な資金を供与する(4条3項)。こうした資金供与には、①12条1項に基づく報告義務を途上国が遵守

---

5) Report of the Subsidiary Body for Scientific and Technological Advice on its twenty-fifth session, held at Nairobi from 6 to 14 November 2006, FCCC/SBSTA/2006/11, paras. 11-71.

するのを援助するための資金供与、②4条1項が定める排出削減策、情報交換など報告義務以外の措置を途上国が実施するのを援助するための資金供与、の2種類がある。①は、途上国が条約を批准して義務を履行するのにとりあえず必要な費用であり、また報告義務の履行に必要な資金は限定されると考えられたため、途上国が義務の履行のために負担する「すべての合意された費用」が資金供与の対象とされた。それに対して、②の費用は、条約の実施に伴い相当の額となり、際限がなくなるとの懸念から、途上国が、条約の資金供与メカニズムに計画を提出し、資金供与メカニズムがその計画を承認したら、その計画の「すべての合意された増加費用」が資金供与の対象となる。①の「すべての合意された費用」、②の「すべての合意された増加費用」については、その後のCOPの決定を通じて一定の合意が積み重ねられている。①については、非附属書Ⅰ国の国別報告書の指針が「すべての合意された費用」の資金供与の基礎となることが、枠組条約の資金メカニズムの運営主体である地球環境ファシリティー（GEF）へのガイダンスとして出されている（11/CP.2)[6]。同じGEFへのガイダンスにおいて、②の「すべての合意された増加費用」については、透明性の向上、及び、事案ごとに「増加費用」の概念を柔軟かつ実際的に適用することを含め資金の供与を促進するよう措置をとるとのみされているにとどまる。なお、これらの指針を基に、その後のCOPが追加的なガイダンスをGEFに与えている。

　次に、附属書Ⅱ国は、気候変動の悪影響を特に受けやすい発展途上国がそのような悪影響に適応するための費用を負担することについて途上国を支援する（4条4項）。先の4条3項の資金供与が排出削減の対策費用を対象とし、その資金供与は世界的な便益があるのに対して、4条4項は、実際に生じる気候変動の悪影響に適応するための費用の負担について定めた規定で、こうした適応費用への資金供与は原則として特定の地域の便益にとどまるため、先進国の資金供与のインセンティヴは4条3項よりも乏しいものであった。それゆえ、4条4項の規定はより曖昧なものとなっており、気候変動に起因すると推測される損害が生じても、それが気候変動に起因するものであることの因果関係を証明するのは困難と考えられ、費用についてどこまで先

---

[6]　具体的な指針は10/CP.2参照。

進国が資金供与を行うのかは4条3項ほど明確ではない。

　条約の資金供与メカニズムでは、国際的に課徴金を課すなど自動的に資金が得られる方法ではなく、先進国の分担金の支払いによる資金確保の方法を選択している。4条3項、4項は、附属書Ⅱ国が上記のような資金供与を行うことを義務的な用語で定めているが、附属書Ⅱ国が行う資金供与の水準を明示に規定していない。なお、4条3項も4条4項も、気候変動の緩和措置から生じる間接的な費用（例えば、他国による化石燃料消費の削減から生じる化石燃料生産国の経済的損失など）や気候変動の対応措置から生じる悪影響への適応費用について対象としていない。

　4条1項、3項、4項、5項、8項、9項の下での約束を履行するために、特別気候変動基金（SCCF）、後発途上国基金（LDCF）へも先進国が資金供与すべきことがCOP7で合意されている（7/CP.7）。これらのSCCF及びLDCFの使途については、別にCOPがその決定により運営主体であるGEFにガイダンスを与えている。

　技術移転については、附属書Ⅱ国は、他の締約国（特に発展途上国）が条約を実施できるようにするため、適当な場合には、環境上適正な技術およびノウハウの移転または取得の機会の提供について、促進し、容易にしおよび資金を供与するための実施可能なすべての措置をとる（4条5項）。「適当な場合には」「実施可能なすべての措置をとる」といった技術移転をする附属書Ⅱ国に大きな裁量を与える規定となっている。

　なお、4条3項から5項にしたがってとる支援策の詳細について、附属書Ⅱ国は、12条1項のもとで送付する情報に含めなければならない。

⑤　報告・審査を含む遵守確保の制度

　12条は、このような4条1項（a）の定める目録、4条1項（j）の定める実施に関する情報（＝国別報告書）のCOPへの送付についての具体的なルールを定めている。12条のもとでの情報の送付については、附属書Ⅱ締約国、それ以外の附属書Ⅰ締約国、発展途上締約国で、送付する情報に含めるべき事項、最初の情報送付の期限が異なっている。

　排出目録については、COPで合意された報告と審査の指針（18/CP.8, 19/CP.8及び14/CP.11）に基づいて報告され、審査される。目録は、IPCC作成

の方法論にしたがって毎年報告され、指針にしたがって専門家審査チームが毎年審査する。原則として書面審査だが、指針では、少なくとも5年に一度現地審査が行われるべきとされている。国別報告書については、COPで合意された指針にしたがって作成され (4/CP.5)、COP決定で提出期限が決定される。附属書Ⅰ国はこの間4、5年ごとに提出している。国別報告書もCOPで合意された手続と権限にしたがって専門家審査チームが、提出から1～2年以内に審査をする。原則として現地調査により審査が行われる。専門家審査チームによる審査の結果は、審査報告書に反映され、締約国の検討と意見を受けたあと公表される。また、統合報告書を事務局が作成し、補助機関やCOPで条約の実施について議論する際の基礎となっている。

⑥ その他条約の機関など

枠組条約は、条約の最高意思決定機関としてのCOPやそれを支える補助機関 (SBSTAや実施に関する補助機関 (SBI))、事務局などの条約機関を設置し、定期的に会合を持ち、最新の科学的知見を吟味し、必要な行動を決定することによって、温暖化防止のための国家間の合意の水準を高めていく制度的基礎を提供している[7]。IPCCは枠組条約の条約機関ではないが、その評価報告書や特定の問題に関する特別報告書を作成し、COPや補助機関でもその知見が報告され、IPCCの科学的知見をいかに取り込むかが議論される。また、COPや補助機関がIPCCに対して排出量算定の方法論の作成など一定の作業を行うことを要請することも多い。

2 京都議定書とその制度の展開

(1) 京都議定書の採択の経緯

1994年に気候変動枠組条約が発効し、ベルリンで開催された1995年のCOP1では、枠組条約4条2項 (d) に基づいて、枠組条約が定める削減の約束が、条約2条の定める「気候系に対して危険な人為的干渉を及ぼすこととならない水準において大気中の温室効果ガスの濃度」を安定化するという究極的な目的の達成に妥当か否か、さらなる適当な措置が必要か否かという「約束の妥当性」という問題の検討が締約国に求められていた。採択された

---

7) 高村ゆかり=亀山康子編『京都議定書の国際制度』(信山社、2002)。

ベルリン・マンデート（1/CP.1）[8]は、枠組条約の定める約束（4条2項（a）及び（b））が長期的な目標達成との関係で妥当でないことを確認し、議定書またはその他の法的文書の採択によって、2000年以降の行動を決定するプロセスを開始することに合意した。途上国については、新しい約束は課さないが、枠組条約4条1項の既存の約束を再確認し、持続可能な発展の達成のためにそれらの約束を引き続き実施することが合意された。プロセスを規律する指導原則が合意されたが、枠組条約3条が定める実施の指導原則と、条約の基本的構造を尊重し引き継ぐものであった。このベルリン・マンデートに基づいて作業部会（AGBM）が設置され、2年余の交渉を経て、京都議定書が採択された。2011年8月1日現在、日本を含む194ヶ国とEUが批准し、米国は批准していないがほぼ普遍的な国際条約となっている。

(2) 京都議定書の制度

① 目　標

京都議定書は、41の附属書Ⅰ国が、全体で、2008年から2012年の5年間の約束期間に平均して、二酸化炭素など6つの温室効果ガスの絶対排出量を1990年比で5.2％削減する目標を設定している（3条1項、附属書B）。

② 排出削減策

41の附属書Ⅰ国に、二酸化炭素など6つの温室効果ガスの絶対排出量に上限を設ける形で法的拘束力のある数値目標を定めている（3条1項、附属書B）。排出量の上限＝割当量は、原則として、1990年の排出量に基づいて定められ、2008年から2012年の5年の約束期間中それを超えないよう自国の排出量を削減・抑制することが義務づけられている（3条1項・7項）。議定書は、目標に応じて排出が認められる排出量に対応した排出枠を与え、これらの国家間で排出枠を取引することを認める、いわゆる国際的な「cap-and-trade」のしくみを導入する。附属書Ⅰ国は、自国内での削減に加えて、附属書Ⅰ国は、市場メカニズムを利用した京都メカニズム（共同実施、クリーン開発メカニズム（CDM）、排出量取引）を通じて排出枠を獲得することもできる。共同実施は、附属書Ⅰ国が、別の附属書Ⅰ国内で、CDMは、非附属書Ⅰ国（途上国）内で、排出削減や吸収強化の事業を行い、自国外で

[8]　FCCC/CP/1995/7/Add.1, p. 4.

の削減分や吸収分を排出枠として獲得できる制度である（6条・12条）。排出量取引は、削減義務を負う附属書I国の間で排出枠を取引するしくみである（17条）。附属書I国が認可した法的主体もまた、京都メカニズムに参加することができる。

京都議定書の下では、法的拘束力のある数値目標は附属書I国のみ課せられ、新興国を含む途上国が削減策をとることは国際的に義務づけられていない。気候変動枠組条約とベルリン・マンデートで確認された共通に有しているが差異のある責任に基づく「先進国主要責任論」を唱え、途上国の経済発展を制約するような合意に反対する立場をとった途上国の主張が反映された形となった。市場メカニズムについては、先進国が国内での削減を回避して途上国での安価な削減に転嫁してしまうことなどを理由に途上国が強く反対し[9]、その結果、排出量取引と共同実施は先進国間に限り、ただ一つCDMだけが、先進国または先進国企業の費用負担で排出削減事業を行い、それにより途上国における排出削減の実現を支援する手段となった。

③ 適応策

京都議定書の下での適応策に関する規定は限られている。枠組条約の下での義務の継続的実施を定める10条（b）に規定があるほかには、CDM事業から得られる利益の一部を気候変動の悪影響に特に脆弱な途上国の支援に利用することを京都議定書の締約国会合（COP/MOP）が確保すると定めるのみである（12条8項）。京都議定書の実施規則案を採択した2001年のCOP7において、京都議定書の下で適応基金を設置することが決定された（10/CP.7）。適応基金の資金源としてCDM事業から発行される排出枠の2％が利用されることも決定された。

④ 資金・技術支援

京都議定書は、資金・技術支援については、枠組条約の下での義務の継続的実施を定める10条（b）に規定があるほかには、11条で資金・技術支援の強化を定める。上記の適応基金を除くと、基本的に枠組条約の下での義務

---

[9] 例えば、FCCC/AGBM/1997/MISC.1/Add.8. 及び Depledge, J., Tracing the Origins of the Kyoto Protocol: An Article-by-article Textual History, Technical paper, FCCC/TP/2000/2, 25 November 2000 (2000)。

の実施・進展を定めたものである。ただし、適応基金は、先進国の資金拠出のみに依存せず、CDM 事業から得られる利益の一部を資金源とするという点で従来の環境条約にない特質を有している。また、枠組条約の下での資金メカニズムと異なり、GEF が運営主体とならずに、適応基金理事会が設けられ、融資に関する決定を直接行う制度となっている (1/CMP.3)。

⑤ 報告・審査を含む遵守確保の制度

京都議定書の報告・審査制度は、枠組条約の報告・審査制度を基礎にしつつ、削減義務が適切に遵守されているかどうかを確認するための詳細な報告・審査制度（5条、7条、8条）を設け、不遵守への対応の手続と措置を定める遵守手続・制度の設置を COP/MOP に委ねている（18条）。

5条1項は、温室効果ガスの排出量と吸収量の算定のための国内制度の設置を附属書Ⅰ国に義務づけている。また、7条4項は、京都議定書の下で発行される様々な排出枠の勘定方法や記録、管理のための勘定方法を定めている。7条1項では毎年の排出目録と関連情報の提出が、7条2項では補足情報を含め定期的に国別報告書の提出が求められている。このように提出された情報については、専門家審査チームが審査を行う（8条）[10]。

議定書18条に基づいて COP/MOP で設置された遵守手続は、促進部と履行強制部からなる遵守委員会を軸とした遵守委員会を設置し、不遵守を取り扱う手続を定めるとともに、特に、附属書Ⅰ国の排出削減目標や報告義務の不遵守などには、その不遵守を是正するための一定の制裁的性質を有する措置を定めている[11]。

3 現行の温暖化防止の国際制度の評価

枠組条約と京都議定書という現行の二つの条約を軸とした国際制度はいかなる到達点を示し、同時に、いかなる課題を残しているのだろうか。

まず、これら二つの条約は、地球温暖化問題という「市場の失敗」への対応として、排出自由放任から、問題解決のために国家が排出の削減と抑制に向けて政策と措置をとり協力する方向への転換を明確に記した。温暖化対策

---

10) 高村＝亀山・前掲注 (7)。
11) 高村＝亀山・前掲注 (7)。

が、とりわけエネルギー政策と密接に関連しているため、温暖化対策が国ごとに大きく異なれば国家間の競争条件を歪曲するおそれがある。さらに、温暖化対策を積極的にとる国の事業者は、対策をとらない国の事業者よりも競争上不利になる可能性があり、政策の国際的調和をうまくなしえなければ、国際競争を阻害するものとして各国の温暖化対策の推進を抑制しようとする力学が働く。それゆえ、競争条件の歪曲を回避するために、また、それにより温暖化対策を促進するために、国際的に温暖化政策の調和が図られることが不可欠であり、2つの条約はその基礎を提供してきた。その結果、科学的知見に照らしてその努力がなお不十分なものであっても、市場を利用した手法の実施を含め、枠組条約、京都議定書採択前と比べて明らかに各国の温暖化対策は進展してきたと言える。

　第二に、枠組条約と京都議定書は、実に20年以上をかけて、従来の環境条約にない革新的な手法や制度を含め、温暖化問題に対処する包括的制度の構築に努めてきた。先進国の拠出に依拠しない国際的財源を基にした適応基金や、各国が行う削減対策の費用対効果を高め、対策の実施を支援するための国際的に市場メカニズムを利用した制度――京都メカニズムはその代表例である。2005年の京都議定書発効を契機に京都メカニズムは本格的に運用され、とりわけCDMの削減効果が明らかになっている。2011年9月1日時点で、登録プロセスにかかる事業は6724（登録済みの事業はうち3395）、CDMによって途上国において排出されるはずであった排出量から2012年末までに削減される量は、27.28億 tCO_2 である。これは日本の2年分の排出量を優に超える規模の削減量である。さらに、2020年末までに70.09億 tCO_2 がこれらの事業から追加的に削減されると見込まれる[12]。これに加えて、CDMは途上国の温暖化対策を支援する投資・資金のフローを生み出しており、CDM事業から発行された排出枠の取引総額は、2008年に65億米ドルにのぼる[13]。これは、地球環境問題への対処のために途上国に資金を供与する地球環境ファシリティ（GEF）のもとで2002年から2006年の4年間

---

12) UNEP Risoe Centre, September 1st 2011. http://cdmpipeline.org/overview.htm（2011年9月1日参照）
13) Capoor, K. & Ambrosi, P., *State and Trends of the Carbon Market 2009*（2009）.

に、温暖化問題だけでなく生物多様性保全など他に5つの分野を含めて途上国に資金供与された総額（約23億ドル）[14]の約3倍に相当する。CDMが、事業のホスト国である途上国で利用されていない技術に資金を供与し、途上国への技術移転の促進に貢献する機能があることも明らかになっている[15]。

4　現行の温暖化防止の国際制度の課題

　温暖化防止の国際制度が直面する第一の課題は、長期目標に照らした「実効性」の課題である。IPCCの第四次評価報告書（AR4）の知見によると、G8で合意された「2050年50％削減」といった長期目標[16]達成のためには、遅くとも2020年までには世界全体の排出量を頭打ちにする速度で、大幅な削減を行うことが求められる。それでもなお、2.4～2.8℃の気温上昇は避けることができない[17]。カンクン合意で合意された「工業化以前に比べて全球平均気温上昇を2度未満に抑える」という目標はそれよりも低い濃度での安定化の水準に相当し、即時にも世界の排出量を頭打ちにし、強力に削減を進める必要があることを示している。現行の京都議定書は、米国が1990年比7％削減目標を達成したとしても、先進国全体で1990年比5.2％の削減を約束するにとどまる。京都議定書の下で削減努力を継続していくとしても一層の削減努力が約束され、促進される制度でなければならない。

　第二の課題は、「参加」の課題である。第一の課題「実効性」を高めるためには、世界第二の排出国で一人あたり排出量も多い米国をはじめ先進国の削減努力の強化が不可欠である。加えて、排出量の多い主要排出途上国における排出抑制もまた必要である。排出大国たる途上国について具体的な排出

---

[14]　Summary of Negotiations on the Third Replenishment of the GEF Trust Fund, GEF/A.2/7, p. 3, September 19, 2002.

[15]　Seres, S. et al., *Analysis of Technology Transfer in CDM Projects*, final report prepared for the UNFCCC Registration & Issuance Unit CDM/SDM（2007）. http://cdm.unfccc.int/Reference/Reports/TTreport/TTrep08.pdf（2011年8月1日参照）及びGillenwater, M. and Seres. S, *The Clean Development Mechanism: A Review of the First International Offset Program*（2011）.

[16]　G8 Leaders Declaration: Responsible Leadership for a Sustainable Future（2009）, para. 65, http://www.g8italia2009.it/static/G8_Allegato/G8_Declaration_08_07_09_final,0.pdf（2011年8月1日参照）

[17]　IPCC Working Group Ⅲ, *Technical Summary*（2007）.

削減努力は国際的には担保されていない。今後20年ほどの間に途上国全体の年間排出量は先進国の年間排出量を超えると予測されている。

IPCCは、AR4で、AR4作成時に評価を行ったシナリオ分析をもとに、異なる安定化の水準によって附属書I国と非附属書I国にどのように配分されるかを示している。450 ppmCO_2換算安定化のシナリオにおいて、2020年に先進国において想定される削減の水準は「25-40％」、非附属書I国も、とりわけ、ラテンアメリカ、中東、東アジアにおいて、成り行き排出量（BaU）よりも相当に削減することが必要であることも示している。国際エネルギー機関（IEA）も、450 ppm安定化シナリオ達成の場合に先進国は2020年に必要な削減量の43％、途上国は56％（うち主要経済国において40％）が削減されるべきことを示唆している[18]。

急速な経済発展を遂げ、排出量が増加する新興国の削減努力への参加は、先進国国内での国際競争上の懸念に応えなければより野心的な国際的削減目標に合意しがたいという理由からも、先進国が野心的な削減目標を持つ国際制度に同意できるかどうかを決定づける要件となっている。もちろん現在の国際交渉でも、新興国を含む途上国の削減努力への参加は先進国と同水準のものでなければならないとは考えられていない。一人あたり排出量からすれば新興国の排出量はまだなお小さく（中国は米国の4分の1程度、インドは14分の1程度）、国内の経済格差の大きい新興国ではなお生活に必要なエネルギーにアクセスできない相当数の人口を抱えている[19]。それゆえ、温暖化防止の国際制度は、目標設定の問題だけではなく途上国の削減努力を支援する資金供与や技術移転を国際的に促進するしくみをいかに構築するのかという課題に直面している。

---

18) International Energy Agency, *World Energy Outlook 2009*（2009）.
19) International Energy Agency, *World Energy Outlook 2010*（2010）.

Ⅲ 温暖化防止の国際制度の展望と課題

1 交渉の経緯

　京都議定書第一約束期間終了後の2013年以降の国際制度をめぐる交渉は、京都議定書発効後の最初の会合であった2005年のモントリオール会議（COP11）以降本格化した。現在、京都議定書の下での①附属書Ⅰ国（先進国と旧社会主義国）の2013年以降の約束に関する交渉と、米国も批准する枠組条約の下での②長期的協同行動に関する交渉という2つのトラックで並行して交渉は進んでいる。

　京都議定書3条9項は、第一約束期間終了の7年前（2005年末）までに附属書Ⅰ国の第一約束期間に続く約束期間の削減目標について交渉を開始することを定めている。2005年のモントリオール会議で始まった交渉は、京都議定書作業部会（AWG-KP）を軸に進んでいる。附属書Ⅰ国の削減目標を合意することを交渉の目的とし、京都メカニズム、森林など吸収源の取扱いに関する規則、対象となる温室効果ガス、セクターなど、これまでの議定書の制度の再検討に相当する広範な事項を検討対象としている。

　他方で、2005年のモントリオール会議は、米国も参加する枠組条約のもとで、2006年、2007年に気候変動に対処するための長期的協同行動への戦略的アプローチを分析する「対話」を行うことに合意した。そして、2007年のバリ会議（COP13）は、バリ行動計画に合意し、枠組条約の下に米国も参加した長期的協同行動に関する作業部会（AWG-LCA）という新しい作業部会を設置し、2009年末のコペンハーゲン会議での合意をめざして、「対話」で同定された5つの制度要素（長期目標、温暖化対策、適応策、資金供与、技術移転）を検討することとなった[20]。米国と途上国を含むすべての国の排出削減・抑制努力が検討の対象とされ、途上国での森林減少を止める制度（REDD）も検討対象となっている。

20）　1/CP.13 Bali Action Plan, FCCC/CP/2007/6/Add.1, p. 3 et s.

2　交渉の到達点——カンクン合意とその評価

コペンハーゲン会議（COP15）は正式にコペンハーゲン合意を採択できなかった[21]が、2010年12月、カンクン会議（COP16）はカンクン合意を採択した。この合意は、現在の交渉の到達点を示し、今後の交渉の基礎となると考えられている。カンクン合意は、気候変動枠組条約のCOPによって採択された決定1つと京都議定書の締約国会合（COP/MOP）によって採択された決定2つからなる[22]。本稿では、カンクン合意の主要部分を占める気候変動枠組条約のCOP決定を中心に紹介する。

(1) 長期目標

カンクン合意は、まず、長期目標について、工業化以前からの全球平均気温上昇を2度未満に抑えるという目標を締約国が対策をとる際の長期的な目標として確認した（para. 4）。

(2) 排出削減策と（e）報告・審査を含む遵守確保の制度

先進国の削減目標については、コペンハーゲン合意に基づいて先進国が提出した削減目標を公式の文書において確認した上で、IPCCのAR4で勧告されている水準と合致した水準まで、先進国に対し削減目標の水準の引き上げを要請している（para. 37）。また、先進国は低炭素発展戦略・計画を策定すべきことが決定された（para. 45）。

途上国の排出削減策については、2020年の成り行き排出量と比して排出を抑制するという途上国全体の2020年目標が初めて言及された。そしてその目標をめざして、「その国に適切な排出削減策（NAMA）」をとることに合意した（para. 48）。NAMAを実施するかどうか、どのような対策を実施

---

21) 拙稿「コペンハーゲン後の温暖化交渉の課題」エコノミスト2010年1月19日号、拙稿「コペンハーゲン会議の評価とその後の温暖化交渉の課題」環境と公害39巻4号（2010）。

22) Decision 1/CP.16, The Cancun Agreements：Outcome of the work of the Ad Hoc Working Group on Long-term Cooperative Action under the Convention, FCCC/CP/2010/7/Add.1；Decision 1/CMP.6 The Cancun Agreements：Outcome of the work of the Ad Hoc Working Group on Further Commitments for Annex I Parties under the Kyoto Protocol at its fifteenth session, FCCC/KP/CMP/2010/12/Add.1 及び Decision 2/CMP.6 The Cancun Agreements：Land use, land-use change and forestry, FCCC/KP/CMP/2010/12/Add.1.

するかは自主性に委ねられているが、実施の意思のある途上国は、事務局にNAMAに関する情報を提出するよう要請されている (para. 50)。そして、提出された情報をまとめてAWG-LCAの公式の文書とすることとなった (para. 49)。先進国は、こうした途上国のNAMAの策定と実施、並びに、報告の促進に支援を提供し (para. 52)、途上国が自主的に申告したNAMAについては、程度の多少はあれ国際的な報告と検証を受けることとなる。国際的に支援を受けた排出削減策は、国内でその効果を測定、報告、検証 (Measurement, Reporting and Verification ; MRV) され、さらに、枠組条約の下で策定される指針に従って国際的なMRVの対象となる。国際的支援を受けない排出削減策は枠組条約の下で策定される一般指針に従って国内でMRVされる (para. 52)。このように検証された結果は、4年に一度の国別報告書、2年に一度の排出目録の更新を含む更新報告書を提出することにより、国際的に報告される (para. 60)。1994年に枠組条約が発効して以来15年の間にほとんどの途上国は1回、せいぜい2回しか国別報告書を提出していない現状に比べると、具体的かつ制度的に途上国の削減努力が目に見えることとなる。そして、SBIが2年ごとの報告書の国際的な協議と分析を行う。国内政策・措置の適切さはその協議の対象とはならないが、専門家による分析と意見交換を通じて削減策とその効果の透明性を促進し、最終的に要約報告書にまとめることとなった (para. 63)。持続可能な発展の文脈で低炭素発展戦略・計画を途上国が策定することも奨励されている (para. 65)。

(3) 適応策

適応策の促進を目標に「カンクン適応フレームワーク」が設置され (para. 13)、その下での適応策の推進を全ての国に要請している (para. 14)。適応委員会の設置が決定され (para. 20)、委員会の構成や手続についてAWG-LCAが検討し、COP17で採択を予定している (para. 23)。また、気候変動の影響に伴う特に脆弱な途上国における損失と損害に対処するアプローチを検討する作業計画の策定を決定 (para. 26) し、SBIが作業計画の下で行われるべき活動に関してSBI34で検討し、COP18で検討することとなった (para. 29)。

(4) 資金・技術支援

こうした排出削減策や温暖化による悪影響への適応策について途上国を支援するための資金支援、技術支援の制度的取りきめも合意された。資金メカニズムについては、気候変動枠組条約の下での資金メカニズムの運営主体として、これまでの地球環境ファシリティ（GEF）に加え、緑の気候基金（Green Climate Fund）を設置し、移行委員会がその基金の設計を行うこととなった。これまで枠組条約の下ですでに設置され、運用されてきた特別気候変動基金や後発途上国基金を含めて、気候変動枠組条約の資金メカニズム全体を管理する常設委員会がCOPの下に設置され、資金メカニズムの合理化、財源の動員、支援のMRVなどを決定することとなった。技術支援については、COPのガイダンスとCOPへの説明責任のもとに、技術執行委員会と気候技術センター・ネットワークからなる技術メカニズムの設置を決定した（para. 117）。

カンクン合意は、大枠はコペンハーゲン合意を基礎にした合意である。国際的な報告と検証の方法など相当な部分がなお今後の交渉に委ねられている。途上国が対策をとるかどうか、どのような対策をとるかについて途上国の自主的決定に委ねているが、先進国だけではなく途上国も削減の努力を行うことが国際的に確認をされたことは、これまでの枠組みからの大きなパラダイムの転換を正式に転換を画した。途上国全体の2020年目標も示され、すでに新興国を含む多数の途上国がすでにその目標を提出している。提出した対策については、透明性の確保とアカウンタビリティ（説明責任）の強化によってその履行を促進するものである。こうした国際的約束の履行監視の手法は、国際人権条約で広く用いられている履行確保手法を想起させる。

他方で、先進国の排出削減目標についてはカンクン合意でもほとんど合意は進んでいない。京都議定書の下で目標を設定するのかを含め、どのような法形式で目標が定められるべきか意見が対立したままである。加えて、これまで各国が提出した目標が、全体として温暖化防止の究極的な目的の達成に科学が求める水準の削減、カンクン合意で確認された「2度」目標の水準と整合性を欠いていると評価されている。欧州のシンクタンクClimate AnalyticsとEcofysによる試算では、2009年12月15日までに表明された先進

国、途上国の目標を積み重ねると、2100年までに工業化以前より3.5度の気温上昇、約700 ppmvの二酸化炭素濃度に達する[23]。Natureに発表されたRogeliらの計算では50%を超える確率で2100年に3度を超える気温上昇を引き起こす水準であるとする[24]。特に、各国の目標設定が自発的誓約に基づく場合、自国がその時点で容易に達成可能な水準の目標の誓約となり、他国との衡平性、国際競争への懸念を感じる国は、相手国との均衡を考えてより低い水準の誓約となりがちである。

3　国際制度の変容を引き起こす国際社会の変動

国際交渉において、先進国と途上国に国家を二分し、削減する先進国と削減しない途上国という責任配分の論理に基づくこれまでの枠組条約と京都議定書の法制度が問い直されている。その背景には、地球温暖化の国際制度を取り巻く国際社会の経済的・政治的変動、すなわち、中国など新興国の急速な経済発展と政治的台頭がある。例えば、中国は、1990年から2004年の間に年平均10%の経済成長率を記録し、2010年には、中国のGDPは、日本を抜き、米国に次ぐ世界第二の規模を持つようになった。新興国は、財の世界的な生産供給拠点となるとともに、エネルギーと資源の消費地となり、それにより環境負荷を生み出す源ともなった。中国の温室効果ガス排出量は、1990年代に緩やかに増加し、2000年以降急速に増加した。2008年には、米国の排出量を超え、世界最大の排出国となっている[25]。

新興国の経済発展は、その政治的台頭をもたらすことになった。金融分野ではすでに政策決定に決定的な影響力を有するアクターとして米国と中国が「G2」と呼ばれている[26]が、気候変動の文脈においても、コペンハーゲン会

---

23) Höhne, N. et al., *Copenhagen Climate Deal-How to Close the Gap*, Briefing paper, Climate Analytics and Ecofys, 15 December 2009 (2009).

24) Rogelj, J. et al., "Copenhagen Accord pledges are paltry" in *Nature* 64 (22 April 2010)。http://www.nature.com/nature/journal/v464/n7292/pdf/4641126a.pdf（2011年8月1日参照）.

25) 1990年以降の国別排出量変化について、World Resources Institute, EarthTrends and Climate Analysis Indicators Tool (CAIT) Version 8.0. http://cait.wri.org/。2008年の世界の二酸化炭素排出量（国別排出割合）http://www.jccca.org/chart/chart03_01.html（いずれも2011年8月1日参照）.

議の交渉は、米国と並んで中国が圧倒的な決定力を持つことを明確に示し、それゆえ最近は米中を「G2」と呼ぶ研究者も少なくない[27]。

こうした国際的な政治力学の変化は、国際制度形成の規定要因に影響を与えている。新興国の発展と能力の向上に照らして、これまでの排出削減負担配分の論理は、国際交渉において問い直しを受けている。すなわち、「先進国と途上国の間の責任の差異」を強調してきた従来の共通に有しているが差異のある責任の適用から、まずは、責任の共通性を確認した上で各国の問題への寄与度と問題対処能力に応じて責任を配分すべきであると先進国は主張している。こうした主張は、先進国と途上国に国家を分類し、削減する先進国と削減しない途上国というこれまでの責任配分の論理を見直し、先進国並みに急速に排出を増加させ、経済力をつけてきた新興国にも応分の削減負担を求める意図を持っている。一方では、新興国との間の国際競争への懸念から、他方で、その国際競争への懸念が現実のものであるか否かはおいても、先進国国内でより積極的な排出削減目標を掲げ、対策を進めるための国内での合意を形成するために、新たな法的合意の批准に上院の助言と同意を必要とする米国をはじめ、少なからぬ先進国はこうしたレジームの変革が不可避であると考えた。それに対して、新興国からは、「歴史的排出量」に依拠した責任配分（ブラジル提案）など、先進国と新興国の差異を強調する異なる指標が提案されている[28]。

新興国の政治的台頭は、同時に、途上国間の発展の格差を拡大し、気候変動レジームに関する途上国間の意見の相違を生み出している。交渉において、新興国は、引き続き、途上国グループの一員という立場を維持しつつ、国際合意が自らの発展を制約しないことを最大の命題に置いて交渉に臨んでいる。しかしながら、新興国の排出増によって、温暖化の影響に最も脆弱な後発途上国や島嶼途上国は、新興国に対して削減努力を強化することを強く

---

26) Garrett, G., "G2 in G20: China, the United States and the World after the Global Financial Crisis" in *Global Policy*, Vol. 1, Issue 1, p. 29 (2010).
27) 例えば、Falkner, R., Stephan, H. and Vogler, J., "International Climate Policy after Copenhagen: Towards a 'Building Blocks' Approach" in *Global Policy*, Vol. 1. Issue 3 (2010).
28) 高村ゆかり＝亀山康子『地球温暖化交渉の行方』（大学図書、2005年）。

求めるようになっている。2009年6月に島嶼国ツバルから出された議定書案は、先進国は京都議定書の下で引き続き削減目標を約束し、京都議定書を批准していない先進国（＝米国）と途上国はこの新たな議定書の下で削減目標や削減行動を実施することを約束するというものである[29]。従来であれば、グループとして一つの意見をまとめることで先進国グループに対する発言力を高めて交渉に臨んでいた途上国グループが、途上国間の立場の違いが大きくなり、一つに意見をまとめて交渉に臨むことができなくなっている。このことは、交渉において合意に実質的に関与する国家の数を増やすことになり、国家間の合意形成をこれまで以上に難しくしている。途上国の中の数カ国が強力に異議を唱えることで、COPがコペンハーゲン合意を採択できなかった経過は、こうした困難をよく示している。

4 温暖化防止の国際制度の展望

カンクン合意をふまえ、枠組条約の下での新たな制度の形成に向けて交渉は進行しているが、国際制度全体が最終的に合意されるには今少し時間がかかりそうである。2012年の米国大統領選挙を終え、カンクン合意で合意された2013年から開始され2015年に完了予定の「再検討」が一つの機会となるかもしれない。

地球温暖化問題の性質から多国間の普遍的な国際制度の構築が目指されているものの、枠組条約の下でのそうした制度形成に時間がかかる場合、そのつなぎの期間、枠組条約を軸とした国際制度は相対的にその役割を減じ、枠組条約の外側の制度やフォーラムがこれまでよりも大きな役割を演じる可能性もある。また、枠組条約の下での国際制度とその外側の複数の制度やフォーラムが緩やかに連結し、連携し合って温暖化問題に対処する「regime complex（レジーム複合体）」という形の国際制度の可能性も特に短期的または過渡的には無視できないオプションである[30]。

---

29) Draft protocol to the Convention presented by the Government of Tuvalu under Article 17 of the Convention, FCCC/CP/2009/4 5 June 2009.
30) Keohane, R. O. and Victor, D. G., *The Regime Complex for Climate Change*, Discussion Paper 2010-33：Harvard Project on International Climate Agreements, January 2010（2010）.

そもそも、温室効果ガスが実に多様な人間活動から排出され、人間や生態系に対して多様な影響を与えるという温暖化問題の性格から、これまでも枠組条約の外側にある国際制度との連携は行われてきた。例えば、国際海運・国際航空からの排出削減は、国際海事機構（IMO）や国際民間航空機関（ICAO）が枠組条約からそれぞれ独立して対策を検討・実施し、COPや補助機関の要請を受けて、枠組条約に定期的に報告するという連携関係が築かれている。

加えて、特にコペンハーゲン会議後、枠組条約の下での多国間の国際制度を（少なくとも短期的または過渡的に）補完または代替する意図をもってあるいは可能性を想定して作られた同志国（like minded countries）によるフォーラムが登場し、それらの枠組条約外のフォーラムが公式の温暖化交渉と連関し合うという現象が生じている。例えば、2009年3月に米国主導で立ち上げられた、17の主要な先進国と新興国などが参加する米主導の主要経済国フォーラム（MEF）[31]は、枠組条約プロセスでの交渉を促進するという目的を持ち、新興国をはじめ枠組条約プロセスが唯一の交渉の場であるという立場は崩していないものの、例えばインドのMRV提案など枠組条約プロセスで交渉されるべき提案を事前に提案し意見交換を行う場としての役割を演じている。コペンハーゲン会議後にノルウェーとフランスのイニシアティヴで立ち上げられ、70カ国以上が参加するREDDプラスパートナーシップ[32]もまた、新たな国際制度の合意に先立って、REDDプラスに関する途上国の能力構築を進め、試行的実践を先行することで、将来の温暖化防止の国際制度に盛り込まれるべきREDDプラスの制度内容に関する合意を促進する意図がうかがえる。

こうしたレジーム複合体は、枠組条約の下での普遍的な国際制度との連関のありようによって様々な形をとりうるが、普遍的な国際制度と比較したとき、相対的な優位性と課題がある。その優位性は、普遍的な国際制度と比べて、交渉アクターが限られるため、交渉と合意の速度が速く、合意の水準が

---

31) http://www.majoreconomiesforum.org/（2011年8月1日参照）。
32) http://www.mmechanisms.org/others/redd/in_partnership.html 及び http://reddpluspartnership.org/en/（2011年8月1日参照）。

上がりうることである。また、各国の特別な状況、利害に対応することで参加の可能性を高めうる。他方で、こうした優位性については、合意の水準は合意に加わる国の受け入れ可能な水準によるのであり、交渉アクターが限定されたからといって自動的に合意の水準が上がるわけではないこと、限定された国の間での合意形成に参加していなかった国はむしろその合意に新たに加わることを躊躇する可能性があること（オゾン層保護のモントリオール議定書に関するインドの事例）などの反論がある[33]。他方で、課題として、温暖化問題はグローバルな性格を有するにもかかわらず問題の包括的管理が困難となりうること、制度が分断され各国の削減努力が見えにくく、衡平性を確保するのが難しいため、各国の積極的な削減努力を引き出しにくいこと、すべての国が影響を被りうる温暖化問題が少数の国によって意思決定されることで制度の正統性が問われうること、最も安価な削減オプションが利用できるとは限らず、全体として削減コストが高くなりうることなどから、全体として果たして普遍的な国際制度以上の実効性を確保できるのかが問われる。普遍的な国際制度は、これらの優位性と課題の裏返しの課題と優位性を有する[34]。

温暖化問題のグローバルな性格に照らして、普遍的レジームがよりよく問題に対処しうるように思われるが、早期の国際合意形成の難しさや、問題の多面性を考えると、すべての問題を枠組条約の下で取り扱うというのも現実的ではない。現実には、枠組条約の下での国際制度と、その外側の様々な国際制度との連携が必要である。レジーム複合体の優位性を引き出し、課題に対処しつつその潜在力を活用するには、枠組条約の下での国際制度が国際社会全体の温暖化対策の目標設定と進捗を管理し、枠組条約の下での国際制度に抵触し、対立するのではなく、枠組条約の下での国際制度の機能を補完し、整合性をとり、促進するような調整が不可欠となる。枠組条約を中核とした新たなレジーム複合体の形成が、当面の温暖化の国際制度の将来像となるのではないかと考えられる。

---

33) Biermann, F., Pattberg, P. and Zelli, F. eds., *Global Climate Governance beyond 2012. Architecture, Agency and Adaptation* (2010).
34) *Ibid.*

IV　結びにかえて

　これまで、国際社会は、枠組条約と京都議定書という二つの法的拘束力ある文書を軸に、排出削減策だけでなく、市場メカニズム、適応策、資金・技術支援策など長年かけて温暖化問題に対処する様々な制度を築いてきた。こうした制度が新興国の台頭という制度の外側の外在的要因によって、岐路に立たされ、大きな挑戦を受けていると言える。

　国際社会の構造的な変化の中、普遍的な国際制度の早期の合意形成が困難な状況において、いかにして実効的な制度を構築していくか。合意形成が困難な中、温暖化対策の足を止めない短期的な対処が同時に必要であろう。合意の法的拘束力が実効性担保の観点から重要であることは言うまでもないが、他方で、実効性は法的拘束力があるだけでは担保されず、明確な規定、透明性が高く遵守が促進（不遵守が抑制される）制度の構築などが不可欠である。こうした条件が満たされれば、当面は法的拘束力のないCOP決定であっても相当の実効性を担保できる可能性がある。

　さらに、枠組条約の外側の様々な制度やフォーラムとの間の連携を促進し、全体として対策の水準を高めることが必要である。これは狭い意味での温暖化の国際制度にとどまらずまさに地球規模のよりよい環境ガバナンスが温暖化問題の対処にも重要な課題となっていることを示している。

第12章 国際環境法・条約

34 化学物質管理に係る国際条約等の展開と国内法

増沢陽子

I はじめに

　化学物質管理[1]に関しては、1970年代から国際的な連携・協力が活発に行われてきた[2]。その過程で、いくつかの国際条約、国際機関による様々な指針やプログラム等が生み出されている。これらの国際的な仕組みは、各国の国内制度と相互に影響を及ぼし合いながら発展し、また国内制度等を通じて実施されることにより、化学物質による人や環境へのリスクを管理・低減しようとしている。両者の相互作用の状況は、例えば、日本の化学物質法を改正する際には、しばしば「国際的動向」「国際的潮流」を踏まえて行われているところにも現れている[3]。この際、国際的動向等の中には、国際条約、国際機関による勧告、他の国内法・地域法、など、様々な性質のものが含ま

---

1) 化学物質管理とは、本稿では、化学物質による人の健康や環境への悪影響を防止しリスクを低減するための措置、という一般的な意味（この点に関し、ルネ・ロングレン著・松崎早苗訳『化学物質管理の国際的取組―歴史と展望―』（STEP, 1996）（Rune Lönngren, *International Approaches to Chemicals Control—A Historical Overview*—, National Chemicals Institute (KemI), 1992 の邦訳）6頁を参照した。）で用いているが、特に、環境政策としての側面を持つ化学物質管理を念頭に置いている。環境汚染対策も化学物質管理に含まれうるが、本稿では物質に焦点を当てて行われる規制等を主な検討対象とする。
2) ロングレン・前掲注（1）10-11頁。
3) 化学物質の審査及び製造等の規制に関する法律の一部を改正する法律案の提案理由説明（昭和61年改正につき参議院商工委員会議録第3号32頁、平成21年改正につき衆議院経済産業委員会議録第6号20頁）。

れていることに注意が必要である[4]。

　化学物質管理に関する国際条約及び場合により他の国際的な規範や枠組み等——これらを何らかの意味で包括的に捉える場合、本稿では一般的に「化学物質管理の国際的な法システム」と呼ぶ——に関しては、最近、欧米の研究において、その全体的な構造や動態を詳細に検討するものが現れている[5]。環境法がグローバルな性格をますます強める中[6]、早い時期から国際連携が進められてきた分野である化学物質管理について、国際的な法システムの構造や特徴、国内法との関係等についての研究が深化することは、意義があることと考える。

　本稿は、化学物質管理の国際的な法システムを概観するとともに、それらの日本の国内法への影響について若干の考察を行うことを目的とする。次章以下では、まず、化学物質問題がなぜ国際的な協調行動の対象となるのか、その理由を整理する（Ⅱ）。続いて、それらを背景に形成されてきた化学物質管理の国際システムの主要な構成要素について、その法的性質に留意しながら、概説する（Ⅲ）。その上で、いくつかの国際制度を取り上げ、その日本の国内法に対する影響について検討する（Ⅳ）。

Ⅱ　国際的な対応を要する化学物質問題

1　製品環境問題[7]としての化学物質問題

　化学物質管理が国際的な課題となる一つの理由は、化学物質利用の世界的

---

4) 日本の化学物質対策の展開を、国際的な動向との関連で概観する文献として、竹本和彦＝和田篤也＝栗栖雅宣＝末次貴志子「日本の化学物質対策の展開—国際的視点からの考察」環境科学会誌23巻5号（2010）420頁以下がある。
5) Michael J. Warning, *Transnational Public Governance : Networks, Law and Legitimacy,* Palgrave Macmillan, 2009 ; Henrik Selin, *Global Governance of Hazardous Chemicals : Challenges of Multilevel Management,* MIT Press, 2011. 研究の視点や対象はそれぞれに異なる。また、必ずしも「国際的」「法」にのみ対象を限定したものではない。本文Ⅳを参照。
6) Tseming Yang & Robert V. Percival, "The Emergence of Global Environmental Law" *Ecology Law Quarterly,* Vol.36, 2009, pp.615-664 は、「グローバル環境法」という概念を提唱する。なお、最近の邦語文献に、野村摂雄「環境法の国際統一化の動向」環境管理46巻3号（2010）48頁以下がある。

な広がりに求めることができる[8]。多くの化学物質は、その有用性のゆえに市場において取引される。市場がグローバルに広がれば、化学物質もまたグローバルに生産・流通・使用される。このことは、化学物質の中に有害性を持つものが含まれていることを考えれば、利用に伴うリスクもまた世界各国・地域に移転・普遍化することを意味する。もちろん、そうであったとしても、すべての国が国内法によって国内で取り扱われる化学物質を適切に管理するならば、健康・環境上の問題（少なくとも地域的な問題）は避けられるはずである。しかし実際には、早い時期から、様々な形で国際的な対応が行われてきた。各地に遍在する化学物質リスクに対し各国が協力して対処している背景・理由については、様々な指摘があるところ[9]、それらを参照しつつ、ここでは次の3点に整理する。化学物質管理に関する共通の問題とアプローチの存在、途上国等における健康・環境影響の防止、及び貿易への不必要な制限の回避、である。

(1) 共通の問題、共通のアプローチ

同じ化学物質は、世界中どこにあろうとも、同じ性質を持っている。また、化学物質を適切に管理するには、前提として化学物質の有害性やその影響に関する情報が必要である[10]。さらに、化学物質管理のアプローチとして、「リスク評価―リスク管理」が、一般に受け入れられている[11]。

---

7) 化学物質問題を、製品問題というカテゴリーで捉えるものとして、例えば、Ludwig Krämer, *EC Environmental Law* (Sixth Edition), Sweet & Maxwell, 2007, p.240-252 ; Marc Pallemaerts, *Toxics and Transnational Law : International and European Regulation of Toxic Substances as Legal Symbolism,* Hart Publishing, 2003, pp.419-426. 国内のみを見ても、製品はノンポイントソースとして、ポイントソースである事業場対策とは異なるアプローチを要する。

8) 化学物質利用と問題の遍在について、Selin, *supra* note 5, pp.40-41 参照。

9) 例えば、Pallemaerts, *supra* note 7, pp.419-424 は、農薬の国際規制の関心は、当初、産業・貿易上の関心から各国規制の調和に向けられたが、その後、途上国における規制の困難等による環境・健康問題に向けられるようになった、と述べる。2. の視点を含め、Warning, *supra* note 5, pp.65-74 も参照。

10) 1974年の経済協力開発機構（OECD）の勧告（C（74）215, 後掲注（75）は、化学物質の潜在的影響を評価することが、化学物質による環境への悪影響を防止する上で重要として、各国が評価手続を導入することを推奨している。ロングレン・前掲注(1) 165-166 頁も参照。

11) Warning, *supra* note 5, pp.69-71 も参照。

このように共通の問題と共通のアプローチを有する化学物質管理については、国際的な協力や分担が可能であり、また、各国が単独で取り組むよりも効果的・効率的な場合がある。例えば、一定の質を持ったデータを各国が共通して受け入れるようになれば、負担軽減につながる[12]。また、リスク評価についても、国際的な協同作業が行われれば、費用効果的であり、資源の有効利用につながりうる[13]。

後にみる経済協力開発機構（OECD）によるリスク評価に関連した各種の決定・勧告や、ハザード（危険有害性）に注目した国際的に共通の表示等システムの開発・普及などは[14]、一つにはこうした文脈においてその意義を理解することができる。

(2) 途上国等における影響の防止

化学物質は農薬や工業用化学品として、国境を越えて流通する。ある国々においては、国内で化学物質のリスクを管理するための体制が整備されているが、化学物質管理に関する国内体制が十分でない国々もある[15]。1970年代末には、先進国で禁止等がされている有害な化学物質が途上国に輸出されることに関する問題への対応が、国際的な議論の対象となっていた[16]。1980年代から90年代にかけて有害化学物質の国際取引に関するルールの形成が進み、1998年には、ロッテルダム条約が採択されている。

途上国等における化学物質による悪影響防止や化学物質管理の向上は、現在にいたるまで国際的な対応を必要とする課題である[17]。国際対応の内容は、貿易と直接関連した措置に限られない。条約においても、途上国等の対処能力の向上に資するため、技術援助や資金等の規定が設けられている[18]。

---

[12] OECDの理事会決定（C (81) 30 (Final), 後掲注 (76)) では、前文において、化学物質の試験に伴う費用負担の最小化と資源の有効利用の必要性に言及している。
[13] Agenda21, A/CONF.151/26/Rev.1 (Vol.1), Annex II, 19.12.
[14] 後掲本文III-3-(2) 参照。
[15] ロングレン・前掲注 (1) 319頁。
[16] 上掲書 319頁、328頁；Pallemaerts, *supra* note 7, pp.421, 441-445 参照。
[17] 例えば、SAICM（後掲本文III-3-(1) 参照）の一部をなす、「国際化学物質管理に関するドバイ宣言」6. は、「協調行動の必要性は、開発途上国と移行経済国における化学物質を管理する能力の不足……を含む、国際レベルでの広範な化学物質安全に関する懸念によって強調される。」とする。

(3) 貿易への不必要な制限の回避

　自由貿易の確保は、環境保全とは別に、国際社会が追求している目標の一つである。両者の関係・調整の方法について、これまで多くの議論が行われてきた[19]。

　健康保護や環境保全の観点から化学物質利用に対する一定の規制が不可欠であるとした場合、各国の規制を調和又は標準化することは、貿易への負荷の軽減の観点からも重要である。例えば、1970年代から、各国の農薬に関する事前登録制度等の違いについて、事業者のコスト削減と貿易上の障害を減らす等の観点から、国連食糧農業機関（FAO）により標準化が進められたとされる[20]。また、OECDの化学物質に関する活動は、環境と健康の保護とともに効率性の実現や貿易障壁の回避を目的としている[21]。

　多数国間条約に基づく環境保全を目的とする貿易制限措置は、一般に、各国の一方的な措置よりも望ましいと考えられている[22]。しかしながら、条約による措置もまた、貿易法との関係が議論の対象となる場合がありえ、化学物質条約も例外ではない[23]。

2　越境・地球規模の環境問題としての化学物質問題

　化学物質管理が国際的な課題となるもう一つの理由は、環境中に放出された化学物質が大気等を通じて広範囲に広がる、越境・地球規模の汚染問題の認識である[24]。

---

18) 例えば、ロッテルダム条約16条、廃棄物に関してであるが、バーゼル条約10条、14条。Katharina Kummer, *International Management of Hazardous Wastes, The Basel Convention and Related Rules*, 1995, updated introd., repri., Oxford University Press, 2005, p73 参照。
19) 貿易と環境をめぐる議論について、松井芳郎『国際環境法の基本原則』（東信堂、2010）238頁以下を参照。
20) Pallemaerts, *supra* note 7, p. 420.
21) OECD, The Environment, Health and Safety Programme, Managing Chemicals through OECD 2009-2012, p.6, http://www.oecd.org/dataoecd/18/0/1900785.pdf (last accessed in Nov. 15, 2011).
22) 松井・前掲注（19）256-259頁参照。
23) ロッテルダム条約交渉の際の議論について、Selin, *supra* note 5, pp.97-98 を参照。
24) Selin, *supra* note 5, pp.39-54 は、化学物質への懸念が、まずローカルな影響に対するものから始まり、後に長距離越境移動に伴う問題にも広がっていったことを述べる。

1980年代から、研究等によって、有害な残留性の有機汚染物質が長距離移動することにより、発生源から離れた地域において人や環境に影響を及ぼすおそれがあるという問題が明らかになってきた[25]。こうした「残留性有機汚染物質（POPs）」の問題に対する国際的な対応として、2001年にはストックホルム条約が採択されている[26]。ロッテルダム条約が、（化学物質の管理の太宗を各国に委ねつつ）輸出入についてのみ国際的な管理の対象としたことと比較すると、ストックホルム条約は、後にみるように、地球規模の問題に対する原因物質について、地球規模でライフサイクル全体にわたり管理を行う、という構造を備えている。ただし、気候変動問題等と異なり、POPsは有害物質として、これを利用している国々における健康・環境に対する直接の脅威でもありうる[27]。このため、一部の国々では早い時期から一定のPOPsにつき規制が行われていたところ[28]、地球規模での環境保全の観点からも対応が求められることとなった。

　類似の問題状況は、別の物質においてもみられる。2010年から条約制定にむけた交渉が始まっている「水銀」問題である[29]。水銀にかかる環境健康被害は日本においては公害対策の原点であり、他の国や地域でも水銀に関し様々な規制が行われてきた[30]。現在ではさらに、水銀による地球規模での汚染に注目した国際管理の議論が進められている[31]。

---

25)　*Ibid.*, pp.49-53.
26)　後掲本文Ⅲ-2-(2)参照。
27)　この点については、早稲田大学の大塚直教授からも示唆を受けた。
28)　Henrik Selin and Noelle Eckley, "Science, Politics, and Persistent Organic Pollutants: The Role of Scientific Assessments in International Environmental Co-operation", *International Environmental Agreements : Politics, Law and Economics*, Vol.3, p22.
29)　水銀に関する条約交渉については、UNEPの以下のサイト参照。http://www.unep.org/hazardoussubstances/Mercury/Negotiations/tabid/3320/Default.aspx
30)　各国の水銀規制については、参照、UNEP, Global Mercury Assessment (produced winthin the framework of IOMC), 2002, Chapter 9, available at http://www.chem.unep.ch/mercury/Report/Final Assessment report.htm (last accessed in Nov. 13, 2011)

Ⅲ 化学物質に関する国際条約等

1 化学物質管理の国際的な法システム

　様々な要因により形成されてきた化学物質管理の国際的な法システムの具体的内容は、どのようなものであろうか。

　最近の研究では、Selin（2010）が、「有害化学物質のライフサイクルにわたる管理に焦点を当てているという事実によって認識上又は事実上関連しあったいくつかの条約及びプログラムから構成される」ものを「化学物質レジーム」と呼び[32]、その発展過程や構造等について、4つの主要な条約を中心に分析している[33]。また、Warning（2009）は、グローバルな問題に対する様々なレベルの「法」を類型化し、化学物質安全のシステムに関し、関係主体やその活動の分析を通じて、国内法から超国家法まで重層的かつ相互に影響を及ぼし合う法システムの姿を描き出している[34]。特に注目されているのは、国境を越える行政ネットワークの活動から形成される法（「トランスナショナルパブリックロー」と呼ばれる。）である[35]。

　条約は国際的な化学物質管理の強力な手段であるが、世界で生産等されている極めて多数の化学物質[36]のうち、条約によってカバーされているのは一部に過ぎない。しかしながら、その余の物質、あるいは化学物質一般に関して国際的取組が空白であるというわけではもちろんなく、Warning

---

31) 水銀に関する国際的な取組の経緯については、Noelle Eckley Selin & Henrik Selin, "Global Politics of Mercury Pollution : The Need for Multi-Scale Governance", *RECIEL* Vol.15 No.3, 2006, pp.258-269 参照。また、瀬川恵子「国際的な水銀対策の強化に関する条約制定の動向について」環境研究154号（2009）114頁以下も参照。

32) Selin, *supra* note 5, pp.23-24.

33) *Ibid.*, p18. 4つの条約とは、ロッテルダム条約、ストックホルム条約、長距離越境大気汚染条約POPs議定書及びバーゼル条約である。

34) Warning, *supra* note 5, 特に pp.139-176. 同書は、「トランスナショナルパブリックガバナンス」（この概念については、*ibid.*, pp.4-6参照。）を論ずるにあたり、グローバルな化学物質管理の分野を対象とした分析を行っている。本稿の構想は、同書に多くを負っている。

35) Transnational public law. その概念については、*ibid.*, pp.58-60, 169-171を参照。

36) 米国で生産・加工される化学物質のリストであるTSCAインベントリには、今日84000以上の物質が掲載されているという。http://www.epa.gov/oppt/existingchemicals/pubs/tscainventory/basic.html#background（last accessed in Nov. 13, 2011）

(2009) が詳細に整理しているように、条約以外の形式で表現された様々な国際文書が存在する。すでに言及したとおり、日本の化学物質法制度も、条約のみならず国際機関による勧告等からも影響を受けている。

以上のような認識から、以下では、化学物質管理に関する主要な条約についてその経緯と概要を述べるとともに、条約以外の主要な国際文書についても略述することとする。前者については、化学物質管理に特化した条約であって全球規模の国々の参加がある、ロッテルダム条約及びストックホルム条約を主として取り上げるが、他の条約についても簡単に触れる。また後者については、Warning (2009) による整理を参照しながら、日本法への影響という観点から重要と見られるものを中心に記述する。

2 条 約

(1) ロッテルダム条約[37]

有害化学物質に関する事前通報同意 (Prior Informed Consent、PIC) の手続は、1980年代末にまず、法的拘束力のない制度として具体化した[38]。FAO の「農薬の頒布及び使用に関する国際行動基準」及び、国連環境計画 (UNEP) による「国際貿易における化学物質の情報交換のためのロンドンガイドライン」である[39]。その後1992年のアジェンダ21を経て、90年代半ばから、FAO 及び UNEP により、条約策定に向けた作業が開始された[40]。1998年に「国際貿易の対象となる特定の有害な化学物質及び駆除剤につい

---

37) 邦語によるロッテルダム条約に関する解説・分析として、例えば、立松美也子「有害化学物質と農薬」石野耕也=磯崎博司=岩間徹=臼杵知史編『国際環境事件案内』(信山社、2001) 237頁以下、行木美弥「有害化学物質の国際条約に関するロッテルダム条約」西井正弘編『地球環境条約―生成、展開と国内実施』(有斐閣、2005) 305頁以下、があり、以下はこれらも参照している。
38) 条約制定に至る経緯について、上掲注 (37) の文献及び Katharina Kummer, "Prior Informed Consent for Chemicals in International Trade : The 1998 Rotterdam Convention", *RECIEL* Vol.8 No3, 1999, pp.323-324 を参照した。また、国際社会における PIC の考え方及び手続の発展過程の詳細については、Pallemaerts, *supra* note 7, Chap.12-14 参照。
39) 1985年の FAO 総会決議、1987年の UNEP 管理理事会決定により採択され、それぞれ1989年の改正により PIC 手続が導入された (Kummer, *supra* note 38, p.324)。
40) *Ibid.*

ての事前のかつ情報に基づく同意の手続に関するロッテルダム条約」[41]が採択され、2004 年に発効している。

　ロッテルダム条約は、特定の有害な化学物質の性質に関する情報交換を促進し、輸出入に関する各国の意思決定の手続を規定し決定を締約国に周知することにより、健康と環境を保護し当該化学物質の環境上適正な使用に寄与するために、当該化学物質の国際取引における締約国間の共同の責任と協同の努力を促進することを目的とする（1 条）。

　PIC 手続の対象となるのは、条約附属書Ⅲに掲げられた化学物質（駆除剤、工業用化学物質等に分類される）である。2011 年 10 月末時点で 43 物質を数える[42]。附属書Ⅲへの物質追加は、①締約国がとった最終規制措置（化学物質を禁止又は厳しく規制する目的でとられる追加的措置を要しない措置）の通報に基づき（5 条 1、2）、あるいは②著しく有害な駆除用製剤の自国内での使用により問題が生じている場合、開発途上国又は移行経済国である締約国からの提案に基づいて（6 条 1）検討される[43]。①については、特定の物質について 2 つの PIC 地域[44]から各々一つ以上の通報があった場合に、専門家からなる化学物質検討委員会（CRC）[45]に回付され、CRC が附属書Ⅱに定める基準に従って附属書Ⅲに掲載すべきか否かの判断を行い、締約国会議に勧告する（5 条 5、6）。②については、事務局が関連情報を収集したうえで（附属書Ⅳ 2 部）、CRC に提案と情報を回付する（6 条 2-4）。CRC は、①とは異なる基準で判断を行い（附属書Ⅳ 3 部）、締約国会議に勧告する。最終的な

---

41) Rotterdam Convention on the Prior Informed Consent Procedure for Certain Hazardous Chemicals and Pesticides in International Trade. 1998 年 9 月 10 日採択、2004 年 2 月 24 日発効。平成 16 年条約第 4 号。日本についての効力発生は 2004 年 9 月 13 日。
42) ロッテルダム条約ウェブサイト http://www.pic.int/TheConvention/Chemicals/AnnexIIIChemicas/tabid/1132/language/en-US/Default.aspx（last accessed in Nov. 16, 2011）。
43) 通報や提案が必要な情報を含む場合は、情報の概要が事務局から全締約国に送付される（5 条 3 項、6 条 2 項）。
44) 条約上の概念で、締約国会議決定により世界を 7 つの地域に分ける。Decision RC-1/2, UNEP/FAO/RC/COP.1/33.
45) 政府が指定する化学物質管理の専門家からなり、先進国・開発途上国の均衡を含む衡平は地理的配分に基づき任命される（18 条 6 項）。

決定は、締約国会議が行う（7条2）[46]。附属書III掲載物質については、締約国は将来における輸入の同意に関する決定を事務局に送付し（10条2-4）、事務局は当該回答をすべての締約国に通報する（10条10）。輸出締約国は、自国の管轄内の輸出者が、輸入国の回答に含まれる決定に従うことを確保するための立法又は行政措置をとらなければならない（11条1(b)）。

附属書III掲載物質で輸入国の回答が締約国に配布されている場合を除き、自国で禁止された化学物質又は厳しく規制された化学物質が輸出される場合には、輸出国は輸入国に対して一定の情報を付して通報を行う（12条1、5）[47]。この場合は相手方からの同意を得ることは、条約上の義務ではない。

締約国は、附属書III掲載物質及び自国で禁止された化学物質又は厳しく規制された化学物質を輸出する場合には、関連する国際基準を考慮しつつ、健康・環境へのリスク又は有害性に関する情報を十分提供することを確保する表示、及び業務上の目的で使用される場合には、国際的に認められた様式に従った安全性に関する情報を記載した資料を送付しなければならない（13条2、4）。

条約はこのほか情報の交換（14条）、実施（15条）、技術協力（16条）等について規定する。

(2) ストックホルム条約[48]

POPs問題に対する国際的な対応については、1990年前後から、欧州・北米等諸国の長距離越境大気汚染条約（CLRTAP）の枠組みの下で検討が進められるようになった[49]。CLRTAPの下での問題設定や収集情報は、グローバルな国際対応の議論にも影響を与えたとされる[50]。1995年には、UNEP管理理事会がIOMC等に12のPOPsについて地球規模のアセスメントの実施を招請するとともに、その結果及び同年開催の陸上活動による海洋環境の

---

[46] ②のような仕組みを導入したのは、対処能力が限られた途上国等における農薬被害を重視したものであるとされる。Kummer, *supra* note 38, p.327.
[47] 最初の輸出時及び暦年ごとに最初の輸出前（12条2）。
[48] 条約の内容については、森下哲「残留性有機汚染物質に関するストックホルム条約（POPs条約）」西井編・前掲注（37）291頁以下も参照した。
[49] Selin, *supra* note 5, pp.114-115.
[50] *Ibid.*, pp.136-138.

劣化からの保護に関する会議の成果を踏まえて、1997年までにIFCSが国際的法的メカニズムについて提言を行うことを求めた[51]。1997年のUNEP管理理事会決定において、POPsに関し地球規模の法的拘束力のある国際枠組みが必要との結論が示され、政府間交渉会議が設置されることとなった[52]。2001年に「残留性有機汚染物質に関するストックホルム条約」[53]が採択され、2004年に発効している[54]。

ストックホルム条約の目的は、予防的取組方法に留意しつつ、POPsから人の健康と環境を保護することである（1条）。

条約の主要部分をなすのは、特定のPOPsの放出の削減又は廃絶に向けた締約国の義務である。その対象となる物質は、「廃絶」（附属書A）、「制限」（附属書B）、「意図的でない生成」（附属書C）、というタイトルのつけられた3つの附属書に掲載されている。

物質の意図的製造及び使用に関し、締約国は、附属書Aに掲げられた物質については、その禁止又は廃絶のために必要な法的及び行政的措置を、附属書B掲載の物質については、製造使用の制限を、講じなければならない（3条1）。ただし、例外的に使用等が認められる場合として、「個別の適用除外」（附属書A、B）、及び「認めることのできる目的」（附属書B）があり（3

---

51) UNEP Governing Council, Persistent Organic Pollutants, Decision 18/32 (May 25, 1995). IOMC（化学物質の適正管理のための国際組織間プログラム）は化学物質管理に関わるいくつかの国際機関による調整等の枠組みであり、IFCS（化学物質安全に関する政府間フォーラム）は各国政府、国際機関、非政府機関が参加し、世界の化学物質安全について議論し提言等を行う（Warning, *supra* note 5, pp.87-91, 及びIFCSのサイト http://www.who.int/ifcs/page2/en/index.html (last accessed in Aug. 22, 2011) を参照した）。

52) UNEP Governing Council, International action to protect human health and the environment through measures which will reduce and/or eliminate emissions and discharges of persistent organic pollutants, including the development of an international legally binding instrument, Decision 19/13C (Feb.7,1997).

53) Stockholm Convention on Persistent Organic Pollutants. 2001年5月22日採択、2004年5月17日発効。平成16年条約第3号。

54) 以上のPOPs対応の国際条約化の経緯については、Selin, *supra* note 5, pp.136-143, 早水輝好「POPsに関するストックホルム条約の概要」環境研究122号（2001）4-5頁、酒井幸子「新しい政策手法による化学物質管理——PIC, PRTR, POPsを中心に」国際公共政策研究4巻2号（2000）188-189頁を参照した。

条 2、6)、それぞれの附属書において具体的に規定されている。「個別の適用除外」の適用を受けるには、締約国はその対象等について登録することが必要である[55]。「個別の適用除外」には期間の定めがあり、締約国会議が個別の登録について検討、締約国への勧告、期間の延長の決定を行うことができる (4条4、6、7)。「認めることのできる目的」に関しても、附属書Bにおいて、それぞれの物質につき登録を行うべきこと等が規定されている[56]。輸出入については、環境上適正な処分を目的とする場合、輸入締約国において附属書の規定に基づき使用等が認められている場合等においてのみ、認められる (3条2)[57]。

非意図的生成物質である附属書C掲載の物質については、締約国は、人為的な発生源からの放出を最小限にし、実行可能な場合には究極的に廃絶することを目標として、行動計画を作成し、利用可能な最良の技術の利用を促進する等の措置をとる (5条)。

附属書A又はBの物質を含む在庫や、附属書A又はBの物質を含み又は附属書C物質に汚染された廃棄物については、これらを特定し、環境上適正な方法で取り扱い、処分等されることを確保する (6条)。

附属書A〜Cに物質を追加しようとする場合、締約国の提案に基づいて、残留性有機汚染物質検討委員会 (POPRC)[58] が附属書D〜Fの基準に照らして、締約国等から情報を収集しながら、リスクの評価、リスク管理に関する評価等を行い、締約国会議に勧告する (8条)。最終的に締約国会議が決定する。附属書A〜Cには当初12物質が掲載されていたが、2009年の条約附属書改正 (2010年発効) により、9物質が追加された[59]。

---

55) 登録簿の作成について規定した4条1のほか附属書A第一部注釈iv、附属書B第一部注釈iv参照。また、Patricia Birney, Alan Boyle and Catherine Redgwell, *International Law & the Environment* (3rd ed), Oxford University Press, 2009, p449 も参照。
56) 「認めることのできる目的」には条約上明確な期間の定めはない。この点につき、枡田基司=北野大「POPsに関するストックホルム条約と今後の化学物質管理のあり方」水環境学会誌32巻11号 (2009) 5頁参照。
57) 非締約国との間の輸出入についても一定の制限がある。
58) ロッテルダム条約におけるCRC同様、政府が指定する専門家からなり、衡平な地理的配分に基づいて、締約国会議が任命する (19条6)。

POPs条約が、地球規模の環境問題に対処しようとしていることを反映して、条約はその有効性について、締約国会議が定期的に、地球規模での移動状況のデータを含む各種の情報から評価することとしている（16条）。

条約はこのほか、実施計画（7条）、情報の交換（9条）、公衆への情報提供（10条）、研究や監視（11条）、技術援助や資金協力（12、13条）等について定める。

(3) その他の条約

上記以外の化学物質管理に関する条約として、まず、「有害廃棄物の国境を越える移動及びその処分の規制に関するバーゼル条約」[60]がある。同条約は、有害廃棄物及びその他の廃棄物によって生じうる悪影響から人の健康と環境を保護するため、これらの廃棄物について、越境移動に関する詳細なルールを定めるほか、国内処理等について規定を置く[61]。バーゼル条約の対象である有害廃棄物には、有害化学物質が廃棄物となったものが含まれうる[62]。ストックホルム条約は、対象物質のライフサイクルにわたる管理を行うものであるが、廃棄物に関する部分についてはバーゼル条約との連携を規定する[63]。目的を相当程度共有するバーゼル条約、ロッテルダム条約及びストックホルム条約の間では、それぞれの締約国会議において決議が行われ、協力・調整の拡大が進められている[64]。

なお、オゾン層を破壊する物質に関するモントリオール議定書も、特定の物質のオゾン層破壊能力に注目してその生産・消費等の規制を行うもので、

---

59) 対象物質については、条約サイト参照。http://chm.pops.int/Convention/ThePOPs/tabid/673/language/en-GB/Default.aspx（last accessed in Nov. 13, 2011）. 2011年の締約国会議においてさらに1物質の追加が決定された。

60) Basel Convention on the Control of Transboundary Movements of Hazardous Wastes and their Disposal. 1989年3月22日採択、1992年5月5日発効。平成5年条約第7号。日本について1993年12月16日効力発生。

61) バーゼル条約、バーゼル条約のサイト http://www.basel.int/TheConvention/Overview/tabid/1271/Default.aspx 参照。

62) バーゼル条約1条1 (a)、附属書I参照。

63) ストックホルム条約6条2。

64) Decision IX/10 (Basel Convention), Decision RC-4/11 (Rotterdam Convention), Decision SC-4/34 (Stockholm Convention) available at http://www.basel.int/TheConvention/Synergies/tabid/1320/Default.aspx（last accessed in Nov. 18, 2011）.

これまで述べてきた条約が対象とする化学物質問題とはやや性質の異なる問題に対処することを目的とするものではあるが[65]、地球規模で特定物質の禁止・制限を目指すという点では、ストックホルム条約と共通する[66]。

3　条約以外の国際文書[67]

(1) 国際会議の宣言的文書

国際連合は、1972年以来、環境や持続可能な開発をテーマとした大規模な国際会議を主催し、国際的な環境政策の基本的文書を採択してきた。その中には、化学物質に関する記述も含まれている[68]。

1992年の国連環境開発会議（UNCED）において、リオ宣言と並んで採択された「アジェンダ21」は、第19章を有害化学物質の環境上適正な管理にあて、6つのプログラム分野についてそれぞれ目標及びとるべき行動等を詳細に示した。6つの分野とは、化学物質リスクの国際的なリスク評価の拡大と促進、化学物質の分類と表示の調和、有害化学物質と化学物質リスクに関する情報交換の促進、リスク削減プログラムの策定、化学物質管理のための国の能力強化、有害・危険製品の違法国際取引の防止、である[69]。

2002年に開催されたヨハネスブルグサミットで採択された「実施計画」は、アジェンダ21の約束を更新し、2020年までに、化学物質が人の健康と環境に対する深刻な悪影響を最小化するような方法で製造使用されることを目指すことを宣言した。そのために、進行中の国際プログラムの促進等を含む、予防的取組方法を考慮した、透明な科学ベースのリスク評価・管理手続

---

65)　Selin, *supra* note 5, p.197（Chapter 1 note 3）.
66)　Warning, *supra* note 5, p.122.
67)　ここで条約以外の国際文書とは、「ハードロー」に対比する概念としての「ソフトロー」（松井・前掲注（19）38頁）を意識しているが、ここに挙げた各文書の法的性質は具体的に検討していない。(1)(2)は、文書の形式（採択等した主体）で分類している。それぞれに挙げた文書はまた、Warning, *supra* note 5, pp.150-160, 169-172における、"ソフトロー"であってアジェンダ設定を主内容とするものと、"トランスナショナルパブリックロー"であって標準化等を主内容とするもの、に相当程度対応している。
68)　1972年のストックホルム人間環境会議の際に採択された勧告の中にも化学物質管理に関するものがある（ロングレン・前掲注（1）110-112頁）。
69)　Agenda 21, *supra* note 13.

を用いるとする[70]。

　アジェンダ21や「実施計画」の内容的な意味での延長線上にあるものとして、「国際化学物質管理の戦略的アプローチ」（SAICM）がある[71]。2006年に、各国政府、国際機関、非政府組織の代表が参加する国際化学物質管理会議（ICCM）で採択されたSAICMは、「実施計画」の目標達成に向けた政策枠組を示すもので、国際的化学物質管理に関するドバイ宣言、包括的政策戦略、地球規模行動計画、の三種類の文書からなる。SAICMについては、定期的なフォローアップが予定されている。

(2) 国際機関が採択した文書

① OECD

　早い時期から化学物質問題に取り組んできた国際機関の一つにOECDがある[72]。OECDは、1970年に環境委員会を設置し、翌年化学物質問題を扱うグループを設立した。OECDは、これまでに化学物質管理に関して多数の決定又は勧告を行っている[73]。その相当部分を占めるのが、加盟国の化学物質の評価制度の設計・運用に関するものである[74]。OECDは1974年に各国に化学物質の（上市前の）審査を行うについての勧告が行ったのを皮切りに[75]、80年代に入ると評価に関するデータの加盟国による相互受け入れ

---

70) Plan of Implementation of the World Summit on Sustainable Development, para 23, A/CONF.199/20（Sep. 4, 2002）.
71) Strategic Approach to International Chemicals Management, Report of the International Conference on Chemicals Management on the work of its first session, SAICM/ICCM.1/7. Warning, *supra* note 5, pp.95-6 も参照。
72) 化学物質管理に関するOECDの初期の活動について、ロングレン・前掲注（1）84-106頁参照。
73) 決定は加盟国に対し法的拘束力をもつ。OECD条約5条(a)参照。
74) 情報収集・リスク評価に関する活動が、国際組織等によって行われていることを指摘するものとして、Michael Warning, "Transnational bureaucracy networks : a resource of global environmental governance? The case of chemical safety", Gerd Winter (ed.) *Multilevel Governance of Global Environmental Change : Perspectives from Science, Sociology, and the Law,* 2006, repr., Cambridge University Press, 2011, p.313.
75) Recommendation of the Council on the Assessment of the Potential Environmental Effects of Chemicals, C (74) 215 (Nov.14, 1974). 以下、本稿で引用するOECD文書は、OECD：Chemical Safety：Publication & Documents：OECD Legal Instruments and Related Documents のページ (http://www.oecd.org/findDocument/0,3770, en_2649_34365_1_119672_1_1_37465,00.html) からアクセスしたものによる。

(MAD)[76]、上市前最小データセット (MPD)[77]、等に関する決定を行った。相互受け入れが求められるのは、優良試験所 (GLP) 基準及び有害性等に関する標準的な試験方法 (テスト・ガイドライン) に従ったデータであり、加盟国にはそれらの採用も勧告されている[78]。テスト・ガイドラインは、現在まで随時追加・更新等がなされている。80年代にはまた、こうした化学物質の評価等のために提出されるデータに関する権利保護について勧告[79]もなされた。80年代後半には、既存化学物質の体系的に調査するプログラムを導入することを加盟国に求める決定を行っている[80]。

このほか、OECDは、化学物質事故への対応、PRTR制度の導入等についても勧告を行っている。

② その他の国際機関

化学物質管理に関係する国際機関には、OECD以外にも様々なものがある。例えば、農薬安全に関わるFAO、健康保護を目的とする世界保健機関 (WHO)、労働安全の観点から化学物質管理に関わる国際労働機関 (ILO) などである。国連では、UNEPが化学物質管理の様々な活動に取り組んでいる[81]。

こうした機関において採択された化学物質関連の文書の中には、例えば、ロッテルダム条約の前身となったUNEPとFAOのガイドラインがある。また、最近の事例で国際的に広く影響を及ぼしているものとして、「化学品の分類と表示に関する世界調和システム (GHS)」[82]がある。GHSは、化学物質の有害性を分類しこれに応じて表示等を行う方法論の体系であって、各国の類似のシステムを調和させようとするものである[83]。GHS策定の国際

---

76) Decision of the Council concerning the Mutual Acceptance of Data in the Assessment of Chemicals, C (81) 30 (Final) (May 12, 1981).
77) Decision of the Council concerning the Minimum Pre-Marketing Set of Data in the Assessment of Chemicals, C (82) 196 (Final) (Dec.8, 1982).
78) C (81) 30 (Final), *supra* note 75, Annex I & II.
79) Recommendation of the Council concerning the Protection of Proprietary Rights to Data submitted in Notifications of New Chemicals, C (83) 96 (Final) (Jul.26, 1983).
80) Decision-Recommendation of the Council on the Systematic Investigation of Existing Chemicals, C (87) 90 (Final) (Jun.26, 1987).
81) 化学物質に関わる様々な国際機関とその活動について、Warning, *supra* note 5, pp.75-91, ロングレン・前掲注 (1) 18-32頁ほかを参照。

的な作業は、アジェンダ21を直接の出発点として、IOMCの調整のもと、ILO、OECD、国連経済社会理事会の危険物輸送に関する専門家小委員会（UNSCETDG）を中心的機関として実施された。GHSは、化学物質の危険有害性の種類及び程度等による分類基準と、分類に応じて危険有害性に関する情報伝達に含まれるべき標準的な内容等からなる。GHS文書は、初版が2002年に国連経済社会理事会のGHSに関する専門家小委員会（UNSCE-GHG）において採択、危険物輸送とGHSに関する専門家委員会（UNCETDG/GHS）により承認された[84]。その後改訂を重ねている[85]。

IV 国際条約等の国内化学物質法制への影響

1 問 題

「はじめに」でも触れたとおり、化学物質管理の国際的な法システムは日本の国内法に様々な影響を与えている[86]。一方、国内法は、国内の課題に対応するため、あるいは他国の法制度に学ぶことによっても変化している。国際的な法システムは、国内法にどの程度影響を与えているのであろうか。以

---

82) Globally Harmonized System of Classification and Labelling of Chemicals (GHS), Third revised edition, ST/SG/AC.10/Rev.3.（2002年に採択された文書に、何回か行われた修正を織り込んだもの。2011年に4版も公表されたが、ここでは3版に拠っている。）UNECEのサイト http://live.unece.org/trans/danger/publi/ghs/ghs_rev03/03files_e.html からダウンロード可能（last accessed in Nov. 13, 2011）。（以下、「GHS文書」と呼ぶ。）関係省庁による仮訳が次のサイトで公開されている。http://www.meti.go.jp/policy/chemical_management/int/ghs_text.html#3rd（last accessed in Nov. 16, 2011）

83) GHSに関する邦語の紹介は数多いが、比較的最近のものとして例えば、城内博「化学物質の分類および表示に関する世界調和システム（GHS）とわが国における活用」環境情報科学37巻（2008）3号33頁以下、同「化学品の分類および表示に関する世界調和システム（GHS）」労働衛生工学47号（2008）3頁以下がある。

84) 国連経済社会理事会が、各国政府に早期実施を呼びかけている。Work of the Committee of Experts on the Transport of Dangerous Goods and on the Globally Harmonized System of Classification and Labelling of Chemicals, ECOSOC Resolution 2003/64（July 25, 2003）. Warning, *supra* note 5, p.105 も参照した。

85) GHSの策定経緯及び概要については、主に、GHS文書・前掲注（82）Forward及びIntroduction、その仮訳、及びUNECEのサイト http://live.unece.org/trans/danger/publi/ghs/histback_e.html（last accessed in Nov. 15, 2011）を参照した。

下では、先に挙げた条約等の中で近年策定された主なものを取り上げ、日本の国内法に与えている影響について検討する。条約としては、ロッテルダム条約とストックホルム条約を、条約以外の国際文書については、日本においても採用が進められているGHSを取り上げる。

もとより、国際条約等による「影響の程度」を何によって評価するかは難しい問題であるが、ここでは次の点に注目する。条約の締結等に伴い国内法令の制定・改正等は行われたか、国内法令の階梯のどの段階に関する変更なのか（法律か、命令か）、変更の内容はどのようなものか（法改正を行った場合、変更の内容は私人の権利義務の内容に大きな変更を加えるものか、それとも、技術的変更であるのか）、である。

2　国際条約等の国内法への影響[87]

(1) ロッテルダム条約

日本がロッテルダム条約を締結したのは、2004年である。締結にあたり、新法制定・法律改正は行われていない。日本では、外国為替及び外国貿易法（外為法）が、経済産業大臣に対し、「外国貿易及び国民経済の健全な発展のため」「我が国が締結した条約その他の国際約束を誠実に履行するため」、輸出を行おうとする者に、承認を受ける義務を負わせる権限を与えている（48条）。これを受けて、輸出貿易管理令の別表2が承認を受けるべき対象を規定している（2条1項1号）。政府は、輸出貿易管理令別表2を改正し、ロッテルダム条約附属書Ⅲ上欄に掲げる物質、及び化学物質の審査及び製造等の規制に関する法律（化審法）、農薬取締法等有害化学物質を規制する法律により厳しい規制の対象となっている物質を追加した[88]。対象物質につき輸出申請があった場合には、政府当局が相手国に通報を行う[89]。なお条約に定め

---

[86] 国際法から見た場合国内法の如何はその国内実施の問題となるが、国内法（特に既存の法体系が存在する場合）から見れば、国際法は外部的な影響要因の一つともいえる。この点につき、木村ひとみ助教（大妻女子大学）との意見交換から示唆を受けた。

[87] 本項は、既存文献、関係省のウェブサイト掲載の情報その他の情報から、国際制度を主な理由・契機として行われたと見られる国内制度の制定・改正について調査し、本稿の問題意識に従って形式ないし内容において重要と思われるものを中心に記載している。条約に関しては、締結時の影響を中心にしており、その後の影響については一部を除き調査していない。

られた安全性情報資料の添付及び表示の義務は、輸出承認の際の条件とすることとし、通知の改正が行われている[90]。

(2) ストックホルム条約

ストックホルム条約の日本の締結 (2002年) に際しても、新法制定や法律改正は行われていない。化審法、農薬取締法、ダイオキシン類対策特別措置法、廃棄物の処理及び清掃に関する法律（廃棄物処理法）その他既存の法律により条約上の義務に対応する規制がなされているか、又は規制が可能と考えられた[91]。制度改正は命令以下の形式で行われている。一つには、化審法に基づく政省令を改廃し、2物質を第一種特定化学物質として指定するとともに、例外的に使用を認めていた用途を廃止した[92]。また、農薬については、農薬取締法の委任を受けた省令により、ストックホルム条約の対象物質を有効成分とする農薬の販売を禁止する[93]等の措置がとられた。貿易管理法については、輸入貿易管理令に基づき輸入承認を受けるべき対象に関する

---

88) 輸出貿易管理令の一部を改正する政令（平成15年政令第531号）。同時に、UNEPのロンドンガイドラインについて1992年より輸出貿易管理令別表2に対応する項目が設けられていたところ（「輸出貿易管理令の一部を改正する政令」（平成4年政令209号））、当該項目の削除等も行われた。環境省平成17年度（2005年度）「化学物質と環境」資料編「化学物質対策の国際的動向」(http://www.env.go.jp/chemi/kurohon/2005/http2005/40furoku/furoku2005.htm (last accessed in Nov. 15, 2011)) も参照。

89) 行木・前掲注 (37) 322頁図3。輸入の際の決定・回答も、国内化学物質法の規制に照らして、国が行う（同図参照）。

90) 「『化学物質の輸出承認について』の一部改正について」（平成16年9月7日付け輸出注意事項16第17号）。行木・前掲注 (37) 322頁図3も参照。化学物質条約締結に際しての輸出関連の制度改正に係る調査にあたっては、経済産業省のご担当者からご協力を賜った。厚く感謝を申し上げる。本稿に残された誤り及び本稿の見解は、すべて筆者のものである。

91) 森下・前掲注 (48) 299頁参照。以下ストックホルム条約の国内制度への影響については、全体に、同書及び「残留性有機汚染物質に関するストックホルム条約に基づく国内実施計画」（「地球環境保全に関する関係閣僚会議」了承。2005年) http://www.env.go.jp/chemi/pops/plan/all.pdf (last accessed in Nov. 13, 2011) を参照した。

92) 化学物質の審査及び製造等の規制に関する法律施行令の一部を改正する政令（平成14年政令第287号）、鉄道車両用機器の整備のためのポリ塩化ビフェニルの使用に関する技術上の基準を定める省令を廃止する省令（平成14年厚生労働省、経済産業省、国土交通省、環境省令第1号）。2物質については、日本では製造・輸入の実績がなかったとされる（前記改令改正等に係る環境省報道発表資料（平成14年8月29日）http://www.env.go.jp/press/press.php?serial=3570 (last accessed in Nov. 13, 2011))。

告示の改正のほか[94]、輸出貿易管理令の若干の改正[95]、輸出承認に関する通知の改正が行われている[96]。廃棄物処理については、POPs 廃棄物に関し適正処理の技術的指針が示されている[97]。

一方、2009年にストックホルム条約の附属書が改正されて対象物質が追加された際は、化審法の一部が改正された。当該物質の規制を念頭に、化審法の第一種特定化学物質の使用許可制において例外的に使用が認められる要件をやや広げている。これは、条約の規制対象及び方法と、化審法のそれとでは当初から微妙な差異があり、そのことが顕在化したためとみることもできる[98]。

(3) GHS

日本では GHS は、様々な形式で導入されている[99]。まず、2005年の労働安全衛生法の改正、及び関係政省令の改正により、GHS の分類対象が危険性・有害性であることを踏まえ、同法がそれまで有害物のみを表示及び文書交付の義務の対象としていたのに加えて危険物についても対象とすることとした（労働安全衛生法57条1項、57条の2第1項、同法施行令18条、18条の2）。また、GHS と調和した形での表示事項の追加・修正等[100]も行われてい

---

93) 有機塩素系農薬の販売の禁止を定める省令（平成14年農林水産省令第68号）。条約対象の農薬は、日本ではすでに登録が失効しているか登録実績がないものであった（環境省第4回 POPs 対策検討会（平成15年10月21日）資料4-1, http://www.env.go.jp/chemi/pops/kento/04/pdf/mat04-1.pdf (last accessed in Nov. 13, 2011)）。また、当時の作物残留性農薬等の使用に係る基準の改正もなされた（平成14年環境省令22号）。

94) 平成14年経済産業省告示第313号。

95) 輸出貿易管理令の一部を改正する政令（平成16年政令第174号）。

96) 「『化学物質の輸出承認について』の一部改正について」・前掲注（90）は、ストックホルム条約の対象物質に係る承認の基準等を規定する。

97) 環境省廃棄物・リサイクル対策部適正処理・不法投棄対策室「POPs 廃農薬の処理に関する技術的留意事項（平成21年8月改訂）」。最初に策定されたのは、2004年。http://www.env.go.jp/recycle/misc/pops.pdf (last accessed in Nov. 13, 2011)

98) 詳しくは、拙稿「ストックホルム条約の国内実施—国内環境法の視点から」新世代法政策学研究9号（2010）217-244頁参照。

99) GHS の国内制度への導入の全体像については、城内博「GHS の概要およびわが国の対応」作業環境27巻5号（2006）55-57頁参照。また、直近の状況として、平成23年4月18日 GHS 関係省庁連絡会議「我が国の GHS 導入状況」がある。http://www.meti.go.jp/policy/chemical_management/int/files/ghs/GHS implementation status in Japan jp 110406.pdf (last accessed in Nov. 13, 2011)

る。一方、工業標準化法に基づく工業標準である日本標準化規格（JIS）として、GHS に則った表示・MSDS の規格が発行されている[101]。なお、事実上の措置として、関係省庁が、GHS の分類方法の解説等を作成するとともに、国内法令で表示を義務づけている物質等についての分類を行い、結果を公表している[102]。

一方、特定化学物質の環境への排出量の把握等及び管理の改善に関する法律（化管法）の見直しに関する 2007 年の答申では、化管法の物質指定の基準について GHS との整合を目指すほか、GHS がすべての危険有害化学物質について分類・情報提供することを基本的な考え方としていることを踏まえて、現行法の対象よりも広く危険有害化学物質につき事業者自ら分類し MSDS を交付する仕組みを目指すべきとする見解が示された[103]。このようなシステムの変更には化管法改正が必要であるが、現在までのところ、従来の法律の枠内で物質選定基準の一部につき GHS を考慮するにとどまっている[104]。

3　検　討

ストックホルム・ロッテルダム条約については、条約締結にあたっての新法制定・法改正は行われていない。日本において有害化学物質がすでに高密

---

100) GHS を踏まえた労働安全衛生法等の改正の詳細について、厚生労働省労働基準局長通知「労働安全衛生法等の一部を改正する法律等の施行について（化学物質等に係る表示および文書交付制度の改善関係）」（基発 1020003 号、平成 18 年 10 月 20 日）参照。表示事項については、法律で「標章」を追加し（労働安全衛生法 57 条 1 項 2 号）、注意喚起語等についても追加している（同施行規則 34 条、34 条の 2 の 4）。
101) MSDS：化学物質等安全データシート。化学物質等の性状や取扱に関する情報を記載した文書（「平成 22 年版環境白書」436 頁参照）。労働安全衛生法、特定化学物質の環境への排出量の把握等及び管理の改善に関する法律の下では、GHS に調和した JIS 規格に準拠することにより、表示・MSDS に係る当該法令上の要件が満たされるとされる（「我が国の GHS 導入状況」前掲注（99）参照）。また、労働安全衛生法の下では、一部 JIS 規格が表示事項の一部として規定されている（厚生労働省告示第 619 号）。
102) 関係省の事実上の措置について、独立行政法人製品評価技術基盤機構の GHS 関連情報のサイト　http://www.safe.nite.go.jp/ghs/ghs_index.html（last accessed in Nov. 13, 2011）参照。
103) 中央環境審議会「今後の化学物質環境対策の在り方について（中間答申）―化学物質排出把握管理促進法の見直しについて」（平成 19 年 8 月 24 日）14-15 頁。

度で国内規制を行っている分野であったことや、条約上の義務自体がある程度柔軟であったことが背景にある。ただし、既存法の改正については、ストックホルム条約加入後になって、附属書改正に対応する形で行われたものがある。この際の化審法改正は、条約と国内法との関係を考えるうえで興味深い内容を含んでいるが、従来の法律の下での事業者の具体的義務の内容を大きく変えるというものでは必ずしもない。以上でみる限りにおいては、二つの条約は、化学物質管理を目的とする国内法に対して大きな影響を与えているとは言い難いように思われる。なお、両条約が有害化学物質の輸出入について制限等を行うこととしていることは、貿易管理法に対する影響という形で（も）現れている。この分野では外為法が政令に包括的な委任を行っていることからやはり法律改正は不要であり、政令以下の改正によっている。

　GHS は、条約とは異なり法的拘束力のある文書ではない。しかしながら、日本政府はある程度積極的に、国内法への導入を図っているようにみえる。例えば、労働安全衛生法の改正である。GHS においては、システムすべてを国内制度に取り入れなくとも、国内法と調和可能な範囲で部分的に調和させることを認めており[105]、労働安全衛生法が危険物についても表示や MSDS を求めることとしたのは、最小限の調和を超えた、国内法における実質的な政策判断が含まれているといえる。一方、GHS を機に、表示や MSDS の対象を国内法で規制された特定物質以外にも有害化学物質一般に広げるといった、表示等に関する日本の法の考え方を変更するような法改正もまた、行われていない[106]。

V　おわりに

　化学物質問題については、従来、問題の普遍性、アプローチの同質性等の

---

104)　中央環境審議会「特定化学物質の環境への排出量の把握等及び管理の改善の促進に関する法律に基づく第一種指定化学物質及び第二種指定化学物質の指定の見直しについて（答申）」（平成 20 年 7 月 11 日）2-4 頁参照。
105)　GHS 文書・前掲注（82），1.1.3.1.5 "Building block approach".
106)　GHS 導入を機に化学物質に係る情報開示・伝達の範囲拡大を期待するものとして、城内博「化学品の分類及び表示に関する世界調和システム（GHS）」労働科学 80 巻 5 号（2004）228-229 頁。また、拙稿「環境リスク管理と製品表示」環境管理 41 巻 12 号（2005）58 頁も参照。

ゆえに、国際協力及び国際的な法システムの形成が進んできたところ、近年、地球規模の環境問題としての認識も加わって、国際的な管理の強化が進んでいる。

化学物質に関する主な条約としては、その製品環境問題としての性格を強く反映したものとしてロッテルダム条約が、一方、地球環境問題としての性格を強く反映したものとしてはストックホルム条約があり、特定物質につき、前者は貿易局面での管理に特化し、後者はライフサイクルにわたる管理を規定している。条約以外にも様々な国際文書があり、広範な化学物質を対象として、各国の化学物質法制度の調和、情報等リソースの提供、方向性の調整等を図ろうとしている。

これらの国際的な法システムは日本の国内法にも影響を与えているが、化学物質管理を主眼とする条約との関係では、国内規制が先行しており、条約は大きな法制度変更の契機とはなっていない[107]。一方、条約以外の国際文書については、法的性格も内容も多様であり、ここで国内法への影響について一般論を述べることは難しい。法的拘束力のない文書については、国内における政策判断によるところも少なくなく、国内法への影響の分類やメカニズムについては更に検討が必要である。

本稿は、化学物質管理の国際的な法システムに焦点を当て、国内法は別のシステムとしてそれとの関係について考察した。しかし、近年、国内の化学物質法は、内容面からみれば、国内における具体的な必要性の認識やリスクに関する判断に基づいて規制を行うというだけでなく、グローバルな化学物質管理の一部を担うという性格を強めつつあるように思われる。このことが、法的にどのような意味を持つのか、どのように評価すべきか、を検討することは、今後の課題といえる。

---

[107] 化学物質管理に関する条約を、バーゼル条約やオゾン層保護の条約にまで広げて考えれば状況は全く異なる（いずれも、新法が制定されている）。また、本稿では法形式や制度上の私人の権利義務への影響の大きさをもって「大きな変更」としたが、別の視点もありうる。なお、本稿は国内法から国際法への影響という側面は視野に入れておらず、この点は改めての課題である。

第12章　国際環境法・条約

35　近年におけるロンドン条約の進化と変容

加藤久和

I　はじめに

　海洋投棄の規制に関するロンドン条約は、環境問題に関する世界初の国連会議、ストックホルム人間環境会議が開かれたのと同じ1972年に採択された由緒ある環境条約である。今日では総数300以上にのぼると言われる多数国間環境協定（MEAs）の中でも最も古い世代に属する創生期の条約であり、船舶からの排出に起因する海洋汚染の防止を目的とした1973/78マールポル（MARPOL）条約と並んで、海洋環境保護のための普遍的条約の双璧をなしている。

　その後数次にわたる条約本文および附属書の改正を経て、1996年にはロンドン議定書が採択され、限定列挙された特定の廃棄物その他の物の海洋投棄を禁止または規制する「ブラック・リスト」方式から、すべての廃棄物その他の物の海洋投棄を原則禁止とし、海洋環境に悪影響を与えないと考えられる特定の廃棄物等についてのみ海洋投棄を検討し許可することが認められる「リバース・リスト」方式を採用することにより、実質的にロンドン条約に取って代わるものとなった。

　ロンドン議定書は26カ国の批准・加入を得て2006年3月に発効したものの、2011年7月現在の加盟国数は40カ国と、ロンドン条約（同じく2011年7月現在、87カ国が加盟）の半分に満たず、条約から議定書への移行が必ずしも円滑に進んでいるとは言えない。したがって、現時点では条約と議定書

が並存する状態にあり、双方の締約国会合が原則として毎年一回、同時並行して開催されている。しかし、むしろこのように両者の締約国会議やその下部機関である科学グループ、その他作業部会等の会合が同時並行的に、しかもその多くが合同して開かれることが、条約と議定書の一体的運用を可能にしていると言うこともできよう。これを表して「2つの条約、1つの家族」("two instruments, one family")[1] と呼ばれる所以である。

　一般に地球環境条約においては、条約の本体では条約の目的、基本理念と原則、締約国の一般的義務、条約の実施メカニズム、組織体制などといった大枠の枠組みを定め、その具体的義務や技術的事項については議定書または附属書で規定することとして、その後の科学的知見の集積や技術進歩の度合いに応じて新たな議定書の締結交渉を行ったり、附属書を改正していくという方法をとることが多い。さらに、個別のメカニズムや制度の具体的な内容と運用手続きについては、締約国会議の決定または勧告・決議等により定めるといったことも行われる。特にロンドン条約と議定書については、2006年3月にロンドン議定書が発効して以降も、附属書の改正や解釈決議（法的拘束力のあるもの、ないものを含む）を通じて実質的な運用のルールを確立して行こうとする傾向が強いように思われる。

　そこで以下では、近年ロンドン条約および議定書の締約国会議等の場で議論されてきた主な事項をとり上げてロンドン条約および議定書の変容の過程を明らかにするとともに、それが今後の同条約・議定書体制のさらなる進化・発展に向けて意味するものについて考察することとしたい。

Ⅱ　ロンドン条約と議定書の概要

　最初に、ロンドン条約と96年議定書の概要を簡単にみておくこととしよう。

---

[1] 第28回ロンドン条約締約国会議・第1回ロンドン議定書締約国会議（LC28/LP1）の議長、エスコバル・パレデス氏（スペイン）の表現（Report of LC28/LP1, Doc. LC28/15, 6 December 2006）。

図1 ロンドン条約の概要

現行ロンドン条約 本文
目的：陸上発生の廃棄物等の投棄による海洋汚染の防止
主要条項：
①附属書Ⅰに掲げる廃棄物等の投棄を禁止
②附属書Ⅱに掲げる廃棄物等の投棄には、事前の特別許可を要す
③他の全ての廃棄物等の投棄には事前の一般許可を要す
④いずれの許可も、附属書Ⅲに掲げる全ての事項に慎重な考慮が払われた後でなければ与えてはならない

附属書Ⅰ
①有機ハロゲン化合物、水銀及び水銀化合物等、7項目の物質及びこれらを含有する廃棄物その他の物の投棄禁止
②1966年1月1日以降の産業廃棄物の投棄を禁止（ただし、しゅんせつ物等の6品目を除く）
③産業廃棄物及び下水汚泥の洋上焼却の禁止
④放射性廃棄物の投棄禁止

附属書Ⅱ
①砒素、ベリリウム等を相当量含む廃棄物等の投棄には特別許可を要す
②コンテナ、金属くず等の巨大廃棄物で漁労や船舶航行の重大な障害になるものの投棄には特別許可を要す

附属書Ⅲ
許可を与える際の考慮事項。投棄されるものの特性及び組成、投棄場所の特性及び投棄方法等

（出典：平成15年中央環境審議会答申第173号参考資料より）

1 ロンドン条約の概要

　ロンドン条約は、その正式の名称を「廃棄物その他の物の投棄による海洋汚染の防止に関する1972年の条約」といい、海洋投棄による海洋の汚染を防止することを目的としている。

　同条約は1972年11月に採択され、その発効要件である15カ国の批准を得て1975年8月に国際発効した。その後世界的な海洋環境保護の必要性への認識の高まりを受けて、1993年11月に附属書Ⅰ及びⅡが改正され、1994年2月から発効した。同改正により、産業廃棄物の海洋投棄は1996年1月1日から原則禁止となり、また、放射性廃棄物その他の放射性物質も、高レベル・低レベルを問わず、海洋投棄が禁止されることになった。

図2　ロンドン議定書の概要

96年議定書　本文
目的：陸上発生の廃棄物等の投棄による海洋汚染の防止
主要条項：
①附属書Ⅰに掲げる廃棄物等の投棄を禁止
②洋上焼却を禁止
③予防的取組み及び汚染者負担原則の明示
④附属書Ⅰに掲げる廃棄物等の投棄には、附属書Ⅱに基づく許可を要す
⑤内水適用または内水での効果的措置の採用

附属書Ⅰ
①投棄を検討できる廃棄物等（リバースリスト）しゅんせつ物、下水汚泥、魚類加工かす、船舶・プラットフォーム、不活性な地質学的無機物質、天然起源の有機物質、コンテナ等
②最低限度を上回る放射能を有する上記例外廃棄物等の投棄禁止

附属書Ⅱ
投棄を検討できる廃棄物その他の物の評価の枠組み
（廃棄物評価フレームワーク；WAF）

一般WAG
(Waste Assessment Guidelines)
投棄を検討できる廃棄物その他の物の一般的な評価ガイドライン

品目WAG
個別の品目毎の評価ガイドライン

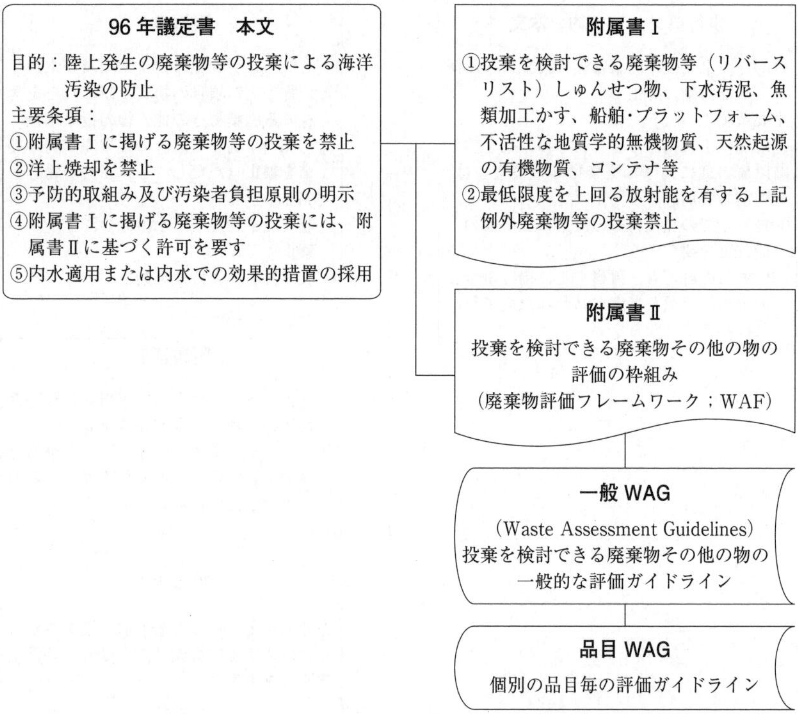

（出典：平成15年中央環境審議会答申第173号参考資料より）

　わが国は1973年6月に同条約に署名、1980年6月に国会の承認を得て同年10月に批准書を寄託、11月に国内発効した。以来、わが国では同条約の定めるところを「海洋汚染及び海上災害の防止に関する法律」（通称「海洋汚染防止法」又は「海防法」）及び「廃棄物の処理及び清掃に関する法律」（通称「廃棄物処理法」又は「廃掃法」）に盛り込み、廃棄物の海洋投入処分等の管理を行ってきた。
　条約は、本文、3つの附属書及び付録からなっている。

2　ロンドン議定書の概要

　1996年11月、ロンドン条約の規制内容をさらに強化することを目的として、「廃棄物その他の物の投棄による海洋汚染の防止に関する1972年条約の

1996年議定書」（以下、「ロンドン議定書」又は単に「議定書」という）が採択された。わが国は、ロンドン議定書が発効した2006年の翌年、2007年10月に同議定書に加入した。

ロンドン議定書の目的は、現行のロンドン条約と実質的に同じである。ただし、「投棄」の定義が条約では「海洋において（at sea）処分すること」となっているところ、議定書では「海洋へ（into the sea）処分すること」とされ、また、議定書の「海洋」の定義には「海底及びその下」（seabed and the subsoil thereof）が加えられているため、規制の対象範囲が条約より広く、海底「貯蔵」等も含まれることが明確になっていることに留意する必要がある（議定書1条7項）。

ロンドン議定書が定める主な内容は次のとおりである。
①附属書Iに掲げる廃棄物等を除き、海洋投棄を禁止（4条1項）
②洋上焼却を禁止
③予防的取組み及び汚染者負担原則を明示（3条1項、2項）
④附属書Iに掲げる廃棄物等の投棄に当たっては、附属書II（「廃棄物のアセスメント枠組み」（Waste Assessment Framework：WAF）に基づく許可を要する（4条2項）。
⑤内水にも適用、又は内水での効果的措置の採用（7条1項〜3項）

3　議定書附属書Iの概要

ロンドン議定書の附属書I（2008年の改正前）が定める事項は、以下のとおりである。

(1) 海洋投棄を検討できる品目（表1〈次頁〉）

表現に多少の違いはあるものの、ロンドン条約の附属書Iに定められた"産業廃棄物の海洋投棄禁止の例外品目"に該当する（表1の項目7の大型廃棄物を除く）。

(2) 投棄を検討する場合の一般注意義務

海洋汚染物質の除去及び漁労・航行の重大な障害の防止

(3) 低レベル放射性廃棄物の投棄禁止（25年以内に見直し、さらにその後25年ごとの見直しを規定）

表1　ロンドン議定書附属書I

海洋投棄を検討することができる廃棄物その他の物
1. しゅんせつ物
2. 下水汚泥
3. 魚類残さ又は魚類の工業的加工作業から生じる物質
4. 船舶及びプラットフォームその他の人工海洋構築物
5. 不活性な無機性の地質学的無機物質
6. 天然起源の有機物質
7. 主として鉄、鋼及びコンクリート並びにこれらと同様に無害な物質であって物理的な影響が懸念されるものから構成される巨大な物（ただし、投棄以外に実施可能な処分の方法がない孤立した共同体を構成する島嶼等の場所においてそのような廃棄物が発生する場合に限る。）

III　ロンドン条約と議定書との基本的な違い

1　海洋投棄の管理規制から原則禁止へ

現行条約では附属書Iに掲げる廃棄物等を海洋投棄禁止とし、これに該当しないもの（例外指定されたものを含む）は海洋投棄ができる仕組みとなっていたが、ロンドン議定書では海洋投棄を原則禁止とし、附属書Iに掲げられた廃棄物等だけが海洋投棄を「検討してもよい」仕組みとなった（図3）。

2　海洋投棄の環境影響評価（アセスメント）

ロンドン議定書の締約国は、議定書附属書IIの遵守義務に伴い、個々それぞれの廃棄物の海洋投棄が海洋環境にもたらす影響を予測・評価し、そのうえで規制当局が許可を発給する法的な仕組み等を整備する必要がある。

また、附属書IIのガイダンスとして、別途、一般的な評価ガイドライン（「一般WAG」）および個別の品目ごとの評価ガイドライン（「品目WAG」）が定められている。一般WAG及び品目WAGはいずれも「ガイドライン」であって、法的拘束力を有するものではないが、締約国はこれらのガイドラインに沿ってアセスメントを行ったうえで許可・不許可の決定を行うことが求められる。

これを要すれば、ロンドン議定書においては、海洋投棄及び洋上焼却を原則禁止とし、海洋投棄を検討できるものを附属書Iに限定列挙する方式（海洋投棄が全面禁止されるものを限定列挙するロンドン条約附属書Iの「ブラッ

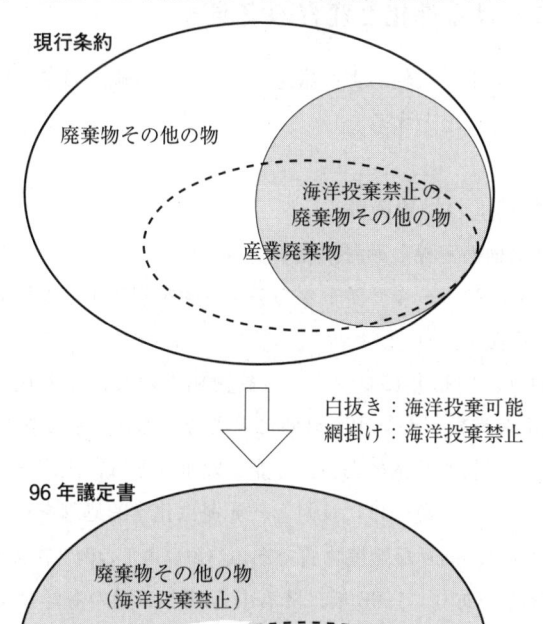

図3 条約と96年議定書とにおける各投棄可能品目のイメージ

現行条約

廃棄物その他の物
海洋投棄禁止の廃棄物その他の物
産業廃棄物

白抜き：海洋投棄可能
網掛け：海洋投棄禁止

96年議定書

廃棄物その他の物
（海洋投棄禁止）
海洋投棄を検討できる廃棄物等（附属書Ⅰ）
産業廃棄物

（出典：平成15年中央環境審議会答申第173号参考資料より）

ク・リスト」、許可制により規制されるものを列挙する同条約附属書Ⅱの「グレイ・リスト」に対し、「リバース・リスト」と称される）を採用することとし、海洋投棄する場合にはその影響の予測・評価に基づいて許可を発給すること（附属書Ⅱ）を義務づけている点に最大の特徴がある。

Ⅳ 近年における進化と変容の実態

以下では、ロンドン条約および議定書の解釈・実施上の主な争点を具体例に即して見ていくこととする。

1 海洋投棄禁止の対象範囲
(1) 産業廃棄物の定義と赤泥問題

赤泥とは、原料のボーキサイトからアルミナを製造する工程で排出されるスラリー状の汚泥をいう。

前述のとおり、1993年のロンドン条約附属書の改正により、産業廃棄物は1996年以降海洋投棄が禁止されることとなったが、わが国はこの条約改正会議に際して当初改正案にあった「産業廃棄物とは、生産又は加工を経た廃棄物をいう」との定義づけに反対し、赤泥は化学的処理を経ても汚染されていない不活性 (inert) な無機物質である (附属書Ⅰの例外物質11 (e) 参照) と主張した経緯があり、1996年以降も引き続き赤泥の海洋投棄を認めてきた。

これに対し、ドイツおよびオブザーバー参加の国際NGOグリーンピース・インターナショナル (GPI) が1998年の第20回締約国会議 (LC20、以下同様に表記) において、赤泥は条約により海洋投入が認められる「産業廃棄物に当たらない物質」(例外定義) には該当しないと指摘し、日本を批判した。それ以来、累次の締約国会議、科学グループ会合等の場では、日本のたび重なる反論・釈明、赤泥のアセスメントに関する文書の提出等にも拘わらず、論争が続いてきた[2]。

2001年のLC23において、英国等が「化学処理を行っているものは産業廃棄物に該当する」と提言したのに対し、わが国は「例外定義に規定されて

---

[2] 以下の節で紹介・解説する締約国会議等における議論の流れについては、該当する年次会合および科学グループその他の作業グループの公式会議録、報告書等を基にして書かれているので、逐一出典に言及することはしない。これらの詳細については、国際海事機関 (IMO) HPの"IMO Documents"を参照されたい。また、締約国会議の主な決定事項については、歴年の *Yearbook of International Environmental Law* (1991,……2009) も参照できる。

いる物質に該当すれば海洋投棄は可能である」と反論。しかし、依然として定義についての合意が困難であったため、わが国は2003年のLC25において、「現実的な解決方法として、日本は赤泥の海洋投入の中止を視野に入れつつ、段階的に海洋投入処分量を削減する」ことを表明した。他方、締約国会議は科学グループ（SG）に対して産業廃棄物の例外についての判断基準（クライテリア）および「不活性な地質学的無機物質」の評価指針を検討するよう要請し、SGではそれに従って「プリスクリーニング・クライテリア」を作成することとなった。

そしてついに2005年、わが国は同年春のSG会合において、「2015年末までに赤泥の海洋投入を中止する」ことを宣言した。この決定は、産業廃棄物であるか否かを問わず、すべての廃棄物等の海洋投棄を原則禁止とするロンドン議定書が間もなく発効する見通しになったことを念頭において行われたものと考えられる[3]。

これにより一応の決着をみた赤泥問題はその後沈静化していくが、科学グループ会合等においてはその後も附属書Iの解釈をめぐって様々な問題が検討され、議論が行われている（その代表例が次の第2節（1）で取り上げる地球温暖化対策がらみのCO_2の海底貯留の問題である。）。

(2) 放射性廃棄物

放射性廃棄物の海洋投棄については、ロンドン条約採択時の附属書Iに「高レベルの放射性廃棄物その他の放射性物質」が掲げられ、海洋投棄が禁止されていた。低レベルの放射性物質については、1983年以来数度にわたって一定期間のモラトリアム宣言や段階的中止の提案がなされ、1986年には無期限のモラトリアム決議（LDC21（9））が採択されたが、これらはいずれも法的拘束力のないものであった。それが1993年の条約附属書の改正によって、高レベル・低レベルを問わず、すべての放射性物質の海洋投棄が禁止されることとなった。言うまでもなく、ロンドン議定書においても放射

---

[3] ちなみに、韓国でもわが国同様、アルミナの生産に伴って発生する赤泥を海洋投棄しており、この論争の行くえに注目してきた（ただし、韓国自身はあまりこの論争には加わらなかったようである）。その韓国が2008年のLC30/LP3においてロンドン議定書に加盟の意向を表明するに当たり、わが国と同じく「2015年までに赤泥の海洋投棄を中止する」と宣言した背景には、このような事情があったと思われる。

性物質はすべて海洋投棄が禁止されている。

ただし、ロンドン条約の改正附属書Ⅰおよび議定書の附属書Ⅰにおいては、「国際原子力機関（IAEA）によって定義され、かつ、締約国によって採択される"de minimis"（僅少レベル、すなわち、免除されるレベル）の濃度以上の放射能を有する……物質については、投棄の対象として検討してはならない。」と規定されている（条約の改正附属書Ⅰの9項、議定書附属書Ⅰの3項）ため、締約国の間で"de minimis"の概念について見解の相違があり、累次の締約国会議や科学グループ会合で論争が続いてきた[4]。

このため、"de minimis"概念に関するアドホックな作業部会を設けて検討した結果、1999年のLC21において、放射性物質の"de minimis"レベルを定義するに当たってはIAEAが提出した「免除原則の適用に関する技術的報告」（TECDOC-1068）を権威ある参照文献とするとともに、さらにIAEAに対して、海洋投棄が認められる品目ごとのアセスメントについてガイダンスを要請することになった。

2 地球温暖化防止対策との関係

(1) 二酸化炭素（CO_2）の海底貯留問題

火力発電所や工場等の排煙中からCO_2を除去・回収したものを海底下の地層構造に封じ込めて貯留する「炭素回収・貯蔵（CCS）」技術の研究開発が進み、実用化の可能性が高まってきたことに伴う問題である。この問題は、ロンドン条約および議定書との関連において、さらに2つの論点に分けることができよう。すなわち、

・除去・回収されたCO_2は「産業廃棄物」に当たるかどうか、また、CO_2の海洋投入・海底貯留が「投棄」又は「単なる処分の目的以外の目的での"配置"（placement）」（ロンドン条約3条1項（b）の（ii）、議定書4条2項2号）に当たるかどうか、

---

[4] これに対し、拘束力のないモラトリアム決議であっても"de minimis"の概念を導入せずに十分効果を挙げてきたし、現にいくつかの地域海条約では"de minimis"の定義なしに放射性廃棄物の海洋投棄を禁止していると指摘して、この論争に批判的な学説も見受けられる。Cf. Remi Parmentier, "The Radioactive Waste Dumping Controversy", in Phillip Sands (ed.), *Greening International Law* (The New Press, 1994, p.140-158).

・国境をまたぐ海底下の地層構造にCO_2を圧入する場合、議定書6条が禁じている「輸出（export）」に当たるかどうか、

の2点である。

① 「産業廃棄物」、「海洋投棄」に当たるか否か

この問題は、つまるところ、CO_2の海洋投入・海底貯留をロンドン条約・議定書のもとで規制できるかどうか、また、規制すべきかどうか、という問題である。これは、先進国に対してCO_2を含め6つの温室効果ガス（GHG）の排出削減を義務づける京都議定書が採択された1997年という比較的早い段階から、CO_2の海洋投入一般の問題としてロンドン条約の締約国会議で取り上げられてきた（ちなみに、「産業廃棄物」に該当するかどうかはロンドン条約についてのみ問題になりうる）。

1999年のLC21では、化石燃料由来のCO_2は産業廃棄物であると考えられるとし、この問題をどれくらい優先的に扱うべきかについて締約国会議の指示を求めた科学グループの報告をめぐって議論が行われた。デンマーク、ドイツ、その他数カ国がオブザーバー参加のグリーンピース（GPI）とともに科学グループの結論を支持したのに対し、他の国々は時期尚早であるとして反対した。また、ノルウェーはロンドン条約がCO_2の海洋貯蔵に関わるすべての事項をカバーするものではない（例えば、沖合の石油・天然ガス掘削に伴う泥水その他の物を海底下に再注入することは「投棄」に当たらないとしたLC17の合意がある）ことを指摘した。また、フランスと国際自然保護連合（IUCN）は、CO_2の海洋貯蔵技術の開発が先進国の排出削減努力を妨げるのではないかという懸念を表明し、GPIもCO_2の海洋貯蔵を＜陸上発生源―大気中に蓄積―大気・海洋交換による吸収と放出＞という自然の循環経路を断ち切る（ショートさせる）ものであるという国際エネルギー機関（IEA）の報告書を引用しつつ、CO_2の海洋貯蔵に伴うさまざまな問題点を分析・整理したGPIの提出文書を紹介した。この結果、化石燃料由来のCO_2を産業廃棄物とみなすべきか否かについては合意が得られず、科学グループに対して今後とも研究開発の動向をフォローして本会議に報告する（"keep a watching brief"）よう指示するとともに、条約または議定書を改正する必要性等については後の段階で審議することとなった。

以後、この状態がしばらく続いたが、2004年に至って科学グループが「CO_2の海底貯留は技術的に可能であるが、それが海洋環境に与える影響については科学的知見が不足している」との中間報告をまとめた。これを受けて、同年10月のLC26では、CO_2の海底貯留が地球温暖化対策の重要な手段となる可能性があることを認め、ロンドン条約がこの問題を扱うにふさわしい普遍的な国際法レジームであることに合意した。そこで新たに「CO_2隔離に関する作業部会」を設置して、①海底下地層構造へのCO_2隔離とロンドン条約・議定書との整合性、②CO_2の海底貯留による海洋環境へのリスクと便益についての初期的な評価、③ロンドン条約・議定書による追加的な規制の必要性、④（UNFCCC、IPCC等、他の国際的フォーラムで行われている作業との関連で）ロンドン条約・議定書が果たす（べき）役割等について検討することとなった。

翌2005年のLC27はこの作業部会の報告を受けて、「法的事項に関する会期間連絡グループ」（LC/CM-CO2）を設置してさらに詳細な検討を行い、ロンドン議定書によりCO_2の海底貯留を規制するための（議定書の改正を含む）さまざまなオプションのメニューを提示するように求めるとともに、科学グループ内に「技術的事項に関する会期間作業グループ」（LP/SG-CO_2）を設置して、新たな評価指針作成の必要性も含めて検討することとした。

ロンドン議定書が発効した2006年の第28回ロンドン条約締約国会議及び第1回ロンドン議定書締約国会議（以下、LC28/LP1と表記。それ以降の締約国会合についても同じ）においては、これらの作業グループ報告をめぐって議論が交わされた結果、科学グループの報告については「CO_2海底貯留のリスク評価とリスク管理の枠組み」を承認するとともに、これを踏まえて「CO_2海底貯留のアセスメント枠組み（AF）」を策定することとなった。

他方で、CO_2海底貯留をロンドン議定書の中に明確に位置づけ、その管理のもとにおくためには附属書Ⅰの改正が必要であるとして、オーストラリアがフランス、ノルウェイ、英国との共同提案により、また、スペインも単独で改正案を正式に提出したため、これをめぐって議論は再び紛糾した。改正案に賛成の国々は、すでに世界各地でCO_2隔離プロジェクトが計画されており、これに対する法的な枠組みを設けないと海洋環境の保護を図りつつ地

球温暖化対策を進めることの重要性について否定的なシグナルを送ることになる、CCS技術は有望であり、各種の試験的プロジェクトの結果は世界的によく知られている、次はフルスケールのプロジェクトを行う必要があるが、附属書の改正がないとそれが妨げられてしまう、改正案は議定書にうたわれている予防的アプローチにもかなうものである、等の主張がなされた。一方、改正に反対の国々からは、CO_2の海底貯留を行う場所、許容されるCO_2の漏出率、長期的なモニタリングの方法、隔離されたCO_2の純度等についてまだ多くの不確実性があること、アセスメントのための具体的な指針を策定することが先決問題である、等の反論がなされた。

そこで本会議は再びこの件に関して会期中作業グループを設置し、早急に評価指針を策定するため科学グループ（SG）に対する付託事項案を作成するとともに、オーストラリアの附属書Ⅰ改正案を中心にして再検討するよう求めた。その結果、本会議に提出された作業グループの報告は了承されたものの、附属書Ⅰの改正案をめぐって再び会議が紛糾したため、オーストラリアが若干修正した改正案を表決にかけることを要求し、改正案は賛成12（豪、加、英、仏、独、スペイン、ノルウェイ等）、反対0、棄権5（中国、デンマーク、エジプト、南ア等）で可決された（米国は議定書に未加盟、日本もこの時点では未加盟につき、投票に参加せず）。その結果、ロンドン議定書の附属書Ⅰが改正され、海洋投棄が認められる項目に「二酸化炭素を隔離するための二酸化炭素の回収工程から生ずる二酸化炭素を含んだガス」が追加された（改正附属書Ⅰの1.8項）。

翌2007年のLC29/LP2では、CO_2の海底貯留に際して実施すべきアセスメントの品目別ガイドラインが採択された。さらに2008年のLC29/LP3では、CO_2隔離プロジェクトのための締約国報告の様式等についても議論され、科学グループが作成した様式案を（報告事務の負担軽減のため）簡素化して修正のうえ採択した。

② CO_2の「輸出」問題

この問題は、2006年4月、CO_2の法的事項に関する会期間会合において、ノルウェイおよび英国が、「海底下地層隔離を目的とするCO_2の輸出」が認められるよう、ロンドン議定書第6条を改正する提案を行ったことが発端に

なっている。

その後、CO_2の科学的事項に関する会期間会合（2007年4月）においてドイツから、国境にまたがる海底下地層にCO_2流を圧入する場合の問題について検討すべきとの提案がなされた。これを受けて、2007年11月のLC29/LP2は、国境をまたぐ海底下地層にCO_2流を圧入する場合のみならず、議定書第6条の「輸出」に関する問題や他の条約との関連についても検討する必要があることから、越境CO_2隔離問題に関する法的及び技術的作業部会を設置することを決定し、同作業部会（LP/CO2）が2008年2月にドイツにて開催された。

LP/CO2の第1回会合は、日本及び中国以外は欧州諸国のみという地理的にきわめて変則的な状況下で開催されたため、重要なプレーヤーである米、加、豪、スペイン、韓国、サウジアラビア等が参加しておらず、カナダ（議定書締約国）と米国（議定書非締約国）は、慎重な検討を求める意見書を提出した。また、わが国及び中国も、6条改正を含めて検討する必要性は認めつつも、内容については拙速に進めるべきではないとの見解を表明した。

これに対して、各国が隣国と国境を接し、CO_2を貯留する地層も国境をまたぐ連続的なものがあるといった特殊事情を持つ欧州諸国は、総じて積極的かつ早急に制度化したいとの意向が明らかであり、ブラケット付きとはいえ、作業部会報告に6条改正の文案が盛り込まれることとなった。

2008年のLC30/LP3においては、LP/CO21の議長国ドイツより、「CO_2流の国境を越えた移動は気候変動対策として必要であり、各締約国はロンドン議定書がその妨げとなるべきではないとの政策的見解を伝えるべきである」との結論が報告された。本会議では会期間連絡グループを設置して、①6条の改正が良いか、解釈決議が良いか、②実現させる政策目標は何か、③対象とすべき「輸出」とは何か、④海底下の移動（migration）も輸出として扱われるべきか、等の点について検討を継続することとなった。

さらに翌2009年11月のLC31/LP4においても長時間にわたる論戦の末、CO_2の越境移動、つまり議定書上の「輸出」を認める方向で6条改正を行う決議案が投票に付され、賛成15（日本を含む）、反対1（中国）で可決された

(Res. LP.3 (4))。なお、同決議は議定書の科学グループに対し、2007年に採択された「CO_2の海底貯留に関するアセスメントの品目別ガイドライン」を修正する必要性、輸出する場合の追加的ガイドラインの作成等について検討するよう要請している。2010年のLC32/LP5では、これらの作業を行うため科学グループが作成した作業計画を承認し、その進捗状況を次回の締約国会議に報告するよう求めた。

(2) 海洋の肥沃化問題

海洋の肥沃化とは、海中で不足する成分（鉄分、窒素、亜硫酸等）を外から補うことにより海洋を肥沃化し、植物プランクトンを増殖させることをいう。こうした植物プランクトンの増殖により、大気中のCO_2を固定化し、海水中に取り込むことによって地球温暖化防止に有効な対策の一つとなることが期待されている。また、実際にも近年、世界のさまざまな海域で海洋肥沃化の実験が行われるようになってきた。

2007年6月に開催された科学グループ会合では、CO_2の海洋固定とCDMを利用した排出削減クレジット（CER）の取得を目指して米国企業がガラパゴス海域にて予定していた鉄散布の商業規模実験について、国際NGOのグリーンピース・インターナショナル（GPI）と国際自然保護連合（IUCN）から、その効果と影響に関する科学的な議論の必要性を指摘し、ロンドン条約・議定書の規制枠組みとの整理を求める文書が提出された。科学グループの討議においては、わが国を含む多くの国から、当該行為に係るさまざまな技術的あるいは法的疑問や懸念が表明された。これを受けて科学グループは海洋肥沃化実験に関する「懸念声明」（"Statement of Concern"）を作成し、2007年7月に報道発表するとともに、関連する国際機関および締約国に対しても周知された（LC-LP1/Circ.14）。

同年10月に開かれたLC29/LP2では、上記の「懸念声明」を承認（endorse）し、また、鉄散布のみならず、海洋肥沃化全体を検討対象とすることに合意した。さらに、この問題について締約国の科学的側面と法的側面の双方から検討する必要性を認め、法的側面に関する検討を行う会期間連絡グループ（LICG）を設置した。

翌2008年のLC30/LP3においては、この問題に関連する国連環境計画

(UNEP)の報告や生物多様性条約（CBD）の懸念声明が紹介されるとともに、LICGの報告を受けて議長が、これまでの議論から海洋肥沃化をロンドン条約・議定書の下で規制することについて締約国の総意があると総括し、作業グループ（WG）を設けて何をどのように規制すべきなのかを検討することとなった。同WGで検討の結果、海洋肥沃化は「合法的かつ科学的な試験研究を除いて」、現時点では禁止することが適当、科学的な実験計画についても、ケース・バイ・ケースでLC/LP締約国会議が作成する評価指針に基づいて事前評価することが適当、との共通認識となった。

　本会議ではこの規制をどのように具体化するかについて検討が行われ、法的拘束力のない単純な決議（simple resolution）と法的拘束力のある解釈決議（interpretative resolution）を対象として決議文案が作成された。両方の決議案を再度本会議に諮ったところ、法的拘束力のない決議が若干修正のうえ採択された（Res. LC-LP.1 (2008)）。決議の骨子は次のとおりである。

　①正当な科学的研究以外の海洋肥沃化行為は認められないものとする。
　②海洋肥沃化に係る科学的調査研究の提案は、LC/LP締約国会議が策定するアセスメント枠組み（AF）を用いてケース・バイ・ケースで事前評価されるものとする。

　他方で、本会議の議長（スペイン）が今後ともこの問題について（拘束力のある決議または議定書・附属書等の改正を含め）継続審議することを強く求めたため、引き続き海洋肥沃化に関するWGにおいて検討されることになった。

　2009年2月に開催されたWG会合では、今後の規制に関して、①2007年採択の懸念声明（statement of concern）、②2008年採択の非拘束的決議、③拘束力なしのモラトリアム決議、④拘束力のある解釈決議から⑥附属書Ⅰの改正案（オーストラリア提案：海洋肥沃化のための物質を投棄の検討対象とするが、「正当な科学的調査」に限定）、⑦議定書本文の「投棄」および「配置」の定義を修正する案（カナダ提案：「正当な科学的調査」以外の海洋肥沃化行為は「投棄」とし、正当な科学的調査は「配置」とする）、⑧海洋肥沃化を投棄でも配置でもない行為として議定書本文において定義し規制する案（ドイツ提案）に至るまで、計8つのオプションが示された。

2010年のLC32/LP5においては、海洋肥沃化に係る「正当な科学的調査」の評価枠組み（LC32/LP5 Annex 5 & 6, Res. LC-LP.2 (2010)）が採択されるとともに、海洋肥沃化の規制について起草グループが設置され、オプションの絞り込みが行われた。この結果、オプション②（拘束力なしの決議）、オプション③（拘束力なしのモラトリアム）、オプション④（拘束力のある解釈決議）を中心に議論が進められ、米国がオプション③をもとに提出した草案に修正を加えたうえで採択し、これを以って短期的な解決策とするとともに、長期的にはオプション④および⑦カナダ案の再修正案について会期間に検討していくことになった。

　この他、現在LC/LPにおいては、海洋肥沃化に関するこうした議論と並行して、石灰の投入による海水の中和・アルカリ化や海水噴射による雲の形成促進など、海洋・地球工学的な方法や技術を用いて地球温暖化対策のために海洋を利用しようという Marine geo-engineering 一般についても、海洋環境保護の立場からリスク評価の方法論などの検討が科学グループを中心にして行われている。

V　遵守手続き・メカニズム

1　遵守手続きの導入

　ロンドン条約においては、条約の「機関」たる国際海事機関（IMO）の事務局によって少なくとも2年に1回招集される締約国協議会議が「この条約の実施について常に検討を行う」ものとし、海洋投棄の許可実績等に関する締約国からの報告を受領し検討することを含め、「特に次のことを行うことができる」と規定している他には、条約の実施と遵守、履行の確保に関して特段の措置を定めていない。

　条約の実施・遵守状況を監視し、必要な助言・勧告・支援・協力を行うためには、まず何より海洋投棄の実態を把握することが肝要であるが、条約に義務づけられた投棄許可の実績に関する報告の提出がはかばかしくない状況にある。一方で、1987年のモントリオール議定書をはじめとして、1980年代後半以降に結ばれた地球環境条約の中には「不遵守手続き」を定め、遵守

委員会を設置するものが数多く登場するようになった。

そこでロンドン議定書では、「この議定書の効力発生の後2年以内に、この議定書の遵守状況を評価し、及びその遵守を奨励するために必要な手続き及び仕組みを定める。」ものとした（議定書11条2項）。議定書発効後の2004年第1回締約国会議（LP1）以来、締約国会議のもとに「遵守グループ」（Compliance Group：CG）を設置するための文書案について検討が続けられ、2005年のLP2においてこれが正式に採択された。

2　遵守グループの概要

(1) 設置目的

ロンドン議定書の遵守状況に関する情報交換等により、議定書の遵守を評価・推進すること

(2) 構成員

締約国の推薦に基づき締約国会議が選出した15名以内の個人（メンバーはアジア、ヨーロッパ、中東欧、アフリカ、ラテン・アメリカの5つの地域区分から各3名ずつ）で構成される。任期は原則3年で再選なし。

(3) 権能

遵守グループは次の権能を有する

・個別の締約国に係る議定書不遵守の可能性についての検討・評価及び締約会議への提言

・議定書遵守の観点から議定書の制度上の問題点等に係る締約国会議への提言

・締約国の海洋投棄実績等、締約国会合への報告事項等のレビュー及び締約国への遵守に関する助言

・非締約国の議定書加入の奨励に係る非締約国への助言

(4) 事案の提起

個別の締約国に係る議定書不遵守の問題については、締約国会議、事案に係る締約国自身及び事案に係る議定書不遵守により影響を受ける可能性のある他の締約国のみが事案を提起できる。

(5) 報告等

遵守グループは締約国会議に対して、取り組んでいる作業、その成果、今後の作業計画等を報告するとともに、個別の締約国に係る議定書不遵守の事案に関して、個別の締約会合がとるべき措置（助言、勧告、協力、支援、遵守行動計画の作成、公式の懸念表明の発出等）の勧告等を行うことができる。

3　遵守グループの発足と作業計画

こうして議定書の締約国会議のもとに遵守グループが発足し、2008年10月にその第1回会合（LP/CG1）が開かれた[5]。以来、毎年の条約・議定書の締約国会議に合わせて遵守グループ会合が開かれ、作業計画に沿って審議を行うとともに、会期間においてもインターネット・メール等を通じて各委員が分担・連携しながら作業を進めている。

また、遵守グループは、それぞれの専門分野における有識者として個人の資格において選出された15名の委員で構成されるが、締約国会議の下に設置されるさまざまな作業部会や委員会にはどの国の政府代表団でも参加できるのが慣例になっていることもあって、実際に開かれるCGの会合には委員本人の出身国ほか多数の国が参加する。議定書に未加盟の国もオブザーバー参加が認められており、実質的にはすべての条約・議定書の締約国に対して開放されている。

なお、上述のとおり、遵守グループはあくまでも議定書の遵守グループとして設置されているが、ロンドン条約の実施・遵守の促進についても適切な助言をするよう、条約の締約国会議から求められており、正式に発足した遵守グループもこの要請に応えるべく、条約と議定書に共通する遵守問題の検討を優先させるような作業計画を立て、当面は各締約国の投棄実績に関する報告の提出状況、未提出の理由・原因の調査、報告様式の見直し、議定書条文の解釈に当たって重要な知識・情報の源泉となる外交交渉過程の記録文書

---

5) 各地域グループから選出される3名の委員が3年ごとに一気に全員交代することのないように、初年度の委員については3名のうち1名のみが3年任期、もう1名は2年任期、残りの1名は1年限りとされたため、各地域グループから委員候補の推薦に手間取ったり、議定書の締約国が少なくて全く委員候補を推薦してこない地域グループもあって、CG1は7名の委員のみでスタートすることになった。

(travaux préparatoire)の収集・分析等に重点をおいて作業を進めることとしている。その意味で、LP の遵守グループは実質的には LC/LP の遵守グループとして機能すると言うことができよう。

VI 考　察

以上のとおり、ロンドン条約の海洋投棄の規制に関する従来のアプローチを 180 度転換する議定書が採択され、ロンドン条約自体も海洋投棄の規制から原則禁止へと大きく舵を切った 1996 年以降現在に至るまで、締約国会議等における主な議論の流れをたどってきた。その流れは遅々として緩慢であり、ときには蛇行し、ときには深淵にはまり込んで停滞したかのような印象を受けることすらある。しかしながら近年、特にロンドン議定書の発効が視野に入ってきた 2005 年あたりから、海洋汚染防止による海洋環境の保護という究極の目的の達成に向けて、流れが勢いを増し、加速してきたように思われる。

これを本稿の表題のように「進化」と呼ぶことについては異論があるかも知れない。しかし、筆者はロンドン条約および議定書の変容の過程を同時に「2 つの条約、1 つの家族」体制下の進化の過程としてとらえ、積極的に評価したいと思う。この点について、以下では次の 4 つの側面から考察してみたい。

①目的の再確認と規制対象範囲の拡大
②条文の解釈・運用の厳格化と適正化
③他の地球環境条約との整合性
④国連海洋法条約（UNCLOS）との関係

1　目的の再確認と規制対象範囲の拡大

ロンドン条約および議定書は、ともに「すべての汚染源から海洋環境を保護・保全し、廃棄物等の投棄又は洋上焼却による海洋汚染を防止・低減・（実行可能な場合には）除去する」ことを目的としている（条約 1 条、議定書 2 条）。その究極の目的は、海洋環境の保護にあると言ってよいであろう（条約・議定書の前文参照）。

海洋投棄が禁止される「産業廃棄物」の定義、例外規定の適用、新しい（潜在的）汚染物質または形態の登場、新しい海洋の利用方法・技術等をめぐって疑義が生ずるたびに、締約国会議はまずこの条約・議定書の目的を再確認し、それを拠りどころとして、当該物質や技術・活動が条約または議定書の下で規制し管理しうるものか、すべきものかどうかを判断してきた。

　そして適用除外を認める場合にも、それが海洋環境に与える影響を予め定められたアセスメント枠組み（AF）や品目別の評価ガイドライン（WAG）に即して事前に予測・評価したうえで、改めてケース・バイ・ケースで慎重に検討することを要求してきた。その AF や WAG 自体も、必要に応じてさらに詳細かつ具体的なものになるよう、改訂されてきている。

　また、海洋汚染または海洋生態系の撹乱につながるおそれのある技術や活動を条約・議定書が原則として禁止している廃棄物等の「投棄」又は「配置」行為に当たると断定して積極的に同条約レジームの中に取り込むことにより、一定のコントロールの下におくように努めてきたことも評価してよいであろう。「正当な科学的調査」としてのみ海洋肥沃化の実験を認めた 2008 年の決議（Res. LC-LP.1 (2008)）がその良い例である。

　この決議は、現在のところ法的拘束力のないものではあるが[6]、海洋法の発展という観点からみると、きわめて先進的なアプローチをとったと言うことができよう。同決議はロンドン条約・議定書が海洋肥沃化活動を規制する権原を有しているとした 2007 年の合意を再確認し、条約と議定書の目的に即して固有の「海洋肥沃化」の定義づけを行い、そのうえで唯一の例外（「正当な科学的調査」のための実験）を除き、すべての海洋肥沃化活動を禁止している。また、新たに「正当な科学的調査」として行われる海洋肥沃化活動のアセスメント枠組み（AF）を策定するに当たっては、海洋肥沃化活動が条約・議定書の目的に反するものではないかどうかを判定するためのツールを提供することをねらいとするとともに、条約・議定書の諸規定との整合性、一貫性が保たれるかどうかをその重要な判断基準として特筆して強調している。

6）　この決議は、おそらく本年（2011 年）10 月の締約国会議 LC33/LP6 において、または遅くとも来年の締約国会議では、法的拘束力のある決議になるだろうと予想される。

ここで特に注目されるのは、「正当な科学的調査」という新しい概念を海洋法の分野に導入した点である。海洋肥沃化に関連するすべての科学的調査の計画・提案は AF の下で評価されることとし、ここには放射性廃棄物の海洋投棄について議論されたような"de minimis"の概念が入り込む余地はまったくない[7]。

国連海洋法条約（UNCLOS）においても、海洋の科学的調査について特に第13部を設けて多くの規定が置かれているが、そこでは「調査」や「科学的調査」という用語について何らの定義もなされていない。また応用科学的調査と基礎科学のための調査研究も区別されていない。これに対して、LC/LP においては基本的にすべての海洋投棄行為が禁止されており、科学的調査活動であろうとも例外扱いはされない。唯一の例外は、「その配置がこの議定書の目的に反しない場合に限る。」（条約3条1項パラ（b）の(ii)、議定書1条4項パラ2.2）のである。

2　条文の解釈・運用の厳格化と適正化

世界のできるだけ多数の国が批准・加盟することが期待され要求される地球環境条約においては、長期間にわたる複雑で困難な外交交渉を強いられる結果、最大公約数の合意が得られる部分のみが条文化されたり、条約そのものが妥協の産物であったりして、条文の規定ぶりが不明確、曖昧になることが多い。

また、条約の本文では一般的な義務や制度の骨格のみを定めておいて、具体的な個別義務や制度の設計に関しては附属書または別途締結される議定書で定めるということも行われる（枠組み条約―議定書方式）。さらに、それらの細目手続きや運用のルールについては条約の意思決定機関である締約国会議の決定に委ねられることもしばしばである。勢い、締約国会議が条文の解釈・適用について明確な決定を下さない限り、条約の円滑・効果的な実施は困難ということになる。つまり、締約国会議が一種の立法機関として機能するわけである。ロンドン条約は枠組み条約ではないが、これまで LC/LP の

---

[7] Philomène Verlaan, "General Legal Developments: London Convention and London Protocol", *The International Journal of Marine and Coastal Law* 26 (2011) 185-194.

締約国会議もそうした機能を担ってきた。
　この点につきわが国では、特にロンドン条約に関して「条文解釈に関わる論争が続いている。」と指摘し、これは「ロンドン条約の条文が、制度の骨格に関わる極めて重要ないくつかの条項について、必ずしも明確な指針を与えていなかったということを意味している。」と批判的にとらえる向きもある[8]が、これは何もロンドン条約に限ったことではないのである。また、1992年の「国連環境と開発会議」（UNCED、通称リオ「地球サミット」）準備委員会に提出された国際海事機関（IMO）の報告によると、当時ロンドン条約の加盟国数はまだ60に満たなかったにも拘わらず、海洋投棄量は1979年の1700万トンから1987年には600万トンへと大幅に減少したとされ[9]、現在も世界の有力な国際環境法学者の間では、1970年代に締結された地球環境条約としては最も成功を収めたものの一つであると評されている[10]。
　本題に戻ると、産業廃棄物の定義、適用除外条項の解釈、放射性物質に関する"de minimis"レベルの判断基準等の問題については、本稿Ⅳの1(1)、(2) ですでに触れたとおりである。
　加えて、議定書3条1項は締約国の一般的義務として「予防的アプローチ」を適用することをうたっているが、それを担保するための具体的措置として、附属書Ⅰに掲げる投棄禁止の例外物質の投棄許可を検討するに当たっては、附属書Ⅱに定めるところに従って当該物質の投棄が海洋環境に与える影響を事前に予測・評価することを義務づけている（4条1項2号）。締約国会議においては、それをさらに具体化するため、個別の品目ごとに評価指針を定めることとしており、それらの適用・運用に当たって疑義を生じないよう、さらに詳しいガイダンス文書を発行してきた。

---

8) 西井正弘編『地球環境条約―生成・展開と国内実施』（有斐閣、2005）第9章第3節「ロンドン条約およびロンドン条約96年議定書」（同書257頁）。ただし、公平を期すために付言しておくと、この章の著者は末尾に付けた脚注において、「しかしながら、だからといって、条文解釈の余地が少ない条約の方が好ましいとは必ずしも言い切れない。」とも述べている。

9) UNCED Prepcom, UN co.. A/CONF. 151/PC/31 (1991).

10) たとえば、Patricia Birnie and Alan Boyle, *International Law and the Environment*, 2nd ed. (Oxford UP, 2002) ; Phillip Sands, *Principles of International Law*, 2nd ed. (Cambridge UP, 2003).

こうした厳格な条文解釈や実用的なガイダンス文書の作成を通じて合意形成を図ることにより、運用のルールが確立され、締約国の間で共通の慣行が定着してきたと言うことができよう。

3　他の地球環境条約との整合性

ロンドン条約と議定書は、船舶起源の海洋汚染防止を目的とする73/78マールポル条約とは、いわば兄弟関係にある。両方とも国際海事機関（IMO）が条約事務局を務めていることもあって、両者間にはつねに緊密な連絡調整を行い、互いに連携・協力してそれぞれがそれぞれの分野で適切な政策・措置を決定し実施していけるような体制が築かれてきた。

たとえば、難破した船から流れ出た棄損・腐敗した貨物（spoilt cargo）の取り扱いについては、ロンドン条約の締約国会議とIMOの海洋環境保護委員会（MEPC）との間で長らく協議が行われてきたが、2008年のLC30/LP3は「腐敗貨物の取り扱いに関するガイダンス」を採択し、それをMEPCに送付して両者共同のガイダンス文書として採択するように求めるとともに、船舶から出る生活ゴミの排出を規制した73/78マールポル条約の附属書Vを見直すためMEPC内に設置された作業グループにLC/LPの専門家も参加して、両条約間で調整を要するその他の事項を含めて協議することを決定した。この他にも、海洋汚染防止に関連した諸条約との間で同様の協議・調整が行われている。たとえば、有機スズTBTを含む船底塗料の使用を規制するAFS条約（2008年に発効）など。

海洋汚染防止以外の条約で特に重要なのは、気候変動枠組み条約（UNFCCC）および生物多様性条約（CBD）との関係である。UNFCCCおよび京都議定書では、温室効果ガス（GHG）の排出量の削減のみならず、森林等による吸収量の増大も有効な対策と位置づけられている。海水そのものが大量のCO_2を吸収するほか、海中の植物プランクトンやさんごもまた大きな吸収源になりうる。さらに、海洋は陸上の人為的な排出源から回収・除去したCO_2を海底または海底下の地層構造に封じ込めて隔離・貯蔵できる、大きな受容体にもなり得る。そこで近年にわかに、CCS技術や海洋肥沃化に注目が集まるようになってきた。

一方、海には魚類、藻類をはじめとする多様な生物・生態系が存在し、生物多様性の宝庫となっている。生物多様性条約は、地球上のあらゆる生物多様性の保全と生物資源の持続的な利用を目的とする条約であるので、当然のことながら海洋の生物・生態系の保全にも重大な関心が注がれている。たとえある活動が地球温暖化の抑制・緩和に寄与するものであっても、海洋の生物生態系に悪影響を及ぼすような行為は認められない。ところが、現状ではCO_2の海洋投入・海底貯留が海洋環境にどのような影響を及ぼすのかについては、科学的にもまだよく分かっていないのが実情であり、慎重にことを運ぶ必要がある。

　海洋肥沃化実験をロンドン条約・議定書の枠組みでどのように扱うかの問題については、すでに詳しく述べたとおりである（上記Ⅳの2の（2）およびⅥの2）。

　海洋肥沃化活動とは逆に、CCSその他の技術を用いたCO_2の海洋投入・海底貯留の場合には、一義的に「投棄」または「配置」行為に当たることが明らかであり、これを積極的に推進したいと考える国々が主導して附属書を改正し、海洋投棄禁止の例外とすることになった。2006年の議定書附属書Ⅰの改正である。その3年後には、海洋投入されたCO_2の「輸出」、つまり海底下の越境移動を認めるため、議定書の6条が改正された（Res. LP.3(4)）。例外として行われるCO_2の海洋投入に際しても、そのために策定されたアセスメント枠組み（AF）や品目別評価ガイドライン（WAG）に従って事前評価が行われることになるので、議定書による一定のコントロールを受けるという意味では一歩前進とも言えるが、いかに地球温暖化対策として有望視されるとはいえ、反対派・慎重派の議論を押し切って3年間に2回も附属書や議定書本文を改正したのは、拙速すぎた感を免れない。

4　国連海洋法条約との関係

　言うまでもなく、国連海洋法条約（UNCLOS）は海洋に関するあらゆる事項を取り扱い、国家の行動と国家間の関係を規律する海の一般法である。その前文において海洋環境の研究、保護・保全を促進することを条約の目的の一つとして強調するとともに、第12部を特設して海洋環境の保護・保全に

関する多くの規定をおいている。

　UNCLOS 第 192 条は「いずれの国も、海洋環境を保護し保全する義務を有する。」と規定しているが、これは第 12 部の大半の条項とともに、今や国際慣習法として確立しているというのが定説と考えてよいであろう[11]。

　そのうちの第 210 条が海洋投棄による汚染についての規定であり、ロンドン条約もこの規定の下にある。また、海洋「投棄」の定義が第 1 部「序」の第 1 条 (5) (a) (b) でなされているが、これはロンドン条約の定義規定をほぼそっくりそのままなぞらえたものである。もちろん、海洋投棄に関してはロンドン条約の方がはるかに詳細かつ具体的に規定しているので、ロンドン条約は一般法たる UNCLOS の特別法であるという位置付けもできよう。UNCLOS は、深海海底の利用等に関する一部の条項を除き、海に関する既存の条約や慣習法を法典化したものであり、これは当然と言えば当然のことである。

　前にも触れたように（上記Ⅵの 1）、UNCLOS は第 13 部において海洋の科学的調査についても規定しているが、肝心の「科学的調査」が何を指すのかについては何らの定義づけもしていない。この点で、海洋肥沃化に関するロンドン条約・議定書の締約国会議が行った 2008 年の決議（Res. LC-LP.1 (2008)）は UNCLOS の先を行く、きわめて先進的な試みであり、注目に値すると言えよう。

Ⅶ　結びに代えて

　最後に、条約・議定書の実施や解釈をめぐるこうした問題の指摘や特定の条約義務違反事例を取り上げて締約国会議等の場で審議するに当たって、グリーンピース・インターナショナル（GPI）、国際自然保護連合（IUCN）、世界自然保護基金（WWF）等の国際 NGO が果たしてきた役割が大きいこと

---

11)　たとえば、David Freestone, "The Conservation of Marine Ecosystems Under International Law", in Michael Bowman and Catherine Redgwell (eds), International Law and the Conservation of Biological Diversity (Kluwer Law International, 1996) ; Patricia Birnie and Alan Boyle and Catherine Redgwel, op. cit., Philoměne Verlaan, "Geo-engineering, the Law of the Sea, and Climate Change", *Carbon and Climate Law Review* 4 (2009) 446-458.

を指摘しておきたい。

【追記】：福島第一原発事故と放射能汚染水の海中放出について

　本稿を執筆中の3月11日に東日本大震災・大津波が発生し、東京電力の福島第一原子力発電所が国際評価基準で「レベル7」という、最大・最悪のシビア・アクシデント（過酷事故）を起こした。それに対処しようとする過程でタービン建屋地下や坑道にたまった高濃度の汚染水が海に流出するのを防ぐため、その保管場所を確保することを目的にして、集中処理施設タンク内にあった（比較的低濃度といわれる）放射能汚染水を海に放出したところ、中国、韓国等の周辺国から国際法違反ではないのかと批判の声が上がったという。船舶、航空機又は洋上プラットフォーム等から放水したわけではないので、ロンドン条約・議定書上の「海洋投棄」には当たらないと解されるが、放水を許可する際の周辺国に対する事前通報の問題について、他の関連する国際条約とも合わせて簡単に検討してみることにしたい。

　ロンドン条約・議定書では、「荒天による不可抗力の場合又は人命に対する危険若しくは……現実の脅威がある場合において、人命又は……の安全を確保することが必要であるときは、適用しない。」として、投棄又は洋上焼却の禁止に関する条項の適用除外を認めている。これに続けて、「ただし、投棄又は洋上焼却がその脅威を避けるための唯一の方法であると考えられること及び投棄又は洋上焼却の結果生ずる損害がそれらを行わなかった場合に生ずる損害より少ないと見込まれることを条件とする。」としている。そしてまた、「締約国は、人の健康、安全又は海洋環境に対して容認し難い脅威をもたらし、かつ、他のいかなる実行可能な解決策をも講ずることができない緊急の場合においては、（投棄の許可に関する）規定の例外として許可を与えることができる。当該締約国は、許可を与えるに先立ち、影響を受けるおそれのあるすべての国及び機関と協議するものとし、……」と規定している（条約5条1項、2項：議定書8条1項、2項）。

　つまり、自然災害等によって発生した緊急時に人命の安全を確保するため必要不可欠で他に解決策がない場合には、海洋投棄が禁止されている物の投棄を許可することができるが、その場合にも周辺国に対して事前に通報協議

することが義務づけられているのである。

　この他、直接原子力事故に関係するものとして、原子力事故早期通報条約、原子力事故援助条約、原子力安全条約等があり、また、産業事故に関してはヨーロッパ諸国を中心とする国連欧州経済委員会（UN/ECE）の産業事故越境影響条約も、同様の事前通報制度を有している。海洋投棄に関連してではないが、国連海洋法条約（UNCLOS）にも同趣旨の規定があり、緊急時の措置については関係国際機関および影響を受けるおそれのある国に対して事前に通報し、十分な情報提供のもとに協議することは、今や慣習国際法化していると考えられる[12]。

　現段階では、中国、韓国等の周辺国に対してどのような通報がいつなされたのか、何らかの通報が行われたにしても、なぜ中国や韓国は事前通報を受けたと認識していないのか、はっきりしないことが多いので軽々に断ずることはできないが、いずれにしてもこの点に関する事実経過を検証する必要がある。また、たとえ国際法違反には当たらないとしても、国際法に違反していないからと言って周辺国に謝罪しないのは国際信義にもとることであり、外交的にも得策ではない。周辺国に対し、改めて真摯な態度で謝罪すべきであろう。

---

12)　上記の他に、一之瀬高博『国際環境法における通報協議義務』（国際書院、2008）も参照されたい。

第12章 国際環境法・条約

36 バーゼル条約とバーゼル法

鶴田　順

I　はじめに

1　バーゼル条約の国内実施のための国内法整備等の義務

　有害廃棄物の国境を越える移動は、1970年代より欧米諸国を中心にしばしば行われてきたが、1980年代に入り、欧米諸国から環境規制の緩いあるいは規制の無い発展途上国に有害廃棄物が輸出され、現地で住民の健康に被害をおよぼす恐れのある汚染を引き起こす事件が多発するようになった。このような問題状況に対処するために、経済協力開発機構（OECD）および国連環境計画（UNEP）を中心に国際的な規制の検討が進められ、1989年3月に「有害廃棄物の国境を越える移動及びその処分の規制に関するバーゼル条約」（以下「バーゼル条約」とする）が採択された。バーゼル条約は1992年5月に発効し、日本については、1992年12月にバーゼル条約の締結が国会で承認され、1993年9月に発効した。

　バーゼル条約は、その規制対象である「有害廃棄物」（同1条1項）や「他の廃棄物」（同1条2項）（以下「有害廃棄物」と「他の廃棄物」を合わせて「有害廃棄物等」とする）の国際移動を禁止するのではなく、人の健康や環境を害することがないようなかたちでの国際移動を確保することを目的としている。そのような国際移動を確保する方策として、バーゼル条約は「事前通告と同意」という手続きを採用した（同4条1項（c）、6条1項と同2項）。すなわち、輸出（予定）国から輸入（予定）国に対して有害廃棄物等の輸出計画についての通告が事前に書面でなされ、輸入（予定）国からの書面による同意を得たうえで、輸出（予定）国において輸出の許可がなされ、輸出が開始

されるという手続きである。輸出（予定）国は、輸入（予定）国から書面による同意を得られない場合には、輸出を許可せず、または輸出を禁止する義務を負う（同 4 条 1 項 (c)）。

そして、このような手続きをふまえることなくなされた有害廃棄物等の国際移動は「不法取引」(illegal traffic) と定義され（同 9 条 1 項）、締約国は、このような不法取引を防止し処罰するために、適当な国内法令を制定する義務を負う（同 9 条 5 項）。また、より一般的に、バーゼル条約は、「締約国は、この条約の規定を実施するため、この条約の規定に違反する行為を防止し及び処罰するための措置を含む適当な法律上の措置、行政上の措置その他の措置をとる。」（同 4 条 4 項）と規定し、締約国に対して国内法整備等の措置を講じる義務を課している。これらの義務は、各国の国内法のあり方が有害廃棄物等の国際移動に関する問題状況の原因となっているという側面があり、他方で、そのような問題状況を克服するためには、各国の国内法のあり方を調整する必要があるため、設定されたものである。その意味では、バーゼル条約による国際基準の制度化と各締約国における国内法整備は、原因と結果の両面で連結している[1]。

2　バーゼル条約の国内実施のためのバーゼル法の制定

日本政府は、1991 年秋以降、バーゼル条約の早期加入に向けて、関係省庁間でバーゼル条約を国内的に実施するための措置の検討に着手し、1992 年 6 月にバーゼル条約の国内実施のための法案を閣議決定し、第 123 回通常国会に提出した。同法案は継続審議扱いとなり、第 125 回臨時国会において審議され、1992 年 12 月に「特定有害廃棄物等の輸出入等の規制に関する法律」（平成 4 年 12 月 16 日法律 108 号）（以下「バーゼル法」とする）が可決・成立し、公布され、1993 年 12 月に施行された[2]。

バーゼル法は、バーゼル条約等の的確かつ円滑な実施を確保するため、そ

---

[1] 小森光夫「国際レジームと国内法制度のリンケージ」書斎の窓 608 号（2011）30 頁。
[2] バーゼル法の制定過程における関係省庁間の調整等についての詳細は、北村喜宣「国際環境条約の国内的措置―バーゼル条約とバーゼル法―」横浜国際経済法学（横浜国立大学）2 巻 2 号（1994）89 頁。

の規制対象である「特定有害廃棄物等」の輸出入規制等の措置を講じることにより、人の健康および生活環境の保全に資することを目的としている（同1条）。バーゼル法は特定有害廃棄物等の輸出入の規制を、バーゼル法に「外国為替及び外国貿易法」（昭和24年12月1日法律228号）（以下「外為法」とする）の輸出入規制手続きを組み込み、それを準用することで行っている。

バーゼル法における特定有害廃棄物等の輸出手続きは、次のような流れである。まず、①特定有害廃棄物等を輸出しようとする者は、経済産業大臣（以下「経産大臣」とする）に外為法48条3項に基づく輸出承認の申請を行う（バーゼル法4条1項）。②経産大臣は環境汚染を防止するため特に必要のある一定の地域が輸出先である申請については、その申請の写しを環境大臣に送付する（同4条2項）。③環境大臣は当該申請を輸入（予定）国に通告し、申請書に記載する特定有害廃棄物等の処分につき、汚染防止に必要な措置がとられているか否かを確認し、④その結果を経産大臣に通知する（同4条3項）。さらに、⑤輸入予定国からの同意が環境大臣から経産大臣に送付され、⑥経産大臣は外為法48条3項に基づく輸出を承認する（同4条4項）。そして、バーゼル法では、バーゼル条約が締約国に講じることを義務付けた条約に違反する行為の防止と処罰のための国内法整備等の措置として（同4条4項および9条5項）、①の手続きに関連して、輸出承認申請の虚偽記載や無承認輸出等について罰則が設けられている。

バーゼル条約とバーゼル法はそれぞれの規制対象物の国内処理を原則とし、その国際移動を抑制することを企図している（バーゼル条約4条2項および同条9項、バーゼル法3条[3]）。それに対して、外為法は、対外取引について、市場原理に基づいた自由を基本としつつも、私企業の行き過ぎた利潤追求主義により日本が各国から非難される等の対外取引の正常な発展に支障を生じさせるような事態が生じた場合等は「管理又は調整」を行うこととし、

---

3) また、バーゼル法3条を受けて策定された告示「特定有害廃棄物等の輸出入等の規制に関する法律第3条の規定に基づく同条第1号から第4号までに掲げる事項」（平成5年10月7日環境庁・厚生省・通商産業省告示1号）では、「輸出及び輸入の最小化」、「国内処分の推進」と「輸出の最小化等に係る定期的な検討」について規定されている。

しかしこれについても「必要最小限」にとどめることとしている（後述する）。バーゼル条約・バーゼル法と外為法では、国際取引の捉え方が異なる点については注意する必要がある。

3　バーゼル法による特定有害廃棄物等の輸出規制の問題点

　日本はバーゼル法の制定等によってバーゼル条約によって義務付けられた国内実施のための措置を講じたが、1999年12月に日本からフィリピンに輸出された貨物のなかに、特定有害廃棄物等の一つである「医療系廃棄物」が混入しているとされて、日本とフィリピンの間で外交問題となる事件（いわゆる「ニッソー事件」）が発生した[4]。この事件では、医療系廃棄物が混入しているとされた貨物を、輸出業者が「有価物　古紙（雑多な紙）混入物（プラスチック）」と偽って申請したため、環境庁（当時）が関与する手続き（上記②から⑤の手続き）が完全に抜け落ちるかたちで輸出されてしまった。

　バーゼル法は、上述の通り、その輸出手続きに外為法の輸出承認手続きを準用しているため（上記①と⑥の手続き）、ニッソー事件のように、虚偽の輸出申請がなされた場合に経産大臣が疑いをもたなければ、外為法に基づく通常の輸出手続きがなされるのみで、それと並行して、環境省が独自にバーゼル法に基づく手続きを開始するということは無い。本件を通じて、バーゼル法の輸出規制は、バーゼル条約が設定した「事前通告と同意」をふまえずになされた有害廃棄物等の不法取引の防止のための措置として脆弱であることが具体的に明らかとなった。

　ニッソー事件の発生後、バーゼル法を共同主管する環境省と経済産業省（以下「経産省」とする）、さらに、バーゼル法を水際で執行する税関等は、輸出しようとする貨物がバーゼル法の規制対象物である特定有害廃棄物等に

4）　この事件では、日本政府はフィリピン政府によるバーゼル条約違反との指摘を容れて、バーゼル法を共同主管する環境庁（事件当時）、厚生省（事件当時）と通商産業省（事件当時）の三者が輸出した業者に対してバーゼル法に基づく回収と適正処理に係る措置命令を発出したが、これらの命令が履行されなかったため、日本政府が「行政代執行法」（昭和23年5月15日法律43号）に基づき懸案の貨物を日本に回収して処理した。本件についての詳細は、拙稿「国際環境枠組条約における条約実践の動態過程」城山英明＝山本隆司編『融ける境　超える法　第5巻　環境と生命』（東京大学出版会、2005）215頁。

該当するか否かを判断する基準（該非判断基準）や輸出先国で中古品としての利用（再利用）が可能か否かを判断する基準の明確化・客観化[5]や、輸出入業者による「事前相談制度」（後述する）の利用促進とそこで得られた情報の関係省庁による共有、また、再生可能資源の輸出入業者等に対するバーゼル法等の周知徹底等の措置を講じることで、日本におけるバーゼル条約の実効的な実施を模索してきた。

しかしながら、その後も、日本から「再生可能資源」や「中古品」と称して輸出された貨物が、輸出先国の税関で通関できず、日本にシップ・バック（返送）される事例が多数発生している。具体的には、バーゼル条約およびバーゼル法の規制対象物に該当する使用済み鉛バッテリー、異物混入などで品質が悪くリサイクルできないと判断された廃プラスチックや、輸出先国の税関の検査で通電しなかったため中古品とは認められなかったテレビやモニター等が、日本に戻されている[6]。

虚偽の輸出承認申請がなされた場合に、「税関で見抜く」ということがない限り、バーゼル法の輸出規制手続きが完全に迂回されたまま輸出されてしまうという問題状況が、依然として存在するといえる[7]。

4　本稿の検討課題

バーゼル法の規制対象物である特定有害廃棄物等の不適正な国際移動を未然に防止するためにとりうる措置としては、①輸出しようとする貨物が特定有害廃棄物等に該当するか否かを判断する基準や輸出先国で中古品としての利用（再利用）が可能か否かを判断する基準の明確化・客観化、②当該該非

---

5) 具体的には、環境省および経産省は、使用済み鉛バッテリー、ポリエチレンテレフタレート製の容器等（廃PETボトル等）、使用済みブラウン管テレビ、鉛蓄電池を内蔵する中古品についての該非判断基準を提示している。環境省のホームページ上の情報「輸出入をお考えの皆様へ」(Available at http://www.env.go.jp/recycle/yugai/index1.html (7 July, 2011))。

6) 環境省のホームページ上の情報「我が国から輸出した貨物の返送に関する情報」(Available at http://www.env.go.jp/recycle/yugai/shipback/index.html (7 July, 2011))。

7) バーゼル法の執行の体制が税関における検査に大きく依存するものであることについて、島村健ほか「国際資源循環の法動態学」樫村志郎編『法動態学叢書 水平的秩序 第3巻 規整と自律』（法律文化社、2007）97頁。

判断に関連しての輸出入業者等による「事前相談制度」の利用促進とそこで得られた情報の関係省庁による共有、③輸出入業者等に対するバーゼル法等の周知徹底、④バーゼル法に基づく輸出承認申請のあった貨物が「環境の汚染を防止するために必要な措置が講じられているかどうか」についての環境大臣によるバーゼル法4条1項に基づく「確認」の権限行使、⑤特定有害廃棄物等を輸出しようとした業者等への行政的・司法的な対応等がある。

また、有害廃棄物等の不適正な国際移動が発生した場合の事後的な対応としては、「不法取引」（バーゼル条約9条1項）を防止し処罰するための措置を講じる義務（バーゼル条約4条4項）の履行としての、⑥特定有害廃棄物等を輸出した業者等への行政的・司法的な対応がある。

これまでのところ、日本政府は、上記①から③については積極的に措置を講じているが、⑤と⑥の有害廃棄物等の輸出については必ずしも十分な対応をとっているとは言い難い。

そこで、以下では、日本におけるバーゼル条約の実施に関する現状とその課題について、バーゼル条約の国内実施を担保するバーゼル法のあり方とその執行に着目して、次の二つの論点について検討する。第一に、上記①に関連して、バーゼル条約が設定した規制対象物をふまえたバーゼル法の規制対象の設定のあり方とその問題点を検討する。第二に、上記⑤と⑥の有害廃棄物等の輸出に関連して、税関の貨物検査でバーゼル法の規制対象物の混入が発覚した場合や日本から輸出された貨物がシップ・バックされた場合等における、現行法に基づく対応の可能性を見極め、現行法が有する課題を明らかにし、その上で、バーゼル法の輸出規制の実効性を高めるためにとるべき改善策を提示する。

II　バーゼル法における規制対象の設定のあり方とその課題

1　バーゼル条約の規制対象とバーゼル法の規制対象の関係

バーゼル法の規制対象物である特定有害廃棄物等は、「特定有害廃棄物」（バーゼル法2条1項イの「条約附属書Iに掲げる物であって、条約附属書IIIに掲げる有害な特性のいずれかを有するもの」）と「家庭系廃棄物」（2条1項ロの

「条約附属書Ⅱに掲げるもの」）等であり、日本政府がバーゼル条約の規制対象物であると解釈した物と直接に重なるという特徴を有する。この点について、日本政府は、バーゼル法の規制対象物について、「規制の対象となる特定有害廃棄物等を条約附属書を引用することにより定義していることから、条約附属書Ⅰ……が改正された場合には、それに対応して本法に基づいて規制の対象となる特定有害廃棄物等の内容も自動的に変更されることになる」（環境庁水質保全局廃棄物問題研究会『バーゼル新法Q＆A』（第一法規、1993）126頁。傍点は筆者による挿入）と述べて、バーゼル条約の規制対象物とバーゼル法の規制対象の連続性を強調している。

2　条約の国内実施のための国内法整備の意義

　一般的に、条約を国内的に実施するための国内措置について、日本では、日本国憲法98条2項で「日本国が締結した条約及び確立された国際法規は、これを誠実に遵守することを必要とする」と規定することで条約の最高法規性を認め、条約を国内法制に一般的に編入していると解されている（いわゆる「編入（一般的受容）方式」の採用）。そのため、仮に条約上の権利や義務を国内的に実施するための国内法令の整備（既存法で対応、既存法の改廃、新規立法やこれらの組み合わせ等）がなされなくても、日本が締結した条約はそのまま国内的に国内法としての効力を有するのであり、条約を国内的に実施するための国内法整備は、行政機関や司法機関が条約の規定を直接に適用・執行できないときに、それらを確保するための一つの手段にすぎない。しかし、条約を国内的に実施するための国内法整備は、その効果において、いくつかの点で重要な手段である。

　まず、日本国憲法は31条で罪刑法定主義を一般的に保障していることから、条約によって締約国に義務付けられた一定の行為を犯罪であるとして処罰することは、国民の代表で構成される国会の議決によって成立した形式的意味での法律の定めによることなく日本の管轄下にいる私人に強制することはできない。罪刑法定主義は、いかなる行為が犯罪となり、それがいかに処罰されるかをあらかじめ国民に示すことによって、国家の管轄下にいる私人の予測可能性と行動の自由を保障すること等を要請するものであることか

ら、刑罰法規は当該予測可能性を担保する程度の明確性を有する必要がある。ただし、当該予測可能性の保障の観点からは、法律自体によって処罰範囲の明確性が確保されている必要は必ずしもなく、法律の委任を受けた政省令や行政機関の通達等を含めた全体として明確性が担保されていれば、予測可能性の保障の要請は充足されると解される[8]。

また、行政法には、憲法における「法治主義」の帰結として「法律による行政の原理」があり、この原理の結果として、行政活動は「法律の留保の原則」、すなわち、行政機関が権限を行使するに際して法律の根拠を必要とするという原則の拘束を受ける。その適用範囲については侵害留保説、社会留保説、全部留保説等の学説上の対立があるが、これらの説のうち、法律の留保の範囲を狭く解する古典的侵害留保説によるとしても、行政機関が国民の権利自由を侵害し、国民に新たな義務や負担を課す場合には、法律の根拠を必要とする[9]。また、法律の留保の原則の目的の一つが行政活動について国民に予測可能性を与えることにある以上、行政活動の根拠規範は、そのような目的を達成するのに必要な程度の詳細さ（規律密度）を有する規範である必要がある[10]。

バーゼル法の規制対象物は日本政府がバーゼル条約の規制対象物であると「解釈」した物であるが、バーゼル条約の規制対象物は追加されることがあることをふまえると（後述する）、罪刑法定主義が要請する程度の処罰範囲の明確性や「法律の留保」原則が要請する程度の規律密度を有するような国内法令の整備であるといえるかについては検討する必要がある。

3 バーゼル法における規制対象の設定の課題
—— 被覆電線の輸出入の規制に即して

バーゼル条約の規制対象物とバーゼル法の規制対象物の関係については、

---

[8] 佐伯仁志「罪刑法定主義」法学教室284号（2004）52頁。
[9] 成田頼明「国際化と行政法の課題」成田頼明ほか編『行政法の諸問題（下）』（有斐閣、1990）87頁。
[10] 法律の留保の原則が求める「規律密度」については、宇賀克也『行政法概説Ⅰ　行政法総論（第2版）』（有斐閣、2006）33頁。

国際レベルの条約関係規範の動態、すなわち、条約の締約国会議等における規制対象の具体化・詳細化等を国内レベルのバーゼル法が必ずしも受け止めきれていないという問題（問題点①）や、条約では規制対象リスト（附属書Ⅷ）と規制対象外リスト（附属書Ⅸ）を並置しているのに対して、バーゼル法の規制対象物をリスト化し明確化を図った告示（「特定有害廃棄物等の輸出入等の規制に関する法律第2条第1項第1号イに規定する物」（平成10年11月6日・環境庁・厚生省・通商産業省告示1号））（以下「バーゼル法告示」）[11]では、規制対象外リスト（別表一）を規制対象リスト（別表二）よりも優先しているために（【図　バーゼル法告示における「有害廃棄物等」の同定の流れ】参照）、現状ではバーゼル条約の規制対象物とバーゼル法の規制対象物に齟齬が生じる可能性があるという問題（問題点②）もある。これら二つの問題は相互に関連しているが、以下、具体的に、バーゼル条約およびバーゼル法による被覆電線の輸出入規制に即して検討してみたい。

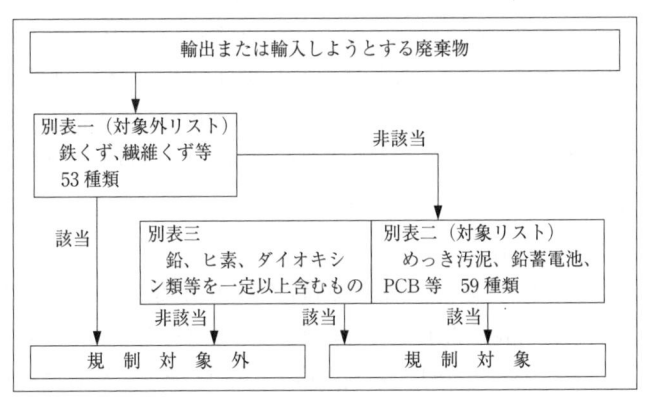

図　バーゼル法告示における「有害廃棄物等」の同定の流れ

```
         輸出または輸入しようとする廃棄物
                    │
        ┌───────────┴──────────┐
        ▼                       │
   別表一（対象外リスト）    非該当
   鉄くず、繊維くず等 ─────────┐
   53種類                       │
     │                          │
   該当   別表三              別表二（対象リスト）
     │   鉛、ヒ素、ダイオキシ   めっき汚泥、鉛蓄電池、
     │   ン類等を一定以上含むもの  PCB等　59種類
     │      │       │              │
     │   非該当   該当           該当
     ▼      ▼       ▼              ▼
     規 制 対 象 外           規 制 対 象
```

バーゼル条約による被覆電線の輸出入の規制については、インド政府の提案を受けて、2004年10月に開催されたバーゼル条約第7回締約国会議にお

---

11) バーゼル法との関連におけるバーゼル法告示の法的位置付けについては、島村健「国際環境条約の国内実施；バーゼル条約の場合」新世代法政策研究（北海道大学）9号（2010）144頁。

いて、規制対象物に追加するか否かが議論され、附属書改正決議（VII/19）により[12]、野焼きの対象にしないこと等を条件に、規制対象外のリストである附属書ⅨのB1115に「プラスチックで被覆され又は絶縁された金属ケーブル廃棄物」が追加された。ただし、B1115の但し書きには、「A表A1190に含まれるもの……を除く。」とある。このA表とは規制対象リストである附属書Ⅷであり、そのA1190も同じ附属書改正決議により追加され、「附属書Ⅲの特性を示す程度に、コールタール、PCB、鉛、カドミウムその他の有機ハロゲン化合物又は附属書Ⅰのその他の成分を含み又はこれらにより汚染されたプラスチックで被覆され又は絶縁された金属ケーブル廃棄物」とある。条約附属書ⅧへのA1190追加および条約附属書ⅨへのB1115追加について、日本政府は、同追加についての外務省告示559号（平成17年6月30日）を官報に掲載しているが、2011年6月末日現在、同追加に対応したバーゼル法告示の改正はなされていない（上記の問題点①）。

　そのため、電線の輸出入規制は、現行のバーゼル法告示の範囲内でなされることとなるが、結論を先取りすれば、バーゼル条約が要求するよりも限定的な規制にとどまるものと解される。電線に関する現行のバーゼル法告示の規制は、規制対象外リストである別表一1項11号ハに「……電線その他の電気部品又は電子部品のくずであって、直接再使用することが予定されたもの」とあり、これに該当するとの判断がなされれば、規制対象リストである別表二および別表三に該当するか否かを確認する必要はなく、規制対象外であるとして処理されることとなる。

　しかしながら、このような規制対象物の同定方法は、条約附属書の考え方とも、また、バーゼル法告示の上位規範にあたるバーゼル法の考え方とも異なる。たしかに、バーゼル法告示別表第一1項11号ハに対応する条約附属書ⅨのB1110には、「直接再利用を目的として再生利用又は最終処分を目的としない電気部品及び電子部品（……電線を含む。）」とあるが、これに関連

---

12) この改正決議については、"Review or Adjustment of the lists of wastes contained in Annexes VIII and IX to the Basel Convention" (UNEP/CHW.7/15, dated at 23 July 2004), pp.1-5., "Report of the Conference of Parties to the Basel Convention on the Control of Transboundary Movements of Hazardous Wastes and their Disposal" (UNEP/CHW.7/53, dated at 25 January 2005), p.11 and pp.46-47.

する規制対象リストもあり、条約附属書ⅧのA1180には「電気部品及び電子部品の廃棄物又はそのくずで、……附属書Ⅲに掲げる特性のいずれかを有する程度に附属書Ⅰの成分（例えば、カドミウム、水銀、鉛、ポリ塩化ビフェニル）により汚染されているもの」とあり、さらに、電線の規制に適用される改正後の条約附属書ⅧのA1190には「附属書Ⅲの特性を示す程度に、コールタール、PCB、鉛、カドミウムその他の成分を含む又はこれらにより汚染されたプラスチックで被覆され又は絶縁された金属ケーブル廃棄物」とある。附属書ⅧのA1180とA1190の関係は、前者が電気部品等一般の廃棄物を対象にする一般規定であるのに対し、後者が電線廃棄物に特化した特別規定であることから、両者の間に抵触がみられる場合は、後者が適用されることとなると解される。

　バーゼル法の規制対象物は同法2条1項に規定された特定有害廃棄物等であり、上述のように、バーゼル条約の規制対象物と直接重なるものである。また、バーゼル法の規制対象物が、その下位規範にあたるバーゼル法告示により広狭するということはない。そのため、電線の輸出入の規制については、規制対象リストであるバーゼル条約附属書ⅧのA1190（含有率基準）、規制対象外リストである条約附属書ⅨのB1110（成分が金属のみであるか否かという基準、鉛等の含有率基準と直接再利用の有無という基準を提示している）とB1115（含有率基準および処理方法基準を提示している）の三者により同定されることとなる。現在のバーゼル法告示は、電線の輸出入規制の規制について、本来適用されるべきB1115が適用されず、また、条約附属書ⅨのB1110を受け止めたバーゼル法告示別表一1項11号は3つの基準を掲げ（成分が金属のみであるか否かという基準（同号イ）、鉛等の含有率基準（同号ロ）と直接再利用の有無という基準（同号ハ））、それらを並置しているため、これらのいずれかの基準を充足すれば規制対象外となる。例えば、輸出入される電線が「直接再使用することが……予定されたもの」（バーゼル法告示別表一1項11号ハ）であれば、同号の他の基準（バーゼル法告示別表一1項11号イおよびロ）の充足を確認することなく、直接再使用されることのみをもって規制対象外となる可能性がある。しかしながら、バーゼル条約の附属書Ⅷと附属書Ⅸはいずれかを優先させるという関係にはないため、仮に輸出入される

電線が附属書ⅨのB1110が掲げた基準を充足したとしても、附属書ⅧのA1180およびA1190に該当するか否かの確認は別途必要となる。

　以上の検討をまとめると、電線の輸出入規制については、バーゼル条約では附属書Ⅷと附属書Ⅸの双方に掲げられた諸基準（成分が金属のみであるか否かという基準、鉛等の含有率基準、直接再利用の有無という基準と処理方法基準）が並行的に適用されることで、規制対象の該非判断がなされるのに対して、バーゼル法では告示別表一に掲げられた諸基準（成分が金属のみであるか否かという基準、鉛等の含有率基準、直接再利用の有無という基準）のうち一つでも充足すれば規制対象外となり、それゆえ、バーゼル条約とバーゼル法では規制対象物の同定に適用される基準が異なり、両者の規制対象に齟齬が生じる可能性があるといえる（上記の問題点②）。

Ⅲ　バーゼル法による特定有害廃棄物等の輸出規制とその課題

1　バーゼル法による特定有害廃棄物等の輸出規制

　バーゼル法は、バーゼル条約等の的確かつ円滑な実施を確保するため、その規制対象である特定有害廃棄物等の輸出入規制等の措置を講じることにより、人の健康および生活環境の保全に資することを目的としている（同1条）。バーゼル法は特定有害廃棄物等の輸出入の規制を、外為法の輸出入規制手続きを準用することで行っている。それゆえ、バーゼル法における「輸出」は、外為法上の「輸出」と同義である。

　バーゼル法における輸出規制に違反した場合の罰則について、バーゼル法では、バーゼル条約が締約国に講じることを義務付けた「不法取引」の防止と処罰のための国内法整備等の措置として（同4条4項および9条5項）、外為法48条3項に基づく輸出承認の申請に虚偽の記載等を行い、それにより経産大臣の輸出承認を受けた者については、外為法70条1項三十三号の罰則（三年以下の懲役若しくは百万円以下の罰金）が科せられる。また、外為法48条3項に基づく経産大臣の輸出承認を受けずに輸出した者については、外為法69条の7第1項四号の罰則（五年以下の懲役若しくは五百万円以下の罰金）が科せられる。

2 外為法における「輸出」の解釈

　外為法における貨物の「輸出」の成立時期は、経産省の通達「輸出貿易管理令の運用について」（昭和62年11月6日付け輸出注意事項62第11号）によると、「貨物を外国へ向けて送付するために船舶又は航空機に積み込んだ時」であると解されている。また、外為法における「輸出」の解釈は、実務上、基本的には、関税法における「輸出」と同様に解釈されている[13]。

　関税法は、同法における「輸出」について、「内国貨物を外国に向けて送り出すことをいう。」（関税法2条1項二号）と定義している。この定義は、あらゆる形態の輸出にあてはまるように、最大公約数的な表現がとられている。関税法における「輸出」の既遂時期の解釈については、外国仕向船出港説、領海時説、目的地到着時説、目的地陸揚説等も主張されているが、一般的には、関税法は通関によって貨物の輸出入を管理するものであることから、輸出の既遂時期も、通関線を突破して税関の輸出規制から離脱する段階、すなわち、貨物を保税地域等に搬入し、税関の検査を受け、税関より輸出の許可を受け、外国に仕向けられた船舶に外国に向けられた貨物を積み込むことをもって既遂時期と解されている（最判昭35年12月22日刑集14巻14号2183頁）。

　それゆえ、船舶が日本の領海外に出るか否かにかかわらず、関税法に基づく輸出許可を受けることなく外国仕向船に貨物を積み込みことによって、無許可輸出の罪の既遂となる（福岡高判昭25年12月25日高刑特15号185頁）。また、バーゼル法の規制対象物である特定有害廃棄物等のシップ・バック事例のように、貨物を外国で陸揚げしないで、あるいは通関できず、そのまま日本へ持ち帰ってきたとしても、関税法における無許可輸出に係る罪の既遂に影響を及ぼすものではないと解されている（東京高判昭26年6月9日高刑集4巻6号657頁）。

---

13) 大蔵省関税研究会編『関税法精解（上巻）』856頁（日本関税協会、1992）、外国為替貿易研究グループ編『逐条解説　改正外為法』（通商産業調査会出版部、1998）835頁。

3 バーゼル法における輸出の未遂罪および予備罪の不採用

バーゼル法には輸出罪はあるものの、輸出の未遂罪や輸出の予備罪はないため、現状では、外国仕向船に輸出しようとする貨物の積載前の税関における検査によって、バーゼル法の規制対象物である有害廃棄物等の混入が発覚したとしても、バーゼル法の観点からは、特定有害廃棄物等を輸出しようとした行為を犯罪であると認定して、それに司法的な対応をとることはできない。

このような控えめな規制のあり方は、バーゼル法が輸出入規制に係る手続きで準用している外為法の法目的に由来するものと考えられる。外為法1条は、「外国為替、外国貿易その他の対外取引が自由に行われることを基本とし、対外取引に対し必要最小限の管理又は調整を行うことにより、対外取引の正常な発展並びに我が国又は国際社会の平和及び安全の維持を期し、もつて国際収支の均衡及び通貨の安定を図るとともに我が国経済の健全な発展に寄与することを目的とする」(傍点は筆者による挿入)と規定し、これらの目的を実現するための手段についても、「対外取引に対し必要最小限の管理又は調整を行うことにより」(傍点は筆者による挿入)担保するものとしている。本条は対外取引については、市場原理に基づいた自由を基本としつつも、私企業の行き過ぎた利潤追求主義により日本が各国から非難される等の対外取引の正常な発展に支障を生じさせるような事態が生じた場合等は、「管理又は調整」を行うことになるが、これについても「必要最小限」のものにとどめることを明らかにしたものである。外為法に基づく輸出入の「管理又は調整」は、「必要最小限」でなければならない。

4 シップ・バックされた特定有害廃棄物等への司法的な対応

しかしながら、日本から「再生可能資源」や「中古品」と称して輸出された貨物の中に、バーゼル条約の規制対象物である使用済み鉛バッテリー等の混入が発覚し、輸出先国の税関で通関できず、日本にシップ・バック(返送)され、日本政府としてもバーゼル条約およびバーゼル法の規制対象物の混入を認定できたという場合には、バーゼル法、同法の輸出入規制で準用されている外為法および関税法における「輸出」の既遂にあたることから、厳

重注意等の行政的対応をとるのみならず、バーゼル法の観点からは、同法4条の「輸出の承認を受ける義務」を履行していないことから、外為法の不承認輸出罪（外為法69条の7第1項四号）の容疑で、また、関税法の観点からは、虚偽申告罪（関税法111条1項二号）や無許可輸出罪（関税法111条1項一号）等の容疑で、輸出業者等の捜査、逮捕および処罰等の司法的な対応をとることが可能である。

　ただし、外為法の不承認輸出罪や関税法の無許可輸出罪が成立するためには、輸出された貨物について輸出承認や輸出許可が得られていないことを認識しながら、不正にこれを輸出しようとした意思（犯意）が必要となる。例えば、シップ・バックされてきた貨物をあらためて税関で検査したところ、当該貨物へのバーゼル法の規制対象物の混入が発覚し、当該混入について悪質な偽装や隠匿等の作為行為が認められたような場合は犯意を認めることができ、関税法の無許可輸出罪が成立すると解することができる[14]。

　他方で、シップ・バックされてきた貨物を輸出するにあたって、輸出業者がバーゼル法の規制対象物に該当するか否かの判断に迷い、環境省と経産省による「事前相談」を利用した結果、「本輸出予定貨物はバーゼル法の規制対象ではない」との「助言」を口頭で与えられ、それゆえに外為法の輸出承認を得ることなく輸出したという場合の犯意の有無の認定については、どのように考えたら良いのかという問題がある。

　バーゼル法を共同主管する環境省と経産省は、輸出入業者が輸出入しようと考えている貨物がバーゼル法の規制対象である特定有害廃棄物等に該当するか否か等についての助言を与える事前相談を受け付けている。仮に、輸出業者が輸出手続きを開始する前に環境省あるいは経産省に相談し、担当官から「本輸出予定貨物はバーゼル法の規制対象ではない」等の公式の回答を与えられたのであれば、輸出業者に犯意を認めることは困難となる。しかしながら、この事前相談はバーゼル法に規定された公式の手続きではなく、また、事前相談における該非判断は、貨物の現物を調査するのではなく、輸出入業者から提出された輸出入関係書類や貨物の写真をもとになされるものであり、そこで示される判断は「法的判断」ではなく、あくまでも「行政サー

---

14)　大蔵省関税研究会編・前掲注（13）851頁。

ビス」であると位置づけられている[15]。それゆえ、輸出業者が環境省と経産省による事前相談を利用し、「本輸出予定貨物はバーゼル法の規制対象ではない」等の助言が与えられたとしても、輸出業者が自分の行為が法律上許されたものと信じ、違法性の意識を欠いたことについて「相当の理由」があるといえる「所管官庁の公式の見解又は刑罰法規の解釈運用の職責にあたる公務員の公の言明などに従って行動した場合ないしこれに準じる場合」（最決昭62年7月16日刑集41巻5号237頁）にはあたらず、輸出業者の犯意の認定に影響を及ぼすことはないと解される。

5　いわゆる「本船扱い」の貨物への司法的な対応

　関税法において、輸出申告は、原則として、輸出される貨物を保税地域等に搬入した後に行うこととなっているが、例外的に、関税法67条の2第1項一号および「関税法施行令」（昭和29年6月19日政令150号）59条の4に基づき、税関長の承認を受けた場合には、貨物を保税地域等に入れずに、貨物を外国貿易船に積み込んだままの状態で輸出申告を行い、当該船上で貨物の検査を受け、輸出の許可を受けるという方法がとられることがある。いわゆる「本船扱い」とよばれる方法であり、日本から諸外国への金属スクラップ（雑品）等の輸出の通関においてこのような方法が採られることがある。本船扱いによる検査がなされる時点の状況は、関税法に基づく輸出許可は発出されていないものの、貨物の積み込みはなされているという状況であり、このような状況は輸出の既遂に達していると解して良いのかという問題がある。

　関税法における「輸入」は「外国から本邦に到着した貨物（外国の船舶により公海で採捕された水産物を含む。）又は輸出の許可を受けた貨物を本邦に（保税地域を経由するものについては、保税地域を経て本邦に）引き取ること」（関税法2条1項一号）であり、保税地域等を経由する場合と経由しない場合を分けて捉えることが明定されているのに対し、「輸出」にはそのような区別がない。この点を強く解すれば、あらゆる輸出について、前述のと

---

[15]　環境省のホームページ上の情報「事前相談のご案内」（Available at http://www.env.go.jp/recycle/yugai/jizen.html（7 July, 2011））。

おり、外国仕向船への外国向け貨物の積載をもって既遂時期と解することが妥当ということになり、本船扱いで検査を受ける貨物の輸出については、輸出の既遂に達していると解することができ、司法的な対応をとることが可能であると解することもできる。しかしながら、実務上は、本船扱いの場合については、例外的に、「輸出しようとする貨物を本船に積み込んで輸出の許可を受けた時」をもって輸出の既遂に達するという解釈がなされているとのことである[16]。

それゆえ、本船扱いの場合は、実務上は外国仕向船への貨物の積載をもって輸出が既遂に達しているとの解釈・運用はなされていないものの、少なくとも輸出という実行行為への着手は肯定できることから[17]、関税法の無許可輸出の未遂罪（関税法111条3項）の容疑で司法的な対応をとることは可能であると解される。

6　外為法における「輸出の未遂」の解釈

外為法48条1項の規制対象である「国際的な平和及び安全の維持を妨げることとなると認められる」貨物については、例外的に、輸出の未遂も処罰される（外為法69条の6第3項）。外為法48条1項とその罰則（69条の6第3項）は、東芝機器による旧ソ連向けの高度なプロペラ加工用工作機械の不正輸出事件を受けた昭和62年（1987年）の法改正によって設けられた規定である。輸出の未遂罪の成立時期については、未遂犯に関する刑法の一般理論をふまえると「実行行為である輸出に着手したとき」であり、具体的には、実務上は、輸出するために外国向け貨物を保税地域に搬入した時点で成立すると解されている[18]。

関税法においても、実行行為である「輸出」（内国貨物を外国に向けて送り出す行為）への着手をもって輸出の未遂罪の成立時期と捉えることについては、外為法と同じである。ただし、関税法の無許可輸出は通関手続きを経ない密輸出の場合が多いため、判例では、外国向け船舶に貨物を積載しようと

---

16) 大蔵省関税研究会編・前掲注（13）50頁。
17) 植村立朗「関税法」『注解特別刑法 補巻（3）』（青林書院、1996）56頁。
18) 外国為替貿易研究グループ編・前掲注（13）835頁。

した行為をもって関税法における輸出の実行行為への着手と捉え、当該貨物が関税法に基づく輸出許可を受けていなければ、無許可輸出の未遂罪が成立することを肯定している（大判昭8年4月25日刑集12巻6号488頁、福岡高判昭29年2月12日高刑集7巻2号116頁）。関税法に基づく許可を受けていない貨物を他の貨物に混入させ、他の貨物について通関手続きをとるというような、通関手続きを経ている場合については、外為法における輸出の未遂罪と同様に、輸出するために外国向け貨物を保税地域に搬入した時点で成立すると解されている[19]。

　予備は未遂に至らないものであるが、関税法における無許可輸出の予備罪が成立する時期に関する判例は皆無に等しい。予備は未遂と比べると危険の程度は未遂ほど具体的に切迫したものでなくても足りるため、その成立の範囲は相当広範であるが、輸出しようとする貨物を積載するという実行行為には達しなくても、輸出のための単なる準備行為の範囲を超えて、貨物の積載行為に接着近接する行為に入ったときに、当該貨物が関税法に基づく輸出許可を受けていなければ、無許可輸出の予備罪を問うことが可能となると解される。

　なお、外為法はかつて「特定の種類の貨物の設計、製造又は使用に係る技術」[20]の提供について輸出の未遂罪を規定していなかったが（現在は外為法69条の7第2項等で輸出の未遂罪が規定されている）、その理由は、「技術」については、貨物の輸出とは異なり、保税地域への搬入や船積みといった手順が必ずしも存在しないことから、犯罪の実行の着手をどの時点で認めるかが見極めにくく、刑罰の対象範囲が不明確となるおそれがあったからであるとされていた[21]。このような規制対象の認識困難性あるいは不可能性は、技術については肯定できるとしても、特定有害廃棄物等について肯定できるものではなく、輸出の未遂罪を創設する可能性を否定する理由となるものではな

---

19)　外国為替貿易研究グループ編・前掲注（13）837頁。
20)　外為法は、大量破壊兵器の開発等に転用されるおそれのある機器や細菌製剤の原料となり得るウィルス等の「貨物」に加えて、これらの機器を製造するための設計図、機器を動かすためのプログラムや機器の据付や操作方法等の「技術」についても規制対象としている。
21)　外国為替貿易研究グループ編・前掲注（13）836頁。

い。

7 外為法に基づく行政的な対応

外為法は、無許可による貨物の輸出や特定技術の提供についての過失犯については、過失犯に対する処罰規定がないため、刑事罰の対象とはなっていない。無許可による貨物の輸出についての罰則は、刑事罰のほかに輸出等を禁止する行政制裁があり、さらに、無許可輸出を行った者に対して再発防止等を強く要請する行政指導を実施する場合がある。

無許可輸出を行った者に対しては、3年以内の貨物の輸出の禁止または非居住者との間での役務の提供が禁止されることがある（外為法25条の2および53条）。これは、輸出または輸入に関する法令違反が国民経済を混乱させることが大きいこと、貿易業者に対する予防的効果や矯正的効果の観点から制裁措置を行うことが、実際的で効果が大きい場合があること等によるものである。

また、行政指導とは、「行政機関がその任務又は所掌事務の範囲内において一定の行政目的を実現するため特定の者に一定の作為又は不作為を求める指導、勧告、助言その他の行為であって処分に該当しないもの」（行政手続法2条6号）であり、バーゼル法規制対象物のシップ・バック事案等で行われている経産省産業技術環境局環境指導室長による「厳重注意」はこれにあたる。行政指導を行うにあたっては、行政手続法35条1項および2項に基づき、行政指導の趣旨、内容と責任者を明示しなければならない。

8 関税法における他法令手続きと虚偽申告罪の成立の関係

関税法の輸出手続きでは、いわゆる「他法令」により輸出の許可や承認等を必要されている貨物である場合には、輸出しようとする者は、関税法に基づく輸出申告を行う際に、他法令により輸出の許可や承認等を受けている旨を税関に証明しなければならず、税関は、他法令による輸出の許可や承認等を受けていることが証明されない限り、輸出許可を行うことはない（関税法70条3項）。通常は、輸出しようとする者が、税関に関税法に基づく輸出申告を行う前に、輸出しようとする貨物がバーゼル法や廃棄物処理法の規制対

象物であるか否かの該非判断がなされ、規制対象物であるとの判断がなされれば、他法令による許可や承認等を受けることとなっている。

そのため、税関の貨物検査でバーゼル法や廃棄物処理法の規制対象物である可能性のあるものの混入等が発覚し、しかし他法令による許可や承認等を受けていないという場合には、当該貨物を輸出しようとする業者に対して、バーゼル法や廃棄物処理法の所管省庁に当該貨物がこれらの規制対象物であるか否かを照会するように指導し、さらに、規制対象物に該当するとなればバーゼル法や廃棄物処理法の輸出手続きをとるように指導することとなる。バーゼル法や廃棄物処理法における輸出手続きを故意に迂回しようとして偽りの申告等を行ったことが明らかな事案でない限り[22]、税関が関税法の虚偽申告罪（関税法111条1項2号）の容疑で対応することは困難である。

また、税関が関税法の虚偽申告罪で対応するとしても[23]、税関長により事件の情状が懲役に処するべきであると判断されたような場合等の直ちに検察官に告発しなければならない場合（同138条但し書きおよび同条2項）を除いては、税関長による行政処分である「通告処分」[24]を行うこととなり、犯則者がこの通告の旨を履行した場合には、税関長等による検察官への関税法に基づく告発がなされ司法的対応に移行するということはない。

---

22) 関税法の虚偽申告罪の成立のために必要となる犯意は、「申告等をする際に、その申告等をする事項が虚偽であることの認識があれば足りる」（植村・前掲注（17）73頁）と解されている。
23) 関税法の虚偽申告罪の既遂時期は、偽りの申告もしくは証明をし、または偽りの書類を提出した時であると解される。偽りの事実を記載した申告書を提出した事実があれば、たとえそれについて税関職員が欺罔され、誤った決定をしなかった場合であっても、当該書類の提出の時をもって既遂となり、虚偽申告に係る罪を問うことができる。伊藤寧『関税処罰法』（中央法規出版、1981）222頁、大蔵省関税研究会編・前掲注（13）876頁、植村・前掲注（17）74頁。
24) 通告処分とは、関税法の犯則事件の調査によって税務行政庁が犯則の心証を得た場合に、その理由を明示したうえで、罰金または科料に相当する金額、没収に該当する物品等を指定の場所に納付すべきことを税務行政庁が犯則者に書面をもって通告し、犯則者が原則二十日以内に履行したときは、当該犯則について告発を行わないとする行政処分である。伊藤・前掲注（23）56頁、大蔵省関税研究会編・前掲注（13）967頁、財務省関税局監修『関税制度の新たな展開』（日本関税協会、2007）6頁。

9 廃棄物処理法における無確認輸出の未遂罪と予備罪の創設

廃棄物処理法は、2004年の日本から中華人民共和国の山東省青島への廃プラスチックの不適正な輸出事例[25]の発生等をうけて、2005年の改正で、環境大臣の確認を受けずに廃棄物を輸出した者は「五年以下の懲役若しくは千万円以下の罰金」（同25条1項12号）に処せられることとし、罰則を引き上げ、また、廃棄物の無確認輸出の「未遂罪」（同25条2項、罰則は同25条1項と同じく「五年以下の懲役若しくは千万円以下の罰金」である）と「予備罪」（同27条、罰則は「二年以下の懲役若しくは二百万円以下の罰金」である）を新設した。なお、環境大臣の確認を受けずに廃棄物の輸出等を行った者が代表者等を務める法人についても、輸出罪と輸出の未遂罪については「三億円以下の罰金刑」、輸出の予備罪については三百万円以下の罰金刑が科せられることとなった（同32条）。

廃棄物処理法では、「無確認輸出罪」の成立を「実際に船舶等に廃棄物を積み込み終え」た時点で、「無確認輸出の未遂罪」の成立を「通関手続のための輸出申告の時点（通関手続を経ない場合には船積みの開始等の時点）」で、また、「無確認輸出の予備罪」の成立を「無確認輸出をする目的で搬入予定地域に廃棄物を搬入する」等した時点で捉えるとの解釈がなされている[26]。

廃棄物処理法に無確認輸出の未遂罪と予備罪が新設される以前においては、船舶への積み込み以前の税関による積荷検査等の輸出通関手続きの段階

---

25) 2004年4月、山東省青島の税関と出入検験検疫局は、日本から輸出された貨物に家庭系廃棄物が多数混入していることを発見し、同年5月8日、国家質量監督検験検疫総局は、日本から輸出される廃プラスチックに係る船積み前検査の申請の受け付けを一時停止した。日本から中国に再生可能資源を輸出する場合には、輸出貨物が中国政府によって世界各地に設立されている船積み前検査機関による検査に合格し、その旨の記載のある証明書を検査機関から取得することが義務付けられているため、検査の申請の受け付けの一時停止は、事実上、中国政府による日本からの廃プラスチックの輸入禁止措置となった。中国政府は、本件貨物をバーゼル条約と中国の環境保護規制基準に違反するものとして、日本政府に厳正な対処を求め、輸入再開の条件として、懸案の貨物の日本への返送、廃プラスチック購入者への懸案の貨物の輸出業者からの補償、日本政府による再発防止措置の三点を求め、これらの条件が一部充たされて、2005年9月20日より日本からの廃プラスチックの輸入が再開された。拙稿「国際資源循環の現状と課題」法学教室326号（2007）6頁。

で同法における廃棄物を発見したとしても、その段階で輸出申告を撤回すれば輸出しようとしたことの罪を問われることはなく、無確認輸出行為に対する十分な抑止的効果が働いていないという問題があった[27]。廃棄物処理法における未遂罪と予備罪の新設はこのような問題点の克服を企図したものである。

2009年1月14日、環境省は、大阪府の業者が2008年4月に関税法に基づく輸出申告を行った中国向けの貨物（金属スクラップ）に、廃棄物処理法における廃棄物にあたるタイヤ屑や木屑などの多量の異物が含まれていたことを認定したうえで、「廃棄物に該当するものの輸出に当たっては、廃棄物処理法に基づく手続きが必要であり、その手続きを経ずして輸出しようとした場合は、法令違反となる。」（傍点は筆者による挿入）と指摘し、輸出の未遂罪を適用したが、業者の代表者に対しては厳重注意を行うにとどめ、輸出申告を行った貨物の適正な処分と再発防止策の策定等を求めた[28]。

その後、2010年3月2日、環境省は、大阪府八尾警察署に対して、使用済み冷蔵庫45台を廃品回収業者等から処理費用を受領（逆有償）して引き取った後、野外に保管し、特段の処理を行うことなく、2009年10月にミャンマーに中古利用名目で輸出しようと関税法に基づき輸出申告を行った法人（S社）とその代表者について、当該冷蔵庫は物の性状、排出の状況、通常の取扱い形態、取引価値の有無および占有者の意思等を総合的に勘案した結果、廃棄物処理法における廃棄物と判断されることから、廃棄物処理法の無確認輸出の未遂罪で告発を行った[29]。本件は、2005年の改正で廃棄物処理法に輸出の未遂罪が新設されて以降、同罪に基づく初めての告発事例であ

---

26) 嘉屋朋信「大規模不法投棄、無確認輸出等廃棄物の不適正処理に対する対応を強化」時の法令1746号（2005）34頁。また、廃棄物処理法に無確認輸出の未遂罪と予備罪を新設するための改正案を審議した参議院環境委員会における南川秀樹・環境大臣官房廃棄物・リサイクル対策部長（当時）の答弁も参照（『第162回国会参議院環境委員会議録第12号』10頁）。
27) 環境省大臣官房廃棄物・リサイクル対策部「廃棄物の処理及び清掃に関する法律等の一部を改正する法律」ジュリスト1299号（2005）99頁、嘉屋・前掲注（26）34頁。
28) 本件に関する環境省のホームページ上の報道発表資料「廃棄物を含むメタルスクラップの無確認輸出申告について（厳重注意）」（Available at http://www.env.go.jp/recycle/yugai/law/metal_h210114_an.html (7 July, 2011)）。

る。その後、S社とその代表者は、2010年6月4日、大阪地方検察庁により起訴され、公判を経て、同年7月27日、大阪地方裁判所により有罪判決を言い渡され、同年8月11日、有罪が確定した。

Ⅳ　バーゼル法による特定有害廃棄物等の輸出規制の課題の改善策

以上の検討をふまえ、有害廃棄物等の不適正な国際移動の未然防止と不適正な移動が発生した場合の事後的な対応のそれぞれについて、改善策を提示したい。

まず、有害廃棄物等の不適正な国際移動の未然防止については、輸出前の税関における貨物検査の段階でバーゼル法の規制対象物を輸出しようとしていたことが発覚したという場合、輸出業者が輸出申告を撤回すればその罪を問われることは無い。現在は、バーゼル法には輸出の未遂罪や予備罪がないために、輸出しようとしたことの罪を問うことはできない。廃棄物処理法については、2005年の改正で、廃棄物の不適正輸出の抑止的効果を高めることなどを目的として輸出の未遂罪と予備罪が創設された。今後、バーゼル法の輸出規制の実効性を高めるためには、輸出の未遂罪や予備罪の創設について検討していくべきである。

次に、有害廃棄物等の不適正な国際移動が発生した場合の事後的な対応としては、1999年のニッソー事件以降、不適正な国際移動が発生してしまった場合の日本政府の対応は、輸出業者に対する厳重注意などの行政的な対応にとどまっている。日本から輸出相手国に向かい、輸出相手国の税関で輸入が許可されずにシップ・バックされてきたという場合は、次の表に整理したとおり、バーゼル法、外為法、関税法および廃棄物処理法のいずれの現行法においても、日本からの「輸出」にあたると解釈することができる。それゆ

---

29)　本件に関する環境省のホームページ上の報道発表資料「祝氏貿易株式会社の廃棄物処理法違反容疑に係る告発について（お知らせ）」（Available at http://www.env.go.jp/press/press.php?serial=12213 (7 July, 2011))、および環境省近畿地方環境事務所のホームページ上の情報【お知らせ】廃棄物処理法違反に問われていた祝氏貿易株式会社の有罪が確定」（Available at http://kinki.env.go.jp/to_2010/0820a.html (7 July, 2011))。

え、シップ・バックされた貨物が規制対象物であり、混入量や混入率などから悪質性が認められる事案については、より積極的な対応を、具体的には刑事罰や輸出等を禁止する行政制裁による対応をとるべきである。

表 現行の輸出規制関係法の解釈の整理

	「輸出」の解釈	「輸出の未遂」の解釈	「輸出の予備」の解釈
バーゼル法	外国向け貨物を船舶等に積み込んだ時点	「輸出の未遂罪」不採用	「輸出の予備罪」不採用
外為法	同上	外国向け貨物を保税地域に搬入した時点	同上
関税法	同上	通関手続きが行われる場合は同上 密輸出のため、通関手続きが行われない場合は、外国向け船舶等に外国向け貨物の積み込みを開始した時点	――
廃棄物処理法	船舶等に廃棄物を積み込んだ時点	通関手続のために輸出申告を行った時点	無確認輸出をする目的で搬入予定地域に廃棄物を搬入する等した時点

第12章　国際環境法・条約

37 生物多様性に関する国際条約の展開
——必要とされる措置の体系化

磯崎博司

I　生物多様性の観点とその背景

すべての生物（陸上生態系、海洋その他の水界生態系、これらが複合した生態系その他生息または生育の場のいかんを問わない。）の間の変異性をいうものとし、種内の多様性、種間の多様性および生態系の多様性を含む（生物多様性条約第2条）。

1　生物多様性に関する諸条約

生物多様性は比較的新しい概念であり、上記のように、それは生物の間に違いが生じることを意味している[1]。生物の歴史的な適応放散の結果が現在の生物多様性であるため、それぞれの地元の自然系（特に、その固有種）は生物多様性の基本要素である。そのこととともに、看過されがちであるが、それは将来の生物進化に向けての変異能力の源であるということに注意を向ける必要がある。

生物多様性という概念の意味することは、伝統的には自然および野生動植物という観点で把握されてきており、ヨーロッパ諸国においては19世紀後半から関連条約が作成された[2]。1960年代以降は、自然および野生動植物の

---

1) 特定区域における生物種の数が多いことを意味すると誤解されることが多い。他方、変異性は地球全体で考えなければならない。

保護に国際的関心が集まり、多くの条約が採択された。しかしながら、それらの適用対象は包括的ではなく、個別分野に留まる。そのために、絶滅のおそれや貴重性に関わらず、人間の価値基準を離れて自然環境の保全を図る必要が指摘され、生物多様性という概念が提唱された。それに応えて、生物多様性条約が1992年6月に採択され、1993年12月に発効した。

生物多様性条約は自然環境に係わる基本条約であり、その適用範囲は広いため、自然保全、生物資源、農業、貿易、知的財産権、文化、人権、汚染・危害など、多くの分野に関係している。これらの分野の活動と法制度はそれぞれ別個に発展してきていたが、生物多様性条約はそれらの活動が重なり合う範囲を取り扱い、相互関係の密接な調整を求めている。特に、生物の多様性に重大な損害又は脅威を与える場合は、生物多様性条約が優先すると定められている（第22条）。それを受けて、既存のさまざまな条約や制度を含めて、生物多様性の保全に関して必要とされる措置の体系化が図られてきている。なお、その体系化は、後述する生物多様性の主流化にとっても欠かすことができない。以下では、その体系化の展開を概観する。

2　生物多様性の保全と利用

生物多様性に関して必要とされる措置の体系化の第一段階は、保全と利用の位置づけである。生物多様性条約の第1条は、「この条約は、生物の多様性の保全、その構成要素の持続可能な利用及び遺伝資源の利用から生ずる利益の公正かつ衡平な配分をこの条約の関係規定に従って実現することを目的とする。この目的は、特に、遺伝資源の取得の適当な機会の提供及び関連のある技術の適当な移転（これらの提供及び移転は、当該遺伝資源及び当該関連のある技術についてのすべての権利を考慮して行う。）並びに適当な資金供与の方法により達成する」と定めている。ここに定められている3つの目的はそれぞれ対象範囲が異なるとともに、前後関係にある。基盤は生物多様性の保全である。その後に生物資源の持続可能な利用が成り立つ。さらに、

---

2) 農業上有益な鳥類の保護に関する合意（オーストリア・ハンガリーとイタリアの間）(1875年)、アフリカの野生動植物の種の保護に関する条約（1900年）、農業上有益な鳥類の保護に関する条約（1902年）などがある。

その後に遺伝資源利用が成り立つ。

このように、自然や生態系の保全を基盤とし、大前提とした上で、生物資源の持続可能な利用の促進を目的とすることは、ラムサール条約、ワシントン条約、世界遺産条約、国際熱帯木材協定、植物遺伝資源条約などの、自然に関わるすべての条約において共通している。

(1) 持続可能性とは

持続可能な利用について、生物多様性条約の第2条は、「生物多様性の長期的な減少をもたらさない方法および速度で生物多様性の構成要素を利用し、もって、現在および将来の世代の必要および願望を満たすように生物多様性の可能性を維持することをいう」と定義している。生物多様性に悪影響を及ぼさないこと、すなわち、生物多様性を維持することが条件とされている。それは、前述のように、第1条に前後関係のある3カテゴリーごとの目的が設定されていること、および、第8条 (e) および第15条2項に「環境上適正」という字句が用いられていることにも表されている。

その考え方は、「持続可能な開発とは、人々の生活の支持基盤となっている各生態系の許容能力限度内で生活しつつ、その生活の質的改善を達成すること」という定義[3]によって、一層明確に示すことができる。すなわち、持続可能性は、人間活動に対して生態系が有している支持力または許容力の持続可能性を意味するのであり、事業や活動の持続可能性または継続可能性を意味するのではない。そして、生態系の支持力または許容力は、生物多様性が維持されていなければ確保できない。

他方、ラムサール条約においては、持続可能な利用は、賢明な利用という語句で表されており、同条約の主目的の一つである。その条文では定義されていないが、締約国会議の決議において、「湿地の賢明な利用とは、持続可能な開発の趣旨に沿って、生態系アプローチの実施を通じて達成される、湿地の生態学的特徴の維持をいう」と定められている[4]。この定義も、生物多様性条約の定義と同様に、生態系の維持を利用活動の大前提としている。

---

3) IUCN/UNEP/WWF, Caring for the Earth : A Strategy for Sustainable Living (1991), p. 10, Box 1.

(2) 持続可能性の基準

しかし、以上のような定義によっても、持続可能な利用とはどのような利用であるかは、必ずしも明白ではない。そのため、もう少し詳しい基準や指標がすでに採択されている。生物多様性条約の下には、アジスアベバ・ガイドラインが採択されており、生物資源の持続可能な利用に関する基本的な項目が定められている[5]。ラムサール条約には上記の賢明な利用に関するハンドブックがあり[6]、「世界遺産条約の実施のための運用ガイドライン」（以下、世界遺産条約の運用ガイドライン）も持続可能性について定めている[7]。また、森林や漁業に関する諸条約も、持続可能性についてガイドラインを定めている。

それらによると、持続可能性の基準は、絶滅のおそれの基準よりも手前に位置し、自然科学的要素とともに社会科学的要素から構成される。また、絶滅のおそれの基準とは異なり、社会的な要因が大きいため特定の数値や限定的な状態によって示すことが困難であり、いくつかの指標をセットにして柔軟な基準設定をすることが現実的である。

それらに共通する自然科学的基準としては、生物多様性の保全および生態系サービスの維持、また、有害な影響の防止および除去があげられる。生物多様性の保全に関しては、種、遺伝子および生態系それぞれの多様性を、有害性の防止については臨界負荷量を、また、生態系サービスの維持に関しては生産性と生態系機能の維持を、それぞれ指標として用いることができる。

他方、社会科学的基準としては、社会・経済的便益の維持および増進、ならびに、法制度の整備があげられる。社会・経済的便益の維持および増進に

---

4) 決議 IX.1・附属書 A。旧定義は、「賢明な利用とは、生態系の自然特性を変化させないような方法で」、「将来の世代の需要と期待に対して湿地が対応し得る可能性を維持しつつ、現在の世代の人間に対して湿地が継続的に最大の利益を生産できるように、湿地を利用することである」とされていた。その条件節が新定義では目的節とされたわけであり、画期的な変更である。

5) CBD Decision VII/12：Addis Ababa Principles and Guidelines on Sustainable Use of Biodiversity.

6) The Ramsar Handbooks for the wise use of wetlands, 4th edition (2010).

7) Para. 119, Operational Guidelines for the Implementation of the World Heritage Convention (WHC. 08/01, January 2008).

関しては、生産および消費、野生生物被害、レクリエーションおよび観光、利用に関わる生態系または生物種に関する投資、文化的・社会的および精神的な必要と価値、雇用および地元社会の必要を指標として用いることができる。法制度の整備に関しては、権利設定、事前評価、情報公開、公衆参加、紛争解決、行政機構などが指標として用いられている[8]。

(3) 南北問題と MDGs

生物多様性との関わりで以上の事柄が取り上げられる背景には南北問題がある。それは、先進国と開発途上国との間の経済格差として捉えられるが、経済だけでなく、政治、社会、その他の側面を含む構造的問題であり、環境問題にも深く関わっている。開発途上諸国においては、貧困の故に身近な自然資源を過剰に利用せざるを得ない。その結果、森林や草地の減少、土壌の浸食、洪水の増加、砂漠化の拡大などが発生しており、それらは生物多様性に深刻な打撃を与えている。こうした貧困の克服のため、早急な社会開発が必要とされている。ただし、それは、前述のように、生物多様性に悪影響を及ぼさず、また、持続可能でなければならず、生態学的そして生物福祉的制約も求められている。

南北問題の解決のためには資金が不可欠であり、その財源としては、1950年代には経済援助が求められた。1960年代には輸出促進のために貿易制度の改革が求められ、また、鉱物資源や海洋資源の輸出価格の引き上げが求められた。関連して、天然資源に対する恒久主権、人類の共同遺産、新国際経済秩序、経済権利義務憲章などに関する国連総会決議が採択された。その後も、技術移転の促進、多国籍企業の規制、各種の国際課税などが相次いで求められた。公海や深海海底や月・天体に賦存する資源に対しては、共有財として国際管理する主張も行われた一方で、大陸棚や排他的経済水域などの資源に関する主権的権利の強化も主張された。最近は、後述のように、遺伝資源と伝統的知識が、知的財産権との関わりにおいて、残された新たな財源として注目されている。

しかしながら、これらの努力にも拘わらず、根本的な問題解決には至って

---

[8] ワシントン条約においては、アフリカゾウの象牙の利用に関する決議において、違反防止のための法制度整備に関する項目が定められている。

いない。そのために、国連を中心にして、MDGs（ミレニアム開発目標）がまとめられた。それは、貧困、平等、保健、疾病、環境などの分野ごとに2015年までに達成すべき8つの目標を掲げており[9]、南北問題および自然資源利用に関する総合計画となっている。生物多様性条約もMDGsの達成に寄与することをその存在意義の一つとしている。その条文においても、経済社会開発と貧困の撲滅が開発途上国にとって最重要課題であることが確認され（第20条4項）、先進国には、開発途上国に対して必要とされる技術や資金を支援することが求められている（同2項）。

II 生物多様性を基盤とする人間活動

生態系の保全が利用活動の大前提であり、人間活動は生物多様性を基盤とするという認識の上に、体系化の第二段階として以下のように、MDGsの達成に向けて段階ごとに必要とされる措置が定められてきている。

1 現状の正確な把握と普及

生物多様性の保全とそれらの資源の持続可能な利用のためには、現状の正確な把握が不可欠であるが、必ずしもそれは確保されていない。他方で、生物多様性に関する諸条約の実施が必ずしも万全ではない原因としても、根拠となる科学的情報が十分に提供されていないこと、間接的に影響のある情報を含めてそれらの情報の総合的な分析が行われていないこと、そのために、本来必要な措置や規制が定められていないこと、関連する対策や措置について優先順位が設定されていないことなどがあげられる。

このような状況を改善するため、気候変動対策の基礎となる科学的情報を提供してきているIPCC（気候変動に関する政府間パネル）に倣って、自然生態系に関する科学的情報を提供するための信頼に足るシステムの構築が求められている[10]。

---

9) http://www.un.org/millenniumgoals/index.shtml（最終訪問日：2011年7月4日）
10) その発想はMAの展開の後、IPBES（生物多様性および生態系に関する政府間科学政策プラットフォーム）の設置という提案に受け継がれている。http://ipbes.net/index.php（最終訪問日：2011年7月4日）

(1) 観測・分析

それに応えて、ミレニアム生態系評価プロジェクト（MA）が進められた[11]。MAは2001年から始められた4年にわたる調査プロジェクトであり、生態系の状況、生態系の変化の帰結および対応策の選択肢などに関する政策関連の科学情報を、専門家の評価を受けた上で政策決定者と公衆に対して提供することによって、世界の自然生態系および人為管理下にある生態系についての管理を向上させることを目的とした。生物多様性条約、砂漠化対処条約、ラムサール条約および世界遺産条約、また、関連する国際組織や学術団体は、必要とされる情報がMAによって提供され得るとして積極的に支持し協力した。

MAは、マルチスケールの評価プロセスをとっており、世界レベルの評価とともに、地域レベル、国家レベルおよび地元レベルの評価が並行して行われている[12]。

(2) CEPAの展開

MAによって明らかにされたことについて、特に、政策決定者、行政担当者、立法者、事業者、研究者、報道関係者、NGO職員、住民リーダーなどには十分に理解することが求められている。しかしながら、MA報告書は、専門的、科学的、技術的、総合的、包括的であり、しかも大分量である

生物多様性を基盤とする
持続可能な開発に関する措置の体系化

MDGs達成

持続可能な開発

保護指定

事前評価

予防的対応

総合的管理

生態系アプローチ

CEPA 公開・参加

観測・分析 MA

生物多様性の保全

---

11) http://www.maweb.org/en/Index.aspx （最終訪問日：2011年7月4日）
12) これまでに各地域・国で行われてきており、日本においても国連大学によって行われた。http://www.env.go.jp/guide/info/gnd/eo/05/mat03.pdf （最終訪問日：2011年7月4日）。その関連で、COP10以降の国際プログラムとして、日本は里山イニシァティブを提案した。Satoyama Initiative OR Tools for promoting the sustainable use of biodiversity, UNEP/CBD/COP/10/3 (Page 76)；UNEP/CBD/SBSTTA/14/INF/28.

ため、読みこなすことが難しい。

そのために、CEPA：Communication, Education, Participation and Awareness（対話・意思疎通、教育、参加、認識・啓発）が重要視されている。CEPA は、情報公開と利害当事者への確実な伝達および利害当事者の参加、学校教育およびその他の非公式教育ならびに研修訓練、そして、一人一人による環境と社会の実態認識および基本的人権と行使しうる諸権利の認識をそれぞれ促進させることを目的としており、特に、対話・意思疎通の確保が重視されている。その本質的内容は、環境教育または EfSD（持続可能な開発のための教育）に類似している[13]。

CEPA は、特に、ラムサール条約[14] および生物多様性条約[15] において展開されてきている。生物多様性条約は、2010 年を「生物多様性年」と定め、世界各地で生物多様性 CEPA を展開した。また、生物多様性条約事務局は、広範囲に及ぶ分野で CEPA に関する概念や技術、留意事項等を整理しているツールキットを作成している[16]。その主な使用者としては行政関係者を想定しており、ファクトシート・事例・図表などを多用して、すぐに使えるように配慮されている。

他方、世界遺産条約も、その運用ガイドラインにおいて、対話・意思疎通を戦略目的の一つとして掲げている[17]。

(3) 公衆参加の保証

CEPA の背景には、リオサミット以降[18]、環境の保全と持続可能な開発の

---

13) EfSD については、「国連 EfSD の 10 年実施計画」（2005 年-2014 年）が展開中である。
14) Recommendation 5.8. Resolutions VI.19, VII.9, VIII.31, IX.18 を参照。なお、Resolution VIII.31 には、具体的なビジョンと目標を目指すための行動目標が定められている。
15) 条文では第 13 条に定められている。また、Decisions IV/10, V/17, VI/19, VII/24, VIII/6 を参照。なお、Decision VIII/6 の優先活動リストには、具体的行動が示されている。
16) Section 4：How to plan communication strategically?（Toolkit CEPA, CBD/IUCN/CEC）http://www.cbd.int/cepa/toolkit/2008/cepa/index.htm（最終訪問日：2011 年 7 月 4 日）
17) Para. 26 (5), Operational Guidelines, op.cit, at note (7).
18) 公開と参加については、リオ宣言の原則 10 において定められている。

実現にあたって、情報公開および公衆参加の重要性が認識され始めたことがある。情報公開は、情報取得の保証と決定過程の公開という異なる側面を含み透明性の確保とも呼ばれる。また、それは、公開することに併せて根拠を示して説明する責任を含む。他方、参加は、情報収集、規則制定、事前評価、審査・決定、運営管理、モニタリング、事後評価、不服申し立て、および司法救済などの各段階への参加を含む。

公開と参加については、気候変動枠組条約、砂漠化対処条約、国際熱帯木材協定、オールフス条約[19]、また、温寒帯林の持続可能な管理を実現するための基準と指標(モントリオールプロセス)[20]、世界遺産条約の運用ガイドラインなどにおいて定められている。特に、ラムサール条約の下の湿地管理における地元共同体および先住民の参加の確保および強化に関するガイドラインは、管理システムへの参加について詳細に定めている[21]。

なお、公開と参加は、後述の環境影響評価やリスク評価のような事前評価手続きにおいても不可欠である。特に、自然・生物メカニズムとその利用活動のような科学的不確実性を伴う評価の場合や主観的評価を基礎にする場合には、NGOや地元の人々を含むすべての利害当事者の参加が確保されることにより、決定過程の透明性が高められるとともに、異なる価値観の反映を通じて当該評価の正当性と信頼性も担保されることになる。また、やはり後述の統合的管理や予防原則についても、公開と参加は不可欠である。

2 生態系アプローチと統合的管理

生物多様性に関する正確な理解を前提とすると、人間活動の持続可能性を確保するためには、生態系アプローチをとることが必要とされる。このアプローチは、生態系や生物資源または生物多様性を人間が利用し管理する場合

---

19) Convention on Access to Information and Public Participation in Environmental Matters (Åarhus Convention).
20) その和訳は、『四訂ベーシック環境六法』(第一法規、2010) 891-892頁を参照。
21) Resolution VII.8: Guidelines for establishing and strengthening local communities' and indigenous people's participation in the management of wetlands (和訳:『林業経済』56巻7号 (2003年10月) 11-16頁)。ラムサール条約においては、PEM (Participatory Environmental Management、参加型環境管理) に関する決議・ガイドラインも採択されている。

の基本原則である。

(1) 生態系への配慮

従来、生物資源の利用に関しては、主に MSY（最大持続可能採捕量）が基準として用いられてきていた。しかし、それは商業目的の採捕量のみに基づくため、その他の要因を含めた OSY（最適持続可能採捕量）のような基準も用いられるようになってきており、対象種および関連種の各個体集団が遺伝的に健全な状態で存続することが重要視されるとともに、関連する生態系全体を視野に入れることも必要とされている。

上記、Ⅰ2(2)「持続可能性の基準」において記したように、生物多様性条約アジスアベバ・ガイドライン、ラムサール条約の賢明な利用に関するハンドブック、世界遺産条約の運用ガイドライン、モントリオールプロセス、FAO（国連食糧農業機関）のレイキャビク宣言および責任ある漁業行動綱領などは、持続可能性確保の観点から人間活動に対して生態系への配慮を求めている。同様の配慮は、ワシントン条約、ボン条約、国際熱帯木材協定、公海漁業協定付属書Ⅰ・付属書Ⅱ、南極海洋生物資源保存条約、南太平洋流し網漁業禁止条約、北太平洋溯河性魚種条約、その他の漁業関連条約、南極環境保護議定書、ベルン条約、地域海洋に関する諸条約においても要請されている。

(2) 生態系アプローチ

このような、持続可能性の確保にあたって生態系を重視することは、生態系アプローチとして体系化されている。それは、土地、水および生物資源の統合管理のための戦略であり、生物多様性の構成要素の保護とそれらの持続可能な利用を公正な手法によって促進することを目的とする。また、それは、人間が多くの生態系の不可分の一部であることを認識するとともに、文化および社会の多様性も基礎としている。

生態系アプローチは、①自然資源の管理目的については社会に選択を委ねるべきこと、②地元へ管理権限を委譲すべきこと、③人間活動による周辺生態系への影響を考慮すべきこと、④市場の改善・インセンティブの統合・費用便益の内部化をすべきこと、⑤生態系の構造・機能の保全を優先すべきこと、⑥生態系はその機能の範囲内において管理すべきこと、⑦適切な空間と

時間を設定すべきこと、⑧長期的な管理目的を策定すべきこと、⑨変化を前提にすべきこと、⑩保全と利用のバランスおよび統合を図るべきこと、⑪科学的知見および先住民や地元住民の知識と慣行を含むあらゆる関連情報を考慮すべきこと、⑫すべてのセクションの関与を確保すべきことという12項目をその基本原則としている[22]。

　最も重要なこととして、生態系には複雑で変動的な性質、すなわち、不確実性、変化性、反復性、帰還性という性質がある。また、生態系の機能やプロセスに関する科学的知見や理解は不完全である。そのような状況に応えて、生態系アプローチは、予防的対応措置をとること、事前評価を行うこと、リスク管理を行うこと、事後監視を行うこと、公開および参加を保証すること、柔軟かつ適応型の管理を行うことなどを必要とする。

　結局、生態系アプローチを実施するための決まった簡単な方法はない。それぞれの区域の特性に応じ、様々な手段や方法が適用しうる。他方で、複雑な状況に最も適切に対処できるように他のアプローチや手法を組み合わせて統合する役割を果たすことが期待できる。

(3) 統合的管理

　生態系アプローチに基づくと、生態系および人間活動を統合的に管理することが必要とされる。統合的管理は、海洋法条約、ラムサール条約[23]、生物多様性条約[24]、世界遺産条約、アジェンダ21（第17章）、UNEP陸上活動起因海洋汚染防止行動計画、FAO責任ある漁業行動網領などにおいて広く求められている。

　特に、ラムサール条約には、詳細なガイドラインを含む決議がある[25]。それによると、統合的管理とは、持続可能性の原則に基づき、経済発展とともに、世代内、世代間の公平を確保しつつ、一層効果的な生態系管理を実現す

---

22) CBD Decision V/6：Ecosystem Approach；Ecosystem Approach：Further Conceptual Elaboration（UNEP/CBD/SBSTTA/5/11, 23 October 1999）.
23) ラムサール条約においては統合的沿岸域管理（ICZM）という観点から扱ってきている。
24) その第10条は一般的に統合的管理に触れているが、特に、海洋との関わりについては統合的海岸域管理（IMCAM）として展開されてきている。
25) Resolution VIII.4：Principles and guidelines for incorporating wetland issues into Integrated Coastal Zone Management（ICZM）.

るために、対象地域のさまざまな利用者、利害当事者および意思決定者を一つにまとめるための仕組みであり、物理的、社会的、経済的、環境的な条件と、法律、財政、行政の制度枠組みの下における、持続可能な自然資源の利用のための、広域的、継続的、先行対策型、適応型の資源管理プロセスを必要とする。そこにおいても、公開および参加の保証が求められている。その保証は、認識や理解の向上と普及啓発という役割を果たすとともに、統合的管理に対して正当性および信頼性を高めるという役割も果たし、当該管理措置の実行を支えることにつながる。

世界遺産条約も同様であり、登録遺産に関する完全性基準との関わりで、締約国の国内法令や管理計画に対して統合性を義務付けている[26]。

3 予防的対応と事前評価

次に、具体的事業や利用行為が行われるのに先だって、予防的対応、事前評価および保護指定が必要とされる。

(1) 科学的不確実性と予防原則

前述のように、生態系アプローチは、不確実性を前提として、保全のための予防的な規制管理措置をとることを求めており、予防原則に基づいている。予防原則は、科学的知見が不十分なために、環境に悪影響を与えることが明らかではなくても、取り返しのつかない事態を防止するために予防的な対応行動をとることを求めている。国内法では、ヨーロッパ諸国に予防原則を定めている法令や計画が見出される。国際法においても、予防原則は1990年代以降、生物資源利用または地球環境問題に関して強く主張されてきている。EC設立条約、アフリカ・ユーラシア水鳥協定やカルタヘナ議定書のように、予防原則を既定のものとして明記し、または、具体的な権利や行為を定める条約もある。

予防原則に関するそれらの規定は同一内容ではないが、予防原則の基本要素としては、未然防止、科学的不確実性への対応、高水準の保全目標、環境の観点の重視、将来への配慮、危険可能性への配慮、計画的対応、最善技術の適用などが挙げられる。それらの要素を含む制度として、基準と指標の設

---

26) Paras. 87-95, Operational Guidelines, op.cit, at note (7).

定と検証、PIC（事前の情報提供に基づく同意）手続き、危険性評価手続き、モニタリング、適応型管理などの導入が必要とされている。

　予防原則に基づく対応措置には科学的不確実性が伴うため、その必要性および正当性が明らかにされなければならない。具体的には、基礎となるデータならびにその収集および評価過程に透明性を確保することが必要である。その場合、生物的要素に関しては情報公開を徹底することが必要であり、他方、社会的要素については参加を保証することが不可欠である。

　予防的対応としては、問題とされる行為のみでなく、当該行為に連なる前後の段階の行為または関連する行為を併せて規制することも必要である。そのような関連行為の規制は、高い規制効果を得られることが多い。たとえば、ワシントン条約は野生動植物種の保全に関連して輸出入を規制しており、南太平洋流し網漁業禁止条約は流し網操業に関連する行為を広く禁止している。

(2) 事前評価

　生物多様性条約の第14条1項は、生物多様性に悪影響を及ぼすおそれのある事業について事前に環境影響評価を行うこと、および、同様のおそれのある計画や政策について環境配慮のための措置をとることを求めている。国連海洋法条約、ラムサール条約、世界遺産条約、ワシントン条約、ボン条約、国際熱帯木材協定、また、モントリオールプロセスなどには環境影響評価を必要とする規定が含まれている[27]。他方、開発途上国援助および国境を越える事業活動についても、環境影響評価は不可欠である[28]。

　各国における運用を通じて、効果的な環境影響評価のためには、関連情報の公開、計画段階ごとの評価、広範な参加、文化社会面を含めた評価項目、根拠を示した検証と納得されうる説明という各要素を満たすことが必要とされている。生物多様性条約の下には、生物多様性に関わる影響評価に関する任意的ガイドラインが採択されている（決定Ⅷ/28附属書）。また、同じくア

---

27) 磯崎博司「環境影響評価制度の国際的展開」環境と公害27巻1号（1997）22-26頁。
28) それは、世界遺産条約の第6条3項およびラムサール条約の第3条1項の下の国外での保全義務とも重なっている。

グウェイ・グー・ガイドラインは、文化的要素の評価に重点を置くこととすべての利害当事者の参加を保証することを定めている[29]。

なお、個別の事業計画に対するとともに、上位計画段階で評価を行うこと、すなわち、SEA（戦略的環境影響評価）の実施が必要であるとされている。生物多様性条約は、SEA に触れている第14条1項（b）に基づいてガイドラインを採択している。他方、ヨーロッパ諸国は、SEA に関するキエフ議定書を採択している[30]。

(3) 保護指定

利用開発活動を行うに先立って、絶滅のおそれのある動植物種や生物多様性にとって重要な場所が保護されなければならない。このような未然防止という観点からは、第一に、ラムサール条約や世界遺産条約などによる国際的な登録地の指定やワシントン条約およびボン条約による絶滅のおそれのある動植物種の国際指定は、開発および利用活動を事前に禁止または制限するという意味で重要な役割を果たしている。同様の役割を果たす国際的な保護区や特別区域は、国際捕鯨取締条約、南極アザラシ保存条約、MARPOL 条約、南極海洋生物資源保存条約、国連海洋法条約、南極条約環境保護議定書などにおいても設定されている。これらの条約のほか、それぞれの地域条約にも区域指定制度があり、ユネスコの MAB（人間と生物圏）計画も重要な区域をリストアップしている。

ところで、生物多様性条約には、生物多様性の観点から国際的に重要な「ホットスポット」を国際的に指定登録することは定められていない。そのようなホットスポット区域への対応は、上記のラムサール条約や世界遺産条約などの下の国際登録制度に委ねられている。実際、これらの条約では、リスト掲載の評価項目の中に生物多様性という項目が含められている。

---

[29] Decision VII/16：Akwé：Kon Voluntary Guidelines for the Conduct of Cultural, Environmental and Social Impact Assessment regarding Developments Proposed to Take Place on, or which are Likely to Impact on, Sacred Sites and on Lands and Waters Traditionally Occupied or Used by Indigenous and Local Communities.

[30] Protocol on Strategic Environmental Assessment adopted in 2003 under Espoo Convention on Environmental Impact Assessment in a Transboundary Context in close relation with Aarhus Convention on Access to Information, Public Participation in Decision-making and Access to Justice in Environmental Matters.

第二に、国内レベルでの保護指定も重要である。生物多様性条約の第8条は、保護区や保護種などの指定に関わる国内措置を例示している。生物多様性条約 COP10 で採択された愛知ターゲットには、保護区に関する数値目標が定められている。国際連合は、各国の自然公園・自然保護区のリストを作成している。

Ⅲ　生物多様性の主流化と課題

　以上の各段階の措置や手続きを順次尽くした後に、開発利用活動を開始できるわけであり、その開始後もモニタリングや見直しが必要とされる。こうして、生物多様性を保全することと持続可能な利用を促進することが確保され、MDGs の達成に道が開かれる。他方、生物多様性の保全は社会・経済分野の活動に左右されるため、それらの分野において以上の措置や手続きが確実に実施される必要がある。そのため、生物多様性に関わる措置の体系化の努力と並行して、すべての分野・活動に生物多様性への配慮を組み入れること、すなわち、生物多様性を主流化することが提唱されている[31]。なお、そのことは、生物多様性条約の第10条（a）および（b）において義務づけられており、また、上述の生態系アプローチの第12原則として定められている。以下では、そのような生物多様性の主流化に沿った新しい事例を紹介する。

1　生物多様性と文化・社会の多様性

　自然環境と文化環境との密接な結びつきと広がり、また、それぞれの地元の人々の生活環境の果たす役割が認識され、生物多様性と文化多様性を相互連携させることが必要とされるようになっている。その背景には、世界各地で伝統的集落の衰退が続き、それらの文化が失われるとともに自然環境の劣化が生じていることがある。

　自然環境に結びついた文化の多様性は、風景、地形、河川、動植物、天候などの自然要素が、五感を含むすべての知覚を通じて感知されることに根ざ

---

[31]　生物多様性条約 COP10 で採択された愛知ターゲットにおいても主流化は基本目標とされている。そのミッションおよび戦略目標 A を参照。

している[32]。そのようにして感知された要素は、個人および集団によって異なることが多いため、地元固有のものとなっている。そのような地元固有の要素は、文化、宗教、民俗などに影響を与えるとともに、後世代の感知の仕方に影響を与えてきている。また、そのような地元固有の要素は、構築物、遺跡、伝統などとともに、暮らしや生活の営みの中に表されており、地元共同体によって継承・維持されてきている。それらは「自然と人とが織りなす環境要素」と称される。自然と人とが織りなす環境要素には、それぞれ個別的価値が認められる。しかし、それらは、それぞれの本来の場所と組み合わせによってこそ意味を持つため、それらの発現と継承に携わる地元共同体の保全が不可欠である。このような認識と枠組みは、ヨーロッパ景観条約において顕著であり、生物多様性条約（第10条（c））やラムサール条約においても同様である。

他方、世界遺産条約においても、自然と文化の相互関係は重視されるようになってきている[33]。2005年に行われた運用ガイドラインの改定によって、文化遺産と自然遺産の登録基準は統合され、文化と自然は別々ではないという基本認識が制度化された。さらに、地元固有の環境要素の継承には、個々の要素に関わる担当者だけでなく、多側面で支えている地元共同体の保全（CC：Community Conservation）が欠かせないとの指摘を受けて、2008年の運用ガイドラインの改定によって、戦略目的を定めているその第26項に「条約の実施において共同体の役割を高める」ことが付加された[34]。

このように、自然と人とが織りなす環境要素の保全という課題は、少数者保護と過疎問題に絡む社会経済問題である。そこに、生物多様性と文化多様性の両者の主流化が必要とされており、CEPA、公開と参加、生態系アプローチ、共同体の文化・伝統、統合的管理、事前評価、持続可能性などの措

---

32) Guidelines for the Implementation of the European Landscape Convention. http://wcd.coe.int/ViewDoc.jsp?id=1246005（最終訪問日：2011年7月4日）そこでは、景観の定義に関連して、the sensory (visual, auditory, olfactory, tactile, taste) and emotional perception を示している。

33) UNESCO, Conserving Cultural and Biological Diversity：The Role of Sacred Natural Sites and Cultural Landscapes, 2006（UNESCO-MAB：Proceedings of the Tokyo Symposium, 2005）.

34) WHC-07/31.COM/13B.

置の組み入れが図られている。

2　遺伝資源利用に関する制度

次に、生物多様性条約の第3目的との関わりで、遺伝資源の取得利用（Access）規制と利益配分（Benefit Sharing）をどのように実現するかということは ABS と呼ばれ、生物多様性条約における重要課題の一つとなっている[35]。

生物多様性条約 COP10 で採択された名古屋議定書は[36]、第一に、生物多様性の保全が前提的な基本目的であることを再確認している（第1条、第9条）。第二に、ABS により生み出される資金（グローバル資金メカニズムを含む）を生物多様性の保全および生物資源の持続可能な利用に振り向けるよう奨励している（第9条、第10条）。第三に、任意拠出に基づくグローバル資金メカニズムについての検討義務を定めている（第10条）。第四に、PIC を通じた情報提供を義務づけている（第14条）。第五に、上記1と同様に、地元共同体、特に先住民社会の役割を重視している（第5条、第6条、第7条）。第六に、それらの参加保証を定めている（第5条、第6条、第7条）。第七に、先住民社会の伝統的知識の保護を明定している（第12条）。第八に、CEPA を重視している（第21条）。

ABS は南北問題の一つであり、従来は経済分野の問題として扱われていたが、生物多様性の主流化に向けて、CEPA、公開と参加、生態系アプローチ、共同体の文化・伝統、事前評価、持続可能性などの措置が組み入れられるに至っている事例である。

---

35) 詳しくは、バイオインダストリー協会 生物資源総合研究所監修・磯崎博司＝炭田精造＝渡辺順子＝田上麻衣子＝安藤勝彦編『生物遺伝資源へのアクセスと利益配分—生物多様性条約の課題』（信山社、2011）を参照。
36) 名古屋議定書の概略と位置づけについては、『生物遺伝資源へのアクセスと利益配分』（前掲）を参照。特に、名古屋議定書は、ABS の中心部分である実体的ルールには関わらず、遵守確保というその外縁部分を定めているにすぎない。そのため、明白なバイオパイラシーの防止には役立つとしても、利益配分の前提である取得利用の促進、その背景にある南北問題の解決、また、生物多様性の保全に向けて、期待されていたような効果をもたらすかどうか疑問である。

3 今後の課題

　今後の課題としては、第一に、生物多様性に関わる状況は地域ごとに特殊性を有しており、画一的な取り扱いはできないため、その保全と利用に関する具体的な基準や措置などは国内法に委ねられることが多い。その場合、伝統的な遵守確保手段では不十分なため、より積極的な実施を確保するための手法をとる必要がある[37]。たとえば、関連する条約相互間、そして国内法との連携および連動が必要とされる。また、資源利用に関する諸条約は生物多様性の保全という観点からは不十分なことが多いため、特に、先進国は上記の措置を導入することによって生物多様性の主流化に向けた率先行動をとる必要がある。

　第二に、生物多様性に関しては、長期的、総合的には、国際（法）アプローチが望ましいことが多い。しかしながら、ABS名古屋議定書に見られるように、開発途上国は、南北問題や資源ナショナリズムとの関係で、国際（法）アプローチを嫌い国内（法）アプローチに傾斜しがちである。その傾向は、同じく生物多様性条約COP10で採択された遺伝的改変生物による損害責任に関する名古屋クアラルンプール議定書においても、また、2013年以降の温暖化対策においても目立っているため、現状に則した対応策が必要である。

　第三に、生物多様性は場所と時間を越える概念であり、伝統的な国際法と国内法では対応できないため、新たな法原則が求められている[38]。それは、第二の課題に対する対応策ともなり得る。特に、共有物に対する国際共同管理の必要性、公共信託の概念などの新しい法原則によって、伝統的な国家主権や無主物概念を制限するとともに、望ましい国際（法）アプローチを支える必要がある。

　第四に、自然環境および生物資源に関する条約は枠組み方式をとることが多く、付属書、議定書、付表、決議、勧告、ガイドラインなどが極めて重要

---

[37] 遵守確保および積極的な実施のためのこれらの手法については、磯崎『国際環境法』（信山社、2000）230-269頁を参照。
[38] ただし、国際法で対応する場合には、地球的かつ世代を超えた目的を主権国家が定め、その実現を主権国家に求めるという矛盾があり、具体的な権利義務の設定に際して工夫を必要としている。

な役割を果たしてきている。それらの改正・整備によって、換言すれば条約改正をしなくても、条約体制の拡充強化が可能な場合も多い。また、それらの中には、ソフトローとしての効果を有して実施されているものも多い。そのため、上記の第一から第三の課題に沿って、それらを生物多様性と持続可能性の確保に即したきめ細かなものとし、生物多様性に関わる措置の体系化を充実させる必要がある。

〔付記〕

本稿は、地球環境研究総合推進費 D-1005「生態系サービスからみた森林劣化抑止プログラム（REDD）の改良提案とその実証研究」による成果の一部である。

第12章 国際環境法・条約

38 海洋環境に関する国際条約の展開

井上秀典

I はじめに

科学技術の進歩とともに人類の活動から生じる海洋汚染が自然の浄化作用の限界を超え、始まった。人間環境宣言の原則7は「各国は、人間の健康に危険をもたらし、生物資源および海洋生物に害を与え、海洋の快適性を損ない、または海洋のその他の正当な利用を妨げるおそれのある物質による海洋汚染を防止するためにあらゆる可能な措置をとるものとする」として海洋汚染の防止を規定する[1]。

本稿では船舶起因汚染および海洋投棄による汚染ならびに海上安全などに焦点を絞って海洋環境保護について国連海洋法条約(以下UNCLOS)および国際海事機関(以下IMO)の国際条約、決議およびガイドラインなどを中心にその法的地位および役割について検討する。

II UNCLOSと海洋環境保護

UNCLOSは12部に海洋環境の保護および保全の章を設けている。5節には、陸上発生源からの汚染(207条)、海底活動からの汚染(208条)、深海底における活動からの汚染(209条)、投棄による汚染(210条)、船舶からの汚染(211条)、大気からの汚染(211条)を規定し、執行(6節)、保障措置(7

---

[1] 本稿では条約文の日本語訳は主として地球環境法研究会編『地球環境条約集(第4版)』(中央法規、2003)による。

節)、責任 (9節) を規定する。海運国による航行の利益と沿岸国の海洋環境保全の利益調整の結果である。

海洋汚染防止に関して UNCLOS は一般的性質を持つ規定であるいわゆるアンブレラ条約であり、その実体規則は IMO の関連条約によって実施される。UNCLOS は船舶起因の汚染について海洋環境汚染防止のために制定される法令は「権限のある国際機関または一般的な外交会議を通じて定められる一般的に受け入れられている国際的な規則および基準と少なくとも同等の効果を有するものとする」(211条2) と規定する。また海洋投棄に関して、「国内法令および措置は投棄による海洋環境の汚染を防止し、軽減しおよび規制する上で少なくとも世界的な規則および基準と同様に効果的なものとする」(210条6) と規定し、国際標準主義をとっている。しかし「規則および基準」がどの範囲までを含むのかははっきりしていない。また、寄港国および沿岸国がロンドン条約および議定書の当事国でない場合にもロンドン条約および議定書に規定される規則および基準を「一般的に受け入れられている」規則および基準とするのかが問題となる[2]。

UNCLOS においては船舶の登録国に法令による措置が優先される旗国主義が定められている (228条)。国際組織 (IMO) の決議は一般的に勧告的効力しか持たないとされているが、IMO 総会決議や MEPC 決議による規則および基準は「一般的に受け入れられている」と解釈することができるのか疑問である[3]。

執行に関しても、汚染行為に対する旗国主義がとられている (217条)、同時に外国船舶からの投棄による海洋汚染に対し、沿岸国は領海および排他的経済水域における法令の執行権限を有している (216条)。また、寄港国は公海上の外国船舶が起こした汚染行為に関しても取締権限を有する (218〜220条)。

---

2) この点に関する議論については薬師寺公夫「海洋汚染防止に関する条約制度の展開と国連海洋法条約」国際法学会編『日本と国際法の100年 (第3巻 海)』(三省堂、2001) 所収参照。

3) Alan Boyle, "Some Reflections on the Relationship of Treaties and Soft Law", ICLQ, vol.48 (1999) p.906 は肯定的な解釈をしている。

Ⅲ　IMO と海洋環境保護[4]

前述のように UNCLOS はいわゆるアンブレラ条約であり、原則として海洋環境保護に関する規制は個別条約によって具体化される。

---

4) IMO の所管する条約は以下の通りである。
   海洋汚染および海上安全
   1. International Convention for the Safety of Life at Sea (SOLAS), 1974, as amended.
   2. International Convention for the Prevention of Pollution from Ships, 1973, as modified by the Protocol of 1978 relating thereto and by the Protocol of 1997 (MARPOL).
   3. International Convention on Standards of Training, Certification and Watchkeeping for Seafarers (STCW) as amended, including the 1995 and 2010 Manila Amendments.
   4. Convention on the International Regulations for Preventing Collisions at Sea (COLREG), 1972.
   5. Convention on Facilitation of International Maritime Traffic (FAL), 1965.
   6. International Convention on Load Lines (LL), 1966.
   7. International Convention on Maritime Search and Rescue (SAR), 1979.
   8. Convention for the Suppression of Unlawful Acts Against the Safety of Maritime Navigation (SUA), 1988, and Protocol for the Suppression of Unlawful Acts Against the Safety of Fixed Platforms located on the Continental Shelf and the 2005 Protocols.
   9. International Convention for Safe Containers (CSC), 1972.
   10. Convention on the International Maritime Satellite Organization (IMSO C), 1976.
   11. The Torremolinos International Convention for the Safety of Fishing Vessels (SFV), 1977.
   12. International Convention on Standards of Training, Certification and Watchkeeping for Fishing Vessel Personnel (STCW-F), 1995.
   13. Special Trade Passenger Ships Agreement (STP), 1971 and Protocol on Space Requirements for Special Trade Passenger Ships, 1973.
   14. International Convention Relating to Intervention on the High Seas in Cases of Oil Pollution Casualties (INTERVENTION), 1969.
   15. Convention on the Prevention of Marine Pollution by Dumping of Wastes and Other Matter (LC), 1972 and the 1996 London Protocol.
   16. International Convention on Oil Pollution Preparedness, Response and Cooperation (OPRC), 1990.
   17. Protocol on Preparedness, Response and Cooperation to pollution Incidents by Hazardous and Noxious Substances, 2000 (OPRC-HNS Protocol).
   18. International Convention on the Control of Harmful Anti-fouling Systems on

1967年のトリー・キャニオン号事件を契機に、1969年、油濁に対する公海措置に関する条約が採択され、公海上の他国船舶の油濁事故に対して沿岸国が必要な措置をとることができるようになった。そして1973年には油以外の有害物質についても同様の措置をとることができる議定書を採択した。次にIMOによる個別の海洋汚染規制条約について検討する[5]。

1　MARPOL73/78条約の概要

「1973年の船舶による汚染の防止のための国際条約に関する1978年の議定書」(以下MARPOL条約)

本条約の目的は事故および通常作業から生じる海洋汚染の防止である。枠

Ships (AFS), 2001.
　19. International Convention for the Control and Management of Ships' Ballast Water and Sediments, 2004.
　20. The Hong Kong International Convention for the Safe and Environmentally Sound Recycling of Ships, 2009.
　責任および損害補償
　21. International Convention on Civil Liability for Oil Pollution Damage (CLC), 1969.
　22. 1992 Protocol to the International Convention on the Establishment of an International Fund for Compensation for Oil Pollution Damage (FUND 1992).
　23. Convention relating to Civil Liability in the Field of Maritime Carriage of Nuclear Material (NUCLEAR), 1971.
　24. Athens Convention relating to the Carriage of Passengers and their Luggage by Sea (PAL), 1974.
　25. Convention on Limitation of Liability for Maritime Claims (LLMC), 1976.
　26. International Convention on Liability and Compensation for Damage in Connection with the Carriage of Hazardous and Noxious Substances by Sea (HNS), 1996 and its 2010 Protocol.
　27. International Convention on Civil Liability for Bunker Oil Pollution Damage, 2001.
　28. Nairobi International Convention on the Removal of Wrecks, 2007.
　その他の事項
　29. International Convention on Tonnage Measurement of Ships (TONNAGE), 1969.
　30. International Convention on Salvage (SALVAGE), 1989.
5)　外国船舶に対する管轄権をまとめたものとして以下の文献がある。吉田晶子「国際海事条約における外国船舶に対する管轄権枠組みの変遷に関する研究」国土交通政策研究第77号 (2007)。

組み条約の形式をとり以下の6つの付属書で構成されている。付属書Ⅰ（油による汚染防止のための規則）、付属書Ⅱ（ばら積みの有害液体物質による汚染規制のための規則）、付属書Ⅲ（容器、貨物コンテナー、可搬タンク、道路用タンク車または鉄道用タンク車への収納の状態で海上において運送される有害物質による汚染防止のための規則）、付属書Ⅳ（船舶からの汚水による汚染防止のための規則）、付属書Ⅴ（船舶からの廃物による汚染防止のための規則）、付属書Ⅵ（船舶からの大気汚染防止のための規則）。

　本条約は船舶起因汚染防止の主要な条約である。国連海洋法条約211条に規定される「一般的に受け入れられている国際的な規則および基準」に該当する。付属書ⅠおよびⅡは条約当事国にとって義務的であり、他の付属書はオプションである。たとえば付属書ⅠおよびⅡの批准状況は2011年7月31日現在、150ヵ国におよび船舶総トン数99.14％を占めている。

　条約に違反して有害物質または有害物質を含有する混合物が排出されることにより海洋環境が汚染されることを防止するために条約および付属書を実施すると規定する（1条1）。改正について総会または委員会で採択され、一定の期間が経過した後、締約国は改正を受諾したものと見なすという特徴的な規定を置いている（16条）。

　一般的義務として締約国は有害物質または有害物質を含有する混合物が条約に違反して排出されることを防止するため条約および自国が拘束される付属書を実施する（1条1）。

　規制および制裁に関して、違反が行われた場所に関係なくすべての違反は主管庁の法令により禁止され、締約国の管轄権の範囲内で条約への違反は締約国の法令によって禁止され、かつ処罰される（4条1、2）。主管庁とはその権限の下で船舶が運航している国の政府を指し、いずれかの国を旗国とする船舶に関してはその国の政府をいう（2条5）。

　旗国は要求される技術基準に従わなければならないが、このために国家は検査を行い、国際的な油濁防止証書を発給しなければならない。寄港国の管轄権を認め、船舶、その設備の状態が実質的に証書の記載事項どおりでないと認める明確な根拠がある場合、締約国は船舶が海洋環境に不当に害を与えない航行をすることができるまで航行禁止の措置を執る（5条2）。ただし、

不当な遅延の回避を規定する（7条）。いわゆるポート・ステート・コントロール（port state control）の実施である。

　締約国管轄権内のすべての違反の場合には、自国の法令による司法的手続、違反に対する情報および証拠を主管庁に提出する（4条2a、b）。主管庁は違反の通報を受けた場合、司法手続をとるために十分な証拠が存在する場合、自国の法令に従って、できるだけ速やかに司法的手続きが行われるようにする（4条1）。そして締約国は違反の発見および環境の監視のためにあらゆる適当、かつ実行可能な措置を執り、報告および証拠収集のための適切な手続きをとることによって違反の発見および条約の実施に協力する（6条1）。さらに、締約国は船舶が規則に違反して有害物質または有害物質を含有する混合物を排出したという証拠がある場合にはその証拠を主管庁に提出する。締約国の権限ある当局は実行可能なときは船長に対し違反について通報する（6条3）。そして、6条3に規定する証拠を主管庁が受領したときは調査をし、証拠を提出した締約国に対し申し立てられた違反について一層詳細、確実な証拠の提出を要請することができる。主管庁は執られた措置を締約国およびIMOに速やかに通報する（6条4）。非締約国に対し、非締約国の船舶が一層有利な取り扱いを受けることのないよう必要な場合には条約を準用する（5条4）。

　2011年に改正が行われ、南極および北米排出規制水域における重油の排出規制が発効した[6]。南極地域における重油排出規制はMARPOL条約付属書Iに追加された。また、MARPOL条約付属書VI北米排出規制水域を創設し、船舶からのNox, Soxおよび粒子状物質の排出が規制される（2012年8月1日から実施）。これによりバルト海および北海地域を含む三地域が規制地域となる。

　エクソン・バルディーズ号事件を契機にダブルハル（Double Hull, 二重船殻構造）規制が議論され、その結果、1992年、第32回MEPCにおいてタンカーの構造基準の強化を図るMARPOL条約改正案が採択され、1993年7月6日に発効した。同改正は、MARPOL条約の付属書Iの中に、新造船対策として新造船に対するダブルハル要件の義務付けを規定した13F規則、

---

6)　IMO Press Briefings, Briefing 44, July 29, 2011.

既存のシングルハルタンカーに対する段階的排除を規定した13G規則を新設した。

付属書Ⅲが定める有害物質の容器、表示、標識、書類、積載量制限などに関する具体的要件は、「危険物輸送に関する国連勧告（United Nations Recommendations on the Transport of Dangerous Goods）」をもとに策定され、1991年に採択されたIMO総会決議（A. 716 (17)：国際海上危険物規則（The International Maritime Dangerous Goods Code：IMDGコード）を「参照」する。IMDGコードは勧告であったが、IMOは第73回海上安全委員会（MSC）において、IMDGコードの一部を義務化するための「海上人命安全条約（以下、SOLAS条約）」のⅦ章「危険物の輸送（船舶が運送する危険物に関し、包装の要件等、また、危険物をばら積み輸送するための船舶の構造、設備などを規定）」の改正案を2002年に採択した[7]。

IMOの海洋環境保護委員会（Marine Environment Protection Committee, 以下MEPC）の決議は法的拘束力を有していない。MEPCの任務は「船舶による海洋汚染の防止および規制に関するものを審議」することであり、「適当な場合には勧告を行いおよび指針を作成すること」である（IMO条約38条c）。指針（以下、ガイドライン）自体は法的拘束力を有していない。IMOで採択されるガイドラインなどに関してそれらの法的地位を定めたガイドラインを採択している。すなわち、IMO文書の中で、義務的なものとして取り扱われるべき文書、文書における性能基準および技術的細則、勧告として取り扱われるべき文書である。義務的なものとしては親条約（parent convention）との関連でIBCコード、IGCコード（Ⅶ章）およびHSCコード（X章）が上げられている[8]。

MEPCは1995年9月15日、一定のIMO活動に関連する予防的アプローチの組み入れに関するガイドライン決議（Resolution on Guidelines on the In-

---

7) わが国では「危険物船舶運送及び貯蔵規則」（昭和32年8月20日運輸省令第30号）最終改正：平成22年12月20日国土交通省令第60号として国内法に取り入れられている。

8) Guidelines on Methods for Making Reference to IMO and other Instruments in IMO and other Mandatory Instruments, Ref. T1/3.02 T5/1.03 , SC/Circ.930 MEPC/Circ.364, 26 July 1999. http://www.sjofartsverket.se/upload/7156/930.pdf 参照。

corporation of the Precautionary Approach in the Context of Specific IMO Activities) を採択した[9]。暫定的に本決議によって予防的アプローチが実施される。また関連する IMO 機関に対しガイドラインのレビューを行い、IMO 諸活動ガイドラインの実施のために総会への最終的な提出の目的で MEPC に意見を提出することを要請する。決議の付属書は予防的アプローチの実施のためのガイドラインを規定する。IMO の意思決定過程に予防的アプローチを組み込むために考慮すべき要素は以下の通りである。

(1) IMO の活動から恒常的に生じる環境問題を予見および防止し、当該活動のすべての局面で継続的改善に努力すること。
(2) 問題の解決および新規および既存の政策、プログラム、ガイドライン、規則は予防的アプローチに基づいて展開すること。
(3) 行動が必要でオプションが不確実性を伴う場合すべてのオプションは予防的アプローチと一貫して評価されること。
(4) 問題に対する費用対効果の実施および実務的解決の採用ならびに継続的な展開を促進すること。
(5) 必要に応じて、意思決定は提案または代替の活動方針に関する環境影響を確認するための環境評価およびリスク分析に、当該影響が防止されまたは減少し、どのように実施されるかにかかわらず、先行する。
(6) 環境の変化を確認、証明する基準および他のデータの取得および提供による意思決定における改善および管理。
(7) 不確実性が軽減されるリスクの度合い分析を含む問題を確定することに資するため、海洋活動からの環境への脅威に関する情報を確定、理解、および普及させるための国内および国際的研究および情報プログラム分析の促進ならびに問題解決の発展および検証。
(8) 海洋環境保全および劣化防止に関し、環境上の責任を促進する経済的インセンティブの考慮および採用。
(9) 新規および既存の政策、プログラム、ガイドラインまたは規則の発展に対する支持。必要に応じて、それらは IMO マンデートと一貫した海洋および沿岸環境の保護および向上に資する。

---

9) Annex 10 MEPC 37/22,Add.1.

⑽　必要に応じて、IMO は統合技術協力プログラムのようなプログラムを通じて可能な最短期間で IMO 基準を遵守するための能力を改善するために国家を援助しなければならない。
⑾　既存の実行が最善の環境実行および最善の利用可能な技術を含む適切な環境保護、開発促進、および柔軟な時間枠での費用対効果の高い暫定保護措置の利用を提供しない場合。
⑿　環境パフォーマンスの改善を確保する最善の環境実行および最善の利用可能な技術を含む海洋活動からのクリーン技術および廃棄物削減技術の促進。

予防的アプローチの概念についてはリオ宣言原則 15 に基づいている。すなわち「重大または回復不能な損害の脅威が存在する場合には、完全な科学的確実性の欠如が、環境悪化を防止するための費用対効果の大きな対策を延期する理由として使用されてはならない」。また、予防的アプローチは IMO の実行、手続および決議 A.500[10] および A.777[11] を含む決議、汚染者負担原則からかけ離れてはならないとされる。

IMO の予防的アプローチは以下の特徴を持っている。

①　予防原則ではなくリオ原則 15 にある予防的アプローチの考え方をとっていること。
②　費用対効果が高いこと。
③　環境影響評価は予防的アプローチを適用する上で必要不可欠であること。
④　情報へのアクセスおよび情報の普及が行われること。
⑤　リスク分析に関する国内的および国際的検証が行われること。
⑥　海洋環境の保全は経済的インセンティブをもって達成されること。
⑦　IMO の基準を達成する能力向上ために国家に対しプログラムを通じて援助を行うこと。

---

10) A.500 (XII) 1981. Objectives of the Organization in the 1980s,「必要不可欠な透明かつ文書による十分な裏付けがある場合に」総会の評議会に対する新規条約または改正提案が受け入れられるべきである。
11) A.777 (18) 1993. Work methods and organization of work in committees and their subsidiary bodies.

⑧ 最善の環境実行および最善の利用可能な技術に基づく新規の実行が導入されること。

　IMO条約はIMO総会に船舶起因の海洋汚染に対し規則およびガイドラインの採択を加盟国に「勧告する」ことを規定する（15条j）。したがって総会決議自体は勧告的な効力しか持たないことになる。しかし、決議採択後、条約によって取り込まれ、法的拘束力を持つ場合がある。たとえばISMコードがその例である。IMOは1993年、船舶の安全航行及び汚染防止のための国際管理コード（以下、ISMコード）を決議A.741（18）により採択した[12]。ISMコードは、1987年3月、「ヘラルド・オブ・フリー・エンタープライズ号（Herald of Free Enterprise）」の転覆事故を契機として制定され、SOLAS条約に取り入れることが決議された。国際航海に従事する総トン数500トン以上の全ての船舶に適用される。

　MEPCは1985年、決議18（22）「有害液体物質の排出のための方法および設備の基準（P&A基準）」を採択し、また、1985年の改正では、1986年7月1日以降に建造されるケミカルタンカーに対して、MEPC決議19（22）「危険化学品のばら積運送のための船舶の構造および設備に関する国際規則[13]の適用を義務化した。

---

12) International Management Code for the Safe Operation of Ships and for Pollution Prevention (International Safety Management (ISM) Code), IMO Resolution A.741 (18) adopted on 4 November 1993, Amendments to the International Safety Management (ISM) Code Resolution MSC.104 (73) adopted on 5 December 2000.
　改正IMSコードの英和対訳は以下のURLを参照。http://www.classnk.or.jp/hp/SMD/ism/pdf/ismcode/ISM_code_j.pdf
13) MEPC.19 (22), International Code for the Construction and Equipment of Ships Carrying Dangerous Chemicals in Bulk, IBC Code.

IV 海洋環境保護のための他の条約

1 1978年の船員の訓練及び資格証明並びに当直の基準に関する国際条約（以下 STCW 条約）[14]

本条約は1978年に発生したトリー・キャニオン号事故をきっかけとして採択された。船員の技能に関する国際基準を設けることにより、海上における人命と財産の安全を図るとともに、海洋環境の保護を促進することを目的としている。改正条約1章I/7規則ではIMOに対し、条約遵守、教育、訓練コース、証明手続および実施のための他の要素に関する詳細な情報を提供することが要請されている。条約締約国に対し、船員の資格要件の達成を義務づけ、船員資格証明書の発給を行う。IMOによってSTCW条約に基づく国際基準を満たしていると認められた国は、海洋安全委員会（Maritime Safety Committee (MSC)）作成のいわゆるホワイトリストに掲載される。

1995年には包括的な改正が行われた。特に最近の国際基準に適合していないサブ・スタンダード船舶の問題から旗国が他国の船員の証明書を承認する際の手続が新設された。新規STCWコードである技術規制が導入され、船員に要求される最低限の資格パートAは義務となり、パートBは勧告とされている。

2010年、マニラにおいて条約およびコードの改正が行われた[15]。その内容は以下の通りである。

① 船内における明瞭な意思伝達、効果的なリーダーシップなど、人的要因による事故防止対策として、コミュニケーション能力を資格要件に追加した。さらに締約国の条約遵守の監視による評価手続の強化を規定した。

② 休息時間を週70時間に引き上げ、アルコール上限値の設定により薬物の乱用およびアルコール規制を強化した。

---

14) Standards of Training, Certification, and Watchkeeping for Seafarers 2010年改正。
15) The Manila amendments to the STCW Convention and Code, 25 June 2010. 2012年1月1日に発効。

③ 自動衝突予防援助装置、電子海図システム（electronic charts and information systems（ECDIS）、船舶航行安全システムの使用などに対応する能力を資格要件に追加した。
④ 機関士資格の取得の期間要件など、船員確保のため機関士資格取得に係る要件を柔軟化した。
⑤ タンカー事故防止策として積載物の化学的特性に応じた荷役作業の実施、消火体制の強化など乗組員に対する訓練要件を強化した。
⑥ 海賊およびテロ対策として、保安措置に関する能力を資格要件に追加した。
⑦ 極地水域航行のための船員に対する訓練を導入した。

2　船舶についての有害な防汚方法の管理に関する国際条約[16]

　外因性内分泌かく乱物質いわゆる環境ホルモンの一種ではないかとされたのが有機スズ系船底防汚塗料である。1990年の第30回MEPCにおいて、25m未満の小型船舶への有機スズ系船底防汚塗料の使用禁止などを勧告するMEPC決議46（30）が採択された。1996年の第38回MEPCにおいて日本、オランダおよび北欧諸国から有機スズ系防汚塗料の使用規制案が提出された。1999年のIMO第21回総会において、有機スズ系防汚塗料を禁止するための枠組条約を策定する総会決議（A. 895（21））が採択され、その後2001年に「船舶についての有害な防汚方法の管理に関する国際条約」が採択された。本条約では予防的アプローチの考え方が導入されている。有機スズ系防汚塗料に関して2003年1月1日以降、新たに塗布することを禁止し、2008年1月1日以降、船舶に塗布されている有機スズ系防汚塗料を完全に除去するか、または海水に溶出しないように塗膜処理を施すことが義務付けられている。新規禁止物質を定めるに当たっては、有害性が完全に立証されていなくても禁止すべきかどうかの検討を提案することができる。寄港国による検査が実施でき、寄港国の権限が強化されている。

---

[16] International Convention on the Control of Harmful Anti-fouling Systems on Ships,2001., AFS/CONF/25, 8 October 2001.

3 バラスト水による生物・病原体侵入防止のガイドライン

バラスト水による外来種海洋生物の侵入が1900年代に入ってから問題となり、1980年代に入りIMOは解決のための方策を進めていった。1990年に「船舶バラスト水・沈殿物排出による好ましくない生物・病原体侵入防止のためのガイドライン（MEPC決議50（31））」(Guidelines for Preventing the Introduction of Unwanted Organisms and Pathogens from Ship's Ballast Waters and Sediment Discharges) が採択された。引き続き1993年に「船舶バラスト水・沈殿物排出による好ましくない生物・病原体侵入防止のためのガイドライン」が、IMOの総会決議A.774（18）として採択された。さらに1997年、第20回総会において、有害海洋生物および病原体の伝播を最小化するためにバラスト水の洋上交換を内容とする総会決議A.868（20）「バラスト水の規制および管理に関するガイドライン」(Guidelines for Control and Management of Ships' Ballast Water to Minimize the Transfer of Harmful Aquatic Organisms and Pathogens) が採択された。その後、2004年に「バラスト水管理のための国際条約」(International Convention for the Control and Management of Ships' Ballast Water and Sediments) が採択された。バラスト水交換海域が限定されており、寄港国による検査も規定されている。

4 了解覚書（Memorandum of Understanding 以下、MOU）

ポート・ステート・コントロール（port state control）の手法としてMOUが世界の各地域で合意され、海洋環境の保護は旗国とともに寄港国による管理が行われている。外国船舶に対する了解覚書が地域の海事行政機関の間で締結されている。アジア太平洋地域を含み以下の世界9地域で締結されている。パリMOU（ヨーロッパ・北大西洋地域）[17]、Acuerdo de Viña del Mar（ラテンアメリカ地域）[18]、東京MOU（アジア太平洋地域）[19]、カリブ海MOU（カリブ海地域）[20]、地中海MOU（地中海地域）[21]、インド洋MOU（インド洋

---

17) Paris MOU, http://www.parismou.org/
18) Acuerdo de Viña del Mar , http://www.acuerdolatino.int.ar/
19) 東京MOU、http://www.tokyo-mou.org/
20) Caribbean MOU, http://www.caribbeanmou.org/
21) Mediterranean MOU, http://www.medmou.org/

地域)[22]、Abuja MOU（西・中央アフリカ地域)[23]、黒海 MOU（黒海地域)[24]、リヤド MOU（湾岸地域)[25]である。

ただし、MOU は法的拘束力を有していないことが明記されている。実際は MOU セクション 3 の規定によって寄港国は船舶が基準を満たしているかどうかの検査を実施している。またセクション 2.1 で寄港国による検査の根拠とする条約が掲げられている[26]。

V 海洋投棄

1 UNCLOS

海洋投棄規制に関して法令の執行は寄港国および沿岸国に分けることができる。寄港国の権限に関して寄港国が自国の法令を執行することができるかどうかについて、UNCLOS において船舶からの汚染については規定するものの海洋投棄の場合については規定がない。ロンドン条約議定書は「締約国は、この議定書を国の管轄を越えた水域において効果的に適用するための手続（この議定書の規定に違反して投棄又は海洋における焼却を行っていることが発見された船舶及び航空機についての報告に関する手続を含む。）の作成に協力

---

22) Indian Ocean MOU, http://www.iomou.org/
23) Abuja MOU, http://www.abujamou.org/
24) Black Sea MOU, http://www.bsmou.org/
25) Riyadh MOU, http://www.riyadhmou.org/default.asp
26) 1.The International Convention on Load Lines 1966 ; 2. The Protocol of 1988 relating to the International Convention on Load Lines, 1966 ; 3. The International Convention for the Safety of Life at Sea, 1974 as amended ; 4. The Protocol of 1978 relating to the International Convention for the Safety of Life at Sea, 1974 ; 5. The Protocol of 1988 relating to the International Convention for the Safety of Life at Sea, 1974 ; 6. The International Convention for the Prevention of Pollution from Ships1973, as modified by the Protocol of 1978 relating thereto ; 7. The International Convention on Standards for Training, Certification and Watch keeping for Seafarers, 1978, as amended ; 8. The Convention on the International Regulations for Preventing Collisions at Sea, 1972 ; 9. The International Convention on Tonnage Measurement of Ships, 1969 ; 10. The Merchant Shipping (Minimum Standards) Convention, 1976 (ILO Convention No. 147); and 11. The International Convention on the Control of Harmful Anti-fouling Systems on Ships, 2001.

することに同意する」と規定する (10条3)[27]。したがって、原則として旗国主義がとられているということができる。

UNCLOS は船舶が自国の港に任意にとどまる場合は「権限のある国際機関または一般的な外交会議を通じて定められる適用のある国際規則および基準」に違反する船舶からの排出であって内水、領海、または排他的経済水域の外で生じたものについて調査を実施し、証拠により正当化される場合は手続を開始することができると規定する (218条1)。また、他国の内水、領海または排他的経済水域における排出違反については排出違反によって損害もしくは脅威を受けた国が要請する場合、または排出違反が手続を開始する国の内水、領海もしくは排他的経済水域において汚染をもたらしもしくはもたらすおそれがある場合は、例外とされる (218条2)。これらの規定は排出のみに限定されたものである。船舶の堪航性に関して「適用のある国際的な規則および基準」に違反し、海洋環境に損害をもたらすおそれがあることを確認した場合、船舶を航行させない行政上の措置をとると規定する (219条)。

一方、沿岸国の権限に関して投棄の規定があり、沿岸国の領海もしくは排他的経済水域における投棄または大陸棚への投棄については沿岸国が自国法令の執行をすることができる (216条1a)。さらに沿岸国による執行に関して 220 条は港、領海、排他的経済水域という外国船舶の違反場所を基準とする措置を規定するが、領海で汚染を引き起こした外国船舶が排他的経済水域航行中はどのような措置をとることができるかははっきりしていない[28]。

後述のロンドン条約96年議定書は、船舶、航空機及びプラット・フォームその他の人工構築物で当該締約国が国際法に従って管轄権を行使することを認められている水域において投棄又は海洋における焼却に従事していると認められるものに対し必要な措置をとると規定する (10条1 (3))。焼却に従事していると認められるものにつき議定書実施のための必要な措置をとると規定する (10条1 (3))。

---

27) 中央環境審議会地球環境部会 第1回海洋環境専門委員会（平成15年） 参考資料 環境省仮訳。
28) 薬師寺・前掲注 (2) 348頁。

2 ロンドン条約[29]

1972年、陸上廃棄物の海洋投棄、洋上焼却、すべての海を対象としたロンドン条約が採択された。本文および以下の付属書で構成される。

投棄とは海洋において廃棄物その他の物を船舶、航空機またはプラット・ホームその他の人工海洋構築物から故意に処分することをいう（3条1）。

付属書Ⅰ　廃棄物の投棄禁止、付属書Ⅱ　事前に個別の特別許可、付属書Ⅲ　事前に許可に分類され、条約採択時は、高レベル放射性廃棄物は付属書Ⅰ、低レベル放射性廃棄物は付属書Ⅱに記載され、低レベル放射性廃棄物はIAEAの勧告を考慮して特別許可のもとで許されていたが、ロシアの日本海での低レベル放射性廃棄物投棄が問題となり、1993年ロンドン条約締約国会議で放射性廃棄物全面投棄禁止となった[30]。放射性廃棄物の海洋投棄については従来から議論があり、モラトリアム決議が1983年に採択された。しかし予防的アプローチの考え方により改正が行われた。

1991年のロンドン条約締約国会議で予防的アプローチに関する決議44/14が採択された[31]。すなわち、「ロンドン投棄条約の実施にあたり締約国は環境保護に対する予防的アプローチによって導かれなければならない（shall）。それによって海洋環境に投入された物質またはエネルギーが害をもたらすおそれがあると信ずるに足る理由がある場合、原因と結果の間に因果関係を証明する決定的な証拠がない場合でも適切な防止措置がとられることに合意する」とした。具体的には後述のロンドン条約議定書3条1およびWAFの実施につながる[32]。

3　1996年ロンドン条約議定書

ロンドン条約の禁止リスト方式に対し、議定書は個別許可によって投棄が

---

29) 2010年7月20日現在ロンドン条約の批准国は86カ国で、2011年3月22日現在ロンドン条約議定書の批准国は40カ国である。
30) Resolution LC.51 (16).
31) LDC14/16, Annex2 ,The Application of a Precautionary Approach in Environmental Protection within the Framework of the London Dumping Convention.
32) Arie Trouwborst, "Evolution and Status of the Precautionary Principle in International Law", Kluwer Law International 2002. P.72.

認められる廃棄物が掲載されているリバース・リスト方式が採用されている。すべての廃棄物は付属書1を除いて海洋への投棄が禁止されている（4条）。廃棄物評価に関し、投棄規制当局は廃棄物の特性、再利用の可能性、投棄海域の特性、海洋環境への影響を考慮する。洋上焼却は禁止され（5条）、洋上焼却目的の廃棄物輸出は禁止されている。

96年議定書は付属書Ⅰ掲載の「海洋投棄を検討できる廃棄物など」を投棄する場合には許可を必要とすると定め、締約国に対して、許可の発給及び付属書Ⅱの規定との適合を確保するために、行政上および立法上の措置をとることを義務付けている。

付属書Ⅱは付属書Ⅰにおいて投棄を検討できるとされた廃棄物その他の物について、個別の海洋投入処分許可を発給する際に規制当局が考慮する事項 Waste Assessment Framework (WAF) を規定している。さらに96年議定書による付属書Ⅱに追加する形式で制定された廃棄物評価ガイドライン (Waste Assessment Guidelines) を定めている。ただし、ガイドラインはロンドン条約および96年議定書の規定に適合した制度を締約国が構築する際に、締約国を支援するために作成されている。したがってWAGは96年議定書の構成部分ではないため、締約国はWAGに基づく制度を構築する義務はない。

2006年第一回締約国会議では付属書1の改正が採択され、二酸化炭素の海底下の貯留が規定された[33]。しかし、この改正に関しては富栄養化が懸念され、96年議定書の科学グループは大規模な二酸化炭素の貯留を正当化する富栄養化の潜在的環境影響に関する科学的知識は現段階で不十分だとしている[34]。この点からも予防的アプローチに基づく改正が行われたと考えることができる。

96年議定書ではロンドン条約にはなかった予防的アプローチの考え方が規定されている。すなわち、「締約国は、この議定書を実施するに当たり、

---

33) IMO Briefing 43/2006 (8 November 2006)、海洋汚染防止法の改正が平成19年に行われ廃棄物の海底下廃棄の原則禁止およびCO_2の海底下廃棄（貯留）に係る許可制度の創設が盛り込まれた。
34) The meeting of the Scientific Groups, 30th session, 2007.

廃棄物その他の物の投棄からの環境の保護に対し予防的取組方法を適用し、海洋環境に持ち込まれた廃棄物その他の物が害をもたらすおそれがある場合には、投入及びその影響との間の因果関係を証明する決定的な証拠があるか否かを問わず、この考え方に従い適当な防止措置をとる。」（3条1）と規定する[35]。

VI 地域条約

1 ヘルシンキ条約

1960年代末からのバルト海における海洋環境悪化により地理的、生態学的な特性からバルト海地域の環境保護のために1974年にバルト海地域の環境保護に関する条約（Convention on the Protection of the Marine Environment of the Baltic Sea Area、以下ヘルシンキ条約）が採択された。その後、内水面も保護対象とし、条約地域が拡大された。また、バルト海沿岸諸国が条約の規定および勧告の施行を確約している地域の拡大、陸上汚染源への対応などを盛り込んだ条約改正が1992年に行われた[36]。

ヘルシンキ条約におけるヘルシンキ委員会の役割はすべての汚染源から、デンマーク、エストニア、EC、フィンランド、ドイツ、ラトビア、リトアニア、ポーランド、ロシアおよびスウェーデンの協力の下にバルト海の海洋環境汚染を防止することである（19条）。

ヘルシンキ条約は予防原則、環境影響評価、および汚染者負担原則に基づいている。その中で予防原則については次のように規定する。「原因とその結果に因果関係があるという決定的な証拠がない場合でも締約国は予防原則を適用しなければならない。すなわち直接または間接に海洋環境にもたらされた物質またはエネルギーが人間の健康に害を及ぼし、生物資源および生態システムに害を及ぼし、アメニティに害を及ぼし、または海洋の合理的利用

---

[35] 前掲注（27）中央環境審議会地球環境部会 第1回海洋環境専門委員会（平成15年）参考資料 公定訳では'precautionary Approach'を「予防的取組方法」としている。

[36] http://www.helcom.fi/stc/files/Convention/Conv1108.pdf

に干渉するとみなす理由がある場合、防止措置を執らなければならない」(3条2)。

　ヘルシンキ条約における予防原則の考え方はさらに2003年のヘルシンキ閣僚宣言で以下のように確認されている。

　「予防原則の完全な適用と連結した科学的知識の現在の状況が海洋の持続的利用および海洋生態システムの保全のために一定の環境および自然保護措置を即座に採用することを我々は確信する。」[37]

　ヘルシンキ委員会は優先事項として富栄養化の抑制、有害物質の削減、海上安全の向上、および自然、生物多様性の保全をあげている。その中でも船舶輸送の安全についてバルト海地域での海上交通の過密性、それに起因する船舶事故による海洋汚染が生じている。2001年、バルト海においてバルチック・キャリヤー号が、衝突事故を起こし、2,700トンの石油がデンマーク沿岸で流出し、広範囲にわたる海洋汚染を引き起こした。これに対し2001年の臨時閣僚会議において航行ルートの改善などの安全措置、火災などの緊急時への対応措置に関する閣僚宣言が出された[38]。

　ヘルシンキ委員会は2021年までにバルト海の海洋環境の良好な生態学的状況を保持する行動計画を策定している[39]。また、2011年7月15日にはヘルシンキ委員会海洋グループの提案によってバルト海での客船からの汚水排出禁止がIMOによって採択された。船舶は汚水処理設備を備えていない限りバルト海での排出が禁止される[40]。

---

37) http://www.helcom.fi/ministerial_declarations/en_GB/declarations/
38) Declaration on the Safety of Navigation and Emergency Capacity in the Baltic Sea Area, (Helcom Copenhagen Declaration), adopted on 10 September 2001 in Copenhagen by the HELCOM Extraordinary Ministerial Meeting, http://www.helcom.fi/stc/files/MinisterialDeclarations/Copenhagen2001.pdf
39) http://www.helcom.fi/BSAP/ActionPlan/en_GB/ActionPlan/
40) http://www.helcom.fi/press_office/news_helcom/en_GB/IMO-passenger_ship_sewage_banned/

1 1990年の油による汚染に関わる準備、対応及び協力に関する国際条約（OPRC条約）[41]

1989年のエクソン・バルディーズ号事故を契機にOPRC条約が採択された。OPRC条約は前文に汚染者負担原則をあげている。油汚染緊急計画の備付け義務（3条）、油汚染の際の通報手続（4条）、油汚染の報告を受けた際にとる措置（5条）、準備及び対応のための国家及び地域システム（6条）、油汚染に対する準備及び対応のための国家的な緊急時計画策定、油汚染の対応に関する国際協力（7条）、研究開発・技術協力（8、9条）を規定する。

さらに2000年には危険物質及び有害物質による汚染事件に係る準備、対応及び協力に関する議定書が採択された[42]。OPRC-HNS議定書は、対象物質の範囲を油以外の危険物質及び有害物質（HNS）に拡大した。危険物質および有害物質とは、「油以外の物質であって、海洋環境への排出が人の健康に危険をもたらし、生物資源及び海洋生物に害を与え、海洋の快適性を損ない、又は他の適法な海洋の利用を妨げるおそれのあるものをいう」と定義される（2条2）[43]。たとえばベンゼン、コールタール、硫酸などである。汚染事故に係る準備および対応のための国家的な緊急時計画が要請されている[44]（4条）。危険物質および有害物質を取扱う自国船舶および港湾施設は汚染事故に対する緊急計画を備えるよう義務付けられている（3条）。また、重大事故の際の要請による援助、国際協力の推進（5条）を規定する。さらに援助に係る費用の償還（付属書）の規定がある。

Ⅶ 船舶起因汚染事故損害賠償条約

UNCLOSは海洋環境の保護、保全に関する義務を履行し「国際法に基づ

---

41) Convention on Oil Pollution Preparedness, Response and Cooperation, 1990.
42) Protocol on Preparedness, Response and Co-operation to pollution Incidents by Hazardous and Noxious Substances, 2000（2007年発効）.
43) 日本語訳について環境省ホームページによる。http://www.mofa.go.jp/mofaj/gaiko/treaty/pdfs/treaty164_13a.pdf
44) 「油汚染事件への準備及び対応のための国家的な緊急時計画」（平成9年12月19日閣議決定）は廃止し、新たに「油等汚染事件への準備及び対応のための国家的な緊急時計画」（平成18年12月8日閣議決定）を策定した。海上保安庁ホームページhttp://www.kaiho.mlit.go.jp/info/kouhou/h18/k20061207/a061207.pdf参照。

いて責任を負う」と規定する（235条1）。また、油濁損害に対する責任は汚染者負担原則が根拠となっている。国際油濁補償基金（International Oil Pollution Compensation Fund 以下、IOPC 基金）が船舶所有者の責任限度を超えた部分を負担する（4条1（c））[45]。

トリー・キャニオン号事件を契機として IMO が損害補償制度構築の中心となり、1969年 CLC 条約（1975年発効）および1971年 FC 条約（1978年発効）が締結された。その後、1978年の Amoco Cadiz 号および1980年の Tanio 号事件により補償額の不足が露呈した。その結果、補償額の増額および適用範囲の拡大を盛り込んだ1971年条約の1984年議定書が採択された。アメリカが批准をすれば発効の運びになっていたが、アメリカ国内の各州は独自の油濁損害補償責任に関する州法を有していたことが批准を妨げていた。そんな中1989年にアラスカ沖でエクソン・バルディーズ号事故が起こった。損害額は1984年議定書の範囲を超えるもので、この事故に対応するためにアメリカは油濁汚染法（Oil Pollution Act）を1990年に成立させた[46]。したがって1984年議定書は発効していない。このため、IMO で作業が行われ1969年および1971年条約の2つの改正が1992年に採択された。すなわち1992年の民事責任条約および基金条約である。同時に業界の枠組みで採択された「油濁責任に関する油送船船主間の自主協定」（Tanker Owners Voluntary Agreement concerning Liability for Oil Pollution, TOVALOP）および「油濁に対するタンカー責任の暫定的補足に関する協定」（Contract regarding an Interim Supplement to Tanker Liability For Oil Pollution, CRISTAL）が採択されている。これらの民間協定は条約を批准していない国家間に対する油濁損害補償であり条約が国際的に適用されるまでの暫定的なものであった。その結果、1997年2月20日で廃止された。

一方、1971年条約は締約国の減少によって（25カ国を下回った）2002年5月24日に失効した。したがってこの日以降の事故に対しては適用されない。

タンカー事故に伴う油濁損害の賠償に関しては以下の条約がある。

---

[45] 2011年6月1日現在、1992年基金条約は105カ国が締約国である。追加基金条約は27カ国が締約国である。IOPC 基金については http://www.iopcfund.org/ 参照。
[46] 101 H.R.1465, P.L. 101-380, 条文は http://epw.senate.gov/opa90.pdf 参照。

1 1992年「油による汚染損害についての民事責任に関する国際条約」（CLC条約 2000年改正）[47]

タンカーによる油濁事故に関し、船舶所有者に厳格責任（無過失責任）を課し、その責任を一定限度（8977万SDR、SDRとは国際通貨基金の特別引出権）にすることを規定した。また保険加入の強制などを規定する。

2 1992年「油による汚染損害の補償のための国際基金設立に関する国際条約」（FC条約 2000年改正）[48]

タンカーによる油濁事故に関し、船舶所有者による補償が十分でない場合に、補完的補償に際し、油受取者の拠出による基金の設立を規定する。補償限度額は2億300万SDRである。

しかし、1997年、日本海で起こった「ナホトカ号」による油濁事故、1999年、フランス沖で起こった「エリカ号」による油濁事故、2002年、スペイン沖で起こった「プレスティージ号」による油濁事故による損害はFC条約の補償限度額を上回ることが予想されたため、新たな基金の創設が必要となった。これを受けてIMOの外交会議においてFC条約の基金では不十分な場合に新たな追加的基金の創設を定めた以下の議定書が締結された。

3 2003年「追加基金設立のための92年FC条約に関する2003年議定書」（SF議定書）[49]

タンカーによる油汚染事件に関し、船舶所有者による補償、FC条約の基金による補償が十分でない場合に、追加的に被害者への補償を行う油受取者の拠出による基金の設立を規定している。補償限度額は7億5000万SDRである。

---

47) International Convention on Civil Liability for Oil Pollution Damage, 1992 条約テキストは以下を参照。http://www.iopcfund.org/npdf/Conventions% 20English.pdf
48) International Convention on the Establishment of an International Fund for Compensation for Oil Pollution Damage, 1992　条約テキストは以下を参照。http://www.iopcfund.org/npdf/Conventions% 20English.pdf
49) Protocol of 2003 to the International Convention of the Establishment of an International Fund for Compensation for Oil Pollution Damage,1992, LEG/CONF.14/20, 27 May 2003.

4 1976年「海事債権についての責任の制限に関する条約」(LLMC条約)[50]

海難事故の際、船舶所有者の責任を、船舶のトン数に応じて一定限度にすることを規定した。1996年に責任限度額を引上げる改正議定書が作成された。国内法として船舶の所有者などの責任の制限に関する法律がある。

5 2001年「燃料油による汚染損害についての民事責任に関する国際条約」(BUNKER条約)[51]

BUNKER条約は、さらに燃料油事故の損害補償を確実にする観点から採択された。タンカー以外の1000トン以上の船舶の燃料油であるバンカー油による汚染事故に関し、船舶所有者に厳格責任を課し、その責任を一定限度にする。また、保険加入の義務などを定めている。

6 HNS条約

油以外の化学物質などの有害物質についても油濁事故と同様の体制がとられている。

1996年「危険物質および有害物質の海上輸送に伴う損害についての責任ならびに賠償および補償に関する国際条約」(HNS条約)および2010年議定書[52]は危険物質および有害物質の船舶による運送から生じる汚染事故に関し、船舶所有者に厳格責任を課し、その責任を一定限度に制限する。また、保険加入の強制などを定めている。責任限度額を超える部分については荷主が拠出するHNS基金で補償を行う。補償額の上限は2億5000万SDRである。

損害賠償に関しては事後救済になるため、その性質上予防的アプローチの考え方はとられていない。ナホトカ号事件は1997年1月、ロシア船籍のタンカー「ナホトカ」号（13159総トン、19000トンの燃料油を積載）が上海から

---

50) Convention on Limitation of Liability for Maritime Claims, 1976.
51) International Convention on Civil Liability for Bunker Oil Pollution Damage, 2001.
52) International Convention on Liability and Compensation for Damage in Connection with the Carriage of Hazardous and Noxious Substances by Sea 1996 and its 2010 Protocol.

ペトロハバロフスクに向け航行中に島根県沖で船体が破断した。その結果船尾部が沈没し、船首部が福井県沖に漂着した。6200 トンの重油が流出、油濁被害が発生した[53]。

ロシアは事故発生当時、CLC 条約および FC 条約の締約国であった。CLC 条約および FC 条約に対応する船舶油濁損害賠償保障法では、被害者は損害賠償請求権保全のため、被害発生から 3 年以内に訴訟を提起することが必要である。最終的に、平成 14 年 8 月 30 日、原告：国（海上保安庁、防衛庁、国土交通省）、海上災害防止センターと被告：船舶所有者（ロシア）、船主責任保険組合とが和解した。補償額は約 261 億円であった。

被害救済は上記の油濁関連条約および日本の場合、船舶油濁損害賠償保障法に基づいて被害救済が行われる。実際には油の防除・清掃費用、漁業損害、旅館などの被害などの損害が補償される。本法はタンカー所有者の責任限度額、油受取人による国際基金への拠出、追加基金による補償請求を規定している。SF 議定書の批准に伴い船舶油濁損害賠償保障法の改正が 2004 年に行われた。その内容は (1) 国際基金による補償限度額を超えるタンカー油濁損害について、追加基金に対する被害者の補償請求権を規定し、現行の補償限度額 325 億円を 1200 億円に拡大する。(2) 国際航行に従事する日本国籍を有する総トン数 100 トン以上の船舶、日本国内に入出港する日本国籍を有さない総トン数 100 トン以上船舶に対し、燃料油による油濁損害、座礁船舶撤去措置の費用支払填補保険などの保障契約の締結を義務付けることである。また、保障契約を締結していない船舶について入港禁止を規定し、保障契約締結義務違反の場合に措置命令や罰則を規定する。

タンカー事故に関して便宜置籍船の問題がある[54]。便宜置籍船とは、船舶から生ずる所得への低率課税、緩い船舶構造基準などの便宜から船舶所有者の国籍国ではなく国籍国以外に登録される船舶をいう。便宜置籍船は登録国の締結条約や法令に従うため、その管理、規制が不十分になる可能性があ

---

53) 国土交通省ホームページ http://www.mlit.go.jp/kisha/kisha02/10/100830_.html 参照。森川俊孝「船舶事故による海洋汚染の防止と日本」『日本における海洋法の主要課題』（東信堂、2010）所収。
54) 林司宣『現代海洋法の生成と課題』（信山社、2008）参照。

る。したがって油濁事故を起こした船舶の船籍国が油濁関連条約の締約国でない場合、被害国はその損害補償を受けられなくなる可能性が大きい。1978年3月フランス・ブルターニュ半島沖で起ったリベリア籍タンカー「アモコ・カディス」号の座礁事故は便宜置籍船の問題を考えるきっかけとなり、国際機関で検討が行われている。発展途上国は便宜置籍船問題を船舶構造などの基準の問題ではなく、発展途上国の海運に対する経済的影響の問題としている。

Ⅷ　EU提案

エリカ号事故の深刻さからEUはIMOによる国際標準規制よりも独自の対策をとる方向を打ち出した。2000年の第一次海上安全パッケージではいわゆるサブ・スタンダード船対策として、ポート・ステート・コントロールの強化、シングル・ハル構造のタンカー禁止期限の前倒である。さらに同年、第二次パッケージとして、船舶交通の監視及び情報システムの構築、海難船舶が沿岸国に避難の許可を求めた場合の沿岸国の対応計画の作成義務、油濁事故補償のための欧州補償基金の創設、欧州海上保安庁の創設が実施された。さらに2002年のプレスティージ号事故がきっかけと成り、シングル・ハル構造のタンカー禁止期限の前倒、シングル・ハル構造のタンカーによる重質油の輸送の禁止、油濁事故への刑事罰の導入を実施した[55]。

2004年、欧州議会は、「海上安全に関する決議」を採択し、EU委員会に海上安全対策を求めた。その結果、2005年に海上安全対策草案が公表され、その後、欧州議会、閣僚理事会、EUでの審議を経て欧州議会で規則および指令が採択された。

第三次パッケージの規則および指令は以下の通りである（2009年6月17日施行）。EUにおける規則は加盟国に対し直接適用され、指令はEU加盟国を拘束し、加盟国により法令の整備によって施行される[56]。

---

55) Directive 2005/35/EC of the European Parliament and of the Council of 7 September 2005 on Ship-source Pollution and on the Introduction of Penalties for Infringements.

規則（Regulations）
① 船舶検査機関に関する共通ルール・基準に関する規則[57]
② 船客およびその手荷物の運送責任に関する規則[58]

指令（Directive）
① 船舶検査機関及び海事行政当局のための共通ルール・基準に関する指令[59]
② ポート・ステート・コントロールに関する指令[60]
③ 船舶交通監視・情報システム構築に関する指令[61]
④ 海難事故の調査に関する指令[62]
⑤ 海事クレームに対する船主の保険に関する指令[63]
⑥ 旗国の基準に関する指令[64]

---

56) Joined cases C-6/90 and C-9/90, Andrea Francovich and Danila Bonifaci and others v Italian Republic ［1991］ECR I-5357 は指令が未施行であっても直接の法的効力を有するとした。http://eur-lex.europa.eu/LexUriServ/LexUriServ.do?uri=CELEX:61990J0006:EN:NOT 参照。
57) Regulation (EC) No 391/2009 of the European Parliament and of the Council of 23 April 2009 on common rules and standards for ship inspection and survey organisations.
58) Regulation (EC) No 392/2009 of the European Parliament and of the Council of 23 April 2009 on the liability of carriers of passengers by sea in the event of accidents.
59) Directive 2009/15/EC of the European Parliament and of the Council of 23 April 2009 on common rules and standards for ship inspection and survey organisations and for the relevant activities of maritime administrations.
60) Directive 2009/16/EC of the European Parliament and of the Council of 23 April 2009 on port State control.
61) Directive 2009/17/EC of the European Parliament and of the Council of 23 April 2009 amending Directive 2002/59/EC establishing a Community vessel traffic monitoring and information system.
62) Directive 2009/18/EC of the European Parliament and of the Council of 23 April 2009 establishing the fundamental principles governing the investigation of accidents in the maritime transport sector and amending Council Directive 1999/35/EC and Directive 2002/59/EC of the European Parliament and of the Council.
63) Directive 2009/20/EC of the European Parliament and of the Council of 23 April 2009 on the insurance of shipowners for maritime claims.
64) Directive 2009/21/EC of the European Parliament and of the Council of 23 April 2009 on compliance with flag State requirements.

第三次海上安全パッケージとして損害補償に関して、EUの船籍を有する船舶およびEUに入港する船舶は、1996年議定書で責任制限の対象となる補償に関して、同条約の限度額までをカバーする賠償責任保険に加入することが義務づけられ、2012年1月1日から施行される。また、ポート・ステート・コントロールに関して入港する全船舶の検査が行われる。

IX　おわりに

　IMO条約のもとでIMO総会において採択された船舶起因の海洋汚染に対する規則およびガイドラインを加盟国に「勧告する」ことができるが、MARPOL条約のもとでのIMDGコードの一部義務化、ISMコード、IBCコードなどの各種のコードはそれ自体法的拘束力を有するものではない。しかし、それらが条約の中に取込まれた場合および決議によって義務化される場合など実際の運用で規範につながるソフトロー文書になっている。

　IMOでは汚染分野ごとに様々なガイドラインが出されているが、MEPC決議による予防的アプローチに関するガイドラインの採用も法的拘束力を持つものではない。しかし実質的にIMOのガイドラインもソフトロー文書でありガイドラインが条約との関連で拘束力を持つ場合もある。

　また、了解覚書はポート・ステート・コントロールとして寄港国の権限強化を規定し、実際に効果的な運用がなされている。

　1991年のロンドン条約締約国会議における予防的アプローチに関する決議の内容が予防的アプローチの導入を義務（shall）とし、その後、決議の内容が96年議定書3条1およびWAFの導入につながっている。

　ヘルシンキ条約のような地域環境保護条約においては閣僚宣言において予防原則の完全な適用がうたわれている。バルト海という環境の変化に敏感な特色ある海域ゆえ予防原則の適用が可能である。

　損害賠償補償条約においては補償という事後救済の性質上、予防の概念よりも防止の概念のうえに各種条約が成り立っている。

　EUにおける海洋汚染防止措置はEUという同質性を持つ地域特性から第三次海上安全パッケージにおいてはIMOによる国際標準規制よりも厳しいものとなっている。

法的拘束力がない決議、ガイドラインであっても海洋環境保護という目的は海運業界にとっては必須のものであり、そのことが実質的な運用につながっているということができる。

第 12 章 国際環境法・条約

39 「貿易と環境」問題の課題と展望

高島忠義

I はじめに

排出枠取引制度（Emission Trading Scheme, ETS）には、特定物質の排出量全体に上限を設け、各企業が自己に割当てられた排出枠の余剰分と超過分を取引市場で売買するキャップ・アンド・トレード方式と、規制対象毎に排出基準値を設定し、その削減率に応じてクレジットを付与するベースライン・アンド・クレジット方式がある。後者は、定期的な削減率の見直し等の行政的負担を伴うだけでなく、国全体での排出量削減に不確実性を伴うことから、オーストラリアの一部の州で採用されるにとどまっている[1]。

ETS の経済的意義は、エネルギー税や炭素税と同様、「市場の失敗」による社会的コスト（いわゆる外部不経済）を内部化する点にあり、米国が大気浄化法に基づき窒素酸化物や硫黄酸化物に関して創設した排出認証市場が最初のものと言われている。国際的レベルでは、オゾン層破壊物質に関するモントリオール議定書が国際的な生産量移転制度を設けたのに続き、京都議定書が、いわゆる「京都メカニズム」（補足的な柔軟化措置）の1つとして、温室効果ガス（GHG）に関する国際的な排出枠取引制度を認めている（17条）。

現在、GHG に関しては、EU（2005年）とニュージーランド（2008年）に加えて、米国、カナダ及びオーストラリア3カ国の一部地域が ETS を実施

---

1) WTO/UNEP Report, *Trade and Climate Change* (hereinafter *WTO/UNEP Report*), 2009, p. 92.

しており[2]、近年は米国の連邦議会にも多数のETS法案が提出されている。しかし、京都議定書に代わる国際的合意が成立するまでの間、各国が個別にETSを実施した場合、これら諸国の内国企業はエネルギーと関係産品の価格高騰に伴って国際競争力の低下を余儀なくされる。そこで、米国議会に提出された主要なETS法案には、米国と同等の規制措置を取らない外国の「棚ぼたの比較優位」を相殺するための国境調整措置が盛り込まれている[3]。

しかし、これらは、貿易制限措置としてWTO法に抵触する危険性を内在している。本稿では、米国の主要なETS法案に国境調整措置として盛り込まれた温暖化関連の貿易制限措置のWTO適合性を検証することにより、「貿易と環境」を巡る喫緊の課題を明晰化するとともに、その近い将来に向けた展望を示したいと思う。

II 米国のETS法案

連邦議会の第108会期（2003年～2004年）において、最初のETS法案と言われるマケイン・リーバーマン法案が上院に提出された[4]。その後、第109会期（2005年～2006年）と第110会期（2007年～2008年）では、それぞれ10本程度のETS法案が提出されている。そして、オバマ新政権誕生後の第111会期（2009年～2010年）においては、いくつかの有力なETS法案が提出され、その内の1つが下院で採択されるに至った。

---

2) 北米の地域的なETSとして、米国北東部10州による地域的GHGイニシアチブ（RGGI）、米国西部7州とカナダ4州から成る西部気候イニシアチブ（WCI、2012年より開始予定）、そして米国中西部6州とカナダのマニトバ州の中西部GHG削減協定（MGGRA、2012年より開始予定）がある。なお、日本は、2005年4月から自主参加型の国内排出量取引制度（JVETS）を試行的に実施している。
3) 当該措置は国境措置（border measures）とか競争力条項（competitiveness provisions）と呼称される場合もあるが、本稿ではWTOの国境税調整に倣って国境調整措置という名称を使用した。ただし、国境税調整の用語自体が、実際に国境で調整が行われるという誤解を生じやすいとの指摘もある。Report by the Working Party on Border Tax Adjustment (hereinafter the Working Party Report), L/3464, 20 November 1970, para. 5.
4) S.139, Climate Stewardship Act of 2003, 108th Congress, 1st Session.

1　法案提出の経緯

ここでは、連邦議会の第110会期と第111会期に上程された主要なETS法案について概説する。

(1) 第110会期

同会期に提出された最も有力なETS法案は、前会期の関連法案を統合した「気候セキュリティ法案」であった[5]。これは、元民主党議員で無所属のリーバーマン（J. Lieberman）と共和党議員のウォーナー（J. Warner）が2007年10月18日に上院へ提出したものである。このリーバーマン・ウォーナー法案（以下、LW法案）は、ETSの導入を通じて、電力、運輸及び製造業のGHG排出量を2012年に2005年の水準まで削減し、2020年には15％削減（2005年比）、2050年には63％を削減（1990年比）するという目標を掲げる一方で、ボロイング（次年度前借制度）、バンキング（次年度繰越制度）、さらに国内・国外のオフセット（排出枠の各15％以内）[6]といった柔軟化措置を取り入れている。

LW法案は12月5日に環境・公共事業委員会を11対8の多数で通過したが、翌年5月20日に同委員会委員長のボクサー（B. Boxer）民主党議員が当該法案の内容を一部修正した「2008年気候セキュリティ法案」を上程し、6月2日から本会議の討議に付された[7]。しかし、その直前にエネルギー情報局（EIA）等の政府機関がエネルギー価格の高騰とそれに伴う個人消費やGDPの落ち込みといった米国経済への悪影響を強調する報告書を公表したり、本会議の討議開始当日にブッシュ大統領が拒否権発動の意思を表明したこともあって、議事妨害（filibuster）に対抗するための審議打切りに必要な60票を獲得することができず、6月6日に事実上の廃案に追い込まれた[8]。

---

5) S.2191, America's Climate Security Act of 2007, 110th Congress, 1st Session.
6) カーボン・オフセットのプログラムには、国内での二酸化炭素固定や地中貯留、国外でのCDM（クリーン開発メカニズム）やJI（共同実施）などがある。
7) S.3036, Lieberman-Warner Climate Security Act of 2008, 110th Congress, 2nd Session.
8) 賛成48票、反対36票（4人の民主党議員を含む）で、議事妨害阻止に必要な60票を割り込んだ。

(2) オバマ政権の誕生

2009年1月にグリーン・ニューディール政策を掲げるオバマ政権が誕生したことにより、連邦議会がETS導入に向けて大きく動き出すかに思われた。オバマ大統領は、2月24日の最初の議会演説において、エネルギー、医療保険及び教育の3分野に優先的に取り組む姿勢を明らかにしている[9]。そして、エネルギーの分野に関しては、ETSを通じて再生可能なクリーン・エネルギーを商業化し、経済構造の変革、エネルギー安全保障並びに環境の問題（3つのE）を包括的に解決する方針を宣明した。

こうした政策の詳細は、彼が選挙期間中に公表した「米国の新しいエネルギー」と題する報告書に見ることができる。それによると、2050年までにGHGを1990年比で80％削減するという目標を達成するためにETSを実施し、その排出枠の有償割当から得られる約150億ドルの資金をクリーン・エネルギーに投資することによって、500万人の雇用（グリーン・ジョブ）を創出することができると試算されている[10]。

(3) 第111会期

2009年5月15日、ワックスマン（H.A. Waxman）とマーキー（E.J. Markey）の両民主党議員が「クリーン・エネルギー及び安全保障法案」を下院に提出した[11]。このワックスマン・マーキー法案（以下、WM法案）の特徴は、クリーン・エネルギー経済への移行を標榜するオバマ新政権の基本方針に沿う形で、ETSの導入により、雇用創出、エネルギー安全保障並びに温暖化防止の3つを包括的に実現しようとする点にあった。

この法案は、米国全体のGHG排出量を2005年比で2012年に3％、2020年に20％（ETS対象部門は17％）、2030年に42％、2050年には83％を削減するという、LW法案よりも厳しい目標を掲げている。その一方で、同法案は、電力・ガス会社やエネルギー集約産業へ無償配分される排出枠の割合をLW法案の76％から85％へ引き上げたり、国外オフセットの割合を拡大し

---

9) 「(2/24) オバマ米大統領の議会就任演説」。≪NIKKEI NET≫.
10) B. Obama and J. Biden, New Energy for America.≪www.barakobama.com.≫.
11) H.R.2454, American Clean Energy and Security Act of 2009, 111th Congress, 1st Session.

たり（最大で国内オフセットの3倍）、ボロイングの利子を引き下げるなど、柔軟化措置を強化している。WM案は、その包括的内容のために下院のさまざまな委員会へ付託されたが、最終的には5月21日にエネルギー・商業委員会を賛成33票、反対25票で通過した後、6月26日の本会議において219票対212票という僅差で採択された。

　上院でも、WM法案に類似した法案が提出される予定であった。ところが、オバマ政権が医療制度改革法案の審議を優先させたため、外交委員会委員長のケリー（J. F. Kerry）民主党議員と前出のボクサーが「クリーン・エネルギー・ジョブ及び米国パワー法案」[12]を提出したのは同年9月30日になってからであった。このケリー・ボクサー法案（以下、KB法案）の内容はWM法案にかなり類似しているが、2020年時点でのETS対象部門の排出削減目標を17%から20%へ引き上げる一方で（702条）、共和党の支持を得るために原子力推進の姿勢をより明確化した点に特徴が見られる[13]。

　同法案の審議は、ETSの導入がエネルギー価格の高騰と国民の負担増に繋がると批判する共和党議員と地元に石炭・製造産業を抱える民主党議員の反対に遭って厳しい情況に直面した。しかし、オバマ政権は、12月にコペンハーゲンで開催される気候変動枠組条約の締約国会議（COP15）に間に合わせるため、11月5日の環境・公共事業委員会において、7名の共和党委員全員が欠席する中、同法案を強行採決（賛成11票、反対1票）し、直ちに本会議へ上程した。

2　ETS導入時の課題

　ETSを導入すると、国によって程度の差こそあれ、国内のエネルギーと関係産品の価格が高騰する。したがって、京都議定書に代わる国際的合意が成立するまでの間、各国が個別にETSを実施した場合、ETS等の温暖化防

---

12) S.1733, Clean Energy Jobs and American Power Act, 111th Congress, 1st Session.
13) 　WM法案は、クリーン・エネルギー投資基金からの原子力施設への信用保証や放射性廃棄物処理費用の援助を定めていたが、KB法案は、原子力発電所を「クリーン・低炭素電力の最大の供給者」としてより積極的にGHG削減プログラムの中に位置付けるとともに、上院のエネルギー・天然資源委員会では原子力発電の占める割合を15%ほど引き上げるという両党間の合意が成立した。

止措置を採用しない外国の原産品に対して輸出と輸入の両面で「恣意的な (artificial) 比較優位」[14]を与える結果となり、内国企業の国際競争力の相対的低下に繋がる。このフリー・ライダーの問題は、かつてバード・ヘーゲル決議の採択に繋がったものであり[15]、ETS法案を巡る連邦議会の議論に際しても「米国気候政策の策定における主要な課題」の1つとなった[16]。

各国がETSを個別に実施することは、内国企業の海外移転を促す可能性もある。ETSの導入に伴ってコスト増加を余儀なくされる内国企業は、より負担の少ない他国――いわゆる「炭素天国」(carbon havens)――へ生産拠点を移転させる誘惑に駆られるからである。かようなエネルギー集約企業の海外移転はカーボン・リーケージ（炭素排出移転 carbon leakage）と呼ばれており[17]、ETSのGHG排出抑制効果を減殺するだけでなく、規制の緩やかな外国において移転企業が従前より排出量を増加させる恐れも伴う。

以上のような理由で、上記の有力なETS法案には、いわゆる国境調整措置が盛り込まれている。ただ、米国の措置には、内国企業と外国企業の競争条件の平準化（ETSの貿易中立化）とカーボン・リーケージの防止にとどまらず、ETS導入に対する共和党と内国企業の反対を緩和することや、中国、インド等の新興国がポスト京都議定書のスキームに参加するように促すといった効果も期待されている[18]。

---

14) P.-E. Veel, Carbon Tariffs and the WTO : An Evaluation of Feasible Policies, *Journal of International Economic Law*, 12 (3), 2009, pp. 752-3.
15) バード・ヘーゲル (Byrd-Hagel) 決議とは、中国等の発展途上国にもGHG削減義務を課さない限り京都議定書に署名すべきではないとする上院の決議で、賛成95票（反対0）の圧倒的多数で採択された。Senate Res.98, 105th Congress, 1997.
16) Report from the Committee on Environment and Public Works, America's Climate Security Act of 2007, May 20, 2008, p. 70.
17) *WTO/UNEP Report*, p. 99. WM法案762条 (1)。広義のカーボン・リーケージには、例えば米国でのGHG規制によって国内の石油需要が減退し、それに伴って世界の石油価格が下落することにより、海外での石油消費が増大するというケースも含まれるが (An Interagency Report responding to a Request from Senators, The Effect of H.R.2454 on International Competitiveness and Emission Leakage in Energy-Intensive and Trade-Exposed Industries, December 2, 2009, p. 5, footnote 1)、本稿では狭義の意味で使用する。

3　国境調整措置

いわゆる国境税調整（Border Tax Adjustment, BTA）には、輸出産品について内国税を払い戻す輸出面の国境税調整（輸出BTA）と、輸入産品に対して内国税に相当する課徴金の支払いを求める輸入面の国境税調整（輸入BTA）の2種類がある。本稿では、上記の主要なETS法案の中で、前者に係る排出枠リベート・プログラムと後者に関連する国際留保排出枠プログラムをビルト・インしたLW法案とWM法案を取り上げることにする。

(1)　排出枠リベート・プログラム

これは、ETS導入の影響を受けるエネルギー集約・貿易依存産業に対して、その排出枠購入費用の1部又は全部を還付するというプログラムである。LW法案は、移行支援措置として、電力・ガス会社とともに「エネルギー集約製造業」に対して排出枠全体の20％を無償配分する（3904条）。WM法案は、こうしたETS導入に係る費用の還付を「排出枠リベート・プログラム」(Emission Allowance Rebate Program, EARP) として制度化している（763条〜764条）。ただし、このプログラムは、カーボン・リーケージを防止するための暫定的な経過措置に過ぎず、還付割合は漸次削減されて、2035年（WM法案）又はその翌年（LW法案）には廃止される予定である。

(2)　国際留保排出枠プログラム

両法案は、外国の対象産品を輸入する者に対して、一定の排出枠の購入と提出を義務付けた国際留保排出枠プログラム（International Reserve Allowance Program, IRAP) を盛り込んでいる[19]。当該排出枠は、輸入者に販売するために一般の排出枠とは別に設けられたもので、輸入者は、この留保分から購入した排出枠の余剰分を販売、交換、譲渡及びバンキングすることもできる[20]。

---

18)　J. Pauwelyn, U.S. Federal Climate Policy and Competitiveness Concerns: The Limits and Options of International Trade Law, Nicholas Institute for Environmental Policy Solutions, Duke University, Working Paper, April 2007, pp. 3-5.
19)　110会期に提出されたビンガマン・スペクター法案（S.1766, Low Carbon Economy Act) にも輸入者の排出枠提出制度（International Reserve Allowance Requirement) が盛り込まれている（502条）。
20)　WM法案768条 (a) (1) (A)。内国企業に認められたボロイング制度が、輸入者には用意されていない。

IRAPの政策目標は、「国連気候変動枠組条約その他の適当なフォーラム」の下で「セクター別協定を含む、拘束力ある合意を確立」し、その枠内で中国やインドといった新興国を含む「全ての主要なGHG排出国が衡平に（equitably）排出削減に貢献する」ように誘導することにある[21]。

① LW法案

プログラムの対象は、鉄鋼、アルミ、セメント、ガラス、紙などの一次産品（primary product）、製造過程で直接又は間接に相当量のGHGを排出する産品、ETSの導入に伴って生産費用の高騰する産品に密接に関連した産品（6001条（5））である。ただし、米国と同等の（comparable）排出削減措置を取る国、国連の認定した後発発展途上国（LDDC）、世界全体のGHG排出量に占める割合が0.5％以下の国の産品は、プログラムの対象から除外される（6006条（c）（4）（B））。

輸入者の購入する排出枠の価格は、米国内での直近のオークション価格を上回らないこととされている（同条（a）（3））。排出枠の当初の提出量は、外国における対象産品の「基準排出値」（対象産品に関する年平均排出量）の超過量を同国における対象産品の年間生産量で割った数値を基準に決定される[22]。ただし、実際の提出量は、内国のエネルギー集約産業に無償配分された排出枠及び外国の経済的発展水準を考慮して調整される（同条（d）（2）（B））。

② WM法案

プログラムの対象は、エネルギー集約度（出荷額に占める電力料金と燃料費の割合）又はGHG集約度（GHG排出量の20倍を出荷額で除した割合）が5％以上で且つ貿易集約度（対象産業の全輸出入額をその出荷額と輸入額で除した割合）が15％以上、若しくはエネルギー集約度又はGHG集約度が20％以上の産業である（石油精製産業を除く）。

ただし、①米国が当事国である、米国と同等以上に厳格な排出削減義務を

---

21) LW法案の6002条と6003条、WM法案761条（c）と765条（a）（b）を参照。
22) 輸入者は、国際留保排出枠に代えて、米国と同等のETSを実施する外国の排出枠や外国又は国際的なオフセット・プロジェクトのクレジットを提出することもできる（LW法案6006条（e））。

課す国際協定の当事国又はセクター別の排出削減を定めた多数国間又は二国間協定の当事国、②エネルギー集約度又はGHG集約度が米国の対象産業と同程度の国（767条（c））[23]、③国連の認定した後発発展途上国、④世界全体のGHG排出量に占める割合が0.5％以下で且つ対象産品の輸入割合が5％以下の国の産品は適用除外される（768条（a）（1）（E））。

輸入者の購入する排出枠の価格は、米国内での直近のオークション価格とされている（同条（a）（1）（B））。提出量の計算方法は、EPA（環境保護庁）によって決定される（同条（a）（1）（C））が、実際の提出量は、内国企業が排出枠リベートと電力会社への無償割当から間接的に得た利益を考慮して調整されることになっている（同条（b））。

Ⅲ　WTO法との適合性

EARPとIRAPは、貿易制限措置としてWTO法に抵触する可能性を内包している[24]。前者については、ガット16条（注釈を含む）と補助金及び相殺措置に関する協定（SCM協定）、後者に関しては、ガットの最恵国待遇と内国民待遇に抵触する恐れがある。本稿では、特にWTO法との抵触可能性が危惧されるIRAPを取り上げることにする。

1　実体規則との適合性

IRAPに関しては、ガット2条2項の国境税調整として認められるかどうか、さらにガットの根幹を成す最恵国待遇と内国民待遇に違背するかどうかが問題になる。

---

23) ①及び②は、対象産品の輸入量の85％以上が当該外国内で生産されていることが条件である。
24) 炭素税・エネルギー税のWTO適合性に関する日本での最近の分析としては、経済産業省「補論　貿易と環境―気候変動対策に係る国境措置の概要とWTOルール整合性―」『2010年版不公正貿易報告書』429-443頁、松下満雄「環境政策の一環としての国境税調整」貿易と関税2011年1月号17-27頁がある。

(1) 国境税調整

2条2項は、輸入BTAを認めた規定である。それによると、締約国は、同種の国内産品又は「産品の全部若しくは一部がそれから製造され若しくは生産されている物品」に対して内国税を課している場合、3条2項との適合性を条件として、それに「相当する」(equivalent) 課徴金を輸入産品に対して課すことができる。かかる国境税調整の根拠は、産品への課税がその消費地で行われるべきであるとする「仕向け地原則」(destination principle) 及び輸入産品と国内産品の平等待遇の原則にある[25]。

2条2項の下でIRAPが輸入BTAとして認められるためには、国内産品と輸入産品の同種性、国内産品に対する内国税の賦課、内国税と輸入課徴金の相当性、内国税に関する内国民待遇を保障した3条2項との適合性という4要件を具備していなければならない。同種性と3条2項適合性に関しては内国民待遇のところで論ずることとし、ここでは残り2要件を3つの要素に分けて検討する。

① 内国税

税は、一般的に、「個別的な反対給付無しに強制的に徴収される政府への支払い」(OECD)[26]、「政府が、国家の収入を得るために、所得、利潤、商品、サービス及び商取引に対して強制的に課す賦課金」(オックスフォード辞典) などと定義される。両法案によると、ETS実施当初は排出枠の大半が対象企業へ無償配分されるものの、その配分割合は逓減し、それに反比例する形で有償配分の割合が増加する。さらに、排出枠の有償配分から得られる政府収入が広く消費者・労働者支援、クリーン・エネルギーへの投資、財政赤字削減などに充当されることを考え合わせると、ETSは次第に「税」の定義に近付いて行くものと予想される[27]。

旧ガット時代の米国スーパーファンド事件では、政府の一般的な収入目的で課される税だけでなく、環境保護など特定の政策目的に奉仕する税 (目的

---

25) The Working Party Report, paras. 9-13.
26) OECD, Definition of Taxes, DAFFE/MAI/EG2(96)3, 19 April 1996, p. 3.
27) J. Pauwelyn, op.cit., pp. 21-22. 共和党は、ETSを、事実上の課税、キャップ・アンド・タックス、雇用を奪うエネルギー税などと揶揄し、「増税反対」のキャンペーンを繰り広げた。

税）も国境調整の対象になるかどうかが争われた。パネルは、国境税調整作業部会の報告書（後述）が課税目的を国境調整の基準に挙げていないことを理由に、環境目的が国境調整の可能性に影響を及ぼすことはないとした[28]。

② **産品又は物品に対する課税**

国境税調整の対象は、内国税を課せられた国内産品（例えばアルコール）と同種の輸入産品又はそれを原材料にして製造・生産された輸入物品（例えばアルコールを含む香水）である[29]。これを文字通りに解釈すると、産品又は物品に対する内国税のみ国境調整が可能であり、産品の製造・生産工程において消費されるエネルギーやそれから排出される GHG を対象とした内国税を国境調整することはできないことになろう。

産品の製造工程と生産方法、いわゆる PPM（Process and Production Method）がガットの規制対象になるかどうかは旧ガット時代から争われてきた。旧ガット理事会が設置した「国境税調整に関する作業部会」は、消費税や売上税等の「産品に直接課せられる税」のみが国境調整に適しており、社会保障負担金や所得税等の「産品に直接課せられない税」は国境調整に適さないとする報告書（1970年）—以下、作業部会報告書—を提出した。そして、同報告書は、産品の輸送と生産に使用されるエネルギーなどに対する「オカルト税」（taxes occultes, hidden taxes）の国境調整に関しては、委員の間に意見の相違があったことを認めつつも、「通常は行われていない」と結論付けている[30]。

米国スーパーファンド事件では、米国が環境目的で特定の化学物質（ベンゼン等）に課す内国税と、それを原材料にして製造・生産された輸入産品（スチレン等）に課す内国税が問題になった。パネルは、米国が輸入産品自体の価値ではなくその原材料の化学物質に対してのみ内国税を課す限りにおいて国境調整が認められると判示したが[31]、それは原材料物質が最終産品に物

---

28) US-Taxes on Petroleum and Certain Imported Substances (hereinafter US-Superfund Case), paras. 3.2.7 and 5.2.4.
29) The Working Party Report, Annex, paras. 39-40.
30) Ibid., paras. 14-15, Annex para. 31. オカルト税とは、輸入産品自体やその原材料に対する課税ではなく、資本財、広告、輸送、エネルギー等に対する課税を指している（OECD の定義）。

理的に残存するところの「産品に関連するPPM」であり、エネルギーやGHGのように製造・生産工程で消費又は排出されて最終産品には物理的に残存しない、いわゆる「産品に関連しないPPM」(non-product-related PPM) ではなかった[32]。

産品に関連しないPPMに対するガット3条の適用可能性が争われた事例としては、旧ガット時代のマグロ・イルカ事件（パネル報告書は未採択）がある。米国の海洋哺乳動物保護法は、イルカの一定の混獲率を超える漁法を使用して漁獲されたマグロの輸入を禁止した。この措置はイルカの混獲を減らすためにマグロの漁法を規制したものであり、マグロ産品自体やその販売方法を規制したり、マグロ自体に影響を与える漁法を規制したりするものではなかった。当該事件に関する2つのパネルは、作業部会報告書が国境調整の範囲を「産品に直接課せられる税」に限定していること、3条とその注釈が「産品」に適用されると明記していることから、3条の適用範囲は「産品自体に影響を与える措置」又は「産品自体に適用される措置」に限定されるとした[33]。

以上のような先例を踏まえる限り、産品に関連しないPPMを対象とした内国税を国境調整することは不可能であろう[34]。こうした隘路を打開する方策としては、次の2つのものが考えられる。その第1は、輸出BTAに関するSCM協定のスキームを輸入BTAに類推適用するというものである。同協定は、同種の国内産品の「生産において消費される投入物（inputs）」に

---

31) US-Superfund Case, para. 5.2.8.
32) *WTO/UNEP Report,* p. 104 ; Thomas J. Schoenbaum, International Trade and Protection of the Environment : The Continuing Search for Reconciliation, *American Journal of International Law* (hereinafter *AJIL*), 91 (1997), pp. 308-309 ; S. Charnovitz, Trade and Climate : Potential Conflicts and Synergies, in *Beyond Kyoto. Advancing the International Effort against Climate Change,* Pew Centre of Global Climate Change, 2003, p. 52.
33) US-Restrictions on Imports of Tuna, Panel, 1991 (hereinafter Tuna-Dolphin Case I), paras. 5.10-14 ; US-Restrictions on Imports of Tuna, Panel, 1994 (hereinafter Tuna-Dolphin Case II), para. 5.8.
34) Thomas J. Schoenbaum, op.cit., pp. 311-312 ; P. Demaret and R. Stewardson, Border Tax Adjustments under GATT and EC Law and General Implications for Environmental Taxes, *Journal of World Trade,* 28 (1994), pp. 28-29 and 61-62.

対する特定の間接税について国境調整を認めている（附属書1（h）後段）。しかしながら、仮にこうした類推が可能であるとしても、生産工程において用いられるエネルギーや産品を得る過程で消費される触媒（附属書2註61）など「生産工程において消費される投入物」に、生産工程における排出物（outputs）又は副産物（by-products）まで含めて拡大解釈するのは無理がある[35]。

　第2の方策は、3条2項の「間接に」の用語を根拠にしたものである。カナダ定期雑誌事件では、この用語の意味が問題になった[36]。カナダは、「間接に」の用語が原材料、サービス及び中間財のような「産品の生産又は分配に寄与する投入物」への内国税を意味すると主張した。しかし、上級委員会は、3条を輸入産品と同種の国内産品の「競争条件の平等」を保障した規定と広く捉え、「間接に」の言意を両産品の「競争条件に間接的に影響を与える」という意味に解した[37]。このように「間接に」の用語を競争条件に対する間接的な影響と解釈すれば、ETS に関する国境調整の可能性も出てこよう[38]。

③　**相当性**（Equivalence）

　輸入者の購入する排出枠の価格と提出量は、米国内でのそれに「相当」するものでなければならない。両法案を見ると、排出枠の購入価格は直近のオークション価格を上回らないこととされている。また、その提出量に関しては、輸出国の対象産品の年平均 GHG 排出量を基準に算定されるが（LW法案）、実際の提出量は、内国の対象産業に無償配分された排出枠と外国の経済的発展水準を考慮して調整される。こうした排出枠の価格と提出量の決

---

35)　P.-E. Veel, op.cit. pp. 774-775. 松下満雄「地球温暖化防止策としての環境税／排出量取引制度のWTO 整合性」国際商事法務 38 巻 1 号（2010）6 頁。

36)　ハバナ憲章再検討会議（1954 年〜55 年）において、ドイツが3条2項第1文の「間接に」の用語に関して「産品の生産のために消費されたエネルギーに対する課徴金」を含むことを明確にした注釈を付すよう提案したが、米国等がその適用対象を最終産品に対する課税に限定すべきあると反対したために頓挫している。The Working Party Report, Annex, paras. 13-15.

37)　Canada-Certain Measures concerning Periodicals, Appellate Body, WT/DS31/AB/R, 1997, p. 18.

38)　J. Pauwelyn, op.cit., pp. 20-21.

定方法に関しては、少なくとも次の2つの点が問題になる[39]。

第1に、内国企業の排出枠購入量が現実の排出量に相応して個別に決まるのに対して、輸入者のそれは、当該外国の対象産業全体の年平均排出量に依存する。米国ガソリン事件のパネルは、国内の石油精製業者については個別の基準を容認する一方で輸入業者に対しては法定の統一基準を適用する方式が内国民待遇に違背すると判示した[40]。この先例に照らすと、上記のような待遇上の差異は、相当性の要件に抵触する可能性がある[41]。

第2は、内国企業に認められたボロイングの制度が輸入者には用意されていない点である。当該制度は、排出枠価格の急騰に対する保険の意味合いを有しており、それを輸入者に認めないことは相当性の基準に抵触する恐れがある。

(2) 内国民待遇

3条は、輸入産品と同種の国内産品との平等待遇を保障した規定である。ETSは3条4項に定める産品の販売等に関する内国の法令又は要件に該当する可能性もあるが、本稿ではそれを内国税に当たると指定したので、国境税調整に関係する3条2項との適合性のみを分析する。同項の第1文は、同種の国内産品を「こえる」(in excess) 内国税その他の内国課徴金を輸入産品に課すことを禁止し、第2文は、国内産品と直接的競争又は代替可能の関係にある輸入産品に対して内国税等を「国内生産に保護を与えるように」適用することを禁止している。

3条2項の審査に当たっては、最初に第1文との抵触可能性を検討し、その適法性が認められた場合に第2文の審査へと進む。その第1文に関して

---

[39] LW法案が国内生産者には排出枠の購入を年度末まで猶予する（1202条）一方で、輸入者には輸入時の提出を要求している点は、利子の逸失という理由で3条2項第1文に抵触する可能性がある。P.-E. Veel, op.cit., p. 784.

[40] US-Standards for Reformulated and Conventional Gasoline (hereinafter US-Gasoline Case), Panel, WT/DS2/R, 1966, paras. 6.1-16.

[41] スーパーファンド法は、輸入者が課税額の決定に必要な情報を提出しない場合に輸入産品の評価額の5％を制裁として課すか又は「主要な生産方法」(predominant method of production) を使用したものと想定した割合を課すと定めていた。米国スーパーファンド事件のパネルが後者を望ましいと判示したことから、IRAPの実施に当たっては当該方式を採用する方が無難であろう。

は、輸入産品と国内産品が「同種」であることを確認した後、輸入産品に対して国内産品を「こえる」課税がなされているかどうかを審査する。ここでは、中国で石炭を使用して生産された鉄鋼と米国内で石油又は天然ガスを使用して生産された鉄鋼の例を挙げて検討してみよう。

同種性は、国内産品と輸入産品の完全な同一性を求めたものではなく、両産品の類似性（共通の特徴）を要求しているに過ぎない。したがって、同種性とは、その文脈に応じて伸縮する「アコーディオン」のような相対的概念であり[42]、産品の物理的特性、最終用途、消費者の嗜好と習慣、関税分類の基準に照らして事案毎に判断されなければならない。両国の鉄鋼に関しては、同種性に関するこれら4基準をすべて充たすと思われる。

ここで留意すべき先例は、ECアスベスト事件である。当該事件の上級委員会が、同種性を評価する際に環境基準（健康リスク）を考慮に入れることにより、アスベストとその代替繊維の同種性を否認したからである。しかし、その報告書を注意深く読むと、環境基準は、上記の4基準から独立した新たな基準としてではなく、産品の物理的特性及び消費者の嗜好と習慣の基準の下で評価されるべき証拠の1つと位置付けられていたに過ぎない[43]。

こうした状況において、IRAPに関して敢えて妥当性が疑われる同種性の基準を1つ挙げるとすれば、消費者の嗜好と習慣であろう。もし米国の企業や消費者が低炭素産品を嗜好し、そのために中国産よりも内国産の鉄鋼を選ぶ傾向が認められるならば、両国鉄鋼の同種性が否認される可能性もある。しかし、米国内でかような消費者の嗜好と習慣が一般的に認められるのであれば、そもそも内国産業の国際競争力を担保する特別なプログラムを法案に盛り込む必要性は無かったことになる[44]。

同種性の基準が充たされると、次に、輸入産品に対する課徴金が同種の国内産品に対する内国税を「こえる」かどうかが問題になる。両法案の算出方式によれば、米国の鉄鋼生産者よりも中国産鉄鋼の輸入者の方がより多くの

---

[42] Japan-Taxes on Alcoholic Beverages (hereinafter Japan-Alcoholic Beverages Case), Appellate Body, WT/DS8,10,11/AB/R, 1996, p. 21.
[43] 拙稿「ECアスベスト輸入制限事件」法学研究77巻3号（2004）37頁。
[44] J. Pauwelyn, op.cit., p. 29, footnote 80.

排出枠を購入・提出しなければならない。第1文の「こえる」に関しては、第2文と違って「僅かの (de minimis)」差でも許されないことから[45]、かような負担の差異は明らかにその許容範囲をこえている。

(3) 最恵国待遇

ガット1条は、同種の輸入産品間の平等待遇を保障する最恵国待遇を定めた規定である。当該待遇に関しては、次の2つの点が問題になるであろう。その第1は、先進国と新興国との待遇上の差異である。中国で石炭を使用して生産された鉄鋼と EU で石油又は天然ガスを使用して生産された鉄鋼が米国に輸入される場合を想定してみよう。同種性に関しては、3条の内国民待遇と同じ4基準が適用されることから[46]、この要件を充たすと考えられる。

待遇上の差異に関しては、EU が既に ETS を採用しているために米国と同等の排出規制措置を取っていると認定され（LW 法案）、その輸入者の排出枠提出義務は免除される可能性が高い。他方で、中国は、2011年からの新5カ年計画において、GDP 単位当たり GHG 排出量の大幅削減と GHG 排出に対する課税を目標に掲げている。しかし、LW 法案によれば、米国と同等の削減措置を取っていると認められるためには、当該外国が「GHG 規制のプログラム、要件その他の措置」を採択する（6001条 (2)）と共に、一定水準の基準排出値を設定しなければならない（6005条 (a) (1)）。したがって、中国が、今後、こうした具体的な削減措置を取らない限り、同等の措置を取っているとは認められないであろう。

第2の問題は、両法案がプログラムの対象から後発発展途上国を除外している点である。ここでは、発展途上国相互間、具体的には後発発展途上国と他の発展途上国との待遇上の差異が焦点になる。EC 特恵関税事件においては、後発発展途上国に対する特別待遇が発展途上国間の無差別原則に背馳するかどうかが争点になった。具体的に問題となったのは、最恵国待遇原則の下での発展途上国に対する「異なるより有利な待遇」を認めた1979年11月28日のガット締約国団決定（いわゆる授権条項）である[47]。その2項 (a)

---

45) Japan-Alcoholic Beverages Case, Appellate Body, pp. 23-24.
46) Indonesia-Certain Measures affecting the Automobile Industry, Panel, WT/DS54, 55, 59, 64/R, 1998, para. 14.141.

の注3が発展途上国間の無差別原則を掲げる一方で、同項（d）が後発発展途上国に対する特別待遇を認めていたために、両者の関係が問題になった。

上級委員会は、無差別原則が全ての発展途上国に対して同一待遇を供与することを意味しておらず、「類似の状況にある発展途上国に対して同一待遇を許与すること」を要求しているに過ぎないこと、WTO協定の前文が特に後発発展途上国の経済開発のニーズに応えるように求めていること、2項の(a)と(d)が原則と例外の関係にはないことを理由に、2項(a)の注3が後発発展途上国に対して他の発展途上国よりも有利な特別待遇を供与することを禁止していないと結論付けた[48]。

ただし、上級委員会は、その条件として、後発発展途上国のリストが閉鎖的でないこと、発展途上国間の区別がWTO協定や国際機関の採択する多数国間文書に示された客観的基準に基づくことを挙げている[49]。両法案に関しては、後発発展途上国が国連のリストに基づいて認定されることから、これら2条件を充たすと考えられる。

2　20条による正当化の可能性

IRAPは、ガットの実体規定に違背するとしても、例外規定の20条によって正当化される可能性が残されている。20条の審査においては、最初に問題の措置が各号の掲げる措置に該当するかどうかが検討され、それが是認されると（暫定的正当化）、柱書の消極的要件を具備するかどうかが問題になる（最終的正当化）。ちなみに、米国ガソリン事件以降は各号審査が簡略化される傾向にあり、エビ・カメ事件の上級委員会に至っては、各号審査を「措置の一般的デザイン」の簡潔な検討にとどめ、それ以上を「措置の適用」（法律の適用とは必ずしも一致しない）レベルの問題として柱書の審査に委ねている[50]。

---

47) Differential and More Favourable Treatment, Reciprocity and Fuller Participation of Developing Countries, Decision of 28 November 1979, L/4903.
48) EC-Conditions for the Granting of Tariff Preferences to Developing Countries, Appellate Body, WT/DS246/AB/R, 2004, paras. 154, 156 and 173.
49) Ibid., paras. 163, 187 and 188.

(1) 各号審査

各号の中で環境保護に直接関連しているものは、(b) 人・動植物の生命又は健康の保護のために必要な措置と、(g)「国内の生産又は消費に対する制限と関連して実施される」「有限天然資源の保存に関する措置」の2つである。地球温暖化は、まだ人・動植物の生命又は健康に明白な悪影響を及ぼす情況にまでは至っていないと思われるので、ここでは (g) との適合性のみを検討する。

最初に、気候変動枠組条約に言う「気候系」(climate system) が果たして「有限天然資源」に該当するかどうかが問題になる。旧ガット時代からの先例を瞥見すると、絶滅危惧種の海亀（エビ・カメ事件）にとどまらず、回遊性魚種のニシンとサケ（カナダのニシン・サケ事件）や潜在的な絶滅可能性（ワシントン条約附属書Ⅱ）のあるイルカ（マグロ・イルカ事件）、さらには本件に近い「清浄な空気」（米国ガソリン事件）も有限天然資源に含まれると解されている。このような「環境保護に関する現代国際社会の関心」に照らした「発展的な」(evolutionary) 解釈によれば[51]、地球の気候系が当該資源に該当すると認定される可能性は高い。

第2の問題は、IRAP が輸出国で排出された GHG を対象にしている点である。マグロ・イルカ事件では、公海と他国領海を回遊するイルカに対して米国が管轄権を有するかどうかが争われた。第1次マグロ・イルカ事件のパネルは、国家が自国管轄下にある資源に対してのみ生産・消費を有効に規制できること、域外管轄権を認めると国家が領域外の資源保存政策を一方的に決定できるようになることを理由に、米国の措置が国家管轄権の域外適用に当たると判示した[52]。他方で、第2次マグロ・イルカ事件のパネルは、(g)が資源の存在場所を限定していないこと、カナダのニシン・サケ事件のパネルが回遊性魚種に対する域外管轄権を問題にしなかったこと、一般国際法が

---

50) US-Import Prohibition of Certain Shrimp and Shrimp Products (hereinafter Shrimp-Turtle Case), Appellate Body, WT/DS58/AB/R, 1998, paras. 115-116. 同事件については、拙稿「WTO協定と環境保護—エビ・カメ事件」『国際法判例百選（第2版）』（有斐閣、2011）所収を参照。

51) Ibid., paras. 129-130.

52) Tuna-Dolphin Case I, paras. 5.31-32.

属人的な域外管轄権を認めていることを指摘し、(g) が自国領域内の資源保存政策にのみ適用されるとする申立側の主張を退けた[53]。

エビ・カメ事件では、「高度回遊性」の海亀に対する米国法の域外適用が問題になった。上級委員会は、申立国と被申立国の双方が自国領域外の海亀に対する排他的権利を主張していないことを理由に、(g) に関する「管轄権の黙示的制限」の問題に深入りせず、関係の海亀と米国の間に「十分な連結」(sufficient nexus) が存在すれば足りるとした[54]。気候系をグローバル・コモンズ又は気候変動を人類の共通関心事（気候変動枠組条約の前文）と捉えれば、輸出国でのGHG排出とその米国への影響（温暖化）の間に「十分な連結」が認められよう。

第3の問題は、IRAPが気候系の「保存に関する (relating to)」措置であるかどうかである。米国ガソリン事件の上級委員会は、措置が保存を「主要な目的」としていなければならないとする従来の解釈論（カナダのニシン・サケ事件）を「条文上の根拠」を欠くものと批判し、目的（保存政策）と手段（規制措置）の間に「直接的関連性」（同事件）ではなく「実質的関係」(substantial relationship) が存在するだけで良いとした[55]。エビ・カメ事件の上級委員会は、この実質的関係を「目的と手段の合理的関連性」と定義し、米国の保存政策と規制措置の間に「緊密且つ真性な関係」(close and genuine (or real) relationship) が存在すると認定した[56]。IRAPに関しては、米国の気候系保存政策との間にこうした関係を認められる可能性が高いと思われる。

最後の問題は、IRAPが「国内の生産又は消費に対する制限と関連して (in conjunction with) 実施される」かどうかである。米国ガソリン事件の上級委員会は、この「関連」性の基準に関して、上記と同じ「主要な目的」という従前の厳格な基準（カナダのニシン・サケ事件）を、次の2つの点で緩和した[57]。その1つは、第2次マグロ・イルカ事件のパネルが着目した保存

---

53) Tuna-Dolphin Case II, paras. 5.15-20.
54) Shrimp-Turtle Case, Appellate Body, para. 133.
55) US-Gasoline Case, Appellate Body, pp. 14-19.
56) Shrimp-Turtle Case, Appellate Body, paras. 136 and 141.
57) US-Gasoline Case, Appellate Body, pp. 20-21.

措置の効果よりもその意図を重視し、前者を後者の単なる証拠又は関連要素の1つと位置付けた点である。もう1つは、制限の「公平」(even-handedness) 性の基準を採用した点である。これは、3条のように輸入産品と国内産品の同一待遇を要求したものではなく、輸入産品だけに制限を課す「露骨な差別」(naked discrimination) だけを禁止するに過ぎない。両法案を見ると、輸入者だけでなく内国企業に対しても排出枠の購入義務を課していることから、措置の一般的デザインとしての公平性を確保していると考えられる。

(2) 柱書審査

柱書は、例外の濫用防止を目的としたもので、措置が「(例外) 援用当事者の法的権利とガットの実体規則に基づく他の関係当事者の法的権利の双方に適切な考慮を払って合理的に適用される」ことを要求する[58]。柱書の下では、措置の適用における3つの消極的要件について審査されるが、それらの文言自体が曖昧なだけでなく相互に重複・関連しているために、各要件の意味が十分に明晰化されている訳ではない。

① **同様の条件の下にある諸国の間における正当と認められない差別待遇**

エビ・カメ事件の上級委員会は、当該要件に関して、非強制性（措置適用時の柔軟性)、誠実な交渉及び経過措置の3基準を挙げた。最初の基準に関しては、両法案が輸入国に対して特定の政策を「意図的且つ現実に」強制しているかどうかが問題になる。米国の措置が外国の諸事情を考慮する余地のある柔軟な「同等」の規制プログラムを要求するにとどまっていれば良いが、米国と「本質的に同一」のものを強制する場合は当該基準に抵触する[59]。両法案の条文を見る限りでは、同等性の基準を明記しているだけでなく、発展途上国に対する特別な配慮も可能な点で[60]、一定の柔軟性を認めることができる。ただし、エビ・カメ事件のように、米国政府が措置の適用段階で同一の規制プログラムを要求したと判断される可能性は残っている。

---

58) Ibid., p. 22.
59) Shrimp-Turtle Case, Appellate Body, paras. 161-165.
60) LW法案では、同等行動の評価 (6001条 (2))、IRAPの適用除外 (6006条 (c) (4) (B) (ⅱ) (ⅲ))、排出枠提出量の決定 (6006条 (d) (2) (B) (ⅱ)) といった点に、発展途上国への配慮が見られる。

第2の基準は、米国が二国間又は多数国間の協定締結に向けた真摯な交渉努力をしていることである。この基準は、実際の協定締結義務まで含むものではなく、「真剣且つ誠実な協定締結の努力」が為されていれば足りる[61]。両法案は、GHGの有効な削減には国際協定の締結が「最も効果的」な方法であることを認め（LW法案6003条、WM法案765条(a)）、IRAPを協定締結努力が尽くされた後の「次善の策」と位置付けている（WM法案767条）。したがって、米国政府は、法案上も、協定締結過程において誠実な交渉義務を果たさなければならない。

　最後の基準は、外国政府に対してプログラム実施までの猶予期間を与えるなど、一定の経過措置が採用されていることである[62]。両法案によると、IRAPは2020年1月1日以降に実施される予定である（LW法案6006条(c)、WM法案768条(c)）ことから、法案の上程時点から起算すると約10年の猶予期間が設けられていることになる。

② **同様の条件の下にある諸国の間における恣意的な差別待遇**

　この要件に関しては、非強制性という上記と重複する基準に加えて、両法案がガット10条3項に由来する「適正手続」（due process）を定めているかどうかが問題になる。エビ・カメ事件の上級委員会は、米国政府の実施ガイドラインが、聴聞と反論の機会を設けていないこと、認証可否の決定を書面化せず、その理由も明らかにしないこと、異議申立てと再審査の手続を定めていないことから、手続面で「不透明且つ一方的」であると批判した[63]。両法案には、これらの手続がほとんど用意されていないことから、少なくとも実施レベルで「最低限の透明性と手続の公平性」を確保する必要があろう。

③ **国際貿易の偽装された制限**

　旧ガット時代のパネルは、当該要件について、明確な貿易措置の形態を採

---

61) Shrimp-Turtle Case, Appellate Body, paras. 166-176 ; US-Import Prohibition of Certain Shrimp and Shrimp Products, Recourse to Article 21.5 of the DSU by Malaysia, Appellate Body, WT/DS58/AB/RW, 2001, paras. 122-123. 上級委員会は、マレーシアとの交渉が他の交渉国と同一の結果に到達する必要はなく、交渉の努力とそれに投じた資源及びエネルギーが「同等」であれば足りるとした。
62) Shrimp-Turtle Case, Appellate Body, paras. 173-175.
63) Ibid., paras. 180-183.

らなかったり、官報等で公表しなかった場合を指すと解釈してきた[64]。ところが、ECアスベスト事件のパネルは、こうした非公示性の基準だけでは不十分で、偽装性つまり保護貿易の目的を隠蔽する「意図」を重視すべきであるとした[65]。ブラジル再生タイヤ事件では、メルコスール（南米共同市場）からの再生タイヤの輸入の是非が争点の1つになったが、上級委員会は、これら諸国からの輸入量が少ないことを理由に「国際貿易の偽装された制限」には当たらないとしたパネルの判断を覆し、保護主義の「意図」の重要性を再確認した[66]。

ただ、日本酒税事件上級委員会の指摘を待つまでもなく、措置国の意図を確証することは容易ではない。この点に関して、ECアスベスト事件のパネルは、たいていの場合に「措置のデザイン、構成及び外形的構造」から、その意図を推認することができるとした。そして、貿易制限の効果に関しては、それが「一定の枠内」にとどまる限り、保護主義の意図を演繹することができないと判示した[67]。この先例に従うと、両法案は、措置のデザイン、構成及び外形的構造から保護主義の意図を推認されず、実際の貿易制限効果も限定的な範囲にとどまっていれば、この消極的要件を充たすことはない。

IV 結 論

米国の主要なETS法案に盛り込まれたIRAPは、ガットの実体規定に抵触する可能性が高い。問題は、それを例外規定の20条によって正当化することができるかどうかである。上記の分析によれば、各号審査はクリアできるものの、柱書の審査に際しては、非強制性、誠実な交渉、適正手続などの険難な基準を充たさなければならない。その意味で、IRAPに関しては、慎重な「デザイン」設計とその適切な運用が求められる。ただ、京都議定書を

---

64) US-Prohibition of Imports of Tuna and Tuna Products from Canada, L/5198, BISD 29S/91, 1982, para. 4.8.
65) EC-Measures affecting Asbestos and Asbestos containing Products（hereinafter EC-Asbestos Case）, Panel, WT/DS135/R, 2000, para. 8.236.
66) Brazil-Measures affecting Imports of Retreaded Tyres, Appellate Body, WT/DS232/AB/R, 2007, paras. 229-230. 上級委員会は、貿易制限効果を関連要素の1つとして考慮に入れることは認めている。
67) EC-Asbestos Case, Panel, para. 8.239.

承継する気候変動枠組条約の新たな議定書が成立したにも拘わらず、米国がそれに参加しないまま IRAP を実行に移した場合には[68]、一方的行為を嫌忌するパネルと上級委員会が WTO 不適合を宣明する可能性は高くなる。

　法案の審議過程においては、連邦議会だけでなく米国政府からも IRAP の WTO 適合性について疑念が表出している。例えば、2008 年 2 月の上院財務委員会では、ボーカス（M. Baucus）委員長やグラスリー（C. Grassley）委員などから、LW 法案の IRAP が WTO 法に抵触する可能性について懸念が表明された[69]。また、オバマ大統領は、WM 法案が下院を通過した直後、IRAP が保護主義を助長したり他国の報復措置を招くだけでなく、WTO 法に違反する恐れもあることから、それ以外の方法によってエネルギー集約産業の国際競争力を担保すべきであると警鐘を鳴らしている[70]。

　かくして、KB 法案では、国際的義務に適合する国境措置を定めるとだけ記した規定（765 条）を置く、いわゆるプレース・ホルダーの状態にとどめられている。EU-ETS（第 3 期）に関する欧州議会・理事会指令が「輸入者を EU-ETS のスキームに取り込む」かどうかを選択肢の 1 つとして検討することを欧州委員会に要請するにとどめているのも、同様の趣旨である[71]。

　なお、民主党は、2010 年 1 月のマサチューセッツ州上院議員補欠選挙の敗北によって上院での議事妨害阻止に必要な 60 議席を 1 つ割り込むととも

---

68) 2010 年末にカンクンで開催された COP16（COP/MOP6）では、発展途上国に関して、国際的支援を受けた国家排出削減行動だけが国際的登録と国際的 MRV（測定、報告及び検証）に服するというコペンハーゲン合意（COP15）が確認されるにとどまった。ポスト京都議定書がこうした内容にとどまる場合、果たして米国が参加するかどうかは不透明である。ちなみに、米国がポスト京都議定書に期待する内容は、全ての主要排出国に対して衡平な削減義務を法的に課していること、カーボン・リーケージを誘発する競争的不均衡に対応した規定を置いていること、削減義務の不履行に対する「合意された救済措置」を用意していることの 3 点（WM 法案 766 条（a））である。LW 法案が第 1 の基準だけを掲げている（6003 条）ことから、WM 法案の方がハードルが高いことになる。

69) Committee on Finance, International Aspects of a Carbon Cap and Trade Program, 110th Congress, 2nd Session, February 14, 2008.

70) NY Times, June 28, 2009.

71) Directive 2009/29/EC of the European Parliament and of the Council of 23 April 2009 amending Directive 2003/87/EC, *Official Journal of the European Union*, L 140/63, Preamble paras. 24-25 and Article 10b. 1（b）.

に、4月20日のメキシコ湾での大規模な原油流出事故によりオバマ政権が原子力と並んで議会対策の1つとしてきた沿岸の海底油田開発に赤信号が灯った[72]。さらに、同年11月の中間選挙の結果、共和党が上院で47議席を占めることになったため、WM法案とKB法案は第111会期の終了する同年末を待たずに、事実上の廃案となった。

こうした情況において、オバマ政権は、連邦最高裁判所によって認められたEPAのGHG規制権限を積極的に活用する動きを見せている[73]。しかしながら、経済的手法に頼らずに行政的規制だけで経済全般に亘るGHG排出削減を断行するには限界があり、何よりもオバマ政権の掲げるグリーン・ニューディール政策の実現に必要な大規模投資の財源確保に課題を残したままである。

---

72) こうした情況において、リーバーマンとケリーに共和党のグラハム（L. Graham）議員を加えた超党派の3人が「米国パワー法案」を起草したが、結局、グラハムは5月12日の記者発表の席に現れなかった。因みに、同法案の内容は、削減目標の緩和、ETS対象産業の限定（事実上、ETSの対象から運輸部門を除外）及び実施時期の延期といった点で、KB法案から大きく後退するものであった。

73) EPAは、連邦最高裁判所の判決（Massachusetts v. EPA, 549 US 497, 2007. See, J. M. Zasloff, *AJIL*, 102（1）2008, pp. 134-143）に基づいて、2009年12月にGHGを大気浄化法の大気汚染物質と認定し、自動車と大規模エネルギー集約産業（電力、石油精製、セメント）のGHG排出規制に乗り出した。

第12章 国際環境法・条約

40 海外立地と環境リスク管理
―― アジアへの海外投資を中心に

作本直行

I はじめに

　日本では、近年の急激な円高為替と国内経済の低迷により、海外に投資を求める企業が増えている。過度な円高傾向は、輸出を基調とするわが国の経済基盤を揺るがし、労働市場の逼迫、国内産業の空洞化、デフレ継続を招来している。国内において事業活動が困難になった企業は、生産拠点を海外に移し、円高メリットを活用し、現地の低廉な労働力やコスト、海外市場を利用[1]した生産活動を行いつつある。経済産業省の第40回「海外事業活動基本調査」(2010年7月調査)[2]は、1980年代に5％程度に過ぎなかった海外生産比率[3]が17.2％に上昇したと報告する。中国の現地法人数の割合が最多で全地域の3割を占め、特に進出先とその近隣国での将来需要を見込んでいると報告する。この海外生産はさらに加速化傾向にあり[4]、海外企業との合併

---

1) 内閣府の「平成22年度企業行動に関するアンケート調査報告書」(内閣府経済社会総合研究所 平成23年度)によると、海外に生産拠点を置く主な理由として、製造業分野では、現地、進出先近隣国の需要が旺盛又は今後の拡大が見込まれる (42.9％)、労働力コストが低い (26.1％)、資材・原材料・製造工程全体、物流、土地・建物等のコストが低い (8.9％)、親会社、取引先等の進出に伴って進出 (7.7％)、現地の顧客ニーズに応じた対応が可能 (8.6％)といった結果が示されている。
2) http://www5.cao.go.jp/j-j/cr/cr07/pdf/chr07_1-1-15.pdf 参照
3) 海外生産比率とは、国内生産の実績を世界規模でみた場合の割合であり、例えば、自動車関連でみると、2010年1月〜9月までの企業別実績で、ホンダは72.9％、日産は71.6％、スズキは61.5％、トヨタは55.9％にそれぞれ達している (JC-NET「日本の自動車メーカーの海外生産比率既に56.6％」(http://n-seikei.jp/2010/10/post-4722.html))。

買収（M&A）も活発化の一途にある[5]。

2010年1月現在で日本貿易振興機構（ジェトロ）が実施したアジア主要29都市・地域の調査結果から[6]、一般工職の年間実負担額と法定最低賃金（月額）を取り上げてみると、横浜市に比べ、10倍近くの差が生じる都市も多い（図1・図2）。また、国際協力銀行（JBIC）が、2010年の海外直接投資アンケートにより行った「日本企業の海外投資姿勢の「今」」の調査報告では、3年程の中長期的な有望事業展開先への回答で、海外投資がさらに増大する傾向と、主な投資先がインド、中国、アセアン諸国に向けられていることがわかる（図3）。また、同資料が示す10年程の長期的な事業展開にとっての有望国に関するアンケート結果でも、インド、ブラジル、中国等のBRICsが選択されている。今後もこのような企業の海外進出傾向は変わらずに、むしろ加速化する傾向にあるものと推測される。資源を輸入し、完成品を輸出するという従来型のわが国の貿易立国姿勢は大きな転期を迎えている。

しかし、途上国への海外投資には、コスト安、円高為替の利用、海外市場の拡大といった経済的な好条件だけでなく、環境分野の負のリスクが伴いがちである。わが国の海外投資の大半は製造業中心であるが、用地や生産設備の確保、生産工程管理、労働者の安全環境、大気・水質の汚染防止や騒音・悪臭等の公害管理、廃棄物処理、有害化学物質の管理、資源の確保、製品の

---

4) 2010年12月に、2万3,101社を対象に実施した株式会社帝国データバンクのインターネット調査は、1万917社の有効回答中（有効回答率47.3%）、海外への立地を具体的に検討している企業数は957社（全体の8.8%）に及んだと報じる。さらに、具体的なレベルで立地を検討する企業数は788社あり、施設別では「事業所」の設置が53.3%、「工場」の設置が36.6%あったとされている。これらの海外立地には、生産拠点としてだけでなく、消費地としての機能を重視する傾向が窺える（「特別企画：企業立地に関する動向調査：1,736社の企業が国内への立地を検討」、2011-2-15付け）、http://www.tdb.co.jp/report/watching/press/pdf/p110203.pdf。
5) 「日本企業によるM&A（企業の合併・買収）の2011年1〜5月期の実績は、金額ベースで前年同期比約44%増の5兆3453億円」と報じられている。なお、同期の「海外企業による日本企業の買収件数は58件で2500億円、前年同期の84件、2904億円を下回った」とされている（「日本企業のM&A 1〜5月期4割増の5兆3453億円」2011/6/618:42付け）（http://www.j-cast.com/2011/06/06097661.html）。
6) 日本貿易振興機構（ジェトロ）が行った「第20回アジア主要都市・地域の投資関連コスト比較」（http://www.jetro.go.jp/jfile/report/07000312/asia_investment.pdf）。

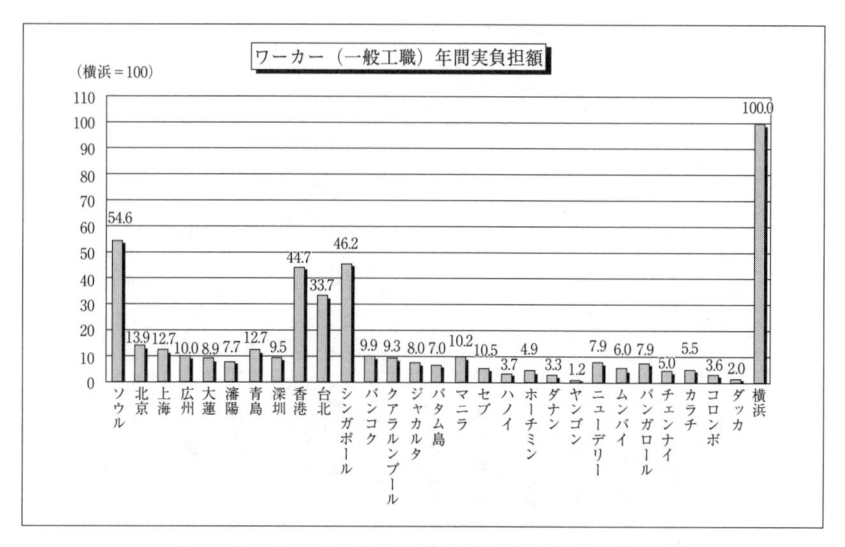

40　海外立地と環境リスク管理　1007

図1　ワーカー（一般工員）の年間実負担額の国際比較

ワーカー（一般工職）年間実負担額（横浜＝100）

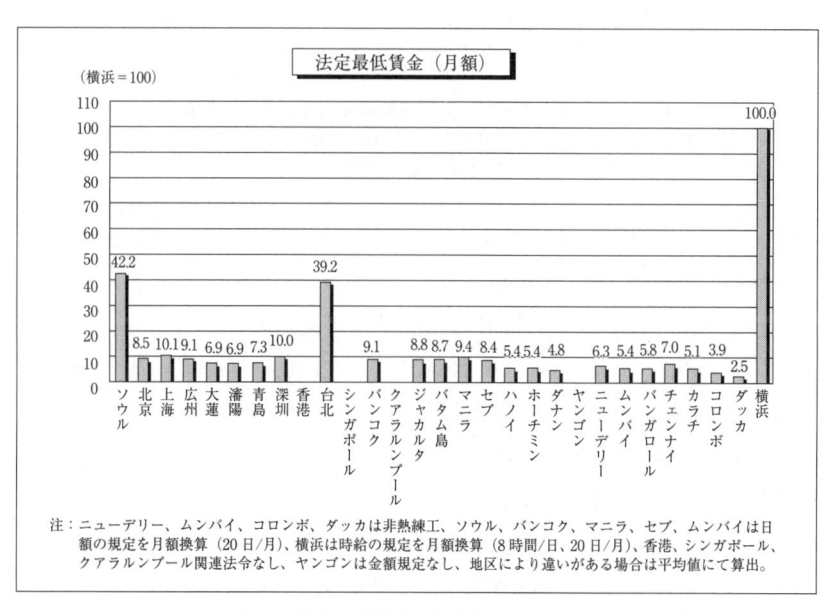

ソウル	54.6
北京	13.9
上海	12.7
広州	10.0
大連	8.9
瀋陽	7.7
青島	12.7
深圳	9.5
香港	44.7
台北	33.7
シンガポール	46.2
バンコク	9.9
クアラルンプール	9.3
ジャカルタ	8.0
バタム島	7.0
マニラ	10.2
セブ	10.5
ハノイ	3.7
ホーチミン	4.9
ダナン	3.3
ヤンゴン	1.2
ニューデリー	7.9
ムンバイ	6.0
バンガロール	7.9
チェンナイ	5.0
カラチ	5.5
コロンボ	3.6
ダッカ	2.0
横浜	100.0

図2　法定最低賃金（月額）の国際比較

法定最低賃金（月額）（横浜＝100）

ソウル	42.2
北京	8.5
上海	10.1
広州	9.1
大連	6.9
瀋陽	6.9
青島	7.3
深圳	10.0
台北	39.2
バンコク	9.1
クアラルンプール	―
ジャカルタ	8.8
バタム島	8.7
マニラ	9.4
セブ	8.4
ハノイ	5.4
ホーチミン	5.4
ダナン	4.8
ニューデリー	6.3
ムンバイ	5.4
バンガロール	5.8
チェンナイ	7.0
カラチ	5.1
コロンボ	3.9
ダッカ	2.5
横浜	100.0

注：ニューデリー、ムンバイ、コロンボ、ダッカは非熟練工、ソウル、バンコク、マニラ、セブ、ムンバイは日額の規定を月額換算（20日/月）、横浜は時給の規定を月額換算（8時間/日、20日/月）、香港、シンガポール、クアラルンプール関連法令なし、ヤンゴンは金額規定なし、地区により違いがある場合は平均値にて算出。

（出所）日本貿易振興機構「第20回アジア主要都市・地域の投資関連コスト比較」、各91頁、93頁（http://www.jetro.go.jp/jfile/report/07000312/asia_investment.pdf）

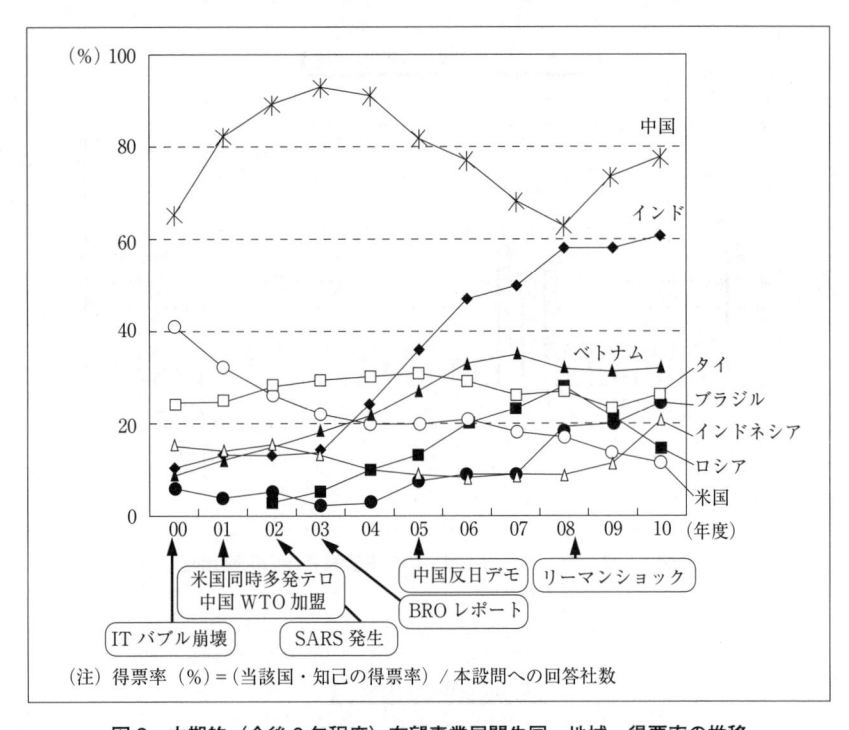

図3 中期的（今後3年程度）有望事業展開先国・地域　得票率の推移
(出所) 国際協力銀行「日本企業の海外投資姿勢の「今」」（海外直接投資アンケートより）(http://www.jbic.go.jp/ja/report/reference/2010-069/jbic_RRJ_2010069.pdf)

　安全、流通、リサイクル、土壌汚染、生態系への配慮、地球環境への配慮等、極めて広範な分野での環境リスクに対する管理が求められている。特に途上国で生産された製品の仕向け地が欧米等の先進国である場合には、近年のEU発の化学物質に関するREACH、有害物質の使用制限に関するRoHS、電子および電子機器廃棄物に関するWEEE等の指令、省エネ製品等に関するEuP/ErP等の一連の規制に注意する必要がある。アジア諸国の国内環境法では有害化学物質規制や省エネ対策が急速に進んでおり、注目に値する。また、途上国で操業を行う場合には、当該国の国内環境法に基づく法的リスクだけでなく、非法律的なリスクにも注意する必要がある。公式法化されていない途上国固有の慣習や文化規範があるためである。
　また、海外投資における環境問題は、抑圧体制下にある途上国では、政府

批判の捌け口や反日材料に利用されがちである。環境問題に関する企業批判は、インターネット等のメディアによる世論操作で、反日批判の好材料になりかねない。訴訟の提起や個別商品のボイコット運動にとどまらず、紛争の長期化、企業の撤退といったリスクに発展する可能性さえある。環境リスクを予防・回避するためには、投資対象国の国内環境法をまず遵守すべきことが前提条件だが、これにとどまらず、予防的姿勢に立った措置を行いつつ、内外の規制動向に注意することが必要である。

以下、本論では、アジア諸国を中心に海外で事業展開を行う場合の環境リスクとその法対策を考えることにする。環境リスクとは何かとの問題意識の下で、アジアでの環境法整備とその課題、国際的な環境配慮の動向、具体的な環境紛争の事例、国際的な取組状況等につき、順に検討する。

II 環境リスクとは何か

1 環境リスクの内容

近年、急激な円高を背景に、海外進出にさらに拍車がかかっている点については「はじめに」で見たとおりだが、大企業の系列下で海外投資を行う中小企業にとっても、投資先で環境対策を粛々と行うべきことは、極めて重要である。社会的責任・CSRに関する議論やコンシューマリズムといった消費者意識の高まりも、環境保全に対する意識と関心を助長させている。最近の諸外国における市民意識の変化と環境政策の動向について、2011年にジェトロが国別に行った「環境に関する市民意識と環境関連政策」[7]の調査報告がある。環境省は((財)地球人間・環境フォーラムが調査実施)、アジアに進出した日系企業が行う環境対策やCSRに関する一連の報告を行っている。また、ジェトロは、2008年に策定した「ジェトロ環境社会配慮ガイドライン」において、日本からの貿易投資に伴い、進出企業が直面する可能性のある環境リスクを「貿易投資の事業において想定し得るリスク」と称し

---

7) フィリピン、タイ、シンガポール、インドネシア、カンボジア、インド、メキシコ、チリ、イタリア、ドイツ、フランスについて、「環境に対する市民意識と環境関連対策」の統一テーマで国別に紹介する (http://www.jetro.go.jp/theme/fdi/reports/07000528)。

て、前出同機構のホームページで、例示する。これは、国際機関の取り組みや環境関連条約等を参考に作成したものである。有害化学物質や農薬を含む製品の輸出入、製品使用後の有害廃棄物の発生、事業所・工場からの汚染物質、有害廃棄物等の排出、危険・有害物質の使用、強制労働・児童労働の禁止、労働組合、団体交渉権、最低賃金などの地元の法律・国際基準によって認められた労働者の権利不履行、雇用における差別、危険、非衛生的な職場での雇用、事業所・工場施設に当たっての環境社会配慮の不実施、用地取得に伴う非自発的な住民移転の発生、地域住民との森林不法伐採、災害や事故、緊急時の対応の不徹底、森林不法伐採、動植物の生育環境破壊、貴重動植物の商業利用、偶発的な外来種の移入、汚職・腐敗・ワイロ・不透明な金品の授受など、バイオ・ナノテク等の先端分野において安全性の点で議論があるような技術・製品の流入、市民に対する環境情報の非開示・意思決定過程への不参加等が含まれる。

Ⅲ　国際社会における環境規制発展の3つの方向

　近年、国際社会における環境意識と取り組みが活発したこともあり、対途上国海外投資との関連で、環境規制に大きな意識変化が生じている。次の3つの発展方向が注目される。

1　途上国における環境法整備の発展とグローバル化

　第1の方向は、環境法の国内整備が途上国側において顕著な発展を示した点である。これまでのアジア諸国の法整備を時期段階別に見ると、1960年代から70年にかけて、かつてアジアの小四龍スモール・ドラゴンと呼ばれたアジアの小国・地域が自国の公害発生に対して法整備に一早く着手した第1期がある。1972年のストックホルムでの国連人間環境会議開催前の取り組み段階であり、内発的な必要性に基づき、独自の公害規制を整備した時期である。これには、同時期に発展を遂げた日本（1967年公害対策基本法）もあるが、韓国（1963年公害防止法）、香港（1959年大気清浄条令）、シンガポール（1969年公衆衛生法）が含まれる。

　第2期の流れは70年代初頭であり、タイ（1975年環境質保全向上法）、マ

レーシア（1974年環境質法）、フィリピン（1977年環境法典）の各国環境基本法の制定時期に代表される。前述の国連人間環境会議の国際的影響を受けつつも、基本法と分野別の主要法令はともかく制定したが、関連の規則・手続き法までも制定する余裕がなく、法律を実質的に適用するための知識や技術が伴わなかった時期といえる。

第3期は1980年代であり、第2波に遅れたアジアの国々の動きの時期である。中国（1989年環境基本法）、インド（1986年環境保護法）、インドネシア（1982年環境管理法）、スリランカ（1980年環境保護法）、バングラデシュ（1989年環境保護法）の環境基本法の制定に代表される時期である。

第4の時期は、1990年代であり、リオ・デ・ジャネイロでの第1回目の国連環境開発会議（UNCED）に象徴される国際的な意識変化の時期以降であり、持続可能な開発概念が公式に採択され、普及した時期でもある。ベトナム（1993年環境保護法）、カンボジア（1996年環境保護法）、ラオス（1999年環境保護法）、ネパール（1996年環境保護法）、パキスタン（1997年環境保護法）が含まれる。アセアンでまだ体系的な法整備に着手していないこの時期の遅れ組としては、ミャンマーとブルネイがある。

1990年以降、多くのアジア諸国は、既存の環境基本法を自らの社会実態に適合すべく、旧法に大幅な改正を加えつつ、見直しのための調整段階に移行したといえよう。日本（1993年環境基本法）以外には、韓国（1990年環境政策基本法）、シンガポール（1999年環境汚染管理法）、タイ（1992年）、インドネシア（2009年）がある。2000年以降に積極的な展開を遂げたアジア諸国には、環境権、戦略的環境アセスメント（SEA）、環境裁判所、ADRや公益訴訟制度などの紛争処理メカニズムを導入する国が増えた。また、多くの国が、有害廃棄物、生物多様性保護や温暖化防止などの地球環境問題、有害化学物質、リサイクルへの取り組みを行うことになった。1972年国連人間環境会議、1992年UNCED、2002年ヨハネスブルグ国連環境開発会議（第2回UNCED）等の国際環境会議、ならびに人間開発報告、ミレニアムサミット、国連グローバルコンパクト等、国際社会が途上国の国内環境法整備に与えた影響は大きかったといえよう。これに対応して、アジアでは、多国間環境条約の受容や地域環境協力条約の締結などが促進されることになり、サ

表1 アジア諸国の環境法の整備状況

国名	主管行政機関	環境基本法	水質関連法 大気関連法	廃棄物関連法 騒音・振動法	自然保護法 都市計画法、土壌汚染関連法	環境アセス法・紛争処理法	その他
韓国	環境省	環境政策基本法(90,99)	水質環境保全法(90,97)、大気環境保全法(90,99,08)	廃棄物管理法(00)、土壌環境保全法(95,01)、有害化学物質管理法(90,94,96)、省資源リサイクル法(03,08)	都市計画法(00)、土壌環境保全法(95,01)、自然環境保全法(97)、湿地保全法(99)	環境汚染紛争被害調整法(90,02,08)、環境交通自然災害環境影響評価法(99,07)、環境保護行政処罰法(99,08)、事前環境評価システム(05)	電気、電子製品・自動車への資源循環法(08)
中国	環境保護部	環境保護法(89)	水質汚染防治法(91,99,08)、大気汚染防治法(87,95,00)、海洋環境保護法(82,99)、水法(02)、汚染排出費徴収使用管理条令	環境騒音汚染防治法(96)、固体廃棄物汚染防治法(95)、煤炭法(96)、循環型経済促進法(08)	都市緑化条例(92)、森林法(84,98)、野生生物保護条例(96)、都市外観環境衛生管理条例(92)、草原法(85)、砂漠化防止対策法(01)	環境影響評価法(02)	電子廃棄物環境汚染処理管理弁法(08)
フィリピン	天然資源環境省・環境管理庁(EMB)	環境基本政策法(77) 環境法典(77)	水資源保護法(75) 自動車関連大気汚染防止法(77)	有害廃棄物・核廃棄物規制法(90)	国営統合保護地域制度法(NIPAS,92)、野生生物保護法(92)	環境アセスメント制度確立法(78) 環境アセスメント制度の改善強化(92,96,03) パラワン戦略環境計画法(92)	バイオ燃料法(06)
マレーシア	天然資源省・環境局(DOE)	環境質法(74,85,96,98,01)	下水処理規則 大気汚染規則(78) 産業排水規則(09) CFC等ガス規制命令(93) 中性洗剤規制命令(95)	指定廃棄物規則(05,07) 自動車騒音規制規則(87) 自動車鉛濃度規則(85) 指定廃棄物運搬命令(05) 指定廃棄物処理・処分場規則(89)	国立公園法(80) 国土典(65) 野生生物保護法(72,91) 自然保護地区法(59,83) 森林法(84)	環境アセス命令(87)	パーム油命令(77) 天然ゴム命令(78) 殺虫剤法(74,89,04)
シンガポール	環境水資源省・環境庁	環境保護管理法(99,02) 環境公衆衛生法(69,87,02)	水質汚染規制排水法(75) 産業排水規則(76) 大気清浄法(71) 戸外での焚き火禁止(73)	バーゼル関連有害廃棄物規則(97,98) 建設現場からの騒音規制規則(90) 毒物法(38,99) 自動車法(60,07)	危機に瀕した動植物の取引禁止、国立公園法(90) 植物多様性保護法(04,06) 公園樹木法(05,06) 保護区保護地法(59,85)		
タイ	天然資源環境省	国家環境質保全向上法(75,92)	工場法(92) 地下水法(77) 灌漑法(75)	有害物質法(92) 毒物法(38,99) 自動車法(60,07)	野生生物保護法(91) 国有林法(64)	環境アセスメント告示(93,94)	

40 海外立地と環境リスク管理　1013

国名	主管行政機関	環境基本法	水質関連法大気関連法	廃棄物関連法騒音・振動法	自然保護法都市計画法、土壌汚染関連法	環境アセス法・紛争処理法	その他
インドネシア	環境省	環境管理保護法(82,97,09)	自動車排ガス環境大臣令(93)固定発生源排出基準(95)水質汚染政府規則(01)工業事業関連環境汚染環境大臣令(88)	騒音・悪臭・振動基準(96)自動車排ガス環境大臣令(93)固定発生源排出基準(95)工業事業関連環境汚染環境大臣令(88)有害有毒廃棄物政府規則(94、95,01)有害有毒廃棄物および廃プラスチックス輸入禁止(92)廃棄物管理法(08)	森林火災環境汚染破壊評価政府規則(01)天然資源保護生態系法(90)保護地区管理大統領令(90)湿地政府規則(91)森林法(99,04)	環境影響評価政府規則(93、97,99)SEA環境大臣令(09)	環境会計大臣令(94)文化財法(97)空間利用管理法(92)
ブルネイ	総理府工業・第一次産品省、開発省通信省		海洋汚染防止規則(05,08)		森林法(34,02)漁業法(Chap61)野生生物保護法(78)自然保護区法(83)文化財法(Chap31)		石油民事責任補償命令(08)
カンボジア	環境省	環境保護天然資源法(96)	水質条令(99)大気・騒音(98)水資源管理(07)	産業廃棄物規則(94)固形産業廃棄物管理規則(99)	自然保護地区法(08)漁業管理法(87)森林行政法(88)	環境アセスメント手続条令(99)	草案中（環境アセス規則大気汚染防止規則,水質規則,有害廃棄物管理規則）
ベトナム	天然資源環境省・国家環境庁(NEA)	環境保護法(94,05)同施行細則・指針(06)同施行規則(08)	大気ほか各種排出基準(大気室、騒音、振動、土壌の重金属、地表面水質、地下水質等)(95,01,05)、水資源探査採取政令(04)	固形廃棄物管理(07)、危険廃棄物リスト(06)	森林保護開発法(08)希少な動植物管理保護条例(92)生物多様性法(08)	環境行政義務違反処罰政令(06)環境アセスメント規則(00)環境アセスメント評価書決定(07)戦略アセス通告(08)	有害化学物質放射性物質条令(95)生物多様性プラン動植物遺伝子保護法(97)環境保護基金決定(08)
ラオス	天然資源環境省・環境部(DOE)	環境保護法(99)	水及び水資源に関する法(96)排出基準工業大臣令(94)		野生生物保護条例(89)森林法(96)生物多様性保護地域総理大臣令(93)伐採禁止令(94)	環境アセスメント規則(00)	
ミャンマー	国家環境問題委員会				森林法(92)野生生物保護地区法(94)野生生物法(36)文化遺産(98)漁業法(90、93)		国家環境政策,アジェンダ21殺虫剤法(90)
インド	環境森林省	環境保護法(86)	水質汚染防止規正法(74)、大気汚染防止規制法(81)		野生生物保護法(72)森林保全法(80)、動物虐待防止法(60)指定部族・伝統的森林部族保護法(06)	民事責任保険法(91)国家環境裁判所法(95)、環境アセスメント告示(78,97)	国家環境控訴庁(97)国家グリーン裁判所(10)

(出所) 各国の環境法令資料から作成

表2 世界で環境アセスメントを導入した国・地域

アフリカ Algeria, Angola, Benin, Botswana, Burkina Faso, Burundi, Cameroon, Cape Verde, Chad, Comoros, Congo (Rep. of), Cote d'Ivoire, Congo (Democratic Republic), Djibouti, Egypt, Ethiopia, Gabon, Gambia, Ghana, Guinea, Kenya, Lesotho, Madagascar, Malawi, Mali, Mauritania, Mauritius (別名, Maurice), Morocco, Mozambique, Namibia, Niger, Nigeria, Sao Tome and Principe, Senegal, Seychelles, Sierra Leone, South Africa, Sudan, Swaziland, Tanzania, Togo, Tunisia, Uganda, Zambia, Zimbabwe （45カ国）

アジア・中東 Afghanistan, Bahrain, Bangladesh, Bhutan, Cambodia, China, Cyprus, Guam, Hong Kong SAR, India, Indonesia, Iran, Israel, Japan, Jordan, Korea, Rep. of, Kuwait, Laos, Lebanon, Macau, Malaysia, Maldives, Mongolia, Nepal, Oman, Pakistan, Papua New Guinea, Philippines, Qatar, Saudi Arabia, Sri Lanka, Syria, Taiwan, Thailand, Turkey, United Arab Emirates, Vietnam, Yemen （41カ国）

中央アジア・ヨーロッパ Albania, Bulgaria, Croatia, Czech Republic, Germany, Hungary, Iceland, Ireland, Italy, Latvia, Lithuania, Macedonia, Malta, Poland, Portugal, Republic Slovenia, Romania, San Marino, Serbia, Slovak, Spain, Switzerland, Ukraine, United Kingdom, Georgia, Kazakhstan, Kyrgyzstan, Moldova, Russia, Tajikistan, Turkmenistan, Uzbekistan, Armenia, Azerbaijan （34カ国）

南北アメリカ Trinidad and Tobago, United States, Uruguay, Mexico, Argentina, Honduras, Jamaica, Nicaragua, Paraguay, Panama, Guatemala, Guyana, El Salvador, Belarus, Bolivia, Belize, Brazil, Canada, Chile, Peru （20カ国）

南太平洋 Samoa, Western Samoa, Solomon Islands, Tonga, Vanuatu, New Zealand, Kiribati, Marshall Islands, Micronesia, Australia, Cook Islands, Fiji, Palau, Northern Mariana Islands （14カ国）

（出所） 筆者作成（2010年12月末現在）

ブ・リージョナルレベルでの地域環境協力の動きも活発化しつつある。

　代表的な環境分野における法整備状況は、表1のとおりであり、この表から、下位の法令、手続法や地方の法令などの整備状況までは直ちに明らかでないが、アジア諸国では、極めて広い分野で環境法の整備が実施されたといえよう。

　さらに、環境アセスメントは、環境管理の予防的な手法として一般的にも注目される手法だが、筆者が2010年末現在で導入した世界の国・地域を数えたところ（表2）、200カ国中の154カ国が法制化を実施していた。世界のほぼ8割近くが導入したものといってよいであろう。また、アジアで戦略的環境アセスメントを採用する国・地域が増えており、日本以外に、中国、韓国、香港、ベトナム、インドネシア、フィリピンがある。他に、今後法制化予定の国・地域もある。

2　環境規制の国際標準化と途上国への影響

　第2の発展の流れは、環境規制の国際標準化であり、例えば、近年の化学物質等の環境規制はEUないしヨーロッパの諸国によって先行ないし先取さ

れ、これが国際標準化しつつあるといっても過言ではない。EU発の国際条約さらに各種規制は世界に新しい環境規制の影響と波をもたらしている。例えば、統合的汚染防止管理指令（IPPC指令）、環境影響アセスメント指令（EIA指令）、化学事故に関わるセベソⅡ指令（セベソ指令）、環境管理・監査スキーム（EMAS規則）等がある。また、化学物質に関するREACH、有害物質の使用制限に関するRoHS、電子および電子機器廃棄物に関するWEEEなどの各指令、省エネ製品等に関するEuP/ErPといった一連の規制があり、環境規制の国際標準化を主導する役割を演じている。これをアジア諸国の側から見た場合には、例えば、これらの世界動向に追いつくための中国版や韓国版のREACHやRoHS制定といったように、有害化学物質の安全等に関する国内法制定に弾みを与える契機となっている。

のみならず、多国間の国際環境条約は、地球温暖化防止、海洋汚染、廃棄物の越境移動、生物多様性などの地球規模全体に関わる環境問題や自然環境の分野で積極的役割を果たしており、途上国がこれによる影響を大きく受け、国内法が標準化しつつある点については明らかである。ここでは議論を省略する[8]。

3 民間企業の事業活動に対する環境配慮の拡大と社会配慮の実施

環境規制のグローバル化傾向で見落とせないのが、民間企業の環境配慮に向けた第3の発展の流れである。これにより、環境配慮の対象、範囲、方法が大きく拡大する方向にある。対途上国の関連で、これまで世界銀行やJICAなどがODA事業中心に行ってきた環境社会配慮が、むしろ民間企業に広く拡大されてきた発展の流れがある。端緒を切ったのは、2003年6月に、民間の金融機関が環境配慮を融資の審査に組み入れた赤道原則の採択であった。

これは、OECDの環境コモンアプローチ（2001年）とこれを修正した「コモン・アプローチに関する閣僚理事会修正勧告」（2007年6月12日）を受け

---

[8] 拙稿「発展途上国における生物多様性について：アセアンを参考に」環境法研究36号（2011）98-126頁。アジア諸国が多国間環境条約を多く批准し、国内法化しつつ、積極的なグローバル化対応で国際協調姿勢を採用していることに言及する。

たものであり、世銀グループの国際金融公社（IFC）は民間部門への貸付けで新社会環境政策を採択し、パフォーマンス基準への準拠を謳った。この赤道原則の下で、民間の金融機関は「1千万ドル以上のプロジェクト融資では、地域環境配慮を行う」ことに合意した。ロンドンのグリニッジ会議で採択された原則だが、NGO等の要求により、南側の途上国に理解を示したとの意味合いで「赤道原則」と命名されたものである。プロジェクト融資においては、金融機関は、責務として、環境上の監視、報告責任、社会的責任を伴う開発を促進するとの認識に立ったものであり、わが国の都市銀行では、三井住友、みずほコーポレート、三菱東京UFJが、この原則を採用する（2011年7月現在、世界では29カ国72機関が採用）。また、わが国の公的な輸出信用機関の動きとしては、JBIC（2002年策定）や日本貿易保険（NEXI、2002年4月策定）が環境に関する環境社会配慮ガイドラインを策定して、民間事業に対する環境社会配慮を組み入れている。

　かような民間企業の環境社会配慮への動きは、前述の企業の社会的責任（CSR）の国際規格化としてのISO26000シリーズ、環境報告書の作成、環境監査、投資活動に環境配慮を組み入れた社会的責任投資（SRI）、国連グローバルコンパクト、サプライチェーンなどを通して、国際的な発展を示ししつつある。CSR理解の浸透に伴い、原材料、資源、部品調達などの各サプライチェーンにまで環境社会配慮の組み入れが及び、民間企業にとっては社会面への配慮の展開が新たに始まりつつある。

　なお、国連グローバルコンパクトとは、1999年当時のアナン国連事務局長が民間企業の活動において配慮すべき点として、企業活動における人権、労働、環境等に関する9原則を提唱したものである。2004年に腐敗防止が追加されて、現在は10原則になった。前出の電子機器等へのWEEE（製造業者によるリサイクル）、REACH（化学物質）、RoHS（特定有害物質）等のEU指令は、民間企業に対して、製品を通しての環境配慮を求めるものであるが、この社会面への配慮は、特に途上国の貧困、社会文化、人の暮らしや共同体といった社会的側面を重視するものであり、今後の新しい動きとして国際的な発展が期待される分野であるといえる。

IV アジア諸国における海外投資に伴う環境紛争の事例[9]

1 海外投資に伴うアジアの環境問題

　海外投資との関連で、環境問題が国際紛争に発展した事例が多数ある。不買運動に発展した著名な事例は、ナイキ社の靴がベトナム等の東南アジア諸国で、ILO条約に違反して児童労働を利用して製造されたとの理由で、1997年から、環境NGO等の労働・人権の批判を受けて、商品の不買運動が始まったというものである。1970年代にネッスル社が製造する粉ミルクが途上国の衛生事情や授乳条件などを省みず、大々的な宣伝の下に販売されたため、乳児への衛生問題を生じさせ、国際消費者機構（IOCU）等の消費者団体が同社の粉乳商品に対する不買運動を行った事件もある。その後、同社は、コーヒー栽培に関わるフェア・トレード問題に端を発した商品不買運動事件をも引き起こしている。最近では、中国の粉ミルクへの工業用メラミン樹脂混入事件で多数の乳児が入院したり、餃子等の冷凍食品への有害物質混入等による中国食品や鉛が混入した中国製玩具に対する不買運動が国際的に広まったことがある。

　さらに、英国NGOのカトリック系国際協力機関（CAFOD、Catholic Agency for Overseas Development）は、2004年に、DELL、HP、IBMのエレクトロニクス関連の3社が発展途上国での生産工場において劣悪な労働条件下での労働を強いていると批判し、同業界に対し、ILO基準の労働規約制定を要求した。アメリカの州の都市ゴミが大型船に載せられ、処分地を探すために世界各地を彷徨したが、各地で入港が拒否された事例、1999年にわが国の廃棄物処理業者（ニッソー）が医療廃棄物や建設廃棄物を含むコンテナ122個分、2200トンの廃棄物をフィリピンに輸出したところ、マニラ港から送還されてきた事件[10]、さらに南太平洋地域への核廃棄物の投棄問題や違法な伐採森林の輸出問題などがある。

　また、現在インドネシア国内で紛糾している事例として、北スラベシでの

9）　本章における環境紛争の事例等について、拙稿「海外投資と環境保全」松村弓彦編『環境ビジネスリスク―環境法からのアプローチ』（産業環境管理協会、2009）を基礎に、加筆訂正した。

米国系ニュー・モント社の鉱山開発によるブヤット湾の海洋汚染の問題、西パプアでの米国系のフリー・ポート・インドネシア社の鉱山開発に伴う土壌汚染の問題、オーストラリア系のサントス社が18％を出資するバクリー系・ラピンド・ブランタス社による東ジャワ・シドアルジョでのガス掘削に伴い泥火山を噴出させた問題[11]等がある。

　海外投資に伴う環境問題の発生に関して、過去の経験は容易に活かされず、多くの被害が繰り返されている。ここでは、アジアへの民間投資関連で極めて代表的な4事例を紹介する。これらはいずれも著名な公害輸出事件であり、先進国企業または現地企業らと共に、外国投資に伴い、公害を発生させた事件であり、大規模な訴訟にまで発展した事例である。これらはいずれも教訓的な意味合いをもっており、先進国と途上国との経済条件比較や先進国の公害輸出批判だけでは、問題解決が容易でないことを示唆している。環境法規制とそのエンフォースメントをめぐる問題も生じており、利用可能な科学技術、予見可能性、貧困等の途上国に固有の条件など、問題を複雑化させる要因が多々ある。過去には、民間企業の環境配慮に関する議論は、投資企業の自主性に任されたり、投資国側の規制水準や受け入れ国側の行政裁量に任されたりしてきたことがあったといえよう。しかし、今日では、アジア諸国でのCSR議論は日常的にも行われており、内外資に関わりなく、企業の環境責任を追及する意識が急速に高まっているといえよう。

　しかし、中進国や新興国の登場に伴う新たな問題群として、中国をはじめとするいわゆる経済的中進国が、かつての先進国の例に漏れず、他の途上国

---

10)　バーゼル条約のわが国の批准（1993年）に基づき、「特定有害廃棄物等の輸出入等の規制に関する法律」（1992年法律第108号）を制定した。経済産業省・環境省による近年の有害廃棄物等への厳重注意処分の事件として、次の例がある。(1) 2009年6月　廃プラスチックを香港向け未承認輸出申告で厳重注意、(2) 2009年4月　使用済み鉛バッテリーをベトナム向け未承認輸出申告で厳重注意、(3) 2008年6月　特定有害廃棄物等（廃鉛バッテリー、電子部品等の屑）を香港向け未承認輸出申告で厳重注意、(4) 2006年11月　鉛蓄電池、ブラウン管等を中国向け未承認輸出申告で厳重注意、(5) 2006年10月　鉛バッテリーをベトナム向け未承認輸出申告で厳重注意（http://www.meti.go.jp/policy/recycle/main/admin_info/law/10/index.html）。
11)　拙稿「シドアルジョの泥火山問題」『アジア環境白書2010/11年』（東洋経済新報社、2010）。海外環境協力センター（OECC）OECCニュース「インドネシアの環境問題（巻頭言）」（2008.12）。

への公害輸出を繰り返していることがある。台湾の中央電力が北朝鮮に放射性廃棄物を輸出決定した事例[12]、中国が東南アジアでの違法森林伐採に拍車をかけている問題があり、また、シンガポールは自国の国土拡張を行うために隣国のインドネシアから大量の土砂を買い入れて海洋を埋め立てている。またシンガポールは自国の焼却灰の海洋埋め立てをしていることについて、マレーシア側が海洋汚染への批判を国際司法裁判所に訴えるといった国際紛争も生じている。とはいえ、日本の船舶もマラッカ海峡航行中に油濁問題や衝突・座礁事件を起こし、沿岸国から非難されてきた苦い経験があり、アスベスト、DDT、BHCなどの輸出により、公害輸出国として批判を受けてきた例もある。しかし、日本海航行中のナホトカ丸タンカーの事故により、油濁汚染による被害を受けた場合もある。2011年の東北大地震では、放射能による周辺国や海洋への大気汚染、水質汚染などの被害影響が懸念されている。とりわけ国土が狭く、隣接したアジア諸国間では、原発関連の地域環境協力の取り組みが急務である。

2　外国投資に伴う具体的な紛争事例

(1) エイシアン・レア・アース社（ARE）のマレーシア・イポー州での問題事例

マレーシアのイポー州ブキ・メラにおいて、日本側の三菱化成は、1980年に35％の株式を保有して、エイシアン・レア・アース社（ARE）を設立した。ハイテク用のレアメタルである希土類をモナザイトから抽出しようとして、半減期が140年とも言われるトリウムという放射性廃棄物を一緒に掘り出してしまったものである。マレーシアには適切な処分場がないために、敷地内にこれを放置したため、降雨によってその汚染土砂が水田等に溢出し、近隣の子供等に白血病による身体被害を発生させた事件である。1985年に高等裁判所から仮処分として会社に対する操業停止命令が出され、操業の一時停止が命じられたが、仮処分場が設置されると、操業は再開されてしまった。その後、1992年にARE社が最高裁判所に上告し、企業側の勝訴が

---

12) 施信民「廃棄物の輸出を許さない、台湾が他国の敵にならないために」(http://japan.nonukesasiaforum.org/japanese/backno/no25/taikan.html)。

確定した。ブキ・メラ村の子供等には白血病患者が生じ、流産や乳幼児死亡率も高まった。我が国の進出企業がアジアの現地で公害裁判の当事者として登場した最初の事例とされており、杜撰な有害廃棄物管理が問題になったモデル・ケースである[13]。環境法の整備・執行が不透明かつ不十分であったり、環境影響の測定技術における制約があったり、放射性廃棄物の処分場が不備な国でのレア・メタルの資源採掘であったといえよう。今後、原発開発に移行予定のアジア諸国には、わが国からの技術支援を期待する国も多いが、原発関連事業の支援と方法について、受入国側の実施能力、放射性廃棄物の処分場の有無、近隣住民の意識など、慎重な検討が必要である。

(2) ニュー・モント・ミナハサ・ラヤ社のインドネシア・スラベシでのブヤット湾汚染の問題事例

インドネシアのスラベシ・ブヤット湾周辺のミナハサ・ラヤ鉱山において、アメリカ系企業ニュー・モント社が金の採掘事業を行い、この過程で水銀、砒素、シアン等を大量に排出させ、その鉱さいが河川、海水、土壌等を汚染させたものである。企業側は汚染していないと主張するが、NGOの調査によると、海水中の汚染は、水銀が10倍で、砒素が12倍といった結果や、砒素濃度が許容レベルの100倍といった報告を行い（アメリカのNGO Earthworks Action）、さらに17トンの水銀が空中に放出され、16トンが水中に排出されたといった報告もある。ブヤット湾近くのラタトト地区の66家族が既に130キロメートル離れたドウミナンガ地区に移転した。政府が行った水質調査は、警察が調査した砒素と水銀の汚染濃度数値よりもはるかに低く、2004年の大臣令が定める基準値との比較で安全だとの異なった報告を行うものの、インドネシア政府は、国会の第8環境科学技術委員会の議論を受けて、汚染の程度は裁判所の判断に関わるものとしながらも、同企業による汚染発生を認める見解を示し、告訴を決定した[14]。

1997年の環境管理法違反に該当したと判断される場合には、15年以下の懲役、8万ドル以下の罰金、さらに違法な利益の没収の罪状が適用されるは

---

[13] 野村好弘＝作本直行編『発展途上国の環境法と行政制度—南・東南アジア編（改訂版）』（アジア経済研究所、1997）。本書の資料3が、AREに関する高裁判決と最高裁判決の全文訳を掲載する。

ずであった。会社側は、環境活動家ケオラ基金代表リグノルダ・ジャマルデイン博士に対し、会社による汚染と患者を発生させたのは同氏であるとの主張を行って、会社側がむしろ名誉毀損を受けたとしてマナド地方裁判所に損害賠償を請求したところ、2005年8月3日の判決で名誉毀損罪の適用が認められ、同氏への罰金75万ドルの支払いと、支払い遅延金1日あたり500万ルピア、3日間の中央および地方新聞での謝罪広告が命じられた。しかし、同年8月2日付の記事によると、最高裁は、マナド地方裁判所のウルフール所長を含む判事の2人に対し、環境問題の判断を行う資格がないとの理由で、直前に辞任させたと報道している。

　他方、同8月3日、インドネシア政府は、マナド地方裁判所に対し、同社が不法投棄を行ったとの理由による刑事告訴を行い、8月5日の初公判では水銀汚染や身体への被害が紹介され[15]、その後8月19日にニュー・モント側の弁護士から訴訟の根拠なしとの主張が行われ、9月6日には検察官が環境法に照らして違法であるとの主張を行った。1996年から2004年まで操業した同社について、2007年5月までの21ヶ月間裁判が争われたが、現地会社ニューモント・ミナハサ・ラヤ社（PT Newmont Minahasa Raya）とリチャード・ネス社長には、二重の危険（double jeopardy）原則違反と基準値以内の汚染排出で住民への健康被害に対する十分な証拠がなかったとの理由で、無罪が言い渡された。

　この事件に関しては、複数の裁判が提起されており、2005年11月には、南ジャカルタ地方裁判所に対して政府が1億3,300ドルの民事訴追を提起していたが、政府は、2005年12月初旬、当事者間の仲裁・和解が進行中であるとの理由で、これを取り下げた。これは、インドネシア政府側が民事訴追を事実上取り下げたことを意味するが、刑事訴追には影響がないと発表して

---

14) Jakarta Post, "Government concludes Buyat Bay Polluted"（2004年11月25日）、同2005年6月1日、Global Response." Update : Newmont Court Cases/Indonesia"（2005年8月3日）, Jakarta Post" Manado Court Rejects Newmont Request"（2005年9月21日）他。
15) 適用法規には、1994年5号の工業法21条（1）違反、1995年51号環境大臣令水質基準違反、1997年23号環境管理法の14（1）条、16（1）条、41（1）、14条、46（1）条、47条への各違反、1999年19号海洋汚染法18条違反、2000年バペダル規則b1456号の水質基準違反、2004年環境大臣令51号の海水質基準違反が予定されている。

いる。ニュー・モント社は、このミナハサ以外にも、スンバウワ島で日系資本も含めたアジア二番目の規模のバトゥー・ヒジャウ金・銅山開発事業を実施しつつあり、出資比率を巡って現地地方政府との間で対立を繰り返してきた[16]。なお、同社は、ペルー、ガーナなどの途上国でも鉱山開発事業を行っており、NGO等から、多国籍企業による公害輸出企業として批判を受けている。

(3) ユニオン・カーバイド社によるインドでのボパール化学工場爆発事故の問題事例

1984年にアメリカの化学工業会社ユニオン・カーバイド社（2001年にダウ・ケミカル社が買収）の子会社ユニオン・カーバイド・インディア社（UCIL）が、インド中部のボパールにおいて、イソシアン酸メチルという有毒ガス40トンを漏出し、工場周辺の2万人近くを被災させ、住民約3,828名を死亡させた「世界最悪の化学工場災害」と呼ばれる事件である。当時の公害天国の言葉にも象徴されるように、環境規制の緩い国で危険な農薬製造事業を行い、管理上の不注意が大規模な事故に繋がった事件である。ユニオン・カーバイド社は、50.01％の株式を保有し、その他はインド政府をはじめとする国内の金融機関などが保有していた。

ユニオン・カーバイド社の声明文によると、インドの最高裁によって15年前に和解された事件であり、当時のアンダーソン会長が誠意を尽くしたと報告しており、会社側は救援基金を設置し、ボパール・メモリアル病院を設置し、インド政府側に対し4億7,000万ドルの和解金を支払ったと伝えている[17]。しかし、2004年においても、インド最高裁は、利息収入分の3億2,700万ドルを57万人の被害者に支払うよう、政府側に命じており、この事件解決の困難さは現在にも引き継がれている。なお、会社側の原因究明としてのエンジニアリング・コンサルタント会社アーサー・D.リトル氏の報告（1988年）は、ガス貯蔵タンクに誰かが故意に水を入れ、その結果化学反応

---

16) http://www.newmont.com/en/operations/ghana/ahafo/docs/envsocimpaccess.asp.
17) 「ユニオン・カーバイド社の声明」（http://www.bhopal.com/ucs.htm）参照。マディヤ・プラデシュ州政府が1990年に正式にインド最高裁に提出した死亡者数であり、同会社データによる。

が生じたと報告しているが、未だに原因は明らかでない。この事件の後、1984年にボパールガス漏出被害法、環境基本法に相当する環境保護法、公害企業に強制保険への加入を義務付ける法律等が次々に制定された。有害化学物質の安全やレスポンシブルケア、PRTRを考える場合に、最も重要な事件となっている。

なお、事件発生から25年目、裁判開始から22年目の2010年6月9日、ボパール市地裁は、UCILの前管理者8名（うち、1名は死亡）に対し、業務上過失致死罪に基づき、2年の禁固刑と2,000ドルの罰金刑を命じたが、被害者側からは「（賠償額が）少なすぎ、遅すぎ」（Too little and too late）との不満をうけている。

(4) タイの東部臨海工業地帯（マプタプット地区）における公害問題

タイの東部臨海工業地帯ラヨン県・マプタプット地区には、シャム湾で発見された天然ガスを利用した化学関連工場が集中するが、この10年間ほど、二酸化硫黄、重金属等の排出による健康被害を訴える周辺住民らが、大気汚染による影響を問題視してきた。そこで、住民らは、被害を訴えて、2007年タイ憲法67条2項に基づき、行政裁判所に救済を求めたものである。2009年12月2日、最高行政裁判所は、環境アセス・健康アセス（HIA）の実施、公聴会の開催、第三者機関による審査を規定した同憲法規定に基づき、10件の日系企業を含む65プロジェクト（事業）に一時差し止めを命じ、2007年憲法が規定する健康アセスメント（HIA）の実施を要求した。

アナン元首相を委員長とする4人委員会が発足し、対策を検討した。しかし、法制度上の問題としては、WHO等から健康アセスメント制度に関する指導等は受けていたものの、1992年の環境質保全向上法が憲法に沿った改正を何ら行っておらず、HIAについても、まったく整備が行われていなかったという法制上の不備の問題があった。そこで、この委員会は、HIA実施のためのガイドライン策定などの法整備方法を検討した。日本側も、HIA手続き等の迅速な整備をタイ政府に要請し、タイ側も日本政府に対する支援を要請した経緯があった。2011年3月、マプタプット市当局は、新マプタプット都市計画として、工場面積を2万ライ（3,200ヘクタール相当）に半減させ、住宅地とのバッファー地区に1万ライ（1,600ヘクタール相当）、

海岸地区を保護区に指定して、内務省・土木事業局と市・計画委員会に浚渫工事禁止を申し入れたが、汚染対策として不十分との理由で、差し戻された。他方、投資委員会（BOI）は、2011年4月、投資優遇措置を申し入れる企業に対し、NOx（窒素酸化物）、SO_2（二酸化硫黄）、VOC（揮発性有機化合物）関連の新規制を導入した。HIAが導入され、大半の企業は操業を再開した。3,000億バーツ以上の経済打撃があったものと推測されている。

このマプタプット工業団地における公害事例は、化学関連企業が集まる工業団地という集合施設で、内外の企業が近隣住民に健康被害を与えた事例といえよう。マプタプットの公害問題は、ちょうど公害列島と叫ばれ、健康被害が騒がれた日本の70年代当時の状況に似ている。化学工場を集中させた同工業団地では、タイの既存の地域指定制度を利用して、むしろ大気汚染の総量規制導入を検討すべき発展時期にあるのでないかと思量するが、現地からこのような議論は伝わってこない。

V 海外投資と環境配慮に関する国際的な動向とわが国の動き[18]

1 投資受入国における環境規制のあり方

(1) 外資受け入れ先における環境関連の投資規制

アジア諸国における環境法の制定状況は既にみたが、ここでは、ジェトロ等の投資関連情報から[19]、アジア諸国での外資関連の環境規制について、国別に、概観する。海外投資の手続き段階における規制内容と優遇内容を垣間見ることができるからである。

中国では、「産業政策および貸付政策の調整をさらに強化し、貸付のリスクを管理することの関連問題に関する通知」に基づき、環境汚染の著しいプロジェクトが禁止される。また「外商投資希土類業種管理暫定規定」によ

---

[18] 前出注（9）と同じ調査方法による。2011年8月にネット上の資料を訪問。
[19] 日本貿易振興機構（JETRO）の外資に関する投資規制及び外資に関する奨励策に関する国別ホームページ参照（http://www.jetro.go.jp/world/asia/）、なお、カンボジアとラオスについては、日本アセアンセンターの資料を参照（http://www.asean.or.jp/invest/guide/vietnam/02inv.html）。

り、外国投資による希土類鉱山企業の設立は禁止され、希土類の製錬・分離は合弁・合作に限定され、企業の類型毎に異なった参入条件が課される。また、外資に対する制限として、2002年国務院の「外商投資の方向を指導する規定」(国務院令第346号)に基づき、中国と外資の合弁事業(中外合弁事業)と単独の外資事業(外資独資事業)に対して、「環境を汚染・破壊し、自然資源を破壊し、または、人体の健康を害する」事業(7条)が禁止される。逆に、奨励・優遇される外資事業には、汚水処理、ゴミ処理事業等があり、認可が必要である(9条)。

韓国では、外国人に対する規制で、1) 行政部門関連での外国人投資対象の除外業種に環境行政・環境部が含まれており、2) 沿近海漁業、原子力・水力などの発電事業、基礎無機化学物質製造業などの個別事業業種26分野では、投資比率方法などで部分的な規制を受ける。

香港では、外資規制業種は、危険・公害など、公衆衛生上の問題がある業種だけに限られ、これら業種には関連当局の許可が必要となる。

フィリピンでは、1991年外国投資法(共和国法第7042号、1996年改正)に基づき、2010年2月に改定された第8次ネガティブ・リストがある。リストA(外国人による投資・所有が憲法および法律により禁止・制限されている業種)とリストB(安全保障や防衛等と共に、外国人による投資・所有が制限される業種で、外資による出資比率は40％以下に制限される)から構成される。リストAには、農漁業、環境設計、山林管理、地質調査、景観設計に関わる専門家の雇用と外資の出資禁止が規定されている。また、一般奨励事業分野には、グリーン・プロジェクト(環境負荷低減につながる製品・事業等)が含まれる。個別法に基づき投資優遇措置の対象となる環境分野としては、次の内容が含まれる。大統領令705号による植林、共和国法7942号による鉱物の採掘・加工、共和国法8479号による石油製品の精製・備蓄・搬送、共和国法9003号による廃棄物環境処理、共和国法9275号による水質汚濁防止、共和国法9513号による再生エネルギー、共和国法9593号による観光産業。

シンガポールでは、外資奨励の基本政策が採用され、安全保障に係わる公益事業、メディア関連の一定分野を除き、内外資の間に優遇策の差はない。ただし、水需要で逼迫した経験があるために、経済開発庁(EDB)が奨励す

る産業分野（21分野）の一つに、環境・水資源が含まれ、戦略重点4分野には、環境・水処理技術、クリーンエネルギーが含まれている。

マレーシアでは、国家権益に関わる事業、すなわち水、エネルギー・電力供給、放送、防衛、保安等の規制業種・禁止業種に対して、外資参入が30％までに制限される。

タイでは、外国人事業法（1999年改正、2000年3月施行）により、規制業種を3種類43業種に分け、これら業種への外国企業の参入（外国資本50％以上）を規制する。天然資源・環境に影響を及ぼす業種は、内閣の承認と商業大臣の許可があった場合にのみ可能となる。例えば、サトウキビからの精糖、塩田・塩土での製塩、岩塩からの製塩、爆破・砕石を含む鉱業、家具及び調度品の木材加工が対象業種に含まれる。また、投資奨励事業には、環境の保全と対策に関わる事業が含まれる。

ラオスでは、外国人が事業を行うための土地取引に制限はないが、環境配慮により取引を制限されることがある。

カンボジアでは、環境保護に関する基本政策として、憲法第59条が、政府に環境や豊富な自然資源の均衡を保つよう求めている。土地、水、空気、風、地質、生態系、鉱物、エネルギー、石油とガス、岩石と砂、宝石、森林と森林産品、野生動物、魚類、水生資源の管理に関する明確な計画を策定するよう規定している。改正投資法の施行細則Ⅲ（2005年12月）によると、評議会または州・特別市投資小委員会には、国益または環境影響のある投資プロジェクトの登録延期を行う権限が認められ、禁止業種には、有害化学物質、農薬・農業用殺虫剤、および公衆衛生と環境に影響を及ぼす化学物質使用の商品の製造、輸入廃棄物を利用した電力の加工・発電、森林法により禁止された開発事業が含まれる。また、投資優遇措置の対象にならない業種として、種の多様性、人の健康および環境に危険を及ぼす遺伝子組換え生物がある。投資申請書に提出が義務付けられる環境情報として、原材料・完成品の輸送方法、廃棄物や排気ガスの排出量・内容・処理方法、騒音・振動の発生源、従業員等の居住環境や健康衛生、安全面の内容がある。

ベトナムでは、2006年の共通投資法および施行細則（108/2006/ND-CP）が、国防、国家安全および公益に損害を与える投資事業、ベトナムの歴史文

化遺産及び習慣、伝統を損ねる投資事業、さらに国民の健康、生態環境を損ねる投資事業、有害廃棄物処理に関わる事業分野を禁止対象に指定する。逆に、奨励分野には、新素材、代替エネルギー、ハイテク製品、バイオ技術製品、太陽光、風力、バイオガス、地熱、潮流エネルギーを使用する施設の建設投資、ハイテク技術関連の環境保護、環境汚染処理及び環境保護、リサイクル資源の回収処理、排水及び有毒廃棄物処理などが含まれる。なお、2005年に改正された環境保護法2条は領土内で事業活動に従事する外国の組織及び個人への法適用を明らかにし、46条は海外からの廃品輸入等を原則的に禁じ、リサイクルやゴミの分別、戦略的環境アセスメント、有害廃棄物の処理などを規定する。

インドネシアでは、2007年の新投資法に基づく大統領令第76号、同77号により、環境に影響を与える化学原料分野への民間投資をすべて禁止する。また、大統領令111号は、特別許可（生産プロセスと廃棄物加工については、環境省からの推薦状を必要とする。）が必要な投資分野として、黒スズ精錬と沈没船の積荷からの有価物の引き上げを追加した。また、自動車に対する排ガス規制（2003年環境国務大臣決定第141号）により、2005年にユーロⅡ基準が導入され、これに沿って新型自動車への適用（2005年）と中古車への適用（2007年）が段階的に実施される。投資分野において閉鎖されている事業分野、及び条件付きで開放されている事業分野リストについては、大統領規定2010年第36号がある。

ブルネイでは、経済開発庁より「パイオニア産業」という奨励分野のリストが発表されている。パイオニア産業の認定があれば、税制上の恩典を受けられる。また、奨励分野のリストにない業種でも、一定の要件を満たせば、認定を受けられる。一部の例外（ガス、水道等の公共事業）を除き、外資に対する参入規制分野はない。

ミャンマーでは、12の事業分野で国営企業法に基づき国営企業が事業展開しているため、民間企業の参入には制限があるが、これに環境関連事業は明らかには含まれていない。

インドでは、自動認可制度（ネガティブ・リスト方式）が採用され、インドへの直接投資案件はネガティブ・リストに該当しなければ、外資出資比率

100％まで、自動認可される。第Ⅰ分野には、国有企業にのみ留保されている２業種として、原子力、鉄道がある。第Ⅱには、1951年産業法により、ライセンス取得が義務付けられている産業が含まれており、これに含まれる環境関連事業としては、強制ライセンス指定の特定業種として、危険性のある化学製品（シアン化水素酸およびその誘導体、ホスゲンおよびその誘導体、イソシアン酸およびジイソシアン酸を含む化合物（イソシアン酸メチルなど））が含まれている。

また、1991年新産業政策に基づき工場への立地規制として、人口が100万人を超える指定23都市（1991年時統計に基づく：ムンバイ、コルカタ、デリー、チェンナイ、ハイデラバード、バンガロール、ボパール、ヴァラナシ等）において、中心部の25キロ以内に工場を設立する場合には、産業ライセンスの取得が必要である。また、外国投資が禁止される産業分野には、原子力、鉄道、小売業（単一ブランド販売を除く）等がある。

以上、アジア諸国における海外投資関連の環境規制をみたが、海外投資手続きにあたって環境保護が重要な規制項目として重視されつつあり、かつ投資優遇の対象事業ともなっていることがわかる。特にインドでは、化学物質に対する規制が詳細であり、前述のボパール事件に起因するものかと思われる。

2 海外投資と環境配慮に関する国際的な動向とわが国の動き

我が国の企業が海外投資を行う場合に、環境配慮として注目すべき行動指針や議論と動きを国際動向とわが国の双方から、数点みておきたい。

(1) 国際機関における環境配慮の動き

① **OECD多国籍企業行動指針**[20]

2000年6月に発表されたこの指針は、1976年にOECDによって、多国籍企業の行動に対して、加盟国政府が企業に対して責任ある行動をとるように勧告することを目的に策定されたものである。「国際投資と多国籍企業に関するOECD宣言」は既に4回改定されている。なお、この指針は、多国籍

---

20) OECD「OECD多国籍企業行動指針」（仮訳）参照（http://www.oecdtokyo2.org/pdf/theme_pdf/finance_pdf/20000627mneguidelines.pdf#search）。

企業に対する任意原則であり、政治的なコミットメントに留まるものであり、法的拘束力をもたないものである。

　この指針は、その序文において、勧告にすぎないとしながらも、「一般方針」の冒頭で「持続可能な開発を達成することを目的として、経済面、社会面、環境面の発展に寄与する」として、環境保護が投資行動の基本原則である旨宣言する。第5章は、「環境」に関して個別の章を設け、「企業は、その事業活動を行う国の法律、規則及び行政上の慣行の枠内で、また関連する国際的な合意、原則、目的及び基準を考慮し、環境、公衆の健康及び安全を保護する必要性、並びに、持続可能な開発というより広範な目標に貢献する方法で、一般的な活動を実施する必要性に、十分な考慮を払うべき」と指摘し、具体的な行動として、次の8点を要求する。(1) 当該企業が環境管理制度を設立、維持すること、(2) 費用、事業場の秘密および知的所有権保護に関する関心を考慮すること、(3) 意思決定に際し、企業の工程、製品およびサービスのすべての段階で生じ得る環境、健康及び安全に対する予見可能な影響を評価し、考慮すること。提案された諸活動が、環境等に重大な影響を与える可能性がある場合には、環境影響評価を実施すること、(4) 危険性に関する科学的および技術的理解に則しつつ、人の健康および安全を考慮に入れ、十分な科学的確実性を欠いていることを理由として、損害を予防し最小限にするための費用効率の高い措置を先送りしてはならないこと、(5) 事故および非常事態を含め、事業活動から生じる環境または健康への重大な損害の防止、緩和および管理のための非常事態対策計画を維持し、所管官庁への即時通報のための機構を維持すること、(6) 活動を奨励して、企業の環境面での行動改善を継続的に追及すること、(7) 有害物質の取り扱いおよび環境事故の防止を含む環境、健康及び安全に関する事項につき、また、環境影響評価手続き、広報関係および環境技術などの一般的環境管理分野について、従業員に適切な教育訓練を提供すること、(8) 環境認識や環境保護を強化するための連携または発意を通じて、環境上有意義で経済的に効率的な公共政策の発展に貢献することである。

　② 国連グローバルコンパクト

　国連グローバルコンパクトとは、1999年の世界経済フォーラム（ダボス会

議)の場でコフィー・アナン前国連事務総長が提唱したものであり、2000年7月の国連総会で決議された環境を含む企業活動に関する諸原則である。提唱時には人権、労働、環境等の9原則だけであったが、2002年に腐敗防止に関する透明性の原則が追加され、10原則になった。法的な効果を伴った手段でなく、持続可能な成長を実現するため、各企業のリーダーシップによって、世界的な枠組み作りを提示した「自発的なイニシアチブ」にすぎないが、国連が民間企業の環境社会面の行動に対して提唱した注目すべき原則である。

環境に関しては、3つの原則を宣言する。原則7は「企業は、環境上の課題に対する予防原則的なアプローチを支持」、原則8は「環境に関する大きな責任を率先して引き受け」、原則9は「環境に優しい技術の開発と普及の奨励」である。目標達成のための4つのメカニズムとして、①政策対話(Policy Dialogues)－現在、直面する課題の解決、②ラーニング(Learning)－実践活動の共有、③ローカル・ネットワーク(Local Networks)－国・地域レベルのネットワークづくり、④パートナーシップ・プロジェクト(Partnership Projects)－協同プロジェクトによるサポート、が想定されている。

この国連グローバルコンパクトは、CSRの議論に大きな効果をもたらした。企業の社会的責任論は、わが国の投資企業に大きな影響をもたらすものである。改めて別項目で検討する。

(2) わが国における環境配慮の動き
① 環境基本法と環境配慮法における環境配慮

わが国の環境基本法35条第2項は「国際協力の実施に当たっての配慮」として、「国は、本邦以外の地域において行われる事業活動に関し、その事業活動に係る事業者がその事業活動が行われる地域に係る地球環境保全等について適正に配慮することができるようにするため、その事業者に対する情報の提供その他の必要な措置を講ずるように努めるものとする」。ただし、これは、同条第1項「国際協力の実施」に関わる環境配慮努力とは対照的な規定であり、海外で行う事業者に対して、国が、環境への適正配慮を促進するため、情報提供などの支援を実施するとのみ規定し、企業自身に何らかの環境配慮の実施を要求するものではない。

なお、2004年に制定された環境配慮促進法（正式には、「環境情報の提供の促進等による特定事業者等の環境に配慮した事業活動の促進に関する法律」）[21]においても、環境基本法と同様、国等の責務の立場が採用されている。この環境配慮法では、事業活動に係る環境配慮の実施を期するため、環境報告書の作成及び公表を毎年度求める。この法律は、本文16ヵ条と附則4ヵ条から構成され、冒頭1条の目的は、「事業活動に係る環境の保全に関する活動とその評価が適切に行われることが重要であることにかんがみ、事業活動に係る環境配慮等の情況に関する情報の提供及び利用等に関し、国等の責務を明らかにするとともに、特定事業者による環境報告書の作成及び公表に関する措置等を講ずることにより、事業活動に係る環境の保全についての配慮が適切になされることを確保し、もって現在及び将来の国民の健康で文化的な生活の確保に寄与する」と規定する。

1993年の環境基本法6条から8条は、環境主体となる4当事者（国、自治体、事業者、国民）に対する環境責務のレベルを主体別、内容別に規定する。この環境配慮法の法律においては、責務レベルにつき、義務に近い責務と努力義務に近い責務といったような詳細な格差を設けている。第1章の総則では、国と独立行政法人等を含む特定事業者に対する責務は義務レベルとして扱われ（それぞれ3条、1条）、環境配慮等への状況公表についても義務レベルとして扱われる（6条、9条）。他方、地方公共団体、民間事業者、国民に対する責務のレベルは努力義務として一段引き下げられ（それぞれ3条、4条、5条）、環境配慮等への状況公表の具体的な義務付けは、地方公共団体については努力義務（7条）、民間事業者については規模区分が設けられ、大企業向けには環境配慮等の状況公表は努力義務（11条1項）、中小企業向けには、環境配慮等の状況の公表努力義務さえもなく、単に国側にだけその公表を容易にさせるための情報提供その他の必要な措置を講ずる義務が片面的に定められている（11条2項）。ただし、製品等の環境負荷の低減に係る情報提供については、事業者が大企業であれ中小企業であれ、努力義務を課せられる点では共通している（12条）。

---

21) 環境省「環境配慮促進法に関する法律の概要」(http://www.env.go.jp/policy/hairyo_law/gaiyou.pdf)。

環境省が示す法律解説[22]では、民間事業者に環境報告書の作成・公表を義務付けない理由として「事業者の創意工夫によって行われるべき環境報告書の作成・公表が形式的なものとならないように、この法律では国の関与を最低限とし、事業者の自主性が最大限活かされるような形とした。そのため、大企業は環境配慮等の状況の公表を行うように努めることとされ、中小企業については、国が支援を行うことが規定されている」と説明されている。この規定では、責務概念に明確な基準を設けずに格差が設けられており、環境負荷で最も重要な役割が期待される民間事業者の事業活動に対して、環境配慮義務の事実上の免除ないし軽減を行い、さらに中小企業に対しては国の支援義務だけを一方的に享受する規定など、既に時代遅れの感を否めない規定となっている。この法律に対して「不完全」[23]との批判もあり、改正議論が始まったとのことである。

② 経済団体の動き：経団連の「海外進出に際しての環境配慮事項」と経済同友会の「新世紀企業宣言」

経団連（経済団体連合会）は、1990年に「海外進出に際しての環境配慮事項」、1991年に「経団連地球環境憲章」、1996年に「経団連環境アピール」、1997年以降には「環境自主行動計画」など、海外への投資行動と環境に関し、一連の見解を発表してきた。特に「経団連環境アピール」は、その「4. 海外事業展開にあたっての環境配慮」の中で、海外生産・開発輸入をはじめ、わが国企業の事業活動の国際的展開は、製造業のみならず金融・物流・サービス等に至るまで、急速に拡大しており、経団連地球環境憲章に盛り込み、「海外事業展開における10の環境配慮事項」の遵守、さらに海外における事業活動の多様化・増大等に応じた環境配慮に一段と積極的に取り組むべきと述べている。海外での事業活動においては、経団連が指摘したこの10の環境配慮事項が、我が国の産業界に大きな意義と影響を与えていると考えられるので、これを次に検討する。

経団連の環境配慮事項の「策定趣旨」は、次のように説明する。経団連な

---

[22] 環境省「環境コミュニケーションの更なる広がりを目指して：環境配慮促進法について」(http://www.env.go.jp/policy/hairyo_law/pamph.pdf)。

[23] 江間泰穂＝吉田賢一『環境ファイナンス』（環境新聞社、2005）56頁。

どの関係経済団体は、1960年代後半から発展途上国に対する海外投資活動を多面的に展開することになった。1973年に「発展途上国における投資行動の指針」を策定したが、その後先進国での投資活動が展開されるようになり、1987年に「海外投資行動指針」を策定した。しかし、両指針とも環境配慮について、投資先国社会との協調、融和のために、「投資先国の生活・自然環境の保全に十分に努めること」という僅かな一行を設けたにすぎなかった。そこで、経団連として、当時の日本企業の国際的展開および発展途上国での経済開発に伴う公害問題の発生などから判断して、この一文をさらに詳細化する必要があったと説明する。

さらに、同趣旨は、途上国に進出する場合には、途上国政府の政策的な面もあり現地企業との提携・合弁会社となる場合が多く、経営主体が現地途上国企業側にあり、環境保全への投資より生産設備への投資が優先され、環境規制値はあるものの技術面、監視組織面で管理が十分でない場合があり、基礎的データの不備や入手の困難等、日本企業だけで解決できない問題も多いといった事情があるものの、投資先国の環境保全に万全の策を講じることは、良き企業市民としての進出企業の責務であり、各企業がこの配慮事項を参考に具体的方針等を策定すべきことを経団連として期待すると述べる。

経団連が指摘する10の環境配慮事項[24]は、次のとおりである。(1) 環境保全に対する積極的な姿勢の明示、(2) 進出先国の環境基準等の遵守とさらなる環境保全努力、(3) 環境アセスメントと事後評価のフィードバック、(4) 環境関連技術・ノウハウの移転促進、(5) 環境管理体制の整備、(6) 情報の提供、(7) 環境問題をめぐるトラブルへの適切な対応、(8) 科学的・合理的な環境対策に資する諸活動への協力、(9) 環境配慮に対する企業広報の推進、(10) 環境配慮の取組みに対する本社の理解と支援体制の整備、である。

他方、経済同友会は、1991年に「新世紀企業宣言」を発表し、超伝導や燃料電池、核融合など地球に優しい大型技術の開発、途上国の発展段階に応じた低公害・低環境負荷技術の積極的な提供と移転、資源リサイクル・シス

---

[24] 経団連のホームページから（http://www.keidanren.or.jp/japanese/profile/pro002/p02002.html）。

テムの採用による省資源化社会モデルの実現について、提言する。また、同会社会的責任経営委員会は、2011年4月の「グローバル時代のCSR」と題する提言で、日本企業がグローバルにビジネスを展開する場合、各国・各地域の環境に根ざし、現地化を推進すべきと述べている[25]。

3 企業の社会的責任論（CSR：Corporate Social Responsibility）

CSRに関する議論がOECD、ISO、わが国の政府、産業界、途上国において、高まっている。経済産業省は、「(CSRは) 法律遵守にとどまらず、企業自ら、市民、地域および社会を利するようなかたちで、経済、環境、社会問題において、バランスの取れたアプローチを行うことにより事業を成功させること」[26]と定義する。わが国では、2000年ごろから企業のCSRへの取り組みが経団連や経済同友会で始まった。また、経済産業省の「企業の社会的責任に関する懇談会」（2004年度）や環境省の「社会的責任に関する研究会」（2004年度）が行われている。2010年に環境省が実施した「環境にやさしい企業行動調査」においては、環境への取組みは企業の社会的責任と答えた企業が81％あり、企業からの高い関心が示されている。他方、環境省が実施した「企業の社会的責についての関心」[27]における日本・アメリカ・イギリスの3カ国比較調査においても、企業の社会的責任関心の高さを比較した調査結果が示されている。日本では、およそ85％、アメリカで80％、英国で67％の被調査企業が、関心をもっていると回答している。企業の取り組むべき社会的責任の領域は、環境分野が80％近くで、最大の割合を示している。環境への配慮は、労務、汚職、消費者保護などと並ぶ高い関心事項である。さらに、国際標準化機構ISO26000が、CSRを取り入れている[28]。具体的には、「社会的責任に関するガイダンス」として、民間・公的部門のすべての組織に対し、責任概念、背景、ステークホルダー、コミュニケーション等の7原則を示し、ISO認証の有無を前提とせずに、社会的責任

---

25) 経済同友会のホームページから（http://www.doyukai.or.jp/）。
26) （財）地球・人間環境フォーラム『企業の社会的責任』（2005）2-4頁参照。
27) 環境省「社会的責任投資に関する日米英3カ国比較調査報告書」、2005年6月。
28) CSRに関するホームページ参照（http://www.csrjapan.jp/）。

の意識浸透を図っている。

VI　最後に

　わが国の海外投資の50％以上は製造業が占めている。本論では、海外投資に関する環境規制を見てきたが、工業団地内に工場施設を設置し、水の確保、電力、廃棄物処理の点で予め整備された条件で操業を行う場合と、そうでなく一般の地域社会の中で操業を行う場合とでは、地域社会と接点を持つ程度や機会が大きく異なるであろう。とりわけ途上国の環境問題においては、公式法へのコンプライアンスだけでなく、地域社会への配慮、住民への配慮、労働者への配慮といった環境社会配慮への姿勢が必要である。

　途上国の環境法には、非法律的な環境リスクがあると述べた理由は、途上国にはさまざまな要因が絡んでいることがあるためである。途上国が移入した法システムが、先進国の法システムと共通したとしても、過去の歴史的経験や、法社会学的、政治経済的な理解が、大きく異なってしまうことがある。環境法が比較的新しい法分野であるためもあるが、法制度全般が植民地時代に発展の芽を奪われてしまったことがあり、法を通して国家への信頼を繋ぎ止められないといった法に対する不信感が根強いこともある。法による国家統一どころか、法以外の諸勢力や諸要素が強すぎるために、仮に法令を遵守したところで、現場での課題を容易に解決しきれないという問題群もある。このため、先進国から近代的な法や解釈を移入したものの、先進国的な考えが容易に定着できない場合が生じてしまうことになる。また、都市部と農村部では法のあり方や意識はさらに大きく異なるものといえよう。

第4編　外国環境法

第13章　外国環境法

第13章 外国環境法

41 アメリカ環境法の動向
―― 1990 年代後半から 2000 年代を中心に

及川敬貴

I はじめに

　アメリカ合衆国は、京都議定書も生物多様性条約も批准していない。しかし同国の環境法は、一般的に、高い評価をうけてきた。アメリカ環境法の多くが生まれたのは1970年代、いわゆる「環境の10年」である。この時代は、環境法の「マグナカルタ（大憲章）」と称されるNEPA（国家環境政策法）の制定によって幕を開けた。その数ヶ月後、人類史上初のアースデーが開催され、環境は最上位の国内政策課題の一つとみなされるようになる。当時の共和党政権（ニクソン政権）は、1971年から1973年にかけて、国家土地利用政策法や環境税法など合わせて30本もの環境関連法案を議会へ上程し、これらのうちの多くが次々と成立した。アメリカ環境政策学の代表的なテキストでは、「主要な連邦環境法（1969年〜2008年）」として42の制定法を挙げているが、1970年代に成立をみたものは、全体の半数近く（19）を占める。
　1990年代後半までの動向を考察した先行研究では、「環境の10年」"……後の動きは、こうして形成された法律の執行や細かな改正をめぐるものであり、1990年の清浄大気法を例外として、とくに見るべき進展はなかったといっても過言ではない"との指摘がなされている[1]。本稿ではまず、この指摘が現在も通用するベースラインの理解となることを確認しておこう。

---

1) 畠山武道「アメリカ合衆国の環境法の動向」森島昭夫＝大塚直＝北村喜宣編『増刊ジュリスト新世紀の展望2　環境問題の行方』（有斐閣、1999）332頁。

II　ブッシュ政権とワシントンの小氷河期

　1990年代後半以降に成立した新規の環境法としては、1996年食品質保護法、1997年全国野生生物保護区システム改善法、2002年中小企業免責およびブラウンフィールド活性化法、2003年健全森林再生法、2005年エネルギー政策法、2007年エネルギー自立・安全保障法、2009年オムニバス国有地管理法などが目につく程度である（本文末尾に〔補遺：新規立法の一覧〕として示す）。後述するように、いずれも重要な規定を含むものではあるが、「環境の10年」と比べれば、法整備の動向としては穏やかなものであったといえるだろう。他方、同じ時期において、主要な環境法（後掲）に大幅な改正（改悪）が加えられたという報告は見当たらない[2]。それらの弱体化を企図した法案は多数提案され、共和党のコントロール下にあった第107～109議会（2001～2007年）では公聴会等も頻繁に開催されたが、法案が上下両院を通過するには至らなかった[3]。

---

[2]　連邦議会では、予算措置法案等の重要法案への付帯条項によって、一部議員の主義・主張が実現する場合がある。たとえば、1995年のある歳出法案（EPA（環境保護庁）予算を含む）には、17の付帯条項が添えられ、EPAの主要な活動をすべてストップさせることが目論まれた。1990年代には、環境法の弱体化を企図した議会共和党が付帯条項戦略を頻繁に用い、1995年の予算付替法（1995 Rescissions Act）に森林伐採プログラム（emergency salvage timber program）を滑り込ませる等の成果を上げた。しかし、ある論者によれば、こうした戦略のほとんどは失敗に終わっており、有権者へのアピールのために付帯条項戦略を続けているのが実状であるという。なお、この戦略を多用していた共和党が政権を奪取し、議会でも多数派となったために、2000年代にはその利用頻度は低下したといわれる。以上の記述は、Christopher McGrory Klyza & David J. Sousa, American Environmental Policy, 1990-2006：Beyond Gridlock（The MIT Press, 2008）の第3章（47頁以下）にもとづく。

[3]　1970年代から君臨する環境法の多くへは、環境保護派であるかどうかを問わず、効果、効率性、衡平性の観点からの疑問と不満が寄せられているのが実状であるという。こうした疑問や不満が具体の法改正につながらないのはなぜなのか。さまざまな説明がなされているが、最近注目されているのは、制度の重層化（layering）の影響である。すなわち、古い制度は新しい制度によって完全に置き換わるわけではなく、渾然一体となって積み重なっていくので、全体としての法システムは矛盾をはらんだものとなる。そこでは、利害関係者の不満が高まるので、さまざまな制度改革案が提示されることになるが、新旧の制度が積み重なった、全体としての法システムはすでに強大かつ強固となっているため、制度の改善・改悪案ともに容易には採用されない、というものである。この説明について、Klyza & Sousa, supra note 2 at 35-45参照。

しかしながら、ある環境保護団体によれば、2000年代のワシントンDCは「小氷河期」に見舞われていたという[4]。小氷河期は、ブッシュとその側近たちがホワイトハウスに乗り込んだ日から始まった。ブッシュ政権は、いわゆる行政戦略（administrative strategy）によって、環境法の骨抜き化を強力に推進したのである。

ブッシュ政権のホワイトハウスは、チェイニー副大統領を筆頭に反環境保護的な思想を持つ者で固められた。各省庁の政治任用職についても同様である。これによって、環境保護的な中身の大統領令や規則が廃止に追い込まれ、逆に反環境保護的な内容のそれらが数多く起草・提案されることとなった。たとえば、2004年だけで150の規則やガイドライン等が改正され、環境法の弱体化が進められたという[5]。環境保護関連の予算が大幅に削られたことは言うまでもない。加えて、同政権は、「クリア・スカイ（clear skies）」「健全な森林（healthy forests）」等の文言を用いて、自ら提案した政策の反環境保護的な色彩を弱めるという広報戦略を駆使し、2003年健全森林再生法の成立等の成果を上げた。こうした広報戦略は、greenwashやreframingと呼ばれる。

議会をバイパスして環境法の骨抜き化を図るブッシュ政権に対して、環境保護団体等は多くの訴訟を提起することで対抗した[6]。私人や市民団体はもちろん、州やその他の地方政府もが当事者となり、同政権が提案した規則改正案等に対して、訴訟を次々と提起したのである[7]。ブッシュ政権が環境訴訟において勝利できた割合は高くはないという。ある環境保護団体の調査によれば、2001年1月から2008年4月までの間に出されたESA（1973年絶滅の危機に瀕した種の法）関連の78件の判決・和解において、ブッシュ政権の勝利とみなせるものは1件にすぎなかった[8]。結果として、環境法の骨抜き

---

4) John Adams & Patricia Adams, A Force for Nature : The Story of NRDC and the Fight to Save Our Planet 316（Chronicle Books, 2010）.
5) Norman J. Vig & Michael E. Kraft eds., Environmental Policy : New Directions for the Twenty-First Century（7th ed.）172（CQ Press, 2010）.
6) アメリカの環境訴訟について書かれた邦語文献は少なくないが、山本浩美『アメリカ環境訴訟法』（弘文堂、2002）および畠山武道『アメリカの環境訴訟』（北海道大学出版会、2008）の考察が包括的かつ詳細である。
7) Vig & Kraft, supra note 5 at 89.

化には一定程度の歯止めがかかったものといえる[9]。ただし、訴訟が頻発し、かつ、その審理が長引くことで、法の執行が遅れることになり、これがブッシュ政権にとっての副産物となったという評価もある[10]。また、政権側は巧妙な内容の和解案を提示することで、原告側を一定程度かく乱することに成功していたともいわれる[11]。

このように、2000年代のアメリカ環境法については、1990年の清浄大気法改正に匹敵するほどのインパクトを持つ新規立法や法改正が見当たらない一方で、ホワイトハウスや司法裁判所を中心とする政策上の動きは活発であった。目立った法改正（改悪）なしにブッシュが「アメリカ政治史上最も反環境的な大統領」[12]と評された所以である。2009年のオバマ政権の登場は、小氷河期の終焉を告げるサインとみなされているが、同政権もまた、新規立法や抜本的な法改正よりは、さまざまな政策的手段によってchangeを生み出そうとするケースが多くなりそうである。

以下では、こうした政策上の動きに注目しながら、公害規制法と自然資源管理法を中心に、その概要と近年の動向（主に1990年代後半以降の動向）について紹介し、さらに、エネルギーや農業関連の法律が「環境法化」している状況に関しても若干の情報を提供することにしたい[13]。なお、本稿でとり上げる環境法は連邦法に限られることをあらかじめお断りしておく[14]。

---

8) Vig & Kraft, supra note 5 at 126.
9) たとえば、2000年から2003年にかけて、ESAにもとづくリスト指定は「すべて」訴訟を経てなされた。近年のアメリカでは、裁判所で下される環境関連の判決や決定が、これまで以上に「政策」として捉えられる傾向にあり、その重要性が益々高まっているという。Klyza & Sousa, supra note 2 at 155.
10) Vig & Kraft, supra note 5 at 90.
11) sweetheart settlement 戦略と呼ばれる。Vig & Kraft, supra note 5 at 178.
12) Vig & Kraft, supra note 5 at 51.
13) アメリカ環境法の全体的な「動き」をとり上げたものは、畠山・前掲注（1）を除いて見当たらなかった（同国環境法全般について紹介・説明した主な邦語文献は、同論文の脚注2で挙げられている）。本稿では、近年の「政策上の動き」を的確に捉えるべく、Klyza & Sousa, supra note 2；Michael E. Kraft, Environmental Policy and Politics（5th ed.）（Longman, 2010）；Vig & Kraft, supra note 5 等の環境政策学の代表的な文献を参照している。
14) 気候変動対応など、近年は、連邦政府よりも州その他の地方政府での環境法政策上のイノベーションが顕著であるといわれる。

III 国家環境政策法

国家環境政策法（NEPA）は、1969年末に議会を通過し、1970年元日のニクソン大統領の署名によって成立した[15]。同法は、人間と環境の生産的な調和という理念を掲げ、その観点から連邦政府の責務を列挙する（101条）点で、わが国の環境基本法と類似している。ただし、理念や責務の提示にとどまらず、環境行政機関や環境アセスメントの中身についても具体的に定めている点で、わが国の環境基本法よりも実体的な性質を備えた制定法であるといえる。

NEPA 201条以下で設置された環境諮問委員会（CEQ）は、アメリカ政治史上初の本格的な中央環境行政機関である。CEQは、大統領（とその側近）がNEPA 101条の責務を適切に履行するためのツールとして機能するように、（広義のホワイトハウスの一部である）大統領府内に設置された。CEQは、大統領の環境政策アドバイザーとしてはもちろん、省庁間の政策調整・紛争処理役としても作用している[16]。

NEPA 102条によって、環境アセスメント制度が世界で初めて法定された。立法者の多くは、この制度について、省庁が自らの提案行為に付随する諸影響について認識を深め、当該提案行為を自主的に修正等する際の助けになるものと考えていたようである。しかし制度の運用が始まってみると、環境アセスメントは、住民や環境保護団体に対して、必要な情報を提供し（情報公開）、行政の意思決定過程へ参加する機会を付与する（市民参加）とともに、場合によっては、裁判所による判断を仰ぐための契機ともなることが明らかになった。NEPA訴訟は現在もアメリカ環境訴訟の中心にあり、年間150件程度の訴訟が提起されている[17]。なお、連邦省庁によって準備される

---

[15] NEPAについて書かれた邦語文献は多数存在するが、以下の記述は、基本的に、拙著『アメリカ環境政策の形成過程—大統領環境諮問委員会の機能』（北海道大学図書刊行会、2003）による。

[16] たとえば、生物多様性保全や生態系管理に関する施策の促進に際して、CEQはリーダーシップを発揮した。拙著『生物多様性というロジック—環境法の静かな革命』（勁草書房、2010）124頁以下参照。

[17] Kraft, supra note 13 at 202.

個別の評価書は環境保護庁（EPA）によって審査されるが、審査結果に応じた改善がなされない場合は、当該問題点をCEQへ付託する仕組みが設けられている（清浄大気法（CAA）309条にもとづく）。環境アセスメントの実効性を確保するためのユニークな仕組みである[18]。

当然ながら、環境アセスメント制度は、開発事業の執行に費用と時間を上乗せするものとなる。そのため、制度運用の開始以来、遅滞なく開発事業を進めたい側からの批判は絶えない。この声にこたえて、2002年、ブッシュ政権は検討会議（NEPA Task Force）を設置し、NEPA改革に着手した。同法の本格的な改革が表立って試みられたのは、史上初めてのことである。この会議は、同政権末期に報告書を公表したが、それ以上の動きへは至らなかった。なお、オバマ政権は同法改革に積極的ではないという[19]。

IV 公害規制法

1980年代までに整備された、主要な公害規制法としては、清浄大気法（CAA）、清浄水法（CWA）、安全飲料水法（SDWA）、殺虫・殺鼠・殺菌法（FIFRA）、有害物質規制法（TSCA）、資源保全回復法（RCRA）、包括的環境対策補償責任法（スーパーファンド法）（CERCLA）などがある[20]。これらの法律では、環境保護庁（EPA）が基準を設定し、規制対象の事業者等に対してそれを遵守させるという命令・統制型（command and control）の規制アプローチが中核に据えられていることが多い。近年の新規立法・主な法改正としては、1990年のCAA改正を除いて、1996年の食品質保護法、2002年の中小企業免責およびブラウンフィールド活性化法（ブラウンフィールド新法）の制定と1996年のSDWA改正が目につく（本文末尾の〔補遺〕を参照された

---

18) この仕組みは、わが国の法定アセスの実効性を高める上で、「最も参考になろう」と評価されている。大塚直『環境法（第3版）』（有斐閣、2010）275頁参照。当該仕組みが設けられた経緯（CAA309条の制定過程）については、拙著・前掲注（15）166頁以下参照。
19) Kraft, supra note 13 at 203.
20) これらの法律について紹介・考察した邦語文献は枚挙に暇がないが、CWAについては、北村喜宣『環境管理の制度と実態──アメリカ水環境法の実証分析』（弘文堂、1992）において、同法の成立過程から、基本構造、運用の実態に至るまでの詳細な検討がなされている。

い)。このうち、ブラウンフィールド新法は、スーパーファンド法に定められた、土壌の有害物質に対する厳格な浄化責任を一部緩和したものである。これによって、汚染の可能性がある（＝厳格な浄化責任を負う可能性がある）土地が多数放置される問題、いわゆるブラウンフィールド問題の改善が企図され、関連する規則の制定が進んだ[21]。

　法執行については、次のような特徴・動向を指摘しうる。まず、公害規制法関連の執行権限の多くは、州政府へ委任されてきた。1990年代以降、その割合は高まり、現在は75％に達しているという（ただし、財政難の中で、膨大な量の執行業務を完遂するのは容易ではなく、最近も、CWAの遵守確保が州によって十分になされていない問題が報じられた[22]）。次に、多くの法律には、市民が自らの手で法を執行するための仕組みが導入されている。市民訴訟（citizen suit）である[23]。これは、①企業などが法令や行政処分によって課せられた義務を履行しない場合に、市民が違法行為者を被告として、法令の順守や義務の履行を求めたり、②行政機関が違法行為を是正する措置をとらずに放置している場合に、市民が行政機関を被告として、特定の措置をとることを求めたりする特別な形式の訴訟であり、だれでも（any person）訴えを提起しうる（CAA 304条、CWA 505条、TSCA 20条、SDWA 1449条など）。近年の重要な市民訴訟関連判例として、2000年のレイドロー事件判決[24]等

---

21) 加藤一郎＝森島昭夫＝大塚直＝柳憲一郎監修『土壌汚染と企業の責任』（有斐閣、1996）をはじめとして、スーパーファンド法に関する邦語文献は多い。ブラウンフィールド新法および関連規則については、牛嶋仁「合衆国における土壌汚染防止・対策法展開の一断面」岩間徹＝柳憲一郎編著『環境リスク管理と法（浅野直人教授還暦記念論文集）』219頁（慈学社、2007）、黒坂則子「ブラウンフィールド新法におけるAAI規則の意義」同志社法学60巻3号（2008）311頁等参照。
22) 2009年9月13日のニューヨークタイムズに調査報告記事が掲載されたことについて、Kraft, supra note 13 at 123-124.
23) 詳細な検討を施しているものとして、常岡孝好「アメリカ環境法の市民訴訟（Citizen Suit）制度」明治学院大学法学研究47号（1988）1頁、北村・前掲注（20）168頁以下、常岡孝好「アメリカにおける環境市民訴訟—水質浄化法の市民訴訟規定を中心に」国際比較環境法センター編『世界の環境法』122頁（国際比較環境法センター、1996）、畠山・前掲注（6）271頁以下等がある。
24) Friends of the Earth, Inc. v. Laidlaw Environmental Services (TOC), Inc., 528 U.S. 167 (2000). 本判決とその意義については、畠山・前掲注（6）231頁以下に詳細な分析がある。

がある。最後に、汚染訴追法（1990年）の登場を契機として、汚染防止関連法の執行機関であるEPAの執行体制の強化が図られた。その結果、公害規制法にもとづく（EPAによる）告発を通じて科された懲役の総年数は75.3年（1990会計年度）から195.9年（1997会計年度）へと急増したが、ブッシュ政権による予算削減等の影響もあり、2000年代後半には65.6年（2007～2009会計年度の平均）へと逆戻りしている[25]。

1 環境規制改革

これらの公害規制法に関しては、伝統的な命令・統制型のアプローチが、効果や効率性の観点から問題視され、1990年代に入り、その改革が進められてきた。具体的には、設定された基準以上の汚染物質削減や技術革新への動機づけとならない（いわゆる「フリーズ効果」）、監視等のためのコストがかかりすぎる等の問題へ対処するために、経済的アプローチや協調的アプローチ、それにリスク分析や費用便益分析等が適宜組み込まれるようになったものである[26]。

(1) 経済的アプローチ[27]

CAAの1990年改正で本格導入された経済的手法（排出枠取引など）[28]の運用によって、規制対象である汚染源からの二酸化硫黄（SO_2）の排出量は大幅に削減された。2010年までに950万トンへ削減という目標が2008年ま

---

25) Nancy K. Kubasek & Gary S. Silverman, Environmental Law (7th ed.) 12-21 (Prentice Hall, 2010).
26) 多くの邦語文献で紹介されている動向であるが、黒川哲志『環境行政の法理と手法』（成文堂、2004）や曽和俊文『行政法執行システムの法理論』241頁以下（第3部 環境行政における法執行）（有斐閣、2011）で包括的かつ詳細な分析が施されている。
　なお、いわゆる予防原則または予防的アプローチの採用が、アメリカ環境法関連の判例・学説において一切否定されているわけではないことについては、前田定孝「アメリカ環境法における規制権限行使の基準」法政論集225号（2008）499頁参照。
27) このテーマについては、Jody Freeman & Charles D. Kolstad eds., Moving to Markets in Environmental Regulation: Lessons from Twenty Years of Experience (Oxford University Press, 2007) で詳しい考察がなされている。
28) CAA 1990年改正で導入された二酸化硫黄の排出権取引制度を考察したものとして、黒川・前掲注（26）134頁以下や野村摂雄「米国の二酸化硫黄排出権取引制度」環境法研究32号（2007）187頁等がある。

でに達成されるなど、期待以上の成果が上がったという[29]。この成功体験と産業界からの後押しをうけて、ブッシュ政権は、1990年以来の本格的なCAA改正を試みた。2002年のクリアスカイ・イニシアティブ法案（the "Clear Skies" bills）である[30]。ブッシュ政権は、発電所由来の水銀やSO_2・NOxを経済的インセンティブで削減するための法改正が必要であると主張したが、議会は、現行法の命令・統制型のアプローチの執行によって同様の成果が得られるとして、これらの法案の通過に与しなかった。これに対して、ブッシュ政権のEPAは、2005年に清浄大気州際規則（Clean Air Interstate Rule：CAIR）を制定し、地域を限定したSO_2・NOx排出枠取引制度の導入を試みた（東部28州とコロンビア特別区が対象）。CAIRについては、裁判所が、無効ではあるが、新たな規則が制定されるまでは有効との判断を示したことから、2011年に州横断型大気汚染規則（Cross-State Air Pollution Rule：CSAPR）が制定されている[31]。

(2) 協調的アプローチ

クリントン政権期のEPAは、被規制者との協力関係を基礎とする施策を積極的に展開した。Common Sense Initiative（1994年開始）、Project XL（1995年開始）、交渉による規則制定（negotiated regulation）等である[32]。これらについては、アメリカ本国でも評価が分かれているが、2008年に刊行された専門書によれば、「大きな期待と散発的な成功は看取しうるものの、命令・統制型の規制アプローチに付随する問題を大幅に改善したとか、新たな環境規制アプローチとして確立したということは検証されていない」という[33]。同書では、連邦会計監査局（GAO）の報告書等を引用し、それらの施策について、成果らしき成果が見えないこと、当事者の満足感と政策選択の質とは関連性が薄いこと、そもそも法規制の例外を認める権限がEPAに付

---

29) Kubasek & Silverman, supra note 25 at 189.
30) クリアスカイ法案とその顛末について、Kraft, supra note 13 at 121-122 参照。
31) 76 Fed. Reg. 48208（August 8, 2011）. 当該新規則の制定をめぐる動向については、http://www.epa.gov/airtransport/index.html（2011年8月25日最終アクセス）。
32) 曽和・前掲注（26）は、こうした協調的なアプローチにもとづく法執行と法の支配との関係を詳細に検討したものである。
33) Klyza & Sousa, supra note 2 at 213.

与されていないという問題が存在すること等を指摘している[34]。

(3) リスクと費用便益

合理的なリスクにもとづく規制アプローチ（"reasonable risk" approach）を正面から採用したのが1996年食品質保護法である。同法制定の背景には、FIFRA（殺虫・殺鼠・殺菌法）の厳格な残留農薬規制をめぐる問題が存在した。FIFRAのデラニー条項では、製造食品中の残留化学物質（発がん性化学物質）を一切許容しないというzero-tolerance基準が採用されていた。しかし技術発展によって、微量な化学物質が検出できるようになり、かかる厳格基準の達成が困難となっていったのである。1988年、EPAは、ある程度の化学物質の残留も認めうるように、デラニー条項の解釈を変更したが、1992年、裁判所はこの解釈を違法なものと判断した（Les. V. Reilly事件[35]）。そこで連邦議会は、生鮮食品と製造食品の両方について、ゼロ・リスク（zero-tolerance）ではなく、合理的なリスク（reasonable certainty of no harm）の考え方にもとづく規制を行うための新法を制定したのである。なお、リスクの考え方が法制度の平面にいかに投影されるかについては、今後のTSCA（有害物質規制法）の改正論議が注目されるところである。

規制にかかる費用とそれがもたらす便益の扱いについては、1980年代以降、大統領令にもとづいて、規則制定における費用便益分析が求められているが、1996年のSDWA（安全飲料水法）改正では、新たな規制基準設定の際にも費用便益分析が要求されることとなった。他方、2001年の連邦最高裁判決では、CAA（清浄大気法）にもとづく規制基準の設定に当って費用便益分析は要求されていないと判断されている[36]。

2 行政戦略――ブッシュ政権の動向を中心に

ブッシュ政権は、公害規制法の弱体化をねらった規則改正を頻繁に試みた。事例をいくつか紹介しておきたい[37]。

CAA（清浄大気法）の規制緩和を企図した、2002年のクリアスカイ・イ

---

34) Id. at 211-231.
35) Les. V. Reilly, 968 F. 2d 985 (9th Cir. 1992).
36) Whitman v. American Trucking Association, 531 U.S. 457 (2001).

ニシアティブ法案の顛末は、上述したとおりであるが、同法にもとづくNSR（New Source Review）要件も規制緩和の標的となった[38]。NSR要件は、旧式の石炭火力発電所等において主要設備を刷新する場合には、現状維持ではなく、最新の排出コントロール設備を備えることを求めるものであるが、ブッシュ政権のEPAは、これを緩和するための規則案を2003年に公表した。これに対しても、数多くの訴訟が提起されている。

CWA（清浄水法）に関しては、非点源汚染源からの汚染への対応が積年の課題とされてきた。これに対応するために、2000年、クリントン政権のEPAが新たな規則案を公表したが、2003年になって、ブッシュ政権のEPAは当該規則案を撤回している[39]。また、CWA関連では、石炭の露天掘りに伴って発生する鉱業廃棄物処理に関する規制の緩和が問題となった[40]。ブッシュ政権は内務次官補として、かつての石炭産業ロビイストを任命し、その指揮の下で、露天掘りで発生した鉱業廃棄物を小河川や峡谷へ廃棄できるようにCWA規則を改正した。その結果、700マイル以上の清浄な小河川が鉱業廃棄物で埋まるとともに、当該廃棄物に含まれていた有害物質の拡散によってさらに数千マイルが汚染される事態が発生したという。この問題について、オバマ政権のEPAは、鉱業廃棄物処理に関する許認可プロセスの根本的な見直しを進めると発表し、2009年6月、厳格な許認可基準を公表している。

V　自然資源管理法

アメリカでは古くから、土地、水、森林、野生生物等の自然資源の管理に関する法律群が発展をみており、先進的な試みが多数なされてきた[41]。この

---

37) ブッシュ政権による行政戦略の実際について、著名な環境保護団体である自然資源防衛評議会（NRDC）によるRewriting the Rules: The Bush Administration's Assault on the Environment（2002）が詳しい。
38) NSR要件についての以下の記述は、Kraft, supra note 13 at 122による。
39) Id. at 125.
40) この問題について、Adams & Adams, supra note 4 at 353-354参照。以下の記述も同部分にもとづく。
41) 畠山武道『アメリカの環境保法』（北海道大学図書刊行会、1992）で包括的かつ詳細な検討がなされている。

うち、土地利用規制については、基本的に州の権限とされているので、連邦法は補助金給付法である場合が多い。しかし、州際通商条項（合衆国憲法第1編8節3項。通商とは「物品またはサービスの交換」を意味する）の拡大解釈等によって、湿地保全や野生生物管理等に連邦政府が直接関与するための制定法が次第に増えていった。また、国土の30％近くが連邦所有地であることから、その管理に必要な法律も数多く制定されている[42]。

1960年代以降に成立した主要な連邦法として、1960年多目的利用・持続的収穫法、1964年原生自然法、1964年土地・水保全基金法、1968年原生・景観河川法、1972年海洋保護・調査・サンクチュアリ法、1972年沿岸域管理法、1972年海洋哺乳類保護法、1973年絶滅の危機に瀕した種の法（ESA）、1976年国有地政策・管理法、1976年国有林管理法、1977年露天掘り規制法、1980年アラスカ国有地保全法などがある。これらの法律は、自然資源利用関係の諸権利を調整するためのルールであるが、地域住民や環境保護団体にとっては、資源管理プロセスにおける参加の機会となり、さらには、訴訟を提起する契機ともなった。自然保護訴訟がアメリカ環境訴訟における一大分野となっている所以である。

これらの法律が大幅な改正をみたわけではないが、近年は、財産権規制へ反対する声の根強さ、画一的な内容・タイミングの参加のみが許容される一方で中核的な意思決定へは関与できないことへの地域社会の不満の高まり、度重なる訴訟への嫌悪等を背景として、法執行面での変化が目につく。本稿では、柔軟な法執行手法（例：土地所有者と行政との協定締結）による私有地上の自然資源保全の進展と、いわゆる生態系管理（エコシステム・マネジメント）の導入・展開を中心に紹介する。なお、自然資源管理法については、公害規制法と比べて、1990年代以降に制定された法律の数が多いので、まずはそれらの概要を確認しておきたい。

---

[42] アメリカの国有地管理法制については、畠山・前掲注（41）の他に、大田伊久雄『アメリカ国有林管理の史的展開―人と森の共生は可能か？』（京都大学学術出版会、2000）、鈴木光『アメリカの国有地法と環境保全』（北海道大学出版会、2007）、久末弥生『アメリカの国立公園法―協働と紛争の一世紀』（北海道大学出版会、2011）等が詳しい検討を施している。

1 新規立法

　1990年代以降に成立した新規立法としては、次のようなものがある(本文末尾の〔補遺〕を参照されたい)。カリフォルニア砂漠保護法は、1986年以来連邦議会へ法案が上程されていたが、1994年にようやく成立をみた。同法により設置される野生生物保護区の面積は750万エーカーに及ぶ。1997年には全国野生生物保護区システム改善法、2000年には海洋法が成立した(後述するように海洋生態系の管理については、ブッシュ政権・オバマ政権下でも政策上の進展がみられる)。

　2003年健全森林再生法は、評価の難しい法律である[43]。同法制定の背景には、2000年および2002年にカリフォルニア州で発生した大規模森林火災(後者では710万エーカーの森林、2000棟以上の家屋が焼失し、21人が死亡)によって、山火事リスクの低減が政治問題化したことがある。2003年法は、山火事リスク低減のための森林伐採について、法令上必要とされている環境保全関連の審査を省略したり、伐採のための補助金を支出したりする仕組みを導入した。この法律は、「森林火災リスク低減」と「手入れによる森林の健全性確保」という要請をリンクさせたものであるが、森林伐採規制の抜け穴として作用するリスクも抱えているといわれる。

　ブッシュ政権の末期には、2009年オムニバス国有地管理法が成立した[44]。この法律は、164本の別々の法案を一まとめにしたものであり、200万エーカー以上の原生自然保護区域や86河川の1100マイル以上に及ぶ原生・景観河川の指定、全国景観保全システム(National Landscape Conservation System)の制度化[45]等の多数の措置を包含している。公有地保全関連のプログラムとしては、過去15年間で最大の面積を対象とするものであるという。

　この他、アメリカでは、特定地域のみを対象とする資源管理法が多数制定

---

[43] 同法に関する以下の記述は、Klyza & Sousa, supra note 2 at 87-89；Kubasek & Silverman, supra note 25 at 360-361 にもとづく。
[44] 同法に関する以下の記述は、Vig & Kraft, supra note 5 at 377 にもとづく。
[45] BLM(内務省土地管理局)が2000年に開始した内部プログラムであるが、2009年法によって法的根拠を有するシステムとなった。文化的、生態的、および科学的な観点から顕著な価値を備えていると判断される土地が、当該システムの下で保全・回復されることとなる。対象となる土地は、アメリカ全土で2600万エーカーに及ぶ。

され、そこで政策的なイノベーションが進んでいる[46]。Place-based legislationと呼ばれるものであり、便宜上、「即地的立法」と訳出しておく。生態系管理アプローチ（後述）の進展と歩調を合わせるように、1990年代後半以降、こうした立法が、主に西部諸州の国有地管理を目的として、いくつも制定された。1998年のQLG（クインシー・ライブラリー・グループ）森林再生法、2000年のスティーンズ山地（Steens Mountain）共同管理・保護法、2004年のリンカーン郡（Lincoln County）保全・レクリエーション・開発法などであり、そこでは、コミュニティへの国有地管理権限の付与や連邦機関同士での管理対象地の交換等の斬新かつ実験的な資源管理手法の導入がみられる。また、河川生態系の保全や自然再生に関する即地的立法も多い。コロラド川等における生態系の管理関連の動向は、先行研究によって紹介されているが[47]、最新の立法として、2009年のサン・ホアキン川再生法（San Joaquin River Restoration Settlement Act）がある。この法律は、最終的には、上述の2009年オムニバス国有地管理法の一部となり、上流に設置されたダムの扉が60年ぶりに開き、サン・ホアキン川が小さな流れを取り戻した[48]。

2 私有地上の自然資源保全

土地利用規制と補償の関係は、アメリカの憲法・行政法学で議論が集中してきた問題の一つである[49]。自然資源管理法の文脈では、絶滅危惧種の保護や湿地の保全等との関係で、私有地の利用が制限される場面が少なくない。規制を嫌う土地所有者らは、当然のように、関係行政機関や環境保護団体等と対立し、その結果として、連邦議会や裁判所は戦場（battle ground）と化してしまう。こうした状況に対しては、公害規制法においてと同様に、効率性や効果の観点からの疑問が投げかけられた。そこで、多くの自然資源管理

---

46) 拙稿「アメリカの協働型自然資源管理—生物多様性と森林ガバナンスの行方」林業経済63巻5号（2010）1頁では、こうした資源管理法の典型例である、1998年のQLG（クインシー・ライブラリー・グループ）森林再生法をとり上げ、その法政策的な含意等について考察した。即地的立法に関する以下の記述も同論文による。
47) 畠山武道「河川環境保全をめざすアメリカ」軍縮問題資料199号（1997）18頁。
48) Adams & Adams, supra note 4 at 298.
49) 畠山・前掲注（1）336頁参照。

法についても、画一的ではない個別の事情に合わせた、柔軟な法執行が発展をみることとなったのである[50]。以下、種の保存と湿地保全における動向を紹介したい。

(1) 種の保存

アメリカ環境法の良心と讃えられるのがESA（1973年絶滅の危機に瀕した種の法）である。同法にもとづいて絶滅危惧種、希少種に登録された生物については、捕獲（taking）、生息地破壊、商取引等をしてはならない。同法の執行をめぐっては多くの訴訟が提起されており、テリコ・ダム事件やフクロウ事件といった著名なケースについては、わが国でも詳しい紹介がある[51]。

近年におけるESA執行の柔軟化の代表例が、生息地保全計画（HCP：Habitat Conservation Plan）である[52]。同法の1982年改正によって、捕獲（taking）の意味を柔軟に解した法執行が可能となった。法律を所管するFWS（内務省魚類・野生生物局）に対し、私人が合理的な中身のHCPを提案した場合において、付随的捕獲許可を出す権限が付与されたのである。当初、この制度の利用頻度は少なく、1982年から1992年まではわずか14、1994年時点でも39のHCPが存在するのみであった。しかし、対立ではなく協調・協働を基本指針とするクリントン政権の誕生や1995年の連邦最高裁判決[53]等を契機として、HCPは急速な拡大をみる。1997年までに、その数は400に達し、1900万エーカーの土地が対象となった。とりわけ太平洋

---

50) この動向を伝える先行研究として、畠山武道「野生生物保護における新たな手法の開発」アメリカ法（2002-1）28頁がある。
51) 畠山・前掲注（41）351頁以下、山村恒年＝関根孝道『自然の権利―法はどこまで自然を守れるか』144頁以下（信山社、1996）、畠山武道＝鈴木光「フクロウ保護をめぐる法と政治―合衆国国有林管理をめぐる合意形成と裁判の機能」北大法学論集46巻6号（1996）513頁、ダニエル・J・ロルフ（関根孝道訳）『米国種の保存法概説』（信山社、1997）等、多くの文献がある。最近の判例の動向については、畠山・前掲注（6）307頁以下が詳しい。
52) HCPに関する以下の記述は、Klyza & Sousa, supra note 2 at 198-211 にもとづく。
53) Babbitt v. Sweet Home Chapter of Communities for a Greater Oregon, 515 U.S. 689 (1995) である。この判決では、指定種の生息地の変更や破壊が、捕獲（taking）の一類型である危害（harm）に該当することを認め、さらに、かかる変更・破壊が私有地上で行われたとしてもそうであると判示した。

沿岸北西部での制度活用は目覚ましく、現在、商業用林地の27％がHCP対象地であるという。HCPについては、「土地管理の重要な転換」と評する声が上がる一方で、適切なモニタリングや住民参加が確保されていない等の問題も指摘されている。FWSはこれらの指摘に応じて、2000年6月1日にHCPハンドブックの改定版を公表した[54]。

(2) 湿地保全

湿地保全関連の規定は、さまざまな連邦法・州法に含まれているが[55]、最も重要なものは、CWA（清浄水法）の404条である[56]。湿地を埋立てようとする者は、同条に従い、COE（国防省陸軍工兵隊）より許可を得なければならない。この許可制度については、EPAが法律上の拒否権を有し、制度運用のガイドライン作成にも関与する。

当該制度の運用に関しては、不許可処分がなされることはほとんどなく、許可の条件として付される代償的緩和措置（例：代替湿地の造成）も、多くの場合は実施されていないか、されたとしても適切に機能していないのが実状であった[57]。このため、当該許可制度に経済的インセンティブを加えることによって、許可条件とされた代償的緩和措置の履行を確保しようとする動きがある。湿地バンキング（代償的緩和措置として造成された代替湿地（バンク）にクレジットを設定し、それを市場で売買できる）は、かかる仕組みの一例であり、2005年時点で405か所のバンクが承認されていたが、その数は2010年までに1000か所近くにまで増加し、さらに500か所程度が造成・申請準備段階にあるという[58]。

他方、農地上の湿地保全については、次の二つの制度が着実な成果を上げている。一つは、1985年食糧安全保障法のスワンプバスター（Swampbuster）規定である。この規定に従い、連邦政府は、当該農地上の湿地を喪失させた

---

54) しかし個別のHCPの適切性を争う訴訟は続いている。Spirit of the Sage Council v. Norton, 294 F. Supp 2d 67 (D.D.C., 2003) など。

55) エバーグレイズ国立公園内の湿地（Big Cypress preserve）におけるオフロード車両の走行禁止など、個別に規制が進んでいるものもある。

56) 北村喜宣「ミティゲーション：アメリカにおける湿地保護政策の展開」エコノミア47巻4号（1997）22頁参照。本稿での以下の記述は、Royal C. Gardner, Lawyers, Swamps, and Money：U.S. Wetland Law, Policy, and Politics (Island Press, 2011) にもとづく。

農業者への補助金を停止することができる。もう一つは、農地法上の湿地留保プログラム（Wetlands Reserve Program）である。1990年に導入された当該プログラムでは、農務省自然資源保全局が、農家との間で、さまざまな期間・内容の協定（例：保全契約）を締結し、湿地保全に必要な費用等を提供する。自発的なプログラムではあるが、1992〜2007会計年度において、10000以上の協定が締結され、200万エーカー程度の農地が対象となっているという[59]。

3　生態系管理

生態系管理（Ecosystem Management）は、1990年代初頭に連邦有地（例：国有林や国立公園）の管理権限を有する行政機関（例：農務省森林局や内務省国立公園局）によって採用された自然資源の管理アプローチである[60]。生態系管理の義は、たとえば「生物多様性と攪乱を含む自然のプロセスとその統合性を保護し、持続可能な資源利用の基礎を確保するために、現在の人為的な境界とは関係なく、生態的、分水界的、またはその他の基準に

---

57) CWA上の規制対象となる湿地の範囲を扱った近年の連邦最高裁判決として、Rapanos事件判決（Rapanos v. U.S., 547 U.S. 715 (2006)）がある。本件事案では、伝統的な航行可能水域とつながりのある非航行可能水域を含んだ私有地上でのショッピング・モール建設の是非が問われた。埋立工事中止命令が無視される悪質な事例であったにもかかわらず、最高裁は、当該工事の続行を違法とした控訴審判決を破棄した（破棄差戻）。本判決はCWA上の航行可能水域の範囲を限定したものと考えられているが、4対4で意見は分かれ、多数派が形成されたわけではない。残りの1名は、「重大な接続性テスト」の採用を主張し、この主張を貫徹するために、原審判決の破棄・差戻を支持したものである。ただし、この判決によって、湿地の認定が困難になったことは間違いなく、2007年6月に工兵隊が発したガイドラインは意味不明なものになったという。Gardner, supra note 56 at 52. なお、航行可能水域の定義については、連邦議会が清浄水再生法案（Clean Water Restoration Act）によって、その拡大をねらっており、これが立法上の興味深い動向の一つであるという。Vig & Kraft, supra note 5 at 357.

58) Gardner, supra note 56 at 120.

59) Id. at 100-101.

60) アメリカにおける生態系管理の展開状況について、柿澤博昭『エコシステムマネジメント』（築地書館、2000）、畠山武道＝柿澤宏昭編著『生物多様性保全と環境政策—先進国の政策と事例に学ぶ』（北海道大学出版会、2006）が詳しい。この他、畠山武道「生物多様性保護と法理論—課題と展望」環境法政策学会編『生物多様性の保護—環境法と生物多様性の回廊を探る』（商事法務、2009）1頁も参照。

よって確定される資源システムをダイナミックな単位として管理すること」などと定められるが、確定はしていない[61]。ただし、一般的には、①生物多様性の保護、②広域的、長期的視野に立った検討、③生態的、経済的、社会的側面の総合的な判断、④目標・管理方法等についての共同決定・協定締結、⑤多様な当事者の参加・協働、⑥学際的研究、とくに自然科学的知見の反映などを一体化した全体論的な（holistic）自然資源管理のアプローチであるということができる。

(1) 生態系管理の導入

こうした資源管理アプローチは、1970年代から80年代にかけて、チェサピーク湾地域や五大湖地域等でのプロジェクトとして採用されていたが、全国的なトレンドとはならなかった。生態系管理が実際に広く関心を集める契機となったのが、太平洋北西地域における原生林伐採をめぐって1980年代以降本格的に展開された、いわゆる「フクロウ論争」である[62]。フクロウ論争は、連邦省庁、地方機関、地域社会、それに連邦議会や裁判所をも巻き込み、大統領選（1992年）における争点の一つにまでなったが、結局、1993年7月1日にクリントン政権が示した提案（Option 9）によって沈静化をみるに至る。この提案は、①広範な地域を包摂するゾーニングの実施と木材伐採量の大幅削減、②伐採制限にともなう地域振興政策、③省庁間協議の積極活用といった点において、生態系管理の見本を示したものであった[63]。

フクロウ論争が激化する最中、連邦政府内では、自然資源の管理権限を有する農務省や内務省を中心として、意思決定の指針として生態系管理を採用しようとする兆しが見え始めていた[64]。この動向をにらみながら、クリント

---

61) 生態系管理の多様な定義について、畠山＝柿澤・前掲注(60) 40頁以下参照。
62) フクロウ論争がアメリカにおける生態系管理の本格的導入の触媒（catalysis）となったことについては、広範な合意があるという。Robert B. Keiter, Keeping Faith with Nature : Ecosystems, Democracy, and America's Public Land 78（Yale University Press, 2003）。当該論争に、行政、環境保護団体、議会、裁判所がいかに関与し、影響を与えてきたのかについては、畠山＝鈴木・前掲注(51)が詳しい。
63) クリントン政権による Option 9 提案までの動きや同提案の内容等については、畠山＝鈴木・前掲注(51) 540頁以下参照。
64) 1970年代から1980年代にかけて、それらの省庁を取り巻く状況は、生態系管理の導入に向けて徐々に変化していた。かかる状況変化は、Keiter, supra note 62, at 66-70 で手際よく整理されている。

ン政権は、1993年8月、「生態系管理のための省庁間委員会」を立ち上げ、ホワイトハウスのリーダーシップの下、生態系管理の有効性に関する理論的検討を進める一方、全米の7つの地域(ルイジアナ沿岸部やフロリダ南部等)でのパイロット事業を進めた。その成果が『The Ecosystem Approach: Healthy Ecosystems and Sustainable Economies』(以下、EM報告書という)である。EM報告書は、1995年から1996年にかけて、3分冊の形で発行された。この報告書は、連邦政府が一致して生態系管理の下での施策発展に取り組むための「青写真(a blue print)」となったと評価されている[65]。以上のような経緯で、生態系管理は、1990年代後半までに、連邦行政機関に広く浸透したのである。

(2) 生態系管理の進展と課題

こうして導入された生態系管理であったが、もっぱら政治的な理由で、2000年代に入る頃には、連邦行政機関の政策指針の中から「ほとんど姿を消し」てしまった[66]。しかしながら、当該アプローチの主要な要素(生物多様性の保全や多数当事者間の協働など)は、連邦や州の政策にとり入れられ、協働的管理や流域管理等の名の下に展開されている[67]。また、上述したような即地的立法(Place-based legislation)、すなわち、特定地域のみを対象とする資源管理法による政策的イノベーションも進行中であり、そこでの基本アプローチも生態系管理である。加えて、ブッシュ政権も「4つのC (the four C's: communication, consultation, and cooperation, all in the service of conservation)」を掲げ、これらの動きに表立った攻撃を加えることはなかった[68]。これらの事情を指摘しながら、2000年代を通じて「生態系管理は環境政策における恒久的な一部(a permanent fixture)となった」と評する論者もある[69]。ただし、生態系管理の推進によって、どれほどの環境保全効果(environmental outcomes)が上がったのかについては論争があり、現在も検証作業が続いている[70]。

---

65) Keiter, supra note 62, at 115.
66) 畠山=柿澤・前掲注(60) 54頁参照。
67) 畠山=柿澤・前掲注(60) 55頁参照。
68) Vig & Kraft, supra note 5 at 190.
69) Id. at 173.

4 行政戦略——ブッシュ政権の動きを中心に

自然資源管理法の分野でも、ブッシュ政権による行政戦略は波紋を呼んだ。攻撃対象は多岐にわたったが、その一つに、いわゆるロードレス規則 (Roadless Rule) がある[71]。2001年1月、クリントン政権は、国有林内の特定地域における新規の林道建設を禁止するための規則を制定した[72]。これによって、広大な面積の国有林（約5800万エーカー）が保全されることとなったのである。ブッシュ政権は、規則内容の書き換え等によって、ロードレス規則の骨抜き化を図ったが、裁判所はこれを認めなかった。しかしブッシュ政権による執拗な抵抗を受けて、ロードレス規則の適法性は、2000年代の大部分の期間、問われ続けたのである。

ESA（1973年絶滅の危機に瀕した種の法）については、ブッシュ政権の攻撃が功を奏した。2008年8月に、同政権は、協議規則 (Consultation Rule) の制定に成功したのである[73]。この規則は、従前の協議要件（ESA7条に従い、連邦行政機関は、自らが所管する開発事業がESAのリスト指定種とその生息地に悪影響を及ぼさないことを確保するために、内務長官と協議する仕組み）を著しく緩和する内容のものであった。2009年4月、オバマ政権は、当該規則を廃止する意向を発表している。

VI おわりに——環境法化する諸法

わが国の環境法についても、そうした動向を指摘したことがあるが、近年のアメリカでも「諸法の環境法化」が進んでいるようにみえる[74]。エネルギー、農業、海洋の分野に関する動向を簡単に紹介して、本稿の締めくくりにかえたい[75]。

1992年のエネルギー政策法は、総合的なエネルギー政策を推進するため

---

70) Judith A. Layzer, Natural Experiments: Ecosystem-Based Management and the Environment (The MIT Press, 2008) 等がある。
71) ロードレス規則に関する以下の記述について、Kraft, supra note 13 at 190-191；Vig & Kraft, supra note 5 at 182 等参照。
72) 66 Fed. Reg. 3244 (January 12, 2001).
73) 73 Fed. Reg. 78272 (December 16, 2008).
74) 拙著・前掲注 (16) 60頁以下参照。

の最初の連邦法であり、かつ、大部のものであった（1300頁）が、エネルギー開発のための規定が大部分を占め、環境や安全保障の観点からの規定は希薄であった[76]。ブッシュ政権下で成立した2005年エネルギー政策法には、自然エネルギーの開発・利用促進のための規定もわずかながら含まれていたが、同法の主たるねらいは、エネルギー産業への巨額の補助金供与であったといわれる[77]。しかし2007年のエネルギー自立・安全保障法は、2020年を達成年とする1ガロン当たり35マイルの燃費基準の設定や（トウモロコシ由来のエタノールを除く）バイオ燃料の供給増加等に関する規定を含んでいた[78]。また、オバマ政権による2009年のアメリカ復興・再投資法にもとづき、代替エネルギーや大量輸送交通機関の調査・開発等に対して、今後、800億ドル規模の諸施策（各種補助金、優遇税制やローン保証を含む）が展開される見込みである[79]。

農業法にもとづく湿地保全プログラムの成果については、すでに説明したが、1996年農業法から2002年農業法への改正に際しては、環境関連のその他のプログラム（例：土壌侵食を起こしやすい土地を隔離・保全して、その期間中の賃料を政府が支払うことを内容とする保全留保計画）の拡充とともに、新規施策（環境直接支払制度である保全保障計画）の導入がなされていた。2008年農業法（Food, Conservation, and Energy Act of 2008）では、保全保障計画の申請要件緩和等の進展をみたことはもちろん、法律名に「保全」が挿入されるに至っている[80]。

海洋生態系の保全については、クリントン政権期のみならず、ブッシュ政

---

75) 紙幅の制約上もあり、本稿でとり上げられなかった環境関連の連邦法は多い。たとえば、2008年高等教育機会法の一部として制定された持続可能性に関する高等教育法（Higher Education Sustainability Act of 2008）は、持続可能性に関連する教育プログラムの開発についての競争的資金制度を設けることを定めたものであるが、当該プログラムは過去18年間で初となる環境教育関連の連邦のプログラムであるという。Vig & Kraft, supra note 5 at 124.
76) Kraft, supra note 13 at 172.
77) Klyza & Sousa, supra note 2 at 86.
78) Kraft, supra note 13 at 176.
79) Vig & Kraft, supra note 5 at 363 and 367.
80) 農業法の環境法化について、http://www.ers.usda.gov/FarmBill/（2011年8月26日最終アクセス）を参照。

権期にも進展がみられた。クリントンは2000年海洋法を成立させたが、ブッシュも1906年古物保存法にもとづく大統領令を発令し、ハワイ沖に世界最大級の海洋保護区を設定したのである[81]。オバマ政権では、ホワイトハウスのCEQ（環境諮問委員会）が座長を務める省庁間海洋政策協議会が2010年7月に報告書を公表し、その内容を踏まえた大統領令13547号が発令された。同大統領令にもとづいて設置された、国家海洋会議（National Ocean Council）が、海洋生態系管理を含めた、今後の海洋空間管理の司令塔となる[82]。

〔補遺：本稿でとり上げた新規立法のリスト〕
1994年カリフォルニア砂漠保護法（The California Desert Protection Act of 1994, PL 103-433）
1996年食品質保護法（The Food Quality Protection Act of 1996, PL 104-170）
1997年全国野生生物保護区システム改善法（The National Wildlife Refuge System Improvement Act of 1997, PL 105-57）
1998年QLG（クインシー・ライブラリー・グループ）森林再生法（The Herger-Feinstein Quincy Library Group Forest Recovery Act of 1998, PL 103-354）
2000年スティーンズ山地共同管理・保護法（The Steens Mountain Cooperative Management and Protection Act of 2000, PL 106-399）
2000年海洋法（The Oceans Act of 2000, PL 106-256）
2002年中小企業免責およびブラウンフィールド活性化法（The Small Business Liability Relief and Brownfields Revitalization Act of 2002, PL 107-118）
2003年健全森林再生法（The Healthy Forests Restoration Act of 2003）

---

[81] ブッシュの青の遺産（Bush's Blue Legacy）と呼ばれているという。Kraft, supra note 13 at 191.
[82] 国家海洋会議のウェブサイト（http://www.whitehouse.gov/administration/eop/oceans）を参照（2011年8月26日最終アクセス）。

2004年リンカーン郡保全・レクリエーション・開発法（The Lincoln County Conservation, Recreation, and Development Act of 2004, PL 108-424）

2005年エネルギー政策法（The Energy Policy Act of 2005, PL 109-58）

2007年エネルギー自立・安全保障法（The Energy Independence and Security Act of 2007, PL 110-140）

2008年農業法（The Food, Conservation, and Energy Act of 2008. PL 110-246）

2009年オムニバス国有地管理法（The Omnibus Public Land Management Act of 2009, PL 111-11）

2009年アメリカ復興・再投資法（The American Recovery and Reinvestment Act of 2009, PL 111-5）

［付記］

　本稿は、横浜国立大学グローバルCOEプログラム「アジア視点の国際生態リスクマネジメント」および平成20-22年度文部科学省科学研究費（基盤（c））「アメリカ環境法制における省庁間政策調整の法理と実際—NEPAシステムの包括的研究」による研究成果の一部である。

第13章 外国環境法

42 EU 環境法の動向[1]

奥　真美

I　はじめに——環境保全に果たす EU の役割

多くの国々が国境を接しているヨーロッパでは、河川の汚染や大気汚染物質の越境移動に代表される、自国の領域を越えて拡大し影響をもたらす環境問題は、決して一国のみでは解決することのできない深刻な問題である。こうしたなかにあって EU は、広域的なもしくは地球規模の環境問題に対処していくための共通の道筋を加盟国に対して示す役割を担うとともに、特に近年の地球温暖化交渉において顕著なように、国際的な議論の場においても大きな影響力を及ぼすようになっている。現在、EU 加盟国は 27 カ国にのぼり、さらに、EU への加盟申請を行っている国は 5 カ国ほどある。EU 加盟国が増加するにつれて、加盟国はもとより非加盟国であっても無関心ではいられないほどに、EU 環境法の重要性や影響力はますます高まっていくものと思われる。

II　EU 環境政策の発展経緯

欧州経済共同体（EEC）が共通市場の形成を目的として 1957 年に創設された当初、EEC 条約（ローマ条約、後に EC 条約）には環境政策に関する明確な規定は存在しなかった。同条約では、環境に関連すると思われる事項と

---

[1]　本稿は、奥真美『EC の環境法制度と環境管理手法』（財団法人東京市政調査会、1998）、奥真美「EC 環境法政策の動向」ジュリスト増刊号（1999）338-343 頁、奥真美「第 28 章　EU の環境法政策」黒川哲志＝奥田進一編『環境法へのアプローチ』（成文堂、2007）241-248 頁をベースに、加筆・修正したものである。

して、第2条で経済活動の協和的発展を図りつつ、生活の質の向上を促進していくことに触れるとともに、第36条で人間や動植物の健康と生活の保護を目的とした貿易の禁止または規制を認めていたにとどまる。このことは、たとえば農業や運輸といった共同体の共通政策分野として条約中に明示されていたものとは対照的に、その当時は環境政策や環境保全に対する社会的関心はさほど高くはなかったことを意味している。

しかし、1960年代以降、環境問題の顕在化と深刻化にともない人々の関心が世界的に高まり、1972年には国連人間環境会議（ストックホルム会議）が開催されたことなどを受けて、共同体でも環境保全の取組みの重要性が認識されるようになった。そして、同年10月にパリで開催された加盟国首脳会議において、共同体の共通政策として環境保全に取り組んでいく姿勢が明確に打ち出されるに至った。同首脳会議では、経済の拡大は生活の質とともにその水準の向上をもたらすものでなければならず、特に無形の価値と環境の保全に留意されるべきであることが確認されるとともに、環境の保全に取り組むにあたって環境行動計画（EAP）を策定していくことなどが決定された。これを受けてさっそく翌年には第1次EAPが策定された。こうしたことから、1972年は共同体の環境政策元年として位置づけることができる。以降、1986年までの間に三次にわたるEAPが策定された。

1987年、共同体の環境政策はひとつの転機を迎えた。同年7月に発効した単一欧州議定書による改正を受けて、ローマ条約中に初めて環境に関する3つの条項（第130r、130s、130t条）からなる章が盛り込まれた。この前年にはチェルノブイリ原発事故とスイスのバーゼルでのライン川汚染事故が発生しており、このことがEUレベルでの環境政策の重要性を強く人々に認識させたことは想像に難くない。こうして、共同体として環境政策に携わることをめぐる法的な曖昧さは一応取り除かれることとなり、1988年には環境に関する3条項の趣旨を踏まえて、第4次EAPが策定された。

1993年にはEU条約（通称、マーストリヒト条約）の発効により、従来のEECは欧州共同体（EC）に改められるとともに、このECと、欧州石炭鉄鋼共同体（ECSC、2002年に消滅）、欧州原子力共同体（EURATOM）の3つの共同体を包含し、さらに共通外交・安全保障政策および司法・内務分野で

の協力という機能を備えた欧州連合（EU）が誕生した。さらに、EU条約は、EC条約の環境関連規定を充実・強化したことに加え、共同体の目的に環境配慮を追加して、環境政策に対してECの共通政策のひとつとしての確たる地位を付与した。1993年には第5次EAPが2000年までを対象期間として策定された。

さらに、1999年発効のアムステルダム条約は、EU条約の前文に「持続可能な発展の原則を考慮しながら」という文言を追加するとともに、EC条約に「経済活動の持続可能な発展」と「環境の質の高いレベルの保全と改善」を明記した。また、従来の環境に関する3条項を第174～176条に改めたほか、環境立法の手続きにおいて欧州議会の権限を強めるなどの見直しを行った。2002年には10年間を対象とする第6次EAPが策定された。

その後、2003年に発効したニース条約によっては環境政策分野に関わる特筆すべき変化はもたらされなかったが、2009年発効のリスボン条約ではいくつか重要な改正がEU条約ならびにEC条約に加えられた[2]。まず、EU条約には、第3条第3項としてEUが「環境の質の高いレベルの保護と改善」等を目指して「欧州の持続可能な発展」のために機能する旨の規定（旧2条）が引き継がれるとともに、第3条第5項にEUが「地球の持続可能な発展」に貢献する旨が新たに規定された。そして、EC条約は「EUの機能に関する条約」（Treaty of the Functioning of the European Union）（以下、「EU機能条約」）に名称が改められ、同時に、従来のECは消滅して、EUという単一の法的主体が対外的にもまた域内においても環境政策を含む共通政策の担い手として位置づけられた。これにより、域内における環境政策の法的担い手はECである一方、気候変動に係る国際交渉のように対外的な交渉

---

[2] 東史彦「EU基本条約における環境関連規定の発展」庄司克宏編『EU環境法』（慶應義塾大学出版会、2009）63-64頁。
　このほか、以下のものを参照。
　European Commission, *Your Guide to the Lisbon Treaty*, 2009.
　European Union, Consolidated Treaties Charter of Fundamental Rights, March 2010.
　Treaty of Lisbon amending the Treaty on European Union and the Treaty establishing the European Community, signed at Lisbon, 13 December 2007-AMENDMENTS TO THE TREATY ON EUROPEAN UNION AND TO THE TREATY ESTABLISHING THE EUROPEAN COMMUNITY.

は外交に係る事項としてEUが担うという、極めて分かりにくい従来の状況が解消されたことは大きな変化である。

そして、EU機能条約中には、共同決定手続（co-decision procedure）の拡大による欧州議会の権限の強化、加盟国議会の関与の拡大、100万人以上の欧州市民の発意による委員会に対する政策提案機会の保障など、民主的で透明性の高い意思決定プロセスを確保するための規定が加えられるとともに、従来の第174条から第176条にかけての環境に関する3条項は第191条から第193条に改められた。加えて、環境分野における国際レベルでの措置の推進という目的のために「とりわけ気候変動への対応」を図っていくとする文言が第191条に追加された。

さらに、第194条という1ヶ条からなるエネルギーに関する章が新たに設けられた意義は大きい。エネルギー政策については、旧EC条約第3条のなかに商業、農漁業、交通、消費者保護、観光、環境といった政策分野とともに共同体として取り組むべき政策領域のひとつに列挙されてはいたものの、それ以上の具体的な法的根拠は与えられていなかった。従来、加盟国は、エネルギー源の選択やエネルギーの供給構造といったエネルギー政策の核心に関わる事項は国家主権に属するものとして、EUレベルで真正面から議論することを避けてきたといえる。リスボン条約によってEU機能条約のなかに第194条が挿入されたことにより、エネルギーの安定供給、エネルギー効率の向上、省エネルギー、再生可能エネルギーや新エネルギーの開発、エネルギーネットワークの充実といった事項に、EUが前面に立って取り組むことが法的に裏付けられた。

III　EU環境政策の法的根拠

ここでは、リスボン条約による改正後の、すなわち現行のEU条約およびEU機能条約における環境関連の規定を整理する。

EU条約は、前文において、「持続可能な発展の原則を考慮しながら、また、域内市場の達成および一層の団結と環境保全という文脈において、人々のために経済的および社会的な進展をもたらすことを目指すとともに、他分野での進展も同時に確保しながら、経済的統合における進展を実現する政策

を実施することを決意する」としている。そのうえで、EUの目的について規定する第3条（旧第2条）では、第3項にEUは「完全雇用と社会的進歩、環境の質の高いレベルの保全と改善を目指して、均衡のとれた経済的成長と価格の安定、高い競争性を有する社会市場経済に根差した欧州の持続可能な発展に向けた役割を果たす」旨を、また、第5項にEUが「平和、安全、地球の持続可能な発展、人々の間における団結と相互尊重、自由かつ公正な貿易、貧困の撲滅と人権の保障」に貢献していく旨を規定する。

EU機能条約は、第3条（新設）において、EUの排他的に管轄する分野として、関税同盟、域内市場機能に必要な競争上のルール設定、ユーロを導入している加盟国に係る通貨政策、共通漁業政策のもとでの海洋生物資源の保全、共通通商政策を挙げたうえで、第4条において、EUと加盟国とが権限を共有する分野として、域内市場、社会政策、経済的・社会的・領域的な団結、農業および漁業（海洋生物資源の保全を除く）、消費者保護、交通、欧州横断ネットワーク等と並んで、環境とエネルギーの分野を列挙している。これらの分野は、旧EC条約第3条においても共同体の活動に含まれるものとして掲げられていたところであるが、EU機能条約第4条ではこれらの分野についてEUが「加盟国と権限を共有（share competence）する」旨が新たに明記されている。そして、第11条（旧EC条約第4条）では、特に持続可能な発展を推進するという観点をもって、EUの政策と活動の定義と実施のなかに環境保全上の要求事項が統合されなければならない旨が明らかにされている。そのうえで、環境に関する第20章（旧EC条約第19章第174～176条）には、環境政策の目的、基本理念、意思決定手続き等を規定する3つの条項が第191条から第193条にかけて置かれている。

第191条第1項は、EU環境政策の目的として、①環境の質の保全・保護・改善、②人の健康の保護、③天然資源の慎重かつ合理的な利用、④広域的または地球規模の環境問題、とりわけ気候変動に立ち向かうための、国際レベルでの措置の推進を掲げている。このうち、④の気候変動への対処を重要なものとする認識は、リスボン条約による改正で新たに明らかにされたものである。同条第2項は、EU環境政策が域内の多様な状況を考慮に入れつつ高いレベルの保護を目指すものであり、それが予防原則、未然防止原則、

環境被害の発生源における是正の原則、汚染者負担原則という基本原則に則って展開されることを求めている。同条3項は、環境政策の形成において考慮すべき事項として、①入手可能な科学的・技術的なデータ、②EUの多様な地域の環境状況、③行動することまたはしないことにともなって生じ得る利益と費用、④域内全体の経済的・社会的発展および地域間におけるバランスのとれた発展を挙げている。同条4項は、相互の権限内において、EUと加盟国は第三国および国際機関と協力するものとしている。

第192条は、第191条が掲げる目的を達成するうえでEUがなすべき環境に係る立法や措置の決定手続き等について定めており、これについては後述する。また、第193条は、加盟国がEUレベルよりもさらに厳しい保全措置を、それがEUの諸条約に適合している限りにおいて、維持または導入することを許容する規定をおいている。この場合、加盟国には当該措置について委員会に通知する義務が課されている。

さらに、既述のとおり、EU機能条約には、第21章第194条としてエネルギーに関する規定が新設されている。同条第1項は、域内市場の機能の確立と環境の保全・改善の必要性に鑑みて、加盟国との結束の精神に基づきEUが展開するエネルギー政策の目的として、①エネルギー市場の機能の確保、②EUにおけるエネルギー供給の安全確保、③エネルギー効率と省エネルギー、および、新たな再生可能エネルギーの開発の推進、④エネルギーネットワークの系統連係の推進を掲げている。続く第2項と第3項においては、第1項の目的を達成するための措置の決定に係る手続について定めている。

IV　環境に係る立法の根拠と手続

EUにおける環境に係る立法の根拠は、EU機能条約の第114条（旧EC条約第95条）と第192条（旧EC条約第175条）のいずれかに求められる。第114条は、環境に対する配慮がその法案の不可欠な部分を形成しているとしても、当該法案の主な目的が第26条（旧EC条約第14条）に規定する域内市場の機能の確立または確保にある場合に適用される。同条は、共通市場の機能に対して直接的な影響を及ぼし得る各加盟国の国内法令（法、規則、行

政の行為を含む）の接近（approximation of law）を目指した規定で、当初は単一欧州議定書によってEC条約の第100条として導入され、その後、アムステルダム条約によってEC条約第95条に規定されていたものである。

　他方、第192条は、その法案が環境保全そのものを目的とする場合に適用される。同条は単一欧州議定書によって当初は第130s条として規定され、後にアムステルダム条約によりEC条約第175条とされていたものである。

　第114条を根拠とする場合、第294条（旧EC条約第251条）が定める「通常立法手続」（the ordinary legislative procedure）を経るものとされている。「通常立法手続」とは、従来の「共同決定手続」（co-decision procedure）を改称したもので、具体的には、図1（次頁）のような流れをもつ。

　一方、第192条を根拠とする場合には、「通常立法手続」によるか、もしくは理事会の全会一致による「特別立法手続」を経るかの二通りに分かれる。「通常立法手続」が採用されるのは、第191条が規定する目的の達成を目指して立法措置が講じられようとする場合および優先目標を定める総合的な行動プログラムを策定しようとする場合である（第192条第1項および第3項）。また、「特別立法手続」は、法案の内容が、①主に財政的措置に関するもの、②都市・農村計画に影響を与える措置、③水資源の量的管理またはそうした資源の入手可能性に直接／間接に影響を及ぼす措置、④廃棄物管理を除く、土地利用に関する措置、⑤異なるエネルギー源およびエネルギー供給の一般的な構造に関する加盟国の選択に著しい影響を及ぼす措置である場合に採用されるもので、欧州議会、経済社会評議会、地域評議会への諮問を経た後に、理事会による全会一致によって当該法案は採択されることになる（第192条第2項第一パラグラフ）。これは、従来、諮問手続（consultation procedure）と呼ばれていたものである。ただし、「特別立法手続」によるとされている上述の措置に関する提案について、理事会が、欧州議会、経済社会評議会、地域評議会への諮問を経て、全会一致で議決した場合には、「通常立法手続」によることも可能とされている（第192条第2項第二パラグラフ）。

　以上のように、環境に係る立法に際しては、特定の場合を除き、「通常立法手続」が原則とされており、欧州議会による関与の度合いと影響力が大きいことがわかる。欧州議会は、最終的には拒否権を行使することで、法案を

第13章　外国環境法

図1　通常決定手続の流れ

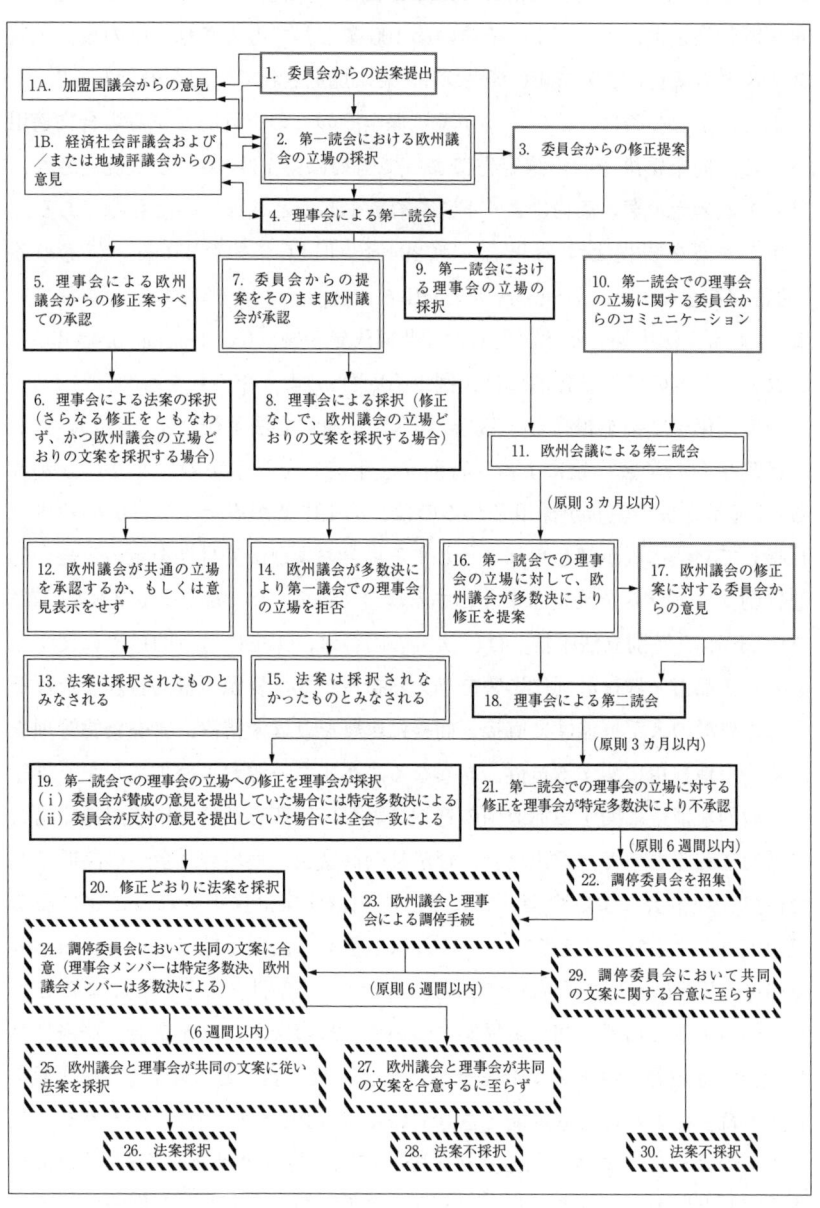

1. 委員会からの法案提出
1A. 加盟国議会からの意見
1B. 経済社会評議会および/または地域評議会からの意見
2. 第一読会における欧州議会の立場の採択
3. 委員会からの修正提案
4. 理事会による第一読会
5. 理事会による欧州議会からの修正案すべての承認
6. 理事会による法案の採択（さらなる修正をともなわず、かつ欧州議会の立場どおりの文案を採択する場合）
7. 委員会からの提案をそのまま欧州議会が承認
8. 理事会による採択（修正なしで、欧州議会の立場どおりの文案を採択する場合）
9. 第一読会における理事会の立場の採択
10. 第一読会での理事会の立場に関する委員会からのコミュニケーション
11. 欧州会議による第二読会
（原則3カ月以内）
12. 欧州議会が共通の立場を承認するか、もしくは意見表示をせず
13. 法案は採択されたものとみなされる
14. 欧州議会が多数決により第一議会での理事会の立場を拒否
15. 法案は採択されなかったものとみなされる
16. 第一読会での理事会の立場に対して、欧州議会が多数決により修正を提案
17. 欧州議会の修正案に対する委員会からの意見
18. 理事会による第二読会
（原則3カ月以内）
19. 第一読会での理事会の立場への修正を理事会が採択
（ⅰ）委員会が賛成の意見を提出していた場合には特定多数決による
（ⅱ）委員会が反対の意見を提出していた場合には全会一致による
20. 修正どおりに法案を採択
21. 第一読会での理事会の立場に対する修正を理事会が特定多数決により不承認
（原則6週間以内）
22. 調停委員会を招集
23. 欧州議会と理事会による調停手続
24. 調停委員会において共同の文案に合意（理事会メンバーは特定多数決、欧州議会メンバーは多数決による）
（原則6週間以内）
29. 調停委員会において共同の文案に関する合意に至らず
（6週間以内）
25. 欧州議会と理事会が共同の文案に従い法案を採択
27. 欧州議会と理事会が共同の文案を合意するに至らず
26. 法案採択
28. 法案不採択
30. 法案不採択

（出典：http://ec.europa.eu/codecision/images/codecision-flowchart_en.gif およびEU機能条約第294条に基づき筆者作成）

廃案に持ち込むことも可能となっている。さらに、リスボン条約によって、加盟国の議会には立法過程の初期段階において意見を表明する機会が保障されることになったのに加え、複数の加盟国にまたがる欧州市民100万人（欧州の人口約5億人の0.2％）以上が委員会に対して新規の立法や政策を提案するよう請願できる仕組みが創設されることになった。このように議会や市民の関与の度合いが高まるにつれ、EUでは今後ますます環境を重視した立法が図られていくものと思われる。

V　環境行動計画（EAP）の概要

EUでは、1972年の第1次EAP以来、これまでに6次にわたるEAPが策定されてきた。EAPではEU環境法政策の基本的な枠組みと方向性が示され、これをベースに具体的な立法や施策の形成が行われてきた。

1　EAPの法的性質

当初、EAPは、環境政策に係る一般的なガイドラインについて承認するにすぎず、そこに示されている原則や措置などを加盟国が遵守していくという政治的意思を表明するものではあったが、特に法的な根拠も拘束力も与えられたものではなかった。このため、その形態も第1次は「宣言」(declaration)、第2次から第5次は「決議」(resolution) を採っていた。こうした状況はEU条約によるEC条約の改正によって改められることとなり、2002年に策定された第6次EAPからは、旧EC条約第175条第3項（EU機能条約第192条第3項）に基づき、欧州議会と理事会の「決定」というかたちで定められる、法的根拠を有する行動プログラムとして位置づけられるようになった。

2　EAPの内容的変遷

以下に、これまでに策定されてきたEAPの特徴を概観する。
(1) 第1次EAPから第4次EAP
第1次EAP（1973〜76年）は、ローマ条約が環境政策の根拠規定を欠くなかで、汚染の未然防止と天然資源の乱用の回避に重点を置き、計画の立

案・決定過程における環境配慮、汚染者負担の原則、国際機関における行動・貢献といった目的と諸原則を掲げていた点で重要である。同 EAP は、経済的・社会的発展との両立という限定つきながらも、汚染の未然防止、天然資源の乱用の回避、計画の立案・決定過程における環境配慮、汚染者負担の原則、国際機関での行動・貢献などを掲げていた。続く第 2 次 EAP（1977～81 年）は、第 1 次において示された諸原則と目的をほぼ再確認した内容であったが、それ以外に水、大気、騒音分野での公害防止対策を重点課題として挙げていた点に特徴がある。

第 3 次 EAP（1982～86 年）は、先の計画の内容を継承すると同時に、他の政策分野への環境政策の統合、環境影響評価の重要性という新たな要素を追加した。さらに、有害化学物質、廃棄物、クリーンテクノロジー開発、越境汚染、途上国との協力などの優先的取組み事項を設定したほか、立法の際に考慮すべき基準として、不必要な作業の回避や費用対効果の検証を挙げていた点も注目される。

第 4 次 EAP（1987～92 年）は、単一欧州議定書によって EU 環境政策に法的根拠が与えられて最初に採択されたものである。同 EAP は、政策立案にあたっての民間団体との連携、政策の実施状況と実効性に関する体系的評価と報告、厳格な環境基準の設定、環境教育・情報提供を含む適切な政策手法の開発といった、より構造的もしくは横断的な措置の充実を要求していた。

(2) 第 5 次 EAP（1993～2000 年）

第 5 次 EAP は、これまでの EAP のなかでは、EU の環境政策の形成と方向づけに最も大きな影響を及ぼしたものといえる。同 EAP は、まず、人間による活動・開発と環境保全とのバランスを保つうえで、幅広い分野からのさまざまな主体——EU、加盟国、地方自治体、事業者、NGO、市民——による責務の共有（shared responsibility）が必要であるとの考えを前提としていた点に特徴がある。ここにいう責務共有の原則は、補完性原則（the principle of subsidiarity）の変形として捉えられていた。すなわち、責務共有の原則は、適切なレベルにおけるさまざまな主体と手法との組合せを通した各主体間の一致団結した行動を強調するものであるが、これの導入により補完

性原則のもとで常に課題となってきたところの権限の帰属と配分の厳格な明確化という困難な問題を避けることができるというのである[3]。

また、同EAPは、あらゆる主体を取り込んで現状の消費・行動パターンに大きな変革をもたらすためには、環境媒体ごとの規制的手法のみに頼らない、政策手法の多様化が必要であるとの認識を打ち出した点にも特徴がある。すなわち、伝統的に用いられてきた規制的手法については引き続き活用していく必要性を認識する一方で、これと合わせて①市場原理に基づく手法、②横断的・支援的手法、③資金的援助手法を総合的に活用していくことで、環境政策全体の効果を高めていこうとするものであった。

さらに、EUとして取り組むにふさわしい5つの目標部門として、製造業、エネルギー、交通、農業、観光を挙げるとともに、優先的に取り組むべき環境テーマとして、気候変動、酸性化と大気質の改善、天然資源と生物多様性の保全、水質保全、都市環境の改善、海岸域の保全、廃棄物管理を掲げて、テーマごとの目標を示していた。

(3) 第6次EAP（2002～2012年）

そして、現行の第6次EAPは、2002年からの10年間を対象としており、基本的には、経済的手法や市場原理に基づく手法といった多様な政策手法を環境法と有機的に関連づけながら、より実効性の高い政策展開を目指そうとする、第5次EAPの流れを受け継ぐものとなっている。優先的に取り組むべき環境分野として、①気候変動、②自然と生物多様性、③環境と健康、生活の質、④天然資源と廃棄物の管理の4つを挙げている。さらに、問題の複雑さゆえに、汚染物質ごとや経済活動ごとのではない、総合的なアプローチを必要とする主要な分野として、①土壌保護、②海洋環境、③農薬、④大気汚染、⑤都市環境、⑥資源の持続可能な活用と管理、⑦廃棄物のリサイクルを挙げて、これらについて重点戦略を策定するものとしている。

同EAPは、環境に係る政策形成過程や司法へのアクセス権をはじめとする市民や団体の権利を保障する手続きの充実、各主体間の責務分担の徹底、経済的手法のいっそうの活用という方向性を、これまで以上に強調するものとなっている点に特徴があるといえよう。

---

3) OJ No C138, 17.5.93, p.78.

3 第6次EAPの評価

第1次から第4次のEAPは4～5年を対象期間としていたのに対して、第5次EAPは8年間、そして、第6次EAPは10年間と比較的長期の計画期間が設定されている。このため、第5次EAPからは、委員会が計画の進捗状況に関する中間評価を実施し、それと合わせて欧州環境庁が環境の現状と展望に関する報告（State and Outlook of the Environment Report、以下「SOER」）を公表することになった。

現行の第6次EAPについては、最終年である2012年が近づいていることから、これまでの進捗状況に関する最終評価に向けた作業が進められている。2010年に、委員会は第6次EAPの評価を独立した研究機関に委託し、また、欧州環境庁は2010年版SOERを公表している。これらの結果を踏まえて、2011年中には第6次EAPの最終評価が委員会によって出される予定になっている。

ここでは、研究機関から委員会に提出された評価の概要[4]を紹介する。まず、第6次EAPが優先的に取り組むべきとして掲げている上述の4つの環境分野については、次のような評価が示されている。①気候変動の分野では、主要な目標が達成されており、EU全体およびほとんどの加盟国において温室効果ガスの排出削減に向けて順調に推移していることに加えて、2020年に向けた目標の採択および関連する立法措置が講じられている。その一方で、地球全体での排出量の増加と国際交渉における合意の欠如は困難な課題が残されていることを示しているとする。②自然と生物多様性の分野では、希少な種や生息域を擁するサイトを結ぶNatura 2000のネットワークの拡大（EU域内の土地面積の約18％をカバー）や生物多様性および生態系サービスの社会経済的価値に関する研究を含むいくつかの進展があったものの、2010年までに生物多様性の減少を食い止めるという主要な目標が達成されていないことは明らかである。淡水域の汚染、土地の放棄、生息域の分断化

---

[4] Ecologic Institute, Berlin and Brussels in co-operation with Institute for European Environmental Policy, London and Brussels, Central European University, Budapest, *Final Report for the Assessment of the 6th Environment Action Programme, Executive Summary,* DG ENV.1/SER/2009/0044, 21 February 2011.

といったマイナスの傾向は続いており、第6次EAPの目標達成には追加的な努力が必要であるとする。③環境と健康の分野では、たとえば、大気質や都市環境に係る目標の達成は計画期間中には望めないものの、農薬や水に関連した目標については、化学物質の登録等について定めるREACH規則の徹底した適用等を図るといった努力次第では、達成の見込みがまだ残されているという。また、包括的な化学物質政策の構築は進展をみたとしている。④天然資源と廃棄物の管理の分野では、より良い廃棄物管理の促進に係る目標は部分的に達成されている。たとえば、埋立地への廃棄物処分量は、リサイクルとリカバリーの割合の増加を受けて、減少している。しかしながら、資源の利用と廃棄物の排出を経済成長率から切り離す（デカップリングを実現する）という面では、わずかな進展しかみられなかったという。このほか、国際分野においては、EUの開発、貿易、投資、隣国政策の中に環境配慮事項を統合するという点では、十分な成果は得られなかったとしている。

　また、統合的なアプローチが必要であるとして2005年6月までに重点戦略を策定することが求められていた上述の7分野については、分野ごとに策定完了の時期と進捗の程度に違いはあるものの、全体的には、重点戦略策定のプロセスを通じて、これまで主体間の連携やEUの取組みが十分ではなかった部分を前進させることにつながったとする。特に大気、廃棄物、農薬、海洋、土壌の5分野に係る重点戦略には、立法提案を含むことまでは当初想定していなかったところ、スタークホルダーとのコンサルテーションを経て、立法提案が盛り込まれることになったという。また、大気と廃棄物という確立された規制的枠組みを有する分野については、重点戦略が既存の立法を見直してより強固なものとする基盤を提供することにつながった。海洋や土壌というEUがこれまで積極的に取り組んでこなかった分野については、重点戦略が重要な立法提案に結び付き、EUの政策領域の拡大に貢献した。他方で、資源や都市環境の分野に関する重点戦略では、さらなる研究の推進といった準備作業を列挙して、拘束力をともなわない措置の採用を提案するにとどまっているという。

　同評価はさらに、第6次EAPの目標達成を左右している要因として、EU環境法の適用と執行が不十分であること、政治的な優先順位が加盟国に

よってもEU内外においても異なること、経済状況によって政治的な意思が変化すること、将来予測どおりに事態が進行しないことなどを挙げているほか、持続可能な発展戦略や環境ガバナンスといった文脈において第6次EAPがもたらした付加価値や、EU環境政策に対して全体的な戦略枠組みを示すものとしての第6次EAPの意義などについて言及している。

VI EU環境法の形態と効果

EU条約ならびにEU機能条約が規定する理念・原則やEAPが示してきた方向性等に沿って、これまでEUによる環境政策分野での取組の大半は、環境法の整備に費やされてきた。これらは一次的法源であるEU条約とEU機能条約の規定を具体化する、いわば二次的法源である。

二次的法源には、主に、指令（directive）、規則（regulation）、決定（decision）の3つの形態がみられる。このうちEU環境法のほとんどを占めるのが指令である。指令は達成すべき結果については加盟国を拘束するものの、国内法の整備も含めて、具体的にいかなる措置を採用するかについては、その国の法的・行政的な状況に即してある程度柔軟に対応できるよう、加盟国の裁量に委ねるものである。指令のなかには、枠組み指令（framework directives）と呼ばれる、分野ごとに一般的な原則、手続、要求事項等を定めているものがある。これまでに大気や廃棄物といった分野において枠組み指令が採択されており、さらに、これを受けて関連指令（'daughter directives' もしくは 'sister directives' と呼ばれる）が採択されている。

次に、規則は、その内容全体が加盟国に対して直接適用され拘束力をもつものであることから、EU全域に渡って統一的な対応が求められる場合に採用されるのが一般的である。たとえば、欧州環境庁の設置や環境関連基金の創設のように、特定の行政機構の設置に関するものや、国際環境条約上の義務を履行するためにその域内法化を図るものが挙げられる。このほか、委員会の設置や統一的な手続・制度の創設を加盟国に求める必要性から、有機農業、環境マネジメント監査スキーム、エコラベル、製造事業者等に係る報告義務について定める場合にも規則の形態が採られている。規則は加盟国による国内法の整備を特に必要としないものの、実際に規則を実施するために

は、たとえば管轄機関の設置、具体的な手続や基準の設定など、加盟国による対応はやはり不可欠であるといえる。

そして、決定は、名宛人とされている者（EU の加盟国や機関だけでなく、企業や個人の場合もあり得る）をその内容において全面的に拘束するものである。指令や規則とは異なり、極めて具体的な規定を有する場合がほとんどで、環境法分野ではさほど一般的な法形態とはいえない。決定を適用するか否かの判断は、規則や指令に基づいて委員会に委ねられているのが通常である。

このほか、勧告（recommendation）、意見（opinion）、コミュニケーション（communication）、決議（resolution）があるが、これらは法源ではなく、また、拘束力をともなうものではない。

Ⅶ　EU 環境法の体系

1　環境関連立法等がカバーする分野

EU 法に関する情報を提供している EU のホームページ[5]によると、2011 年 8 月 1 日現在、EU において効力を有している環境関連の文書類は立法も含めて 768 本にのぼる（表1〈次頁〉を参照）。このなかには協定（agreement)、勧告、決議、計画、コミュニケーション、国際議定書・条約も含まれており、EU 環境法の範囲を指令、規則、決定に絞れば、おそらく 400〜500 程度の数になると思われる。

これらの EU 環境法は、大きくは横断的な措置を規定するものと個別分野に係る措置を規定するものとに分けることができる。前者は、特定の環境分野や媒体にとらわれることなく、環境全体もしくは複数の環境媒体を視野に入れた措置等について規定するもの、また、後者は、基本的には環境問題や環境媒体ごとに焦点を当てて必要な措置等につき規定するものである。以下ではこの分類に沿って、主な指令および規則を整理する。

---

5) http://eur-lex.europa.eu/en/legis/latest/chap1510.htm.

表1 環境関連の文書類がカバーする分野

環境関連の文書類がカバーする分野	数（本）
1. 一般的な規定および計画	135
2. 汚染と生活妨害	402
・原子力安全および放射性廃棄物	55
・水の保全と管理	57
・大気汚染のモニタリング	137
・騒音被害の防止	13
・化学物質、産業リスクおよびバイオテクノロジー	114
など	他
3. 空間、環境および天然資源	137
・空間、環境および天然資源の管理と効率的利用	8
・野生動植物の保全	54
・廃棄物管理およびクリーンテクノロジー	72
など	他
4. 国際協力	94

2 横断的な措置に関する法

ここに含まれるものとしては、まず、環境全体への影響を把握・評価もしくはコントロールしたり、または情報や意思決定への公衆によるアクセスを保障したりするための手続的内容を規定するものがある。たとえば、特定の公共・民間プロジェクトの環境影響評価（EIA）指令（85/337/EEC）、特定の計画・プログラムの環境影響評価（SEA）指令（2001/42/EC）、産業排出（統合的汚染防止管理）（IE）指令（2010/75/EU）、汚染物質の排出・移動登録（PRTR）規則（166/2006）、環境情報への公衆アクセス指令（2003/4/EC）、環境に関する計画・プログラムの策定における公衆参加指令（2003/35/EC）、環境事項に関する情報へのアクセス・意思決定への公衆参加・司法へのアクセスに関するオーフス条約の適用規則（1367/2006）が挙げられる。

また、組織等の自主的な環境マネジメントを促進させて、それに係る適切な情報の公衆への提供を目的とする、環境マネジメント監査スキーム（EMAS）規則（761/2001）や、製品・サービスに係る環境負荷等の情報を消費者に提供して、市場原理をとおして事業者による環境配慮設計を促していこうとするエコラベル規則（1980/2000）もここに含まれる。

さらに、環境政策の形成と推進に必要なモニタリングや情報収集体制の整

備等について規定するものとして、欧州環境庁と欧州環境情報観測ネットワークに関する規則（401/2009）、欧州地球モニタリングプログラムとその初期運用に関する規則（911/2010）、空間情報の基盤整備（INSPIRE）に関する指令（2007/2/EC）などがある。

このほか、汚染者負担原則に基づいて、環境損害を防止し回復するための費用を原因者に負担させることを可能とする環境責任指令（2004/35/EC）、環境に係る財政的措置について規定するLIFE規則（614/2007）、環境に深刻な影響をもたらす行為に刑事罰を科すことを加盟国に義務付ける、刑法による環境の保護に関する指令（2008/99/EC）といったものがある。

3　個別分野に係る措置に関する法

ここには、廃棄物、大気質、水質、自然・生物多様性、化学物質、気候変動といった分野ごとに採択されている指令や規則を位置づけることができる。主なものを以下に挙げる。

(1) 廃棄物管理

この分野では、まず、廃棄物指令（2008/982/EC）が廃棄物の定義、廃棄物管理の優先順位、廃棄物の処理・処分・管理作業に係る許可要件等の基本的事項を定めている。また、廃棄物の排出、リカバリー、処分に関する統計整備の枠組みについて定める廃棄物統計規則（2150/2002）がある。廃棄物の処分に関するものとして、廃棄物埋立指令（99/31/EC）、廃棄物焼却指令（2000/76/EC）、PCBとPCTの処分に関する指令（96/59/EC）がある。また、消費者物資から出てくる廃棄物を対象として、その引取、リサイクル、リカバリー、処分等について定めるものとして、容器包装廃棄物指令（94/62/EC）、廃電池指令（91/157/EC）、廃自動車（ELV）指令（2000/50/EC）、廃電気電子機器（WEEE）指令（2002/96/EC）、自動車の再使用・リサイクル・リカバリー可能性を考慮した車種認定に関する指令（2005/64/EC）といった個別指令がある。特定の産業に係る廃棄物を対象として、鉱業からの廃棄物の管理に関する指令（2006/21/EC）、農業における下水汚泥の使用にともなう環境保全に関する指令（86/278/EEC）、船舶から排出される廃棄物および船荷残留物の港湾での受入に関する指令（2000/59/EC）、二ホウ化

チタン産業からの廃棄物に関する諸指令（78/176/EEC、82/883/EEC、92/112/EEC）がある。有害廃棄物については、その定義や処理施設等の許可要件について定める指令（78/319/EECと91/689/EC）が別途ある。また、放射性廃棄物に関するものとして、放射性物質と使用済燃料の輸送の監視・管理に関する指令（2006/117/Euratom）や加盟国間での放射性物質の輸送に関する規則（Euratom）（1493/93）がある。

(2) 大気環境の保全

まず、欧州における周囲大気質（ambient air quality）およびより清浄な大気に関する指令（2008/50/EC）が、周囲大気質の定義、目標値の設定、測定方法と基準、公衆への情報提供といった基本的な事項について定めている。これが、いわゆる枠組み指令にあたる。このもとに、特定の汚染物質に関する大気質の基準値や警戒値等を定める諸指令が存在する。

たとえば、特定大気汚染物質に係る国別排出上限に関する指令（2001/81/EC）は、二酸化硫黄、窒素酸化物、揮発性有機化合物（VOC）、アンモニアを対象として、国別排出上限という概念を導入したうえで、暫定的な環境目標値の設定や国別計画の策定などについて規定している。大規模燃焼施設からの大気への特定物質の排出の制限に関する指令（2001/80/EC）は、50 MW以上の燃焼施設からの二酸化硫黄、窒素酸化物、粉じんを規制している。このほか、二酸化窒素に係る大気質基準に関する指令（85/203/EEC）、特定の活動および施設における有機触媒の利用にともなうVOC排出の制限に関する指令（1999/13/EC）、オゾン層破壊物質の製造・販売等を禁止する規則（1005/2009）などがある。また、ガソリンからの揮発に着目したものとして、ガソリンの貯蔵および輸送にともない排出されるVOCの管理に関する指令（94/63/EC）やガソリンスタンドでの自動車の燃料補給時におけるガソリン蒸発に関する指令（2009/126/EC）がある。

自動車排ガス対策に関わるものとしては、重量車両の型式認証等について規定する規則（595/2009）や軽量車両からの排出および特定の交換部品等に係る共通の要求事項を規定する規則（715/2007）のほか、自動車排ガスに含まれる硫黄と鉛の排出削減を目的とする、ガソリンおよびディーゼル燃料の質に関する指令（98/70/EC）がある。また、公道以外のいわゆるノンロード

で使用される原動機や車両からの汚染物質の排出規制については、ノンロードの移動式機械に搭載される内部燃焼エンジンや農業・林業用トラクターのエンジンからのガス状・粒子状の汚染物質の排出対策に関する諸指令（97/68/EC、2000/25/EC）が型式認証の手続等について定めている。

さらに、騒音対策に関するものとして、環境騒音の評価と管理に関する指令（2002/49/EC）、自動車の許容可能な騒音レベルおよび排気システムに関する指令（70/157/EEC）、屋外向け機器の使用による環境騒音の発生に関する指令（2000/14/EC）、空港における騒音関連作業の規制の導入に関する指令（2002/30/EC）がある。

(3) 水環境の保全

まず、水枠組指令（2000/60/EC）が、水域の定義、加盟国による水域の特定、河川流域ごとの管理計画の策定などについて規定しており、さらに、水政策分野における環境質基準に関する指令（2008/105/EC）が、水枠組指令のもとで特定されているカドミウム、鉛、水銀、ニッケル、ベンゼンといった33種類の優先対策物質について環境質基準を設定している。そして、これらのもとに、大きく分けて、水の用途に着目した諸指令、海洋汚染防止に関する諸指令・規則、物質の排出規制に焦点を当てた諸指令・規則が存在する。

水の用途を念頭においたものとしては、人間による消費向けの水の質に関する指令（98/83/EC）、飲料水指令（80/778/EEC）、沿岸域・淡水域の水浴水質の管理に関する指令（2006/7/EC）、魚類（特に養殖魚）の生命を維持するうえで保護または改善を要する淡水域の質に関する指令（2006/44/EC）、貝・甲殻類の生息する水域に求められる質に関する指令（2006/113/EC）がある。

また、海洋汚染防止に関するものとしては、まず、海洋戦略枠組指令（2008/56/EC）が、欧州の海域をバルト海、北東大西洋、地中海、黒海の4海域に区分したうえで、各海域について関係する加盟国による現況評価の実施、良好な生態系を維持するための目標の設定、目標達成に向けた計画策定などを規定している。このもとに、船舶からの汚染物質の流出防止と海上安全に関する指令（2002/84/EC）、船舶に起因する汚染に係る刑事罰の導入に

関する指令（2005/35/EC）、船舶への有機スズ化合物の搭載の禁止に関する規則（782/2003）などがある。

さらに、汚染物質の排出規制を主眼とするものとしては、都市廃水処理に関する指令（91/271/EEC）、洗剤に含まれる界面活性剤の認定と表示について定める規則（648/2004）、農業に起因する窒素による汚染からの水域保護に関する指令（91/676/EEC）、塩素アルカリ電気分解産業による水銀排出の規制値および質的目標について定める指令（82/176/EEC）、水環境への特定危険物質による汚染防止に関する指令（2006/11/EC）がある。このほか、地下水の保全を目的として、地下水に含まれる化学物質の程度や汚染源などに関する評価基準、汚染物質の間接的な排出を防止し規制するための措置などについて定める、地下水保全指令（2006/118/EC）がある。

(4) 自然と生態系の保全

生息域ならびに動植物の保全に関するものとして、自然生息域および野生動植物の保護に関する（Natura2000）指令（92/43/EEC）や野鳥保護指令（2009/147/EC）がある。貿易規制による動植物種の保護に関するものには、CITES規則（338/97）、犬猫の毛皮の輸出入・販売を禁止する規則（1523/2007）、アザラシ製品の取引を禁止する規則（1007/2009）などがある。このほか、生物多様性の保全における動物園の役割強化の観点から、動物園における野生動物の飼育に関して定める指令（1999/22/EC）や、動物を用いた実験の他の方法による代替、削減、改善を目指す、実験用動物の保護に関する指令（2010/63/EU）といったものもある。

また、海洋資源の管理や海洋生物の保護に関するものには、共通漁業政策における漁業資源の保全と持続可能な開発に関する規則（2371/2002）、特定の回遊魚資源の保全措置に関する規則（1936/2001）、クジラの偶発的捕獲に関する規則（812/2004）、特定のアザラシ種の子どもの保護に関する指令（83/129/EEC）などがある。

外来生物種対策に関するものとして、養殖における外来種の使用にともなう水環境へのリスクを低減することを目的とする規則（708/2007）があるほか、遺伝子組換え生物（GMO）による環境や健康に対する被害の防止に関しては、遺伝子組換え微生物（GMM）の使用抑制に関する指令（2009/41/

EC)、GMO の環境への意図的放出に関する指令 (2001/18/EC)、GMO の越境移動に関する規則 (1946/2003)、GMO から生産された食料・飼料のトレーサビリティと表示に関する規則 (1830/2003)、遺伝子組換え食品および飼料の許可手続等について定める規則 (1829/2003) などがある。

(5) 化学物質の管理

この分野では、化学物質の登録・評価・許可・制限に関する (REACH) 規則 (1907/2006) のほか、危険な物質を対象とするものとして、放射性廃棄物の監督・移動指令 (92/3/Euratom)、放射性物質移動規則 (1493/93)、危険物質をともなう大規模事故の危険防止に関する指令 (96/82/EC)、遺伝子組換生物の環境中への意図的放出に関する指令 (2001/18/EC) などがある。また、いわゆる RoHS 指令 (2011/65/EU) は電子・電気機器における特定有害物質の使用を規制している。

(6) 気候変動対策

気候変動は、国際的なリーダーシップをとるべく、EU が近年特に積極的に取り組んでいる分野である[6]。EU は、京都議定書のもとで排出権取引制度が世界的に始動する前に、2003 年に排出権取引指令 (2003/87/EC) を採択し、2005 年から EU レベルで同取引制度をスタートさせている。このほか、温室効果ガスの削減とエネルギー利用とが密接な関係をもつことから、再生可能エネルギー源からの電力推進指令 (2001/77/EC)、運輸におけるバイオ燃料等利用促進指令 (2003/30/EC)、建築物エネルギー・パフォーマンス指令 (2002/91/EC)、エネルギーラベリング指令などが採択されている。

また、自動車を対象とした CO_2 対策に関わるものとして、新規の乗用車に係る排出パフォーマンス基準に関する規則 (443/2009)、クリーンでエネルギー効率の良い道路交通車両の促進に関する指令 (2009/33/EC)、新車の燃費および CO_2 排出に関する消費者への情報提供に関する指令 (1999/94/EC)、自動車の空調システムからのフロンの排出に関する指令 (2006/40/EC) がある。

---

6) EU 気候変動政策の動向の詳細については、奥真美「EU 気候変動政策とポスト 2012 年」環境法研究 33 号(特集ポスト京都議定書の法政策)(2008) 91-112 頁を参照されたい。

他方、1990年代以来、EUでは炭素・エネルギー税導入に向けて指令案を検討してきたものの、さまざまなエネルギー事情を抱える加盟国間の調整が難しく、EUレベルにおけるエネルギー税導入の見通しはいまだ立っていない。

Ⅷ　EU環境法の適用と執行

上でみたように、EU環境法がカバーする領域と体系は拡大と充実の一途を辿ってきたといえるが、これらの環境法が実際に効果を発揮するためには、それらが各加盟国において確実に適用され、執行される必要がある。しかしながら、現実は必ずしも期待どおりにはいかず、従来から、加盟国による対応が環境法の分野において特に緩慢であり、不十分であることが指摘されてきた[7]。近年においても、図2に示すように、法の執行に何らかの問題があるとして、委員会が対応している件数は、他の分野に比して、環境法分野において圧倒的に多くなっている。

EU環境法の執行が加盟国によって適切になされていないケースには、第一に、適用の期限を過ぎても、加盟国が指令を国内法化しその旨を委員会に通知することを怠っている場合（'non-communication'）、第二に、加盟国による指令の国内法化が正しくなされていない場合（'non-conformity'）、そして、第三に、特定の事案においてEU環境法の適用を誤っている場合（'bad application'）の3通りがあるという[8]。こうした違反の事実について委員会が把握するきっかけとなるのは、多くの場合、市民や環境保護団体などから寄せられる苦情や請願である。図3は、欧州議会の請願委員会に寄せられた市民等からの請願のうち委員会に送られてきた件数と、さらにそのうち委員会の環境総局が対応することになった件数を示したものである。請願の多くの割合を環境関係の事案が占めていることがわかる。

---

7)　The European Communities' Publications Office, *EUR-OP NEWS, 4/1997*.
　　EC Commission, *Implementing Community Environmental Law,* Brussels, 22.10.1996, COM（96）500final, p.2.
8)　Commission Staff Working Document, *Accompanying document to the Communication from the Commission to the European Parliament and the Council on implementing European Community Environmental Law,* SEC（2008）2851, p.2.

図2 EU法の執行に関わる委員会での取扱件数（2007年10月時点）

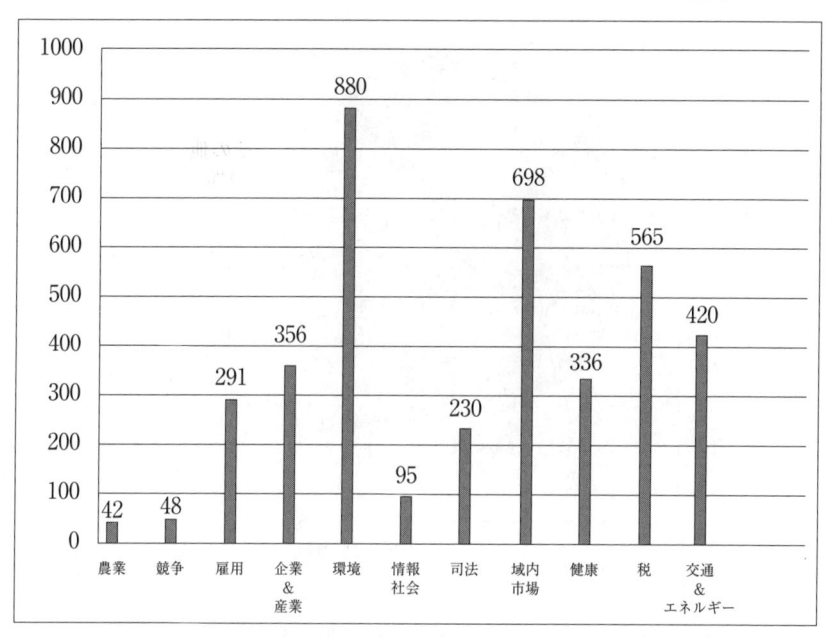

農業	42
競争	48
雇用	291
企業&産業	356
環境	880
情報社会	95
司法	230
域内市場	698
健康	336
税	565
交通&エネルギー	420

（出典：Commission Staff Working Document, Accompanying document to the Communication from the Commission to the European Parliament and the Council on implementing European Community Environmental Law, SEC（2008）2851, p.4 をもとに筆者作成）

図3 欧州議会から委員会に送致された請願件数

■ 委員会に送致された請願件数
□ うち環境総局が対応することになった件数

※2007年の数字は6月から10月半ばまでにかけてのもの

年	請願件数	環境総局対応
2004年	400	75
2005年	420	105
2006年	550	135
2007年※	260	80

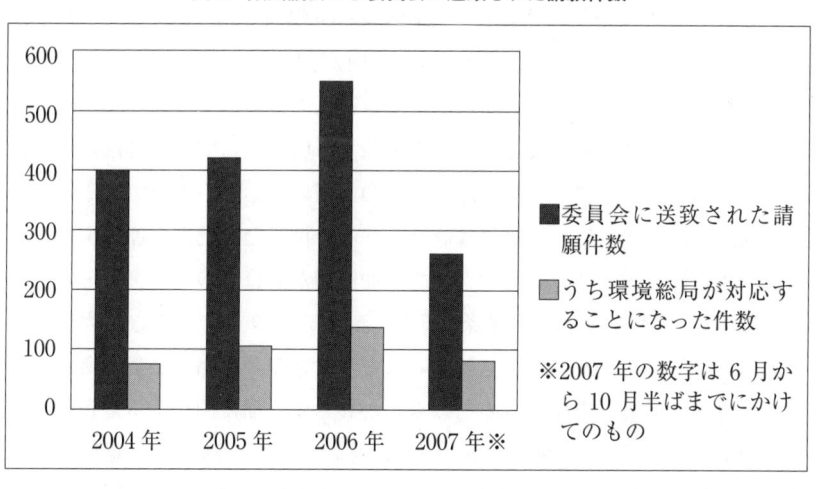

（出典：図2と同じ（筆者作成）、p.5）

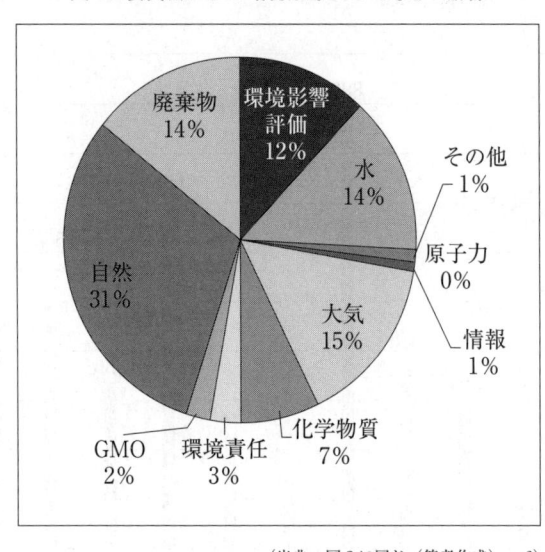

図4 委員会による環境分野ごとの対応の割合

- 廃棄物 14%
- 環境影響評価 12%
- 水 14%
- その他 1%
- 原子力 0%
- 情報 1%
- 大気 15%
- 化学物質 7%
- 環境責任 3%
- GMO 2%
- 自然 31%

（出典：図2に同じ（筆者作成）、p.6）

　また、図4にあるように、委員会が調査に乗り出すことになった環境関係の事案のうち、最も多いのは自然保護に係る諸指令に関するもので、全体の31％を占めている。これに、大気の保全に係る諸指令に関するものが15％、廃棄物分野と水保全に係る諸指令に関するものがそれぞれ14％、そして、環境影響評価に関する指令をめぐるものが12％と続いている。

　いずれの場合も、委員会が加盟国による違反の事実を関知したならば、委員会は加盟国に対して正式な勧告文書を発し、原則として2か月以内に回答するよう求め、加盟国が回答を怠るか、加盟国の対応が不十分であると委員会が判断した場合には、委員会は詳細な理由を付した意見書を加盟国に送付する。さらに、通常2カ月間を過ぎても加盟国が委員会の意見書に応じない場合には、EU機能条約第258条（旧EC条約第226条）に基づき、委員会は当該事案を欧州司法裁判所に送致することができる。欧州司法裁判所が加盟国によるEU環境法違反を認めたにもかかわらず、加盟国による是正がなされなければ、さらに、委員会は加盟国に対して正式な勧告文と意見書を送る。それでも判決履行義務が果たされない状態が続けば、再び、委員会は欧

州司法裁判所に本事案を送致して、EU 機能条約第 260 条（旧 EC 条約第 228 条）に基づき、欧州司法裁判所によって加盟国に罰金が課されることになる[9]。

委員会は加盟国による EU 環境法の不遵守に対して、上述のような訴訟手続を経ることも辞さないとする方針を打ち出してきたが[10]、実際には、90％以上の事案が裁判所に送致される前に解決をみているという[11]。しかしながら、加盟国数の増加や市民意識の高まりなどが相まって、EU 環境法の適用と執行が必ずしも適切になされていない状況は続いている。こうしたなかで委員会は新たな対応方針を示し、今後は不遵守への厳格な対応のみならず、違反の未然防止を意識した法案の設計・立案ならびに加盟国等に対する十分な情報提供、法成立後における市民・地方公共団体・企業等といった地域の主体による関与の拡大、より重大な環境事案への委員会の役割の重点化など、立法のライフサイクルを通じて複数の施策を組み合わせていくというアプローチを採っていくとしている[12]。より具体的な対応策については、今後示されることになっている。

IX おわりに

EU では、条約中に環境政策の目的や理念を明確に位置づけたうえで、これまで環境政策の形成と環境法の整備に力を注いできた結果、上述したように、現在においてはかなり充実した法政策的枠組みを有するに至っている。特に第 5 次 EAP 以降、EU はさまざまな主体による責務の共有と政策手法の多様化を目指すなかで、自主的取組もしくは自主規制を引き出す手法や経済的手法の制度化に積極的に取り組んできており、直接的規制手法を補完するこうした手法は、わが国にとっても参考になる。また、気候変動、生物多

---

9) ibid., pp.2-3.
10) EC Commission, *Better Lawmaking 1997 Commission Report to the European Council,* Brussels, 26.11.1997, COM（97）626final.
11) op.cit., Commission Staff Working Document, p.8.
12) *Communication from the Commission to the European Parliament, the European Economic and Social Committee and the Committee of the Regions on implementing European Community Environmental Law,* COM（2008）773final.

様性の保全、化学物質管理といった特定の環境分野においては、世界をリードすべく積極的な取組みが展開されており、その動向は今後も注視していく必要がある。

　その一方で、EU レベルで採択された立法や諸事項が、必ずしも各加盟国レベルで適切に実施されていない状況がある。EU 環境法の実効性を確保していくうえで、加盟国によるその確実な適用と執行は不可欠である。今後、委員会は、立法のライフサイクルを視野に入れたアプローチのもと、不遵守への事後的対応にとどまらず、法制定段階から不遵守の未然防止を視野に入れた対応を図っていく方針を打ち出しており、その具体化が注目されるところである。

第 13 章 外国環境法

43 中国の環境汚染侵害責任法制に関する一考察

奥田進一

I 環境汚染権利侵害の構成要件

　かつて、中国においては環境汚染責任の概念をめぐっては学説上の対立がみられた。生産、生活等の活動に従事することによって、環境に化学的、物理的、生物的な負荷を与え、生態系や自然資源を破壊し、国家や集団の財産を直接的あるいは間接的に侵害し、他人の身体、財産を侵害した場合の環境汚染権利侵害を指すとする見解[1]が存在する一方で、人間の活動によってなされた環境汚染や破壊で、住民の環境権益を害しあるいは人間の生存と発展を害する環境汚染に対する責任で、社会性を伴う個人の利益に対する侵害であるとする見解[2]も存在する。いずれの学説にせよ、国家や個人等の権利利益の不法に侵害されることを予定していることにおいては共通している。しかし、後述するように、2010年7月1日に施行された「中華人民共和国侵権行為法」[3]における環境汚染の概念は極めて広く、保護客体は生態環境そのものを予定していることに注意しなければならない。
　1986年に施行された民法通則は、故意又は過失があること、損害の事実があること、行為の違法性があること、違法行為と損害との間に因果関係が主張立証されることによって不法行為が成立するとされ、この点においてわが国の民法709条の不法行為要件と大差はない。中国法における不法行為責

---

1) 王利明主編『中国民法草案建議稿及説明』（中国法制出版社、2004）250頁。
2) 呂忠梅『環境法新視野』（中国政法大学出版社、2000）152頁。

任の効果は、財産損害賠償と人身損害賠償とに分けられる。財産損害には、現物返還、原状回復、損害賠償請求が認められる。賠償額は実際に生じた損害額（直接損害）とされ、原則として懲罰的賠償は認められない。人身損害には、医療費、入院費、食費補助、栄養費、付添費、交通費、休業補償、労働能力喪失に見合う補償などの損害賠償が認められる。医療費には、退院後の再治療費も含まれる。死亡した場合は、葬祭費および死者の生前扶養家族に対する生活費の請求が認められるが（民法通則119条）、逸失利益の賠償という構成を採用しないため、扶養家族がいない場合には賠償額は低くなる。さらに、賠償額の算定に際しては加害者の支払能力も考慮される。精神的損害賠償については、原則としてこれを認めてこなかったが、姓名権、肖像権、名誉権、栄誉権侵害に限って認められるようになっている（民法通則120条）。環境汚染による不法行為については、「国家が保護する環境汚染防止の規定に違反して、環境を汚染して他人に損害を与えた場合は、法により民事責任を負わなければならない」と規定している（民法通則124条）。

　なお、過失に関しては、その語義をめぐって議論が存在する。中国語では、過失を「過錯」と表現し、その内容は日本における「過失」とは若干異なるようである[4]。中国においても、「過錯」を日本民法上の「過失」とほぼ同一概念のものとして理解する説と、「故意」を包摂した中国民法独自の概念として理解する説などがある[5]。ただし、過失論に終始することは本稿の趣旨ではないので、本稿では「過失」と表現して議論を進めたい。

---

[3] 文元春「中国不法行為責任法における責任負担方法」中国研究月報65巻5号37頁では、侵権行為法が「義務（または債務）」とは区別された「責任」の独立性を強調し、損害賠償に限定されることなく「侵害の停止」等の多様な責任負担方法を包含していること等を理由として、「不法行為責任法」という訳語を提案している。他方で、文元春「中国の環境汚染民事差止についての序論的考察(1)」早稲田法学会誌61巻1号430頁では「便宜的に」という理由で「権利侵害責任法」という訳語を用いている。精査するならば、わが国等の不法行為法が不法行為の効果発生のための要件を軸に構成されているのに対して、中国の侵権行為法はその責任負担方法を軸に構成していると考えられる。この点から筆者はあえて訳語を当てるならば「権利侵害責任法」が適切ではないかと考える。

[4] 黄茂栄主編『民法裁判百選』（中国政法大学出版社、2002）128〜141頁。

[5] 楊立新『簡明類型侵権法講座』（高等教育出版社、2003）309〜310頁、王利明『侵権行為法研究（上巻）』（中国人民大学出版社、2004）476〜477頁など。

ところで、既存の環境汚染責任に関する条項を整理統合して登場した侵権責任法[6]は、その第8章に「環境汚染責任」という独立した規定（法65～68条）を設けている。侵権責任法65条は「環境汚染によって損害をなした場合は、汚染者は権利侵害責任を負わなければならない」と規定している。同条は、環境汚染権利侵害の構成要件を規定したものであるが、行為の違法性を前提としていない点において民法通則124条とは異なる。また、同条の規定は、汚染者の過失の有無にかかわらず、汚染によって損害が発生しさえすれば、あらゆる場合において賠償責任を負わなければならないと解釈されている[7]。また、保護客体はあくまでも「環境」であり、国家や個人の法益に限定されない。この解釈は、民法通則124条が「他人に損害を与えた〜」と規定しているのに対して、侵権行為法65条は単に「損害をなした〜」としている点から導き出されているようである。さらに、被害者は現在世代だけでなく、将来世代をも射程範囲に含め、彼らに代わって国家が責任を追及する可能性に言及する見解も存在する[8]。なお、責任負担の方法に関しても多岐に及んでおり、必ずしも損害賠償だけでなく、侵権行為法15条に規定されている「侵害停止」、「妨害排除」、「危険排除」、「財産返還」、「原状回復」等の方法が適用されると考えられている。

II 無過失責任原則

無過失責任の原則が明文化されている点も、中国の環境汚染権利侵害をめぐる法制度の特徴といえよう。民法通則106条3項は、「過錯はないが、民事責任を負うべきことを法律が規定している場合は、民事責任を負うべきである」と規定している。本条項は、無過錯責任の根拠とされ、無過錯責任を負うことは行為者の責任が重くなるため、法律が明確に規定する場合にはじ

---

6) 1986年の民法通則124条のほか、1989年の環境保護法、1999年改正海洋環境保護法、1995年改正大気汚染防治法、1996年環境騒音汚染防治法、2002年清潔生産促進法、2003年放射性汚染防治法、2004年改正固体廃棄物汚染環境防治法、2008年改正水汚染防治法等の個別法において、環境汚染権利侵害に関する規定が設けられている。
7) 楊立新『侵権責任法』（法律出版社、2010）477頁。
8) 楊・前掲注（7）478頁。

めて、行為者に無過錯責任を負わせるべきだと解釈されている[9]。民法通則においては、一般的には過失責任の原則を採用し、法が特別に規定をおく場合には無過失責任ないしは厳格責任の原則を採用している（通則 106 条 3 項）。無過失責任が適用されるのは、①国家機関・公務員の職務にかかる不法行為（通則 121 条）、②製造物責任（通則 122 条）、③高度な危険作業による責任（通則 123 条）、④環境汚染による不法行為（通則 124 条）、⑤地上掘削工事に伴う事故責任（通則 125 条）、⑥建築物その他の倒壊・落下事故責任（通則 126 条）、⑦飼育動物による不法行為（通則 127 条）等においてである。このように無過失責任が適用される特別な場合においては、「損害の事実」が存在すること、「損害の事実」と「加害行為」との間に因果関係が存在することの 2 点が存在しさえすれば賠償責任が確立するとされている。

　ところで、③の高度な危険作業とは、高空、高圧、可燃性、爆発、劇毒、放射性、高速輸送手段などの周囲の環境に高度の危険性をもたらす作業を指すとされるが、被害者の「故意」により損害が発生したことを証明した場合は免責されるため（通則 123 条後段）、完全な無過失責任と解することはできない。この点に関しては、過失責任と無過失責任の中間に位置する、厳格責任の一形態と解する見解も存在し、あくまでも加害者が免責されるのは被害者側に「故意」がある場合に限られ、「過失」の場合は免責されないとされる。この点に関しては、さらに、例えば、被害者 X と Y が Z の高度危険作業によって損害を受けたとして、Z が X の故意および Y の過失を証明できた場合、Z はなお Y に対して賠償の責めを負うべきかという問題が存在する。通則 123 条後段をそのままに読むならば、Z は X に対しては免責され、Y に対しては損害賠償責任を負うことになる。ここで興味深いのは、Z は Y に対して損害賠償をなした後、当該賠償額を X に対して求償する権利があるという学説の存在である。この学説は、民法通則 123 条をその後段の規定にも関わらず無過失責任を規定した条文と解釈し、さらに公平責任の原則による利益衡量をなした帰結と理解できよう。なお、故意なき被害者は、損害賠償のほかに危険除去請求も可能とされている。

---

9)　顧明＝祝銘山＝黄曙海＝陳光中＝許崇徳主編『中華人民共和国常用法律疑難条文釈義』（中国労働出版社、1992）288 頁。

さて、中国の法学界における無過錯責任に対する理解としては、王利明教授のそれが代表的といえよう。かつては、行為者あるいは法定義務者に故意・過錯がなくても賠償責任を免れないことを無過錯責任とする説[10]も存在した。しかし、王利明教授の理解によれば、無過錯責任の原則とは、行為者の過錯の有無を考慮せず、あるいは行為者の過錯の有無は民事責任の構成および負担に対して影響を及ぼさないというものである。また、その特徴としては、①当事者双方の過錯を考慮しないこと、②加害者に過錯があることを推定できないこと、③因果関係が責任決定の基本要件であること、④法律に特別な規定があることの4つの特徴を有するという[11]。

この認識に基づけば、被害者は加害者の過錯について挙証する必要はなく、加害者もその過錯なきことを理由として免責や責任軽減抗弁を主張することができない。したがって、行為者の過錯の有無にかかわらず、民事責任を負うべきであると法律が規定している場合は、行為者はその行為によってなした損害に対して民事責任を負わなければならない。これに対して、張新宝教授は、そもそも加害者は無過錯を免責事由にすることはできないと考える[12]。張教授は、当事者双方の過錯を考慮しないという王教授の見解を、過失相殺のようなものと理解したと思われる。しかし、王教授は、「被害者に損害の発生に対して過錯がある場合は、加害者の民事責任を軽減することができる」と規定する民法通則131条のいわゆる「混合過錯」を意識しており、無過錯責任の原則を貫徹するためには、「混合過錯」を排除しなければならないという考えを有していると思われる。つまり、仮に、ある環境汚染行為について当事者双方に過錯が存在したとして、被害者救済の観点から加害者の過錯を考慮せずに責任を負わせようとしても、民法通則131条に規定される混合過錯の原則が適用される限り、被害者の過錯を考慮せざるを得なくなり、結果として被害者にも責任を負わせることになる可能性があるとい

---

10) 王利明『侵権行為法帰責原則研究』(中国政法大学出版社、1992) 131頁によれば、1954年に台湾において発刊された史尚寛『債法総論』104頁に当該学説が記載されているというが、筆者は現物の確認ができていない。
11) 王・前掲注 (10) 129〜130頁。楊立新編著『侵権賠償実務』(法律出版社、1998) 27頁も同旨。
12) 張新宝『中国侵権行為法』(中国社会科学出版社、1995) 55頁。

う問題を回避しようとしたのではないだろうか[13]。なお、王教授が、混合過錯と過失相殺とは異なるものであると考えている[14]のに対して、張教授はこれを同一の概念と考える[15]ため、前記のごとく無過錯責任の原則に対する理解が相違することは、当然の帰結といえるのかもしれない。

　ところで、上記のような王教授と張教授の理解は、民法通則106条3項を字義通りに解釈しないことを前提としている。この点については、福建省社会科学院主任研究員の陳泉生氏の見解が参考になる。陳氏は、欧米および日本の「無過失責任」と中国の「無過錯責任」とを比較し、中国の無過錯責任の特徴を次のように理解している。すなわち、欧米および日本の「無過失責任」は、「過失立法不要論」を前提としており、加害者の行為には過失があり、違法性があることを出発点としているのに対して、中国の「無過錯責任」は、民法通則106条3項の規定により、加害者の行為に過錯が存在しないことが前提となっているという。そして、同条にいわゆる「法律の規定」とは、高度な危険作業、環境汚染、製造物責任等の特殊な不法行為においては無過錯責任の原則が適用される旨を規定している、民法通則121条乃至127条の規定のことを指すという。このように考えることができるのは、特殊な不法行為においては、「損害の事実」が存在すること、「損害の事実」と「加害行為」との間に因果関係が存在することの2点が存在しさえすれば賠償責任が確立するという有力説[16]に依拠するところが大きいという。

　そして、欧米や日本においては、加害者の行為の過錯を推定すべく挙証責任転換理論が案出されたが、無過錯責任の連鎖をどこかで断ち切る必要が生じ、そのために受忍限度論などの新しい考え方が出現したと理解する。他方で、中国の場合は、損害の事実と加害行為との間の因果関係の判断が重大要素となっており、ここに被害者救済の観点から「因果関係の推定」が議論されるのだという。この場合、無過錯責任の連鎖が無限に拡大し、これを断ち切る方法は考え難い。そこで、損害賠償保険制度を構築することが検討され

---

13)　王・前掲注（10）318～320頁。
14)　王・前掲注（10）316頁。
15)　張・前掲注（12）340頁。
16)　陳泉生『環境法原理』（法律出版社、1997）215頁では、梁慧星「試論侵権損害的帰責原則」『法学研究動態』1984年第4期所収を引用している。

るべきであり、因果関係の推定に関してはその基準を厳格にすべきであると主張する。また、免責事由に関する条項の存在とそれをめぐる疑義が多いことも、無過錯責任の濫用を抑止するためのものと考えられるという。

陳氏の理論は、学説としては少数意見といわざるを得ない。しかし、実際に、因果関係の推定に対する裁判実務における現状をきわめて正確に把握し、そのことを克服しようとして案出されたものと評価できる。また、因果関係の推定をめぐる学説と裁判実務における乖離現象を浮き彫りにしたものともいえよう。つまり、裁判実務においては、因果関係の推定は科学的証明に基づくものではなく、根拠のない推定となっている可能性が高く、環境汚染の行為者である加害者が、因果関係の推定を覆す挙証を行うことは事実上不可能なのではないだろうか。

Ⅲ　因果関係論

侵権行為法66条は「環境汚染によって発生した紛争では、汚染者は法律が規定する責任を負わないあるいは責任を軽減する情勢およびその行為と損害との間に因果関係が存在しないことにつき挙証責任を負わなければならない」として、因果関係の推定について規定している。中国の無過失責任の原則を、わが国のそれと比較した場合、中国の無過失責任は、加害者の行為に過失が存在しないことが前提となっている。そして、損害の事実と加害行為との間の因果関係の判断が重大要素となっており、ここに被害者救済の要請が強く働き、「因果関係の推定」が議論されている。この場合、無過失責任の連鎖が無限に拡大し、これを断ち切ることは容易ではなくなり、時には無過失責任の濫用ともいえる状況が醸成されている。その意味においては、免責事由に関する条項の存在は、無過失責任の濫用を抑止するための一定の役割を果たしているのではないだろうか。また、裁判実務においては、因果関係の推定は科学的証明に基づくものではなく、根拠のない推定となっている可能性が高く、環境汚染の行為者である加害者が、因果関係の推定を覆す挙証を行うことは事実上不可能ともいえる。

さらに、地方条例における立法例にも注目しなければならない。因果関係の推定に関しては、上海市（63条）、山東省（60条）、湖北省（39条）、貴州

省 (63条) の各条例に規定が存在する[17]。いずれも、加害者が、被害者の損害と自己の汚染排出行為とに因果関係がないことを証明できない場合は、賠償責任を負うべき旨を規定している。

現在、中国の立法においては、国家法レベルで因果関係の推定に関する規定を有するものは侵権行為法が唯一である。学界においては、幅広い被害者救済の観点から、挙証責任の転換とあわせて因果関係推定に関する明文規定を手続法および環境保護関連法に設けるべきであるとの立法論が盛んに提唱されてきており[18]、その意味では因果関係の推定に関する明文規定を設けた前記の地方条例は先駆的であった。しかし、どのような因果関係をどのように推定するのか、つまり因果関係の認定に際してどのような基準を要求するのか、それとも単に挙証責任転換の問題として処理すべきなのかについては不明な点も多く、その問題点が指摘されている[19]。他方で、司法の現場においては、とくに環境損害賠償事件の多くは、因果関係の推定法理により解決

---

17) 各条例の規定は以下のとおりである。上海市環境保護条例63条2項「環境汚染あるいは環境破壊によって損害を受けた単位および個人は、人民法院に訴訟を提起することができる。加害者とされる者が被害者の損害とその汚染排出行為との間に因果関係がないことを証明できない場合は、賠償責任を引き受けなければならない」、山東省環境保護条例60条2項「環境汚染あるいは環境破壊によって損害を受けた単位および個人は、人民法院に訴訟を提起することができる。加害者とされる者が被害者の損害とその汚染排出行為との間に因果関係がないことを証明できない場合は、賠償責任を引き受けなければならない」、湖北省環境保護条例 (1994年12月2日採択、1997年12月3日改正) 39条1項「環境汚染あるいは破壊により損害を受けた被害者は、法により人民法院に訴を提起することができる。加害者とされる者が、被害者が受けた損害とその行為との間に因果関係が存在しないことを証明したときは、賠償責任を引き受けない」、貴州省環境保護条例 (1992年5月13日採択) 63条1項「環境汚染あるいは破壊により損害を受けた被害者は、損害を受けた事実を挙げ、人民法院に訴えを提起することができる。加害者とされる者が、被害者が受けた損害とその環境汚染あるいは破壊行為との間に因果関係が存在しないことを証明できないときは、賠償責任を引き受けなければならない」。
18) たとえば、張梓太「関于環境民事法律責任幾個問題的認識」『江蘇社会科学』1995年第2期41～42頁、金瑞林「環境侵権與民事救済―兼論環境立法中存在的問題」『中国環境科学』1997年第3期197～198頁、喬世明『環境損害與法律責任』(中国経済出版社、1999) 297頁、呂忠梅『環境法新視野』(中国政法大学出版社、2000) 153頁、王利明主編『民法典・侵権責任法研究』(人民法院出版社、2003) 633～634頁など。
19) 喬・前掲注 (18) 297頁。なお、蔡守秋主編『環境法教程』(法律出版社、1995) 253頁は、因果関係について厳格な基準は要求しないとする。

されている[20]。いくつかの具体的な判例を精査すると、次のような方法で因果関係が推定されていることがわかる。

　まず、被害者（原告）は、因果関係に相当程度の蓋然性があること、すなわち環境汚染行為と損害の事実との間に因果関係が存在する可能性があることを証明し、つぎに裁判官の心証において蓋然性が高いと確証されれば因果関係が推定される。相当程度の蓋然性とは、一般人が通常の知識や経験的観察によって了知し得る因果関係を指すとされ、わが国の蓋然的因果関係と同様の概念である。

　因果関係を推定するのは裁判所であることは言うまでもないが、その推定の基礎となるのはつぎの3つである。

　①　この行為がなければ、通常はこの結果の発生はあり得ない。

　まず、環境汚染行為と損害の事実の存在を確認し、両者間に客観的、合理的関係が存在することを確認し、要件事実を確定する。つぎに、環境汚染行為と損害の事実の時間的前後を明確にし、要件事実の順序を確定する。滅となった環境汚染行為が先で、結果である被害者の身体上の損害の事実が後でなければならない。この時間的前後関係に反する環境汚染責任には、因果関係は存在しない。もし汚染者（被告）が因果関係の要件を否認して、違法な汚染行為と損害の結果との間の時間的前後関係が不適合であることを証明できれば、因果関係は推定されない。

　②　原告あるいは第三者の行為あるいはその他の要素の介入が存在しないこと。

　損害の事実と環境汚染行為との間にその他の可能性を排除しなければならない。損害の事実にその他のいかなる原因も存在せずに損害をもたらした可能性があることが確定され、当該環境汚染行為が損害の事実の発生原因であると推定されることで、因果関係の存在が推定される。

　③　一般社会の知識経験による判断であること。

　推定の基準は科学的証明である必要はなく、通常人が、一般社会の知識経験に基づく判断であれば十分であり、解釈上、関係する科学的結論と矛盾がなければ、因果関係は推定される。

---

20)　曹明徳『環境侵権法』（法律出版社、2000）184頁、王・前掲注（10）633〜634頁。

なお因果関係の推定を行うことは、被害者（原告）自らが因果関係の高度な蓋然性の要件を証明するのではなく、因果関係の蓋然性を証明しさえすれば、裁判官が因果関係を推定することを意味していると説明される[21]。

IV 公平責任の原則

民法通則132条は、「なしたる損害に対して当事者のいずれもが過失がない場合は、実際の状況に基づいて当事者に民事責任を分担させる」と規定している。つまり、無過失責任も、過失責任の原則も適用できないものの、被害者の被った損害が重大である場合に、道徳的公平の見地から「実際の情況」に基づいて関係する無過失の当事者に損害賠償の一部を負担させようという制度であり、公平責任原則といわれる。「実際の情況」とは、当事者の経済的負担能力、損害の程度と受益情況（加害者が何らかの利益を得ていたか）、被害の情況などで、これらを総合的に判断することになる。

公平責任原則が適用されるのは、例えば、隣人・知人間の好意に基づく行為による被害、明確な契約関係がない他人のためにした作業に伴う事故などである。公平責任原則は、過失責任を原則とし、例外的に特別な不法行為類型として個別に無過失責任を定める法体系においては、明らかに異質な要素である。いずれにせよ、要件が明確でなく、裁判官の裁量の幅が極めて広く、法的安定性よりも具体的妥当性を優先した制度であり、中国法的特色が濃厚に現れているのではないだろうか。他方で、公平責任の原則は、「公民、法人が故意・過失により国家、集団の財産を侵害し、あるいは他人の財産や人身を侵害したときは、民事責任を負わなければならない」とする民法通則106条2項の規定と矛盾するのではないかと考えられる。この点に関しては、民法通則132条をめぐり、「例外規定説」と「独自帰責原則説」とが対峙しており、後者が多数説とされている。

ところで、公平責任の原則は、1895年のドイツ民法第二草案において一般原則化が試みられたことがある。同草案752条1項は、「不法行為によって他人に損害を与えたる者が、故意過失なきがゆえに責任を免れる場合に

---

21) 楊立新『《中華人民共和国侵権責任法》精解』（知識産権出版社、2010）267〜268頁。

は、裁判官はその時の事情、殊に両当事者の関係を考慮し、加害者の相当の生計および法律上の扶養義務を全うしうる範囲において、衡平の観念の要求する相当の賠償を命ずることができる」と規定している。しかし、結局、1900年施行のドイツ民法において公平責任の原則が採用されることはなく、その他のいずれの資本主義国家でも立法化されることはなかった。これは、抽象的市民の形式的平等を原理とする民法の中に、富者と貧者との具体的関係に着目した、一種の社会法的原理からなる公平責任を組み込むことが、原理的にできなかったからであるとされている[22]。翻って、1922年旧ソ連民法406条は、「加害者に賠償責任を負わせることができない場合、裁判所は加害者および被害者の財産状況を酌量して賠償させることができる」と規定しており、公平責任の原則を一般原則化することに成功した立法例といえよう。しかし、現実的機能を果たすことなく1964年の民法改正で廃止され、その結果、今日において公平責任の原則を民法に採り込んでいるのは中国のみということになるが、中国民法通則において立法化が成功した背景には、民法通則が私法として純化せず、「公法」原理を民法の中に内在化させ、そのことに対して中国の立法者に抵抗感がなかったということが考えられるのではないだろうか。また、最高人民法院が「当事者双方に損害の発生に対して故意・過失がなく、ただ一方が相手方の利益または共同の利益のために活動を行っている過程で損害を受けた場合は、相手方または受益者に一定の経済補償を命ずることができる」（中華人民共和国民法通則を貫徹執行するうえでの若干の問題についての意見（試行）157条）という司法解釈を出しており、さらに、当事者双方またはいずれか一方に明らかに過失がある場合でも、132条が適用される案例が増加しており、実務的にも公平責任の原則の一般化は拡大傾向にあるといえよう。

　ところで、環境被害に係る訴訟において公平責任の原則が適用されるのは、次の条件を具備している場合に限られる。すなわち、当事者双方に過失がなく、過失責任および無過失責任の原則では処理できない案件、②人身、財産および環境に重大な損害を与える案件、の2条件である。なお、損害が

---

22) 小口彦太「中国不法行為法概要」小口彦太編『中国の経済発展と法』（成文堂、1998）84頁。

比較的小さな案件においては、被害者の自己負担となり、人身損害案件においては精神損害賠償責任の負担はない。

　公平責任の原則を適用させる目的は、加害者に対して何らかの制裁を加えることではなく、民事責任に対する教育および予防効果を達成し、被害者の損失を回復あるいは補填することを適宜幇助するというもので、道徳的色彩が非常に強い。したがって、加害者には、状況に基づいて被害者の経済的損害の賠償責任を適宜あるいは完全に負担させることができるが、被害者の得べかりし利益や間接的経済的損失の賠償責任までをも負担させることはできない。また、裁判所は、公平責任の原則の適用に際して、①被害者の損害の大小およびその負担能力、②加害者の加害の程度およびその受益状況、③損害の程度および加害者の経済状況、の３つの要素を考慮することになる。加害者の受益状況とは、たとえば、環境に負荷を与えている企業の営利状況などを指す。また、加害者の経済状況には、経済収入、必要な経済支出および必要なその他の負担が含まれる。もし、加害者が責任保険に加入していたような場合には、加害者の経済状況は比較的良好であると判断される。

　公平責任の原則は、被害者の損失を適切に回復することを目的としており、その適用範囲は厳格な制限を受けなければならない[23]。環境損害における公平責任の原則が適用されるのは、①当事者は無過失、かつ過失責任の原則によって処理することのできない資源および生態破壊案件、②当事者は無過失、かつ無過失責任の原則によって処理することのできない汚染損害案件、③複数の当事者がなした環境損害であるが、責任の所在を明らかにすることができず、加害行為者と思われる者も損害の結果との因果関係の証拠を提出できない案件、④行為無能力者および制限行為能力者がなした環境損害案件（民法通則133条２項）、⑤緊急避難によってなされた環境被害案件（民法通則129条）、の５つの案件であるとされる。

　環境損害賠償において公平責任の原則が適用されたその法的性質については、「補償責任」であるとされる。つまり、加害者の経済状況が比較的好く、被害者の経済状況が悪いときには、公平責任の原則は完全なる補償責任とな

---

23)　常紀文「環境損害公平責任問題研究」http://www.iolaw.org.cn/showArticle.asp?id=1164

るが、加害者の経済状況が悪いときには、被害者も損失（損害）の一部を負うことになる。これは、民法通則上の損害賠償は、全部賠償が原則であることから、責任の分担負担を前提とする公平責任の原則の効果として損害賠償は成立しないという学説の影響が及んでいると思われる。また、効果としては、侵害停止、妨害排除、危険消除、財産返還、原状回復、修理・再建・交換が想定されている。

V　裁判外紛争処理──調停制度を中心として

　最後に、環境紛争の裁判外による解決方法に関しても、調停制度を中心として紹介する。中国の環境紛争は経済成長の速度に比例するかのごとく急増しているが、調停や仲裁などの非訴訟方式による各種の紛争解決制度が広範に利用されている。とりわけ調停は、中国の環境紛争解決の主要な形式で、現在中国の環境紛争のうち75％以上が各種調停によって解決されている。このように、中国の環境紛争問題の解決手法として、裁判外紛争処理システムである調停制度によってその多くが解決されているという理由は、次の２点によって説明されよう。まず、環境問題の複雑性に起因する環境紛争の複雑性および解決方法の多様性が挙げられる。ここには、環境汚染等の紛争の原因に潜在する科学技術の高度化および複雑化に由来する紛争の個別化も包括される。つまり、解決に至るまでのプロセスにおいて要求される事項が、汚染原因の状況ごとに異なり、特に証拠の取捨選択やその評価方法がケース・バイ・ケースにならざるを得ないということである。つぎに、前者の問題と合わせて中国の環境法制の不完備に起因する環境紛争解決のための法的手段の不確実性が考えられる。すなわち、現行の民事訴訟法制度および行政訴訟法制度のみでは広範で多種多様な環境紛争のすべてを対処しきれないということである。

　また、調停には二重の効能が認められることも、調停が多用される原因であろう。すなわち、調停は現実の環境紛争を解決する制度である一方で、現在および将来の環境立法のための経験の累積を可能としており、将来的な手続法制への示唆に富んでいることである。

　いずれにせよ、環境紛争の多くが社会の末端において発生し、汚染と破壊

の結果も一般大衆の日常生活と密接な関係にあることは確かなことである。このような極めて大衆性の強い紛争に対して、前述のとおり、解決に至るまでの過程において柔軟な対応が可能な調停が利用されることは自然の流れであろう。そこで、以下において、人民法院調停、人民調停委員会による調停、行政機関調停の3種類の調停制度について、一般的な制度的概容を明らかにしたうえで、環境紛争に関してはいかなる制度的特徴を有し、機能を発揮しているのかについて略述する。

1 法院調停

法院調停は、当事者の請求に基づき、または裁判官の職権で調停手続を開始し、裁判官の主宰の下で、当事者双方が自主的に話し合いや譲り合いを通じて、法に従って紛争を解決する協議を成立させる活動である。法院調停は、人民法院の裁判官の主導下において法的手続に則って行われるが、その開始はあくまでも当事者の自主的合意に基づいて行われる。また、調停は裁判手続のあらゆる段階において適用でき、協議が整い調停が成立すれば、人民法院は調停調書を作成して当事者に送達し、これによって調停調書は法院の判決と同様の効力を有する（民事訴訟法89条3項）。調停において協議が整わなかった場合は、法院は直ちに判決を下すことができる（民事訴訟法91条、「最高人民法院の〈中華人民共和国民事訴訟法〉の適用の若干の問題に関する意見」92条）。

2 人民調停委員会による調停

人民調停は主に、基層の郷鎮企業、個体戸の仕事場のような生産経営過程と住民の日常生活において広く生じる問題およびそこから導かれる紛争を解決するものであるが、民間において自発的になされる調停と人民調停委員会による調停の2種類が存在する。人民調停の対象となる紛争の類別としては、主に、婚姻関係に関する紛争、家庭内の紛争、私有家屋の使用などに関する紛争、隣人同士で生じる紛争があげられる。これらの民間紛争のほとんどが人民調停委員会によって調停され、およそ90％以上を占めるという。

3 行政調停

　行政調停とは、特定の権能を持つ行政機関が、法律に基づき、所管事項に関する特定の民事・経済に関する紛争事件につき調停を行う活動である。行政調停の類型としては、基層人民政府の司法助理員による調停と公安機関による調停が挙げられる。公安機関による調停は、環境紛争にはあまり関係しないので省略し、司法助理員による調停（以下、単に行政調停とする）に限って紹介する。

　司法助理員の本来の職務は、基層人民政府から授与された職権をもって、管轄区域（基層人民政府の行政管轄区域と同じ）内の司法行政事務を扱うことであるが、司法助理員は、その際、人民調停委員会の活動を直接指導するほか、基層人民政府を代表して民事紛争の解決過程に参与している。司法助理員が調停できる紛争は、人民調停委員会が調停できる紛争と同じである。つまり、市民の間において生じた人身または財産権益に関する紛争その他日常生活の中で発生する紛争である。環境紛争に関しては、環境汚染等に起因する賠償責任および賠償金額に係る紛争については、当事者の請求に基づいて環境保護行政主管部門またはその他の環境監督管理権を行使する部門によって調停が行われる（環境保護法41条2項）。環境行政調停は調停を主導する機関によって異なり、環境保護機関による調停、上級主管機関による調停、その他の行政機関による調停の3種類が存在する。いずれも手続的に差異があるわけではなく、調停の結果（行政処分）に対して不服がある場合は人民法院に出訴することができる（環境保護法41条3項）。ただし、調停の結果を不服として当事者が人民法院に出訴したとしても、それは関係した行政機関を被告とした行政訴訟ではなく、あくまでも当事者間の民事訴訟となる。これは、行政調停が民事紛争を解決する手段であるということにより説明される。行政調停は公権力に対して救済を求める一手段であり、自己の権利の国家による保護を求める一方法でしかないのである。また、民事紛争を関係する行政機関が行政調停により解決することは、国家の行政管理活動における人民調停制度の具体的応用であると考えられる。行政調停がその性質において人民調停の具体的応用であり、人民法院への出訴の余地がある以上、最終的な執行力は司法権に留保されているとみるべきだろう。

VI おわりに

　本稿では、具体的な判例を通じた研究ができなかったが、侵権行為法制定以前から侵害行為と損害との間の因果関係をめぐる判例が非常に多い。しかし、これらの判例の多くは財産的損害に関するものが圧倒的多数であり、健康被害をめぐる判例を目にすることは非常に少ない。このことが健康被害をめぐる紛争が少ないということを意味するものでないことは火を見るより明らかである。沿海部の工業化は当該地域の居住民だけでなく、周辺国へも深刻な大気汚染を拡大させ、呼吸器系疾患罹患者が急増している。淮河流域ではカドミウム、水銀化合物、PCB等のあらゆる有害物質による水質汚濁に多くの農民が生死の境目を彷徨っている。また、建国以来生産性の向上だけをひたすら指向した結果、農薬漬けとなった農地は土壌汚染の比類なきモデルとなっている。さらに巨大化する都市からは排出される各種廃棄物のほとんどは郊外に野積みにされて周囲に静かに汚染を拡大させている。このように世界史上において未曾有の公害大国となった中国で、健康被害をめぐる訴訟例が少ないことそのものを検証する必要があろう。

　他方で、中国における環境被害者救済に係る法理論は目を見張る展開を見せ、多くの被害者を救済しようとする姿勢が感じられる。しかし、そこでは、責任能力論と賠償能力論の未分別ともいえる現象も感知される。今後、各種損害保険や医療保険制度が社会的に拡充されるに伴い、理論的には大きな変化が生じることも予想される。また、過失責任論および無過失責任論の射程範囲外までをも救済しようとし、それは環境公益訴訟という形で様々な広がりを見せている。さらに、因果関係の推定に関しても、被害者救済重視という姿勢は大いに評価するとしても、その論理構造の危うさは環境被害者救済以外の不法行為事件へ負の影響を及ぼしかねない。いずれも、責任を負うべき者の不在や賠償能力の欠如という問題が根底にある。この問題は、責任を社会化する方向に向かうことであろう。中国の不法行為理論は、いま大きな理論的転機にさしかかっており、今後の動向は学術的にも、実務的にも丹念に注視して行かねばならないであろう。

第13章 外国環境法

44 モンゴルの環境法の動向

蓑輪靖博

I モンゴルの環境問題

1 モンゴルの発展と環境法の役割

　自然あふれる草原の中で青天を仰ぎ悠々と暮らす遊牧社会を連想させるモンゴルは、今や多くの環境問題を抱えている。観光・鉱物資源開発の犠牲になった草原もあるし、調和を喪失し存続の危機に直面する遊牧地域もある。草原に浮かぶ欧風の首都ウランバートルも、生活可能な限界を超える都市公害にあえいでいる。

　世界帝国を築いたモンゴルは明・清との複雑な支配関係の後、1921年の人民共和国宣言[1]によってアジア初の社会主義国となった。コメコン体制の恩恵を受けたものの、ソ連崩壊を契機に市場経済への道を選択し、1992年憲法でモンゴル国となった。以後20年間、西側諸国の強力な支援を受け体制転換を果たしたモンゴルは経済発展を遂げつつある。

　市場経済化による発展は一方で、自然環境破壊と都市公害をもたらした。発展途上過程で経験する共通の問題といえるが、モンゴル固有の要素も影響している。体制転換による法改革[2]で整備された環境法令も問題解決には至っていない。モンゴルは遊牧社会と草原の国というだけでなく、天然・自然資源あふれる宝の国でもある。市場経済化はその活用を前提としており、いかに持続的使用を実現するかが大きな課題である。都市部の公害も生活・

---

1) 簡単な経緯については、中村真咲「モンゴル」鮎京正訓編『アジア法ガイドブック』（名古屋大学出版会、2009）103-113頁参照。なお、モンゴルは辛亥革命による1911年の自治政府樹立を建国年としている。

経済活動の大きな妨げになっている。現在の環境法制が十分機能しない理由は法の不足によるのか、法内容の不備にあるのか。あるいは法の施行方法・内容の問題なのか。モンゴルの発展はこの検討と解決にかかっている。

2 モンゴルの地理的状況[3]

　南北を中ロに接する内陸国モンゴルは、日本の約4倍の面積で人口が約300万人。寒暖差は大きく、乾燥度の高い気候で、年平均気温は氷点下である。首都ウランバートの1月は平均零下20度以下で、9月～5月は暖房が不可欠である。一方涼しい夏（7月平均気温は20度に満たない）は貴重な観光シーズンとなる。降水量は北部で400ミリ、南部のゴビでは100ミリ以下にすぎず、降雨もすぐ蒸発するか地下に浸透し、河川水の安定供給が困難な場所もある。この気候は定期的に雪害・干害を招き、家畜が大量死する。2009～10年冬の雪害では家畜（4400万頭）の18％（795万頭）が死亡したと報道された。

　平均標高1500mの国土は全体に北から南に低くなり、北から森林、典型、乾燥、荒漠を冠する草原が連続する。中東部に多い典型草原は2割、ゴビは乾燥・荒漠草原で3割を占める。最西部の最高峰フィティン山（4374m）から中西部に山岳が連なる。森林は北部に多く、永久凍土を含むタイガもある。森林面積は1割に満たず、約8割が草原植生といわれ、地域特性に適応した遊牧が営まれている。水資源量は約600 km^{2}で、湖水84％、氷河10％、河川6％となる。更新可能な地下水は10.8 km^{2}にすぎない。北部に大きな湖が多く、世界遺産で最大のウブス湖は琵琶湖の約5倍。第二のフブス

---

2) 国際機関や諸外国による法整備支援が行なわれたが、その一例について拙稿「発展途上国に対する法律整備支援について―ADBの対モンゴル支援を題材として―(1)～(3)」九州産業大学「商経論叢」40巻2号（1999）185-207頁、同3号（1999）317-336頁、4号（2000）29-58頁参照。

3) データは、アジア経済研究所『アジア動向年報』（毎年6月発行）「モンゴル」、在モンゴル日本大使館「最近のモンゴル経済」（2010年）(http://www.mn.emb-japan.go.jp/news/EconomyOct2010.pdf)、モンゴル国家統計局 (http://www.nso.mn/v3/index2.php)や、世界銀行 (http://data.worldbank.org/country/mongolia) のホームページのほか、現地ヒアリング調査（モンゴル法務内務省、自然環境・観光省、モンゴル国立大学等）の結果による。

グル湖も観光地として名高い。1000を超える河川のほとんどは湖を終着点とする。北東部の大河セレンゲとオルホンは合流してロシアのバイカル湖に注ぎ、その全長は全河川のほぼ半分に及ぶ。

古くは海で石炭〜ジュラ紀の地層が見られるモンゴルには、岩塩のほか多彩な化石・鉱物資源が発見されている。石炭・ウランのようなエネルギー、貴金属である金・銀、非鉄金属である銅・鉛・亜鉛・錫、宝石でもある蛍石、タングステン・モリブデンのようなレアメタル類などの鉱床が見られ、今後の調査で新たな鉱床や採掘拡大が期待される[4]。

3 モンゴルの環境問題[5]

(1) 都市生活と環境問題

人口の6割は都市生活者である。その6割が集まる首都ウランバートル[6]は1360 km^{2}の盆地で、南部を西流するトーラ川周辺に工業地帯、北部に都市が広がる。山林と草地であった都市周辺は、過度な人口流入と土地私有化の影響で居住地や私有地になった。マンション、ビルが多く建設され、既存建物も商店や飲食店に改修され、商業広告で溢れている。歩道は違法な個人店舗で狭くなり、雑多な建築の乱立は都市景観を悪化させている。

---

4) 鉱物資源は、重要な将来の外貨獲得の源泉とされている（例えば、UNDP, *MONGOLIA : DEVELOPMENT CO-OPERATION 1991REPORT,* 18（1992））。1991年には6000ヶ所の鉱床に800種の鉱物資源の存在が確認されていたものの、当時採掘が始まっていたものは160ヶ所にすぎなかった（（財）国際開発センター「外務省委託・経済協力計画策定のための基礎調査—国別経済協力計画（モンゴル）」91頁（1993））。日本政府も2010年11月19日の日モ首脳会談後の「『戦略的パートナーシップ』構築に向けた日本・モンゴル共同声明」で「モンゴルの鉱物資源開発における互恵的関係の構築は両国の国益に適うものであり、戦略的に推進していくべきとの認識で一致した」としている。
5) 本稿の成果は科学アカデミー法学研究所所長元法務大臣アマルサナー教授、モンゴル国立大学エンフメンド教授、同オドゲレル教授、同エンフサイハン教授、オトゴンテンゲル大学副学長ナランチメグ教授、法務省マンダハバット法律政策局長などに対するヒアリング調査（2010〜11年）によるところ大である。この場を借りて謝意を表したい。
6) この20年で4割ほど増加しており、100万人を超えている。内モンゴル自治区からの不法労働者や地方流入者により正確な人口は不明で、実際にはこれより多いともいわれる。なお、人口第二の都市ダルハンやエルデネトが約10万人とされるから、極端な首都人口集中である。

地方流入者を含む貧困層の多くは都市を包むように、急ごしらえのゲルや家屋で生活する。全市に及ぶ暖房網が連結されないため、生石炭を暖房に用い[7]、大気汚染の原因となる。とくに暖房期は煙に覆われ、悪臭が漂う。自動車の急増[8]も一因である。首都は人口集中に対応できず、慢性的渋滞の道路では先進国で使用不能な中古車が有毒な排ガスを放出する。電力需要の増加による火力発電所の排煙や工場地帯の排煙も一因となっている。

人口増は下水道や排水・廃棄物処理施設を不足させ、工場・生活排水の垂れ流しもあり、河川・地下水は水質汚濁している。水・湯水管の老朽化・漏水も一因である。トーラ川上流の取水は都市河川の水位減少、表面水の喪失をもたらし、将来の水不足も懸念される。

(2) 遊牧と環境問題

GDPの2割、労働従事者の35％を占める農牧業の中心は遊牧である。農地は30万haに及ばない。遊牧は長い歴史をかけ、地理的環境に適応しながら発展した伝統文化を含む生業とされる。経験則にしたがい、集落は夏・冬期に例年移動を行なうが、雪害や干害の年には移動地を変更する柔軟性を備える。家畜は羊、山羊、牛、馬、駱駝の五種に限定されるが、地域特性により家畜種・数や遊牧手法が異なり、季節・気象変化に対応した集合離散を繰返す。乳は重要な資源である反面、毛の重要性が相対的に低い点はモンゴル遊牧形態の特質とされる。「草を食いつくしては移動する」のではなく、「植生条件がよいところほど、頻繁に移動する」という遊牧行動は、自然との共生・持続的生活の象徴といえる[9]。

市場経済化以降の遊牧の変化は顕著である。2009年の家畜数は1985年の約2倍増となったが、その主因は羊と山羊の増加、特にカシミヤ山羊の増加であり[10]、2003年頃に始まった[11]。羊と山羊は草を根こそぎ食し、草原の

---

7) 聞くところによれば、極貧層は生石炭も入手できず、伐採した天然林、拾った廃棄物、古タイヤなどあらゆる可燃材を暖房の材料にしているといわれる。

8) 全国車両数が1991年50,200台、2001年160,500台、2008年339,000台と増加し、現在でも確実に増加傾向にある。ウランバートルにはその半分以上が集中する。

9) 小長谷有紀『朝日選書551 モンゴル草原の生活世界』(朝日新聞社、1996) 7-19頁。その他、遊牧活に関するものとして、小貫雅男『世界現代史4 モンゴル現代史』(山川出版社、1993) 255-273頁、長沢孝司＝尾崎孝宏編著『モンゴル遊牧社会と馬文化』(日本経済評論社、2008) など参照。

持続的利用を妨げる。鉱物採掘後の表土放置とともに草原荒廃による砂漠化の原因となる。モンゴルの土壌有機物を含む表土は乾燥度・硬度が高く崩れやすい。土壌かく乱に対する耐性も低く、風・水食、塩類化を受けやすい。侵食行為である採掘後に表土修復を放置すると、土壌肥沃度の急速な低下は避けられないといわれる[12]。地球温暖化も原因の一つと考えられている。

　羊・山羊の急増など遊牧における家畜種・数の偏りは明らかに市場経済化の弊害とみられる。これに対し、国際機関・二国間支援で採用される「コミュニティを基盤とした天然資源管理」手法をモンゴルの遊牧に持ち込んでいる点に問題があるとの指摘もある[13]。

(3) 経済・産業と環境問題

　モンゴル経済は 2009 年こそ世界同時不況の影響を受けたが、市場経済化直後の物不足・物価高・通貨下落の危機を乗り越え、対外経済支援[14]を活用し経済成長を続けている[15]。農業生産量は社会主義時代の量に回復していないが、生産効率は向上した。他の分野は軒並み社会主義時代を上回る経済

---

10) 家畜数は、1990 年 2586 万頭（58.3％・19.8％・11.1％・8.7％・2.1％：羊・山羊・牛・馬・駱駝の順。以下同じ）、1995 年 2860 万頭（48％・30％・11.5％・9.2％・1.3％）、2000 年 3001 万頭（46％・34.1％・10.3％・7.6％・1.1％）、2003 年 2530 万頭（42％・42％・7.3％・7.7％・1％）、2005 年 3040 万頭（42.4・43.6％・6.4％・6.8％・0.8％）、2007 年 4026 万頭（42.2％・45.8％・6％・5.4％・0.6％）、2009 年 4400 万頭（43.8％・44.7％・6％・5％・0.5％）である。

11) 家畜中の羊：山羊の割合は 1985 年の 58.9％：19.1％から、2003 年に両者 42％、2009 年は 43.85％：44.7％となっている。

12) モンゴルの土壌の特質については、浅野眞希「モンゴル東部地域の土壌と水文環境—遊牧を支える草原生産力の源—」前掲注 (9)『モンゴル遊牧社会と馬文化』88-96 頁参照。

13) 筆者もメンバーに加えていただいている「モンゴル法研究会（名古屋大学 CALE）」での成果として、「コミュニティを基盤とした天然資源管理（Community-Based Natural Resource Management（CBNRM））」は「コモンズの悲劇」による牧地私有化政策のアフリカでの失敗から採用された開発モデルとして評価できるが、モンゴルの地域特性や気候変化に対応した遊牧地の選択・使用における移動性・柔軟性・互酬性確保の点から問題があるとの批判がある。これに関し、地域特性や気候変化の重要性を説くものとして、上村明「（特集・モンゴル：環境立国の行方）土地法と遊牧のゆくえ」科学 73 巻 5 号（2003）554 頁、モンゴル遊牧の実態・特色を紹介したものとして、小長谷有紀ほか編（「生態資源の選択的利用と象徴化の過程」班）『モンゴル国における土地資源と遊牧民』（文科省科研費特定領域「資源の分配と共有に関する人類学的統合領域の構築」報告書）2005 年参照。

発展を遂げ、社会全体の物質的な豊かさの点で市場経済化は成功したといえる。これは天然資源の活用[16]、とくに二つの分野が中心で[17]、カシミヤ毛生産を中心とする農牧業分野[18]と、多彩な鉱物採掘による鉱業分野[19]である。

カシミヤ毛の生産急増の問題は上述した。社会主義時代は地域限定的であった鉱物採掘も、市場経済化以後は鉱業権許可の乱発と国内外の個人を含む採掘業者が急増し、採掘現場は全国に及んでいる[20]。採掘時に使用・発生する有害物質の適切処理、採掘後の表土修復が放置されると草原の一部に土壌汚染・水質汚濁を生じさせる。採掘が露天掘り中心であることも、表土放置による深刻な砂漠化につながっている。

最近では、ツーリスト・キャンプ振興政策による観光開発が草原・牧地の景観を阻害しているとの指摘もある[21]。

---

14) 日本は1991年以後3年間に年平均90億円の経済支援をし、支援額全体の3割を超える1位であった（林伸一郎「Ⅷ．モンゴルへの経済協力」『新生モンゴル―脱社会主義への挑戦』（日本貿易振興会、1995）126～144頁）。現在も対モンゴル経済協力実績は高く、金額は減少傾向であるが、2004～2007年はいずれも1位で2007年が5155万＄となっている。これは国際機関の合計額（2007年5277万＄）にほぼ匹敵する（詳細は外務省国際協力局編『政府開発援助（ODA）国別データブック』（2010年2月）103-113頁参照）。

15) モンゴルの実質GDP成長率は1991～1993年こそマイナスだったがその後プラスに転じ、2003年以降は5％以上のプラスで、2004年は10.6％、2006～2008年は8～9％のプラスである。

16) 資源の輸出は、1990年代こそ3億＄台にとどまっていたが、2001年5.2億＄、2005年10.5億＄と増加し、2008年には25.3億＄と8倍以上に膨れ上がっている。

17) 2008年の実質GDP 3.62兆tgの内、1位農牧業22％、2位鉱業18.4％となっており、この順位は2005年以降同じ。2005年実質GDP 2.78兆tgの内、1位農牧業21.9％、2位鉱業21.84％、2006年実質GDP3.02兆tgの内、1位農牧業21.7％、2位鉱業21.4％、2007年実質GDP 3.32兆tgの内、1位農牧業22.8％、2位鉱業19.9％。なおtgはモンゴルの通貨単位トグログで2010年で1＄約1250tg。

18) カシミヤ毛の生産は1995年の421tが2006年に1388tとなり、2007年以降は1500tを超えている。

19) 銅やモリブデンの産出量は各々37万t前後、4000t前後と1995年頃から横ばいである。石炭・金は急増し、近年は鉄鉱石・亜鉛も算出される。石炭は年間500万t前後が2004年頃から急増し2009年1316万t、金は1995年4.5tが1999年10.2tとなり2004年以降は20t前後の産出である。鉄鉱石は2009年138万t、亜鉛は同14.2tである。

20) 鉱業探査権は2007年で4千件を超え、国土の約半分がその対象地域ともいわれる。

II モンゴル国の誕生と環境法

1 モンゴル人民共和国の環境法

辛亥革命(1911年)を契機に清朝からの独立宣言をしたモンゴルは、1924年憲法でモンゴル人民共和国となってから、1940年憲法を経て、農牧業協同組合化の完了のめどが立った1960年、社会主義の完成と将来の共産主義建設を目標とする新たな憲法を制定した[22]。

環境関連法については1970年代に、文化遺産保護法(1970年)、土地利用法(1971年)、森林法(1972年)、水法(1972年)、狩猟法(1973年)が制定されていた[23]。土地利用法は、人民所有である土地を農地、都市・人民利用地、特別計画地、森林地域、水源地などに区分して利用手続や義務などを定めていた。森林法は、河川・湖沼・線路・道路周辺の一定地域を使用禁止とし、例えばウランバートルの周囲80kmを緑地区域に指定して森林伐採を禁止、違法行為に対する行政責任を規定していた。水法は、水質汚濁や水の減少・枯渇防止のため衛生保護地域を指定し、灌漑設備の違法設置や排水設備の破壊などを禁止し、罰則を設けた。狩猟法は、違法狩猟に対する賦課金により狩猟可能な区域・時期・動物・重量の規制をしていた。文化遺産保護法は、刑事罰などで歴史的・文化的遺産、民族的財産、芸術活動などの保護を図っていた。いずれも一般規定が多いが、担当官による強権的行政規制と罰則を通じて、行政的環境保護が浸透していたといわれる[24]。

希少動植物を含む天然・鉱物資源は、清朝下では皇帝の財産とされたが、

---

21) オトゴンテンゲル大学ツォグドバヤル教授の指摘である。現在モンゴルには旅行業者が248、ホテルが340、ツーリスト・キャンプが240あるという(2011年2月オトゴンテンゲル大学での「日本モンゴル景観比較研究シンポジウム」での報告)。個人事業者が多く不確定であるが、GDPに占める割合は多くても農業の1割程度(3%前後)といわれる。
22) この経緯については、拙稿「モンゴルの憲法制度」大村泰樹=小林昌之編『東アジアの憲法制度』(アジア経済研究所、1999) 95-99頁、中村・前掲注(1) 103-111頁参照。
23) この時期の環境法については、W.E. Butler, THE MONGOLIAN LEGAL SYSTEM: CONTEMPORARY LEGISLATION AND DOCUMENTATION pp.524-563 (1982). による。
24) ヒアリング調査におけるエンフメンド教授の意見。

1924年憲法で人民所有となった。コメコン体制の下で工業政策を鉱業重視に転換した1970年代から、鉱物資源の多くはソ連による事実上の接収状態にあったが、限定的開発にとどまったため、重大な草原破壊や鉱害事件はみられなかった。遊牧業は農牧業協同組合による集団化により家畜減産の連鎖を生んだが、遊牧社会の伝統的生活自体は残された。農業開発が小規模にとどまったこともあり、内モンゴルのような大規模な草原破壊はなかった。水資源の大幅な減少もみられなかった。社会主義体制下の過度な伐採により、森林は減少したといわれる。民族の歴史や宗教、文化に対する規制は社会主義体制構築の名の下に厳格であったことは周知のとおりであり[25]、歴史的遺産の損失もあった。

2 モンゴル国憲法と環境権

(1) モンゴル国の誕生

特権化した官僚機構、非効率的な工業、生産性の低い農業などの課題を抱えながら、体制転換できなかったソ連は1991年に解体された[26]。モンゴルはそのあおりを受け経済的苦境に追い込まれたが、複数政党制導入などの政治体制転換と市場経済への転換を果たした。

社会主義経済体制下の工業化と農牧業の集団化は80年代に行き詰まっていたとの見方[27]がある。モンゴルの体制がソ連ほど脆弱化していないことを考えれば、ソ連解体過程のコメコン体制崩壊により、その最大の恩恵を受けていたモンゴル[28]が体制転換を余儀なくされて経済的ダメージを受けたと見られなくもない。いずれにしろモンゴル唯一の政党である人民革命党は

---

[25] この反動で、空港からビール・食品・建築物などあらゆるものにチンギスハーンの名が氾濫し、山腹の巨大絵画や草原のアルミ製モニュメント（高さ50m）も作られた。
[26] 木村英亮『ソ連の歴史――ロシア革命からポスト・ソ連まで』（山川出版社、1996）194-227頁。
[27] 小貫・前掲注 (9) 246-247頁、安田靖『モンゴル経済入門』（日本評論社、1996）45-48頁など。
[28] コメコン体制下では加盟国による域内分業体制（バーター貿易）が敷かれ、モンゴルは輸出入の9割超を同域内に依存していた。特に一次産品の輸出と石油・資材・機器・生活関係品の輸入を行い、慢性的輸入超過に誘導され、ソ連による借款等で穴埋めされていた。

市場経済化の方針を示し、いち早く複数政党制を導入して大統領・国家大会議議員選挙を行ない、中国との関係改善と西側諸国の支援[29]による市場経済化に活路を見出した。党内部の自主改革の結果、大きな混乱もなく市場経済体制への移行が決定された。その上で、1992年の新憲法制定[30]によりモンゴル国が誕生した。

(2) モンゴル国憲法と環境権

① 環境保護の理念および土地私有化と国の役割

新憲法は、民主主義、正義、自由、平等、法の尊重の確保をモンゴル国の基本原則としたうえで（1条）、多様な所有形態を認め、法の正当な手続による制限をのぞいて私的所有権を保護する旨を定める（5条）など市場経済移行の基盤となる権利関係を定めている。

土地、地下資源、森林、水、動植物その他の天然資源は国の主権・保護下におき（6条1項）、国民の私有をのぞき国有とされる（同2項）。私有はモンゴル国民のみに認められ、その対象は公用または特別用地・牧草地以外の土地に限定される（3項）。国は土地所有者の土地利用に責任を負い、住民の健康、環境保護および国家安全保障上の利益に反する土地利用がある場合、正当な補償による国の収用を認めている（4項）。

新憲法では、自然環境・天然資源への国による保護・規制の姿勢が強く示されているが、この実現の可否は私有地の特定・限定と、利用制限の内容・方法にかかっている。

② 基本権としての環境権

モンゴル国民には、健康で危険のない環境で生活する権利、環境の汚染および自然の均衡喪失から保護される権利（16条2項）、つまり環境権があるとされる点は特筆すべきである。これは参政権・政治結社の自由などの政治的権利・自由、経済権、社会権、文化権、平等権、個人不可侵権などに分類

---

29) 1991年9月に日本・世界銀行の共同議長によって開催された第1回モンゴル支援国会合（東京）から本格的な西側諸国・国際機関によるモンゴル支援が始まった。この会合は前年の米国務長官のモンゴル訪問を契機としている。

30) モンゴル憲法については、Ч. Энхбаатар, Үндсэн Хуулийн Эрх, 2007、J. Amarsanaa, CONSTITUTIONALISIM AND CONSTITUTIONAL REVIEW IN MONGOLIA, 2009 など参照。

される「国民の基本権、自由」の一つとされ、社会権に位置づけられている[31]。社会権には労働者の権利、生存権、健康の保護、教育を受ける権利、国から扶助を受ける権利などが含まれ、環境権は生存権と健康保護を内容とする社会権と考えられる。今日では地球全体にわたって人の活動を原因とする環境への悪影響が増加の一途を辿り、環境の均衡・調和を奪うまでに至っている。国はこのような状況を踏まえ、国民が健康で安全な環境で生活できるように、様々な環境汚染や生態系の均衡喪失から国民を予防、保護する義務を負うことを意味するとされる[32]。

　国民には自然環境を保護する義務が課されている（17条）。この義務はすべての市民の神聖な義務とされる[33]。国、社会、個人の利益のためだけでなく、人としての生活や人類の存在・種という価値に関わる根本的道徳的性質を内在する義務で、モンゴル国領土内のすべての人に適用される[34]。義務内容としては、自然環境保護法令の遵守、自然環境を保護する基本的な伝統・習慣を保持し、子供に環境教育を施し、自然環境への悪影響から守り、自己の過失による悪影響や損害を回復し、その費用を負担することが含まれる[35]。

　いずれも理念としては崇高で広範な内容の環境権の保障が宣言されている点は評価すべきであるが、その具体化のための環境法制の整備が権利保障実現の可否を握ることになる。

(3) 1988年地下資源法

　旧憲法下の1988年に地下資源法が制定されている点は注目すべきである。市場経済移行が政府方針として明示される前に[36]、コメコン体制崩壊を前提とした地下資源活用のあり方を示すものだからである[37]。この法律は1995

---

31) Энхбаатар・前掲注（30）135頁、Amarsanaa・前掲注（30）24-26頁。
32) Энхбаатар・前掲注（30）136頁。
33) Ж. Амарсанаа, Монгол Улсын Үндсэн Хууль, 2006, 5頁。
34) Энхбаатар・前掲注（30）142頁。
35) Энхбаатар・前掲注（30）143頁。
36) 市場経済化は1990年には始まり、1991年5月には国有財産私有化法が制定されている。
37) 1987年1月の駐留ソ連軍撤退合意の直後にも米外交関係が樹立され、6月には中国との国境取り決め協議、翌年には20年ぶりに北京定期航路が再開された。

年に改正され、現在も有効である。地下資源は国有とされ、国家の管理下で使用・保護し、国家大会議に国家基本方針を策定する義務が、政府にそれに基づく地下資源使用義務が課されている。

環境保護との関係では、環境を所管する国家機関には、地下資源使用による環境への悪影響が最小限度にとどまるよう監視する権限など規定されている。地下資源保護との関わりでは、地下資源利用者に環境保護手段を講じる義務がある。地下資源使用計画、生態系への影響調査技術報告、環境影響評価書などを権限ある専門機関で作成し、環境影響評価書に基づいた環境負荷の除去、採掘現場の埋戻しにより将来の使用に備えた修復措置、表面土壌の回復措置を講ずる義務もある。

地下資源の利用には、地質調査、鉱物資源の採掘、その他の利用が含まれるが、鉱物資源の採掘については鉱物資源法で定めるとされている。

Ⅲ 市場経済の推進と環境法の整備

1 市場経済移行期と環境法

(1) 自然地域の保護と鉱物資源の利用

① 特別保護地区法

新憲法制定の翌年の国家大会議（国会に相当）議員選挙では、民主化と市場経済化に向けた改革路線が奏功し、再び人民革命党が圧勝して政権与党となり、現路線に基づく法整備が進められた。最初に制定された環境法は、特別保護地区法（1994年1月）であった。

特殊な自然、希少動植物の生息地、歴史・文化的記念物、景勝地の保存・調査を目的としたもので、利用行為への制限内容・範囲に応じて保護地区を4つに区分する。ソム（ほぼ日本の市・町・村）、ドゥーレク（首都内の区のことで、日本の特別行政区に相当）の首長が地域指定し、使用者との契約で使用内容を定め、使用者は原状維持に留意した使用義務、原状回復義務を負う。例えば制限が最も厳しい「禁制地」の場合、それをさらに地域区分し、神聖地域では自然調査・研究、保護地域ではアイマグ（ほぼ日本の県に相当）による規制に基づく動植物の利用が許可されている。また、制限地域では、自

然・動植物の再生・浄化活動、旅行者用道路の通行、許可者の一時的利用、温泉治療、芸術、薬草採取などの使用を認める一方で、土地の耕作・掘起し、鉱物・土砂・樹木などの採取、湿原破壊、新道敷設などの自然破壊・汚染行為のほか、植物の商業目的採取は禁止される。

　国家大会議には、国家方針の策定権限、禁制地・自然集積地の指定権限があり、アイマグ、首都、ソム、ドゥーレクの代表者会議（地方議会）には、法令の施行、各首長に対する監督・指導権限があり、政府や国家行政機関、アイマグ、首都、ソム、ドゥーレクの首長には、法令の遵守や利害調整権限がある。さらに「禁制地」に設けられる特別保護地区行政機関とその担当者や環境保護官や、別に設けられる国家特別保護地区問題処理機関に地区の調査・管理・使用の規則・手続の決定、実施・監督権限が与えられる。国家監査が行なわれ、法令違反には行政罰、課徴金、損害賠償責任が課されている。

　この法律の枠組みは以下に紹介する多くの環境法の典型といえる。すなわち、国家大会議の国家方針に基づき、政府、環境問題を所管する国家行政機関、地方代表者会議・政府、特別行政機関に対して段階的な権限付与が規定され、最終的にはソム・ドゥーレグの首長や担当官に利用許可・監督権限を与える仕組みである。自然環境保護は、地域特性を十分考慮し、かつ地方政府や首長等による恣意的判断の防止が必要である。機関相互の抑制・均衡、すなわち地域特性を熟知した地方と国家方針の浸透を図る国との抑制・均衡を実現する仕組みを整備することが重要である。しかし現実には、多くの行政段階を経ること、公務員数の不足、地方政府担当官の知識不足、過剰な市場競争による担当官と地域住民・開発業者の癒着・汚職などから、中央政府の方針は徹底されず、地域によっては担当官の恣意的判断が行なわれるという問題が生じており、これは現在に至るまで環境法に共通の課題となっている。

② **鉱物資源利用との関係**

　1994年9月制定の鉱物資源法は同12月に改正された前述の地下資源法とともに、鉱物資源開発による経済発展という政府方針を実現するものであった。地下資源は国有とし、戦略的・特別地下資源の探査・使用にあたっては

鉱物資源を所管する国家行政機関の許可、一般地下資源はアイマグ・首都の首長の許可を必要とし、開発にあたっては環境影響評価を必要としている。探査・使用者に対しては表土の修復義務が課され、違法行為に対する探査・使用の停止・許可取消権限が国家機関などに認められ、罰則も規定されている。

特別保護地区法、鉱物資源法とも、違法な鉱物採掘による草原・自然環境破壊を防止する基本枠組みが設けられており、その点で肯定的評価を与えてよい。しかし実際には、上述のような担当者の恣意的運用によって違法な鉱物採掘が横行し、法の趣旨は実現されていない。例えば、特別保護地区として保護すべき場所での鉱物採掘がみられる。

(2) 自然環境保護法

新憲法制定以後で最も重要な環境法は、1995年3月制定の自然環境保護法であった。憲法の理念に基づいて、環境保護に関する基本理念や方針、原則、保護の対象・範囲などを定める画期的な法律であり、これに基づいて、個別環境分野ごとに特別法が制定されている。なお以下に紹介する特別法の多くで、特別地区保護法で説明したモンゴル環境法の基本枠組みが採用されている点に注意が必要である。

① 法の目的および国の基本方針

憲法の環境権の充足、社会経済的発展と自然環境の調和、現在・将来世代のための自然環境・天然資源の保護・使用、自然法則の可能性の保全に向けた各主体の責任関係の調整を目的とし（1条）、保護対象を土地・土壌、地下資源、水、動植物、大気としてその保護を特別法に委ね、人の生活活動に直接間接に影響する国内の土界、水界、大気界に関係する周囲たる「自然環境」を汚染、悪化、損壊、荒廃、喪失させる作為・不作為とされる「自然への悪影響」（3条）からの保護のための基本理念、制度を定める。

国は、快適な生活・労働・余暇の条件整備、生態系の持続ある経済発展と自然環境の均衡の確保、科学的根拠による天然資源の適切な使用条件、自然環境・天然資源の使用決定・事業内容の透明性確保の義務を負う（5条）。

② 人の権利と義務

人には、過失による環境被害（身体・財産損害）の賠償請求、違法な環境被害原因者への責任追及、環境保護団体の設立、関係機関からの環境情報の取得、環境被害活動の制限・停止と事業体・機関の設立不許可請求の権利があり、本法の遵守、環境保護の慣習伝統の維持活用と環境教育の実施、環境被害の予防と過失による環境被害の回復・賠償義務を負う（4条）。契約や特別許可に基づき、適切な費用などの支払を条件に、国民、事業体、外国人による天然資源の使用を認めている（6条）。

③ 国・地方政府の権限と事業体の義務

国家大会議には、基本方針の策定、監査、使用料・費用の設定、絶命危惧種リストの作成などの権限がある（13条）。政府には、基本プログラムの策定、動植物を含む天然資源の使用・輸出管理、環境被害を及ぼす活動の停止、基金やエコ教育機関の設置などの権限がある（14条）。環境問題を所管する国家行政機関（現・自然環境・観光省）には、法令実施における調整、規則の策定、環境情報の提供、国際共同実施などの権限がある（15条）。

地方政府のうち、アイマグ・首都の代表者会議に、域内の自然環境・天然資源の監査、特別保護地区の指定・監査、その首長には、自然環境・天然資源の制限・停止などの権限がある（16条）。ソム・ドゥーレグの代表者会議には、域内の監査、その首長には、域内の天然資源使用権利書の付与、天然資源の使用・修復の監査、天然資源使用の停止などの権限がある（17条）。バグ・ホロー（ソム・ドゥーレグ内の行政区画）の代表者会議には、域内の監査、牧地・水源の使用調整、その首長には、域内の監査、環境汚染・廃棄物処理の浄化、天然資源使用権利書の付与、衛生管理、廃棄物処理場の決定権限がある（18条）。

事業者には、事業活動による有害物質・廃棄物の登録とその減少・浄化の監査報告、環境への悪影響の除去・原状回復費用の負担など（31条）の義務がある。

④ 環境汚染対策

国家行政機関は上記権限のほか、環境汚染対策として、環境汚染の限度・基準の設定・遵守義務を負っている。

環境汚染の限度・基準として、大気・水・土壌の有害物質の許容限度、大気への有害物質の排出上限、騒音・振動・電磁波その他物理的に有害許容限度、放射能の許容限度、農薬の排出上限、食品内の化学物質の上限、環境中の収容上限を定め、これを超える排出者は自主的浄化義務を負う（20条）。これを超える生産と生活・産業廃棄物の排出を「環境汚染」とし、国は汚染源の登録・監視義務を負い、排出者・国は「環境汚染」予防のため、有害・可燃性物質・廃棄物の埋立処分、廃棄物の分別・収集処理、居住地の清掃・浄化の義務を負い、政府が放射性・科学的有害物質の規制を定める（21条）。人の活動・自然災害により家畜・動植物に悪影響が生じた場合、政府には、発生源対策・損害回復義務があるが、最終的には過失原因者が負担する（22条）。

　⑤　環境評価と環境調査・監査

　自然環境保護・均衡喪失の予防と天然資源の使用調整のために環境影響評価を必要とし、商業目的の天然資源使用者は環境評価専門家により、測定・調査に必要な機器・設備を用い、自然環境評価手法により、評価問題情報部門を設置して評価する義務を負う（7条）。人的活動の健康被害・自然環境への悪影響の事前確定、その減少・消滅手段の確定を「影響評価」とし、環境への悪影響ある経済活動・開発案・計画の策定・契約締結に際して、事業注文者が影響評価義務を負う（9条）。天然資源の適切使用・自然法則による回復を考慮し、資源の質・量を評価し、国家情報基金に登録して、環境と経済の調和を考慮した国家行政機関の金銭評価により、天然資源の使用料・費用、環境被害額を算定する（8条）。

　なお、環境問題を所管する国家行政機関には、自然環境の現状・変化の調査・監査義務がある（10条）。

　⑥　その他

　法令遵守・違反者の捜査権限は国家・地方監査官、自然環境保護官にあり、罰則規定もある（26条〜28条）。環境保護予算や使用料・費用収入の配分についての規定もある（33条〜35条）。

(3) 自然環境保護法制定後の動向
① 自然環境保護法制定後の立法状況

自然環境保護法制定の1995年には、3月に森林法、大気法、4月に狩猟法、自然植物法、同法付録、水法、5月に森林、自然植物、水・鉱泉、動植物の狩猟・許可に関する使用料法、12月にエネルギー法が制定された。翌年5月には森林・ステップ火災保護法が制定された。いずれも自然環境保護に向けた個別分野の法整備として意義があり、人民革命党政権の成果と評価してよいが、1996年国家大会議議員選挙では市場経済化以後の経済低迷、不十分な世代交代などを理由に、新世代を中心とする民主連合が政権を奪取した。その後1997年4月に土地使用料法、11月に気象・環境監視観測調査法、1998年1月に環境影響評価法、5月に旅行法、衛生法、2000年1月に天然資源使用料による環境保護対策法、5月に野生動物狩猟法(狩猟法を改正)、動物界法、11月に危険廃棄物の輸出法が制定されたが、これらは人民革命党時代の法整備の継続といえるものである。

新憲法制定から上記環境立法により形成された環境法体系・枠組みは現在でも維持されている[38]。民主連合政権時代は内紛や腐敗が批判されることはあっても環境政策を評価する報道はなかった。ふりかえれば、この間に都市公害と草原破壊が進行していたのである。

② 森林法

森林保護・使用・回復・植林に関する責任関係を定めることを目的とし、生態系としての重要度に応じて地域を分類し、段階的に利用制限を行なうと共に、国家大会議、政府、国家機関、地方政府等の権限を定めている。森林使用の際は、ソム・ドゥーレグの首長との契約を義務付け、一定の使用料を課している。森林使用による樹木伐採者には伐採数の10倍の植林義務が課されている。法令違反に対する罰則規定もある。

③ 大気法

現在・将来世代のため大気界の保護・適切使用を調整することを目的とし、自動車や排出事業者に対する大気汚染防止規制を可能とする一般規定が

---

[38] ヒアリング調査におけるエンフメンド教授の意見。なお、自然環境保護法は、現在までの多くの特別法制定を受け、部分的に改正されている。

盛り込まれている。環境問題を所管する国家行政機関と保険衛生問題を所管する国家行政機関はそれぞれ専門機関を設置して、前者は事業者による排出許容限度を含む大気保護規則、後者は大気への悪影響・物理的影響を与える基準案を定めるものとされる。環境問題を所管する国家行政機関には汚染物質や物理的影響における許容限度を超える排出事業者に対する操業停止権限や自動車の排気ガス規制権限がある。ソム・ドゥーレグの首長には大気保護を目的として、観光地、道路、居住地などの自動車禁止・規制権限がある。汚染物質排出事業者には費用支払義務がある。温室効果ガスやオゾン層破壊物質に対する一般的規制権限も規定している。

④ 水　法

河川・湖沼・遊牧地内の水源地・上下水などすべての水、水域の適切使用・保護・回復を目的とし、国家大会議、国、国家機関、地方政府の権限が段階的に定められている。水源地の数量・性質、使用・排水量等については、アイマグ以下の地方政府が各々登録・管理し、水使用許可権限はソム・ドゥーレグの首長にある。水使用者には使用料支払義務、持続的使用可能な限度で使用する義務がある。法令違反者に対する罰金規定もある。

⑤ 自然植物保護法

希少度に応じて植物採取を禁止・制限している。絶滅危惧種リストが作成されている（133種）。都市居住地の緑地帯や河川・湖沼の周囲、絶滅危惧種の自生地など特定地域の商業目的による植物採取・使用は禁止されている。希少種の採取・使用は外国人をのぞき可能であるが、ソム・ドゥーレグの首長の許可が必要で使用料支払義務がある。植物を採取・使用するため土地使用にあたっては、ソム・ドゥーレグの首長との契約が必要である。

⑥ 森林・ステップ火災保護法

乾燥度の高いモンゴルには、山火事対策が重要である。北部森林地帯ではロシアからの山火事延焼被害を受け越境問題に発展することもある。この法律では、森林・ステップでの山火事の予防・避難・消火などの対策につき、政府、国家行政機関、地方政府の権限を段階的に定める一方、山火事の原因となる人や事業者の予防義務や責任を規定する。

⑦ 野生動物の保護関連法

1995年4月制定の狩猟法が2000年5月に再編され、野生動物狩猟法、動物界法が制定された。政府、国家行政機関、地方政府の権限が段階的に付与され、ソム・ドゥーレグの首長との契約がなければ狩猟できない。使用料の支払義務もここで定める。違反者には罰則がある。動物界法では、野生動物は国有とされ、政府、国家行政機関、地方政府の権限が段階的に付与され、ソム・ドゥーレグの首長に、許可権限がある。希少性・地域性から定めた野生動物生息地に応じて規制を行っている。違反行為に対する罰則もある。

⑧ 天然資源使用料による環境保護対策法

天然植物の採取、動物の狩猟、土地使用、森林使用、水・鉱泉の使用に際して徴収を義務付けている使用料収入の内、一定割合を環境回復・環境保護対策費用として用いることを定めたものである。使用料をいわば環境賦課金として環境予算化することで、確実な環境対策費用の確保を実現するものとして重要な意味を持つものである。

⑨ 環境影響評価法

環境影響評価法では、人、事業体、機関による生産・事業活動の過程で人の健康、自然環境に与える可能性のある悪影響を事前に特定し、その減少、消失の手段方法を定めることを「環境影響評価」とする。鉱物資源開発・土地利用による開発行為の実施前に環境影響評価を行うものとし、地方の環境監査官、地方代表者会議の監査を受け、環境問題を所管する国家行政機関および地方行政機関に報告する。環境影響評価は、環境問題を所管する国家行政機関の任命する専門家が審査し、必要に応じて詳細な影響評価を求めたり、事業の変更・差止を行なう。環境影響評価が必要な事業計画は、新規かつ継続中の事業活動、建築、天然資源の利用が含まれ、評価対象に限定はなく、国家行政機関の判断によりすべての事業に対して影響評価の実施が可能となる。

この法律は、適用対象が広い一方で内容が明確といえないため、恣意的な運用の危険があり、かつ多くの事業が対象からはずされる恐れがある。影響評価の内容を評価する専門家不足も実施の妨げとなる。

2 市場経済安定期と環境法
(1) 市場経済安定期の環境問題
① 政権交代と経済・環境政策

民主連合政権は政策・利害の相違による内紛、過剰な市場経済と行政裁量を混同する汚職の蔓延から国民に見放され、2000年には世代交代した人民革命党政権が返り咲いた。汚職対策などの制度改革、経済的にはロ・中を始めとする積極的外資導入、土地私有化を含む民営化推進により、GDP成長率は回復を見せた。第二期の法改革といえる法整備[39]では環境法分野に大きな変化はなかった。2004年以降は与野党伯仲と政争による政治空白が生じる中、2008年に与野党大連合政権が樹立したが、依然として政争は絶えない。

市場経済による安定期を迎えた一方、現在に至るまで、その負の側面である貧困問題[40]と環境問題は深刻さを増している。

② 進行する環境問題

2000年以後3年間の歴史的自然災害（雪害、旱魃、山火事など)[41]、2002年6月制定の土地法、2003年6月制定の土地私有化法による土地私有化政策の実施は都市部、とりわけウランバートルへの人口集中、貧富の格差拡大を助長させた。この結果、深刻な大気汚染があることはすでに指摘した。大気汚染は異常な臭気と視界不良を生み、空港の離着陸に影響を与えることもあるという。都市人口の集中は水不足を生み、河川付近の鉱物採掘・家畜関連製造工場による水質汚濁や都市郊外の井戸水・地下水汚染が報道されはじめたのはこの頃であった。

豊かな鉱物資源開発は外貨獲得・経済発展の有望な材料であるため、重要政策に位置づけられているが、その一方で金採掘などの鉱物資源開発が牧地

---

39) 2002年には土地法、土地私有化法のほか、刑法、民法など基本法典、裁判法、教育法、軍事法など多くの法律が抜本改正・制定されている。

40) 2007年の段階で、一人当たり年間GDPが$1507のところ、1日所得$2以下の人口が49％、同$1.25以下が22.4％とされる（UNDP『人間開発報告書2009』（2010年6月））。

41) 1990年の2586万頭が2000年に3001万頭と増加した家畜が、雪害・干害で2001年3600万頭、2002年2368万頭と減少した。干ばつは農作物被害を生み、収穫量は1990年-1995年平均の5割、1970年の3割となった。

内河川の水減少と水質汚濁の原因になっていると指摘されている。その姿からニンジャと俗称される金の違法な露天掘りは絶えないし、大規模な砂金・金鉱石採掘による河川水の減少と汚濁、永久凍土層の破壊も指摘されている。採掘現場の埋戻しや植栽林などの土地修復義務が履行されないとの指摘もある。

例えば 2005 年頃には石炭等を含む違法採掘者が 10 万人といわれた[42]。2007 年には金採掘にあたって使用される有害なシアン化ナトリウムや水銀の土壌汚染・水質汚濁問題が報道され、一部地域では家畜の死亡や住民の健康被害が報告されるなど鉱物資源開発による環境汚染が社会問題化した[43]。全長 435 km に及ぶオンギ川が上流域の砂金採掘の影響を受けて水量を激減させ、下流域の湖沼を枯れさせるなどの被害が生じたとして、地域住民が採掘業者の鉱業権停止を求める行政訴訟を起こし勝訴したオンギ川事件は有名である[44]。

2003 年頃から急増したカシミヤ山羊や羊の増産に関わる草原破壊の問題については上述したとおりである。

(2) 草原破壊と環境法

草原破壊の原因である遊牧形態の変化と違法な鉱物資源使用のうち、前者については法的手当てがなされてないが、後者については新たに鉱物資源法が制定された。

2006 年 7 月制定の鉱物資源法は 1994 年法を全面改正し、権限や利用手続をより詳細に定めたが、基本枠組は変わっていない。広範にすぎるとの批判を受けた探査権面積の上限 (40 万 ha) も同様である。ただし鉱物資源調査・採掘許可費用を明記し、物価上昇分を考慮して罰金額を 10〜40 倍に増額するなど規制強化は行なわれた。

---

[42] 2006 年 4 月には、違法採掘された量が金 10 t、石炭 52 万 t に及ぶとの報道もあった (鯉渕信一「モンゴル」『アジア動向年報 2007』(アジア経済研究所、2007) 98 頁)。

[43] 鯉渕・前掲注 (42) 100 頁。

[44] この事件では、モンゴル科学技術大学・鉱業庁によるオンギ川周辺の環境評価報告書 (Р. Мижидлорд, Ш. Баясгалан, Онги Голын Ус Татарч Буй Шалтгаан, Нэгдсэн Дүгнэлт, 2006) があり、そこでは温暖化の影響が 79.6% であるのに対し、鉱物採掘の影響は 16.4% にすぎないと結論付けられている。

規制の担い手不足や恣意的許可という問題は依然解消されていない上、同法の環境対策権限が自然環境・観光省と異なる鉱物資源採掘を所管する国家行政機関にあること、土地法による鉱物資源採掘を禁止する特別保護地区を所管する国家行政機関が別途設けられていることによる複雑な縦割り行政組織の問題もある。これは地域担当官の混乱を招くうえ、すでに指摘した行政システム上の問題もあって、担当官の恣意的判断を誘発している。
　2009年7月には、河川・大河流域・水源地保護区、森林保護区における鉱物資源採掘・使用禁止法が制定され、このような場所での鉱物資源採掘・使用を禁止した上で、これまでの採掘許可や契約を解除・無効とした後にも、表土回復義務を負うことを明記しているが、前記と同様の問題克服は依然として課題である。
　森林法の2007年5月改正で物価上昇分を考慮した罰金増額は行われたが、森林からの使用木材・薪調達使用料法（1995年5月）は変更されない点、伐採後に義務付けられている植栽林が十分に行われていない点が批判されている。

(3) 都市公害と環境法

　大気法は2001年11月改正で罰金額が変更されたが、排出の基準・限度の設定が十分ではない。環境配慮型ストーブへの切替や排ガス汚染の深刻な中古車の廃車を推奨する政策も実効性がなく、貧困層の生活を考慮すると、それ以上の規制に踏み切れない。2010年には生石炭の使用を制限し、加工石炭の使用を義務付けているが、貧困層への運用は困難である。
　2003年11月には生活・産業廃棄物法が制定された。廃棄物はその排出者の所有物であるとしたうえで、国家大会議の法律に基づいて環境問題を所管する国家機関に実質的な政策立案権限を付与しながら、地方の代表者会議・首長に地域ごとの具体的処理権限を与えている。最終的にはソム・ドゥーレグの首長に廃棄物処理の実施・監督責任を負わせている。廃棄物排出者には違法投棄の禁止と必要な費用負担などを求めている。都市部の廃棄物は減少しつつあるが、今後は処理場周辺の汚染が懸念されている。
　水法は2004年4月に、2002年6月制定の都市部・集落の水確保・浄化・導水による使用法（水問題担当の国家機関の設置）の内容を盛り込むこと、罰金の増額を行なうことなどを目的とした抜本改正が行なわれた。罰金増額は

物価上昇分を見込んでのことであり、同様の趣旨から2004年12月に水・温泉使用料法の料金が増額された。水法に基づく水の利用・登録・管理システムに関する手続・規則は2006年8月になって、環境大臣の政令により制定されている。

2006年5月には有害危険化学物質法が制定され、有害危険な化学物質の輸出入・製造について国の許可が必要とされ、それを扱う事業者に対して化学物質に関する情報の公開を義務付けている。

(4) 国際環境法

モンゴルが加盟する国際条約は19で[45]、生物多様性条約、気候変動枠組条約、ワシントン条約、砂漠化対処条約、ラムサール条約、バーゼル条約、世界遺産条約、国際捕鯨取締条約、オゾン層保護のためのウィーン条約、同モントリオール議定書などがあげられる。

(5) 2008年モンゴル法改革評価報告書

モンゴル法務内務省は1998年以降の法改革の評価を行い、2008年報告書[46]を公表した。

環境法分野では、新憲法6条の理念、すなわち土地や天然資源を国の所有・管理下において保護する限度で土地・天然資源の私有化を認める方向性がどこまで実現されたかが評価された[47]。法整備の点で肯定的評価がなされたが、天然資源の使用許可・手続に関する情報の不十分な周知・公開と手続の煩雑さによる非効率性を指摘している。自然環境保護法の違反行為への取締と損害賠償・回復義務の履行については、刑事罰の厳罰化に向けた改正を肯定的に評価するが、損害賠償・回復義務の履行は不十分と指摘している[48]。

現状の問題把握の点で評価できるが、その原因把握が十分に行われている

---

45) Б. Алтангэрэл, Ж. Амарсанаа, Ч. Баттөмөр, Ц. Сарантуя, Б. Чмид, Олон Улсын Гэрээний Тухай Монгол Улсын Хуулийн Дэлгэрэгүй Тайлбар (2010).
46) Хуулы Зүй, Дотолд Хэрэгийн Яам, Монгол Улсын Эрх Зүйн Шинэтгэлийн Хөтөлбөрийн Хяналт Шинжилгээний Үнэлгээ-Тайлан (2008) で481頁に及ぶ。
47) Хуулы Зүй, Дотолд Хэрэгийн Яам・前掲注 (46) 104-109頁。
48) Хуулы Зүй, Дотолд Хэрэгийн Яам・前掲注 (46) 255-258頁。

とはいえない。表面的解決にとどまらず、問題の背景となる実態把握・原因究明とその対策の検討を行うべきである。

IV 今後の動向

　環境立法に共通する枠組み、市場経済化の影響などから法施行・運用上の問題があることはすでに指摘した。これに対し、市場経済化による社会主義体制下の規制的手法の崩壊、モンゴル社会における環境保護の慣習伝統の破壊が環境問題の原因であるとの指摘が有力である[49]。同様の趣旨から、罰金額の改正がないため、急激な物価高に比し、規制的効果を生んでいないから、厳しい罰則規制を課すべきとの指摘がある。地方政府の首長や担当官の恣意的判断の問題も汚職防止規制の主張につながっている。

　確かに、市場競争は過剰であり、また公共サービスと民間サービスの混同から来る問題もみられる。しかし市場競争を前提とすれば、規制的手法だけでなく、経済的手法を含む誘導的手法の導入を検討すべきである。汚職についても、公務員の収入が民間に比べて低すぎるとの問題もある。プライドを維持し、生活を安定させる程度の収入を提供すべきである。

　法内容をみると、一般理念や抽象的権限・行為規制を定めるにとどまり、具体的規則・手続の不足が法施行・運用の妨げになっているが、その背景には担当官の専門的知識の不足、人手不足という問題がある。法分野の不足の点では土壌汚染、地盤沈下対策が課題である。

　その一方で、徐々にとはいえ一定の対策が講じられつつある点は評価すべきである。とくに民事・行政裁判による解決・法創造が期待される。日本の4倍に及ぶ国土の自然環境・天然資源を日本のわずか40分の1の人口で管理する限界もある。一部には首都移転で都市公害は克服できるとの安易な認識があるともいわれるが、遊牧社会の伝統・知恵工夫と最新科学技術を組合せた独自の対策を検討すべきである。

　世界共通の財産であるモンゴル草原に対し、環境面での対外経済協力の余地は大きい。いずれにしろ環境との共生と持続的発展に向けた「草原の国」の今後が注目される。

---

49) ヒアリング調査による有力な見解であった。

事項索引

あ 行

愛知ターゲット→愛知目標
愛知目標……………………… 674, 720
赤泥問題……………………………… 888
アジェンダ 21 ………… 128, 472, 870
足尾銅山………………………………… 3
アスベスト………………………… 528
厚木基地訴訟……………………… 627
アムステルダム条約……………… 1065
アメニティ…………………… 45, 783
アメリカ環境法………………… 1039
EC アスベスト事件………… 995, 1002
EEC 条約………………………… 1063
EU 環境政策の目的……………… 1067
EU 環境法………………………… 1063
EU 環境法の不遵守……………… 1087
EU 機能条約……………………… 1065
EU 条約…………………………… 1064
石綿健康被害救済法………… 23, 629
一次規範…………………………… 163
一次的法源……………………… 1076
一般化学物質……………………… 507
一般公共海岸区域………………… 725
遺伝資源利用………………… 935, 949
遺伝子資源…………………… 704, 934
入浜権……………………………… 748
医療系廃棄物……………………… 912
因果関係の推定………… 1094, 1095
因果関係の割切り………………… 628
ウィーン条約法条約……………… 828
海ゴミ……………………………… 734
埋立税……………………………… 287
埋立て段階課税方式……………… 304
浦安事件……………………………… 4
上乗せ基準…………………… 527, 531
営造物公園………………………… 709

エクソン・バルディーズ号事件
……………………………… 958, 972, 973
越境環境影響評価………………… 175
越境環境問題……………………… 424
越境 CO₂ 隔離…………………… 894
越境損害禁止規則………………… 172
エッセンシャル・ユース……… 511
エネルギー供給構造高度化法…… 488
エネルギー税……………………… 981
エネルギー政策基本法……………… 21
エネルギー長期協定……………… 322
エビ・カメ事件…………… 997, 999
沿岸域総合管理区域……………… 726
エンドオブパイプ対策…………… 240
横断的措置……………………… 1078
大阪アルカリ事件………………… 608
大阪国際空港訴訟…………… 619, 627
大阪府事業場公害防止条例………… 3
オーフス条約………………………… 79
汚染者負担原則→原因者負担原則
汚染物質排出移動登録制度……… 141
汚染防止費用……………………… 212
オゾン層破壊……………………… 257
オゾン層保護法…………………… 490
織田が浜訴訟……………………… 749
小田急訴訟………………………… 633
温室効果ガス……………………… 841
温室効果ガス算定報告公表制度… 478

か 行

カーボン・オフセット制度……… 778
海域公園……………………… 694, 715
海外進出に際しての環境配慮事項… 1032
海外立地………………………… 1005
海岸漂着物対策総合推進基本方針… 736
海岸法………………………… 694, 724
蓋然性……………………………… 612

高度の―― ……………………………… 612
充分な―― ……………………………… 190
相当程度の―― ………………………… 1097
蓋然的因果関係 ………………………… 1097
海洋安全委員会 ………………………… 963
海洋汚染防止 …………………………… 1081
海洋環境保護委員会 …………………… 959
海洋戦略枠組指令 ……………………… 1081
海洋投棄の環境影響評価 ……………… 886
海洋投棄の原則禁止 …………………… 900
海洋投棄ロンドン議定書 ……………… 808
海洋投入処分許可 ……………………… 969
外来生物 ……………………… 673, 689, 1082
科学水準 ………………………………… 246
科学的不確実性 ………………… 198, 944
化学品の分類および表示に関する世界
　調和システム ………………………… 516
化学物質 ……………………………… 111, 501
化管法 ………………………………… 501, 877
閣議アセス ……………………………… 17
拡大生産者責任
　……………… 215, 217, 223, 411, 569, 571
拡大連帯責任論 ………………………… 232
確率論的安全評価 ……………………… 650
閣僚会議申し合わせ …………………… 399
過少禁止律 ……………………………… 185
過剰禁止律 ……………………………… 185
化審法 …………………………………… 501
河川環境管理基本計画 ………………… 742
河川法 …………………………………… 692
課徴金 …………………………………… 287
家電リサイクル法 ……………………… 491
カネミ油症 …………………… 9, 129, 502
ガブチコボ・ナジュマロス計画事件 … 162
下流課税 ………………………………… 296
カルタヘナ法 ………………………… 673, 822
環境影響評価 ………………… 17, 415, 441,
　　　　　　　　　　1014, 1043, 1119, 1122
環境汚染責任 ………………………… 1089, 1091
環境汚染物質排出移動登録 …………… 514

環境価値 ……………………… 28, 30, 53
環境管理計画 …………………………… 747
環境管理水準 …………………………… 203
環境基準 ……………… 40, 419, 527, 533, 541
環境基本計画 ………… 13, 25, 400, 402, 471
環境基本条例 …………………………… 423
環境基本法 …… 12, 209, 395, 433, 645, 1011
環境協定 ………………………………… 320
環境刑法 ………………………………… 333
――の行政従属性 ……………… 336, 343
環境権 ……………… 54, 59, 60, 69, 80,
　　　　　　　　　　　405, 624, 1011, 1113
環境公益訴訟 …………………………… 1104
環境行動計画 ……………………… 1064, 1071
環境コモンアプローチ ………………… 1015
環境自主行動計画 ……………………… 325
環境諮問委員会 ………………………… 1043
環境税 ……………………… 22, 285, 291, 416
環境責任 ………………………… 86, 95, 104
環境損害 …………… 85, 94, 235, 330, 351, 360
環境損害責任指令 ………………… 85, 211
環境損害責任保険 ……………………… 101
環境秩序形成機能 ……………………… 335
環境と開発に関する国連会議→国連環
　境開発会議
環境の定義 ……………………………… 30
環境配慮 …………………… 191, 193, 406, 1030
環境配慮義務 …………………………… 61, 74
環境配慮契約法 ………………………… 478
環境配慮設計 …………………………… 217
環境負荷 ………………………………… 13
環境負荷起因リスク …………………… 186
環境法執行 ……………………………… 257
環境保護法（中国） …………………… 1103
環境保全協定 …………………………… 311
環境モティーフ ………………………… 783, 804
環境リスク …………… 18, 25, 111, 132,
　　　　　　　　　187, 338, 636, 647, 1008
環境立国戦略 …………………………… 16
カンクン合意 ………………………… 845, 848

事項索引 1131

監視化学物質……………………512
間接強制………………………324
間接的手法……………………241
間接罰…………………………344
機関委任事務制度の廃止………378
企業組織体責任論……………335
企業秘密………………480, 519
基金制度………………………229
危惧感説………………………335
危険……………………………190
　──の疑い…………………199
　──の前段階………………191
危険除去請求…………………1092
危険防御………………………190
気候変動税……………………287
気候変動枠組条約………20, 471, 834
技術移転………………………839
技術水準……………………196, 246
技術水準の抗弁………………97
基準値…………………………1080
汽水域………………………729, 745
規制・課税回避の協定………322
規制からの逃避………………315
規制対象物同定基準…………920
規制代替的協定………………322
規制的手法…………………237, 252
規制の手法以外の手法………240
偽装された制限………………1001
既存化学物質………125, 132, 152, 503
議定書科学グループ…………812
揮発性有機化合物……………527
規範間規範……………………163
規範の形成的機能……………346
基本原則………………………213
基本権保護義務………195, 237, 253
基本的な規範創設性…………163
基本法…………………………422
　──の解釈指針性…………605
基本理念………………………400
逆選択…………………………354

逆比例…………………………248
キャップ・アンド・トレード方式……981
吸収量…………………………843
業界責任………………………330
強制保険制度………………358, 373
行政活用論……………………605
行政責任………………………251
行政調停………………………1103
協調原則………………………309
共同決定手続………………1066, 1069
協働原則→協調原則
協働取組………………………414
共同補償制度…………………230
京都議定書………20, 471, 833, 840
京都議定書目標達成計画………21, 326, 476
京都クレジット………………329
京都遵守手続………………824, 826
京都メカニズム………………841, 981
業務用冷凍空調機器…………277
許容限度目標値………………540
許容リスク……………………140
緊急時計画……………………972
禁止リスト方式→ブラックリスト方式
国立マンション訴訟………612, 625
国別排出上限…………………1080
国別報告書…………………839, 843
熊本水俣病……………………4, 8
グリーン税制…………………495
グリーン・ニューディール政策……565
警戒値…………………………1080
計画段階配慮事項……………452
計画段階配慮書………………451
経済・産業と環境問題………1109
経済調和条項………6, 52, 526, 644, 775
経済的インセンティヴ………260
経済的効率性…………………214
経済的手法…238, 285, 320, 1046, 1073, 1087
経団連環境自主行動計画……474
刑法の形成的機能…………335, 340
結果確保義務…………………239

懸念の表明……………………………… 825
ケミカル・リサイクル……………… 585, 595
ケリー・ボクサー法案………………… 985
原因者概念の拡大……………………… 216
原因者主義原則→原因者負担原則
原因者負担原則……… 93, 207, 210, 215, 235,
　　　　　 286, 272, 291, 352, 359, 410, 972, 1079
原因者不明……………………………… 229
原子力基本法……………………… 26, 637
原子力損害賠償法……………………… 638
原子力大綱……………………………… 637
原子力発電所の安全規制……………… 534
原子炉等規制法………………………… 637
原単位目標……………………………… 329
建築物環境計画書制度………………… 485
建築物の省エネ性能に関する基準……… 483
権利利益保護請求……………………… 480
行為規制………………………………… 239
行為義務………………………………… 239
広域整合スキーム……………………… 802
広域戦略性……………………………… 799
広域連携機能…………………………… 796
合意形成手法…………………………… 307
公益信託………………………………… 276
公益的機能……………………………… 763
公園管理団体制度……………………… 713
公害……………………… 5, 37, 396, 643
　鉱害………………………………………… 3
公害健康被害補償制度…………… 9, 628
公害対策基本法…………… 5, 13, 525, 644
公開と参加……………………… 941, 943
公害白書…………………………………… 6
公害紛争処理法………………………… 646
公害防止協定……………… 308, 310, 314
公害防止協定締結努力義務…………… 313
公害防止計画…………………… 421, 786
公害防止条例…………………………… 378
公害輸出事件…………………………… 1018
公共海岸………………………………… 724
公共建設等における木材の利用促進に

関する法律……………………………… 762
公共事業の構想段階における計画策定
　プロセスガイドライン……………… 458
公共信託理論…………………………… 64
公共性…………………………………… 628
公共負担………………………………… 221
高懸念物質……………………………… 522
公衆参加………………………………… 176
交渉による規則制定…………………… 1047
工場排水規制法………………………… 525
工場誘致条例……………………………… 3
高蓄積性………………………………… 503
行動準則………………………………… 184
行動余地論……………………………… 188
公物管理法制…………………………… 728
鉱物資源採掘・使用禁止法…………… 1125
鉱物資源法……………………………… 1116
衡平……………………………………… 156
公平責任原則…………………………… 1098
衡平利用……………… 158, 167, 172, 174
衡平割当………………………………… 161
公法契約説……………………………… 313
公有水面埋立法………………………… 730
高リスク化学物質……………………… 648
効率性の原則…………………………… 208
合理的な危惧…………………………… 121
合理的な根拠…………………………… 200
国際（法）アプローチ………………… 950
国際河川法……………………………… 158
国際慣習法……………………………… 160
国際原子力事象評価尺度（INES）……… 641
国際標準化……………………………… 1015
国際放射線防護委員会………………… 640
国際油濁補償基金……………………… 973
国際留保排出枠プログラム………… 987, 989
国道43号線訴訟………………… 611, 623
国内希少野生動植物種………………… 686
国内処理原則…………………………… 911
国内排出枠取引………………………… 22
国立公園………………… 10, 699, 708, 753

国連海洋法条約	809, 953
国連環境開発会議	8, 65, 672, 755
国連グローバルコンパクト	1029
国連水路条約	168
国連人間環境会議	8, 64, 672, 953, 1064
国家環境政策法	1039, 1043
国家責任	827
国境税調整	987, 990
国境調整措置	986
固定価格買取制度	22
後法優先の原則	600
混合過錯	1093
コンパクトシティ	790

さ　行

最恵国待遇	996
再資源化	576
最終処分場における戦略的環境アセスメント導入ガイドライン（案）	458
再使用	571, 592, 596
再商品化	592
最上流課税	301
再生資源	577
財政担保措置	88, 97, 101, 352, 363, 366
財政的保証→財政担保措置	
再生利用	571, 586
最善の選択	466
最大持続可能採捕量	942
最適汚染水準	207, 216
最適化	237, 253
最適持続可能採捕量	942
裁判外紛争処理	1101
里海論	738
サプライチェーン	507
山王川事件	616
参加	127, 402
産業廃棄物税	303
参酌すべき基準	384
残余リスク	187, 204
残留性	862

恣意的差別待遇	1001
敷地境界基準	529
資金供与メカニズム	839
資源等価手法	372
資源ナショナリズム	950
資源配慮	191
資源有効利用促進法	570
事故型公害	337
事後監視	943
事後管理制度	503
事後調査	449
事後的コントロール	789
事後的費用	207, 212
事後配慮	189
事故リスク	648
事実上の規制	330
自主的手法	1087
自主的取組	228
市場原理に基づく手法	1073
指針計画機能	797
史跡名勝天然記念物保存法	699, 753
施設使用期限条項	318
自然	41, 702
自然環境	44, 702, 716
自然環境保護義務	1114
自然環境保護法令	1114
自然環境保全基本方針	672
自然環境保全法	11, 672
自然享有権	82
自然公園	11, 698, 708
自然再生推進法	680
自然資源利用	938
自然資本	50
自然植物保護法	1121
自然と生態系の保全	1082
自然保護	702
自然保護運動	33
自然保護区	677
自然保護思想	34
自然保護訴訟	1050

事項索引

自然保全法 …………………………… 686
事前審査制度 ………………………… 508
事前通告 ……………………………… 909
事前通報協議義務 …………………… 907
事前通報同意 ………………………… 864
事前配慮原則→予防原則
事前評価 ………………………… 943, 945
持続可能性アセス …………………… 468
持続可能性の基準 …………………… 936
持続可能な社会 ……………………… 25
持続可能な森林経営 …………… 751, 755
持続可能な発展 …… 155, 188, 403, 788, 1066
持続可能な利用 ………………… 168, 935
持続性可能性原則 …………………… 194
持続的利用 …………………………… 168
執行の欠缺 …………………………… 309
湿地 …………………………… 745, 1054
湿地留保プログラム ………………… 1055
シップ・バック ………………… 922, 931
指定再資源化製品 …………………… 574
指定再利用促進製品 ………………… 574
自動車 NOx 法 ……………………… 546
自動車 NOx・PM 法 ………………… 550
自動車税のグリーン化 ……………… 417
自動車排ガス対策 …………………… 1080
自動車排出ガス対策基本計画 ……… 539
自動車リサイクル法 …………… 261, 491
私法契約説 …………………………… 313
市民参加 ………………………… 133, 151
市民訴訟規定 ………………………… 748
市民の森 ……………………………… 683
社会権規約 …………………………… 174
社会的法益 …………………………… 350
砂利税 ………………………………… 287
州際通商条項 ………………………… 1050
重合的競合 …………………………… 623
自由財 ………………………………… 73
修正規範 ……………………………… 163
住宅事業建築主 ……………………… 668
集団的因果関係 ……………………… 622

柔軟な法執行 ………………………… 1053
修復措置 ……………………………… 362
住民訴訟 ……………………………… 749
従量税 ………………………………… 295
受益者負担 ……………………… 209, 219, 233
授権条項 ……………………………… 821
首都圏近郊緑地保全法 ……………… 682
受忍限度論 …………………………… 610
種の多様性 …………………………… 702
種の保存 ………………………… 673, 686, 1053
主要経済国フォーラム（MEF） …… 854
狩猟法 …………………………… 10, 753
循環 …………………………………… 402
循環型社会形成推進基本計画 ……… 18
循環型社会形成推進基本法 …… 18, 433, 569
循環的利用 ……………………… 571, 574
遵守委員会 …………………………… 824
遵守グループ …………………… 813, 898
遵守手続 ………………………… 807, 897
遵守レジーム ………………………… 820
省エネ基準 ……………………… 483, 669
省エネ法 ………………………… 480, 659
消火器回収リサイクル ……………… 228
使用禁止成分 ………………………… 117
詳細都市計画 ………………………… 788
常時監視 ………………………… 319, 530
情報公開 ……………………………… 127
情報的手法 …………………………… 480
情報へのアクセス権 ………………… 81
証明責任の転換 ……………………… 202
条約の運用停止 ……………………… 828
将来世代の被害者 …………………… 1091
将来配慮 ………………………… 191, 192
上流課税 ……………………………… 296
条例制定権の拡大 …………………… 384
条例による自己決定 ………………… 385
条例の先行 …………………………… 378
除斥期間 ………………………… 620, 621
除染に関する緊急実施基本方針 …… 651
処罰の前倒し ………………………… 346

事項索引　1135

処分性……………………………………801	ストックホルム条約……………866, 875
諸法の環境法化……………………1058	スワンプバスター規定………………1054
知る権利……………………………522	生活環境………………………………39
新エネ発電法………………………487	生活・産業廃棄物法………………1125
新エネ利用促進法……………………486	生活排水対策…………………………533
新エネルギー…………………………486	請願委員会…………………………1084
新規化学物質…………………………503	正義と公平の原則……………………211
侵権責任法…………………………1091	制裁的公表……………………………313
紳士協定説……………………………313	生産量移転制度………………………981
新世紀企業宣言……………………1032	生息地等保護区………………………687
新・生物多様性国家戦略………………19	生態系………………………………48, 675
新ナショナル・ミニマム論……………391	生態系アプローチ……………………941
人民調停委員会による調停…………1102	生態系維持回復事業…………………680
森林吸収源……………………………777	生態系管理……………………56, 1056
森林組合………………………………754	生態系サービス………………56, 697, 704
森林経営計画…………………………767	生態系中心主義………………………341
森林計画………………………755, 765, 771	生態系の多様性………………………703
森林原則声明…………………………472	生態毒性………………………………504
森林財産権法…………………………777	製品環境問題……………………858, 879
森林施業計画…………………………766	政府実行計画…………………………477
森林・ステップ火災保護法………1121	生物資源………………………………934
森林の多面的機能………………751, 757	生物相互作用…………………………677
森林の天然更新………………………679	生物多様性……47, 56, 97, 671, 702, 933, 947
森林の保続培養………………………751	生物多様性基本法………………433, 671
森林法………………………751, 1111, 1120	生物多様性国家戦略…………19, 428, 673,
森林・林業基本計画………………758, 762	691, 699, 707
森林・林業基本法……………………751	生物多様性国家戦略2010………………19
森林・林業再生プラン………………751, 760	生物多様性条約……………………702, 933
水源かん養保安林……………………769	生物多様性保護………………………197
水質汚濁防止法………………………525	生物多様性保全活動促進法…………674
水質二法…………………………………4	生物的環境……………………………29
水質保全法……………………………525	責任集中の原則………………………638
水生生物………………………………750	責任履行担保…………………………356
水法（モンゴル）…………………1121	責務共有の原則……………………1072
水量確保………………………………740	石油石炭税……………………………300
スーパーファンド法……………………86	世代間公平……………………………196
スコーピング…………………………446	世田谷日照権訴訟……………………611
ステッカー制度………………………555	積極的一般予防論……………………339
ステップ・バイ・ステップアプローチ	ゼロリスク……………………………150
→段階的アプローチ	宣言法…………………………………773

全国総合開発計画……………………4
全国的標準値……………………391
潜在的懸念……………………201
潜在的責任当事者……………87
潜在的リスク……………638, 647
船舶油濁損害賠償保障法……976
戦略的環境アセスメント導入ガイドライン……………………457
戦略的環境影響評価………415, 455, 1011
戦略的都市計画………788, 789, 799
全量買取制度……………………497
全量固定価格買取制度………497, 499
騒音対策……………………1081
草原破壊……………………1124
総合保養地域整備法……………729
総量規制基準………………527, 531
総量削減……………………537
総量削減基本方針………549, 562
造林命令……………………767
遡及的環境責任……………105
租税優遇措置……………………299
その国に適切な排出削減策（NAMA）……………………848
ソフトな手法………………246, 417
ソフトロー……………………979
損害の公平な分担………………615
損害の前段階に対する配慮……192
損害賠償保険制度……………1094

た　行

第1次分権改革……………378
第2次一括法……………381
第一種エネルギー管理指定工場……481, 664
第一種監視化学物質……505
第一種事業……………442
第一種指定化学物質……517
第一種指定化学物質等取扱事業者……518
第一種特定化学物質……510
第一種特定建築物……667
大学湯事件……………610
大気汚染防止法……………525
大気環境の保全……………1080
大気法（モンゴル）……………1120
第三者評価委員会……………325
第三種監視化学物質……504
大臣同意……………383
大東鉄線工場塩素ガス流出事件……337
第二種エネルギー管理指定工場……482, 665
第二種事業……………442
第二種指定化学物質……517
第二種特定化学物質……511
第二種特定建築物……668
太陽光発電買取制度……488
多機能論……………189
確かな証拠……………98
多自然型河川整備……743
多数国間環境協定……881
多段階課税……………293
段階的アプローチ……365, 474
炭素権……………777
炭素税……………324, 981
炭素排出移転……………986
単段階課税……………293
団地協同森林施業計画制度……755
地域制公園……………709
地域の最適値……………391
地下資源法……………1114
地下水の保全……………1082
地球温暖化対策基本法……433
地球温暖化対策推進大綱……20, 473
地球温暖化対策推進法……475
地球温暖化対策税……497
地球温暖化防止行動計画……20, 472
地球環境ファシリティー（GEF）……838
地熱発電……………718
地方環境税……………302
地方公共団体実行計画……477
抽象的危険犯……………336, 347
抽象的差止請求……………626
長期毒性……………503

事項索引　1137

長期目標	545	都市計画	791
鳥獣保護法	673	都市計画基準	786
鳥獣猟規則	10	都市計画理念	787
調整計画機能	797, 798	都市鉱山	234
調停の二重の効能	1101	都市における生物多様性保全	681
懲罰的賠償	1090	都市緑地法	682
調和条項→経済調和条項		土砂流出防備保安林	769
直接的手法	241	土壌汚染	144
直接適用	1076	土壌環境リスクコミュニケーター制度	145
沈黙の春	34	土地所有者等の責任	221
通常立法手続	1069	土地利用基本計画	791, 794
強い関連共同性	623	トップランナー方式	250, 484, 564, 659, 669
ティアリング制度	460		
低公害車排出ガス技術指針	563	留木	699
低線量レベル	647	留山	699
デカップリング	1075	鞆の浦埋立て免許事件	731
出口規制	129	富山イタイイタイ病訴訟	7
手続的環境権	77	トリー・キャニオン号事件	956, 963, 973
デラニー条項	1048		
テリコ・ダム事件	1053	な　行	
天然資源使用料	1122		
東京都環境影響評価条例	460	内国民待遇	994
東京都工場公害防止条例	3	内分泌かく乱物質	964
統合	156	ナイロビ作業計画	837
統合的管理	179, 943	名古屋議定書	674, 949
毒性の疑い	111	ナショナル・ミニマム論	390
特定再利用業種	574	ナノ・テクノロジー	112
特定事業者	481, 662	ナノ物質	113
特定地下浸透水	531	ナホトカ号事件	735, 975
特定荷主	666	難分解性	503
特定粉じん	528	南北問題	937, 950
特定粉じん排出作業	529	新潟空港訴訟	632
特定有害廃棄物等	911, 914	新潟水俣病	4, 7
特定輸送事業者	666	二元論的思考	31
特定連鎖化事業者	663	二国間条約上の手続的義務	177
特別保護地区	678	二次的自然環境	702
特別保護地区法	1115	二次的法源	1076
特別緑地保全地区	682	二段階の戦略的都市計画	801
都市アメニティ	788, 789	ニッソー事件	912
都市環境	784, 785	日本アエロジル塩素ガス流出事件	337

日本風景論······43
ニューデリー宣言······157
人間環境会議→国連人間環境会議
人間環境宣言→国連人間環境会議
ネガティブ・リスト······1025
熱回収······571, 583
ノー・データ、ノー・マーケット······521

は　行

バーゼル遵守委員会······826
バーゼル遵守手続······820
バーゼル条約······869, 909
バーゼル法······910, 917
ばい煙······527
ばい煙規制法······4, 525
バイオマス活用推進基本法······490
廃棄物の無確認輸出······929
廃車時負担······271
排出基準······527
排出規制······1082
排出許容限度量······500
排出権取引指令······1083
排出事業者責任······216
排出者責任······569
排出データ改ざん······319
排出目録······843
排出抑制······588
排出量······843
排出量（枠）取引······320, 323, 416, 497, 778, 981
排出量目標······330
排出枠リベート・プログラム······987
賠償責任保険······371
賠償責任保険加入義務······979
賠償措置制度······638
排水基準······531
柱書審査······1000
橋渡し機能······795
パソコン回収リサイクルシステム······228
パソコン再資源化省令······578, 584

発生抑制······571, 573, 588
バルチック・キャリヤー号事故······971
パルプ工場事件······176
犯罪抑止機能······335
判断基準······579, 663
非意図的生成物質······868
被害者の故意······1092
人の健康に係る公害犯罪の処罰に関する法律······333
非附属書Ⅰ国······835
費用＝便益分析→費用対効果
評価書······453
表示義務······670
費用対効果······107, 1072
平等原則······318
比例原則······185, 204, 247, 318
広島の海の管理に関する条例······738
風景地保護協定······713
ブエノスアイレス適応・対応措置作業計画······837
賦課金······287
福岡県公害防止条例······3
福島第一原発事故······25, 534, 635, 907
フクロウ論争······1056
不遵守の未然防止······1088
不承認輸出······923
附属書Ⅰ国······835
附属書Ⅱ国······837
負担金······231
不知論······188
物理的環境······29
不適正国際移動未然防止······931
不動産侵奪罪······337
部品としての再使用······586
ブヤット湾汚染問題······1020
浮遊粒子状物質······544
ブラウン・フィールド······144
ブラックリスト方式······689, 881, 968
プラットホーム機能······795
フリーライダー······228, 325, 332, 986

事項索引　1139

プロトタイプ型	462	法定自治事務	379
フロン回収破壊法	257, 491	法定受託事務	379
フロン類	257	法の執行問題	1084
文化多様性	947	方法書	446
分割責任	106	法律上の利益	632
分権時代の環境法	377	法律の留保の原則	916
分権的監督	249	補完性原則	1072
紛争解決規定	830	保健保安林	769
分断化社会	225	保護指定	946
分野基本法	429	補償責任	1100
平穏生活権	625	保続培養	764, 774
並行規制状態	378	北海大陸棚事件	163
米国ガソリン事件	997	ボパール化学工場爆発事故	1022
平常時リスク	648, 652	ポリシーミックス	289, 295, 321, 418, 494
ベースライン・アンド・クレジット方式	981	ホワイトリスト方式	689
ベスト追求型	449	本船扱い	924
ベストプラックティス	466	**ま　行**	
ヘルシンキ閣僚宣言	971	マールポル条約	881, 904, 956
ヘルシンキ条約	970	マグロ・イルカ事件	998
ベルリン・マンデート	841	マケイン・リーバーマン法案	982
便宜置籍船	976	マスキー法	539
ベンチマーキング協定	322	マテリアル・リサイクル	585, 595
保安基準	539	マプタプット工業団地	1024
保安林制度	752, 768	未解明の環境リスク	119
法院調停	1102	水環境の保全	1081
貿易管理法	875	水利用間の階層性	171
法益保護機能	341	未然防止	407
法益論による呪縛	334	未然防止原則	196
包括的環境対策責任法	85	未然防止措置	362
包括的行政指導	314	未知	139
法原則	164	未知のリスク	200
放射性同位元素等の防護基準	640	緑の気候基金	850
放射性廃棄物の海洋投棄	889	緑の社会資本	758
放射線被曝低減の原則	653	水俣病関西訴訟	630
放射能汚染水の海中放出	907	水俣病救済特別措置法	23, 629
法準則	164	ミレニアム生態系評価プロジェクト（MA）	939
法制林	764	民事責任の予防効果	1100
法定外環境税	301	無鉛化計画	539
法定外公共財産管理条例	744		

無過失責任 3, 527, 534, 609, 1091
無許可輸出 923, 926
無限責任主義 638
明文規定必要説 389
メーカー責任 273
目標達成計画 483
モンゴルの環境法 1105
もんじゅ原発訴訟 632
モントリオール議定書 257, 278, 869
モントリオール遵守手続 826
モントリオール不遵守手続 819, 829

や　行

有益な利用 169
有害危険化学物質法 1126
有害大気汚染物質 560
有害廃棄物 909
有害廃棄物等の国際移動 909
ユーザー支払い 271
優先取組物質 529
優先評価化学物質 507, 509
誘導的規制 489
遊牧と環境問題 1108
油濁損害補償 973
油濁防止証書 957
容器包装リサイクル法 572, 587
予見可能性 8
横だし基準 531
横浜みどり税 684
四日市ぜん息事件 4, 8
予定調和 751, 756, 774
予防原則 77, 86, 99, 119, 183, 195, 244,
407, 506, 652, 653, 809, 835,
867, 903, 943, 944, 961, 971
予防原則減縮論 194
予防的アプローチ→予防原則
予防的アプローチに関するガイドライン
.... 979
予防的取組方法→予防原則
予防の方策 195

弱い関連共同性 623

ら　行

ライフサイクル 501, 863, 879
ラムサール条約 746, 935
リーバーマン・ウォーナー法案 983
リオ宣言 128, 672, 835
リスク 109, 254
リスク管理 186, 943
リスクコミュニケーション 128, 134
リスク3分説 187
リスクの集約 357
リスクの分離 357
リスクの未然防止 130
リスクの見積もり 109
リスク配慮 191, 192
リスク評価 860
リスクマネジメント 128
リスクメッセージ 147
リスボン条約 1065
立証責任の転換 121
立法のライフサイクル 1088
リバース・リスト方式 881, 969
流域水環境管理制度 744
利用者負担 232
利用調整地区 681
緑地保全地域 682
林業基本法 751
林地開発許可制度 770
ルツェルン宣言 820
ルンバール訴訟 612
冷媒バンク 278
歴史的排出量 852
連帯社会 230
連帯責任 97
連帯責任に関する法準則 91
ロードレス規則 1058
ロッテルダム条約 860, 864, 874
ロンドン海洋投棄条約 808, 881, 883, 968
ロンドン遵守グループ 826

事項索引　1141

ロンドン条約→ロンドン海洋投棄条約
ロンドン条約議定書………881, 885, 966, 968

わ　行

枠組規制…………………………………441
枠組条約…………………………………834
枠組指令………………………………1076
枠組法化…………………………………384
ワックスマン・マーキー法案…………984

欧　文

ALARA 原則……………………………652
Appraisal 方式…………………………468
ARE 問題………………………………1019
BUNKER 条約…………………………975
CDM の削減効果………………………844
CEPA……………………………………940
CO_2 海底貯留のアセスメント枠組み……892
CO_2 の海洋投入・海底貯留……………891
CSR……………………………………1034
EIA 方式…………………………………468
GHS………………………………872, 876, 878
HNS 条約………………………………975
IPCC……………………………………840
IRAP →国際留保排出枠プログラム
ISO26000 シリーズ…………………1016
Japan チャレンジプログラム…………505
JCO ウラン加工工場事故………………641
MAD……………………………………872
MARPOL 条約→マールポル条約
MPD……………………………………872
MSDS……………………………515, 520
OECD 多国籍企業行動指針…………1028
OPRC-HNS 議定書……………………972
PDCA……………………………………493
POPs 条約………………………………506
PRTR…………………………19, 141, 514
PRTR データ地図上表示システム……519
Raffinerie Mediterranee（ERG）SpA
　対 Ministero dello Svluppo ekonomico
　判決……………………………………97
REACH 規則………112, 203, 521, 1008, 1016
reasonable risk………………………1048
RoHS…………………………………1016
RPS 制度………………………………496
SF 議定書………………………………974
WEEE…………………………1008, 1016
WTO 法…………………………………989

■執筆者紹介（執筆順）

浅野　直人（あさの　なおひと）	福岡大学法学部教授
畠山　武道（はたけやま　たけみち）	早稲田大学大学院法務研究科教授
礒野　弥生（いその　やよい）	東京経済大学現代法学部教授
新美　育文（にいみ　いくふみ）	明治大学法学部教授
山田　洋（やまだ　ひろし）	一橋大学大学院法学研究科教授
織　朱實（おり　あけみ）	関東学院大学法学部教授
堀口　健夫（ほりぐち　たけお）	北海道大学大学院法学研究科准教授
松村　弓彦（まつむら　ゆみひこ）	弁護士
大塚　直（おおつか　ただし）	早稲田大学大学院法務研究科教授
桑原　勇進（くわはら　ゆうしん）	上智大学法学部教授
笠井　俊彦（かさい　としひこ）	元環境省地球環境局フロン等対策室長
片山　直子（かたやま　なおこ）	兵庫県立大学環境人間学部准教授
島村　健（しまむら　たけし）	神戸大学大学院法学研究科准教授
佐久間　修（さくま　おさむ）	大阪大学大学院高等司法研究科教授
村上　友理（むらかみ　ゆり）	東京海上日動リスクコンサルティング株式会社　CSR・環境グループ
北村　喜宣（きたむら　よしのぶ）	上智大学法学部教授
西尾　哲茂（にしお　てつしげ）	明治大学法学部教授
石野　耕也（いしの　こうや）	中央大学法科大学院教授
柳　憲一郎（やなぎ　けんいちろう）	明治大学法科大学院法務研究科教授
下村　英嗣（しもむら　ひでつぐ）	広島修道大学人間環境学部教授
大坂　恵里（おおさか　えり）	東洋大学法学部准教授
淡路　剛久（あわじ　たけひさ）	早稲田大学大学院法務研究科教授
赤渕　芳宏（あかぶち　よしひろ）	名古屋大学大学院環境学研究科准教授
渡邉　知行（わたなべ　ともみち）	成蹊大学大学院法務研究科教授
高橋　滋（たかはし　しげる）	一橋大学大学院法学研究科教授
松下　和夫（まつした　かずお）	京都大学大学院地球環境学堂教授

執筆者紹介

交告　尚史（こうけつ　ひさし）	東京大学大学院公共政策学連携研究部教授
加藤　峰夫（かとう　みねお）	横浜国立大学大学院国際社会科学研究科教授
荏原　明則（えばら　あきのり）	関西学院大学大学院司法研究科教授
小林　紀之（こばやし　のりゆき）	日本大学大学院法務研究科客員教授
亘理　格（わたり　ただす）	北海道大学大学院法学研究科教授
一之瀬高博（いちのせ　たかひろ）	獨協大学法学部教授
高村ゆかり（たかむら　ゆかり）	名古屋大学大学院環境学研究科教授
増沢　陽子（ますざわ　ようこ）	名古屋大学大学院環境学研究科准教授
加藤　久和（かとう　ひさかず）	帝京大学法学部教授・名古屋大学名誉教授
鶴田　順（つるた　じゅん）	海上保安大学校准教授
磯崎　博司（いそざき　ひろじ）	上智大学大学院地球環境学研究科教授
井上　秀典（いのうえ　ひでのり）	明星大学経済学部教授
高島　忠義（たかしま　ただよし）	愛知県立大学外国語学部教授
作本　直行（さくもと　なおゆき）	日本貿易振興機構　環境社会配慮審査役
及川　敬貴（おいかわ　ひろき）	横浜国立大学大学院環境情報研究院准教授
奥　真美（おく　まみ）	首都大学東京　都市教養学部教授
奥田　進一（おくだ　しんいち）	拓殖大学政経学部准教授
蓑輪　靖博（みのわ　やすひろ）	福岡大学法学部教授

環境法大系

2012年2月10日　初版第1刷発行

編　者	新　美　育　文
	松　村　弓　彦
	大　塚　　　直

発 行 者　　大　林　　　譲

発 行 所　　㈱商 事 法 務

〒103-0025　東京都中央区日本橋茅場町 3-9-10
TEL 03-5614-5643・FAX 03-3664-8844〔営業部〕
TEL 03-5614-5649〔書籍出版部〕
http://www.shojihomu.co.jp/

落丁・乱丁本はお取り替えいたします。　　印刷／横山印刷㈱
© 2012 I. Niimi, Y. Matsumura, T. Otsuka　　Printed in Japan
Shojihomu Co., Ltd.

ISBN978-4-7857-1952-4
＊定価はケースに表示してあります。